【中华藏书百部】

中华奇世秘笈

全新校勘图文珍藏版

【上】

学术顾问◎汤一介 文怀沙　　主编◎徐 寒

中国书店

图书在版编目 (CIP) 数据

中华处世秘笈 / 徐寒主编. —北京：中国书店，2010.5
（中华藏书百部）
ISBN 978-7-80663-806-4

Ⅰ. 中… Ⅱ. 徐… Ⅲ. 人生哲学－中国－通俗读物
Ⅳ. B821-49

中国版本图书馆CIP数据核字（2010）第055384号

书　　名：**中华处世秘笈**
责任编辑：辛　迪
封面设计：藏典阁图书 CANGDIANGETUSHU
出版发行：中国书店
地　　址：北京市宣武区琉璃厂东街115号
邮　　编：100050
总 经 销：全国新华书店
印　　刷：北京德富泰印务有限公司
开　　本：787×1092　1/16
印　　张：76
字　　数：1447千字
版　　次：2010 年 6 月第 1 版　第 1 次印刷
书　　号：ISBN 978-7-80663-806-4
定　　价：485.00元（上中下册）

ISBN 978-7-80663-806-4

9 787806 638064 >

总　序

　　中华民族的传统文化，源远流长，博大精深，而又影响深远。"富贵利达，朝荣夕萎；而著述行世，可以不朽"，无疑已成为了中国历代知识分子重要的人生理念。由于中国知识阶层往往具有的集知识分子与官僚阶层于一身的双重身份，从而带来了巨大的示范效应，逐步放大成为全社会普遍认可的道德规范。一段传世文字，一篇精彩文章，一本经典著作，蕴含并体现着他们毕生所追求的"文章经国之大业，人生不朽之盛事"的人生理念。一代一代的文人学者们孜孜不倦地投身于著书立说的事业之中，他们藏之名山的著述，传之后世，泽被后代，已成为中华文明重要的文化精神财富。

　　继春秋战国学术繁荣之后，汉代刘向、刘歆曾将古代典籍概括为六略，即六艺、诸子、诗赋、兵书、术数、方技。此后，历经各种新的组合和分化，逐步形成了以经、史、子、集四部为主导的分类体系。总之，中华国学数千年积淀的学术文化典籍，大致可归纳为经学、史学、佛教、道教、兵家、科技、小学、类书、丛书等九个方面。

　　我国历代藏书，通常分为"官藏"、"公藏"和"私藏"三大类。官藏类藏书是我国古代最早出现的图书典籍收藏体系。官藏又称古代国家藏书，主要分为皇室藏书和官府藏书两种，但二者在级别、体制、功能等方面都有明显的区别。公藏类藏书是历代中华藏书三大体系的重要组成部分之一。公藏又称古代公共藏书，主要分为书院藏书和寺观藏书两种。公藏类藏书基本呈现了中华藏书文化分布的自然状况。私家藏书是中国历代藏书中官藏、公藏和私藏三大系统的重要组成部分，是一种以私人收藏的方式来保存书籍的藏书形式。其收藏者是广泛性的，从皇宫贵族、官宦权贵到士、农、工、商无所不包；其藏书的内容也是多角度、全方位的，经、史、子、集无不涉及。因此，私家藏书是中华藏书中传统典籍积累、保存、整理、再造的重要系统之一。私藏类藏书又可细分为五种：藏书楼藏书，以藏书地闻名而藏书成就较高；藏书家藏书，是私藏的主流，不仅数量多、版本精，而且其藏书活动带有专业性和职业性；名家藏书是以历代各阶层的社会名流为藏书主体，其藏书一般带有明显的个人特色，而且数量可观；民间藏书是以朝代划分的，这类藏书集中反映了历代统治者对书籍的查抄禁毁情况，所选大都为禁毁书目；海外藏书是指因为各种原因而流失海外的中华典籍，其中有很多珍本、善本甚至是孤本，是私家类藏书不得不涉及的一个重要组成部分。

　　为了使这些中华藏书传世经典的价值和魅力在流光岁影里永不褪色、历久弥新；同时也是为了在古代经典和现代经验之间架起一座沟通的桥梁，中国书店出版社与北京藏典阁图书有限责任公司合作推出了这套"中华藏书百部"大型系列丛书。这套丛书定位为中华传统文化经典的普及本，遴选中华藏书经典中的传世之作，辅之以精注今译和全新校勘，并约请国内文史哲领域的专家学者把关，引领大家系统地阅读历代中华藏书的经典名篇。这套丛书所推书目为100种，以展现中国历代藏书文化特点为宗旨，以弘扬中华藏书文化为目标，特邀专家学者对历代中华藏书的代表性篇目精挑细选，并进行研究整理，加以分类编排。内容分别有：中华国学藏书经典；中国古典文学名著；中国古典诗词文章精选；中华传统文化读本精选；中国历代奇书、私家藏书精选；世界文化精选读本；历代人物传记系列；历代文学名著鉴赏系列；中华传统保健养生系列等。本套丛书不是对古代典籍的简单拼凑和编辑，而是将中华藏书分门别类，形成一个有机的整体，力求全方位、立体化地展现中华藏书的整体风貌。编者在编写过程中尤其突出家庭藏书的理念，依据市场需求分批出版，所列书目无不遵循从"基础"到"拓展"的延伸，体现由浅入深的特点，展现出家庭藏书的丰富层次。

回顾数千年的中华藏书史，"书于竹帛，传遗后世子孙"的价值观念，让人们清醒地认识到，藏书是能够传遗后世子孙的，是值得后人继承和借鉴的。胡锦涛总书记在十七大报告中指出："要全面认识祖国传统文化，取其精华，去其糟粕，使之与当代社会相适应，与现代文明相协调，保持民族性，体现时代性。加强中华优秀文化传统教育，运用现代科技手段开发利用民族文化丰厚资源。加强对各民族文化的挖掘和保护，重视文化和非物质文化遗产保护，做好文化典籍整理工作。"温家宝总理曾在哈佛大学做过一个很有名的演讲，他说，中华民族的祖先曾追求这样一种境界——"为天地立心，为生民立命，为往圣继绝学，为万世开太平。"今天我们正处在社会急剧大变化的时代，回溯文明源头，传承文化命脉，相互学习，开拓创新，是弘扬中华民族优秀文化传统的明智选择。所以整理出版我国优秀的古代藏书典籍，培育中华文化的传人，使中华文明薪火代代相传，是我们义不容辞的责任。

中宣部、新闻出版总署最近联合发出《关于进一步推动做好全民阅读活动的通知》，通知指出，希望各地结合实际，设计和实施推动本地区全民阅读活动的具体安排。同时要努力探索、不断创新全民阅读活动的方式，充分利用广播、电视、期刊、报纸、网络、手机等多种载体、多种途径，加大宣传力度，进一步扩大全民阅读活动的社会影响，吸引更多群众参与全民阅读。在国家和政府进一步加快文化产业化建设和大力倡导开展全民阅读，鼓励多读书、读好书的大背景下，"中华藏书百部"大型系列丛书将陆续出版，编者努力体现其集成古代藏书典籍，传承中华灿烂文明的核心价值，力争掀起新一轮的"中华藏书"阅读和收藏热潮，为和谐社会精神文明建设做出贡献。

作为炎黄子孙，中华传统文化是我们共同的骄傲和共同的身份，也是每一个中国人都无法抹去的生命"痕迹"。

《中华藏书百部》编委会

探究为人处世之道

——《中华藏书百部》之
《中华处世秘笈》全新校勘图文珍藏版出版前言

在个人生存能力方面，西方人讲究开掘情商，中国人则更注重培养处世哲学。人立足于天地之间，生活在社会之中，总是离不开与他人交往，处理各种人际关系。这就是处世。也许你经历过这样的情景：多年的同事突然反目成仇，昔日的朋友突然不欢而散，刚犯下错误就有人落井下石，将要提拔加薪就有人暗中使坏，妻子说你不顾家庭，领导说你不识抬举。在那一时刻，你会从心底里发出叹息：处世难。

其实人与人之间的关系说简单也简单，说复杂也复杂，都是人自身的因素决定的。不学精处世，简单的问题，也会变复杂；反之，再复杂的问题，也会变得简单。一个人的成功在很大程度上也是由他自已决定的，一个什么样的人，往往就决定了能成就什么样的事业。要想成功，那就得从自身开始，认识自已，坚定自已，发展自已。在这个过程中，最最重要的是要学会一种处世能力，它往往比知识，技能，学历更重要，然而，许多人虽然认识到处世的重要，却不知从何下手。

古语有云：世事洞明皆学问，人情练达即文章。为人处世之道，本质上就是要我们在竞争中扬长避短，做到互相理解，互相尊重，互相宽容。中国是具有五千年文明的泱泱大国，传统处世之道中有许多优秀的文化积淀，形成了独具特点的处世哲学、处世原则和处世之道，这都是指引现代人为人处世的圭臬和指南。而如何把圣哲们为后世留下的处世典籍、处世经验和高超艺术、处世谋略开发出来并发扬光大，结合当前社会实际扬长避短，为今世所用是我们的社会责任。

《中华藏书百部》之《中华处世秘笈》图文珍藏版提炼了为人处世的精华，囊括了为人处世的各个方面，全书共分三册；从浩繁驳杂的资料中汲取精华，多角度、多侧面地阐述为人处世的方略，揭示与时俱进的世界观和价值观。并把他们精辟的理论、独到的见解及中肯的建议融汇在一起，形成了我们解决问题行之有效的法宝。全书囊括处世面子学、处世变通学、处世包装学、处世中庸学、处世忍学、处世糊涂学、处世性别学、处世交际学、处世应酬学、处世识人学等十部分。本书图文并茂，亦庄亦谐，可言传，可意会，使得阅读变成了一种享受。

　　需要特别说明的是，处世是每个人的态度和方法，它们都可以通过学习、借鉴来改变。由于全书取材广泛，内容包罗万象，思想博大精深，加上编者时间和水平有限，错漏之处在所难免，恳请广大读者批评斧正，进行批判吸收，取其精华，去其糟粕，积极做人，正确处世，为和谐社会的构建贡献自己的力量。

《中华藏书百部》编委会

目　录

中
華
藏
書

中
华
处
世
秘
笈

中
国
书
店

二

第二篇　处世忍学

中华藏书

中华处世秘笈

中国书店

四

第四篇　处世变通学

第五篇　处世糊涂学

中華藏書

中华处世秘笈

中国书店

一〇

第六篇　处世中庸学

第七篇　处世交际学

第八篇　处世应酬学

中华藏书

中华处世秘笈

中国书店

第九篇　处世性别学

第十篇　处世包装学

第一篇

处世面子学

篇首语

在国人看来，面子是身份和地位的象征，更是一种普遍存在的社会心理，其影响和作用可以说无处不在而且根深蒂固。很多情况下，违反了原则算不了什么，但伤了别人的面子则后果可能难以预料。有面子的充面子，没面子的也要撑面子。无论官场商场、家族社会，面子一直发挥着润滑剂和通行证的作用，红尘之外似乎也不例外，"不看僧面看佛面"不是真实的写照吗？足见面子问题的重要性和广泛性。

自己要面子，要懂得给别人面子，如此大家都有面子。这就是处世面子学的游戏规则。

第一章

处世面子学九大原则

放人一马　高抬贵手

　　俗话说"低头不见抬头见"，倘若事事刨根问底，处处都要弄个水落石出，则必陷自己于孤立。为人处世，重在宽容，得饶人处且饶人。要想有面子，就得先给别人面子，人心换人心，面子换面子。此面子学第一要义。

认死理，不可取

　　做人固然不能玩世不恭，游戏人生，但也不能太较真，认死理。"水至清则无鱼，人至察则无友"，太认真了，就会对什么都看不惯，连一个朋友都容不下，把自己同社会隔绝开。镜子很平，但在高倍放大镜下，就成凹凸不平的山峦；肉眼看很干净的东西，拿到显微镜下，满目都是细菌。试想，如果我们"戴"着放大镜、显微镜生活，恐怕连饭都不敢吃了。再用放大镜去看别人的毛病，恐怕那家伙罪不容诛、无可救药了。

　　人非圣贤，孰能无过。与人相处就要互相谅解，经常以"难得糊涂"自勉，求大同存小异，有度量，能容人，你就会有许多朋友，左右逢源，诸事遂愿；相反，"明察秋毫"，眼里不揉半粒沙子，过分挑剔，什么鸡毛蒜皮的小事都要论个是非曲直，容不得人，人家也会躲你远远的，最后，你只能关起门来"称孤道寡"，成为使人避之唯恐不及的异己之徒。古今中外，凡是能成大事的人都具有一种优秀的品质，就是能容人所不能容，忍人所不能忍，团结大多数人。他们极有胸怀，豁达而不拘小节，大处着眼而不会目光如豆，从不斤斤计较，纠缠于非原则的琐事，所以他们才能成大事、立大业，使自己成为不平凡的伟人。

　　不过，要真正做到不较真、能容人，也不是简单的事，需要有良好的修养，需要善解人意，需要从对方的角度设身处地思考和处理问题，多一些体谅和理解，就会多一些宽容，多一些和谐。比如，有些人一旦做了官，便容不得下属出半点毛病，动辄捶胸顿足，横眉立目，属下畏之如虎，时间久了，势必积怨成仇。想一想天下的事并不是你一人所能包揽的，何必因一点点毛病便与人动气呢？可如若调换一下位置，挨训的人也许就理解了上司的急躁情绪。

在公共场所遇到不顺心的事，实在不值得生气。素不相识的人冒犯你肯定是别有原因的，不知哪一种烦心事使他这一天情绪恶劣，行为失控，正巧让你赶上了，只要不是侮辱了人格，我们就应宽大为怀，不以为意，或以柔克刚，晓之以理。总之，不能与这位与你原本无仇无怨的人瞪着眼睛较劲。假如较起真来，大动肝火，刀对刀、枪对枪地干起来，酿出个什么后果，那就犯不上了。跟萍水相逢的陌路人较真，实在不是聪明人做的事。假如对方没有文化，一较真就等于把自己降低到对方的水平，很没面子。另外，对方的触犯从某种程度上是发泄和转嫁痛苦，虽说我们没有分摊他痛苦的义务，但客观上确实帮助了他，无形之中做了件善事。这样一想，也就容过他了。

清官难断家务事，在家里更不要较真，否则你就愚不可及。老婆孩子之间哪有什么原则、立场的大是大非问题，都是一家人，非要分出个对和错来，又有什么用呢？人们在单位、在社会上充当着各种各样的角色，恪尽职守的国家公务员、精明体面的商人，还有工人、职员，但一回到家里，脱去西装革履，也就是脱掉了你所扮演的这一角色的"行为"，即社会对这一角色的规矩和种种要求、束缚，还原了你的本来面目，使你尽可能地享受天伦之乐。假若你在家里还跟在社会上一样认真、一样循规蹈矩，每说一句话、做一件事还要考虑对错，顾忌影响、后果，掂量再三，那不仅可笑，也太累了。头脑一定要清楚，在家里你就是丈夫、就是妻子。所以，处理家庭琐事要采取"绥靖"政策，安抚为主，大事化小，小事化了，和稀泥，当个笑口常开的和事佬。具体说来，做丈夫的要宽厚，在钱物方面睁一只眼、闭一只眼，越马马虎虎越得人心，妻子给娘家偏点心眼，是人之常情，你根本就别往心里去计较，那才能显得男子汉宽宏大量的风度。妻子对丈夫的懒惰等种种难以容忍的毛病，也应采取宽容的态度，切忌唠叨起来没完，嫌他这、嫌他那，也不要偶尔丈夫回来晚了或有女士来电话，就给脸色看，鼻子不是鼻子，脸不是脸的审个没完。看得越紧，逆反心理越强。索性大撒把，让他潇洒去，看有多大本事，外面的情感世界也自会给他教训，只要你是个自信心强、有性格有魅力的女人，丈夫再花心也不会与你隔断心肠。就怕你对丈夫太"认真"了，让他感到是戴着枷锁过日子，进而对你产生厌倦，那才真正会发生危机。家里是避风的港湾，应该是温馨和谐的，千万别把它演变成充满火药味的战场，狼烟四起，鸡飞狗跳，关键就看你怎么去把握了。

有位智者说，大街上有人骂他，他连头都不回，他根本不想知道骂他的人是谁。因为人生如此短暂和宝贵，要做的事情太多，何必为这种令人不愉快的事情浪费时间呢？这位先生的确修炼得颇有城府了，知道该干什么和不该干什么，知道什么事情应该认真，什么事情可以不屑一顾。要真正做到这一点是很不容易的，需要经过长期的磨炼。如果我们明确了哪些事情可以不认真，可以敷衍了事，我们就能腾出时间和精力，全力以赴认真地去做该做的事，我们成功的机会和希望就会大大增加；与此同时，由于我们变得宽宏大量，人们就会乐于同我们交往，我们的朋友就会越来越多。事业的成功伴随着社交的成功，岂非人生一大幸事？

大着肚皮容物，立定脚跟做人

有一天，孔子的学生子贡问老师："有没有一个字可以作为终生奉行不渝的法则呢？"孔子回答："其恕乎！己所不欲，勿施于人。"这里的恕是凡事替别人着想的意思。其意是，自己不喜欢做的事，不要加在别人身上。这句话可视作面子学的基本修养。

战国时，梁国与楚国相界，两国在边境上各设界亭，亭座们也都在各自的地界里种了西瓜。梁亭的亭座勤劳，瓜身长势极好，而楚亭的亭座懒惰，瓜身又瘦又弱，与对面瓜田的长势简直不能相比。楚亭的人觉得失了面子，有一天夜里偷跑过去把梁亭的瓜秧全给扯断了。梁亭的人第二天发现后，气愤难平，报告给这个县的县令宋就，说我们也过去把他们的瓜秧扯断好了！宋就说，这样做当然是很卑鄙的。可是，我们明明不愿他们扯断我们的瓜秧，那么为什么再反过去扯断人家的瓜秧？别人不对，我们再跟着学，那就太狭隘了。你们听我的话，从今天起，每天晚上去给他们的瓜秧浇水。让他们的瓜秧长得好，而且，你们这样做，一定不可以让他们知道。梁亭的人听了宋就的话后觉得有道理，于是就照办了。楚亭的人发现自己的瓜秧长势一天好似一天，而且是梁亭的人在黑夜里悄悄为他们浇的，便将此事报告楚国边县的县令。县令听后感到十分的惭愧又十分的敬佩，于是把这件事报告了楚王。楚王听说后，也感到梁国人修睦边邻的诚心，特备重礼送梁王，既以示自责，亦以示酬谢，结果这一对敌国成了友好地邻邦。

降至日常生活的处理，又何尝不是这样？因为在各人的眼中，每个人的位置是各不相同的，并没有统一的标准可以提供给你。那不妨就按照"己所不欲，勿施于人"的原则，反求诸己，推己及人，则往往会有皆大欢喜的结果。反求诸己，易入情，由情入理，自然会生羞恶之心而知义，辞让之心而知礼，是非之心而知耻。自私自利之人，往往不懂推己及人的道理，往往毫无顾忌地损害他人的利益，把苦恼转嫁到旁人身上。以这种方式做人，无论走到哪里，都会被人骂到哪里，真正是既损人又损己。

人人都有自尊心，人人都有好胜心，若要联络感情，应处处重视对方的自尊心，因为要重视对方的自尊心，必须抑制你自己的好胜心，成全对方的好胜心。

比如对方与你有同样一种特长，对方与你比赛，你必须让他一步，即使对方的技术敌不过你，你也得让对方获得胜利。但是一味退让，便表现不出你的真实本领，也许会使对方误认你的技术不太高明，反而引起无足轻重的心理。所以你与他比赛的时候，应该施展你的相当本领，先造成一个均势之局，使对方知道你不是一个弱者，进一步再施小技，把他逼得很紧，使他神情紧张，才知道你是个能手，再一步，故意留个破绽，让他突转而出，从劣势，转为均势，从均势转为优势，结果把最后的胜利让给对方。对方得到这个胜利，不但费过许多心力，而且危而复安，面子上自然好看，精神一定十分愉快，对你也有敬佩之心。不过安排破绽，必须十分自然，千万不要让对方明白这是你故意使他胜利，否则便觉得你是虚伪。所面临的难题，是起初你还能以理智自持，比赛到后来，感情一时冲动，好胜心勃发，不肯再作让步，也是常有的事。或者在有意无意之间，无论在神情上，在语气上，在举止上，不免流露出故意让步的意思，那就白费心机了。

常常有些人，无理争三分，得理不让人，小肚鸡肠。相反，有些人真理在握，不吭不响，得理也让人三分，显得绰约柔顺，君子风度。前者，往往是生活中的不安定因素，后者则具有一种天然的向心力；一个活得叽叽喳喳，一个活得自然潇洒。有理，没理，饶人不饶人，一般都在是非场上、论辩之中。假如是重大的或重要的是非问题，自然应当不失原则地论个青红皂白甚至为追求真理而献身。但日常生活中，也包括工作中，往往为一些非原则的、鸡毛蒜皮的问题争得不亦乐乎，以至于非得决一雌雄才算罢休。这都是因为不懂面子学。

时下里流行一句话："玩深沉。"其实这种场合玩点深沉正显示了大度绰约的风姿。争强好胜者未必掌握真理，而谦下的人，原本就把出人头地看得很淡，更不消说一点小是小非的争论，根本不值得称雄。你若是有理，却表现得谦下，往往能显示出一个人的胸襟之坦荡、修养之深厚。

不过，朋友之间倘太重视礼让，自贬而崇人，则恐怕更加糟糕。所以，朋友间的交往要恰如其分，不强交，不苟绝，不面誉以求亲，不愉悦以合流，其关系的处理，恐怕用得上这么一副对联："大着肚皮容物，立定脚跟做人"，即"君子为人，和而不流"，小事"和"大事"不流"。

朋友之间，在非原则问题上应谦和礼让，宽厚仁慈，多点糊涂。但在大是大非面前，则应保持清醒，不能一团和气。见不义不善之举应阻之正义，如力不至此，亦应做到不助之。如果明明知道有人在行不义不善之事，却因他是长辈、上司、朋友，即默而容之，这就是一种很自私的趋避。有时候，立定了脚跟做人，的确是会冒风险的，也可能会受到暂时的委屈，被别人不理解。但是，这种公正的品德，最终会赢得人们的尊敬的。

《说唐》里鼎鼎大名的尉迟恭是一名莽勇的将军，却不知在唐史里，也是一位以"和而不流"著称于世的君子。有一次，唐太宗李世民与吏部尚书唐俭下棋。唐俭是个直性子的人，平时不善逢迎，又好逞强，与皇帝下棋时使出自己的浑身解数，把唐太宗打了个落花流水，颜面扫地。唐太宗心中大怒，想起他平时种种的不敬，更是无法抑制自己，立即下令贬唐俭为潭州刺史。还不解恨，又找来尉迟恭让他去唐俭家一次，听唐俭是否对自己的处理有怨言，若有，即可以此定他的死罪！尉迟恭听后，觉得太宗这种张网杀人的做法太过分，所以当第二天太宗召问他唐俭的情况时，尉迟恭只是不肯回答，反而说，陛下请你好好考虑考虑这件事，到底该如何处理。唐太宗气极了，把手中的玉板狠狠地朝地下一摔，转身就走。尉迟恭见了，也只好退了。唐太宗回去后，一来冷静后自觉无理，二来也是为了挽回面子，于是大开宴会，召三品官入席，自己则主宴并宣布道："今天请大家来，是为了表彰尉迟恭的品行。由于尉迟恭的劝谏，唐俭得以免死；我也由此免了枉杀的罪名，并加我以知过即改的品德，尉迟恭自己也免去了说假话冤屈人的罪过，得到忠贞的荣誉。尉迟恭得绸缎千匹之赐。"

唐太宗这样做，当然主要还是为了显示自己的"明正"，同时，为此他当然也感激尉迟恭。假如尉迟恭真的按他的话去，又怎知唐太宗"明正"起来，不治罪尉迟恭呢？与朋友相处也是一样，如果是真心待人，就应该对他加以爱护，不但帮助他渡过种种的难关，而且也要帮助他克服种种困难，天长日久，朋友们自然会了解你的为人和品格。

睁一只眼，闭一只眼

某单位里有一位男士，爱在业余时间玩扑克，经常玩到深更半夜。妻子对丈夫的这一做法很不高兴，下决心要给他"扭扭这个弯儿!"一天晚上，正值丈夫与同事们在一起打牌，玩到兴头上，她来叫丈夫了。丈夫答应马上回去，让她先走，妻子不从，一定要叫他立即回家，并动手拖他走。丈夫觉得妻子在家里管这管那，现在管到外边来了，当众使他丢了面子，回家以后，他越想越气，打了妻子一耳光。这位丈夫为何如此大动肝火？不用说，是因为妻子使他当众丢了面子。

在面子问题上，男人与女人有着很大的差别。相比之下，男人比女人更在乎面子。有很多男人爱以"男子汉大丈夫，天不怕地不怕"，或者"这才像个真正的男子汉"伪装自己。如果哪一位男士被人说"你哪里像一个男子汉"，那么，这个人也就等于说是失去了做一个男人的资格，从而蒙受耻辱，颜面尽失。

生活中，死要面子的男人随处可见，他们常常因为一件鸡毛蒜皮的小事，怕失脸面而大动干戈。如果他们把这种固执劲用到工作中、事业上，恐怕会产生意想不到的效果。

那么，为什么男人会如此固执地死要面子呢？面子学大师认为有以下理由：

其一，男人比女人更注重理性、信念之类的东西，他们往往拘泥不化，但却常常又舍本而逐末，在一些琐事上绕圈子，自以为是，把原先的目的放在一边，到头来只能是作茧自缚、陷入困境。

其二，男人多具有孩子气。同样的男性，英国人就较为成熟，他们即使在脸面丢尽的情况下也会换得实惠。而东方人则认为这是可耻的，男人应该甚至于宁可抛弃生命，也不能失去面子。

既然男人爱面子到了如此程度，那就让我们把这一话题扯开去，看看男人在这方面究竟有哪些"特性"。

（1）男人做了错事还要强词夺理

假如你是女人，满怀欣喜地等在公园门口，准备和你的男友一起去荡桨划船，可是约会的时间已经过了半个小时，却左等右等还不见他的人影，你一定会急得怒火上升吧？

当姗姗来迟的他出现在你的面前时，他必定会急急忙忙地开口向你解释什么。而你，如果是个聪明女子的话，最好先压下自己的火气，千万别忙着向他发脾气或埋怨，让自己变成一个头脑冷静的心理学家，且听听他会对你说些什么，以便对他作一个透视。

一般的男人，在意识到自己犯了过失以后，往往会有两种下意识的反应：一种人会立刻诚恳地向对方表示歉意，希望能得到对方的原谅；而另一种人却会马上找出一堆理由来自我辩解，或诿过于人。后一种人往往多于前一种人。

那么，为什么男人总是爱强词夺理呢？

原因之一：男人生性好强，不愿在人前示弱，即使是在做了错事之后仍是如此。

男人自认为是强者，因此决不肯服输，尤其不肯在女人面前服输。否则的话，便会感到有损男子汉的"光辉形象"。在许多时候，明明他错了，可就是不承认，而且还要为自己的错误辩护，恨不得一下子找出一百个理由来批驳你。这是因自惭形秽而形成的一种偏执狂式的顽固心理。

原因之二：是为了逃避惩罚，这是男人狡猾和缺乏自信的表现。

那种不向对方道歉而热衷于辩解的男人，生怕因自己的过错而引起对方的不满，以至令对方不肯原谅自己。所以，就找些理由来为自己辩解，以为这样就能使对方信任并谅解。但是，从实际效果上来看，这是一种愚蠢的策略。

（2）男人怕被女人"比下去"

有一位美丽而能干的美国小姐说，当她在一家银行里工作一帆风顺时，就会引起丈夫的不满。他认为她把他"比下去了"。另一位太太则说，她决定永远不接受可以使她比丈夫收益更多的工作，"因为那意味着他将觉得自己不那么像个男人了。"

为了不伤丈夫的自尊心，许多女士不得不放弃自己的晋升机会或前途的职业，以避免丈夫由于在职业地位上不如自己而感到难堪。这是已婚女人的心态，他们必须做出让步，否则可能导致婚姻悲剧。

那么，未婚者的情况又如何呢？在204名男性征婚者同时期内刊登于同一报纸的广告中，仅有8个要求女方"有事业心"，耐人寻味的另一情况是，在征婚女性中，每13人中仅有1人在广告中介绍了自己的经济情况；而男性中则是每100人中有73人在广告中介绍自己的经济情况。

这个情况间接反映了一个问题：男人不指望妻子的经济能力。因而不需要女强人。

（3）男人不愿意让女人当众出风头

不少男人看到浓妆淡抹、奇装异服、过分赶时髦的女孩就吓得发抖。他们怕女孩子锋芒太露，更怕她们在他们的朋友面前表现突出，因为他们认为这样的女孩太不给他们面子。

如果女性不留情面地揭穿他的把戏，就很有可能挫伤他的积极性，使他在你面前望而却步。

其实，人本来就不可能对每一个问题都内行，为了取悦于你而在你面前硬充内行并不表明他真的无知，你不妨装出认真倾听的样子，让他滔滔不绝地讲下去。当然，如果你对这位男性丝毫没有好感甚至厌恶，那自然要另作别论。

（4）男人常常沉迷于玩乐

事关玩乐，男人总是很容易入迷。刚学会打麻将的时候，脑海里全都是麻将经。上了公共汽车，他也会在心中自言自语："三个同样的牌，不就可以碰了吗？"迷恋于象棋者，坐在办公室里望着窗外的大厦，心里会暗想："哈，那些窗户不就跟棋盘一模一样吗？"在生活中，经常可以见到有些男人因为贪恋于麻将、扑克等等，结果闹得家庭不和，甚至妻离子散。

　　男子为什么会热衷于某种玩乐呢？从面子学的角度，可以找到以下原因：

　　因为男人的好奇心和表现欲极强，只要对自己是绝顶新鲜的事，他就很容易入迷而不能自拔。譬如，刚拿到汽车驾驶执照时，那种兴奋劲儿旁人看了都会失笑："失陪一会儿，我到前面买一盒烟。"本来走几步路就可以到的地方，他偏得开车去。这种行为当然含有"好玩"的因素在内，但也是为了从这种表现之中获得某种满足。

　　如果深入分析某原因，八成与男性的好胜心有关。尤其是日常生活太单调的男性，一些含有很强的竞争因素的玩乐，由于胜负必争，为了争脸，他们一定要倾注全部精神，以便取得优胜，获得成就感，体验竞争的乐趣。这可以算作是男人热衷于玩乐的第三个原因。最好的例子是下棋。男人喜欢竞争又死不服输的个性，在下棋的时候，只要冷眼旁观就不难了解。通常，下棋的双方都是旗鼓相当的，面对面坐下来，总要想办法赢了对方，因此，常出现争执。

　　到网球场的人们经常会看到挺着大肚子的有地位的中年男性，聚精会神地在打球，一副天塌下来也懒得管的着迷劲儿，实在令人叹为观止。工作之余，人们也经常可以看到一些男性在麻将桌前认真钻研，他们废寝忘食，一玩就是几个小时，甚至连时间的存在都全然不顾了。

　　男人就是如此，一旦沉溺于某种玩乐就不能自拔。男人如果不加强自控，就不能保证正常的生活不受干扰，那就不能抱怨女人不通情达理了。而作为女人，也应该在一定程度里给男人玩的时间和自由，不能总是唠唠叨叨地没完没了，甚至以简单粗暴的方式进行干涉，那样只能适得其反。

　　分析完男人身上的这些"毛病"，再回过来看看，就不难理解那位丈夫为什么因一点儿小事而大动肝火了。

嘴上留德　骂人不揭短

人们把说话刻毒阴损的人称之"乌鸦嘴"，乌鸦的叫声刺耳且伴随恶兆，故令人厌恶之极。言多语失，在所难免；然恶语伤人，当自警戒。出口直指对方疮疤，所伤者不只人心，还有面子。说者只顾一时痛快，而听者可能铭记在心，结怨结仇，再难解开。呜乎，何轻何重，焉能不察？

切勿一争到底

每个人都会遇到不同于自己的人，大至思想、观念、为人行事之道，小至对某人、某事的看法和评判。这些程度不同的差异可能会转化成人与人之间的争执与辩论，任何独立的，有主见的人都应正视这个问题。

留心我们的周围，争辩几乎无所不在。一场电影、一部小说能引起争辩，一个特殊事件、某个社会问题能引起争辩，甚至，某人的发式与装饰也能引起争辩。而且往往争辩留给我们的印象是不愉快的，因为争辩的目标指向很明白：每一方都以对方为"敌"，试图以一己的观念强加于彼。

所以，争论不适合个人与个人之间，而如果是用于团体，像辩论会似的，又应另当别论。比方说：由于最近发生的某个社会问题而引起两者间争论，最后，虽然你用某某事实或理论来证明你的意见是正确的，你通过争论的手段达到了胜利的目的，而他已哑口无言了，但你却万万不可忽略了这一点，他不一定就放弃他的思想来信奉你的主张。因为，你在心里所感觉到的，已经不是谁对与谁错的问题，而是他对于你驳倒他，怀恨在心，因为他的颜面扫地了。

这样看来，你虽然得到了口边的胜利，但和那位朋友的友情，却从此一刀两断。比较之下，你会不会觉得，当初真是有欠考虑，仅仅为了口边的胜利，而得罪了一个朋友——如果那位朋友一旦为人小气，说不定他正在伺机报复呢！

有些人在和朋友翻脸之后，明知大错已铸成，也故作不后悔状，还经常这样认为："这样的朋友不要也罢。"其实这样对你又有什么好处？而坏处却很快可以看到，因为和别人结上怨仇，你就少了一位倾吐心事的人。

一位心理学家曾经说过："人们只在不关痛痒的旧事情上才'无伤大雅'地认错。"这句话虽然不胜幽默，但却是事实。由此也可以证明：愿意承认错误的人是少数的——这就是人的本性。

现在就让我们姑且认为这次争论是一次积极争论，也就是说，它值得我们去争论。但是在这过程中，我们仍需时时把握住自己。因为在争论中最容易犯的毛病，就是常常自己认为自己的观点才是世界上最正确的，只顾阐述自己的观点，而忽略了要耐心诚意地去听取别人的意见。

这就往往可以使善意的争论变成有针对性的争论。需要强调一下，这种现象是很危险的，也很常见。因为即使最善意的争论，也是由于双方的观点有分歧引起的，所以，在一开始，双方就是站在对立的立场上，对于对方的论点，根本就会采取一种缺乏分析的态度，而一味地表述自己的看法。

如此一来，争论过程中就难免有情绪激动，面红耳赤，甚至去翻对方陈年老底。所以，当双方都各执己见，观点无法统一的时候，你应当控制情绪，把握自己，把不同的看法先搁下来，等到双方较冷静的状态时再辨明真伪。也许，等到你们平静的时候，说不定会相顾大笑双方各自的失态呢。

而在当你胜利的时候，你也应该表现出自己的大将风度，不应该计较刚才对方对你的态度。争辩是一件事，而交情又是一件事，切切不可混为一谈。但他向你认错的时候，也万万不该再逼下去，以免对方恼羞成怒。

结束后，你也应该顾及到对方的面子，可以给对方一支烟或是一杯茶，抑或是同他要求一点小帮忙，这样往往可以令他恢复愉快的心理。

美国的哲学家、诗人爱默生有一天同他的儿子一起想把一匹小牛赶进牛栏。但他们犯了一个错误，他们只想到自己的愿望，爱默生在后面推小牛，他的儿子在前面提拽小牛。但小牛也有自己的愿意，它把两只前掌撑在地上，犟着不照他们父子的愿望行动。小牛又没有穿鼻绳，它顽固地不肯离开牧地。他们家的爱尔兰籍的女佣见到这种情景，却觉得好笑，她充分理解小牛的愿望。她刚才在厨房干活，手指头上有盐味儿，于是他像母牛喂奶似的，把有咸味的手伸进小牛的嘴里，让它吮着走进了牛栏。

动物尚且有自己的愿望，更何况人呢？不了解对方的意思，光想自己认为怎么样就怎么样，难免会导致社交的失败。

你如果要劝说一个人做某件事，在开口之前，最好先问问自己：我怎么样才能使他愿意去做这件事呢？

在这方面，人际关系大师卡耐基堪称高手，他讲过这样一件事：

他每季都要在纽约的某家大旅馆租用大礼堂20个晚上，用以讲授社交训练课程。

有一个季度，他刚开始授课时，忽然接到通知，房主要他付比原来多三倍的租金。而这个消息到来以前，入场券已经印好，而且早已发出去了，其他准备开课的事宜都已办妥。

很自然，他要去交涉。怎样才能交涉成功呢？他们感兴趣的是他们想要的东西。两天以后，他去找经理。

"我接到你们的通知时，有点震惊。"他说，"不过这不怪你。假如我处在你的位置，或许也会写出同样的通知。你是这家旅馆的经理，你的责任是让旅馆尽可能地多盈利。你不这么做的话，你的经理职位难得保住，也不应该保得住。假如你坚持要增加租金，那么让我们来合计一下，这样对你有利还是不利。"

"先讲有利的一面。"卡耐基说，"大礼堂不出租给讲课的而是出租给举办舞会、晚会的，那你可以获大利了。因为举行这一类活动的时间不长，他们能一次付出很高的租金，比我这租金当然要多得多。租给我，显然你吃大亏了。"

"现在，在考虑一下，'不利'的一面。首先，你增加我的租金，却是降低了收入。因为实际上等于你把我撵跑了。由于我付不起你所要的租金，我势必再找别的地方举办训练班。"

"还有一件对你不利的事实。这个训练班将吸引成千的有文化、受过教育的中上层管理人员到你的旅馆来听课，对你来说，这难道不是起了不花钱的活广告作用了吗？事实上，假如你花5000元钱在报纸上登广告，你也不可能邀请这么多人亲自到你的旅馆来参观，可我的训练班给你邀请来了。这难道不合算吗？"

讲完后，卡耐基告辞了："请仔细考虑后再答复我。"当然，最后经理让步了。

可以设想，如果他气势汹汹地跑进经理办公室，提高嗓门叫道："这是什么意思！你知道我把入场券印好了，而且都已发出，开课的准备也已全部就绪了，你却要增加300%的租金，你不是存心整人吗?! 300%！好大的口气！你疯了！我才不付哩！"

想想，那该又是怎样的局面呢？大争大吵必然炸锅了，你会知道争吵的必然结果：即使他能够辩得过对方，旅馆经理的自尊心也很难使他认错而收回原意。

记住：假如有什么成功的秘诀的话，就是设身处地替别人想想，了解别人的态度和观点；而一味地为自己的观点和主张作争辩，往往只会陷于顶牛抬杠的境地。

背后说人不可取

树林子大了，什么鸟都有。有这样一种人，他们特别喜欢三五成群坐在一起，或许手中干点不太紧要的活计，或是什么都不干，嘴可是一刻都没有闲着，张家长、李家短，挑这个人的不是，讲那个人的毛病，嘀嘀咕咕，神神秘秘。一遇有不是"圈内"之人过来，便马上转移话题，那人一走，便马上又旧话重提，或者干脆就把话题转移到了此人身上。对人家指指点点，而且煞有介事。

这一类人最大的特点就是喜欢背后议论别人，或称之为"嚼舌头"。他们把议论别人，对别人的指摘当作日常生活中一件大事，当作自己锻炼"口才"的基本功，而且特别上瘾，每天都在对几个人物加以评价，缺了此项活动，立刻觉得似乎生活少了点佐料，滋味顿减。对此项活动，客气地讲是无聊，此种人乃是无聊之人，不客气地讲，那就是卑鄙。绝大多数人对此"评论家"都是不欢迎的。

喜欢议论别人的人几乎都是庸庸碌碌之人，而绝非是工作上的能手，或业务上的尖子。因为发表议论需要时间，而且要找恰当时间，还要几个人凑在一起，所需要的时间就更长。干正经事的人绝没有这么多的空闲时间，他们总是觉得时间不够用，也就不可能把时间浪费在此无聊之事上。所以从这点上讲，喜欢议论别人的人整体上来讲都是格调不高之人。这也充分体现了"物以类聚，人以群分"的道理。

喜欢议论别人的人一般都是内心比较狭隘的人，看不得别人超过自己。因为他们所谈论的一般都是人家的不是，否则就不必要背后议论了。好的话为什么不讲在当面，别人高兴，自己也觉得痛快呢？所以说喜欢议论别人的人的嫉妒心理是很强的。看到别人比自己强，或是工作上出色，作出了成绩；或是家庭幸福、婚姻美满；或是子女比自己的强……总而言之就是容不得别人幸福。看到别人超过自己一点，马上心理上就不平衡，于是总要设法发泄一下，议论人的缺点成了最好的发泄方式。在他们眼里，即便是优点也会变成缺点，做得再好也是自私。他们心理上的"红眼病"已到了第三期。

喜欢议论别人，对别人能够明察秋毫，而对自己却不能有个清醒的认识。越是喜欢议论别人的人，他自己本身就有许多缺点，可他却从不正视，绝不做自我批评。实际上，议论别人成了掩盖自己缺点的外衣。越是这样，缺点得不到改正，长此以往，坏习惯就养成了。到头来对自己没什么好处，对他人来讲也不会有什么好的影响。"正己才能正人"，不能律己，又何以要求别人呢？

喜欢背后议论别人，对被议论者，"评论家们"无非有这样两种心态：一种是被议论者确实专横跋扈，而且大权在握，犯有一定错误，可又不敢当面指责，生怕得罪此人，畏惧此人给自己"穿小鞋"。既然不敢当面讲，憋在心里又觉得愤愤不平，所以就在背后大加议论、指责，以解心头之恨，出出心中这口恶气。但这种背后议论的方法又能解决什么问题呢？既少不了他一根筋骨，更少不了他一根毫毛。越是这样做，反而会更加助长他的嚣张气焰，证明怕他，除了嘴上说说之外，对他奈何不得。

如果说这种背后议论的人是出于无奈，而且对他人并无伤害，这还是可以原谅的。如果被议论者本无什么错处所在，可硬要说人家这不是那不是，就应另当别论了。被议论者并无什么错处可言，也没什么大的缺点可以指责，可能只是某些方面做得太好了一点，于是这些"评论家们"便横挑鼻子、竖挑眼，对人家大加指责，说得别人一无是处。无中生有，有个枝就给添上个叶儿，而且有根有据，就像说一个被当场抓获的小偷那样。弄得被议论者就是跳进黄河也洗不清了。对这种背后议论不要说原谅，而且应给予谴责，也是很令人气愤的。

背后议论人者，有些人是出于无聊之极，把议论别人当作一种消遣，而且自身从不考虑自己的言论将会对别人产生怎样的后果。其实这种人有时并未有什么不良企图，只是为了痛快痛快自己的嘴。可是，说者无心，听者却可能有意。无意中讲的话，很可能就被有意者断章取义，用作攻击被议论者的武器，却还反咬一口，嫁祸于无意讲话的人。到头来无意也成了有意，有嘴也说不清。更何况，什么事情都应辩证地去看，被议论的滋味并非好受。"己所不欲，勿施于人"，自己不愿接受的事，为什么要强加于别人呢？

那些有意议论者，则多是出于某种恶意的心理，而且多数是搬弄是非之人。他们就是靠对别人说长道短来达到自己某种不可告人的目的。或是挑拨是非，或是嫁祸于人，或是有意想把某人拉下马，赶下台。这种人可以称之为阴谋家，是很危险的人物。在某一段时间内，这种人可很得势，因为能言善辩，巧于言辞，又很会察言观色，所以他们的目的有可能达到。但如果总是故技重演，就难免会被别人发现。中国有句古话，"多行不义必自毙"，谎话说够一万次也成不了真理，费尽心机，最终只会落得身败名裂。毕竟还是好人、善良人多，那些故意搬弄是非之人的市场是很小的。

所以，背后议论别人并非什么好事，不是正人君子的作风。做人就应当光明磊落。有话讲在当面，不要背后搞小动作。对于那些喜欢背后议论别人的人要予以轻视的态度，不得不防，但不要以牙还牙，那样只会使这种人更得势，于己于人都不利。

中国有句俗话："宁在人前骂人，不在人后说人。"这个意思就是说，别人有缺点有不足之处，你可以当面指出，令他改正，但是千万别当面不说，背后说个没完。

背后说人坏话的人并非少数，有一句话叫做："谁人背后无人说，谁人背后不说人。"这话虽然说得有些绝对，却也说明了一个道理，那就是，大多数人，都多多少少地在背后说过别人，只是所说的是好话还是坏话，就无从考证了。不过有一点，经常在背后说别人坏话的人，肯定不会是受欢迎的人。因为凡是有点头脑的人，都会自然而然地这么想："这次你在我面前说别人的坏话，下次你就有可能在别人面前说我的坏话。"这样一来，你在别人的心目中就很没面子了。

言多语失，祸从口出

在这个社会上，有些人总喜欢夸示自己，往往认为自己的学识、兴趣高人一等。每遇亲朋好友，就迫不及待地大肆吹嘘自己的心得、经验，却不知这样常令一旁的好友不知所措。

举个例子来说，一个视赌如命的人，看到不会赌钱的人，很可能会揶揄他一番："你怎么不会赌博，那人生还有什么快乐可言？"这话传到他的耳里，必定不会让他感到愉快的。

所以，每逢开口说话，不管是什么内容，都要注意别让别人产生自己被比下去的感觉。

与人相处，切记——不要在失意者面前谈论你的得意。

如果你正得意，要你不谈论不太容易，哪一个意气风发的人不是如此？所以这种人也没什么好责怪的。但是要谈论你的得意时要看场合和对象，你可以在演说的公开场合谈，对你的员工谈，享受他们投给你的钦羡眼光，更可以对路边的陌生人谈，让人把你当成神经病，就是不要对失意的人谈，因为失意的人最脆弱，也最多心，你的谈论在他听来都充满了讽刺与嘲讽的味道，让失意人感受到你"看不起"他。当然有些人不在乎，你说你的，他听他的，但这么豪放的人不太多。因此你所谈论的得意，对大部分失意的人是一种伤害，这种滋味也只有尝过的人才知道。

一般来说，失意的人较少攻击性，郁郁寡欢是最普通的心态，但别以为他们只是如此。听你谈论了你的得意后，他们普遍会有一种心理——怀恨。这是一种转进到心底深处的对你的不满的反击，你说得口沫横飞，不知不觉已在失意者心中埋下一颗炸弹，多划不来。

失意者对你的怀恨不会立即显现出来，因为他无力显现，但他会透过各种方式来泄恨，例如说你坏话、扯你后腿、故意与你为敌，主要目的则是——看你得意到几时，而最明显的则是疏远你，避免和你碰面，以免再听到你的得意事，于是你不知不觉就失去了一个朋友。

所以，得意时就少说话，而且态度要更加谦卑。

生活中往往会出现这样的情形，某人在你的面前显得畏畏缩缩，不敢高言大声，因为他的地位或是学识没有你高；某人在交往中对你低声下气，因为他有求于你；某人面对你总是藏头藏尾，不敢正视你，因为他曾做过对不起你的事等等。在这种情况下，你应该更注意言谈举止，切忌透露出咄咄逼人之气。

某单位部门主任掌管着整个部门人员休假的审批权，职员要休假没有他签字便休不成。于是这位部门主任"充分"地利用了手中的这一权利，每当有职员找他批假条时，他就做出一副居高临下的神态，嗯嗯啊啊地问这问那，那派头跟法官审犯人差不多，每一次都至少要"审"上半个钟头才能把他的大名签到职员们的休假条上。职员们对此既讨厌又无奈，背后都称他为"碎嘴蟹"。"蟹"是霸道的意思，可见职员们对这位部门主任的愤恨了。

像"碎嘴蟹"这样的人并不在少数，而且几乎在任何场合都能够碰到。所以我们在日常交往中，无论你的谈话对象是谁，都应该给对方一个谦和的感觉，而不要露出一副逼人之态。一位哲学家曾经说过，"尊重别人是抬高自己的最佳途径。"这话算是一语道破了天机。

某报社沈先生50多岁，每天一到报社，都见到沈先生带着一脸的微笑，并且和每一位编辑记者乃至勤杂打招呼。如果有什么问题向他汇报或请教，沈先生也总是微笑着，身体微微前倾，认真地听完你的话，然后以感激的口吻说："你辛苦了！"或者以商量的口吻说："我看是不是这样……"所以每次从沈先生的主编室出来，心里都是暖暖的，哪怕是有些建议没有被采纳，也会从沈先生那儿得到一句让人心暖的话："这个主意不错，只是还不太成熟，让我们一起再酝酿酝酿。"遇到这样的领导，你还有什么好说的。

很明显，如果在"碎嘴蟹"和沈先生之间选择一个领导的话，我肯定选择沈先生，而且我相信，所有人都会与我的选择相同。这就是谦和会给人亲切感，从而赢得了人心。如果像"碎嘴蟹"那样，一味地咄咄逼人，一味地耍派头，唯恐别人不知道他"身居要职"，那么最终只能是所有人都讨厌他。

无论你是面对什么样的人，要想赢得对方的赞赏，最好做到以下几点：

（1）认真倾听对方所说的话；

（2）面带微笑；

（3）言辞恳切；

（4）多用协商的口吻；

（5）不要使用让对方难堪的词句；

（6）不要摆出居高临下的姿态；

（7）不要在言辞上让对方有压迫感；

（8）不要对对方露出不屑一顾的神态。

如果能在应酬中做到以上几条，你不仅会得到更多的朋友，同时也会得到更多的尊重。

常常有这样的情况：你急于想表白自己的观点，可是对方却还没有把观点叙述完，你便迫不及待地打断对方的谈话，而强硬地插入自己的观点。这样，被打断了话头的人便会在心里感到极不痛快。这是很自然的，因为任何人都不希望自己的谈话被他人打断。

卡耐基说："耐心地听完他人的观点，然后再清楚地说出自己的观点，你会发觉别人很注意你。"这话便说明了一个问题，当你耐心地听完别人的观点的时候，你便是给了别人面子；所以当你叙述自己的观点的时候，别人也同样会回报，给你面子。

周恩来在外交上的魅力，一直都为人们所称道。大家都知道当年的日内瓦会议是一次国际交往时代的会议，但是，那次会议给人留下最深刻印象的，便是中国的周恩来。当时参加会议的各国代表，本来政见不一，遇到了这么好的一个"吵架"机会，都不愿意轻易失去，于是各国要人吵成了一团。面对这种形势，周恩来总理一方面绝不参与吵架，另一方面积极寻求平息这场国际大吵架的方法。周总理在耐心地听了各国政要的吵闹之后，平静地说出了一句令各国政要为之震动，且从此成为世界名言的话："我们是来寻找友谊的，不是来吵架的！"此言一出，语惊四座，令各国政要立即为之汗颜。就因这一句话，周恩来的形象立刻便在人们的眼里高大起来，中国在世界的地位也随之提高。

设想一下，如果周恩来当时也像别国政要们那样沉不住气，也混在他们中间吵个不休，那么结果会是如何呢？不难想象，其结果一定是一塌糊涂。所以，让对方说个够，等到对方无话可说的时候，来一个一语中的，便会鹤立鸡群，身价倍增，从而成为周围关注的中心。反之，如果常常贸然打断他人的谈话，强加叙述自己的观点，不仅不会获得他人的尊重，相反的只能引起他人的讨厌。

我们可以随时注意观察人们的话题，哪些吸引人而哪些不吸引人，为什么？原因是什么？自己开口时，便自觉地练习讲一些能引起别人兴趣的事情，避免引起不良效果的话题。

哪些话题应该避免呢？从你自身来说，首先应该避免你不完全了解的事情。一知半解、似懂非懂、糊里糊涂地说一遍，不仅不会给别人带来什么益处，反而给人留下虚浮的坏印象。若有人就这些对你发起追问而回答不出，则更为尴尬。其次是要避免你不感兴趣的话题，试想连你对自己所谈的都不感兴趣，怎么能期望对方随你兴奋起来呢？如果强打精神，故作昂扬，只能是自受疲累之苦，别人还可能看出你的不真诚。

虽然，我们在和人交谈当中，不可能时时都能使对方和自己产生共鸣现象，况且在现场往往有第三者的存在，但是，只要能找到彼此都感兴趣的共同话题和嗜好，如此一来，即使在交谈中产生失真问题，也不至于会使气氛变得过于凝重。

一般在交际场合中，与刚相识的人开始交谈是最不容易的。因为你不熟悉对方的性格、爱好，而时间又不允许你多作了解。这时宜从平淡处开口，而不是冒昧提出太深入或太特别的话题。

最简单的是谈天气，或从当时的环境找寻话题，比如："今天来的人可真不少呀！""这儿您以前来过吗？""您和主人是在哪儿同过学"。"那盆花开得真不错"等。还有一个中国人惯用的老方法：询问对方的籍贯，然后就你所知引导对方详谈其家乡的风物，这几乎是一个万通万灵的不衰话题。

给人台阶　打一巴掌揉三揉

　　在社交活动中，能适时地为陷入尴尬境地的对方提供一个恰当的"台阶"，使他免丢面子，也是面子学的一大原则，也是为人的一种美德，这不仅能使你获得对方的好感，而且也有助于你树立良好的社交形象。否则对方没能下得"台阶"，出了丑，可能会记恨你一生。相反，若注意给人"台阶"下，可能会让人感激一生。是让人感激还是让人记恨，关键是自己在"台阶"问题上不陷入误区。

别把人逼进死胡同

　　1953 年，周恩来率中国政府代表团慰问驻旅大的苏军。在我方举行的招待宴会上，一名苏军中尉翻译周恩来讲话时，译错了一个地方。我方代表团的一位成员当场作了纠正。这使周恩来感到很意外，也使在场的苏联驻军司令大为恼火。因为部下在这种场合的失误使司令有些丢面子，他马上走过去，要撤下中尉的肩章和领章。宴会厅里的气氛顿时显得非常紧张。这时，周恩来及时地为对方提供了一个"台阶"，他温和地说："两国语言要做到恰到好处的翻译是很不容易的，也可能是我讲得不够完善。"并慢慢重述了被译错了的那段话，让翻译仔细听清，并准确地翻译出来，缓解紧张气氛。周恩来讲完话在同苏军将领、英雄模范干杯时，还特地同翻译单独干杯。苏驻军司令和其他将领看到这一景象，在干杯时眼里都含着热泪，那位翻译被感动得举着杯久久不放下。

　　下列社交误区都可能使对方陷入难堪的境地。

　　（1）揭对方的错处或隐处

　　心理学的研究表明，谁都不愿把自己的错处或隐私在公众面前"曝光"，一旦被人曝光，就会感到难堪或恼怒。因此，在交际中，如果不是为了某种特殊需要，一般应尽量避免触及对方所避讳的敏感区，避免使对方当众出丑。必要时或委婉地暗示对方已知道他的错处或隐私，便可造成一种对他的压力。但不可过分，只需

"点到而已"。在广州著名的大酒家，一位外宾吃完最后一道茶点，顺手把精美的景泰蓝食筷悄悄"插入"自己的西装内衣口袋里。服务小姐不露声色地迎上前去，双手擎着一只装有一双景泰蓝食筷的绸面小匣子说："我发现先生在用餐时，对我国景泰蓝食筷颇有爱不释手之意。非常感谢你对这种精细工艺品的赏识。为了表达我们的感激之情，经餐厅主管批准，我代表中国大酒家，将这双图案最为精美并且经严格消毒处理的景泰蓝食筷送给你，并按照大酒家的'优惠价格'记在你的账簿上，你看好吗？"那位外宾当然会明白这些话的弦外之音，在表示了谢意之后，说自己多喝了两杯"白兰地"，头脑有点发晕，误将食筷插入内衣袋里，并且聪明地借此"台阶"，说："既然这种食筷不消毒就不好使用，我就'以旧换新'吧！哈哈哈。"说着取出内衣里的食筷恭敬地放回餐桌上，接过服务小姐给他的小匣，不失风度地向付账处走去。

有趣的是，类似事情不止一桩。

60 年代初期，某一外国贵宾来我国访问，在上海市参观期间，东道主为他举办了招待宴会。

宴会上使用的酒杯是一套价值连城的九龙杯，其形古朴苍劲玲珑剔透，特别是龙门口上那颗光耀夺目的明珠更是巧夺天工。有人被这精美而又珍贵的艺术品深深吸引住了，拿在手上仔细欣赏赞不绝口，啧啧称奇。也许是由于饮酒过多，他竟将一只九龙杯有意无意地顺手装进了自己随身携带的公文包。我方陪同人员见状后，说也不是，不说也不是，直接索要不太礼貌，甚至还会影响到两国的关系，眼见客人夹起公文包兴冲冲地离去。

有关人员及时将这一情况向当时正在上海视察工作的周恩来做了汇报。周恩来听后指示道："九龙杯是我国的稀世珍宝，一套 36 只，缺一岂不可惜？不要就这样让他轻易拿走，当然追回也应采取最为合适的办法。"当周恩来得知这位贵宾将要去观看杂技表演时，思忖片刻，心生一计，便把有关人员召来，如此这般吩咐了一番。

晚上，明亮的表演大厅里笑语欢声，热闹非凡，精彩的杂技表演令观众如痴如醉。特别是那位贵宾被中国演员精湛的技艺所折服，一个劲地热情鼓掌。台上表演正是高潮，只见一位魔术师轻步走上舞台，很是潇洒地将三只杯子摆放在一张桌子上，观众定睛一看，原来是奇光耀眼的九龙杯。再看魔术师举起手枪，朝九龙杯扣动扳机，随着一声枪响，转眼间那三只九龙杯只剩下了两只，另一只不知去向，观众们兴趣热烈，既为魔术师的技艺叹服，又都在纳闷：那只九龙杯到底去了什么地方？

这时，那位魔术师对观众说道："观众朋友们，那只杯子刚才被我一枪打进了坐在前排的那位尊贵客人的皮包里了。"说完，便轻步走下台来，对那位贵客欠身道："先生，能打开您的包吗？"贵客明知是计，但不好作声，便从包里将九龙杯取了出来，当他看到满场的观众都在热烈鼓掌时，也高兴地笑了起来。

（2）张扬对方的失误

在社交中谁都可能不小心弄出点小失误，比如念了错别字，讲了外行话，记错了对方的姓名职务，礼节有些失当，等等。当我们发现对方出现这类情况时，只要是无关大局，就不必对此大加张扬，故意搞得人人皆知，使本来已被忽视了的小过失，一下变得显眼起来。更不应抱着讥讽的态度，以为这回可抓住笑柄了，来个小题大做，拿人家的失误在众人面前取乐。因为这样做不仅会使对方难堪，伤害他的自尊心，使他对你反感或报复，而且也不利于你自己的社交形象，容易使别人觉得你为人刻薄，在今后的交往中对你敬而远之，产生戒心。

（3）让对方败得太惨

在社交中，常会进行一些带有比赛性、竞争性的文化活动，比如棋类比赛、乒乓球赛、羽毛球赛等。尽管这是一些文娱活动，但大家都希望成为胜利者，有经验的社交者，在自己"实力雄厚"、能绝对取胜的情况下，往往并不使对方失败得很惨而狼狈不堪，反倒是有意让对方胜一两局，既不妨碍自己总体上的获胜，又不使对方太失面子。比如有些象棋高手，在连赢几盘棋后，往往会有意走错几步，让对方最后赢一两盘。与人处事正像下一盘象棋，只有那些阅历不深的小青年，才会一口气赢对方七八盘，对方已涨红了脸、抬不起头，他还在那儿一个劲儿地喊"将"。其实，作为社交活动，并非正式比赛，对输赢不必那么认真，主要目的还是交流感情，增进友谊，满足文化生活的需要；否则，计较起来，会给对方造成不佳的心情。据说国民党元老胡汉民极爱下象棋，又把输赢看得很重，在一次宴会后与棋艺不凡的陈景夷对弈时，本来已一比一平局，却要下第三局，在残局时被对方打了个死车，顷刻间胡汉民脸色苍白，大汗淋漓，又急又恼，当场晕厥，三天后竟因脑溢血死亡。

我们不但要尽量避免因自己的不慎造成别人下不了台，而且要学会在对方可能不好下台时，巧妙及时地为其提供一个"台阶"。否则，很可能会由于方法不当，本来是帮助对方下台，结果反而弄得对方更尴尬。这里也有几点应注意：

（1）要注意不露声色

既能使当事者体面地"下台阶"，又尽量不使在场的旁人觉察，这才是最巧妙的"台阶"。有一则报道很能启发人。一次，一位外国客人在天津水晶宫饭店请客，请10个人要3瓶酒。饭店女服务员小丁知道10个人5道菜起码得有5瓶酒，看来客人手头不那么宽裕。于是她不露声色地亲自给客人斟酒。5道菜后，客人们的酒杯里的酒还满着。这位外宾脸上很光彩，感激小丁给他圆了场，临走时表示了下次还来这里。如果小丁想让这位外宾"出洋相"是太容易了，但那样就会失去一位"回头客"。善于交往的人往往都会这样不动声色地让对方摆脱窘境。

（2）要注意用幽默语言作为"台阶"

幽默是人交往的润滑剂，一句幽默语言能使双方在笑声相互谅解和愉悦。作家冯骥才在美国访问时，一位美国朋友带着儿子到公寓去看他。他们谈话间，那位壮得像牛犊的孩子，爬上大冯的床，站在上面拼命蹦跳。如果直截了当地请他下来，势必会使其父产生歉意，也显得自己不够热情。于是，大冯便说了一句幽默的话："请你的儿子回到地球上来吧！"那位朋友说："好，我和他商量商量。"结果既达到了目的，又显得风趣。

（3）要注意尽可能地为对方挽回面子

有时遇到意外情况使对方陷入尴尬境地，这时，你在给对方提供"台阶"的同时，如果采取某些妥善措施，及时为对方面子上再增添一些光彩，那是最好不过的了，会使对方更加感激你。

1961年6月，英国退役陆军元帅蒙哥马利访问中国。在洛阳参加访问时，他曾由中国外交部工作人员陪同，在街上散步。走到一个小剧场，他好奇地闯了进去。台上正在演豫剧《穆桂英挂帅》，蒙哥马利了解到剧情之后，连连摇头，说："这个戏不好，怎么能让女人当元帅？"

中方陪同人员解释说："这是中国的民间传奇，群众很爱看。"

蒙哥马利说："爱看女人当元帅的男人不是真正的男人，爱看女人当元帅的女人不是真正的女人。"

中方人员不服气地说："我们主张男女平等，男同志办到的事，女同志也办得到。中国红军里就有很多女战士，现在解放军里还有位女将军。"

蒙哥马利说："我一向对红军、解放军很敬佩，但不知道解放军里还有一位女将军。如果真的是这样，会有损解放军声誉的。"

中方人员针锋相对地反驳说："英国女王也是女的。按英国政治体制，女王是英国国家元首和全国武装部队总司令，这会不会有损英国军队的声誉呢？"

蒙哥马利一下给噎住了。

事后，中方人员向周恩来汇报这件事，没想到周恩来严肃地批评说："你讲得太过分了，你解释说，穆桂英挂帅是民间传奇，这就行了。他有他的看法，何必去反驳他？你做了多年外交工作，还不懂得求同存异？弄得人家无话可说，就算你胜利了？"

接着，周总理审阅为蒙哥马利安排的文艺节目单，看到没有蒙哥马利最喜欢的杂技和口技，却有一出折子戏《木兰从军》，就说："瞧，又是一个女元帅，幸亏知道蒙哥马利的观念，不然他会以为我们故意刺激他了。"

随即吩咐撤掉这出折子戏，另外增加杂技、口技等节目。

蒙哥马利体会到了周恩来的用心，因此，周恩来的安排平息了蒙哥马利的怨气，使他挽回了面子，两人的友谊与两国的友好关系同时加强了。

在"外交无小事"的严肃的外交场合尚且需要注意"面子"问题，可见其他场合又是如何了！

善待别人的尴尬

在生活中，每个人都有过面红耳赤、非常难堪的时候，这时，不妨设身处地地想想，当别人尴尬时，我们该怎么办呢？

（1）切莫发笑嘲弄，尽量见惯不惊

在别人出洋相的时候发出笑声是极不礼貌的举动，也可以说是对别人的侮辱。尽管你在笑时并不存什么恶意的讥讽，但在别人看来会认为是对自己出丑的嘲弄，而感觉受到侮辱。在美国，就发生过这样一件事：庄严、肃穆的婚礼上，新娘突然放了一很响的屁，宾客们哄堂大笑，新娘羞恼交加，心脏病突发而猝死。在日常生活中，马路上不小心跌倒、大庭广众下说句错话或是衣服扣子突然崩掉等等，都是很平常的事，应尽量做到见惯不惊，不要贸然发笑，从而给人台阶，让其体面下台。

（2）不要冷眼旁观，尽量帮忙解围

让人尴尬的事总是突如其来，不管你与他是素不相识，还是相知好友，在别人突然陷入尴尬境地的时候，你都该尽可能地伸出援助之手，帮他解围。

同事王老师前几天与爱人吵架，今早刚刚和好，不知从哪儿听说女儿受了委屈的丈母娘一早便气势汹汹地到学校找女婿论理。见此情景，我赶忙打圆场说："伯母，怎么您来的时候没碰到您的女儿啊？她说要到市场给王老师买一块西装料，还要买些肉请您全家吃饺子呢！"别的老师也随声附和，老太太一听，知道女儿女婿已经和好，也不好意思再闹下去，乐呵呵地走了。事后，王老师真的请岳母吃了饺子，还硬拉上我，说要好好谢我呢！因此，假如你能够帮上忙或是为别人做出解释，你都应当尽可能地帮助他走出进退两难的尴尬境地，而千万不要在旁边看热闹、偷嘴笑。

（3）如果不能帮忙，那就视而不见

在有些场合，别人尴尬，你不一定能帮上忙，那么视而不见是面对别人出丑时最妥当最容易让人接受的一种态度。

阿林带着小王一起去他所在的公司。阿林的上司见到他们后，为工作上的事责备阿林，冲着他大发雷霆。当着朋友的面，阿林觉得很失面子，可一时又不敢顶撞怒气冲冲的上司。小王见此情景，默默地走开了。一会儿他再来时，上司已经接受了阿林的解释，并且刚才的失态向他们表示了歉意。在别人尴尬的时候，如你实在不便插话帮助解围，那么最好的办法就是和小王一样视而不见，暂时离开，让他能够无所顾忌地处理这些意外，对自己的难堪也就能够心平气和了。

（4）如果原因在你，不妨宽容待之

在一次家宴上，阿红一直在抱怨沙拉鱼丸不好吃："要是让姑妈做就好了，她做这道菜很有名的。"姑妈在旁边微笑不语。弟弟白了阿红一眼："这菜是姑妈今天特地做给你吃的。"阿红大惊之下，知道自己出言不慎，一时不知如何解释，脸一下子红了。姑妈笑着对阿红说："不用难为情嘛！这菜不好是事实，我把糖当盐放了，明天姑妈重做，让你们尝尝并提提意见，让我这手艺更加有名了。"

这类事生活中也常碰到，别人会因为无意中伤害到你而感到羞愧万分、左右不是，这时你不妨用恰当的言辞宽容待之。我曾经在商店把一位短发的女售货员当作男售货员打招呼，当她转过身，我才发现人家分明是黛眉朱唇的小姐。小姐看到我难为情的样子，便打趣说："明天，看来我只得穿裙子来上班了，不然恐怕连我的男朋友从背后也认不出我了。"小小的玩笑，显示出了她的善解人意和风趣，也让我的尴尬烟消云散了。

（5）事后不要传播，莫让尴尬加剧

把别人的尴尬事当作故事、笑话四处张扬，这是不道德的。中国人特别看重面子，自己的难堪事越少被人知道越好。如果你在这方面不注意的话，就很会招致别人的反感。

阿峰早上到公司便兴致勃勃地告诉同事们，本公司的小李昨天和女友吹了，并且被女友的母亲羞辱了一顿。小李来上班后，大家便一起嘻嘻哈哈地跟小李开起了玩笑，小李心里很不愉快，但没说什么。第二天，公司开会，小李刚到会议室，便听见阿峰又在跟大家说起小李女友的母亲做得如何如何不对，小李当时沉下脸，拂袖而去，本来一对很好的朋友因此反目成仇。

阿峰的过失提醒我们该怎样去对待别人遇到的难堪事。那就是：不管有无取笑的因素，都不要随意传播他曾经出的丑，这是对别人应该有的尊重。

打一巴掌揉三揉

万籁俱寂的夜晚。丈夫兴冲冲地冲好澡，上床准备和妻子温存一番，没想到妻子轻轻地推开了他。

"怎么了，身体不舒服？"

"不是。"

"生我的气？"

"不是。"

"太累了？"

"不是。"

丈夫连问几声之后，妻子没好气地说："我也不知道为什么，只是今晚不想。"然后翻身睡去。

这一幕可能每天在不少家庭中重演。前半幕如此，后半幕可能有不同结局：

结局一：丈夫满脸无奈，在委屈和疑惑中，辗转难眠，随着欲望慢慢消退才逐渐出现鼾声。

结局二：丈夫勃然大怒，爆出一连串的"为什么"，于是发生一场夫妻打斗。

结局三：丈夫软硬兼施，死缠活缠，妻子烦不胜烦，半推半就，"牛不喝水强按头"，一个痛，一个快，结束一场闹剧。

三种结局都是不圆满的，也是造成夫妻感情伤害的肇因。结局一中，丈夫所遭受的性压抑和挫折是相当严重的。他可能怀疑妻子不爱他，可能怀疑自己缺少魅力，在以后的生活中可能不敢再提出要求。如果这种事一再发生的话，他不是日后在妻子面前抬不起头来，就是可能投向另一个女人的怀抱一诉衷肠。结局二中，常见的是夫妻吵架或婚姻暴力，比较好的结果是床头吵架床尾讲和，欢喜冤家的代价是一夜别睡；比较差的结果是战事扩大，夜里打不完白天打，热战演变成冷战。长此以往，感情、婚姻、性爱一齐出现裂痕。结局三中，虽以妻子让步而结束，但勉强进行的性爱会使人留下恶劣印象，也是日后性功能失常的潜在原因。据性爱专家研究，迁就进行性行为，会造成女性疼痛和性冷漠。此外，就心理学来说，拒绝或许会伤害他或使他生气、不悦，但勉强答应又会使双方的愉悦变得更差。

也许大家认为开口说"不"很容易，但事实上，要对自己心爱的人说"不"是相当困难的。如何拒绝他（她）又能照顾他的面子，不伤害他（她）的自尊，既是一项人际沟通的技巧，又是一项夫妻性爱文明的艺术。

以下这一句拒绝"三步曲"，可供一般夫妻参与：第一步，对邀请或要求表示感谢；第二步，明确地解释"今晚不行"的原因；第三步，可能的话，提供其他选择。

就拿本文开头那幕短剧来说，妻子在推开丈夫之前完全可以先做一些温存对方的准备。她可以说："亲爱的，你最近很辛苦，白天工作这么重还要兼顾家庭，对我也很体贴……"当然，每个人说到怎么"肉麻"或"深入"的程度，应随着平日的关系或习惯而有所不同。还可以说些不相关的赞美话："嘿！你看来气色可真好"、"你今天烧的菜很好吃"，让丈夫尝到甜蜜之后，再缓缓转过话题，做明确的拒绝："亲爱的，今晚真的不行。我很抱歉，今天我的情绪低落，真的不想；我知道你很想，可是如果我勉强同意的话，一定会使你失望，而且以后可能变得更不喜欢了……"

在兴头上的丈夫在床上被驳了面子，被浇了这盆冷水之后，一定很不是滋味。如果妻子只顾自己转身睡去，还会前功尽弃。这时候，补偿对方，提供其他的选择，应当是义不容辞的事。协助丈夫自慰是一种简单明快的方法。有些男人，拥抱温存，让他享受一下"母性的温暖"，他会非常甜蜜地睡去；有些男人较为"高尚"，让他起来听听古典音乐或喝杯醇酒会睡得好；更重要的是，要给他一期待，明天、后天，或是这个周末，这类承诺"肯定"，要"绝对兑现"，不能是"也许明天再试试看"，而第二天又遇到应酬，结果将造成更严重的"二度伤害"。

实施这种"拒绝三部曲"，丈夫在片刻情绪低落之后，马上又会有更明确地期待，因而打消挫折感，消除伤害感。

旧的观念认为，性爱是男人的事，女人只要"配合"就行，事实上这是完全错误的。在女性解放的现代，无论男人还是女人，都必须这样的认知：性爱是夫妻共同的拥有，不但要共同去追寻，在默契沟通上更要积极去开发，而且在拒绝的过程中，还必须要有丈夫的体谅、妻子的大方。大男子主义往往使丈夫放不下自尊，性爱要求一旦被拒绝，便产生"是可忍，孰不可忍"的心态，不改变是不对；而妻子往往也不讲究技巧，以生硬的拒绝来对付，结果将一团糟。

拒绝丈夫，一定会造成短暂的伤害，危害夫妻性爱文明，然而事先以"感激"来温暖对方，事后再以"另一个选择"来补偿对方，这个拒绝的伤害就几近于零了，这也是面子学的一种高境界的艺术。所以，如果你"今晚真的不想"，先应想好怎样说话，好好地拒绝对方，这样，不但可以避免夫妻间的不愉快发生，而且也会为以后更有品味的性爱生活开创出一条康庄大道。

夫妻之间，在性爱问题上如此，其他生活琐事上也应当如此。"打一巴掌揉三揉"是面子学中的一剂灵丹妙药，它可以在一定程度上挽回对方的面子，平息对方的怨忿，消除感情隔阂，换来一张笑脸。此方百试百灵。

求同存异　对话不必对抗

　　天底下有能耐的好人本来就不多，应该想着同心协力为社会多做贡献。不能因为各自的思想方法不同，性格上的差异，甚至微不足道的小过节而互相诋毁，互相仇视，互相看不起。古人说："二虎相争，必有一伤。"这样做下去，其实谁的面子上都不好看。

低头不见抬头见

　　在中国，鲁迅是个大家，这一点很少人有意见。但对于林语堂，却纷纷扬扬了好长一阵，有些人至今还在那里大摇其头，说："林语堂么，鲁迅早就说过啦……"其意不言自明。说这种话的人当然忘记了林语堂的几十部英文著作，忘记他曾是诺贝尔文学奖候选人，更不会记得鲁迅还说过："语堂是我的老朋友。"

　　鲁迅和林语堂还真是老朋友。北大早年，谁不知道周氏兄弟与"现代评论"派曾经争论得热火朝天，而林语堂就是周氏兄弟"语丝派"的一员干将，北洋军阀枪杀刘和珍、杨德群后，林语堂和鲁迅并肩战斗，一起写下了激烈的文字，向当局抗议，为此，他们都荣幸地列入当时京城50名最激进教授的"黑名单"。

　　林语堂受聘厦门大学做了官，没有忘记他的难兄难弟，经他介绍，鲁迅也做了厦门大学的教授。那儿的理学院院长刘树杞排挤鲁迅，使他连搬了三次家，林语堂不安得很，鲁迅却一点怨气都没有。

　　后来到了上海，他们之间出现了小小的摩擦。一位作家要办书店，请鲁迅、林语堂、郁达夫等人吃饭，想获得他们的支持。谁料到，桌上的鲁迅先生和林先生起了口角，鲁先生说林先生在"讥刺"他，林先生却说鲁先生是"神经过敏"，各不相让。

　　老朋友之间闹点小冲突本是喝稀饭一样的平常事儿，哪里知道后来的冲突大着呢！林语堂在上海创办了《论语》、《人世间》、《宇宙风》几个刊物，很受欢迎。林语堂竟成了中国的"幽默大师"，原因就在于林语堂在刊物上提倡"幽默"，主张"闲适"，好发"性灵"。这本来也没什么了不起的，哪里知道，那时候正是"左翼"文坛独领风骚的好时光，林语堂和他的小品就显得格格不入了。鲁迅就写了一封信给林语堂，让他放弃这些"无聊玩意"，别去钻"牛角尖"了，多翻译英美名著，因为林语堂是教会大学出身，留学德美的。林语堂回信说：翻译之事，要到他老了后再说。

鲁迅看了，勃然大怒。为什么？鲁迅当时比林语堂大十四岁，并且很推崇翻译之功。林语堂话不是讽刺他吗？好心没得好报，鲁迅从此不理林语堂。

这一件事看来有些令人感到悲哀。仔细一想，也很平常。不是有很多人说鲁迅"多疑"吗？这里面可能含有偏见，但鲁迅的敏感与率直却是很明显的。而林语堂的放荡不拘和孩子一般的"顽固"，也是积习难改。这两种个性碰在一起，久了，难免有火花出现。闹点口角不算什么，但文艺上的观念就不太好调和了。

文艺观点、观念的不同，不应该导致生活上交情断绝的后果。北大早期，据说就曾有两位先生，在课堂上一个劲地攻击对方的论说，彼此当然都知道，但下了课，两位先生在路上遇见了，都要深深地鞠躬，执礼如恭。而对于鲁迅和林语堂后来交情的断绝，人们唯有深深的遗憾。他们尽可以不接受彼此的文艺观念，但他们完全可以继续他们的友谊。庆幸的是，鲁迅批评林语堂，只限于文章和文艺观念。而几十年后，林语堂仍然视鲁迅为现代文学的大作家。

宋朝的王安石和司马光十分有缘，两人在公元 1019 年与 1021 年相继出生，仿佛有约在先，年轻时，都曾在同一机构担任一样的职务。两人互相倾慕，司马光仰慕王安石绝世的文才，王安石尊重司马光谦虚的人品，在同僚们中间，他们俩的友谊简直成了某种典范。

做官好像是与人的本性相违背，王安石和司马光的官愈做愈大，心胸却慢慢地变狭。相互唱和、互相赞美的两位老朋友竟反目成仇。倒不是因为解不开的深仇大恨，人们简直不相信，他们是因为互不相让而结怨。两位智者名人，成了两只好斗的公鸡，雄赳赳地傲视对方，都以为自己的嘴最锋利，翅膀紧硬，把造物主给人的执拗好斗发挥到了极限。有一回，洛阳国色天香的牡丹花开，包拯邀集全体僚属饮酒赏花。席中包拯敬酒，官员们个个善饮，自然毫不推让，只有王安石和司马光酒量极差，待酒杯举到司马光面前时，司马光眉头一皱，也就一饮而尽，轮到王安石，王执意不喝，全场哗然，酒兴顿扫。司马光大有上当受骗，被人小看的感觉，于是喋喋不休地骂起王安石来。一个满脑子知识智慧的人，一旦动怒，开了骂戒，比一个泼妇更可怕。王安石以牙还牙，祖宗八代地痛骂司马光。自此两人结怨更深，王安石得了一个"拗相公"的称号，而司马光也没给人留下好印象，他忠厚宽容的形象大打折扣，以至于苏轼都骂他，给他取了个绰号叫"司马牛"。

"拗相公"的拗性和"司马牛"的牛脾气更激化了他们的冲突，王安石太自信了，这个"敢为天下先"的改革派领袖根本不把司马光放在眼里，就像一位斗牛士，看见凶猛的蛮牛冲过来了，还嫌不够刺激，挥动手里的红布，要让牛变得更加激怒。司马光也不是好惹的，他虽不是一头凶猛的蛮牛，却有比牛更尖锐的武器。他又是上书，又是面陈，告了"拗相公"的御状。罪状之一是"不晓事，又执拗"。罪状之二是拉帮结派，利用皇帝给的特殊权力，拉拢了一帮江西等地冥顽不化的蛮子。结论是：此人不是良臣，而是贼民。一直把王安石搞下了台，司马光才罢休。他们早年抱定拯救国家和百姓的理想，终于成为一个泡影。

到了晚年，王安石和司马光对他们早年的行动都有所后悔。大概是人到老年，与世无争，心境平和，世事洞明，可以消除一切拗性与牛脾气，而达到面子学所提倡的境界。王安石曾对侄子说，以前交的许多朋友，都得罪了，其实司马光这个人是个忠厚长者。司马光也称赞王安石，夸他文章好，品德高，功劳大于过错，仿佛是又有一种约定似的，两人在同一年的五个月之内相继归天，天国是美丽的，"拗相公"和"司马牛"尽可以在那里和和气气地做朋友，吟诗唱和了，因为那里该是面子学的最佳境界，什么政治斗争、利益冲突、性格相违，已经变得毫无意义了。

谁能在争论中获胜

事实上，谁也赢不了争论。要是输了，当然输了；如果赢了，还是输了。

为什么？因为你的胜利，使对方的论点驳得千疮百孔，一无是处。你或许觉得洋洋自得。但他呢？你使他自惭，他丢了面子，伤了自尊，他会怨恨你的胜利，"你使我当面出丑，你使我百口莫辩，你出尽了风头，但是我就是不服气，纵然你千正万确，我也要反对你的胜利，固执我的意见……"

因此，当你将要陷入顶撞式的辩论漩涡里的时候，最好的办法就是绕开漩涡，避免争论。你不可能指望仅仅以摇唇鼓舌的口头之争，来改变对方已有的思想和成见。把细枝末节的小事当作天大的原则问题加以辩论，是因为我们坚持成见的缘故。只要你争胜好斗，喋喋不休，坚持争论到最后一句话，就可以体验到辩论的"胜利"，可是，这种胜利不过是廉价的、空洞的虚荣心的产物，它以引发一个人的怨恨为代价。

谁能够克服喜好争论的弱点，谁就能在社交中获得成功。

周恩来当年说到避免争论的办法，是"求同存异"，"他有他的看法，何必去反驳他？""弄得人家无话可说，就算你胜利了？"

在你争论中可能有理，也可能以雄辩取胜，但要想轻易改变别人的主意，你就大错而特错了。

日常工作中容易发生争执，有时搞得不欢而散甚至使双方结下芥蒂。人是有记忆的，发生了冲突或争吵之后，无论怎样妥善地处理，总会在心理、感情上蒙上一层阴影，为日后的相处带来障碍。最好的方法，还是尽量避免它。

我们常用这么一句话来排解争吵者之间的过激情绪：有话好好说。这是很有道理的。据面子学大师分析，争吵者往往犯三个错误：第一，没有明确而清楚地说明自己的想法，话语含糊，不坦白；第二，措辞激烈、专断，没有商量余地；第三，不愿意以尊重态度聆听对方的意见。又有一个调查说明，在承认自己容易与人争吵的人中，绝大多数说自己个性太强，也就是不善于克制自己。

同事之间有了不同的看法，最好以商量的口气提出自己的意见和建议，语言的得体是十分重要的。应该尽量避免用"你从来不怎么样……" "你总是弄不好……"、"你根本不懂"这类绝对否定别人的消极措辞。每个人都有自尊心，伤害了他人的自尊心，必然会引起对方反感。即使是对错误的意见或事情提出看法，也切忌嘲笑。幽默的语言能使人在笑声中思考，而嘲笑他人则包含着恶意，这是很伤人的。真诚、坦白地说明自己的想法和要求，让人觉得你是希望得到合作而不是在挑人的毛病，同时，要学会听，耐心、留神听对方的意见，从中发现合理的成分并及时给予赞扬。这不仅能使对方产生积极的心理反应，也给自己带来思考的机会。如果双方个性修养、思想水平及文化修养都比较高的话，做到这些并非难事。

如果遇到一位不合作的人，你就要冷静，不要让自己也成为一个不能合作的人。宽容忍让可能一时觉得委屈，但这不仅表现你的修养，也能使对方在你的冷静态度下平静下来。当时不能取得一致的意见，不妨把事情搁一搁，认真考虑之后，或许大家能共同找到解决问题的好办法。善于理解、体谅别人在特殊情况下的心理、情绪是一种较高的修养。有的人生性敏感，有的人恰恰遇到不顺心的事没处发泄怒气，也许对方正生病，这些都可能是造成态度、情绪反常或过激的原因。对此予以充分谅解，会得到相应回报。

心胸开阔是非常重要的，谁能没有言谈上的失误和过错、别人无意间造成的过错应充分谅解，不必计较无关大局的小事情。法国的布鲁依尔说过："两个都不原谅对方细小过错的人不可能成为老朋友。"如果以老朋友的态度进行合作，许多冲突是可以避免的。

"人能成全他人，也能毁弃他人；互相帮助能使奋发向上；互相抱怨会使人退缩不前。"只要想到为了共同的事业，相互帮助，相互谅解，冲突是完全可以缓解和避免的。

能不斗嘴的时候尽可能不斗嘴，这话说了等于没说。看来，要让人们彻底杜绝争吵是一种天真的想法。既然如此，不如寻找一种折中之道，即：学会正确地争吵。

学会正确地争吵你可能觉得好笑。但在生活中，就是有很多人不会争吵，甚至不清楚争吵的意义。下面就有两个相反的例子：

"我们从来不吵嘴，我丈夫和我都是平静随和的人，但我们总觉得有点不对劲，缺少真正的爱情，我不知道问题出在哪里。"

"我们为一点小事情就可以争吵一番。这简直可笑。这也使我们彼此感到对方的坦率。"

争吵对于正常的人与人之间的关系是必不可少的。没有争吵，关系就不会健康地发展。关系越密切，争吵也就变得越为重要。千万不要把争吵一概当作坏习气压制下去，这样的话，矛盾依然存在，而且随着时间的推移使人与人之间的关系搞得不正常。

推心置腹的争吵能使友情进一步巩固，从不争吵的伙伴心里最清楚，他们之间的感情是容易破裂的。只是为了维持关系，他们才小心地避免发生争吵。

但怎样吵才能恰到好处呢？

首先我们要把"善意"争吵与"恶意"争吵区别开来。恶意的争吵就像在泥潭里的格斗，引起争吵的问题往往被搁置一旁，争吵的人只是为了争吵而吵。善意的争吵是围绕着问题的焦点，遵循着一定的规则把话讲出来。下面是面子学大师给你的几条提示，它们被证明在争吵过程中是很值得遵循的：

（1）公平地争吵

注意不要给对方造成心灵上的创伤。每一个人心理上有一条界线，对别人的攻击是不能超越这一界线的，否则就会使矛盾激化。当然也有一部分人，他们异常敏感，总觉得自己受到了伤害，这一类人需要锻炼，学会容忍别人的攻击。

（2）诚恳地争吵

应该把自己的缺点表现出来并同时尊重别人。伙伴之间的争吵不像拳击赛那样有不同的重量级别。如果强者用简单粗暴的方法把弱者吓唬住，那么这样的争吵就决不会有好结果。在善意的争吵中根本不存在着"胜利者"和"失败者"。

（3）不要为私生活争吵

私生活与争吵是水火不相容的。私生活问题虽然应公正地解决，但却要十分小心地进行商谈。

（4）有目标地争吵

每一次争吵都应有一个目标，也就是说要解决特定的问题。一切都应围绕着这一目标进行。在争吵中即使达不到统一，也一定要阐明各自的观点。

（5）现实态度

为陈年老账争吵是没有丝毫意义的。善意争吵的起因永远是现实问题，是当时当地发生的问题。

以上是五条基本的准则。需要补充的是，在争吵中要避免使用不恰当的语句。例如："这简直是胡说八道！"如果他真是在"胡说八道"，那你还有什么必要同他继续争下去呢？

另外，还要避免使用"没有一次"、"总是"等一类词。例如说："你没有一次守信用！"或"你总是不把别人放在眼里！"这两句话表达都不可能是事实。这样的话只能激怒别人，导致双方互相抱怨，使矛盾加深。

恰到好处的争吵是一门艺术，是生活的一部分。在人的一生中争吵是免不了的，不管是主动地去吵还是被动地去吵，希望您能学会驾驭它。

金刚怒目不如菩萨低眉

古人云："人之有德于我也，不可忘也；吾有德于人也，不可不忘也。"

乐于忘记是一种心理平衡术。有一句名言叫做："生气是用别人的过错来惩罚自己。"老是"念念不忘"别人的"坏处"，实际上最受其害的就是自己的心灵，搞得自己痛苦不堪，何必？这种人，轻则自我折磨，重则就可能导致疯狂的报复了。

乐于忘记是成大事者的一个特征，既往不咎的人，才可甩掉沉重的包袱，而大踏步地前进。人要有点"不念旧恶"的精神，在许多情况下，人们误以为"恶"的，又未必就真的是什么"恶"。退一步说，即使是"恶"吧，对方心存歉疚，诚惶诚恐，你不念旧恶，以礼相待，他也能改"恶"从善。

唐朝的李靖，曾任隋炀帝的郡丞，最早发现李渊有图谋天下之意，亲自向隋炀帝检举揭发。李渊灭隋后要杀李靖，李世民反对报复，再三强求保他一命。后来，李靖驰骋疆场，往战不疲，安邦定国，为唐王朝立下赫赫战功；魏征曾鼓动太子建成杀掉李世民。李世民同样不计旧怨，量才重用，使魏征觉得"喜逢知己之主，竭其力用"，也为唐王朝立下了丰功。宋代的王安石对苏东坡的态度，应当说，也是有那么一点"恶"行的。他当宰相那阵子，因为苏东坡与他政见不同，便借故将苏东坡降职减薪，贬官到了黄州，搞得他好不凄惨。然而，苏东坡胸怀大度，他根本不把这事放心上，更不念旧恶。王安石从宰相位子上垮台后，两人的关系反倒好了起来。他不断写信给隐居金陵的王安石，或共叙友情，互相勉励，或讨论学问，十分投机。

最难得的是将心比心，谁没有过错呢？当我们有对不起别人的地方时，是多么渴望得到对方的谅解啊！

金刚怒目，不如菩萨低眉。当别人说了对不起你的话，做了对不起你的事，他自己一定会觉得心里有愧，诚惶诚恐，害怕一报还一报。这时你做个高姿态，不跟他一般见识，主动与其维护双方之间良好的关系，以一张热面孔迎向他的冷面孔，甚少不在面子上跟他过不去。那么，只要是有良心的人，他心理就会感到愧疚。

公元前283年蔺相如完璧归赵之后，接着又在渑池会上巧妙地跟秦王争斗，维护了赵国的尊严。赵惠王见他功劳大，就提拔他做了上卿，地位还在老将军廉颇之上。

这样一来，廉颇可恼火了，他对人说："我在赵国做了多年的大将，为赵国立了不少的战功，而蔺相如本来是一个出身低下的人，只靠说了几句话的功劳，就把职位摆在我的上边，我实在感到没脸见人。"他扬言："我要是遇上蔺相如，一定要羞辱他一番。"

蔺相如听到廉颇这些话后，就处处忍让，尽量不与廉颇见面。每天上早朝时，他就说有病，躲在家里不去与廉颇争位次。有一次蔺相如乘车外出，碰巧遇上廉颇，就连忙驾着车子躲开他，蔺相如身边的人，看到这种情形都很生气，说蔺相如太软弱、畏缩了，不用说是他，就是在他身边任职的人也感到羞愧，于是大家都说要离开他。

蔺相如坚决不让他们走，并向他们解释说："你们想想看，秦王那样的威严，我还敢在秦国的朝廷上当面斥责他，我蔺相如再不中用，也不会单惧怕廉颇将军。我是在想，强暴的秦国之所以不敢侵犯赵国，只是因为我们的文臣、武将能同心协力的缘故。我与廉颇将军好比是两只老虎，两虎相斗，结果必然不能共存。我之所以采取忍耐的态度，正是先考虑到国家的安危，然后才能想到个人的私怨呀！"

不久，这些话就让廉颇知道了。这位老将军对照自己的言行，感到既悔恨又惭愧，于是，为了表示自己认错改过的诚意，就脱掉上衣，背上背着荆杖由宾客领着来到蔺相如家里请罪。一见蔺相如，老将军就恳切地说："鄙贱之人，不知将军宽之至此也。"意思是说：我这个粗鲁的人，不知道将军对我能如此的宽宏大量啊！

从此，蔺相如和廉颇这一相一将，情谊更加深厚，终于结成了生死与共的朋友，通力合作，努力把国家的事情办好。

正眼看人　目中有人

　　尽管人们的社会角色和社会地位不同，但都需要受到尊重，维护面子的精神需求是一致的。如果你忘记这一事实，与他们交际时，对"重要人物"礼加三层，让一般人等冷落一旁，则会刺伤后者的自尊和面子，失去一大批人。

下眼皮不能肿

　　春秋战国时期，是我国历史上人才流动极为活跃的时期，大批士人争相附庸不同的王孙公子，朝秦暮楚式的变动其实是在流动中选择最适合、最利于自己的环境。

　　平原君赵胜是赵惠文王的弟弟，在赵国的公子当中，赵胜最贤良，喜欢结交宾客，到过平原君府上的宾客前后多达数千人。

　　平原君的府第很大，前院客房住着门客，后宅住着眷属，后院有一座高楼，住着他的妻妾。有一天，一位美人站在高楼窗前观看园中景色，忽然看到前院有个跛子外出取水，走起路来一瘸一拐。平原君的美人看到跛子走路的样子，觉得与满园桃红柳绿的景色太不协调了，就忍不住大笑起来，并且指手画脚地讥笑不止。跛子听到了美人的讥笑，甚为不满。

　　第二天，这个跛子来到平原君面前对他说："臣听说您很喜欢士人，士人所以能够从千里之外远道来到您这里，就是因为您能够以士人为贵啊。臣不幸有跛腿的毛病，而您后宫的美人居高临下看见了，就讥笑我，臣希望得到笑话我的人的头。"

　　平原君当着跛子的面答应了他的请求，背后却说："看这个小子，竟因为一笑的缘故而要杀我的美人，这也太过分了！"因此不把跛子的请求当回事。

　　过了一年，平原君府上的宾客都逐渐地托故辞去，人数减了一半。

　　有这样一场家宴，宴席上坐着男主人、科长，以及男主人的几位同事，圆桌上的酒菜已经摆得让人感觉的全心全意了，可是，围着花布裙的主妇还是一个劲地上菜，嘴上直说：

"没有什么好吃的，请对付着用点！"

男主人则站起来，把科长面前吃得半空的菜盘撤掉，接过热菜放在科长面前，热情有余地给科长夹菜、添酒，而对其他同事只是敷衍地说声"请"。

面对这样"尊卑有别"的款待，试想男主人的几位同事将作何感想？他们很难堪，其中两位竟愤然起来，未等宴席告终，就"有事"告辞了。

像这样的宴席，男主人眼里只有科长，而慢待他人，使同事们的自尊心和面子受到损伤，非但不能增进主客间的友谊，反而会造成隔阂。

尽管人们在社交中需要分清主次，有轻有重，不可能平均用力，等齐划一。但聪明的人，在保证"重点"的时候，绝不忽略"一般"。比如，迎面来了三个人，好久未见了，其中一位正是自己急于寻找求助办事的，你怎么对待呢？是抓住一人，不计其余；还是逐个关照，热情寒暄一番，然后和其他人说明情况，保证重点？这就是一个技巧。

再如单位的同事、领导到你家聚会，你是眼睛只盯着领导呢？还是在不得不首先给领导倒茶、斟酒之后，在给同事们"服务"时能表示出热情的态度，说一两句亲切的话？这里，除了技巧是必须的之外，根本问题是要一视同仁，"下眼皮不能肿"。

人和人的关系，往往不是简单的我和你的关系，常常是我和他，三角四角，甚至五六角关系。

中国有句古语，叫做"一人向隅，举座不欢"。当客人怀着欢欣的心情坐到你的家宴席上来的时候，他们倒不是为了吃点喝点什么，而是为了通过这种社交形式互诉衷肠、互诉友怀。只要主人能以平等的态度对待每一个客人，那么，家宴桌上的"皆大欢喜"是不难做到的。而如果"热"此"冷"彼，那样，"冷"者当然不高兴，而"热"者心中也不会好受，因为实际上那少数的"热"者，有意无意地被人推向了"冷"者的对立面，心里也会"为之不欢"起来的。据说，圆桌之发明，正是为了使入席者既无南面之尊，又无北面之卑，其中本身就隐含着"平等"二字。坐在象征平等的圆桌边进餐，而偏要人为地造出种种不平等的举动来，岂不可笑?！

要处理好多角关系，做到不偏不倚，一视同仁，应该注意哪些方面呢？

其一，勿以尊卑定冷热。所谓"首长"，是工作职务，当"官"的与一般平民之间在人格上是平等的，在日常生活的交往中也是平等的。在一般的家宴桌上，只要不是什么特殊需要，尽可以随意一点，那样有好处，甚至可以调节"官"、"民"关系。而如果把"官"和"民"的关系延伸到宴会桌上来，那不仅不会使上司提高威信，让上司脸上有光，结果只会适得其反。

其二，勿以亲疏定冷热。在家宴席上，来的客人之中，会有与主人关系比较亲密的，也有与主人关系一般的人，在这种场合，特别要注意不能亲亲疏疏、冷冷热热。

在待人的态度问题上，孔子说过要"上交不谄，下交不渎"，就是说在与人交往时，要既不谄媚讨好位尊者，也不歧视冷落位卑者，端庄而不过于矜持，谦逊而不矫饰造作，充分显示出你的诚挚内心。

我们常常会听到周围有这样的评价：某某人做事真周到。这样的话，肯定就是对那些善于日常应酬中做事圆满者的赞赏，同时也说明了被赞赏者是日常应酬的成功者。

在应酬场合中，如果有三个人，那么其中一个人可能会是本次应酬的"次要者"。如果在应酬过程中，这位"次要者"遭到了冷落，在心里产生不被重视的感觉，那他的心里将会是非常尴尬的，而且以后他便会找出各种各样的理由，拒绝出现在这样的场合。这样，你就有可能因此而失去一个可以在某个方面合作的伙伴。

让每一个人都感到你在重视他的存在，你的事业便成功了一半。

适当地让"次要者"参与到你们的谈话中，不仅可以打消"次要者"的尴尬，同时还可以为你赢得朋友的心。

让"次要者"感到他的存在，可以有以下四种形式：

（1）常常向"次要者"微笑；

（2）不时地向"次要者"询问一些平常的问题；

（3）常常示意"次要者"喝茶或吃点心；

（4）让"次要者"参与到你们的谈话之中。

谁都有倒霉的时候

1991 年 7 月 1 日晚，在法国阿斯克新城举行的国际田径赛，吸引了两万多观众，他们主要是来观看美国的卡尔·刘易斯和加拿大的本·约翰逊汉城奥运会后首次在 100 米赛跑中较量的。本·约翰逊在汉城奥运上，因服用违禁药物，被取消了成绩，判罚停赛两年。今年复出，两人再次同赛角逐，格外引人注目。

但比赛结果出人预料，冠军易人，美国另一名好手米切尔摘取了桂冠，卡尔·刘易斯获亚军，而本·约翰逊只列第 7 名。尽管如此，曾获 6 枚奥运会金牌的卡尔·刘易斯对能击败本·约翰逊而感到满意。

赛后，本·约翰逊想跟卡尔·刘易斯握手，但遭到拒绝，给了本·约翰逊个没脸，使其大失面子。

众所周知，在 1988 年汉城奥运会上，本·约翰逊以 9 秒 79 的惊人成绩，创造了"下世纪的记录"。当时，也是这次 100 米决赛的终点处，卡尔·刘易斯走上前来同他握手，表示祝贺，但他却有意视而不见，傲慢地一扭头擦肩而过。

细心的观众都会记得这段经过，这一次轮到自己头上了，本·约翰逊失败后，被卡尔·刘易斯还以颜色，也可谓是"以其人之道，还治其人之身"。

古人云："结怨于人，谓之种祸；舍善不为，谓之自贱。"意思是说，做事不注意尊重他人，与他人结下仇怨，这同样是给自己埋下祸根；言行对他人有利却避而不做，这是自己伤害自己。要想免于不快，让别人尊重你，首先你要尊重别人，要想自己不丢面子，先要注意给别人留面子。

对于本·约翰逊来讲，当年鼎盛时期，自觉八面威风，不可一世，经常出言不逊，恶语伤人，而今，记录被取消，又刚刚"刑满释放"，名利全无，且成绩平平，才想起去尊重他人，虽然"亡羊补牢"，未免晚矣，早知今日，又何必当初呢？

同为熟人，又同在一个公司或一个机关工作，相互之间在工作、事业、爱情、婚姻等等方面都实际上存在着互相竞争、互相攀比的心理。而好胜之心人皆有之。自己成功了，拥有幸福，必然自喜。

不知你想到过没有，当你庆幸自己成功的时候，你同事中的那些不如你者、失败者的心情如何？仅仅只有羡慕和恭贺吗？

你怎样对待同事的失败？看到同事事业无成、或工作失误、或爱情不遂、婚姻失败，你的潜意识里，你的表现，你的言论和行动是幸而乐之，眉飞色舞地与人去议论和品评？还是表面同情关怀，暗地里却高兴他不如你？还是同情恻隐，伸出真诚的援助之手？

如果你目光短浅、心胸狭窄，会采取前两种幸灾乐祸的态度。那么，你的成功将是昙花一现，你比人强将是短暂的，你将引起别人的嫉妒和反感。于是，对你的故意为难、给你设置的各种障碍将接踵而至。

如果你心理健康、德行高雅，而且眼光远大，你必然会采取后一种态度，同情的态度，真诚助人的态度。你将用自己发出的光去照亮别人，让别人一同分享你成功的喜悦，让别人也与你一道去走前面的路。

你知道，一个人遭遇失败不幸，或身处逆境时，最需要的东西是友谊、是理解，最需要有人助他排忧解难，渡过难关。这时你作为一个暂时比他强的人，你作为一个成功者，丝毫不居功自傲，丝毫不轻视他，不冷落他，而且真诚地同情和怜悯他，真诚地理解和帮助他，他会发自内心地感激你，以至终生难忘。患难见真情，此之谓之。

祸兮福所倚，福兮祸所伏。

任何人的成败得失都是暂时的，相对的。世界上不存在永久的绝对的成功和永久的绝对的失败。

此时，你成功他失败，将来完全可能你失败他成功。此时，你成功他失败，你真诚地理解他援助他，他日你失败他成功，你当然也能得到他的理解和援助。只有求得这样一种和谐平衡的人际关系，大家互相理解互相援助，才能免去许多不必要的烦恼和痛苦，你在人生的旅途上才会越走越宽阔，越走越舒畅。

况且，你此刻成功的本身，焉知其中没有包藏着失败的因素？比如，现在看来一次幸福的恋爱，焉知不是一次不幸婚姻的开始？火药被发明出来，它可造福人类，它也给人类带来了无穷的祸害。乐极生悲之事天天都在发生。他此刻的失败，将是他的成功之母。亡羊可得牛。塞翁失马安知非福？无数成功者都崛起在他惨败的时候。

如果你把成败得失放在时间之舟去称量，就会更加透彻地领悟它对人生意味着什么，从而更清楚地懂得你该怎样对待失败的同事。

人生的所有成败得失，其实质都是过去生命的说明，都是必然的存在，对人们的现在和未来并不发生直接的意义。所有人的未来都是一个未知数，一个空洞，都

靠人的未来去描写和填充。

在这里，成功的你和失败的他站在同一条未来的起跑线上，你并比他多半个小时。在未来的某一瞬间，你可以冲在他之前也可以掉在他之后，结果完全取决于在彼一瞬间与此一瞬间这段时间里，你和他各自如何作为。在这段时间里，成功也许成了你的包袱，拖累你牵连你，使你无法奋飞。失败也许成了他的动力，催他自新，催他奋起。你和他完全平等，难分轩轾。你们以后的竞争与合作一如往日，你不会比他轻松丝毫。

只有当你这么理解成败和时间的关系，你与失败者的关系的时候，你才能与失败的同事真诚地相处，真诚地理解和合作，自然而然，不存半点虚伪和做作，更不见傲慢和清高。实现这种心境的最大前提是你总是放眼未来，总是只把成功当作基石，当作一切序幕，总是期待着自己好戏还在后头。只有看出了你是如此的真诚，失败的同事才能真心地羡慕你、祝贺你。

由于强烈的自尊心理，由于强烈的面子观念，他作为失败者可能反感你的恻隐和怜悯，不稀罕你的援助。不管你是真诚抑或虚伪，也不管你们以前的关系如何。

甚至在你与他处于同样境地同等地位的时候，他与你关系不错，来往密切，一旦你成功他失败了，一旦他觉得你比他地位高了，他不再以你为友，渐渐与你疏远。我有位高中时代特别要好的同学，毕业后他当工人我当民办教师，我们关系极为密切。可是后来我上了大学后，他就决意疏远我，不与我来往。我给他写信他不回，放假后我上他家去，他一改过去的热情而显得陌生和冷淡。

对这样的人，一是理解，二是一如既往地亲近他，与以前你们相处时一模一样。或者暗中帮助他而不露痕迹。你的真诚最终一定能够感动他，感化他。

大道理讲了这么多，已经够饶舌的了。现在还是让我们听一听面子学大师的指点。

成功者与失败者，一个风光占尽，一个颜面尽失，双方在面子上不可能处在平等的位置，为了不在人家脸上雪上加霜，有必要注意以下几点：

（1）不要凸显你的得意，以免刺激他人，升高他的失意感，或是激起本来不嫉妒的人的嫉妒，你若为你的得意而洋洋得意，那么你的欢欣必然换来苦果。

（2）把姿态放低，对人更有礼，更客气，千万不可有倨傲侮慢的态度，这样就可降低别人对你的嫉妒，因为你的低姿态使某些人在自尊方面获得了满足。

（3）在适当的时候适当地显露你无伤大雅的短处，例如不善于唱歌、外文很差等等，好让失意的人的心中有"毕竟他也不是十全十美"的自我满足。

（4）和心有不满的人沟通，诚恳地请求他的配合，当你，也要揭示、赞扬对方有而你没有的长处，这样或多或少可消灭他的失意。

身在高位更要小心

战国初期，魏国是最强大的国家。这同国君魏文侯的贤明是分不开的。他最大的长处是"礼贤下士"，"知人善任"，器重和尊敬品德高尚而又具有才干的人。

魏国有一个叫段干木的人，德才兼备，名望很高，隐居在一条僻静的小巷里，不肯出来做官。魏文侯想同他见面，向他请教治理国家的方法。有一天，他坐着车子亲自到段干木家去拜访。段干木听到文侯车马响动，赶忙翻墙跑了。魏文侯吃了闭门羹，只得怏怏而回。以后接连几次去拜访，段干木都不肯相见。但是，段干木越是这样，魏文侯越是仰慕，每次乘车路过他家门口，都要从座位上站起来，扶着马车的栏杆，伫立仰望，表示敬意。

左右的人对此都有意见，说："段干木也太不识抬举了，你几次访问他，他都避而不见，你还理他做什么呢？"魏文侯摇摇头说："段干木先生可是个了不起的人啊，不趋炎附势，不贪图富贵，品德高尚，学识渊博。这样的人，我怎么能不尊敬呢？"后来，魏文侯干脆放下国君的架子，不乘车马，不带随从，徒步跑到段干木家里。这回好歹见了面。魏文侯恭恭敬敬地向段干木求教，段干木被他的诚意所感动，替他出了不少好主意。魏文侯请段干木做相国，段干木怎么也不肯。魏文侯就拜他为师，经常去拜望他，听取他对一些重大问题的意见。

这件事很快就传开了。人们都知道魏文侯"礼贤下士"，器重人才。于是一些博学多能的人如政治家翟璜、李悝，军事家吴起、乐羊等先后来投奔魏文侯，帮助他治理国家。特别是李悝，在魏国实行变法，废除奴隶制的政治、经济体制，使新兴的地主阶级起来参与国家政权，使魏国经济迅速地发展起来，终于成为最强大的诸侯国之一。

再看一个相反的例子：

马援是东汉初年的一员大将，辅助光武帝南征北战，战功赫赫，号称"伏波将军"。他在投奔光武帝之前，曾是甘肃西州上将军隗嚣手下的将领。那时，汉光武帝刚刚建立起东汉政权，全国仍有很多割据政权没有统一，其中公孙述在成都自称皇帝，当时隗嚣为了找条出路，便派马援赴蜀。马援心想，公孙述是自己的老朋友，又是同乡人，这次相见必然会受到热情接待。没料到，到了成都后，公孙述却摆出皇帝的姿态，威风凛凛地高居殿上，台阶下站着许多卫士，然后要马援上殿以礼相见。马援以此很不满意，虽然公孙述和他手下许多人都想让马援留在成都，并封为大将军。但马援以为，公孙述并不是一个能任用有才之士，并与之共同建立功业的人，很快就告辞而回。

马援回来后，在向隗嚣报告情况时，感慨地说："子阳（公孙述号）井底蛙耳，而妄自尊大，不如专意东方。"意思是说：公孙述知识浅薄，像井底之蛙，自以为了不起，一定成不了什么大事，我们不如拿定主意到东方去找光武帝刘秀吧！于是，隗嚣和马援投奔了汉光武帝，受到光武帝的礼遇。

人与人之间社会地位不平等，有的人官做得大，有的人官做得小；有的人有钱，有的人没钱……这一切有时也决定了彼此面子上的差别。一般情况下，处于劣势的人面子都小，与"大人物"交往心有顾忌，生怕被人瞧不起。

这时，身居高位的人在自己的言行中更要小心谨慎，你的一句话、一个眼神儿，一个动作，都说不定会触及人敏感的神经。许多成功的伟人深明此理，往往对处于下位的人格外关照，因此也就格外赢得人心。这恰好应了那句俗话："不是虚心岂得贤!"

周恩来从不慢待任何客人。

在重庆谈判期间,由于国民党特务对中共代表团驻地监视很严,很多党外朋友无法到周恩来住处。郭沫若居住的天宫府,不仅交通方便,而且可不为国民党特务所注意,郭沫若向周恩来提出可以用他的寓所会见友人。

有一天,周恩来在郭沫若寓所会见党外朋友,并亲自拟定了客人名单,让助手发请柬。由于助手的疏忽,忘了给一位朋友发请柬。时间到了,只有这位朋友没有,这才发现工作的粗疏。于是,周恩来批评那位助手说:"'一人向隅,举座为之不欢。'这看似小事,实为大事。对自己讲是无意的疏忽,客人可能认为是有意的怠慢,要设身处地地为他人着想。这在同国民党进行复杂微妙斗争的形势下,尤其不能有丝毫的大意。"说罢,就马上派车把那位客人接来,周恩来还迎上去连连道歉。

让"小人物"感到自己受重视,没有被冷落,光靠热情礼貌还嫌不够。有时还必须施展一些手段,把双方的面子扳平,使"小人物"脸上有光。这里,面子学大师向你提供两简便易行的方法,不妨一试:

其一,适度地往自己脸上抹点儿"黑",讲一桩自己的"丑事"。人情面子像一块跷跷板,一头高,另一头自然就低。通过自我"抹黑"把身份降低,大家感觉上就平起平坐了。

威尔逊当选为美国新泽西州长之后,有一次,有纽约出席一个午餐会,主持人在介绍他时,称他为"未来的美国总统"。这自然是对他的刻意恭维,可是对其他在座的人来说,却产生了相形见绌之感,众人的脸上都有些挂不住了。

威尔逊因此想扭转这种一人得意众人愕然的局面。他起立致词,在几句开场白之后,他说:

"我自己感到我在某方面很像一个故事里的人物。有一个人在加拿大喝酒过了头,结果在乘火车时,原该坐往北的火车,却乘了往南的火车。

大伙发现这一情况,急忙给往南开的列车长打电报,请他把名叫约翰逊的人叫下来,送上往北的火车,因为他喝醉了。

很快,他们接到列车长的回电:'请详示约翰逊的姓,车上有好几名醉汉,既不知自己的名字,也不知该到哪去。'"

威尔逊最后说:"自然,我知道自己的名字,可是我却不能像主持人一样,知道我的目的地是哪里。"

听众大笑。威尔逊幽默的谦逊,使众人感觉摆平了面子,因此,消除了敌对不服的恶意。

其二,记住"小人物"的名字。

在人声嘈杂的会议室里,我们听不见别人与己无关的夸夸其谈,可是,如果他们偶尔提到你的名字,那么你的大名立刻就会飞到你的耳朵里。当你在街上行走时,如果突然听到有人叫你的名字,尽管你还没有发现呼唤你的人,但你也会下意识地停下脚步,予以回答,并左顾右盼,寻找呼唤你的人。正如一位心理学家断言：在人们心目中，唯有自己的名字是最美好、最动听的。

人们在日常生活中，都有这么一种共同的体验：能够在邂逅相遇的场合立刻叫出你名字的人，你马上会觉得脸上很光彩，有一种被他人重视的甜蜜感，从而迅速对对方发生好感。

当年罗斯福首次竞选美国总统的时候，为了帮助他在竞选中获胜，他的助手吉姆·法里，充分发挥他超人的记忆力，吉姆周游美国各地，结识了各界人士两万多人，并且能准确无误地分别随意叫出其中任何一个人的名字。不仅如此，他还尽可能将对方的家庭情况政治见解等牢记在心。下次再见面时，他就问问对方家里人的情况，以及庭院里树长得怎样了之类的问题。这样一来，被结识的人感到十分高兴和荣幸，随之爱屋及乌，纷纷对罗斯福担任总统投了赞成票，从而奠定了他竞选获胜的广泛的社会基础。

也许可以说，罗斯福当选总统，很大程度上应归功于他的助手吉姆·法里的绝招——广记人名。

姓名是最甜的语言，说出对方的名字，这会成为他所听到的最甜蜜、最重要的声音。对"大人物"来说，记住他人姓名的方法，可以说是最经济、最便捷、最有效地满足他人面子需要的诀窍。

把握人情　顺迎人意

　　提起"给人面子"也许各位会望之却步，不知从何着手，其实这非常容易，只要你懂得"让对方感到愉悦舒坦"，你就已经踏出了成功的第一步。

恭维不蚀本，舌头打个滚

　　下面所介绍的一家药房，就是相当成功的典型。他们的确是秉着"让对方感到愉悦舒坦"这个原则来经营药房，就是这个原则使得生意兴隆，顾客络绎不绝。

　　这家药房的老板真不愧是"给人面子"的高手。每当顾客一上门，他就马上起身迎接，满脸带着笑容诚心诚意地说"欢迎光临"。他这种"给人面子"招呼客人的礼节分为两次。第一次是当顾客一进门，他就客气地打躬作揖说"欢迎光临"。每个进门的客人听到这种愉悦的问候，全都感到非常舒坦，因此也不由得回礼，药房老板当对方回礼的时候，又再次向对方作揖行礼。

　　店主人如此这般地向顾客打招呼，顾客内心一定会产生被人重视的满足感。

　　接下来，药房老板更进一步运用"给人面子"的策略，例如说些"你看起来真年轻!"或是"你身上穿的这套衣服很漂亮"之类令人听了舒坦又温馨的话。

　　此外，这位药房老板更是遵守"不卖药给来买药的顾客"这种信念与原则。当顾客被客气地招呼过，正感到舒坦地说："请给我一瓶感冒药"，药房老板绝不会立刻递上感冒药，他反而改口说："您是哪里不舒服?"倘若顾客回答"喉咙痛"，药房老板马上紧接着："这样子的话，最好不要服用感冒药。"然后他就不卖药给顾客。这时，顾客一定对药房老板不卖药的举动，大感疑惑而纳闷地问："那么应该如何才好?"

　　药房老板就会说："与其吃药，不如以营养剂来强健身体，对你的感冒会更有助益。"药房老板就这样轻而易举地说服顾客来购买维他命和蜂王浆等营养剂。

　　顾客因为药房老板方才巧妙地给过他面子，也就欣然接受建议，况且营养剂给人的印象，的确是比药品来得好。营养剂的价钱胜过药品数倍。就是这种策略，使得老板卖出了更多的营养剂，药房生意兴隆起来。

与其谈一些使对方反感的堂言正论，不如聪明地运用巧妙的技术来尊崇对方，让对方愉快满足。只有真正地设法让对方"舒坦"，才能开后你的升迁之路。

"给人面子"的秘诀就是——向对方说一些听起来舒坦愉悦的话。但我们有时会不经意地提到对方敏感、自卑的事，好比对一个相当在意自己鼻梁的塌鼻者说："你的鼻子很好看！"这会令对方极度不悦。

倘若你以漫不经心的态度，向对方说一些听起来舒坦愉悦的话语，即使是礼貌性的赞美，有时对方非但不接受你的心意，反而会对你产生虚伪的不良印象。因此，诚恳认真的表情是改变对方心理的重要策略。纵然所说的话的确与事实稍有不同，但是只要极具诚意地表示，对方仍会相信这是你由衷之言，对你就会产生良好印象，这是不证自明的道理。

有一位父亲替儿子到修车店里为自行车打气。由于儿子的个头大，他把自行车的把手弄得很高，而父亲因自己的腿短，就将座椅调至最低的限度，再将车子骑到车店。

当充气完毕付了钱后，车店的老板对那父亲说："先生，你的车座太低了，我帮你调高！"腿不长的父亲当然有自知之明，就立刻回应："不，这样的高度正适合我。"然而，那位老板却执意坚持他的决定，他仔细看了看父亲以后，极真诚地说："先生，你的腿绝对是长的！"顿时，父亲投降了，心飘飘然地望着他为自行车调高车座。

然后，父亲以风驰电掣的速度，骑着被调高座子的自行车驶向温暖的家，他想着老板充满自信又果断的"你的腿绝对是长的"的赞美，欣喜若狂。

那位老板的赞美显然不符事实，但那位父亲仍然从心里感谢他，当然不是感谢他的赞美，而是对他那"以认真的表情作礼貌性赞美"的态度，表示由衷的谢意。

毋庸置疑，当作礼貌性的赞美时，你的最佳策略，便是"认真的表情"。

在以认真的表情来给人面子、赞美对方时，有时还必须把干脆又果断的说法及语气派上用场。好比说，在与他人打招呼寒暄"你看起来容光焕发，神采奕奕！"之后，马上再加上一句"看起来比你的实际年龄年轻多了！"相信对方必然会洋溢一股飘然的满足感，对你更是产生良好的印象。因为喜欢被人赞美年轻，是人之常情。

一般来说，大部分的人，都相当重视自己给人的第一次印象。因此，想要令他人对自己产生良好的第一印象，在首次会面时，不妨将对方的年龄按实际年龄打七折，这是最佳的策略。因为打九折所产生的作用不大，而打五折又有虚伪之嫌，所以折中下来，七折是最佳的运用程度。

例如，对方是60岁的人，你就要说"你看起来像40多岁的样子！"当然，对方一定会吓一跳。而为了避免让对方产生被愚弄的不悦感，在赞美对方年轻的当时，必须要先奠定对方的确是四十多岁的"心理信念"，再以认真的表情向对方赞美。如此循序渐进、按部就班地确切实践，即使对方很清楚这仅是礼貌性并非真实的赞美，他依然会被你的诚意打动而深感愉悦。

有一位 50 岁的秃顶男人和几位同事一起到酒吧饮酒畅怀。当他们酒兴正浓时，一位女服务生以果断的声音对秃顶男人说："先生，您的年龄大概二十七八岁吧！"顿时，那男人愕然呆住，周围的朋友更是个个捧腹大笑直道离谱。不由自主地，大家都对这个女服务生兴起一份好奇。

将他原本 50 岁的年龄打五折说成二十七八岁，实在过于离谱，更何况他的秃头绝不可能是年轻的特征。因此，他不免纳闷地询问这位女服务生。这位女服务生却以神色自若的态度，严肃地回应："虽然我不知道您的实际年龄，但如果有人向我问起您的年纪，我一定会告诉他您是二十七八岁，况且您的外表看起来的确像二十七八岁的样子！"就这样双方争执不下，直到她认真的表情出现了噙泪欲哭状，大伙儿才停止反驳。

实际上，那男子的确让这位女服务生的真挚心意及态度所感动，而内心雀跃不已。由此可知，在赞美他人，给对方面子时，除了要有认真的表情外，认真的心情也不可或缺。

我们一直在谈论如何高捧他人给人面子的方法，不过或许有人会认为那样的做法实在令人羞赧，而产生排斥抗拒的心理。

说实在的，在某些时间、场所，我们确实不能坦然对他人说出礼貌性的赞美。在这种情况下，不妨换个对象来表达，效果是同等的，甚至会远超所期望的效果。

这个诀窍就是"贬低自己"。诸位都乘坐过跷跷板吧！如果一边贴地，跷跷板的另一边必定是荡在高空。这种"跷跷板原理"同样也能应用在人际关系上。亦即适时地贬低自己，将能相对地捧高对方。即使是"不善言辞"或"不善于称赞"的人，也能轻而易举地使用这种方法，达到高捧他人的目的。

比方说，当我们参加某店铺的开幕庆祝会时，即使那是一家不怎么样的店铺，我们也要依场合不同来为庆祝会增添一些喜气。我们可以贬低自己，捧高对方地说：

"这店铺看起来真不错，室内的装潢也很考究。不像我经营的那家店，门没做好，窗户也是一大一小的。"

这样将对方和自己作具体的比较，并技巧性地批评自己略逊对方一筹，对方将因被人高捧而兴起优越感，而他心中的舒坦自是不可言喻。

当你听到对方说"我前天做了一件丢脸的事情。"想必你会浮现微笑，心情轻松地听他继续说下去。没错，就是要抓住人们对他人失败悻悻然的心理，适时地靠谈自己的失败经验来贬低自己而高捧对方，令对方的心防撤离，而转向你这一方，如此才能随心所欲地尽兴谈话。

炫耀自己仅会引起别人的反感，而谈及自己的失败经验，不但会增强对方的自尊心，更能因此打开对方的心扉，让他坦然地接受你。所以，先贬低自己再与他人谈话，实在是博得他人欢欣的聪明策略。

奉承话人人会说，但水平有高有低，效果也各不相同，关键在于你的赞美得法与否。下面是赞美别人的几点要领，须牢记在心。

（1）赞美要自然、顺势，不必刻意为之，太刻意会显得"另有所图"，可能对方不领情，反而弄巧成拙，像我那位同事对我的赞美就是顺势自然的一例。此外，也不必用大嗓门赞美，这反而变成酸葡萄，有挖苦味道了。最好是私下向对方表示你的看法，这种表示方法也比较容易造成双方情感的共鸣。

（2）赞美要看对象，对爱漂亮的女孩子，你就称赞她的打扮，对有小孩的母亲，最好赞美她的小孩，"慈母眼中无丑儿"，赞美她的小孩"聪明可爱"准没错；对上班的女孩子除了外表之外，也可赞美她的工作成绩；至于男人，最好从工作下手，你可称赞他的脑力、耐力，当然如果他已婚，也可赞美他的妻子、小孩。

（3）用词不要太肉麻，能适当地表达你的意思就可以了，而且也不宜太夸张，太夸张也会成为挖苦。一般来说，"不错"、"很好"、"我喜欢"之类的用词就够了。

（4）多赞美"小人物"，当他们有一点小表现，赞美他们两句，保证你收了他们的心，因为他们平常欠缺的就是赞美。

其实人都需要肯定，尤其是外人的肯定，有外人的肯定，自己的存在便有了安全感，而赞美就是肯定的一种形式。赞美不用花钱，又可鼓舞一个人，让人快乐，为你争取面子，你又何乐而不为呢？

赞美，不仅可以给人面子，还可以挽救人际交往中的危局。当你无意中说走了嘴、办错了事，使别人丢了面子，那就赶紧运用这一妙方，此时，它不仅能够为别人挽回面子，还可能使其脸上更增光彩。

纪昀是清代的一位大学者，学问极为渊博，博览群书，精通文史，在当时极为有名。他的一生精力，全都倾注在撰写《四库全书总目提要》上面。

乾隆皇帝好为人师，爱炉才使气。一天，他在宫中设宴，酒至半酣，乾隆突然雅兴大发，要与群臣联对以助兴。此时天正下着大雨，乾隆借景先出一上联：玉带行兵，风刀雨箭云旗雷鼓天为阵。群臣连声称好，然而阿谀奉承一阵之后，良久无人以对。乾隆正在得意，忽见大臣纪昀神态悠闲，便点将要其续下联。纪昀推辞一番后，慢慢道出下联：龙王充宴，日灯月烛山肴海酒地当盘。纪昀话音刚落，在座的大臣们一片赞叹，夸纪昀的下联续得妙。可是，乾隆皇帝却面无悦色，沉吟不语。因为下联在气势上压过了上联，这对于万圣之尊的皇帝来说，是不能接受的。纪昀也是一个明白人，见皇帝如此情态，忙解释道："圣上为天子，因此风雨云雷任从驱遣，威震天下；臣乃酒囊饭袋，则只看到日月山海都在筵席之中，可见，圣上好大神威，为臣不过好大肚皮而已。"经纪昀这么一解释，乾隆觉得给了他面子，立刻笑逐颜开，还把纪昀表扬了一通，说："纪爱卿饭量虽然好，如果胸中没有藏着万卷诗文，也不会有如此大的肚皮。"纪昀主动解脱自己的不逊之言，不仅使自己脱了险，还得到了乾隆的表扬，真可谓应变术之高明。

人情喜欢顺毛摸

不知你是否养过猎狗之类的宠物，如果没有，应该也看过宠物的主人如何爱抚它们吧！

爱抚宠物最基本的方法就是顺着它的毛轻抚，每当主人有这个动作时，猫就会眯起眼睛，并发出满足的叫声；狗呢，就快乐地摇起尾巴，甚至回过身来舔你的手你的脸，作为对你的回应。如果逆着毛摸呢？猫狗因为感觉不舒服，就算不咬你抓你，也会不高兴地跑开。

人其实也是如此，喜欢别人顺着"毛"摸，如果你能这么做，那么必有良好的人际关系。

人当然没有一身的"毛"让你抚摸，人的"毛"就是性情、脾气，也就是"我"。你如果能顺着对方的脾气和他交往，不去违抗他，他当然会和你成为好朋友。

"顺着毛摸"可以用在平时与人相处，可以用在说服别人，也可用在带领部属，也可以用在推销商品，可说事半功倍，脾气再大，城府再深，主观再强的人也吃不消这一招的。

美国一家专卖肥胖女性服饰的商店，其所卖服装的设计与一般设计完全相同，但却生意兴隆，受到肥胖女性的青睐。其诀窍就是在销售技术上采取了不伤害肥胖女性自尊心的做法，即把一般服装店使用服装尺寸换个说法，将小号、中号、大号和特大号，分别改称为娇小玲珑型、魅力女性型、未婚少女型、公爵夫人型等名称，使肥胖女性购买时，心中舒服多了，减少了抗拒心。此外，特意挑选肥胖女性担任店员，意在让肥胖者安心。这种稍微转换语言，顺迎人意的做法，令一家默默无闻的小店，很快在社会上名声大噪。

这家商店成功的奥妙在于，他们在推销商品时，回避开了顾客自己不愿承认体形缺陷，代之以令其愉悦的说法，这也是"顺毛摸"的一种方式。一些精明的推销商也深通此道，他们能够针对不同的顾客，投合其性情，爱好以及其他方面的心理特点，瞄住靶心再放箭，往往一举中的，大获成功。

注意观察推销商们的做法，发现仅仅从顾客年龄的差异，便可找到许多"顺毛摸"的窍门，并介绍如下：

（1）针对年轻顾客

这类顾客是随着时代步伐的一类顾客。他们有新时代的性格，是随着新时代的潮流奔向前的顾客。这类顾客有一种赶时髦性，他们大都都爱凑个热闹，赶个新潮，只要是现代流行的商品，他们就要买，抓住这一点，推销员就有必胜的把握。

这类顾客比较开通，比较开放，正是易于接受新生事物的时候，他们好奇心强，且兴趣广泛。这些对于推销员来说是极有利的，因为可抓住他的好奇心，动员其投资，也可以使他们佩服你，抓住时机，与他交个朋友。

这类顾客比较容易亲近，谈的话题也比较广泛，与他们交谈比较容易，容易交朋友。

由于这类顾客的抗拒心理很少，只是有时没有阅历而有些恐慌，只要对他们热心一些，尽量表现自己的专业知识，让他多了解一些这方面的问题，他们就会放松下来，与你交谈了。

对付这类顾客，要在进行推销说明时，激发他们的购买欲望，使他们知道这商品很走俏、正符合时代潮流。

对付这类顾客，你可在交谈中，谈一些生活情况、情感问题，特别是未来的挣钱问题，这时你就可以刺激他的投资思想，使之觉得你这次交易是一次投资机会，一般这些顾客是会被说动的。

对待这些顾客，要亲切，对自己的商品有信心，与他们打成一片。只是在经济能力上，要尽量为他们想办法解决，在这方面，不要增加他们心理上的负担。

（2）针对中年顾客

中年顾客一般都已有了家庭，有了孩子，也有了固定的职业，他们要尽量地为自己的家庭而拼搏，为自己的孩子而挣钱，为了整个家庭的幸福而投资。

他们都有一定的阅历，比青年人沉着、冷静、经验丰富、有主见，但缺乏青年人的生机、青年人的梦想、青年人的活跃。

中年顾客各方面的能力都比较强，正是一个人能力达到顶峰的时候，欺骗和蒙蔽对这类顾客是很困难的，不过只要你真诚地对待他们，交朋友则是佳机，他们喜欢交朋友，特别是知己朋友。

对付这样的顾客不要夸夸其谈，不要显示自己的专业能力。而要认真地亲切地与他们交谈，对于他们的家庭说一些羡慕的话，对于他们的事业、工作能力说一些佩服的话，只要你说得实实在在，这些顾客一般都乐于听你的话，也愿与你亲近。

这类顾客由于有主见，能力又强，不怕推销员欺骗他们，他们都又很实在，所以只有推销的商品质量好，推销员态度真诚，交易的达成是毫无疑问的。

（3）针对老年顾客

老年人大都是比较孤独的人，他们乐趣也就来自于过去和自己的子孙们。于是特别爱与青年人交谈，并且交谈时间特长，俗话说："老婆子嘴，唠叨个没完。"

老年人爱倚老卖老，大都偏激、固执、爱面子，即使他们错了也不认错，会错上加错。特别的偏激，死抓住一条理由来判断事物的各个方面，并且很固执，自己说什么就是什么，死不改口。

老年人脑子已经转动不灵，有时犯糊涂，他们也知道这一点，所以他们对人的作法总是信疑各半。

老年人喜欢别人称赞自己儿孙满堂，喜欢别人称赞自己的子孙有出息，喜欢别人称赞和交谈自己得意的事。

推销员要多称赞老年顾客的当年勇，多提一些他们的成就，尽量说些他们引以为自豪的话题，这样可使顾客兴奋起来，积极起来，对于你的推销有一个好的气氛。

对老年顾客进行推销时，要表现出一种老实的样子，不多张嘴，表面听他们的话，这会使老年顾客对你产生好感，就会对你发出慈爱心，这样他们的一切疑虑就会打消。

对付老年顾客有两点禁忌：一是不要夸夸其谈，老年人觉得这些人轻浮，不可靠，也就不会信任他们。交易也就会以失败而告终。第二就是不要当面拒绝他，或当面说他错，即使你是正确的也这样，因为他们人老心不老，总觉得自己还了不起，还像当年一样勇，所以不要拒绝和指出他们的错，这样会激怒他，使他和你争吵，这样他们与你的交易就泡汤了。

可进可退　能屈能伸

你如果想在社会上走出一条路来，那么就要放下身段，也就是说：放下你的学历、放下你的家庭背景、放下你的身份，让自己回归到"普通人"。同时，也要不在乎别人的眼光和议论，做你认为值得做的事，走你认为值得走的路。

拿得起，放得下

常人都乐意听好话、听表扬、听奉承话、听恭维的话、听鼓吹的话、听抬举的话。听到这些话，不论是当面听到还是背后听到，也不论这些话是真的还是假的，也不管说这些话的人是诚心善意的还是虚情假意的或恶意的，都喜欢听。也不论他是这话的直接发出者还是转述者，你都喜欢他。总觉得耳顺，心中舒服，脸上有光。

与此相反，常人总是讨厌听批评指责的话，讨厌听不满自己的话，讨厌听指出自己失误的话。不论这些话是当面听到还是背后听到，也不论这些话是真的还是假的，也不管说这些话的人是诚心善意的还是有意中伤的都讨厌，都不愿意听到。他们如果是这些话的直接发出者你会讨厌他、恨他，甚至可能恨他一辈子。他如果是这些话的转述者，你也可能讨厌他、恨他，认为他是赞同这些话的。听到这些话总觉得逆耳，心中不愉快，脸上挂不住。

殊不知这正是常人常犯的一种错误，一种由心理脆弱或无自知之明，或追求虚荣所导致的一种错误。

面对批评和赞扬，人们近乎本能地拒绝前者而喜欢后者。这除了可能是批评者缺乏批评艺术的原因外，更主要的是批评和赞扬的本身会使人产生两种相反的心理反应。当一个人受到批评时，往往会觉得丢脸、难堪、悲伤、恼火而生气，而在得到赞扬时，会有振作、兴奋、自豪、惬意、快乐的感受。因此，人们一般不会认为挨批评是件舒服的事。

一个人为了维护自己的面子和自尊，或担心缺点和错误被人看穿会影响自己的成功和发展，常常就会有意无意地以种种方式来拒绝，逃避批评，很少有人会真正地把批评看作是针对自己的行为而不是人格。即使是"忠言"，听起来也"逆耳"。

从理智上说，没有多少人不懂得"人无完人"的道理，也没有多少人不知道对待批评应本着"有则改之，无则加勉"的态度。平时，我们不难听到或看到人家使用"欢迎批评"一类的词语，甚至自己也不只一次地用过。但实际上，一旦有人果真提出批评时，受批评者往往就会像遇到电击一样立即缩回，采取拒绝、逃避的形式为自己辩护。

这种经历和体验，你、我、他大概都不陌生吧！面对批评，人们脑子里首先想到的多半不是自己的过错，而是"大家跟我差不多，你为什么单和我过不去"；"你不拿镜子照照自己，有什么权利批评我"；"我哪里得罪了你，你何必这样"；"你无情，别怪我无义"等一类的反应。因此，如果批评者是你的上司，你即使不便顶撞几句，也可能耿耿于怀，在工作中消极抵抗；如果批评者是你的同事，你即使不大发雷霆，也可能会报以讽刺挖苦，或伺机找茬；如果批评者是你的同学或朋友，你即使不和他争吵一番，也可能会责怪对方背叛了你，并把你们之间的情谊打上问号。

然而，不幸的是，拒绝批评并非意味着可以免受批评，而且还会失去许多忠言善意的劝告，以及可能断送他人对自己的信任和友谊。一个人如果老是拒绝批评，那就无异于说自己以"完人"自居。这显然害多益少。

走出这一陷阱的办法，单靠笼统地告诫自己下次要虚心接受批评是缺乏约束力的，而应该把问题具体化，并分三步来解决。

第一步，要耐心倾听批评。当别人对自己提出批评时，你既不要急于反驳、辩解，或阻止，或拂袖而去，也不要嬉皮笑脸，满不在乎，或漫不经心，假装糊涂。既不要轻易断言批评者怀有恶意、敌意，居心不良，或故意挑剔，对人不对事而大动肝火，也不要惊慌失措、再三道歉，或无地自容，低声下气，把自己看得一钱不值。而应该保持自然大方的表情和姿势，认真而耐心地听完对方的批评，然后用自己的话简明地概括出他批评的大意，并问他是不是这个意思，还有什么要补充的。

在倾听批评的过程中，如果你感到自己快忍不住了，可立即这样提醒自己，"我非完人，别逃避，别发火，别害怕，听完再说"。当然，刚开始这样做的时候，你也许觉得不习惯，甚至感到委屈、窝囊。这是可以理解的。

一般说来，批评者并不能从批评中获得什么好处。相反，可能还有所失。如果他提出的批评是诚恳、善意的，利于受批评者改正缺点或错误，相反，如果他出于恶意、敌意、动机不良，那他便暴露了自己，便于你早作准备并寻找对策。怕就怕别人对你早有意见，心怀不满，表面上又对你一副笑容，当面赞扬，却在背后搞鬼，或在关键时刻突然对你发难。

第二步，要学会接受批评。要是你无法容忍别人的批评。惯于采取这样或那样的方法拒绝、逃避批评，那么，将心比心，你就明白自己没有批评人家的权利。因此，首先要有能够接受批评的胸怀。其次，要有接受批评的勇气。如果别人发现了你的缺点、错误，批评得有道理，你不要拒绝人家的好意，更不必担忧接受批评便矮人一等。拿出勇气改正自己的缺点和错误，你下次也许就不会出现类似的差错了。

第三步，要有接受批评的智慧，要是别人批评得有道理，但方式、方法不对，你可以把它改为自己可以接受的方式、方法来理解；如果别人批评错了，你也宜先表示谢意，然后再作必要的解释。至于对那些为了发泄个人的嫉妒、怨恨，纠缠早已结束的往事，或怀有其他恶意的批评者，你当然既有权提出正告，又没有义务去接受。

在一般情况下，人如果挨骂，或受到警告、指责时，大家都会感觉面子上挂不住，心里不痛快。此时，你不妨把上述道理回想一遍，你的内心就会平静许多，脸上也就坦然许多。

如果上司批评责斥下属，情况又另当别论，绝没有窝囊、丢脸之类可言，因为"老子克儿子"是天经地义，顺理成章的。

老刘在公司算是老资格的科长了，一般大家都谦让他，即使是公司领导，也都让他三分。这次，公司统一布置的工作他没有完成，经理找到头上，他竟说"忘了"，经理耐着性子说："老刘啊，你这一忘不要紧，整个工作可就让你给拖住了！"

按说，经理的话毫不过分，态度诚恳，也够客气的，但刘科长可不这么想，多少年来没有挨过批评，就这一句就受不了了，凭着资格老和经理较起劲来。大家过来劝解不下，把经理气得脸都白了。事后，领导集体研究，决定让刘科长写出书面检查。

其实，这种情况完全可以避免。

要知道，在绝大多数人的心目中，下属被上司斥责是理所当然的事。当你被上司训斥时，别人怎么看？只不过像是在观看父亲"克"儿子罢了。老子"克"儿子，天经地义，人之常情；上司训下属，同样是理所当然，谁也不会见笑。所以当你处于下属位置时，千万不要因遭呵责而感觉面子难堪，同事也随时可能受批评，因而不会轻视你；上司们也还有他的上司，在他的上司那里，情况就像你遇到的一样，他们更觉得训人与被训是家常便饭，不足为奇。

问题的另一面，上司被下属反驳可就不是理所当然的了，这同样如同老子"克"儿子一样，如果儿子顶撞老子，那可是大逆不道，"翻了天了"。从古至今，谁要违背上级旨意，那就是"犯上作乱"，是"反了！"

所以，既然上司已经斥责了，还是干干脆脆地道歉吧！这在上级眼里，才是下属应有的可爱态度。你同时还可以想，别人指责你的缺点和错误时能够自我反省的人，才能提高自己的人格，同时成为一个有内涵的人，所以挨骂反而能促使你进步。

如果你感情上实在接受不了，怒气冲天，脸红脖子粗，而冲动行事，事后你一定会后悔。所以当你想要发怒时，最好心中默念："等一等！"这句"等一等"，就是要你忍耐的意思。有人建议，这时最好把火柴棒放在手上或裤袋里，一支一支地把它折断；或者心中默默数数，一直数到一百，相信不到一百，你就能冷静下来，从而抑制怒火，这是一种气氛转化法。当你挨骂而又不能控制自己时，请试试这两个办法。

制怒好像还容易些，但消极的人一旦被斥责而感到屈辱，不但不会发脾气，反而会灰心丧气，产生"唉，我真不行"的想法。这时，如果你别的办法都不见效，请接受面子学大师给你的"秘方"，但一定请你保密。这就是你在心里想，正在训你的上司，恰好也在被他的上司训骂的情形。你完全可以发挥你的想象力，把他挨骂时的狼狈样做各种生动的联想。这样，你不仅会忘记了正在被斥责，同时会不觉得上司可怕反而可笑，而不会产生"唉，我真不行"的悲观想法。请你记住，人在挨骂时都是一副模样。

想通挨骂的"必然性"，培养心理的"弹性"，你就不会把别人的批评当作是一难堪的事。

好汉做事好汉当

人非圣贤，孰能无过。但是有些人，认为暴露了自己的缺点和错误，或在别人面前公开承认自己的缺点和错误，有损尊严，有失身份，有损威信，因而讳疾忌医，掩饰错误，甚至当别人指出自己的错误或提出批评意见时，却硬着头皮不认账，甚而对提出批评意见的人作出报复性的反应。结果是错上加错，失信于人，在人前更没面子。生活中许多消极互动的行为，都与这种掩饰错误的心理有关系。

这里先说一个故事：

有一位中年父亲，他是个正统的国家干部。前几年，社会上的小青年开始流行长头发。他的儿子对此很是羡慕，从此也开始留起了大背头。父亲看在眼里，气在心上，几次劝说儿子把头发理掉，可执拗的儿子偏偏不听，爷俩吵了几次，矛盾越来越深。老子一气之下将儿子赶出了家门，从此父子俩再也没有见面。而现在，社会上留长发的青年极为普遍，根本算不上什么问题了。父亲也觉得以前的做法有些过分，很想同儿子重归于好。可是，根据中国传统习惯，年老的人即使错了也不能先承认错误。他认为他们父子要和好，必须由他的儿子采取主动。所以他一直等待儿子主动来找他。后来，这件事被他分别多年的老友知道了，来信对他好好地开导了一番，劝他放弃长辈的架子，自己做得不妥，就要迅速而热诚地承认错误。自从收到那封来信，这位父亲便逐渐开始转变了看法。他认真地检查了一下自己，觉得父子不和的主要责任不在儿子一方，是他自己做得过分了，应该主动找儿子和好。尽管碍着面子，这位父亲还是这样办了，终于和他的儿子建立了新的关系。

类似这样的事十分普遍。有些人明明知道自己错了，却不愿意主动承认，有的甚至还要为自己争辩，致使矛盾得不到解决，彼此的隔阂不能消除，相互之间的友谊也就更是谈不上了，这是很可悲的。

人再聪明，思虑也总有不周的时候，有时再加上情绪及生理状况的影响，于是就会无可避免的犯错——估计错误、判断错误、决策错误。

人犯了错，一般有两种反应，一种是死不认错，而且还极力辩白，这是可以理解的，因为这是人求生存的本能，怕认了错饭碗就保不住；另一种反应是坦白认错。

第一种反应的好处是不用承担错误的后果，就算要承担，也因为把其他的人也拖下水而分散了责任，这就是为什么有人证据明明摆在眼前，还死不认错的道理。此外，如果躲得过，也可避免别人对你的形象及能力的怀疑。可是，死不认错并不是上策，因为死不认错的坏处比好处多得多。

如果你犯的是大错，那么此错必尽人皆知，你的狡辩只是"此地无银三百两"，让人对你心生嫌恶罢了。如果所犯之错证据确凿，你虽然狡辩功夫一流，但责任还是逃不掉，那又何苦去狡辩呢？如果你犯的只是小错，用狡辩去换取别人对你的嫌恶，那更划不来。

姑且不论犯错所需承担的责任，不认错和狡辩对自己的形象有强大的破坏性，因为不管你口才如何好，又多么狡猾，你的逃避错误换得的必是"敢作不敢当"、"没担当"之类的评语。之后，别人不敢信任你，甚至"怕"你三分，更因怕哪天你又犯了错，把责任推得一干二净，于是抵制你，拒绝和你合作。而最重要的是，不敢承担错误会成为一种习惯，也使自己丧失面对错误、解决问题和培养解决问题能力的机会。所以，不认错的弊大于利。

那么诚实认错呢？

你会说，诚实认错，那不是要立即付出代价，独吞苦果吗？有时候碰到没有担当的上司，的确会如此，但绝大多数的上司都会"高抬贵手"——人家都认错了，还要怎么样？而且在心理上，你认错，已明显标示出上司与你位置的高低，上司受到尊重，再怎么说，都要替你扛一部分的责任；何况你犯错，他也有"督导不周"的责任，所以，在现实中，认错的后果并不如想象中的那么严重。

诚实认错还有间接的好处，例如：

——为自己塑造了"好汉做事好汉当"的形象，无论领导同事都会欣赏、接受你的作为，因为你把责任扛了下来，不会诿过于他们，他们感到放心，自然尊敬你，也乐于跟你合作，更乐于替你传播你的形象，这是你的无价资产。

——可借此磨炼自己面对错误的勇气和解决错误的能力，因为你不可能一辈子做事没缺点，趁早培养这种能力，对你的未来大有好处。

——你的认错如果真的招来别人的责骂，那么正可塑造你的弱者形象，弱者往往是引人同情，也能引来助力的，你会因此而获得不少人心。而且大部分人在骂过人之后，都会不忍心，就算要处罚你，也不会下手太重。人同此心，心同此理。

所以，犯了错，就诚实地认错吧！

然后，你要做几件事：

——赶快想办法补救，以免事态扩大。

——等事情过去了，要检讨犯错的原因，并加以改进，以免下次又犯错。

——如果你的犯错影响到别的人，那么要向他们表示你的歉意，如果他们也帮你善后，更应对他们表示感谢。

人生在世，难免会有对不起别人的地方。遇到这种情况时，有些人往往不愿道歉，怕丢面子，怕抬不起头；但是这样一来，又时常私下心情不安，甚至有点惶恐。为什么会这样呢？因为良心不昧，因为若有所失，因为内疚于心。

那么，何不说一声"对不起"呢？需知，每个人都会有对不起人的时候。真正的道歉不只是认错，它是承认你的言行破坏了彼此的关系；而且你对这关系十分在乎，所以希望重归于好。

承认自己不对，心里会很难受，脸上挂不住，做起来更不容易。不过你一旦决心面对现实，不再倔强，便会发现，认错对消除宿怨、恢复感情确有奇效。

有时，我们迟迟不道歉，是因为怕碰钉子，碰了钉子就更没面子了。这种令人难堪的可能性是有的，但是不大。原谅别人可以祛除心里的怨恨，而怨恨是损伤心灵的，有谁愿意反复蒙受痛苦和愤怨的折磨呢？

因此，我们要学会道歉，认识到这是一门安抚自心、避免创伤的生活艺术。该怎样进行道歉呢？一般来说应注意以下几点：

（1）如果你觉得道歉的话说不出口，可以用别的方式代替。吵架后，一束鲜花能令前嫌冰释；把一件小礼物放在餐桌旁或枕头底下，可以表明悔意，以示爱念不渝；大家不交谈，触摸也可传情达意，千万不要低估"尽在不言中"之妙。当然，这是就夫妻生活而言。

（2）切记道歉并非耻辱，而是真挚和诚恳的表现。伟人也有道歉的时候。丘吉尔起初对杜鲁门的印象很坏，但后来他告诉杜鲁门，说以前低估了他，这是以赞誉方式作出的道歉。

（3）除非道歉时真有悔意，否则不会释然于怀，道歉一定要出于至诚。

（4）道歉要堂堂正正，不必奴颜婢膝。你想把错误纠正，这是值得尊敬的事。

（5）应该道歉的时候，就马上道歉，越耽搁就越难以启齿，有时甚至追悔莫及。

（6）假如你认为有人得罪了你，而对方没有致歉，你就该冷静应付，不可闷闷不乐，更不要生气在胸，写封短笺，或由一位友人传话，向对方解释你心里不痛快的原因，并向他说明你很想排除这一烦恼。你若能减低对方道歉时的难堪，他往往就会表示歉意，说不定他心里也不好过的。

（7）你如果没有错，就不要为了息事宁人而"认错"。这种没有骨气的做法，对任何人都没有好处。同时，要分辨清楚"深感遗憾"与"必须道歉"的区别。比如你是领导，某一下属不称职，势必予以革职。你会觉得遗憾，但不是用道歉。

很多时候，别人对你的感觉并不在于你说了什么，而在于你说话时表现出来的态度。

假如只在行为上表现诚意嘴里不用道歉字眼，仍能被当成诚意道歉；那么，反过来说，即使口里说抱歉，可能听在对方耳里也觉没诚意，说了等于白说。"对不起"三个字若说得怪腔怪调，则暗示着对方的抱怨是无的放矢，或是太夸张了。

某公司董事会里一位董事说话得罪了玛丽，玛丽打电话给董事会主席伊丽莎白，希望她有个解释，或是道歉。不料，通完电话之后，她却更不舒服。电话里，伊丽莎白只轻描淡写地说："好吧，我道歉。"听起来毫无诚意。玛丽继续解释为什么她很生气，伊丽莎白语气冰冷地说："我可以再道歉一次。"然后坚持那位董事没做错任何事，玛丽的告状只不过给她添麻烦。对话就这样下去，只听伊丽莎白又冒出一句："我第三次道歉。"没多久："我第四次道歉。"讽刺的是，每次伊丽莎白口气冰冷、重复道歉字眼时，似乎暗示玛丽在无理取闹、没完没了。玛丽这么做，只不过是因为对方的道歉根本不像道歉，毫无诚意。因此，随着道歉次数的增加，玛丽益发怒不可遏。

在此，伊丽莎白居高临下的姿态令玛丽火上加油，心理更加失衡。

相反，分摊责任和承担过失是一种巧妙的平衡术，或许用得上道歉的字眼，或许用不上。

许多时候，人际关系调节的关键只在于人们交往时的姿态。

放下身段前路宽

说来也许你不信，有一位大学生，在校时成绩很好，大家对他的期望也很高，认为他必将有一番了不起的成就。

他是有成就，但不是在政府机关或大公司里有成就，他是卖蚵仔面线卖出了成就。

原来他是在毕业后不久，得知家乡附近的夜市有一个摊子要转让，他那时还没找到工作，就向家人"借钱"，把它顶了下来。因为他对烹饪很有兴趣，便自己当老板，卖起蚵仔面线来。他的大学生身份曾招来很多不以为然的眼光，但却也为他招来不少生意。他自己倒从未对自己学非所用及高学低用怀疑过。

现在呢？他还在卖蚵仔面线，但也转投资，钱赚得比我们不知多多少倍。

"要放下身段。"这是那位大学生的口头禅和座右铭："放下身段，路会越走越宽。"

那位大学生如果不去卖蚵仔面线或许也会很有成就，但无论如何，他能放下大学生的身段，还是很令人佩服的。你不必学他非得去做类似的事情不可，但在必要的时候，实在也要有他的勇气。

人的"身段"是一种"自我认同"，并不是什么不好的事，但这种"自我认同"也是一种"自我限制"，也就是说，"因为我是这种人，所以我不能去做那种事"，而自我认同越强的人，自我限制也越厉害。

所以，千金小姐不愿意和保姆同桌吃饭，博士不愿意当基层业务员，高级主管不愿意主动去找下级职员，知识分子不愿意去做体力工作……他们认为，"君子动口不动手"，如果那样做，就有损他的身份。

其实这种"身段"只会让人路越走越窄，并不是说有"身段"的人就不能有得意的人生，但在非常时刻，如果还放不下身段，那么会让自己无路可走。像博士如果找不到工作，又不愿意当业务员，那只有挨饿了；如果能放下身段，那么路就越走越宽，也没有走不通的路。

"放下身段"比放不下身段的人在竞争上多了几个优势：

——能放下身段的人，他的思考富有高度的弹性，不会有刻板的观念，而能吸收各种信息，形成一个庞大而多样的信息库，这将是他的本钱。

——能放下身段的人能比别人早一步抓到好机会，也能比别人抓到更多的机会；因为他没有身段的顾虑。

有一则这样的故事：一千金小姐随着婢女在饥荒中逃难，干粮吃尽后，婢女要小姐一起去乞讨，千金小姐说："我是小姐"，不愿意去。

结果呢？只能是"碍了面皮，饿了肚皮"！

我们知道，卡耐基在事业取得成就以后，收入是相当丰厚的，成了一位富翁。但是，他早年却经历了一段贫困潦倒的艰难岁月。有时候，他囊空如洗，不得不向人借些钱以缓和局面，度过难关。

就大多数人而言，伸手向人借钱似乎是一件难堪的事。这主要是因为人们大多存在一种心理：缺钱花是不体面的。于是好多人在向别人借钱时，都觉得不好意思开口。

经常有这样的情形发生：在向人借钱之前，先作一番充分的准备，包括怎样铺垫，怎样转折，怎样巧妙的过渡到借钱的话题上，等等，可是，当真正面对要向他（她）借钱的那个人时，却觉得最紧要的那句话重若千钧，好多话到嘴边都又咽了回去；结果呢，到最后跟人家道"再见"了，还没有提到借钱的事！

有些人则有他们的"高招"。他们向人借钱时，竭力掩饰他们缺钱花的真相，总要编出一些"体面"的借口，比如"某某借了我的钱到了期还没还我"啦，"我银行里有钱，但取款不方便，先向你借一点，过几天领了薪水还给你"啦，"这次出门钱带少了点"啦，等等，目的在于表明自己钱是有的，只是临时出了点小障碍。

"其实，这些借口都是毫不必要的。"卡耐基曾经对别人说，"你借钱的对方并不在意这些，也十分明白你这是在为自己下台阶，挽面子。他（她）若是愿帮助你，是不会追究你缺钱的原因的，也不会因为你向他（她）借钱就小看你。如他（她）要蔑视你的话，你找借口他（她）反倒会在心底讥笑你。"

那么，卡耐基自己是如何向人开口借钱的呢？

他说："向人借钱应当直截了当地提出来，不必啰里啰嗦的向对方解释这解释那的。对方愿意借的话，你不用多说他也会借给你；反之，你说得再多也是白费口舌。你直接提出借钱，对方不答应，你只要说声'没关系'就是了，谈不上什么尴尬呀，下不了台呀之类；如果你先讲了一大堆借口，对方却依旧拒绝，这样反而使双方都可能陷于尴尬之中。"

当今社会，生存竞争愈加激烈，真可谓"千军万马过独木桥"，挤得过去就是赢家，挤不过去，轻则落伍，重则落水。但不挤更不行，即便一身臭汗，披头散发也要搏上一搏。千万不要站在岸上，自视清高，丧失了大好良机。然而总是有那么一些人，眼眶子太高，大事干不来，小事不愿干，觉得太丢面子，有失身份，宁可委屈受穷，也不肯放下架子。中国老百姓有句俗话："管他脸不脸，混个肚子圆。"这话虽然有点儿过火，却也不无道理。

好汉不和女人斗面子

琴·安德森及高登在友人心目中是一对模范夫妻，当琴提出与丈夫离婚时，可把那些朋友全吓呆了。

琴与高在读大学时即是甜蜜的情侣，琴毕业后，他们立刻结婚，同时移居纽约。高登是个公认的杰出的年轻建筑师；琴在一家妇女杂志社工作，后来升到时装主编，高登因此开心极了。这对迷人的夫妇常被一群常见报的作家、艺术家、设计家邀宴。高登为一家大工程设计，获得大笔佣金后，就有自己开公司的想法，琴也为这件事高兴，然而，事情后来发生了变化。

有一天晚上应酬回家，琴和丈夫聊天时，发现丈夫没有任何反应，她忍不住问道："你到底怎么了？是不是有些疲倦？"

高登回答说："是的！我又烦又累，真受不了别人称呼我'琴的丈夫'。"

琴敏感地发现丈夫的自尊心受了伤害，赶紧解释说："因为这些人全是时装界的人，所以才会这样说。如果是建筑工程界的人，一定会称呼高登太太。"

可是丈夫反驳说："那种情况自然不一样，因为我毕竟是男人啊！"

自从这次以后，琴尽量在家不谈公事，但是情况却不见改善。不久，她获奖了，她的照片及时装界的评论文章见诸报刊，这件事更深深地刺激了高登。他为此要琴下决定做个家庭主妇。因为他已经受够了别人称呼他为"琴的丈夫"。琴却不愿做家庭主妇，她认为自己这两方面都兼顾得不错。

后来，他们开始争辩不停，高登借酒浇愁，养成了酗酒的习惯。在一个深夜，约两点左右，高登借着酒意，故意把太太推进浴室里揍了一顿，并撕破她的衣服，对她大声吼着："好吧！如果你想和男人一样，那么我就把你当作男性对待。"

琴容忍了这件事，建议丈夫一起去看婚姻专家或心理医生，但是被高登所拒绝，于是她只有寻求离婚一途，而令亲朋好友惊讶不已。

千百年来，许许多多的戏文小说，都在讲着一个古老的故事：女人冒着风险，历尽千辛万苦，辅助男人进京赶考，男人考中状元、探花或榜眼，便将原来的发妻或情人抛弃了。

如今的新故事可不同了，往往是女的考取了博士生、硕士生、出国留学生、或在文坛、歌坛、影坛上出了名，或由于事业的成功而成为社会知名人士，男人们便将她们"抛弃"了。这种情况，中外都有。

有个少女在南方小城的一家工厂当广播员，她已和厂宣传科一位小伙子暗恋好了两年。在她那间小小的播音室，她和他一起度过了许多甜蜜的时光，开始是他来送稿、改稿，她播稿。后来他来送书，他们一起看书。再后来他给她写了一张约条，她也给她回了一张。他约她到附近一座山上去玩，她便在山脚下的一棵老槐树下等他，他们一起商量去考大学，又一起复习功课，一起设计未来美好迷人的生活……

他们一起参考了高考，通知书下来了，只有她，没有他。那天晚上，他们在城

外的那条江边坐了一夜，谁也不想说话。最后他叹了一口气，说："你去吧。"

她说："你等我。"

来到校园之后，尽管学习很紧张，但她一天一封信地往回寄，她在极度地焦盼中等了一个月，终于等来了他的一封信。她没看完，便扑到床上嚎啕大哭起来，她想不明白，为什么自己上了大学，他就不能和自己结婚呢？为什么说不合适？

寒假，她回到南方那座小城时，他已有了一个新的女友，初中文化，在一家新建的宾馆当服务员。年龄、长相、学历、个子、家庭环境，都很般配。她才明白他是怎么想的。

这位少女在第一次恋爱惨败之后，可笑的是第二次又重蹈覆辙。大学的最后一年，她认识了同系的一个男生，两人关系发展很快，正当他们商量准备结婚的时候，她突然决定要考研究生，他的态度是："这样吧，我等你的发榜，如果没取，咱们就结婚；如果取了，咱们就分手。"她录取了，他没有食言，毅然离开了她。

许多女性常因丈夫有杰出的表现而十分自豪，男人们则因妻子胜己一筹而感到面子难堪，说到底，还是大男子主义思想在作祟。其实，这种面子大可不去与女人争，正如你有能耐，别人不会小瞧你妻子一样，你妻子事业上的成功，同样不会给你带来任何厄运，别人绝对不会因你妻子的成功而轻视你。

想当年最具影响力的女性，当数英国首相撒切尔夫人。人们常常在电视屏幕上看到这个"铁女人"的行踪。然而如果细心，你会发现，在"铁女人"的身后，有时会默默地站着一位穿黑西服，系旧式领带的男人，他就是"铁女人"的丈夫丹尼斯·撒切尔。

以世人的眼光来衡量，丹尼斯达到了"模范丈夫"的标准，他被人描绘成对妻子毫无威胁，又略微惧内的"沉默绅士"。在正式场合，他永远立于妻子身后一步。他清楚地知道，自己在何种情况下，应处何种位置。竞选时，他常常站在身旁，并不时为她拉选票而与选民握手、交谈。在集会上，每当玛格丽讲到妙处，他总是拼命鼓掌，或尽情高呼："太棒了"。

为了能更有效地协助夫人开展工作，丹尼斯悄悄地将自己的办公室搬到唐宁街10号内。事必躬亲，是他的传统作风，他的秘书自嘲是："世界上最清闲的人。"

从表面看，丹尼斯甘当妻子的助手，寡言少语，但他在英国仍是大名鼎鼎。英国百姓知道得很清楚，若非丹尼斯雄厚的财力，撒切尔夫人的政坛起步势必坎坷；而无丹尼斯的幕后全力支持，"铁娘子"也不会有如此突出的政绩。

有一家电视台，别出新裁地开辟了一个节目，叫"大家来评丹尼斯"各人以自己的眼光，纷纷给心目中的这位"第一丈夫"画像。如果有谁说丹尼斯对撒切尔夫人的政治生涯无足轻重，那第一个反对的就是他的夫人。她说："我认为，人们很喜欢他，而我也离不开他。我的丹尼斯是我的亲爱的伴侣。我们俩的结合是一个伟大的爱情故事……是一条金线；使生活中一切都变得可能了。"

正如她讲得一样，丹尼斯不仅得到她的爱，同时，也受到社会的好评。丹尼斯的形象，并没有因为自己夫人的声名显赫而相形见绌。而是相得益彰，愈发光艳夺目。而最难得的是，他能把自己视为是首相的"支柱"，甘愿为自己的爱妻"打下手"。

你能有这种"绅士"风度吗？如果你能随着观念的改变而达到这一步，即使是从"功利"的角度出发，你能失去什么吗？若不能，或恰恰相反，你就不会感到面子上有什么过不去。

老百姓有言："好男不和女斗。"把这句话用在面子问题上，倒是十分贴切，也就是说，不要在面子上与女人一争高低。若要做一个真正的男子汉，就请放开你的气量。如果自己的心中，连一个女性的荣誉都容纳不下，不是太低视自己了吗？

热脸迎向冷屁股

人生在世，吃点苦，受点累，算不得什么；世间的岁月，莫过于被人冷落的光阴最难熬过了，那时节，尊严扫地，脸上无光，十分尴尬，万分狼狈。显然，这些"过来人"的话是有一定道理的，此番衷肠，不妨也可算作一句人生之絮言吧。

问题还绝不仅仅在于此。尽管每个人都程度不同地尝到过被人冷落的滋味，但面对"冷落"所采取的态度却不尽相同。有的人遇"冷"不冷，逢"落"不落，仍然表现出了一种漠然处之、豁达坦然的超然境界，其结果不仅使自己渡过难关，走向"热烈"，而且逆境成才，留下了更加辉煌的人生篇章。有的人却不尽然，面对"冷落"，便变得消沉起来，一蹶不振，最终使自己陷入自我封闭、孤独寂寞的困境而难以自拔。

怎样才能走出被人冷落的误区？

接受冷落。这是至关重要的一步。也就是说，面对被人冷落的现象，您应当首先承认它的存在，允许它的发生。这是因为，人生本来就是一个万花筒，红橙黄绿蓝靛紫，喜怒哀乐，酸甜苦辣，温凉冷热，可谓应有皆有，五彩缤纷。少了热情，生活会因此而失去光泽；没有曲折，生活也会变得索然无味。

事实上，每一个生活在社会中的人，或多或少，或轻或重，都会遇到过"冷落"，不管你是自觉的还是不自觉的，情愿的还是不情愿的，谁也休想与它绝缘。在这个意义上，"冷落"作为一种客观存在的社会现象，您无论如何也不应当采取回避的态度。既然如此，为什么一些朋友特别是一些青年朋友，面对冷落的挑战，会产生一种突然、茫然的感觉呢？原因也许很多，但恐怕很重要的一条，是与他们的阅历、经历比较浅薄有直接关联。试想，现在一个十八九岁、二十来岁的年轻人，从家庭到校园，从牙牙学语到长大成人，走过的大都是一条相对平缓的道路。他们尽管也有遭遇冷落的时候，但更多的还是甜美优于苦辣，温馨优于冷寒。基于此，一旦当他们涉足社会这个大课堂后，便会很自然地发现，现实的情境远比原来想象的要复杂得多。他们对"冷落"感到陌生，不习惯，甚至产生惧怕感觉，那是很正常的事。

因此，面对冷落，您应当采取承认的态度，就是说要有接受冷落的心理准备。当然，承认冷落的存在，并非是承信它存在的合理性，而是承认它存在的客观性。承认了此种矛盾存在的客观性，也就承认了解决此种矛盾方法存在的必然性。惟其如此，您才会直面冷落，既不回避之，也不惧怕。

敢于表现。人们在受到冷落之后，往往会在生活上感到失意，在心理上产生退却。尤其是您成了世人的楷模，或者受到人们赞誉的时候，一旦遭遇冷落，更容易感受到这种反差的压力。对于一个强者来说，愈是受到冷落的重压，愈是应当富有自我表现的阳刚之气。此种勇气，不仅可以吹散来自外界对自己冷落的风云，也最易于拨开自己被人冷落所带来的心头迷雾。

尽管冷落也是来自外界的一种评价，但这丝毫也不应当成为您忽略自我表现作用的理由。特别是当您被人冷落的时候，更应注意去大胆地表现自己。比如：举办卡拉OK比赛，您敢不敢直步登上台去，高歌一曲；周末舞会，您敢不敢跃入舞池，投入地一次跳个够；演讲会上，您敢不敢面对众人，字正腔圆，慷慨激昂去陈辞一番，即使一时上不了场，当个观众也无妨，您敢领信头儿尝一尝啦啦队长的滋味吗……无论是胜败输赢，您都会从中感到过剩能量得到释放的一种轻松和欢愉。谁都知道，人生有"冷"也有"热"。通过自我表现，您不仅可以更多地去发现生活中的欢歌笑语，而且完全可以去主动地排"冷"取"热"，甚至化"冷"为"热"。

当然，在自我表现的过程中，您还应当切忌自我标榜，故弄玄虚。这样做，不仅难以排除外界的冷落，还会由此带来更多的冷落。自我表现，不仅应当有勇气，更重要的是要提高自己的素质，增强自己的实力。有了真才实学再加上自己的勇气，那您就会在生活的舞台上表现得潇洒自如，发挥得淋漓尽致。此时，您面前的冷落，便会一扫而光，迎来的将是张张笑脸，满园春色。

平息抱怨。每逢遇到冷落，您有时难免会生点小气，这是可以理解的。但是，过多的自我抱怨，又恰恰是战胜冷落之大忌。大凡经历过冷落的人，大都有这样的感觉，抱怨冷落的结果只会在客观上助长受冷落的压力的程度。社会生活中的各种现象，无不可以从人的主观认识上找到原因，冷落的现象也当属此中。

您不妨自己提出这样的疑问：为什么他人没有受冷落，却偏偏冷落了自己；为什么此时无冷落，彼处遇冷落。想来想去，您便会觉得，原来别人对自己的冷落也与自己有关联。对照生活的参照系数，您不妨再对一些具体现象试作分析。假如受到来自顶头上司的冷落，您可能想到了他的偏见、不公正等，但是否还应想到，您的工作态度差、表现得不好，才是上司所以冷落您的真正原因；假如受到同事的冷落，您可能会想到他的性格孤僻、心胸窄小、无端嫉妒等，但是否还应想一想，是您的傲慢、无礼、清高，才使他人对产生冷落有了可能的条件；假如受到妻子的冷落，您可能会想到，妻子不温顺、不贤慧、不会料理家务、不会热情待客等，但是否还应想到，您的大丈夫习气，动辄吹胡子瞪眼睛的德性，难道妻子还不该冷落您几次！与其抱怨别人，倒不如利用这个间隙来反省一下自己，这岂不是一件好事情！

学会丧失。冷落，会使您隐隐感到自己心灵上的某种丧失。是的，在一段时间和范围内，您的周围的确少了些热情，少了些朋友。但是，这并非可怕。问题的关键在于您能否正确对待丧失，能否科学把握丧失，能否学会从丧失中奋起。

丧失即失去。在朱迪丝·维尔斯特的力作《必要的丧失》中，她指出，丧失是不可避免的。我们从脱离母体直到死亡，在这整个成长过程中，丧失始终伴随着我们。它是"一种终生的人类状况"。朱迪丝认为理解人生的核心就是理解我们该如何对待丧失。"丧失是我们为生活付出的代价"，朱迪丝指出了这一点，但假如我们学会了放弃完美的友谊、婚姻、孩子和家庭生活的理想幻想，放弃对绝对庇护和绝对安全的幻想，那么我们将在这种放弃——必要的丧失中苏生。朱迪丝还告诉我们，丧失是成长的开始，追求完美与恐惧丧失则是幼稚的，我们人生的路途由丧失铺筑而成。细细想来，朱迪丝的话是有深刻哲理的。

有的朋友常常把复杂的社会、复杂的人生理想化了，他们接受收获往往比接受丧失更容易做到。因此，一旦遇到丧失，就会觉得不可思议。其实，只要您稍加留心，便会从生活中经常发现这样的画面：他是我的好朋友，同时又是别人的好朋友；上司对我特别器重，同时对另一个人也特别器重，想到此，也许您就会认识到，放弃各种各样不切实际的期待，对于消除冷落的困惑，是多么的重要！

冷落虽然使您暂时地少了一些来自外界的热情，少了一些朋友，但往往正是这种必要的丧失，才进一步激发了您对热情的珍视，对朋友的偏爱。此时此刻，您将会用自己的热情去温暖对方那颗冷落的心，您将不会再用消极的眼光去对待朋友一时的偏颇。

勿失自信。遭遇冷落，很容易使一些意志薄弱的朋友失去自信心。这是因为，冷落不仅有时是一种腐蚀剂，而且有时还是一种有毒剂。它可使头鸟遭枪击，使尾鸟受排斥。生活中常常有这样的现象：有些才能出众的人，正是由于受不了世俗冷落的偏见，从此之后甘愿"随波逐流"，也不肯再"出头"、"冒尖"了；也有一些较为愚钝的朋友，由于被人瞧不起以至受到某些人的鄙视，结果产生了"破罐子破摔"的念头。不知您是否还记得这样一句饱含着铮铮铁骨的至理名言："自信人生二百年，会当水击三千里"。这是何等博大的胸怀，何等硕大的气魄。数风流人物，大凡事竟成者，无不是自信人生的典范。殊不知，他们在成功的道路上，何止只受到冷落的骚扰！

一对好朋友，耳鬓厮磨多少年，可为了某件小事，突然在某一日反目分手，从此视同陌路。您也许就是此种冷落的遭遇者，也许还会产生诸多"雅士如林，知音日少"的失落感。其实大可不必。生活是多色彩、多层面的，不必事事都有个所以然，必要的超脱也是一种生活的润滑剂。面对冷落，没有必要封闭自我，压抑自我，煎熬自我。雨果说得好：生活就是面对现实微笑，就是跃过障碍注视将来。你应当不断地去寻觅生活中的热情。人人都希望把热情带进自己的生活，让生活变得更富有色彩，更富有诗意，这本身就是拥有热情的表现。在生活中，每个人都会遭遇冷落，但更多的还是拥有热情。如果您只会发现冷落，而不勇于去开拓和追逐热情，那么，在您的眼里就会只有苦涩、忧伤和痛苦。

主动感化。有的朋友在处理人与人之间的关系上，有一种看法，即你对我好，我就对你好；你看不上我，我也不买你的账。这至少是一种不够大方的姿态。当然，人与人之间的交流是双向的，两好搁一好嘛！但一个成熟的人，恐怕因此还会想得更多，想得更细，甚至会做一些必要的让步和牺牲，也就是常说的高姿态吧。

比如，面对冷落您的人，早上初见面时，可不可以主动上前去问候一声："早上好"；周末之余，节假日里，您可不可以主动邀请对方去参加一个舞会，或者就近做一次短程的旅行；当对方乔迁新居时，您可不可以主动去当个帮手，等等。如果您能这样去想、去做，是完全有可能改变对方的态度的。有道是：精诚所至，金石为开。此时，看上去似乎您显得"矮"了一些，但在他人的心目中，您是高尚的、伟大的、值得信赖的。人与人之间的交往本来就是这样：您想得到别人的尊重，首先自己要尊重别人；您想得到别人的热情，首先自己要热情待人；您想得到别人的理解，首先自己要理解别人。这样，您才会最终减少别人的冷落。

逢场作戏——装大不如装傻

想当年韩信勇受胯下之辱，从别人裤裆底下爬过去，也是厚脸皮的功夫修炼到了一定的境界。老百姓说，人在屋檐下，不得不低头。每逢这样的时刻，过于爱惜脸皮是毫无意义的。装装样子，做个姿态，甘拜下风，把风光让给别人，自己并不损失什么，结果是你好我好，一团和气。

人脸不过一张皮

战国时期，曾有一位著名的军事家吴起。后人曾辑录了一部《吴子》，记录了吴起的一些军事理论与思想，对以后战争的战略与战术，不乏指导作用。吴起还学以致用，在军事实践上留下了足以令人深省的范例。

不过，史书上有一则他的小故事却有着另外一层意思。

打仗行军，吴起与士卒"最下者"同衣食，"卧不设席，行不骑乘，亲裹，与士卒分劳苦"。一次，一个士兵背上了长了一只毒疮，吴起闻讯后赶来察看。不知是遵医嘱，还是凭着经验，吴起用嘴吮吸该士兵毒疮，使士兵很快痊愈。

本来，这可以成为吴起"爱兵如子"的美谈，值得后人传颂赞叹。可是士兵的母亲听说此事，却哭了起来。旁人十分不解，便问："你的儿子只是一个普通士兵，吴起将军吮吸他的毒疮，你为什么哭呢？"言下之意便是，将军给了你儿子那么大的面子，你这个母亲也太不识抬举、不知好歹了。

母亲说："不是这么回事。以前吴起将军也吮吸过我儿子他爹的毒疮，结果是他父亲拼命打仗而战死。现在，吴起将军又吮吸我儿子的毒疮，我真不知道这个孩子将要死在哪个战场上呢，所以我才伤心痛哭呀！"

真不知道这支部队有没有随军医生，抑或是毒疮只偶尔发生在极个别人身上；否则，军医又干什么呢？人数太多，吴起又怎么忙得过来？他会不会感染而中毒呢？

然而此举的结果十分明显，士兵因此感动而更奋勇打仗。如此一来，吴起的用心就十分令人怀疑。

　　将军为士兵"吮疽"，难免会给人逢场作戏的"矫情"之感。

　　隋文帝的儿子、晋王杨广更是逢场作戏的代表人物。平时，他只与萧妃一人同居，臣妾有孕却是不准生育，皇后因此多次称赞杨广贤明。对掌有实权的大臣，杨广都倾心相结交。皇上及皇后多次委派身边的人来到杨广住处，杨广和萧妃不管他们的贵贱，都要出门迎接，给他们准备饭菜，临别又以厚礼相送。上下无不称赞他仁孝。隋文帝与皇后来到杨广府第看望，杨广把美女全都隐蔽在别处，只留下一些年纪大的、长相丑陋的服侍，衣服上也不带花纹；屋里的帘幕一律改成素净的丝绸，杨广还故意弄断乐器之弦，不让拂去上边的灰尘。隋文帝见到这些，就以为他不好声色。回宫以后，隋文帝又把此事告诉左右侍臣，言语之中十分高兴。于是，侍臣们也都趁机向皇上道贺。

　　表面上做一套，心中想的另外一套；以假仁假义演给别人看，内心却潜伏着更大的图谋——这就是"矫情"加上"饰诈"了。

　　问题就在于，隋文帝早已立了太子杨勇，而杨广心有觊觎。他知道，明目张胆地跳将出来反对杨勇，只会是增加父亲对他的怀疑与不满；那么，把自己乔装打扮成一个仁义君子，终于博得皇帝老子的欢心。

　　妙就妙在杨广的矫情饰诈不是做给父亲一个人看的。他以小恩小惠收买了母后的婢仆，让他（她）们去送出种种好的口碑，而终于是口碑甚佳。说来也可怜，他装寒酸、装穷、装傻。皇帝老子当然知道这不是因为穷得揭不开锅，这可是人品好呀！

　　那么，是真是假，还得看杨广的全部态度与行为。杨广说服他的哥哥又是丞相的杨素，杨素再去通过皇后之口向皇上吹风，也就是杨广如何如何之好。杨广还贿赂隋文帝左右共同谗言太子杨勇，很快就陷杨勇于犯罪。

　　双管齐下，隋文帝终于废太子杨勇，立杨广为太子。杨广遂心如愿。

　　这就是矫情饰诈，以藏其奸。吴起比杨广，真是小巫见大巫。

　　逢场作戏，表面上装样子给人看，是古往今来一切大奸人、大滑头惯用的伎俩。装样子没有厚脸皮的功夫是不行的，脸不红，心不跳，大模大样，煞有介事，才能蒙得住人。这对于有些人来说已经成为骨子里的东西了，信手拈来，不费吹灰之力。

　　逢场作戏，不但可以掩饰自己的奸诈，在人前换来面子，而且还可以在危机中自保，用以麻痹比自己凶恶的对手，这就要不惜丢面子了。

　　在古代，皇帝是大老虎，说不定哪个时候抓你一下，咬你一口，只要它的尾巴一动，你全家不论多少人也得全完。朝廷不是出武松的地方，武二郎要威风他不外是在景阳岗，他却从来不敢去汴梁撒野。所以自古以来做大臣的都会溜须拍马，能忍善忍，忍一片海阔天空，不但能保命，还能升官发财。

　　朱元璋做皇帝，简直是只原始社会原始森林中的原始大老虎，野性十足，张开血盆大口，一下子就能咬几万人，咬胡惟庸、咬蓝玉，一下子咬死的人比一场淮海大战死的人还多。有一次朱元璋又想咬死一个人，皇太子求饶，朱元璋有些为难，便召来御史袁凯，问他是杀了这人对还是饶了这人对？袁凯在朝廷混的日子太久了。如何不知朱元璋的脾气？回答稍有不慎，就得掉脑袋，可是还不得不答。袁凯道："陛下对此人处以极刑，从大明法律上讲是公正的。皇太子要饶了他，那说明皇太子心地仁慈，是个好储君。"

这话本是圆滑之至，两头都不得罪。可是朱元璋认为他没有回答自己的问题，逃避了大臣的责任，罪不可饶，立即将他投进死牢。袁凯自以为死定了，谁知朱元璋过了几天又将他放出来，官复原职，饶了他一死。但每次上朝见了袁凯，朱元璋就要说："这是个滑头。"

袁凯心知不妙，深怕有朝一日朱元璋来了火，自己性命不保，便谎称中风，不上朝。朱元璋将他抬上大殿，道："中风没有知觉，用钻子钻钻看。"几个太监果真拿起钻子在他身上乱钻。袁凯知道，只要一出声全家就完了，便咬牙忍着，死都不动一下。朱元璋见状，知他装假，但他无法点破，便放他辞官回乡。

可是朱元璋不放心，经常派人去袁家察看情况。袁凯躲不过，干脆装起疯来，用铁索锁住自己的脖子，拉着锁头到处乱跑乱叫。又将面粉和糖拌好，加上色素，形如粪便，放到篱笆脚下、水沟边，单等朝廷来人了，便满地乱爬，爬到篱笆边就乱咬乱吞。那些探视的人见了，以为袁凯真疯，便回去如实汇报。朱元璋一计不成，又生一计，下令起用他为本郡的学府教授。袁凯到任时，郡官们请他为学生唱诗。袁凯捧着《诗经》，当着朝廷使者的面，竟唱起《十八摸》的淫曲。这下朱元璋才以为袁凯真的疯了，再也不过问，袁凯死时，全家竟放起鞭炮，庆贺他尽寿而终，没有被大老虎咬死。

伴君如伴虎，可是还有那么多的人愿意去伴虎而眠。袁凯中途而退，算是较有头脑的人了。但袁凯为了保住性命，竟忍受着别人无以想象、无以忍受的痛苦，把人的尊严和面子抛到九霄云外。

俗话说得好：人脸一张皮。只要作如是观，有什么罪不能受，什么委屈不能承担，什么下九流的角色不能扮？这样一想，装疯卖傻也就算不得什么了。

装大不如装傻

徐兰沅是著名的京剧音乐家，先后为京剧艺术大师谭鑫培、梅兰芳操琴数十年，在京剧音乐界颇孚众望。

徐兰沅在年轻的时候，有一位老琴师，名叫耿一，操琴艺术十分精湛。徐兰沅很想拜他为师，只是苦于没有机缘。一天，徐兰沅正在街上走着，正好遇见了耿一。徐兰沅思师心切，便急忙走上前去，恳求耿一赐教。谁知这位耿一从来不收徒弟，且又喜欢逗趣。耿一满脸傲气，拿眼把徐兰沅从头到脚打量了好一阵子，然后用不无侮辱的口吻说："小子，我可以教你。不过，你得趴在这大街上当众给我磕个头才行。"徐兰沅一听，二话没说，就跪倒长街，给耿一恭恭敬敬地磕了个头。耿一见徐兰沅学艺如此心诚，当即就破例收下了他这个徒弟。

1924年，有一次，北洋政府国务总理张绍曾主持国务会议。财政总长刘恩远，人称"荒唐鬼"。他一到会场上坐下，就大发牢骚说："财政总长简直不能干，一天到晚东也要钱，西也要钱，谁也没本事应付，比如胡景翼这个土匪，也是再三再四地来要钱，国家要钱养土匪，这是从哪里说起？"

胡景翼，陕西人，字笠僧，同盟会员，1924年在北京同冯玉祥、孙岳发动北京政变，任国民军副司令兼第二军军长，是个炙手可热的人物。

刘恩远的牢骚发完以后，大家沉默了一会。正在讨论别的问题时，农商部次长刘定五忽然站起来说："我的意见是今天先要讨论一下财政总长的话。他既说胡景翼是土匪，国家为什么要养土匪？我们应该请总理把这个土匪拿来法办。倘若胡景翼不是土匪，那我们也应该有个说法，不能任别人不顾事实，血口喷人。"

财政总长刘恩远听了这话，涨红了脸，不能答复。大家你看我，我看你，都不说话，气氛甚为紧张。静了约十分钟左右，张绍曾才说："我们还是先讨论别的问题吧！"

"不行！"刘定五倔强地说，"我们今天一定要根究胡景翼是不是土匪问题。这是关系国法的大问题！"

又停了几分钟，刘恩远才勉强笑着说："我刚才说的不过是一句玩话，你何必这样认真！"

刘定五板着面孔，严肃地说："这是国务会议，不是随便说玩话的场合。这件事只有两个办法：一是你通电承认你说的话如同放屁，再一个是下令讨伐胡景翼！"

事情闹到这一地步，结局实难预料，但出人意外的是刘恩远总长竟跑到刘定五次长面前，行了三鞠躬礼，并且连声说："你算祖宗，我的话算是放屁，请你饶恕我，好不好！"

唐朝天宝元年，李白来到京城赶考。但他听说考官是太师杨国忠，监官是太尉高力士，二人皆爱财之辈，倘不送礼，纵有天大的本事也得落第。李白偏偏不送一文。

考试那天，李白一挥而就，交了卷。杨国忠一看卷头上李白的名字，提笔就批："这样的书生，只好与我磨墨。"高力士说："磨墨算是抬举了，只配给我脱靴。"便将李白推出考场。

一年后的一天，有个番使来唐朝递交国书，上面全是一些密密麻麻的鸟兽图形。唐玄宗命杨国忠开读，杨国忠如见天书哪里识得半个？满朝文武，亦无一人能辨认。唐玄宗勃然大怒："枉有你们这班文武，竟无一个饱学之士，为我分忧。限三日之内，若无人认得，文武官员一概免官、问罪。"

后来，有人推荐李白，他走上金殿，接过番书，一目十行，然后冷笑说："番国要大唐割让高丽176城，否则就要起兵杀来。"玄宗一听，急忙问文武百官有何良策？群臣面面相觑，个个目瞪口呆。无奈，玄宗转问李白。李白说："这有何难，明日我回答番使，令番国拱手来降。"玄宗大喜，拜李白为翰林学士，赐宴宫中。

第二天，唐玄宗宣李白上殿，李白见杨国忠、高力士站在两班文武之首，便对唐玄宗说："臣去年应考，被杨太师批落，被高太尉赶出，今见二人甲班，臣神气不旺。请万岁吩咐杨国忠给臣磨墨，高力士与臣脱靴，臣方能口代天言，不辱君命。"唐玄宗用人心急，顾不得许多，就依言传旨。杨国忠气得半死，忍气磨墨，然后捧砚侍立。骄横的高力士强吞怒火，双手脱靴，捧着跪在一旁。

人生并不总那么得意，有你威风八面的时候，也有你倒霉的时候，大丈夫能屈能伸，拿得起放得下，千万不要为了脸面而硬撑到底。杨国忠和高力士尽管心中不服，可还是把架子放下来，在大才子面前当驴当马，既然被得罪的人挽回了面子，皇上高兴，那么，装大不如装傻，就忍了这一回吧。

自敲锣鼓唱大戏

一次曾国藩被太平军击败，他多年经营的水军几乎全军覆没。面对残兵败将，他一头朝长江扎了下去，要跳水自杀，当然没死，被将士们立即救了出来。这样一来，面子上有光彩了，不仅以实际行动告诉将士们不成功，则成仁。而且表示了对清朝的忠心，虽败犹荣。

无论怎样说，曾国藩是不想死的，要真想死，趁人不备抽出宝剑，一抹脖子，谁也救不了。要想死得光彩，可以亲自上阵，战死在战场上。这些他都不去做，而守着将士投水，明明是做做样子。

有一时期，曾国藩老打败仗，无法向皇上交差，只得在奏书中写道："屡战屡败"。一个幕僚一看，急忙建议把屡战屡败改为"屡败屡战"，曾国藩认为有理，立即做了修改，这一改，意义重大。"屡战屡败"反映的是无能或用力不足，而"屡败屡战"反映的是不怕牺牲、意志坚强、百折不挠，于是忠心的态度就显见了，这一改，不但没有削官罢职，而且受到赞扬。像这种"打肿脸充胖子"的行为不是脸皮厚，又是什么呢？

出人头地的法子有很多，但没有一种是坐等天上掉馅饼。必然主动出击，在关键时候、关键问题上，或者关键人物面前，不失时机地抛头露脸，为自己赚些面子，好作为日后发达的本钱。如果没有这样的机会，就要自己创造机会，无中生有，自编自导自演一出好戏。

既然是逢场作戏，知道自己不过是做做样子给人看的，就不必对事情太较真儿。好演员可以根据剧情的不同而变换身份，一时猫脸，一时狗脸，一时哭丧脸，一时扮笑脸，也没有"自己打自己嘴巴"之嫌。

民国大员、大财阀孔祥熙称得上是一位极出色的性格演员。

孔祥熙经常喜怒无常。有时发起脾气来像孩子似的扔公文、摔笔、用英语骂人。一次，在官邸秘书处，孔祥熙对陈立廷、陈炳章两个得力秘书大发脾气，可谓声色俱厉，不容辩解，当即严肃宣布："从今天起，你们两人被免职了！"两人以为从此便与孔脱离关系了。此事大约发生在农历十二月间，不久，春节来临，他俩循例到孔府向孔祥熙拜年。孔若无其事地同他们叙家常，谈工作，闹得他俩很尴尬地说："院长！您不是已把我们免职了吗？"谁料孔却反问道："这话你们听谁说的？真是岂有此理！"一场风波就这样莫名其妙地平息了。

因为孔祥熙经常喜怒无常，使人捉摸不定，所以对他有所求的人，到孔府求见时，往往要探听一下"气候"，如果得知院长情绪欠佳，脸色不好，便掉头离去，改日再拜。开始大家认为孔喜怒无常是他先天的性格，日子久了，才逐渐发现其中奥妙，原来他的喜怒变化往往是蒋介石对他亲疏褒贬的晴雨表。

有一次孔府一部分房产被日寇飞机炸毁，次日孔祥熙在孔府召开会议，脸色沉板，对与会的各部门首脑，吹毛求疵，特别对赈济委员会许世英，尽情指责。正在此时，蒋介石前来慰问，孔马上笑逐颜开，喜形于色，前往迎接。蒋离去后，继续开会，他一变怒恶凶相，和许世英又说又笑，东拉西扯，判若两人。

出门观天色，进门看眼色

戏要演得好，样子装得像，光在自己脸上下工夫还不够，还必须注意到观众，不能自我感觉良好就行，而不照顾别人的"眼色"。因此，成功的逢场作戏离不开对人察言观色，见风使舵，见机行事，根据对方脸上的阴晴变化来调整进退。

从眼睛上看人的方法由来已久。人的个性一定是不改的，是一成不变的，无论其修养功夫如何深远，个性是不会改变的。俗语说：江山易改，本性难移，就是这个意思，因此想要看人的个性还是简单的，而情的表现则不然。性为内，情为外，性为体，情为用，性受外来的刺激，发而为情，刺激不同。情所表现最显著、最难掩的部分，不是语言，不是动作，也不是态度，而是眼睛，言语动作态度都可以用假装来掩盖，而眼睛是无法假装的。我们看眼睛，不重大小圆长，而重在眼神。

你见他眼神沉静，便可明白他对于你所认为着急的问题筹之已熟，早已成竹在胸，应付之后，定操胜算。只要向他请示办法，表示焦虑，如果他不肯明白说，这是因为事关机密，不必要多问，只静待他的发落便是。

如果你见他眼神散乱，便可明白对于你所认为着急的问题，他也是毫无办法，困心焦虑之余，反弄得六神无主，你徒然着急是无用的，向他请示，也是无用的。你得平心静气，另想应付办法，不必再事多问，这只会增加他六神无主的程度，这时是你显示本能的机会，快快自己去想办法吧！

如果你见他眼神横射，仿佛有刺，便可明白他对于你是异常冷淡的，如有请求，暂且不必向他陈说，陈说反而显得你是不知趣、不识相的，应该从速借机退出，即使多逗留一会儿也是不适的，退而研究他对你冷淡的原因，再谋求恢复感情的途径。

你见他眼神阴沉，应该明白这是凶狠的信号，你与他交涉，须得小心一点。他那一只毒辣的手，正放在他的背后伺机而出。如果你不是早有准备想和他见个高低，那么最好从速鸣金收兵，且防追奔逐北。

你一旦见他眼神流动异于平时，便可明白他是胸怀诡计，想给你苦头尝尝。这时应步步为营，不要轻近，前后左右，都可能是他安排的陷阱，一失足便跌翻在他的手里。他是个诡而不正的人，不要过分相信他甜言蜜语，这是钩上的饵，是毒物外的糖衣，要格外小心。

你见他眼神呆滞，唇皮泛白，便可明白他对于当前的问题惶恐万状，尽管口中说不要紧，有办法，其实他虽未绝望，也的确还在想办法，但却一点也想不出所以然来。你不必再多问，应该退去考虑应付办法，以为互相切磋的资料，如果你已有办法，应该向他提出，并表示有几成把握。

你见他眼神似在发火，便可明白他此刻是怒火中烧，意气极盛，如果不打算与他决裂，应该表示可以妥协，速谋转机。否则，再逼紧一步，势必引起搏斗作正面的剧烈冲突了。

你见他眼神恬静，面有笑意，你可明白他对于某事非常满意。你要讨他的欢喜，不妨多说几句恭维话，你要有所求，这也是个良好机会，相信一定比平时更容易满足你的希望。

你见他眼神四射，神不守舍，便可明白他对于你的话已经感到厌倦，再说下去必无效果，你如果不赶紧告一段落，或乘机告退，或者寻找新话题，谈谈他所愿听的事。

你见他的眼神凝定，便可明白他对于你的说话，认为有一听的必要，应该照你预定的计划，婉转陈说，只要你的见解不差，你的办法可行，他必然是乐于接受的。

要是你见他眼神下垂，连头都向下倾了，便可明白他是心有重忧，万分苦痛。你不要向他说得意事，你的得意事反而会加重他的苦痛，你也不要向他说苦痛事，因为同病相怜越发难忍，你只好说些安慰的话，并且从速告退，多说也是无趣的。

如果他的眼神上扬，便可明白他是不屑听你的话，还可明白你不会说话的诀窍。无论你的理由如何充分，你的说法如何巧妙，还是不会有高明的结果，不如戛然而止，退而求接近之道。

总之，眼神有散有聚，有动有静，有流有凝，有阴沉，有呆滞，有下垂，有上扬，仔细参悟之后，必可发现人情毕露。

另外，假如对方不断地搔着眉毛的话，也是"无聊"的表现，或突然地两手环抱胸前、嘴唇呈现一字型时，则又是显现防御、拒绝、无奈的意思。所有这类的动作，从直观上看对方的视线，必可察觉他们内心真正的意图。

深藏不露 逢人只说三分话

事无不可对人言，是指你所做的事，并不是必须尽情向别人宣布。老于世故的人，是否事事可以对人言，是另一问题，他的只说三分话，是另外七分不必说，不该说而已，决不是不诚实，决不是狡猾。

中華藏書

中华处世秘笈

中国书店

七二

哭在心里，笑在脸上

人是感情动物，所以会有情绪的波动，情绪有波动就会显示在脸上，这是人和其他动物不同的地方，不过，有人控制情绪功夫一流，喜怒不形于色，有人则说哭就哭，说笑就笑，当然，说生气就生气。

哭笑随意的情绪表现到底是好是坏呢？有人认为这是"率真"，是一种很可爱的人格特质。这么说也不是没有道理，因为喜怒哀乐都表现在脸上的人，别人容易了解，也不会有戒心，而且，有情绪就发泄，而不积压在心里，也合乎心理卫生，但说实在的，这种"率真"实在不怎么适合在社会上行走。

有两个理由：

（1）不能控制情绪的人，给人的印象是不成熟，还没长大

只有小孩子才会说哭就哭，说笑就笑，说生气就生气，这种行为发生在小孩身上，大人会说是天真烂漫，但发生在成年人身上，人们就不免对这个人的人格发展感到怀疑了，就算不当你是神经病，至少也会认为你还没长大。如果你还年轻，则尚无多大关系，如果已经做过好几年事，或是已经过了30岁，那么别人会对你失去信心，因为别人除了认为你"还没长大"之外，也会认为你没有控制情绪的能力，这样的人，一遇不顺就哭，一不高兴就生气，这样能做大事吗？这已经和你个人能力无关了。

（2）容易哭，会被人看不起，认为是"软弱"，容易生气则会伤害别人

哭其实也是心理压力的一种疏解，可是人们始终把哭和软弱扯在一起。不过大部分的人都能忍住不哭，或是回家再哭，但却不能忍住不生气。不过生气有很多坏

处，第一是会在无意中伤害无辜的人，有谁愿意无缘无故挨你的骂呢？而被骂的人有时是会反弹的；第二，大家看你常常生气，为了怕无端挨骂，所以会和你保持距离，你和别人的关系在无形中就拉远了；第三，偶尔生一下气，别人会怕你，常常生气别人就不在乎，反而会抱着"你看，又在生气了"的看猴戏的心理，这对你的形象也是不利的；第四，生气也会影响一个人的理性，对事情做出错误的判断和决定，而这也是别人对你最不放心的一点；第五，生气对身体不好，不过别人对这点是不在乎的，气死了是你自家的事。

所以，在社会上行走，控制情绪是很重要的一件事，你不必强迫自己"喜怒不形于色"，让人觉得你阴沉不可捉摸，但情绪的表现绝不可过度，尤其是哭和生气。如果你是个不易控制这两种情绪的人，不如在事情刚刚发生，引动了你的情绪时，赶快离开现场，让情绪过了再回来，如果没有地方可暂时"躲避"，那就深呼吸，不要说话，这一招对克制生气特别有效。一般来说，年纪越大，越能控制情绪，也不易被外界刺激引动情绪，所以你也不必太沮丧。

你如果能恰当地掌握你的情绪，那么你将在别人心目中呈现"沉稳、可信赖"的形象，虽然不一定能因此获得重用，或在事业上有立即的帮助，但总比不能控制情绪的人好。

也有一种人能在必要的时候哭、笑和生气，而且表现得恰如其分，这种人的面子学旁门功夫已到了相当高的境界，你如果有心，也是可以学到的。

学会控制自己的感情，自己的行动，这在社会交往中是很重要的。在门被砰然地关上，玻璃杯被砸碎，一阵咆哮声以后；在被人无情地冒犯之时，当我们犯了一些不该犯的错误之时，这时，你是否会动辄勃然大怒？你可能会认为发怒是你生活的一部分，可你是否知道这种情绪根本就无济于事？也许，你会为自己的暴躁脾气辩护说："人嘛，总会发火，生气的。"或者是"我要不把肚子的火发出来，非得憋出溃疡病来。"

尽管如此，愤怒这一习惯行为可能连你自己也不喜欢，更别说别人了。

同其他所有情感一样，这是你思维活动的结果。它并不是无缘无故地产生的。当你遇到不合意愿的事情时，就认为事情不应该是这样的，这时开始感到灰心，脸色一定也好看不了。尔后，便是一些冲动的相伴动作，这总是很危险，它并没有什么好结果可言。痛苦的感受会侵蚀掉我们的自尊。

所以，不论在与人打交道过程中发生了什么不如意的事，也不要轻易地把这些坏的情感表露出来——你不显露出来还好，一旦你显露出来，无论对人对己，在自尊上无疑是一个打击！

这就要求你要控制住你的情感！也许，这对绝大多数的人来说，是一个比较难的要求，但我们却有必要这样做：请注意你的情感外露。

我们可以这样设想：当一个人无意中触痛了你的敏感之处，你就不假思索地乱喊乱叫，人家对你的印象还会是良好吗？当人家同意你的一个问题时，你就高兴的张牙舞爪，他们对你的印象也还是良好吗？——也许他们认为你太幼稚了。

装得可怜兮兮

《三国演义》中有一段"曹操煮酒论英雄"的故事。当时刘备落难投靠曹操，曹操很真诚地接待了刘备。刘备住在许都，在衣带诏签名后，为防曹操谋害，就在后园种菜，亲自浇灌，以此迷惑曹操，放松对自己的注意。一日，曹操约刘备入府饮酒，谈起以龙状人，议起谁为世之英雄。刘备点遍袁术、袁绍、刘表、孙策、刘璋、张绣、张鲁、韩遂，均被曹操一一贬低。曹操指出英雄的标准——胸怀大志，腹有良谋，有包藏宇宙之机，吞吐天地之志。刘备问"谁人当之？"曹操说，只有刘备与他才是。刘备本以晦之计栖身许都，被曹操点破是英雄后，竟吓得把匙箸也丢落在地下，恰好当时大雨将到，雷声大作。刘备从容俯拾匙箸，并说"一震之威，乃至于此"。巧妙地将自己的惶乱掩饰过去。从而也避免一场劫数。刘备在煮酒论英雄的对答中是非常聪明的。

刘备藏而不露，人前不夸张、显炫、吹牛、自大，装聋作哑，不把自己算进"英雄"之列，这办法是很让人放心的。至少在表面上收敛了自己的行为。一个人在世上，气焰是不能过于张扬的。

孔子年轻的时候，曾经受教于老子。当时老子曾对他讲："良贾深藏若虚，君子盛德容貌若愚。"即善于做生意的商人，总是隐藏其宝货，不令人轻易见之；而君子之人，品德高尚，而容貌却显得愚笨。其深意是告诫人们，过分炫耀自己的能力，将欲望或精力不加节制地滥用，是毫无益处的。

中国旧时的店铺里，在店面是不陈列贵重的货物的，店主总是把它们收藏起来。只有遇到有钱并且识货的人，才告诉他们好东西在里面。倘若随便将上等商品摆放在明面上，岂有贼不惦记之理。不仅是商品，人的才能也是如此。俗话说"满招损，谦受益"；才华出众而又喜欢自我炫耀的人，必然会招致别人的反感，吃大亏而不自知。所以，无论才能有多高，都要善于隐匿，即表面上看似没有，实则充满的境界。

深藏不露的要诀之一，就是要把自己的真实本领掩盖起来，有能耐也要装作没能耐，从而那些嫉妒你的人、提防你的人，与你竞争的人、要置你于死地的人感到放心。

据历史记载，隋炀帝很有文采，但他最忌讳别人的文采比自己强。有些臣子因为犯忌，惨遭杀害。有一次，隋炀帝写了一首《燕歌行》诗，命令"文士皆和"，也就是仿照他诗的题材（或体裁）和一首。多数文人皆较明智，不敢逞能，抱着应付态度，唯独著作郎王胄却不知趣，不肯居炀帝之下。后来，杨广便借故将王胄杀害，并念着王胄的"庭草无人随意绿"的诗句，问王胄曰："复能作此语耶？"意思，你还能作出这样的诗句来吗？

还有个叫薛道衡的大夫，因显露诗才，触犯了炀帝的忌讳，炀帝也借故将薛缢而杀之，同样念着他的诗句说："更能作'空梁落燕泥'否？"

自显才华，使对方面子下不来，常常不会有好结果。对于明智的人来说，即使有时不是自己所为，也绝不干一时逞强，使他人的面子难堪的蠢事。

西汉有位杨恽，重仁义轻财物，为官廉洁奉法，大公无私。好人很难一路平安，他正官运亨通，春风得意的时候，有人在皇帝面前告了他一状，大概是说他对皇帝陛下心怀不满，表现得那么好只是为了笼络人心，图谋不轨。

皇帝当然不喜欢贪官，但更厌恶有人和他唱对台戏，甚至哪怕是你干再好，品德再好，你如果敢对他稍有异议，便会招来灾祸。经人这么一告发，皇帝就把他贬为平民。没有让他身首离异，就已经是宽大为怀了。

杨恽官瘾不大，又乐得清闲，他并不感到十分难过。清官们往往都能这样对待官职的升迁，不为金银，不为名位，在官位的升降沉浮中毫无羁绊，不愿计较。免了就免了，做个平民百姓自有平民的乐趣。

杨恽原先做官时，添置家产多有不便。现在下野了，添置一些家当，与廉政无关，谁也抓不到什么把柄。他以置办财产为乐，在每天忙忙碌碌的劳动中得到许多快慰。

他的好朋友孙会宗听说这件事，敏感到可能会闹出大事来，就写了一封信给杨恽，信里说："大臣被免掉了，应该关起门来表示心怀惶恐，装出可怜兮兮的样子，免得人家怀疑。你不应该置办家产，四处交朋友，这样容易引起人们的非议。让皇帝知道了不会轻易放过你的。"

杨恽心里很不服信，回信给老朋友说："我自己认为确实有很大的过错，德行也有很大的污点，理应一辈子做农夫。农夫很辛苦，没有什么快乐，但在过年过节杀牛宰羊，喝喝酒，唱唱歌，来慰劳自己，总不会犯法吧！"

难怪杨恽做不好官，他连"欲加之罪，何患无辞"的常识也不懂。有人把他视为眼中钉、肉中刺，向皇帝告发说，杨恽被免官后，不思悔改，生活腐化。而且，最近出现的那次不吉利的日食，也是由他造成的。皇帝命令迅速将杨恽缉拿归案，以大逆不道的罪名将他腰斩，还把他的妻儿子女流放到酒泉。

杨恽以不满皇帝而戴罪免官之后，本来应该学得乖点儿，接受友人的劝告，装出一副甘于忍受损害与侮辱、逆来顺受的可怜样子，说不定皇帝还会放过他。即使是最凶恶的老虎，看到羔羊已经表示屈服，也不会再穷追不舍，杨恽没有接受教训，他还要置家产，交朋友，这不是明摆着是对自己被贬不满吗？不是明摆着叫皇帝老子下不来台吗？好吧，治你一个大逆不道之罪，这是中国特有的罪名，杀了，你还能不满吗？还敢跟老子叫板吗？不能忍住自己的不满情绪，不会提防皇帝和敌人抓住自己不满的把柄，终于酿成了自己被杀、家人遭流放的悲剧。

逢人只说三分话

俗话说，"逢人只说三分话"，还有七分话，不必对人说出，你也许以为大丈夫光明磊落，事无不可对人言，何必只说三分话呢？

老于世故的人，的确只说三分话，你一定认为他们是狡猾，是不诚实，其实说话须看对方是什么人，对方不是可以尽言的人，你说三分真话，已为不少。孔子曰："不得其人而言，谓之失言。"对方倘不是深相知的人，你也畅所欲言，以快一时，对方的反应是如何呢？你说的话，是属于你自己的事，对方愿意听你么？彼此关系浅薄，你与之深谈，显出你没有修养；你说的话，是属于对方的，你不是他的朋友，不配与他深谈，踞言逆耳，显出你的冒昧；你说的话，是属于国家的，对方的立场如何，你没有明白，对方的主张如何，你也没有明白，你偏高谈阔论，轻言更易招祸呢！所以逢人只说三分话，不是不可说，而是不必说，不该说，与事无不可对人言并没有冲突。

说话本来有三种限制，一是人，二是时，三是地。非其人不必说。非其时，虽得其人，也不必说，得其人，得其时，而非其地，仍是不必说，非其人，你说三分真话，已是太多；得其人，而非其时，你说三分话，正给他一个暗示，看看他的反应；得其人，得其时，而非其地，你说三分话，正可以引起他的注意，如有必要，不妨择地作长谈，这叫做通达世故的人。

1972年，周恩来和基辛格具体操作，打开了中美交往的大门，使世界格局为之一变。基辛格到北京与周恩来谈判取得圆满成功之后，在临离开中国时，周恩来去为他送行，基辛格抑制不住内心的喜悦，诚恳地向周恩来担保：回去后一定多方奔走，争取早日恢复中华人民共和国在联合国的席位。面对这一切，周恩来始终微笑着，不时地点着头。基辛格越说兴致越高，竟不顾外交辞令，开出了时间表："大约一年。"周恩来仍然微笑着，不露声色。

就在飞机起飞不久，基辛格收到了发自美国的电报，一下子大惊失色，几乎拿不住电稿。原来，就在前一天联大会议上，恢复了中国在联合国席位的提案已经通过！这当然是件好事，可他想到，这么重大的事情，周恩来肯定当时就接到了汇报，就在自己说"大约一年"的时候，周恩来可以高傲地宣布："事已办妥，不劳大驾。"然而他没有，他只是用微笑鼓励着热心的朋友。

面对兴致勃勃、热忱相向的面孔，周恩来若直接告以真相，以基辛格的身份而未能料到事情的结果，他岂能不觉难堪！即使他才气高绝能从容应对，那也只是我方搭台让人唱戏而已，周恩来默不作声地选择了导演这一行！

即使是最亲密的夫妻之间，每个人的心里也需要有一个小小的隐秘的角落，那是仅仅属于自己的心里空间、情感世界。有些事情是永远不能说的。一位文学青年说这样一段故事：由于文学上的缘分，他认识一位长辈已经8年了。直到有一天夜晚，他们俩在长辈的书房里聊天，才知道长辈也曾有过一段坎坷的心灵历程。当时谈到往事，长辈打开书柜，取出一个纸包，从中拿出一本日记簿，说："这里记录的是我年轻时的一段往事，你拿回去看看吧！也许对你日后的创作会有帮助。"青年受宠若惊地接过那本日记，回到家里便埋头读了起来。故事的开始很美丽，可看下去，竟让他几度泪流满面，竟是一幕令人荡气回肠的爱情悲剧。

第二天，青年去送还日记簿。长辈对青年说："你是第二个读者，实际上是唯一的读者。第一个读者是我年轻时的一位好朋友，他几年前在国外去世了……"青年在为长辈对他的信任而感动的同时，也为人间某种极爱和极恨的故事不能公诸于世而遗憾。

过春节，青年去长辈家拜年，他一家人正在唱卡拉OK。当他和他的夫人合唱一首情歌时，两人含笑相视，那场面非常动人，在座的亲戚都为他俩鼓掌。那一刻青年竟有点后悔看了那本日记。如果他没看，他一定会以为他的夫人是他唯一深爱的女人。长辈曾告诉过青年，他从未对他夫人说过日记里的故事。青年想，幸好他的夫人不知道，有时候不知道某个秘密真是一种幸福啊！

每个人都会有失意事，包括事业上的失意、感情上的失意、家庭上的失意。失意事本就是一种痛苦，搁在心里不找人倾吐更是痛苦。据说，把失意事摆在心里还会造成心里的疾病，所以找人倾吐也是好的。可是根据面子大师的经验，失意事还是不要轻易吐露比较好。

吐露失意事，不管是主动吐露或被动吐露，都有很多负作用。

（1）无意中塑造了自己无能、软弱的形象。虽然每个人都会有失意事，但如果你在吐露失意事时，别人正在得意，那么别人会直觉地认为你是个无能或能力不足的人，要不然怎么会"失意"？嘴巴不说出来，但心里多少会这样子想。而且失意事一讲，有时会因情绪失控而一发不可收拾，造成别人的尴尬，这才是最糟糕的一件事。如果你的失意情绪引来别人的安慰，温暖固温暖矣，但你却因此而变成一个"无助的孩子"，别人的评语是：唉，可怜！

（2）别人对你的印象分数会打折扣。很多人凭印象分数会比较高，一般来说，自信、坚定的人，他所获得的印象分数会比较高，如果他还是个事业有成的人，那么更为获得"尊敬"，这是人性，没什么道理好说。如果你的失意让别人知道了，他们下意识地会在分数表上扣分，本来80分，一下就不及格了，而他们对你的态度也会很自然地转变，由尊敬、热情而变的不屑、冷淡。

（3）形成社会印象。你的失意事如果说的次数太多，或是经由听者的传播，让你的朋友都知道了，那么别人会为你贴上一个标签："失败者！"当别人谈到你时，便会想到这些事。在现实社会里，失败者只能自己创造机会，别人是吝于给你机会的。尤其传言很可怕，明明小失意也会被传成大失败，这都会对你的未来人生造成或大或小的障碍，谁管你是怎么失意，而失意的实情又是如何呢？

但这并不是说"失意事"要闷在心里，但要谈你的失意事必须看时机、对象。

（1）只能对好朋友说。好朋友知道你的情形，你的坚强、软弱，优点缺点他都知道，跟这种朋友说才能"确保安全"，甚至倒在怀里、肩上大哭一场也无妨。至于初见面的人、普通朋友，一句也不可说。

（2）只能在得意时说。失意时谈失意事，别人会认为你是弱者；得意时谈失意事，别人会认为你是勇者，并由衷地从心里涌出对你的"敬意"，而你由失意而得意的历程，他们甚至还会当成励志的教材，这又比一辈子平顺得意的人"神气"了。

还有一种人，必须在此提醒你：有些人专门打落水狗，落井下石。你失意，也正是你最脆弱的时候，碰上这种心存坏意的人，你可能要倒霉了。要知道，欺侮弱者也是人性。

所以，碰到失意事，打落牙往肚里吞吧！

红白戏法　前倨而后恭

　　在京剧里，演员面部化妆，以各种人物不同，在脸上涂有特定的谱式和色彩以寓褒贬。其中红色表示忠勇，黑色表示刚烈，白色表示奸诈。不同的脸谱显示了不同的角色特征。面子学中红白脸相间借用京剧脸谱的名称，但它要比京剧中简单化的脸谱复杂得多，它是宽猛相济、德威并施、刚柔并用的一种高级人情操纵术。

最高级的操纵术

　　人生在世，需对付的人各式各样，所以只有一手是不行的。红白脸相也就是一文一武，一张一弛。既有刚柔相济，又含恩威并施。互相包含，各尽其用。

　　任何一种单一的方法只能解决与相关的特定问题，都有不可避免的副作用。对人太宽厚了，便约束不住，结果无法无天；对人太严格了，则万马齐喑，毫无生气，有一利必有一弊，不能两全。

　　高明的统治者深谙此理，为避此弊，莫不运用红白脸相间之策。有时两人连档合唱双簧，一个唱红脸，一个唱白脸；有更高明者，可像高明的演员，根据角色需要变换脸谱。今天是温文尔雅的贤者，明天变成杀气腾腾的武将。历史上不乏此类高手善用此法之例证。

　　就单打独唱红白脸相间术的高手要算清朝的乾隆皇帝。乾隆，靠着人才济济的智力优势，靠着康熙、雍正给他奠定的丰厚基业，也靠着他本人红白脸相间的韬略雄才，做起了中国历史上福气最好的大皇帝。他在位 61 年。他晚年写诗自诩的是"十全大武功"，用汉、满、蒙、回四体文字把《十全记》镌刻在避暑山庄里乐滋滋地独自品尝，这些还不够，后来干脆称自己是"十全老人"。

　　上述只是他的武功。他的文治也是两手齐备，红白脸间有。他会唱红脸，对知识分子采用怀柔政策。他规定见了大学士，皇族的老老少少们要行半跪礼，称"老先生"；如果这位大学士还兼着"师傅"，就称之为"老师"，自称"门生"或"晚生"。同时，一方面大搞正规的科举活动。不断罗致文人仕士加入为朝廷服务的队伍；另一方面特开博学鸿词科，把那些自命遗老或高才、标榜孤忠或写些诗文发泄牢骚的文人、或不屑参加科举考试而隐居山林又有些大臣威望的隐士，由地方官或巡游大臣推荐上来，皇帝直接面试。乾隆搞了三次，录用24人。录用者自己春风得意，自然也感激皇恩浩荡；落榜的百余人，也无面目自命遗老孤忠去讽刺朝政。乾隆对被自己亲自面试的录用者关心备至，如其中有个叫顾栋高的人，录用时，年岁就不小了，当时授予国子监司业之职；到年老辞官时，乾隆亲自书写了两首七言诗加以褒美；后来乾隆下江南，又亲赐御书，跃级封他为国子监的祭酒官。

乾隆对这些知识分子真是恩爱有加，他甚至亲笔谕曰："儒林是史传所必须写入的，只要是经明学粹的学者，就不必拘泥于他的品级。像顾栋高这一类人，切不可使他们湮没无闻呵！"遵皇帝旨意，史馆里特设《儒林传》名目，来专门编写大知识分子的学术生平。平时，乾隆对上送的奏章，凡见到鄙视"书生""书气"的议论总是予以批驳，说："修己治人之道，备载于书，因此，'书气'二字，尤可宝贵，没有书气，就成了市井俗气。"而且还说："我自己就天天读书论道，因此，也不过是个书生！"为笼络读书人，竟达到如此境地，红脸唱得似乎前无古人。

乾隆之所以如此做，全是出于维护他们的皇权至上、族权至上、朝廷至上的目的，是要保持"大清"永不"变色"。谁要是在这方面稍有越轨，红脸马上转换成白脸，满脸堆笑换成杀气腾腾。管你是有意无意，或是或非，都立即被逮捕入狱，轻者"重遣"、"革职"，重者"立斩"、"立绞"，甚至处死后要"弃市""寸磔"，已死的也得开棺戮尸，连朋友、族人也统统跟着倒霉。

乾隆在位期间，大兴的文字狱，有案可查的竟有七十余次，远远超过他的先辈们，这也是空前绝后的。内阁学士胡中藻，写过一本《坚磨生诗钞》，乾隆皇帝久候等人告发，无奈无人告发，自己索性上阵"御驾亲征"，道："'一把心肠论浊清'，加'浊'字于国号之上，是何肺腑！"又说："至若'老佛如今无病病，朝门闻说不开开'之句，尤为奇诞！我每天听政召见臣工，何乃'朝门不开'之语！"还指出："所出试题，有'乾三爻不像龙'，……乾隆乃是我的年号，'隆'与'龙'同音，其诋毁之意可见！"对于"南斗送我南，北斗送我北，南北斗中间，不能一束阔"一诗，他又说道："南北分提，一再反复，是什么意思?!"于是，下诏弃市，族人年16以上者全斩，胡中藻的老师鄂尔秦的灵牌也被撤出"贤良祠"，鄂氏之子、巡抚鄂昌，因曾与胡唱和，也令自尽，这仅是文字狱中的一件。乾隆这一手也够厉害的了。只搞得文人士人人自危，几篇游戏之章，几句赏花吟月之词，也往往弄出个莫须有的罪名，乾隆就是使用这样无情的白脸巩固了自己的地位。

官场上的两面派

1898年，以康有为、梁启超为首的维新派，在中国掀起轰轰烈烈的维新变法运动。他们的活动得到光绪帝的支持，但他是一个没有实权的皇帝，慈禧太后控制着朝政。光绪帝想借助变法来扩大自己的权力，巩固自己的统治地位，打击慈禧太后势力。作为慈禧太后，她当然感觉出自己权力受到威胁，所以对维新变法横加干涉。

于是，这场变法运动实际上又变成了光绪帝与慈禧太后的权力之争。在这场争斗中，光绪帝感到自己的处境非常危险，因为用人权和兵权均掌握在慈禧的手中。为此光绪帝忧心忡忡，有一次他写信给维新派人士杨锐："我的皇位可能保不住。你们要想办法搭救。"维新派为此都很着急。

正在这时，荣禄手下的新建陆军首领袁世凯来到北京。袁世凯在康有为、梁启超宣传维新变法的活动中，明确表态支持维新变法活动。所以康有为曾经向光绪帝推荐过袁世凯，说他是个了解洋务，又主张变法的新派军人，如果能把他拉过来，荣禄——慈禧太后的主要助手——的力量就小多了。光绪帝认为变法要成功，非有军人的支持不可，于是在北京召见了袁世凯，封给他侍郎的官衔，旨在拉拢袁世凯，为自己效力。

当时康有为等人也认为，使变法成功，要解救皇帝，只有杀掉荣禄。而能够完成此事的人只有袁世凯。所以谭嗣同后来又深夜密访袁世凯。

两人寒暄几句以后，就谈起光绪帝召见的事。谭嗣同试探着问："你对皇上的印象怎样？"袁世凯感慨地说："没说的，当今皇上是从来没有过的贤明君主。"谭嗣同不再犹豫，诚恳地说："现在皇上大难临头，只有你有能力救他。你既然忠于皇上，就应该竭尽全力搭救。"并摸着自己的脖子又说："你如果贪图富贵，就请到颐和园去向太后告密，把我杀了，你就可以升官发财。"袁世凯站起来，正颜厉色地说："你把我袁世凯当成什么人？皇上是我们共事的君主，你我同受皇上的栽培提拔，营救皇上是我们的共同责任！如果有用得我的地方，你就只管说，我万死不辞！"谭嗣同说："现在荣禄他们想废掉皇帝，你应该用你的兵力，杀掉荣禄，再发兵包围颐和园。事成之后，皇上掌握大权，清除那些老朽守旧的臣子，那时你就是一等功臣。"袁世凯慷慨激昂地说："只要皇上下命令，我一定拼命去干。"谭嗣同又说："别人还好对付。荣禄不是等闲之辈，杀他恐怕不容易。"袁世凯瞪着大眼睛说："这有什么难的？杀荣禄就像杀一条狗一样！"谭嗣同着急地说："那我们现在就决定如何行动，我马上向皇上报告。"袁世凯想了想说："那太仓促了，我指挥军队的枪弹火药都在荣禄手里，有不少军官也是他的人。我得先回天津，更换军官，准备枪弹，才能行事。"谭嗣同没有办法，只好同意。

送走了谭嗣同，袁世凯就沉思起来。他是个心计多端善于看风使舵的人，康有为和谭嗣同都没有看透他。袁世凯这次进京虽然表示忠于光绪皇帝，但是他心里明白掌握实权的还是太后和她的心腹，于是又和慈禧的心腹们勾搭上了。如今见皇帝求救的密令，听了谭嗣同的劝说，他更加相信这次争斗还是慈禧占了上风。所以，他决定先稳住谭嗣同，再向荣禄告密。

不久，光绪帝又一次召见了袁世凯，之后，袁世凯便回天津，他一下火车就去见荣禄，把谭嗣同夜访的情况一字不漏地告诉他。荣禄听了吓得变了脸色，当天就坐专车到北京颐和园面见慈禧，报告光绪帝如何要抢先下手的事。慈禧听了冷笑一声说："他还没那么大能耐。明天我就回城！"

第二天天刚亮，光绪帝到颐和园给慈禧请安，但刚走不多远，就听说慈禧已经带人进了西直门。不一会儿，慈禧怒气冲冲地进了皇宫，把光绪帝带到瀛台幽禁起来，接着下令废除变法法令，又命令逮捕维新变法人士和官员。变法经过103天最后失败。谭嗣同、林旭、刘光第、杨锐、康广仁、杨深秀在北京菜市口被砍下脑袋。

不懂红白脸，不会红白脸，就别想玩政治。官场上你倾我轧，人情十分险恶。若想在其中混出名堂来，红白脸的功夫是万万不可缺少的。你必须掌握与此相关的一系列"戏法"窍门：什么时候装孙子，什么时候摆架子，何时慈眉善目，何时低眉顺眼，何时如同凶神恶煞一般。而且要做到一扭头脸就变，毫无羞耻愧疚之情。袁世凯阳奉阴违，两面三刀，把红白脸的好戏唱到家了。

官场上厚脸皮的高手决不会等事到临头才动用红白脸的功夫。他会主动出击，亲自导演一幕幕红白脸的大戏，把人玩个陀螺转，达到自己的目的：用以夺权，用以自保，用以巩固势力。其手段有如下几种：

（1）过河拆桥

在夺权斗争中，之所以采用"借人成事"，而不直接进行夺权。

北洋军阀首领段祺瑞，就是用"过河拆桥"之法夺取政权的。袁世凯死后，黎元洪与段祺瑞争权斗争十分激烈。争权失败的段祺瑞不肯罢休。挑起各省军阀反对黎元洪，黎元洪走投无路，只得去求助于安徽督军张勋。复辟狂张勋进京后与段祺瑞密谋，决定搞封建复辟，段祺瑞答应。但在张勋进京赶走黎元洪出演复辟丑剧后，段祺瑞乘机组织"讨逆军"，自任总司令，赶走张勋，以"再造共和"的功臣身份重新掌握了实权。

（2）坐山观虎斗

俗话说：鹬蚌相争，渔翁得利。当两敌相争时，我方按兵不动，待其双方力竭，我再摘取果实。

清政府在义和团与帝国主义厮杀之过程中，曾采用过坐山观虎斗的"渔利"政策。由于当时帝国主义支持新党，因而慈禧太后对各国公使异常仇恨，于是利用义和团力量以打击帝国主义。但慈禧太后又害怕义和团势力太大，尾大不掉，因此又利用帝国主义来打击义和团，借以消灭义和团势力。

（3）两面开弓

两面开弓，即用甲以制乙，又以乙制甲，两面拉拢，使双方屈服于己，从中获利。

袁世凯曾利用两面开弓手段，攫取了辛亥革命的果实。辛亥革命爆发后，清政府被迫重新起用袁世凯。袁世凯一面借革命势力向清政府要挟，以期达到取而代之的目的；一面派人四处活动，借清王朝的力量打击革命势力。后来孙中山同意将"中华民国"大总统宝座让与袁世凯，作为清廷退位交换条件。袁世凯攫取总统职位后，又借用革命势力，迫清朝皇帝退位，从而摇身一变而为"中华民国"大总统。

（4）借刀杀人

《红楼梦》里的王熙凤，曾用"借刀杀人"的手段除去了情敌尤二姐。贾琏娶尤二姐与秋桐后，对王熙凤的感情逐渐冷淡了，王熙凤怀恨在心。王熙凤虽恨秋桐，且借她可先发落尤二姐，用"借刀杀人"之法，坐山观虎斗，等秋桐治死尤二姐，自己再治秋桐。

（5）挟天子以令诸侯

在人心末附、力量不足之时，可以采用"挟天子以令诸侯"的办法，借助某种权威，使各种反对力量归顺自己，从而进行分化瓦解，各个击破。

春秋战国时代，周天子权力衰落，但他仍然是形式上的天下共主，谁也不能公开反对。因此，诸侯争霸时，皆盗用"尊王攘夷"旗号，以号召天下，齐桓公实力强大后，就是打着"尊王"旗帜，谋取了春秋五霸首霸地位，显赫一时，深得诸侯拥护。

东汉末年，群雄攻伐，兵连祸接，东汉皇帝的权威已名存实亡，但竞争的群雄，却仍"挟天子以令诸侯"。董卓攻占洛阳后，曾挟持汉献帝，以号令群雄。后来崛起的曹操，又将这个汉朝的皇帝挟持过来，迫使汉献帝封他为大将军，位在大臣之上，因此"名正言顺"，获得了政治上的优势。

（6）养敌自重

战国时代的吴越之争中，当吴王夫差兵败时，曾对进逼的越国将领范蠡、文种致书曰："飞鸟尽，良弓藏，狡兔尽，走狗烹。"言范、文二人灭吴之后，将无自存。范、文二人不听，灭了吴国。后来文种果然被越王勾践杀害。此种教训，为封建权臣引以为戒，大敌当前，不愿将敌方斩尽杀绝，而将敌方保存一部分，借以自资。清初吴三桂雄踞西南，他感到朝廷对他的重用不会持久，便向洪承畴请教良策，洪承畴只说了一句话："不能使云南这个地方有一天安宁。你要保住在云南的地位，就要使云南边境战乱不断，这样朝廷才用得着你。"

历史上许多优秀军事人才因不能恃赋自重，功成之后，多遭人君杀戮，不得善终。刘邦的主要军事臂膀韩信，即是其中一例。在刘邦与项羽之争中，韩信投靠刘邦后被拜为大将军，能征善战，给项羽造成极大威胁。项羽便派人游说韩信，希望韩信争取过来。游说的人曾对韩信说："您今天能得以权倾一时，是因为项羽在，项羽如果死了，刘邦便会取您的头了。"但韩信自以为功大，刘邦不会把他怎么样，便没有听从劝说。结果韩信帮刘邦灭了项羽，扫平天下后，终于为刘邦所害。

（7）扶弱抑强

在几个集团对抗斗争中，为保存和发展自己，必须实行扶弱抑强策略，使各个集团之间保持势力均衡，以减轻对自己的威胁。实践证明，在自己力量还不够消灭同时并存的几个集团时，最好是利用矛盾，联合扶持弱者，对抗、削弱强者，以防强者消灭了弱者后力量进一步壮大，最后威胁到自己。

明朝永乐年间，鞑靼与瓦剌经常侵略中国北方，明成祖不断出兵抗击，战杀频繁，互有胜负，终不能解除鞑靼与瓦剌之威胁。后来明朝改变政策，对鞑靼与瓦剌各部拉拢利用，实行扶弱抑强政策，以夷制夷。当瓦剌部顺宁王马哈木强大后，明朝便封与马哈木有矛盾的鞑靼阿鲁台为和宁王，使其与瓦剌部马哈木对抗。在马哈木进攻相对弱小的阿鲁台时，明成祖亲率大军出塞，打败瓦剌军。瓦剌被迫遣使向明王朝纳贡。此后，鞑靼与瓦剌互相冲突，明朝采取离间政策，有时乘机出兵助弱抑强，使漠北各部落间保持势力均衡，借以减轻边防威胁。这种政策，曾使朝廷边境安宁无事，收到显著效果。

（8）以夷制夷

"以夷制夷"，原意指用少数民族制服少数民族。运用在谋略中，意指利用敌方的内部矛盾，分化利用，拉一派打一派，达到削弱敌方、各个击破的目的。

三国时代的蜀国丞相诸葛亮，对南方少数民族的首领孟获之所以要七纵七擒，其真实动机，就在于"以夷制夷"。因为当时的南方少数民族地区地广人稀，矛盾复杂，蜀国在大敌当前的情况下，不便于用强大的兵力来征服各个部落，即使征服也不能分出许多兵力留守南方。因此，诸葛亮便采取"攻心"战术，先治服南方少数民族的首领孟获，然后通过孟获治理统治整个南夷，达到以夷制夷的目的。诸葛亮的这一招十分有效，稳定住了南方，减少了后顾之忧。

生意场中的红白脸

美国富翁霍华·休斯有一次为了大量采购飞机，与飞机制造商的代表进行谈判。休斯要求在条约上写明他所提出的34项要求，其中11项要求是没有退让余地的，但这对谈判对手是保密的。对方不同意，双方各不相让，谈判中冲突激烈，硝烟四起，竟发展到把休斯赶出了谈判会场。

后来，休斯派了他的私人代表出来继续同对方谈判。他告诉自己的代理人说，只要争取到34项中的那11项没有退让余地的条款就心满意足了。这位代理人经过一番谈判之后，争取到其中包括休斯所说的那非得不可的11项在内的30项。

休斯惊奇地问这位代理人，他是怎样取得如此辉煌的胜利时，这位代理人回答说："那简单得很，每当我同对方谈不到一块儿时，我就问对方：'你到底是希望同我解决这个问题，还是留着这个问题等待霍华·休斯同你解决？'结果，对方每次都接受了我的要求。"

显然，休斯之所以与他私人代表之所为分别地看没有什么，合二为一则产生了奇特的妙用，这就是面子学中的白脸红脸战术。

这种策略的做法是，先由白脸出场，他采取咄咄逼人的攻势，提出过分的要求，毫无妥协的余地，他在场上表演的时间很长。他傲慢无礼，立场僵硬，让对方看了心烦，产生反感。然后，红脸出场，他以温文尔雅的态度、诚恳的表情、合情合理的谈吐对待对方，并巧妙暗示，如果他不能与对方达成协议而使谈判陷入僵局，那么白脸先生还会再次出场。这番话会给对方心理上造成一种压力。在这种情况下，对方一方面会由于不愿与白脸继续打交道，另一方面会由于红脸的可亲态度而同红脸达成协议。

红白戏法的一个变种是演双簧。双簧策略能使谈判人员从骑虎难下的状态中得到解脱，在谈判中我们常常可以听到一方谈判人员互相之间进行这样的对话："老李，你今天上午怎么那么别扭？我本来想我们应该可以同意……""我认为他们有点道理。如果我们同意……"在这里，同一方的谈判人员表面上好像采取了对方的立场，并向同伴建议做出"让步"。可是这种情况多半是在表演双簧：事先决定让一个人采取强硬态度，到了适当的时候，再由同伴出面提出折中方案；可是那位强硬分子却硬是作出一种姿态，表示老大的不愿意。最后，在同伴的反复劝说下，才勉强同意。当然，对方得到这个好不容易才到手的"让步"后，自然会对那个好人做出相应的回报。

在商业谈判中，还可以把双簧表演倒过来做。例如，你可以在不太重要的问题上先做一些让步。然后，在关系重大问题上你的同伴出面讲话了。他会对你说："你今天上午表演得很慷慨，但在这一点上，你不能再作让步了。我们已经让得太多了。"这时候，你把脸转向对方，为难地说："我现在已经无能为力了，一切都只好由你们决定了。"

从我们的描述中看起来，这种双簧表演似乎是很明显的，骗不过一个有经验的谈判老手。但是在长时间紧张谈判所产生的压力下，识破这种策略也是不容易的。特别是唱双簧的人配合默契，表演自然的情况下，当然，对方也有可能会起疑心，但他不能完全肯定那是表演。他可能会想："他们的这些话也许是真的，我可以趁这个机会想办法分化他们。"

商业谈判中"白脸"可以以各种不同的面目或形式出现，他们可能是人，也可能是某件事情，可能是真的，也可能是假的。估价的人、律师、董事会等都可能会扮演很称职的坏人。政策、原则、各种各样的程序也可以扮演"坏人"。例如，"我很同情你们，我也愿意考虑你们的立场，可是董事会是不会同意我这么做的。""我很愿意在这一点上同意你们的观点，可是政策不允许我做出……"

不要以为对人笑脸相迎，给人面子，一团和气，就能赢得谈判的成功。一味地唱红脸，会使人觉得你有求于他，有巴结之嫌。越是这样，对方越会强硬、傲慢，在谈判中占尽上风。在必要的时候，有必要给对方施加点"颜色"，用一些白脸手段刺激一下对方。

当然，所谓"刺激"对方，并不是激怒或伤害对方，而是为了引起对方对某种事实的注意，更加重视自己，同时也是为了提醒对方不要过分抬高自己的价码。

刺激对方的方法是多种多样的，但作用和效应都在于能够引起对方的忧虑不安。例如在商务谈判中，许多场外行动都可能引起双方的注意力，直接影响谈判桌上的形势，对商谈者起到刺激使用。例如：在商谈期间，还在继续和另外的商家接洽；在谈判过程中，突然有其他客商找上门来，暂时中断了正在进行的会谈，抱怨商谈时间拖得太久，自己的日程活动安排得很紧；直接和其他客商交换资料，等等，这些都是双方都非常敏感的举动，可以暗示给对方很多东西，使对方有紧迫感。

当然，这种场外刺激的方法不能乱用，因它们很具冒险性，容易伤害对方的感情和诚意。另一方面，切忌小题大做，故作声势，结果"假"客商赶走了真正的合作者，鸡飞蛋打一场空。

所以，刺激对方必须巧妙，至少要表现自己的诚心诚意，也就是要告诉对方：

"我并不是嫁不出去的女儿，而是确实中意于你，就看你领情不领情了。"这样的刺激才会促进双方的理解与合作。

在商务交际中，刺激对方的途径并不限于言语，一些事实会更有说服力。但是，如果你想继续合作的话，同样的道理，应该通过一些环节和细节进行暗示，不要过分伤害对方，例如，如果在价格上争执不下，你可以拿出新设计来要求对方，或者对原来订的货物提出意见，说明双方都要面对现实，才能有好的合作前景。

商场如战场，要分清谁是敌手，谁是朋友。对朋友，必然红脸相向，如同春天般的温暖；对敌人，则必须横眉冷对，像严冬一样残酷无情。但是，话又说回来，商场上没有永恒的朋友，也没有永恒的敌人，只有永恒的利益。因此，红脸白脸绝不能一成不变，否则，要么被认为是软弱可欺，要么被当作无情无义。要灵活机动，适时调整面具。具体做法是：对小人扮小人，对君子扮君子；如果小人变成了君子，那么我们也就应该把白脸换成红脸，双方仍是朋友。

有一次，一位美国洛杉矶的华裔商人陈东在香港繁荣集团购买了一批景泰蓝，言明一半付现金，一半付一个月期票。等到交易那天，陈东却不出面，派儿子陈小东前来交易，交了一半现金，一张一个月期票。一个月后，期票到期了，银行却退了票，后来，几经联系，陈东一推再推，后来索性不接电话了。繁荣集团这才知道上了圈套。集团老板陈玉书说："除非他永远缩在美国，不在香港做生意，只要他来香港，我一定逼他把钱交出来。"

你不仁，休怪我无义。于是，陈玉书广布眼线，终于有一天，陈东来到了香港。陈玉书马上派人同他联系，并以鸟兽景泰蓝优惠售价相诱，将陈东请到公司。陈玉书大脚一端，房门大开，同时大喝一声："陈东，你上当了！"陈东这时脸色大变，仿佛吴牛喘月，僵立在对面。

"你既然来了，就让我处置你吧。"陈玉书伸出手掌问他："我的钱呢？""什么钱？"他还在耍赖。

"你欠我的钱呢？""我没欠你的钱，是我儿子欠的。""不是你在电话里答应，我怎么会让你儿子取贷？你今天不认账了？""儿子欠债，要老子还钱，这不符合美国法律！""这里是香港！你今天要能走出这个门，我就不姓陈！"

陈玉书把电话机朝陈东身边一放："你想报警吗？"陈东迟疑了一下。"打999呵！看是警察来得快，还是你的脑袋先开花？"陈玉书猛地站起来，气愤地踢着地上的啤酒瓶。陈东紧张地盯着陈玉书，他怕对方使用武力，便大声说："你这样动武是不行的！"

"我们这些人是讲道理的，对不讲理的人我们总有办法处理。你别以为你人高马大，学了美国牛仔那一套，我就对付不了你。你知道我是什么人？"不待对方回答，陈玉书大声说："我从小在印尼就是流氓！"

俗话说："软的怕硬的，硬的怕横的，横的怕不要命的。"这时，陈东冷汗直流，用手摸摸胸口，又忙掏药，看样子心脏有点不妥。有个伙计想打圆场，陈玉书瞪大眼申诉了他一顿，然后说："拿杯水来给陈老板。"随后又对陈东说："我们是讲人道主义的，我今天要的是你还钱，否则你别想走出这个门。"陈东知道抵赖是无用的，诡计也施不上了，只得乖乖地打电话给一个珠宝商人翁达生，叫他开支票，估计他在翁达生那儿存了钱。陈玉书叫伙计拿了支票到银行取款，等一切兑现了才放马让陈东走路。

第二天一早，陈玉书和太太亲自到喜来登酒店拜访了在此下榻的陈东，向他表示歉意。因为钱债纠纷毕竟不是生死之仇，既然钱拿回来了，朋友还是朋友。"做事留一线，他日好相见"嘛！

何妨前倨而后恭

春秋战国时期，诸侯国的数量越来越少，到战国时只剩下秦、楚、燕、韩、赵、魏、齐等七国，史称"战国七雄"。这七个国家都想兼并其他六国而统一天下。在这个时候出现一批游说之士，以捭阖权变之术，为各国君主出谋献策。苏秦就是当时著名的纵横家代表之一。

苏秦首先以连横说游说秦惠文王。所谓连横，就是"事一强以攻众弱"，即强国迫使弱国帮助它进行兼并。苏秦对秦惠文王说："大王你的国土上，西边有巴蜀、汉中的富庶，北边有皮毛、马匹可供资用，南边有巫山、黔中的关塞可守；东边有崤山、函谷关的坚固要塞。土地肥美，百姓殷实富足，军队装备精良，粮草积蓄很多，可以利用这些优势，兼并天下。"但是秦惠文王认为条件不成熟，没有采纳苏秦的建议。苏秦又进一步对秦惠文王阐述非战不可的理由，说："即使是古代的五帝、三王、五伯、明主贤君，也不是随心所欲地得到天下，而是在混乱时期，率军讨伐无道，才有后来的政绩。"但是秦惠文王还是没有采纳。

苏秦在秦国对秦惠文王讲了很多的道理，陈述很多出兵的理由，但未被惠王采纳，而由于在秦国的时间很久，他身上穿的黑貂皮大衣已经坏了，所带的银子也已经用完，手中没有费用，所以只好脚穿草鞋，挑着书籍行李，形容枯槁，面目黧黑。本想在外面捞个大官当，反过来搞到目前这个狼狈样子，苏秦心里很不是滋味。很想回家得到父母、兄弟、妻嫂的安慰，但当他回到家里时，情况与他想象的完全相反：妻子在织布机上不下来，根本没有与他说话的样子；嫂嫂看到远归的叔叔，也不去为他做饭；父母看到离家很久的儿子，也不与他讲话。苏秦感到十分惭愧，从此发愤读书。

读书到夜晚，很想睡觉，于是他把头悬在梁柱上，一打瞌睡，头发就把他扯醒；另外为了防止打瞌睡，手里拿把锥子，想要睡觉，就用锥子扎大腿，往往扎得血流到脚上，由于刻苦读书，收获很大，学到了很多的知识。

学成以后的苏秦，又一次出游列国。用"合纵"学说游说赵王。所谓合纵，是"合众弱以攻一强"，意在阻止秦国的兼并。赵王特别高兴，马上封苏秦为武安君，给他相印，兵车一百辆，锦绣千匹，白璧一百双，黄金万斤，要苏秦联合诸国来抵抗强大的秦国。

苏秦的合纵之说在当时起了很大的作用，特别是抑制秦国的兼并，"苏秦相于赵而关不开"，其他诸侯国"从风而服"，"诸侯相亲，贤于兄弟"。苏秦也得到了很大的荣誉：当苏秦隆盛之时，"黄金万镒之用，转毂连骑"（车马连成串）。

这个消息，当然他家里也知道。所以当苏秦去游说楚王，路过洛阳时，他家听到了这个消息，情况与他游说秦国失败回家时大相径庭：父母听说苏秦要回来，赶紧清扫房子和道路，张设乐队摆设酒席，离家三十里迎接；妻子既害怕又高兴，不敢正视，偷偷地看着他，倾耳恭听他的吩咐；嫂子在地上爬行，跪着在地上拜了四拜，向苏秦认错。

苏秦看了这个场面，很不是滋味。对嫂嫂说："嫂嫂为何前一次那么傲慢，连饭都不做，而这一次又表现得这么卑贱呢？"苏秦感到世态炎凉，感叹着说："唉，贫穷则父母不认你作儿子，富贵则亲戚畏惧。人生世上，势位富贵，怎么能小看呢？"

世态炎凉，人情冷暖，就是如此滑稽。当你事业成功，有钱有势，春风得意之时，家中总是高朋满座，从前对你"狗眼看人低"的也会摇身一变，跑来跟你"沾光"，一夜之间成为你的"朋友"和"知己"；而当你遭受挫折，风光尽失以后，则往往门可罗雀，"门前冷落鞍马稀"。趋炎附势，是人的本性。

这也给了普通人一个启示：别为自己朝三暮四、首尾两端的行为而脸红，别为自己打了自己的嘴巴而羞耻。如果你曾慢待了别人，小瞧了别人，甚至在别人落难时落井下石得罪了别人，万一人家时来运转得了势，成了名，发了财，你万万不可自懊自悔，避而不见。要大胆地、厚着脸皮迎上前去，承认自己"有眼不识泰山"，而他则是"真人不露相"。找个台阶，主动求好，方为上策。

卸掉白脸，换上红脸，平常人往往碍于面子，难以做到。小说《儒林外史》中范进中举一节，其中老丈人在女婿面前的种种表演，"红白戏法"变得及时巧妙，堪称典范！

小说中是这么描述的：

说话范进终于考中秀才，虽说已是年纪一大把，但母亲、妻子都非常欢喜。正在这时，他岳父胡屠户，手里拿着一副大肠和一瓶酒，走了进来，胡屠户对范进说："我不知为什么走倒运，把女儿嫁给你这个现世宝，这么多年来，不知拿了我多少钱。如今我带酒来祝贺你。"接着又说："如今你既考中了秀才，凡事都要有个体统。比如我这行，都是有脸面的人，又是你的长辈，你怎么可以在我们面前装大呢？倒是你家门口这些种田的，扒粪的，不过是平头百姓，你如果跟他们拱手作揖，平起平坐，不仅破坏了学校规矩，连我的脸上也没有光彩。你是一个烂忠厚没有用的人，所以我不得不教导你，免得遭人笑话。"胡屠户边吃饭，边教训范进。

几个月后，到了全省考试的时间，范进的几个朋友约范进一起去乡试。范进因为没有盘缠，只好到岳父家去借。胡屠户一听，把范进骂一个狗血淋头，"你不要癞蛤蟆想吃天鹅肉，我听人说，你考中秀才并不是你文章写得好，而是考官看你年龄大给你的。你现在又想去考举人。真是自不量力，那些中举人的，都是天上的文曲星，你看城里的那些举人老爷，都有万贯家财，一个个方面大耳，哪个像你一样尖嘴猴腮。你应该撒泡尿照照，不三不四，就想吃天鹅肉！我把钱借给你，等于丢到水里！"一顿臭骂，使范进连他的门都不敢再进了。

范进回来后，越想越气，决心去试一试，于是瞒着岳父，到城里参加乡试。这事被胡屠户知道了，又骂了他一顿。

到考试出榜的那天，范进家里没有早饭米，只好抱一只母鸡去集市上卖。没过多久，敲锣打鼓来了一批人，说："快请范老爷出来，恭喜高中了！"一下子挤满了一屋人。此时范进正在街上卖鸡。一个邻居跑到街上，对范进说："恭喜你，中了举人，快回去吧！"范进还不相信，待到邻居把他拖回来，连看了几遍报喜单，果然中了第七名。

由于惊喜过度，范进精神失常，一边往外跑一边说："中了！中了！"这一下急坏了大家。众人不知如何是好。内中有人出主意说："范老爷这是惊喜过度才精神失常，现在只要给他一巴掌，让他清醒就没事了。只是范老爷平时最怕谁最好。"众人都说，只有他的岳父胡屠户。

这时，胡屠户却不像以前，而是说："他虽然是我女婿，但现在是举人老爷，是天上的星宿。天上的星宿是打不得的，我现在不敢做这样的事！"但禁不住众人的劝说和女儿的啼哭，最后连喝了两大碗酒壮胆，到集市上去找范进。在集市上找到范进后，胡屠户壮着胆打了范进一巴掌，范进苏醒了，但胡屠户越想越害怕，那手都提不起来了，并对范进表白说："贤婿老爷，方才不是我胆大敢打你，是你老太太的主意。"胡屠户一边拥着范进回家，一边对众人说："我这个贤婿，才学又高，品貌又好，就是城里的那些老爷，也没有我女婿这样一个体面的相貌。你们不知道，我这一双眼睛都会认人。当初，我闺女儿像有福气的，要嫁个老爷，所以我都没同意，今天看来，果然不错。"范进走在前面，胡屠户跟着走在后面。胡屠户看见范进衣裳后襟皱了一些，一路低着头替他扯了几十回。

第二章

处世面子学四大心术

用你是看得起你——赏脸术

有些人的骨头就是那么"贱",受到某个大人物的垂青,便自觉脸上很风光,在人前很有面子,似乎如此一来,自己的身价也便跟着提高了。心里对大人物感激涕零,没有不誓死效忠的道理。

大丈夫能屈能伸

1907 年,蒋介石东渡日本,入振武学校学习军事。不久,就由他的浙江同乡陈其美介绍加入了同盟会。在此期间,他曾给他的表兄单维则寄过一张照片,还在上面题了一首小诗:"腾腾杀气满全球,力不如人万事休!光我神州完我责,东来志岂在封侯!"诗虽平平,但却表现出他当时还是个热血青年,在其民族意识有所觉醒的时刻,正在急切地表白自己的志向和抱负。这可算是题诗明志吧。

随着蒋介石地位的提高,他的照片也有了更多的用场。还在北伐之前,蒋介石就开始踌躇满志地网罗天下名士,以备他建立"大业"所用。1926 年春天,邵力子奉广州国民党中央之命到上海联络报界人士,宣传国民党的主张。蒋介石乘机委托邵力子把自己亲笔签名的照片转赠陈布雷,并同时转达他对这位报界才子的钦敬之情。

陈布雷当时是上海《商报》的主笔。他才思敏捷,运笔如神,所写的社论、短评以其犀利的风格著称于上海报林,他曾因在政治上倾向于孙中山在广州的国民党,言论过于激烈而吃了租界工总局的官司,此事更使他的名声大振。

蒋介石不仅佩服陈布雷的胆识和才气,还特别看重他是浙江同乡,所以着意延揽。

在一次上海报界名流的宴会上,陈布雷接过了邵力子转来的蒋氏照片,既见其"人",又领其意,此后又接到蒋介石约他相见的口信,终于在这一年年底奔赴南昌,会晤了这位国民革命军总司令,此后一气跟随了他二十多年,直到 1948 年自杀才算了结,而两人交往的开端,却是那张小照片。

蒋介石靠黄埔军较起家，深知维系校长与学生之间关系的重要，因而从不放过任何"培养"和笼络学生的机会，其中送照片也是不可忽略的小节目。

抗日战争期间，蒋介石在浮图关成立了中央训练团。他亲自兼团长，举办各种训练班，其中以党政训练班最为重要。其训练内容除军事训练外还有政治训练，主要是对当时抗日战争的形势、以及国民党中央的方针政策作较系统的讲述，并重点灌输"效忠领袖"的思想。

为期一个月训练中最重要的一节是蒋介石到团接见受训人员，一批十多人，谈话十几分钟。结束时还分赠每个学员一张蒋介石的照片，上款写着"某某同志惠存"，下款是"蒋中正赠"，并盖有私章。赠送这张照片，既可给学员造成深受宠幸之感，又可使其能以"天子门生"到处炫耀，而更重要的则是时刻牢记要为"领袖"尽力忠心效劳。

与上面所说的相比，曾奉蒋介石之命在抗战期间公开投敌的唐生明手中的蒋氏照片则有着更加不同寻常的来历。

唐生明是唐生智的弟弟。唐生智在北伐时曾任国民革命军第八军军长、湖南省主席，抗战初期任南京卫戍司令。1930年中原大战时，他曾与汪精卫一起发动过反蒋运动。抗战后他与蒋介石之间也有矛盾。唐生明由于他大哥的原因也参加过汪精卫、李宗仁等人在广西的反蒋活动。所以，派他投汪，容易取得日伪的信任。同时，唐生明又是军统特务头子戴笠的好朋友。

正是由于上述种种关系，他才被戴笠和蒋介石看中去承担一项特殊的"重要使命"，即以不满大后方艰苦生活为借口，公开去敌占区上海，先以住家为名，再逐步运用过去的人事关系公开和汉奸们来往，取得其信任后，再相机开展特情活动：其一，要设法掩护和营救在上海和南京的军统特务；其二，要转达蒋介石对投敌的大小汉奸的"宽大政策"，并进行联络；其三，要尽一切力量发展"忠义救国军"，打击新四军。

得知了这些任务内容，唐生明心中暗暗吃惊：到日本人鼻子底下搞特工，担着生命危险不说，还要背着"投敌"的恶名，将来蒋介石万一翻脸不认人，就是跳进黄河也洗不清。可又不敢不受命，便推托说还要和他大哥和母亲商量一下再说。可他话音刚落，蒋介石就抢着说："我会和孟潇（唐生智的别号）兄说明，这没问题。老伯母方面，我和夫人可以送一张照片，让她放心。"

两天后，蒋介石约唐生明和戴笠去他的官邸吃晚饭，席间，送给唐生明一张他与宋美龄的合照，上面亲笔写着"唐老伯母惠存"，下署"蒋中正、蒋宋美龄"和年月日。回到家里，唐生明把照片交给母亲，而这位老夫人对此根本不感兴趣，就是不愿意让儿子去上海，经过再三劝慰，才算让儿子出了家门。唐生明把那张照片当作护身符一样看待，整个抗战期间，都存放在他母亲的身边。

唐生明经上海到南京后，果然取得了汪精卫等人的信任，被委任伪军事委员会委员、伪江苏省保安司令等职。1941年，汪伪特工发现了唐生明与重庆的联系，将唐逮捕。后来由于日本人也想利用唐与重庆进行联系，作拉拢蒋介石的工作，才又将唐释放，这倒使唐的身份和活动更公开了。

唐生明可说是"圆满"地完成了蒋介石和戴笠交给他的任务，但他依然不敢对那张"护身符"有丝毫的怠慢。日本一投降，他就从母亲那里取出了那张照片，端端正正地高挂在自己家的客厅中央。

此后一段时间，他常常望着这张"符"来抚平自己忐忑不安的心境。他亲眼看到过去对蒋介石立过功的大汉奸一个个被杀掉，不由不担心自己的处境，因他知道的蒋、汪、日之间勾结的内幕太多、太具体，怕也闹个被"灭口"的下场。凑巧的是戴笠这时又摔死了，他的"奉命"行事又少了见证人。加之当初投敌时，为了显得逼真，还用唐生智名义请求通缉过他。后来，在他的一再坚持下，总算是由政府发了一道命令，公布取消过去对他的通缉，又任命当了蒋记国防部的中将部员。至此，他才彻底地松了一口气。

就在唐生明担惊受怕的时候，蒋介石却在忙着给那些握有兵权投靠过日伪的汉奸们吃宽心丸，将他们再度收归门下，以扩大其反共力量。1946 年春天，蒋介石偕宋美龄到新乡视察，召集驻在豫北的国民党高级将领二十多人，其中包括著名的汉奸庞炳勋、孙殿英等，除设宴招待、"慰勉"一番之外，还一起照了集体像。随后，蒋介石又坐在那里让每个人轮流站在他的旁边合拍一张，以示恩宠。庞炳勋、孙殿英等大喜过望，把他们与蒋氏的合照放大印出，分送给部属、亲友，以示炫耀。他们明白，蒋介石作出这种姿态，是表示不再与他们计较前事，便安心地打共产党去了，这正是蒋介石的目的所在。

蒋介石深知，以自己的身份，只要肯放下架子，对某位下属"赏个脸"，即可笼络其心。只可惜他分身无术，不能同时与那么多奴才平起平坐，于是想出了赠照片、合影这套"赏脸"的把戏，让他们跟"领袖"沾点光。

软绳子捆得住硬柴火

孟获是三国时期南中地区少数民族的首领，是当地很有影响的人物。他和朱褒、雍闿、高定等人勾结，推举雍闿为主帅。趁蜀国对吴国作战失败，元气大伤，刘备刚死的机会，煽动少数民族，杀死蜀国派往这一地区的官吏，公开发动武装叛乱。

南中历来就是多民族聚居的地区。三国时候，那里住着许多少数民族，是今天彝族、壮族、傣族、德昂族的祖先。汉朝时，他们被称为"西南夷"。他们和汉族人民在一起，用劳动和智慧开发了中国的边疆，对中国的经济和文化发展，做出了巨大的贡献。孟获等人在南中地区的叛乱，既破坏了各族人民和睦相处的愿望，也严重地威胁到蜀汉的政权，妨碍了诸葛亮北伐中原，统一全国的计划。为了维护蜀国的统一，诸葛亮经过积极准备，在公元 225 年，分兵三路，向南中进军。

在开始出兵的时候，诸葛亮采纳参军马谡的建议：这次出征的目的，并不是把那些叛乱分子斩尽杀绝，占领他们的城池，而是要征服当地领袖人物的心，使他们心悦诚服地服从蜀汉的统治，以后不再发动叛乱。这叫做攻心为上，攻城为下。

诸葛亮出兵不久，南中地区的叛军内部起了变化。雍闿被部下杀死，孟获做了主帅。接着诸葛亮杀高定，破朱褒。这年五月，诸葛亮带领军队渡泸水，追击孟获。

由于孟获在当地群众中有一定的威望，当地少数民族和汉族都服从他的指挥，所以诸葛亮命令不准杀害他，一定要捉活的。孟获见蜀军打了进来，就起兵迎战。蜀将王平跟他对阵，开战不久，王平掉转马头往后撤，孟获驱兵前进，沿山路追赶。忽然喊声大起，蜀兵从两旁杀出，孟获中了埋伏，只得引兵败退。蜀兵紧紧追赶，活捉孟获。

军士们把孟获押解到大营来见诸葛亮，诸葛亮问孟获："我们待你不错，你怎么反叛朝廷？现在已被生擒，还有什么好说的呢？"接着他亲自带领孟获参观蜀军军营，问孟获："你看我们的军队怎么样？"孟获一看，蜀军阵营整肃，军纪严明，士气旺盛，心里暗暗佩服，可是并不服气。他说："我不是被打败的，只是不知虚实，中了你们的埋伏，才被捉的。现在看了你们的军队，也不过如此，真要硬打硬拼，我们是能够取胜的。"诸葛亮笑着说："既然这样，我放你回去。你整顿好队伍，再来打一仗吧。"说完吩咐士兵们摆上酒席，招待孟获吃了一顿，然后把他放回去。

孟获回去以后，又连续和诸葛亮一战再战，一连打了七次，被擒七次。最后一次，诸葛亮把孟获的军队引到一个山谷中，截断他们的归路，然后放火烧山。只见满山满谷烈火熊熊，把孟获的将士烧得焦头烂额，叫苦连天，孟获第七次被蜀兵活捉。

孟获又被押解到蜀军营帐。士兵传下诸葛亮的将令说：丞相不愿意再见孟获，下令放孟获回去，让他整顿好人马，再来决一胜负。孟获想了很久说："七擒七纵，这是自古以来没有过的事情，丞相已经给了我很大的面子，我虽然没有多少知识，也懂得做人的道理，怎么能那样不给丞相面子呢！"说完跪在地上，流着眼泪说："丞相天威，我们再也不反叛了！"

诸葛亮很高兴，赶紧把孟获搀扶起来，请他入营帐，设宴招待，最后客客气气地把孟获送出营门，让他回去。

攻下南中以后，为了巩固这次军事胜利的成果，加强蜀汉政权对这一带的统治，诸葛亮任命少数民族中的领袖人物，担任中央和地方的官吏，孟获就担任了蜀汉的御史中丞。同时，诸葛亮在南中地区实行革新，推广汉族的先进技术，开发南中。诸葛亮的这些政策、措施，对加强西南地区的统一，维护西南各族人民之间的友好联系，起了积极的作用。

对于顽固的对手，不能一味地使用强硬的手段以硬碰硬。那样的话即使能制服其人，也未必能收服其心。俗话说，"软绳子捆得住硬柴禾"，采取阴柔的手段是对付强硬分子的上上之策。孟获七次成为诸葛亮的手下败将。但是诸葛亮非但没有杀他，甚至没有羞辱的言辞，反而以贵宾的礼遇对待他。诸葛亮的这个"脸"赏得恰到好处。

"破罐子" 也有大用场

西魏时期，北雍州一带经常有盗贼出没，因为这一带山林茂密，盗贼进退很方便，官府拿他们没法子。

本地的刺史韩褒心里委实着急，四处派手下暗中探访，结果手下人来报，盗窃行径全都是当地豪门大族的弟子干的。怎么办？韩褒表面假装不知道这些纨绔弟子干些什么勾当，对这些豪门大族还是挺客气的。

这天，他把这些大族家里的人都召集来开会，用恳切的语气对他们说："我这个刺史是个书生起家，哪里懂得缉拿盗贼，所以，只好依赖诸位共同分担这个忧愁了。"说罢，便让那些平时在乡里为非作歹的弟子，一个不漏地临时做各处的主管，划分地段分别管辖。有发现盗贼而不捕获，按故意放纵论处。以此，被暂时任命的少年，没有哪个不惊恐害怕，都自首认罪说："前时发生的偷盗案子，都是我们干的。"这些被任命的缉盗主管的盗贼，都变得积极起来，把所有党徒同伙的姓名全部列出。那些逃跑躲藏起来的，也都说出了他们躲藏的地方。

韩褒拿过名单，嘱咐那些主管一番，先打发他们回去。第二天便在州城门边贴上了一张很大的告示，意思让那些曾干过盗贼的，赶快来州府自首，马上免除他们的罪。过了这一月不自首的，除当众处决他本人外，还要登记没收他的妻子儿女，用来赏给先前自首的人。

十天之内，众盗贼果然全部来自首了。韩褒拿过名单一一核对，还真一个不差。韩刺史赦免了他们的罪，让他们改过自新。这招还真灵，这些盗贼从此再也不敢为恶了。

再恶再坏的人，内心深处也都有一些尊严和体面。当他们为恶多端时，因为他们已经犯了"禁忌"，被人瞧不起，所以他们只好破罐破摔，更加放肆。尊严和体面也被搁到不知什么地方去了。因为别人已经不尊重他们，对他们只有诅咒、谴责。然而，就在他们内心没有约束时，给他们权力去监督那些为恶行为，赏给他们脸面重新唤起他们的自尊心和体面感。他们不仅能对他们的工作负起责任，更重要的是，他们又对自己的行为开始像常人那样负责了。

当今社会也是如此。一位小职员，上班迟到，下班提前开溜，主任多次诚心诚意跟他谈，但他散漫到底，就是迟到早退，吊儿郎当，批评罚奖金，他全认了，真拿他没办法。最后主任让他当班组长，负责班组工作，当然还有班组考勤，起初他不肯干，别人一听说让他当组长也哈哈大笑，以为主任是在开玩笑，但主任坚持这么做，小职员也就干了。真是意想不到，他不仅负责好了班组日常工作，自己再也不迟到早退，而且干得比别的班组长还出色。这是让没有责任心的人重新恢复自尊心和自信心的好点子。

找个台阶自己下——遮羞术

　　当一个人在人前蒙羞，处境困难或尴尬时，用幽默来化险为夷，对付下不来台的情境，是一种相当高明的手段。一般来说，人格较为成熟的人，常懂得在适当的场合，使用合适的幽默，把原来困难的情况转变一下，大事化小，小事化了，度过难关，较成功地去适应窘境。

遮羞不一定是坏事

　　有一回，老诗人严阵和青年女作家铁凝等访问美国。一次，去参观一所博物馆，开馆时间未到，他们便在广场上散步。恰巧有两位美国老人在一旁休息，看到中国人来，他们很高兴地迎上来交谈，说中国人是他们最为敬仰的。其中一位老人为表达这种崇敬的感情，热烈地拥抱铁凝，并亲吻了一下。铁凝十分尴尬，不知所措。另一位老人也抱怨那位老人说，中国人不习惯这样，那位拥抱过铁凝的老人，像犯了错误似的呆立在一边。严阵走上前去，用一句话打破了僵局。他微笑着说："呵，尊敬的老先生，你刚才吻的不是铁凝，而是中国，对吧？"那老人马上笑道："对，对！我吻的是铁凝，也是中国！两种成分都有。"尴尬的气氛在笑声中烟消云散了。

　　看来，遮羞有时并不一定是件坏事。遇到尴尬情况，应尽力以新话题、新内容引申转移，千万别拘泥一头，执著不放，那会弄得僵持不下，导致更为难堪的局面。

　　在社交中，谁也不可能预料一切。例如，也许你没想到和你打交道的人是与你有嫌隙的或者是你竞争对手的朋友；也许你没估计到对方是四川人而不喜欢川菜；也许你突然说错了话等等。这些都很叫人尴尬的事。这时候，你原来所准备应付的情况全变了，一时免不了有些失态。这种场合下的遮羞是非常必要的。

　　一个人的遮羞能力当然是以人生经验为基础的，经过多次实践，必然会变得老练聪明与此同时，应变能力也反映着一个人的机智和修养。只有面子学功底深厚的人才有可能在情况发生变化时化险为夷，化拙为巧，使自己摆脱尴尬境地，并在交际中取得良好的效果。

要遮羞，首先要做到以下几点：

（1）无论出现什么情况，都能够保持高度的冷静，使自己不失态。例如在一次商务交际中，对方在谈到价格时突然揭了你这一方的老底，说你给某公司的价格很低，而给他们过高，这实在是太欺负人等等。这贸易伙伴这样揭露，是很伤面子的。如果你不冷静，情绪过分紧张或者激动，很可能应付不了这个局面。接下来或者承认事实，或者愤怒争辩，拼命否认，很可能当时就不欢而散。但是你如果很冷静，可能会很快找出理由，比如价格低并不保证退换维修，某一方面没有运用新材料新技术，或者在付款形式、供货期限、质量保险等方面有不同。反正你总能找出合适的理由来挽救局面，为自己的行为找到体面的说法。

（2）在任何情况下，都应该能够"打圆场"，淡化和消解矛盾，给自己和对方找台阶，使气氛由紧张变为轻松，由尴尬变为自然。在很多时候，替别人解围比为自己掩饰更重要，一方面表示自己对对方的理解和尊重，另一方面也给自己留下了余地。

（3）应学会巧妙地转移话题和分散别人的注意力。一旦你说错了话或者做错了什么事，除了迅速承认错误之外，还要学会巧妙地转移话题，把别人的注意力吸引到其他方面。比如用幽默或玩笑的方式转移目标，把关于人的事扯到某种物上面，把令人紧张的话题变成轻松的玩笑等等。当然，这要进行一些必要的口才和应变能力训练才能做到。

自我解嘲术

大哲学家苏格拉底一次与客人谈话时，他脾气暴躁的太太忽然跑进来，大骂了苏格拉底一阵之后，又拿来一桶水往苏格拉底头上一泼，把他全身都弄湿了。苏格拉底笑了笑，对客人说："我就知道，打雷之后，接着一定会下雨的。"本来很难堪的场面，由于苏格拉底的幽默，也就一笑了之了。

"自嘲"，顾名思义就是自己嘲讽自己。也许有人会说："每个人都喜欢被人赞美，不喜欢被人嘲讽。所以，又有谁会自嘲呢？"殊不知，在现实生活中，适时适度地"自嘲"不但可以遮羞，反过来还会收到妙趣横生、意味深长的效果，为自己挣得更大的面子。

抗战胜利后，张大千从上海返回四川老家。行前好友设宴为他饯行，并特邀梅兰芳等人作陪。宴会伊始，大家请张大千坐首座。张说："梅先生是君子，应坐首座，我是小人，应陪末座。"梅兰芳和众人都不解其意。张大千解释说："不是有句话'君子动口，小人动手'吗？梅先生唱戏是动口，我作画是动手，我理该请梅先生坐首座。"满堂来宾为之大笑，并请他俩并排坐首座。张大千自嘲为"小人"，好似自贬，然而"醉翁之意不在酒"，这即表现了张大千的豁达胸怀和谦虚美德，又制造了宽松和谐的交谈氛围。

某人要出国进修，他的妻子半开玩笑地说："你到那个花花世界，说不定会看上别的女人呢！"他笑道："你瞧瞧我这副尊容：瓦刀脸，螳螂腰，罗圈腿，站在路上怕是人家眼角都不撩呢！"一句话把妻子逗乐了。人人忌讳提自己长相上的缺隐，可这位丈夫却能够接受自己的先天不足，并不在意揭"丑"。这样的"自嘲"体现了一种潇洒情态和人生智慧；这样的"自嘲"比一本正经地向妻子发誓决不拈花惹草，其效果不是更好吗？此时他在其妻眼里，一定变得又美又可爱。

在社交中，当你陷入尴尬的境地时，借助"自嘲"往往能使你从中体面地脱身。在某俱乐部举行的一次盛宴招待会上，服务员倒酒时，不慎将啤酒洒到一位宾客那光亮的秃头上。服务员吓得手足失措，全场人目瞪口呆。这位宾客却微笑地说："老弟，你以为这种治疗方法会有效吗？"在场的人闻声大笑，尴尬局面即刻被打破了。这位宾客借助"自嘲"，即展示了自己的大度胸怀，又维护了自我尊严，消除了耻辱感。

由此可见，适时适度地"自嘲"，不失为一种良好修养，一种充满魅力的交际技巧。"自嘲"，能制造宽松和谐的交谈气氛；"自嘲"，能使自己活得轻松洒脱，使人感到你的可爱和人情味，从而改变对你的看法；"自嘲"，有时还能更有效地维护面子，建立起新的心理平衡。

当然，"自嘲"必须适"时"适"度"，以玩世不恭的态度，或不分时间、场合滥用"自嘲"，或者指桑骂槐、含沙射影地"自嘲"，都是不可取的。

政客如何"擦屁股"

抗日战争胜利不久，国民党政府当时还在重庆。有一天，蒋介石带着军统头子戴笠去看望陈立夫，一位漂亮大方的少女殷勤地为他们献茶。经陈立夫介绍，才知道这是他的侄女陈颖，刚从美国留学回来。蒋对陈颖很感兴趣，询问学业，表示关怀。戴笠最善投机逢迎，过后不久，他就向蒋推荐陈颖来蒋的官邸作英文秘书。陈颖上任不久，就和蒋介石打得火热，她名义上是英文秘书，实际上是蒋的情人。

过了一段时间，这事被宋美龄发现了，宋一度曾想亲自捉奸，大闹一场，但考虑到身份、地位和家族利害等等，认为家丑不可外扬，需要找到一个解决问题的两全之策。

一天深夜，宋美龄突然来到陈颖房中，陈惊慌失措，以为大祸将至，但宋美龄却显得若无其事，坐下来温和地对她说："孩子，你还小啊！才20多岁，风华正茂。记得《诗经》里的几句话吗？'吁嗟鸠兮，无食桑葚；吁嗟女兮，无与士耽。'我常常叹惜我们女人命苦，所以我们更应珍惜自己。孩子，不要只顾眼前，要想想漫长的一生啊！"陈颖深为感动，一边抽泣，一边说："我错了，夫人，给我指一条路吧！"宋美龄从包中抽出一张支票，递给陈颖，说道："这里不是你安身之所。你去美国吧！这50万美金送给你，算是我的一点心意。你的护照和机票我已代你办好，明天一早就走吧！"

陈颖突然离去，蒋介石一肚子不愉快，虽不能明说，但难免流露。宋美龄乘机讽喻：你以为能瞒天过海，能瞒得了我吗？我这样做，你难道不明？一定要我捅到大庭广众中去，丢你这个元首和领袖的丑吗？蒋介石只得假装糊涂，不了了之。

官场上的丑闻一向被人关注，老百姓就爱看那些高高在上、鼻孔朝天的政客们出乖露丑。因此，看来应该组成一个专门的班子，专管为政客们"擦屁股"。蒋介石一时昏了头脑，见色心起，老牛想啃嫩草，这事一旦张扬出去见不得人。宋美龄用的是"釜底抽薪"的法子，把老蒋的丑事连根拔除，遮得天衣无缝。

对于一个政治家来说，再也没有比意外的窘境更棘手的事了。无论它是偶然，还是故意，都有可能造成形象的损害。因此，这个羞也是非遮不可的。

1956年在苏联共产党第二十次代表大会上，赫鲁晓夫做了"秘密报告"，揭露、批评了斯大林肃反扩大化等一系列错误，引起苏联人及全世界各国的强烈反响。大家议论纷纷。

由于赫鲁晓夫曾经是斯大林非常信任和器重的人，很多苏联人都怀有疑问：既然你早就认识到了斯大林的错误，那么你为什么早先从来没有提出过不同意见？你当时干什么去了？你有没有参与这些错误行动？

有一次，在党的代表大会上，赫鲁晓夫再次批判斯大林的错误，这时，有人从听众席上递来一张条子。赫鲁晓夫打开一看，上面写着："那时候你在哪里？"

这是一个非常尖锐的问题，赫鲁晓夫的脸上很难堪。他很难做出回答。但他又不能回避这个问题，更无法掩瞒这个条子，这样会使他丢面子，失去威信，让人觉得他没有勇气面对现实。他也知道，许多人有着同样的问题。更何况，这会儿台下成千双眼睛已盯着他手里的那张纸，等着他念出来。

赫鲁晓夫沉思了片刻，拿起条子，通过扩音器大声念了一遍条子的内容。然后望着台下，大声喊道：

"谁写的这张条子，请你马上从座位上站起来，走上台。"

没有人站起来，所有的人心怦怦地跳，不知赫鲁晓夫要干什么。写条的人更是忐忑不安，心里后悔刚才的举动，想着一旦被查出来会有什么结局。

赫鲁晓夫又重复了一遍他的话，请写条的人站出来。

全场仍死一般的沉寂，大家都等着赫鲁晓夫的爆发。

几分钟过去了，赫鲁晓夫平静地说："好吧，我告诉你，我当时就坐在你现在那个地方。"

面对着当众提出的尖锐问题，赫鲁晓夫不能不讲真话。但是，如果他直接承认："当时我没有胆量批评斯大林"，势必会大大伤了自己面子，也不合一个有权威的领导人的身份。于是赫鲁晓夫巧妙地即席创造出一个场面，借这个众人皆知其含义的场景来婉转、含蓄地隐喻出自己的答案。这种回答既不失自己的威望，也不让听众觉得他在文过饰非。同时赫鲁晓夫创造的这个场景还让所有在场者感到他是那么幽默风趣、平易近人。

插科打诨扯闲谈

出尔反尔是富兰克林·罗斯福总统的家常便饭。他的这种做法使很多人身受其害。而最受折腾的要推巴鲁赫了。

罗斯福很早以前就想请巴鲁赫出来做官，但巴鲁赫未予应诺。1943年2月5日，罗斯福派物价管理署署长伯恩斯去见巴鲁赫，并带去了一封信，这封信里这样写道：

"长期以来，我一直在向你请教有关战时生产的问题。他也一直在毫不吝惜地给我以帮助，而你的各种点子也一直是功勋卓著的。我知道你宁可居于咨询员的地位而不屑以全部时间来出任政府官员。但我现在决定要在战时生产方面作一番刷新，因此不得不向你这位元老政治家求助。我要任你为战时生产署署长，主管全部战时生产事宜。我相信你将担当此任，因为我知道你一贯愿意作自我牺牲来帮助取得的胜利。"

巴鲁赫看了这封信以后，答应仔细考虑一番，并许诺第二天答复。

第二天，巴鲁赫决定应聘。然而，他突然得了病。起先医生认为可能是癌症，但三天后证明不是癌症。巴鲁赫又前往他以前的助手汉考克家，请他出任副手，然后就赴白宫向总统报到。

在总统候客室里，巴鲁赫首先见到了总统的智囊人物罗斯曼。罗斯曼的第一句话就是"总统忽然改变了主意。"当时巴鲁赫的心情是可想而知的。他正要发作，总统的秘书已在门口说，总统请巴鲁赫先生。

罗斯福见到巴鲁赫后，压根不提聘任之事。他滔滔不绝地说着，巴鲁赫的满腔怒火根本没有机会发泄。

"伯尼，你知道白宫有鬼吗？女佣梅姬说她确实在我的寝室内见到过鬼，而且她肯定这个鬼即是林肯总统。我个人倒没有在白宫见过鬼，但我的确在白宫见过许多笑话。有一位俄国的首席代表，他来白宫时带了一名年轻的警卫。我们把那名警卫长官安排在部长寝室对面的一间房子。夜间12点，白宫警卫队长有一个情况要通知部长的警卫长官，他就到那位警卫长官的门口叩门，房内答道：'请进'。我们的警卫队长就推门而入，只见电灯光下亭亭玉立着一位一丝不挂的妙龄女郎。我们的警卫队长实在老实，他一见此状，马上拔腿就跑，一口气跑到楼梯口，惊魂未定摔下了楼梯，幸亏白宫楼梯上铺有一寸厚的地毯，所以倒也没有跌伤。在这位代表访问白宫不久，中国的宋美龄也来访问白宫，她也带了一名年轻的少校秘书。但这位男装的秘书却是一名小姐，是财政部长孔祥熙的二小姐，过继给宋美龄，穿男装，并改称为孔二少爷。有一次，孔二少爷在白宫上厕所，厕所内早有一位女郎，她看到进来了一名少校，吓得尖叫一声，震动了整个白宫。幸亏那孔二小姐也懂得几句英文，她马上安抚道：'没有关系，我也是女士。'这两起事也不算最奇，最奇的还在后面。去年国庆节，我在白宫举办招待会。我坐在转椅内，各国使节挽着自己的夫人列队鱼贯地上前来同我握手。队伍缓缓前进，忽然见到一位大使夫人裙子里悄悄地掉下一个粉红色的东西，啊，原来是夫人的内裤松紧带断了，内裤从大腿一直滑到脚尖。更奇的是，那位夫人竟若无其事，轻轻地把两脚从内裤中跨了出来继续前进。我们那黑人侍者乔治也很有趣，他见状，就托了一个空盘，走到那内裤面前，拣起内裤，往空盘内一丢，好像收拾餐巾一样。我们大家都佩服乔治对此事的处理……"

巴鲁赫由克制怒火地听直到入神地听，慢慢地，只顾奇特与可笑的情节，而怒火却烟消云散了。正在这时，总统的秘书进来说，丘吉尔来了电话，等着总统。于是巴鲁赫不得不告辞。巴鲁赫就任战时生产署署长的喜悲剧就此结束。

罗斯福出尔反尔，巴鲁赫的怒火是可以想象的。一般的情况下，必然是一阵倾盆大雨洒向罗斯福。罗斯福深知一鼓作气，再而衰的道理，避开了巴鲁赫的锋芒，使他没有机会发怒。然后再用轻松的笑料来中和了他的怒火。

出尔反尔，自食其言，等于自己打自己的嘴巴，这是很没面子的。对于有头有脸的大人物来说，问题就更严重了。如果被人当面痛斥，自己更是下不来台。"王顾左右而言他"是一种很有效的遮羞术，它可以转移别人的注意力，瞒天过海；可以拖延时间，平息别人的怒火，避免正面冲突，维护双方的面子。"王顾左右而言他"的技巧有很多，可以随时随地，信手拈一话题。如果实在找不到合适的话题，插科打诨，扯扯闲谈，逗人哈哈一笑，也是可以的。

找个台阶自己下

人的任何行为都有个"度"的问题，掌握不好，做得过头，就会由君子之为变成可笑的事情。

郑庄公掘地见母的故事，想必大家都熟悉，当初郑武公娶姜氏，生有两子，长子就是郑庄公，因是在睡梦中所生，所以姜氏非常不喜欢他。次子公叔段，生得一表人才，且"多力善射，武艺高强"，故深得姜氏偏爱。

后来郑庄公继位，姜氏与公叔段共谋兵变，企图篡位，为庄公所破。公叔段自刎而亡，姜氏被逐到颍城，当时郑庄公曾愤愤地发誓说："不入黄泉，不与你相见！"意思是说不是死了，我是不会再见你的，哪知就这一句话，使后来的母子相见成了麻烦事。

庄公说了这句话之后，非常后悔。想见母亲，但又怕失信丢面子，常常独自烦闷。

颍城有个叫颍考叔的人，为人正直，是个孝子。听说庄公与姜氏的事情，便说："做母亲的虽然没有个母亲的样子，但是当儿子却不能不像个儿子，主公这样做，实在是有违于伦理道德啊！"他逮了几只鸟，以献野味为名来见庄公。

待庄公问到鸟时，颍考叔说："此鸟白天连泰山都看不到，晚上却能洞察秋毫，它是小处明白，大处糊涂。小时其母哺之，长大了却食其母，此乃不孝之鸟，故捕而食之。"庄公听后默不作声。

当时正值下人端上一只蒸羊来，庄公便与考叔共食。庄公看到考叔只拣好肉藏于袖内，便问，考叔答道：“小人有老母，因家境贫困，未曾享此厚味，请君允许小人带回给老母品尝。”

庄公听罢，凄然长叹：“你可以尽当儿子的孝心，我虽贵为人君，却不能像你一样。”接着就把不入黄泉，不见其母的话以及自己的悔意跟考叔讲了。

考叔便给庄公出了一个主意：“如果能掘地见泉，建一地下室，你们母子相见，不就可以避免世人说你违背誓言了吗？”

其后，庄公母子方才得以相见。

像庄公这种因怕丢了面子，而不敢更改自己说过的话的做法，可以说不是虚伪，就是愚笨。这种“一言既出，驷马难追”的所谓面子，实在是没有必要。这个故事妙就妙在颍考叔的主意出得好，既成全了庄公母子，又为庄公找到了一个台阶。

世间有一些丢人现眼的事，暴露在光天化日之下，众目睽睽之间，遮也遮不住，瞒也瞒不了。这怎么办呢？最滑头的办法是，为自己的行为作一番“合理”的解释，寻个说法，找个台阶自己下。如果理由、借口找得好，那么不但能把丑事、羞事、尴尬事遮掩过去，而且还能使自己脸上增光，把不利局面变为有利局面，把羞耻变为光彩。

素有东北王之称的张作霖虽然出身草莽，却粗中有细，常常急中生智，突发奇招，使本来糟透了的事态转败为胜。

有一次，张作霖出席名流集会。席上不乏文人墨客和附庸风雅的人，而张作霖正襟端坐很少说话。席间，有几位日本浪人突然声称，久闻张大帅文武双全，请即席赏幅字画。张作霖明知这是故意刁难，但在大庭广众之中，“盛情”难却，就满口应允，吩咐笔墨伺候。

这时席上的目光全都集中到张作霖身上，几个日本浪人更是掩饰不住讥讽的笑容。只见张作霖潇洒地走到案桌前，在满幅宣纸上，大笔挥写了一个“虎”字，左右端详了一下，倒也匀称。然后得意地落款“张作霖手黑”按上朱印，踌躇满志地掷笔而起。

那几个日本浪人面对题字，一时丈二和尚摸不着头脑，不由得面面相觑。其他在场的人也是莫名其妙，不知何意。

还是机敏的随侍秘书一眼发现了纰漏，“手墨”（亲手书写的文字）怎么成了“手黑”？他连忙贴近张作霖身边低语：“大帅，您写的‘墨’字下面少了个‘土’，‘手墨’写成了‘手黑’。张作霖一瞧，不由得一愣，怎么把“墨”写成了“黑”啦？如果当众更正，岂不大煞风景？还要留下笑柄。这时全场一片寂静。

只见张作霖眉梢一动，计上心来，故意大声呵斥秘书道：“我还不晓得‘墨’字下面有个‘土’？因为这是日本人要的东西，不能带土，这叫寸土不让！”语音刚落，立即赢得满堂喝彩。

那几个日本浪人这才领悟出意思来，越想越没趣，又不便发作，只好悻悻退场了。

拉大旗，作虎皮——借光术

　　"借光"不仅是请求帮助的一种谦词，而且是借助他人的面子和威名抬高自己，以达到自己的目的一种韬略。

　　"借光"，从社会心理学的角度说，是一种心理现象，国外叫做"哈洛效应"。"哈洛"英文为"hallow"，原意是圣像后的光，引申为使某物神圣化。而"哈洛效应"，则是指由于外在力量的影响，使某事物增光添色，就好像圣像头上的光环，使圣像显得更为高大更有影响力。

拉大旗，作虎皮

　　古往今来的成功者，谁也不是一生下来就大名鼎鼎，一出山就风光耀眼，一呼百应。他们大多总是先隐蔽在某些大人物的后面，借他的面子来笼络各路豪杰，借他的声望来壮大自己的声势，一旦时机成熟，或者另起炉灶，或者踩着别人的肩膀往上爬，或者反客为主，把别人吃掉。在做到这一步之前，先把自己的狐狸尾巴藏起来，拉一面大旗作虎皮。

　　拉大旗作虎皮，蒙住自己吓唬别人。自己的力量并没有增加，但给人的形象不同，因而就有了牛眼出大人的效应。

　　最为典型的是三国曹操。曹操挟天子而令诸侯，东征西伐，很是威风。开口"吾今奉诏讨汝"！闭口"孤近承帝命，奉诏伐罪"。于军阀混战中大大占了道义上的便宜。

　　不管具体动机如何，拉大旗拉的就是声望和面子。秦末农民起义，项梁不惜找到楚怀王的一个孙子，推为楚王，便是想借楚怀王的影响吸引百姓，因为这些人的影响比一般人要大得多，而且也差不多都有了明确的形象定位，顺手拈来是件事半功倍的事儿。

　　拉大旗作虎皮，在各行各业都起着不寻常的作用。即使这位"大人物"不出面，光借个名义也能增加自己的分量，管他是活人还是死人，是真人还是假人！

中華藏書

中华处世秘笈

中国书店

譬如打仗的，多崇拜诸葛亮，连司马懿也怕他。诸葛亮死后，蜀军就曾借用木头雕就的孔明像吓跑了司马懿。

譬如造反的，也总要有个比皇帝大的来头，洪秀全就找了"皇上帝"。当然是自编的神话，却也颇具号召力。

做生意则更要找名人，像美国著名影星克拉克·盖博在电影中脱掉衬衫，赤裸身子，就这么一个镜头，竟使得美国贴身内衣的销售量急剧下降，而英国王妃戴安娜带头穿平底鞋，英国市场上的高跟鞋就无人问津了……这些都是名人效应，有意识地利用，就是借名效应。

"借光"有两种类型。

一是几近自发型。天生就是当奴才的命，大事还得请大人。像辛亥革命时，武昌起义的士兵硬要拉出黎元洪当统帅，因为他面子大，能压得住阵。

二是为我所用型。名人为我手中筹码，可扔可押，可正用也可反用。譬如让名人出面推销商品是正用，办个名人富豪内裤大展览就是反用了。借重名人的面子，吹捧名人也就等于抬高自己是正用。如同汉代张良帮太子刘盈请了"商山四皓"——刘邦心中仰慕却求之不得的四个隐士，太子的地位也就巩固了。而以名人为敌，通过攻击名人而得利就是反用，因为名人既为名人，他的敌人也决非等闲之辈。某国议员选举时，一位毫无影响的女性候选人专以另一声望很高的候选人为攻击对象。她指着对方向公众发誓，如果对方能证明自己没有贪污，愿立即脱光衣服，走上街头。人群轰然，连对方也傻了眼。一场攻击结果，她竟以高票当选。

诸此等等，不一而足。借光的目的是要当主子，而不是当奴才，所以为我所用才是借光术的上上之策。

大人出马，一个顶俩

我国现代著名诗人徐志摩与陆小曼的恋情及婚姻，是一段脍炙人口的佳话。可有谁知道，这桩姻缘实在得之不易。在徐志摩爱上陆小曼之前，陆小曼已有家室。她的丈夫叫王赓。王赓留过洋，学过哲学，后又毕业于西点军校，回国后仕途也很顺利，与徐志摩也是好友。王赓因为忙，常常叫徐志摩去陪陆小曼玩，后来北上任哈尔滨警察局局长，又托请徐志摩常去看望小曼。接触多了，相谈又非常投机，志摩与小曼便产生了爱情，终至到了难舍难分的地步。但是，又该如何向王赓表示这层意思做通他的工作呢？几方面都深感为难。

后来，还是徐志摩的朋友们想出了办法，他们公推著名画家刘海粟出面，请王赓到上海著名的素菜馆功德林赴宴。刘海粟果然有胆有识，不仅请了王赓、徐志摩、陆小曼，还把杨杏佛、李祖法、唐瑛也请了来，这是另一对三角关系，唐瑛如同上海的陆小曼，而杨杏佛与李祖法恰也是好友。此外，还有徐志摩前妻的胞兄张君劢，以及陆小曼的父母等人。仅以邀请的客人而论，就是动了一番脑筋。

刘海粟是酒宴主人，他举杯为大家幸福健康干杯。接着他侃侃而谈，讲爱情与人生的关系，讲自己逃婚和追求自由幸福的亲身经历，讲男女结合的基础是爱情，没有爱情的婚姻是违反道德的。夫妇之间如果没有爱情而造成离婚，但离婚后还应当保持正常的友谊。友谊和爱情是不同的范畴，不可混为一谈。希望大家都能自由地追求真正的新生活，获得真正的幸福。

刘海粟一席话说得大家无不动容。张君劢趁热打铁，向大家斟了一杯酒，说："志摩与舍妹结婚时，可惜他没有逃。他与舍妹离婚我们都赞成，舍妹也赞成，虽然她一度很痛苦，但他们离婚后反而产生了友谊。舍妹现在发愤苦学，归国后准备在中国女界中切实干一番事业，这不能说不是离婚给她开阔了新的道路。"

众人也连连称是。

王赓自然也极其明白，他站起身，举杯祝愿大家各自幸福，也创造别人的幸福，一饮而尽，随后，借口有事提前告辞，并与徐志摩握手道别。不久，王赓同意与陆小曼离婚。

一场奇特的宴会，帮助徐志摩打开了他认为永难解决的僵局。

大人有大面子，大人说出的话就是有分量。要是哪个普通人跑到你跟前，劝你把自己的老婆拱手让给别人，你非一口咬断他的脖子不可。但是请一位教厚长者出面，局面就大不相同了。在普通人眼里，大人物的见解就是高明，大人物的理论就是那么贴切。至少，大人物出场，象征着局面的庄严郑重，代表着事态的严重。再退一步讲，不看僧面看佛面，真佛出场，这个面子不能不给。大人出马，一个顶俩，使一桩尴尬难局迎刃而解。

二两颜色也能开染坊

第二次世界大战的时候，利维在美国经营一家影片进出口公司。有一次，利维到英国去洽谈生意，伦敦的一家公司邀请他去看该公司正在研制一种电视试播，也就是今天的闭路电视。利维一下子对这种只要自己欢喜看的节目便可随心所欲地放映的设备产生了极大的兴趣，于是着手组织班子来研究闭路电视。

利维的新产品研制小组有三位主要专家，其中有一位叫弗兰克，他脾气很怪，性情暴躁，动辄和别人争吵，他几乎和研制组的上上下下都吵遍了，连利维也不例外。

可自从发生一件小事后，他对利维感激不已，言听计从了。

一天，为了一个实验问题，弗兰克同研制组的另一位同事争执不下。他大动肝火，又拍桌子又扔东西，利维过去劝阻也被弗兰克大骂一顿。正在他们闹得不可开交时，弗兰克的小女儿走进了实验室。小女儿看见她爸爸那副怒发冲冠的样子，吓得哭了起来。弗兰克见状再也顾不上同别人吵架，赶忙跑过去，赔着笑脸哄逗她。

看到这一情景，利维心里猛地一亮，发现弗兰克虽然看谁都不顺眼，但对留在他身边的小女儿却是百依百顺，视为掌上明珠，不难看出这小女儿是他的主要精神寄托。

为了使弗兰克有充实的精神生活，利维立刻在公司附近为他租了一幢非常漂亮的房子，好让他经常和女儿生活在一起。

本来，利维手头的资金十分紧张，在这种情况下，还为弗兰克租房，使弗兰克心里很是过意不去。因此，尽管利维再三动员他搬进新居，但他坚持不搬。

利维说："搬不搬家，恐怕由不得你了。"

"什么？"弗兰克提高了嗓门，"我自己不愿搬，你还敢强迫我不成？"

"我当然不会逼你，不过，你的千金安妮已替你做主了。"利维继续说，"她说你心境不好，容易发脾气，这会伤身体的。如果她能住在附近照顾你，你就不会发脾气了。起初，我也拿不定主意，可是小安妮说：'我爸爸多可怜呀，我不能让他再受孤独了。'"

听完了这番话，弗兰克的眼里充满了泪水，他最终顺从了利维的安排，搬进了新居。

二两颜色也能开染坊。不要以为小毛孩子谈不上面子，他们的面子说不定大如东轮，可以瓦解大人们之间的种种隔阂，碾碎大人之间坚不可破的壁垒！在父母眼里，他们是皇帝公主，是掌上明珠，是心肝宝贝，是命根子。一旦把"小家伙"掌握在自己手里，就像揪住了大人的小辫子，不被你牵着走才怪呢。所以请你记住，如果有人太不给你面子，就到他家里去找，保你马到成功。

服务于纽约某大银行的理查斯·华特，奉上司指示，秘密进行某家公司的信用调查。正巧华特认识另一家大企业公司的董事长，这位董事长很清楚该公司的行政情形，华特便亲自登门拜访。

当他进入董事长室，才坐定不久，女秘书便从门口探头对董事长说：

"很抱歉，今天我没有邮票拿给你。"

"我那12岁的儿子正在收集邮票，所以……"

董事长不好意思地向华特解释。接着华特便开门见山地说明来意。可是董事长却故意含糊其辞，一直不愿作正面回答。华特见此情景，只好知趣地匆匆离去，没得到一点儿收获。

不久，华特突然想起那位女秘书向董事长说的话，邮票和12岁的儿子。同时，也联想到他服务的银行，每天都有许多来自世界各地的信件，有许多各国的邮票。

第二天下午，华特又去找那位董事长，告诉他是专程替他儿子送邮票来。董事长热诚地欢迎了他。华特把邮票交给他，他面露微笑，双手接过邮票，就像得到稀世珍宝似的自言自语：

"我儿子一定高兴得不得了。啊！多有价值！"

董事长和华特谈了40分钟有关集邮的事情，又让华特看他儿子的照片。一会儿，没等华特开口，他就主动地说出华特要知道的内幕消息，足足说了一个钟头。他不但把所知道的消息都告诉了华特，又召部下询问，还打电话请教朋友。华特没想到区区几十张邮票竟让他圆满地完成了任务。

一回生，两回熟——攀缠术

想要面子，不能坐等着别人来赏，而是要靠自己去争。世上的人千奇百怪，你要想求人办事，什么人都可能遇上，就有那么一种人，生就一副硬面孔，死不开面。遇此情形，千万不可脸皮太薄，别人给你个冷脸，你立即像遭了霜打的茄子，而应像俗话说的"热脸贴向冷屁股"，拿出死磨硬缠、不达目的不罢休的功夫，只要事情能办成，一时的卑躬屈膝算不了什么。说到底只有达到目的，你才最终赢得了面子。

世上无难事，就怕死皮赖脸

一位"拉关系"的高手，用一个"粘"字概括了自己的经验：

"要说拉关系，咱们是大行家了。有用得着的人，想什么办法也能把他粘上。老薛，就是在轻工业局管材料的那个老薛，在咱们那儿号称'非金属大王'，简直就是我们衣食住行的父母，不拉上关系还行？"

"你看他现在跟咱们吃吃喝喝，有说有笑的，当年见到我却连个招呼都不打。那时候我只是在办公室里和他见过一面。人家连正眼都没瞅咱一眼。我可不怕你架子大。我很快就把他的底摸清了。当天晚上，我买了一个高级儿童玩具，就往他们家去了。"

"他还是不理我，脸阴得快要下雨了。我假装没看见，拿出玩具和他小儿子玩起来了。他想撵我走，但这句话他硬是没说出口，他最疼他小儿子，我这叫投其所好。"

"从此之后，我三天两头往他家跑，每次都买点玩具、挑比较便宜的买。这时候礼太重了，反而让他生出防范之心。老薛对我还是爱理不理的样子，我还是假装看不见，与他小儿子一起玩。我这人最烦小孩，在家里连自己的小孩都不抱，现在可真有耐心，40岁的人跟个七八岁的小孩泡上了。我那个样子也够人瞧的，但我不在乎。"

"我就这样跟老薛泡上了蘑菇，每次都是跟他儿子玩，一句也不提正经事。终于有一天，他耐不住性子，找我来扯闲话。我暗地里松了一口气，关系就算套上了。人嘛，都长着心，处长了自然就会有感情，只要你能熬得住就行。"

"我知道有人说我这叫丢人现眼，真是书生之见！天下谁能不求人，你能房顶开门，锅台打井吗？求人就得低三下四，难道还让人家反过来跟你说好话不成？我丢了面子，但办成了事，挣了钱，你没丢面子，也是什么事也办不成……"

"我的经验只有四个字，那就是死皮赖脸，也可以说只有一个字，那就是'粘'。咱不是大官，也没当官的亲戚，所有的关系都得现拉……"

听起来虽然"恶俗"，却是日常人际交往中的常理。非但求人办事要遵此法则，就连求爱，用此锲而不舍，穷追猛打的"粘"招，也大有收获。

有位香港女作家，在浓浓的浪漫情调中与大陆某男士结成两岸情缘，她曾经称那位男士在追她的男朋友中条件是最差的。

事情的起源要溯至几年前，那是她第一次赴上海，是为洽谈自己的小说授权给上海某家出版社出版而前往的。一次晚宴上，女作家和某男相遇，男士深为女作家的人生体验所激动，晚宴后就告诉她一句惊人之语——"我可以追求你吗？"

她当时未予理会，只当成是一句玩笑话。不料男士真的开始展开猛烈追击，每天从早开始，他带了好多朋友，一起在她下榻的大酒店"站岗"。

对于男士此举，女作家感觉如遇"恐怖分子"，不敢踏出饭店一步。而紧盯不放的男士便不断以电话"骚扰"女作家，并告知她"如果再不露面，便要通知你的所有朋友，告诉他们我要追你。"

被逼得无路可跑的女作家，急中生智说："你请我喝咖啡，我们好好聊聊。"

她知道大陆人收入低，索性一口气喝了五六杯咖啡，准备使追求者"破产"。结果他也跟着叫了五六杯咖啡，结账时不但没有囊中羞涩，反而给了服务员一笔数目不小的小费。让对方知难而退的计谋没有得逞。

最激烈的是，就在她在上海的最后一夜，鼓足勇气的那位男士，竟在大庭广众面前猛烈亲吻女作家。霎时花容失色的女作家久久不能言语，随后激动得几乎落泪说："你怎么可以这样。"

当她离开上海，那男士更是一路穷追猛打。赴西安，追踪到西安，抵达台北，越洋电话不知已打了多少遍。

至此，女作家说："只要我存在地球上一天，似乎都无法逃出他的手掌心。"只好宣告投降，宣告结婚。

王八咬人不撒嘴

你知道墨西哥式的披肩吗？就是有用整块布挖个洞做成的毛织毯。告诉你我在什么情况下买下这个披肩，自小我就对披肩产生过兴趣，想都没想过，小时候如此，长大以后还是如此，即使在墨西哥时也没有想过我会买个墨西哥式的披肩。

七年前我和太太在墨西哥度假，我们在街头上闲逛，太太突然用手肘推我说：

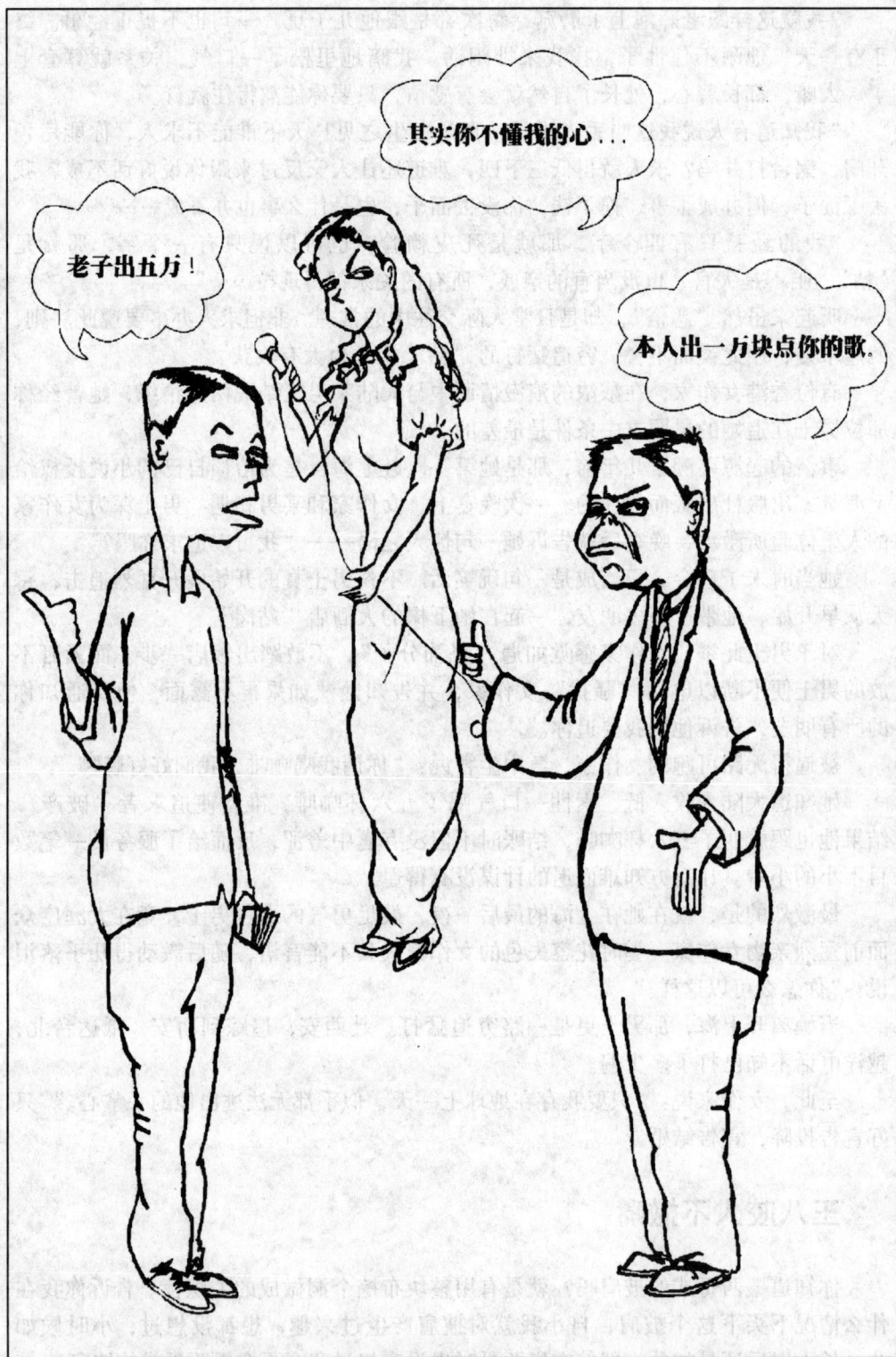

"你瞧，那儿好多人。"

我慢声应道："噢，不，那是卖纪念品的地方，观光客才去，我不买纪念品，我只想四处走走，要去你自己去好了，回头在旅馆碰面。"

如同往常一般，她挥手径自走向人群，我继续在街头闲逛。在前方有个当地的小贩沿街叫卖着："一千二百个比索（比索是墨西哥货币单位）。"

"他在对谁喊价啊，肯定不是我。"我心想。

不理睬，继续我的脚步，"好啦，"小贩道，"大减价，一千块……八百块比索好了。"

在这时，我才第一次开口对他说话。"朋友，我实在感谢你的好意，也很敬佩你锲而不舍的精神，但是我丝毫没有兴趣，请你找别人好吗？"我甚至用墨西哥话问他："你懂我的意思吗？"

"当然，当然。"他答道。

再一次，我转身离去，但他的脚步声还是在我耳旁响起："八百比索"。好像我俩是被链子锁在一块儿。

不耐烦一再地被骚扰，我开始跑步，但是卖披肩的小贩却与我保持同步速度，而他的要价已经下跌到六百块比索了。因为遇上红灯，我们必须在街口停下，而他仍然继续自言自语："六百块，六百块就好……五百，五百块比索……好啦，好啦，四百块比索。"

当绿灯亮起，我已快速通过马路，希望能摆脱他的纠缠。在我想转头察看之前，耳边又听到他踏拉的脚步声以及叫卖的声音："先生，先生，四百块比索。"

我感到浑身燥热，汗流浃背，又累又渴。对他的腔调感到厌烦无比。

我转身面对着他，咬牙切齿地道："混蛋，我告诉你我不买你的东西，别再跟着我！"

从我的态度及语气来看，似乎了解了我的意思。"好吧，算你赢了。"他回道："只卖你两百块比索。"

"你说什么？"突然我对自己的反应也吃了一惊。

"两百比索。"他重复道。

"让我看看你的披肩。"

我为什么要看看披肩？我需要披肩吗？我想要个披肩吗？不，我不认为——抑或我改变了主意。

回到旅馆，太太正躺在床上阅读杂志。我兴奋地说道："嘿，你看我买了什么？"

"你买了什么？"

"一件美丽的披肩。"

"你花多少钱买的?"她随口问道。

"我慢慢告诉你。"我得意地说，"一位当地的谈判家要价一千两百块比索，但是一位国际性的交涉商——和你一起度假的人——只用了一百七十比索就完成了交易。"

她轻蔑地说："嘿，真有意思，我买了件和你相同的披肩，只要一百五十比索，就挂在柜子里。"

火到猪头烂

某校长每到 9 月 1 日新学期开学前，必定东躲西藏。躲什么？就躲手里捏着某书记、某局长、某主任写的"条子"的关系户。

校长虽年轻，但治校有方，学校教学质量好，升学率像伏天的温度计直往上蹿，甚至盖过了重点学校。名声在外，各路神仙不请自到，纷纷欲把自己的子女送来铸造成"龙"、"凤"。

于是，难题就出现了，庙小菩萨多，到底收谁的孩子好呢？校长面对的主儿，都有来头，都有后台，都能通天，也都惹不起。剩下的只有一条路——躲！

白天在学校，他让两个很负责的门卫挡住所有的关系户。但电话挡不住，于是规定，凡是找校长的电话，一律答复"校长开会去了"。一次，校长老婆打电话找校长，接电话的回答："开会去啦！"校长老婆道："开会？我怎么不晓得？"对方没好气道："你算老几？校长开会还要向你汇报？"校长老婆道："当然啦。否则，他不想吃饭了？"对方显然是脑袋不灵光之辈："笑话！校长的饭，你能管得起？"校长老婆道："都管十几年了！"对方似有所悟："你，你是谁呀！"校长老婆理直气壮答道："我是他老婆！"

关系户见学校防备森严，固若堡垒，无隙可钻，于是，调转进攻方向，直扑校长家。

开始，校长过于麻痹轻敌，仍采用在学校的"回避战术"。门铃一响，让老婆或女儿开门，见是陌生面孔，一律回答："校长不在家，有事到学校去找！"然后，砰的一声，把一切烦恼都关在门外。

不过，很快就遇上一位有着硬骨头精神的小伙子，他听说校长不在家后。嘿嘿一笑：我就坐在门口等他。说完，真的一屁股坐在楼道台阶上。

校长老婆并没有当回事，关上门，做自己的事。等到电视台传出"祝各位观众晚安"准备结束时，校长老婆察觉门外有动静，打开门一看，见那个小伙子还坐在台阶上。

"你怎么还不回家？"

"等校长呀，我想，校长再忙，可总要回家睡觉的吧。"

"不过，有时也可能不回来。"校长老婆以为这句话可能会把小伙子的决心打退。

"那没关系，反正今天我见不到校长，我老婆也不会让我回家睡觉的。"

校长老婆意识到事情的严重性，关上门，向校长做了汇报。

显然，若是真让小伙子在门外坐一夜，那么，给邻居看见影响自然不好。何况，这栋宿舍住的几乎都是各校的校长、教导主任之类的人物，传出去有损校长的形象。若是让小伙子进来，也不妥，且不说已经骗人家说校长不在家，你让人家坐在门口等了几个小时，现在忽然从天而降般地坐在家中，岂不是拿人家开心吗？再说，这小伙子的后台是谁还没搞清楚，若是叫人抓住把柄可不得了。

校长左右为难，在屋中来来回回，如笼中困兽。

终于，校长灵机一动，想出一办法，从阳台翻下。校长家在二楼，还算幸运，跌了一跤，已到院中。校长拍净身上的土，捡起老婆扔下来的公文包，用胳膊一夹，又在院子里转了两圈，然后仿佛刚下班地爬上楼梯。见那小伙子仍坐在台阶上，故作惊讶："咦，你在这里干什么？"

小伙子见到他，涕泪横流："校长，我可等到你了……"

校长的心也被泪水打湿啦。

第三章

处世面子学五大禁忌

一忌刚愎自用

人犯错误并不可怕，这次错了，吸取经验，可以防止下次不再犯错。"吃一堑长一智"，这句俗语讲得很好。但是，如果一个人犯了错误或有着某种错误观点而执迷不悟，强硬坚持，顽固地不接受他人的意见或劝说，而是我行我素。这种做法讲得文雅一点是刚愎自用，讲得通俗一些就是顽固不化，喜欢钻"牛角尖儿"。

淹死会水的，打死犟嘴的

这事发生在古代的欧洲。

迈克尔是一位技师，他拥有一副寻常人不可与其比拟的聪明头脑，他可以在几天之内就搞出一项发明，他还能解答各种各样离奇古怪的难题。所以人们都尊敬他，称赞他，把他视为博学多才的学者，视为大家心目中的英雄。

有一次，他从十米高的陡坡上往下面的湖水里跳，居然成功了。人们为他欢呼，他也异常激动，为了满足拥戴者们的浓厚兴趣，争取创造更好的纪录，他又登上了二十米高的陡坡。有人悄悄地劝他，"你要当心。"他却说："为了向世人证实我确实不同于凡人，我要不惜一切。"结果，他毫不犹豫地又从二十米高的陡坡上向下冲击。他的勇敢惊动了每一位在场的目击者，人们惊讶地张大了嘴巴，看着这个勇敢的男子汉神奇而出色的绝技表演，这次他又成功了。人们沸腾起来，因为在当时，还没有人敢从这么高的地方往水里跳，人们为亲睹勇士这一盖世无双的壮举而感到幸福。

当他从深深的湖底钻出水面的时候，人们齐声高喊着他的名字："迈克尔，迈克尔！"

他陶醉了，沉浸在无比的甜蜜之中。他抖掉头发上的水珠，不断地向人们挥手致意。

从这以后，他被无数人们相继邀请到各地表演他的绝技。从而使更多的人有机会目睹他那高超优美的英姿，从此他的威名大振，声誉越来越大。

他觉得，他应该继续努力，再攀高峰。

几年过去了，现在的迈克尔，已经不满足于从老高的陡坡上往下跳的绝技了。他已经跳腻了，人们对观赏他的那老一套的表演也习以为常了，因而欢呼声以及对他的狂热也远不及从前了，为此使他感到十分苦恼。他在想，怎么才能让人们对他的热情永远保持在一个较高的热度上呢？想来想去，他觉得只有一个办法，那就是不断地创新。

有一天黄昏，他和妻子在林中散步。这里空气清爽，花草宜人，小河的水潺潺流着，树上的鸟儿吱吱叫着，此景此情令人心旷神怡。妻子挽着他，一边走，一边冲他露了甜甜的微笑。

他却在思考着什么……

一只小鸟从他眼前飞过，扑闪着翅膀，不一会儿便消失在林中了。

"一只小鸟，多可爱。"妻子说。

"对，特别是那对翅膀。"

"翅膀？"

"你看，小鸟儿凭着那对翅膀，可以飞遍天涯，多快活呀，我要是有这样一对翅膀，该有多好。"

"你不会造一双？"

造一双？对呀！造一双！他恍然间受到了新的启发。于是，一个大胆的念头油然生起，他顾不得再散什么步了，拉起妻子就往家跑去。他是一位技师，只用了两天功夫便制作成了一对漂亮的人造翅膀。他看着自己的杰作，脸上露出了胜利者迷人的微笑。

迈克尔要戴上人造翅膀，从欧洲最高的塔尖上腾空跳跃的消息不胫而走，几乎一夜之间传遍了整个欧洲。人们对迈克尔的狂热又被他这一新的壮举而重新煽动起来。大家从四面八方赶来，要再一次亲眼目睹迈克尔的壮举。

表演这天，塔周围聚集了无以数计的人群。

连罗马皇帝也给惊动了，赶来观看。

这是一个多么激动人心的时刻呀！

迈克尔站在塔下一个平台上，注视着四周上万双眼睛，他的血液此时已完全沸腾了。

有人悄悄凑过去，对他说："你不要这样冒险，这样做最终是不会有好结果的。"

迈克尔轻蔑地看了劝他的人一眼，"你要阻止我的行动吗？你想让我丢掉即将到手的成功机会吗？你这个卑劣的小人。"

来人说："我不是什么小人，我希望你成功，但成功要有成功的条件，你跳水能取得成功，并不一定标志着你跳塔也能成功。"

迈克尔大喊："你在妒忌我！"

来人说："你真无耻！"

底下有人听到了他们的争吵，开始发出不满之声。他们纷纷骂那个劝阻他跳塔的人，骂他是笨蛋，让他快滚开。

来人遭遇四面楚歌，无奈，只好作罢。临走时对他说："请你记住，如果你这一次不听我的话，那么以后你就再也听不到我的话了。如果你这一次跳塔失败，那么以后你就再也没有取得成功的机会了。珍重吧，迈克尔。"

来人走了，人们又沸腾起来了。"冲上去，迈克尔，冲上去，迈克尔"之声此起彼伏，震得迈克尔全身抖动起来。他又从中感受到了巨大的力量和莫大的支持，他的血液重新沸腾起来。

他的妻子赶了来，也想劝阻他。

可一切都已经晚了，迈克尔已经上了塔，正一点一点向塔尖爬去。那塔尖离地足有一百多米。人们雷鸣般的掌声和疯狂的叫喊声，早已淹没了妻子对他的呼叫。这掌声，这喊声，像一股股巨大的海浪，冲击着，推动着迈克尔向塔尖挪动，他已经顾不得想什么了。

他必须跳，他要对得起塔底下这无以数计的观众。到这时，他也不认为自己会失败，甚至不愿意去想会有什么后果。他自信一定能取得成功，他甚至觉得身上这对沉重的人造翅膀都是多余的了。对，要干就干得痛快些，要这对人造翅膀干什么呢？摘了它，摘了它，摘了它。

他在距塔尖五米处停下了。

塔下边的众多观者全都仰面无声地看着他。

人们看到，塔尖上的那个人正在把一对翅膀从高高的空中向外抛去，人们先是一怔，继而更加欢呼起来。

他终于爬上了塔尖。

他感到了一种伟大，一种豪迈，一种骄傲，他看见有一片云彩正在他头顶上飘浮，他真想抓住那片云彩，让它把自己带走，他是天下第一流的英雄，他不再多想什么了。

他一纵身，跳了出去……

令人遗憾的是，生活中的此类事情却依旧层出不穷，好像书本和现实从来就是分开的。它也许就发生在你的周围，不怕得罪你，也许它就发生在你的身上。

淹死会水的，打死犟嘴的，摔死吹牛的，冻死臭美的。

听人劝，吃饱饭

每个人都可能办错事，说错话，但这并不可怕。可悲的是我们有许多人因害怕丢面子，不敢承认自己的错误，面对别人的忠告，仍旧护短遮丑，羞羞答答，吞吞吐吐，结果越陷越深。一个人不论职位高低，有短揭短，人们就不觉得你有短；有丑也亮丑，人们就不觉得你有丑。敢于揭短亮丑，是诚实可靠的表现，不但不会失去面子、失去威信和信任，反而会提高威信，增加影响。

人在一生中没有犯过错误，没有过错误的观点或立场是不可能的，就像一个人一辈子从来没有正确过一样，这都是绝对不可能的。人总是在不断地从错误到正确再到错误，然后再正确，重复不断，回旋往复。只有这样，人才能不断从错误中总结经验，得到发展，从而人才逐步完善，成为一个比较完美的人。

人生在世，要做的事情很多，要接触的新事物也非常多。然而这么多的事情不可能哪一件都做得非常好，或者说不可能什么事情、什么知道都懂，由于不懂就难免要犯错误。这时，就需要有人来指点我们或者说给我们提供好的建议。特别是我们知心朋友的建议更值得参考。

在我国古代，不管是哪朝哪代，凡是贤明的君主身边必定会有几个或几十个忠诚的大臣或谋士，专门为君王提供建议。成就霸业的君王在建国初期，没有刚愎自用的，否则他也不会霸业有成。不光是君主，就是一个有所作为的人，都非常善于接受他人的意见。我国古代曾把比谁门下的食客多来作为一个衡量贤德高下的标尺，这绝非是攀比富贵，而确是一个集贤纳策的好方法。战国时期的四大君子：平原君、信陵君、春申君、孟尝君，都曾为自己的君王提供出高妙的建议，为君王的治国安邦作出了卓越的贡献。可以说，刘备如果没有诸葛亮在身边出谋划策，不要说是三国鼎立，就连是否能立得住脚、扯一面旗都很难说。再昏庸的君王也懂得知错就改，或是用杀人灭口的方法或是用嫁祸于人的方法。

当然，在历史上也出现过由于固执、刚愎自用而失败之人。三国时期蜀国的马谡，由于一味顽固"自信"，不接受诸葛亮的建议，而导致了"失街亭"。马谡的失败，给蜀国带来了致命的打击，虽然事后马谡自己也追悔莫及，诸葛亮挥泪斩马谡，可这又有什么用呢？世上卖什么药的都有，就是没有卖后悔药的。亡羊补牢的做法意义是不大的。

中国历史经历了那么多朝代，而历朝历代的灭亡都与君主统治腐朽有着直接的关系。其中，君主的武断、专制、刚愎自用，不听忠言是导致腐朽的一个重要原因。秦始皇统一六国时，国势曾是那么强大，疆土是那么辽阔。但是由于秦二世的武断、暴虐的统治，出现了秦末的陈胜、吴广起义。秦开始衰落，最终被汉所代替。如果秦二世不那么残暴，多接受些忠告，是否能使秦的命运更好一些、寿命更长一些呢？

所以说，刚愎自用者的顽固、不肯接受他人意见是一个致命的弱点。不肯接受他人意见，对于朋友的劝诫或忠告置若罔闻，不仅会使自己头破血流，还会严重伤害朋友之心。因为只有真正的朋友才会指出你的错误，提出中肯的建议。提供建议本身就意味着坦诚和信任。如若把良药当作烂草，把忠言当作耳边风，怎能不使朋友伤心呢？伤心和失望会使你的朋友离你而去的。没有武二郎的本事，却还要"明知山有虎，偏向虎山行"，这种做法，不是勇猛，而是愚蠢。因为明知自己打不过"老虎"，却还要去拿生命作赌注，不是愚蠢是什么呢？

没有人会同情一个由于固执己见而失败的人，相反，除了朋友在伤心之余的痛惜外，还会招来非朋友者的痛快、嘲笑和幸灾乐祸。所以，这种令亲者痛仇者快的事是万万做不得的。

因此，要善于接受别人的意见，特别是朋友的忠告更应该虚心听取。"良药苦口利于病，忠言逆耳利于行。"奉承的语言我们可以不去理会，但诚恳的忠告却一定要用心去听，特别是在自己有了错误的时候。头撞南墙的滋味并不好受，干嘛非得要等到头破血流才罢休呢？

不管是普通人还是伟人，不管你是个小职员还是个领导者，都应该养成善于接受他人意见的习惯。但是，这种善于接受意见绝不是无主见的接受，把别人的话当作救命的稻草。就人来说，我们要慎听幼稚轻率者的献策；就事来讲，要慎听那种过激的言论。对于别人的意见，要经过自己的深思熟虑之后才能接受。还要注意的就是不要偏听偏信。偏听偏信往往会使你由这个错误走向那个错误。"兼听则明，偏听则暗"，要有比较、有选择。

固执己见者由于过于"迷信"自己，一味地执迷不悟，所以有时就难免言行过激，有极端化倾向。他们顽固的"自信"，对其他人的话充耳不闻，但又生怕自己不被人重视，得不到他人的承认。于是，在顽固的"自信力"的支持下，义无反顾地沿着错误道路走下去，过激言行不但没有扭转错误方向，反而加快了失败的到来。

老百姓有句俗话："听人劝，吃饱饭。"刚愎自用、"钻牛角尖儿"只会使前面的路越来越窄，越来越走不通，它不是成功之路，而是失败之途。

二忌放肆无礼

　　一个没有教养的人，说话办事不会给别人留面子；被人看不起，自己也很没面子；跟这样的人交上朋友，由于他行为不检点，太放肆，常常在大庭广众之下出乖露丑，往朋友的脸上抹黑，使得朋友也很没面子。所以，没教养的人在社会上到处碰壁，是理所当然的。

别让人说你没教养

　　做人最基本的教养就是彬彬有礼，并且掌握火候，恰到好处。

　　例如见到长辈或你所尊敬的人，自然应该起立，请他入座，或为他作介绍；酒宴上不小心打翻了汤或酒，轻轻向周围人说一声"对不起"也就可以了。倘若在这些场合中打躬作揖，客气不迭，反为失礼，因为造成了气氛的过分沉重，使别人的心理不胜负担，脸上挂不住，则又是"不顺人心"了。又如对待礼物也应自然，一方面不可"却之却之"，过分推拒，不给面子，另一方面则更不能挑肥拣瘦，留下自己中意的，把不喜欢的再退给人家，这是一种最不给人面子的举动。

　　推而广之，现在社会上有不少的人，因为服务行业提倡"顾客是上帝"的宗旨，就总以为接受别人的服务是理所当然的，以"上帝"的容颜来对待服务人员也是当然的，常不正眼看人，不好声说话，动辄指责，或者要求赔你，不尊重、不体恤他人，其傲慢无礼之状愚蠢之至。

　　另一方面，也有些服务人员认为热诚周到的服务工作态度为低人一等，因而故意地怠慢顾客，作为种种失礼又失态之举，这同样也是自贬人格。

　　由此可见，注意培养自己在社会生活各个方面的礼仪礼貌修养，是多么的重要。以发自内心的人性良知与自尊待人接物，为人处世，是最为可贵的为人之礼，应人人自勉之。

　　礼仪，许多人以为只是"上流社会"的人才会经常遇到的，我等普通老百姓，哪有那么多"穷事"？这种观点显然也是误解。其实，人无论富贵贫贱，"礼"是断断不可不讲的，君不见，即使是落魄如街头乞丐，也要给人留面子，低声细语或许就会使你慷慨解囊，而强乞硬要而且出言不逊的，相信你不仅连一个子儿都不给，心里大概还要暗骂一句："活该你小子要饭，谁让你这么没教养，没礼貌！"

在公共场合饮食或是赴一个大场面的盛筵，这是每一个人常遇到的事。但是在进食时的仪态礼貌，有许多人却视为小节而不加以注意，往往失态也不自知。其实对饮食的仪态，应当自小养成，即使是从来没有注意，但从今日起，你当时常留心学习。饮食虽然小事，许多人却会从一个人进餐时的带动观察其个性，以判断那是一个持重抑或轻佻的人。因此，我们对这些小节也不能不加以注意。

曾见一个朋友，他进食时每喜以筷箸放在嘴边挖牙缝，没有一个朋友喜欢跟他一同进食；又有一个朋友，他进食时喜欢高声说话，使得口沫横飞，也使朋友讨厌他。

类似这样的情形，自然既失态，也使人感到不快。饮食习惯虽然小事。但我们要过集体生活，便要注意，不能因你一个人的坏习惯而妨碍别人，这也是处世应注意的一个小节。

常见许多人嗜酒如命，三杯到肚，却又借酒骂座，满堂宾客竟被闹至不欢而散。

酒能刺激人性，一个平常很有修养的人，饮酒以后总会豪放一点；一个平日弱者，饮酒后也会平添不少勇气，但是一个平时暴戾而毫无修养者，酒后性情益发会显得更为不羁如桀纣。因为酒有这样的功力，我们对于饮酒便要特别小心，切勿因喝醉了酒而任性妄为。

最近国外有一宗社会新闻，是一个衣衫褴褛的事主被一个衣服漂亮的扒手盗走五千元，失主发觉报警时，警察误以为失主是扒手，因他衣衫褴褛，不像有钱在身的人。事后虽然失主没有损失，但是被拘到警署询讯一番。由此，我们领会到，衣冠不整和衣服褴褛，在今日的社会生存，是相当吃亏的。

我们以为生活在现代潮流的社会，可以不鲜衣美服，但整洁是必要的，没有钱可以不必增购衣服，但你常穿着的衣服不洗涤，胡子长了不剃刮，头发蓬松不剪除，就这个样子到处乱闯，就是到什么地方也行不通的。鲜衣美食是每个人都希望的，由于能力所限非每个人可以做到，但整洁则只要自己注意一点便可做到，你的衣服脏了，不可以拿去洗干净吗，胡子不可以剪除吗，为什么要弄成肮脏褴褛的样子去见人？整洁服装是到处都需要的，不要以为有一片纯洁的内心便可以，外表的整洁是同样重要的。

言谈话语是最能表露一个人修养水平的，所以必须十分注意。特别是有些朋友，将粗俗误以为豪爽，说话极不注意分寸，吃了大亏。曾有一位朋友，平素性格诙谐，好开玩笑。他单位中女同事很多，而他自以为巧舌如簧，能够从容周旋于众巾帼之间纵横捭阖而无人匹敌，因此辈经常发掘点玩笑资料，以博得大家一笑。有一天，大雨倾盆，道路尽湿。女同事张小姐恰好外出公干而归，衣裙下截及鞋袜全部淋透，腰部以上幸好有坤式小包遮挡，尚且未湿。他一时兴起，半开玩笑地来了一句："张小姐，你是上身没湿下身湿啊！"张小姐一听娇颜大怒，心知他又在讨便宜，而且亦近下流，当时厉声警告。他竟不知趣，反而接二连三又是几句下流言语，张小姐忍无可忍，直奔经理办公室，一五一十告了状，经理也是女性，平时也耳闻目睹了不少此君行藏，二话没说，以此君多次调戏、污辱女性为由，当场宣布开除。这位朋友有苦难言，虽然多方设法，但众怒难犯，终难挽救，只得卷铺盖走人。

从上面这个故事来说，我们觉得跟人开玩笑，应该有分寸，不要太过分，以免惹起对方反感而招致不愉快的事件发生，尤其对女性开玩笑，更要顾虑到对人的面子是否有失，或者趋于下流。

所以我们应该注意，不善于开玩笑的，还是以不开为宜，假如要调剂一下枯寂的场面而偶然开一次玩笑，也要注意礼貌上是否有损，同时更要知道取笑的对象是否吃得消，不然的话，很容易因几句话而污损自己的人格，或使对方不欢，甚或气量小的人更会认为绝大侮辱而加以报复，以后碰到满途荆棘，那真是何苦来？

朋友也要讲客套

许多人交友处世常常涉及入这样一个误区：好朋友之间无须讲究客套。他们认为，好朋友彼此熟悉了解，亲密信赖，如兄如弟，财物不分，有福共享，讲究客套太拘束也太外道了。其实，他们没有意识到，朋友关系的存续是以相互尊重为前提的，容不得半点强求、干涉和控制。彼此之间，情趣相投、脾气对味则合、则交，反之，则离、则绝。朋友之间再熟悉，再亲密，也不能随便过头，不讲客套，这样，默契和平衡将被打破，友好关系将不复存在。

和谐深沉的交往，需要充沛的感情为纽带，这种感情不是矫揉造作的，而是真诚的自然流露。中国素称礼仪之邦，用礼仪来维护和表达感情是人之常情。当然，我们说好朋友之间讲究客套，并不是说在一切情况下都要僵守不必要的繁琐的礼仪，而是强调好友之间相互尊重，不能跨越对方的禁区。

每个人都希望拥有自己的一片小天地，朋友之间过于随便，就容易侵入这片禁区，从而引起隔阂冲突。譬如，不问对方是否空闲、愿意与否，任意支配或占用对方已有安排的宝贵时间，一坐下来就"屁股沉"，全然没有意识到对方的难处与不便；一意追问对方深藏心底的不愿启齿的秘密，一味深听对方秘而不宣的私事；忘记了"人亲财不亲"的古训，忽视朋友是感情一体而不是经济一体的事实，花钱不记你我，用物不分彼此。凡此等等，都是不尊重朋友，侵犯、干涉他人的坏现象。偶然疏忽，可以理解，可以宽容，可以忍受。长此以往，必生间隙，导致朋友的疏远或厌恶，友谊的淡化和恶化。因此，好朋友之间也应讲究客套，恪守交友之道。

对朋友放肆无礼，最容易伤害朋友，其表现有如下种种，不能不小心约束：

（1）过度表现，言谈不慎，使朋友的自尊心受到挫伤。

也许你与朋友之间无话不谈，十分投机。也许你的才学、相貌、家庭、前途等等令人羡慕，高出你朋友一头，这使你不分场合，尤其与朋友在一起时，会大露锋芒，表现自己，言谈之中会流露出一种优越感，这样会使朋友感到你在居高临下对他说话，在有意炫耀抬高自己，他的自尊心受到挫伤，不由产生敬而远之的意念。所以，在与朋友交往时，要控制情绪，保持理智平衡，态度谦逊，虚怀若谷，把自己放在与人平等的地位，注意时时想到对方的存在。

（2）彼此不分，违背契约，使朋友对你产生防范心理。

朋友之间最不注意的是对朋友物品处理不慎，常以为"朋友间何分彼此"，对朋友之物，不经许可便擅自拿用，不加爱惜，有时迟还或不还，一次两次碍于情面，不好意思指责，久而久之会使朋友认为你过于放肆，产生防范心理。实际上，朋友之间除了友情，还有一种微妙的契约关系。以实物而言，你和朋友之物都可随时借用，这是超出一般人关系之处，然而你与朋友对彼此之物首先有一个观念："这是朋友之物，更当加倍珍惜。""亲兄弟，明算账。"注重礼尚往来的规矩，要把珍重朋友之物看作如珍重友情一样重要。

（3）过于散漫，不拘小节，使朋友对你产生轻蔑、反感。

朋友之间，谈吐行动理应直率、大方、亲切、不矫揉造作，方显出自然本色。但过于散漫，不重自制，不拘小节，则使人感到你粗鲁庸俗。也许你和一般人相处会以理性自约，但与朋友相聚就忘乎所以。或指手画脚，或信口雌黄、海阔天空，或在朋友言语时肆意打断、讥讽嘲弄，或顾盼东西、心不在焉，也许这是你自然流露，但朋友会觉得你有失体面，没有风度和修养，自然对你产生一种厌恶轻蔑之感，改变了对你的原来印象。所以，在朋友面前应自然而不失自重，热烈而不失态，做到有分寸，有节制。

（4）随便反悔，不守约定，使朋友对你感到不可信赖。

你也许不那么看重朋友间的某些约定，对于朋友们的活动总是姗姗来迟，对于朋友之求当时爽快应承，过后又中途变卦。也许你真有事情耽误了一次约好的聚会或没完成朋友相托之事，也许你事后轻描淡写解释一二，认为朋友间应当相互谅解宽容，区区小事何足挂齿。孰不知朋友们会因你失约而心急火燎，扫兴而去。虽然他们当面不会指责，但必定会认为你在玩弄朋友的友情，是在逢场作戏，是反复无常、不可信赖之辈。所以，对朋友之约或之托，一定要慎重对待，遵时守约，要一诺千金，切不可言而失信。

（5）乘人不备，强行索求，使朋友认为你太无理、霸道。

当你有事需求人时，朋友当然是第一人选，可你事先不作通知，临时登门提出所求，或不顾朋友是否情愿，强行拉他与你同去参加某项活动，这都会使朋友感到左右为难。他如果已有活动安排不便改变就更难堪。对你所求，若答应则打乱自己的计划，若拒绝又在情面上过意不去。或许他表面乐意而为，但心中就有几分不快，认为你太霸道，不讲道理。所以，你对朋友有求时，必须事先告知，采取商量口吻讲话，尽量在朋友无事或情愿的前提下提出所求，同时要记住：人所不欲，勿施于人，己所不欲，勿施强求。

（6）不知时务，反应迟缓，使朋友对你感到厌嫌。

当你上朋友家拜访时，若遇上朋友正在读书学习，或正在接待客人，或正和恋人相会，或朋友准备外出等，你也许自恃挚友，不顾时间场合，不看朋友脸色，一坐半天，夸夸其谈，喧宾夺主，不管人家早已如坐针毡，极不耐烦了。这样，朋友一定会认为你太没有教养，不知时务，不近人情，以后就想方设法躲避你，害怕你再打扰他的私生活。所以，每逢此时此景，你一定要反应迅速，稍稍寒暄几句就知趣告辞，珍惜朋友的时间和尊重朋友的私生活如同珍重友情一样可贵。

（7）用语尖刻，乱寻开心，使朋友突然感到你可恶可恨。

有时你在大庭广众面前，为炫耀自己能言善辩，或为哗众取宠逗人一乐，或为表示与朋友之"亲密"，乱用尖刻词语，尽情挖苦嘲笑讽刺朋友或旁人，大出其洋相以博人大笑，获取一时之快意，竟不知会大伤和气，使朋友感到人格受辱，认为你变得如此可恨可恶，后悔误交了你。也许你还不以为然，会说朋友之间开个玩笑何必当真，殊不知你已先损伤了朋友之情。所以，朋友相处，尤其在众人面前，应和蔼相待，互敬互慕互尊，切勿乱开玩笑，用恶语伤人。

（8）过于拮据，斤斤计较，使朋友认为你是悭吝之人。

你可能在择友交友时，认为朋友以友情胜于一切，何必顾虑经济得失，金钱不能使友情牢固。这种思想使你与朋友相处时显得过于拮据，事事不出分文；或患得患失，唯恐吃亏。对朋友所馈慨然而受，自己却一毛不拔，这会使朋友感到你视金如命，是个悭吝之人。所以朋友之交，过于拮据显得悭吝小气，而慷慨大方则显得豪爽大度，它会使友情牢固。

（9）泛泛而交，大肆渲染，使朋友感到你是轻佻之人。

你可能由于虚荣心或荣誉心所驱，也可能交友心切，认为交友愈多，本事愈大，人缘愈好，往往不加选择考察，泛认知己，患"泛交症"。此时，朋友已在微微冷笑，认为你是朝三暮四的轻佻之人，不可真心相处，你结果会失去真正的朋友。所以，朋友之交，理应真诚相待，感情专一，万不可认为泛交会使己显赫。

（10）一意孤行，不听人意，使朋友感到你是无为多事之人。

是朋友就是要同舟共济，对好意之计应认真考虑，妥当采纳。也许你无视这点，每遇一事，一意孤行，坚持己见，无视朋友之见，依旧我行我素，结果自己吃亏，朋友受累。这必定使朋友感到失望，认为你太独断专横，不把朋友放在眼里，是个无为多事之人，日后渐渐疏远你。所以你在遇事决策时，应多听并尊重朋友的意见，理解朋友的好心，即使难以采纳的意见，也要说清楚，使人觉得你在尊重他。

仰脸婆娘低头汉

也许有些女读者看到本书，会说：面子不面子的，那都是男人之间的事儿，而男女之间，尤其是恋人或夫妻之间，就用不着讲那些礼节规矩。这样想就大错特错了，要知道，小节上礼貌与否，常常可以反映大问题，忽略了这些小节，自己要吃大亏。首先，如果一个男人不给你留面子，则说明他心里根本不重视你。这样的男人根本不能要。

调查表明，女性最讨厌的男人行为有以下几种。

最可恶的行为之一：他在公众场合令你难堪。

在私下，他体贴、关心，但是在公众场合，他可能变得粗鲁、无礼。如果你的男友有这样的行为，告诉他你感到困扰，你可对他说："我喜欢你私底下对待我的方式，但是你和他人在一起时不关心我，使我伤心。"如果他拒绝改善，表明他不适合做你的男友。

可恶行为之二：他表现得漠不关心你。

这些情况包括：他不作出承诺；他和其他女人开玩笑；他答应打电话却不打。你该怎么办？首先确定，他的行为是否真的坏透了。例如，无伤大雅的男女间开玩笑是正常的，但是，如果他带其他的女人回家，那是完全不同的事。

如果你是第一个指出他有坏行为的人，他会争取改善。如果他知道，却不考虑你，那么是不会改善的了，虽然这使你伤心。但是，没有他，你可能过得更快乐。

如果是他不作出承诺，他便不易改善。如果他对你没有强烈的感情或不想现在确定关系，你可后退到关系的初段。有时，男人羞于作出承诺，因为他感到来自女友的压力。你后退，将精力用于其他的方面。他若真心爱你，必会奋起直追。如果他无反应，表明他不爱你，失去这样的人，完全不可惜。

可恶行为之三：他的所作所为使你尴尬。

当只有你们两人时他表现好，但是，当有他人在场时，他便手舞足蹈说些不三不四的笑话，或者只是自己说，不让他人说。你是否要制止这种使你尴尬的行为呢？首先要知道，这是他的、不是你的行为，他的所作所为并不反映你什么。然后你要看看其他人是否厌恶，如果其他人对他的行为感到快乐，那么便是你表现过分不安了。

如果别人也感到厌恶，当只有你们两人时，你应善意地告诉他。例如说，"你说话虽有趣，但我感到，有他人时，你要控制谈话。"

你们甚至可设计一些信号，例如：打眼色、手势。你感到厌恶时，就可以向他发出信号，叫他停止。

可恶行为之四：他有令人讨厌的习惯。

他在饭后打嗝，看电影时说话，或咬指甲。你不要急于求成，马上改变他的习惯。你应确定他的坏习惯使你讨厌的程度，然后要求他改正坏习惯同时也答应改自己的坏习惯。如果你说，"你在吃饭时不抠鼻子，我答应不再揪自己的头发。"那么，你可得到他的合作，共同改正。

可恶行为之五：他总是衣冠不整。

你不必苛求他穿得像男模特儿。但是，如果他是对自己衣着不拘小节，你应当劝他改善。你可以说："你人长得英俊，我希望你穿的衣服能恰当表现你的魅力。"然后陪他去购买，并带助他挑选衣服。他穿了你选购的衣服来见你，你赞扬他，以后他便会注意衣着了。

女人结婚前，在男人面前往往都表现得神经很敏感、很脆弱，需要男人照顾她的面子。结婚一段时间以后，好像一切都颠倒过来了，女人大多在丈夫面前变得比较泼辣，也比较放肆，殊不知你的某些不经意的做法会大伤男人的自尊，使他很伤脑筋。如果这些事情仅仅发生在二人世界里，男人倒也能得过且过，"仰脸婆娘低头汉"，也无所谓。但是，如果你对丈夫的放肆无视展示在众人之前，那就十分危险了，这不仅严重伤害他的自尊、损害他的形象，还将断送他的事业和前程。

本书为那些存心要毁掉丈夫的女人出了几条主意，只需按此行动，就可大功告成：

①对他的女秘书恶言恶语，尤其对那些年轻又漂亮的。随时利用机会提醒她，她只是佣人而已。虽然她并不把你的丈夫当成是值得追求的天才，但是你也不能因此而放过她。

②每天多打几次电话给你的丈夫。告诉他，你做家事所碰到的困难，问他中午和谁一起吃饭，不要忘了开给他一大堆东西的单子，要他在回家的路上买回来。发薪水那天，不要忘了到办公室去找他。他的同事将会马上发觉，谁在家里是一家之主。

③和他同事的太太制造一些摩擦。这种情况是不会终止的，因为那些太太们没有一个是好人。你可以散播一些有趣的闲言闲语，说说老板曾经怎样谈过她的丈夫，以及你的丈夫对她的丈夫看法如何。再过不久，整个办公室就会分裂成许多派系——而你的目的马上就会达到了。

④告诉他，他的工作太多，薪水太少，而且办公室里没有人看重他。不多久，不断地告诉他，他应该如何改善工作，如何奉承自己的上司。摆出坐在摇椅上的总经理之态度，让他觉得，他只是在办公室里办办公而已，你才是真正的战略家和策划人。

⑤举行豪华的舞会，花费大笔钞票，过着超过收入的生活，好像你的先生已经成功了那样。你将骗不了任何人，但是你却可以享受到许多乐趣，只要你继续这样做。

⑥组织好你自己家里的秘密警察计划，长期侦查你丈夫和他的女主顾、办公室助理以及同事太太们之间的问题。女士们因为工作必须留下来，而男士们为了避免和她们过多的来往，只能在男士的房间里工作，这种事在你看起来是毫无意义的。你早就知道那些女孩子，个个都是喜欢勾引男人的野女人了。

⑦在公司举办的宴会里，你不妨多喝一些酒。表现表现你是个多么风趣的人。说一些你丈夫在度假时如何瞎闹，以及他床上的事，这些有趣的小事，将会带给宴会上的人群许多笑料。你将会变成宴会里最出风头的人物——拿你的丈夫来寻开心，你将有说不完的资料来发表你丈夫的趣事。

⑧每当你的丈夫必须加班，或者是出差办公的时候，你就哭着向他抱怨和唠叨。让他知道你才是紧重要的，你最值得照料而且应该受到照料，其他任何代价都可以牺牲。

如果你想要使用一流的手腕，毁掉你丈夫的进取机会，你就依着上述的见条规则去做吧。结果是，他将失去他的工作，而你将失去你的丈夫。

三忌自卖自夸

俗话说得好；"王婆卖瓜，自卖自夸。"抬高身价，其实就是自卖自夸，往自己脸上贴金。谁人有粉不往脸上擦？身价高了，在人前可以有更大的面子，有了大面子，格外令人高看一眼，说话办事就容易得多。

别把自己贱卖了

据《战国策·魏策》和《韩非子·说林》所载，周躁访齐并期望谋一职位。他对在齐国做官的朋友宫他说："子为肖谓齐王曰，肖愿为外臣。令齐资我于魏。"宫他说："不可，是示齐轻也。夫齐不以无魏者以害有魏者，故公不如示有魏。公曰：王之所求于魏者，臣请以魏听。齐心资公矣，是公有齐，以齐有魏也。"

周躁的原意是：我想作为齐国的特使访问魏国，如果齐王给我以支持，我将在魏试求使魏国亲于齐。

宫他说，这可不行。这样说等于承认自己在魏国不吃香，这样的人，齐王是不会任用的。周躁问，那该怎样说呢？宫他说，你应当充满自信地对齐王说："您对魏国有什么期望？我将倾魏国之力以满足您的要求。"这样说，齐王会认为你在魏国是有影响的人，就会厚礼而任用你。然后，你再以此为资本前往魏国，魏国国君又会认为你在齐国有权有势，也就不会怠慢你。这样说，你可以打动齐王，又可以此打动魏王。

周躁本无名声，想在齐求职颇不容易。他的朋友宫他给他出了个主意，假魏之名抬高自己，以达到在齐国求职之目的，又假齐名壮自己之威，以使魏国不敢慢待自己。

"自抬身价"这句话一般是用来批评人的，但在竞争激烈，人人都想出人头地的现代社会，这句话却是迈向成功的一种手段，有它不可否认的价值。

其实"自抬身价"的行为随处随时可见。例如影星提高片酬，主持人提高主持费，演讲者提高钟点费，乃至于公司的同事要求老板加薪等，这些动作都是"自抬身价"。这当中有些人确实有他们自称的身价，但也有些人根本没有那么高的价值；可是，只要他们敢自抬身价，多半能够如其所愿。而事实上，能不能够立刻如其所愿并不是件重要的事，重要的是，他们经过这么一个动作，为自己定下了一个身价，好比为商品标了价一般，这有"昭告天下"的味道，以便下回"顾客"上门时，能按新的价格"成交"。

"成交"？没错，在商品社会里，人也是一种商品，各有各的身价。虽然商品由品质和供需决定价格，但商人也要懂得在特殊状况下，针对某些商品"自抬身价"一番。而顾客就是那么奇妙，低价时不买，等价格提高了，才抢着要，并且称赞品质好。人也是如此，身价太低，别人看不起，把身价提高了，反而觉得你真了不起，是个大人才，所以无论如何，你一定要在恰当的时候自抬一下身价。

自抬身份有两种，一种是本身确实有那个价值，像这种情形，你是非抬不可；你不可坚持"物美价廉"，否则别人会认为你根本没有那份才能；如果你年纪也不小，更会被人误是"老大徒伤悲"。当然，你可以不必抬得太高，但至少要与你的才能等值。第二种是6分的才能，抬出8分的身价，例如你一个月其实只赚一千多，但对外却宣称赚两千元，或是三千元。那么别人认为你有这个价值。

不过，自抬身价时要注意以下几点：

（1）适度

所谓适度是指不要抬得超过你的能力，像一位小职员，明明他只拿一个月600元的薪水，但他却说一个月3000元，这已是主管级的待遇；看看他的专长、年龄和能力，别人会发现这"身价"根本是吹嘘，若真的如此，你的自抬身价反而成为你的负债。另外，如果"抬"得太厉害，别人也信以为真，"买"下了你，结果才发现你是个"劣品"，如果这样，你的自抬身价会使你"破产"。

（2）参考行情

低于行情有"低价倾销"的味道，别人会把你当廉价品看，不会珍惜你，如果你能力也够，可把身价抬得比行情高一点。但如果高出行情太多，除非你是个大天才，而且也有成绩做后盾，否则会被当成疯子。

（3）在适当的时候才抬

如果你有事没事都在谈你的"身价"，就会变成吹嘘，反而没有人相信了。什么是适当的时候呢？例如有人问的时候，大家讨论到的时候，有人准备"买"的时候。

不知你从事的是那一种行业，担任的是什么职务，不必谦虚客气，适度地自抬身价吧，就算被人笑，也好过自贬身价，而且只要"抬"成功，以后你的身价只会往上爬，不会往下掉，除非你不自爱，自毁长城。

1937年夏，作为中国国民政府特使团团长的孔祥熙，曾赴英国庆祝英王加冕典礼，孔祥熙为了博得英国皇室的青睐，自称是"圣人"孔丘的嫡系后代。其实，在山东曲阜孔氏八房的孔氏家族保存两千多年的孔氏家谱中，并没有这支世系。孔祥熙曾拉拢当时担任黄河水利委员会委员长、山东曲阜孔氏八房的孔祥榕和孔丘的奉祀官"衍圣公"孔德成，收买了一些孔氏家谱，为他篡改重修孔氏家谱时补续上去。又把太谷县孔家的家谱改头换面，推溯到明末清初，说是李自成率领农民起义时，有一房孔氏家族搬迁到山西太谷县落户，才有他家这一支系。

孔祥熙自称是曲阜纸坊村人，于1930年曾出资两千元在纸坊村里建立了家庙。这个情况表明，孔的家世源于孔祥熙之手。同时为了证实孔的身世，他经常在谈话或讲演中，总要夹上几句《论语》、《孟子》，表示博雅。

这次孔祥熙率领国民党政府特使团到英国时，就宣称自己是第75世"孔丘公爵"。他曾大言不惭地对人说，他当时受到英国皇室的隆重接待，不是因为他是中国的特使，而是因为他是世界上最古老的贵族世家子孙"孔丘公爵"。

往自己脸上贴金的方法多种多样，最简单、最容易迷惑人的方法是攀一门高亲，跟着名门贵族沾光。孔祥熙用的就是这种手段。它用不着太多的本钱，也不需要什么特别的才能，轻轻松松，身价就会提高。

吹牛也有艺术性

"吹牛"的话随处可以听到，"吹牛"的人遍地可见，但千万不要认为"吹牛"是件很容易的事。其实"吹牛"的本事有高有低，同时还有区别，这也就是说"吹牛"也是需要本领的。正所谓"戏法人人会变，巧妙中有不同"。

有一个美国中学的校长，曾经向全校英文专修科的学生发出一张调查表，内容是调查他们的成绩。但结果是每位学生都拼命地说自己如何的用功，谁知一一验证，却发现他们尽是吹牛，于是那位校长便说他们是用道德来换取吹牛。

那位校长的见解是不正确的，因为"吹牛"并不是一个道德问题，而是一个人动用技巧的问题。以此，还可以做些解释：吹牛本身不是一件坏事，吹牛的好坏，因视其吹牛的动机而定。

无论是什么样的商业行为，吹牛是少不了的。有一个很有商业才华的人，他独自创立了一种新的事业，他自觉很胜任，并认为自己可以凭此发一笔小财。于是他在纽约第五街设立了一个办事处，因为若不装成一副庄严稳重的气派，不足以吸引主顾。但是直到过了半年以后，总算有了第一笔生意。那本来是一群俄罗斯商人邀请他前去商量一个问题，他替他们出主意，他的谈话和气派使那些商人很佩服。但当谈到报酬的事时，他却索价一万五千块，吓得对方直吐舌头。

后来他把这件事告诉朋友说："老兄！我和他们谈话的最后5分钟，那简直是我生平最急的一刹那。实话对你说！我为了设办事处已经花了两万块，如果我再不与他们做成这笔生意，我什么都完了。当时你想我着不着急，不过我没有让他们看出来，那几个人对我道：'我们公认你的主张很好，不过你的要价太高，这事我们不得不考虑。'我立刻回答说：'那么，我们恐怕谈不下去了！在现在这个时代，做我这行工作而拿低廉代价的人虽然很多，但他们的能力有限，不要一万五千块也有肯干的，我不是那样的人，非要这个数目不可！'老哥！我虽然担心失去这笔生意，但我又非得这样赌不可！我完全是在吹牛呢！但我既然开出了价格，就只好坚持到底了，如果一旦让他们看出我是等钱用，我想合同十有八九是签不成的。但是后来，我的大言不惭还是挽救了局势，他们怎么也不忍心因代价过高而放弃，我的合同便这样订下来了！"

这是一种在商业上吹牛而获利的本领。此外，现在有许许多多青年律师，他们之中大多在律师事务所里等候主顾的到来，但若一有主顾上门，他们又搭起架子，叫当事人在门外等着，隔了好久，才捧着大叠的卷宗走出来会见，装出一副自己忙于业务的样子，这明显是一种吹牛。

吹牛有时也是一种策略，但必须配合你的敏捷和机警。一段关于记者的故事：

有一次，一位记者得知某公寓发生了自杀案件，因此，他立即赶到了那地方，想获得一些死者自杀的原因。到了那地方，房东太太开门出来向他说："你是新闻记者吗？警局关照过了，不许记者来此，你还是回去吧！""太太！你怎么把我当记者！"这位记者堆起一脸的正经又说："我是奉命来验尸的。法律规定，自杀的人一定要验尸，别瞎说，快带我过去！"那位记者这样一说，房东太太便领他进房中去了。他便察看了尸体，同时又向房东详详细细地问了一阵，于是欣然离去。

5分钟以后，又有一位记者上门去了。"太太，我是来验尸的。"那位记者自称。"什么？验尸的人来过了，早离去了。"她惊疑地回答。"有这样的事吗？这还得了！""刚才确是有人来验过尸了，我不是说谎话。""是不是一个瘦长的青年，戴着棕色的帽子呢？""是，正是一个瘦瘦高高的小伙子。""太太！您上当了，那是一个新闻记者啊！他冒充我已不止一次了，我再也不饶他，等会儿我把验尸手续办完以后，一定去警局报案抓他问罪。"这样，这位新闻记者又获得了不少的消息，满载而归之前，他还一本正经的叮嘱房东太太说："不要再让那些讨厌的记者进来啊！"

第三个真的验尸员本人来了，却在门口碰了满鼻子的灰，任他怎样拿出证件来解释都没用，最后只好叫了一个警察陪同才得以进房验尸。

这一类用法虽很乖巧，但却有失尊严，同时还与法律相抵触，这颇不可取。不过可以借鉴作为脱身之计。

吹牛中最重要的是你的神态，何时何地你要怎样吹牛及可不可以吹牛，都要慎重考虑。

经常吹牛的人，吹牛不会给他带来什么利益，因为别人对他的特点很了解。急于求胜的人，容易大吹特吹。

任何事情都不要吹得太厉害太过分了，要是太厉害太过分的话容易招致失败。所以到处瞎吹是很没有必要的。因瞎吹而招致失败的例子，在我们的生活中随处可见。若想要吹牛成功，必须要在吹牛的过程中密切注意下列几条规则：

（1）没必要的时候，不要乱吹。

（2）不要经常吹。

（3）在吹之前最好对对方有所了解。

（4）要对自己所处的地位满怀自信。

（5）吹牛要适度。

吹牛的技巧大致就是这些。但要吹得圆满成功，关键是要对自己有绝对自信。

要谨防自己的任何弱点显露在别人的面前。

你应该牢牢地记住，在你吹牛的时候，决不可以有迟疑的态度，而要强硬而逼真，脸上要沉得住气，同时也要注意适可而止。这样，越是有人对你的吹牛表示怀疑，你便会吹得越自信，一直会吹到他信服为止。吹牛是极需要勇气和毅力的，胆小者和懦弱的人吹牛是不会取得什么好效果的。

最后要提醒大家密切注意，当你有朝一日练就了吹牛的本领之后，你切不可以让别人，尤其是对手知道，因为若让他们知道了你会吹牛，那你以后再吹的时候，会在各方面削弱你的真才实能！

四忌厚颜无耻

中国谚语云："人无廉耻，万事可为"，"不要老脸皮，天下无难事"，说的是不要脸也不要面子的人什么事都干得出来。一切遵守脸面规范的人面对这样的人都会无可奈何，手足无措，大有一种旧时所说"秀才遇见兵，有理说不清"的味道。

人不要脸鬼都怕

近代学者李宗吾的《厚黑学》一书虽不是从学术上研究"厚黑"，但单凭"厚黑"二字，便轰动了华人世界。他在《厚黑学》一文中写道：

我自读书识字以来，就想为英雄豪杰，求之四书五经，茫无所得，求之诸子百家，与夫廿四史，仍无所得，以为古之为英雄豪杰者，必有不传之秘……一旦偶想起三国时几个人物，不觉恍然大悟曰：得之矣，得之矣，古之为英雄豪杰者，不过面厚心黑而已。

……刘备的特长，全在于脸皮厚，他依曹操依吕布，依刘表，依孙权，依袁绍，东奔西走，寄人篱下，恬不为耻，而且生平善哭，做三国演义的人，更把他写得惟妙惟肖，遇到不能解决的事情，对人痛哭一场，立即转败为胜，所以俗语有云："刘备的江山，是哭出来的。"

项羽拔山盖世之雄。咽呜叱咤，千人皆废，为什么身死东江，为天下笑！他失败的原因，韩信所说"妇人之仁，匹夫之勇"两句话，包括尽了。妇人之仁，是心有所不忍，其病根在心子不黑，匹夫之勇，是受不得气，其病在脸皮不厚。鸿门之宴，项羽和刘邦，同坐一席，项羽已经把剑取出来了，只要在刘邦的颈上一割，"太高皇帝"的招牌，立刻可以挂出，他偏偏徘徊不忍，竟被刘邦逃走。垓下之败，如果渡过乌江，卷土重来，尚不知鹿死谁手？……他一则曰："无面见人"；一则曰："有愧于心。"究竟高人的面，是如何长起得，高人的心则如何生起得？也不略加考察，反说：此天亡我，非战之罪，恐怕上天不能任咎罪……

刘邦天资既高，学历又深，把流俗所传君臣、父子、兄弟、夫妇、朋友五伦，一一打破，又把礼义廉耻，扫除净尽，所以能够平荡群雄，统一海内，一直经过了四百几十年，他那厚黑的余气，方才消灭，汉家的系统，于是乎才断绝了。

礼义廉耻是讲脸面的本质，如果对这一本质加以破坏，那么从根本上就成为一个彻头彻尾的不要脸之人，这一越轨行为使一切遵从礼仪规范的人不知如何对付，对比两人比武，一个按规则行事，一个不讲任何规则；前者点到为止，后者只知拼命。越过了一套规范，也可能越轨者被规范制服，也可能越轨者制服规范，但只要看一看，中国历史上，以不要脸的方式来制服要脸的方式的事件是不胜枚举的。

厚黑的力量，在人们没有发现它之前，就一直在驱动着历史的车轮。这个车轮又滚动出多少历史故事来。让我们从这些历史故事说开去，看看这个世界上是不是真的有"厚黑"的存在。

先说人们都熟悉的"胯下之辱"这个故事。

秦末汉初时淮阴出了一个大将军，名叫韩信。他年轻时可是处境十分困难的人，好心的妇女接济他，地痞恶棍欺侮他。有一次，他在半路被几个无赖挡住不让他走，说是要与他一比高低。韩信婉言拒绝挑战，谁知那些人不让他离开，执意要与他比武，否则，就要像狗一样从他们的裤裆里钻过去。韩信选择了钻裤裆，终于没有与他们厮杀。这件事遭到了许多人的耻笑，但他从没解释。

韩信不是没有武艺，但他认为，和那几个目不识丁的痞子计较太不值得。他不想使自己因那几个微不足道的恶棍而惹来麻烦，妨碍自己的远大目标。

这是典型的厚脸皮表现。

与韩信同时代的刘邦，更是一个厚脸皮。他不受任何自尊心的妨碍，一次又一次地败在项羽的手下，但他不为自己一次又一次重返家乡征兵募马而感到耻辱。而项羽就没有他脸皮厚，兵败垓下时，也许还有机会东山再起，但他以"无脸见江东父老"的心情结束了自己的生命。

刘邦还是一个无以复加的黑心者，从他的一系列所作所为中可以看出。

当项羽失败时，下令把刘邦的父亲押上来，绑在一锅烧得滚开的油锅前，威胁刘邦，如果不后退撤兵，将让他亲眼看着自己父亲被油锅活活煮死。刘邦扬鞭催马来到阵前，大声对项羽喊道："项羽，我们曾经对天八拜，结为兄弟，我的父亲也是你的父亲，倘若你要煮我的父亲，不也就是煮你的父亲吗？如果你真的要煮，好啊！请给我留一杯肉汤！"

刘邦的厚、黑之心由此可见。他还有厚黑的惊人之举。

刘邦做了皇帝，为了确保自己的统治，就一个一个铲除昔日帮他打天下的功臣。他捏造罪名，诱骗韩信到宫中，把他剁成了肉酱。

萧何帮助刘邦治国安邦，深受人民爱戴。刘邦对此妒恨在心，找了个借口，将他打入大牢，直到他变成一个老态龙钟，再也对他构不成威胁的老头，才把他放出来。

还有一次，项羽带领的楚兵追赶逃跑中的刘邦，刘邦坐的马车走得慢，眼看快要被追上，他竟把亲生儿子推下车，为的是自己可以快点逃命。

刘邦的厚黑实在令人触目惊心。

到了三国后期，又出了一个厚黑高手，那就是司马懿。后来，天下居然被他夺得。那时诸葛孔明还健在，他决心完成先帝刘备的遗嘱，几次攻打魏国，但魏国的司马懿十分狡猾，躲着不出来与孔明硬拼。孔明一时也没有办法可想，只能应用激将法。他派人给司马懿送去一套女人的衣服，意思是你司马懿连女人都不如，算什么男子汉，有种的出来打一打。可是，司马懿竟乐呵呵地收下了这套女人的衣服，一点不计较对他的侮辱。就是这个厚黑的司马懿，最后打下了天下。

不要以为只有男人有厚黑之人，女人也不乏厚脸、黑心之辈。历史的车轮滚到唐朝，出了一个大名鼎鼎的女厚黑家，她就是武则天。她为了做女皇帝，据说掐死了亲生女儿，杀死了亲生儿子。清朝的慈禧太后，也是一个十足的女厚黑，她或者嫁祸于人，置别人于死地，或者离京出逃，置百姓唾骂于不顾，或者为了保全性命，卖国求荣。

《红楼梦》里也有厚黑的女人，王熙凤就是一个。还有一个大家可能没有注意她。她就是薛宝钗。

薛宝钗很会奉承贾母。有一次贾母问她喜欢吃什么？薛宝钗回答说：凡是老太太喜欢吃的东西，都喜欢吃。好一个厚脸皮。不要看薛宝钗在人们心目中是一个端庄稳重的大家闺秀，其实她也会"使黑"。当王熙凤设调包计，致使黛玉万念俱灰，魂归黄泉之时，宝玉和宝钗那边却鼓乐喧天，洞房花烛。宝玉忍不住喜悦揭开红头盖，发现新娘不是林黛玉，而是薛宝钗时，痰迷心窍，犯了原先那种老毛病，痴癫不清，所有的人都呼天喊地哭叫着宝玉的名字，这时只有宝钗一人冷眼无声。突然，她打断仍在闹着要到林妹妹那里去的宝玉，斩钉截铁地告诉他："林妹妹，她已经死了！"

这不啻是给宝玉一个麦雷般的打击。人们都纷纷责怪她，但薛宝钗心里清楚，她这样做是叫宝玉死了那条心。虽然从心理学角度上分析，薛宝钗这一手的确不失为一种心理疗法，但也足见薛宝钗身上隐藏着一种厚黑的力量。

这些故事说明"厚黑"完完全全是客观存在的，正像世界上早就有善良、仁慈存在一样。其实，世界上的万物都是对立地存在着。没有美，就没有丑；没有丑，也没有美。既然有脸皮薄存在，一定有脸皮厚存在；既然有仁慈存在，一定有黑心存在。

翻开二十五史，厚脸皮之人比比皆是，数不胜数。为了个人的权势，可以认贼为父；为了一官半职，可以磕头求饶、奉迎拍马；为了某种升迁好处，可以强作欢笑、送货上门……

"若要人不知，除非己莫为。"当人们目睹种种丑行而贻笑大方时，寡廉鲜耻者不就会名誉扫地、身败名裂吗？也不一定，管它呢，官位坐住了，钱财捞到了，名誉之类一张脸皮的事，值多少钱？值几品官？

当然，一个人不要脸皮时，旁人也只能是无可奈何了。

范质的《五代通录》记述了五代十国时一个姓冯名道的人，"为宰相历数朝"。此人经历颇不简单，自燕亡归河东，在庄宗、明宗、愍帝、清泰帝、晋高祖、少帝、契丹王、后汉高祖，一直到后汉隐帝手下都任过要职（前后达十个朝代）。曾"三世赠至师傅，阶自将仕郎至开府仪同三司，职自幽州巡官至武胜军节度使，官自试大理评事至兼中书令，正官自中书舍人至戎太傅、汉太师，爵自开国男至齐国公"。这就是冯道的履历表。

在古代，"一朝天子一朝臣"几乎是铁的规律。对新的皇朝来说，它对"先帝"的纲领、政策乃至用人大多持怀疑、忌讳的态度。因此，不用或少用前朝官员屡见不鲜——这还算好的。倘若有个什么差错，不满门抄斩，也是下狱充军。"三朝元老"实为罕见。

冯道却经历了十个朝代，可称奇迹。对于冯道不断晋升、不断发展的内在秘密，可以由历史学家、政治家作出专门的研究，这也许会对后人有所启发。不过，冯道本人倒是有一段"自白"："孝于家，忠于国，口无不道之言，门无不义之货，下不欺于地，中不欺于人，上不欺于天。"虽寥寥数字，倒也不乏自负、自得。果真如此这般就会不断发达、永远发达吗？还是看看冯道的进一步"自白"："其不足者，不能为大君致一统、定八方，诚有愧于历官，何以答乾坤之施？"这才是他内心的大忌与心病！十个朝代，熙熙攘攘乱纷纷，冯道从不去争"致一统、定八方"也就是说，得过且过、敷衍塞责。想想又何苦呢？拼命尽心，却没有一个好下场，还不如"混"过去算数。

至于"为官一任，造福四方"，公正、廉政、正直、无畏之类，冯道就对不起了，否则，怎么绵亘十朝？

周太祖时有一王溥任相，也曾洋洋自得地自我吹嘘一番：二十五岁进士甲科，从周太祖征河中，改太常丞，不久作相。"在廊庙凡十有一年，历事四朝，去春恩制改太子太保。"

这儿的关键词就是"历事四朝"！比起冯道来，当然差一大截，可是当时的王溥才43岁，竟如此熟谙当官要诀，实在是难能可贵。王溥对此有一段自我评价："每思菲陋，当此荣遇，15年遂跻极品，儒者之幸，殆无以过。"两相比较，王溥连一点自责心也没有，岂不怪！不过，王溥在40多岁就"自朝请之暇，但宴居读佛书，歌咏承平"。正是如日中天的时候，却"急流勇退"闭门念经。究竟是大彻大悟呢，还是有难言之隐，那就不得而知了。

你说"有奶便是娘"，你说"只管眼前享受，捞现钱"。真的，无廉耻心又奈何呢？

上头赔笑脸，下面使绊子

"笑里藏刀"算不算面子学中的话题，许多人会持否定态度。因为它太恶劣，当面一套，背后一套，阳一套，阴一套，这种做法，为正直的人所齿寒。然而，这种现象既然存在，就不能不正视，不能不表态，不能不对之心里有数。《红楼梦》第六十五回，兴儿评价王熙凤"嘴甜心苦，两面三刀"，"上头笑着，脚底下就使绊子"，"明是一盆火，暗是一把刀"。这就是笑里藏刀。

笑里藏刀，就是表面友善而暗藏杀机。

"笑里藏刀"是面子学中最恶毒的一种旁门功夫。扮笑脸容易，扮黑脸也并不难，难就难在笑脸的背后掩藏着黑的心肝、黑的手段。脸皮不厚的人是无法做到的。它与"红白戏法"有相似之处，不同之处在于它不是两种面具换着戴，而是外面一层笑脸，里面一层黑脸，合二为一，笑脸为体，黑脸为用，以笑脸掩盖恶毒和杀气。

《新唐书·李义府传》中说："义府貌柔恭，与人言，嬉怡微笑，而阴贼褊忌著于心；凡忤意者，皆中伤之，时号义府'笑中刀'。又以柔而害物，号曰'人猫'。这是《新唐书》对李义府的评语。

李义府在唐太宗时因对策被拔年擢为门下省典仪。高宗时任中书舍人，因立武则天为后，迁中书侍郎参知政事。显庆二年（公元 657 年）为中书令，右宰相，与许敬宗同朝执政，曾奏请委任吕才等重修《民族志》，以抑制旧贵族。

《新唐书》评论其为人，大意是说：李义府外表温顺和善，与人谈话，面带和悦微笑，但内心阴险毒辣，凡是他不满意的人，便总要设法中伤陷害，人们渐渐发现他这种假面具，管他叫"笑中刀"。又因他善于用软功夫害人，又送绰号为"人猫"。

例如，他听说监狱里有个女犯，长得很漂亮，便甜言蜜语，说通了管监狱的官吏毕正义，释放了她，他就把她霸占了。后来有人为此告发毕正义，他却变了脸，威逼毕正义自杀了。告发者王某，也暗中遭到谗毁，被撤职外放边远地区。唐白居易有诗："且灭瞋中火，休磨笑里刀。"

古代兵书《三十六计》把"笑里藏刀"作为敌战计之四，说"信而安之，阴以图之；备而后动，勿使有变。刚中柔外也。"意即使敌人相信你方，而我方则暗中谋划，有充分准备再行动，这是内藏杀机则外示柔和的策略。《孙子·行军篇》说："辞卑而益备者，进也……无约而请和者，谋也，"所以凡属敌人扮笑脸、说好话，都是一种杀机的外露。

三国时，吕蒙得知关羽进攻魏地樊城，想乘机夺回荆州，于是自称病重，返回建业，让尚不出名的陆逊作右都督，代他镇守陆口。陆逊为进一步麻痹关羽，使用了假和好、真备战的两手。他上任后，立即给关羽写信，夸耀关羽的功高威重，可与晋文公和韩信齐名。说自己是个无能胜任的书生，全附将军的威望，并千方百计地把关羽的注意力引向曹操一方。与此同时，东吴又暗中和曹操拉关系，以便避免两面作战。就在关羽无视东吴，集中精力攻打樊城时，吕蒙把战船假扮成商船，悄悄地率领大军沿江而上，以突然袭击的方式夺取了荆州。

笑里藏刀，是阴谋家惯用的伎俩。

在正常的人际交往之中，人们常常误解甚至讨厌那些直爽的汉子，嫌其说话太"冲"而对那些"未曾开口面带笑"者充满好感，这是正常的心理状态。随着人类文明程度的提高，自然粗鲁的汉子会越来越少，以笑容可掬的面孔待人成了人们普遍的习惯。但同时不要忘记，笑里藏刀者大有人在，切不可被表面现象所迷惑而丧失警惕。

五忌软硬不吃

一旦寻求赞许成为一种需要，做到实事求是几乎就不可能了。如果你感到非要受到夸奖不行，并常常做出这种表示，那就没人会与你坦诚相见。同样，你也不能明确地阐述自己在生活中的思想与感觉。你会为迎合他人的观点与喜好而放弃你的自我价值。以别人的看法和评价来确立你的自我形象和价值。这就好像把房子盖在流沙上，是靠不住的。

面软难成大气候

赫尔墨斯是古希腊神话中天神宙斯的儿子，是主管商业之神，他想考证一下自己在人间百姓中的地位到底有多高。有一天他化装成一位顾客来到雕像店。他指着宙斯的头像，问雕像者："这个值多少钱？""七赫拉。"他又走到自己的雕像前，心想，自己是商业的庇护神，地位一定比宙斯高，便问："这个值多少钱？"雕像者指着宙斯的像说："假若你买那个，这个算添头，白送。"赫尔墨斯本想听听雕像者对自己的赞赏，抬高自己的身价，谁知讨了个没趣，只得灰溜溜地走了。

人从出生落地到离开人世，往往喜欢把个人的欢乐，幸福和价值感建立在别人认可的基础上。好像别人说你行，你就觉得自己行；别人说你不行，你也就觉得自己不行。

应当承认，别人的评价对自己有一定的促进作用。在受到别人赞扬时，我们都会感到很光彩，很快乐，感到自己有价值。所以，我们每个人都希望听到赞扬，得到鼓励，博得掌声。这种精神享受确实有益于我们开发潜能、提高素质，有益于认识自我价值，树立自信意识。然而寻求赞许的心理如果不只是一种愿望，而成为一种必不可少的需要，像赫尔墨斯一样去寻求自己虚拟的"光环"，这便落入了人生自恋型性格障碍的误区。

如果你依赖他人来评定证实你的价值，究其根底，那只是他人的价值，而不是你的。常言道："慧眼识英雄"、"狗眼看人低"。别人是慧眼还是狗眼不正是别人的价值吗？而你是英雄还是狗熊，这个是你的价值。所以，自我价值不能由他人来评定和证实。

的确，应付受人斥责的局面很不容易，而采取为人所赞许的行为则容易很多。但如果为回避困难而选择后者，那就意味着你认为别人对你的看法比你的自我评价更为重要。这是一个在我们社会中难于避免的危险陷阱。

世俗和传统使人养成一种说话办事总是需要得到别人的认可和赞许的习惯。童年时代习惯于得到父母和老师的赞许，长大成人需要得到领导者的认可。如果自己的某个举动和主张得不到别人的认可和赞许，就会感觉到出了问题，放心不下。于是你在无形之中就放弃了主宰自己、独立行事的权力，凡事都受别人的控制和摆布。这种习惯大体表现以下方面：

①你对别人的需求大都随声附和，有时心里不满，也要依从别人的意志去办。

②你有自己的事情和计划，但难以拒绝朋友的邀请和要求，以免别人对你不满意。

③你总是看领导的眼色行事，明知不对，也要忍气吞声地服从。好像领导的时钟总是准的，而你的时钟总是不准，只能和领导对表，不相信自己的手表。如果因此而窝火憋气只能拿比你地位低的人出气。

④不好意思和权威人士、著名人物交往，如果这类人物对你责怪批评不公正，你也不敢说出自己的看法。

总之，一个习惯于接受别人的摆布，就会经常被迫去说话，去做事。这样的生活当然很累，很乏味。其实，这样的人生只是终生劳役，不会有任何光彩和乐趣。试想，古今中外，世界上哪一个有所作为、有所成就的人是光为了面子而生活的，是放弃了独立行事的权利，接受了别人的摆布而取得了成功的？拿职业选择来说，一个人应当争做自己感兴趣、有爱好的工作，因为个人的兴趣和爱好是最大的驱动力。曹雪芹是为了表达自己的生活感受而写作《红楼梦》，爱因斯坦是为了满足自己的好奇心才创立了相对论。这些人都不是为了服从别人的意志、寻求别人的赞许才去呕心沥血、孜孜以求的。如果不是独立自主、宠辱不惊，如果不是自我价值、自我评定，曹雪芹、爱因斯坦、贝多芬、鲁迅这些伟大人物是不可能出现的。

希望得到别人的赞许，这是正常的心理需要，如果你必须得到别人的赞许，那就是将自己的价值交给他人去评定。一个人将自我价值置于别人的控制之下，这不是谦虚谨慎，而是缺乏独立自主的意识，由别人随意抬高或贬低自我价值。人家反对，你就灰心丧气；人家施舍给你赞许之词，你才会觉得自己不错。凡事如此，你还有什么价值？如果人家不说你好，你又该怎么办呢？

在现实生活中，我们不可能让每个人都满意。以清醒的头脑预计到会有不同意见，自己也会有缺点错误。不必期望人人都表示赞许，这样，我们就不会自寻烦恼，情绪消沉，也就不会因为别人对你某一点的否定而视为对自己整个人的否定了。林肯说得好："……假使要我读一遍针对我的各种指责——更不要说逐一作出相应的答辩，那我还不如辞职了事。我是根据自己的知识和能力尽力工作的，而且将始终不渝地这样工作。如果事实最后证明我是正确的，对我的反对意见将不攻自破；如果事实最后证明我是错的，那么即使十个天使起誓说我是正确的，也将无济于事。"

这话说得多么实在而深刻呀！所谓独立行事、自我仲裁，也就是实事求是、光明磊落的做人处世的态度。

有人以为坚持独立自主，似乎很难得到别人的赞许，很难处好人际关系。这是一种错觉和误解，事实恰好相反。一个真正能够主宰自己的人只是不去为了迎合他人的观点与喜好而放弃自我价值、自我追求；只是在与人交往中不会为了博得他人的赞许而跟随他人的指挥棒转。如果一个人别人希望他怎么样，他就会怎么样，这是多么可怜、毫无价值的形象；如果一个人不能明确地阐明自己在生活中的思想和感觉，那就没什么人会与你坦诚相见，没什么人会真正地尊重你。因为失去了自我，也就失去了平等自由的人际关系和生活方式。某些官僚、政客之所以不为人们所信任，就是因为他们只是留声机、传声筒，而没有自己的灵魂。这种人往往是轴承脑袋弹簧腰、头上插着风向标，只会见风使舵，趋炎附势。这种人的自我价值完全取决于头上的乌纱帽，一旦失去职位，手中无权了，他就一无所有，一文不值了。这难道不是事实吗？实际上，最受赞许，最受欢迎的人恰恰是那些希望赞许而不是祈求赞许的人，是那些能以积极的人生态度表现美好的自我形象的人，是那些从不放弃独立自主权利的人。

面面俱到难做人

当你告别了孩提时代，初谙世事的时候，你发现许多大人们，善于揣摩别人的心思而投其所好，八面玲珑地待人接物而左右逢源。于是，你也"东施效颦"，想修炼出一副老成持重的尊容，想能有一副叫人一看就悦目的面孔，有叫人人悦耳的嗓音，甚而自己将自己改造得面目全非，完全仿效他人，以首长的车型评论其级别，以女子或男子的经济基础、"上层建筑"论婚配，以路人的穿着评论其地位，以上级的职务权力论其轻重，以朋友的利弊关系定论亲疏……然后，以相应的"对策"来"对付"对方。于是有了吹捧或蔑视、高贵或低贱、热情或冷淡、用得着或没用等等待人心态。然而，你终于没成"正果"。哪怕一次小小的疏忽也让人不能原谅，你仍是四面楚歌，活得很累很苦。

左右迎合，事与愿违。这类人做任何事总想取悦所有的人。当他具体处理某一件事时，首先考虑的就是：我怎么做才能赢得大家的好感呢？于是他就时时刻刻揣猜别人对他的要求。结果，他竟不知道自己怎么去做，自己需要什么，陷于无所适从、进退维谷的泥沼。他总是失望，因为他不可能满足每个人的要求。

没有原则的人还往往禁不住他人的诱惑，自己的意志比较薄弱，什么事情，最初还能遵循自己的原则，但一经别人三言两语一劝，马上防线就崩溃了。举个日常生活中最简单、最普遍的小例子：拿喝酒来讲，几个朋友坐在一起，常常要推杯换盏，边喝边聊。几杯酒下肚之后，本来规定自己只喝三怀，而且开始时还能坚持，但禁不住多久，在朋友的再三劝说之下，脑袋一热，什么三杯原则，五杯又怎么样？于是，原则丢在了脑后，放开肚子喝了起来。其结果常常是酩酊大醉，误了其他的事不说，对自己的身体损害极大。这是多么不合算的事啊！

下面这则寓言相信你一定读过：

有对父子赶着一匹驴进城，子在前，父在后，半路上有人笑他们：

"真笨，有驴子竟然不骑！"

父亲觉得有理，便叫儿子骑上驴，自己走路。走了不久，又有人说：

"真是不孝的儿子，竟然让自己的父亲走路！"

父亲赶忙叫儿子下来，自己骑上驴背。走了一会，又有人说：

"真是狠心的父亲，自己骑驴，让孩子走路，不怕把孩子累死？"

父亲连忙叫儿子也骑上驴背，这下子总该没人有意见了吧！谁知又有人说：

"两个人骑在驴背上，不怕把那瘦驴压死？"

父子俩赶快溜下驴背，把驴子四只脚绑起来，一前一后用杠子抬着。经过一座桥时，驴子因为不舒服，挣扎了一下，结果掉到河里淹死了！

很多人做事就像这故事中的父亲，人家叫他怎么做，他就怎么做；谁抗议，就听谁的！结果呢？大家都有意见，而且大家都不满意。

一般来说，会这么做的人有以下几种心理：

（1）不想得罪任何人，甚至想讨好每一个人，至于是非对错，不管啦！

（2）本身就是没有主见的人，无法分辨是非对错，所以谁说得有理，就听谁的。

不管是什么样的心理，想面面俱到，不得罪任何人，又想讨好每一个人，那是绝对不可能的。因为在做人方面你不可能顾到每一个人的面子和利益，你认为顾到了，别人却不这么认为，甚至根本不领情都有可能；在做事方面，你也不可能顾到每一个人的立场，每个人的主观感受和需要都不同，你越是想让每个人满意，事实上，就会有人不满意。

结果呢？有两个结果：

（1）为了面面俱到，反而把自己累死，而因为怕对方不满意，还是小心察言观色，揣摩他的心思，这多辛苦，恐怕非神经衰弱不可了。

（2）别人摸透了你想面面俱到的弱点，便会软土深掘，得寸进尺地需索要求，因为他们知道你不会生气，于是你就变成人人看不起，给人好处别人不感谢的天下超级大笨瓜。

那么该怎么做？

做你应该做的！也就是说，你认为对的，你就不动摇地去做，参考别人意见时要看意见本身，而不是看别人的脸色。这么做有的确实会让一些人不高兴，但你的不受动摇，却可赢得这些人事后的尊敬，毕竟人还是服从公理的，除非你的坚持纯是为了私心。

这么做，会有人称赞你，也会有人骂你，但想面面俱到的人，结果是——每个人都笑你。

第 二 篇

处世忍学

篇首语

忍之一字，万妙之门。韩信甘忍胯下之辱，不愿争一时之短长，而终成盖世之功业。这样的忍耐，不是屈服，而是退让中另谋进取；也不是逆来顺受、甘为人奴，而是委曲求全以便我行我素。一旦时机降临，他就能如同水底潜龙冲腾而起，施展才干，创建功业。

切忌：小不忍则乱大谋。

第一章

处世忍学四大心法

得理也饶人——吃亏忍

　　世间芸芸众生，有多少人为了自身的利益，为了不吃亏，少吃亏，或者为了多占他人便宜而演出了一幕又一幕你争我夺的人间悲剧。俗话说："人为财死，鸟为食亡"，这句话真是入木三分。

　　其实，吃亏占便宜，正如祸福相倚一样，是互相依存，相互转化的。是你的跑不掉，不是你的争不来，不能总是想着占别人便宜。

螳螂捕蝉，黄雀在后

　　人类是欲望的奴隶，不管多么贫贱的人，也或多或少有与其相符的欲望，无论拥有多大的权力，也不会使欲望断绝。

　　人们的某个欲望一旦获得满足，必定会出现更高的欲望。欲望是永远得不到满足的。一味地追求贪欲而迷忘本性，往往会使人沉湎物欲、权势之欲，一去而不知返。在官场中降低欲望的一个办法，就是尽可能地节制欲望。

　　《庄子》中有这样一则故事，生动形象地讲述了追迷欲望所遭遇的后果。

　　曾经有一次，庄子在茂密的树林之中打猎，忽然看见一只形状奇异的鹊鸟从南方飞来，碰过庄子的额头飞过去，停在树林里。庄子十分纳闷，不解其意："这是什么鸟？有这么大的翅膀，可是却不高飞；有这么大的眼睛，却连人都看不见。"因此，他就悄悄地跟随着那只鹊鸟进入了树林。仔细一看，才发现鹊鸟在树荫里对准了一只螳螂，而这只螳螂正举起臂膀准备捕捉一只在树枝头上鸣叫的蝉。螳螂与鹊鸟都是被眼前的利益所蒙蔽，却没有察觉自身面临的危险。庄子见了这种情形，不禁叹道："唉！凡是互相有利的事物，必然互相拖累；有心谋害他物，就招到别物来谋害自己。"

　　"螳螂捕蝉，黄雀在后"这个寓言告诫人们：欲望不可过大，当你的欲望对准了某个事物的时候，一定要审时度势。你若贪求官场上的名利，就必然要担心官场的倾轧；若是贪图钱财，也要担心别人觊觎你所拥有的财产。因此，只有节制自己的欲望，才能更快乐地生活。

春秋末期，晋国有一个当权的贵族叫智伯。此人虽名为智伯，其实一点也不聪明，反之，却是个蛮不讲理、不节制贪欲的人。自己本来有很大的一块封地，但还嫌不够。

一次，智伯居然无缘无故地向魏宣子索取土地。魏宣子也是晋国的一个贵族，他非常讨厌智伯这种无理的行为，不愿给他土地。可他的一个很有心计的臣下任章却对宣子说："您还不如把土地给智伯。"

宣子不解任章的意思，便问："那么，你认为我凭什么要白白地送土地给他呢？"

任章解释说："他无理索取土地，一定会引起邻国的恐惧，所以邻国也会因此而讨厌他；智伯如此利欲熏心，一定会不知满足，到处伸手，这样就会引起整个天下的担忧。假若您给了他土地，他便会顺势更加骄横起来，误以为别国都很怕他，也就会轻视他的对手，而更加肆无忌惮地骚扰别国。因此，他的邻国也就会因为害怕智伯、厌恶智伯而联合起来一起对付他，那他就不可能这样长久下去了。"

见宣子点头称是，似有所悟，任章顿了一下，继续道："《周书》上曾说'将要打败他，一定要暂且给他一点帮助；将要夺取他，一定要暂且给他一点甜头'，正是说的这个道理。因此，您不如先暂时给他一点土地，让他更骄横起来。再者，假若您现在不把土地给他，他就会把您当做他的靶子，先向您发动进攻。所以您还不如让天下所有的人都与他为敌，使他成为众矢之的，以保全您自己。"

魏宣子听了，高兴不已，立即改变了主意，答应割让一大块土地给智伯。

在尝到了不战而胜、不劳而获的甜头之后，智怕又伸手向赵国要土地。赵国不答应，于是他派兵攻打赵国，围困了晋阳。此时，韩魏联合，趁势从外面攻打进去，赵国在里面接应，这样里应外合，打败了智伯，这个结果正是在任章的意料之中。

可见，不节制贪欲，给自己带来的后果是极其可怕的。若是官场上贪欲过重，则很有可能被他人利用这一弱点而被击败。所以，忍贪、节欲是一种明智的表现。

秦二世统治之时，赵高审讯李斯，严加拷打，李斯不能忍受，屈打成招。李斯之所以不想自杀，是认为自己能为自己辩护，觉得自己辅佐秦始皇功劳很大，确实没有反心，希望自己能上书秦二世而得到赦免。

李斯在监狱中写了辩诉书，书送上去以后，赵高让人撕掉，不呈送给秦二世。赵高还说："囚徒怎么有资格上书皇帝呢？"同时，赵高还把自己的门客分成十几批，扮成御史、谒者、侍中去监狱中反复审讯李斯。如果李斯照实说了，就让人毒打他。后来，秦二世派人到狱中见李斯，验证他的供词，李斯以为仍像以前一样，说实话则会挨打，所以不敢改口供，表示服罪。当判决书呈送给秦二世之时，秦二世高兴地说："要不是赵先生，我几乎被李斯给骗了。"

秦二世二年七月，李斯按五刑被治罪，决定在咸阳腰斩示众。李斯被押赴刑场的时候，和他的第二个儿子李由都被绑着，李斯回头对其子李由说："我想和你再牵着黄犬去上蔡东门打兔子的机会不会再有了。"

李斯的失败正是在于他过于贪恋权势，不知道节制自己的权势之欲，不愿退出权力斗争，最终也不可能"牵着黄犬去上蔡东门打兔子"。

西汉人张良，字子孺，号子房，他的祖先是韩国人，少年时在下邳游荡，在桥上遇见了黄石公，张良给他捡了几次鞋子，因而黄石公把《太公兵法》传给了张良。后来投归汉高祖，天下平定，高祖封他为留侯。张良却说："凭口舌就成了皇帝军师，又被封为万户侯，这是平民的极点，我张良已经满足了。希望现在能弃官不做，跟赤松子道人云游去。"

西汉人霍去病，武帝时做骠骑将军，抗击匈奴立下战功。他的弟弟霍光做了大司马、大将军，接受武帝遗书辅佐太子。遗诏上说："只有霍光忠厚可任大事。"指使黄门画周公把辅助成王、朝见诸侯的图像赏赐给他。

辅助汉昭帝执政14年，昭帝死后，霍光迎昌邑王刘贺入朝即位。刘贺无节制地淫乱，霍光请奏废除他，再迎立武帝的曾孙病已即位，立为孝宣帝，所有政事都归霍光管理。霍光受封17000户人家，前前后后受赐赏的黄金7000斤，金钱60万，杂缯3万匹，甲等宅区1片。待霍光死后，孝宣帝开始亲自执政。以后霍光的夫人与她的儿子霍云、霍山、霍禹等人谋反，计划废除孝宣帝，事情被发现了，霍云、霍山自杀，霍禹被腰斩。她的兄弟、女儿无一幸免于难，宗族遭株连坐牢、被杀的人有几千家。

霍光辅助汉室，可谓尽忠尽职，但最后仍没能保住自己的宗族，主要是因为他及其家人掌管权力过久而不加节制其欲望的缘故。

后魏人李崇，字继长，顿丘人。孝文帝时，开始先做荆州刺史，后来改做了安东将军。宣武帝时，授封为万户郡公。后来孝明帝又封他为陈侯。李崇做官，和气温厚，善于决断，但是生性贪婪，接受贿赂，还做买卖聚集钱财。当时孝明帝太后视察左藏库，叫随从人员尽力背布匹，能背多少就赏赐多少。李崇背得最多，摔倒了，为此伤了腰。

李崇最终伤了腰，正是他不加节制自己的贪欲而导致的。贪欲过甚，什么事都很难办好，受贪欲的影响，总是奢望自己能多占多得，只见眼前的利益，既有损人格，也失掉了长远的利益。

孰轻孰重

一个有头脑的政治家应该能够权衡个人利益与集体、国家利益之间的轻重，不能因贪图个人利益而损害大局。

战国赵孝成王六年，只会纸上谈兵的赵军统帅赵括率领的40万大军，在长平被秦将白起率领的秦军全部消灭。赵国因此元气大伤，秦军乘胜进军，包围了赵国的都城邯郸。

赵国的相国平原君赵胜赶忙到楚国去求救，在他的门客毛遂的帮助之下，楚考烈王熊完与平原君歃血为盟，派春申君黄歇率8万楚军，驰援赵国。此时，平原君

中華藏書

中华处世秘笈

中国书店

的内弟、魏国的信陵君魏无忌也谎称魏王的命令，夺了魏国援赵军队的指挥权，兼程赶往邯郸救援赵国。回到赵国后，平原君发现因为秦军的长期围困和猛烈的攻击，首都邯郸的形势危急万分，很难坚守到楚魏两国援军到达之时。城内人心不稳，有些人甚至还准备投降秦国。平原君焦急万分，可一时之间又没有什么好办法可用。

正在这时，邯郸一位管理邮信站的小官吏的儿子李谈求见平原君。他问平原君："赵国已危在旦夕，难道相国您不担心吗？"

"你这是什么话？如若赵国灭亡了，我也就自然地成了亡国奴，怎么不担心呢？"平原君说。

李谈继续道："邯郸已被围一年多了，老百姓衣不蔽体，吃糠咽菜，甚至忍痛相互交换孩子，然后把他们宰杀煮食，以求苟延残喘。而相国府上仍有数以百计锦衣玉食的美女，连她们的婢女都穿着绮罗绸缎，吃惯了小米和猪肉。长期的战争消耗了大量的物资，可是相国府中钟鼎鼓馨样样俱全。如此来看，相国并没有把赵国的存亡真正放在心上。"

平原君听了，不禁吃惊，暗暗想：如果人们全这样想，必然会人心涣散，城防也就不堪一击，于是恭恭敬敬地感谢李谈的提醒。

后来，平原君采纳李谈的建议，把他的夫人以下的全部家人、奴婢分配到各个岗位上，投入守城阵列之中；把家中的钱财、食物全拿出去犒劳守城的将士。

平原君的行动，极大地鼓舞了邯郸人的士气，城中迅速组织了一支敢死队，出城猛烈地反击秦军，迫使秦军撤围，后退30里，缓解了邯郸陷落的危机。李谈也加入了敢死队并英勇战死。这之后不久，信陵君率领的8万魏军也赶到了，与邯郸城内的赵军内外夹击，秦军损失惨重，两万余名秦军投降，其余的残兵狼狈而逃。

平原君能够在国家生死存亡之际，破家赴国难，与百姓同患难，用有限的资财，激发了人们的爱国激情，挽救了赵国。如果平原君不"吃亏"在先以保国家，又怎能保住自己呢？故而，先忍受一时之损，顾全大局，尔后更能保护自己的利益。

就在平原君请求魏国帮助之后，信陵君也是为了顾全大局，而忍受了自己一方的利益之损。秦军围困邯郸之时，魏王答应将派晋鄙率10万军队前去救赵。可是，魏军刚出发，秦王就派使臣威胁魏王："你们若派兵救援赵国，秦王将先调兵来攻魏国。"魏王惧怕秦国的威胁，忙派人传令，命令晋鄙将部队驻扎在赵魏交界的汤阴一带，按兵不动，以观变化。

信陵君得到了其门客侯嬴的指点，偷了魏王的兵符，带上一个在市场上杀狗卖肉的名叫朱亥的人，连夜赶到晋鄙所扎的军营，拿出兵符，谎称魏王命令急速进兵邯郸。可是晋鄙怀疑，提出派人去请示魏王之后再计议进兵之事，朱亥见势不妙，大吼："大胆晋鄙，兵符已呈上，还敢拒不进兵！"话音未落，就从袖中取出铁锤，砸死了晋鄙。信陵君夺得兵权后，挑选8万精兵，救了赵国。

赵国解了围，魏国也同样取得了胜利。信陵君窃符救赵，正是他认识到赵与魏的利益是一致的，如果不牺牲一点自己的利益，只是一味地恐惧秦国的进攻，保全

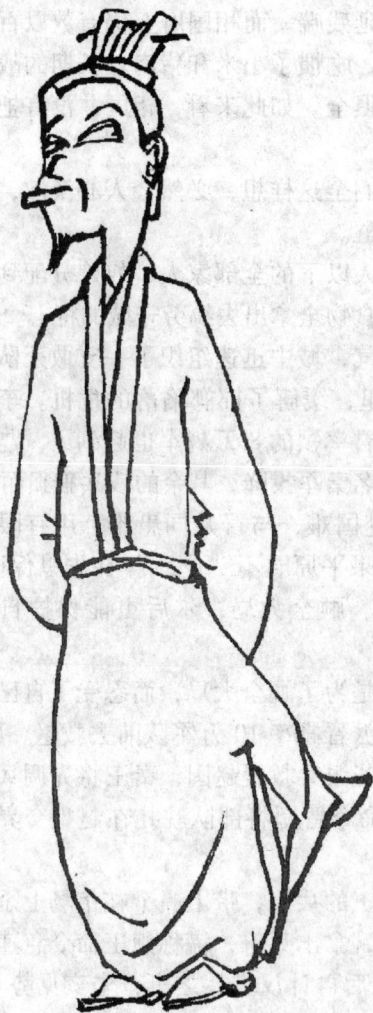

自己一国的利益，其后果是什么都保不住。所以，要忍受自己一方面的一时之损，而保全共同的利益，明白吃亏是福的道理。

据《史记》记载，蔺相如因完璧归赵之后，受到赵王欣赏，升他为丞相，其官职与大将廉颇并列。廉颇扬言："蔺相如原来只不过是一个地位低下的平民百姓，现在却与我等职并列，见了蔺相如决不放过他。"蔺相如得知后，每当上朝的时候谎称生病，尽量不与廉颇见面。

一天，蔺相如远远就看见廉颇的车马人员，于是命人掉转车头，引车避匿，不与廉颇见面。手下人不解，问他为什么如此，蔺相如回答说："如果我与廉将军内部相争，秦国必定乘此机会而攻赵。"廉颇得知蔺相如为何躲着他后，深感愧疚，于是负荆请罪于蔺相如，两人从此成为刎颈之交，共同帮助赵王治理赵国。

蔺相如正是顾全大局，不以自己和廉颇将军的私人恩怨而影响赵国，而秦国也正是因为赵国有廉颇与蔺相如两个将才并肩协力，而不敢攻赵。

东汉时，班超一行人在西城联络了很多国家与汉朝和好，但是龟兹恃强不从。于是，班超就决定去结交乌孙国。乌孙国王派使者到长安来访问，受到了汉朝友好的接待。当来使告别返回的时候，汉章帝还派卫侯李邑携带了许多礼品同行护送。

经过天山南麓来到于阗时，李邑等人得知龟兹攻打疏勒国的消息。李邑十分害怕，不敢前进，于是上书朝廷，造谣中伤班超只顾在外边享福，拥妻抱子，不思中原，还说班超联络乌孙，牵制龟兹的计划根本行不通。

班超知道了李邑从中作梗，叹息说："我不是曾参，被别人说了坏话，恐怕难免见疑。"于是给朝廷上书，申明龟兹攻打疏勒的缘由。

班超的忠诚，汉章帝是深信不疑的，便下诏责备李邑说："既使班超拥妻抱子，不思中原，难道跟随他的1000多人都不想回家吗？"诏书还命令李邑与班超会合，并受班超的节制。汉章帝又诏令班超收留李邑，与他共事。

接到诏书，李邑只得无可奈何地去疏勒见了班超。

然而，班超并不计前嫌，很好地接待了李邑。他改派另外的人护送乌孙的使者回国，还劝乌孙王派王子去洛阳朝见汉章帝。乌孙国王子启程的时候，班超还打算派李邑陪他一同前往洛阳。

有人劝班超说："过去李邑毁谤将军，破坏将军的名誉，趁此机会正好可以奉诏把他留下，另外派别人执行护送乌孙国王子的任务，怎么你反倒放他回去呢！"

班超微笑着说："如果扣下李邑的话，那么我的气量就太小了，正是因为他曾经说过我的坏话，所以才让他回去的。只要是一心为朝廷出力，就不怕人说坏话。若是只为了自己一时的痛快，公报私仇，把他扣留，那岂是忠臣所做的事呢？"

李邑知道这件事以后，对班超十分感激，从此再也不诽谤班超及其他人了。

可见，在处理复杂的人际关系时，忍让确实是利人利己的。

得理也须让三分

日常生活中，常有这样两种人：有些人无理争三分，得理不让人，小肚鸡肠；

有些人则是真理在握，不卑不亢，得理也让人三分，显得绰约柔顺。

一些人常为了一些非原则性的，以及鸡毛蒜皮的小事争得面红耳赤，忙个不亦乐乎，谁都不肯甘拜下风，以至大打出手。其实，事后静下心来想一想，当时若是忍让三分，自会风平浪静，海阔天空。因此，越是有理的人，表现得越谦让，这就越能显示出他的胸襟之坦荡、修养之深厚。

陈忠实先生的《白鹿原》里有这样一则故事：白嘉轩和鹿子霖两家是白鹿原上的两个势力强大的家庭，分别代表着白家和鹿家两大姓氏，而这两家又互相钩心斗角。

白嘉轩一家比鹿子霖一家仁义，更有声望。白嘉轩以族长的身份，处理过许许多多的家务纠纷，深得人们尊敬。然而，在父亲死后，白嘉轩却陷入了一桩田产纠纷案里。在给父亲修造坟墓的时候，一位前来帮忙的姓鹿的小伙子，在无可奈何之际，想卖半亩地给嘉轩。嘉轩答应了他的请求。中间人冷先生向嘉轩说了卖主的开价，嘉轩当即说："再加三斗给他。"这种罕见的豁达和慈善心，受到了村民很高的赞扬。

白鹿村的小姓家中，有一名寡妇也找到冷先生，求他做中间人卖掉六分地给白家。嘉轩更加慷慨，说："孤儿寡母，别说是卖地，就是周济给她三斗五斗也是应该的，加上五斗！"并在契约上签名画押。

在这之后的第二天早晨，嘉轩去察看新买过来的六分地，却见到鹿子霖在指挥仆人犁那片地。看到这种情境，嘉轩就火了，说："子霖，你怎么能在我的地里面插犁跑马？"子霖假装惊讶地说："这是我的地呀！"嘉轩说："这可得凭契约来说话！"鹿子霖说："我可不管什么契约，李家寡妇已经把地卖给了我，她借过我五斗麦子八块银元，早就讲定了用这块土地来作为抵押，过期不还，我理当插犁圈地了。"边说着，就从长工手中夺过鞭子，接过犁耙，示威似地翻耕起来。嘉轩一跃上前，抓住骡马缰绳。两个人随之就厮打在一起，接着，两家亲门近族的男子也一起上手，很快满地都是撕破的布片和丢掉的布鞋。直到冷先生来到这里，大喝一声"住手"，并且一手拉一个人，才算劝开了。之后，冷先生把二人一直拖到他的中医堂，让二人各自洗去脸上手上的血污，然后又给他们被抓破的伤口敷了白药，血才止了。冷先生对他俩说："如果此事就此罢休的话，那你俩现在都回去吃饭；如果不能罢休，吃完饭，到县里打官司去。"

原来鹿子霖所说的也是事实，只是李寡妇见白家出的价钱高，才改变了主意卖给了白家。嘉轩在弄清了事实之后，也无法宽容鹿子霖，认为鹿家不应该啥话不说就圈地，这不是明显地往自家脸上撒尿吗？于是，他手握契约，向县府投了诉。鹿家也向县府投了诉。子霖的父亲担心子霖甘心示弱，以后会受到白家的欺负，因而也就坚决支持儿子打这个官司，还表示：就是倾家荡产也要打赢这场官司。

白嘉轩找了姐夫朱先生想让这位极负盛名的学者给知县暗示一下。朱先生说诉状已经替他写了一张。待白嘉轩回到家中一看，却见姐夫写着："倚势恃强压对方，打斗诉讼两败伤；为富思仁兼重义，谦让一步宽十丈。"

嘉轩看罢，已消了一半的怒气，连声叫"惭愧。"朱先生又给子霖写了同样内容的信，最后两家又重修旧好，抱拳打拱，互致歉意。都表示不要李家的地，各自周济李家一些银元和粮食，帮助李寡妇渡过了难关。这件事，令李家寡妇和众乡民感动不已，县令还特批两家所在村子为"仁义白鹿村"。

这场官司，若是两家都不相谦让，结果必然是白鹿两家倾家荡产。打官司，一是因为咽不下这口气，二是因为六分地，虽然两家都知道打官司的恶果，可还是不相让步，主要在于不想吃亏。幸而朱先生巧妙劝解，才了结了这场官司。如果双方都能让步，谦让对方，不就是吃亏是福吗？幸亏朱先生的一副拙朴心肠，才使两家化干戈为玉帛，为两家争得了好的名望。

宋朝的范仲淹心地善良仁德，曾说："我一生所学的只有'忠恕'二字，真是受用无尽，以至于在朝廷之中辅佐君主，招待幕僚、朋友、亲戚、家人等从不曾有一刻离开这二字。"还告诫他的弟子："人哪怕十分愚笨，指责别人时则又十分聪明；哪怕十分聪明，宽恕自己时却又糊涂了，你们要多用责怪别人的话来责怪自己，用宽恕自己的心意来宽恕别人，哪怕有时会自己吃亏，也要谦让他人。"

武则天当皇帝之后，受到了唐王宗室和一些旧大臣的极力反对。最先反对的是老臣柳州司马徐敬业，他请唐初四杰之一的骆宾王为他写了讨伐武则天的檄文，从政治、作风，到私人生活，把武则天说得一无是处，骂得武则天狗血淋头。

武则天看了数落她的"狐媚惑主、豺狼成性、杀姨屠兄、弒君鸩母"等文字，并没有大发脾气，只是微微一笑，对文武大臣说："骆宾王这样骂我，确实是太过分了。但这个人的确是很有才华，应该把这样有能力、有才华的人招抚过来。"于是，派人想法找骆宾王，骆宾王却早已云游四海了。武则天的这种胸襟，得到了上下大臣的赞许。

试想，如果武则天见了数落她的文字后大发脾气，而不忍一时之气，也许朝中大臣反而会对她不满。

从前有个叫曹节的人向来仁慈厚道。一次隔壁邻居家的一头猪丢失了，与曹节家中的猪非常相似，邻居便到曹节家中认领。可是曹节并没有与他大声争吵，而是把自己家的猪给了他。后来，邻居家的猪自己跑了回来，邻居感到羞愧万分，便给曹节认错，并送还他家的猪。曹节笑笑，没说什么，收下了小猪。

正是曹节谦让于邻居，才免去了一场争斗，也还回了曹节的清白。

吃亏人常在，财去人安乐

俗话说："人为财死，鸟为食亡"。善于忍耐、吃亏的人一般平安无事。钱财乃身外之物，何不赤条条地来到这人间，又赤条条地离去。

俗语又说："吃亏人常在，财去人安乐。"这是指能够吃亏、善于吃亏的人平安快乐，而且终究不会吃大亏。

"善有善报，恶有恶报"，这已经成了千古定律了。人的生命的轨迹总是有可以预料之处，对于那些吃了亏的人，无论是社会还是人，总会给予相应或更多的回报。相反，总爱贪便宜的人，最终贪不到真正的便宜，而且还会让人背后戳脊梁骨。

古今中外，不知有多少人因为贪眼前的小便宜而过早地毁灭了自己。因此，在社会生活中，为官者必须记住"吃亏是福，财去人安"这个闪耀着哲理和经验之光的格言。

相传，上古时代商方有一只千年老蜗牛，硕大无朋。蜗牛的左上角有一个国家，名叫"触氏"，蜗牛的右上角还有另外的一个国家，名叫"蛮氏"。

两国的土地极其肥沃，抓一把就可以捏出油来。按常理说，这两个国家足以丰衣足食，安居乐业，建立友好邻邦，或者是老死不相往来，高枕无忧，各享太平。可是蛮氏国的酋长老是瞅着对方的那片土地直咽口水，想要霸占对方。既然有了这种心理，于是就有了行动，趁着一个月黑风高之夜，纠集了国内28000名将士，直奔触氏。

然而，触氏首领也是个爱占便宜之辈，老是想着怎么能从铁公鸡身上拔出毛，蚊子腿上取下四两肉来，免不了向邻国偷偷摸摸，蠢蠢欲动，企图吞并蛮氏。这一来，正好下山虎遇着上山虎。触氏首领决定一举占领蛮氏，当即召集了30000条好汉，直扑蛮氏。

当朝阳初升的时刻，触、蛮两国兵马在蜗牛头上这一片开阔的土地上短兵相接，无须下令，58000条汉子便胡乱地砍杀起来。直杀得血肉横飞，鬼哭狼嚎，飞沙走石，日月无光。三天之后，触蛮两国全军覆没，蛮酋被拦腰斩成二段，触酋身首异处。一眼望去，横尸遍野，阴风惨惨。多少年之后，有一位骚人墨客途经此方，凭吊之际，不禁哀吟道：

"鸟无声兮山寂寂，夜正长兮风淅淅，魂魄结兮天沉沉，鬼神聚兮云幂幂。日光寒兮草短，日光苦兮霜白。伤心惨目，有如是耶？"

然而造物主却在俯视而嘲笑，笑这些鼠目寸光、冥顽不灵的芸芸众生，往往为了蝇头小利，蜗角之地，征战砍伐，结果呢，多半是两败俱伤，死无葬身之地。

以上这个传说，是从反面说明我们必须要在必要时有忍耐之心，虽然丢掉财物，但可求得平安；为了争夺权势财富，动干戈于人，必会两败俱伤，最终使自己的利益受到损害。

哲人庄子，讲过一个支离疏的故事。

这个故事说明了在乱世中人生活的奥秘，作为一种寓言，这个故事也说明了吃亏是福、祸福相互转化的道理。表面上的吃亏，往往意味着实际上占便宜。

南方楚国有一个人名叫支离疏。他的形体是造物主的一个杰作，或者说，是造物主在心情愉快时开的玩笑：脖子长如丝瓜，脑袋形如葫芦，头垂到肚子上，两肩方耸，超过头顶，顶后的发髻蓬蓬松松，似一雀巢，背驼得两肋几乎同大腿并列。好一个支支离离、疏疏散散的"美人坯子"！

支离疏却暗自庆幸，感谢上苍情有独钟于他。平日里乐天知命，舒心顺意，日高尚卧，无拘无束，替人缝衣洗服，簸米筛糠，足以糊口度日。当君王准备打仗，在国内强行征兵时，青壮汉子如惊弓之鸟，四散逃入山中。而支离疏呢，偏偏耸肩晃脑跑去看热闹，他这副尊容谁要呢！所以他才那样大胆放心、月黑敲门心不惊啊！

当楚王大兴土木、准备建造王宫而摊派差役时，庶民百姓不堪骚扰，而支离疏却以形体不全而免去了劳役。每逢寒冬腊月官府开仓济贫时，支离疏却欣然前去领到三盅小米和十捆薪柴，仍然不愁吃不愁穿。

一个在形体上支支离离、疏疏散散的人，尚且可以明哲保身，以享天年，那么，把这种支支离离、疏疏散散从而遗形忘智、大智若愚的精髓运用到立身处世的方法中去，难道还不可以逢凶化吉、远害反保吗？

中国有一首古诗，名曰《空空诗》，其文是：天也空，地也空，人生渺茫在其中；日也空，月也空，东升西沉为谁功；田也空，屋也空，换了多少主人翁；金也空，银也空，死后何曾握手中……

真是如郑板桥所忠告的："试看世间会打算的，何曾打算得别人一点，真是算尽自家耳！"我们应牢记这句话。

财富又能说明什么呢？荣华富贵是人人都希望获得的，但无论什么事都不能过分。月盈则亏，财富聚集过多也同样会给自己带来损害。

世界上有贫则有富，有富也会有贫，相对而言贫者众。为官者还要善于忍贫，克制自己的贪欲，真所谓财去人安。

机关算尽不聪明——糊涂忍

忍学的第三心法是糊涂忍，就是我们常说的难得糊涂，是说确实聪明的人往往表面上愚拙，其实这种愚拙正是一种智慧人生，是真人不露相。

现实生活中，的确有许许多多的事情不能过分认真、过分较劲。尤其是涉及到人际关系的时候，因它错综复杂、盘根错节，若是太认真，不是扯着胳臂，就是动了筋骨，越搞越复杂，越搅越乱乎。

可见，难得糊涂，既可以免去不必要的人际纠纷，还可以保持人格的纯净。

世人皆醉我独醒

苏轼曾在《贺欧阳少师致仕启》中说："大勇若怯，大智若愚。"所谓大智若愚，是指对于那些不情愿去做的事情，可以以智回避，本来很聪明，却装出很愚拙的样子，如此可以保全自己的人格，同时也不做随波逐流之事。

屈原说过："世人皆醉我独醒"，这种"醒"就是一种大智。大智若愚的人给别人的印象多是：常常笑容满面，宽厚敦和，平易近人，虚怀若谷，不露锋芒，有时甚至是有点木讷、迟钝。但实际上若愚者，只是表面上似愚，而不是真正愚笨。在若愚后面，隐含的是真正的大智慧、大聪明、大学问。

三国时期，黄盖曾做过石城县县令。石城县的下属官吏们特别难以驾驭，黄盖到任后，安排了两个属下官员协助自己的工作，这两个人分别主管各曹事务。黄盖下令说："我这个当县令的没有什么德行，只是凭借着武功得到的官职，对于文官的公务我不熟悉，现在外面的敌人还尚未平定，军务比较繁忙，县里的一切公文案卷，全部交给这两个属下官员帮助我来处理。由他们替我约束管理各曹，纠正和处分有错误的人和事。如果他们中有人干了欺骗、不法的事，我终究不会用鞭抽杖打加在他们头上。"

这个命令下达之后，开始时下级官员们都感到恐惧，各自恭谨地奉行自己的职务。可是时间一久，下级官吏们认为黄盖不管公文案卷，便逐渐懒怠、放肆起来。黄盖暗中调查到了这些事，并查清了这两个帮他处理事务的下属各自所做的几件违犯法规的事。于是就把所有的官员召集在一起，就几件违法事件来追究两个下属官，那两个人叩头向黄盖道歉。黄盖说："我早已有过话了，终究不把鞭抽杖打加在你们头上，我不敢欺骗你们。"说完之后，竟然把两人给杀了。很多属下官员吓得两腿发软，从此以后，整个石城县变得政治清平起来了。

　　黄盖不过是一介武夫，但他的做法足以让那些能说会道的文人以及那些矜持庄严的大官们感到惭愧。以他的才干，装糊涂，让属下的以为自己愚蠢，在必要时，打击对方，树立起自己的威信，这也是大智若愚的做法。

　　据史书记载，宋代宰相韩琦以品性端庄而著称，遵循着得饶人处且饶人的生活准则，宽厚待人，从来没有因为有胆量而被人们所称许过。可是，正是因为他的这种品性，才得以在无声无息中做了以下这两件大事：

　　据说当宋英宗刚死的时候，朝臣急忙召太子进宫，太子还没有到的时候，英宗的手又动了一下，宰相曾公亮不禁吓了一跳，急忙告诉宰相韩琦，想停下来不再去召太子进宫，韩琦却拒绝说："先帝要是再活了过来，就是一位太上皇。"韩琦反而越发催促人们召太子进宫，从而避免了一场权力争夺。

　　韩琦当宰相时，担任大内都知职务的任守忠这个人十分奸邪，性情反复无常，还秘密探听东西宫的情况，在皇帝和太后之间进行离间。有一天，韩琦发出了一道空头敕书，参政欧阳修已签了字，参政赵概感到很为难，不知道怎么办才好，欧阳修说："只需写出来，韩公一定有自己的说法。"韩琦坐在政事堂，用经中书省而直接下达的文书把任守忠传来，让他站在庭中，指责他说："你的罪过，应当判死刑，现在贬官为蕲州团练副使，由蕲州安置。"韩琦拿出了空头敕书填写上，另外派使臣当天就把任守忠押走了。

　　试想一想，若是韩琦平时就是一个爱耍弄权术的人，任守忠会轻易就范吗？显然不会。正是因为他相信一贯诚实的韩琦的说法，才没有怀疑其中有诈。于是，韩琦轻易地就除去了任守忠这个蠹虫，却仍然不失忠厚。因而，大智若愚的确是一种人生的最高修养，使人成功的机会更多。

　　宋仁宗时，两浙一带出现了大灾害，饿死的人不计其数，随处可见。当时，范仲淹正在担任杭州知州，发放救济粮，号召富户出卖余粮。所有能够救灾的办法都使用上了。

　　两浙之人爱赛船，爱拜佛诵经，范仲淹便鼓励民众赛船，太阳一出来他就带头在湖船上设宴观看，从春天一直到夏天，百姓倾城观赏。范仲淹又召集大小庙宇主持开会，对他们说："荒年工钱便宜，正适合大兴土木修缮佛寺。"于是，所有的寺院又盛行土木工程。范仲淹还翻新整修食仓与府衙，每天用工上千人。

　　范仲淹的这些行为，引得两浙盐司不满，向朝廷上奏控告说："杭州知州范仲淹违反救灾政策，游乐不止，还提倡宴游和建造，劳民又伤财。"范仲淹向朝廷呈上奏章说："我之所以提倡宴游和建造，都是要用来调动有余之财，使贫苦百姓受

益。由于宴游和建造的开展，而使贸易、饮食、工作正常进行，出卖劳力的人都有了生计，每天不少于几万人，救灾政策，没有比这更好的了。"

这一年，两浙地区只有杭州安然渡过灾荒，百姓安居乐业。正是因为范仲淹执政办实事，两浙大灾后出现太平。范仲淹不炫耀自己的才华，看上去所做的事反而显得笨拙，其实，他是真正有智慧的。

同是宋代，当初宋太宗要启用吕端为相时，有人就向太宗劝告："吕端为人糊涂，不可以重用。"宋太宗则很赞赏他说："吕端小事糊涂，大事不糊涂。"于是决意以吕端为相。

当宋太宗病危时，内侍王继恩忌恨太子英明过人，私下里同参政知事李昌龄等打算立楚王元佐为王位继承人。宰相吕端到宫禁中去探问皇帝的病情，发现太子不在皇帝身边，怀疑其中定有原因，就在笏上写了"病危"二字，命亲近可靠的官员请太子马上入宫侍候。太宗死了，李皇后让王继恩来召吕端进宫。吕端知道事情已有变化，马上哄骗王继恩，让他领着进书阁检查太宗先前所赐的手写诏书，把诏书锁起来才入宫。

李皇后说："皇帝已经驾崩了，立太子应当立长子，这是顺理成章的事。"吕端说："先帝立太子，正是合天理。现在天子刚刚离去，难道可以马上违抗天子的命令，在王位继承人问题上提出别的不同说法吗？"于是就拥戴太子继承王位。在宋真宗登上王位，举行登基仪式时，天子座位前垂着幄帷接见群臣。吕端平正地跪在殿下，先不拜天子，而是请求天子卷起帷帘，待他上殿仔细看过，认清了的确是原太子，然后才下台阶，带领群臣拜见天子，高呼万岁。

吕端大事不糊涂，正是大智若愚，不耍小聪明的表现，而在必要之时，才表现出自己的见识与决断，显示出自己的智慧。

明代时，况钟最初以小吏的低微身份追随尚书吕震左右。虽然况钟只是一个小小的官吏但是他头脑精明，办事忠诚，吕震十分欣赏他的才华，便推荐他当主管，升郎中，最后出任苏州知府。

初到苏州之时，况钟假装对政务一窍不通，凡事问这问那。府里的小吏们怀抱公文，个个围着况钟转修，请他批示。况钟佯装不知，瞻前顾后地询问小吏，小吏们说可行就批准，小吏们说不行就不批准，一切听从部属的安排。这样一来，许多官吏乐得手舞足蹈，个个眉开眼笑，说况钟实在是太笨了。

三天之后，况钟召集全府上下官员，一改往日温柔愚笨之态，大声责骂道："在你们这些人中，有许多奸佞之徒，某某事可行，他却阻止我去办；某某事不可行，他则怂恿我，以为我是个糊涂虫，耍弄我，实在太可恶了！"况钟下令，将其中的几个小吏捆绑起来一顿狠揍，鞭挞后扔到大街上。

况钟的这一举动，使余下的几个部属心惊胆战，原来知府大人心里明亮着呢！于是个个一改拖拉、懒散的样子，积极地工作，从此之后苏州得到大治，百姓安居乐业。

与黄盖相似，况钟表面装糊涂，而在必要时树立了自己的威信。

机关算尽不聪明

为官者若是刻意谋算他物，就会招来别物来谋害自己。所谓"机关算尽太聪明"，实际上是太不聪明。唯有泯除心计，才能免于卷入物物竞逐的循环争斗之中。

东汉时有个叫苏不韦的人，他的父亲苏谦曾做过司隶校尉。有一权臣李皓由于和苏谦有隙，怀着个人私愤把苏谦判了死刑，当时苏不韦只有18岁。他把父亲的灵柩送回家，草草下葬，又把母亲隐匿在武都山里，自己改名换姓，用家财招募刺客，准备刺杀李皓，但事不凑巧，没有办成。很久以后，李皓升迁为大司农。

苏不韦就和人暗中在大司农官署的北墙下开始挖洞，夜里挖，白天躲起来。一个多月之后，终于把洞打到了李皓的卧室下。一天，苏不韦和他的人从李皓的床底下冲出来，不巧李皓上厕所去了，于是只能杀了他的小儿子和妾，留下一封信便离去了。李皓回屋后，大吃一惊，吓得在室内布置了许多荆棘，晚上也不敢安睡。苏不韦知道李皓已作准备，杀他已不可能，就挖了李家的坟，取了李皓父亲的头拿到集市上去示众。李皓听说此事之后，心如刀绞，心里头又是气又是恨，但又不敢说些什么，没过多久就吐血而死。

李皓只因为一点私人恩怨，便置人于死地。而苏不韦一生之中只为报仇，竭心尽力地谋害他人，自己也实在活得太累了。

《三国演义》中的"赔了夫人又折兵"的故事，是讽喻那些设计整人整不倒，反而贴了老本的人们。

周瑜是三国时庐江舒城人，与孙权的哥哥孙策同年岁，且交情很是密切，结为昆仲。周瑜生得一副好模样，样子很靓，资质风流，仪容秀丽，才学也无人可比。在曹操屯兵百万觑视长江沿岸的形势之下，东吴议降者很多，军心涣散，如果不是脱颖而出的周公瑾，东吴早就应该归属于曹操之下了。

却说刘备没了甘夫人，周瑜知道了这个消息，立即心生一计，要孙权把妹妹嫁给刘备，让刘备来入赘，然后把刘备幽囚在狱中，再派遣人员去讨取荆州来换刘备。等讨得了荆州，再来对付刘备。

计谋已定，于是派吕范为媒人，去往荆州说合。没想到诸葛亮听到了这个消息，猜着了周瑜的计划，于是让刘备前往周瑜所在处。并且让赵子龙保护刘备，临行前授予他三个锦囊，内中藏了三条妙计。东吴那边，孙权的母亲听得这个消息，又见刘备一表人才，却真心实意要把女儿许配给他。周瑜和孙权不想把事情弄假成真，但是又不敢公开囚禁和杀害刘备。

刘备劝说孙权的妹妹去荆州，娘子答应了他的请求，于是二人商定了去江边祭祖，以乘机逃离东吴。周瑜得知，赶紧派兵马追赶，却被娘子给挡了回去。正当周瑜孤注一掷，不知所措的时候，却见到诸葛亮早就在岸边等候，刘备等人已经登了船，往荆州方向而去了。岸上乱箭射来，可是船已经走得很远。刘备的兵对着岸边急急追来的吴兵，大声叫道："周郎妙计安天下，赔了夫人又折兵！"

周瑜本来自恃胜券在握，没想到遇到了诸葛亮。周瑜聪明反被聪明误，落得了

"赔了夫人又折兵"的后果。俗话说:"偷鸡不成反蚀把米",正是说要小聪明不但得不到最终的结果,还要做赔本生意,为人耻笑。为官者在任职时千万不要老琢磨算计别人,否则到头来反会为他人算计。

仍然是三国时期,吴国有个中书郎叫吕壹的人。吴王孙权让他掌握各种政府文书,吕壹因此而作威作福,玩弄文字以罗列罪名,用尽心计,诋毁朝中大臣,排斥无辜的人,只顾自己。太常潘浚担心吕壹会把国家弄得混乱不堪,每次提到这件事的时候,就痛哭流涕。

当时,吕壹向孙权告丞相顾雍的状,孙权勃然大怒,把顾雍狠狠地训斥了一番。

谢宏对吕壹说:"如果顾雍被撤了职务,大概潘太常会取代他吧?"吕壹回答说差不多。谢宏说:"潘太常曾经对你恨得咬牙切齿,现在他取代顾雍,恐怕明天就会来攻击你了。"吕壹听了,不禁害怕,于是马上又转过头来算计潘浚。

后来潘浚大宴百官,想在宴会上杀了吕壹,为国除害。吕壹知道以后,称病不去参加。之后,吕壹因为故意治罪左将军朱据,皇军吏刘助替朱据告知皇上,孙权这才醒过来,彻底地查清吕壹的罪行。吕壹最终被杀。

像吕壹这种人,用尽心机,罗织罪名而置他人于死地,为了达到自己的目的,挖空心思诬陷他人,最终没有好下场。为官者即使受了别人的一点气,应忍着,不能动用心计,老是算计他人,否则反误了自己。

伍子胥原本是楚国人。在楚平王当政的第二年,费无忌为楚国大夫,他心地险恶,为人十分阴险狡诈,残害过许多忠良无辜。他对楚平王善于迎逢,投其所好。楚平王对费无忌言听计从,做出了许多荒谬无道的事来。

楚国的太子建,对费无忌的所作所为深恶痛绝,无奈费无忌是当朝大夫,又是楚平王的宠臣,对他一时也没有什么对付的办法。但是费无忌却对此深感不安,唯恐楚平王死了之后,太子掌权杀了他,所以处心积虑,挑拨楚平王和太子的关系,诬告太子建授意他的老师伍奢,正在招兵买马,意图谋反。

昏庸无能的楚平王,便把太子建的老师伍奢召来,大加责难。伍奢素来为人耿直,是个敢于直言相谏的忠臣,对于楚平王残暴荒淫的行为,早就不满了,而对费无忌这种专门以谗言害人的无耻小人,更是恨之入骨。当楚平王问伍奢为什么招兵买马,与太子同流合污谋反之时,伍奢大怒,道:"你自己做出了许多对不住太子的事情,而且还听信小人的谗言,对自己的亲生骨肉都不信任了!"对于伍奢的当面顶撞,楚平王恼羞成怒,厉声命令武士把伍奢给绑起来。

但是,费无忌要铲除太子的目的还是没有达到,仍然不肯善罢甘休,进一步挑唆楚平王说:"太子与其老师伍奢的情义很深,您抓了太子的老师,太子决不会罢休,一定会借机真谋反,到时候您的王位可就难以保住了。"楚平王不辨真伪,也不自己想一想,便听信了费无忌的话,于是发布诏书,宣布废掉太子建,并且还要杀他。

后来,这个消息走漏了,太子连夜逃走,到了宋国。费无忌见除掉太子这一毒招,最终虽然没能彻底得逞,但总算达到了目的。转念一想,又觉得太子虽然逃走，伍奢也被抓了，但是伍奢还有两个儿子伍尚和伍子胥在外，而且两人都是智勇双全之人，是绝不可以轻视的。如果把他们的父亲给杀了，两个儿子一定要报仇，若不就此除掉，仍然后患无穷，于是，又劝楚平王杀掉伍奢父子，以斩草除根。

可是楚平王认为，要抓伍尚和伍子胥恐怕不是件简单的事。费无忌又献一计——逼着伍奢给他的儿子写信，就说倘若伍尚和伍子胥都能来见父亲，就可以放了伍奢，如果不来的话，就把伍奢给杀了。只要伍尚和伍子胥被骗来，就可以把他们父子三人一齐除掉，以免除后患。

看了来信，伍尚和伍子胥焦急万分，替父亲的性命担忧。伍尚救父心切，要立即动身去郢都救父亲出来。伍子胥阻拦他说："我看这封信不是出于父亲的意思，里面一定有阴谋，还是不去为好。"伍尚说："如果不去，又怎样才能救得父亲的性命呢？"伍子胥说："若是我们不去，楚王不敢杀害父亲，因为顾忌我们；假若去了，反而害了父亲，我们也会难逃毒手。"伍尚说："能够见到父亲一面，即使是死也心甘了。"伍子胥心急不已，劝道："如果大家都去受死，谁来为我们报仇啊！"可他还是没能说服伍尚，临别之时，伍子胥悲叹道："今天的分手就是生离死别，恐怕从今以后，我是再难见到父亲和你了。"

果然不出伍子胥所料，伍尚刚到郢都就被楚平王抓起来，连同伍奢一齐杀掉。

之后，楚王又听了费无忌的计谋，向全国发布通缉令，悬赏捉拿伍子胥，并派出大量人马，查寻伍子胥的下落。听到父兄被害的消息，伍子胥悲恸不已，对天发誓：不报此仇，誓不为人！这时，捉拿伍子胥的风声越来越紧，伍子胥只得连夜逃离楚国。

经过长途跋涉，饱受逃亡的磨难，伍子胥终于渡过长江，来到吴国境内投奔了吴王僚。吴王十分欣赏他的才干，封他为士大夫。伍子胥与当时另一位具有政治头脑的人公子光，两人一拍即合，一个想攻打楚国，为父兄报仇，一个想夺取王位，实现自己的政治抱负。

伍子胥听到公子光有伐楚的想法，心中十分欣喜，他积极地为他筹划夺取王位之事，找到了一位勇士，刺死了吴王僚。阖闾（公子光即位后称吴王阖闾）登上了王位之后，伍子胥又为阖闾伐楚提供了许多好的建议，阖闾对此都高兴地接受了。此后，阖闾更加重视发展生产，招兵买马，并铸造了一大批武器，使吴国的储备丰厚，军队力量也有了进一步的增强。

经过九年的充分准备，周敬王十四年，吴王阖闾任命孙武为军师，伍子胥为大将军，亲自率兵出征，历经千里跋涉，绕到楚国北部，直取郢都。楚平王之子楚昭王在战乱中带领大夫申包胥以及少数残兵，仓皇逃走。

伍子胥终于回到了阔别多年的祖国，忍受了这么多的艰难困苦，终于报了杀死父兄之仇。

费无忌用尽心计，结果还是没能抓住伍子胥，最终伍子胥报了仇，大胜了楚。

《红楼梦》中的王熙凤，在贾府中算是一个巾帼英雄了，她想尽办法，使用了种种计谋，想使贾府振兴起来，或者至少维持着大家的局面也行。然而尽管她处心积虑，最终换来的却是贾府上上下下的人对她的不满，最终还落得个凄惨悲凉的结局。真是应了"机关算尽太聪明，反误了卿卿性命"这句话。

其实，聪明也是一笔财富，不过，切记不要耍小聪明，以免招来灾患。

好算计别人的人，没有不以为自己聪明、神机妙算，但是因为用心险恶，故而维持不了多久。既想整别人，又不便明言，这就注定了败局。设的计谋见不得人，是奸计，奸计不得人心，必然天人共愤，自己虽精心谋划，不免心虚。且"没有不透风的墙"，别人一旦知道了，也会是"赔了夫人又折兵"的下场。所以为官者一定不要用尽心机算计他人。

鹰立如睡，虎行似病

一般来说，人们都是喜欢直厚而厌恶机巧的，而胸有大志的人，要达到自己的目的，没有机巧权变，又是绝对不行的，特别是当他所处的环境并不尽如人意时，那就更要既弄机巧权变，又不能为人所厌恶。

古人云："鹰立如睡，虎行似病，正是他攫鸟噬人的法术。"所以，君子要聪明不露，才华不显，才有负重任行远道的力量。

唐初的重臣李勣，本来是李密的部下；而在当初起兵的时候，李密与李渊父子势力之间，是钩心斗角的两部，只是李密后来被王世充打败，他才随故主投降于李渊父子的麾下。此时，天下大势已趋明朗。李勣深知，只有取得李渊父子的绝对信任才有前途，于是，他安排了以下这样的行动：

李勣把他"东至于海，南至于江，西至汝州，北至魏郡"的所据郡县地理人口图派人送到关中，当着李渊的面献给了李密，说是既然李密已决定了要投降，那么我所拥有的土地人口就应该随主人而归降，由主人献出去，否则自献就是据为己功，以邀富贵而属"利主之败"的不道德行为。李渊在一旁听了，感慨万分，而且认为李勣能如此尽忠故主，必然是一个忠臣。李勣归唐以后，很快得到了李渊的重用。可是，李密投降于唐以后心怀怨望，不久竟又反唐，事未成而"伏诛"。照理，一般的人到了这时，避嫌还恐太晚，而李勣却公然上书，奏请由他去收葬李密——唯有"公然于众"才平添了他的"高风亮节"，如果偷偷摸摸，效果可能是恰好相反——李勣穿着素服，与旧僚吏将士把李密埋葬在黎山的南边。

其实，李勣纯粹是做给活人看的，李密已死，能知道些什么呢？表面上看，这是李勣的一种愚忠，有碍于唐天子的面子，实际李勣早已料到这一举动将收到以前献土地人口同样的效果。果然，李勣从此因为他的仁至义尽，更得朝廷的推重，恩及三世。

李勣采用的，是一种负负得正的心理效应，迎合了人们一般普遍地喜爱那种脱离于常人易表现的忘恩负义、趋吉避凶的人性弱点，表现了具有大丈夫气概的认同心理，看似直中之直，实则大有深意，是"藏巧于拙"的处世而成功的典型例子。

1966年1月，印度总理夏斯特突然逝世。消息一传出去，印度政坛各派纷纷出马，试图角逐新总理的职位。

当时，印度各派有能力争夺总理位置的，是在国大党内最有资历的德赛和当时的代总理英迪拉。在各派之中，英迪拉（已故印度总理尼赫鲁的女儿）虽然有其独特的优势，可是就其政治势力而言，却算不上很强大。然而，在这个千载难逢的机会面前，英迪拉是绝不会袖手旁观的。

英迪拉冷静地分析了当时的形势，并且决定不过早地投入各派角逐，等到政敌之间两败俱伤，各方力量削弱时再予以出击。表面上，英迪拉无意问津，跟谁都不争夺，而是暗地里观察局势的变化，并寻求支持。果然，形势的发展如英迪拉所料，各派之争达到了白热化的程度，而且裂痕很深，很难弥合，这对英迪拉来说，是非常有利的。

由于英迪拉一开始采取的是静观的谋略，各派对她比较的放心，她几乎没有受到攻击，在公众之中仍保留着完美的形象。看准了有利时机，她就马上出击。就像救世主一样，英迪拉来到了辛迪加派之间，辛迪加派在她的极力争取之下，决定支持她参加竞选。加之她是已故总理尼赫鲁的女儿，闻名全国，任何地区或党内任何派系都对她没有什么特殊的恶感。英迪拉得到的支持日渐增多，势力也越来越强大，她凭借自己的政治手腕，把大多数党员团结在自己周围，最终使自己在大选中获胜。

英迪拉成功的原因，主要在于她在自己处于弱势地位的时候，善于守拙。同时，善于在各种政治力量之间周旋，利用其矛盾，最终获得胜利，登上了最高权力的宝座。

中国古代南朝的时候，有一位名叫僧虔的人，是东晋王导的孙子。刘宋文帝时官为太子中庶子，武帝时为尚书令。年纪很轻的时候，僧虔就以善写隶书而闻名。刘宋文帝看到他写在白扇子上面的字，赞叹道："不仅是字超过了王献之，风度气质也超过了他。"后来，刘宋孝武帝想以书名闻天下，僧虔便不敢露出自己的真迹。常常把字写得很差，因此而平安无事。

藏锋露拙，确是保护自己的方式之一。

杨修是曹营的主簿，他在三国时期，是很有名的思维敏捷的官员和有名的敢冒犯曹操的才子。而也正是他锋芒太露，才招致杀身之祸。

原来，杨修为人恃才傲物，数招曹操之忌。曹操兵出潼关，到蓝田访蔡邕之女蔡琰。蔡琰字文姬，原本是卫仲道的妻子，后被匈奴兵掳去，在北地生了两个小孩，作《胡笳十八拍》，流传入中原。曹操很怜惜她，派人去赎蔡琰。匈奴王惧怕曹操的势力，送蔡琰回汉朝。曹操把蔡琰许配给董祀为妻。当日去访蔡琰，看见屋里悬着一碑及图轴，内有"黄绢幼妇，外孙齑臼"八个字。曹操问谋士谁能解此八字，众人都不能回答出来，只有杨修说理解其中的含义。曹操叫杨修先不要说破，让他再思解。告辞之后，曹操上马行了三里，方才省悟。原来那八个字隐含"绝妙好辞"四字。

曹操曾造花园一所，造成以后，曹操去观看时，不置褒贬，只是取笔在门上写了一个"活"字。杨修说："门内添活字，乃阔字也。丞相嫌园门太宽了些。"于是翻修园门。曹操再次观看以后十分高兴，但是当他知道是杨修分析其意之后，内心又嫉妒杨修了。

又有一天，塞北送来酥饼一盒。曹操写了"一合酥"三字于盒上，放在台上。杨修入内看见了，竟然取出来与众人分食。曹操问他为什么这样做？杨修回答道："你明明写着'一人一口酥'嘛，我们岂敢违背你的命令？"曹操当时虽然笑了，内心却十分厌恶杨修。

曹操担心别人暗杀他，经常吩咐手下的人说，他好做杀人的梦，凡是他睡着时不要靠近他。有一天，他睡午觉的时候，把被子蹬落到地上，一名近侍慌忙拾起来给他盖上。曹操跃起来拔剑杀了近侍，然后又上床继续睡觉。他起来之后，假意问谁人杀了近侍。大家告诉了他实情。他痛哭一场，命人厚葬近侍。众人都以为曹操梦中杀人。只有杨修知道曹操的心事，于是便一语道破天机。

后来，刘备亲自攻打汉中，惊动了许昌，曹操率40万大军迎战，两军在汉水一带对峙。曹操屯兵已很久，进退两难，恰好遇上厨师端来鸡汤。见碗底有鸡肋，有感于怀，正沉吟间，夏侯惇入帐禀请夜间号令。曹操随口说"鸡肋！鸡肋！"人们便把这作为口令传了出去。杨修立即叫随行军士收拾行装，准备归程。夏侯惇大惊，请杨修入帐中细问。杨修解释说："鸡肋，吃之无肉，弃之有味。今进不能胜，退恐人笑，在此无奈，来日魏王必班师也。"曹操知道后，怒斥杨修扰乱军心，把他斩了。

杨修被斩，都因他不知道隐藏自己的才智、显露愚拙而造成的。虽死得可惜，但其死也确该值得人们重视。

傻人有傻福

俗话说："傻人有傻福"。官场上的傻人，必是"假痴不癫"者。只有装傻，才能以静制动，取得最后胜利。

假痴不癫，是指本来很能，却表现出不能，明明知道，却装作一无所知。当时机未来到的时候，要沉着冷静地像个呆子，如若假装癫狂，不仅会暴露自己，而且胡乱的行动会引起对方猜疑。所以，装作呆子才有可能取得胜利，而装作癫狂必定会失败。

宁可装作糊涂而不行动，不可冒充聪明而轻举妄动。要沉着，不泄露一点机密给对方，就好像是冬天的云雷屯聚收藏待机而动一样。

掩盖自己内心的大理想以及政治抱负，以免引起政敌的警觉，耐心等待时机，以实现自己的目的。

在1797年，年轻的拿破仑·波拿巴将军在意大利战场取得全胜，凯旋而归。从此以后，他在巴黎社交界身价倍增，也成为众多贵妇人追逐青睐的对象。然而，拿破仑不喜欢这一套，并且有些讨厌。可是，仍然有些人硬是紧追不放，纠缠不休。

当时的才女、文学家斯达尔夫人，几个月中一直在给拿破仑写信，想结识拿破仑。一天晚上的舞会上，斯达尔夫人头上缠着宽大的包头布，手上拿着桂枝，穿过人群，迎着拿破仑走来。拿破仑实在是没法避开。当斯达尔夫人把一束桂枝送给拿破仑时，他说："应该把桂枝留给缪斯（即文艺之神）。"斯达尔夫人却认为这是一句俏皮话，并不感到尴尬。她仍继续没话找话地与拿破仑纠缠，拿破仑出于礼貌也不好生硬地中断谈话。

"将军，您最喜欢的女人是谁呢？"

"是我的妻子"，拿破仑礼貌地回答。

"这个回答太简单了，您最器重的女人是谁呢？"斯达尔夫人依旧不罢休。

"那就是最会料理家务的女人。"

"这我想到了，那么，您认为谁是女中豪杰？"

"是孩子生的最多的女人。"

他们就这样一问一答，愈谈愈没趣。斯达尔夫人感到局促不安，也不想再自讨没趣，只得作罢。

一般说来，摆在面前的要求，如果是强人所难，一般人的办法是拒绝了事。然而，针对不同的对象，拒绝的方式不能只用一种，有时需要直截了当，有时则需要婉转隐讳。拿破仑虽然心中不愿，又不便公开拒绝，而是采取不冷不热、答非所问的办法，使斯达尔夫人自感无趣而告退。

狄青是北宋的一员名将，奉命南下征讨侬智商。侬智商是宋代广源州的蛮族，侬氏自唐初就雄踞广西西原一带。侬智商率兵袭击安德州，盘踞广南，攻下邑州，自立南天国，后来被狄青击败。

当时，南方一带少数民族地区有迷信鬼神风俗，不知是什么原因，大军开始向桂林南方进击的时候，常会看到鬼神的姿态。狄青心里想："像这样进军的话，未来是胜是负，就很难预料了。"于是就假装信神，在拜神时说："这次打仗还没有什么把握。"尔后就拿出100个铜钱对大家说："如果我们会战胜的话，我把这些铜钱扔在地上，正面就会统统朝上！"站在旁边的一位官员劝告他说："要是结果不如所愿，就影响部队的士气。还是不要信神信鬼的吧！"可是，狄青并不理会这些，在全军将士的千万人注视之下，他大手一抛，就把100个铜钱扔在地上。

许多士兵都注视着地面，突然，他们都挥起手来。原来扔在地上的那100个铜钱，全部都是正面朝上。这时，全军欢声雷动，震撼山野。狄青也非常兴奋，就命令左右的侍从拿来100个钉子，把撒落在地上的铜钱固定起来，并且亲自用黑而薄的织物覆盖起来，说："如果这次能够凯旋归来，就感谢鬼神，再把铜钱收回。"

不久，狄青平定邕州后，率大军归来，按先前说的那样，派人把钱收了回去。他的僚属们一看，原来铜钱的两面全是相同的花纹。

狄青就是这样，巧妙地运用"假痴不癫"之计，取得了胜利。

战国时期，孙膑与庞涓同为鬼谷子的弟子，共学兵法，曾有八拜之交，结为异姓兄弟。庞涓为人刻薄寡恩，孙膑则忠诚谦厚。

一年，庞涓得知魏国惠王厚币招贤，寻求将相，不觉心动。于是，辞别了师傅下山去了。临行时，孙膑相送话别，庞涓说："我与兄有八拜之交，誓同富贵，此行若有晋升的机会，一定会举荐你，共立功业。"

庞涓到了魏国，魏惠王见他一表人才，韬略出众，便拜他为军师，东征西讨，屡建奇功，败齐一战，声振诸侯，显赫之名无人能比。可是，庞涓却在心里妒忌着一个人，即他的义兄孙膑。因为他认为孙膑据有祖传"孙子十三篇"，所学胜己，一旦给了他机会，便会压倒自己，因此始终不予举荐。

鬼谷子与墨子相好，时常来往。一次，墨子往访鬼谷子，见到孙膑，交谈之下，叹为兵学奇才。墨子到了魏国之后，在魏惠王面前举荐孙膑，说他获得其祖孙武的秘传，天下无对手。惠王大喜，知孙膑与庞涓是同窗义兄，于是命令庞涓写书聘请。

庞涓明白，如果孙膑一来，必然夺宠，但是魏王之命，又不敢违抗，于是遵命修书，派遣使者去迎接孙膑。鬼谷子深通阴阳之术，已算知孙膑的前途得失，但是天机不可泄漏，给孙膑一个锦囊，吩咐必须到最危急时刻才可以拆开来看。

孙膑拜辞先生，随魏王的使者下山，登车而去。魏王见了，叩问兵法，孙膑对答如流，魏王大悦，欲拜为副军师，与庞涓一起掌握兵权，庞涓却说："臣下与孙膑，同窗结义，膑实臣之兄，怎可以兄为副？不如权拜客卿，俟有功绩，臣当让位，甘居其下。"于是拜孙膑为客卿。从前，孙庞两人相往频繁。但此时相处，却没有当年那样真挚，因为庞涓心怀鬼胎，欲除义兄而后快，却因孙膑熟读孙武兵法，想待其传授后才下毒手。

直至有一次摆演阵法之后，庞涓不及孙膑，乃迫不及待，便开始用阴谋陷害孙膑，在魏惠王面前说孙膑身在魏邦，心怀齐国，有里通外国之虞。后来，更是假造证据，赚出孙膑手迹，骗教孙膑请假回齐，乃被魏王削其官位，发交庞涓约束监视。庞涓乘机落井下石，私奏魏王，说孙膑虽有私通齐国之罪，但罪不至死，不若砍掉他的双脚，以绝后患。魏王依奏，将孙膑膝盖削去，刺"私通外国"四字于其身。庞涓假装关心，试探孙膑，一心念着孙子兵法。孙膑慨然答应以竹简刻写出来。

服侍孙膑的仆人诚儿，从另一近侍那儿听说庞涓貌虽相好，心实相忌，便告诉了孙膑，孙膑想起先生嘱咐，打开锦囊，上写"诈疯魔"三字。

晚上，饭送来了。孙膑忽然扑倒在地，作呕吐状，一会儿又大叫："你不可以要毒害我！"接着将饭盒推倒落地，把写过的木简用火焚烧，口里喃喃谩骂，语无伦次。诚儿不知是诈，忙奔告庞涓。次日庞涓看他，他叩头不已，大叫："鬼谷先生，救我一命吧！"庞涓说："我是庞涓，你认错人了。"孙膑拉住庞涓的衣袍，不肯放手，乱叫"先生救我！"庞涓命左右将孙膑扯脱，才回府去。庞涓回府，心中还疑惑，认为孙膑是诈癫扮傻。想试探真假，命人把孙膑拖入猪棚里，猪棚粪秽狼藉，臭不可闻，孙膑披头散发，倒卧于屎尿之中。有人送来酒食，孙膑心知这是庞涓的把戏，怒骂："你又来毒我吗？"将酒食倾翻在地，顺手拾起猪屎、臭泥送进口中。使者将情况回报了庞涓，庞涓说："他已真狂了，不足为虑矣。"从此对孙膑不加防范，任其出入，只派人跟踪而已。

孙膑这"疯子"行踪无定，早出晚归，仍以猪栏为室，有时整夜不归，睡在街边或荒野，在外捡食污物，时笑时哭，没有人怀疑他是诈癫扮傻。这时，墨子云游全国，住在大臣田忌家里，其弟子禽滑厘从魏国来，得知孙膑之事，后又把这事告之齐威王。后齐威王用其谋，用假孙膑化装他在街上疯疯癫癫的，瞒过了盯梢，也瞒过了庞涓。不久，假孙膑也脱身回来，跟踪的人见孙膑的衣服散在河边，报告庞涓，都认为孙膑已投水死了，根本不怀疑他会回到齐国去。

孙膑秘密回到齐国后，仍然保密，不出名不露相。后来赵魏交战，孙膑以"围魏救赵"之计，大败庞涓。韩魏之役，孙膑再以"增兵减灶"之计，诱敌深入，致使庞涓死于马陵道。

俗话说，"聪明难，糊涂更难"。因为让聪明人假装糊涂，让勇敢的人装作怯懦，违背了人性天性，将会激起剧烈的内心冲突。原本很聪明的人，要装出一副痴痴呆呆的傻样，会被人污辱，内心必定痛苦。然而，假痴不癫在危险时也有其必要性。而这种一时的糊涂，往往可以赢得胜利和成功。

防人之心不可无——谨慎忍

　　忍学的第四心法是谨慎忍，就是要做到谨言慎行、深藏不露和韬光养晦。

　　韬光养晦，是隐藏自己的才能的意思，把才能隐藏起来，可以很好地保护自己，是处世的护身术。

蜷起你的爪牙

　　古人云："木秀于林，风必摧之。"锋芒毕露的人，很容易招致别人的非议和敌视，在官场尤其如此。为官者最好能做到深藏不露。龙在潜伏的时候，爪牙永远是蜷缩着的；为官者在官场，也应收起你的利爪和锋芒。

　　埃及前总统萨达特是1952年埃及"七·二三"革命的组织者和发起者之一。在革命成功以后，领导者相互之间争权夺利，十分激烈，只有他不图大权，恬淡自若。对于大权在握的纳赛尔，他非常尊敬；对纳赛尔所提的建议，也从来没提出不同的意见；对于纳赛尔的话，他也总是唯唯诺诺。为此，纳赛尔称萨达特为：毕克巴希萨萨（即"是是上校"），甚至不满意地讲："只要萨达特不老说'是'，而用别的话来表示他的赞成意见时，我就会觉得舒服些。"在日常工作中，萨达特不露声色，表现也是平平常常。对于内政问题和外交大事，他从不拿出主见，偶尔自己的公开态度稍有出格，他就会立刻纠正过来，与纳赛尔的一批信徒保持一致。

　　在1967年的第三次中东战争以后，纳赛尔想隐退，将扎克里亚·毛希丁提名为继任者。但是，三年之后，考虑到顺从及危险性大小等理由，权衡再三，纳赛尔出人意料地选萨达特为继任者。出于易于控制和为人温和的考虑，埃及军方也支持萨达特。

　　1970年9月纳赛尔去世，埃及开始了一场激烈无比的权力之争。扎克里亚·毛希丁、阿卜杜勒·拉蒂夫·巴格达迪、阿里·萨布里、卡迈里·侯赛因、萨米·谢里夫这些人，既有潜在势力，又都大权在握，他们之间都互不相让。后来基于政治妥协，这些人把平日不起眼的萨达特捧上了总统的宝座。

当萨达特继任总统的职位以后，一反平日之态，大刀阔斧地进行了一系列改革和惊人之举。他自然是先排除异己，把毛希丁、萨布里等潜在对手革职或者降职，以稳固自己的权力和地位。接着，实行了政治、经济改革。政治上实行民主，经济上实行改革的政策。特别是在外交方面，1972年7月，他下令驱逐了在埃及的2万名苏联专家；1973年10月，向以色列发起了"十月战争"，打破了中东"不战不和"的僵持局面；1974年6月与美国恢复了外交关系；1977年11月亲自访问以色列，打破埃及、以色列关系的僵局；1978年与美国、以色列签订戴维营协议，由此获得"诺贝尔和平奖"等等。这一系列的外交上的惊人之举，使他一跃而成为70年代世界政治舞台上叱咤风云的大人物。

正是萨达特深知"木秀于林，风必摧之"的道理，他才隐其锋芒，韬光养晦，终于登上了总统宝座，表现了非凡的才能。

明朝张崾崃任滑县县令的时候，有两名江洋大盗任敬、高章来到县城，冒充锦衣卫的使者，拜见张公，并且还凑近张公耳边说："朝廷有令，要处理有关耿随朝之事。"

原来，当时有位叫耿随朝的人，担任户政的科员，主管草场，因为发生火灾，朝廷下令羁押在刑部的监牢里。张公听说了此事，更加相信两人的身份。任敬于是拉着张公的左手，高章拥着张公的背，一起进入室内坐在炕上。任敬摸着鬓角胡须笑着说："张公不认识我吧！我是霸上朱的朋友，要向张公借用公库里面的金子。"于是二人取出早已准备好的匕首，架在张公的脖子上。

张崾崃抑制住内心的恐惧与紧张，装出替他们着想的样子说："你们不是为了报仇，我也不会因为财物而牺牲自己的性命。你们这样暴露自己的真实身份，如果被别人发现，对你们可是相当不利！"

两个强盗觉得很有道理。张公于是又进一步说："公库的金子有人看管，容易被人发觉，对你们不利。有一个办法是，我向县里的有钱人借贷，这样你们就可以安然无恙了，也不至于连累了我的官职，岂不是既有利于你们，也害不了我吗？"

听了张公的办法，两个强盗更加赞同。就这样，张公不露声色地稳住了强盗，并且取得了他们的合作与信任，同时一条计谋也酝酿成熟。

张县令传令要属下刘相前来。刘相到后，张公假意地说："我如果不幸发生意外被抓去，就会很快地被处死，这两位是锦衣卫，他们不想抓我，我非常感激他们，想拿5000两黄金当作他们的寿礼，以表我的心意。"

刘相听了，不禁目瞪口呆，说："这么多钱，到哪里去弄？"

于是张公说："我经常看见你们县里的人，很有钱而且急公好义，想请你替我向他们借。"于是拿出笔纸，一共写了九个人的姓名，正好数量符合。所写的这九个人，实际上都是武士。

刘相看了之后，恍然大悟。不一会儿，名单上所列出的九个人，一个个穿着华丽无比的衣服，像富贵人家的子弟一样，手里捧着用纸包着的铁器，先后来到门口，假装说："张公要借的金子都拿来了，因为时间太紧迫，没有凑足所要的数目，实在是对不起。"一边说，一边装出哀求恳免的样子。

听说金子到了，两位强盗又见这些人果然都像有钱人的样子，高兴不已地说："张公真的不骗我们。"张县令趁两个强盗查看金子的空档，急忙脱身，并大喊抓贼，九个武士一拥而上，两个强盗猝不及防，其中一个来不及反应就被抓了，另一个自杀身亡。

张县令不露声色，从容镇定，深藏不露地诱盗贼上当，既保全了身家性命、公家钱财，又擒获了强盗。

《三国演义》中有一段"曹操煮酒论英雄"的故事。当时刘备落难投靠曹操，曹操很真诚地接待了刘备。刘备住在许都，在衣带诏签名之后，为防曹操谋害，就在后园子里面种菜，亲自浇灌，以此迷惑曹操，放松其对自己的注视。

有一天，曹操约刘备入府饮酒，谈起以龙状人，议起谁为当世英雄。刘备点遍袁术、袁绍、刘表、孙策、刘璋、张绣、张鲁、韩遂，可都被曹操一一贬低。当时，曹操指出了英雄的标准——"胸怀大志，腹有良谋，有包藏宇宙之机，吞吐天地之志。"刘备问："那么，谁人能当之呢？"曹操说，只有刘备与他才能称之。刘备本以韬晦之计栖身许都，被曹操点破是英雄以后，竟然吓得把匙箸也丢落在地上，恰好当时大雨将至，雷声大作。刘备从容地俯身拾起匙箸，并说："一震之威，乃至于此。"巧妙地将自己的慌乱掩饰过去，从而也避免了一场劫数。刘备在煮酒论英雄的应答是非常聪明的。

刘备深藏不露，在别人面前不夸张、炫耀、吹牛、自大，装聋作哑地不把自己算进"英雄"之列。他的这种办法令曹操很放心。他的种菜、他的数英雄，至少在表面上收敛了自己的言语行为。因此，做官的人，气焰是不能过于张扬的。

暗箭最易伤人

要做到深藏不露，还要匿壮显弱，把自己的优势藏起来，充分展示自己的短处、弱点，而使对方上当，放松警戒。"暗箭最易伤人"，躲在暗处，以装糊涂来迷惑对方，从而达到成功的目的。这样需要很大的忍耐力，争强好胜者是很难做到的。这需要先丢脸、先失败，在经过了一番痛苦的忍耐后，才达到最后的成功。

隋朝大将贺若弼，准备攻取京口，先以老马多不好使唤为借口，购买新船然后藏起来，又买破船50艘，放在港中。陈国人窥见到这些破船，就认为中原没有好船。贺若弼又命令沿江巡防的军队交接班时，都必须集中到广陵，并在广陵大列旗帜，旷野支帐。陈国人以为隋国的大军开来了，立即派出军队，做好战斗准备。过后知道并没有此事，原来是江防人员交接班，就不再戒备了。这时，贺若弼又沿江渔猎，人马喧噪，声势不小，陈国人以为对方是在打渔，仍然无动于衷。等到贺若弼的军队渡过了长江，陈国人始终没有察觉，最后被打败。

正是贺若弼不露声色，展示了自己的短处，而使陈国人放松了警惕，一则保护了自己，二则在不防备的时候予以攻击，最后取得了胜利。

唐高宗调露元年（公元679年），大总管裴行俭讨伐突厥。起初几次，朝廷派人送的饷粮都被敌人半路劫走，行俭大怒，心生一计，就伪装300辆粮车，每辆车内埋伏壮士5人，各带长刀和劲弩。300辆车都用老弱的兵驾着，又暗中派精兵跟踪在后，车行不久，突厥兵果然前来抢粮，老弱的士兵假装逃生。于是突厥兵就把车赶到水草边，解鞍牧马。当他们正要从车中取粮食，壮士们突然从车中跃起，向敌兵冲去，跟踪在后的精兵也冲杀了上去，突厥兵几乎全被消灭。

裴行俭用的正是匿壮显弱之计。

司马懿装病夺权是一则有名的故事，目的在于迷惑对方，使其放松戒备，然后暗中图事，一旦时机成熟，便显出本领来，这招确实很灵。

魏明帝时，曹爽和司马懿同执朝政。司马懿被升做太傅，其实是明升暗降，军政大权落入曹爽家族。见此情景，司马懿便假装生病，闲居家中等待时机。

曹爽骄横专权，不可一世，唯独担心司马氏。正值李胜升任青州刺史，便叫他去司马府辞行，实为探听虚实。司马懿明察实情，就摘掉帽子，散开头发，拥被坐在床上，假装重病，然后请李胜入见。

李胜拜见后，说："一向不见太傅，谁想病到这般。现在小子调做青州刺史，特来向太傅辞行。"司马懿假装听错，答道："并州靠近北方，务必要小心啊！"

李胜说："我是往青州，不是并州！"

司马懿笑着说："问我从并州来的？"

李胜于是大声道："是山东的青州。"

"是青州来的？"

李胜心想：这老头怎么病得这般厉害？都聋了。"拿笔来！"李胜吩咐，并写给他看。司马懿装作这才明白，笑着说："不想耳都病聋了！"手指指口，侍女即给他喝汤，他用口去饮，泻了满床，噎了一番，才说："我老了，又如此病重，怕是活不了几天了。我的两个孩子又不成器，还望先生训导他们，若是见了曹大将军，千万请他照顾！"说完又倒在床上，喘息不停。

李胜拜辞回去，将所看见的情况报告了曹爽，曹爽大喜，说："此老头若是死了，我就可以放心了。"从此对司马懿不加防范。

司马懿见李胜走了，就起身告诉两个儿子说："从此曹爽对我真的放心了，只等他出城打猎的时候，再给他点厉害尝尝。"不久，曹爽护驾，陪同魏明帝拜谒祖陵。司马懿立即召集往日的部下，率领家将，占领了武器库，威胁太后，削除曹爽羽翼，然后又骗曹爽，说只要交出兵权，并不加害于他。等到局势稳定了，就把曹爽及其党羽斩尽杀绝，从而掌握了魏朝军政大权。

正是曹爽被司马懿所装出的弱点所迷惑而放松警惕，才遭此下场。官场处事中，不妨用用匿壮显弱的方法。

康熙帝爱新觉罗·玄烨，是顺治帝的第三个儿子，顺治十一年（公元1654年）三月十八日生于景仁宫。

鳌拜，瓜尔佳氏，满洲镶黄旗人，于清太宗天聪八年（公元1634年）就任牛录章京，因屡立战功，被赠予"巴鲁图"（勇士之意）的荣誉称号。后又当上了议政大臣，领侍内大臣，官职显赫。

顺治帝在去世时遗诏要索尼、苏克萨哈、遏必隆、鳌拜为辅佐大臣。四位辅佐大臣当中，索尼年老，虽列首位却不能制约他人；遏必隆怯弱依附鳌拜；苏克萨哈资望浅，虽有心与鳌拜争权，但又难以限制他。由于辅佐大臣选择不当，鳌拜专横跋扈，上欺幼帝康熙，下压朝中文武大臣，军事大事独断专行，广植私党，残害异己。种种劣迹，难以枚举。

年仅8岁的康熙十分机灵，对朝中各事看得很清楚，由于长年居于深宫，亲眼目睹上层政治斗争的残酷性，所以，应如何对付鳌拜，他非常谨慎。他知道，若是自己表现出很高的理政能力，极可能有危险，只有故作软弱，麻痹鳌拜，使他放松警惕，而自己暗中积蓄力量，等待时机，才能铲除鳌拜的势力。

康熙14岁时，照规定他可以亲政了。他曾给鳌拜父子分别加过"一等功"、"二等功"的封号，以后又分别加了"太师"、"少师"的封号。当然，加封只是一种表面现象，康熙帝玄烨是不甘做傀儡皇帝的。

康熙帝亲政，苏克萨哈请求守先皇陵墓，康熙帝则希望他继续参政。鳌拜得知，愤恨不已，进行了恶毒的反扑，到议政大臣处活动。当时议政大臣见了鳌拜也很惧怕，唯唯听命。议政大臣在奏书中要求将苏克萨克官职革去，凌迟处死，所有子孙俱要灭除。

康熙帝看了，并不准奏。鳌拜不禁大怒，攘臂向前，欲以老掌相向，康熙"吓得惊惶失色"，支吾道："就是要办他，亦不应凌迟处死。"鳌拜说："那也应斩首。"康熙帝战栗不答。

在与鳌拜的周旋中，康熙时刻都在想着，怎样才能除掉鳌拜。大臣不可用，御林军不可用，所以，必须慎重。有心计的康熙帝从侍卫中选取身强力壮者，以练习摔跤为名义，组织了一支能为皇帝拼死效忠的少年武士亲信卫队，每日滚打练习，在鳌拜入朝奏事之时，也不回避。鳌拜认为康熙皇帝贪玩，没有大志，心里自然更加坦然，不加戒备。

康熙的计谋，逐渐奏效，朝中上上下下的大臣却认为康熙太软弱，难以与鳌拜抗衡。

到了康熙八年的时候，练习摔跤的侍卫武艺已日渐进步，有足够的力量擒拿鳌拜。于是有一天，康熙帝单独召鳌拜入见，事先已将善于摔跤的侍卫埋伏在两侧，由于鳌拜毫无戒备，欣然前往，到了内廷，一班会武功的少年侍卫一拥而上，将鳌拜擒获，押入大牢。

显弱者并非真弱，康熙正是利用这一道理，以自己年少为掩护，故意装出好玩、政事无主见、胆怯等弱点，消除鳌拜戒心，铲除了鳌拜一伙。

流出的汗不能再回去

身为领导者，除了要匿壮显弱之外，对自己的言行举止也必须十分慎重。古语讲"论言如汗"，论言指领导者所说的话，汗是指说出的话绝没有挽回的余地，就像身体流出的汗一样，一旦流了出来，就不可能再回到体内。正因为这样，领导者实在不得不谨言慎行。

据说，当周公的儿子伯禽受封为鲁国国君时，周公曾告诫他："我身为宰相，碰到有人来访时，即使是正在进餐也得赶紧中断，尽量不要对客人太失礼。尽管这样，仍然担心有不周到的地方，或是疏忽了优秀的人才。现在你到鲁国去，虽然身为一国之君，也绝不能有任何骄傲失礼的地方。"这种谨慎的态度对于一个领导者来说是十分重要的。

春秋战国时期，应侯范雎在韩国的封地汝南失掉了。秦昭王对范雎说："君失去封地汝南以后忧愁吗？"

"臣不忧愁。"范雎答道。

"为什么？"秦昭王问。

范雎回答说："梁国有个叫东门吴的人，他的儿子死了而不忧愁，他妻子的陪嫁女说：'您喜爱自己的儿子，在天底下是少有的，现在儿子死了，你却不忧愁，是什么原因呢？'东门吴说：'我曾经没有儿子，没有儿子的时候，不忧愁，现在儿子死了，与没有儿子时相同，为什么要忧愁呢？'臣也曾有儿子失落在大梁，那时没有忧愁，现在失去了汝南，也与失去了儿子一样，故没有忧愁。"

秦王不相信范雎的话，就告诉蒙傲说："今年，我的一座城市被围，食不甘味，卧不温席，如今应侯范雎失地而不言忧愁，这难道是他的真实情感吗？"于是蒙傲便决定去试探范雎的真实情形。

见了应侯范雎，蒙傲说他想死，应侯问他原因，蒙傲说："秦王把您当老师看待，天下没有人不知道，更何况秦国呢？现在我在秦国为将，带领军队，我以为像韩国那样的小国，公然叛变，夺走您的封地，我还活着干什么呢？不如死了。"应侯忙向蒙傲拜谢并将汝南之事委托给他。

回去以后，蒙傲向秦王报告了真相，自此之后，应侯再提起韩国的事，秦王就不高兴了，以为是为了汝南的事。

失去封地心中不高兴是人之常情，应侯说自己不忧愁是谎话，被帝王识破，从而也失去了帝王的信任。为官者必须言语慎重，否则很容易被人识破而导致自己的权势失去。

宋太宗想知道天下的大事，即使是官职低微的臣子，如果想向他们询问或查访什么，都得上殿对答。

王禹偁是宋巨野人，字元之，太平兴国八年进士及第，为右拾遗，多次升迁为翰林学士。他认为皇帝不能这样，便上了奏章，其大概意思是说："在三班供职的人，他们的职位卑下贱微，按照要回朝对答的制度也得报殿"等等提议。这些话在当时的士大夫中广为流传。

不久以后，王禹偁被贬为商州团练副使。有一天，他随从太守参加国忌日的祭祀，天还没有亮，就看见一个人身穿紫袍，拿着秉笏，站在佛殿的一侧。王禹偁怕他官职比自己高，想同他叙位。那人收了手板说："我就是'可知'。"王禹偁不明白他说的话的什么意思，问他，那个人解释道："您曾在奏章中说：'三班供职，卑贱可知。'我如今的官职是供职，这就是我刚才所说的'可知'呀。"王禹偁若有所失，心中懊恼不已，知道的人没有不发笑的。

官场之中，言语必须谨慎，那些贬低别人的话不可以说，毕竟官场风云变化，难以预料，以上王禹偁的事就是很好的例子。

宋灵寿人曹彬，原本事周，后归宋，授宣徽南院使、义成军节度使。

归宋以后，曹彬屡建功勋。诸将士在平定蜀乱时，竞相争抢财宝，只有曹彬秋毫无犯。所以，他得到了宋太祖的信任。平定南唐凯旋回京时，只叫守门人报说是江南办完公事回来。等到他勋绩一天比一天高，名望荣宠日渐高涨之时，就更加谨慎，以保全自己的俸禄和职位。

每当驻边时，曹彬卑躬待士，遇上使者巡视边疆，不管是朝廷省部派来的，还是地位低下的，都远远迎接，端着笏，不带随从，一个人站在路旁。使者见了，都感到惭愧和惶恐。客人和部属中，有人认为礼节太过分了，曹彬说："这是皇帝派来暗地里观察我的人啊。"畏惧和警惕竟已达到了这种境地。

曹彬是宋初比较有名的大将，他为官谨慎是十分必要的，自己是降将，名誉已不太好，如不谨慎，得罪了朝中权贵，就会受到攻击。为官之人即便地位已很显赫，仍须谨慎。

明熹宗初年，绍兴出了三个尚书，韩邦问、王鉴之和王守仁。韩邦问是王守仁父亲的同辈，王守仁十分敬重他。冬至节这一天，王守仁和韩邦问都去朝堂上朝贺，王守仁当时是一位立了大功的勋臣，他身着貂皮朝服，乘马前行。不一会儿，随从报告说韩尚书在后边。王守仁立即下马执笏，站在道旁。韩公也不下轿，拱了拱手说："伯安（王守仁字伯安）走好啊，我先走了！"就走过了。等到他过去之后，王守仁才上马继续前行。当时，韩公虽然以前辈自居，而王守仁对他十分恭敬，并不因是伯爵而自以为了不起。

年轻的官员应谨慎行事，对老一辈官员要尊重，这样才能受到他们的赞同，否则很容易遭受老官员们的攻击。

康熙年间，京里的戏班子以内聚班为第一。当时钱塘的太学生洪昇著《长生殿》剧本刚刚完成，交给内聚班去演，康熙看了，十分赞赏，赐给演员们白银20两，并且向各亲王称赞这场戏。于是诸位亲王及内阁大臣，凡有宴会，一定都要看这个戏，且赏赐的数目和皇帝赐的一样，前前后后的赏赐不计其数。

内聚班的演员对洪昇说："我们仰仗您的新作，获得了很多的赏赐，请让我们举行宴会为您庆贺，凡是您的好朋友，都应请来。"于是，选择了一个好日子大摆宴席，把在京城中的名流，全都请了来，可就是没请常熟县的赵征介。当时，赵征介正在王某家中教书，于是把此事告诉了王某，让他去向皇帝禀告，说这天是皇太后去世的忌日，洪昇等人大摆宴席，是不敬之罪，请按法律治罪。皇上看了这个奏折，下令刑部予以惩处。凡参加这次宴会的士大夫、诸生，遭受除名的有50余人。

洪昇疏忽小节，惹出了大祸，正是因为他做事不很谨慎而招致一个教书先生的陷害。比自己职位低的人，千万不能轻视，对这类人，也要谨慎为好。

宋高宗绍兴二十三年，殿试时，皇上要把特奏的几名进士试卷取来看看。一天，皇上来到小殿，对对读官（古时考试，考生试卷由誊录生用朱笔誊写，然后再交对读所核对，朱卷不写考生姓名，只写编号）问道："为什么誊写的卷子上将

'呜呼'写成'鸣呼'？"当时的对读官是由册定官（修改审定律令的官）临川人李浩担任，他立即回答："我读到这儿也起了疑惑，但是它的正本原文是这样写的，不敢随意改动，所以用针戳了几个小洞在字的旁边，请皇上核对。"皇上让人取来了原本看，正如李浩所说，再一次称赞李浩是个办事精细的人。

李浩谨慎行事，得到了领导的赞赏。态度谦虚，言行谨慎，是为官者修养的重要方面。

善马被人骑

人的一生中，地位总会发生变化，宠辱也是无常的。应该明于荣辱之分，行当荣之事，拒为辱之行。受辱之时，还要善于忍。

据司马迁所著的《史记》记载，战国时魏国范雎曾跟随魏国使臣须贾出使齐国，齐王听说他口才很好，就赏给他很多东西。须贾怀疑范雎把魏国的秘密告诉了齐王，回来告诉了魏国之相魏齐。魏齐大为生气，就打断了范雎的肋骨和牙齿。范雎装死，被用席子卷起来扔至厕所中，让人轮流撒尿来惩罚侮辱他。后来范雎说通了守卫的人才得以逃出来，改名为张禄，跟着秦国使臣到了秦国，被引荐给秦王，当了客卿，后来被封为应侯。

面对耻辱，能够坦然受之，确实让人佩服。但是一个能忍受得住屈辱的人，却不一定能够在受到宠幸和获得荣誉之后，依然能保持着高风亮节，所以历史上有不少人就是因为荣宠过多，害其自身。

西汉人董贤，字对卿，云阳人，长得十分漂亮。先做了太子舍人，建平四年又入宫做了侍中，后来官位升至大司马。汉哀帝很宠幸他，他出门与皇帝同坐一车，入宫则陪伴皇帝食宿。他的妻子也住在宫中，妹妹当了皇妃，父亲董恭当了少傅，富贵震动朝廷，权力与皇帝相等。董贤曾经和皇帝白天一起睡觉，压住了皇帝的袖子，皇上醒了，可是董贤仍然没醒，为了不惊动董贤，皇上割掉袖子起床，可见宠爱董贤到了极深的地步。皇上对董贤的宠爱远不止这些。皇上还为董贤修了大府第，精巧到了极点，还赏给他国库中的珍宝，把它们都放到董贤家里去。

元寿元年，司隶校尉鲍宣上书皇帝说："董贤本来和皇帝不是亲戚，不过是凭着美貌往上爬的，赏赐太多，用尽国库的珍藏。国内各地的进献物品，应该供给皇上一个人。"有一次哀帝在麒麟殿摆酒，平静地看着董贤，笑着说："我想仿效尧舜禅让之事，怎么样？"这时王闳进谏说："天下是高祖皇帝的天下，不是您所有的。"哀帝不作声，心里不高兴。第二年，哀帝驾崩，董贤因为犯罪被罢免，第二天便和其妻子一起自杀了。人们怀疑他是假死，打开他的棺材送到牢房检验后，才埋进牢房里。他的家属被贬到合浦县。

西汉的邓通开始是摇船的，被人们称作黄头郎。一天，汉文帝梦见天上有一个黄头郎推他，穿着破旧的衣服。醒来之后，令人四处寻找，发现了邓通，见他果然穿着文帝梦中那样的衣服。汉文帝十分宠幸他，赏赐给他很多钱。相面的人说邓通会饿死，汉文帝便把蜀山封给他，封为上大夫，可以自己造钱。后来汉景帝继位，有人告发邓通私造钱币，经检查果有此事，于是没收了他所有的钱财，不留下一分钱。结果邓通因没钱而饿死在街头。

董贤和邓通均是由于得到的宠幸和荣誉过多而害其自身。面对荣宠，他们看到的只是高官厚禄，却没想到一旦失宠的后果。

公元前 400 年左右，匈奴在蒙古高原上建立势力较大的游牧民族。秦始皇统一中国之时，正是匈奴征服周围部落形成一个民族整体的时期。他们没有固定的居住地，也没有手工业品、铁器等生活必需品，所以经常侵略南方农耕民族。

秦始皇修筑万里长城以抵御其侵入，还派遣 30 万大军加以征讨。秦亡以后，匈奴势力大增，再度威胁长城以南的地区。

汉武帝决定扭转这种关系。

为了制定新的作战计划，汉武帝一方面暂停军事活动，着力充实国家财力物力；另一方面选拔一位能实际执行自己新战略构想的将军。汉武帝从数人中选中了卫青。

卫青是一个命运不顺之人。卫子夫和卫青的生母卫媪是汉武帝姐姐平阳公主的奴婢，她和一位武帝的下级官吏郑李私通，生下了卫子夫姐弟。姐姐卫子夫长大之后，成为平阳公主的歌姬。武帝素来苦于陈皇后的凶悍，见了卫子夫后，立即被她的温柔与美貌所吸引，恳求姐姐把这名歌姬给他，带回后宫作为侧室。

可是，与姐姐的命运不同的是，卫青走的是一条坎坷的路。他小时候虽然被生父郑李收留在家，但正妻所生的孩子们却不把卫青当作兄弟，而是让他看羊，把他当奴隶一样使唤。

当时，有人替卫青看相，说他有贵人相，将来也许会封侯。卫青却平静地说："不要说将来，只要现在不挨打受骂，也就满足了。"

姐姐卫子夫成了皇上的宠姬之后，卫青好不容易才脱离了苦海，应召入宫，当了一名下级官吏。但陈皇后嫉恨卫子夫，便想到在卫青身上泄恨，毫无正当理由便把卫青逮捕，监禁在娘家的馆陶长公主家中。当时卫青的朋友孙敖率一队壮士前来救走了他。

大概是因祸得福，卫青的名字传到汉武帝那里，汉武帝把他提拔为王宫的警卫队长，后又升任为太中大夫。

武帝看出卫青是个锐气内敛的青年人，就像一层薄绢包着的利刃。卫青一定能够指挥野战机动大军团，从而实现自己的作战计划。公元前 129 年秋天，汉武帝出兵征伐匈奴。卫青出上谷，公叔敖出代郡，公孙贺出云中，骁将李广出雁门，各率 1 万骠骑兵开始出击匈奴。

为什么把这样大的任务交给自己，而不用那些有名望的将军呢？卫青独自思考，他想到武帝只用那些能领会自己意图的臣下，对其余的人不屑一顾。这就是他自己的结论。

后来，李广因损失了多数部将而被交付审判，后被贬为平民，隐居山中；公叔敖失去了 7000 骑；只有卫青一跃而为汉朝的新王牌，年年以征讨匈奴军统帅的身份指挥作战。

随卫青出兵的还有 18 岁少年霍去病，他是卫青的二姐与一名下级官吏霍仲孺所生之子，此时正处于"初生牛犊不怕虎"的年龄，骑射可与李广媲美，更可贵的是他也同卫青一样，有极其敏锐的洞察力。汉武帝特别欣赏他那粗犷的个性。

身居大将军的卫青，看出了汉军的中心完全转移到了后起之秀霍去病的身上，即使是大将军自己的旗下，也难挑选精强的战士。这一切使得卫青决定要毅然抽出身来，作一善马，忍住荣誉欲。

汉武帝决定与匈奴兵进行最后一次大决战，以绝后顾之忧，同时，也想令霍去病的威名固若磐石，永远成为汉武帝威震四方的象征。依惯例，霍的旗下一律是经过选拔的精悍强大的骑兵军团，另有后续数十万输送部队。不料，卫青军队与单于部队不期而遇，而霍去病军却与匈奴支队冲突，不得不展开追击战，一直追到贝加尔湖。尽管如此，卫青依然不语、不动，犹如一块沉在水中的巨石，任由霍去病去建功立业，不争荣誉。

在那波澜壮阔的时代里，卫青算得上是一名全身全名的善终者，时机一到，便静默地退出历史舞台，把名誉、荣辱都看得很轻，扬名至今。

大事化小，小事化了——不争忍

淡泊明志，宁静致远，见利让利，处名让名，与世无争。这种态度常人认为你太糊涂，然而在其背后，自然是名利双收，迈向更大的成功。

一个磨炼心性、提高道德修养的人，必须有磐石一般坚定的意志，若羡慕外界的荣华富贵，就会被物欲和困惑所包围。如果产生贪恋功名利禄的念头，就会陷入危机四伏的险境。争夺名利，对名利过分地执著，不惜牺牲别人的利益借以成就一己私利，最终吃亏的还是自己。

大事化小，小事化了

人必须具有宽容的胸襟，不要因无关痛痒的小事而斤斤计较，要善于体谅别人，收服人心。俗话说："君子受人滴水之恩，当涌泉相报。"以忍让宽容的态度对待别人，别人也会将心比心，回报于你。

隋朝时，有个大臣叫牛弘，他好学博闻，性情十分宽宏大量。隋炀帝很器重他，曾允许他与皇后同席吃饭，这在当时是了不起的礼遇，但牛弘依然车服卑俭，对人宽厚谦让。他不但官场上关系处理得好，而且家庭也搞得十分和睦。他家庭中发生的一件事，可以说明他的为人。

他有个弟弟叫牛弼，经常酗酒闹事。一次，牛弼喝多了酒，酒后将牛弘驾车的牛射死了。牛弘从外面回到家后，他的妻子迎上前，对他说道："叔叔喝醉了酒耍酒疯，将牛射死了。"

牛弘听了，什么也没有问，只是说将牛肉做成肉脯好了。他妻子做完了之后又提起小叔子杀牛一事，牛弘却说："剩下的做汤。"过一会儿他妻子又唠叨杀牛的事，这时，牛弘才说道："我已经知道了。"一点没有生气的样子，脸色像平时一样温和，甚至连头也没抬，继续看他的书。

妻子见丈夫这样大度，感到十分惭愧，从此以后不敢再提牛弼杀牛的事了。

所以，牛家门内一片和气，再也听不到闲言碎语，弟弟也因此收敛了不少。

又据记载，在唐朝第三个皇帝高宗即位以后，一直受到皇后武则天的限制，所以抑郁而终。有一次，高宗在巡幸途中，遇到一个好几百人同堂的大家族，大家生活在同一屋檐下，却没有任何风波，十分和睦，这在当时实在少有。因此，唐高宗特地去拜访这个家族，向他们请教家族和睦的秘诀。

于是，族长取出纸和笔，连写了100多个"忍"字给高宗看，意思是讲，大家族和睦的秘诀除了"忍"以外，别无他法。高宗看后，也深有感触，赐给该家族很大的褒赏。

由此可见，人与人和平相处的秘诀在于一个"忍"字。俗话说百忍成金，遇事互相忍耐，可以相安无事。

孟尝君曾经担任齐国的宰相，在各国声望都很高。他家中养了许多食客。其中有一位食客与孟尝君的小妾私通，有人暗自将情况报告给了孟尝君，说："身为人家的食客，暗中却和主人的妾私通，实在是太不应该了，理当将他处死。"孟尝君听后，只是淡淡地说了声："喜爱美女是人之常情，不必再提了。"

时间又过了一年，孟尝君召来那位食客，对他说："你在我门下已经有好长一段时间了，到现在还没有适当的职位给你，心里十分不安。现在，卫国国君和我私交非常好，不如让我替你准备车马银两，你自己到卫国去做官吧。"

于是，这位食客来到了卫国，受到卫君的赏识和重用。后来，齐国和卫国关系十分的紧张。卫国国君想联合各国攻打齐国。此人于是对卫君说："之所以能到卫国来，全赖孟尝君不计较臣无能，将臣推荐给卫国。臣听说齐、卫两国的先王曾经相互约定，将来子孙之间绝不彼此攻伐，而陛下您却想联合其他国家去攻打齐国，这不仅违背了先王的盟约，同时也辜负了孟尝君的情谊。请陛下打消攻打齐国的念头吧。不然，宁愿死在大王面前。"卫君听后，佩服他的仁义，于是打消了攻打齐国的念头。齐国的人听后赞颂道："孟尝君实在是善治政事，竟然使齐国转危为安。"

正是孟尝君以他宽容的胸襟，没有因无关痛痒的小事而斤斤计较，善于体谅别人，所以他收服了人心，而最后使齐国转危为安，避免了战乱，两国相安。

宋朝时，寇准与王旦同朝为官，寇准总是攻击王旦，说他的短处，而王旦却专门赞扬寇准。宋真宗对王旦说："你尽说寇准的长处，可他却经常说你的坏话。你能对朕说说其中的原因吗？"

王旦说："道理应该是这样的——我做宰相的时间长了，布政治事一定有不少的过错。寇准对陛下没有隐瞒什么，更能见他的忠直，这也正是我敬重他的原因。"

可是宋真宗却认为王旦是贤能之人。

当时，中书省有文件送往枢密院，不合诏书的格式。于是寇准把这件事情报告给宋真宗，王旦受到了责备，中书省的官吏也跟着受到了处分。没出一个月，枢密院有文件送到中书省，也违反了诏书的格式，中书省的官吏见了，把诏书呈送王旦，心想这下可以乘机报复寇准了，大家欣喜不已，可是王旦却让人把诏书送还枢密院。

寇准惭愧万分，拜见王旦说："您的度量可真大啊！寇准我自愧不如。"

虽然王旦不是名相，但当寇准对他苛求时，他并不生气、报复，最终感动了寇准。正是他的忍让，才使两人之间的关系没僵化，而不至于两败俱伤。

凡事不能忍让的人，他只是一个糊涂的人，也是想要占便宜的人。如果不肯忍让，就会一辈子结怨，一辈子报仇，可是什么时候才能了却彼此的恩怨呢？如果能忍让一步，当时会省下多少烦恼啊！

清朝乾隆年间，郑板桥正在外地做官。忽然有一天，收到在老家务农的弟弟郑墨的一封来信。老弟兄俩经常通通信，然而这次却是非同寻常。原来是弟弟想让哥哥亲自出面，到当地县令那里去说说情。这一下子弄得郑板桥很不自在。这郑墨粗识文墨，原也不是个好惹是生非之徒，可只是这次是明显地受人欺侮，心里的怨恨实在咽不下去。事情是这样的：郑家与邻居的房屋共用一墙，郑家想重新翻修一下房屋，邻居家出来干预，说那堵墙是他们祖传下来的，郑家没有任何权利拆掉。其实，在契约上写得明明白白，那堵墙是郑家的，邻居借光盖了房子。

这官司打到县里，尚无结果，双方难免求人说情。郑墨自然是首先想到了做官的哥哥，想来有契约在，再加上哥哥出面来说情，官官相护嘛，这官司自是必赢无疑了。郑板桥再三考虑，给弟弟写了一封信，劝他息事宁人，同时还寄去一个条幅，上写"吃亏是福"四个大字。同时又给其弟附了一首打油诗：

"千里告状为一墙，让他三尺又何妨；

万里长城今犹在，不见当年秦始皇。"

郑墨接到信，羞愧难当，当即撤了诉状，向邻里表示不再相争。邻居家也被郑氏兄弟的一片至诚所感动，表示不愿继续闹下去。于是两家重归于好，仍旧共用一墙。这事在当地一直传为佳话。

大凡平民百姓，最难吃亏的是财，最难忍受的是气。往往被气所激，被财所迷，做出不可收拾的局面来。一打官司，往往自己倾家荡产，两相受伤。

郑板桥的意思是钱物乃身外之物，不值得相争。像长城那样的宏伟工程，秦始皇死后尚不得拥有，将国比家，其道理还不是一样？

"让他三尺又何妨"，表示自己宽宏大量，最终使两家共用一墙，相安无事。

生活中常常有些人，无理争三分，得理不让人，小肚鸡肠。相反，有些人不吭不响，有理也让人三分，显得绰约柔顺，君子风度。前者，往往生活在不安定的氛围中，后者则具有一种天然的向心力；前者活得叽叽喳喳、很不平静，后者活得快快乐乐、潇洒自然。

在日常生活中，也包括工作中，往往为了一些非原则性的问题，小不丁点的鸡毛蒜皮的问题争得面红耳赤，非得说个明白，谁也不甘拜下风。说着论着就较起真来，以至于非得决一雌雄方肯罢休，结果严重的大打出手，或者闹个不欢而散，鸡飞狗跳地影响了团结和工作。

宋时，中原以北的契丹族势力日益壮大，宋真宗年间，他们经常侵犯中原，战争纷起。

公元 1004 年，契丹族首领率万骑铁甲直逼澶州，离宋朝的国都开封不到 300 里。自前线发到京城的紧急求援军报一夜多达 5 次，宰相寇准对它置之不理，搁在一旁看也不看，只是同家人饮酒谈笑，对国家大事毫不关心。第二天，朝廷中有人密奏真宗，真宗大惊失色，立即宣寇准进见。问："国家危在旦夕，爱卿作为一朝宰相，还有闲情逸趣饮酒作乐？"寇准早就料到皇上会有此一问，胸有成竹地说："陛下想结束这场战争吗？照我来看，用不了 5 天。"真宗听了，喜出望外，忙问："爱卿，你有什么计策快快道来。"寇准说："只要皇上亲自去澶州城，御驾亲征即可。"

宋真宗没料到寇准是这个主意，当时有些贪生怕死的人见契丹入侵，推三倒四，都不敢上战场。真宗听说，一脸不高兴，站起来就要回内宫。

在寇准的劝说与鼓励下，宋真宗决定亲征，这一行动，使全国上下一片振奋，军队士气高昂，契丹军被士气高昂的宋军杀得连连败退，最后不得不派特使来宋，签订了历史上有名的"澶渊之盟"。

对于问题的关键，只有先忍一下，化解开来，才能使矛盾得以圆满地解决。最好是大事化小，小事化无，双方相安无事。

两虎相斗，必有一伤

常言道："两虎相斗，必有一伤。"知道了这个道理，为官者应处处回避争斗，委曲求全。与世无争，顺应客观，敢于正视矛盾，认识现实，但又对现实生存环境和理想之间的冲突和矛盾持乐观豁达的态度，看透、看深，不要急躁，顾全大局，勉强忍让，暂时迁就，以求保全。

春秋战国时期，各国争霸激烈。

吴国与越国争战，越国被打败，越王勾践被捉到吴国。越王并没有就此干休，他虽然表面上顺服吴国，心里则想必定要重振越国。于是，每晚睡觉之前，都要睡在干柴上，尝一口苦胆之后才睡去。他忍受着许多的屈辱，只求有一天能翻身。

后来，吴王把越王勾践放回了越国，越王勾践没有忘掉所受的屈辱，在手下范蠡的帮助之下，击败了吴国。

正是越王勾践敢于忍耐，而且善于忍耐，才得以东山再起，尽管他受到了不少的屈辱。

南宋初年，宋高宗偏安江南，无心与金军作战，准备向金人割地称臣，签订屈辱的和约。

这天，宋高宗召集群臣，对他们说："金人已经答应，如果我们不再袭击金国军队，便可以订立和约，并将皇太后和先帝的棺木送回。"当时，抗金形势很好，宋军连续获胜，众大臣正期待着收复中原的喜讯，听到要停战议和，割地称臣，群情激奋。张俊先后五次上书，反对议和，韩世忠、岳飞等将领也拒绝休兵，上奏说："金人不可信，和好不可恃。"还有的大臣上书说："现在群议汹汹，都因为关心'和'与'战'，陛下应深戒前车之鉴，多听取懂得军事的大臣的意见，共谋长久保邦之计。"

宋高宗见大臣们竟敢违抗旨意，自然是非常的生气，想下旨惩治他们。左相赵鼎虽也主战，但见高宗主意已定，不可以逆转，为了不使君臣闹僵，保存朝廷中主战派实力，他采取了疏通的办法。

赵鼎对宋高宗说："我们知道皇上与金人有不共戴天的仇恨，现在是为了对亲人尽孝道，迫不得已才答应讲和，虽然大家说了些愤怒的话，但绝对不是对皇上的不尊敬，而是爱护皇上，希望皇上不要见怪。皇上可以下这样一道圣谕，讲明议和不是我的本意，只是因为亲人的缘故不得不这样做。等到先帝的棺木和皇太后自金国返回以后，如果金人撕毁和约的话，那么是否签约也就无所谓了；如果金人遵守和约，那么正是我们希望的，也就不必恐惧后悔了。"

由于宋高宗采纳了赵鼎的意见，不以议和而排斥所有主战大臣，又抬出先帝棺木和皇太后作幌子，深明"忠"、"孝"两字分量的众大臣，只好缄口不言了。君臣间的这场矛盾算是暂时缓和了下来。

赵鼎身为宰相，面对即将发生的君臣冲突，为了避免主和派把持朝政，只好暂时采取委曲求全的策略，力平众议，使皇上找不到借口去治罪大臣，也使大臣们提不出更充分的理由责怪皇上，可见其用心之良苦。

唐代的郭元振任骁卫将军安西大都护时，西突厥的酋长乌质勒愿意与唐王朝和平共处，与郭元振结成了好朋友。

曾经有一次，郭元振到乌质勒的牙帐议事，碰巧天降起了大雪，乌质勒年老体衰，哪还经得起这么大的风寒，当天就得病死去。他的儿子婆葛认为是郭元振用计谋杀了父亲，准备率军进攻唐军，杀掉郭元振为其父亲报仇。

手下的将士纷纷劝解郭元振，走为上策，乘着天黑逃到京城长安去。郭元振坚持不肯逃回长安，他说如果乘黑而逃，双方的误会势必更深，反而会引来杀身之祸，为以后解开误会留下难题。

第二天，郭元振身穿丧服，带着花圈到婆葛营中吊唁，深切哀悼乌质勒的去世，还赠送了贵重的礼品，以表自己的情谊。办完丧事之后，郭元振还特地逗留了一个月。婆葛终于解除了怀疑，受到了感动，他派使者向郭元振献了5000匹良马，200匹骆驼和10万多只牛羊，双方握手言和，重归旧好。

人与人交往摩擦难免，要尽量化解矛盾，不要使矛盾转化为对抗冲突。委曲求全，还能化解别人对自己的误会。

战国时期，越国的功臣范蠡在灭了吴国之后，不求封赏，反欲引退，向越王勾践告辞说："君王您自勉吧！我不再回越国了。"

勾践不解其意，便问："我不明白，你说的话是什么意思呢？"

范蠡说："我听说，做臣子的，君王有忧愁，臣子就应当为君王排忧解难；君王受到凌辱，臣子就应当拼死维护君王的尊严。从前国君在会稽受辱于吴王，臣之所以没有去死，就是为了要报亡国之仇。现在已经大功告成，我请求接受应得的惩罚。"

越王说："如果有人不能谅解你的过失，不宣扬你的功德，就叫他在越国没有好下场。你如果听我的劝告，我就同你一起治理国家。你倘若不听劝告，不仅你自己身死，连妻子儿女也要被杀。"

范蠡说："我明白您的意思了。国君按法度行事，我按自己的意志行事。"

于是范蠡乘了一叶轻舟，浮游于五湖四海，没有人知道他到哪里去了。

范蠡是明智之臣，他曾经对文种说："越王为人，忍辱妒功，可与共患难，不可与共安乐。你今天不走，祸害必不可免！"文种不听，最后被越王所杀害。

范蠡能忍权利之欲，受一时之委屈，保全了自己的性命。

户部尚书杜会在扬州，曾经召集他的幕僚们说："我退职之后，必定买一辆四匹马拉的小车，吃饱后坐上车，穿士人的粗布衣服，到街上看艺人玩的木偶戏，我就已经满足了。"又说："郭子仪位高权重的时候，常常忧虑灾祸临头，这是大臣最危险的时候。"

杜尚书的深意，其实并不在看戏，而是自保。

又据记载，宋朝的著名将领韩世忠，曾经议论要买田地。皇上知道后，下诏将官田赐予他，诏中说："卿遇敌必克，打了胜仗不扰百姓。听卿买田为子孙打算，现在拿这官田赏赐给您，以表彰您的忠心。"

当时，朝廷怀疑并惧怕他专横欺人，听说他买田，非常高兴，认为他耽于钱物，无异心，故特别赏赐他。韩世忠买田，与上面的杜尚书看戏的用意如出一辙，其实是醉翁之意不在酒。

韩世忠与岳飞同为南宋名将，岳飞被害身亡，韩世忠却善始善终，其原因在于韩世忠善于明哲保身，自污其身，先委屈自己，而终究保全了自己。

且说汉高祖刘邦听说韩信被除掉以后，派使者拜萧何为相国，增加封地5000户，派了500多名士兵由一名都尉带领，作为相国的卫队。文武百官都来庆贺，只有召平一个人来表示哀伤的慰问。

召平，在秦朝的时候被封为东陵侯。秦朝灭亡之后，成为普通老百姓，家里贫穷，在长安城东种瓜，瓜味很美，人称"东陵瓜"。

召平对萧何说："灾祸从现在开始了。皇帝在外领兵打仗，你在后方，并不是国家为战功而加封予您，并且还派了卫队，这是为什么？因为韩信造反，皇帝又转而怀疑您了。派卫队可不是爱护您呀！希望您辞谢，不要受封，把家财全部献出来作为军资，皇上就会高兴的。"

萧何照召平说的做了，刘邦果然大喜。

萧何是善于为官之人。刘邦在外作战，对萧何疑心很大，萧何对刘邦最忠诚，跟随刘邦最早，尚且还要受到怀疑。萧何因此听从召平的主意，不争权势和小利，才保全了自己不受杀身之祸。

是金子总会发光

凡事退一步想，就会海阔天空。为官也是如此。三国时的蜀国重臣杨仪，因没有受到重用，便口不择言，乱发牢骚。结果被小人告发，落得个被贬为庶人的下场，最后羞惭自刎而死，实在是不值得。

当今社会有些人禁不住寂寞，舍不得放弃做官。官位就像贾宝玉脖子上的那块石头一样，是命根子，丢了或者变小了，就像要他们的命。

某局长5年之前就已经58岁了，可是5年后仍填58，这认真劲头可以从他到组织部多次声明、说明、证明为例。大家说："某局长就是不肯迈入60岁"，是讽刺他迷恋官位，不愿意退休的心态。有许多人虽然退休了，却在心理上调整不过来，整天叨咕着别人怎样忘恩负义，不来看望他。这些都是不甘寂寞的反映。

三国鼎立时期，孔明去世之后，刘禅依照孔明的遗言，任命蒋琬为丞相、大将军，录尚书事。杨仪虽然为官多年，还有新功，却依旧职位不变。

在这种情况下，杨仪心中自然是不快的。他找人发牢骚，诉说对蒋琬的不服气，并且还提到孔明死后，把全军的指挥权都托付给他的老谱，说如果当初带兵投魏，还不至于像现在这么个小官。这是气话。可是，这气话实在是不同寻常，所以说话的对象应该是知己才行。在杨仪最苦闷时，被找来听他的牢骚的人，无疑应当是杨仪的老友、知交。可是却不然，此人打了小报告，差点害了杨仪的性命。

杨仪官拜长史，已经不是小的官职了，但因横向比较，产生了怨气。他在敌兵压境，内隐叛患的复杂情况下，被诸葛亮尽托一应大事，表明他的素质、能力和应变之才是超人的；但是诸葛亮又没有向刘禅推荐他作"任大事者"，又可以得知杨仪这个人有他的局限。就好比一位有实战经验的将才，杨仪能在瞬息万变的战场态势下率千军万马从容应付，但却缺少和平时期上下左右相处之气量，因此只能征战，不能治国。他缺少气量，实在是崇尚做官的虚荣的原因，崇尚做比人更显赫大官的虚荣。长史是大官了，却还有更大的官。他从战地回来的期望太高了些，一旦实现不了，就产生抵触，表现了不成熟的一面。

每个人生活在大千世界之中，都愿意有一番惊天动地的作为，使自己显身扬名，不甘寂寞。

为官者应该选择正确的成才道路，要采取忍耐、克制的态度，对待前进路上的困难和问题。

陈子昂出身富豪之家，慷慨任侠，机警过人，但在京城这块陌生之地，一时还施展不开。起初，陈子昂也像其他能人一样，把自己的得意之作不停地投献给文坛的名宿元老，但总是石沉大海，没有回音，显然没有人愿意赏识他。为此，陈子昂常有英雄扼腕之叹。

有一天，热闹的长安东市的商业区里，来了一位外地人，手中拿着一把光亮照人、精美绝伦的胡琴，标价出售。卖主对每一个想讨价还价的人，说的都是一句话："100万就是100万，少一个子儿也不卖。"

在当时，100万钱可是一笔巨款。谁能够出这么多的钱来买把胡琴？这个消息没过几天就沸沸扬扬地传遍了整个长安城。好奇之心，人皆有之，每天从四面八方赶到东市来观看这把胡琴的人，络绎不绝。胡琴一时间成了整个长安各阶层人士关注的焦点。

善于思考的陈子昂决心借这把胡琴为自己引路，邀请了几个朋友一起来到东市。陈子昂拿起胡琴，上下打量了一番，大声说："好琴，绝对是货真价实的好琴。"然后对卖主说："就依你这个价，这把琴，我买下了！"而且说得十分干脆。

围观的人没有人不向陈子昂投以惊异、羡慕的眼光，口中发出了一片"啧啧"之声。同来的朋友对陈子昂说："你疯了吗？你也不仔细地想一想这一百万是多少钱！花这么昂贵的价钱购买一把胡琴，值得吗？你要干什么呢？"

陈子昂大声对朋友说："我喜爱音乐，精通琴艺，买回去，当然是用它来演奏。我还没有见到过这么好的胡琴，既然是好琴，多花些钱也是值得的呀。"

这时，人群之中有人高声说："买琴的这位先生，既然你有高超的演奏艺术，买到的又是一把天下无双的好琴，何不当众演奏一曲，让我们一饱耳福呢？"

陈子昂微微地笑了笑，说："当然可以。不过，弹琴要有一定的气氛和条件，譬如说，要焚上一炷香，要有琴童侍立，这样弹起琴来才会更加富于情趣，随随便便地演奏一曲，岂不是辜负了这把价值连城的好琴吗？"说着，用手指了指不远处那一片鳞次栉比的房屋说："那里是宣阳里，我就住在那里，你们有雅兴听琴的，欢迎明天上午到寒舍去，我恭候你们大驾光临，同时也期待一切才高名重的朋友一起亲临指教。"

于是，这样一个精通琴艺、慷慨好客的人立即成了长安城中街头巷尾的议论话题。

第二天上午，宣阳里陈子昂家中热闹异常，一二百个嘉宾把家里挤得满满的。

神采飞扬的陈子昂站在人群中间，大声地说："感谢各位朋友的光临，我来自巴蜀地区，胸怀大志，腹有文才。我写的诗文，虽然算不上是字字珠玉，但也绝非平庸之作。我曾经把诗文投献给一些知名学者，可是，遗憾的是他们连看一看的时间都没有，这是因为他们来不及了解我。"

看见周围的人们聚精会神地听着他的话，陈子昂非常高兴，便伸手从书僮手中接过琴，激昂慷慨地转了话题："我会操琴演奏，而且技艺不凡，但我不想把全部时间耗费在弹琴上，因为那毕竟是梨园弟子做的事。"话音未落，举起手中的胡琴，使劲摔在地上，耗费百万钱买回的一把琴竟被他摔碎了。众宾客顿时哗然不止，不知陈子昂究竟是何用意。

陈子昂以自信的口气说："我要做的事是写文章。你们看，我已经写好了上百篇文章，我还会继续写下去的。今天，我请诸位来，是想请各位帮我鉴定一下文章的质量。如果不好，我马上放火把它们一烧了之。如果还有那么一点价值的话，就请各位多美言几句吧。"

这时，小书僮捧出一卷卷誊抄工整的文章，陈子昂依次送给每位来宾一卷。

陈子昂的文才确实属于上乘，他的文章刚劲质朴，有西汉文学家司马相如、扬雄的风格；诗歌格调清新，明朗刚劲，有汉末"三曹"、"七子"的风骨。人们透过陈子昂的非凡之举，进而真正认识了他。一天之内，他的名声传遍了帝京长安。陈子昂从一个无名小辈，一跃而成为众口宣扬的新闻人物。自此，陈子昂的身价倍增。

　　人怀才不遇是经常的，这就需要忍受一时的不得志，不能为了眼前的功名利禄，放弃了自己的追求。

　　唐肃宗收复京师之后，李泌见肃宗。唐肃宗留李泌宴饮，同榻而眠。

　　当时，李泌常受宦官和小人的猜忌和陷害，为了明哲保身，他决定退隐山林。在隐退之前，他决心尽最后一次努力，保全自己爱护的皇太子广平王李豫。

　　当天晚上，李泌对肃宗说："臣已略报圣恩，请准我做闲人。"

　　肃宗惊异，说："我同先生忧患多年，应该与先生同乐，您为何要离去呢?"

　　李泌答道："臣有五不可留，愿陛下让我离去，免于一死。"

　　唐肃宗问："这五不可留指什么呢?"

　　李泌答道："我遇陛下太早，陛下任我太重，宠信我太深，我的功劳太高，事迹太奇，有此五虑。陛下若不让我走，就是杀了臣。"

　　肃宗不解地说："先生为什么怀疑我，朕不是疯子，为什么要杀先生呢?"

　　李泌道："正是陛下不杀我，我才敢请求归山，否则我怎么敢说?并且我说被杀，不是指陛下，而是指那五点原因。我想，陛下对臣这么信任，有些话尚且不敢说，等天下安定了，我哪敢再说什么?"

　　肃宗说："我知道了，先生要北伐，我不听从您的建议，先生您生气了。"

　　李泌回答："不是，我说的是建宁王一事。"原来，不久前，肃宗听信奸臣诬告，建宁王李倓被赐死。

　　肃宗说："建宁王听小人的话，谋害长史，想夺储位，我不得不把他赐死，难道先生还不知道吗?"

　　李泌又说："建宁王倘若有此心，广平王必定会怨恨他，可是广平王每次与我谈话，都说弟弟冤枉，泪如雨下。况且，以前陛下想用建宁王为天下兵马大元帅，我请改任广平王，建宁王要是想夺太子的地位，一是会恨臣，为什么他认为我是忠心，对我更加亲善呢?"

　　听到这里，肃宗也不禁流泪道："我知道错了，先生说得很对，但是事情既然已经过去了，我也不想再听这件事。"

　　李泌说："我不是要追究以前的责任，是为了陛下警戒将来。当年武则天皇后有四个儿子，她错杀了太子弘，立次子李贤为太子，次子内心忧惧，作《黄台瓜》一词，想感动则天后，但则天后不予理睬，李贤被废之后，死在贬所黔中。《黄台瓜》一词是这样说的：'种瓜黄台下，瓜熟子离离。一摘使瓜好，更摘使瓜稀，三摘尤可为，四摘抱蔓归。'陛下已经摘了一个大瓜了，千万不要再摘了。"

　　肃宗惊奇地说："怎么会有这种事，我当把这首诗写在绅带上，时时警惕。"

　　李泌深沉地说："陛下记在心中就行了。"

在这次谈话过后，李泌就入衡山，归隐泉林去了。

像李泌这样，还有前面提到过的范蠡，两人都能忍受寂寞，功成自动身退、忍住了荣华富贵，功名利禄的诱惑，得以安度晚年。

为官者也难免有怀才不遇的时候，此时就应该忍受住受人冷遇的境遇。是金子总会发光的，慢慢等候时机，寻找机遇，就像西汉的颜驷一样，头发眉毛全白之时才被提升，正是因为他耐得住寂寞才得以实现的。

为官者，要既能上，又能忍住下。活得轻松一些，不要总是显露自己的本领，把所有的事情都一个人干。活得潇洒自如些，享天伦之乐，赏田园风光，得市井乐趣，如此优越之处，怎还会寂寞呢？何必为一官半职而烦恼呢？

第二章

处世忍学四大忌禁

贪得无厌——不懂见好就收

　　食不厌精、沉湎声色、吝啬守财、安逸享乐都在贪欲之列，难成一世之大业。从政经商，不仅要靠智慧，不能蛮干，也要能忍才能成功。贪欲者，众恶之本。人一旦为贪欲所控，就会方寸大乱，计算谋虑一乱，欲望就更加多，欲念多，心术就不正，就会被贪欲所困，离开理性去行事，就导致把事做坏、做绝，大祸也就临头了。

万恶贪为首

　　贪欲是万恶的源泉。世间其他一切罪过，都只不过是贪欲的不同方式、不同程度的表现。而人们贪求的庸俗目标无非金钱、虚荣与奢华。金钱的贪求，则促使自己成为金钱的奴隶；享受与虚名的贪求，更能使人陷入极端无耻、不可救药的地步。只有追求理想和真理，才能得到内心永久的自由与安定。

　　贪婪钱财叫饕，贪婪食物叫餮。相传舜为人类除了为害天下的最不仁义的四个人，饕餮就是其中一害。

　　晋朝的邓攸，字伯道。元帝时做吴郡太守，自己带着粮食去上任，不领薪水，只喝吴郡的水。在任期间，政治清明，老百姓非常欢喜，是郡中最好的官员。以后因病辞去了职务，临走时全郡的人都来送他，但是他一文钱也不要。一千多百姓拉着他的船不让他走，当晚只好借着月色跑掉。吴郡人流传着这样一首歌："纤绳打五鼓，鸡鸣天欲曙。邓侯挽不住，谢令推不动。"这是为官不贪而流芳百世的。同时，也有为官贪婪而贻笑万年的。

　　南朝梁代人鱼弘，襄阳人。跟着梁武帝南征北战，做过盱眙、竟陵太守。他对人说："我做太守有四尽：水里鱼鳖尽，山里獐鹿尽，田中米谷尽，村里百姓尽。"

　　四川人安重霸，在简州做刺史。贪得无厌，不知满足。州里有个姓邓的油商，家中富有，爱好下棋。重霸想贪他的财物，就把姓邓的传来下棋。只许他站着下，每次落一子，就要他退到窗口边，等安重霸思考好了，再让他过来，这样一天也没下几十个子。这样姓邓的站得又饿又累，疲惫不堪。第二天再传他去下棋。有人对他说："太守本意不是下棋，你为何不送些东西给他呢？"于是姓邓的便奉上三个大金锭，以后，再不叫他去下棋了。这就是所谓的"鱼弘作郡，号为四尽。重霸对棋，觅金三锭。"

这还不为过，更有甚者：后魏时代人李崇，字继长，顿丘人。在孝文帝时，开始任荆州刺史，后授安东将军。宣武帝时期封他万户郡公，后来孝明帝又封李崇为陈留侯。他做官期间和气厚道，处理事务果断坚定。但就是过于贪财。有一回孝明帝的灵太后幸临左藏库，让跟随她的人背布匹，能背多少就赐赏多少。李崇与章武王元融背的太重，结果都摔在地上。李崇扭伤了腰，元融跌断了腿。当时的人们都耻笑说："陈留章武，伤腰折腿。贪得败坏，污辱明主。"

北魏尚书郑述祖等人，上书给皇帝，说尚书宋游道说了一些作为大臣不应该说的话，犯下了怠慢君王的罪行。宋游道口口声声宣称要以夷齐为榜样，实际上怀着盗跖一样的坏心肠。欺骗国家，玩弄法律，包庇坏人，收受贿赂。家里的钱财跟随着官位的升高而日积月累，越积越多。当时宋游道听了别人弹劾他的这一番话，难道不感到惭愧吗？唉，对贪欲的诱惑，怎能不忍呢？

忍一时的小利，才能获得更大的利益。见到利益，人人都想得到，而且得到的越多越好，这是人类的共同心理。但是君子爱财，取之有道，又不能贪心十足。人过于贪，就会为他人所利用，忍贪确实是一个重要问题。作为国君假如过于贪婪，那么亡国的日子便为期不远了；作为一个官吏，如果贪无止境，那么他的政治前途也将要丧失殆尽。人由于贪欲不止，往往只见利而不见害，结果是利也得不到，害反而先到来了。

吴兢在《贞观政要·贪鄙》中说："为主贪，必丧其国，为臣贪，必亡其身"。说得非常有道理。人有贪心，则心有私欲，这样做事就无法坚持公道正义，会以私废公。为官的贪婪，百姓遭殃。而贪的对立面就是廉洁。廉洁是一个人优秀品质的一个方面，廉可以养德，也可以奉公，不为自己个人的利益去侵犯社会和他人的利益。忍贪欲就是要培养自己廉洁为官的作风，严格要求自己，生活俭朴，反对奢侈浪费，这样为官能为民做主，为士自有其高贵的品行。世间的一切恶人恶事均源自于贪。贪欲不能不忍。贪权则附贵，贪利则忘义，贪财弄不好就要去抢夺，去害命。贪不仅要忍，还要戒，戒贪才能清正廉洁，志存高远。

各个朝代都有很多正直不贪的清廉之官，他们深深知道个人的贪欲会毁掉一切，所以他们品德高尚，坚决不贪图钱财，而是真心实意为人民办事，因此受到百姓的好评。

魏晋时期，担任广州刺史的人，大都有贪赃枉法的行为。因为广州是个出产奇珍异宝的地方，只要带上一匣珍宝，便可几世受用。

晋安帝隆安年间，朝廷想要革除这儿的弊政，便派有清官美称的吴隐之担任广州刺史，领平越中郎将。

吴隐之，字处默。年轻时就孤高独立，操守清廉。他奉命去广州上任，到了离广州20里一个叫石门的地方，只见一道泉水淙淙流去。有人告诉他，这条泉水，称作"贪泉"。传说无论是谁，只要喝了贪泉的水，都会产生贪得无厌的欲望。

吴隐之听了这话，跨下马来，对周围的人说："如果不看见可以让人产生贪欲的东西，人的心境就不致慌乱。现在我们一路上见到那么多的奇珍异宝，我算知道了为什么越过五岭，人们就会丧失清白的原因了！"

说完，他便跑到贪泉边，舀起泉水喝了起来，并且当即吟诗一首："古人云此水，一歃怀千金。试使夷齐饮，终当不易心"。表示了他要像商末的伯夷、叔齐一样，坚守节操，决不变心。

果然，他在广州上任一尘不染，更加清廉。他平常吃的不过是些蔬菜和干鱼，帷帐、用具、衣服等都交付外库。当时有很多人都以为他是故意要显示自己俭朴，不过做个样子给别人看看罢了。时间长了，才知道他真是个清官，不是故作姿态。

由于他以身作则，广州地区的贪污陋习大为改观。朝廷嘉奖吴隐之的廉洁克己、改变风气，进号为前将军。

吴隐之从广州回到京城，随身未带任何东西。他妻子刘氏带了一斤沉香，吴隐之见到后，把它扔到河里。

吴隐之住在京城，只有几亩地的小宅院，篱笆和院墙又窄又矮，一共才六间茅屋，妻子儿女都挤在一起。朝廷要赐给他车、牛，为他重新盖个住宅，他坚决推辞。不久，他被任命为度支尚书、太常，也只是以竹篷为屏风，坐的地方连毡席都没有。后来升到中领军，每月初领到俸禄，只留下自己一人的口粮，其余的全赈济亲戚、族人，妻子儿女一点也不能分享。家属要靠纺织谋生，自食其力。因此，时常发生经济困乏的情况，有时两天吃一天的粮食，身上总是穿着破旧的布衣。

吴隐之告老退休，直至逝世，屡屡受到朝廷的褒奖和赏赐，并赐予显要的官员。廉洁的士大夫都以此为荣。

包拯是北宋宋仁宗时期的名臣，以为政严明、刚正不阿闻名于世；同时，他为政清廉，是中国历史上著名的清官。

包拯虽然身居高官，地位显贵，但是他身上穿的衣服、日常生活用品、平日的饮食起居都和他在合肥县当老百姓时一样。他不仅严格要求自己，严格约束自己的家人，断绝属下吏员贪污受贿之途，维护自己清正廉洁的形象，同时，还时刻以清正廉洁教育后世子孙，使清廉之风在自己的家族中世代相传下去。为此，包拯立下了一条家规："后代子孙做官，如果有人犯贪赃罪，放逐后不能回到本家居住，死后也不能安葬在本族的墓地中。不依从我的志向，就不是我的儿子。"

在封建社会里，如果一个人被家族抛弃，甚至在死后也不能认祖归宗，那么他在社会上便很难找到立足之地，更不用说谋求发展。包拯就是用这种方法来约束自己后世儿孙的行为，使他们时刻牢记廉洁的家风，不敢贪赃枉法。

官贪误国。为官过贪早晚都没有好下场；为官清正才会受到百姓的拥护。世间事情，道理皆然。忍贪倡廉，是官场中应有的风气。

于谦是明代浙江钱塘人，是中国历史上一位民族英雄和诗人。他从永乐年间考中进士之后，历任朝廷和地方的许多重要职务，以廉洁、干练闻名全国。所以，明王朝初设巡抚这一重要位置时，明宣宗朱瞻基亲笔点名破格提升他为河南、山西巡抚。于谦身为两个行省的最高长官，对自己要求极严，无论出巡还是进京，从不摆封疆大吏的架子，总是轻骑简从。

于谦到河南、山西做巡抚的第五年，明宣宗病死，他的儿子朱祁镇继位，号英宗，开始了宦官王振弄权的年代。王振凭着明英宗对他的宠信，在朝中作威作福，卖官鬻爵，贪赃受贿，培植党羽，排斥忠良，真是无恶不作。一时间，朝中百官和各地军政官吏献媚争宠，争着给他献财宝、送金银。据史书上记载，当时的官员送白银100两，才能被王振接见一次；送白银1000两，才能巴结到王振家里吃顿饭。可是，于谦根本不理这一套，他每次进京办事或述职都不肯带任何礼物送给王振和朝中其他权贵。为此，一些好心的朋友常常劝他说："你不肯巴结那些权贵小人，当然是对的，可是也不能太不入时俗，太刻板呀！地方长官进京带些土特产送送人，也是人之常情。你从河南、山西带些线香、蘑菇、包头用的手帕等小东西也行啊！"每逢这种场合，于谦总是风趣地扬起两只宽大袍袖说："我呀，只带着两袖子清风去看望他们。"当时，他还作了一首七言绝句："手帕蘑菇及线香，本资民用反为殃。清风两袖朝天去，免得闾间说短长。"于谦的刚直清廉受到朝野的钦佩，特别是深受河南、山西两省人民的拥戴，甚至皇室的王公贵族也对他的才华和为人表示称赞。

后来，于谦遭以英宗朱祁镇为首的一伙人害死，英宗派人去抄没他的家产时，才发现他"家无余赀，萧然仅书笈耳"。连去抄家的人，面对这种情况，都目瞪口呆，感叹不已。于谦在青年时代曾写过一首脍炙人口的言志诗，诗中写道：

千锤万击出深山，烈火焚烧只等闲，粉身碎骨全不顾，要留清白在人间。

这首诗正是于谦刚直、清廉、坚毅的生动写照。

贪欲使人头脑发昏，眼中只有个人的欲望，而置其他一切后果于不顾，欲壑难填，会使为官者葬送自己的政治前途。为官者切记这一点。

感情铁，喝吐血

饮食男女，人的自然欲望而已。生命的延续、继承，离开了饮食男女万万不能。然而饮食也可体现出一个人的修养。暴殄天物者，必然被民众所不齿；尸位素餐者，必然被民众所唾弃；不为五斗米折腰，才是真正的高风亮节。古人云："坐吃山空"，由此可知，节制饮食是很有必要的。

孟子说："人饿了吃什么都觉得有味，人渴了喝什么都觉得舒服。这都是没有得到正常饮食的道理，是过于饥渴所引起的，人不只有口腹被饥渴所害的事，人心也有被害的。人如果没有因饥渴之害所引起的心理的损害，就不会为人而担忧了。"也就是说，人在极度饥渴的时候，突然得到饮食，即是很普通的，也觉得很有味道。都是由于没有时间去挑选，被饥渴所害的缘故。《孟子》又说："不但口腹会被饥渴所害，至于人的心理上的局限也会因贪贱而损害。假使你面临财物，也会不经考虑去辨明真理，而起贪财之心了。人如果没有被饥渴损害了口腹，没有被贫富引动了心志，就不用担忧不及别人了。"因此说："可以立身而远辱。"

《左传》宣公四年，楚国人进献给郑灵公一双龟。公子子公和子家正要见灵公，子公的食指动了动，指给子家看，说："哪天只要我的食指动了，一定会尝到美味。"进入宫中后，厨子将要收拾龟，两人相视而笑。灵公问其原因，子家便告诉了他。等到吃龟的时候，把子公叫来，却不给他吃，这样一来子公生气了，把手指伸入锅鼎沾了一下，尝了一下出去了。为此灵公非常生气，想杀子公。但是，子公已和子家谋划好了，杀了灵公。

郑灵公首先不是一个明智的君主，他不给子公吃龟，是出于一时的故意逗弄，而子公却觉得这是对他的污辱，强行用手伸到锅鼎里沾着吃了一点汤。只是为了争吃这一点美味，郑灵公死于子公之手。而子公杀君之心早已有之，为讨一龟肉，没有吃成，成了促使他杀郑灵公的契机。口腹之欲有时表现的并不单纯是吃点什么，喝点什么，这背后牵涉到许多人际关系，甚至是关系到身家性命和国家存亡。

还有一次，宋国将要和郑国作战，宋国大将华元杀羊给士兵吃，却没给他的车夫羊斟。等到交战时，羊斟说："以前吃羊，都是你做主；今日的事，由我做主。"于是把车驾入郑国军队中，宋国被打败了。

华元杀羊犒赏士兵，独独遗忘了车夫，正是由于华元平时做事有疏漏或是看不起车夫，而使羊斟觉得受到了歧视和污辱。长期的愤恨，也不过是因吃不到羊肉引起的，于是就在战斗中报仇，不顾及国家的利益，这实在是小人的做法。口腹之欲不忍，招致的灾祸，这恐怕是严重的吧。

《易·颐初九》上说：舍弃你灵龟般的静养，观望我的食物，这是灾凶。灵龟，本来是不吃东西的动物，伏在地下静息，本来没必要求得比自己更高的东西，现在要抬头观望人为了活命而吃饭的动作，这就失去了自我修养的正道，凶灾快来临了。所以卦象上说："君子因此小心言语，节制饮食。""只羡慕别人，而不珍惜自己拥有的更珍贵的东西，这是不足取的。"

人只有在满足了口腹之后才能从事他所希望从事的事业，才有精力去战胜各种困难。但是人生一世，不是要贪那一点美味佳肴，忍耐住、抵制住美食的诱惑，应该是不难做到的。口腹之忍一是要忍住自己贪图美食的欲望，口腹由于不忍饥渴会受到损害，人的志向如果不注意进行培养，也会像口腹受害那样，逐渐地丧失。二是要忍耐那种只因为没有得到食物就仇视别人，甚至于不顾大局，不顾及国家利益地去报仇的行为。这是极其卑鄙的做法，应该忍住不去做，这样才是一个真正的人。

贪杯的害处更大。酒这种东西，人一喝多了自然就无法控制自己的言行，什么话都可能说出来，什么事也都可能做出来，一旦酒醒，后悔也来不及了。对于酒的危害古人认识得非常清楚。史书中对于古人禁酒，忍受贪杯之欲有许多记录。

《史记·禹本纪》中记载：古时候在大禹的时候，有个叫仪狄的人擅长酿酒，禹喝后认为很甜美，说："后世一定会有因为酒而使国家灭亡的人。"于是疏远了仪狄。大禹远离的不是仪狄这个人，而是忍住了美酒的诱惑，不去靠近酒，他深深知道酒是好东西，很甜美，但酒的危害也很大，沉溺于酒中就会亡国。

《尚书·酒诰》记载：周成王告诫康叔时说："你要严格控制那些有放纵滥饮

的坏现象的人，有人报告你，哪里有聚众喝酒的人，你一定要抓住他们，别让他们逃掉，我立刻杀了他们。"虽然周成王这样做有些过火，但说明他深深地知道饮酒过多会使一个人精神萎靡不振，斗志减弱，还会腐蚀一个人的心灵。要想杜绝放纵饮酒的现象，不严厉不行。

那些酒友、酒徒、贪酒之人的结果是怎么样的？不妨让我们来看一看。

西汉时的灌夫，字仲孺，颖川人。汉武帝时进入朝廷做了太仆。他性情刚直，喜好喝酒。元兴四年，田丞相取燕王的女儿为夫人，各个诸侯都去祝贺。席间窦婴、灌夫都喝得烂醉。灌夫依次敬酒到了临汝侯灌贤面前，灌贤正和程不识低声说话，没有起来还礼，灌夫大怒骂灌贤道："你平时是个一钱不值的人，今天为年长的人祝寿，你又像妇人一样嘀嘀咕咕！"田丞相对灌夫说："程不识和李广两人都是东西宫卫尉，现在你当众羞辱程将军，难道不给李将军留点面子吗？"灌夫说："今天就要被杀头，哪里还知道什么程将军、李将军！"窦婴见状，挥挥手让灌夫出去。田丞相非常生气，于是就上折奏告灌夫在颖川肆意妄为，要弹劾灌夫。窦婴求他说灌夫是因喝醉而犯下过失的，可是太后很生气，下令杀了灌夫和窦婴。

春秋时，楚恭王与晋厉公在鄢陵打仗。此时楚国司马子反口渴要水喝，仆人谷阳拿酒递给他，子反说："拿下去，是酒。"谷阳说："不是酒。"子反又说："拿下去，是酒。"谷阳又说："不是酒。"子反接过来喝了它，结果喝醉躺下了。楚恭王准备开战，派人召见子反，子反以心里不舒服推辞了。楚恭王直接进了子反的卧室，闻到酒味，说："今天这场战斗，依靠的是司马，司马却醉成这样，这是亡我的国家而不体恤我的民众，不要再打了。"于是杀了子反，班师回朝。谷阳进酒，并不是嫉妒子反，而是忠心爱戴他，却使他被杀了。

只因为一次喝酒而结下的怨恨，造成了身死的悲剧。喝酒误事、误己、误人、误国的例子比比皆是，怎么能不节制呢？

杜甫在《饮中八仙歌》中记载："左丞相每天花费万钱，喝酒像巨鲸吸纳百川。"这里所说的是唐代李适之，唐玄宗时为左丞相，每天早上起来就开始饮酒，花费了很多钱，还赊账饮酒，就像在海里的巨鲸吸入千百条河流那样喝酒。这样的嗜酒如命，毁坏了身体不说，还欠了一屁股债。酒就那么不能割舍吗？这样沉浸在狂饮滥醉之中的丞相能为朝廷尽什么力？为百姓谋什么福呢？

皮日休在《酒箴》中写道："饮酒的道理，哪仅止于填充肚子、消悉取乐啊！甚至能使在上位的人沉入委靡，在下位的人成为酒鬼。因此圣人用禁酒来节制它，用告诫来让人明白。可还是有高位的人被酒所腐化，以致国家灭亡；普通的人因酗酒，导致杀身之祸。"

由此可见嗜酒不忍，有害无益。酒后失言，招来杀身之祸；酒后失态，结果死之将至还在梦中；酒后失德，则更是害人害己。怎么能不忍耐住口腹的欲望？只有忍住、克制住对美食、美酒的贪欲，才能使身体健康，才能更好地投入到自己的事业中去。

下面讲一个郑板桥贪口腹而被人骗索字画的故事。郑板桥因贪食一口狗肉，被富商所利用，肚子里闷着一口气，后悔也来不及了。不过吃亏上当也就这么一回，

下次他也会学聪明，再不为一点狗肉而被人利用了。

郑板桥的诗、书、画名重一时，弃官回到扬州以后，卖字画的收入成为他家庭生活的主要来源。他性情直爽，为人风趣，不拘小节，鄙视流俗。因为求书求画的人很多，他讨厌那种虚假的客套，矫情的做作，干脆写一张润笔条例在墙上：

大幅6两，中幅4两，小幅3两，书条对联1两，扇子、斗方5钱。凡送礼物食物总不如白银为妙。盖公之所送，未必弟之所好也。若送现银则中心喜乐，书画皆佳。礼物既属纠缠，赊欠犹恐赖账，年老神倦，不能陪诸君子作无益语言也。

> 画竹多于买竹钱，
> 纸高六尺价三千。
> 任渠话旧论交接，
> 只当秋风过耳边。
>
> 乾隆乙卯板桥郑燮

润笔条例定下来了，但也有例外。郑板桥最喜欢吃狗肉，如果有烹一碗香喷喷的狗肉送给他的，他会作一幅小字画回报，不收润笔钱了。

郑板桥卖字画还另外有一条原则，即不落上款。如果他在字画上为你落款，即写上你的字号，称作某某兄或者某某先生，那就是他对你印象极佳，刮目相看了。

扬州有一个盐商姓王名德仁，字昌义，拥资数万，阔绰豪奢。他富极无聊，也想附庸风雅。他知道郑板桥最不喜欢那些豪绅巨贾，与他结交，根本不可能，即使出润笔费，郑板桥也未必会卖字画给他。他只有辗转托人购得了几幅，但终因没有上款，总感到意犹未尽，于是他想了一个计策。

郑板桥喜欢出游，常常流连山水，乐不思返。一天他游到一处地方，时已过午，有点饿了。忽然听到一阵悠扬的琴声从远处飘来，他寻声走去，发现前面有一片竹林，竹林中有两三间茅屋。刚走近茅屋，一股肉香便扑鼻而来，茅屋里面有一位老者，须眉尽白，道貌岸然，正在危坐弹琴，旁边有一个小童正在用红泥火炉炖狗肉。

郑板桥禁不住垂涎三尺，对老者说："老先生也喜欢吃狗肉？"老者回答道："世间百味惟狗肉最佳，看来你也是一个知味者。"郑板桥深深作了一揖："不敢，不敢，口之于味，有同嗜焉。"老人说："那太好了，我正愁一人无伴，辜负此大好风光。"于是便叫小童盛肉斟酒，邀郑板桥对坐大嚼。

郑板桥非常高兴，肉饱酒酣之余，他想用字画作为酬谢。见老者四壁洁白如纸，但又空无一物，便问："老先生四壁空空如也，为何不寻些字画来挂？"老者说："书画雅事，方今粗俗者多，听到城内有个郑板桥，人品不俗，书画也好，不知名实相副否？"郑板桥说："在下就是郑板桥，为先生写几幅如何？"老者大喜过望，赶忙拿出预先准备好的纸笔，于是郑板桥当面挥毫，立成数幅，最后老者说："贱字'昌义'，请足下落个上款，也不枉你我今日一面之缘。"郑板桥听了不由一愣，说道："'昌义'是盐商王德仁的字，老先生怎么与他同号了？"老者说："我取名字的时候他还没有生呢，是他与我同字，而不是我与他同字，况且天下同名同姓的人太多了，清者清，浊者浊，这又有什么关系呢？”

郑板桥见他说得在理，而且谈吐不凡，于是为他落了上款，然后道谢告辞而去。

第二天郑板桥一早起来，想起昨天吃狗肉一事，总觉得有点不对劲，于是叫一个仆人到盐商王德仁家中去打听情况。仆人回来说，王德仁将郑板桥送的字画悬挂中堂，正在发柬请客，准备举行盛大的庆祝宴会呢。

原来这个王德仁早就打听清楚了郑板桥的饮食起居，习性爱好，以及他经常去的地方，并以重金聘请了一位老秀才，花了几个月等待的时间，才抓住了这个机会，让郑板桥上当受骗了。

剜却心头肉

颜之推的《颜氏家训》中有这样一段话："然则可俭而不可吝已。俭者，省约为礼之谓也；吝者，穷急不恤之谓也。"此话说出了这样一道理：俭节固然可嘉，但太过则为吝啬。世界上许多坏事都是因为舍不得钱财才发生，也有许多好事都因为不吝惜金钱而成功。纵观历史，还没有一个吝啬的人做成过大事，或者成了受人尊重的人物。金钱乃身外之物，生不带来，死不带走，而有人就是不能理解这一点，一生广聚财富，对人施助却吝惜得不得了，好像剜却心头肉一样。

《儒林外史》中的严监生，临死之前，伸着两个手指头，怎么也无法瞑目。众人纷纷猜测他的意图。大侄子前来问道："二叔你莫不是还有两个亲人没有见面？"他摇头。二侄子又走过来说："二叔，莫不是还有两笔银子在哪里没有吩咐？"他仍然摇了摇头。奶妈抱着严监生的儿子在一边插嘴说："老爷是想着两位舅爷不在身边，因而惦念着他们？"他闭上眼睛，只是摇头，手依然在指着。他的填房老婆赵氏揩干了眼泪，走上前来说："老爷，别人说的都是不相干的事，只有我明白您的心思，你是为了灯盏里头点的是两茎灯草不放心，恐怕浪费了油，我现在挑掉一根就是了。"说着走过去挑掉一茎灯草芯，严监生才把头一点，手垂下来，咽了最后一口气。真可谓是舍命不舍财。

而真正明白钱财是身外之物的人，他们也才知道怎样去用财。东吴的鲁肃、唐朝的于顺、宋朝的范仲淹，都是不吝啬自己的钱财，把它用于有益之处的人。

唐代的严震，任山南西道节度使时，有一个人向他讨钱谋生，严震就召集他的儿子公弼等人征求意见，公弼认为是社会风气太坏了，有人不思劳动，只想发财，大人完全可以不答应这种无理的要求。严震听了很不高兴，他说："你这样吝啬肯定会毁了我的家门。作为儿子，你应该劝我尽力多做善事，怎么可以劝我吝惜财物呢？这个向我借钱的人，一张口就要借300千钱，这不是个小数目，敢开口借这么多钱的人，的确也不是一般的人。"于是命令手下的人如数把钱借给了那个人。这样一来剑南西川、东川及山南西道三川的士子争先恐后归于严震，而且其中也没有人提出什么过分的要求。严震正是因为不吝钱财而获得了众人的拥护。

还有明朝乌程人浔阳公董份，官至礼部尚书，家境十分富裕，又乐于结交朋友。凡是往来过客，无不热情相待，有求必应，还时常备厚礼相赠。

对于别人的困难，理应伸手相援，对于别人的索求，也应该不吝钱财地去帮助他，所以《劝忍百箴》中说：我有的东西别人没有，求之于我，将多余的东西周济别人，这样心安理得，心情愉快。

南朝梁时有个萧惠开，年轻时很有风度，读了很多经书史籍，官拜益州刺史。快要回家的时候，录事参军刘希微欠蜀人的债近百万，被债所逼，没办法一下子还清。萧惠开与刘希微共事，虽然交情不深，但把他所有的60匹马都给了希微，让他还债。

唐代郭元振，魏州人，少年的时候就有大志，16岁时与薛稷等同在太学里念书。他家里有一次给他送来40万钱，正好碰上有一个人办丧事向他借钱，并说他家已有5代人没有好好安葬过，愿借钱来安葬。郭振元将钱全部借给了他，毫不吝啬，也不问那个人姓名，薛稷等人大为惊叹。郭元振后来在武则天、睿宗、玄宗三朝做官，官至同平章事，封为代国公。

《战国策》载：齐国有个孟尝君，姓田名文，他的父亲是靖郭君的儿子田婴，齐宣王的异母弟弟。他喜欢招揽门客，经常达到几千人，不分贵贱，待遇都和他自己一样。有一次他招待客人，到了晚上，有人被遮住了亮光而生起气来，误认为给的饭不一样，就停下不吃了，打算离去。于是田文就站起来拿自己吃的饭跟那个人的饭相比，那个人非常羞愧，就自杀了。当时有一个叫冯谖的人，穷得没法再活下去了，这时他听说孟尝君喜欢招揽门客，就去见他，孟尝君把他安排在传舍。住不太久，冯谖一边弹着佩剑一边唱道："长剑啊，我们回去吧。吃饭时没有鱼吃啊！"孟尝君听说了，把他转到幸舍，这样他吃饭的时候就有鱼吃。但他又唱道："长剑啊，我们回去吧。出门没有车坐啊！"孟尝君听到了把他转到代舍，使他出门就有车子坐了。但冯谖又唱道："长剑啊，我们回去吧，没有东西养活家人啊！"旁边的人讨厌他，认为他如此穷还不知满足。孟尝君问冯谖："你还有什么亲人吗？"冯谖回答说："还有一个老母亲。"于是，孟尝君派人给他母亲送去粮食，并保证他家里不缺乏日用之物。从此，冯谖不再唱了。有一次，孟尝君问这些门客，谁能替他到薛地收债，冯谖报名说："我能。"孟尝君把他请来相见，向他道歉说："我由于事情很多，忙得整天很烦躁，得罪了先生，您不仅不见怪，反而愿意帮助我收取债务。"冯谖回答道："是的。"于是准备出发，临走时问孟尝君："催收债务齐了，我买些什么东西回来呢？"孟尝君说："看我们家里没有的东西，你就买吧。"冯谖到了薛地以后，看到那些很贫穷以至于不能还债的人，就把债款契约烧毁了，驾车直接回到齐国，清晨求见。孟尝君觉得很奇怪，他怎么回来得这么快？于是就穿好衣服来见他，冯谖说："您的王宫中堆满了金玉宝物，什么东西您都不缺，您缺少的是仁义，所以我为您买了仁义，并且还宣扬了您的美名。"孟尝君无奈只好拍着手连声道谢。一年以后，孟尝君回到薛，还差百来里，老百姓就扶老携幼地在道旁迎接。孟尝君对冯谖说："您为我买的仁义，我今天终于看见了。"

以上我们可以看到，这些古人都能够解人之难，救人之患，急人之急，不吝啬自己的那点财物，是有高尚道德的人。也正是这样，才能吸引、团结人才和他们一起成就大事业。

如果一个人过于吝啬自己的财产、金钱，他会因此而失去许多朋友，也会失去许多用金钱买不到的机会。

积累财富，不是要做财富的奴隶，而是要把有限的财富，最大程度地利用起来，所以不能吝啬于点滴财产的损失。钱财用于正道，也是积累财富者最终要达到的目的。

卜式是西汉的名吏，他因为为人慷慨，屡用自己的家财捐助政府而受到朝廷的褒扬。汉武帝任命他为中郎，后封关内侯，官至御史大夫。

据《汉书·卜式传》中说，卜式是河南人氏，他主要从事农业耕种和畜牧业。他有一个小弟弟，年纪和他相差很多，等到他的弟弟长大以后，卜式就不再和弟弟一起生活，让弟弟独立生活，兄弟分家了。卜式只要了可以饲养和放牧的羊百余只，其他的房产和财物全都给了弟弟，他自己则进山养羊去了。十几年间，他精心饲养、放牧，羊群发展到了千余只。他把羊卖了，买了许多田地、房产。而此时他的弟弟由于不会经营，坐吃山空，过去卜式留给他的家产已经全部挥霍一空。卜式毫不吝惜自己的财物，又把自己的财产多次分给弟弟，供他生活。

这时候北方的匈奴入侵，卜式上书给朝廷，愿意用自己家产的一半来支援边疆的战事。对此，不少人议论纷纷，说卜式发了财，又想当官了。汉武帝也派了官员去拜访他，官吏来到卜式家，开门见山地问："皇上派我来，感谢你慷慨之举，顺便问一下，你是不是想当官呢？"卜式回答说："我人是山村野夫，从小只知道如何放羊，对于出入仕途，我是不习惯的，还是继续种田、放羊对我来说更好。"使者一听，认为既然不想当官，那么献这么多财产出来，一定是另有原因，就又问道："是不是您家中有什么委屈冤枉的事要倾诉呢？"卜式说："没有。我自从出生以来，从来没有跟任何人发生过什么争执。乡里的人们，特别穷的，我就借粮、借钱给他们。为人不善的，我就教育他们。周围的邻居乡亲，大家都和我卜式相处得非常和睦、融洽，哪里有什么委屈的事情？他们又怎么会与我有仇呢？"使者一听，说："如果像你所说的那样，不想当官，也不是有什么事情相求，那你的想法是什么呢？"卜式很郑重地说："天子派兵抵御匈奴的入侵，我个人的愚见是，圣贤者为国家出谋划策，勇武者为国捐躯，有钱的人责无旁贷地应该贡献出自己的财产，只有这样全民一心，才能把入侵的匈奴赶跑，我们人民才能过上安定的生活。"皇上的使者听了以后，回去报告了汉武帝。汉武帝就把卜式的所作所为和他的一番话告诉了当时任丞相的公孙弘，公孙弘听了以后对皇上说："卜式这么做，违反人之常情呀。这种人也许有什么别的企图，这种事最好不要四处宣传，不能视为榜样，否则法度就乱了。臣请陛下不要答应他为好。"这样一来汉武帝也犹豫了，不知道该如何处置这件事，也没有再提起这件事。卜式则仍然回去干他的老本行，种田，放羊。

过了几年，正好遇上匈奴的单于浑邪投降，朝廷感到财政开支过大，国家的府库全部空了。连年的作战，也造成了大量的游民无家可归，他们也全靠着朝廷的赈灾救济。但为数太多，朝廷也不可能全部救济，供给他们生活。卜式知道了，又拿了20万钱给河南太守，用来救济流民。河南太守向朝廷上报了用自己的财产救济流民的人的姓名，汉武帝一看就想起了上回卜式捐财产的事，指着花名册说："这不是上次那个非要把自己一半财产献给国家以支持抗击匈奴的卜式吗？"于是赏赐了卜式守边地的士卒400人，卜式又把他们全部归还国家。

对于财物，生不带来死不带走，能在关键时刻派上用场，才是物尽其用。卜式不吝财，是因为他完全知道这个道理。

一个有头脑的政治家应该能够权衡个人财产与国家安全之间的轻重。在邯郸城破在即的关键时刻，平原君赵胜是有舍小家全国家的胸襟与魄力的。

战国赵孝成王六年，秦军包围了赵国首都邯郸。

赵国的相国平原君赵胜马上到楚国求援，在他的门客毛遂的帮助下，楚考烈王熊完与平原君歃血为盟，派春申君黄歇率8万楚军，驰援赵国。这时，平原君的内弟、魏国的信陵君魏无忌也矫传魏王的命令，夺了魏国援赵军队的指挥权，兼程赴援邯郸。

平原君回到赵国后，发现在秦军长期围困和猛烈的攻击之下，首都邯郸的形势十分急迫，很难坚持到楚魏两国援军到达之时。城内人心不稳，有些人甚至打算向秦国投降。平原君十分焦急，可一时又想不出什么好办法。

这时，邯郸一位管理传站的小官吏的儿子李淡求见平原君。他对平原君说："赵国就要亡国了，相国难道不担心吗？"

平原君听了，又好气又好笑，说："你怎么说这样的话？赵国若灭亡，我就成了亡国奴，怎能不担心呢？"

李淡说："邯郸被围已有一年多了，老百姓衣不蔽体，吃糠咽菜，甚至于忍痛互相交换孩子，然后把他们宰杀煮食，以求苟延残喘。而相国的府邸里仍有数以百计锦衣玉食的美女，连她们的奴婢都身穿绮罗绸缎，吃惯了猪肉和小米。长期的战争消耗了大量的物资，老百姓家的资财已荡然无存，军队被迫用木材制作矛和箭等武器，但相国府中钟鼎鼓磬一应俱全。这样看来，相国并没有把赵国的存亡真正放在心上。"

平原君听了，惊得一身冷汗，心想："如果人们都如此想，人心必定涣散，城防必然不堪一击，赵国灭亡就迫在眉睫了！"他恭恭敬敬地向李淡行了一礼说："请先生不吝指教我这个愚笨的人。"

李淡说："相国当然明白，您个人的荣辱与国家的安危连在一起，如果秦军攻破了邯郸，您自己的一切将化为乌有；如果赵国不灭亡，您还不是应有尽有吗？我建议相国：您夫人以下的全部家人、奴婢分配到各个岗位上，投入守城队伍中去；您家中钱财，食物全部拿出来犒劳守城的将士。您这样做，是雪中送炭，人们会因此而感恩戴德，拼死守住邯郸。"

平原君立刻采纳了李淡的建议，破家救国难，平原君的行为鼓舞了邯郸人们的士气，城中迅速组织了一支 3000 人的敢死队，向秦军展开猛烈的反击，迫使秦军撤围，后退 30 里，缓解了邯郸陷落的危机。李淡加入了敢死队并英勇战死。

不久，信陵君率领的 8 万名士兵赶到，与邯郸城中的赵军内外夹攻秦军，秦军损失惨重，两万余名秦军投降，残部狼狈地逃了回去。

平原君能够在国家生死存亡的关键时刻，仗义疏财，与人民同甘共苦，用有限的资财，激发了人们无限的爱国热忱，挽救了自己的国家。假若平原君过于吝啬，不能把资财用来保卫国家，一旦国家灭亡，他个人利益又怎么能保得住呢？

立着不如倒着

人生能有多久，不到百年时光；天地是暂居的旅店，光阴是永远的过客。如果不自己警觉，一味纵情取乐，就会乐极生悲，像秋风过后草木凋零一般。

人生是有限的，如果放纵自己去享乐，而不思奋斗，则会一事无成。少壮不努力，老大徒伤悲。

像一句老话说的："好吃不如饺子，立着不如倒着"，如果把这比作贪图安逸，不思进取，是再形象也没有了。贪图安逸，等于自我毁灭。一旦人处于安稳舒适的环境中，就会忘记忧患的存在，消磨了自己的意志，不思进取，得过且过，哪里谈得上什么发愤图强？所以古人把贪图安逸享乐比喻为是在饮用毒酒，味道虽然甘美，喝下去却是要致人于死地的。

不取安逸，首先要懂得珍惜光阴，在有限的人生之中做更多的事情。曹操戎马一生，他在《短歌行》中写道："对着酒应当高歌，人生又能有多长。它就像清晨的露水，只可惜逝去的日子太多。"又有古诗写道："人生不到百年，人却常常怀有千年的忧愁。"也是告诉我们人生苦短。只顾贪图享乐，就什么事业也无法造就。

其次，不取安逸，要积极进取，否则就会像《论语》中孔子说的那样"吃饱穿暖，安逸地住着却没有接受到教育，就与禽兽相差无几了。"饱食终日，无所事事，自然会意志消沉，退一步也可能蜕化成为社会的害虫，为人们所厌恶。谁都知道，运动是事物的根本属性，人也不例外，唐朝孙思邈《养性启蒙》说："流水不腐，户枢不蠹，是运动的缘故。欲望不能放纵，放纵就要造成灾祸。"生命在于运动，运动、工作，才能不停地奋斗，永不止息地前进。

三国时刘备，曾经和刘表在一起，当他去厕所回来时，伤心地流下了眼泪。刘表感到奇怪，问他原因。刘备说："以前身体不离马鞍，大腿上的肥肉都消下去了；现在不骑马，肥肉又长出来了。光阴如流水，老年就要来临了！可是功业还没有建成，我因而感到悲哀。"

晋朝陶侃，字士行，本来是鄱阳人，后搬到庐江的浔阳。陶侃早年孤单贫困，范逵向庐江太守推荐他，做了主簿，后来升为广州刺史。他每天早晨把 100 个坛子搬到屋外，傍晚再搬到屋里。人们问他原因，他回答说："我正要为收复中原出力，过于悠闲安逸，恐怕担当不了重任，所以经常劳动。"后来陶侃统领 8 个州，名声显赫。

刘备和陶侃都明白了不取安逸生活才能成就大事的道理，所以他们才自觉地进行自我约束。古人认识到了贪图安逸，人就没有雄心壮志，惧怕艰苦的生活，害怕磨难，养成娇骄二气，面对挫折则放弃自己的志向，那又怎么能立身立国呢？整天沉溺于安稳的生活，陶醉于快乐的享受，根本不可能磨炼出顽强的意志，而且还有可能因为贪图享乐而招致灾祸。所以要弃安逸，艰苦奋斗，才能做一番经天纬地的事业。

刘备因为大腿上长了肥肉，而害怕自己大功未成，大事未立，而不图安乐。即使是刘备这样一个相当自觉地克制自己贪图享乐心理的人，有时候也不免成为安逸的俘虏。但刘备毕竟是胸怀大志的人，这一次他能从安逸之中摆脱出来，是他的一位夫人的功劳。

刘备有位甘夫人，长得玉骨柔肌，态媚容冶。刘备驻守徐州时，闻甘氏艳名，便纳为妾。后来刘备的元配夫人糜夫人早逝，刘备便扶甘氏做了夫人。由于甘夫人天生丽质，加之肌肤白若霜雪，令刘备非常陶醉，连逃命途中，也与甘夫人形影不离。后来，有位河南人献给刘备一个精致的玉人，高3尺，栩栩如生，光彩照人。刘备爱不释手，便把玉人置于甘夫人房间内，使两者媲美生辉。在他看来，眼下自己有巴蜀这块地盘，而且外政内事有丞相诸葛亮张罗，不用他操心，于是常常一边拥抱着甘夫人，一边玩赏着玉人，口中还念念有词道："玉之可贵，德比君子，况为人形，而不可玩乎？"为自己玩物丧志寻找借口。这可急坏了甘夫人。她倒不是因为刘备爱玉人而吃醋，而是因为长此以往，复兴汉室基业何以成功呢？

深知贪图安逸后果的甘夫人，很了解刘备，她明白，刘备经过长期的艰苦努力，才由一个不名一文的贩草鞋的山村野夫而拥有了四川，建立了蜀汉政权。这当然可喜可贺，但这只是开头，应该更加奋发图强。刘备原有的计划是复兴汉室，灭曹操，吞东吴，统一天下。但是看着今天的刘备，自从建立蜀汉政权以来，安于平静的生活，不爱听别人的劝告，甚至宠信那些阿谀之徒，意志颇为消沉，大志即将磨灭。长此以往，哪里还能实现他原来囊括四海复兴汉室的宏愿呢？甘夫人不能不忧虑。她数次想摔掉玉人，又怕刘备不高兴，几次想谏言，毕竟自己又是不参政的妇道人家，不好直言。后来，甘夫人终于从玉人身上触发起灵感，想到了春秋时代"子罕不以玉为宝"的典故，于是以此为谏辞，稽古喻今，说服刘备。

这一天，夫妇二人正在闲聊之时，甘夫人说："妾今天看了个故事。说古代宋人得了玉石，献给宋国的正卿子罕。可是子罕不但不接受，连看都不看一眼。献玉的人说：'此玉成玉人状，是一块稀世之宝，故而才敢奉献给你。'子罕却说：'我平生以不贪为宝贵，你是以玉为宝贵，若是将玉赠送给我，那么，你我都丢失了宝贝，你丢掉的是宝玉，我丢掉的是廉洁这块宝。'所以子罕不以玉为宝，在春秋时代传为佳话。"

正当刘备听得津津有味之时，甘夫人又说："现在曹操、东吴都未消灭，陛下你却以一块玉石玩于股掌。你知道吗？凡是淫、惑必生变，千万不可长此以往啊！"

一向胸怀大志的刘备，也知道自己产生了安乐思想，所以听后，沉思了一会儿，终于撤掉玉人，摒绝奸佞小人，振作而务大计了。

春秋时期，晋国的公子重耳，自从被后娘骊姬驱逐出国，流落在外，娶了齐国的公主齐姜，生活过得很好。

跟他一起出亡的臣子共有 9 人，个个都有安邦定国之才，念念不忘国家的复兴，他们之所以抛妻离子，跟随左右，是寄希望于重耳能够回去兴邦建国。

但是，重耳在齐国已混过 7 年了，日夜沉迷于温柔乡中，根本已把复兴国家的大事忘记得一干二净。

和他一起出逃的大臣们都沉不住气了，想劝说重耳振奋精神，励精图治，复兴国家，不要再沉溺、陶醉于目前的安逸生活了。而且当时齐国的情况极其混乱，齐人自顾不暇，哪里还有精力去帮助重耳复国？众臣想劝他早日离开齐国，到别的国家再去想一想办法，结果等了十多日却连重耳的面都见不到。

魏武子沉不住气了，说："这像什么话呀？大家开始认为公子是个有作为之人，故不惜背井离乡，不辞辛劳地跟他流亡。但他却天天陪着新夫人，把我们撇在脑后，国事置若罔闻。7 年了，一点成绩都没有，想见他一面，等了十多天连影子都见不着，这又怎能干大事呢？"此时另一位大臣叫狐偃的说："公子愿不愿意走，离开齐国，那是他自己的事，而要不要走，那是咱们的事。只要大家想好办法，时刻准备好行装，等公子一出来，就邀往郊外打猎，拥出城门，便劫他上路，到那里，他不想走也不行了，大家认为这样可不可以呢？"

全体赞成这计划，大家高高兴兴地回去，认为在这幽僻的地方，不会有人听到的。

可是当他们商议的时候，躲在树上的几个采桑女偷听了，她们是重耳夫人齐姜的侍婢，这天正采桑，见一群人围在树下开会，便停手屏息在树上窃听，回去的时候，又一五一十地告诉了齐姜。

齐姜听了，斥责她们说："不许胡说八道，根本没有这回事，也不可能发生这样的事情！"

说完，把她们统统关进一个密室里，半夜又偷偷派人把她们杀绝灭口。

然后，齐姜把事情告知重耳："你的臣子们要你离开此地到别国去，今天在桑林密议，给采桑的侍婢听见了，我怕她们口疏传出去，引起麻烦，便把她们杀了，你还是早作准备，跟他们一起走吧！"

重耳听罢，眼睛一瞪，随即又皱起眉头，叹息道："唉！做人不外乎求享受而已，何必东西奔波呢？过去的事情让它过去好了，如今安稳的生活，我已非常满足了，准备在这里了此一生，不愿意到别处去了。"

齐姜义正词严地说："晋国的人民正等着你回去做主呢！难道你连国王都不愿做？兄弟之仇不想报？人民的痛苦一点也不放心上？国家的利益——"

"够了，够了，住嘴！"重耳生起气来，说，"我不喜欢听这些话，讨厌那些流离生活，这里就是我的家，无论如何都不离开了！"

过惯了安逸日子的重耳，已经厌恶和惧怕了颠沛流离的生活。他已不再拥有以往的雄心，也忘记了国恨家仇，安逸消磨了他的意志和毅力。

第二天，众大臣邀请重耳出猎，他也拒而不去。齐姜见他如此，悄悄地叫心腹去请狐偃一人来，在密室里，遣开侍从，细问狐偃。

狐偃说："公子平常最爱好打猎的，近来很少外出了，诚恐四肢惰懒起来，荒废了武事，所以特来相请，此外别无他意。"

齐姜微微一笑，故意把话扯远，问："这次打猎的目的地是哪里？是宋国还是楚国、秦国呢？"

狐偃一听，大吃一惊，暗忖她如何知道？还故作镇定地说："打猎是不会跑那么远的。"

"本来么，打猎是无所谓路途远近的，而且要猎取的不一定是禽兽，有时还会猎人，是不是？"

狐偃已发觉这话里有异了，一时不知如何作答，忙低下头，偷眼看她的脸色。

齐姜认真起来道："还是我说出来吧！我已知道你们的来意了，借打猎之名，先猎了公子，劫他上路，远走高飞，是不是？"

"这个——"狐偃惶恐起来，不知所措。

"这个明白，但请老先生不要害怕。"齐姜忽然勇敢地站起来说，"我很明白你们是忠心耿耿的，这样做完全是为了公子的前途，为了晋国的老百姓。——我昨晚也劝过他几遍了，他却执迷不悟，口口声声说死也不愿离开这里！"

狐偃这才放下心来，说："难得夫人这样深明大义。"

"不过"，齐姜接着说，"我好歹都会把公子送出去的。这样吧，今晚我设法把他灌醉了，你们连夜载他出去，你看怎样，好不好？"

"好的，不过夫人——"

"你不用为我担忧！"齐姜说，"你们为了公子，可以抛妻离子在外流浪，难道我就不能为丈夫受点苦吗？公子是晋国的，属于晋国全体人民的，我怎能如此自私，使得众多的人失望呢？"

当晚，齐姜特设盛宴，夫妻对饮，重耳问是什么意思，齐姜就说："我知道公子将要远行，特地给你饯别！"

"我何时对你说过？"重耳愕然说，"唉！人生在世，也不外乎几十年光景，过得去就算了，何必再到处漂泊呢？"

"可是你的臣子们要走呢，难道你不愿意？"齐姜进一步问。

重耳顿时色变，停杯不饮，怒容满面，对天发愣，不说什么。

一会，齐姜含笑问他："你真是不愿意离开我吗？不会是骗我吧？"

"谁骗你来！大丈夫说不走就不走，拿刀尖顶着喉咙还是不走！"重耳摆出一副大丈夫气概。

齐姜嫣然而笑："我是特地试探你的。那班老头子也是，居然想拆开我夫妻！告诉你吧，这桌酒，若你真要走的话，我是无法挽留的，那就用来饯别；不走呢，那是来庆祝我俩从此永不分离。"两人沉浸在欢乐中。喝着喝着，重耳酩酊大醉，倒头便睡。

齐姜赶紧用被褥将他盖好，叫人出去通知狐偃。狐偃和魏武子蹑手蹑脚，连被带褥，将重耳抬了出去，安放在车厢里，然后鞭子一扬，马蹄一蹬，车轮开始转动了。

齐姜呆呆地站在门口，频频向车子招手，忽然心里一酸，眼泪扑簌簌地掉了下来。

假如没有齐姜的明义知理，假如没有齐姜的配合协作、自我牺牲，重耳也许会因贪图夫妻和美的安逸生活而客死他乡，也不过是一个受继母迫害的公子，哪里能成为春秋五霸之一呢？这全是由于齐姜和他的臣下们，深知要成大业必须首先控制住贪图享乐、安于平淡安稳的日子的心理，发愤图强才能建功立业。

争名逐利——计较毫厘得失

人们立于天地间，把自己的聪明才智贡献给社会，从而获得社会的承认，得到名利、地位、荣华也是应该的，只是不要单纯为了贪图名利地位而不惜一切地去追求。

雁过留声，人过留名

"雁过留声，人过留名"。然而过于贪恋功名，实为官者所不取。春秋战国时的范蠡确有不少过人之处，他的智谋、胆略，都为世人所称颂。但更让人佩服的是他审时度势，在功成名就之后，勇于退身而出，避免了在残酷的政治斗争中牺牲自己。他不贪恋功名，退而归隐，可谓明哲保身也。

范蠡是楚国宛人，年轻时就显示出不同凡响的才智。为了不苟同于世俗，佯装狂痴，潜心博览群书，探讨济世经邦之策，隐身待时。

勾践即位后，时机来了。该年，大夫文种到宛访求人才，闻得范蠡名声，便亲自前去拜访。起初，范蠡不知文种是否有诚意，于是一再回避。反见文种求贤若渴，于是亲迎文种，二人终日而语，纵论霸王之道，志同道合。文种将范蠡举荐给越王勾践，成为勾践的股肱之臣。

范蠡追随勾践 20 多年，军国大计多出其手，为灭吴复国立下了汗马功劳，官封上将军。作为一名具有远见卓识的战略家和对人生社会具有深刻洞察力的思想家，凭借他多年的从政经验，深深知道功高震主的道理。灭吴之后，越国君臣设宴庆功，他看到群臣皆乐，独勾践郁郁寡欢，立即猜到勾践的想法。勾践在谋取天下之时依靠群臣之力，而今天下已定，他不想把功劳归于臣下。常言道："大名之下，难以久安。"范蠡觉得自己名声太显赫，不可久留于越国，何况他也深知勾践的为人是可以共患难，而难以同安乐，于是，毅然决定激流勇退。他给勾践写了一封告退信，说："我听说主人心忧，臣子就该劳累分担；主人受侮辱，臣子就该死难。从前，君王在会稽受侮辱，我之所以没有死，是为了报仇雪耻。现在仇已报耻已雪，我请求追究使您受会稽之辱的罪过。"

越王对范蠡恋恋不舍，他流着泪说："你一走，叫我倚靠谁？你若留下，我将与你共分越国，否则，你将身败名裂，妻子被戮。"

范蠡对宦海沉浮，洞若观火。他一语双关地说："君行其法，我行其意。"他不辞而别，驾一叶扁舟，入三江，泛五湖，人们不知其所往，果不出他所料，在他走后，越王封他妻子百里之地，铸了他的金像置于案右，比拟他仍与自己在朝议政。人走了，留下一尊无害的偶像，可以崇拜，借此沽名钓誉。但对还留在朝中的功臣，勾践则是另一种态度。

范蠡泛舟江湖，跳出了是非之地，秘密来到齐国。此时，他想到了有知遇之恩，且风雨同舟二十余年的文种。他给文种修书一封，写道："物盛而衰，只有明智者了解进退存亡之道，而不超过应有的限度。俗话说，飞鸟尽，良弓藏；狡兔死，走狗烹。越王为人，长颈鸟喙，鹰眼狼步，可以共患难，不可同安乐，先生何不速速出走？"

文种接到信，恍然大悟，便自称有病不再上朝理政，但为时已晚。不久，就有人诬告文种企图谋反，尽管文种反复辩解，也无济于事。勾践赐文种一剑，说："先生教我伐吴七术，我仅用其三就将吴国灭掉，还有四条深藏先生胸中，请去追随先生，试行余法吧。"再看所赐之剑，乃吴王当年命伍子胥自裁之剑，这真是历史的莫大嘲讽。文种一腔孤愤，仰天长叹："我始为楚国南阳之宰，终为越王之囚，后世忠臣，一定要以我为借鉴！"引剑自刎而亡。

范蠡和文种对待名利的态度不同，自然有两种不同的结果。

法真生活在东汉后期，朝廷内宦官外戚之争，党人之禁屡屡发生，真可谓昨为人上人，今为阶下囚。丢官、坐牢、禁锢、杀身，经常有这样的悲剧产生。而法真却远离这些政治争斗的是是非非，视功名利禄若粪土，这体现了他看透了社会人生的大睿大智。在东汉后朝险恶的政治环境里，他能以89岁高龄善终，不能不认为他是隐逸立身的成功。

法真字高卿，是扶风人，他的父亲法雄曾任过南郡太守。法真好学，百家综览，博通各家学问，是关西地区有名的大儒。

法真虽出身官宦之家，但性恬静寡欲，不愿参与政事。扶风郡太守闻其名，希望与他谋面，法真便应邀前往。太守说："春秋时，鲁哀公虽然不是贤君，但孔仲尼却对他称臣。现在，我德薄名虚，但想委屈你任郡功曹，怎么样？"法真回答："因为太守您待人有礼，所以我才做您的宾客。如果您要以我为吏，那我就要躲到北山之北，南山之南了。"太守听了这话，再也不敢勉强他了。

后来，朝廷荐举他为贤良，法真也没有应承。同郡人田弱也多次荐举他。有一次顺帝西巡，田弱又乘机推荐，顺帝前后四次征召他，法真不但没有前往，反而深深隐居起来，始终没有露面。法真的朋友郭正称赞他说："法真这个人呀，可闻其大名，却难见其本人。他不愿出名而名声却老伴着他，逃避功名而功名老追着他跑。他真可以为百世之师了。"

法真之所以能在官场倾轧的东汉时期独善其身，与他高深的学识，个人清醒的头脑有关，这也是不贪图功名的善果。

人的脸，树的皮

"人的脸，树的皮"。太注重虚荣，太留恋虚名，也是不可取的。名，是一种荣誉，一种地位。有了名，便能够享有很大的权力；有了名，则往往会万事亨通，光宗耀祖；名确实能给人带来许多好处。

虚名本身毫无价值，毫无意义，任何一个真正的有识之士，都不会看重虚名。为了虚名而去争斗，是世界上各种矛盾、冲突的重要起因，也是人生之中诸多烦恼、愁苦的根源所在。历史上多少悲剧源自于争名夺誉，人们只看到了虚名表面的好处，却不知道，虚名的背后，隐藏了多少苦难和辛酸。为了承受这么一个毫无价值的虚名，人们经常暗地里钩心斗角，明地里打得头破血流，朋友反目成仇，兄弟自相残杀，虚名之累，有什么益处？

不取虚名，则要不受它的诱惑，脚踏实地地工作，力求不使自己背上虚名这种沉重的思想包袱。"人怕出名猪怕壮"就是这个道理。一有名气，争得了这份荣誉，必然要受到一些非难和妒忌，心理就要做好承受外界压力的准备。有时由于这种虚名的获得，使人缺乏冷静的心态，忘乎所以，而骄傲起来，自以为了不起，其实一切都是虚的，不做进一步的努力，到最后什么也得不到。所以说虚名害人，不可追逐，而应力忍羡慕虚名之心。

不取虚名，就是要放弃那些华而不实的东西。放弃虚名，不是笨人所为，而是智者的一种积极的人生态度。在名声和荣誉面前应采取忍让和放弃的态度固然不易，但是只要加强自身修养，认识到虚名的害处，弃之有何可惜呢？

《新序》中说叶公非常喜爱龙，家中的桌椅、器具上都雕刻着龙，于是天上的真龙听说人间有一位自己的知己，就下到人间来拜会叶公。到了叶公的住处，把头伸到窗户中想向叶公打个招呼，巨大的龙体到了叶公的厅堂之中。叶公这位一向以好龙而闻名于世的人，见到真龙，吓得失魂落魄，拔脚而逃。徒有好龙的虚名又有何益？不如干点其他的事情。

古人是深深瞧不起那些追逐名利之徒的。相传乾隆皇帝游江南时，站在山上眺望远山近水，这位风流天子顿时感到少有的心旷神怡。这时，他看见江中数百只帆船来来往往，感到有些迷惑不解，便问："这么多的船在江中干什么呢？"身边的一位大臣说："我只看见两只船，一只是名，一只是利。"乾隆皇帝默然无语。

不取虚名就是要放弃对它的追求。在这种忍让和放弃中，不必用语言和文字等去表明自己的态度，而更妙的方式是一种无声的行为。这种无声的行为可以给人们造成一种自己对此荣誉和名声毫不在意的印象，即根本就不屑一提，甚至是想都不想的感觉。这样，更容易形成人们对自己的服气和钦佩。

不取虚名可以减少虚名之累，让人轻松上阵，不必有任何的压力和包袱。虚名有百害无一利，无论从哪个角度来讲，忍住对虚名的渴求都对自身的修养，对他人的团结有利。

下面说两个故事，看看古之贤者是如何对待名与利的诱惑的。而这些正确对待名利的古人，是应成为为官者的为人处世的榜样。

且说春秋战国时期，有一天，秋高气爽，太阳已爬上半空，庄子还高枕未醒。忽然门外车马喧闹，有谁在小心地敲门。原来楚威王久仰庄子的大名，想把他招进宫中给予高位，既用其名，复用其才，以使自己达到争霸天下的目的。楚威王便派了几位大夫充当使者，领着一队壮士，抬着猪羊美酒，带着千两黄金，驾着几辆驷马高车，浩荡而隆重地来请庄子去楚国当卿相。

半个时辰后，才见庄子出来。使者作揖赔笑，呈上礼物，说明来意，不料庄子仰天大笑，说了一套洋洋洒洒的话：

"免了！免了！千金是重利，卿相是尊位，多谢你家大王。然而诸位难道没有瞧见过君王祭祀天地时充作牺牲的那匹牛吗？想当初，它在田野里自由自在，只是它的模样生得端庄一点，皮毛生得光滑一点，就被人选入宫中，给以很好的照料，生活是好多了。然而正所谓'喂肥了再宰'。到时，牛的大限已到，当此关头，这牛倘想改换门庭，再回到昔日即使是劳苦的生活境况中去，还有可能吗？还来得及吗？那么，去朝廷做官，与这头牛有什么差别呢？天下的君子，在他势单力孤、天下未定时，往往招揽海内英雄，礼贤下士，一旦夺得天下，便为所欲为，视民如草芥，对于开国功臣，则恐慌功高震主，无不杀戮，真是所谓'飞鸟尽，良弓藏；狡兔死，走狗烹'。你们说，去做官又有什么好结果？放着大自然的清风明月、荷色菊香不去观赏消受，偏偏费尽心机去争名夺利，岂不是太无聊了吗？

几位使者见庄子对于世情功名的洞察如此深刻，也不好再说什么，只得怏怏告退。其中一位使者如当头棒喝，勘破数十年做官迷梦，就此决定回朝之后上奏君王告老还乡。

庄子仍然过着洒洒脱脱的生活，登山临水，笑傲烟霞，寻访故迹，欣赏绿色，抒发感慨，盘膝枯坐，冥思苦想，发为文章，在贫穷中享受人生的快乐和尊严。

这是哲人的生活，无拘无束的生活。

且说元朝末年，有一人名叫王冕，在诸暨乡村里住。7岁上死了父亲，他母亲做些针线，供他到村学堂里去读书。在10岁时，只好到隔壁人家放牛，每月得几钱银子，又有现成饭吃。这王冕，也没有什么不乐意的。

王冕边放牛，边读书。一天，大雨过后，景色清新，湖里有10来枝荷花，苞子上清水滴滴，荷叶上水珠滚来滚去。王冕看了一回，决心学画。便托人买些胭脂铅粉之类，学画荷花，画到3个月后，那荷花精神颜色无一不像，便有人要购买，名声渐渐传出去了。自此不愁衣食，便愈发觉得自由自在。

在京城做官的危素回乡居住，见到了王冕的画，爱不释手。即约王冕相见，但王冕推辞不去，无非是不想趋炎附势招灾引祸罢了。知县来请，也躲过一边不见。王冕恐大祸临头，就出远门去了。在外边，租个小庵门面屋，卖卜测字，聊以度日。那里几个俗财主，见到王冕画的画儿，时常要买，王冕被闹腾得不耐烦，就搬走了。大乱之时，回到家里。母亲病倒在床，对王冕说："我眼见得不济事了。但这几年来，人都在我耳根前说你的学问有了，该劝你出去做官。做官怕不是荣宗耀祖的事，我看见这些做官的都不得有甚好收场。况你的性情高傲，倘若弄出祸来，反为不美。我儿可听我的遗言，将来娶妻生子，守着我的坟墓，不要出去做官。我死了，口眼也闭。"王冕哭着应诺。

不过一年有余，天下就大乱了。朱元璋来拜请王冕出山，王冕不从，更引起朱元璋的敬爱。明朝建立后，危素归降，妄自尊大，发往和州去了。洪武爷又请王冕出来做官，授予他咨议参军之职，但使者到来时，王冕早已连夜逃往会稽山中去了。

王冕隐居在山中，并不自言姓名。后来得病去世，被山邻安葬。

富贵或许是人生的鸦片

人生存于世，没有财富是行不通的，因为它是提供物质生活的可靠保障。然而财富多了也并非好事。为富不仁，财富就是祸殃；富而好礼，才是真正的善待其财。《红楼梦》中说："金满箱，银满箱，转眼乞丐人皆谤。"其中的道理怎能不让人深思呢？

地位之尊贵莫过帝王将相，但是，"古今将相今何方？荒冢一堆草没了。"所以，地位显贵的人切不可自命不凡，妄自尊大。人生遭际，谁能预料。"陋室空堂，当年笏满床"，古人的训诫多么深刻啊！张衡曾说："不患位之不尊，而患德之不崇"。当以之自勉。

李贽在《焚书》中说："没有文化，没有知识，精神上的空虚才是真正的贫穷。"《后汉书》中说："只有道德不高，知识匮乏，才是真正的贫穷。衣服、食物不如人并不代表一个人的贫。"贫莫贫于不闻道，这是历代仁人的共同见识。

《庄子·让王》篇上讲，春秋时的原宪居住在鲁国，一丈见方的房子，盖着茅草；门框用桑枝做，门用蓬草做；窗户用破瓮做，用破布分成两间；屋顶漏雨，地面潮湿，他却端坐在那里弹琴。子贡骑着高头大马，穿着白大衣，里面是紫红的里子，小巷子容不下高大的马车，他便走着去见原宪。原宪穿着破鞋，戴面破帽子，倚着藜杖在门口答应，子贡说："呵！先生得了什么病？"原宪回答说："我听说，没有钱叫做贫，有学识而无用武之地叫做病，现在我是贫，不是病。"子贡因而进退维谷，脸上露出羞愧的样子。

子贡自以为是，听了智者对于贫穷的认识，他自己也觉得羞愧难当。因为他本身实际上有病——心病，不能从更高处看待贫困的问题，也忍受不了贫困的生活，更不理解那些善于忍受贫困而心怀大志的人。

不同的人对于贫穷的标准不同，看法不同，忍耐贫穷的能力也不同。对于贫穷，有的人是不得不苦熬贫困，所以觉得贫困很可怕，这是着眼于物质方面的贫困。还有一些人是甘于贫困，是借贫困的环境来磨炼自己的意志，这是自觉地忍受贫困。所以为官者不仅要注重自己物质上的享受，还要看重自己精神上的修养，这才算积极地忍受贫困。

古语说："人穷志短，马病毛长。"人一贫穷，自觉底气不足，见了有钱有势的人，自己便觉得低人一等。由于经济地位不平等，常常造成政治地位与其他地位也不平等，这是现实。但是真正有远大抱负的人，是不会由于贫贱就能改变的。但也有人相反。《论语》中记载子贡有一次问到因为贫贱而谄媚，对此应该怎样看待，孔子回答道："倒不如贫贱而快乐。贫贱而不谄媚地自我守身，不如安于贫贱，以守道为快乐，这样可以忘掉贫贱。"

宋代的胡宿说："贫贱富贵，都由命中注定。我们应该修养自己等待机会，不要为造物主所嗤笑。"《庄子》中记录着这样的故事，黄河边有户很贫穷的人家，他的儿子潜入河中寻得一颗价值千金的珠子。父亲对儿子说："珠子本来是在龙颔下面的，正遇上它在睡觉，你得到了珠子，若当时它醒了，你就会死无葬身之地，成为粉末。"所以孔子说："富和贵，是人人想得到的东西，但假如不是正道得的，就不会长久。"

《论语·雍也》中记载：孔子的弟子颜回虽然吃的食物粗陋，住的地方偏僻，一般人都无法忍受，颜回却自得其乐，安贫乐道，以道德修养所带来的内心的愉悦为最大快乐。一个人要成就一番事业，连一时的物质贫乏都无法忍耐，又怎么能够战胜其他的困难，进而成事呢？

忍贫固然可贵，富而不骄，也不失为一种风范。

古人说："富而好礼，孔子所诲；为富不仁，孟子所诫。盖仁足以长福而消祸，礼足以守成而防败。恃富而好凌人，子羽已窥于子晰富而不骄者鲜，史鱼深警于公叔。庆封之福，非赏实殃；晏子之富，如帛有幅。去其骄，绝其吝，惩其忿，窒其欲，庶几保九畴之福。"

这段话大意是：富而爱好礼义，这是孔子对人的教诲；而图致富便不能施行仁义，这是孟子对人的告诫。大凡行仁义的人完全可以保持幸福而消除灾祸，爱好礼义的人完全可以保持已有的成就而防止失败。自恃富有而喜欢欺侮别人，结局不会好，正如子羽已观察到子晰的结局富有而不骄傲的人很少，史鱼曾对公叔提出深刻的警告。庆封的富有不是上天赏赐，实为灾祸，晏子的富有如同布帛那样有一定的限度。舍弃骄傲，根限除啬，控制怒气，节制情欲，这样才能保证享受九种福分。

《左传》中记载：襄公二十八年，齐国的庆封到吴国，聚集他的家族居住下来，比原来还富有。当时的子服惠伯对叔孙穆子说："上天大概是让淫邪的人发财，这回庆封是又富了。"穆子说："善人发财叫做赏，淫邪的人发财叫做殃，上天将要使他遭殃。"昭公四年，庆封被楚国人杀了。以前他的父亲庆克曾诬陷鲍庄，当时庆封谋划攻打子雅、子尾，事情被发现，子尾刺杀了庆封的儿子舍，庆封逃往吴国。这里说的子雅、子尾是齐国的公子。同一年，齐国姓崔的叛乱，子雅等公子们都失败了。等到庆氏灭亡后，齐王又召回这些公子们，他们都各自回到他们的领地。乱事结束后齐王赏给晏子邶殿的60个乡邑，他不接受。子尾说："富有是人人都想得到的，你为什么偏偏不要呢？"晏子回答说："庆氏的城市多得能够满足他的欲望。所以他灭亡了。不要邶殿并不是拒绝富有，而是怕失去富贵。而且富贵就像布帛有边幅，应该有所控制，使它不致落失人手。"这是说富人不能随意增加财富，否则将自取灭亡。

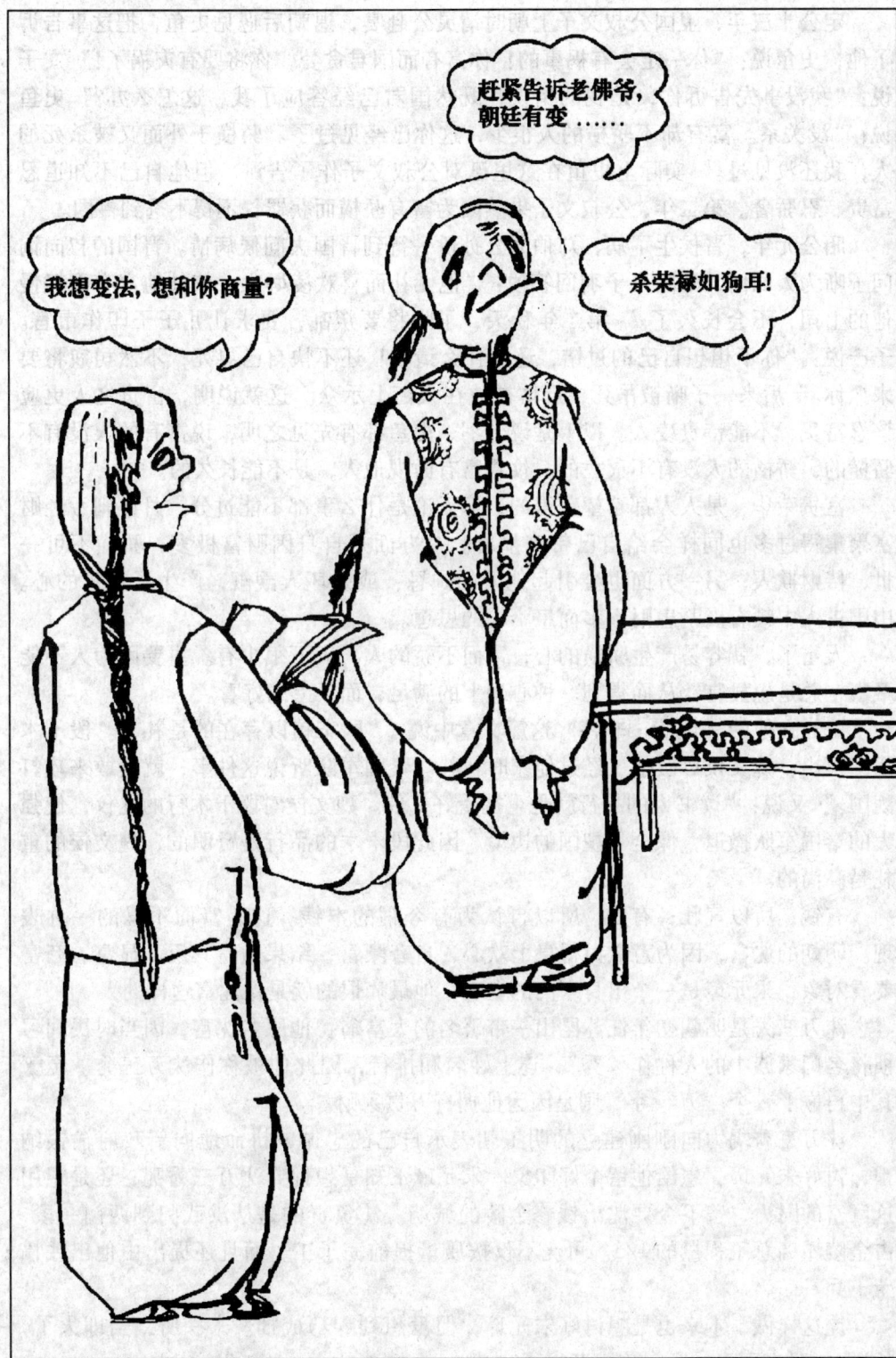

定公十三年，卫国公叔文子上朝时请灵公赴宴，退朝后遇见史鱼，把这事告诉了他，史鱼说："你一定会有祸事的！你富有而国君贪婪，你将要有灾祸了！"文子说："我没事先告诉你，是我的错误，既然国君已经答应了我，这怎么办？"史鱼说："没关系。富有却不骄横的人很少，这你已经见过。骄横于外而又被杀死的人，我还没见过。"实际上史鱼在这里已对公叔文子作了告诫，但他自己不知道忍富贵、忍骄奢。第二年，公叔文子果然因为富有骄横而获罪，不得不逃到鲁国。

昭公元年，晋侯生了病，郑伯派公孙侨一行到晋国去问候病情。晋国的叔向询问子晰为人如何，郑国人子羽回答说："他无礼而喜欢凌辱人，依仗他富有而轻慢他的上司，不会长久了。"第二年秋天，子晰将要叛乱，要求让儿子子印作市官。子产说："你不想想自己的过错，还有什么请求！还不快自己寻死，不然司寇将要来抓你。"后来，子晰被吊死，尸体被放在大街上示众。这就说明，富贵之人更应该忍富贵，不能恃贵凌人。以上是说子羽、史鱼都有先见之明，说富有的人没有不骄横的，骄横的人没有不灭亡的。仗着富有傲视他人，是不能长久的。

富贵荣华，是人人都希望获得的，但无论是什么事都不能过分。月盈则亏，财富聚集得过多也同样会给自己带来损害。一方面是自身因财富极多，骄横不可一世，恃财欺人；另一方面也会引起他人的妒忌，或是坏人觊觎，产生了劫富的心。中国古人中颇有点不患财不多而患不均的思想。

人富了，就容易产生骄横的心，富而不骄的人，天下很少有。主要因为人不能藏富，总是想显富，从而得到一种心理上的满足，面子上的好看。

王充在他的《论衡·非韩》这篇文章中说："国家赖以存在的是礼义。段干木闭门不出，魏文侯尊敬他，经过他家时行礼。秦国军队听说这件事，就没敢来攻打魏国。"又说："读书人的品行就是重视爱好礼仪。魏文侯对段干木行的礼仪，使强大的秦国军队撤退，保全了魏国的边境。因此段干木的品行是贤明的，魏文侯的重礼是高尚的。"

有钱，所以气壮；有钱，所以自认为有夸耀的本钱。这是富而不忍的一种表现。明朝的沈富，因为意欲讨得皇上欢心，自夸豪富，结果适得其反。显富、夸富要看对象，朱元璋是一个出身寒门的皇帝，他最痛恨的就是像沈富这样的人。

沈万三秀是明朝初年江苏昆山一带著名的大富翁。他原名沈富，因当时民间习惯将名门家族中的人称作"秀"，连上姓名和排行，因此他被称作沈万三秀。至于其中再嵌上一个"万"字，则是因为他拥有万贯家财。

沈万三秀竭力向刚刚建立的明王朝表示自己的忠诚，拼命地向新政府输银纳粮，讨好朱元璋，想给他留个好印象。朱元璋不知是想捉弄沈万三秀呢，还是想用这巨富的财力，曾下令要沈出钱修金陵的城墙。沈负责的是从洪武门到西门一段，占金陵城墙总工程量的1/3。可沈不仅按质量提前完了工，而且还提出由他出钱犒劳士兵。

沈这样做，本来也是想讨好朱元璋，但没想到弄巧成拙。朱一听，当即火了，他说："朕有百万雄师，你犒劳得了吗？"

沈没听出朱的弦外之音，面对如此诘难，他居然毫无难色，表示："即使如此，我依旧可以犒赏每位将士银子一两。"

朱听了大吃一惊。在与张士诚、陈友谅、方国珍等武装割据集团争夺天下时，朱元璋就曾经由于江南豪富支持敌对势力而吃尽苦头。现在虽已建国，但国强不如民富，这使朱感到无法忍受。如今沈竟然僭越，想代天子犒赏三军，仗着富有将手伸向军队，更使朱元璋火冒三丈。但他没马上表露出怒意，只是沉默一下，冷言道："军队朕自会犒赏，这事儿你就不必操心了。"

朱决意治治沈的骄横之气。

一天，沈又来大献殷勤，朱给了他一文钱。朱说："这一文钱是朕的本钱，你给我去放债。只以一个月作为期限，第二日起至第三十日止，每天取一对合"。所谓"对合"是指利息与本钱相等。也就是说，朱要求每天利息为百分之百，而且是利滚利。

沈虽然浑身珠光宝气，但腹中空空，财力有余，智慧不足。他心想，这有何难！第二天本利2文，第三天4文，第四天才8文。区区小数，何足挂齿？于是沈非常高兴地接受了任务。可是，他回家仔细一算，不由得傻眼了：虽然到第十天本利总共也不过512文，可到第二十天就变成了524288文，而到第三十天也就是最后一天，总数竟高达536870912文。要交出5亿多文钱，沈只能倾家荡产了。

后来，沈果然倾家荡产，朱下令将沈家庞大的财产全部抄没后，又下旨将沈全家流放到云南边地。这一切都是他不知富不能显，富不能夸。为富要自持，为富要谦恭，才能保全身家性命。

锋芒毕露——不知枪打出头鸟

　　要在社会中安身立命，如果太轻易暴露自己的锋芒则容易受到挫折，人应该学会控制自己。不同的人有不同的对人对事的态度，掌握一定权力的人，把自己的锋芒通通显露出来，会遭到比他更高一级的人的忌恨、不满，甚而招致被弹劾之祸。普通人过于锋芒毕露，则显得狂妄自大、目中无人。所以要忍耐住自己的情感，不要过度暴露出锋芒。

让我欢喜让我忧

　　愉悦欢欣，不可过度；一旦过度，则最适意的情感也变得最不如意了。"不以物喜，不以己悲"，这才是有修养的人的作为。刚有一点所得，就沾沾自喜，得意忘形，是气度褊狭的表现。所以，心喜切不可形于色，当以此自勉，喜亦当忍。

　　晋朝的谢安，孝武帝时任尚书和太保。太元八年，后秦的苻坚入侵晋国，谢安派他的侄子谢玄去退敌，在淝水把秦军给打败了。捷报传来，谢安依然神情自若地和客人下围棋。客人走后，谢安走进屋里，过门槛时，却因高兴过度，把木鞋的齿都折断了。

　　愤怒起于愚鲁，而终于悔恨。人一旦为愤怒所控制，所以他的心智就被蒙蔽而丧失理智。小则导致彼此相互争斗，大则造成血流成河的悲剧，愤怒的危害不能说不大。而易于发怒的人往往是气量狭小的人，所以，加强心志修养是十分重要的。当然，如果能像岳飞那样为"精忠报国"而"怒发冲冠"，又何尝不可呢？

　　唐太宗贞观二年，河南有个叫李好德的人有神经病，常乱说一些妖言，皇帝下令大理丞相张蕴古去考察此事。张蕴古察访后上奏折说李好德确实有病，而且有检验结果，不应该抓起来。治书权万纪上书弹劾张蕴古，因为他是相州人，而李好德的哥哥李厚德是相州刺史，说是张蕴古包庇他。皇帝大怒，下诏将张蕴古杀了。后来此事为魏征处理，弄明实情，皇帝暗地里很后悔。由于自己一时的怒气，不详细核实，不作认真细致的调查，就草菅人命，唐太宗也过于轻率了。这是不制怒气的后果。

西汉时的窦婴，是孝文帝皇后哥哥的儿子。汉武帝建元二年，他被封为魏其侯，喜欢蓄养宾客，天下的游士都归奔他。当时，桃侯刘舍被免去宰相的职务，太后多次向皇上说窦婴："魏其侯喜欢沾沾自喜，行为不定，很难担当得起宰相的责任。"于是最终没任他为相。

喜怒都是人类的情感。当人受到不公平的待遇时，怒自然而然发生了。发怒不仅伤身，在为人处世的过程中，一个易发怒的人也难以与他人合作。历史上也有不少因发怒而给自己或他人造成巨大损失的例子。当然，任何事情有利则有害，有弊也有益，怒有害于身心健康，有害于友情，有害于事业，但它也有有利的一面。《独异志·华佗》中记述了华佗给一位郡守看病，诊脉之后，没有给他开任何药方，而是历数该人的罪责和过错，把郡守大骂了一顿，拂袖而去。郡守大怒，气荡胸腹，誓不饶华佗，不想一怒之下，吐出了大量黑血，过了一段时间，病反而好了。人们这才知华佗医术之高——是用激怒之法，治好了郡守的病。

只要善于引导，怒也是助人成功的一计，所以对怒我们也要具体问题具体分析才行。怒计在兵法中也常常被使用。东汉光武帝建武五年，命令王霸和捕虏将军马武率兵攻打驻守在垂惠的豪强周建。苏茂则率几千人增援周建，另外派精良的部队去堵截马武的粮队。马武只好前去救粮，周建则出城与苏茂联手夹击他，马武自恃有王霸的救援，作战不经心也不卖力，结果战败。马武的兵士跑到王霸那里去救援，王霸却说："现在敌军士气十分高涨，我要出兵，还不是和你们一样惨败？你们回去凭自己的力量去死命抗战吧。"王霸闭门固守，就是不派援兵，这一下可激怒了马武和他的队伍，他们严加修整，准备再战。而王霸的将士们不愿让马武的部队孤军奋战，纷纷向王霸请战，王霸则自有其道理："苏茂部队兵精将良，作战英勇，我军将士对此都有恐惧之感，而马武和我军相互依赖，互相指望，不能一心一意地奋勇作战，必败无疑，现在我军拒而不援，马武因为没有援军，反而会增强了战斗的勇气，那时我们再共同作战，才能胜利。"王霸激怒了马武，也才使他们赢得了胜利。

陶潜有一首诗说："怒气比火焰还厉害，它会焚烧了和气，使人白白伤悲。当颇多感慨时，不必勉强自己，事后心境自会清凉。"清代的林则徐曾手写"制怒"两个大字作为条幅，悬于室内，以提醒自己忍耐怒气的产生，抑制发怒。

据《论语》中记载：孔子说君子有九思，其中第八思叫"忿思难"。是说人如果有发怒的时候，应当考虑日后的灾难性后果，以抑制他的愤怒。

《易经》上讲：人是承受天地阴阳才生下来，都有一种气。而且喜悦和愤怒是人的性情，也都不能没有。有了喜怒又能适可而止，《中庸》把它称作"和"。如果发太大的怒气，就会败坏内心的和气。至于事情乖张不顺，都是由怒气过剩所致。

但是人与人相处的时候，彼此由于个性、地位的差异，发怒的事也是常有的。西汉惠帝二年，匈奴冒顿正当强大，他派人送信给吕后，言辞极其下流无礼。吕后想要杀了使者，然后起兵攻打匈奴。樊哙说："我愿意统领10万兵马横扫匈奴。"

季布说："樊哙真应该给杀了。从前匈奴在平城围住高祖，汉兵有33万，樊哙是上将军，仍然不能解除围困。今天他口出狂言想用10万兵马横扫匈奴族，是当面侮辱您啊。况且夷狄是禽兽一样的东西，从他们那儿听到好话不足为喜，从他们那儿听到坏话也不应该生气。"吕后说："好。"并命令回信要很客气，还照样送给他们车和马，冒顿于是又派人来谢罪，说："我从前没受教于中国礼义，幸好陛下免除了我的罪过。"于是进献马匹。此后仍是汉匈和亲。

有一次萧何对刘邦说："长安地域狭少，但上林苑中有很多空地，请皇上让老百姓去耕地。"皇上生气地说："宰相多次接受商人的财物，才为他们请求。"于是抓住了萧何，叫廷尉给他戴上刑具。过了几天，廷尉对皇上说："对于人们有便利的事情，向皇上请求，这应当是宰相的事情，皇上为什么那么容易怀疑别人呢?"皇上听了很信服，让人把萧何放了。萧何年事已高，平常恭敬谨慎，但他还光着脚来向皇上谢罪。皇上说："你为民请求我的上林苑，我不答应，就像是桀纣一样的王子，你却是贤相，我故意让人把你抓起来，是想让人听到我的错误。"刘邦的怒是假怒，是别有用心的怒，其实这是以怒制事，不失为一种处事的好方法。

身居高位的人，凡事不能容忍，动辄发怒，那么就会迁过于下面的人；如果在下位的人，不顾礼义，却逞强发怒，一定会冒犯上位的人。只要有一方不知道制怒而轻易发作的话，后果都是妨害更多的人。

人类的各种情感，都是一定思想的外在体现。喜态表示人对外界的影响产生了一种积极的回应，而怒则表现为相对的消极情感。喜有大喜、小喜、真喜、假喜、明喜、暗喜、窃喜、自喜，怒同样也有大怒、小怒、真怒、假怒、明怒、暗怒、自怒之分。无论是哪种怒，都可以产生一定的力量去影响他人。尤其是怒态，大发怒，则首先具有威慑作用，使他人产生畏惧感；怒还具有羞辱的作用，使人产生愤怒感；怒还能有激励作用，使人产生一种奋进感。而有在政治、军事斗争中施用怒计的，那是利用对方不能忍怒，故意激怒对方，使之在战略、战策中产生失误，从而乘隙攻之。

愤怒不忍，泄怒于他国，则会引起战争。战争一旦发生，带来的恶果是没有人能够预料的。在社会中，仇怒争执会导致上下级关系破裂，同事关系紧张。在家庭中，愤怒既出，会招致父子相杀，兄弟争斗，夫妻反目，使家庭失去欢乐和人伦之道。所以必须学会忍住自己的愤怒，努力化解他人的怒气，与人和睦地相处。

人一发怒，出于一时激愤，做事就有可能过火，等到认识到问题的严重性，为时已晚。唐太宗贞观二年，唐太宗因为瀛州刺史卢祖尚文武双全，廉直公正，征召他进朝廷，告诉他："交趾久久没有得到适当的人去管理，现在需你去镇抚。"卢祖尚行礼感谢后出来，不久就感到后悔，他托病推辞。皇上又派杜如晦等人去宣读诏书，卢祖尚坚决推辞，皇上生气，说："我派人都派不出去，还怎么处理政务?"下令在朝廷上把他杀了，但很快又感到后悔。魏征对他说："齐文宣帝要任青州长史姚恺为光州刺史，姚恺不肯去。文宣帝气愤地责备他，他回答说:'我先任大州的官职，只有功绩并没有犯罪，现在却让我担任小州的官职，所以我不愿意去。'文宣帝就饶了他的死罪。"唐太宗说："卢祖尚有失臣子的礼义，我杀了他也太过分，由此看来，我还不如文宣帝呢。"马上命令追复卢祖尚荫庇子孙任官的权利。

唐太宗认识到了自己做事因怒不忍，过于急躁，连杀了两个臣子，悔恨之意溢于言表。尽管他知错能改，但毕竟有些事情是无法补救的。正是由于怒能造成严重的危害，所以古今中外许多人都下工夫去研究制怒的办法。很多人发现制怒的唯一良方是忍。在一般的情况下，人们应该抑制愤怒情绪的发作，以利自身的健康，以利团结他人，以利相安和谐，以利国家社会安定，以利事业发展。在极特殊的情况下，也完全可以以怒为计，震慑敌人，激怒敌人，以便战胜敌人。

盛气凌人

盛气凌人，是指一个人骄傲专横，傲慢无礼，自尊自大，好自夸，自以为是。这样的人在现实生活中经常能看到。具有盛气的人，大多自以为能力很强，很了不起，看不起人。由于骄傲，则往往听不进去别人的意见；由于自大，则做事专横，轻视有才能的人，看不到别人的长处。

盛气对人对事的危害性是很大的。这一点古人认识得十分清楚。《管子·法法》中说：评价一个人，是有一定的标准的，凡是能够做出一番伟大事业的人，没有一个是具有盛气的人。那些盛气凌人的人，是自满的表现，是空虚的表现，这不是什么好事。

《尚书·革命》中这样阐述道：骄傲、荒淫、矜持、自夸，必将以坏结果而结束。同样的看法在《说苑·丛谈篇》中也有："富贵不与骄傲相约，但骄傲自然而然地随富贵出现了；骄傲和死亡并没有联系，但死亡也会随骄傲而来临。"

一代名君唐太宗对侍臣说："天下太平了，自然骄傲奢侈之风容易出现；骄傲奢侈则会招致危难灭亡。"

唐朝的杜审言，字必简，是杜甫的祖父。唐太宗时做修文馆学士，为人恃才自傲，曾对人说："我的文章那么好，应该让屈原、宋玉来做我的衙役，我的字足以让王羲之北面朝拜。"杜审言有些太自不量力了，所以被后世的人们所嘲笑。这样盛气凌人只能显示他的见识短浅，并没有人认为他的才能真的有那么大。盛气不忍只能贻笑大方。

宋朝名将狄青作枢密使的时候，自恃有功，十分的盛气凌人，得罪了一些人。当时文彦博执掌国事，建议皇上调狄青出京作两镇节度使，狄青不服，向皇上陈述自己的想法说：我没功，怎么能接受节度使的任命？我没有犯罪，为什么要把我调离京城呢？皇上宋仁宗觉得他讲的颇有道理，就没再怎么样，并且还称赞狄青是个忠臣。文彦博对仁宗说：太祖不也是周世宗的忠臣吗？太祖得了军心，就有了陈桥兵变。仁宗听了这番话，嘴里什么也没说，但暗自同意了文彦博的意见。狄青对此一无所知，就又到中书省去自己辩解。仗着自己的军功还是不想去当节度使，文彦博则对他说："让你出去当节度使没有别的原因，是朝廷怀疑你了。"狄青一听此言后退数步，惊恐不已，只好离京。朝廷每月两次派使者去慰问他，只要一听说朝廷派人来了，狄青就恐惧不已，不到半年，就染病身亡了。可见盛气不忍是难成大事的。

狄青自恃有功，于是盛气凌人，结果是什么呢？是自损其身。人要忍盛气，不自以为是，谦恭待人，礼贤下士，才能获得他人的支持与拥护。

《劝忍百箴》中对于盛气这个问题这样说：金玉满堂，没有人能够把守住，富贵而骄奢，便会自食其果。国君盛气凌人会失政权，大夫盛气凌人会失去领地。魏文侯接受了田方子的教诲，不敢以富贵自高自大。盛气凌人，是出现恶果的先兆；而过于骄奢就要灭亡。人们如果不听先哲的话，后果将会怎样呢？贾思伯平易近人，礼贤下士，客人不理解其谦虚的缘故，思柏回答了四个字：骄至便衰。这句话让人回味无穷，咳，怎么能不忍耐呢？

的确是这样。现代人最大的问题，就是盛气凌人。千罪万恶都产生于骄傲自大。驾凌于众人之上的人，不肯屈就于人，不能忍让于他人。做领导的过于骄横，则不可能很好地指挥下属，做下属的过于骄傲，则不服从领导。做儿子的过于蛮横，眼里就没有父母，自然不会孝顺。

盛气凌人的对立面是谦恭、礼让。要忍耐盛气之态，必须是不居功自傲，自我约束，克服骄傲的产生。常常考虑到自己的问题和错误，虚心地向他人请教学习。

在克服骄傲自大，培养谦恭礼让的品质方面，古人为我们做出了榜样。

《左传》中记载着在成公二年发生的一件事。当时鲁国和卫国担心齐国会来攻打他们，都到晋国去搬兵要讨伐齐国。晋国派郤克率领中军，士燮为上军之将的辅佐，乐书带领下军，去救鲁国和卫国，在华泉打败了齐军，俘获了齐国的车右逢丑父。齐国用甗和玉贿赂晋国，并答应把侵占鲁国和卫国的土地还给他们，以此作为求和的条件。于是晋国的部队班师回朝。晋景公慰劳将士们说："都是你们的功劳。"郤克回答道："这是你教导有方，又全凭将士们的努力，我又有什么功劳呢？"士燮回答说："是荀庚指挥得好，是郤克控制全军，我又有什么功劳？"作为下臣的，如果都能如此谦虚，不居功自傲，盛气凌人，那该多好，后人听了，都将称赞他们贤明。三位将军能够大获全胜，最主要的恐怕是他们谦恭相让、精诚团结的结果。

富贵者、当权者本来就容易有骄傲之势，瞧不起地位低于自己的人。作为统治者，如果不能礼贤下士、虚心受教，他就可能因为自己的骄矜之气而失去政权，富贵者可能因此失去自己的财势。

相同的例子还有《战国策》中所记载的：魏文侯的太子击在路上碰到了文侯的老师田子方，击下车跪拜，子方不还礼。击大怒说："真不明白是富贵者可以对人傲慢无礼，还是贫贱者可以对人骄傲？"田子方说："当然是贫贱的人可以对人傲慢，富贵者怎敢对人骄傲无礼？国君盛气凌人会失去政权，大夫盛气凌人会失去领地。只有贫贱者计谋不被别人使用，行为又不合于当权者的意思，不就是穿起鞋子就走吗？到哪里不是贫贱？难道他还会怕贫贱？会怕失去什么吗？"太子见了魏文侯，就把遇到田子方的事说了，魏文侯感叹道："没有用田子方，我怎能听到贤人的言论？"

东汉刘昆，字桓公，是陈留人，梁孝王的后代，小时候学习礼仪，学习施氏的

《易》。光武帝时，先做江陵令。江陵县连年发生火灾，刘昆就向火叩头行礼，火就灭了。后来他做弘农太守时，老虎都背着小老虎渡河跑了。光武帝听说此事觉得很惊诧，提拔他做了光禄勋。光武帝问刘昆："你从前在江陵的时候，使风熄火灭；后来做了弘农太守，老虎北渡而逃；你推行什么德政，而达到这样的结果？"刘昆回答道："这不过是偶尔碰上罢了。"皇帝身边的人都笑他老实愚昧不会自夸，而光武帝感叹道："这才是长者的话呀！"回头叫人记在史策上，用来警醒世人。

如果一个人盛气凌人，就算是有了一些美德，有了一些成绩和功劳，也会丧失掉。过分炫耀自己的能力，看不起他人的工作，就会使自己的功劳丧失殆尽。北魏贾思伯，是益都人，武帝时担任成王澄手下的军司。到肃宗和明宗时，又让思伯做侍讲，也就是老师。皇帝也跟思伯学《春秋》。贾思伯地位虽然很尊贵，但对下人很平易，对贤人很尊重。有人问他："您为什么能做到不骄傲？"贾思伯说："骄傲必然伴随衰败，天下哪有富贵恒定不变的道理？"当时人认为这是很高明的见解。

固执已见的人，会不明白事理；自以为是的人，不会通达情理；盛气凌人的人，不会获得成功；自夸的人，他所得到的一切都不会保持长久。

以上我们可以看到，盛气凌人危害很大。作为统治者骄傲自大，不能以平等的态度待人，则会失去人才、失去人心，最后也必然会失去江山。作为统帅如果产生骄傲情绪，则骄兵必败。即使普通人，自以为是也会众叛亲离，难以成事。只有谦虚、听劝、忍耐骄矜之情的增长，谦和对人，才能无往而不胜。谦受益，骄致败，可谓千古一理。

子系中山狼，得志便张狂

张狂，就是极端地狂妄自大。

《尚书》中有"满招损，谦受益"的句子，说的就是不张狂、不自满，人才能有所收益。一个谦虚的人必然能够博采众长，用以充实自己，还会自觉地改过从善，提高自己的修养，从而去害受益，并能得到别人的尊重。《老子》中讲：知道自己有所不知，有不足之处，有欠缺的地方，这是明智的人。不知道却自以为知道，唯恐别人知道，这才是真正的毛病之所在。圣人已经很完美了，没有缺陷了，却忧虑自己有过失，有毛病。谦虚自省，正是这样检查自身的过失、错误、毛病，才能真正地没有过失。所以虚其心，可受天下之善。

文武全才的状元，沾沾自喜，洋洋自得。而一个大字不识一斗的卖油翁演示自己的绝技之后，只淡淡地说："不过是熟能生巧罢了，有什么好神气的呢？"令狂傲的陈状元无地自容。

枢密使陈尧咨是状元出身，大哥陈尧叟也是状元出身，二哥陈尧佐是个进士。真是棠棣联芳，一门风雅。陈尧咨还善拉弓射箭，百发百中，箭无虚发。这不只在文官中绝无仅有，即使在武官中也不可多得，因此陈尧咨总是沾沾自喜，有一股骄气。为此，人们不敢惹他，也不喜欢他。

有一天，陈尧咨在宽敞的场地上射箭，目的是炫耀自己的本领。他一连射了10

支箭，9支中了靶心。旁观的人群中一再爆发出欢呼声和掌声。陈尧咨向欢呼鼓掌的人群致意，有一种趾高气扬、不可一世的样子。忽然看见一个卖油翁，身边放着两只油桶，眯起两只眼睛斜觑着他，既不欢呼，也不鼓掌，满脸不屑一顾的神气。陈尧咨心里大为不快，上前问道："老头，你看我射箭的本领神不神呀？"卖油翁不在意地说："没什么神的，不过是经常练习，手练熟了罢了。"陈尧咨被气得半晌说不出话来："你竟敢轻视我？"卖油翁说："你看看我的本事吧！"于是取一个油瓶竖在地上，用一个有孔的铜钱盖着瓶口，再用勺子舀了一大勺油，抬手将这勺油从钱孔里注入油瓶。注完之后，钱孔边没有沾上一丁点儿油迹，围看的人无不啧啧称怪。卖油翁斜着眼睛看着陈尧咨说："这叫熟能生巧，有什么神气呢？"骄气十足的陈尧咨听了，沮丧得像一只斗败的公鸡，从此气焰收敛多了。

　　一个卖油翁虽然没有多少学问，但他却精通世情，知道自满、光表现自己对一个人来说没有什么好处。但是要直接去教训陈尧咨，他也不一定能够接受，只用实际教育他，也就足够了。聪明人一点即通。而气焰收敛也就是在为官之中知道忍住张狂，这对他以后事业的发展会有很大的益处。

　　世界上有些自以为是、沾沾自喜、狂妄自大的人，目光短浅，犹如井底之蛙。张狂使人变得无知，让真正有识之士看了发笑。《王阳明全集》卷八中这样写道："今人病痛，大抵只是傲。千罪百恶，皆从傲上来。傲则自高自是，不肯屈就下人。故为子而傲必不能孝，为弟傲必不能悌，为臣而傲必不能忠。"因此张狂必忍，否则害人害己。如何忍傲忍狂？王阳明认为：张狂、傲慢的反面是谦虚，谦逊是对症下药。人真正的谦虚不是表面的恭敬，外貌的卑逊，而是发自内心地认识到张狂之害，发自内心的谦和。自我克制，明进退，常常能发现自己不如别人的地方，虚心接受别人的批评指正；虚以对己，礼以待人，不自是，不居功，择善而从，自反自省，忍狂制傲，方可成大事。

　　如果一个人骄傲自满，狂妄自大，道德不修，即便是亲近的人，也会厌恶你离你远去。古代像禹、汤这样道德高尚的人，尚且还心怀自满招损的恐惧，那么普通人，德量与之相比差得更远，怎么能够不去克制自己的狂妄、自满之心呢？

　　但是世上又有多少人能够明白这个道理呢？关羽是智勇双全的人物，但也有自满之时。他出师北进，俘虏了魏国左将军于禁，并将征南将军曹仁围困在樊城。镇守陆口的吴国大将吕蒙回到建业，称病要休养，陆逊去看望他。两个人谈论起国事兵事。陆逊说："关羽节节胜利，经常侵凌别人，现在他又立下了大功，就更加自负自满，又听说你生了病，对我们防范就可能松懈下来。他一心只想讨伐魏国，如果此时我们出其不意地进攻，肯定能打他个措手不及。"后来吕蒙向孙权推荐陆逊代替自己前去陆口镇守。

　　年轻的陆逊一到陆口，马上给关羽写信："前不久，您巧袭魏军，只用了极小的代价，便获得了很大的胜利，立下了赫赫战功，这是多么了不起的事啊！敌军大败，对我们盟国也是十分有利的，我刚来此地任职，没有什么经验，学识也浅薄，一直很敬仰您，所以恳请您指教。"又吹捧关羽说："以前晋文公在城濮之战中所立的战功，韩信在灭赵之战中所用的计策，也无法与将军所使用的战略相比。"陆逊信中谦卑的词语，以及请求他照顾的语气，使关羽产生了一种自满之情，更使关羽对吴国放心了。而陆逊则暗中调查，秘密调遣部队，具备了击败和擒获关羽的条件后，大军到达，立刻攻下了蜀中要地南郡。

张狂是导致失败的原因之一。防止张狂情绪产生，就要不断完善自我，不被表面的胜利所陶醉，头脑保持清醒。

正直如弦，死于道边

人无论处在何种地位，也无论是在哪种情况下，都喜欢听好话，喜欢受到别人的赞扬。的确，做工做很辛苦，能力虽然有大有小，毕竟是尽了自己的一份力量，当然希望自己的努力得到他人和社会的承认，这也是人之常情。会为人处世的人，此时必然是避其锋芒，即使你觉得你干得不好，也不会直言相对。生性油滑、善于见风使舵的人，则会阿谀奉承，拍马屁。那些忠直的人，此时也许要实话实说，这就让人觉得你太过于耿直，锋芒毕露了。有锋芒也有魄力，在特定的场合显示一下自己的锋芒，是很有必要的，但是如果太过，不仅会刺伤别人，也会损伤自己。做大事的人，过分外露自己的才能，只会招致别人的妒忌，导致自己的失败，无法达到事业的成功，更有甚者，不仅因此失去了政治前途，还累及身家性命，所以有才华要含而不露，对他人不可过于耿直地指责和批评。

《左传》成公十五年：晋国的大夫伯宗，非常贤德且为人性情耿直。每次上朝，他的妻子一定要劝告他说："盗贼讨厌主人，人民憎恶当官的，你喜欢直言，肯定会因此而受难。"后来果然被人诬陷，晋厉公把他杀了。

过分直露自己的见解会招致他人的妒恨，但也不是说因此要不分是非曲直，什么事都一味地说好。忍莽直，是让我们在对别人提出批评意见的时候，要尽量采用别人可以接受的方法。同样可以达到让别人改过，使事业、工作能进一步发展的目的，为什么非要吵得面红耳赤，最后犹如仇人一般呢？

《左传》记载：襄公二十九年，吴公子季札出访各国。他到了晋国，与叔向关系很好。将要离开的时候，季札对叔向说："您要好自为之！您的国君很奢侈，又多有良臣，大夫们都富了，政权会落到他们的手里。您喜欢正直的行动，您一定要考虑怎样免去灾难。"

自古以来忠直之士为人敬佩，为人赞扬。他们往往是以自己的忠直之谏，不惜身家性命去为民请命。如果只从个人利益而言，他们完全可以忍耐住自己的个性，图个高官厚禄，但是为社稷江山，为黎民百姓，他们不仅不能坐视不管，相反，他们忠言劝上，直方犯上。他们也知道必死无疑，但是如果只为苟延残喘于世，就不尽自己的职责，这些忠义之士是绝对不肯干的，他们是不会屈从的。可是他们拼却性命地去直言进谏，难道就是最好的办法吗？不可能人人都如魏征得遇圣明的君主，更多的是遇到昏聩的王侯，所以进言当看对谁，可以直言的当然要去尽自己的迂腐、愚忠了。不能直言时，你就要听人劝，耐住性子，忍住要直言相劝的冲动，首先保护好自我，再以图发展。

从某种角度讲，一个社会是正直之风盛行，还是奸邪小人当道，统治者的作用很大。作为一个统治者应该认识到启用正直之士，也许时常受到他的指责和批评，心里不受用，但就对自己的统治和国家的发展而言，耿直之士要比那些善于溜须拍马之辈有用得多。历史上许多忠臣遭贬，关键的一点是作为君主自己一时的心里快活，国家的利益是否受到损害，他看得很轻，灾祸也就来临了。

《论语》中举了柳下惠做士师，三次受到贬黜的例子。有人认为也许柳下惠生不逢时，没有找到发展自己才能的地方，于是向他建议："你难道就不能到别的地方去吗？"柳下惠说："根据正直之道供职，那又何必离开自己的国家？"有时候正直的道义和原则很难被人容忍，即使是别的国家也一样；不正直的道义和原则与别人合拍，如果是为了自己的官位，那么在自己的国家同样可以苟取，自然也不用到别的地方去。

谁都知道，凡是心怀私利，以权谋私者，必然做事的时候心怀鬼胎，他们的所作所为必为正直的君子所不屑，所鄙弃。正直的人，心中无私，与这样的人进行斗争时，少不了要受到他们诡计的陷害。尽管如此，耿介之士不以为意，能够忍受住自己的名利地位的损失，而为国家民众谋利，虽然知道直言面对社会的黑暗、腐败会受到打击，也依然我行我素，是心中光明磊落的表现。

史鱼，是卫国的大夫。据《家语·困誓篇》记载，卫国蘧伯玉贤德而不为卫灵公所用，弥子瑕很坏，反而受到重用。史鱼劝告卫灵公，而卫灵公不听。史鱼病得快要死的时候，对他的儿子说："我在卫国朝廷做官，不能推举蘧伯玉而贬退弥子瑕，这是我作为臣子的不能帮助我的君主行正道。我活着的时候不能帮助君主行正道，那么，死了不能以礼来埋葬我。所以，我死了之后，你把我的尸体放在窗户下，就算完事了。"他的儿子照他说的做了。卫灵公来吊丧，看到这种情况觉得很奇怪，就问他的儿子是怎么回事。史鱼的儿子把他父亲的话告诉了卫灵公。卫灵公说："这是我的过错啊！"于是，叫人把史鱼埋葬了，并且提拔蘧伯玉做官，又贬退弥子瑕并且疏远了他。孔子知道了这件事说："古时候的谏者，死了就算了，没有像史鱼这样的人，死了，还要尸谏。"所以孔子在《论语》中发出感叹："正直啊，史鱼！国家有道，像箭一样直；国家无道，也像箭一样直。"这是孔子发自内心的赞叹。孔子表扬了史鱼之后，知道这件事的人，受到感动，纷纷仿效史鱼。

很多统治者都是由于自己的劣根性，不吸取前人的经验和教训，亲小人，远君子，造成很多正直之士受排挤、打击，自己的江山断送在自己手中，所以应该忍住自己爱听奉承话的心理，虚心听取耿直、正直的人的意见。

东汉《五行志》记载：顺帝晚年，京都流传一首童谣说："正直如弦，死于道边；弯曲如钩，反而封侯。"后来，梁冀独把朝政，独出号令。李固被长期关在狱中而死，死后尸体被扔在路边，无人收拾；而胡广、赵戒却都被封了侯，前面童谣说的内容，全都应验了。李固等人，都有做将帅的才能，但就是因为坚持道义，被别人诬陷，被逮捕并且死在狱中；而胡广、赵戒等人，没有自己的立场，一味顺从，反而得了宠任。这些史实看了令人寒心，也让我们警觉，应该引为教训，在自己的工作中，也同样要明白"忠言逆耳"的道理，才能杜绝自己的失误。

咽不下这口气

伸张正义时畏葸不前，挟私报复则拼死相斗，这叫争强斗狠；而真正的勇敢是为了道义，即使刀锯斧钺加颈项，此心不动，此志不移，这就是所谓的义勇或智勇。勇敢指有胆气，又有识见，二者缺一不可。否则，逞一时之意气，误用其勇，争强斗狠，危害甚大。

《鲁论》记孔子说："君子如果只有勇，而无道义，便会作乱；小人如果有勇敢而无道义，便会做强盗。"这里的君子小人，是根据地位说的，是说在上位的君子，为他的血气本性所驱使，如果不以义理来控制，就会违反义理地争强斗狠；如果下边的小人，为其本性血气所驱使，又不用义理来加以控制，就会为所欲为，变成强盗了。

要说勇武，自古没有比军中大将更为勇武的了，但要真能以勇胜敌，单靠争强斗狠是不行的。无论是哪朝哪代，真正勇敢的将帅、兵士，都明白怎样克制无谓的争强斗狠，才能胜敌。所以为将为帅，他们具有的是大智大勇。他们也能忍住一时的激愤，一时的冲动，不争强斗狠，而是蓄锐待时而动，最终获胜。匹夫之莽斗怎么能不忍呢？

《劝忍百箴》中说，城门外的事情，都由将军主持；即使将军专制轻敌，别人也不能违抗。卫青不斩偏将，而把他交给天子处理；周亚夫不轻易出战，而以深沟高垒坚守，人们不认为这是软弱，公共舆论也赞同他们。甘延寿和陈汤声称得到皇帝之命，发兵攻打匈奴，杀掉了匈奴郅支单于，威震万里西域。但对他们的功赏还没有兑现，陈汤就被下到狱中，几乎死在狱中。自古以来，为将者以持重为贵；两军对阵，最忌的是轻举妄动。因此，三国时诸葛亮送给司马懿妇女的衣帽，司马懿忍受下来，尚且害怕已死的诸葛亮；孟明视能忍受战败的耻辱，终于导致秦穆公三次重用，而最终打败晋国，报了前仇。

可见不为争强斗狠的真正的大勇是受人赞扬的。三国时，蜀国的诸葛亮讨伐魏国，向渭南地区进军。魏大将军司马懿率领军队坚守阵地，不出交战，诸葛亮将军队分开来，边守卫边种粮食。诸葛亮又多次向司马懿挑战，司马懿还是坚守不出，于是向司马懿赠送了一套妇女穿的服装。司马懿非常气愤，但司马懿毕竟是个令佩服的谋略家，面对诸葛亮的羞辱和激将，他忍耐下来，知道作为主帅一旦屈从了内心争强斗狠的冲动，要复仇，要进军，势必中了对方的计策。作为将帅最怕的是不能自我克制，而使全军覆灭。

唐代李靖曾经对唐太宗说："善于用兵的人，以静来对待敌人的动；以强大的兵力对待弱小的敌人。所以老子说：'用兵上的错误没有比轻视敌人更为严重了。'"也就是不能争强斗狠而轻举妄动。轻视敌人的后果，是导致自己的失败。真正的勇敢，是不盲目争强斗狠的表现。

汉景帝时，周亚夫拜为太尉。当时吴王与其余7国举兵叛乱。汉景帝命令周亚夫率领36员大将攻打吴楚诸国。周亚夫对景帝说："楚国的士兵剽悍而且灵活，我们的军队不能跟他们正面交锋。建议把梁国丢给他们，然后断绝他们的粮草之道。"景帝同意了他的想法。于是吴国军队猛烈地攻击梁国。梁国几次派人求救，周亚夫都不派兵。梁国于是派韩安国、张羽为将军。张羽敢拼敢打，韩安国比较稳重，两人使吴兵受到重挫。吴国的军队准备向西攻打，却因梁国坚守不下，不敢引兵向西，随之攻击周亚夫的军队。周亚夫守在城中，却不与交战。一天晚上，周亚夫军队发生内讧，叛乱的军队一直冲到周亚夫的营帐下，周亚夫躺在床上镇定如常。过了一会儿，军营中便平静了。吴国军队冲向东南角，周亚夫却在西北角防备，果然，吴国的精兵冲向西北角，却冲不进去。吴国和楚国的军队饿死的人很多，军队随即叛逃散去。这一年的2月，周亚夫派精兵追击，一举打败了他们。吴王丢掉军队，在夜里逃走，楚王刘戊自杀了。

周亚夫是一个善于用兵的人，他知道应该把勇武与争斗用在何处、何时。

西汉卫青，汉武帝时为大将军，曾经率领6位将军攻击匈奴，杀死敌人万余人。右将军苏建的军队几乎都被敌人消灭干净，他自己却脱身逃回来了。军中议郎周霸说："大将军出征以来，还没有杀过一个偏将。现在苏建丢掉了自己的军队，可以杀掉他以明军威。"卫青说："我蒙皇上信任，率军出征，哪怕没有军威呢？我的职责虽然应当斩逃跑的将军，但是我身受皇帝的恩宠，还是不敢独断专行，在境外斩杀自己的将领。作为臣子不敢专权，不也是容许的吗？"于是将苏建关起来，送到汉武帝所在的地方。武帝下诏，免苏建之死，贬为普通百姓。卫青是一个深明大理的人，他忍住一时的争强斗狠，把有过错的部下抬手放过，不是他治军不严，威风不够，相反是他为人难忍的一个方面。

据《左传》记载：晋国军队在殽地打败了秦军，活捉了孟明视、西乞术、白乙丙三员大将，回到晋国。秦穆公请求晋国放回三员大将，晋国同意了。秦穆公穿着白色的衣服，来到郊外的秦军驻地，哭着对全军说："我不听蹇叔的话，使您们几位受到侮辱，这实在是我的罪过啊！不是孟明视的错。"文公元年，秦国的大夫以及秦王左右的侍从对秦穆公说："这次败仗是孟明视的过错，一定要杀掉他。"秦穆公说："是我的错，我因为贪心而害了他，他有什么错呢？"于是重新让孟明视统兵。文公二年，孟明视率领军队讨伐晋国，要报晋国打败秦军之仇。晋王率军抵抗秦军，秦军大败而归。秦穆公还是重用孟明视，孟明视加强了国家政治的整顿，并使老百姓富起来。文公三年，秦穆公再次讨晋国，秦军过了河以后，烧毁了渡船，做决一死战的准备，秦军攻占了王宫及郊地。晋国军队坚守不出战。秦军于是渡河，掩埋了原来在殽地死亡的秦国战士的尸体，回师秦国，秦穆公实现了吞并西戎的霸业，这是由于重用了孟明视。世人因此知道秦穆公是一个好的国君。他是一个明君，不因一次过错而放弃一员大将，不争一时之强，这种勇气也不是人人都具备的。

徒有匹夫之勇的人尽管有一定的勇武之名，争强斗狠，表面上可怕，但时常会因此坏事；有智谋的人就能利用这一弱点，达到他的目的。

春秋时代，齐国有田开疆、古冶子、公孙捷三勇士，很得国王齐景公宠爱。这三人结义为异姓兄弟，自诩是"齐国三杰"。他们挟功恃宠，横行霸道，目中无人，甚至在国王面前也"你我"称呼起来。这时乱臣陈无宇、梁邱据等乘机把他们收买了过来，阴谋把国王推翻，夺取政权。

相国晏婴看不过去，眼看这种恶势力逐渐扩大，危害国政，便时刻担心着。他知道奸党的主力在于武力，三勇士就是王牌，多次想把三人除掉，但他们正得宠，如果直接行动齐王不依从，会弄巧成拙。

有一天，邻邦的国王鲁昭公带了司礼的臣子叔孙来访问，谒见齐景公。景公立即设宴款待，也叫相国晏婴司礼；文武官员全体列席，以壮威仪；三位勇士也奉陪到场，威风十足，摆出不可一世的骄态。

酒过三巡，晏婴上前奏请，说："眼下御园里的金桃熟了，难得有此盛会，可否摘些来宴客？"

景公即派掌园官去摘取，晏婴却说："金桃是难得的仙果，必要我亲自去监摘，这也显得庄重。"

一会，金桃摘回来了，装在盘子上，每个有碗口般大，香喷喷的。景公一见就问："只有这么几个吗？"晏婴说："树上还有三四个未成熟，只可摘六个！"

两位国王各拿一个吃了起来，互相赞赏着。景公乘兴对叔孙说："这仙桃是难得之物，叔孙大夫贤名播四海，有功于两国邦交，赏你一个吧！"叔孙跪下答："我哪里及得上贵国晏相国呢？仙桃应该赐给他才对！"景公就说："既然你们相让，就各人吃一个吧！"

盘里只剩下两个金桃了，晏婴复请示景公，传谕两旁的文武官员，让各人自报功绩，有功深劳重者得食此桃。

勇士公孙捷挺身而出，激昂地自夸起来，口沫横飞地说："从前我跟主公在桐山打猎，亲手打死了一只吊睛白额虎，解了主公的围，这功劳大不大呢？"晏婴连忙说："擎天保驾之功，应该受赐！"公孙捷很快把金桃咽下肚里去，翻开傲眼向左右横扫一下。古冶子不服气也站起来说："打虎有什么了不起，我当年在黄河的惊涛骇浪中，浮沉九里，斩妖龟之头，救回主上一命，你看这功劳怎样？"景公接口就说："真是难能，那次若不是将军，恐怕一船人都要溺死了！"又把金桃和酒赐给他。

可是，另一位勇士田开疆却气冲冲地发起牢骚来了。他说："本人曾奉命去攻打徐国，俘虏了500多人，逼徐国纳款投降，威震邻邦，使他们纷纷上表朝贡，为国家奠定了盟主地位。这算不算功劳？能不能受赐呢？"晏婴立刻回奏景公说："田将军的功劳，比公孙捷和古冶子两个将军大十倍，但可惜金桃已赐了，可否先赐一杯酒，待金桃熟时再补赐吧！"景公安慰田开疆说："田将军！你的功劳最大，可惜你说得太迟。"

田开疆再也听不下去了，忍不住气愤地按剑大声嚷了起来："斩龟打虎，有什么了不起？我为国家跋涉千里，血战功成，反被冷落，而且在两国君臣之间受此侮辱，被人耻笑，还有什么面子站在朝廷上呢？"立即拔剑自刎而死。

公孙捷大吃一惊，亦拔剑而出，说："我们功小而得到赏赐，田将军功大，反而吃不到金桃，于情于理，绝对说不过去！"手起剑落，也自杀了。古冶子跳了出来，激动得几乎发狂地说："我们三人是结拜兄弟，誓同生死，今两人已亡，我又岂可独生？"

话刚说完，人头已经落地，景公想制止也来不及了。从此以后，晏婴又把奸党逐个收拾，施展他的伟大抱负。齐国三位武夫，无论是打虎斩龟，还是作战确实称得上强者，但那只是莽夫之勇，所以在晏婴真正的大智大勇中败下阵来。两个桃杀了三个武士。他们不能忍耐自己的骄悍之勇，才被晏婴利用了。

求全责备——鸡蛋里面挑骨头

　　人非圣贤，孰能无过？有道德修养的人不在于不犯错误，而在于有过能改，不再犯过。所以用人，用有过之人也是常事，应该看到他的过错只不过是偶然的，他的大方向是好的。《尚书·伊训》中有"求人不求备，检身若不及"的话，是说我们与人相处的时候，应该首先问一下自己能否做到。推己及人，严于律己，宽以待人，才能团结能团结的人，共同做好工作。一味地苛求，就什么事情也办不好。

鸡蛋里头挑骨头

　　《荀子·非相》中说，人应该以道德的准绳来衡量自己，约束自己的言行，对待别人就要像船工拽船那样接引乘客登舟。严己宽人，才能成大事。如果一旦发现别人有过失，就抓住不放，鸡蛋里头挑骨头，不能看到别人的长处，到头来只能是孤立了自己。

　　宋朝的范仲淹，是一个有远见卓识的人。他在用人的时候，主要是取人的气节而不计较人的细枝末节。他做元帅的时候，招纳的幕僚，有些是犯了罪过被朝廷贬官的，有些是因为犯了罪被流放的，这些人被任用后，不少人不理解，产生了疑惑。范仲淹则认为："有才能没有过错的人，朝廷自然要重用他们。但世界上没有完人，如果有人确实是有用之才，仅仅因为他的一点小毛病，或是因为做官议论朝政而遭祸，不看其主要方面，不靠一些特殊手段起用他们，他们就成了废人了。"尽管有些人有这样或那样的问题，但范仲淹只看其主流，他所使用的人大多是有用之才。

　　古人说：水如果太清了就不会有鱼，人如果太认真了就不会有朋友，美玉中都匿藏着瑕疵，江河中容纳有污浊。政治太严苛，人民就狡黠。这番话，可以作为治理国家的法则。苛刻的政治使统治者与被统治者之间产生矛盾，百姓烦怨哀苦，政府就会失去老百姓的拥戴。薛宣虽以此俗语规劝帝王，却有大臣的祥德之气。如果每次称了薪柴的斤两烧火，数着米粒煮饭，虽然计算得精细，却不免吹毛求疵。如果这样处世治国，即使是他的亲属，也会背叛他。古代的贤人，能在别人的过错中寻找无错的地方，所以天下的人们没有怨恨。现在的人，欲在没有过错的人身上找出错误，使百姓觉得不知道怎么办才好。

西汉的薛宣，字赣君，东海剡人。大将军王凤听说他有才干，推荐他做了长安令，于是他因治理有方而扬名，汉成帝继位后，薛宣做了中丞，上书议论当时政治的得与失，曾经说：政治太苛刻、琐碎，一般问题都出在刺史身上，有的不按法律行事，采取措施只根据自己的想法，甚至拉帮结派，听信谗言努力寻找部下和老百姓的毛病。俗话说："如果政治太苛刻，人与人之间就不和睦，也会失去老百姓的拥戴。"皇上采纳了他的意见。

《孔子家语》记载孔子说："古代圣明的君主在帽子上挂上垂流，是为了挡住视线；塞住耳朵，是为了让听觉模糊。水如果太清了应当不会有鱼，人如果太认真了就不会有朋友。"不是不听不看，而是不去听得那么"认真"，看得过分的清楚，糊涂一点（尤其是对他人的短处）不是什么坏事。

忍住过分挑剔，集中起来说不外乎三点：一是对人不求全责备，用人之长；二是严于律己，宽以待人；三是对人民的统治应该是宽柔而不是残酷。

对于什么事，只去注重其每个环节是否细致，但是却忘记了在处理事物的时候应该坚持原则性和灵活性相统一的原则；一件事处理起来，时间紧不够用的不说，弄不好顾此失彼，因小失大，这都是应该避免的。

古人对人对此有精道的论述。例如有南梁的常侍贺琛，向梁武帝陈述四件事情，其中第三条上就是："各级官僚，不研究国家大事，只知道吹毛求疵，条分缕析，以钻牛角尖为本事，以守条款为工作，表面上看似乎是对国家有利，实际上是为自己树立威信，以作威作福。弊端和奸猾的大量出现，其根源就在这里。每天埋头于这之中看似兢兢业业，实际上都在做无用功，而且只看到了别人缺点、短处，看不到他人的优势。实际上君子对待别人应该在错误中找出不错的地方，不应该在没有错误的人身上找错误。"

邹浩是宋朝人，为太学博士。宋徽宗时为右正言，被贬昭州。大观年间，升为龙图待制。宋人张驿说："邹浩因为坚决劝谏而获罪，他被怀疑动机是想做个名士。"本来人家是按着自己的本职去工作，不过是上了几封奏折，劝谏了几句，就有人开始查看他的行为的目的，怀疑人家行为的动机，这样谁还敢干事呢？

用人，各有各的标准，有的严格，有的宽松，齐国相国田婴是个慧眼识才的人，也正是由于他对下属的宽容和信任，不是去苛责他们，即便儿子要求他处置，他也置之不理，这样的宽容也为他自己以后留了一条生路。

治理国家没有法度不行，但是法度过于严厉，对人的统治过于残酷，也同样会造成混乱。艾子深知作为统治者不能用苛政，那样实际上是逼民造反。他机智幽默地要求齐王自杀，在这荒唐的背后，演绎出去除苛政的道理，让齐王知道苛政的害处。

古时候，一人犯法，要株连九族。这些亲属包括自己的父母、兄弟、妻子儿女，还包括家庭中的叔侄、外公家的、岳父家的等等，有的一连就是几百人，那是非常残酷和悲惨的。

战国时候，齐国的大夫邴石父企图反叛，当即便被齐宣王诛杀了。齐宣王还想要杀灭他的亲族，邴氏家族中人心惶惶连忙召集族中长老商量，一致认为不能坐以待毙，决定请艾子帮忙，向宣王求情。

艾子非常机智，无论在上流社会还是在民间，都很有名望，他很受齐王赏识。当邴石父家族的人找到他，说明来意之后，他当即表示，非常乐意帮忙。因为他本来就很反感什么株连九族之类的刑法，而且他看透了，这些严法酷刑都只是对百姓而言，王亲国戚们是轮不上的。他心里想，就是拼死进谏，也要去为邴家数百无辜的人说话，也要去劝说齐王改革这种残酷的刑法，以拯救国内千千万万的无辜民众。

第二天，艾子拿着一根三尺长的绳子去见齐宣王，直截了当地对宣王说："邴石父犯罪，已经伏法，叛党消灭了，也就没事了，大王何苦还要杀死那些老老小小的无辜百姓呢？"

宣王说："一人犯法，诛灭九族，这是先王的遗训。《政典》中说：'与叛逆者同一宗族的人全部杀尽，一概不赦免。'我不敢违反先王的法规啊！"

艾子听宣王这么一说，便上前行礼说："我也知道大王是迫不得已。可是我听说，那年大王你的亲弟弟公子巫向秦国投降，还献出了邯郸，这样说来，大王您也是叛臣的亲族，按理应该受到株连。现在我献上这根短绳子，请大王马上自杀吧！您不要因为爱惜自己的身体而违犯了先王的法令呀！"

齐王笑着站了起来，叹了口气，说："先生不要说了，我不加罪于他们就是了。"

邴石父家族数百人因而免于死难，而且从这以后，宣王如有这类事情，都慎重而又慎重，不再轻易提株连九族之类的事了。

一条道跑到黑

一个人做事一定要凭着理智和智慧，事先规划得好而且合时宜就容易成功。若是凭某一个人的才智去办事，考虑得往往不够周全，因此真正智慧的人善于采纳下属及别人的意见。独断专行，刚愎自用，"一条道跑到黑"，其结果往往令人失望。

汉武帝是一代明君，但也有独断专行的时候。他这个人喜欢方术之士，爱听术士们每日神聊瞎侃，一听说人间能够找到长生不老的神仙药，更是天天想得到。虽有不少人多次向他进言这是方术之士欺骗你的，根本不可能，但他就是不相信。东方朔知道了以后，跑到汉武帝面前像煞有介事地说："皇上，您让那些方士、术士寻找的所谓长生不老的药，是自然之中的药，这种药绝对不会让人长生不老的，唯独有天上的药才真正让人长生不老。"汉武帝一听来了兴趣，赶忙问他："天上的长生不老药怎么取得呢？"东方朔神秘地说："臣有上天的本领，愿意为陛下去取。"汉武帝回过味来，知道他在说假话，就一再追问："你的确能上天？"

"的确能，臣怎么敢欺骗陛下呢！"

"好，既然如此，你到天上走一趟，把天上的长生不老药给朕取来。"汉武帝也把话说死了，即命令东方朔上天取药。东方朔马上起身告辞，不想刚出大殿，他又折返回来对汉武帝说："陛下，我现在上天，让你觉得我在说假话，最好您能派个神人和我同行，以证实我的真假。"汉武帝便派一名方士与东方朔同行，约定30天之后带着长生不老药回来。

东方朔知道方士们一天到晚在皇帝面前不务正业，蛊惑人心，就特意带着这名方士每天都轮流到王侯贵族家饮酒作乐。眼看期限就在眼前了，他依然饮宴不止，丝毫没有上天的意思，随行的方士则不断地催促他上天。东方朔则说："你急什么？神仙鬼怪的事情是很难意料的呀！不久就会有神仙接我来。"过了几天，有一次，方士白天在睡觉，东方朔突然叫醒了他，嗔怪他说："我叫了你这么半天，你都醒不过来，我刚从天上回来了。"方士不禁大吃一惊。

汉武帝听说了此事，认为他犯了欺君之罪，要杀了他。东方朔涕泪横流，一边哭一边说："唉，顷刻之间我就要死两次！"一听此言汉武帝觉得奇怪，问他怎么回事？他说："我上了天，玉皇问我人间老百姓靠什么穿衣服？我说靠虫子。玉皇问我虫子长的是什么样，我说嘴毛乎乎的像马，颜色黄黄的像老虎。玉皇大怒，认为我在骗他，派天神下来一查，回报说有这种虫子，名字叫做蚕，于是赦我无罪，才回到人间，见到陛下。如今您又说我骗您，希望您能派个人上天去查问。"聪明的汉武帝听了以后，知道东方朔在婉转地批评自己，于是就罢免诸方士不用，专心治理朝政。汉武帝知过就改，不独断专行，没有在无意义的事情上浪费心神，被传为佳话。

一个人对某种事一旦形成一种观念，没有充分的理由，很难说服他，也成为他偏执己见的借口。所以要让别人改变独断专行的做法，关键是能够让他心悦诚服。

战国时期，魏惠王后元十六年，惠王死去，即将继位的襄王以太子的身份主持丧礼。不料在即将按规定日期下葬的时候，突然天降大雪，积雪很快高达三四尺，国都大梁的内城和外城都有不少地方崩坍了。惠王的陵墓选在北部山区，送葬队伍要经过狭窄陡峭的山道，十分危险。大臣们纷纷向太子建议推迟下葬的日子，他们说："这么大的雨雪，如果按期下葬，一定劳民伤财，损失重大，国家恐怕也承担不了这笔开支，应该改期才好。"

太子坚持原定的计划，不肯改期。他认为，做儿子的必须谨守传统礼仪，恪守孝道，不能因为雪大和费用多而破坏礼仪，这样做是不符合原则的。太子的态度十分强硬，毫不让步。

公孙衍，号犀首，魏国阴晋人，魏惠王后元十二年，他一度发起燕、赵、中山、韩、魏等五国诸侯联盟，以后被惠王任命为相，在魏国有很高的声望。这时，他也正在为怎样说服太子修改葬期忧虑，只是总想不出一个好主意。

众大臣来见公孙衍，说明来意。公孙衍支持大家的看法，他说："我不是不出面，而是一直想不出一个好方法，能够说服太子。这样吧，我建议你们去找惠施，他也许有办法。"大家看连公孙相国都没有把握说服太子，觉得此事的确很困难，

抱着最后一试的侥幸心理，大家驱车到这个已经退位的老相国家里。

惠施出生在宋国，是战国时著名的哲学家，精于辩论，巧于思考，曾随同魏惠王出使过齐国，使魏、齐互尊为王，回国后担任过魏相。大臣们来后，向他转达了公孙衍的看法，请惠施劝太子不要固执己见，免使国家人民遭受损害。惠施痛快地答应了大家的请求。

惠施进入宫廷，望见四处白幡飘动，又触及了对旧日君王惠王的思念，感到自己今日为减少国家和人民的损失来见太子，劝服他修改葬期，这是对已死的惠王应尽的责任，精神不禁为之一振。惠施紧走几步，进入内宫，拜见太子。惠施以悲痛与无限关切的口吻询问太子说："下葬的日子定了吗？"

"定了！"

惠施接着感慨地说："过去周文王把父亲季压葬在雩县的南山脚下，没想到洪水冲刷了墓地，使棺柩的前头露出来了，大家都很惊慌。文王却若有所悟地说：'嘻！这是先君还想见一见他的下臣和子民，所以让洪水把他的棺头冲刷出来。'文王于是把父亲的棺柩挖出来，重新设在灵帐里让大家朝拜，三天以后改葬在另外的地方。这是文王处理事情的方法啊！"

"文王真是一位有头脑，有办法的人物哩！"太子赞叹地说。

惠施觉得太子的想法已有可能向自己的方向靠拢，随即靠近正题说："现在我们先王下葬的日子已经确定了，无奈雪太大，积雪那么厚，难以行走。太子殿下坚持不更改原定的日期，是不是略为性急了一点呢？我的意见是最好更改原定的日期。因为我认为这是先王有意要在地面上多停留几天，看看他的江山社稷和众多的臣民，所以雪下得这么大，这么急。由此而推迟一下时日，让先王的意愿能够实现，这正是当年周文王的做法啊。太子如果不这样做，难道是不佩服周文王了吗？"

太子听了，连连点头说："好，好！我一定领会先王的意愿，推迟下葬，等雪化以后，再重新选定日期。"

一个善于说服，一个深明大义，不再独断专行，故而才能改变丧期，减少了国家、人民的负担。作为为官之人，很重要的一点是忍住独断专行的毛病，多听听手下们的意见，那样有利于自己的工作。

帝王与一家之长一样，都不是精通一切的全才，也无法做到事必躬亲。国君在作出重大决策之前，最好谦虚地向有专门知识、经验的行家请教，取行家之长补自己外行之短。南朝刘宋的军事专家沈庆之的"治国譬如治家"的比喻，说的是至理名言。

南朝刘宋元嘉二十七年七月，宋文帝刘义隆得知北朝的北魏政权即将大举南侵，就决定先发制人，抢先北伐，反守为攻。

身经百战、智略超群的步兵校尉沈庆之劝阻宋文帝说："我军步兵多，北伐中原，到中原作战，怎能击败以骑兵为主的北朝军队呢？从前檀道济将军两次北伐，无功而归；元嘉七年，刘彦之挥师北上，大败而归。现在，陛下准备任命王玄谟等人统帅北伐军队。王将军的才能尚不及檀、刘两位将军，我军现有的实力也未超过昔日，倘若现在贸然北伐，恐怕只不过多一次蒙受损失的耻辱。请陛下三思。"

宋文帝自恃自己登基以来，多年备战，兵力、军资已有相当的准备，一心只想收复中原，所以听不进沈庆之的话，反而强词夺理地辩解说："我朝军队北伐一再受挫，不是步兵不敌骑兵，而是另有原因。当年檀道济拥兵自重，坐失良机；刘彦之出兵途中，眼疾发作，无法指挥作战。今年夏季多雨，水网连成一片，北方的骑兵无法纵横驰骋，而我们则可以发挥南方军队善于水战的优势，乘船北上，一旦大军压境，北魏守军还不望风而逃？待到初冬时节，我军陆续攻占的中原城市必已连成一片，那时，再俘获一批敌人的战马，让我军的骑兵，乘胜渡过黄河，何愁不能擒获北魏君臣！"

沈庆之再次表示反对。宋文帝见自己无法说服沈庆之，就指派极力赞成北伐的两名文官丹阳尹徐湛之、吏部尚书江湛来与沈庆之辩论。这两人根本不懂军事，不了解北魏的实力，只知道鼓吹什么刘宋王朝是天命所在的正统，而鲜卑族建立的北魏是夷狄"丑类"，不配统治中原，因此，刘宋的主帅应该从速北伐，拯救人民，讨伐"反叛"的夷狄；刘宋军队既以"仁义"为旗帜，必然所向无敌，又岂是北魏区区骑兵所能抵挡的云云。

这些迂腐空洞的说辞，沈庆之听了直皱眉头，而好大喜功的宋文帝听了却眉飞色舞，忍不住接着说："北方人民苦于魏虏的暴政，到处举行起义，我军哪怕推迟北伐一举，也要冷了北方百姓向往我朝的仁义之心，沈将军不必多言了。"

沈庆之明知敌强我弱，仓猝北伐，其结果必然是丧师辱国。想到此，他不觉得又急又气，大声说："陛下，治国譬如治家。一个大户人家的当家人，如果确定农业耕作方面的事，他会去请教有经验的种田人；如要过问纺织方面的事，他会去征求在织布方面有经验的织女。他绝不会去找对这些事情一无所知的文人。陛下现在准备倾注全部国力，大举北伐，如此重大的军事行动，您却不愿听取军事将领的意见，反而对几个在军事上完全外行的白面书生的迂腐见解言听计从，这样如何能够成功！"

宋文帝憧憬着刘宋王朝"仁义"之师统一全国的美好前途，对沈庆之这番精到的比喻根本无动于衷，望着激动不已的沈庆之哈哈一笑了事。不久，刘宋几乎是倾尽全国人力、物力，大举北伐。一开始，数路大军，纷纷告捷，沈庆之的话似乎不灵验了。

北魏的大臣得知南部防线被刘宋军队撕开的消息后，纷纷要求太武帝拓跋焘发兵支援，确保黄河防线。老谋深算的太武帝知己知彼，胸有成竹，根本不为刘宋军队的初期胜利攻势所动，他拒绝立即调兵增援。他向大臣们解释说："现在还是夏季，战马还没长膘，骑兵的战斗力无法充分发挥出来。鲁莽出兵必然无功。黄河防线守得住就守，守不住，我们就撤到阴山老家去。大不了，我们脱下身上华丽的丝袍，再穿起昔日的羊皮袄罢了。只要拖到秋高马肥之时，我骑兵健儿必定能大显神通。到那时，我要率领诸位，饮马长江，杀尽南朝的威风！"

当年九月，北魏才开始反攻。十月，太武帝亲率大军渡河。滑台一战，北魏击溃了王玄谟所率领的刘宋精锐的部队。接着，数十万铁骑分作数路，大举反攻。刘宋在江北的大片领土除少数几个城市外，全部沦陷。当年十二月，太武帝果然来到与刘宋首都建康隔江相望的江北瓜步渡口，饮马长江。

　　其实，北朝的军队并未占有绝对的优势，所以，太武帝仅隔江耀武扬威，并没有强行南渡；再加上北朝军队不习惯南方的气候与雨季，所以，太武帝于次年正月就收兵北返了。但太武帝此次反攻，采取了破坏政策，在刘宋江北的各州郡放火焚烧，抢掠一空。

　　北伐的结果为沈庆之不幸言中。宋文帝则犯下了独断专行、信任外行的错误。这个错误结束了刘宋的小康年代，它的国力从此一蹶不振。这是不听劝告，一条道跑到黑，固执己见，独断专行的结果。

猴子屁股坐不住

　　修身养性，培养自己的浩然之气，容人之量，保持自己的高远志向，必须要抑制急躁的脾气、暴躁的性格。做事戒急躁，人一急躁则必然心浮，心浮就无法深入到事物的内部中去仔细研究和探讨事情发展的规律，无法认清事物的本质。"猴子屁股坐不住"，不能静下心来，气躁心浮，办事不稳，差错自然会多。

　　唐朝人皇甫嵩，字持正，是一个出了名的脾气急躁的人。有一天，他命儿子抄诗，儿子抄错了一个字，他就边骂边喊边叫人拿棍子来要打儿子。棍还没送来，他就急不可待地狠咬儿子的胳膊，以至咬出了血。如此急躁的人，怎能宽容别人？这样教育后代，能教育好才怪呢！后来他也意识到这样急躁，对人对己都没有好处，便开始学习忍耐。

　　容易急躁、气浮心盛的例子还不止这一个。不少人办事都想一挥而就，一蹴而成，应该知道，做什么事都是有一定规律，有一定步骤的，欲速则不达。

　　《郁离子》中记录了这样一个故事：在晋郑之间的地方，有一个性情十分暴躁的人。他射靶子，射不中靶心，就把靶子的中心捣碎；下围棋败了就把棋子儿咬碎。人们劝告他说："这不是靶心和棋子的过错，你为什么不认真地想一想，问题到底在哪里呢？"他听不进去，最后因脾气急躁得病而亡。

　　战国时期魏国人西门豹，性情非常急躁，他常常扎一条柔软的皮带来告诫自己。魏文侯时，他做了邺县令。他时刻地提醒自己，要自己克服暴躁的脾气，忍躁求稳求安求静，才在邺县做出了成绩。

　　相反，忍躁不乱行事，于人于事有从容的风度，东汉时刘宽，就是这样。汉桓帝时，他由一个小小的内史升为东海太守，后来又升为太尉。他性格柔和，能宽容人。夫人想试试他的忍耐性。有一次正赶着要上朝，时间很紧，刘宽衣服已经穿好，夫人让丫环端着肉汤给他，故意把肉汤打翻，弄脏了刘宽的衣服。丫环赶紧收拾盘子，刘宽表情一点不变，还慢慢地问："烫伤了你的手没有？"他的性格气度就是这样。其实汤已经洒在身上了，时间也确实很紧，即便是把失手洒汤的人骂一顿，打一顿，时间也不会夺回来，急又有什么用处呢？倒不如像刘宽那样，以自己的容人雅量，从容对事，再换件朝服，更为现实和有用。

　　正反两面的例子，我们都看到了，从中我们也能总结一些经验。中国文化的精要就在于以静制动，处安勿躁。浮躁会带来很多危害。想有所作为，而又不能马上成功，会产生急躁情绪；本以为把事情办得很好，谁知忽然节外生枝，一时又无法处理，必然生出急躁之心；因为他人的过错，给自己造成了一定的麻烦，心气不顺，也会产生急躁；望子成龙，盼女成凤，天下父母之心皆然，但偏偏儿女不争气，心中也同样急；受到别人的责难、批评，又无法解释清楚，心中也会产生急躁的情绪。无论是哪一种情绪产生的急躁，其实对己对他人都没有好处。浮躁之气生于心，行动起来就会态度简单、粗暴，徒具匹夫之勇，于事无补反生损失，这样不是太糊涂了吗？

《郁离子》中讲了个故事说，郑国有个人住在很边远的地区，三年中学习做雨具，好不容易学成了，天大旱，无雨，雨伞没有用，自然没人买。于是他就放弃了做雨具改学做汲水的工具，用了三年手艺又学成了，又逢天雨不断，汲水工具没什么用，只好又回去做雨具的老本行。可是此时盗贼四起，人们都急需军服兵器，他又想改行去做兵器，手艺学成，又失去时机。相反粤地有个农人，他开垦田地种稻子，连着几年都受涝灾，收获不是很好，人们都劝他把地里的水排净改种黍，他不以为然，仍然种稻。时值天旱三年，他连获丰收，算一算除了抵偿以往歉收的损失以外还有盈余。

轻浮、急躁，对什么事都深入不下去，只知其一，不究其二，往往会给工作、事业带来损失。忍浮，是讲人要忠实、谦虚；戒躁，是要求我们遇事沉着、冷静，多分析多思考，然后再行动。不要这山看着那山高，干什么都干不稳，最后毫无所获。

人不能心浮气躁，静不下心来做事，将一事无成。荀况在《劝学》中说："蚯蚓没有锐利的爪牙、强壮的筋骨，但却能够吃到地面上的黄土，往下能够喝到地底的黄泉水，原因是它用心专一。螃蟹有多只脚和两个大钳子，它不靠蛇鳝的洞穴，就没有寄居的地方，原因就是在它浮躁而不专心。"

项羽手下的大将曹咎不听从项羽的反复叮嘱，躁不能忍，匆忙行事，终于兵败失成皋。楚强汉弱的局面从此逆转，教训是惨痛的。

汉高祖三年，历史上著名的楚汉之争已持续了三年。这年九月，楚霸王项羽在西面战场猛攻刘邦汉军的时候，背后的彭越军却壮大起来，给项羽造成了巨大压力，使他烦躁不安。彭越原与项羽一起参加过反秦战争，战功卓著。但在推翻秦朝后，项羽却没有封他为王，彭越怀恨在心。这时，他与刘邦的汉军联合，接连攻下了睢阳等17个城，威胁项羽。

为了安定后方，项羽决定亲自率军回师东征彭越。他把留守成皋前线的任务交给大将曹咎，叮嘱说："一定要守住成皋。如刘邦来挑成，千万谨慎，不要出战，只要阻止他东进就行了。"

成皋是险要地段，那里又设有军粮库，战略上十分重要。项羽实在放心不下，临行又对曹咎说："我在半个月内，一定击败彭越，回来与你共同出击刘邦。切勿轻率出城。"

然而，作战并非如项羽想的那样顺利，直到第二年十月，项羽仍未返回成皋。

此时，刘邦就乘机率领汉军渡过黄河，向成皋的楚军发动进攻。

起初，曹咎还遵守项羽的军令，尽管汉军一次再次地挑战，他谨慎地坚守城池，不准任何人出城与汉军交战。刘邦达不到正面交战的目的，就改变策略。他知曹咎性情暴躁，有勇无谋，就针对这个弱点，设法把楚军引出城来，然后予以消灭。

于是，刘邦派一部分士卒到楚军城边叫骂，嘲笑曹咎胆小如鼠，躲在城中不敢出来。连续叫骂了数天，曹咎实在忍不住这口气，竟把项羽叮嘱的谨慎行事忘得一干二净，一股傲气上升，就下令楚军出城作战。

汉军已经休整了数月，此时见楚军中计出城，稍一接触，就佯装战败，退向成皋附近的汜水对岸。曹咎见汉军不堪一击，骄横之气更增，指挥楚军渡汜水追击。在汜水对岸以逸待劳的汉军趁楚军渡至河中心时，立即集中兵力向楚军发起了猛烈的攻击。梦军前进不得，后退不及，被杀得大败，几乎全部战死溺死。曹咎自知违反了军令，就在汜水上自杀身亡。刘邦乘胜夺得成皋。

这一仗，使项羽失去了战略要冲和储粮基地，楚强汉弱的局面从此开始改变。

天下成大事业者，无不是专一而行，专一而攻。渊博自然不错，精深才能成事。要精深，要在某一个领域中成为专门人才，必须克服浮躁的毛病。无论做什么事都不可能毫不费力地成功。急于求成，只能是害了自己。忍浮躁确实不容易，要有顽强的毅力，才能做到这一点。只要有决心有信心，胸中有个远大的目标，小小的浮躁又有什么不能忍的！

武大郎开店

有一句俗语："武大郎开店，全是矮伙计。"为什么呢？就因为武大郎个子矮，他不能容忍伙计比他个子高，这是嫉妒心在作怪。

嫉妒是心灵的肿瘤，因为它吞噬了善良的人性与美；嫉妒又是一种恨，这种恨使人对他人的幸福感到痛苦，对他人的灾殃感到快乐。因此，嫉妒是一种不可原谅的情绪，同时又是极大的不幸。要根治嫉妒，就必须有天下为公的胸襟，容川纳海的气度。

《鲁论》记孔子说："君子是遵循天理行事，自然没有人欲的私心，所以广泛地爱人；小人放纵私欲，不懂天理，所以嫉妒憎恶他人。"荀子说："君子才会以公理克制私欲。"《尚书·秦誓》说："如有一个正直独立的人，虽然不具备什么才能，但他的心地好，看见他人有才干，则像自己有才干；看到他人怀有美德，则真诚地爱慕。这种博大的胸怀，才是真正的能容纳有才德的人。因此，爱心多的人就会克制私欲。但有些人，私心严重，不遵循天理，见他人有才能，就妒忌憎恶，见他人怀美德，就扰乱损害。这就是不能容纳有才德的人。所以《大学》上说，像这些妨碍贤士危害国家的，应把他们流放到远无人烟的地方去，去防御妖魔入侵中国，不使他们住在国内，就是深恶痛绝他们啊！"

《劝忍百箴》中说：多有爱心，则别人有技能如同自己有技能；多有害人之心，则别人有技能就必然妒忌忌恨。士人任职于朝廷，就要被人忌恨；女人进入宫中，就要被人妒忌。汉代宫中出现了"人彘"的悲剧，唐朝宫廷则有对"人猫"的恐惧。萧绎忌才而毒死刘之遴，隋代众儒妒能而欲杀孔颖达，王僧虔自谦书法拙劣而免祸，薛道衡因诗句而被杀。唉，妒忌怎么能不忍呢！

自古至今嫉妒不忍的事例很多。例如上文提过的"人彘"惨案，说的是汉代吕后嫉妒汉高祖宠幸的戚夫人，使用毒药毒死了戚夫人的儿子赵王如意，又砍断了戚夫人的手和脚，挖去了她的眼睛，弄聋了她的耳朵，又给她喝了哑药，让她居住在窟室中，给她取名叫"人彘"，并叫汉惠帝来观看她。惠帝一见大吃一惊，放声痛哭，因此大病一场。吕后的心狠手辣可见一斑了。

妒忌的结果是妒人者和被妒者同样受到伤害。有口蜜腹剑，就自然会笑里藏刀。前文中所讲的"人猫"是指唐朝的李义甫，瀛州人，高宗时任参知政事。他表现很温和、恭敬，和人说话，总是带着和蔼的微笑，人称"人猫"，实际上狡猾恶毒，总是暗地里中伤别人。别人说他笑里藏刀，表面温柔，却很会害人。后来被流放到边地，死在那里。因为他不能克制自己对他人的妒忌之心，害人太多最终害己。

妒忌的害处，总的来说有这样几点：一、妒贤嫉能不仅害人而且害己。二、妒忌还是侵蚀人心的一种蛀虫。这种卑下的情感不仅妨碍了人与人之间的正常关系，同时也会有损整个社会的稳定。三、妒忌他人的才能，排斥他人，也不利于国家的事业。所以为官之人应该抵制这种卑鄙情感的侵扰，放宽自己的胸怀，忍住妒忌之情对自己的腐蚀，尽量消除它。

南朝的刘之遴，字思贞，是南阳人。梁武帝时为太常卿。刘之遴学识渊博，善于写文章，曾经做过湘东王萧绎长史的官职。一次，他准备回江陵，已到夏口，萧绎平素就忌妒他的才能，就派人送毒药给他，把他毒死了。萧绎自己给刘之遴写了墓志铭，并给他的家属送了许多厚礼。这又是一个不能忍耐住对他人的妒忌而下手杀人的例子。妒忌他人因而对他人下毒手，实在再卑鄙不过。即使写写墓志铭或是给死者家属送点东西，也抹杀不了妒能嫉贤的罪恶。所以因为怕别人的妒忌，不少人只能掩藏起自己的才干。

唐朝的孔颖达，字仲达，是冀州人。他8岁上学，每天朗诵章句千余。他长大以后，很会写文章，并且通晓天文历法。隋朝大业初年，他考明经，成绩上等，被授为博士。隋炀帝征召天下儒学之官，集合在东都洛阳，让朝中学士和他们讨论商议国事。孔颖达年纪最小，但道理说得很出色。那些年纪大资历深的儒者耻于孔颖达超过了他们，暗地里派遣刺客刺杀他，孔颖达藏在杨元感家中才得以幸免。等到唐太宗即位，孔颖达屡次上诉忠言，因此得到了国子司业的职位，后任祭酒的职务。太宗来到太学视察，命令孔颖达讲经。太宗认为他讲得好，下诏表扬他。后来他辞官回家，死在家中。同样一个孔颖达，不同的君主，有不同的心胸，对人才的态度也不一样，隋炀帝时期由于他本人的妒贤厌能，使得社会中妒忌成风。孔颖达只因才高于人，受人妒忌，几乎丧命。而到了唐初，由于唐太宗重视人才，他才有了和隋朝时完全不同的命运。

据史书记载：隋时的薛道衡，字去卿，是河东汾阳人，6 岁时就成了孤儿。他特别喜爱学习，13 岁时，就能讲《左氏春秋传》。隋高祖时，做内史侍郎，隋炀帝时任茨州刺史。大业五年，初召回京，上书《高祖颂》。炀帝看了很不高兴，说："这只是辞藻华丽。"授他为司隶大夫。炀帝认为自己文才很高，因而蔑视天下有才之士，不想让他们超过自己。御使大夫上书说薛道衡凭借才能不听训示，有违抗君主的意思，于是薛道衡便被杀死了。天下人都认为薛道衡死得冤枉。他临死时，炀帝问他："你还能写出'空梁落燕泥'吗？"这句话，出自薛道衡的《昔昔盐》。薛道衡是死于炀帝的妒忌之心。

妒忌他人是无能的表现，也是可悲的。正常地发挥自己的才能，不怕别人妒忌，也不去妒忌他人，这是消除妒忌的重要环节。

第三篇

处世识人学

篇首语

目见之不如足践之——这是处世识人学的真谛。只从表面看人，很容易把人看偏了，看错了，看死了。日常生活中，一些人可以用花言巧语去骗人，但要用其实践去掩盖自己的虚诈面目是很难的。虽然假动作有时也可以骗人于一时，但不可能骗人一世。

所以，识人要听其言，观其行。

第一章

一眼看穿——立即识破人的诀窍

开口便知——凭声音和语调识别人

"声音"给对方留下强烈的第一印象。有些人的声音轻
缓柔和；有些人的声音带有沉重威严感。人们往往根据声音
所获得的印象去判断人。

凭声音大小判断性格

用大嗓门滔滔不绝地讲话的人，是外向性格的人。似乎为了使对方听懂他的
话，所以说话的声调甚为明快，这表示"他希望别人充分理解他"的思想，这也是
比任何人都重视人际关系，擅长社交的外向型之人的特性。

尤其是他的想法为对方所接受，达到情投意合的境地时，他的声音就会变得更
大，而且声调里面会充满了自信。那些能够断然下定论的人，通常都是外向型人当
中支配欲最强烈的人，这种人说话时，往往会强迫别人接受他的想法。

因为他能够把自己的想法率直地吐露出来，姑且，可以称之为正直的人。不过
美中不足的是，很容易成为本位主义者。话虽然如此，但是作为当事人，他还一直
认为他是在为对方设想呢。

声音不知不觉中变小者为内向型人

跟外向的人相反，讲话时窃窃私语，或者仿佛耳语一般，小声嗫嚅的人，一定
是属于内向型的人。

内向型的人往往会在无意识之中跟对方保持一定的距离，而且还会采取内闭式
的姿势，那是在意味着——"我不希望对方知道我的心事"以及"不想让初次见
面的人看穿我的心意"，当然也就不会畅所欲言了。

内向型的人对他人的警戒心非常强烈，而且认为不必让对方知道多余的事情。
正因为如此，他连自己应该说的话也懒得说出来，一心想"隐藏"自己，声音当然
就会变成嗫嚅了。

这种情况不仅是在一对一地聊天时如此，在会议上的发言亦如此，因为他并不
想积极说出自己的想法，以致欲言又止，变成了喃喃自语似的，声音很小，又很缓

慢。说话时，往往不是明确而直截了当地说出来，总是喜欢绕着圈子，使听的人感到焦躁不安。这种人即使是对于询问也不会作明确的答复，态度优柔寡断，给人一种索然无味的感觉。

内向型的人对别人的警戒心理固然很强烈，但是内心几乎都很温和，为了使自己的发言不伤害到别人，总是经过慎重的考虑之后再说话，同时又担心自己发表的意见将造成自己跟他人的对立。

因为胆怯又容易受到伤害，而且过度害怕错误以及失败，只好以较微弱的声音娓娓而谈，也许他认为这种说话方式最安全。

不过，对于能够推心置腹的亲友以及家属就不一样了，对于这一类特别亲近的人，内向型的人都会解除警戒心，彼此间的距离也被拉近了。因此能够以爽朗的大嗓门以及毫不掩饰的态度跟他们交谈，能够很自然地露出来笑容。

凭电话里的声音也可判断性格

如果你平时能够凭声音判断他人的性格，那么，即使在电话中，你也可以较正确地判断对方的性格（指内向或者外向），有时甚至只要凭开始的一句"喂……喂……"就能够下判断。

外向型的人一开口说话声调就富于节奏感，给人一种爽朗而活泼的感觉。他能够礼貌周到地报上自己的姓名，虽然说话多少快了一些，但是能够很快地说明他打电话的用意。这一种外向型的人，都希望面谈的时间越快越好，至于见面的地点，他也会配合着对方的意思，很快做出决定。

内向型的人在开始的"喂……喂……"时，就叫人觉得声音低沉而混浊，好似在打探这边人的情绪似的。如你回答："您有什么事情"时，他往往会一时为之语塞，然后再以缓慢的口吻开始打招呼，这种招呼打起来声音细小，很难听清楚。

"您有什么事情吗？"加强语气问他时，他也不会立刻"言归正传"，他的"话头"特别冗长，非常懂得礼节，嘘寒问暖之情很周到。

此外，这种人说话的内容也很冗长，时常在反复，他常常很关心对方的事情，尽量使用一些恭敬的词句与之交谈，至于他自己的事情则暂时搁下来，因为一拖再拖，当然就会浪费很多时间。

有时，甚至会在三更半夜打电话来。有一些人说："不确定一下，我根本就睡不着……"因为拘泥于细微的事情，以致整个头脑塞得满满的，结果呢？从不考虑时间以及对方是否方便，乱打电话。

不过，内向型的人比外向型的人读书更为细心，所以有时人们还得请教他们呢。

说话速度快，善于随声附和的外向型

说话速度稍快，说起话来仿佛在放鞭炮似的，几乎都属于外向型的人。

外向型的人言语流畅，声音的顿挫富于变化，且能说善道，只要一想到什么事情，就会毫不考虑地说出来，有时又会把自己的身体挪近对方，说到眉飞色舞时，口沫横飞，有时甚至会把对方的话拦腰一斩，以便贯彻自己的主张。

纵然还不到这种地步，这种人说话的方式仍然显得周到而且清晰，即使是对于初次见面的人，他也能够以亲切的口吻与之交谈，脸上浮着微笑，不时地点头。

当对方的意见、想法等等跟他要说的意思相同时，他就会随声附和地说："就是嘛……就是嘛……"并且眨动着眼睛，因为对外向型的人来说，跟他人同感，一唱一和之事，乃是至上的快乐。

外向型的人跟别人碰面时，只要彼此交谈，就能够使他的性格更为鲜明。因此，话说到投机处，就无法控制，不断地涌出话题，好像有取之不尽的"话源"似的，有时话题变得支离破碎，无法再度接合，他仍然会喋喋不休。因为对他来说，"开讲"本身就是一件乐事。

外向型的人能够在毫不矫揉造作之下，以开玩笑的口吻介绍他自己。有时是自己的可笑的事，他都敢于说出来，博得对方一笑，因为他是一根肠子通到底的人，什么事情都不隐瞒，不在乎大家都知道他的事。

即使事后自己也认为"说得太过火"，他也不会表示后悔。正因为他具有不拘泥于小节的性格，对于过去的事情很少去计较或者后悔，有时他甚至会忘记自己说过的事情，一旦对方提醒，方才搔着头说："哦！我那样说过吗？"

正因为如此，他喜欢想到哪儿说到哪儿。乍看之下，这种人似乎轻率而欠缺考虑，事实上，他懂得配合对方的说话速度，一面看着对方一面交谈，同时更能够缓急自如、随机应变地改变话题，为的是不想扫对方的兴，因此，我们可以说，这种类型的人很善于社交式的交谈。

总而言之，外向型的说话方式都很注意一个目标，那就是给周围的人快乐而轻松的气氛，这是因为他们喜欢跟周围的人一起欢笑，甚至一块抱头痛哭的缘故。

巧妙的谈话术，并善用手势的外向型

对于外向型的人来说，跟初识的人交谈是一件很快乐的事情。因为属于外向型，就算是初次见面，他也不怕生，甚至能够以亲密而开放的态度接待对方。

即使在打招呼时，他也会两眼脉脉含情，以明快的态度表示亲热。在礼节方面，他也懂得殷勤而诚心地待人，以给人温暖而明朗的感觉。

如果有介绍者的话，他就会犹如此见到老朋友似的应对，配合着对方讲话的节奏，点头称"是……是……"如果被介绍给比他地位更高的人物的话，在刚开始时他会显得很谦卑的样子，以致声调偶尔上扬，偶尔也会变得细小。

对于伟大的人物，他会很坦诚地表现出尊敬之意，当对方温柔地对他说话，或者赞扬他时，他就会表现出喜不自胜的样子而把头颈低垂。自己被他人理解时，他就会喜形于色，内心充满了感谢之情，当他感到安心而精神松弛时，就会变成劲头十足的模样。

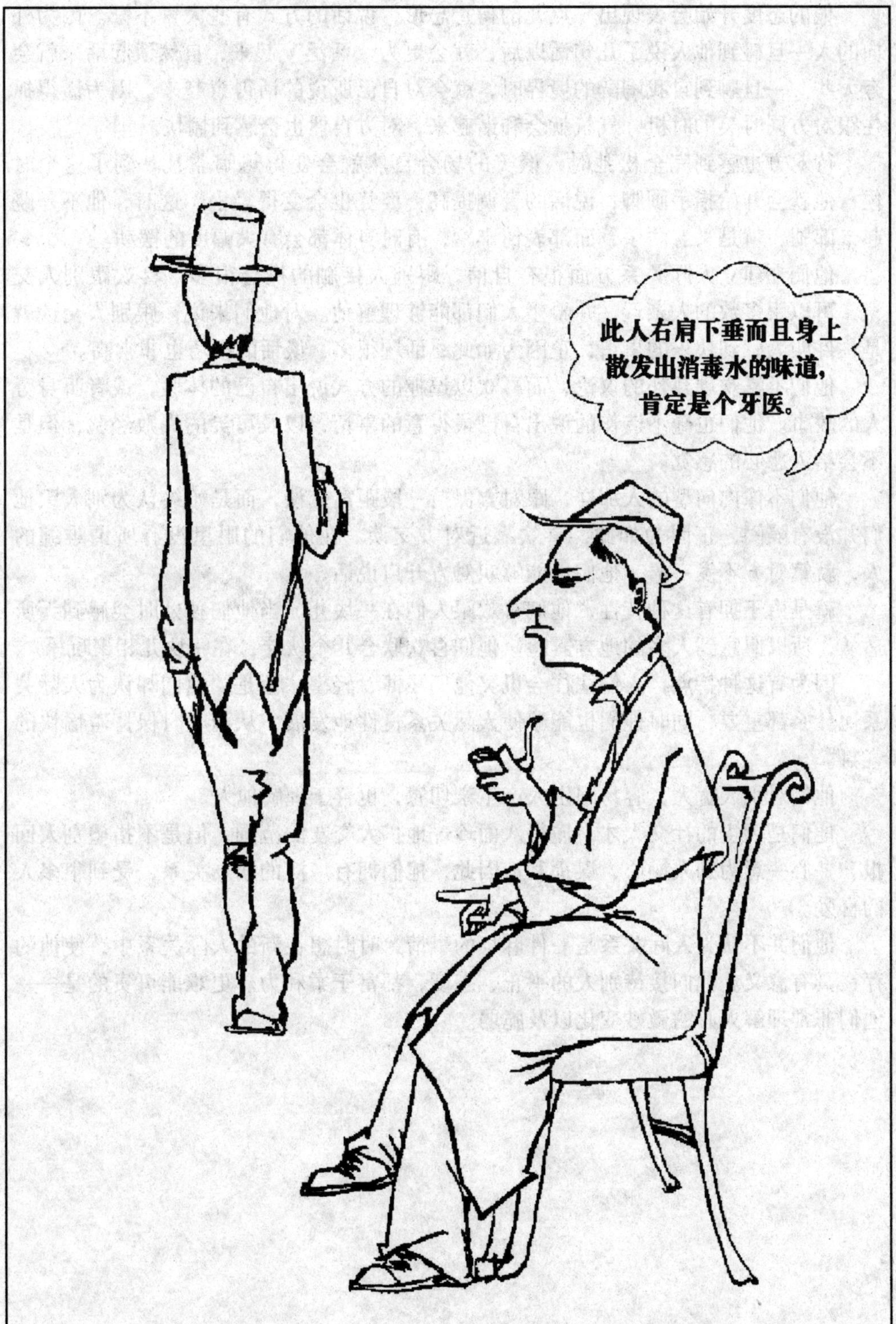
此人右肩下垂而且身上
散发出消毒水的味道，
肯定是个牙医。

他的态度开始会表现出一点儿的得意忘形，说话的方式有些大言不惭。因为外向的人一旦碰到他人说了几句话以后，就会更为"活泛"起来，自然谈起话来就会夸大些。一旦聊到自我陶醉的境界时，就会对自己所说的话得意起来。因为懂得抓住跟对方同时笑的时机，气氛就会和谐起来，对方自然也会感到愉快。

待对方也感到完全松弛时，谈笑的场合自然就会变得热闹非凡。到了这个时候，他就会开始指手画脚，说话的音调提高，姿势也会变得轻松，这时，他不是跷起二郎腿，就是叉着两手，面部表情丰富，有时身体都会有大幅度的摆动。

他们在建立人际关系方面很有自信，跟别人接触的机会很多，喜欢跟别人交谈，可以跟多数的人亲近，并希望人们都能够理解他。对他们来说，跟别人交谈就是一件叫人感到快乐的事情，正因为如此，话题很多，谈话的技巧也非常高。

他们不喜欢硬邦邦的议论，而喜欢以逗趣的方式说出自己的体验，或者听身旁人的故事。他们也毫不造作的说出自己最得意的事情，以及可笑的失败经验，但是不会给人恶心的感觉。

他们不像内向型的人那样，跟对方保持一段距离交谈，而是始终认为别人跟他们并没有隔阂，正因为如此，喜欢靠近对方交谈。在他们的眼里没有所谓难缠的人，就算对方不发一语，他们也能够叫对方开口说话。

就是由于拥有这种特性，他们喜欢跟人们在一块儿。当他们独处时会感到无所适从，所以愿意到人多的地方露脸。他们喜欢联合几个伙伴，在一块儿相聚玩乐。

因为有这种特点，人们往往会讥笑他们浅薄、轻率。但是，他们却认为人际关系比什么都重要，同时他们也能够使人际关系良性地发展，从而时时保持着愉快的气氛。

他们对别人宽大，容易跟别人产生亲切感，也善于理解他人。

他们是天生的社交人才，懂得八面玲珑地扩大交友的范围，但是不指望别人回报，一心一意为别人操心，谋福利。因此，他们拥有广泛的朋友关系，受到很多人的喜爱。

他们并不认为人际关系是一件麻烦的事情，时时想在新的人际关系中，使他的存在具有意义。他们接待别人的举止、态度，都富于柔和力。更难能可贵的是——他们非常理解人心的微妙变化以及脆弱。

爱"屋"及"鸟"
——凭兴趣及爱好识别人

在初次见面的短暂交谈中，往往会谈及彼此的趣味，逢到兴趣一致时，两人都能谈得很投机，自然也能够加深亲密程度。理解一个人，最好以共同的话题为交谈的资料，只要那些话题涉及彼此爱好的东西，例如运动、读书、赏鸟等等，彼此就能够谈得很愉快，而且也能够更进一步理解对方。

喜欢观测天体

架起观测天体望远镜的人，几乎都是内向型的人。

他们喜欢在星斗满天的夜空中观看浩瀚无际的宇宙，使自己孤独的心灵在那儿遨游。他们跟无名的星儿侃侃而谈，思考所谓的永恒，再把那种思想跟人类的存在对照一下，借以探索人生的意义。

其实，他们并非在观赏大众皆知的北斗七星，更不是浸淫于银河的壮美，而是以自己有限的人生，跟大宇宙永远之存在对比一下，再寻找人生真正的价值。同时，他也能够驱使想象力，大做美丽的星星之梦。他喜欢窥探宇宙运行的原理。科学还无法到达黑暗的宇宙彼方。但是喜欢观测天体的内向型之人，却能够凭他的幻想，跟浩瀚无边的世界交谈。

电脑迷

到了科技挂帅的时代，电脑已经被众多阶层的人视为身边最有用的工具。如今，几乎每一个业务员都懂得利用电脑。

一般说来，外向型的人由于性格方面的特点，并不太适合于使用电脑，就算他也跟一般人使用电脑，但却不会迷上它。

相形之下，内向型的人喜欢井然有序的事物，而且，他们在数字与机械方面的能力很强，所以学起电脑一点也不会感到困难。

不仅如此，对于电脑千篇一律的应答，内向型的人会感到安心与信赖。因为与人类比起来，电脑更实在，每次都能够获得期待的解答，绝对不致落空。而且电脑绝对不会撒谎，任何问题都能给予忠实的回答。

更难能可贵的是，电脑绝对不会要脾气，它会完全按照对方的意思，井然有序地完成程式运算，同时完全不会有差错。那些把电脑带回家，完完全全变成电脑迷的人，乃是典型的内向型之人。

外向型的人认为单调的作业程序十分烦琐，那种要求严格，没有通融余地的机械式工作，非常不适合于他们。

对外向型的人来说，充其量只能把它当成电子玩具，借此打发无聊的时间罢了，一旦必须在工作方面应用，他们就会尽量地避开电脑。

就算外向型的人具有这方面的才能，但是，对于需要耐心与缜密思考力的软件制作方面来说，没有比内向型的人更适合了。

那些对电脑具有浓厚趣味的人，九成以上属于内向型的人。

除此以外，像电子作业、制造模型飞机，以及喜欢摄影，喜欢录放影机、音响设备的人，一向以内向型的人占多数。那些声称："别人那样做，我也就跟着做"的外向型之人，纵然一时热衷，但是，通常都不会持久。

野鸟迷

喜欢亲近大自然也是内向型人的特征。就算是发现没有名称的小鸟儿，也会竖耳倾听它的啼叫声，再试着调查它的生态。

野鸟楚楚可怜的模样儿，更能够打动他们的心弦。他们喜欢带着望远镜和照相机，到山野、水边流连，观察鸟类的形态。这一类人，绝大多数都具有执著的兴趣以及一颗温和慈悲的心。

他们不同于追赶野鸭的人，或在山林原野狩猎的人，他们是真正热爱大自然中生灵的人们。

他们唯恐人类去破坏自然生态，糟蹋他们珍爱的生命，因此许多人参加了"保护大自然团体"，及各种保护自然的活动。

多数的野鸟迷组成了"爱护野鸟协会"，以热爱大自然生命的姿态，定期举办野鸟观赏会，组织观赏野鸟之旅。

至于外向型的人，他们所知道的小鸟名称，恐怕只有燕子以及麻雀这类常见鸟了。

喜欢钓鱼

垂钓也是内向型人爱好的活动。当然也有例外，例如搭乘大型游艇到外海，以钓取大鱼为目的者，几乎都是外向型人所爱好的活动。不过，在水边"垂丝静待鱼儿上钩"，实在不适合于外向型的人，纵然跟一大群伙伴到海岸，并肩在岸边垂钓，他们也不能够持久。

自己去找寻一个"巢穴"，独自以一竿垂钓，这也就是单独一个人比较自在的内向型人的惯常做法。

尤其是进入深山里的溪谷，到上游溪流钓鱼，更是内向型人的另一个天地，他们不喜欢人烟，不喜欢群体活动，所以才会独自到深山探索。

其实，他们最喜欢沉湎于大自然的怀抱，端详着悠悠的水流，以及在水中悠游的鱼儿。他们也常驾小舟，在水流间垂钓。

喜欢读书

被戏称为"书虫"的人，几乎全部属于内向型的人。此处所称的书本乃是指专业类的书籍，并非是漫画书或杂志之类消遣的书。

内向型的特征，在于喜欢亲近大自然以及爱好读书。他们喜好的书本种类很多，尤其是偏好纯文学，或富有哲理的书籍。每逢碰到某种问题或者烦恼时，他就会到书店物色可以解决问题的书籍。不管对于什么事情，他都要自己静悄悄地调查，试着从书中寻找解决问题的线索。

他们的读书方式也非常特别，不仅要看过每一行每一个字，甚至还要找出字里行间的暗喻。例如他们在阅读《战争与和平》那种长篇小说时，他们不会一扫而过，必定坐下来，仔细地阅读。碰到他喜欢的章节，或者难以理解的段落时，他们都会重复阅读好多遍，当然也就会耗费相当的时间。正因为阅读对他们来说是一件乐事，所以他们也就不在乎耗费多少时间了。

外向型的人感觉"看"比"阅读"更能叫他们感到快乐。他们喜欢阅读较为轻松的书，尤其是佳评潮涌的书本以及畅销书，那种"因为别人在阅读，我也跟着阅读"的倾向很强。

外向型的人阅读起来很快速，尤其是看小说，他会犹如囫囵吞枣般地一口气读完。有些人为了急于知道结果，竟然先从结尾读起，一旦他们感到不精彩的话，立刻就会把书扔在一旁。

正因为具有这种特征，他们一般都对纯文学以及长篇小说不感兴趣，而类似纪实性的小说，比较能够获得他们的青睐。

同时，他们也喜欢购买"如何……"之类的书籍，不过，只阅读必要的部分，他们认为只要得到实用的知识就可以了。

诸如这般，外向型的人多数喜欢把书本当成打发时间的娱乐工具，不然就是把它当成实用的入门书使用。

以上，只举出了内向型的种种兴趣，说实在的，他们的内心世界既丰富又多彩。他们之中有很多人对文学、音乐、戏剧、美术等的造诣很深，甚至叫专家感到惊讶。他们研究任何事情都很彻底，不会在半途就放弃不干。

除此以外，内向型人中喜欢摔跤、象棋、旅行、烹饪的人，也比外向型的人多。

那么，外向型的人又有什么兴趣呢？可以说，他们中的许多人属于"没有特定兴趣的人"。

问及外向型的人有什么兴趣时，他们多数人会一时为之语塞，经过了一段时间的思考以后，方才会支吾地说："可能是运动吧？"或者"看看足球比赛……噢……不不……我想是看电影……"因为他们无法把游乐跟休闲活动区分开来。

当然有些外向型的人也具备内向型者的兴趣，但总是不能持久，总而言之，别人所搞的事情，他们也会跟着搞，但是不能长久持续下去。

其实，外向型当中也有执著性格的典型，这种人做起事情来一丝不苟，做事有始有终，不过对他们来说，与其说是兴趣，不如说是工作或者训练比较恰当一些。他们在从事某一项工作或业余爱好时，缺乏那种悠然自得的气氛，即使是兴趣，也免不了成为他们计算得失的对象。

所谓兴趣，必须撇开金钱方面的得失计算，方能够成立。利益跟兴趣是格格不入的两回事情，以这一点来说，外向型的人就很难办到了。就以他们打高尔夫为例，是为了交际着想，是为想保持良好人际关系的手段，跟酒席宴席具有同样的效果，或许他们自以为那也是一种兴趣。

内向型的人认为兴趣纯粹是为了自己而做的事情，是自己要享乐的，他们不介意耗费多少时间，懂得以悠然自得的心情享受它。

相反的，外向型的人多数在有某种必要的情况之下，或者在友辈的怂恿之下，方才培养所谓的兴趣。就算他们自发地从事某种兴趣，但兴趣的范围往往较大，常常交换，以致到头来，什么兴趣也"抓"不到一个。

见异思迁乃是外向型的特征，不管是多么喜欢的事情，极少能够使他们维持一生而不变。对于什么事情，他们都能够做得叫人称心满意，但遗憾的是——易热也易冷，到头来，什么也不会坚持下来，这是因为他们想要的东西太多的缘故。

内向型的人在绝大多数情况下，都是自己决定某一件事情，再悄悄地进行，他们的兴趣范围比较狭窄而集中，正因为如此，方能够深入，常常是不让专家专美于前。

中華藏書

中华处世秘笈

中国书店

这山看着那山高
——变化中识人

如同武侠小说中所说的武功一样，没有招就没有破绽，但一出招定有破解之法。动中识人也同此理。

因对象不同而改变语气的人

常见平常说话轻声细语的家庭主妇，一到了百货公司、超级市场买东西，就很不客气地指使店员："喂！多少钱？把这个包拿来。"语气很不客气。为什么这些主妇们的语气会转变得如此厉害呢？

一般而言，视情况不同而改变语调的人，自卑感和攻击性都很强，尤其是喜欢在众人面前颐指气使的人，更可能是处于劣势的人，他们平常被抑制的情绪，会选择适当的时间、场所、人物发泄出来，借着骄傲的语调来解除平日的积郁。

这种人选择改变语气的时间，以离开工作单位或工作任务时为多，女性通常如前述以百货公司、超级市场为主，而男性则选择酒吧、餐厅、同学会等场所。至于所选择的人物，都是些与自己工作无关的人。

除了以上将某特定对象作为解除自己自卑感和攻击性的目标，而转换语气的情形外，如下情形也有改变语气的可能。

与生意伙伴谈判时，在女秘书或其他部下、同事面前改变语调。这种情形可能是预先设计的，目的是为获取同事、部下们的信赖，相信自己是个有实力的人，以利自己日后的发展。

这种举动，大半都是在有意识的情况下进行，所以也可以说是一种假象。不过仍有些人是无意识的不自觉表现，尤其是一些在单位微不足道的人，一旦离开了工作单位，到一些下级机关或公司时，他们便狐假虎威，表现一副颇有成就的样子。

这类人评价别人，往往并不重视其人的人格与能力，只重视其地位、职业，甚至学历。因此具备此种资格的人，往往就喜欢用傲慢的态度说话，这也就是为什么有的人总要在不必要的场所，大量散发名片的原因。

一个在工作单位能充分发挥自己能力，而居相称地位的人，根本无须在众人面前改变态度，相反的，他还会表现出谦虚的态度。所以我们应了解，为什么有的人说话时会一反常态，表现粗鲁、无礼。

爱唠叨的人

人上了年纪，总会唠唠叨叨说个不停，令年轻人无法忍受，但这事实上也是一种脑退化所引起的现象，旁人应该体谅。奇怪的是，有的人年纪尚轻，脑子根本不应退化到这般地步，却也唠叨得厉害。

这种人缺乏将问题重点完整传达给对方的能力，说个不停却找不到话题的重点，而且最糟糕的是他们根本没有意识到自己的啰嗦，说了事情大概后，又不断添油加醋，唯恐别人无法了解他的意思。

总之，对方认为不必要啰嗦的，他们却觉得非传达不可，这就牵涉到心理问题。

一般而言，有两种类型的人特别唠叨。一种是希望利用具体冗长的话，让对方不产生误解，所以他们拉拉杂杂说一大堆，结果反而令人抓不着重点。

另一种是喜欢照顾他人的类型，所以才会有唠唠叨叨的倾向。这些人担心听者无法了解自己的意图和本意，所以会再补充各种资料。由于性格不一，听者的反应也有不同。有的人能体谅他的唠叨，认为这是他对自己亲密的表现；有的人则会感到十分厌烦。事实上，唠叨的人认为除非自己一一关照、叮咛，否则无法信任听者的能力。

总之，啰啰嗦嗦的人，除了由于组织能力不好外，也有的是为了表现亲密的关系，但不能忽略的是，这种人多半是利用关心对方来满足自己的欲望。

满口附和的人

说话时稍微停顿，是为了稍事休息，但有的人为了讨好说话者，便巧妙地利用这段停顿的时间而附和，不断地说"哦！这样啊！""真的吗?"、"你说得很对"，力图对对方的意见有所反应。当然我们听话时，应适当地有所反应，以免让说话者唱独角戏。但如果对说话者的内容，老是做同样的反应，只会说"没错"、"你说得很对"、"可不是吗"，就未免显得太虚伪了。

喜欢附和的人，有些因为尚未确立自我的主体性，不具备独立意见，才会对别人的话都表示赞同。

此外另一种人，则是所谓"是"类型的人。这种人一般都有自己的主张和看法，但为了求生存，对与其有利害关系的人物，如上司、前辈等，就表现出一副颇为赞同的样子。

但事实上这种人并不会得到上司的器重，其行为只会贬低自己的人格，被人视为阿谀奉承，上司只有在需要时，才会加以利用，而部下们也绝不会尊敬这种人。

由于这种人的奉承，纯粹是为了自己的前途着想，想借此博得上司的好感，因而暂时地抑制自己，然而他性格中的另一方面则会借强压部下或晚辈而表现出来。由此可知，我们不可只凭对方听话时的反应，就认定他是个努力了解他人意见的人。

开场白太长的人

为促进彼此的人际关系，大部分人交谈前都会先有一段开场白。的确，和对方见面时，如果不先说点引言，就直接切入重点，可能会令人对自己的意图产生误解，从而产生戒心而不易沟通，所以在商业会谈中，开场白是不可或缺的。

但若一个人开场白过长，听者不易抓到说话的重点，不过是浪费时间，徒增焦急。但不知为什么仍有人喜欢把开场白拖得很长。

首先，可能是说话者对听者的一种体贴。若对方是个敏感仔细、易受伤害的人，直接谈到问题重点，可能会对对方造成冲击，所以说话的人就刻意拖长开场白，以顾虑对方的反应。

另一种人则考虑若开场白太过简短，可能会使对方误会或不悦，因而留下不好的印象。基于这种不安，所以延长开场白。

由此可知，说话者无非是为了更详细地表达自己的意思，所以才有很长的开场白。

开场白太长固然令人不耐烦，但有的人却矫枉过正，在面对上司、前辈时，生怕自己过长的开场白会使对方产生反感而遭斥责，所以不断地顾虑对方态度，这就太反常了。

此外，有人应邀演讲时，也难免会把开场白拖得很长，这则是为缺乏自信所做的一种辩解。

为什么有人要利用开场白为自己辩解？

男性在成长的过程中，若在步入青年期的阶段中，与父亲有纠纷，就易停留在父亲＝权威＝伟大的心理压抑阶段。所以这种人潜意识里就存着对父亲的憎恨与愤怒，而产生恐怖与不安的心理。

为了隐藏自己的不安，这些人就会借很长的开场白来为自己辩解，所以这种人应是小心翼翼型的人。

容易转移视线的人

与他人交谈时，不正视对方是很不礼貌的行为，但有的人明知如此，在交谈中仍不免把眼光转向一旁，或对两人的视线接触非常敏感，而不正视对方。

这一类人，在与人视线相接时，会觉得对方的眼光太过锐利，而使自己眼睛剧烈眨动，但为避免对方觉察，便不得不躲避对方的视线。此时这个人心中一边考虑自己若直视对方，会不会使对方不快，一边又怕视线转移，会让别人看透自己。愈是焦急，愈注视对方的双眼，而更剧烈的反应便又随之产生。愈怕对方看出自己的心事，强烈的不安便愈严重。

这种现象，称为"视线恐怖"，是"对人恐怖症"患者的症候群之一，令人意外的是，因视线问题而困扰的人，竟出奇得多。

欧美学者对这类问题，认为不可思议，因为欧美几乎见不到这类患者，这可能与东方人的文化习性有关，所以东方人即使没有前述的极端视线恐怖，但多少都有类似的倾向。

而有此症状的人，由于其始终只有极弱的自我存在感，因此他们认识自己是通过对方眼中所反映出的自己，唯有依此，他们才确认自己的存在。

眼睛会说话，的确，我们借口来发表自己的意见，而用眼睛表现自己的内心，因此当对方想通过眼睛看穿自己内心时，会使自己产生不安。

有另一种人，恰好与视线恐怖相反，谈话时喜欢一直注视着对方的眼睛，这种态度，不仅对对方很失礼，让别人认为其无羞耻之心，同时也会令被瞪视的人感觉强烈的压迫感。因此若推销员认为眼睛一直注视顾客是自己诚心的表现，那么他可能就会丧失一笔生意。所以推销员在与顾客交谈时，应注意选择一适当的位置，让视线自然对视，以免造成双方的困扰。

应注意的是，愈在意自己的视线位置，愈会不知所措，所以在有意识的情况下，视线的方向选定是最困难的。

多话的人

有一种人，只要话匣一打开，就像唯恐以后再也没有机会一般滔滔不绝。还有一种人则不找人说话，就无法镇定下来。这些都是属于爱说话类型的人，这种人最极端的特色，就是除休息时间外，连工作时间也要找人说话。

但不幸的是，这种人谈话的内容，除了一些别人的隐私、谣传外，就是有关自己的话题。所以不仅内容浮浅，而且毫无意义。当他（她）们说话时，就如同泄洪的水，速度极快，而且不管任何场合，总有一两个听众存在。如果我们仔细观察这些人，即可发现他们并没有什么特别的信息必须传达给对方，因此其多话的行为，会令人觉得他似乎是在享受说话。这种人的饶舌，无非是为了想和别人保持较长远的人际关系。

基于这种心理，他们就利用与他人的人际关系，满足自己潜意识中撒娇、依赖别人的欲望，而使自己不至感觉孤寂。

不说话心中就无法平静的心理，可以追溯到其婴儿时期。人在婴儿期时母亲给婴儿喂奶，除了补给营养外，也传达了爱意，这点对初生不久的婴儿尤具意义，所以这阶段对以后的心理成长过程有很大的影响。

对刚出生不久的婴儿而言，此时期的母子关系，是其初次的人际交流，若此时母子关系圆满，当然毫无问题，但问题是并非每人都能顺利享有正常的母子关系。例如若母子过分亲密，以致造成断奶困难。反之，若母亲对婴儿过度冷淡，婴儿因无法满足获得母爱的欲望，就易产生强烈追求母爱的心理。

后者既然无法在婴儿时期获得满足，在以后的成长过程中就会反复出现渴望满足欲望的心态。

而这种欲望，就转变成多话的形式，表示其想与人维持较长久的人际关系，以满足自己撒娇和依赖的欲望，并解除孤寂感。

因此，爱说话的人，表面上看来他们似乎呈现活泼快乐的一面，但窥其心理，应可看出他们孤寂的一面。

常大声说话的人

无论自己原来说话音量大小如何，我们仍应配合当时情况，有意识地调整自己的音量。但在现今社会，有人却不论在车内、餐厅……或是其他任何场合，都肆无忌惮地大声交谈。

这种人表面看来似乎很豪爽，但事实上，这种人却是小心翼翼且敏感的人。

大声说话的人，他们多半肥胖、个子矮、脸色红润，头围、胸围、腰围都很大，脖子粗而短，肩呈圆形，四肢亦粗短。由于以上特征，所以这种人多给人感情安定、交游广泛、对人忠实的印象。但另一方面，他们却很笨重，不知随机应变，感情不纤细，且枯燥乏味。所以一般有这种安定、迟钝气质的人，一旦心中累积不满时，情绪就会爆炸性地散发出来。

再者这种人不懂得人情世故，经常会自以为是，而其表达的方式，就是大声说话。

除了音量大外，这类人还会毫不在乎地在别人面前叼着火柴棒，或在拥挤的车子里大大咧咧地张开双腿，毫不在乎别人的眼光。

除了以上类型外，中学生旁若无人地大声说话，也是一种"精力过剩意识"的示威行动。由此可知，大声说话者，实际包含各种类型。

说话声音很小的人

不顾场合而大声说话的人固然令人不悦，但说话声音像蚊子般细小的人，往往也会令人焦急。

若一个人在正式的会议上或与上司谈话时，无法正确清晰地表达意见，不但会给别人造成困扰，可能还因此造成误会，耽误了自己的前途。因为一个人如果无法正确地传达意见，可能会对公司营运造成很大的影响，这样当然对自己不利。而且一个人连话都说不清楚，很可能会给对方留下不好的印象，进而怀疑这个人的能力。

通常一个人说话声音很小时，对方为了准确了解其说话的内容，一定会一再反问。这时如果说话的人察觉到对方反问的目的，应该提高音量。但事实不然，说话者根本不会发现对方的意图，甚至还期待对方一再反应。因为听者一再地反问，就等于替说者整理了说话的内容。这种小声说话的人的特点便是缺少自信，对自己的能力没有把握。

许多人也有这一毛病。当我们想告诉对方某件事时，若对自己的表现与陈述的内容没有自信，说话声音自然而然会变小，好像在自言自语。小声说话的人，就是经常处于这种状态，因此不得不表现为要求听者帮助，而听者再三反问的结果，正好满足其依赖性。由此可知，说话声音小的人，并不如我们想象的为此苦恼，相反，他们却因此满足了自己不能独立的依赖感。

我们可以推测，这些人大半从幼年时期起，每当把自己的意见传达给对方时，不必以明确的方式说明，对方就能心领神会，所以养成他们小声说话的习惯。这些人多半在幼年时代，母亲就是他的代言人，所以他才会把以前的母子关系类型，带到现实生活中。因此我们不可忽略的是，这种人心中仍有依赖他人的意图。

好打断别人的人

我们会在电视上看到所谓评论家或文人们齐聚一堂的座谈会。当对方话还没说完时，这些所谓的专家，就急着制止别人，而由自己发言。尤其当我们看电视上"大辩论"的节目时，就常见互相制止对方谈话，大声吵嚷的场面，把交换意见的讨论方式弃置不顾。每当见到这种情形，不免令观众心中反感，深觉这些人的修养着实值得怀疑，即使他说得再冠冕堂皇，也无法令人相信。

说话容易听话难，一个能深获众人信赖、人际关系和谐的人，应是一个具成熟心智的人，所以他们也善于聆听别人的谈话。这一点我们只要观察心理还处于幼稚阶段的小孩就可明白。小孩们很爱说话，却不懂得听话的艺术，他们无法慢慢地由别人话中了解对方，也没有这种宽容的心态。所以如果某些政治家和文人的心理发展阶段，还停留在孩童期的水准，他们如何能了解人心呢？即使他们说得再富哲理，也只是曲高和寡，他人无法产生共鸣。而且制止他人谈话，根本是无礼的行为。

制止对方说话，不仅使其无法发表意见，更是一种不认可对方的举止。

这种喜欢打断别人谈话的人，往往对自己以外的价值观不予承认，以为自己的想法可通行无阻，而有一种万能感。但他们却没想到，说话中途遭制止的人，会有不满的情绪，如此岂不无法产生交流，而破坏人际关系？

观此无礼的举动，我们探察其原因，可以发现除前述理由外，可能还包括，说话者内容太过冗长，毫无价值等等。不过即使如此，这种制止的行为，正足以证明他们完全不反省自己的想法，只一味要求别人接受，颇有自恋的倾向。

总之，制止别人说话的人，无论其他方面如何，可以确认的事实是，他们根本不赞同对方的论点。

喜欢插嘴的人

当我们和他人交谈时，有时旁观者往往会毫无顾虑地加入谈话的阵容，当然谈话的内容若不具特别意义，一般人也就默许这种行为。

例如我们在与同事交谈时，邻座的人突然挪动椅子，过来插嘴说："啊！这件事我也知道！"插嘴的人表面看来似乎并没有听见我们的谈话，但他们的耳朵却未捂住，所以谈话的内容自然而然地传入耳内，就等于他也加入了谈话。当然我们不会对这个半途杀出的程咬金觉得诧异，不过仍应探讨他们为什么毫无顾虑地加入别人谈话的心理。

这种人的心理是，无法区别自己与别人的不同，认为别人的东西就是自己的东西。

一般说来，初次体验到的人际关系，是由与母亲接触的感情交流开始，此时婴儿仍分不出母子的区别。到了断奶期时，虽与母亲拉开了一定的距离，但心理上却仍有未分开的部分，直到逐渐长大成人后，才渐觉自己与他人的不同。

但若自我成长还未到达此程度时，就会搞不清自己和别人心理上的距离，因而毫无顾忌地侵入别人的心理领域。总之，这种人若不能与人维持某种关系，就会感到不安，而这种追求心理上行为满足便表现为插入别人的谈话。

不守时的人

有些男人一旦有与自己梦寐以求的女性约会的机会，不但不会迟到，甚至还会提早 30 分钟或 1 小时，但在其他情况下，绝不可能如此守时，往往迟到成性。

当他们迟到时，一定会解释："啊！突然有朋友来找我！"，"对不起，塞车塞得太厉害了！"但这些可能只是他们的借口。

如果你有机会和自己所爱的女人约会，为了怕丧失这千载难逢的机会，一定会事先预测各种可能发生的事故，做充裕的准备。由此看来，迟到与否，全在个人对约定的人物、内容所关心的程度，二者有密切的关系。

若某人在参加会议的途中发现自己忘了带会议证，或搭错了车，那么他一定会以此作为自己迟到的理由，但这些都不是真正的理由。其实他的迟到，也许根本就表示他不太愿意参加会议，但这点本人却未意识到，只是存在于他的潜意识中。

这种行为，在心理学习称之为"失错行为"。本人在采取行动前，先由本人潜意识中被压抑的念头刺激意识，进而采取行动。而据这类迟到的人自己辩解，他们在这段期间的心理动态如下：

"我总觉得自己不想参加这个会议，但却又碍于事先已经和人约好，不得不参加，所以我尽量慢点出席。"由此可知，其他在各种场合中常迟到的人，想必也是基于这种心理。

总之，人有遵守时间型和懒散型二种，这与办事认真与否是相关的，但造成这

你就像那冬天里的
一把火……

喜欢卡拉OK的人一般属于外向型

种差别可追溯自从母亲那儿接受排泄训练时期开始。

母亲授乳给婴儿，除了提供孩子所需的营养外，也可使婴儿获得丰富的母爱。而幼儿下一步接受母亲的训练，则为处理排泄物，此后，幼儿才会选择时间、场所来排泄，这也是最先学习迈入社会的准备。此时期的小孩，依母亲的指示学习使用括约肌的方法，但母子的感情交流若不圆满，孩子会对母亲不信任，而不按指示学习，结果就不易学会使用括约肌的方法。

接受训练的孩子，能透过括约肌的缩紧与放松的方法，使行为中规中矩、是非分明；但未接受训练的孩子，则会有随处排泄的不规矩习惯。在孩子们成人后，这一习惯便会带入现实生活中，而反复出现不守时的行为。

总之，这种"失错行为"，应追溯至当事人的婴幼儿期。

喜欢被叫乳名的人

若我们长大成人后，别人还用乳名来称呼自己，往往会很不高兴。有位年方20岁的A先生，一次，正在接待来客，此时A先生的姨妈也在场，而她称呼A先生的方式，就是用乳名叫唤。A先生于是露出很不愉快的神情，告诉姨妈："唉呀！你别再用小时候的名字叫我了，我已经是个大人了"。这位姨妈回答："为什么呢？你小的时候我不都是这么叫的吗？"姨妈似乎无法理解A先生愤怒的原因。

事实上，姨妈虽然认为A先生永远是个可爱的孩子，但他却已经长成大人了，难怪A先生会对忽略了这点的姨妈感到气愤。

有的人却与A先生相反，即使成人了，也喜欢别人叫他的乳名。例如电视节目中，某主持人用小时候的名字称呼一位女歌手时，她非但不愠怒，反而高高兴兴地接受访问。日常生活中，也可看到这类情形。例如单位中的主管、同事们，有时也如此称呼某些女职员，而被称呼的女职员并不为怪。但严格来讲，如果有人喜欢别人用小时的昵称叫他，这说明其心理尚未成熟。

其实单位是个正式的地方，用这些不正式的名字称呼对方，可说是公私混淆。就公司而言，职员们都已经成人，若把这种小时的称呼带进工作场所中，岂不表示缺乏社会性？这等于是把私人感情带进单位里，并非是一种成熟的行为。

不过令人意外的是，有这种行为的人，对自己所属组织的归属意识非常强烈，因为现实的工作场所，是造成人精神紧张的原因，这种人由于无法正面应付这种精神紧张，所以暂时让无法忍受的自我退却，使自己与严酷的事实保持一段距离。

所以当我们听到有人喜欢别人以昵称称呼自己时，就能了解他的内心了。

一叶知秋
——通过小毛病识人

　　毛病虽小但往往反映人的习惯或积习。以小见大也是识
人之一法。

退却的人

　　有的人常喜欢毛遂自荐，即使明知自己无法胜任，他们也硬要推销自己。但有
的人却恰好相反，明明有个让他们一展才华的机会，却退缩迟疑。后者这种看似谦
虚的美德，实际上是源于他们害怕暴露自己的弱点，因此非常矛盾。

　　当然，没有人敢夸口自己从不退缩，因为即使做事再灵巧的人，也会碰到一些
自己不能应付的事情。但在自己有能力，且有机会的情况下，一般人都会主动接受
工作。可是前面所说的那种人，却会畏怯推辞，即使主管和同事追问："这件工作
以你的能力明明可以做好，为什么你不做？"他们也依然故我。

　　其实他们也有他们的理由，因为并非他们喜欢畏缩，只是这种人对自己太没自
信了，只要能够确认自己有能力，相信一定会恨不得一手包办，不需他人要求。

　　但并不是说这种人的理想过高，而是指这些人尚未建立与公司的同一性，他们
认为自己不是公司里的专家。更简单地说，这种人还没有彻底适应其工作场所。

　　由于感受到现实与理想的差距，禁不起考验就会认定有许多困难存在，由这种
意识，就造成了畏缩的行为。

　　但除了以上的心理因素外，使其产生畏缩的行为，还有以下的因素。

　　首先，他们生怕自己将要采取的行动表现不好被别人（尤其是熟人）看到，所
以有种不安和恐惧心，此外，他们也唯恐自己将来丧失信用，所以先采取退却以避
免犯错。

　　因此我们应认清，态度消极、畏首畏尾的人，不一定是谦虚的人。

时间一到就立刻下班的人

　　近年来社会上开始出现拒绝上学的小学生，且愈来愈多，这不仅成了精神医学

的临床问题，也是社会问题，社会上因而议论纷纷。

　　既然是学生，就应尽学生的本分。但是确有拒绝上学的学生，却无法尽其责任，造成许多问题。令人惊讶的是，当大家为孩童拒绝上学的问题苦恼时，孩子的父亲却也可能因一点不舒服就向公司告假，真可说是有其父必有其子。

　　有拒绝上学倾向的孩子，一旦远离了父母的保护，成长为有自我判断力的社会人后，通常会以较宽容的态度对待自己、对待别人，但此时另一种为人忽略，与学生的拒绝上学症类似的心理出现了——拒绝上班症。

　　为什么有人会产生这种心理呢？这是因为他们有一种想从自己必须完成任务的现实环境与组织中逃脱出来的心理。而此逃避的倾向，就是因为他们认为自己所属的组织（也可以说是他们的工作单位）中的人际关系，是一种负担，这种负担构成了精神压迫，使得他们拒绝上班。

　　我们必须研究的是，当其他人与这些人处于同一情形时，会不会也像他们一样有早退、缺席的倾向？探究的结果是否定的，其原因又在哪里呢？

　　主要的原因，是因为他们与工作场所中的气氛不能谐调，换句话说，就是其内心与工作场所有差距。

　　基于此，这些人自觉无法忍耐这种差距，只好采取一种特殊行为填补这种差距，结果愈加精神紧张。当自我忍受不了时，他们就会想逃离工作场所。由此可知，这种人一定是尚未确立自我，且尚未完成与工作场所的同一性。

　　不过管理者不可忽略，如果工作环境过于严肃，即使不缺席早退的人，也会有发生类似行为的可能性。所以如果你的公司里有随便请假早退的人，不要轻率地认定其为"逃避行为"而予以批评，而应进一步观察。

常抱怨身体不好的人

　　当自己身上出现各种不适症状时，任何人都会想让他人知道自己的痛苦，这是人之常情。

　　有位公司职员，就有这种心理，所以特意把自己的心电图、血液检查及肝功检查的结果，带到公司给上司和同事看。本来健康检查只是个人的问题，但这种人却觉得应该让人知道，否则他的生活就没有意义。

　　人对有病的人，总是能时刻宽容，所以生病了可以公开请假，而公司为了自己的利益，也希望有病的人赶紧就医治疗，直到恢复健康再重新工作，以免影响整体工作。

　　对一个不健康者表示一般的同情是人人都易做到的，但对病人而言，温暖而特别的照顾，才是他真正需要的。可是有些例外的情形，便是特别喜欢向人诉说自己的不健康。

　　经过观察，这种人都有一个共同点，即对工作不满或苦于人际关系不和。

　　由于他们不能直截了当地说出自己不满的理由，所以他们采取暧昧的表现方式以反映不满。简单地说，他们的行为就是在呐喊"不要再加重我的工作负担了，我的身体健康已经非常不好了。"

我们常可见一些身体根本没什么毛病的人，却经常看医生、请假，他们除了参加工作会议时出现身体不适，其他时间都很正常。所以当我们和这种人接触时，一定要通过他们身体上不寻常的状况，了解他们真正想表达的意思。

太在乎自己的人

常见有人喜欢向同事问东问西，而其询问的内容不外乎是与自己有关的事情或人。例如"A 主任好像很讨厌我，每次我做什么事他都要找麻烦"、"B 那个家伙，这次看我升级好像很嫉妒，因为我们是同期毕业的"、"你看！又有好几个人聚在一堆，一定是在说我的坏话"、"喂！主任是不是还在说我的坏话？"

对诸如此类的问题，他表示异常关心，但别人对他的关心根本没他自己想象得多。这种行为便称为"自我意识过强"。这些人之所以会特别担心别人的看法和眼光，当然有其理由，其中之一便是自卑感。那么为什么这些人会有自卑感呢？

这是因为这些人无法适应自己的工作环境，如果要适应的话，他们就必须使自己的价值观和生活方式与环境协调，才能使自己安心。当然他们也有志成为其中的一员，但徒有心，却无法付诸实行，在心有余而力不足的情形下，自己的理想和现实产生差距，这种差距就造成了自卑感。只要一触及自身这类较敏感的问题，他们就会感到强烈的不安。

他们是很爱交朋友的，对别人非常关心，所以一旦与他人完全断绝关系，就不能感觉到自己存在的意义，可见他们的自我多么的脆弱。同时他们必须通过别人确认自己的存在。其实他们忽略了，人是无法永远借与别人维持关系来确认自己存在的。

第二章

一语中的——谈话识人观察术

话中有话
——响鼓不必重敲

由于语言是将自己的意思传达给对方的工具，所以通过语言，我们就可以了解对方的心意。因此识人应从研究语言入手。

当人们希望将某种愿望传达给对方时，最好的表现方式就是语言。但为了巧妙地达到目的，人们往往不会让语言直接表达自己真正的意思，而会以修饰过的语言来传达。

话外有音

当我们偶然遇到一位不太熟悉的朋友时，一定会客套地说"啊！好久不见，下次有空请到我家来玩。"这种说话方式当然是一种外交口气，也是日常生活中常见到的。了解这一点后，我们都能认清此乃客套话而不致真的前往拜访，但如果有人不了解此点，误以为真而登门拜访时，一定会令人不悦。不懂他人真意的人，便是不懂人情世故的人。

我们可以根据对方的语言，了解对方的心意，从而更准确的识破对方的心。

顺藤摸瓜

近年来"对话"和"咨询"等词语非常流行。凡是遇到了困难的问题，不管大小，差不多都利用对话或咨询的方式来解决。人际间有了纠纷，公司内同事的意见不合，甚至连父子间有了冲突，也都以这种方式来解决……大家都认为，这种方式可以使双方沟通一定能达到预期的效果。

事实上却不那么简单，如果都希望对方听取自己的意见，而自己却不愿意接受对方的意见，又如何能沟通呢？下面我们举一个例子来看看：

某公司的一位职员刘某，任职不到半年就想辞职，于是便向经理正式提出辞呈。经理接到辞呈之后，就在下班时约他到车站附近的小吃店去喝酒，经理说："刘某！我们来喝一杯，这里不是公司，我们暂且抛开经理和职员的身份，彼此随便谈谈吧！你说要辞职，是不是已经找到了更好的出路呢？"

刘君说：

"不！我只是最近觉得对于现在的职务没有信心罢了，所以……"

经理打断他的话，接下去说：

"只是这样吗？我还以为有什么大事情呢！你要知道，一般人进入公司半年之后，大多会对工作失去信心，假如你在这个时候投降，那么将来不论你做什么事，都会一样没有信心，你现在应该想办法克服这种困难才对。如果你能在这个时候克服你所面临的困难，你的信心自然就会恢复，为了你的将来，你应该好好考虑考虑，像你这种情形，我也曾经历过……"

经理滔滔不绝地说出一大段道理，而刘君却一直看着酒杯，一语不发，默默无言。

像上述这种谈话，到处都可看到，并没有什么特别。可是因为经理没有捉摸透刘某真正的心意，所以也就没有办法使他留下来。

不管对话的目的为何，对话的第一步应该从透视对方开始。若根本不去注意对方，只顾自己一厢情愿地说个不停的话，就对方而言，这只是"耳旁风"罢了。

一般来说，对话是识破对方最有效的方法之一，像经理这个例子，他的毛病就出在有"先入为主"的观念，他一心想留住对方，却忘了去了解对方辞职的真正因素，所以尽管他说得天花乱坠，结果还是不能使刘某留下来。

会说还要会听

这一节我们的重点放在"仔细观察对方听话的态度"上。一个人，不论他如何隐藏自己，我们都可在谈话中看出他的心情和性格。

从前，日本有一位有名的武将——武田信玄。他曾经向4位少年叙述有关战争的事，然后从他们听话的反应来判断他们的志趣和能力。

作为实验对象的4位少年，在听他叙述战争的故事时，表情完全不相同。

第一位一直张着口，呆呆地望着武田信玄。

第二位始终低着头，全神贯注地听着。

第三位却面带微笑，听得津津有味，似乎已领会出其中的含意。

第四位则听完之后马上离开。

后来，这四位中，第一位虽然参加过好几次战役，却没有什么战绩，而且对事情的判断力很差，也没有比较知心的朋友。第二位成为有名的武将。第三位后来也相当有成就，不过，由于他的权术超人，遭到不少人的嫉妒和中伤。第四位却变成只会嫉妒别人的胆小鬼。

这些比喻虽然不能说很正确，但是从这个例子中，我们可以了解到"在谈话中透视对方"的方法。

我们不能因为对方很顺从地在听我们说话，就认为他是"孺子可教也"。我们应该在谈话中，注意对方究竟是关心哪一段话，然后才有办法透视他。

我们若想知道对方到底有没有真的在听我们说话，最好是拿出我们说过的话来问问他，如果对方想马马虎虎地应付，一定会牛头不对马嘴。

我们如果细心观察，不但可以从对方表示赞同的态度中了解到他的心意，并且也可看出他的个性来。

当我们话还没说完时，对方就很快地表示赞同，这种人性情一定很急躁；否则就是那种盲目附和，毫无主见的人。

完全不表示意见的人，可能是心不在焉，或者对我们所谈的没有兴趣，这时我们就要考虑换个话题。

还有一点必须注意的，就是在谈话中，对于对方的动作也必须加以留意，因为除了眼睛以外，手也能表达意思；甚至有时候，手比嘴巴更能表达心意。

如果对方把双手交叉在胸前，可能是一种下意识的反抗动作，他的心理跟你保持了一段距离。

如果对方很焦急，却又来不及说出来，我们可以从他双手的动作上看出来。因为发怒或兴奋，通常都是紧握拳头，但是，两手互相合拢，指头交互穿插作前后移动，或是频频在玩弄东西，或以手指头击打膝盖等等，这些动作都是表示某种特定的讯号，如果你仔细地观察，对于你的判断将有很大的帮助。

研究人类行为与心理的学问，称为"行为心理学"。目前美国的许多心理学家正在积极研究。

现在引用美国思想表达研究专家 B·F·基虎所著的《动作判断法》书中的一段话，来印证前段所说。

除了正式的语言之外，声音及身体上的任何一部分，同样都能表达语言。声调的高低，可能是表示某种特别的意义。有时候，好强逞能的人在语气中也会含有悲哀的音调，这时，我们就能很容易地看出他的另一面。"音调、态度和动作所表现出来的含义，被心理学家称为'语外语'……"

根据语言专家的统计，这种"语外语"大约占所有语言的半数。

幽默大师格利福特曾经说："托腮的姿态，表示漠不关心。"

凡是熟练自然的行为，心理学专家都能在小小的动作当中透视对方的心理。因为这些动作含有人的感情、冲动、感觉、野心等种种特性。

口是心非观察法

用对话来透视对方还有一个难题——虽然我们在交谈中诱导对方把话完全说出来，但是这些话的真实性有多少，那我们就无法得知了，因此，我们必须活用"动作判断法"和"反面观察法"、"试探观察法"来解决这个难题。

首先，我们谈谈从对话的表面来探出真意的几种特点。

"听某人说……"这个时候，那位某人实际上便是他自己，换句话说，他自己的意见不便表达，所以故意把它推到"某人"身上。

"Ａ先生是这样说啦！我虽然不以为然……"像这种说法，其实就是表示赞同Ａ先生了。

"这是一般性的理论，但我认为在这种场合，并不能适用……"表面上这么说，事实上他是赞同一般性的理论。

还有一些人在谈话时，明明已经谈到了某一个结论，可是又会突然说出一些其他不同的意见，这就可以证明，他对刚才的结论并不赞同。而且他所提出的其他意见，可能有模棱两可的意味；因此，我们如果不仔细去分析，恐怕就无法看出对方的真意。

对于这种模棱两可的人，我们要特别注意，看他到底是真的不懂或是想掩护自己的真意。关于这一点，我们可从他说话的语调和所站的立场来分析。

如果在谈话中涉及了单位里人际间的利害关系，那就更麻烦了。有位总经理，有一次要从两位骨干中选出一位来担任经理，可是始终没有办法下决定，所以他就征求另一位经理的意见，那位经理回答说：

"Ａ君的营业能力很强，而且对公司的方针也摸得很清楚。但是Ｂ君在公司的人缘很好。"

从这种模棱两可的答话中，我们可以很清楚地看出，这位经理是想推介Ａ君，但是因为怕得罪Ｂ君，也就不得不夸他一句。他认为这样推荐，总经理一定会选择能力较强的Ａ君。

最后总经理还是不能决定提拔哪一位，他只是苦笑着，并没有回答。

在对话中，如果不论运用什么技巧，都无法看透对方的时候，我们可以开门见山，干脆自己先说，然后看他的反应如何。

另外还有一种方法，那就是使对方生气，这虽然是一种很危险的方法，可是效果一向很好，因为人在生气时，很容易说出真话。

"绝对"未必绝对

30年前，大家还认定"人类绝对不可能登上月球"，没想到这个"绝对"，竟使我们亲眼目睹了电视上播出太空人在月球上行走的情景。

"绝对"的含义原本是强调某件事可能或不可能发生的极端程度。但是在日常生活中，人们使用"绝对"所表达的意思，却减轻了其原来所具有的强烈程度，因此我们经常可在公共汽车上听到女中学生们，不加考虑地一再使用这个字眼。

另一方面，我们在工作场所也常听到人们动不动就说，"我"认为绝对只有这个办法可行……

有种人他的绰号就可以叫"绝对先生"。其实，根本没有人相信他的"绝对"，因为每每他的绝对，总会被其他人想出办法推翻。

经常爱说"绝对"的人，大半都有一种爱自己的倾向，一旦自己的过失遭到别人纠正或指责时，为了隐瞒自己内心的不安，他就会想办法保护自己，利用"绝对只有这个办法"的说法，企图使自己的行为合理化。

基于此点我们就可明了，这种人所以有"绝对"，不过是在坦白地告诉别人"我的能力仅止于此，所以除此法外别无他法"。由于这种人的想法都是以自我为中心，所以他们只能依自己主观、狭隘的视野，想出一些不适用的想法，而且通常不会发挥很大的效果。

由于这类人无法站在别人的立场为他人设想，一切的想法都是独断、自我的，所以这种人可说是目中无人的傲慢人物。

此外，使用"绝对"除可作为其爱自己的证明，或防卫性的借口外，也可作为自己有过错时的挡箭牌，例如"从今以后我绝不再犯"，借立誓使自己免于伤害。但这种人的"绝对"，是最靠不住的，因为他们十分清楚自己绝不可能不再犯，为了掩饰自己的这种自知之明，所以才在不知不觉中又说"绝对"。

再者，"绝对"也往往是男女交往中的甜言蜜语，例如"我绝对不离开你"之类的话，当然这是为了明白表明自己的心意。双方在交往一段时间以后，为传达彼此深厚的爱情，也会使用"绝对"一词，但这与信口表达的"绝对"，是大相径庭的，已成了一种真心相许的肺腑之言了。所以男女在交往的过程中，绝对要注意别轻易用"绝对"一词。

暗藏玄机
——说的比唱的好听

听别人讲话不能一味按字面意思理解，更多时候应该找
准其弦外之音或曰潜台词，如此才能听懂吃透。

除了忙还是忙

如在路上遇到久未相逢的朋友，问起对方近况："好久不见了，你近来如何？"，
他回答："唉！我每天都忙死了，除了工作以外还是工作"。但我们看对方虽皱着眉
头回答，嘴角却溢满了笑意，脸上也是心满意足的表情。

这时如果你再说句："你真是愈来愈不得了了！"对方更完全忘了自己的抱怨，
愈说愈起劲。

像这类的人，嘴里虽说很忙，但却并不在乎工作的繁重，不但如此，有人甚至
觉得如果没有繁重的工作，生活就没有意义。

这种人的心态，只是想借着"我很忙"，间接告诉对方"我现在已经承担了一
件重要的职务，所以每天才会有这么多繁重的工作"。

但事实上，只有不会利用休闲时间的人，才会没有空闲。换句话说，空闲是由
自己制造的。这些人因不会制造空闲时间，而使自己陷入繁重忙碌的工作中，却又
以为这是最合理的。

口口声声说自己很忙的人，大多认为工作即代表自己的存在，而为了与公司合
为一体，他们便须抛弃小我，然而这种观念并不完全正确。如果一个人老是说自己
很忙，工作很繁重，就表示其对自己的存在不确定，一旦闲下来，他们就会有空虚
感，无法安心，这种不安又驱使他工作。可见这种人唯有和工作一体化，他们才能
过安定的生活。

英国诗人 W·布雷克曾说："忙碌的蜜蜂没有悲欢的闲暇"，同理，人本就有
七情六欲，但忙于工作的人，却抛弃了这些情感，丧失了自己的喜怒哀乐。

常说"在国外"不见得常出国

有些人老喜欢故意把话题转到有关国外的事，然后说"在美国……""在德国……"当然，听的人为了礼貌姑且聆听，但这种话的确令人感到厌烦，因为我们直觉上就可以了解这种人说话的目的。其实现在已不比从前，到国外旅行已不是什么大事，由电视、书籍等，也可获得国外风土人情等的知识。

为什么有人喜欢提在外国如何如何？原因是这些人唯有借此才能表现自己从事的不是一般工作的虚荣心；而另一方面，是因为他们好不容易才到了向往已久的国度，激动的情怀无法深藏于心中。

但无论如何，一个因工作而常往来各个国家之间的人，绝不会把这种话挂在嘴边，出国对他而言，就像是到邻居家拜访一样平常。

炫耀是自卑的表征

每个人多少都会有表现欲，最常见的就是在日常生活中炫耀自己。

炫耀的情况会因男女而有差异，但男女共同的炫耀对象，不外是财产、家世、孩子的成绩、国外旅行的经验等。

男性常炫耀的对象，可分智能与体能两方面。例如职位、工作能力、学历、成绩等，这些是智能上的炫耀；而体能上的炫耀，则以爱好某项竞技运动等，为其炫耀的对象。

而女性炫耀的对象，则有关服装、化妆品、丈夫、男朋友、孩子，甚至男性对自己的好感等。

更有甚者，有的人没有可炫耀的对象，就搬出自己的亲戚朋友，甚至只有一面之缘的人，也成其炫耀的对象。

为什么有人喜欢炫耀呢？

我们身为一个社会人，往往喜欢树立一个心目中的偶像，为此，人们在成长的过程中，把许多崇拜者纳入自己脑海中并加以整理。如果现实与自身之间产生较大差距，就会试图以炫耀来弥补。由此可知，所有的炫耀，都隐藏着本人的自卑感和弱点。

这一过程约在孩子四五岁开始，到青年期才告完成。四五岁的男孩子，会把自己父亲当作理想男性；女孩子则把母亲作为模范，而力求同一化。

所以男孩认为父亲＝男人＝权威＝强而有力的人；而女孩的思考过程则是母亲＝女人＝受人喜爱＝温柔美丽。

此后，孩子们渐渐会放弃过高的理想，不再企图与差距较大的父母同一化，而改成先与较亲近的朋友同一化，再逐渐向理想迈进。最后到了青年期，才建立了同一化的方向。

但若人已达成年，而同一化仍不完全时，就会以夸耀来填满现实与理想的差距，以保持精神上的平衡。

通常人炫耀是先取近处与自己有关的事实，渐渐扩及亲戚、朋友，甚至虚构。所以炫耀可以说明当事人的自卑感。

暗藏玄机

也许没有人不喜欢听他人的隐私，所以报刊杂志，才会乐于报道政治家、企业家、文体明星的新闻。

据说女性很喜爱这类报道，但男性也不逊色，往往他们喝酒时，也会谈起工作单位中他人的消息，一来这可使其解除在工作单位中的紧张；二来也可以得到工作单位中得不到的情报。

同一工作单位中的四五个同事聚在一起，话题总喜欢围绕工作单位中的马路消息打转。此时，有的人扮演的是提供话题的角色，在大家面前揭露隐私；有的人则扮演听众的角色，于是说闲话的条件便成立了。

深究这种揭人隐私提供话题的人与听众，其心理动机到底何在呢？

第一，想排解欲望得不到满足的心理郁闷。这种类型的人大半是与上司的价值观有差异，而自己的意见未被采纳，心中感觉不痛快，才会提供这些话题。

当然，他自己并不把这种情形当作是自己本身的问题，而认为是全工作单位的人都对上司感到不满，所以他有义务揭露上司的隐私，让大家的憎恨与攻击欲望得到满足。因此这种人往往会在言谈之中，说一些刻薄的话，并希望听众能与自己站在同一立场上。

第二种是基于嫉妒的心理。这一类话题的对象，不是上司、部下，而是同事，而且这种对象，不是得上司赏识，就是受异性的欢迎。

提供的话题，内容往往是对象的私生活，以企图破坏其形象。如果再加上听众对这个对象不怀好意，提供话题者的目的就更易达成。

第三种是听众可以通过种种隐私，掌握平常在工作单位里上司不为人知的一面。

由此，听众得到与以往截然不同的印象，也许以前认为话题的对象是个不知变通的人，想不到听了他的有关传言，才知道他原来很有人情味。或者平常看他说得天花乱坠，事实上不过是个庸俗的人物。

第四是大伙儿聚在一起时，窥探别人私生活。提供消息的人，无非是心中对对象怀有敌意、羡慕、自卑等情结，而听众的心态多半亦如此，所以才会注意听。但一旦听众认为提供话题的人所说的内容与事实不符时，就会把这个人当作造谣生事的人，而对传闻置之不理。

引蛇出洞
——摸着石头过河

人们都希望能够根据表情、动作来看穿对方心理，然而在形形色色的人中，有些人面无表情令人难以捉摸。对这种人的了解只能是诱使他开口。

诱导对方说出真话

相信有不少人多么渴望有面可以照射人心的镜子，以避免人际关系中的揣摩之苦。

专注地盯着眼前的商品把玩的顾客，到底是为了消磨时间或真的想购买？若要诱导人们的真心必须积极主动地出击以判断其反应，这时当然需要一点心理上的技巧。

（1）是否惹人嫌

人际往来中最难以掌握的，是揣摩对方是否对自己有好感。实际上对方有否好感在反应上会有某些不同的表现。

譬如，凝视对方，故意目不转睛地盯着对方的眼睛谈话。如果对方是异性而对你有好感，当你盯着她瞧时，她也不会岔开视线，她的眼睛会一眨也不眨地凝视着你。在这个时候轻声地说些甜言蜜语，会使她的眼神变得柔和。从眼睛可以了解女性的心理。

但是，推销的场合不能如法炮制。该如何才能掌握对方具有"好感"的真心呢？

在交谈中不妨故意拂逆对方的意见处处给予反驳。接连数次向对方表示"不"，对方的态度必会急速地转变。尤其是对方想要传达自己的心意时，故意给予打断而大声地抢话说。在这个关头对方会露出真心。如果对你不表好感，会抗议道：

"喂，你！先听我说完吧！"

"和你这种人谈话真讨厌！"

如果是平常对你抱有好感、赏识你的人品的人，稍微让他感到焦躁并不碍事。不过，如果对方当时心情不佳，或发生不如意的事，就另当别论了。

（2）对方是否有急事

听对方不急不缓地说："我们慢慢谈吧！"而真放慢步调打算从长计议时，对方却突然显得坐立不安。该如何判断对方是否有急事呢？对方的心理该如何掌握才合适？

技巧是试着改变谈话的速度。譬如："我啊……其实……今天……"故意把话拉长地说，有急事者必会不耐烦地问："你到底有什么事？"

如果坐在椅子上则尽量舒坦地深坐。当对方有急事时会立即表态说："其实我今天有急事。"或急忙地想站起身来。

所以，若要探讨顾客是否有急事则故意慢条斯理地动作。譬如，拿起对方端出的茶慢慢品尝，或把茶杯拿在手上优哉优哉地谈话。

有急事者看见这些动作，会更为焦急而立即暴露真心。

（3）对你有排斥感吗

每个人都有其"自我空间"。与人站着交谈时自己周围的一定范围内，乃是属于自己的心理空间，与人交谈、打招呼或行礼时，都会保持一定的距离。

如果对方对你带有排斥、拒绝的心态，会稍微往后退或表现不快的脸色，女孩若对谈话对象有排斥感都会往后退一步。而男孩则会紧闭双唇，以动作来表示内心的不快，或者突然做出再见的动作主动离开。

这里所谈的心理空间也有个体差异，首先应该了解对方，平常一般保持多少距离而谈话。

另一个方法是与对方并肩而立时，故意把手搭在其肩上交谈。如果对方心存信任，又认为搭肩者的地位、能力比自己优越，平常即对其言听计从，则会暂且忍耐。如果对该人感到排斥不愿意受其命令时，会推开其靠近的手，反而渴望把自己的手搭在对方的肩上。

美国前总统里根和日本前首相中曾根康弘交谈之后，所拍下的纪念照就有这样的姿势。通过这个姿势，中曾根先生明白自己在心理上完全地受控于里根。

（4）渴望了解第三者的真心

除了要揣摩谈话对象的真心外，在谈话的过程中如何去了解身旁倾听者的真心，也有各种的技巧应用。

在宴会厅二人窃窃私语。其所谈的悄悄话其实并非二人间的秘密，而是故意做给旁边的第三者看的。这两人到底在谈些什么？不把我放在眼里！这个疑虑会令第三者感到不安。事实上，这个悄悄话本来的目的，是为了掌握在旁观察者的心理技巧。

承认自己的小秘密

如果是平常人，被他人恶意地询问，不安好心地揭发隐私时，势必勃然大怒；但是如果能开诚布公，说出实话，反而能解除戒心，使自己受到信赖，而改善气氛，增加他人的好感。如果对方更进一步地想全盘说出您的秘密，那么便设法以善意来接纳他的恶意，使讥讽与抨击，无意间化解为轻松、亲和的关切，效果一定很好。

人不会把自己的秘密告诉所有人，但也很少能完全不让人知道。今日已成功的人也有着过去不欲人知的历史，工作上的过失，年幼无知时犯下的过错，身体上的缺陷……谁都有不欲人知的事，因为各种理由而必须掩饰。为了不让人知道，通常便会装出一副毫无缺点的模样与人相处，也就是在心理上，已全副武装。然而，只要您的态度明朗，解除戒备、缺点不加掩饰，对方必定也会受影响而放松心情、解除戒备。

如果您的商业对手，是个心理全副武装、滴水不漏的人，那么您不妨先把自己的缺点倾囊而出，也不失为一个良策。如果奏效的话，那么您可能会有一些意想不到的发现与收获。例如：一位对待部下，始终摆出一副严谨面孔的领导，您可能会发觉他竟然是被父母包办结婚的。有的人，曾因工作失利、遭贬谪而意欲掩饰，也会向您敞开心门，而使会谈顺利进行，达成交易。彼此间有距离，则会谈便无法进展，如果自己又有不欲对方知道的事，可断然表示"这个话题就到此为止。"或"您还想说吗？"以这样信赖对方的态度说话，可意外地加速心理的接近。

人们都千方百计地想隐瞒自己的弱点，但是，另一方面，却也想向人告白、倾诉。除了因隐藏秘密而积压在心中的不安与痛苦外，心底里，也有欲望把事情讲出来的愿望，读心技术就是利用这种人类的本性而巧妙地予以诱导，使对方倾吐弱点或秘密。

一吐为快

在大多数人的心理弱点中，感情脆弱，是共同之处。不论是伟大的政治家或企业家，甚至蛮横不讲情理的盗匪，也难摆脱这个弱点；尤其是缺乏逻辑能力的人、好讲小道理的人、自我主义者，更较一般人脆弱。读心技术就是要直攻这种心理的弱点，以了解对方的心理。

与人谈话时，常常会碰到这样的例子："不这么做，就没有其他办法了吗？""这是最好的办法了。"你用各种道理想使对方了解，对方却老是不接受，而对方又不一定是顽固者或性情乖僻者。

像这样的例子，也可以证明人是感情的动物；因此即使理智上知道应如何做，感情上却无法马上认同，不愿直接服从或接受对方所说的话。

然而，这种复杂的感情因素，有时也可借各种方法有效地运用。

如果无法以理性说服对方，不妨改变方式而诉诸感情，例如：透露自己的秘密与劳苦，以打动对方重义理、人情的心理。

譬如："我自幼家贫，苦学而成，有时一个馒头和一些水，便挨过了三天。"等话，可以深入打动对方的情感，对方的心态再强硬也会瓦解。对理论或理由未置可否的人，若以感情进攻，将可长驱直入。

这个方法，不仅能应付那些用道理讲不通的对手，一般商业往来时，如果对方非常固执而说不动时也十分有效。

然而，依事物的内容，做法也要有所改变；在对付不通事理、缺乏理性的人时，不妨让女性与他应付交涉，女性特有的非理性与富于感情，常能以温柔的气息软化对方的感情，而达到意外的功效。

刺激对方识人法

审问犯罪嫌疑人的刑警，读心技术都相当高明。他们通常软硬兼施，有时声嘶力竭、狂然大怒；有时又优雅地点起一根烟，谆谆教诲说起道理来。如此收放自如的态度，即使再凶恶的犯人，也终会就范，俯首认罪。

犯罪者也是人，在突然听到刑警说："你的父母会如何的伤心哪！"或"你家里的妻儿，真是可怜！"时，多半也会情不自禁自言自语道："是我拖累了他们！"

但是，这是用在刑警与犯人之间特殊情形的方法，我们在平常绝少需要用到软硬兼施的手法。然而，刑警所用来对付犯罪者心理不安的方法，倒是可以广泛运用在一般的事务。

"你如果一再隐瞒的话，罪恶就更加深重了。"或"一直这样子的话，在监狱里待上10年是免不了的。"诸如此类的话，可以促使对方心理不安而吐露真情。也许您会认为为达到目的而恫吓对方，太冷酷了。但对于初犯的人，却非常有效。

平时运用此法，重点在于表明可能遭受的恶果或下场，使对方产生恐惧而心绪动摇、不安。

这个方法，任何人都可在日常生活中使用。例如：责骂小孩子时，便可简单运用"再捣蛋，叫警察来把你抓走！"或"成天游玩，长大就成废物了！"等手法。但是，重要的事情，就需详加斟酌，再有效地运用。

在与商业对手往来时，也可以说："谈不妥的话，将有很大的不良影响呢！"这样的话，在无形中打击对方，高明地挑起他心理的不安。人都有心理不安、感情脆弱的通病，能破坏对方精神的平衡，使他自乱阵脚，胜利必定属于你。

一唱一和

许多人在表达自己的意见时，如果听者十分热心地听，便会非常起劲而更加投入。如果听者听到一半时，提出相反的意见，便会因不高兴而丧失说话的兴趣。

如果您的对手属于这个类型，您应不持任何异议而赞成到底，使他心情愉快地讲完。例如：对方与其上司或同事意见不合，而坚持固执己见时，须表示赞成：

"我觉得你的意见绝对正确，我如果站在你的立场，想法也会和您完全一样。"

如果，时而听到他极端的或反道德的想法时，也要以"您说的不无道理！"之类的话附和，积极接受对方的意见。绝对不要提出"您的想法错了！"或"我还有另一个办法"等反对的意见或忠告。

对任何意见都表一致、赞同，对方便会认定自己所说的全是对的，而一直心情愉快地敞开心胸说话，无意中必定会泄露出您想听到的话。

假装不知道

人类真是奇怪的动物，不喜欢品行端正、诚实正经的人，却喜欢充满缺点，且有许多弱点的人。分析这种心理的起因，则会发现：这种人与诚实之人相比，不易使人产生警戒心和抗拒情结。

对于缺点少又不懒散的人，纵无竞争意识，仍有人会对他怀有嫉妒、反感与敌意。就读心技术而言，这种人容易使别人产生相当的警戒心；再加上这些人常有意躲避别人的观察，所以想刺探他们的心意，更是难上加难。因此，有必要运用战术，使他拥有优越感。

为了使对方居于优势，首先，您必须消除他的竞争心与对抗意识，使他表现出本来的态度，因此便需要运用最迅速和直截了当的奉承战术。

但是要褒奖人是件很困难的事，多余、勉强的褒奖，会成为明显的奉承，甚至招致反效果。因此，有些技术就必须注意，譬如：褒奖男士时，如果不直接面对面，而经由第三者传递，是最有效的。在不得不直接褒奖对方时，不妨采用下列的方法：

"贵公司××好吗?"或"我们的人对他称赞不已呢!"等间接的褒奖。没有人会讨厌实在的褒奖和肯定，而且，当对方有得意的事时，便可无所顾忌地加以赞美，这会是一个相当有效的方法。

不过，如果对方是女性时，这种赞美法便难奏效了。对女性用间接的方法是不管用的，如果以赞美的句子传达，则会完全搞砸；最好是面对面赞美，即使有些夸张，也无须顾虑，而且往往能奏得奇效。

与褒奖赞美情况不同的是，对方来公司拜访时，刚好撞见你正受到上级的斥责，这正是一个绝佳的良机。因无法掩饰地在对方面前受辱或自尊心受损时，反而会看到对方表示亲切；但由于难为情、不走运、失了体面等，掀下了在对方面前所戴的假面具，有时会变得恼羞成怒。总之，遇到这种场面时，本应马上离开，装作不知才属上策，当然如果对方对自己有所同情时，应如何处理，就要依当时的情况而定了。

诱惑推测法

人都有各种欲望，而人生在世，大多以达成欲望为最大的目的。有人为达成目的，用尽所有的计策，想尽所有的办法，甚至杀人越货，也在所不惜。换句话说；这种人是在追求欲望、滥用欲望，而为欲望所支配了。

对人而言，没有比欲望更诱惑的。掩饰人的双重、三重性格或隐藏本性的假面具，便是为了满足欲望的手段。因此，了解对方的欲望，便能推测出对方的心意，例如：在商业上的往来，可因而推测出对方是否会想收到回扣或贿赂，若对方沉迷于球赛或酒馆而需要金钱时，这个方法便更有效。

任何人都多少有些欲望，从极大的野心，乃至极小的愿望，都各自存在于人心中。有的人会若无其事地将心中的欲望说出来，有的人则会暗自藏在心底；但若根据对方的行动，以及对事物的想法，便不难刺探、推测出。

例如：借机与商业对手交谈。无论是喝酒、麻将、景气、兴趣……所有的话题，都可逐渐引出对方的兴趣。而且，又可反过来了解对方对自己的态度、容貌所持的评价。

当谈到对方的工作时……

"你大概就要升任科长了吧？"

试着刺探对方的心意。

"哦！不……"摇摇头。再看看对方的表情，好像有所暗示，由此可知，必有愿望藏在他的心中。如果对方非常郑重地表示：

"实在没有道理！以我的能力，竟无我一席之地！"

听到这类的回答，便知对方的欲望不在于此，在其他方面，而将工作的不满发泄在兴趣方面，但是，公事究竟是公事，对方即使想升任科长，也绝不会忽略他目前担任的工作。

如果对方的兴趣在下棋、打麻将等方面，那么便能轻易地一拍即合。因为，从下棋、打麻将中，易于推断出对方的性格，与人性的种种面貌。

下棋时容易争吵的人；未考虑自己的局势，便想轻取对方棋子的人；保全自己棋子，再吃对方棋子的人；绝不吵架的人；不管对方，而以自己的速度下棋的人；毁灭型、细心型、推托型、极度在意胜负型、见树不见林（不顾全局）型、固执型、干脆型等等，均可由此意外地发现这个人的另外一面。

同样，在打麻将时，各人的做法，也表现出他的性格：逞强型、败弱型、胆小型、一着定江山型、慎重型、矛盾型、忍耐型、紧追不舍型，混合型……种种不同类型的性格，复杂而有趣。

在兴趣方面表现出来的性格，大致上便可表现出其人平日的性格、态度。然而，了解了对方的性格或想法，不一定就能决定胜负；此外，读书的倾向、读书的方法，也可当作推测的材料，或者也能利用对方所喜好的电视节目，来了解他的心理；此外，通过打高尔夫、打台球等游戏的方法，或喝酒的习惯动作，只要仔细观察，都可从中推测出对方的性格。

鬼话连篇
——我有测谎大法

　　如果我们的生活里完全没有谎话存在，那么这个社会将无法协调，因为整个社会生活和个人生活，必须依靠一些无伤大雅的谎话保持平衡。

鬼话连篇

到底什么是谎言？让我们从各方面来举例说明吧！
"今天晚上我要值班不能回来！"
——其实是跟同事去打麻将。
"啊！这个宝宝真可爱！"
——好难看的小家伙。
"对不起！我们董事长正在开会，不能见你。"
——这点小事，也要找董事长吗？
"我常来你们这儿买东西，难道不能算便宜一点吗？"
——其实是第一次上门。
"这是一本人人必读的宝典！"
——其实，内容无聊得很。
"我发誓我爱你……"
——其实，心里正在想别的女人。
"你很聪明，只要肯努力一定会成功。"
——这个家伙真是无药可救。
"啊！你化妆起来真漂亮！"
——简直像个狐狸精。
"环境幽雅、交通方便、学校、商店林立……"
——天知道！

"敬启者：贵公司生意昌隆………"

——真是开玩笑，本公司快要倒闭了。

"这是胃溃疡，只要好好休息，慢慢就会好的。"

——其实是癌症，半年也活不了。

"你再哭的话，老虎就会把你吃掉。"

——骗小孩。

"亲爱的！我跟你说的都是真心话，你若不信，我立刻……"。

——口是心非，鬼话连篇。

"妈！我到同学家做功课。"

——其实跑去看电影了。

美丽的谎言

在某些时候我们将谎话分为可以原谅的和不可原谅的两种，而社会就是由可以原谅的谎话来维持平衡的。

什么样的谎话可以说？什么样的谎话不能说？这是价值观念的问题，而且这个范围也很难确定。

若是把谎话当成社会上的"润滑油"，大概不会有人反对吧！因为它确能调剂我们单调的生活。如果我们把一些礼貌上的赞美词，或社交方面的辞令，全部加以否定的话，那么人际间的关系，就会显得枯燥而冷酷了！

听说意大利人是世界上最会说客套话的民族，下面是他们针对谎话的功效所谈论的一篇文章。

"礼貌上的谎话和客套话，偶尔会被利用到功利主义方面，但是大体来说，大部分的谎话，都是运用在促进社交及日常生活的小节上，因为这种客套话，是人际关系的润滑油……"在意大利，人们都把这些客套话当成日常生活不可缺的调剂品，而且不太计较其中的含义。

"服装店的商人，称赞顾客体态优美。"

"牙科医生称赞你的牙齿像古代罗马人的一样美。"

"内科医生对你说：'这种病不太要紧。'"

"定做鞋子的时候，鞋店的老板一定会对你说某月某日一定能做好，虽然他知道有时候不能如期做好，但是这种谎话为的是安慰你，使你的心里有安全感。"

以上是从意大利人所著的《日常生活中无伤大雅的谎话》中所摘录下来的。

礼貌上的客套话，是社会上一般人所公认的一种谎话，我们只要把它当成人际间交往的润滑油就好，不用深入去探索这种话的意思。

至于善意的谎话，那是非有不可的。为了勉励别人，或者安慰癌症患者所说的谎话，是没有人会产生非议的（对于癌症患者，要不要把实情告诉他，这是很难决定的问题）。

还有一种"幻想的谎话"，为数也不少。有些人整天陶醉在自己的梦幻世界里，经常痴人说梦话，自己欺骗自己。这种"幻想的谎话"，如果不很严重或不很过分，也就没有多大关系。

谎话的定义很广。人在行为上所表现出来的虚伪，也是谎话的一种。有一种人，在人前一本正经，说的话也非常动听，可是他在独处时的一举一动，却与人前所表现的截然不同。

穿衣、化妆也可以说是一种谎话。还有，说话时一点都不夸张的人大概也很少吧！因为严格地说，不会说谎的人是绝无仅有的。

"威严"也是一种演技，因为天生就具有威严的人是很少的。例如有一个人，当他还是一名小职员的时候，成天嘻嘻哈哈的，没有半点架子和威严，等到他升为科长之后，架子就一天一天地大起来，威严也一天一天地摆出来了，所以说威严是累积而来的。

依照潜意识理论，谎话又可以分为有意识和无意识两种。有意识的谎话，是为了达到某种目的而说的，例如"欺诈"就是一个很好的例子。在公众场合为了表现自己所说的夸大的谎话，也是有意识的谎话。

无意识的谎话，是指没有动机，没有目的而说的谎话。例如小孩子的谎话，习惯性的谎话等。自夸、客套，虽然也属于有意识的谎话，但成为习惯之后，也就变成无意识的谎话了。

如果要透视"不可原谅的谎话"，我们应从研究谎话的构造和动机开始，才能收到预期的效果。

即打即招——谎言识破术

到目前为止，我们已经讨论过一些有关谎言的定义、种类和作用，现在让我们更深一层来探讨识别谎言的具体方法：

要注意说谎者说谎的征候。

- 从对话中识破对方。
- 从反面识破对方。
- 以试探方法去识破对方。
- 站在对方的立场来分析对方。
- 不要让对方看穿自己。
- 从对方的表情去分析他所说的话。

看透对方的方法跟识破说谎者的方法有连带关系，所以或多或少会有重复的说法。因此现在我们就针对"要如何去识破对方使他说出真话"这方面来讨论。

（1）如何使对方解除心中的武装

正在说谎或试图说谎的人，他们的心里一定会先武装起来。"如何使他除去武装"就是最大的关键所在。如果这时你正面跟他冲突，他一定会强词夺理把你反击回来。

例如你对说谎者说："你有什么话干脆直说好了，不用跟我兜圈子撒谎。"这样去攻击他，是不会产生效果的。我们应该在对方有些动摇的时候，找出他的弱点去攻击他。不过，如果对方硬要坚持他的谎话，那么这一招就不管用了。这个时候，我们必须另想办法使他解除武装。我们暂且不去理会他说话的内容真实与否，只要把重点放在如何使他解除心中的武装就行了。

这个道理就跟闭得紧紧的海蚌一样，愈急着把它打开，它就闭得愈紧。如果暂时不去理会它，它就会解除心中的武装，一会儿它就自然地打开了。

那么究竟要怎样才能使对方解除心中的武装呢？

第一，要使对方有安全感。

如果对方是为了保护自己而说谎的时候，我们最好这样说：

"你把实话说出来。不要紧，事情不会很严重的。"

这样一来，他就会认为他的处境已经很安全，不会顾忌说出实话会有什么不良后果。所以在这种情况下，想要叫他说出实话是毫无困难的。

公安部门在查询凶杀案的见证人时，利用这种方法是最合适不过了。

要使对方产生安全感，首先必须使他对你产生信赖，他对你产生信赖之后，才会对你吐出真言。

信赖——安全——自白。

利用循循善诱的方法去套取对方的口供，要比使用强硬逼供的手法更容易达到目的。当然，如果你只是装出笑容讨好对方，那对方就不会怕你了。我们必须做到让对方认为"我实在不敢对这种人说谎"才行。简单地说，我们要运用技巧，使对方因为你的影响而把实话完全吐露出来。

还有一种技巧跟刚才所提的完全相反，那就是故意把自己装成很容易上当的样子，使对方对你没有戒心而很自然地把心里的话说出来。

换句话说，就是让对方产生优越感，使他在得意忘形之际，无意中露出马脚。这种方法用来对付傲慢的人是最好不过了。

听说美国的律师，在法院开庭审问的时候，也常会反复地运用这种方法，但是如果太露骨的话，就会留下漏洞，无法达到目的。

第二，要追根究底。

这种方法和前面所说的方法完全相反。彻底去追根究底，有时也能使对方解除心中的武装。假如对方仍有辩白的余地，他一定会坚持到底，因此只有在他被逼得无法再为自己分辩的时候，他才会自动解除武装、说出实话。

洛克希德贿赂案中许多有力的证人，在最后终于供出了真相，主要的原因是由于他们被逮捕之后，办案人员利用追根究底的方法使他们说出实情来。由此可知，没有约束的交谈，远比追根究底的方法为差。

我们经常可以在报纸上看到某人因为精神过分紧张而自杀的消息，对于这种事件，我们没有办法给他们下个定论，但我们也不难看出，他们实在是被生活中的某种因素逼迫得无法透气，才这样做的。

第三，攻其不备。

不管是多么高明的说谎者，如果遇到突然而来的攻击，也会惊慌失措，不得不

投降。

一位资深律师曾经说到：

"在询问一个决定性的问题时，不要马上询问证人，等他回到证人席之后，再突然请他回来，重新询问，这是最有效的方法……"

《孙子兵法》里也说过：

"攻其不备，出其不意。"

"使其不御，则攻其虚。"因为我们乘虚而入，对方没有防备，自然就会放下武器投降了。

（2）不要与对方做无意义的争辩

"你明明是在说谎。"

"不！我说的都是实话。"

"你为什么要说谎？"

"不！我根本就没说谎。"

这样的争辩实在没有意义，再怎么争论下去也不会有结果的。

表面上看来，这种问话的方式有点像是追根究底，其实是完全变了质。

（3）使对方反复地做出同样的事

谎话只能说一次，如果经过两次、三次的重复，多多少少就会露出马脚。我们在日常生活中常会发现这种现象，例如，早上同事打电话来说：

"对不起！我家有客人，麻烦你帮我向领导请个假，谢谢。"

经过几天以后，你突然问他："前几天你为什么要请假呢？"这时他可能说："因为孩子得了急病！"这种人一定不是为了正当的理由而请假。或许他在外面兼副业，或许他在外面做了某些不可告人的事。

有一位非常细心的人，他每次说谎之后，都会把它记在备忘录里，以免重复。这个方法真是无聊透顶，假如他说了一个曲曲折折的谎话，是否也能一一把它记下来？总有一天他会露出马脚的。

（4）要有效地利用证据

要使对方说出实话，最高明的手法就是提出有效的证据，尤其是物证，它的效果更大。

拿出有力的证据来做武器，是识破谎言最好的手法。不但可用来对付风流的丈夫，同时也可用来对付政治上的谎言。不管对方如何狡辩，只要我们有确凿的证据，他就不得不俯首承认。

但更重要的是必须懂得如何运用这些证据，如果运用不当，证据也会失去效用的。

关于这一点，我们首先要注意的就是：时机是否运用得当？如果事情过了很久，我们才拿出证据来印证，那么证据的价值可能就大大地减低了。

如果我们在提出证据之后，还让对方有充分的时间去考虑，也是不妥当的。因为这样不是又让他获得了一个答辩的机会吗？

那么，证据要同时提出还是逐项提出来呢？这个问题我们不能一概而论，必须看证据的价值以及当时的状况来决定。

至于我们握有的证据究竟有多少，绝不能让对方知道。尤其是当你只有少许证据的时候，更要绝对保密。总之，证据是一种秘密武器，证据愈少愈要珍惜，否则失败的将是你而不是对方。

不到决定性的时候，不要让对方知道，或者显露自己手中的证据。你必须一面静听对方的陈述，一面在暗中对照证据；同时，也要考虑对方手中证据的可靠性，使紧握在手上的证据能运用得恰到好处。

以上所说的方法，到底使用哪一种比较好呢？当然，这要看对方的情况而定了。有时不能只用一种方法，必须综合运用多种方法才能收到效果。

我们并不是像警察一样，要使犯人坦白，我们只是想了解在日常生活中，要如何去透视别人，如何诱使别人说实话。

如果我们像警察一样，以审问犯人的方式去对待别人，那不是会得罪许多的人吗？关于这一点，我们应该特别注意才是。

第三章

火眼金睛——透视识人法

一脸带百相
——观脸识人术

世界上面无表情的人很少，因此通过脸部的阴晴阳缺，很容易洞见人的内心世界。

五官语言——脸部动态透视

（1）从眼睛的动态读心

诚如人们所说的"会说话的眼睛"，人在各种时候，不同的思绪动向会反映在眼睛里。通常人心中所想到的事物，眼睛会比嘴巴还快地表现出来，而且几乎不可能掩饰得住，因此，即使难以用言语表达，眼睛也会原原本本地表现出来。有的时候，虽然嘴上一再反对，眼睛却流露着赞成的意味；而有时，口头说着好听的话，眼睛却会"揭露"嘴巴所讲的谎话。所以说，眼睛是"口是心非"的最佳泄密者。

观察力强的人必然有过这种经验。不妨试着注意您身边的电视机。

某位男歌星，他演出时经常全场爆满，深具实力，也广受欢迎。他对观众的态度也相当高尚优雅，始终笑容可掬，当他的面部表情占满整个荧光屏时，他的眼睛，会反映出一颗什么样的"心"呢？

尽管整张脸满溢着笑容，但那双眼睛，却是一点也不笑的，甚至可注意到他的目光很严肃、一本正经。他的眼睛并未跟脸一起笑，如果眼睛也漾着笑意，他的心必然也在笑；如果心在笑，那一定是他目前已不为舞台上的成功与否担心。人如果心在笑，就是紧张的情绪获得缓解，不再感到压抑了。

与他人面对面交谈时，有的人会把视线从对方脸上移到一旁，东张西望地说话，也许他不看对方的脸，是因为心怀愧意，因此总令人觉得这种人不可信赖。可是，千万不能就此断然下判断。因为诸如小心谨慎的人、没有自信心的人、怯懦的人，以及并非心存愧疚却因畏缩而不敢正视对方的人，为数不少，从他们平日的性格表现中，便能马上了解这些人。

容易害羞或难以对付的人，有时也会把视线移开，不看对方的脸。

试着观察人的眼睛，你可以发现其中能流露出的各种变化。此处所指的，并非那些任何人一看都能够明白的变化，而是稍不注意便难以捉摸的微妙之处。以下提供几种平时不易察知的睛神变化：

注视远方的眼神

在谈话中，对方如果时时流露这种眼神，多半是对方并不注意您所说的话，心中正在盘算其他的事。如果对方是进行重要交易的对手，那么他必然在心中做着各种衡量、计算，思索着如何在这场交易中谋取最有利的策略。如果是没有利害关系的交谈对象，而对方并不专注于您的谈话，那一定是有其他的事盘踞心头。而在类似的眼神中，也有无法将目光集中于固定一点的时候，如果对方是重要交易的对象，就需特别加以注意。

所以，发现对方露出这种眼神时，便不应有所顾忌，而将心中的疑问直接提出来。

异常深沉的眼神

陷入思考的人，有时会出现这类眼神，而初次见面的人，谈话中也可能出现这样的眼神，这种眼神可显示出那个人有所疑惑、误解、敌意、警戒、不信任……

比这种眼神更为厉害的，是所谓光芒闪烁的眼神。人们的敌意或疑惑表现在眼睛里时，容易出现这种眼神，所以眼睛会闪烁出晶光来。它意味着可能即将出现的敌意或疑惑。

这种眼神如果出现在比较亲近的人脸上，可能是由于您无意中对他所造成的伤害有所误解，也可能是对您没有信心。另外，这种眼神还表示对方并非完全误解而是有所警戒，他的心里正犹豫不决着。

初次见面的人有这种眼神时，不是谈话中对您持不信任、警戒的态度，就是对方已有了先入为主的观念，或许他早已听过对于您不大有利的传闻。

女性好奇的眼神

男士大概都有如下经验：情侣成双成对外出时，男士会不时对其他的女人投以好奇或欣赏的一瞥，这是因为即使在恋爱中，男人也不会丧失他客观的本能。另一方面，同样是在恋爱，女人和男人却有所不同。女性在恋爱时往往始终保持主观的立场，因此，女人绝不会看其他的男人一眼，只会一心一意地凝视她的恋人，对他的一举手、一投足抱以相当的关切。

但是，恋爱中的女人，看其他的男人时，她的心境又有什么变化呢？当然，如果她明显地将视线移到其他男士身上，即使再迟钝的男士也会感觉得出。不过，有一些细微的现象，例如下列的情形，就必须留心注意才会发觉。

与女友到酒吧或咖啡厅等场所时，如果她突然悄悄地倾听其他男士说话，看其他男子的手势、动作，暗中观察其他男女的随身携带之物（手表、车钥匙、领带夹等等），您也许以为，您的女友，已开始有某种的想法了，因为更有甚者，她会公然地把视线转移到其他男士身上。

如果责怪女友的这种行为，而她却解释为希望您也拥有那男子所携之物，则完完全全是一种诡辩。因为当女士有了这种感觉之后，在不与男友共处而一人独处时，就会想象她所爱慕的男士应是如此。所以，就她的行为解释的话，那么可以说：她已经开始客观地将您和其他的男士作比较，这是显而易见的。

（2）从鼻子的动作读心

人的五官中，鼻子和耳朵是最缺乏活动的部位，因此，很难从观察鼻子的动作读出对方的心理，人们对于鼻子高低、大小等形状或种类所象征的性格，虽然有各种的说法，但那些究竟只是指固定不动的鼻子而言，却忽略了鼻子也有捉摸不定的动作，诸位不妨从读心技术的立场，注意鼻子的动静，试着读出对方的心。

鼻孔胀起时

在谈话中对方的鼻孔稍微胀大时，多半表示对您所说有所反应不满，或情感有所抑制。通常人鼻孔胀大是表现愤怒或者恐惧，因为在兴奋或紧张的状态中，呼吸和心律跳动会加速，所以会产生鼻孔扩大的现象，因此，人在极度地高兴、愤怒之时往往表现得"呼吸很急促"。这说明其精神正处在一种亢奋状态。

至于对方鼻孔有扩大的变化，究竟是因为得意而意气昂扬？或是因为抑制不满及愤怒的情绪所致？这就要从谈话对象的其他各种反应来判断了。

鼻头冒汗

有时这只是个人生理上的毛病。但平日没有这种毛病的人，一旦鼻头冒出汗珠时，应该就是对方心理焦躁或紧张的表现。如果对方是重要的交易对手时，必然是急于达成协议，无论如何一定要完成这个交易的情绪表现。因为他唯恐交易一旦失败，自己便招致极大的不利，因此心情焦急紧张，而陷入一种高度紧张的状态。以至，鼻头发汗。

而且，紧张时并非仅有鼻头会冒汗，有时腋下、手心等处也会有冒冷汗的现象。没有利害关系的对方，产生这种状态时，要不是他心有愧意，受良心苛责，就是为隐瞒某个秘密产生了紧张。

鼻子的颜色

鼻子的颜色并不常发生变化；但是如果鼻子整个泛白，就显示对方的内心有所恐惧。如果对方与自己无利害关系，多半是他踌躇、犹豫的心情所致。例如：交易时不知是否应提出条件，或打算借款又由于有某种顾虑而犹豫不决。

有时，这类情况也会出现在向女子提出爱情的告白却惨遭拒绝、自尊心受到伤害、又无从发泄时。此外心中困惑、有点罪恶感、尴尬不安时，鼻子也会泛白。

上述的鼻子动作或表情极为少见，而平常人更不会去注意这些变化，但如想读出对方心理，就必须详加注意他鼻子的动作、颜色和目光的动向等，因为它可以帮助您做出正确的判断。

（3）从嘴巴的动作读心

嘴的表情有着各种种类，皆随着心情而有所变化与反应。但是，除了任何人都可了解的变化以外（如撇嘴表示不平或不满等等），下面是较难了解的类型。

僵硬的嘴及歪斜的嘴

不知你有没有见到过这种情况，当某人遇到麻烦、内心焦躁不安时，这时如果身边出现有趣或奇怪好笑的事物而发笑时，他的嘴巴却无法随着其他部位活动，可以马上看出它是僵硬、歪斜的。这也就是说，因为突如其来的趣事而大笑到眼睛也泛着笑意时，嘴巴却笑不出来。这种情形看小孩子便可容易了解（儿童无法顺应突发的变化）。各位父母如果不注意，便会被他们蒙骗了。

干燥的唇

时常舔嘴唇的人，是正在压抑着因兴奋或紧张所造成的内心波动。例如：牵涉到不为人知的秘密或说谎时，便马上口干舌燥地喝水、或舔嘴唇。刑事案件的犯人受审时，常故作镇静，却经常有这些不经意的表现。

人在内心有所波动，且极力掩饰使它不表现于外时，便容易引起口干、发汗、呼吸急促等生理变化，因此，对方舔着嘴唇时，最好马上观察他是否也有额头和手心冒汗或猛吞口水而造成喉结上下蠕动等情形。

（4）从呆板的表情和抽动痉挛症状读心

人的感情有着快乐、悲伤、恐惧、愤怒、厌恶、信任、怀疑等种种活动，而这些情绪的变化，并不一定以某种特定的形式表现出来。常常是表面上由理性抑制着而故作镇静，但一有机会，便以别的形态表现出来。

例如在单位中有不快的事时，却装作毫不在乎，不是借酒浇愁，就是回家迁怒家人，这是把情感表现的时间在向后移的例子，有时还以别的形态表现出来。

以别的形式表现出来的发泄形式，就不像发怒或欣喜那样单纯的表现可让人直接了解了。

以别的方式表现出来的现象，大致可分为下列三种形态：第一是脸部表情，第二是举止动作；第三则是借言语来表现。举止动作和言语都比较外在，容易察觉。这里着重说说脸部表情。

转换过的脸部表情，若脸部是抽动扭曲、或僵直生硬的话，必然是因为勉强压抑感情而导致了脸部表情的变化，使得脸部僵硬、痉挛。这种现象最常见于被父母叱责怒吼过的小孩、有个跋扈又大男人主义的丈夫的妻子、对上级不满的小职员等身上。他们的特征是一成不变的呆板表情，因为受压抑而又不能不表现了。才产生了这样呆滞、呆板的表情。

总之，强制压抑情感的结果，会使脸面产生肌肉抽动、拼命眨眼睛并发生痉挛等症状。若能以读心技术看出对方这种表情，就可探寻对方产生不满的原因。例如：对方对于非常高兴、快乐或奇妙的事情毫无反应，而对强烈的感情冲击反应也极为迟钝时，他必定是把自己本来的感情以其他方式表现出来的人，在您的四周，应该常可见到这种情形、这种人。

表情达意——脸谱识人技巧

（1）用出人意料的言辞试探对方

要窥探别人的心意，应从观察表情着手。"表情"二字，照字面解释，就是表示感情，因此，我们应该可以从对方的表情，察觉他的心意。

不过，在通过表情观察心意的时候，必须注意到一点，就是人可以由意志力控制表情而达到某种程度。发怒、发笑、或是表情死板，都可以装假。只要看看舞台上的演员，他们能够随剧情的需要而做出种种表情，就可知道，表情是可以伪装的。

因此，在观察表情以透视人心的时候，要注意一项秘诀，就是要使对方失去控制表情的能力，换句话说，就是使他的内心产生激荡，然后观察他的真实表情。譬如说：以意外的事情惊吓他，或者以锋利的言辞激怒他……都可以使他的意志失去控制，泄露内心的感情。

可是，碰到对方是个训练有素的人物时，普通方法只能使他的心理发生动摇，外表还不致显现出来。对付这种阅历丰富的人，必须使用更强烈的刺激，才能对他发生一点效用。

总而言之，不要在对方情绪平稳的时候进行观察，把握对方情绪动摇的时刻，再进行观察试探，比较容易看出事实的真相，这就是观察表情的秘诀。

此外，应用"试探透视法"，来观察他人表情的变化，也是十分重要的。

（2）表情的观察方法

"Porker face"这句话，是起源于桥牌；玩桥牌时，脸上做出一副满不在乎的表情，使对方难以猜透自己手中的牌，就叫做"Porker face"。

在玩牌的时候，不论技术如何，做出毫不在乎的表情这点本事，是几乎每个人都有的。我们在儿童时代，就已经学会当情况不妙时，表现出"与我无干"的神情。

但是不论如何假装表情，还是很难不泄露内心情绪的动摇，何况对方出其不意、攻其不备，再怎么厚的脸皮，也难以发挥功效了。

但是需要注意一点，表情的变化只是瞬间的事，过了这一刹那，又有很快地装成若无其事。虽说人的意志可以控制肌肉的活动，但在生理的活动力量比意志力强的时候，还是不会受人体意志所左右，所以，极端冲动的时候，肌肉还是会抽动。肌肉抽动最明显的部位是嘴巴附近，尤其是嘴角，最容易因为情绪紧张而产生痉挛。除此之外，眉毛和鼻子也容易发生抽动的现象。

仔细观察上述部位的细微变化，就不难看出对方的心理是否正在发生变化。

不过，由这些表情的变化，还是不能肯定引起变化的症结何在。比方说，一个人到了陌生的环境，常会因为紧张而声音颤抖，也可能脸红。如果因这些情绪变化而断定他有难言之隐，那就大错特错了。

总而言之，判断对方情绪发生变化的原因，还是要配合对方的立场和周围的环境，再做最后的决定。

还有，故作镇定也是一种情绪变化的说明。当一个人在应该发生情绪变化的时候，反而非常镇定，这就显示他的内心正有所激荡，而在强行压抑。而此刻故作镇定的表情多少要显得不够自然。所以，神情表现得自然不自然，也可以帮助我们判断对方的心理。

对于表情的判断，时常会因为个人"先入为主"的观念，而发生偏差。就拿微笑来说，一个你有好感的人所发出的微笑，你会认为是善意的微笑，如果你对这个人没有好感，就会认为他这是不怀好意的嘲笑。所以在下判断的时候，要先抑制自己的主观意识。

眼睛是心灵的天窗——眼睛透视

俗话说"眼睛是心灵的窗户"，人的眼睛是最有表情的部位，在人际关系上占有极重要的地位。下面就是一个由眼睛透视心理的例子。

日本作家广津和郎见到"松川事件"的被告时，发现他的目光纯正无邪，凭直觉认为他是个无辜的受害者，从此多方申述，希望能主持公理，解脱他的冤屈。这是一个曾经轰动一时的社会案件。

一般说来，眼神清纯的人，多半正直不阿；而眼光浑浊，经常滴溜乱转的人，大多心术不正。不过，这只是一种概括的说法，不能一概而论。

前面说的广津和郎，也并不只由对方的眼神判断善恶，他还是结合了本身的直觉和深刻的洞察力，才看出对方眼睛中无邪的光辉，因而发出了正义之声。

眼睛的确能把人心里所想的，完全表露出来；不过，我们在利用眼神判断别人的时候，还是要配合个人的情况，才能更为正确。譬如说：看到一个人目光涣散，心神不定的时候，我们必须先行审查他的背景，弄清他的立场，明了他的遭遇，才能确定他究竟为了什么，以致如此心神不宁。

同样，一个目不转睛直视他人的人，究竟是心肠刚直，还是一种反抗心理的表露，都要参照种种客观的条件，才能做较为肯定的判断。同样，不敢直视对方的人，也不能一口咬定都是居心叵测、图谋不轨的人。总而言之，对他人的判断，必须配合各种情境，不能一概而论，轻易下断语。

《孟子》上说："听其言，观其眸，人焉廋哉！人焉廋哉！"这话的含义是：不但要听对方的话语，还要看他的眸子，从他的眼神，配合他所说的话，来做一种综合性的判断。

发现真相——综合透视

下面就举一个实例，说明在分辨对方表情之时，还要全面考虑当时种种情况的必要。

当日本前首相三木被迫辞职的时候，一位负责采访自民党派系斗争内幕消息的某报社记者，披露了一则很有趣的秘闻，这则秘闻说明，一个人在和别人谈话时，有详细观察对方表情、举止等综合变化的必要性。

甲派人士起先对"打倒三木"的口号，并不太热衷，但是经过会员再三讨论之后，终于决定采取反三木的态度，于是甲派的一位中坚议员A氏，决定和极力反对三木的乙派代表议员 B 氏会面，讨论有关的事宜。

那位记者，正巧和 A 氏、B 氏都相当要好，所以就陪同 A 氏前往拜访 B 氏。

见面之后，B 氏虽然仔细恭听 A 氏说明有关甲派未来的动向，但是却没有显示热烈欢迎的神情。按道理说，增加了一个有力的伙伴，应该表示出热烈欢迎的态度才好，但是 B 氏所表现的，只是一种平常的接待仪式，一点也没有感激欢迎之状。

当时，这位记者也感觉到气氛有些不对。

后来，A 议员说出的一段话，解开了这位记者心中的疑惑。他说：

"对方真是个训练有素的人士，我们千万不能藐视他。你不是看到他一副并不表示十分欢迎的态度吗？其实，那是他伪装出来的，他怕对我们表示过分的欢迎，会降低他们的身份，日后难以相处。"

这位记者听了 A 议员的一番话，对于刚才心中的疑惑，顿然消除，同时也对政治家彼此间钩心斗角的情况，感慨不已。

《战国策》记载了一个故事，那是大约 2300 年前，战国时代的策士间彼此斗智的故事。

齐国攻打宋国。受强大齐军入侵的宋国，惶恐万分，马上派遣臧子向南方的楚国求救。楚王接见宋国使者之时，不但一口答应救援之事，并且大备筵席，热情款待。完成使命的臧子于是返国复命，可是在回国的途中，始终愁眉不展。

跟随在旁的侍从，看到这种情景深感疑惑，于是问道：

"救援之事，楚王已经应允，为何您还这样愁眉不展呢？"

臧子回答："宋是小国，齐是大国。因为援救小小的宋国而得罪强大的齐国，必然是楚国不愿意做的事情；可是现在楚王却出乎寻常地大表欢迎，所以我认为楚王必定心怀不轨，想要等到宋、齐两国互相残杀之后，坐收渔翁之利。因此我满心怀着忧虑。"

不久，齐国进军宋国，攻陷了宋国五个城池，果然不出臧子所料，楚国并没有实践派兵援救宋国的诺言。

从这两个故事我们可以看出，不但要观察对方脸色，还要从对方的其他举止来判断他内心的真实想法。

"画虎画皮难画骨，知人知面不知心。"这一句话告诉我们，只看外表就决定这个人的内心，往往会出入甚大，必须同时考虑到种种客观的情况，再加以推断，正确的可能性才会大些。上述的 A 议员和宋国使者，都是由于观察了对方的表情，并且深入地了解了他当时的处境，所以才发现了其中的真相。

庐山真面目
——试探透视识人术

诱之以利而观其欲，关键是试探。水有多深？投一石而后知。识人也如此。

看破心意的技巧

战国七雄之一的齐国，有一位宰相名叫田婴，虽然处于乱世，但他治国有方，使得齐国威名远扬。对于个人处世之道，他也懂得极多，这使得出身王族的他，没有被卷进王位争夺的漩涡，反而能够经历三代王室，任宰相职位达十余年之久。告老之后，封于薛国之地，安享余年。

有关他洞察君王心意的故事，极为有名。

齐王后去世时，后宫有 10 位齐王宠爱的嫔妃，其中必有一位会继任王后，但究竟是那一位，齐王并不做明确的表示。

身为宰相的田婴于是开始动脑筋。他认为：如果能确定哪一位是王上最宠爱的妃子，然后加以推荐，定能博得王上的欢心，并且对他倍加信赖；同时，新后也会对他另眼相看。可是，万一弄错的话，事情反而糟糕，所以必须想个办法，试探一下王上的心意。

于是田婴命工人赶紧打造 10 副耳环，而其中一副要做得特别精巧美丽。

田婴把这十副耳环献给齐王，齐王于是分别赏赐给 10 位宠妃。次日，田婴再拜谒王上时，发现王上的爱妃之中，有一位戴着那副特别美丽的耳环。

毫无疑问，不久之后新继任的王后，确实就是当日田婴所断定而推荐的那位妃子。

下面再介绍一则擅弄权术的宰相反而被看破心意的故事。

大约在秦统一天下前 40 年的时候，秦国有一位非常能干的宰相，名叫应侯，此公并非秦人，乃是由魏国亡命至秦，在秦居官，屡次升迁，终达宰相之位。他所主张的一系列的外交政策，奠定了日后秦国统一天下的基础。

应侯原来在韩国汝南拥有自己的领土，后来被韩国没收。

秦王十分同情他的境遇，于是问道：

"你被韩国夺取领土，心中想必有所不平。"

秦王本意是要试探身为宰相的应侯，是否会因私怨而对韩国采取报复手段。

可是应侯答道：

"听说有一位失去儿子的父亲，在接受别人吊唁的时候告诉他们：'死了儿子固然伤心，但是想一想我原先也是没有儿子的人，也就不难过了。'我也是原来没有封土的平民，所以现在也不会为失去领土而感到难过。"

应侯心想：如不这样回答，日后要推行对韩政策，必会受到重重阻挠，因此，故意表示出对于韩国没收自己领土一事，并不在意。

秦王虽然对他表现的宽阔胸襟感到敬服，究竟还是不明他真正的心意，于是派遣一位将军前往试探。

这位奉派的将军一见到应侯就脱口而出：

"丞相，我真难过得不想活了。"

"喔！究竟发生了什么大事？"

"丞相您想想，秦王对您优礼有加，远近皆知；可恨那小小的韩国，竟敢公然夺取丞相在韩的领土，这种耻辱我如何忍受得了！所以我活不下去了。"

应侯听完这话，立刻站起来向这位将军深深一鞠躬，并且说道：

"那就全仰仗将军您了。"

将军回去之后，将经过情形一一禀报秦王。

知道了应侯的真心之后，秦王从此不再信任应侯。

不要滥施小技

上面举的两个例子，都是利用人性的弱点去试探对方。在这一章里，我们是以古代的透视人心术为重点，来研究这种试探透视法。

使用这种方法的时候，千万注意必须十分谨慎，否则很容易失败。

前面已经再三强调，人际关系是相互的，在你试探别人的时候，不要忘记你也有被对方试探的可能，这是在做人心透视时极可能发生的现象。特别是在利用试探法来透视人心的时候，千万不可忘记，被你试探的对象也有眼睛，疏忽了这一点，事态就可能发展得极为严重。

在使用试探透视法的时候，不要耍花招，否则可能弄巧成拙。如果了解了人心，并且按照试探透视原则去做的话，多半能稳操胜券。

如果在使用试探透视法时，不希望自己同时也被对方试探的话，除了要熟悉这种方法之外，还要时时假设自己正被对方试探。

人际关系可以说是一种"长期的测验"。即使对方无意测验你，但是一个人的一举一动，都被别人看在眼里，这些举动的累积，很自然地会成为别人对你的评价；所以奉劝各位对于平日的一举一动，都要多加小心，以免降低了自己在别人心目中的评价。

料事如神——韩非子的观颜识人术

战国末期的大政治家韩非子，对于透视人心的方法，运用得更为彻底。韩非子认为君王如欲实行中央集权政策，就必须控制臣子；而只要能够透视人心的君王，才能妥善地驾驭臣子，所以韩非子特别重视透视人心的方法。

《韩非子》一书中，有一部分谈到有关君王之事（也称七术）；这七项中有五项是有关透视臣子之法来看，可以知道韩非子是如何地重视人心的透视。

这五项透视法是：

（1）必须以事实对照言语

只听臣下的报告，而不用事实来证明，很难明白真相。

鲁国宰相叔孙手下，有一位名叫做竖牛的侍从，十分厌恶叔孙的儿子，时时刻刻希望除去这个眼中钉。有一天，竖牛在叔孙的面前说他儿子的坏话，叔孙误信他的奸计，于是杀死了自己的儿子，甚至惹来杀身之祸。这就是听信人言而不加证实所得到的教训。

（2）使每个人都有表现的机会，以发掘其才能

齐宣王喜欢听竽合奏，对于会吹竽的人，不加挑选一律任命为乐师，因此宫廷乐师多达数百人。

宣王死后，湣王继位。湣王和宣王的爱好不同，喜欢听独奏的乐曲，因此夹杂在乐师中充数的人，立刻逃之夭夭。

这就是著名的"滥竽充数"的故事。这个故事告诉我们，对于能力的评断，要看个人单独的表现。所以，在透视人心的时候，要让每个人有单独表现的机会；这样才能观察出各人的实际才干。

（3）故弄玄虚探知究竟

某县县令庞敬，最懂得人的心理，在一次派遣部属巡察四境的时候，又表现了他的高明手法。他先派遣一名部属巡视环境，然后在他正要执行任务的时候，又突然把他召回，令他守候在外等待命令；一段时间之后，又发布命令，让他继续巡视工作。于是这名部属心生疑惑，认为其中必有缘故，因此，在巡察之时，不敢稍有怠慢；就这样，庞敬达到了控制部属的目的。

（4）以若无其事的态度试探对方

对明明知道的事假做不知，也可以达到试探对方的目的。

战国时期的韩昭侯有一天在剪指甲的时候，故意将一片剪下的指甲屑放在手中，然后命令近侍："我把刚才剪下的指甲屑弄丢了，心里毛毛的，很不是味道，快点帮我找出来。"

众人手忙脚乱地找了一阵之后，谁也没找到。这时，有一位近侍偷偷剪下自己的指甲呈上，禀报说找到了。昭侯由此发现他是一个会说谎的人。

又有一次，昭侯命令属下四处巡视，察看是否有事发生，结果属下回报说没有

动静，经昭侯再三追问，才告知南门之外，有牛进入旱田偷吃了谷苗一事。

昭侯听完之后，命令报告的人不准泄漏这个消息，然后派遣其他的人出外巡视，并且告诉他们：

"近来发现有违反禁令，让牛马牲畜践踏旱田的行为，你们速去探知，快来回报。"

不久之后，所有的调查报告都呈了上来，但其中并没有一件是关于南门外事件的报告，昭侯于是大发雷霆，命令属下重新严加调查，终于查出了南门外发生的事件。

从此，部下都畏惧昭侯料事如神的能力，再也不敢马虎从事了。

（5）故布疑阵试探人心

卫相山阳君察觉王上近来似乎对他有些起疑，但又无法测知君王的心意，于是故意散布谣言，毁坏一个君王宠臣的名誉。这名宠臣听到山阳君毁谤他的话，怒气横生地对周围的人说：

"哼！山阳君还有心情说别人的闲话？他已经被君王怀疑，自身难保了……"

然后把君王对于山阳君的观感完全吐露出来，由此，山阳君探得了君王对他的种种看法。

再举一例。燕相子之一次在私宅中和家臣不着边际地说了一句：

"刚才由门口出去的是不是一匹白马？"

"没有啊！我们没看见马……"

大家感到很惊讶，异口同声地这样回答。可是，其中有一个人，走出门外张望了一下，回来报告：

"确实有一匹白马。"

子之于是发现了这个家臣是个善于说谎的人。

策略试探法

上述《韩非子》书中记载的五项试探法，其中第三、四、五项，以现代心理学的观点来看，属于"策略试探法"。这种运用策略来试探人心的方法，不只限于中国古代才有，日本幕府时代的将领，也常使用这种策略试探法，这可由历史记载中窥见一斑。

日本四国德岛藩族的开国祖先蜂须贺，在征讨四国的战役中，大获全胜，因而取代了长曾我部氏，成为德岛藩族的开国始祖，当时他只有27岁。

最初，德岛藩族是处在政治混乱，群雄割据的局面；自从蜂须贺做了领袖之后，治理有方，不论是内政、外交，都有相当显著的成就，因此，奠定了一直延续到明治时代还存在的藩政基础。

蜂须贺对于驾驭部下十分在行，至今我们还可以在一些稗官野史中，看到一些有关他洞察人心的记载，他经常所使用的试探方法，就是这种策略试探法。

在某一个寒冬的日子里，蜂须贺对随侍身旁的一个家臣说道：

"这么寒冷的天气，你的脚想必已经冻僵了，我原来想找出我那双旧袜套送给你保暖，可是找来找去，只找到一只，虽然一只袜套没办法穿，不过为了表示我的一点诚意，希望你能收下这只单独的袜套。"

大约过了一个月以后，有一天蜂须贺忽然又把那位家臣找来，告诉他说：

"我找到了另一只袜套，现在你把原来那只袜套拿出来，就可以凑成一双穿起来了。"

蜂须贺所以这样做，是要从家臣对他所赏赐东西的收藏态度，来试探这个家臣事主的忠诚如何。

德岛城值勤人员的分派，通常是先排好轮班次序，写成名单贴在墙上，再由家臣按照名单顺序派员值勤。身为家宰的蜂须贺就经常利用临时变换值勤人员次序的方法，来试探家臣的反应。

一天，一位值班人员在上班后知道当天的值勤顺序又有所变更，于是脱口说出："为什么经常变更次序，真不知用意何在？"

正好在邻室的蜂须贺听到这句话，便语意深长地回答：

"我的心意如果都被你们知道了，那我还能有什么作为？"

当然，如果在上者尽是做此干扰部下的事情，而不在其他方面加以体恤的话，部下很有可能因为起了反感而生叛离之心。

由上面所举的例子，我们似乎可以看出，古往今来许多掌握大权的人，往往会为了巩固自己的权位而施策略试探手下的人。不过，在使用策略的时候，不要一成不变，否则很容易因为被察觉而失败。

尤其是当碰到心胸狭窄的上司时，更要特别留意，不要被他的策略试探出你内心的想法。万一发觉对方正在试探你，最好的办法就是不动声色，使他内心的疑虑自然消失。如果能做到上面所说的几点，你就有资格做一个政治家了。

事实胜于雄辩——正统试探法

无论如何，以上所说的各种"故布疑阵"试探法，都不算正统的试探方法，只能算是一种临时性的变通方法，唯有"正统"试探法，才能成为一般人随时可以用来试探人心的基本方法。

这里所说的"正统"试探法，也就是前面介绍的韩非子透视人心术中的第一项"以事实对照言语"的试探方法。使用这种方法，就可以撇开对方的花言巧语，完全针对事实来探测人心。

秦始皇欲求长生不老之术。一次，一个自称云游仙人的道士，到始皇那儿说：

"我懂得长生不老之术，可以教给你。"

喜出望外的秦始皇马上命令臣下拜仙人为师，学习长生不老之术。

可惜的是，在长生术还没有学成以前，仙人就先行去世了。于是始皇责备那些学习长生之术的臣子说：

"都怪你们学习能力太差，丧失了这个大好的机会！"

这一则故事，就是讽刺人们不能认清事实，只听到别人的花言巧语，就信以为真，徒然落得贻笑大方。

《韩非子》中还有许多理论，再三提醒我们，凡事不要轻易听信他人，必须要找到事实根据才能相信。

人在睡眠的时候，分不出谁是瞎子，谁不是瞎子；沉默的时候，很难知道谁是哑巴，谁不是哑巴。只有在大家都睁着眼睛的时候，才看得出谁是瞎子；也只有在众人开口说话之际，才能分辨出谁是哑巴。

如果不给予人们发表意见的机会，我们很难得知他是否有自己的主见；同样的道理，如果不给他表现的机会，就不能判断他是否真有能力。

"我是大力士。"这句话谁都会说，如果不请他当场举鼎试验一下的话，很难知道他的力量究竟有多大。

性情憨直的人，时常会被喜欢吹牛的人唬得信以为真，这就是因为他没有利用事实的行动，去验识别人所说的话，才会被人家的花言巧语所蒙骗。

所以，贤明的君主在听到臣下的奏报之后，必须经过事实的验证，才能相信。

这是《韩非子》"六反"一篇中某段的大意。

在此附带说明一下，古代帝王常用的一句话"循名责实"，也是语出《韩非子》。"名"就是言语，"实"指事实；"循名责实"就是说：听到人家说的话，要以事实来验证，这是身为统治者必须做到的原则。

其实，"循名责实"不仅是在上的统治者应该遵守的原则，一般人于日常生活中，也有很多地方应该做到"循名责实"。譬如：属下对上司的言论，读者对报纸的报道，消费者对企业家的宣传，买主对商人的夸张等等，都应该遵照"循名责实"的原则，加以验证，实事求是。

透视识人秘诀——"啄木鸟战略"

前面说过，以行动和言语相对照，是最正确的透视人心法。但是，如果对方始终没有行为表现，我们也不能一直永无止境地等待下去，必须积极地采取主动，诱使对方有所行动之后，再加以观察试探。

这种积极的手法，也可以称为"啄木鸟"战略。啄木鸟在吃小虫之前，总是先以它尖长的喙试探一下何处有虫，再行啄食。这种积极观察的方法，也是先采取主动，诱使对方产生行为之后，再进行观察测验，这和啄木鸟啄食的道理完全相同。

魏武侯有一次请教善于用兵的大军事家吴起有关探知敌情的问题时问道：

"和敌军对阵之时，如果不明敌情，应该采取什么策略？"

吴起答道：

"应该采取诱敌之策。当两军交锋的时候，我们先虚应一下，然后退下阵来，借此机会观察敌军反应。如果敌军仍然阵容严整，不轻易追赶的话，表示敌军将领很有智慧；相反的，如果他们一点也没有纪律地追赶的话，就显示出这个将领是愚笨无能的。"

这是《孙吴兵法》上记载的有关看破敌人内幕的方法。

对于虚伪不实的人，要判别他的行为，使用这种方法极为有效。

兵书《六韬》中也谈到了类似的方法。

从一个人的外表，不能猜透他的心意；如果想要知道别人心里的想法，可以用试探的方法，从他的反应透视内心。试探的方法，有下列八种：

- 直截了当地询问，从他对事情了解的程度来判断。
- 追根究底，层层逼问，看他的反应如何。
- 让不相干的人，从侧面探寻，观察他的反应。
- 把秘密泄露给他，从他的反应观察人格。
- 将经济重任托付给他，从旁观察他的品格为人。
- 以美色试探。
- 以艰难的工作试探他的勇气。
- 劝他喝酒，利用酒醉之时，探试他的真意。

横看成岭侧成峰
——反面透视识人术

> 换一个环境看人，变一个角度观人，则对人的看法才可能是真实的，立体的。

装腔作势的人内心空虚

如果听到女朋友说：

"我最讨厌你了！"

"啊！完了！她再也不会理我了！"——这是一般社会经验不足的年轻人的想法。

"哼！真会装模作样"——现在大多数的年轻人，已经可以了解对方的心意了。在社会上，很多类似这种心理喜欢你，表面却装成讨厌你的情形。

所以，我们想透视一个人，如果只凭他所说的话来判断，那是无法达到目的的。因为对方所说的"讨厌"，说不定就是真的感到"讨厌"。为了避免误会，我们必须将反面观察法的原则与正面观察法配合交互使用。

在孙子兵法里，有 30 项探知敌情的具体方法，我们列出其中 10 项与反面观察法相关的条目供大家参考。

● 敌方一面采取和平外交，一面积极备战，我们可以判断敌方一定是企图进攻。

● 敌方一面采取强硬外交，一面做积极进攻的姿态，这时，敌方可能是正准备撤退。

● 敌方战斗力并没有转弱，却希望和谈，这一定另有谋略。

● 敌方退退进进，忽隐忽现，一定是以计诱我。

● 夜间作战，喊声巨大，表示敌方胆怯。

● 敌将辱骂部下，就证明敌军疲于应战，失去了战斗意志。

● 敌将对部下过分亲密，就证明军心已开始动摇。

- 滥发赏金就证明领导者已无良策。
- 随意责罚部下，也是证明领导者已乏良策，军心大乱。
- 敌方派使者前来，表示敌军等待援军重整旗鼓。

以上10项若加以分类，第1项至第4项是透视敌方意图的方法。第5项至第10项是透视敌方状况的方法。

上面所说的"敌方"，如果改为"对方"，那么范围就更广泛了。我们若能善用反面观察法，对方的状况，我们就能了如指掌了。

孙子的反面观察法，是根据由自然运动法则创造出来的双方面思考法而来的。这种法则起源于老子，老子曾说：

"宇宙间的物体，经常保持对立的状态，因为宇宙的运动最终又会返回原来的状态……这就是自然的运动法则。"

有表就有里，但这些都不是固定的，因为相互间会有变化的趋向，如果只从单方面看，实在不能看出真相，因此，才会产生双面观察（也就是反面观察）的法则。

"大道废，仁义在。"这句话中的仁义，就是因为国家没有走上正轨，所以才特别显现出来。

"乱世出忠臣。"就是因为世局太乱，才能显出忠臣的忠贞。

根据这些法则可以使我们明白，在人际关系上，只靠表面是无法看出真相的。

- 愈是会装模作样的人，内心愈是空洞。
- 平时不易接近的人，突然变得很热情，他一定是另有企图。
- 对于过分替自己辩解的人，不可放弃对他的疑心。
- 说话夸大的人，大都缺乏自信。

在日常生活中，只要细心去观察，相信可以发现更多类似这种事例的例子。

表面温和、柔顺的人不可靠

反面观察法运用在透视人们的性格上，也是很有效的，因为优点的反面就等于缺点，缺点的反面就等于优点。

听到某些意见，马上就"是！对！"表示赞同的人，事实上，是很少会按照我们的意见去做的。

一位智人曾说过：

"很容易接受对方的意见，而且马上迎合的人，很少能坚持对方的意见。"

因此，当我们听到对方唯唯诺诺时，我们不必马上相信他，反而要对他加以警戒。

我们把一个人的优点和缺点翻转过来看，也许会发现一些我们料想不到的事。

中国古代一位哲人曾经说过：

"一百个人当中，有九十九个都说他好的人，那这个人不是轻薄就是先知先觉；不是强盗，就是奸细。"

这是战国时代很严肃的一个观点，但是在太平盛世，这种严肃的反面观察法，就未必正确了。由此可见，战国时代的人心是如何地浮动了。

一位现代哲人也有相似的见解。

"众人都认为好的人，不一定就是善人，这好比法官宣判一样，胜诉的一方，都说法官很好，败诉的一方，都说法官不好。那么，到底法官是好人还是坏人呢?"

因此，我们判断一个人，应该经过多方面的观察之后，再下结论。

换一个角度衡量

我们不要只利用反面观察法去发现别人的缺点，应该更进一步，利用这种方法去探寻那些隐藏在缺点中的优点，并加以运用。

俗语说："好事不出门，恶事传千里。"人的嘴巴真是快得可怕。更糟的是，好事没人替你宣扬，可是你一旦做错了一点小事，周围的人很快就知道了。传话的可怕性在于：本来是"大概如此"，慢慢会变成"真是如此"，最后变成为"确实如此"。所以，当我们听到别人批评旁人时，不要跟着人云亦云，应该经过仔细的观察之后，再加以判断。

观察人的时候，也应从各个角度进行观察，不要光看别人的缺点而忽略了他的优点。对于一般人批评的"某某人有什么缺点"，我们也可以换一个角度来衡量，可能这个众人公认的缺点，反而是他的优点呢!

有一位陈先生，被大家公认为爱出风头。在一次陈先生没有出席的酒会中，大家聊起陈先生的时候，就有人说："他真爱出风头。"接着，大家就七嘴八舌地举出例子，证明他确实爱出风头。

不过有人认为，陈先生一向热心公益，喜欢帮助别人，所以他马上语气和缓地说："他是有一点多管闲事，不过，还是很乐于帮助别人的。"听了这话之后，同事们立刻转变了态度，开始赞扬他的优点，这种态度的一百八十度转变，给人留下深刻的印象，使人真正了解了所谓批评别人究竟是怎么一回事。

人际间的关系就是这样，以批评的眼光去看别人，愈看愈觉得不好;可是，如果换一个角度去衡量，也许就不认为这是缺点了。"君子之交，贵相知心。"就是要我们尽量去观察别人，发掘别人的长处。

比较透视识人术

和上述的反面观察法相似的另一种方法，是比较观察法。且看，下面举出的例子。

一位君主有一次对他的近臣说了一段话，大意是这样："某人对妻子十分冷淡，实在很不应该。假使夫妇之间感情不和睦，并且有足够的离婚理由，他大可名正言顺地和妻子离婚，否则就应该彼此互敬互爱，白首偕老，不但要同甘，更要能共苦。像某人这样，连自己的妻子都非常冷淡，对待别人更是可想而知，这种人绝对不可靠。"

这就是以某人对待妻子的态度，推测他可能有的处世态度，用的是比较观察法。

A化妆公司的宣传部长刘先生，曾在闲聊时讲了则他的经验谈：

有一次，一个广告代理商到他那里洽谈生意，谈到与A公司对立的B化妆品公司，这个代理商或许为了拉广告，于是把B公司的宣传机密全盘托出。

刘先生听到这里，忽然想到：

"此人与我并无深交，为什么会对我泄漏B公司的秘密？可想而知，他同样会把我们公司的机密泄漏给B公司。"

刘先生用比较观察法识破对方的诡计之后，从此再也不信任这个广告代理商了。

在《韩非子》一书中，对类似的观察法实例，收录极多。

晋国重臣文子，有一次因为被案情牵连，于是匆忙逃命。在慌乱中逃到了京师外的一个小镇。

跟随他逃亡的侍从说：

"统领此镇的官吏，曾经出入八大府邸，可视作亲信，不如我等先至他家略事休息，待行李到来，再行赶路如何？"

"不可，此人不可信赖。"

"何故？他曾亲密地追随过大人……"

"唔！此人知我喜好音乐，即赠我名琴；知我喜好珍宝，即赠我玉石，像这种不用忠告方式而以宝物博取我欢心的人，如我前去投靠，必被他献给君王以博欢心无疑。"

于是文子不敢稍作停留，连行李都顾不上带，继续赶路。

文子的看法果然不错，后来此官把文子的两车行李拦截下来，献给君王邀功。

从前，一个名叫鲁丹的游士，周游至中山国，想把自己的策略呈献君王，可惜投递无门。于是鲁丹以大批金银珍宝，赠给君王亲信的幕僚，请他代为引见。此法立即生效，鲁丹被王召见，并于谒见之前，先以山珍海味接待他。

席间，鲁丹不知想起什么，忽然放下筷子退出宫殿，也不回旅舍，立即离开中山国。

从者很惊讶地问：

"他们如此厚待，为何离去？"

鲁丹回答从者：

"这位君主被他的侧近所左右，自己没有一点主见，日后如果有人说我的坏话，君主必定会惩罚我，还不如早些离去的好。"

魏国将军乐羊率兵攻打中山国。

其时，乐羊之子正栖身中山国，于是中山国王将乐羊之子杀死，并做成肉汤，送到围在城外的乐羊军队阵营之中。

乐羊面不改色地将肉汤喝光。

魏王听到这个消息，感动地说：

"乐羊为我吃下自己儿子的肉！"

但是他身旁的大臣却以责备的口吻说道：

"连自己儿子的肉都敢吃的人，必定敢吃任何人的肉。"

后来乐羊打败中山国凯旋而归，魏王虽然犒赏他的战功，但从此不再重用他。

鲁国重臣孟孙打猎时捉到一只小鹿，命家臣秦西巴用车子把小鹿带回，在回去的途中，一直有一只母鹿跟在车后哀鸣。

秦西巴觉得十分可怜，就把小鹿放了。

待孟孙返回家中，知道了原由，极为生气，于是把秦西巴幽禁起来。

但是，三个月之后，孟孙不但赦免了秦西巴的罪，并且任命他担当辅佐自己儿子的任务，近侍惊讶地问："前些时候，您刚刚处罚了他，如今却又委他以重任，这是为什么？"

孟孙回答说："他连小鹿都不忍捉回，将其放掉，对待我儿子也一定会很仁慈的。"

以上的例子都是根据观察对方在待人接物时所表现出的态度，通过比较，由彼推己得出结论。由此，可以看出，待人接物看似事小，却能反映出一个人的道德品行。这既向我们提供了一个观察人的好办法，同时也告诫我们：你在不经意时所做的某一件小事，也许已经被在一旁的有心人记在了心里。

第四章

身怀利器——识人四大高招

俯视仰望
——视线位置识别人

仔细观察谈话者的眼神，会有许多有趣发现。如果留意初次见面者观看自己的眼睛，可从中分出不同类型。不同的心理状态，会使眼睛产生变化。其实眼睛比嘴巴更会说话。

视线朝下是怯弱的证明

一般而言，视线略为朝下或一接触对方的眼睛就悄然地移开视线，是认为在年龄上或社会地位上，对方位于高位或认定其为强悍之人时，因而在谈话时多半会带有一种紧张感。

在这种场合，手、脚的动作或坐的方式，无形中会显得别扭，这种人多半是属于温和而内向的性格。

视线往左右岔开是拒绝的表示

眼神往左或右岔开，有时表示排斥的心理或下意识中对对方不怀好感的象征。譬如，某男子向女子搭讪，而女子对该男子没有好感甚至莫名地感到厌恶时，会自然地将视线往左或右岔开。

笔直的视线是敌对的表示

牢牢地盯住某一点而凝视不动的眼神，具有非常深刻的意义。当受到严重的打击或带着强烈的敌对心理时，往往会出现这样的眼神。

焦点不定是情绪不安定的表现

精神混乱或失去安定感抑或心不在焉时，会出现茫然呆滞的眼神。而对他人的谈话毫不关心时也会出现这种眼神。

朝上的视线是自信的表现

  谈话时视线略为上扬的人，通常对自己的地位或能力充满自信，性格也属于外向而强悍的类型。政治家通常会表现出这种视线。视线略为上扬的人多见于官员或公司高级主管。

酒后吐真言
——心理松弛识人术

有些男人一喝酒即判若两人，有些人则依然故我。常见的是话多、吵闹。仔细观察醉酒百态是非常有趣的事。

滔滔不绝地诉说

原本沉默寡言者黄汤下肚后变得滔滔不绝，通常是平日的人际关系过于紧张的缘故。也可能是一个恭敬有礼的人，性格一丝不苟，具有顽强的耐性。他们通常对长辈采取恭谨的态度，而对女性则表示尊重。

动作变得活泼

渴酒后动作变大的人性格上具有强烈的反叛心，讨厌受形式束缚。如果不得不迎合他人时会有这种现象发生。同时，内心深处可能有自卑感或对同事或长辈心存不满。

变得意气消沉

平常活泼好动或具有攻击性，树敌也多，是果断实践自己观念的人，当内心有所牵挂时酒后通常会变得消沉。

平时做任何事能顺遂己意，然而暗地里却感到不安。多半盼望改变自己目前的生活。平常生动活泼的人，喝酒后变得消沉抑郁，从心理学的角度而言是极为危险的征兆。

流　泪

热情的浪漫主义者。喜欢某女性时会热烈追求，无法压抑自己的感情。在日常

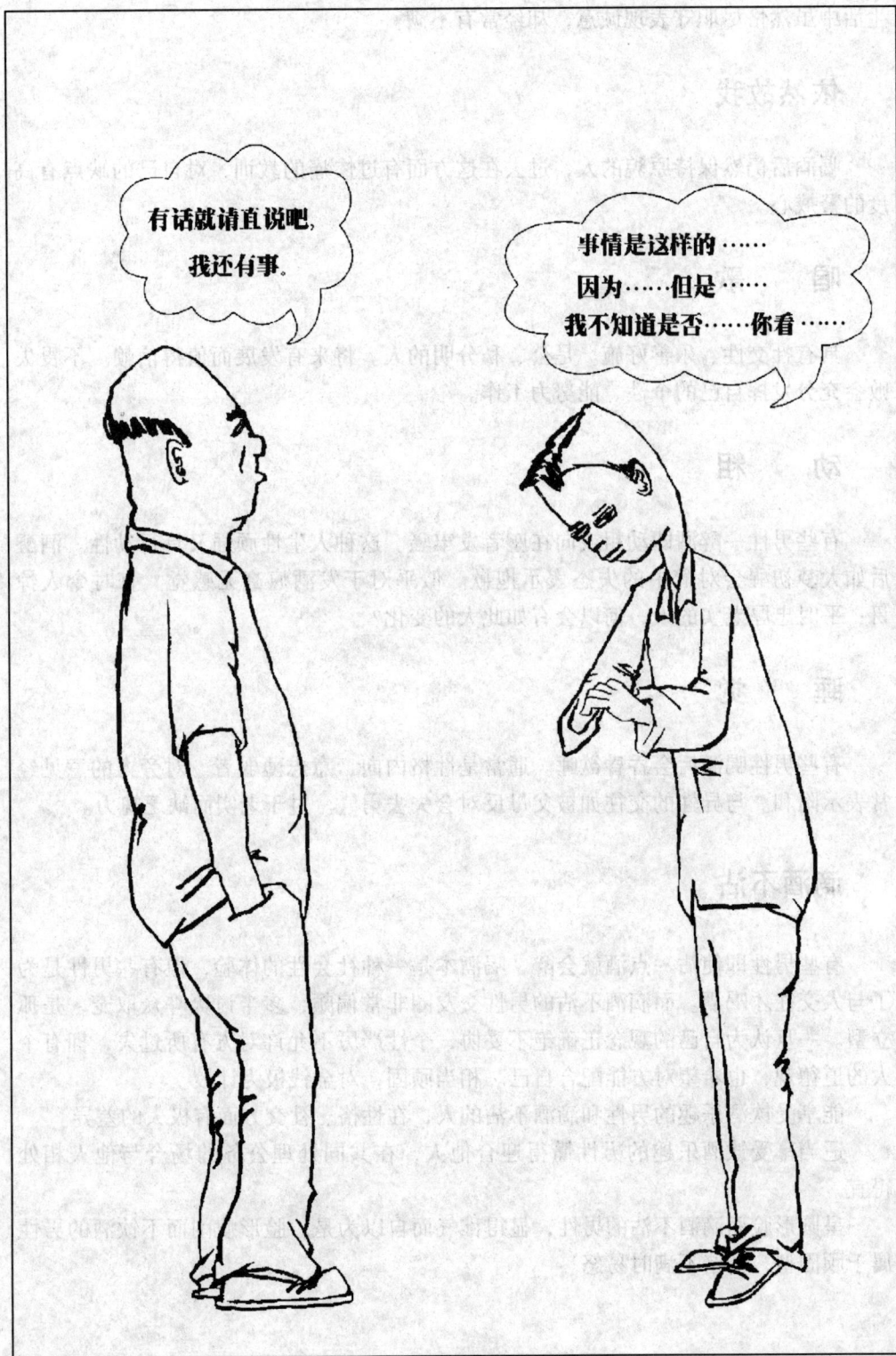

生活中虽然恪尽职守表现诚意，却经常有不满。

依然故我

喝酒后仍然保持原貌的人，过去在这方面有过惨痛的教训，对自己的缺点有高度的警戒心。

唱　歌

具有社交性、乐善好施。是公、私分明的人。将来有发展而值得信赖。不畏失败会充分发挥自己的个性、能努力工作。

动　粗

有些男性一醉酒即动粗或向在座者发牢骚。这种人生性顽强又具行动性。酒醒后如大梦初醒会对醉中的失态表示抱歉。似乎对于发酒疯毫无感觉。有时令人惊讶：平时忠厚老实的人，何以会有如此大的变化？

睡　觉

有些男性喝酒后会昏昏欲睡。通常是性格内向、意志薄弱者。对旁人的意见经常表示附和。与异性的交往如被父母反对会失去勇气。过于老实而缺乏魄力。

滴酒不沾

有些男性即使沾一点酒就会醉。喝酒本是一种社会性的体验，但有些男性是为了与人交往才喝酒。而滴酒不沾的男性交友圈非常偏颇，多半讨厌哗众取宠，是孤立型。一旦认为自己的观念正确绝不妥协，个性严厉不允许对方有所过失，拥有个人的道德观，也希望对方能配合自己。相当顽固，对金钱极为计较。

能享受饮酒乐趣的男性和滴酒不沾的人，在性格、社交方面有极大的差异。

适当享受饮酒乐趣的男性懂得迎合他人，在共同处理公务的场合与他人相处得宜。

呈圆形脸而滴酒不沾的男性，显得稚气而自以为是。脸形瘦削而不饮酒的男性属于顽固型，情绪不满时易怒。

劝酒的方式也会暴露个性

男性向女性劝酒时有各种的心态。渴望将难以操纵的对方占为己有，或期待一起度过美好时光。

向女性劝酒时先问对方"喝酒吗?"再为其倒酒的人不会勉强灌输己见，通常是温和的性格。而不论对方是否喝酒强行为其倒酒者，是期待能控制对方。对方尚未饮尽却又为其倒满一杯酒的人，是渴望诱惑该女性，或内心希求尽早将对方占为己有。

如不停地"干杯!"通常是外表显得温和事实上却格外顽固，看似体贴却极为冷淡的男性。

不拘一格
——形形色色识人术

据说男性的真心在酒吧里会暴露无遗。某公司董事长带新职员上酒吧时，仔细观察新职员所注意的女性和谈论的话题，以揣测该职员的性格和未来。这也正是想看穿男性本质得先看其妻子的由来。不可思议的是，男人通常有其固定喜欢的类型。不论生活如何变迁，对女性的看法从不改变。仔细注意男性看女性时的视线，就可了解他对哪种女性感兴趣。

兴趣、娱乐和性格

男性在事业上成功之后，在趣味或娱乐方式上会出现变化。年轻时代对运动或体力活动感兴趣，随着年纪的增长一旦成为富翁或在社会上有地位之后，会对茶器、古董产生兴趣。

分析实业家们的兴趣，发现随着年龄的增长，他们对"石头"特别感兴趣。有些人不惜巨金买回形状特异而硕大的石头，放在庭院里摆饰。硕大坚挺的石头是男性体力的象征。也许是借占有及欣赏"巨石"，以弥补自己生理上的日渐衰老。

从兴趣上可以了解性格，也可以获知心理状态。试问："目前最想做的是什么？"根据其回答，可以掌握对方的性格。

具体回答想做什么的人，表示充分了解自己目前的心态，具备卓越的决断力及分析力。而无法具体回答，含糊其辞的人往往易受他人意见左右，情绪显得不安定。如回答"没有任何兴趣"或"只想睡觉"的人，恐怕具有某种自卑感或希望从目前的工作获得解脱，逃避必须肩负责任的现实。

从兴趣或娱乐的类型可做以下的分析。

（1）高尔夫

有不少人为了健康而打高尔夫，事实上，有更多的人是因工作的需要而打高尔夫。打高尔夫的人有以下两种类型：

目前的身份地位，已达到一定阶层，多半向往出人头地。打高尔夫并不是为了技术上的纯熟，而是重视人际间的接触。如果喜欢探听对方高尔夫球的杆数，及对自己的技术充满自信，或最近技术进步许多。询问他人高尔夫球杆数时，通常也渴望对方能问问自己的技术。

谈话间经常提起自己所属的俱乐部，或高尔夫赛事的名称。往往具有自负意识或对自己的收入很自信。

（2）只想睡觉、毫无兴趣

被问及兴趣如何而做这种应答的人，多数是渴望他人"工作忙"或"全心工作"。这种人在潜意识里，想向对方表白自己并无多余的时间，投入休闲活动，只对工作全力以赴。不过，毫无兴趣者，在人际交往上也有偏颇，大概没有太多的朋友。

因此，非常渴望有谈得来的伙伴或出外旅行聚餐。

（3）钓鱼

喜好钓鱼者内向性格，信仰"认真努力必可出现成果"的信条，拥有自己的人生观与哲学，只要打开话匣子则没完没了。刚开始难以亲近，对喜欢的人很讲人情。因钓鱼而结识知己具有凝聚力。

（4）搜集

以搜集邮票、钱币为兴趣者，多半是少年时代在优裕的环境下成长。

这种人在孩提时期受父亲的影响较多，可能是第二代的经营者或原本有兴趣搜集，却在无意间变成正业，而所从事的职业也经常变更。无时无刻不追求梦想，讨厌受人差使。

（5）技巧（魔术等）

醉心于奇技者的共通之处，是在人前发表意见或受到旁人的喝彩即感到喜悦，通常无法拒绝他人的请求。体形肥胖而呈圆脸的男性，如果喜好奇技通常是好好先生。个性认真不为非作歹。未曾体验生活之苦的少爷型人物常有这种兴趣。

（6）摄影、照片

醉心于拍照者多半是容易伤感的人，感情起伏激烈而孤独，喜欢藏匿在自己的象牙塔内，外观与内在完全不同。看似具有男性气概却带有女性化的一面，以为拥有女性的温柔，却能意外地表现出男子的阳刚气。不过，常为一件事情放心不下，无法坦率接纳他人对自己的批评。不擅长在团体内行动。不可思议的是，在家庭里对妻子却能百依百顺。

（7）喜爱棒球、足球等竞技运动

以运动为兴趣者，擅长与人相处而通情达理。虽然易怒却也容易和人打成一片。在团体内行动，会主动担任为大家服务的工作。

计划性与思考力稍嫌不足，是抱着"先行后思"的观点。一旦成功即雀跃不已，而失败时，就会比一般人更感到挫折。

（8）围棋、象棋、拼图、阅读

这是知识分子最喜好的娱乐。爱好这类兴趣者非常重视长辈，也具有母校、同伴意识。多半是从事脑力劳动，极为关切如何了解对方的心意或思考未来。研究心旺盛。缺点是不擅长与女性交往，不懂得为家庭服务。自尊心强凡事以自我为中心。

从开车状况了解自卑感

一般的职员，面对高级主管时，大多存有一份自卑感。这种地位、身份较低的人，面对较高位的人所表现出来的这种心态，并非不正常，但自卑感经常会伴随着不安。为了避免这种不安的痛苦，人常会努力从其他方面求得精神的满足，这就是所谓的"补偿作用"或"补偿反应"。

"补偿反应"有正常和异常两种。属正常反应时，心理与外在表现较能一致；但若是异常反应时，心理与行动的表现便不会一致，甚至相反。如：有自卑感的人，经常会表现出权威的态度，也常会戴着殷勤恳切的假面具。

而这种自卑感在驾驶汽车时，便会经常表现出来。这种人不把"超车"这种生活中的常事看做小事，而是将之视为人生的一种比喻和象征，似乎一旦被别人超车了，就意味着自己的人生失败。

因此某些攻击型驾车者每当遇到这种情况，便勃然大怒奋起直追。

而另一种类型的驾驶者在开车时，纵使被其他车辆超越，也故作镇静、不动声色，一边瞪着其他车子，一边叼着香烟想着："这样开车，不出车祸，也要开罚单。"而自己则更表现出安全驾驶的态度。这其实是自卑感的反面表现。

香烟的掩熄法与性格

根据法国动作心理研究家贝尔杰先生的研究，香烟的掩熄方法会充分反映一个人的心理状态。换言之，满足自我欲求后的处理方式最能暴露原有的性格。

（1）把仍然冒烟的烟蒂丢在烟灰缸里的人

这种人多半以自我为本位性格懒散。不能很好地完成他人所托付的事，对金钱也毫无概念。这种人真实表现自我感情却受人排斥。是经常遗忘东西、遗失物品的疏忽型。

（2）按压烟头熄灭的人

这是欲求不满的动作之一。这类人体力充沛而无法适当处理欲望感到焦虑。不过，他们对工作积极迈进，讨厌半途而废，通常受到上司的信赖。

（3）轻轻敲打熄灭的人

处事非常慎重，注意对方的言行举止，对人态度也温和。不过，缺点是不能完全表达自己的意见，有时会举棋不定无法下判断，但具有领导能力。

（4）挂虑丢弃在烟灰缸里的烟蒂或用水浇熄的人

神经质、操劳型，总是过于在意他人的注意而终日小心翼翼。如果夫妻争吵或有不快的事情，即影响一整天的情绪。

（5）用脚踩熄烟蒂的人

具攻击性、不服输。有性虐待狂的倾向，喜爱讽刺他人。经常感到不满，注意他人的过失。

香烟的抽法与性格

（1）毫不在意过长的烟灰

开会中或工作中不少人会忘了弹掉烟灰，这时通常是正在思考。如果平常都是这样的抽法，多半是对自己失去信心、身体状况不佳、感到自卑的人。

（2）啃咬烟嘴

自虐型，当单位发生问题后，很容易把一切责任归罪在自己身上。虽然有一定办事能力却操之过急，阻碍了个人的发展。

（3）抽口湿润

香烟的袖口容易湿润是情绪起伏不定、易热易冷的性格。往往会因异性问题发生纠纷，造成工作上最大的阻碍。

（4）嘴上叼着烟工作

这是对自己的工作带有自信或繁忙的象征，这种动作常见于记者或律师。如果自己的能力没有受到旁人的认可，他们会强烈反抗或意志消沉。工作的失败与成功呈两极化。

（5）抽烟抽到接近吸口

处心积虑、猜疑心强，极少暴露真心的孤独型。处理金钱虽不至吝啬却会遭受误解。不过，由于从思考到实践有一段颇长的距离因而常错失良机。

（6）急速地吸烟

性急、易怒，对人的好恶明显。尝试各式各样的工作，比只做同一件工作更能获得成功，对两个以上的工作感兴趣。

（7）略扬起头以嘴角抽烟

对自己的工作具有信心，可能成为某项专业的专家。不过，处事过于勉强又自视过高，通常与同事格格不入，即使发生纠纷或失败，也具有突破难关的冲劲，将来有发展。

（8）抽烟时伸直拇指顶住下巴

具有强烈的阳刚气，不服输。对于工作上的竞争更有热情。对困难的工作具有挑战心。前途有望，属于高级管理人员。

（9）抿着下唇抽烟

性格稳定具有适应性，不会引人注目。处事虽非轰轰烈烈却鲜少失败。能按部就班地努力前进而获得成功。进公司一两年内，很少有发挥自我才能的机会，三四年后才渐渐受到上司的信赖。不过，这种人欠缺工作主动性。

（10）从鼻孔或嘴角两端吐烟

对工作的热情起伏不定而身体状况也不稳定。喜好能一决胜负的事物，但做任何事都无法顺遂己意，常因欲求不满而烦恼。

酒的嗜好和性格

在社交场合，以酒为应酬的方式最为常见。通常由饮酒可以了解对方的性格，或作为掌握理解对方心态的参考。多半也是解决问题的较好时机。

根据美国心理学家的研究，喜好狂饮者通常具有渴望改变自我的愿望。这些人之所以豪饮，乃为了使自己的性格改变为自己理想中的模式。换言之，不停地喝酒直到觉得变成自己满意的性格为止。因此，不是因好酒而饮酒，乃是渴望改变的心理在作祟。

具有这种饮酒的心理的人如果发现能够使自己心理获得最大满足的酒，则会偏爱该种酒。其实并非酒在口感上的差别，多半是受心理的影响。特别喜好某种酒的男性，性格上常异于一般人，具有特殊的愿望或欲求。

虽然酒的品种和性格的关系尚无充分的调查或研究，却可以做以下的概要分析。

（1）威士忌

顺应性强能充分采纳旁人的意见。出世愿望非常强，只要有机会即渴望从中赚大钱或期待上司的认可。对待女性非常重视礼仪并表现亲切。会明确地表达自己的心意。不过，饮用法有以下的不同。

稀释的威士忌

这是最普通的男性性格，渴望能充分把自己的观念传达给对方，适应力非常强。

加冰块

无法确切地用词语或表情传达自己的心意。在意周围的情况。易被他人意见所左右。但是，在公司里通常是平步青云。平常会掩饰自己的感情。

纯威士忌

具男性气概、冒险心强，讨厌受形式束缚，对强权势力带有叛逆性。富有创造力、独创性又具正义感。外表上对女性表示冷淡的态度，内心却是温柔的。

（2）中国白酒

有些人偏爱烈性白酒，如果餐桌上没有白酒则索然无味，喜爱白酒者一般富社交性而乐善好施。也有好好先生的一面，极在意对方的感受，易受吹捧，受人所托无法拒绝。对女性尤其亲切，即使失败也不在意。在公司或职场中由于关照部属深受部属们的爱戴，却很难获得上司的认可。在混乱的局面中会发挥卓越的能力。这种男性多半为了认同自己而愿为对自己能力有极大期待的人奉献心力。虽然失败多却也有大成就。

（3）洋酒

最近年轻男子间洋酒派日益增多。商店到处都有洋酒的陈列。用餐必定有洋酒，或约会中必喝洋酒的男性极具个性。

这类男性多数追求豪华的生活，喜爱从事辉煌的工作，在服饰等方面也较挑剔。他们中有许多人有国外生活经验，也有些人则是崇尚新潮。

（4）鸡尾酒

喜好带点甜味的鸡尾酒者很少有豪饮型。与其说是喝鸡尾酒毋宁说是享受那种气氛，或渴望与女性对谈。如果喜好辣味而非调味的鸡尾酒（如马丁尼酒），是具有男性气概的表现，在工作上能充分发挥自己个性与才能，值得信赖。同时具有责任感，举止行动有分寸。

喝甘甜的鸡尾酒是不太喜爱酒精的男性，或渴望邀约女性享受饮酒的气氛，或期待借酒精缓和对方的情绪。

如果向女性劝喝酒精度高或较为特殊的鸡尾酒，乃是暗自期待利用酒精，使女性无法做冷静的判断。跳舞前劝女方饮鸡尾酒的男性，通常希望和该女性有更深一层的交往。

（5）啤酒

根据美国社会调查研究所的调查，喝啤酒是表现轻松愉快的心情，渴望从苦闷的环境中获得解放。

约会时喝啤酒的男性，通常想要表现最原始、最自然的自己。如果向同行的女性劝喝啤酒，是渴望对方和自己有同样的心情，或内心期待愉快的交谈。既不矫柔造作也不爱慕虚荣，可称为安全型。

如果喝特别指定品牌的啤酒，这种男性可要警戒。有些人会选择和其公司系统相关的啤酒，而有些人也会在啤酒的品牌上表现个人的特性。事实上各品牌的啤酒味道相差无几，特别指定品牌只是心理上作用。

选购外国啤酒的人性格上和洋酒派类似。特别喜好德国啤酒的男性，只是想向女性标榜自己异于一般男性。喜好黑啤酒的男性，通常对强壮的体魄向往不已。

一把钥匙开一把锁
——个性识人术

　　当你希望说服他人时，你的性格、人品或气质是很重要的，同一件事情，会因说者的性格不同而产生不同的效果。

　　基于上述的观点，说服他人的关键在于洞察对方的性格。因此，我们从多种角度来分析，如何掌握应付性格不同的对方的方法。

猛烈型

　　尽量与他人配合的人，通常会担任某社团的义务工作，热心服务于他人，拥有个人的信念与主义。重视家人、母校、乡土。凡事厌恶半途而废，一旦着手干的事情必贯彻到底。自尊心强又富有人情，因而不会让自己的家人或信赖的人被人责难而置之不理。不过，心情不好时会沉下一张脸。

　　与这种人接触首先必须严守时间与约定。同时，必须比约定的时间稍早一些到达。一次不成，也要再而三地拜访，必可获得对方的信赖。如果在雨天或下雪等一般人裹足不前的日子，做工作上的拜访，更会提高对方对你的信赖感。

　　这种人对于名誉或地位极为向往，不汲汲营营地赚钱、追求利益，对于拥有异于一般人之处会感到喜悦，同时具有超越常人的渴望。

　　重视同乡人、学长前辈，因而向这种类型者促销时，有这些人士的介绍效果更佳。

阴晴不定型

　　情绪起伏不定者，可能相见如故也可能反目成仇。喜好交谈，懂得如何愉悦对方而表情丰富。志气相投时可以聊上一整天，重视义理人情绝不会坐视受困者于不顾。

不过，同这种人打交道，原本相处融洽而以为即将万事如意，却可能出乎意料地受到打击。在对方因某事愤怒或心情不佳的日子前往推销时，态度的转变比一般人更为明显。

如果为了迎合这种人而以对方专业的内容为话题时，通常会被其厌恶。譬如，如果对方从事的是设计师的工作，而以服装为话题只会惹来嫌弃。

一般人认为若是自己专业的工作，定会洋洋得意地侃侃而谈，事实上，在人的心理上，有在工作以外的时间尽量远离工作话题的潜在意识。

如果提起高尔夫球或棒球等与该人专业工作毫无关系的话题就越聊越起劲了。在这个时候如果又谈起工作的事，铁定碰到一鼻子灰。

专家对自己的行业，具有一种职业上的自尊心。会和同业者谈论，不愿和外行人交谈。但是，如果在专业以外有特殊卓越的技能，则渴望他人问及。

据说美国前总统艾森豪在打高尔夫时，绝对不和谈论政治者交谈。任何人都有类似的心理倾向。

优柔慎重型

基本上属于三心二意的性格，情绪起伏不定喜爱求新求变。具有相当的集中力却难以持久。犹豫不决难以下定决心又欠缺灵活性。看到商品时，会立刻做出好坏的反应。

在感情方面，对特殊的对象特别感兴趣，有时会造成感觉上的混乱。重视时间和条理，如果同时处理不同的事务容易造成混乱。

强烈而迅速变化的感情，会妨碍精神上的一致性而引致说谎。带有自卑感或不满时会发牢骚，有时会表现极为粗暴的态度。

同这种类型的人打交道，刚开始会煞费苦心难以顺利进展。

这种人同样讨厌谈论自己专业的事情，但若是专业以外的话题，却渴望夸耀或表现比一般人更懂行。

有气无力型

这种人难以捉摸其对生意是否感兴趣，而对目前的生活也缺乏信心。对工作本身不感兴趣，甚至有逃避的行为。服装不整、房间零乱、商品乱成一堆，外表看来显得寒酸、举止言谈令人感到有气无力。

这种人是凡事委托他人的消极主义者。即使你积极地渴望洽谈生意也难以触发其兴趣。同时，他们从不明确表示"是"或"不"令人难以相处。又有点自暴自弃，若委其重任则无法如期完成。在金钱的使用上，也是懒散随便。对其他事物的兴趣远比工作浓厚。这种类型的人通常是其身边的人在经营中帮他做重大的决定。

不易受到旁人的信赖，生意买卖委任部属处理。与这种类型的人进行交易时，必须在事后与该人的秘书或助手做最后确认。

阴沉型

（1）强词夺理的人

喜欢搬弄道理做话题的人，通常对竞技运动缺乏兴趣。喜欢滔滔不绝地争论，直到别人信服为止。碰到他人搬弄道理时，忍不住也想用另一番道理给予反驳。由此可见和强词夺理的人讲道理多半行不通。

因此，谈话时最重要的是适当地认同对方所搬弄的道理，而把话题转移。

与强词夺理者谈话，最适合谈论报纸上的各类消息，但是，你如果表示决定性的意见，多半会遭到对方的反对。即使你再怎么正确无误他也不会表示赞同，是这种人的性格特征之一。如果能巧妙地虚应对方，倒容易相处，但是，一旦有所差误则后果不可收拾。

（2）啰里啰嗦的人

多半在日常生活中对细微琐事严格挑剔，对长辈或上司带有不平不满。这种人通常具有强烈的生存愿望、欺善怕恶，内心渴望他人对自己的权威或地位表示崇敬。

因此，获得其信赖的捷径，是给予其权威、地位、能力极高的评价，并忠实执行其指示。起码要遵守期限或约定的日子。不过，其所谈的话题全绕着公事，若能以其他公司的情报或公司内的新闻为话题，必能博得关注。

（3）猜疑心强的人

对人带着不信任感，通常是曾经有过不愉快的经验，对人失去信心或有点神经质。面对这种人，过分地吹捧是危险的。

因为，他们认定所有的事物都另有隐情。因此，有时应该对对方表示批评，或说出对其不利的意见。诸如"事情果然如此，但这是错误的。"或"有关这一点虽然有它的好处却也有其缺点存在。"反而会赢得其信任。在推销商品时，不要一再吹捧自己商品的好处，也应略微表明不好的一面。以优点八、缺点二的比例来推销，反而会缓和猜疑心强者的戒心。

（4）神经质的人

这种人在谈话中往往会不时地看看周围的情况，或把玩办公桌上物品。与之交谈时，最重要的是要顾及交谈时的气氛及谈吐的方式。

首先沉稳地坐在椅子上。绝不可双手抱胸或跷起二郎腿。虽然也可以递一根香烟以缓和情绪，然而应该尽早说明来意，谈话中不要夹杂其他的话题。神经质的人会敏感地察觉对方的脸色，或周围情况的变化，因此，要带着充满自信的口吻，而对方应对之后必刻不容缓地把话题往下发展。应该避免暧昧不明的表现或让对方有思考的空间。也必须明确地表示"是"或"不是"。

（5）难以相处的人

有些人在会谈中只是频频地附和而不表明心意。这种人有两种类型：

其一是性格内向、消极，对他人带有过分的警戒心；其二是感情上厌恶对方，彼此性格不合。面对带有强烈警戒心、内向而消极的人，如果以对方的兴趣为话题，或央求与之私交甚笃的人居中协调，或者以对方非常熟悉的人物为话题，都可达到效果。

难以相处的人通常有各自的兴趣，如果能诱导出这些话题，可能会判若两人地变得融洽。多半是沉迷于围棋、书法、盆栽等兴趣。

（6）自卑感强的人

频繁地鞠躬作揖或谈话时手搭在嘴边、强露笑容的人，通常是自卑感较强的人。有时为了避免暴露自己的缺点，刻意地赞美或奉承对方。

这类自卑感来自多方面。而最令其不安的是身体上的自卑感。因而避免谈论与身高、体重、发型相关的话题。与自卑感强的人交谈，要表现自己的不聪明。如果主动地表现出不如对方的行为，会减轻其自卑感，令其产生较为优越的心理状态。

开 朗 型

（1）阴晴不定的人

心情好时万事均可，碰到不如意的事情会突然一反常态。通常在事后有违心之论。这种人天性懂得与人相处、乐善好施、带有稚气。一般而言，招架不住他人的吹捧，碰到请求，也难以说"不"。

"伤透脑筋啊，千万拜托。"或"我真想听听你的意见。"以这种方式把对方的兴趣调动起来，多半能产生效果。这种类型的人对于一边用餐一边交谈的方式会感到喜悦。

（2）圆滑的人

给人印象温和、通情达理而圆滑，很难掌握其真正的性格。本以为对方充分了解自己的希求，结果多半会有极大的出入。

和这种人交谈必须清楚划分暂时性的话题及真正的主题，而回复到主题时必须有明确的转换语。譬如，"谈到今天的事情……"或"这是非常重要的事情……"在言词上明显加以强调，从对方而言是一件重要的事情。

另外，让对方了解其发言的重要性也具有效果。譬如："有关这一点，务必请求您的帮忙。"

（3）风流的人

在日常生活中带着欲求不满，或对异性特别关心的风流者有两种类型：其一是明朗开放型，话题中常有性的字眼又大而化之的类型。这种人在谈论公事时较能辨别事理。可以敞开心胸与之无所不谈。

另一种人是阴沉型，平常不谈论无聊之事，而晚上到了酒吧或俱乐部，却又出现判若两人的惊讶举止。对这种类型者应该注意日常的话题，同时要严守秘密。

有时在谈吐方式上若不注意礼仪或向对方表示敬意会惹来麻烦。必须准备白天和晚上完全不同的话题。

（4）性急的人

性急者不仅本身的行动操之过急，也会要求他人行动敏捷。与这种人相处会受其感染而不自觉地草率行动，结果蒙受损失。这种人往往喜欢站立着交谈或一边工作一边闲聊。

因此，与性急的人交谈应该有意地坐在椅子上，拿出笔记本，把谈话中的要点做下记录。即使不做笔记也要佯装做笔记的样子。如此一来，对方在应对上会较为小心谨慎，不再有轻率的回答。与性急者谈话时表现沉着冷静的态度反而具有效果。

不过，如果态度过于冷静恐怕会让对方感到焦躁。

自我主张型

（1）顽固的人

难以改变自己既有观念的顽固者，通常是对自己的地位、才能具有自信，或相反地带有自卑感的人。对这种性格的人，以对方引以为傲或平日极自信的事为话题较具效果。

不论任何场合，对他的发言提出批判的意见都会造成负面效果，使其更固执，而不愿改变自己的观念。

最重要的是充分地让对方发表意见，并适时随声附和。在对谈的过程中，频繁表示"果然不错"或"诚如你所言"等适宜的附和语。

谈话中自己所表现的态度也非常重要，必须凝视着对方的眼睛专注听其谈话。如果东张西望会惹恼对方。

（2）自我显示欲强的人

自我显示欲强的人坐在椅子上的方式或行动模式，和一般人有极大的不同，通常会猛地坐在椅子上并伸开双脚。

这种人总渴望处于优势。

满足于从别人身上感受到自己优越。因此，即使在旁人眼中不足为奇的事情，却是当事者引以为傲的事。

譬如，"小儿考上著名中学"或"担任公司重要职务"这些事情都足以让他感到满足。所以在谈话中有意地询问该人渴望炫耀的事，乃是增加彼此亲密感的关键。最好能注意写在名片上的职称或头衔。同时也必须给对方充分发表的时间，尽量地充当忠实的听众。

（3）自尊心强的人

对自己的职位、地位带有自尊心的人，在其谈吐方式及服装搭配上，也会显露这种自负意识。谈话中若有人呼叫自己"×经理"或"董事长"等附带头衔的称号，远比"×先生"更能获得满足。服装上多半穿戴异于常人的服饰，只要尽早发觉并给予赞美，或以其身上穿戴的物品为话题即能奏效。

不过，"我也有类似的东西"这类的谈话方式会带来负面影响。可能会因此伤害到对方的自尊心。年龄较大的人对自己的经历引为骄傲，这些人多半是属于自尊心强的人。

明知故问，会满足其自尊心令其感到愉快，这乃是人之常情。

（4）易于动怒的人

经常动怒发牢骚者通常在工作以外也有不平不满，属于过度挂虑结果而性急的性格。讨厌按部就班地准备、迂回绕转地说明。不论对或错总希望依自己的构想去进行。

与这种人交谈若想铆足劲给予说服必会失败。最好拿出商品目录或说明书，摆在其眼前来游说较具效果。

光凭谈话是无法完美地说明一切。最好是让对方亲眼看到商品或用手碰触商品。

不过，这种人本性较为豪爽，即使在应对进退上显得粗鲁，事实上内心也有一丝温柔。

乐观型与悲观型

人类可分为乐观型与悲观型两种。

乐观型对于事物的判断，经常侧重于对自己有利、光明的一面，而不注意晦暗、不好的一面。事情一旦成功，便觉得是幸运；而身处逆境时，便想："总会有法子的，很快就会好转。"总之，不论是否有契机，都会自己加以完善地解释，如果因工作失败而有所损失，或情况太糟时，也无视于自己未曾料想过的最坏的一面，这是乐观型的特征。

乐观者想法笼统草率，绝不拘泥小节，不神经质地闷闷不乐，自认为是为追求人生光明面而生存的。因此，乐观者不会考虑到工作失败时坏的一面，而一旦失败，便认真地谋思对策，因为他们的性格乐天活泼，不会悲观。

然而，由反面观之，这种人并非始终有着刚毅与自信，面对任何困境，都能安然渡过。实际他们对困难的事毫无自信，更有潜在的深层心理——无法面对转而逃避。

遇见这种商业对手时，若从客观的情势判断，他的状况其实不佳，但看起来却很乐观，那么这个时候，他的心底大多埋藏着极度的不安，希望能借所谓的希望，来掩饰他不安的心理。

如果您与这种乐观型人物一起工作，应注意下列事：乐观型人观察事物，都是往好的一面想，却无法正视现实而作明确的判断，所以容易受人欺骗。但是，乐观主义者，也有他的优点，乐观的态度，可使周围的士气振作起来，例如在破产之际，表现安然的态度，而不致丧失理智地面对困境。

但是如果您站在相反的立场，而为他的乐观主义所驾驭，就易有签约交货而货款不获兑现之类的情形，这时候，您就需要充分地掌握他深层的心理了。

与乐观者始终只考虑事物光明面，而赋予人生喜悦快乐恰好相反的，则是对任何事都重视坏的一面而苦恼的悲观型。这种人不时担心着"此次交易一旦失败，将受到何种损害，不但无颜面对上司，也将阻碍自己的前途发展"之类的问题。此外，即使工作进展顺利，也会尽量找出坏的东西，而使自己郁闷不已。原本悲观型就多胆小怯弱，有点神经质，因此，潜意识里一直担心事情是否会失败，始终想逃避重大压力，致使情绪总是难以稳定平静。

这种悲观主义的深层心理完全根源于他们性格中的胆怯、害羞、神经质、缺乏行动意愿等等，他们对失败有着异常的恐惧心理而缺乏自信。如果再追根究底，悲观型还有种奇妙的心理作用——一旦缺少悲观的因素，他们的情绪便越易陷入不安和低潮，少许的负面因素，反而更能使其情绪稳定。因为他们觉得世界上不可能存在一点错都没有的事物。越是无错，越可能酝酿着大错。换言之，他们须以悲观的事物来自虐，才能感觉到生活的意义与安全感。

遇见这种悲观型的商业对手时，您必须先冷静地判断："目前客观的、真正的形势究竟如何？"如果有比较悲观的因素，须注意勿使之困扰一味发牢骚的对方，而使他误认为"前途黯淡"。悲观的态度是他们性格上的缺点，应采取相应的态度，才能使他们看到事物好的一面。

而且，与这种人一起工作时，因为他们对形势的判断，易因消极、悲观而沦为失败主义，虽经常思考，但行动却未能配合。相同的形势，乐观型可以积极地扩大正面的因素；而悲观型则消极地只重视负面的因素，不但会破坏周围人的士气，也会降低对外的信用。

支配型与被支配型

有一种人，凡事若不能发号施令，心里便不好受，这种人在各种集会场所，会千方百计地讲话、插嘴，以期获得对团体的支配地位。甚至有的男士，会出席清一色女性参加的聚会，将自己视为其中一分子而发表演说，狂热地宣讲他的人生理论。

这种支配型人物，在初次见面就能立刻看出。首先，他所出示的名片会印上一大堆无聊的职衔称谓，还用过大的字体印刷，而且无论是对什么人都是以不客气、随随便便的举止对待。这是一种开放型，却不属于社交型的人物。

一个人独占着讲话机会，不让人有说话的机会，也听不进他人的意见。固执己见强迫他人接受，实在是极端的狂妄自大。遇到这种人时，就可视之为支配型。他们必定在集会中，抢先发表自己的意见，强迫他人接受自己的言论，即使令人感到反感、迷惑，他们本身却一点也不在意，这是一种随时随地都想当主角的性格表现。

这种支配者型的心理特征就是"只要我一说话，问题就可解决了"之类的过度自信。同时极富名誉欲望。因此，当这种人是你的同伴或商业对手时，最好先利用他想居于支配地位的欲望，如果他因此而十分满足，便可解决许多问题。因为他欢喜支配人，一旦有此机会便可热心地解决问题。如果您也能尊重他支配的地位，推崇他的行为，使他满足于名誉感、功名心，那么支配者型的人在满足他们支配的欲望后，便不太计较此事。这是他们的另一项特征。

　　"终究还是要您才能解决"或"只要是您就没问题"等巧妙地满足对方的欲望与自尊心，最后必可使对方卖力使劲，再施以"不愧是大丈夫做事"或"这是男人间的约定"等小技巧，必极容易地操纵他们。

　　但是，这类型人的缺点，是没有雅量接纳他人的意见。如果只依他个人的想法直接去处理问题，便可能不会得到完满的结局，若能巧妙加以间接地控制，则会好得多。不可排斥他们，否则反而会坏事。

　　社会上若全是支配者型的人物，那么安定的人也将变得不安定、不满足。实际上，不发牢骚居于被支配的地位的被支配者型的人却很多，他们并非能力不及支配者型，而是不喜欢出风头，性格较稳重沉静。最常见到的情形是：受推选为团体中的领导者，却拒不接受，之所以被多数人所信任却要坚持辞退，那是因为他们并没有太强的自我扩张欲。

　　但是，被支配者型的人，是否始终安于受支配者型人的支配，而满足于受支配的立场呢？实际上未必如此，他们心中想的是："只要不会对自己不利，这样却可省麻烦，而将事情交给支配型人物处理，如发生问题，还可发发牢骚或加以抨击！"

　　因此，经常可见支配者型的人并无实力或头脑，却拥有机灵聪敏的智囊团，这就是相互运用彼此的特长而产生的现象。

　　在与被支配者型的商业对手交往时，因其沉着稳重而不爱出风头，所以您不一定要积极应对，否则也许对方会反过来利用你的太过积极，而予以巧妙的反击。在心理准备上，最好不要像对待支配者般的直接应对，而应格外具备迂回应对的心理。

第四篇

处世变通学

篇首语

　　规矩是死的，人是活的，具体问题具体分析，这是变通学的基本要义。为了一个目标百折不挠的奋斗精神固然令人钦佩，但一条道走到黑的态度也并不足取。凡事要因人、因时、因地而异，不能用一个公式去套用或者照搬，教条主义害死人，这是成功者的经验之谈。

　　大活人不能让尿憋死，话糙理不糙。以变应变，以不变应万变，"变"与"不变"其实都是"变"。总之，穷则变，变则通，通则久。

第一章

处世变通学四大心法

避其锋芒——弃道穿山法

　　不拘定法，以变应变，是变通学的精髓。或避其锋芒，见缝插针；或隐强示弱，给人错觉。然后一举制胜。凡此种种，都是弃道穿山法之功。

插针之技　在于觅缝之功

　　公元前713年夏季，郑庄公亲自率领公子吕、高渠弥、颍考叔、公孙阏等将士，攻打宋国。庄公为中军，建立一面大旗，上写着"奉天讨罪"四个大字，浩浩荡荡向来宋国杀来。

　　宋殇公听说郑国伙同齐、鲁两国军队一起来犯，吓得面如土色，连忙召见司马孔父嘉，研究御敌之策。孔父嘉对殇公说："郑国假托王命，号召列国，但跟随他的并不多。蔡国和卫国就没有相从。现在郑伯亲率兵士在此，其国内必定空虚。主公可以准备重礼，派使者急速送与卫国，贿赂其纠合蔡国用轻兵袭击郑国。郑庄公听说自己的国土将丢失，必然要抽调兵力去营救。如果郑兵退去，齐、鲁之军也就难以独留了。"

　　应该说，孔父嘉的这一策略是很高明的。当郑国太子忽遣人将告急文书送到庄公手上时，庄公立即命令班师回国。但是，宋国联络卫国组成的这支军队，并没有抓紧战机去直接进攻郑国的都城，而是在中途节外生枝，召来蔡国军队去进攻戴国。蔡人本来是宋、卫阵营，但对宋、卫两国在伐郑途中才召它远道伐戴，很为不满。因此，没有积极配合宋、卫军队的行动。宋、卫、蔡三国内部出现了矛盾。这样，就给郑庄公提供了可乘之机。

　　郑庄公在班师回郑的途中，听到宋、卫之兵已经移师攻打戴国的消息，心中暗喜。他想，宋、卫联军攻戴，戴国必然急于求援，而宋、卫、蔡之间行动不协调，较容易击破，何不趁此一箭双雕？于是他传令公子吕，高渠弥、颍考叔、公孙阏四将，各领一路人马，授以妙计，偃旗息鼓，向戴国进发。

　　正当戴国之君处在危难之际，忽闻郑国公子吕领兵来救，即打开城门纳入。其实，庄公也在队伍之中，骗进戴城后，庄公便将戴君驱逐出城，兼并了戴国军队。宋、卫联军见郑伯已经占领了戴城，无比愤怒，表示要与郑军决一死战。而此时郑军其余三将已对宋、卫联军形成了包围之势。经过一场厮杀，卫将右宰丑阵亡，孔父嘉落荒而逃，宋、卫、蔡三国车乘兵员都被郑国所俘获。郑庄公得了戴城，又击败了三国之兵，大军奏凯，满载而归。

郑庄公此次的胜利，在于抓住了敌手的两大空隙：一是宋、卫联军没有真正实施袭击郑国后方的策略；二是蔡国人对宋人的不满情绪。结果变被动为主动，扭转了局面。在危难面前，在被动局面下，如果能抓住可乘之隙，充分利用，确实可以改变"山重水复疑无路"的境地，达到"柳暗花明又一村"，政治争霸战中是这样，商场争霸战中也是如此。日本汽车打入美国市场就是一例。

二次世界大战后，日本把汽车工业作为开发日本出口潜力的关键行业之一并把美国作为进攻的主要目标。可是，当时日、美汽车生产和技术水平差距极大。近一个世纪以来，美国一直是世界上汽车生产的第一大国，"底特律汽车城"名闻天下。

但是，日本人在调查研究中发现，进入60年代，美国人对汽车的需求已经发生了变化：过去美国人偏爱大型的、豪华的汽车，但由于美国汽车越来越多，城市道路越来越拥挤，大型汽车转弯及停车都不方便，加上油价上涨，人们感到大型汽车耗油多，因此，美国人的偏爱已转向价廉、耐用、耗油少、维修方便的小汽车。于是，日本丰田公司针对美国人喜好的转变，制成了一种小巧、价廉、维修方便、速度快捷，乘坐更舒适的小汽车，具有物美价廉的良好形象，受到一些美国人的欢迎，终于打进了美国市场。接着，日产公司在研究了美国汽车的制造技术、设计优缺点、消费者口味以及市场环境后，也于60年代初推出"蓝鸟"牌汽车，并成功地进入美国市场。

日本小汽车打入美国市场，并未引起美国汽车制造业的关注。即使是在1960年至1969年日本小轿车销量猛增时，底特律还是在忙于生产大型豪华轿车。既没有防御，也没有阻击和迎战。这就为日本生产的小型汽车让出了市场。日本汽车业充分利用这一空隙，乘隙出击，扩大战果，从而赢得了对美国汽车战的胜利。

到80年代，日本汽车业同美国汽车业在力量对比上发生了显著的变化，日本汽车工业蓬勃发展，雄视世界，不仅日益扩大对美国市场的占有份额，同时也向全球进攻。据美国《幸福》杂志统计，在1986年世界20家最大汽车公司中，日本占了9家；在美国市场上，每售出4辆汽车，其中就有一辆是日本生产的汽车。日本汽车业今日之成熟，与当年抓住空隙打入美国市场，并占领这个"汽车王国"的市场的谋略是分不开的。

貌合神离　合作依然

复辟狂张勋，以数年之心志，乘总统黎元洪与总理段祺瑞之间产生矛盾之时，于1917年7月1日凌晨，身穿朝服，招呼文武官员300多人，拥入清宫，大声喝令："今日复辟，请少主即刻登殿。"吓得瑜太妃呜咽道："万一不成，反恐害我全族了。"张勋哪管这些，把13岁的溥仪又捧上了台。3日之内，张勋连续发表了19道伪谕，自封为内阁议政大臣兼直隶总督和北洋大臣，集军政大权于一身，好不洋洋自得！

张勋这一翻天覆地的举动，一下子让各路英豪的神经紧张地兴奋起来，一个个都蠢蠢欲动，摇旗呐喊。其中最积极的当数段祺瑞。因为正是张勋在总统黎元洪面前煽阴风点鬼火，从中作梗，他才被黎元洪御去国务总理兼陆军总长的大权，至今还未找到报仇雪耻的机会。

于是，段祺瑞恍如横空出世，当即嘱托一代文豪梁启超草拟讨逆檄文，通电全国，并自任共和军总司令。狡诈的段祺瑞为确保功成名就，想起了还远住在江南的副总统冯国璋。于是，一纸电文，邀冯国璋联手。而此时的冯国璋也正窥视着总统宝座，于是，一拍即合。二人赶到天津当面谋划。第二天，两人署名发出电文，历数张勋八大罪状：

国运多厄，张勋造逆，国璋，祺瑞，先后分别通电，声罪致讨，想澄清视听。逆勋之罪，罄竹难书。群力构造之邦基，一人肆行破坏，罪一；……罪八。国璋忝膺重寄，国存与存；祺瑞虽在林泉，义难视手。今已整率劲旅，南北策应，迅荡霾阴，国命重光，拜嘉何极！冯国璋、段祺瑞同电。

冯国璋、段祺瑞声威顿时壮大起来。浙江的督军杨善德、直隶督军曹锟、第十六混成旅司令冯玉祥亦电告出师，公举段祺瑞为讨逆军总司令。于是，段祺瑞乐滋滋地在天津造市总厂设立总司令部，同时担起国务总理的职任。讨贼尚未成功，倒先将失去的龙椅挪了过来。而冯国璋也因黎大总统下台不能执行职任，言称以大总统选举法第五条第二项，"谨行代理"，即于7月6日就职。

在各路讨伐军的强攻猛打下，张勋哪里还吃得消，无奈之下，只得逃到荷兰使馆保命。溥仪再次退位，逃往英国使馆。张勋复辟仅12天，即宣告失败。

冯国璋、段祺瑞本是各立门户，自悬一旗。冯为直隶人，段为安徽人，冯有冯帮，段有段派。而主战派以段祺瑞为首，主和派又以冯国璋为头。冯、段为一对冤家对头，但在讨伐张勋这个问题上，却能劲往一处使，何故？其实冯、段貌合神离的"携手合作"，无非是皆有利可图——一个可任代总统，一个可复任总理。段祺瑞借反对张勋，捞到了"两造共和"的资本，理直气壮地再任总理，冯国璋顺水推舟登上总统宝座，也变得名正言顺。这正是冤家见"金娃"，点头笑哈哈。只要自己有利可图，就是冤家对头也要携手起来对付共同的利益触犯者，这种政治家的投机技巧，在商业战场上同样有妙用。

金鹏公司与长城公司是W市两家势均力敌的专营电器的公司。这对冤家谁都想搞垮对方，但都苦于谁也没有足够的能耐。长城公司更是为在一次购进100台组装"松下2188"彩电时，被金鹏公司搅昏了头，而一直耿耿于怀。

那是在1990年12月，长城公司以较低的价格购进100台组装"松下2188"彩电，由于当时正处于销售旺季，这100台电视机很快以原装货而销售一空。金鹏探得底细后，便很"义气"地帮几位顾客鉴别真伪，传授识别组装与原装彩电的要诀。结果，不少顾客为自己上当而大闹长城公司，并大肆宣扬长城公司出售伪劣产品，坑骗顾客。长城公司不得不赶紧赔不是，并向已购者退还部分款项再赠长城电扇一台以示歉意。一番折腾，总算平息了这场风波，但长城因此损失不小。两家公司也俨然成了不共戴天的敌手。

两年后，华联大厦在某市繁华地段开业，且经营的重头货正是电器。"华联"本是一家实力较雄厚的企业集团，加之新开张的华联大厦环境优美，设施一流，顾客很快流向华联大厦。金鹏、长城两公司营业额急剧下降。原以为华联的出现，至多形成三足鼎立之势，岂料现在这样发展下去，连生存也很困难了。两家公司硬顶了大半年，商品严重积压。眼看着公司门前可罗雀，两位总经理心急如焚。

长城公司许总经理再三考虑，觉得还是首先要将公司重新"包装"一下。但初估下来，没有600万元以上，很难使长城有多大的改观，不免又犹豫起来。而此时金鹏公司陈总经理也在寻找出路。当他得知长城亦有此想法时，眼睛忽然一亮：何不两家联手？想到过去的恩恩怨怨，陈总经理考虑再三，还是提笔修书一封，力陈长城、金鹏之危机后，提出两家联手，冲出困境。正在犹豫中的许总经理接到此信，真所谓瞌睡送来了枕头，再也不为前嫌耿耿于怀了。两人一番谋划，随即将两公司合并，花800万元重新包装，并将装潢一新的公司改名为长鹏家电城，在数量、品种和售后服务上压倒了华联。同时，又花200万元新辟长鹏服装城，专售名牌服装。一时间，生意好不热闹。

望着店堂里川流不息的顾客，许、陈两个冤家也喜不自禁。

先当孙子后做爷

李渊从太原起兵后不久，便选准关中作为长远发展的基地。因此，借"前往长安，拥立代王"为名，率军西行。

李渊西行入关，面临的困难和危险主要有三个。第一，长安的代王杨侑并不相信李渊会真心"尊隋"，于是派精兵予以坚决的阻击。第二，当时势力最大的瓦岗军半路杀出，纠缠不清。第三，瓦岗军还用一方面主力部队袭奔晋阳重镇，威胁着李渊的后方根据地。

这三大危险中，隋军的阻击虽已成为现实，但军队数量有限，且根据种种迹象判断，隋廷没有继续派遣大量迎击部队的征兆。但后两个危险却是主要的，瓦岗军的人数在李渊的10倍以上，第二种或者第三种危险中，任何一个危险的进一步演化，都将使李渊进军关中的行动夭折，甚至有可能由此一蹶不振，再无东山再起的机会。

李渊急忙写信给瓦岗军首领李密，详细通报了自己的起兵情况，并表示了希望与瓦岗军友好相处的强烈愿望。

不久，使臣带着李密的回信又来到了唐营。李渊看了回信后，口里说了声"狂妄之极"，心里却踏实多了。

李密在信中写道："与兄派系虽异，根系本同。自维虚落，为四海英雄共推盟主。所望左提右挈，戮力同心，执子婴于咸阳，殄商辛于牧野，岂不盛哉？兄果不弃，俯如所请，望即率步骑数千，亲临河内，面结盟约，共事征诛，则不胜幸甚！"原来，李密自恃兵强，欲为各路反隋大军的盟主，大有称孤道寡的野心，他在信中实际上是在劝说李渊应同意并听从他的领导，并速去表态。

李密拥有洛口要隘，附近的仓窖中粮帛丰盈，控制着河南大部。向东可以阻击或奔袭在江苏的隋炀帝，向西则可以轻而易举地进取已被李渊视之为发家基地的关中。因此，李渊深知李密过于狂妄，但有他狂妄的资本。

为了解除西进途中的后两种危险，同时化敌为友，借李密的大军把隋炀帝企图夺回长安的精兵主力截杀在河南境内，李渊笑眯眯地对次子李世民说："李密妄自尊大，决非一纸书信便能招来为我效力的。我现在急于夺取关中，也不能立即与他断交，增加一个劲敌。现在我且投其所好，托词推奖他能干，口头拥戴他早日称皇，表面与他周旋，他便成为我们放胆西行的东路守备部队了。等我们人主关中，据险养威以后，在他与隋炀二虎相争、一死一伤之时，我们便可以去收渔翁之利了。"于是，李渊回信道："天生庶民，必有司牧，当今为牧，非于而谁？老夫年逾知命，愿不及此。欣戴大弟，攀鳞附翼，唯弟早膺图箓，以宁兆民。宗盟之长，属籍见容。复封于唐斯荣足矣。殪商辛于牧野，所不忍言；执子婴于感阳，未敢闻命。汾晋左右，尚须安缉，盟津之会，未虾卜期。谨此致覆！"大意是当今能称皇为帝的只能是你李密，而我则年已 50 有余，无此愿望，只求到时能再封为唐公便心满意足，希望你能早登大位。因为附近尚须平定，所以暂时无法脱身前来会盟。

李世民看了信说："此书一去，李密必专意图隋，我可无东顾之忧了。"果然，李密得书之后，十分高兴，对将佐们说："唐公见推，天下不足定矣！"

李渊投李密之好，卑词推奖，不仅避免了李密争夺关中的危险，而且还为李渊西进牵掣住了洛阳城中可能增援长安的隋军，从而达到了"乘虚入关"的目的。李密中了李渊之计，十分信任李渊，常给李渊通信息，更无攻伐行为，专力与隋朝主力决斗。之后几年中，李密消灭了隋王朝最精锐的主力部队，而自己也被打得只剩2 万人马。而李渊则利用有利时机发展成了最有实力的人，不费吹灰之力便收降了李密余部。

人人都会有自己的特殊的爱好，也有受尊重、被夸奖的需求，李渊卑词夸奖李密，并竭力投李密之所好，在军政外交中取得了化敌为友、顺利进军关中的良好效果。菲德尔费电气公司的约瑟夫·S·韦普先生，却也用投其所好的办法，使一个拒他于千里之外的老太太，十分乐意地与他达成了一笔大生意，顺利完成了推销用电的任务。

那天韦普走到一家看来很富有的整洁的农舍前去叫门。当时户主布朗肯·布拉德老太太只将门打开一条小缝。当她得知是电气公司的推销员之后，便猛然把门关闭了。韦普再次敲门，敲了很久，大门尽管又勉勉强强裂了一条小缝，但未及开口，老太太却已毫不客气地破口大骂了。

经过一番调查，韦普又上门了，等门开了一条缝时，他赶紧声明："布拉德太太，很对不起，打扰您了，我的访问并非为电气公司，只是要向您买一点鸡蛋。"老太太的态度温和了许多，门也开得大多了。韦普接着说："您家的鸡长得真好，

看它们的羽毛长得多漂亮。这些鸡大概是××名种吧！能不能卖一些鸡蛋呢？"门开得更大了，并反问："您怎么知道是××种的鸡呢？"韦普知道，投其所好之计已初见成效了，于是更加诚恳而恭敬地说："我家也养了这种鸡，可像您所养的这么好的鸡，我还从来没见过呢！而且，我家的鸡，只会生白蛋。附近大家也都说只有您家的鸡蛋最好。夫人，您知道，做蛋糕得用好蛋。我太太今天要做蛋糕，我只能跑到您这里来。"老太太顿时眉开眼笑，高兴起来，由屋里跑到门廊来。

韦普利用这短暂的时间瞄了一下四周的环境，发现这里有整套的奶酪设备，断定男主人定是养乳牛的，于是继续说："夫人，我敢打赌，您养鸡的钱一定比您先生养乳牛的钱赚得还多。"老太太心花怒放，乐得几乎要跳起来，因为她丈夫长期不肯承认这件事，而她则总想把"真相"告诉大家，可是没人感兴趣。

布拉德太太马上把韦普当作知己，不厌其烦地带他参观鸡舍。韦普知道，他投其所好之计已渐入佳境了。但他在参观时还是不失时机地发出由衷的赞美。

赞美声中，老太太毫无保留地传授了养鸡方面的经验，韦普先生极其虔诚地当作学生。他们变得很亲近，几乎无话不谈。赞美声中，老太太也向韦普请教了用电的好处。韦普针对养鸡需要详细地予以说明，老太太也听得很虔诚。

两星期后，韦普在公司收到了老太太的用电申请。不久，老太太所在地申请用电者源源不断。老太太已成为韦普先生的热心帮手。

识时躲让　退直求曲

在老将宗泽的"联合抗金"的策略指导下，宋朝官兵与各地义军一起多次打退了金兵的南犯，取得了历史上著名的滑州保卫战的胜利。

老将宗泽在开封修造了许多防御工事，招募了大量兵马之后，就接连不断地向高宗上书，请求皇帝从扬州回东京。

但高宗却另有一番算盘，他认为如果宗泽的兵力渐大，这位前朝老臣定要全力抗金，以迎回徽、钦两位皇帝，自己的皇位就坐不住了，因此派郭仲荀为东京副留守，让他监视宗泽。

老将军一心想报国，想不到高宗会这样对待他，因此，他心里实在感到郁闷、气愤和失望。渐渐地，他吃不下，睡不好。本来雄心勃勃，要为国立功，完全忘了自己的年龄。这时一泄气，一下子就病倒了，不久就因背上毒疽发作身亡。

高宗等见宗泽一死，立即派杜充为东京留守。杜充一上任，就废除了宗泽在世时的一切措施，把开封的防御工事拆除，打击义军将领。宗泽费尽心血联络、组织的百万武装力量，很快就被他瓦解了。

公元1128年，金国将领粘罕率领大军再次南犯，由于宗泽配合的义军力量已经解散，结果，金兵连克开封、大名、相州、沧州等地，冲破了宋军数道防线，并攻打高宗赵构的所在地扬州。

赵构狼狈而逃，从扬州到镇江，从镇江到常州，又从常州到秀州；2月23日在杭州落脚。沿途的官员以至百姓，看到皇帝这样马不停蹄地一直南逃，也都丢下家胜非低语道:"已有把握,为防泄漏起见,不敢多言。陛下迁出行宫,届时可以预先躲避。"

高宗就率领妃子前往显守寺居住。

半个月后,平江留守张浚等联络众将,一起发兵讨逆。向杭州进发。在大兵压境的情况下,苗、刘两将慌作一团。只好去和胜非商议。胜非说:"我替你们着想,只有迅速改正,否则各路大军将到城下,二公将置身何地?"

苗、刘两人想了多时,确实只有这一条路可走,就听从了胜非的建议,请高宗复位。

高宗复位后不久,就派人追杀了苗、刘二人。

在苗、刘二人兵变,形势十分险恶的情况下,高宗听从了胜非之计,暂作退避,禅位于太子,保全了自家性命,最后在时机成熟时又重新登上了皇位。

俗话说:"留得青山在,不愁没柴烧。"退与进是一种辩证关系,暂时的退却是为了将来的进攻。在商战中,不能死抱住一些今日的蝇头小利。应该为了长远目标而放弃眼前利益,尤其是在情形不利时,更是善于退让,塞翁失马,焉知非福?只有善于退让的人,才能赚到大钱。

英国联合利华公司总经理 G·J·柯尔在企业经营中,有一个基本信条,即不拘泥于体面,而以相互利益为前提。依照这个信条,他在企业经营,生意谈判交涉中常采用退让策略。在一定情况下,甘愿妥协退步,以赢得时机发展,而结果却是退了一步,反而获得了利益。

联合利华公司在非洲东海岸早设有大规模的友那蒂特非洲公司,从业人员达到14万人,这里有丰富的肥皂原料。并适合于栽培食用油原料落花生,是联合利华公司的一块宝地,也是公司财富的主要来源。

第二次世界大战结束后,非洲各地的独立运动如火如荼,结果,联合利华这些肥沃的落花生栽培地,一块块被非洲国家没收,公司的财富来源被切断,这就使联合利华面临着极大的危机。

这时,经验丰富的总经理柯尔亲自来到了非洲,找那些老朋友办理交涉。

针对当时非洲民族解放运动日益高涨的实际情况,柯尔对友那蒂特非洲公司发出了六条指令。

第一,非洲各地所有友那蒂特非洲子公司系统的首席经理人员,迅速启用非洲人。

第二,原来非洲人与白人在薪水上的差异,立即取消,采取同工同酬的办法。

第三,为了培养非洲人的干部,在尼日利亚设立经营干部培训所。

第四,应采取利益共享的政策。

第五,以寻找生存之道为主要目的。

第六,不可拘泥于体面问题,应以创造最大利益为要务。

上述六条,似乎是妥协退让,示弱于人的下策,但后来的事实证明,柯尔不仅没有受到任何损失,反而获得了极大的利益。

柯尔在与加纳政府交涉中,为了表示尊重对方的利益。主动把自己的栽培地提园，扶老携幼，跟着奔窜。道路上妻离子散，哭爹叫娘。

到了杭州，昏庸到家的高宗皇帝宠信王渊、康履等一批腐败无能的官员。原来护送高宗到杭州的苗傅、刘正彦所部，多是北方幽、燕一带的人，也有的是两河、中原一带的，他们多次向高宗上书，要求收复河北，高宗对此根本不理睬。

建炎三年三月初五这天，苗傅、刘正彦利用将士中对高宗的不满，举行武装暴动。

他们趁百官上朝之机，在路上埋下伏兵，杀死了王渊，并带兵驱入宫中，杀了宦官百余人，并要求见高宗，高宗只得走到御楼阳台上，去见众将士。

苗傅在下面厉声说：“陛下偏听宦官的话，赏罚不公，将士们流血流汗，不闻加赏；收买内侍，尽可得官。王渊遇贼不战，旨先抢着逃命，又结交依势欺人的内侍康履等人，反而升为枢密院事。现在我们已将王渊斩首，唯有康履仍在尹侧，乞陛下将康履交与臣等，将他正当，以谢三军。”

高宗推辞道：“康履即将重责，卿等可还营听命。”

苗傅说：“如今金兵南下，我大宋千万生灵，肝脑涂地，这都与宦官擅权有关，若不斩康履，臣等决不还营。”

高宗看看将士们一个个逼视着他，只得命何湛绑了康履，送到楼下，苗扶手起刀落，一下将康履砍为两截。

高宗命苗傅等人还营，众将士仍不走，并且对高宗说：“陛下不应当立登皇位，二帝尚在金邦，一旦归来，试问若何处置。”

高宗无言以对，许以苗、刘二人高位，但两人却不肯罢休：“请太后听政，陛下退位，禅位皇太子，道君皇帝已有先例。”

宰相朱胜非劝慰无效，还奏高宗，高宗沉吟着想：“不答应的话，这批人杀入宫来，什么事都干得出来，不如先解除目前的危险，再另想办法处理。”打定主意后，就对胜非说：“我应当退避，不过须有太后手诏，方可禅位。”

太后出面对苗、刘两人进行规劝，但苗、刘两人仍然要求高宗退位。

宰相朱胜非献计说：“苗傅有一心腹曾对我说过‘苗、刘二将忠心有余，但学识不足，并且生性执拗，一时无能说得通的。’因此，臣请陛下眼前以退为好，暂且禅位，静图将来。”

于是，高宗便提笔写诏，禅位于皇子敷，请太后垂帘听政。

自太后听政，国家大事都由宰相朱胜非处理。胜非每日引苗、刘两人上殿，以免两人对他产生怀疑。苗见高宗仍在宫中，并在暗中处决国事，很不放心，便与刘正彦一起提出让高宗出宫，迁居显宁寺。

高宗长叹道：“我已禅位闲居，他们还不放心，连我的起居都要他们干涉，太过分了。”

朱胜非建议道：“时机还未成熟，陛下还以让步，逆来顺受为好，暂时去睿圣宫居住，等到复辟时还宫，免得目前再闹乱子。”

高宗说道：“这一切都靠爱卿安排了，朕听你的忠谏就是了。不过复辟一事爱卿负责，以速为贵。二贼密布心腹，一旦得知，作好防备，就难办了。”

供给加纳政府。柯尔的主动退让，获得了加纳政府对他的好感。后来，加纳政府为了报答他，指定联合利华公司为加纳政府食用油原料的买卖代理人，这就使柯尔在加纳独占了食用油原料的买卖权利。

在与几内亚政府的交涉中，柯尔表示自行撤出公司，这种坦诚的态度反而使几内亚政府大受感动，因而愿意挽留柯尔的公司，希望它继续存在。

除此之外，柯尔在非洲各地都采用了退让策略，也获得了不同程度的利益。

这样一来，在非洲独立运动的高潮中，其他一些欧洲公司都受到过不同影响，只有联合利华公司在实质上没有受到任何影响，不仅平安地渡过了这一难关，而且还获得了一定的利益。

避实击虚——狭缝游刃法

两强相遇勇者胜。然而自己的力量不足以同对方抗衡时，贸然以硬碰硬，则无异于以鸡蛋碰石头。当此时，应找准对方软肋，毕其功于一役，逐渐扩大战果，终获全胜。此狭缝游刃法之妙也。

回避焦点　盲点求变通

1922 年的第一次直奉大战，由于奉军张景惠部第十六师停战倒戈，引起奉军全线崩溃，张作霖惨败而退。这之后，在英美帝国主义支持下的直系军阀一直把持着北京的中央政权。但日本帝国主义为了夺取在华的独占地位，在第一次世界大战后，又进一步扶植东北的奉系军阀，同时，拉拢皖系的浙江军阀卢永祥，以对抗在英美势力控制下的直系江苏军阀齐变元。于是，在 1924 年秋，策划了奉系军阀张作霖和皖系军阀卢永祥联合反对直系军阀的战争——江浙战争和第二次直奉战争。

1924 年 8 月 24 日，江苏军阀齐变元以浙江军阀卢永祥收纳被直系军阀周荫人击败的福建军阀臧致平、杨化昭为借口，与皖、赣、闽联合压迫卢永祥解散臧、杨的部队，并电请曹锟下令讨伐"招纳叛军"的卢永祥。

而卢永祥也正要寻找攻打齐变元的借口，现在齐变元首先挑起事端，此时不战更待何时！

1924 年 9 月 3 日，是第二次直奉战争的前哨战开始之日。

在第一次直奉大战中惨败的张作霖的回到东北，积极经营备战，招兵买马，图谋东山再起，并与粤、浙结成同盟以壮声势，待时而动。

江浙战争开始后，张作霖就以粤、浙同盟关系，决计进兵入关，于 9 月 4 日发出了响应卢永祥，责备曹锟、吴佩孚的通电，向山海关、热河一带增兵，并自任总司令。9 月 25 日，张作霖正式向曹锟发出挑战电称："日内将派员乘飞机赴京，藉候起居。"

此时，直系军阀已有觉察，也在积极备战，曹锟接到张作霖的挑战电后，即刻电召吴佩孚入京主持作战任务。9月17日，曹锟发布讨伐张作霖命令，任吴佩孚为"讨逆军总司令"，以彭寿莘为第一军总司令，出山海关；王怀庆为第三军总司令，出喜峰口；冯玉祥为第二军总司令，出古北口。

于是，一场从热河到冀东的规模空前的第二次直奉战争正式开始。

这次战争，直系有25万人参战，奉系有17万人参战，而且双方都有海军和空军参战。由于双方都傲气十足，志在必胜，所以战争进行得极为惨烈。仅在九门口、石门寨、三道关等地，双方就死伤一万多人。

直系把全部兵力都集中到前方的战场上，后方北京一时成为"空城"。

就在直奉战争打得不可开交时，冯玉祥悄悄地做起了后方北京的文章。

冯玉祥原是吴佩孚的部下，在第一次直奉战争后出任河南督军。因与驻洛阳的吴佩孚发生矛盾。曹锟按照吴佩孚的意图，用明升暗降的办法，免去其河南督军的职务，改任为陆军检阅使。因此，冯玉祥耿耿于怀。时值革命高潮之际，反对曹锟、吴佩孚的呼声遍及全国，冯玉祥在革命浪潮的推动之下，开始倾向革命，伺机倒戈。

1924年10月，正当直奉在榆关一带激战的时候，冯玉祥与驻喜峰口的直系援军第一师师长胡景翼，联合警备副司令孙岳，秘密策划倒戈以驱曹。

10月19日，冯玉祥率部由古北口兼行回师。

吴佩孚正等着冯玉祥火速派兵支持。

曹锟正坐在总统的宝座上，等候胜利的消息。

10月23日凌晨，冯玉祥神不知鬼不觉地进入了北京，迅速占据了内外各重要据点的交通通讯机关。

几乎是如入无人之境。一切进行顺利。

当冯玉祥持枪进入总统府，曹锟还以为冯玉祥是前来报喜的。"怎么不先拍电报给我？"

"拍电报那能起什么作用！"冯玉祥一字一句，满脸严峻。

曹锟这才如梦初醒，目瞪口呆。

这就是当时震动全国的"北京政变"。

曹锟无奈，身边尽是些虾兵蟹将，掉下根羽毛都怕砸破了头，哪能反抗，一个个缴械投降。

10月24日，曹锟被迫下令：（1）前敌停战；（2）撤销讨逆军总司令等职衔；（3）免去吴佩孚所有职务。

正打红了眼的吴佩孚得到冯玉祥兵变的消息，气得哇哇直叫，大骂冯玉祥狗娘养的并将曹锟的电令撕得粉碎，气冲冲地将总司令一职交张福来代理，对将领们说："你们将阵地守好，我回去杀掉冯玉祥，等我回来再直捣黄龙。"

吴佩孚本以为冯玉祥的军队不堪一击，可结果他慌忙中由前线折回天津后临时拼凑起来的队伍，反被冯玉祥打得一败涂地，只能望北京兴叹。

10月25日，冯玉祥不慌不忙地将所属部队改称为国民军，并向全国各地发出通电：中华民国国民军会议，公推冯玉祥为总司令兼第一军军长；胡景翼为副司令兼第二军军长；孙岳为副司令兼第三军军长；黄郛代理国务总理组织临时内阁。

曹锟等待吴佩孚入京救驾的希望破灭。

11月1日，冯玉祥传语曹锟，限其24小时内辞职，迁出新华宫，否则，后果自负。

11月2日，冯玉祥派警备司令鹿钟麟等人向曹锟收回总统印墨。

失时的凤凰不如鸡，曹锟只能听任冯玉祥宰割，被迫宣布辞职。

到此，直系军阀控制的北京中央政权告终。

冯玉祥虽有些能耐，但他毕竟只是吴佩孚、曹锟手下的一员，凭实力，绝不是吴、曹二人的对手。但是，冯玉祥却非常成功地让还没过足总统瘾的曹锟乖乖地下了台，瓦解了不可一世的吴佩孚的进攻，使直系军阀控制的北京中央政权成为历史。纵观冯玉祥的"政变"过程，不难看出，是时直系从前方到后方的所有注意力和精力，都集中在第二次直奉战场上，北京政府一片空虚，直系的头头们压根儿就没有想到会祸起萧墙。因此，在军事上、思想上都毫无防备，冯玉祥就是看准了这个空隙，乘虚而入。这是冯玉祥政变成功的至关重要的一着。

"兵之表，避实而击虚"。市场需求五花八门，竞争对手形形色色，虚实相间是一种客观存在，成功的企业经营就要善于"避实而击虚，乘虚而入"。任何企业，无论它有多么大的规模，不管它实力多么强劲，就算是"老子天下第一"，也都不可能包吃天下，满足市场一切需要。因此，一个企业需用有限的资金和能力去适应市场，尽可能多地占领市场，尤其是在强手如林的激烈竞争中，更是需要避开"焦点"，寻找"盲点"、弱项，乘虚而入，从而战胜对手，占领市场。

北京无线电三厂是一个集体所有制企业，1982年以前，生产半导体收音机，企业严重亏损。

面对如此严峻的形势，厂领导决定革故鼎新，开发新产品，闯出新路子，占领新市场。

是时，收录机行情看好，青年人都爱听听流行歌曲，不少新人把收录机当做嫁妆之一。

有人提出搞收录机，赶快上马。

但该厂领导认真分析了企业的内部环境，认为收录机尽管有销路，但竞争激烈，无论是技术力量，还是设备条件，自己都是弱者。别说在全国竞争，就是和本市的几家整机厂竞争，也等于是以卵击石。

后来，厂领导研究市场、研究国家的政策，发现实现"四化"的五个战略重点中有通讯这一项，断定国家将会从政策上大力扶持通讯产品的发展，我国通讯落后，仅为世界平均水平的二十分之一。

经济的发展，必然要让通讯走在前头，电话将会成为中国人受欢迎的通讯联系工具。

这是一个极好的市场之"虚"。

何不乘虚而入？况且，北京无线电三厂在历史上曾生产过一百二十门准电子交换机，具有开发通讯方面新产品的技术力量。

北京无线电三厂立即上马不被他人注意的、水平先进的互通设备——集团电话。

实践证明，该厂领导乘虚而入的决策是成功的，工厂终于摆脱了长期亏损的困境，走上了兴旺之路。

乘隙打"楔子"

李继迁以百折不挠的精神，借出没迅捷的骑兵优势，在广大的西北地区不断地骚扰、掳掠、攻击宋朝。内外交困的大宋终于向李继迁作出了重大妥协，李继迁终于在屡屡惨败中获得了不小的成功。但智勇过人的李继迁不仅在失败面前能够百折不挠，而且在胜利面前还能保持永不满足、不断追求的精神。在迫使宋朝妥协之后，李继迁依旧雄心不灭，以更加巧妙、更有远见的行动对宋朝进行了有效的复仇。

公元 996 年，宋太宗派白守荣将军护送军粮 40 万斛前往灵州，并令粮车先后分作三队，所有丁夫都执弓而行以自卫，外加士卒一路布成方阵以掩护，还令观察使田绍斌率兵接应。已有十余年作战经验的李继迁，竟出其不意，攻其不备，在甫洛河一举击溃了如此戒备森严的宋军，将 40 万斛军粮一粒不剩地统统截下了。截粮之后，李继迁又一鼓作气，遣万余骑兵，牢牢围住了灵州重镇……

这实在是一场截粮围城的漂亮战！

宋廷为失去巨额军粮而大为震怒。宋太宗当即亲自部署庆州、延州、夏州、环州和麟州五路大军，共赴乌白地以增援灵州，抢夺军粮，并务求彻底捣毁李继迁。

面对宋朝百万大军孤注一掷的进剿行动，李继迁泰然自若。我们说李继迁截粮围城之仗打得漂亮，并不是指他一举截获了足以使宋廷震怒的军粮，并一鼓作气轻易地围困了灵州，也不是指李继迁据此而一下子激怒了宋廷，使其失去冷静，调动了宋朝五路大军，而是因为这次战斗显示了李继迁趋于成熟的军事指挥艺术：它是"乘隙打楔子"这一宏远智谋的开端。李继迁能熟练地运用此计，又说明他已经摆脱了以往的对宋朝简单地骚扰、掠夺的报复性阶段，他已经把原本近于虚无缥缈的民族复兴的理想转化成了具体的、可操作又切实可行的方法步骤，即巧夺民族兴旺之基地——灵州，创造党项（西夏）、契丹（辽国）、大汉（宋朝）三国鼎峙的形势，使党项族彻底摆脱宗主国宋朝的束缚……

原来，李继迁经过多方考察，早已看到了灵州城的战略意义，而把灵州看做是民族振兴的立国之基了。灵州方圆千里，有山河作为其天然屏障，易守难攻。这里水土肥美，草木茂盛，是西北大地上最好的放牧、耕种的地方。党项人如果能够占有这广阔的富饶之地，那么与中原抗衡的实力可谓一步登天了。而且，宋朝的环州、庆州北距灵武千里左右，互相呼应、联成一线，硬是把西域戎人分成了两部分。两部各自地窄势单，自然就成不了气候。党项人一旦拥有灵武，李继迁自然拥有了统一并控制西戎各部的智谋及功勋资本。这样，不擅长养马的中原大地上所需的战马就完全控制在李继迁一人手中了（宋朝本还可以从契丹购买马匹，而此时正与辽国交战，所需马匹只能来自西域）。且不说西域大地东西合一后怎样增强党项族的力量，就光以兵种对比而言，在当时的情况下，党项骑兵对宋朝步卒的优势会显得更加明显。这样，败退胜进、纵深挺进、快捷后撤就会更加得心应手——宋军对党项人无可奈何，党项骑兵却随时都可以给宋军的任何部位加以攻击……

然而，宋朝也一直视灵武为军事重镇，一直派重兵守御。擅长游击无力攻坚的李继迁也就空负夺城之心，却无攻城之能。怎么办？

李继迁在密切注视宋朝对于灵武的态度、心理，随时准备乘隙插足，以智夺取。不久，李继迁果然找到了可乘之隙。

原来灵州远离中原，中间隔着"旱海"。它对于宋朝来说虽是控制西北的军事重镇但无丝毫实利可言，有的只是长途运输军事装备和粮食的劳苦和烦恼。由于宋辽战争日趋激烈，国库空虚，民众疲困，长期供应灵州军粮已成不小的负担。加上民夫难找，边境盗寇蜂起，党项骑兵出没无常，好不容易筹聚的军粮又担心半途被劫。这样，一些目光短浅的大臣便开始纷纷奏请皇帝快刀斩乱麻，主动放弃灵武，南向撤军，以消除供粮之苦，以增强其他边镇的实力——李继迁清醒地认识到这是夺取灵州的一个难得的可乘之机。

然而"敝帚自珍"，要让宋太宗痛下放弃灵州重镇的决心并不那么容易。宋太宗虽然耐心倾听了大臣们痛苦的陈述，依旧不断增加灵州的军供，始终不愿放弃灵州之地。于是在公元996年，李继迁经过周密的设计和布置，倾其全力在无定河进行了一场漂亮的截粮战斗，并继而围困了灵州城。

接下来的事态发展正如李继迁所预料的，失去冷静、狂怒之下的宋太宗，完全违背军事指挥的基本常识，坐在宫中瞎指挥，时时处处牵制五路大军的进剿行动。结果，五路大军远途疲奔，军供不继，相互失应；李继迁围城打援，以逸待劳，宋朝不得不无功败归。这样，狂怒后的宋太宗一下子跌进了绝望的深谷，开始想到"继迁不除，灵州必非朝廷所有"，放弃灵州的意愿一下子增强了许多。

继迁持续围困灵州，接连打退宋军的增援。宋军增援灵州的计划连连落空，终于心灰意冷，逐渐对灵州的得失变得麻木不仁起来。灵州守军已濒绝境，附近郊城已开始弃地投降。于是，公元1002年，李继迁集中优势兵力，一举把这一盼望已久的重镇攻夺下来了。

宋太宗见大势已去，党项族实力急剧增大，又怕李继迁结联辽朝，与辽朝东西呼应齐攻宋朝，便赶忙遣使与李继迁议和，把定难军地区干脆全部让给了党项。

李继迁改灵州为西平，公元1003年，从夏州迁居西平。从此，党项族建都、创国之势已成。宋朝已失去了对党项的宗主国地位。

毫无疑问，灵州之得失，乃是党项振兴、宋夏百年战争史的关键之所在。以李继迁"游击队"的实力，本来是无法攻夺灵州重镇的，但李继迁举重若轻，不仅轻轻巧巧地占据了灵州，而且极大地打击了宋朝的士气，提高了党项的威信，在夺城攻野中迅速地增强了自己的实力，创立了三足鼎峙的大好形势，我们不能不折服于

"乘隙插足，扼其主机"定宏大智谋的巨大威力。

"乘隙打楔子"是指钻空子插脚进去，掌握其首脑机关或要害而妥善地循序渐进，使"巨橡开裂于微缝"。李继迁乘宋辽之战方兴未艾，宋国忙于在东边战争之际，果断改变以往小打小闹、毫无远见的报复行动，而猛插一脚，实施夺取与宋、辽平起平坐之资格的宏伟计划，这是从宏远计划上的"乘隙打楔子"之计。这使得宋朝顾西边顾不了东边，方寸大乱，这样，李继迁便达到了反客为主掌握主动权的目的，从战略的高度保证了攻取灵州的胜利。针对宋国某些大臣认为灵州僻远、耗粮甚多、耗力甚多而收效甚微，不如主动放弃的心理，以粮运为突破口，一举截下宋朝 40 万斛粮草，这是从具体步骤上的"乘隙打楔子"之计。李继迁如果对灵州实施攻坚战，拼实力，那么李继迁是客，宋朝是主。一般来说客随主便，主动权被宋朝牢牢抓住，十个李继迁也难以攻下一座灵州城，现在李继迁采用此计，乘灵州远离中原、有劳无功之"隙"而插足，紧扼宋朝担心粮运困难之"主机"，循序渐进地把主动权从宋人手中夺过来。从而迫使宋朝自动、半自动地放弃灵州。这样，以战术上迫使宋朝放弃灵州，从战略上又使宋朝承认了党项族独立的资格，李继迁可谓大功告成了。

"乘隙打楔子"之智谋，空灵脱俗，成大事而不费大力，却强敌而不留痕迹，在商业经营中，也广为原本处于被动地位的弱小者所采用。

穷得连学都没有读完就来做推销工作的美国克罗先生。在认识了餐馆业主麦克唐纳兄弟之时，有了一番改革美国快餐行业的远大抱负。可是他一贫如洗，有什么资格插足快餐业，并实现他的抱负呢？

一番观察和思索之后，他要求麦氏兄弟留他在餐馆里。即使是当一名跑堂的小伙计也很乐意。并说，他在餐馆工作后将兼做原来的推销工作，并把这推销收入的 5% 让利给老板。麦氏兄弟听说后当即爽快地答应了他的要求。

克罗进入餐馆后，一方面迅速掌握餐馆的实力和条件，另一方面靠异常的勤奋来博取老板的信任。同时，他不断地向麦氏兄弟提建议，改善营业环境、配制份饭、轻便包装、送饭上门，他还建议在店里安装音响设备，使顾客更加舒适，大力改善食品卫生，精心挑选和安排服务员，让那些动作敏捷、服务周到的年轻姑娘当前方招待，把那些牙齿不整洁、相貌平平的人安排到后方劳作……当然，每项改革都使老板心里感到满意。他显得坦诚，值得信赖，谦虚谨慎……他也确为店里招揽了不少顾客。餐馆的生意越来越火红，老板对他更是言听计从，百依百顺。

不知不觉地他在餐馆里干了 6 年，他的经验越来越丰富，头脑中的新点子越来越多，麦克唐纳快餐馆在美国也颇有名声了。于是，克罗通过各种途径筹集一大笔贷款，在 1961 年的一个晚上，他请来了他已深切了解的老板麦氏兄弟，然后对他们说，他要买下这餐馆，开价 270 万美元。

事情进展异常顺利。第二天，餐馆里发生了引人注目的主仆易位事件，店员克罗把老板当"鱿鱼"给炒了。

接着，快餐馆以崭新的面貌享誉全美，在不长的时间内，那 270 万美元很快就回到了克罗的账号里。再过 20 年，餐馆总资产已达 42 亿美元，其快餐成了国际十大知名产品之一。

"钻乘"之术　大赢家所为

在中国历史上，宦官有着极其特殊的地位。

在长期的封建制度下，因宫廷内杂役和其他需要设置了宦官，而其中一部分宦官由于与皇帝朝夕相伴，因而摸透了皇帝的脾气，甚至成了皇帝的亲信。历代宦官中不乏对百姓做了好事的典型，但不少宦官却是作恶多端之徒。这些人有一个共同的特点，就是对皇帝的顺从、迎合和善于控制各种政治势力，直到最终大权独揽。

明熹宗朱由校是一个典型的昏君。熹宗幼年丧母，由奶母容氏抚养长大。朱由校即位后，就尊容氏为"奉圣夫人"，并提拔与容氏有暧昧关系的魏忠贤为司礼监秉笔太监。魏忠贤勾结外廷官员，与各种依附势力结成同盟，形成一股强大的邪恶势力，史称"阉党"。

当朱由校 16 岁当上皇帝后，仍然放不下自幼癖好的木工活，常常整天忙于自己动手劈、锯、刨或油漆木器。而魏忠贤则经常在朱由校制作木工器具正高兴的时候，拿出一大堆奏章请他审议，故意惹烦熹宗。这时的朱由校哪里还有心思关心国事？便赶魏忠贤快快离开："我都知道了，你看着办吧，怎么都行！"

这样，朝廷里的大事小事，实际上就由魏忠贤说了算，因为皇帝已吩咐"怎么都行"，而这正是魏忠贤所期望的。于是，明熹宗时期，朝廷的大权一步步掌握到魏忠贤手里。朝中事无巨细，必先请示魏忠贤。此外，他还掌握着皇家特务指挥大权。只要有人说魏忠贤一句坏话，被暗探听到马上就会遭到惨杀。

作为一代大奸臣，魏忠贤的做法一直为人们所不齿。但是，就魏忠贤故意惹烦皇帝，从而"乘虚而入"，一步步夺得朝廷大权的方法而言，则是令人深思的。现代商战中，各商家为占据市场使尽浑身解数，但最后的结果，一般说来不可能"皆大欢喜"。那么，谁才能成为最终的赢家呢？

事实表明，最后的赢家，往往是乘虚而入者。

在上海乃至全中国，汽车工业一直是薄弱环节，甚至在很长时间里是一个空白。1901 年，当匈牙利人李恩时携两辆汽车来到上海时，当时的公共租界工业局一时无法决定将这张执照归入哪一类。为此，第二年一月专门召开会议讨论解决这个难题。于是，第一张特别临时执照，暂按马车月捐纳税银洋 2 元。整整半个世纪，在上海土地上，车是泊来货，人是修理工。到 1949 年上海解放，上海从事汽车配件生产的民族企业，职工人数 30 人以上、60 人以下的不到 10 家。

直到 1958 年，上海汽车装配厂以华沙和顺风汽车为样本，在这一年 9 月 28 日试制成功了中国第一辆开始取名为"凤凰"、后来易名为"上海牌"的轿车，1960 年至 1963 年的 4 年里，总共才生产了 20 辆这样的轿车。

高坐在现代工业王国皇座上的轿车业，在中国也一直是极其薄弱的环节。直到 1978 年，积重难返的中国，在无比艰辛的跋涉中，开始考虑以"合资"

的方式发展中国轿车工业。在中国近乎空白的轿车工业领域，谁能抢占到这块地盘呢？

国外汽车界显然也认识到，中国是这个世界上最后一块待开垦的"处女地"，而且是一个潜力最大的市场。于是，美国通用、法国雷诺、日本日产及丰田、德国大众等汽车公司的代表，纷纷前来洽谈合资事宜。

几番磋商后，丰田公司首先退出。原因是竞争性的：他们担心技术输入后，使上海成为其对手；日本商人只要中国这个市场，但不允许世界上再诞生一个轿车企业。法国雷诺也因无合适车型，与中方停止了谈判。

美国人要坦率些。他们强烈地感到：中国的汽车工业实在太落后了，即使有意合作，面对现状实在无可奈何。

这时的德国大众，却显现出与别的公司不同的思维：上海地处中国沿海发达地区中心，是万里长江的入海口，为中国最大的港口，又是发达的航空港，而且铁路四通八达；不仅如此，上海还是中国最大的国际贸易中心，最大的金融中心，国际著名的银行都在上海设有分支机构；同时，上海又是中国最大的信息中心。除此之外，上海毕竟还有20多年生产轿车的历史，产量、质量、工艺、企业管理和销售服务，虽与世界先进水平不能同日而语，但在中国却是处于领先地位。更重要的是，上海是中国最大的工业城市，有轿车生产的主要原材料，综合加工能力强；大中院校科研机构集中，有利于培养人才、组织技术攻关和消化引进。

物质世界的最后驱动力需要的是物质力量。高明的德国大众，分析了各种有利条件后，以生产中级轿车、小型车和微型车为主的德国大众汽车公司毅然"抢滩上海"，继在欧洲、美洲、非洲之后，在亚洲创建一个生产基地，在上海与中国合作生产轿车。

中国同样十分重视开发轿车工业这块"处女地"。1984年秋天，中国副总理李鹏访德，并专程到德国大众狼堡总部参观访问。10月10日，作为中德双方最大的合资项目，中德总理亲自出席了上海大众汽车有限公司合营合同在北京人民大会堂举行的签字仪式。两天后，当时的中国副总理李鹏陪同联邦德国总理科尔，出席了在上海汽车厂举行的上海大众汽车有限公司奠基仪式，并双双为奠基石培土。

如今，可以毫不夸张地讲：在中国任何一条公路上，都会有奔驰着的桑塔纳轿车。经过10年的发展，上海大众已成为中国最大、年产轿车超过10万辆的轿车生产基地。可以想象，发展如此迅速的上海大众，将会给德国投资者带来多大的收益。

与战场一样，商场的"能见度"往往很低，很难预料发展前景。也正因为如此，高明的投资者会"拨开迷雾见青天"，准确地预测发展前景，然后大胆投资。一如面对中国轿车工业这块"处女地"，德国大众"乘虚而入"，继在墨西哥、巴西、阿根廷、尼日利亚之后，毅然在中国创建了又一生产基地。"德国大众的长远目标，就是要在亚太地区取得领先地位，把中国作为亚太地区整车及零部件的主要生产基地！"

不打自倒　纵敌骄妄

曹丕篡汉建魏后不几年，就一命归西，传位给太子曹睿。曹睿即位后，三朝元老司马懿被封为太尉，总领内外大军。曹睿喜欢躺在父辈创立的基业上吃老本，一当上皇帝，即在许昌、洛阳等处大兴土木，建盖宫殿，大肆搜刮民财，供他享乐，没想到荒淫过度，酿成疾病，年仅 35 岁，已是骨瘦如柴，奄奄一息了。为安排后事，便召宗亲大将军曹爽和太尉司马懿到病榻前托孤，当时太子曹芳才8 岁。曹睿让司马懿拉着太子曹芳近前答话，年幼的曹芳只是抱着司马懿的脖子不放，昏昏沉沉的曹睿见此情景，顺水推舟地说道："望司马太尉不要忘先王之托，更不要忘记幼子今日对你的相恋之情，好生辅佐！"司马懿跪在病榻前，唯唯应承，是日，曹睿便撒手而去了。当下司马懿、曹爽扶太子曹芳上皇帝位，这就是魏明帝。

辅佐幼主之初，曹爽对司马懿还算恭敬，内外遇有大事，常向司马懿请示，两方势力也就相安无事。可这曹爽年轻气盛，自恃是魏主宗亲，今又是顾命大臣，渐渐露出总揽朝政的野心。但是他知道，不扫除太尉司马懿这个最大的障碍，是很难成事的，因为兵权统统在这位司马太尉手里。于是曹爽以明帝的名义升司马懿为太傅，明是更加尊重，实际上是夺去兵权，接着又将自己的兄弟和心腹都安插在重要的职位上，第一步棋他顺利走完了。司马懿虽然被夺去兵权，但他对军队还是很有号召力的，这一点他心中有数，但目前曹爽势盛，且又一时找不到对抗的借口，于是避其锋芒，暂且忍耐，以自己年迈体衰为借口，居家"养病"。

"百足之虫，僵而不死"。曹爽以明尊暗禁的手段夺去司马懿的兵权之后，对这个有重要影响力的三朝元老，他还是放心不下，便时刻窥视着他的动静。一天，曹爽派一个将要上任名叫李胜的官员去司马懿家，以探病为名去探探虚实。司马懿一贯老谋深算，他一听就知道来访者的用意。当那个官员到司马懿的府门要求拜见司马太傅，说是前来辞行的时候，司马懿的大儿子司马师怒气冲冲地说："辞行，辞行，有什么好辞行的，这帮走狗只恨我们不死。"

司马懿沉声喝道："凡事不要冲动，他们不是来探我们的虚实吗？我就不妨将计就计，装成要死的样子，让他们信以为真，放松警惕，那时我们就好见机行事了。"

于是，李胜被带进司马懿的寝室，只见司马懿躺在床上，一副无精打采的脸庞，双眼无神，丫环正端着碗喂粥，另一个丫环则吃力地侧扶司马懿。司马懿如同行将入木的死人，嘴唇木然不动，丫环喂进去的几口粥都顺着司马懿的嘴角流了出来，弄得被褥衣服到处是脏物，两个丫环更是手忙脚乱。

当两个丫环侍候完毕，离开寝室之后，那官员毕恭毕敬地对司马懿说："好久没来参见太傅了，没想到竟病得如此严重。"连叫数声，司马懿才老眼微抬，有气无力地问道："你是何人？"来人答道："我是河南尹李胜，现在天子任命我为荆州刺史，特来向太傅拜辞。"司马懿故意装作没有听清楚，一边喘息一边应道："并州么？君……君受屈赴任此州，它地处北方，须好好防守。"那官员见他听错了，急忙说："我是任荆州刺史，而不是去并州。"司马懿又故意错说："啊，你是刚刚从并州来？"李胜提高嗓门说道："是中原的荆州哇!"司马懿装作这回算是听明白了，一边傻笑一边说道："啊!你是刚从荆州来的?"李胜对旁边的人说道："太傅怎么病成这等模样?"左右的人答道："太傅病久，现在耳朵也聋了。"李胜说："请借笔墨一用。"左右的人拿来笔墨和纸张，李胜将自己的来意写在纸上，递给司马懿看。他看后，方才断断续续地说道："我病得耳聋眼花，看来想好转也没大希望了。你这次前去荆州，望多多保重。"说到此，又旁顾左右丫环，用手指口，装作要喝的样子，等到汤真的送到嘴边，他又抖抖索索一半进嘴，一半撒落在衣服上，还咳嗽不止，显出一副不堪疲乏的样子。李胜见司马懿病成这副模样，也无心久坐，便匆匆离去。回去就急忙向曹爽报告说："司马懿对我赴任的地点都听不清楚，说了半天才明白。"

曹爽听罢大喜过望，连续说道："此老要是死了，我就无忧无虑了。"于是便放松警惕，大着胆子去为所欲为了。

再说司马懿一看李胜离去，立即起身对两个儿子说："李胜回去肯定向曹爽报告我的病情，曹爽一听也必定放松对我们的戒备，以后我们也好见机行事了。"时隔不久，他们果真借机擒杀了曹爽。

司马懿父子三人被剥夺了军权，处于守势，本以无力正面与对手争锋，可对方却还没有彻底失去对自己的戒备，在这种情势下，如果让对方看出丝毫不满和反抗的迹象，则容易引起警觉，而更加置于死地而后快。为松懈对方的戒备，免遭祸殃，最妥当的办法是极力设法制造假象、迷惑对方、麻痹对方。为达到此目的，司马懿不惜屈辱自己装作病入膏肓、不可救药的样子，一退再退，一直退到"不打自倒"的程度，不但有效地避其锋芒，而且使对方产生了劲敌已自生自灭，无须顾及的错觉，终于达到了保护自己，等待时机的目的。

在企业经营过程中，进取与退避同样是相互交替和相互转化的。诚然，企业经营进取是根本的，故而企业经营者必须有强烈的进取精神，要以百倍的勇气，充足的实力向强手展开竞争，以积极的态度创造条件，不断推出新产品，努力开拓市场，力争企业不断前进。然而，进取的道路是曲折的，有迂回也有倒退。任何企业不可能永远前进，也不可能处处前进，有进必有退，要在进中有退，退中有进，这才是成就大事者必备的品质，必须熟知的策略。这也就是说，以退为进，它也是企业经营者的一种策略，一种智谋或方法。当你所经营的产品出现市场疲软难以销售的时候，当你的产品质量不过关或发现为另一种新产品所代替的时候，当与你的竞争对手实力对比条件悬殊难以取胜的时候，聪明的经营者，则应采取退让的方法。如经营规模的缩小，某一竞争市场的退出产品的下马等。这种退让不是消极的退让，而是为进取创造条件，是下一个进取的前奏。企业经营者如果不懂得以退为进的策略，该退而不退，则势必会在盲目前进中碰壁。

英国有一位名叫威尔逊·哈勒尔的人，60年代初来美国定居，他开办了一家制造清洁喷液的小公司，经营一种名叫"配方409"的清洁喷液。这种清洁液占据美国一定的市场，并获得专利。

美国另有一家公司——宝碱公司，历史悠久，实力雄厚，生产的"象牙肥皂"闻名全国。最近，该公司又生产出"新奇"清洁液，为了占有市场，他们展开了强有力的促销活动，采取了声势浩大的广告攻势。他们因为自己底子厚、资金充足而满怀信心地要击败哈勒尔的小公司。

哈勒尔经分析认为，对方实力雄厚，决不能正面交锋，决定暂且退让，停止促销活动，主动放弃一部分市场。同时，他又判断出：宝碱公司因为自信而不会密切注意自己的行动，于是他利用灵活多变、行动迅速的特点，与宝碱公司展开游击战。宝碱公司一见哈勒尔主动让出许多市场，觉得对方已被挤垮，便不把这个小公司放在眼里。可是，哈勒尔明里退却，暗地里却巧妙地改进"配方409"的包装、颜色来迷惑对方，同时又密切注视对方的行动。起初宝碱公司的"新奇"清洁液，经试销其销路很好，公司总部便得意洋洋，当即决定大批投放市场。当"新奇"清洁液即将大量涌入丹佛市时，借丹佛市测试市场的机会，哈勒尔突然展开了一场"削价战"，把"配方409"以优惠价大量倾销，促使爱便宜的消费者一次购足大约来年的用量，待宝碱公司"新奇"清洁液大量涌入丹佛市场时，因为消费者已购足了"配方409"，"新奇"清洁液再很难出售了。宝碱公司只好把"新奇"撤回总部。

夹缝里求生存

春秋争霸，大体分为三个层次：第一层次是诸侯中的大国，它们之间争霸，是为了统率各诸侯国，以取代天子的位置；第二层次是诸侯小国中的强国，它们既是诸侯大国争取的对象，亦即大国交兵的对象，又盼望爬上大国的行列，与诸侯大国一样号令天下；第三层次就是诸侯中的小弱国，它们不仅听任大国宰割，而且小诸侯国中的强者也不时会对其进行骚扰，由于它们的弱小，在诸侯争霸中，它们往往起不了什么作用。倒是小诸侯国中的强国，对大国的争霸发生着重要的影响，同时，求生存和发展，也是这些诸侯国面临的重要课题。

宋国就是这类国家中的一个，宋国是商朝的后裔，周初时分封殷的后代微子启而立国。它地处豫、鲁、皖交界处，是中原各国通往东南吴越的交通要道，因此，一直为各大国争霸所看重，深受战争的危害。为了在大国争战的夹缝中求生存，宋国在对外政策上改变一度旗帜鲜明的做法，采取调和策略，先后两次发起弭兵会议。

公元前579年，宋国执政者华元利用同楚国令尹子重、晋国中军元帅栾书的关系，从中促成了第一次弭兵会议。当年夏天，晋、楚两国卿大夫在宋国都城西门外盟誓，盟辞上写道："从此以后，晋楚不要以兵戎相见；必须同心同德，互相怜恤灾患。若有别的国家危害楚国，晋国要起兵讨伐；楚国对晋也是如此。两国应让聘

使往来，使道路永不堵塞，并共同讨伐不朝周王的国家。谁背叛了这次盟誓，要受到神灵惩罚，国家灭亡。"这次弭兵，维持了三年的和平。

公元前546年，宋国的执政者向戌在诸侯中再次发起停战运动。他先到晋国去，找到中军元帅赵武，赵武和诸位大夫商议对策，向戌说："战争向来使百姓遭到残害，使各国的经济蒙受损失，更是弱小国家的巨大灾难。现在有人提出了消除战争的倡议，虽然不一定能实现，但也要答应他。如果我们不答应，楚国将会答应他。到那时，楚国以此号召诸侯，我们将势必失去盟主的地位。"于是，晋国人便答应了向戌的请求。向戌又到楚国，楚国人完全赞同。接着，向戌到了齐国，齐国人开始不赞成，陈子文说："晋楚两国已经答应，我们怎能阻挠？再说人家要消除战争，而我们不赞成，这就会使我们的百姓因抱怨而产生二心，将来还怎么能使用他们呢？"于是，齐国人也答应了向戌的建议。向戌又到秦国去征询意见，也得到了秦国的赞同。随后，各大国通知自己的属国到宋国盟会。

当年5月至7月，盟会在宋国举行，有13个诸侯国的卿大夫或君主先后到会。弭兵会召开后，在与会国之间停止了十几年的战争，尤其是晋、楚两个大国之间，在40年内没有发生军事冲突。弭兵之会对宋国乃至中原诸侯国经济的发展，起了重要的作用。

宋国执政者发起停战倡议，发动和平攻势，实际上是为了在大国争霸的夹缝中求生存。在市场经济中，面对如林的强劲对手，学会在夹缝中求生存、求发展，从夹缝中冲出去，开拓市场，开辟新路，再展宏图，不失为一种高明的谋略。大连石油化工公司就是运用这一谋略，夺得了国际石油市场的一席之地。

1981年，国际市场需要润滑油基础油，大连石油化工公司看准这一行情，不惜工本，按照国际标准生产出8种牌号的润滑油基础油，打入国际市场后，名声大振。可是，好景不长，由于国际石油市场竞争激烈，油价下跌，继续坚持出口，公司将一年要亏损1100万元。面对危机，公司经理黄春萼认为，参与国际交易，我们是后起者，在强手如林的情况下，要挤进去不容易，我们应想办法站住脚。如果一遇风浪就退出来，那么，想再占领市场就会更困难。他决心带领公司同仁从夹缝中冲出去。为此，他亲自到欧美一些国家做市场调查，搜集信息，寻找合伙对象，开辟新市场。

在美国北部，黄春萼找到美国著名的鲁布左尔石油公司国际销售部总经理，开门见山地说，希望你们能买我们的产品。"洋"经理说，你凭什么让我们把别的公司的产品辞掉，而买你们中国的产品？黄春萼胸有成竹地列举了大连石化公司的三大优势：第一，我们公司的产品质量保证，有很高的信誉；第二，我们可以长期合作，保证长期供货；第三，我们公司有自备码头，保证交货及时，并有良好的服务，产品资料齐备，保证信守合同。最后，黄春萼不紧不慢地告诉这位总经理，贵国莫比尔已经购买了我们的产品。

莫比尔石油公司在美国享有盛名，是世界第六大工业公司。这位经理听说莫比尔公司已购买了大连石化公司的产品，立即放下架子，同意洽谈生意，并对大连石化公司的产品作了质量评定。经检验，大连产润滑油基础油全部指标达到规定要求。他们很快向世界各地分公司发放了准予购买大连产中性油的许可证。就这样，大连石油化工公司开辟了新的市场，中国石油产品终于在国际石油市场上占有了一席之地。

以柔克刚——太极如意法

对付敌人，我们当然希望泰山压顶，一举全歼。但是如果敌人十分强大呢？以硬对硬，犹如以卵击石。如果所要对付的不是敌人，而是朋友、友军或者需要长期维持友好关系的顾客呢？则更不能采取强硬的手段。怎么办？俗话说滴水可以穿石，柔竹能敌强风，在不能采用强硬手法的时候，不妨来个"绵力相迎，以柔克刚"之计。

借壳寄身　龟息大法

公元 617 年 5 月，一直在韬光养晦的隋朝太原留守李渊，见时机成熟，毅然起兵反隋。

当时东、西突厥再度强盛，太原又地处突厥骑兵经常出没袭扰的地方，为解后顾之忧，李渊用十分卑恭的口气亲自给突厥写信求和，并以厚礼相赠，希望得到援助。突厥始毕可汗却回答说，李渊必须自立为天子，突厥才会派兵马来援助。

见强大的突厥希望李渊成为天子，李渊属下将士包括文臣谋士，无不欢呼雀跃，纷纷劝李渊赶快做把龙椅，登上皇位。李渊当然也在做称皇称帝的美梦。但此时，他却异常冷静，考虑得很多、很多。

当时全国农民起义风起云涌，他们大多打着明确的推翻隋王朝的政治旗帜，使饱受隋炀帝横征暴敛的穷困百姓趋之若鹜，农民军声势迅速壮大。李渊当然也要取代隋炀帝，但他想，他还不是农民起义军，因为他所要依靠的对象主要是新兴的贵族、官僚和豪强。这股势力中的人与农民不同，他们具有浓厚的"忠君"意识，他们只反对某一个皇帝，只要用一个"明主贤君"去代替当朝的"暴君昏君"，绝不容许有人推翻整个政治制度。而今隋王朝行将没落；中央集权名存实亡，而地方贵族、官吏则拥兵自重，具有很大的实力，他们为确保自己割据地位而控制的武装力量，无论在武器装备还是在战斗力方面，并不亚于朝廷的正规部队，而手持锄头竹竿的分散的农民力量是无论如何也无法与其同日而语的。

再说，从隋炀帝前不久镇压杨玄感反兵之迅速、果断和残忍来看，杨广对于贵族阶层的叛乱更为深恶痛绝。隋朝虽行将就木，但它毕竟是一国之政权所在，如果隋炀帝集中力量来剿灭李渊，那么此时此刻恐怕有十个李渊也是难逃灭顶之灾……

经过再三考虑，李渊否决了部下的建议，不仅没有自立，反而打出了"尊隋"的旗号，尊隋炀帝为太上皇，立留守关中的杨广之孙代王杨侑为新皇帝，并移檄郡县，改易旗帜。这样，在突厥方面看来，李渊声势浩大，马上便要自立，自己的建议已被采纳，不再随意侵犯，并有条件地给予了支持。而在隋政权看来，当然怀疑到李渊身藏野心，但毕竟打着尊隋的旗号，现在明目张胆要推翻隋政权的农民军多如牛毛，已无力对付，哪还能专力去攻李渊？因此，除了作一些少量的防御布置外，一时间从未对李渊发起过主动的攻击围剿，李渊便乘机有计划有步骤地发展壮大起来。

更重要的是，李渊的尊隋旗帜迎合了"忠君"思想浓厚的贵族士大夫阶层。而且李渊新立代王杨侑为帝，在这批人看来，朝廷官僚便有一次大换班的过程，对他们是一次难得的升官发财的机会，谁先加入李渊部队，谁便会抢到更好更多的先机。于是，众多手握精兵的贵族士大夫们纷纷涌入李渊部下。李渊的实力急剧强大起来。

当然，李渊尊隋毕竟是个权宜之计，他只把隋朝当作一棵正在快速腐朽过程中的大树，当自己刚刚破土、尚处幼苗之时，机敏地把苗根一下扎在这棵大树之上，饱吸树中水份养料（如隋朝的贵族士大夫阶层等），又借大树遮风挡雨，甚至让大树误认为这棵小苗乃是自己身体的一部分而加悉心保护（如李军在与其他农民军交战时，隋朝往往追迫农民军而寄妄想于李唐军队），从而获得迅速壮大的有利条件。而等到时机成熟，李渊便一脚蹬开隋朝这截烂木头，建立唐王朝，从而去赢得更为广大的民众之心。

借棵大树暂寄身。唐军借此办法迅速地从幼小变成了强大，李渊用计何其妙也！商业经营中，对于弱小的企业、对于还无名气的产品——总之是一切还处在弱小地位的东西，如果想要走捷径迅速壮大起来，是否也应先去"借棵大树暂寄身"呢？

绵力相迎　缠身柔术

公元 764 年，唐朝刚刚平定安史之乱，仆固怀恩却在北方纠众反叛，屡屡攻城夺野。唐代宗只得令声望卓著的郭子仪为副元帅，率军平叛。郭子仪令其儿子郭晞以检校尚书的身份兼行营节度使，屯兵在邠州（今陕西彬县，又作豳州）。邠州地方的一些不法青年，纷纷在郭晞的名下挂名，然后以军人的名义大白天就在集市上横行不法，要是有人不满足其要求，即遭毒打，甚至致死孕妇老小。邠宁节度使白孝德因惧怕郭子仪的威名，对此提都不敢提一下。白孝德的下属泾州刺史段秀实则感到事关唐朝安危和郭子仪的名节，毛遂自荐请求处理此事。白孝德立即下文，令他代理军队中的执示官都虞侯。

段秀实到任不久，郭晞军队中有17名士兵到集市上抢酒，刺杀了酿酒的工人，打坏了酒场许多酿酒器皿。段秀实布置士卒把他们统统抓来，砍下他们的脑袋挂在长矛上，立于集市示众。

郭晞军营所有军人为之骚动，全部披上了盔甲。段秀实却解下了身上的佩刀，选了一个年老且行动不便的人给他牵着马，径直来到郭晞军营门口。披甲带盔的人都出来了。段秀实笑着一边走一边说："杀一个老兵，何必还要披甲带武装，如临大敌？我顶着头颅前来，要亲自由郭尚书来取！"披甲士兵见一老一文一匹瘦马，惊愕不已。本以为要进行一场硬拼。眼见得如此文弱的对手，反而纷纷让路了。

段秀实见到了郭晞，对他说："郭子仪副元帅的功劳充盈于天地之间，您作为他的儿子却放纵士兵大肆暴逆。如果因此而使唐朝边境发生动乱，这要归罪于谁呢？动乱的罪过无疑要牵连到郭副元帅。而今邠州的不法青年纷纷在你的军队中挂了名，借机胡作非为，残杀无辜。别人都说您郭尚书凭着副元帅的势力不管束自己的士兵，长此以往，那么郭家的功名还能保存多久呢？"

郭晞本来对段秀实自作主张捕杀他的士兵心存不快，对于士兵的激愤情绪听之任之，倒要看看段秀实有多大能耐。现在见段秀实完全不作防备地闯进军营，听段秀实一说，觉得段秀实完全是为促使郭家功名才这样做的，一改原来的强硬态度，反而觉得对弱小的段秀实必须加以保护，以免被手下人因愤而杀，赶紧对段秀实拜了又拜，说："多亏您的教导。"喝令手下人解除武装，不许伤害段秀实。

段秀实力让郭晞下定决心管束军队、干脆一"软"到底，说："我还没有吃晚饭，肚子饿了，请为我备饭吧。"吃完饭后又说："我的旧病发作了，需要在您这里住一宿。"这样，段秀实竟在只有一老头守护的情况下，睡在充满敌意的军营之中。

郭晞表面答应了段秀实的要求，但又怕愤怒的军人杀了这个不作抵抗且有恩于己的朝廷命官，心里十分紧张。于是一面申明严格军纪，一面告诉巡逻值夜的侯卒严加防范，借打更之便切实保卫段秀实的安全。

第二天，郭晞还同段秀实一起到白孝德处谢罪，邠州大军由此整治一新。

"天下之至柔，驰骋天下之至刚。"段秀实在捕杀17名违法士兵之后，用温和得体的言行，驾驭了刚烈愤怒的郭晞及其手下军士，成功地达到了"以柔克刚"的目的。

在军事外交中使用"以柔克刚"之计，往往需要有超人的胆识，勇于赴险和临危不惊的气魄。以和为贵的商业经营中，采用"以柔克刚"之计，则需要的是应该准确把握强硬对手的心理愿望，从满足对手心理愿望的角度，大使其柔。

鲍尔温交通公司总裁福克兰，在年轻的时候因巧妙处理了一项公司的业务而青云直上。他当时是一个机车工厂的普通职员，由于他的建议，公司买下了一块地皮，准备建造一座办公大楼。在这块土地上的100户居民，都得因此而迁移地方。

但是居民中有一位爱尔兰的老妇人，却首先跳出来与机车工厂作对。在她的带领下，许多人都拒绝搬走，而且这些人抱成一团，决心与机车工厂一拼到底。

福克兰对工厂领导说："如果我们建议通过法律途径来解决问题，就费时费钱。

我们更不能采用其他强硬的办法，以硬对硬，驱逐他们，这样我们将会增加更多仇人，即使建成大楼，我们也将不得安宁。这件事还是交给我来处理吧！"

显然，面对如此局势，最好采取"以柔克刚"的计策。聪明的福克兰所选择的也正是此计。

这一天，他来到了老妇人家门前，看见她坐在石阶上。他便故意在这老妇人面前走来走去，心里好像盘算着什么。他自然引起了她的注意。良久，她开口发问："年轻人，有什么烦恼吗？说出来，我一定能帮助你。"

福克兰趁机走上前去，他没有直接回答她的问题，却说："您在这时无事可做，真是天大的浪费呀！我知道您有很强的领导能力，实在是应该抓紧时间干成一番大事业的。听说这里要建造新大楼，您是不是准备发挥你的超人才能，做一件连法官、总统都难以做成的事：劝您的邻居们，让他们找一个快乐的地方永久居住下去。这样，大家一定会记得您的好处的呀！"

从第二天开始，这个强硬顽固的爱尔兰老妇人便成了全费城最忙碌的妇人了。她到处寻觅房屋，指挥她的邻人搬走，并把一切办得稳稳妥妥。

办公大楼很快便开始破土动工了。而工厂在住房搬迁过程中，不仅速度大大加快，而且所付的代价竟只有预算的一半。

福克兰能果断选用"以柔克刚"之计，已见其智力不凡。他又能从老妇人率领邻居拒搬、静坐石阶中抓住用"柔"的突破口，则更显其使用此计的娴熟技艺。

无影避实　连环攻虚

赵光义登位后，朝里由卢多逊当政，卢多逊与赵普因有仇怨，多次在太宗赵光义面前诋毁，结果赵普，这一位宋朝开国元老，名为太子太保，实质手中无权郁郁不得志。

赵普有个妹夫叫侯仁宝，本来在朝里做供奉官，卢多逊因为嫌恶赵普的缘故，便把侯仁宝远调到南岭外邕州去做知州，竟像是充军似的。赵普虽是心痛，却无力救护他。侯仁宝到了邕州好几年，朝廷竟不调动他，简直把他忘了。

赵普见这样子，恐怕朝廷终不调动，侯仁宝不免老死岭外，几根骨头都不能归葬中土，便表奏太宗，力陈交州可取，可召侯仁宝以备询问。交州即交阯地，与邕州相接近，故赵普用此计策召调侯仁宝回京。

太宗阅奏，果然想把侯仁宝召回京城，当面向他询问边地的情势。哪知道刁滑的卢多逊知道此事后，便马上入朝面奏皇上说："交州眼下内乱，正是攻取的好机会，但如果召回侯仁宝，恐怕要泄露机密，臣想不如密令侯仁宝突然发命奇袭，攻其无备，倒是万全必胜的计划。"

太宗听奏后，点头称是，随后命侯仁宝为交州水陆转运使，和孙全兴、刘澄等人同伐交州，可怜那侯仁宝在即将大获全胜之时，轻信敌人诈言，麻痹大意，被敌人夜半偷袭，死于乱军之中。

赵普听说妹夫侯仁宝战死疆场，心里很难过，由此对卢多逊更加仇恨。卢多逊也晓得赵普恨他，也时时刻刻提防着，不让赵普抓住把柄。为了防止赵普动员朝臣，结伙弹劾他，对他不利，就立了一条规矩：群臣呈给皇上的奏章等公文，不经他的审阅和签署，不得上呈。他签署的批语常常是"不敢妄陈利便，希望思荣"十个字，既把握住了言路，又给皇上以不断独行的形象，并且还使群臣知道他的厉害，感到震惧。

面对卢多逊的防范举措，赵普心想："卢多逊能如此权倾朝野、手眼通天，就是因为有皇上的恩宠，除此之外，还和秦王赵廷美关系密切，来往频繁，有他的得力帮助。我要想弄垮他，必须首先把他和皇上的关系搞臭。皇上好像对他没有疑忌，如果我把皇上和秦王的关系搞得水火不相容，皇上治罪于秦王，那么卢多逊这位秦王府的常客也肯定不会再得皇上的相信了。我的仇不也就报了。"

于是，赵普与秦王府的旧僚柴禹锡、赵熔、杨守一等人加强了来往，时常派人到这些人的府上看望，还送给他们很多礼物，这些人也时常来赵普府上回访。

日复一日，时光如流水一样地逝去。忽然有一天，柴禹锡、赵熔、杨守一等人竟直接进入内廷，向皇上密报，说秦王骄横不法，好像要图谋叛乱，卢多逊与秦王交往甚密，恐怕也有串通勾结的内幕。宋太宗没有什么表情，只是静静地听着。这些人走后，他一个人在殿上来回踱着，心想："秦王存在一天，对我就构成一天威胁，早看出那秦王心怀不轨，可没想到来得这么快，这事不能不了了之，留下隐患，卢多逊与秦王交情密切，不能问他，最好是问赵普。"

于是，太宗便召赵普入见，那赵普自柴禹锡等人退出后，便一直在殿外等候，听太宗召见，便立即进去，自作毛遂，调查此事。

几天后，宋太宗授给赵普司徒的官爵，并兼职侍中，封他为梁国公，并命他秘密地侦察和搜寻秦王赵廷美的行动和罪证。

这时宋太祖赵匡胤的三儿子赵德芳也已病死，距武功郡王赵德昭自刎只隔一年多。秦王赵廷美看到太祖死后，几个侄子备受冷落，相继故去，落得凄凄惨惨，心中不免有些感慨，曾叹息道："三兄长帝位得坐，不顾同胞之情，有负兄意啊！"他心想口出，随便讲了几句，可世上没有不透风的墙，他的话很快传入了太宗的耳中，还有一班谐臣媚子，火上加炭，只说秦王赵廷美正忙于阴谋作乱，劝皇上紧急防范，以防措手不及。宋太宗便罢了秦王赵廷美开封府尹的官职，让他离开京城，到西京（洛阳）做西京留守。

赵普与赵廷美并无什么仇怨，只不过要扳倒卢多逊只好从廷美着手，陷他下井。现在廷美失去恩宠，赵普便开始对卢多逊穷追不舍，明访暗察，竟得到卢多逊私遣堂吏，结交秦王的一些事情。

这个堂吏名叫赵白，与秦王府中孔目官阎密，小吏王继勋、樊德明等狼狈为奸，秦、卢交好，都由他数人往来介绍。在学士扈蒙、卫尉卿崔仁翼、御史膝中正等人的审讯下，赵白等人招供说："卢多逊多次派赵白把中书机要事件密告秦王，并且说愿宫车（指皇上）早日晏驾（死去），我将全心全意侍奉大王，秦王也派遣小吏樊德明向卢多逊说，承蒙相臣一片苦心，所言正合我的心意，秦王还赠送给卢多逊弓箭等好多礼物，卢多逊接受了。"

赵普把这供状奏报给了太宗。太宗听后，大怒道："兄终弟及，原本太后的遗命，也是开国成规，只是朕尚强壮之年，你赵廷美为何这般急不可耐？再说，朕待卢多逊也算不薄，难道他还不知足，非要赵廷美做皇帝，他才心满意足吧？"

赵普回答说："皇上有所不知，恕老臣直言，自夏禹到现在，在皇位的传承上，只有父传子的公例，兄终及弟只是中宫虚位之余的故事，太祖已误，陛下岂能再误呢？"

太宗听后不禁点头称是，便颁布诏书斥责卢多逊的不忠，将他降为兵部尚书；过了一天，将卢多逊下狱，赵白、阎密、王继勋、樊德明等人一并收入狱中。太宗又召集文武大臣，商议处分一事。结果，赵白、阎密、王继勋、樊德明等人，全被斩于辕门外，还抄没了他们的家产，将他们的家人亲属发配到海岛，子弟终身不再录用。勒令秦王回归私邸，子女封爵全部剥去，秦王女婿韩崇业的公主驸马名号，也不能保留。卢多逊即日被发配到人烟荒芜的崖州，郁闷结疾，又缺医少药，两年后病死于流放之地。

赵普在无法正面与卢多逊争抗的情况下，先攻秦王，审讯卢多逊亲信，最终扳倒了卢多逊，达到了报仇雪恨的目的。这就是谋略中连环之计、即搞清各种矛盾，各种关系，攻击同敌相关的一些环节，通过一系列的因果环节而发生作用，达到自己的目的。

在现代商业社会。如果能准确地判断情况，巧妙地利用内外部矛盾、相互联系的关系，施行连环计，就能以较小的力量取得巨大成功。

美国商人图德拉，这个传奇式的人物，就是施用了连环计，闯入了石油界。

图德拉原来是加拉加斯一家玻璃制造公司的老板，凭着顽强的毅力，自学成才，将玻璃制造公司经营的红红火火。但他的目标不在这儿，而是一心渴望有一天能在石油生意上有所发展。

一天，他从一个朋友处获悉阿根廷即将在市场上购买二千万美元的丁烷气体，于是灵机一动，何不去努力一番，说不定会弄到这份合同呢？

图德拉来到了阿根廷，发现自己的竞争者竟然都是大名鼎鼎的石油界巨商：英国石油公司和壳牌石油公司。图德拉想到自己单枪匹马来到这儿，既无老关系，也无经验可言，如果与这些大实业家正面竞争，无疑是以卵击石，必然一败涂地，只有避开这些弱点，想出新的计谋，才能取得胜利。

他在当地四处搜询信息，摸熟了一些情况，并且还发现了另外一件事，阿根廷牛肉过剩，该国正想不顾一切地卖掉牛肉。图德拉知道这事后，喜上眉梢，心想，这一下我有办法同几家大石油公司抗衡了。

他即刻告诉阿根廷政府："如果你们向我买2000万美元的丁烷，我一定收购你们2000万美元的牛肉。"他这个条件对于阿根廷政府来说，正是求之不得，为阿根廷政府解除了后顾之忧。于是图德拉和阿根廷政府签订了这份合同。

图德拉得到合同后，马上飞往西班牙，因为他已经了解到那里有一家主要的造船厂因缺少订货而濒临于倒闭。这是西班牙政府政治上面临的一个棘手而敏感的问题，他告诉这家造船厂的老板："如果你们向我买2000万美元的牛肉，我就在你们造船厂订购一艘价值2000万美元的超级油轮。"造船厂老板听后欣然同意。图德拉随即通过西班牙驻阿根廷大使传话给阿根廷政府，将图德拉的2000万美元的牛肉直接运往西班牙。

这件事办完后，图德拉离开了西班牙，来到了美国费城的太阳石油公司，向公司提出了自己的建议和要求："如果你们租用我正在西班牙建造的2000万美元的超级油轮，我将向你们购买2000万美元的丁烷气体。太阳石油公司同意了图德拉提出的条件，签订了合同。

就这样，图德拉利用相互需求和彼此制约的关系使各方都接受了他的条件，以连环计闯入了石油界。

在施行连环计时，其中的环节要有一定的限度，中间环节越多就越不稳定，风险也就越大，实施都要搞清主要矛盾，抓住矛盾体系中的主要环节，否则对方一旦以牺牲局部的方法摆脱困境，反而会使自己陷入被动。

缠头裹脑　醉步迷踪

宋太祖平定了南汉后，将目标对准了南唐。然而，他最担心的就是南唐大将林仁肇。

林仁肇是江南名将，多智足勇，曾屡次击破吴越兵于海门，并密书向南唐后主李煜陈述了光复江北旧境的计划，对李煜忠心耿耿。因此，太祖很想先除掉他，好取江南地方。

机会终于来到了。开宝四年（公元971年），李从善又奉哥哥李煜的旨意出使宋朝。赵匡胤为了把李从善留住，派人为他建了一处很气派很华丽的别墅，经常派大臣去婉言留劝他，还授任他为泰宁军节度使。李从善感到左右为难，"接受吧，对不起哥哥李煜，不接受吧，自己性命还在赵匡胤手中，万一赵匡胤发怒，自己怎么办呢？"最后，李从善无奈地接受了赵匡胤的封赏。

李煜不知赵匡胤不放李从善是何居心，也不知李从善态度如何，便经常派使臣前往宋朝，到李从善的住处探听消息。从此南北双方都频繁派遣使者。

赵匡胤得知南唐派遣使者，日益频繁，暗自高兴。过了一段时间，看到时机差不多了，就授意一名画师扮作使臣，和其他使臣一同前往南唐。这位画师是从许多画师中挑选出来的，技艺高超，而且记忆力极强，即使和他见过一次面，他也能背着将其肖像画出，并且惟妙惟肖，活灵活现。

这位"使臣"来到南唐，就去拜见林仁肇。开始，林仁肇闭门不见，一是对宋朝没有好感，对宋朝官员怀有一定的敌意。二是怕招惹是非，担心皇上知道了会产生怀疑，不信任自己。假使臣碰了一鼻子灰，就去见李煜。李煜接见了他，假使臣就把自己拜见林仁肇而被拒之门外之事向李煜讲了一遍，并陈述了自己久仰林仁肇骁勇善战，渴望得见一面的心情，请求李煜恩准。

李煜因李从善还在宋廷，不便推辞，就答应了假使臣的要求。假使臣见过林仁肇，回到宋朝，立即把林仁肇的相貌画了下来，送到了赵匡胤手中。赵匡胤大喜，赐给他一千两白银，并吩咐下面的人把画像挂到一处馆舍里。

一天，李从善入朝拜见皇上，中途有个廷臣把他带到那座馆舍里。李从善见到林仁肇的画像悬挂在那里，不由惊诧地说道："这不是敝国的江都留守林仁肇吗？为什么要把画像留在这儿呢？"廷臣故意支支吾吾，半晌才说："这是有个缘故的。"说了这一句，却又停住不说了。

李从善忙追问道："有什么缘故呢？"

廷臣又犹豫了片刻才说道："足下您已在沛京供职这么长时间了，同是朝廷臣子，不妨告知你吧。这的确是林仁肇的画像，皇上爱惜他的才干，特地写信给他，令他前来，他答应归附皇上，一时不便行动，就派人造来这画作为凭证。皇上已准备把此馆赐给林仁肇待他来到汴京，轻而易举就可得到节度使的官职。"

李从善听了将信将疑，回到住所后，便派使者快速返回江南把事情告知了李煜。李煜接到弟弟的来信，阅读再三，深感气愤。可他对林仁肇也只是怀疑，林仁肇到底有无异志，他也把握不准。他当即传见林仁肇，问林仁肇是否接受宋诏。

林仁肇被问得有些发愣，半天摸不着头脑，但感到问题相当严重，尽管没有承认，回答时因着急、惊讶而支支吾吾。由此，李煜愈发疑心，他怀疑林仁肇有意欺蒙，便不动声色地说："爱卿不必担心，因有人告发你，故朕向你问明一下，没有就算了！"当下留林仁肇饮酒，暗中在酒里放了鸩毒，毒死了林仁肇。

就这样，宋太祖巧施反间计，除掉了林仁肇，使李煜失去了一位名将，为以后遣兵征伐江南创造了条件。

《三十六计》中曾说："疑中之疑，化之自内，不自失也。"意思是说：在欺骗敌人的手段中又布置一层迷雾，顺势利用敌垒内的间谍辅助我工作，就可以有效地保全自己，争取胜利。孙子也说过，使用间谍有五种："固间"、"内间"、"反间"、"死间"、"生间"。这五种间谍同时并用，使敌人茫然无从应付。尤其是反间更为重要。所谓反间就是收买或利用敌方派来的间谍为我所用。

穿凿附会——借嘴伸张法

在美国曾经进行过一次有趣的测验，其对象是三千美国居民。测验统计的结果，人们"最怕的是当众说话"。

这是人类的一种复杂的心理现象，我们不想去探究，但是，怕说话却直接带来两种损失，即朋友和财富。一个笨嘴拙舌、不善辞令的人，可能终生贫困潦倒；相反，一位能说善辩、巧言令色之士，却有可能飞黄腾达、平步青云。

巧嘴生辉　财源滚滚来

《战国策》上记载，张仪到楚国游说，旅费用完了，就心生一计，前去求见楚王。楚王因以前上过他的当，很不高兴见他。看到这种情形，张仪便对楚王说："我看大王没有重用我的意思，所以我想现在就离开贵国到北方去。"

楚王早就想赶走张仪，但碍于情面，没有这样做。听说张仪要走，心里暗暗高兴。

"请问大王，在北方各国有没有您想要的东西？"

"像黄金、宝玉、犀牛、大象等等，我国都有，我没有什么缺乏的。"

"大王是说连美女也不要吗？"

"你是说……"

"我在郑国的街上，见到女人们打扮得很漂亮。对外来的人来说，她们简直如天女下凡，艳丽无比。"

"果真如此吗？我们楚国因为地处僻远，和中原各国的美女无缘，我正想得到那样的美女。"

于是，楚王就给张仪大批珠宝，作为物色美女的费用。

在这段时期里，楚王除了郑袖这个宠妃之外，还有一位正配的王后（即南后）。这两个女子素来都是极受楚王宠爱的。当她们得知张仪有意再为楚王物色美女时，不禁焦急不安起来，于是赶快派人去见张仪。

"听说先生最近要到北方各国去旅行。这里有一千两黄金，是南后送给你的路费，并聊表敬意。"

郑袖也送了五百两黄金给张仪。她们的意思很明显，就是叫张仪千万不要带北国美女回来，即使非带不可，也请带些比她们丑的女子回来。

后来，张仪去和楚王告别。他说："最近各国都配有严格检查的关卡，一般旅客的往来，每每受到限制，所以这一去不知何时才能回来。可不可请大王赐给我一杯酒，作为钱别？"

"好吧！"

楚王按照张仪的要求，摆上了酒宴。

张仪见时机成熟，就毕恭毕敬地向楚王说："只有我们两人在这里喝酒，实在很寂寞。能不能请大王召唤您所心爱的人来斟酒？"

"说得有理。"

于是，楚王便召来了南后和郑袖，让她们在旁斟酒。接着张仪又毕恭毕敬地禀告楚王说：

"我实在是惭愧！"

"怎么啦？"

"我虽然走遍了全国各地，还没有看过这样漂亮的女子。虽然不知者无罪，可是上次我竟向大王提议让我到北方去寻找美女，这实在是太鲁莽了！"

"没关系，不必介意。事实上，我也在想天下大概再也找不到比这两个女人更漂亮的女人。"

在场的郑袖和南后，都暗暗舒了口气，心中对张仪感激不尽。

张仪就这样不动声色地得到了许多钱财。虽说是骗术，这样的骗法却别出心裁，令人回味无穷，击节叫绝。

靠写书吃饭的人，中国不多，外国却很多。资本主义的发展使一些诗人、学者也能够靠自己的劳动，即写文挣稿费来养家糊口。但是，靠说话吃饭的人，外国几乎找不到，中国战国时代却比比皆是。说客们几乎全是凭着自己的三寸不烂之舌，取得安身立命的基础。凭此一点，说中国的语言交涉艺术为天下第一实不为过。

善于从他人嘴里寻找根据

俗话说："他山之石，可以攻玉。"借石攻玉，在游说中，就是借用第三者的态度、行为或其他条件，来影响被游说对象的一种方法。

有一本书中曾提到，美国某航空公司发觉乘客几乎都是在不得已的情况下，才肯搭乘飞机。起初，他们认为这是"怕死"的心理在作祟，因此，花了庞大的宣传费，强调飞机的安全可靠，可惜并未收到预期的效果。于是，这家航空公司决定进行调查，并聘请著名的心理学家狄希特博士主持这项工作。

狄希特博士先就经常搭乘飞机的旅客做了一项假想测验，请教他们："如果获悉自己的座机即将撞山而毁时，首先闪入脑海的景象是什么？"调查的结果显示，这些旅客所关心的并非自己的生死问题，而是亲人将如何接受这个不幸的消息，即面临死亡的威胁，乘客想到的是爱人如何自处，如有的脑海中浮现自己的太太声泪俱下地说："就是这么傻，如果听我的话，搭火车去不就没事了。"等等如此情景。

航空公司按照这个结论，对"家属"展开了宣传攻势。宣传单上告诉为人妻者："若让先生搭乘飞机，他会在最短的时间回到你的身边。"同时，还举办"阖家同游"的活动，使一些家庭主妇也能享受搭乘飞机旅游的乐趣。航空公司利用宣传以说服乘客的背后权威人物——家属，而避免了直接游说乘客时可能遭受的困扰，公司的业务果然大为改观。这个航空公司游说的方法可以称之为借石攻玉。

在商务谈判活动中，我们想说服对方公司接纳生意，也可采用借石攻玉的方法，让谈判对象扮演游说他背后集团的说服者。

如前所述，一般情况下，当个人做任何决定时，均会优先考虑集团的意向。因为，潜意识里他会存在着"遵循集团的意向，总是错不了"的念头，并认为跟着集团走，不必操心费神，能节省脑力。在这种情况下，游说对象心里或许认为你的说服理由充分，但是，却不愿意因个人的利益而影响背后集团的意志，从而不做任何的评论。如果我们能让他产生"为了集团的利益"的信息，亦即给他提供"这些完全是为了集团的利益才做的"、"对本公司的前途大有好处"等等"理由"时，他就会消除与游说者之间的心理隔阂，转而站在你这一边，成为有力的说服者去说服集团有关成员。

除了给游说对象提供"理由"，以让其扮演说服背后集团的说服者外，还可以给游说对象扮演说服者成功后的"报酬"、"实惠"，以使游说对象愿意效劳。有时候，游说对象承认你的说服有道理，却又不愿意多此一举，去做你的"掮客"。如果说服者能掌握时机，让游说对象在是否接纳你让其扮演说服背后集团的说服者的建议的"损失"和"利益"即"得"与"失"之间加以权衡，使之确确实实明了接纳你的建议益处很多，则会乐于接受，于是，"借石攻玉"就有了可能。

借喻明理　增强感染力

借喻明理，也就是我们平时所说的比喻或打比方。它一般是借助具体的、浅显的、熟知的事物去说明或描述抽象的、深奥的、生疏的道理。

借喻明理，它能把精辟的论述与摹形拟像的描绘揉为一体，不仅给人哲理上的启迪，而且使你的话形象、生动，增强感染力。正因为借喻明理有如此大之功用，所以它作为游说的一种重要方法常被人采用。历史上孟子批评魏国的梁惠王那个不彻底的"爱民"政策时，采用的就是这种方法。

战国时，经过春秋时期的多年战争，许多小国皆为大国吞并，国家数量较前明显减少。真正能够互相抗衡的也只有齐、楚、燕、韩、赵、魏、秦七个国家，号称"战国七雄"。而且七个大国之间，亦相互有觊觎之意。因此，这一时代并不比春秋时代太平。不过，有一点是春秋时所没有的，这便是七国之间除了扩充军备的竞赛之外，还有一种争夺民心的竞争。比方说，魏国的梁惠王主政时，就自称"爱民"，并且也实行了一种笼络民心的措施。为此，梁惠王在当时诸侯国中还颇有些名声。

一次，孟子专程赶到魏国，说要向梁惠王请教如何"爱民"。惠王十分高兴，心想倘若自己的"爱民"之誉，由孟子传播各国，各国民众不都要趋之若鹜吗？天下不就一统于我魏国吗？想到此，梁惠王十分得意，开言对孟子说：

"我对于我的国家和人民，可以说是尽心尽力为之。河套内闹水灾，我就让老百姓迁移至河东岸，劝其在河套内种庄稼；河东闹水灾，我再让他们搬迁。考察其他邻国，好像没有像我这样用心治国、爱戴黎民的。"

孟子听了后，笑了笑，没说什么。梁惠王接着说：

"尽管我这样尽心尽力，可是邻国的老百姓也不见减少，我国的老百姓也不见增加，这是什么道理呢？"

听到这里，孟子不再保持沉默了。因为他看到梁惠王是想向自己求教，于是便乘机开始游说：

"大王你喜欢打仗，我就以打仗作比喻，说明其中的道理，怎么样？"

"好的！"梁惠王答道。

"两军交战，双方一接触，一方兵将即丢盔卸甲而逃，有的逃了一百步后停止，有的逃出五十步后停止。逃跑五十步的嘲笑逃跑一百步的人是逃兵，你看合理吗？"孟子说完，笑眯眯地看着梁惠王。

梁惠王听了只是默不作声。也许他知道答案，但却没有回答。

"我认为不合理，只不过他们没有逃一百步远，但还是逃了，对吗？"孟子见梁惠王不说话，便自己回答。

梁惠王听到这里，还是不说话。于是。孟子便明确点题了："大王要是明白'五十步笑百步'的道理，你就不要指望别的国家的人民往这里跑，本国百姓增多，别国百姓减少啊！"

游说到此戛然而止。梁惠王也知道了孟子是借用战争中逃兵"五十步笑百步"的比喻，来讽刺他的临时"爱民"政策。由此，他明白了为何如此"爱民"，但"邻国之民不见少，本国之民不见多"的道理。

孟子去魏国的目的，是为了批评梁惠王临时"爱民"的政策的不妥处，希望梁惠王推行自己提出的全面"仁政"方针。因此，当梁惠王主动请教他对自己"爱民"政策的意见时，孟子就抓住这一游说与建议的机会。由于梁惠王事先自己炫耀了治国业绩，因此，孟子要想直接提出自己的主张就不太容易。故而孟子经过思考后，决定先要批评一下梁惠王的"爱民"政策的优劣，又不好直接批评，只好借用"五十步笑百步"的比喻，隐指梁惠王临时"爱民"政策与其他国王的非爱民政策相比，只不过是战场上的后退五十步与一百步的事，其根本还并非真正爱民。这一比喻，不仅足以使梁惠王的临时"爱民"政策的虚伪性、不现实性遭受致命打击，而且也使梁惠王明白，自己的政策不是真爱民，要想真爱民，还必须制定别的带根本性的法规和政策。

【中华藏书百部】

中华窃世秘笈

全新校勘图文珍藏版

【下】

学术顾问◎汤一介 文怀沙　主编◎徐 寒

中国书店

君子之交淡如水

平平淡淡，从从容容，常来常往，绵绵不绝，是古代
"君子"交往的准则，对现代人来说，也不啻一件交友法宝。

伸手不打送礼人

礼尚往来，贵在适宜。置备礼品和赠送礼品，应当适时、适地、适人、适俗。

赠送礼品要掌握时机，不能想送就送。一般讲，节假日或一些特殊纪念日（婚丧嫁娶），是赠送礼物、联络感情的好"时节"。遇有特殊情况，如朋友受命重任或遭遇挫折，这时的礼物更显珍贵。

向结婚者或离别者送礼，要提前送到。否则，结婚贺礼在事后送去，离别者坐上火车才将大包小包的礼物送上车厢，就显得不高明、不礼貌了。

送礼要针对不同的对象，赠送适当的礼品。如你生日时，别人送来一束鲜花，不仅会使你高兴，更会使你为友情而陶醉。住院的妻子接到丈夫探视时带来的一束鲜花，必定感到甜蜜和幸福；而丈母娘收到上门的女婿带来的一束鲜花，则会觉得不伦不类，甚至认为女婿小气，产生不良的第一印象，对今后相处也十分不利。如果单位来了一个走马上任的新官，为了表明与其前任的区别，公开宣布不受礼，你却要给这位领导赠送礼品，可能会遭到冷遇，甚至给你带来不良后果。

赠送的礼品最好用礼品包装纸包装，即使礼品本身有盒子装着，也要注重包装，用彩带纸条系成漂亮的蝴蝶、梅花结等。而且要装点精美，切不可把一堆礼品放在一起，随便用一件东西一装就送去了。这样礼品再多，对方也不会高兴，这是对对方不尊重的行为。

同样，接受礼物也要表现得体。收别人的礼品，应双手接，并立即表示感谢。按照我们传统做法，在接受礼物时要有礼貌有分寸地推辞客气一番，表示让别人知道自己重视的是朋友而不是礼物。此外，不当面拆看礼貌，这是为了尊重对方，以免对方因礼轻而感到难堪。

一些人收到礼品后常常觉得不便表露出自己喜欢的心情，收到礼品后就放在椅

角旮旯里，这是对关心你、为你精心挑选的礼品的人不尊重的表现。送礼的真正目的应是给别人送去快乐。接受礼物应注意礼貌，不要过于推辞，没完没了地说："受之有愧，我不能收下这样贵重的东西。"以至伤害送礼者的感情。即使有时送礼不合你意，也应该礼貌地表示感谢别人的一片好心。

当你收到亲友的馈赠时，不仅要表示真诚的谢意，还要找个合适的时机回赠人家。否则，就要失礼了。如果刚接受了别人的礼物，不宜当场就回赠。这样会显得很俗气，也会令送礼者为难。一般在客人小坐告辞之时回赠礼品，以示感谢。也可接受礼品后过一段时间登门回拜时，给对方一些礼物。还可利用亲友婚丧喜庆的日子送上适宜的礼物。

中国人一向重交情，互相送礼是友情的一种表现。这种礼尚往来是中国人的传统礼节，西方人也很重视。赠送礼品是人际交往中表达友情、敬重和感激的一种形式。

千里送鹅毛，礼轻情义重。一份适当的礼物可以贴切地表达送礼者的关怀、问候、感谢、安慰、祝贺、鼓励等心愿，可以有效地增进彼此的感情，密切人际关系。"江南无所有，聊赠一枝梅"，礼物虽小，意义颇深。简单朴素的礼物往往更能打动人心。在母亲生日到来之际，已出嫁的女儿送来的袖珍耳塞半导体，可以让母亲在做家务时也能欣赏到爱听的曲目。它会使老人感到子女没有忘记他们的养育之恩，从而感到慰藉。又如，你的朋友是个大孝子，他的父亲有腰腿痛的毛病，着凉就容易犯病。你正好出差去新疆，回来时给你朋友带来一块皮褥子。这样，不但你朋友的老父亲高兴，更会使你朋友满意。30 年代，斯诺在陕北拍了一张毛泽东主席戴八角帽的照片。后来，毛泽东主席便将这顶八角帽送给斯诺留作纪念。斯诺把这顶帽子视为珍贵的纪念品，一直带在身边，直到他去世前不久才通过夫人送转我国。现在已成为中美两国人民友谊的历史见证。

家庭馈赠以薄礼淳朴为本，这是中华民族的传统美德。送厚礼有弊无益。一方面在经济上难以支持，另一方面礼过重，对方会认为你有求于他，有行贿之嫌，或者意味着要还礼，再去人家，容易给人以讨债的感觉。送何礼物，要据送礼者的经济情况和双方感情深度而定。如经济困难，就不要硬逞强；经济状况好，礼品可以适当重一点，但要适度。

一件付出时间、心血和智慧的礼物，所能得到的感激之情。决不是那些贵重的珠宝饰物可以相比的。美国总统罗斯福曾收到一个精巧的时钟盒。这是从货运木箱上锯下来的木块拼凑而成的。制作这一礼物的妇女说，用它来表达感激之情，因为罗斯福的"新政"改善了她贫苦家庭的生活。美国总统图书馆保存着许多类似的"劳动作品"。

岁末年初，五彩缤纷的贺年卡漫天飞舞。赠送贺年卡，作为朋友之间互贺佳节的交际方式，一直为大家喜爱。

如今市场上的贺年卡、圣诞卡种类繁多。形式精巧华丽，卡内的贺词也温馨迷人。于是有的人便在贺词下面签上自己姓名，送给朋友。但收卡人兴奋之余总有一丝遗憾。那些铅印的话语尽管美妙，却总像一位板着面孔的冷美人，远不如手写的哪怕是用词稚拙的话语，来得亲切，来得真挚。所以若想给朋友赠送贺卡，无论多么忙，也要开动脑筋，为不同的朋友写上几句各异的贺词。贺卡也不一定非要到市场上选购，未必价高情才真。别出心裁地自制贺卡，以体现你独特的个性和艺术趣味，更会被朋友所珍视。

取象于钱

古语云：取象于钱，外圆内方。这不是老于世故，实际上，圆是为了减少阻力；方是立世之本，是实质。

人生像大海，处处有风浪，时时有阻力。我们是与所有的阻力较量，拼个你死我活，还是积极地排除万难，去争取最后的胜利？生活是这样告诉我们的：事事计较、处处摩擦者，哪怕壮志凌云，聪明绝顶，也往往落得壮志未酬泪满襟的结果。

为了绚丽的人生，需要许多痛苦的妥协。必要的合理的妥协，这便是这里所说的"圆"。不学会"圆"，没有驾驭感情的意志，往往碰得焦头烂额，一败涂地。

旧中国，在封建高压之下，为了维护人格的独立，许多正直而又明智的知识分子，在复杂多变的环境中，逐渐形成了外圆内方的性格。

当然，在今天的社会条件下，我们面临更多的是"人民内部矛盾"，但有时也同样要来点"外圆内方"。也许某些人是可恶的，他是这样的小家子气，如此的自私，这般的狂妄，出奇的愚昧，让人无法忍受的独断专行等等。可是朋友，可能你是一个很高尚的人，有知识、有修养、长得也漂亮，容忍他人吧，容忍他人的怪癖甚至丑陋，就像容忍自己的阴影一样。

他人的觉悟程度，是他人人生经历的结果。改变他人就像改变自己一样，是一个艰难的痛苦的过程。我们固然需要对他人的劣根性的批判，然而，我们更需要的是对他人施以自己诚挚的厚爱。

愤恨他人的人，其内耗是极大的。这是否也是一种自我的丧失？丧失在自己偏激的怒海之中。而内心坚定的人，没有功夫叹息，没有时间愤恨，他把别人用来品头论足的时光，都花在对事业对田野的辛勤耕耘上！

圆，是一种豁达，是宽厚，是善解人意，是与人为善，是心脑的宽阔，是生活的轻松，是人生经历和智慧的优越感，是对自我的征服，是通往成功的坦荡大道。做人就要像古代铜钱一样，"边缘"要圆活，要能随机而变，但"内心"要守得住，有自己的目的和原则。例如，对周围的环境、人物，假如有看不惯处，不必棱角太露，过于显出自己的与众不同来，"处世不必与俗同，亦不宜与俗异，做事不必令人喜，亦不可令人憎"，即可以保全气节，也可以保护自己。

古人云："鹰立如睡，虎行似病，正是他攫鸟噬人的法术。故君子要聪明不露，才华不逞，才有任重道远的力量。"这大概可以形象地诠释"藏巧于拙，用晦而明"这句话的具体涵义。

一般的说来，人性都是喜直厚而恶机巧的，而胸有大志的人，要达到自己的目的，没有机巧权变，又绝对不行，尤其是当他所处的环境并不如人意时，那就更要既弄机巧权变，又不能为人所厌戒，所以就有了鹰立虎行如睡似病藏巧用晦的各种做人的方法。安禄山做杨贵妃的干儿子是个例子。还有一种正面的"拙行"。如唐初的重臣李勋，本是李密的部下，后随故主投于李渊父子的麾下。此时天下大势已趋明朗，李勋懂得只有取得李渊父子的绝对信任才有前途，于是他把他"东至于海，南至于江，西至汝州，北至魏郡"的所据郡县地理人口图派人送到关中，当着李渊的面献给李密。说既然李密已决定投降，那我所据有的土地人口就应随主人归降，由主人献出去，否则自献就是自为己功、以邀富贵而属"利主之败"的不道德行为。李渊在一旁听了，十分感慨，认为李勋能如此尽忠故主，必是一个忠臣。李勋归唐后，得到了李渊的重用。但是李密降唐后又反唐，事未成而"伏诛"。按理说，一般的人到了这个时候，避嫌犹恐过晚，但李勋却公然上书，奏请由他去收葬李密——唯其"公然"，才更添他的"高风亮节"，假设偷偷摸摸，则可能会有相反的效果——"服衰绖，与旧僚吏将士葬密于黎山之南，坟高七仞，释服散"。这纯粹是做给活人看的。表面看这似乎有碍于唐天子的面子，是李勋的一种愚忠，实际李勋早已料到这一举动将收到以前献土地人口同样的神效。果然"朝野义之"，公推他是仁至义尽的君子。从此李勋更得朝廷推重，恩及三世。李勋取的是一种"负负得正"的心理效应，迎合了人们一般不信任直接对己的甜言蜜语而相信一个人与他人相处时表现出来的品质——即侧面观察的结果，尤其是迎合了人们一般普遍地喜爱那种脱离于常人最易表现的忘恩负义、趋吉避凶、奸诈易变的人性弱点而表现出来的具有大丈夫气概的认同心理，看似直中之直，实则大有深意，是"藏巧于拙"做人成功的典型。

李白有一句耐人寻味的诗，叫"大贤虎变愚不测，当年颇似寻常人"，则揭示了另一种意义上的保藏用晦的做人法。这是指在一些特殊的场合中，人要有猛虎伏林、蛟龙沉潭那样的伸屈变化之胸怀，让人难以预测，而自己则可在此期间从容行事。元末的朱元璋在攻占了南京后，因为群雄并峙，为了避免因崭露头角而成为众矢之的，他采用了耆老朱升的建议，以"高筑墙，广积粮，缓称王"的策略赢得了各个击破的时间与力量，在众人的眼皮底下暗度陈仓，最后一并群雄当上了大明皇帝。

《三国演义》中有一段"青梅煮酒论英雄"的故事。当时刘备落难投靠曹操，曹操很真诚地接待了刘备。刘备住在许都，在衣带诏签名后，为防曹操谋害，就在后园种菜，亲自浇灌，以此迷惑曹操，放松对自己的注视。一日，曹操约刘备入府饮酒，谈起以龙状人，议起谁为世之英雄。刘备点遍袁术、袁绍、刘表、孙策、刘漳、张绣、张鲁、韩遂，均被曹操一一贬低。曹操指出英雄的标准——"胸怀大志，腹有良谋，有包藏宇宙之机，吞吐天地之志。"刘备问"谁人当之?"曹操说，只有刘备与他才是。刘备本以韬晦之计栖身许都，被曹操点破是英雄后，竟吓得把匙箸也丢落在地下，恰好当时大雨将到，雷声大作。刘备从容俯拾匙箸，并说"一震之威，乃至于此"。巧妙地将自己的惶乱掩饰过去。从而也避免了一场劫数。刘备在煮酒论英雄的对答中是非常聪明的。

刘备藏而不露，人前不夸张、显炫、吹牛、自大，装聋作哑，不把自己算进

"英雄"之列，这办法是很让人放心的。他的种菜、他的数英雄，至少在表面上收敛了自己的行为。一个人在世上，气焰是不能过于张扬的。

孔子年轻的时候，曾经受教于老子。老子曾对他讲："良贾深藏若虚，君子盛德容貌若愚。"即善于做生意的商人，总是隐藏其宝货，不令人轻易见之；而君子之人，品德高尚，而容貌却显得愚笨。其深意是告诫人们，过分炫耀自己的能力，将欲望或精力不加节制地滥用，是毫无益处的。

中国旧时的店铺里，在店面是不陈列贵重的货物的，店主总是把它们收藏起来。只有遇到有钱又识货的人，才告诉他们好东西在里面。倘若随便将上等商品摆放在明面上，岂有贼不惦记之理。不仅是商品，人的才能也是如此。俗话说"满招损，谦受益"，才华出众而又喜欢自我炫耀的人，必然会招致别人的反感，吃大亏而不自知。所以，无论才能有多高，都要善于隐匿，即表面上看似没有，实则充满的境界。

取象于钱，外圆内方，实是交友良方。

交友还要学会"忍"。

俗话说"人生不如意事十之八九"。的确，不要说十之八九，其实人生不能顺我们的心意之事何止万千。想要生存在这个反复无常的世界里，最重要的还是要善于"忍"。

但人生若一味地忍耐便显得毫无生趣可言。因此当然有人会怀疑：人究竟为什么要忍气吞声呢？中国有一句古语"十年河东，十年河西"，也就是相信目前虽然处于不幸的环境中，但是终究会有峰回路转的一天，以此来不断地提醒自己忍受现在的痛苦，待候时来运转。这种对前途抱乐观的希望使得忍耐有了价值，但是也不能担保哪一天会失去拥有的一切。所以在幸福的时候也应当谨慎小心，绝不松懈。

天地间绝没有十全十美的事，在极盛时就有衰败的征兆，正如花开满庭时便注定落花飘零的情景。因此在安乐时要居安思危，在大难当头时要坚此百忍，追求最终成功。

人生在世，谁都会有不顺遂的时候，也会有逆境的时候，这也是促使自己身心成熟，准备宏图大展的机会。从前，当韩信受到"胯下之辱"的时候，他以巨大的忍耐力经受了这一切。而当司马迁遭受腐刑后，仍以巨大的忍耐力，顽强地抵抗住不幸的痛苦，终于完成了旷世之作《史记》。

身处逆境中最忌讳的反应是：第一意志消沉。第二焦躁不安。第三惊慌失措，盲目挣扎。若是犯了这三项大忌中的任何一项，则不仅无法自逆境中脱困，反而会堕入万劫不复的深渊。最关键的是要沉着地等待时机。长期潜伏林中的鸟，一旦展翅高飞，必然一飞冲天；迫不及待绽开的花朵，必然早早凋谢。了解了这个道理，就会知道凡事焦躁是无用的，身处横逆之中，只要能储备精力，重展身手的机会一定会来临，所以能够持久才是最重要的。只有抱着这种信念，才会跑完人生这段漫长的旅程。

人生在世，常常会遇到令人十分苦恼的境况，如无法自明自己的时候，或无须、不值得为自明自己花费太多精力的时候，更能够学习等待，学习忍耐，不要玉石俱焚，不要纠缠不清。唐代苏州寒山寺的两位名住持寒山与拾得于此有过一番很精彩的对话。一日，寒山对拾得说："今有人侮我，冷笑笑我，藐视目我，毁我伤我，嫌恶恨我，诡谲欺我，则奈何？"拾得道："子但忍受之，依他，让他，敬他，避他，苦苦耐他，装聋作哑，漠然置他。冷眼观之，看他如何结局？"这可是炉火纯青的忍耐艺术了。虽然这种忍耐是消极避世的方法，但"冷眼观之，看他如何结局"，却别有一番正气在，包含了一种俯视人生的态度，和清冷于荣华纷利的风骨。

据《旧唐书·娄师德传》记载，娄师德是一个既有学问又气量宽宏的人，名相狄仁杰就是他举荐的。但狄仁杰入相后，并不知道这件事，还因为看不惯娄师德而经常排斥他，以至于到后来娄师德只好出京城而远到边地去任使了。武则天知道后，就拿出往日娄师德举荐狄仁杰的表彰给狄仁杰看，说你怎么这样对待有恩德于你的人呢？狄仁杰看了，大为惭愧，说啊呀，他从来也不与我辨是非，也不对我说这件事，我受娄公如此包涵还不知，我比他真是差得太远了！娄师德为朝廷的重臣几十年，谦恭勤谨，从不懈怠，严于律己，宽以待人，在矛盾重重的中枢机构中从未有过帮派之争，也未有大起大落的经历，始终受到人们的推重，这与他稳重的做人规范是不无关系的。因此，适当的容忍也是一种有效地自我保护措施，是一种智者的风度。他的弟弟当上了代州刺史，临行之时，娄师德对弟弟说："我辅助宰相，你现在又管理一个州，受皇上的宠幸太多了，这正是别人所妒忌的，你打算怎样对待这些人的妒忌以求自免灾祸呢？"娄师德的弟弟跪在地上，说："从今以后，即使有人朝我脸上吐唾沫，我自己擦去唾沫，决不叫你为我担忧。"娄师德说："这正是我所担忧的。人家向你吐唾沫，是对你恼怒，如果你将唾沫擦去，那不是违反了吐唾沫人的意愿吗？别人会因此而增加他的愤怒。不擦去唾沫，让它自己干了，应当笑着去接受它。"

这种做法可说是宽以待人的极致了。当有人侮辱你时，能躲开就躲开，躲不开不妨忍下这口气。

为了避免"木秀于林，风必摧之"的麻烦，许多人会有意无意地贬抑自己，以此来缓和与下属或上司的关系。

许多居高位的女人都觉得，待人和善是理所当然的，原因之一可能是要讨人喜欢，向别人担保她们不会仗势欺人。正如我们已知道的，这顾虑相当合情合理。要使你的高位无损于自己的人缘，另一个方法就是确保别人不会以为你"什么都有"。许多手握大权的女人都不约而同为此担心。有一位女士是非营利慈善机构的领导人，有许多女人对她怀有敌意。她说："我的上司和任职其他非营利机构的朋友，都尊敬我，我收入好，有权，又有影响力，而且婚姻美满。但要是我的身材再瘦一些，就不会有好日子过。"她相信自己必须有什么大缺憾，才能讨人喜欢。这正应了一位著名主持人的说辞，她指出自己也有相同的缺点："我的体重一直是我向世人道歉的借口，就好像是说：'好吧，我很有钱，我的男朋友很帅，而且生活惬意。可是你看，我太胖，所以我还是值得别人喜爱的！'"

为了应付这种情形，有些女人退而求助于对话仪式，即在言辞上有所变通，为解决之道。她们会说："哪有？这个不值钱啦！"来贬抑她们的成就和财产，试着恰当地谦让一番，如此来平衡某些人的妒忌之心。

做下属的也有同样问题。办公室的同事都觉得很奇怪：一位业务冒尖、文笔流畅的才子阿辉，最近所写的报告接二连三出现明显的错误，让一直成心找他麻烦的上司终于有了狠狠教训他一顿的机会，阿辉唯唯诺诺而已。

次数多了，大家习惯了。但不久同事们发现，经理和阿辉也开始讨论问题，还有说有笑起来，以前的紧张渐渐化解。

有人好奇，悄悄问阿辉怎么回事。阿辉狡黠一笑说，我同经理其实没有任何私人恩怨，他不是坏人，只不过好为人师，喜欢下级尊重他。但我一向好强，经常坚持自己的意见，而且事实证明是对的，这令经理对我无法像对待其他同事一样随意，双方变得很拘谨，时间一长没有交流，便形成一些成见。一旦有误会就没有机会解释，令关系越来越差。要解开这个结，必须首先让经理感觉到他的权威，双方回到应处的位置。其实，我的报告里设计的错误也无伤大雅。

与上司的关系，有时风头占尽，可能失去良多；有时退一步，可以海阔天空。

避免情债

让朋友欠个人情并不是件太难的事，同样，你也可能欠下朋友的人情。

人情是必须回报的，但是，如何回报，何时回报，回报的代价是多大，却从来没有什么定规。如果你欠了小情，却还了大的，岂不吃亏？如果你欠久了，难以还，成了负担，岂不糟糕？所以，你即要学会"做人情"，又要努力使自己避免欠下朋友的人情。

《论语》上说："惠则足以使人。"意思是说，给人恩惠，就足以使唤人了。

春秋吴国，诸樊做国君，他有三个兄弟：余祭、弗昧、季礼。其中季礼最贤能，是以诸樊死前，让季礼做国君。季礼不肯，后来余祭、弗昧先后成了国君。等到弗昧死后，弗昧的儿子僚毫不推辞地登上王位，这就是王僚。诸樊的儿子姬光气坏了，他认为既然季礼不肯做王位，那么就应物归原主。王僚真是恬不知耻，他暗下决心除去王僚。

从楚国跑来的伍子胥向姬光举荐专诸。姬光听了，非常高兴，立刻就去登门拜访。一番长谈之后，专诸终于投在姬光门下。此后，姬光三天两头，不断派人给专诸家里送衣服、食物、礼物。

一天，姬光终于告诉专诸，他打算除去王僚的想法。专诸说："为什么不让僚身边的人告诉他先王传位的遗嘱，让他自动退位？"姬光笑了一下，说："我与他势不两立，一定要除掉他。"专诸想了想："公子待我不薄，本该为公子尽力，但老母还在，我不敢答应以死相报。"姬光说："不妨有说吧，一旦你发生了什么不幸，我一定会把你的亲人当作我的亲人来对待。"

后来，一切准备做好，时机亦到来时，姬光递给专诸一把短剑，说："当年越王让欧冶子造了五把宝剑，这是其中一把短剑，叫鱼肠，削铁如泥，锋利无比。先王将它给了我，它如同我的性命，现在交给你，你一定不会辜负它。"

专诸是个孝子，他的母亲在姬光来访的那天，就知道儿子的性命会交给姬光，当姬光对她家进行无微不至的照顾时，她就更加肯定了。所以，专诸来向母亲辞行，她说自己口渴，专诸取了山泉回来，母亲已自缢了。

专诸果然刺杀了王僚，用那柄藏在鱼腹中的鱼肠剑，但他也变成了肉酱。姬光登上了王位，这就是吴王阖闾。

专诸回报姬光的代价，太过于沉重了些，剔除姬光的礼贤下士作风，恩惠是使专诸刺杀王僚的一个很大动力，与其说专诸为"义"而死，还不如说他为恩惠来报答施恩者。现代社会，虽然朋友间还不至于拿刀拿剑，弄出性命的程度，但道理上总是相通的。所以，对朋友的小恩小惠、大恩大惠要慎重，能不接受的尽量不接受，"吃了人家的嘴软，拿了人家的手短"。这一短，若想再长起来，就必须替朋友办事。

朋友之间来来往往，提点礼物，都挺正常，不在上述之列，带有明显功利目的的朋友，是可以看得出来的，今人与古人不同。姬光在专诸身上下的功夫，可谓深谋已久。今人的生活速度已提高许多，请朋友办事的速度也大大提升。假如一个并不经常见面的朋友，却在一天忽然登门，你可千万别奇怪。或者常见面的朋友，带的礼物超乎平时的贵重，你也要心里有数。

中国人讲面子，带来的东西，你不收，他觉得你不给面子，你再让他带回去，更是有损尊严了，所以，你也不能太驳人家的面子，盛情难却，你可以暂时收下，但你必须将这个人情送出去。你要去回访他，带着差不多的恩惠，两下扯平，也不会伤了和气。这没什么不好意思的，不要像孔子那样，收了人家的礼，必须回访。又不想同人家碰面，专找一个人家不在的时刻去，却想不到在路上不期而遇。

朋友请你办事的第二种手段，就是请你吃饭，东西送到门，你不能不给面子，吃饭却得预约，这就让你有许多理由去推脱掉，但脑袋要转得快些，推辞讲得委婉些。

脑袋转得快些，知道对方是谁，要弄清关系网，搞清朋友圈，然后，再想想该接受还是推掉。

推辞委婉些，打算推掉，就不能实话实说，一定要编一个委婉的借口，不可以用"我太忙"、"我分不开身"之类的话搪塞，要说得诚恳些，让朋友听出你确实有不得已的苦衷。

避免情债，要有自知之明。

自己应该是最了解自己的，能吃几碗饭，能干多少事。然而，中国人的面子害死人，有的人就爱打肿脸充胖子，自认自己特能，朋友一求，马上一拍胸脯，包在我身上。更有甚者，明知自己办不成，硬往自己身上揽。

蒋干就是这么一个人。他自觉了不起，认为自己的口才可以同春秋战国联横、合纵的雄辩天才相比。他向曹操自荐，他可以去说服周瑜投降曹操，而且信心十足，青衣小帽，再加一个书童，一叶扁舟就去见周瑜。周瑜岂是白吃干饭的？年纪轻轻便能统帅百万军队岂是一个同窗的说士可以动摇的？他来至周瑜的兵营，连三句半都没说上，被周瑜玩得团团转，最后走得也不正大光明，带回的密信，让曹操上了当，损失二员大将。

所以，千万别逞强，说不定你不会将事情搞砸，办不成的事，要老实地说，没什么不好意思的。蒋干就是太不量力，事没办好不说，居然还上了人家的当，孙悟空还跳不出如来佛祖的掌心呢。办不了的事就是办不了，朋友之所以来找你，就因为他也办不成，别为你帮不上友人的忙而不好受，与其搞砸了一件事，还不如让友人另请高明。

避免情债，还要学会自省，孔子说："吾日三省吾身。"

对朋友也是一样，一个阶段过后，你要反思一下，你做的事是否合理，该给朋友办的事做了没有，答应的诺言是否忘了，欠朋友的人情是否补上了。

不自省，就会忽略了朋友，善于交友的人，朋友往往很多，不见得许多事都想得清清楚楚，忽略朋友是件挺危险的事情，人家会以为你不重视他。

有人结婚，忘了给一位朋友送请柬，等到他再碰到这位朋友，跟他热情打招呼时，他总觉得朋友对他有些不对劲的地方，他很纳闷，回去后仔细一想，才恍然大悟，于是赶快带上礼物，叫上新娘，到朋友家拜访，这才化干戈为玉帛。

试想，每人都会认为自己很重要，所以，也会认为在朋友心目中亦很重要，在这种自我优先论的支配下，忽略了朋友，朋友会七想八想，是不是对他有意见等等。所以，避免友情遗漏，习惯定期的自省，同遗忘力作斗争，将有关事宜作一个记录，以提醒自己。

切勿"交浅言深"

俗话说，"逢人只说三分话"，还有七分话，不必对人说出，你也许以为大丈夫光明磊落，事无不可对人言，何必只说三分话呢？

老于世故的人，的确只说三分话，你一定认为他们是狡猾，是不诚实，其实说话须看对方是什么人，对方不是可以尽言的人，你说三分真话，已不为少。孔子曰："不得其人而言，谓之失言。"对方倘不是深相知的人，你也畅所欲言，以快一时，对方的反应是如何呢？你说的话，是属于你自己的事，对方愿意听你么？彼此关系浅薄，你与之深谈，显出你没有修养；你说的话，是属于对方的，你不是他的诤友，不配与他深谈，忠言逆耳，显出你的冒昧；你说的话，是属于国家的，对方的立场如何，你没有明白，对方的主张如何，你也没有明白，你偏高谈阔论，轻言更易招祸呢！所以逢人只说三分话，不是不可说，而是不必说，不该说，与事无不可对人言并没有冲突。

事无不可对人言，是指你所做的事，并不是必须尽情向别人宣布。老于世故的人，是否事事可以对人言，是另一问题，他的只说三分话，是不必说、不该说的关系，决不是不诚实，决不是狡猾。说话本来有三种限制，一是人，二是时，三是地。非其人不必说；非其时，虽得其人，也不必说；得其人，得其时，而非其地，仍是不必说。非其人，你说三分真话，已是太多；得其人，而非其时，你说三分话，正给他一个暗示，看看他的反应；得其人，得其时，而非其地，你说三分话，正可以引起他的注意，如有必要，不妨择地作长谈，这叫做通达世故的人。

在同事中发展交情宜慎重，因为大家长期相处，交友不慎将影响个人处境。

起初，同事之间大多不会显露出对公司的意见，但是俗话说得好"路遥知马力，日久见人心"，只要一起吃过几次饭，一些见识浅薄的人就很容易把自己的不满情绪倾诉给你听。对于这种人，你不应和他有更深的交往，只需作普通同事就可以了。

假如和对方相识不久，交往一般，而对方就忙不迭地把心事一股脑儿地倾诉给你听，并且完全是一副苦口婆心的模样，这在表面上看来是很容易令人感动的。然而，转过头来他又向其他的人做出了同样的表现，说出了同样的话，这表示他完全没有诚意，绝不是一个可以进行深交的人。

"交浅言深，君子所戒"，千万不要附和这种人所说的话，最好是不表示任何意见。

有些人唯恐天下不乱，经常喜欢散布和传播一些所谓的内幕消息，让别人听了以后感到忐忑不安。例如"公司将会裁员"、"公司将会改组"、"上司对某某人不满"等话语，都是这种人的"口头禅"，与这种人要保持距离，以免被其扰乱视听，或者让他卷入某些是是非非。

有的人喜欢盗用公司资源。所谓盗用公司的资源，不一定是指私用公司的文具或其他物质，也包括在工作时间做私人事务这样的事。

许多人以为在公司里工资太低，因而总是想方设法抽出部分工作时间去办理私人的事情，作为自己在心理上的补偿。不要与这种人成为好朋友，否则一旦被上司发现，对你的印象就会大打折扣，认为你们是同流合污，非常不值。

在公司中，有许多人为了保持现状，对一切事情都抱着"事不关己、高高挂起"的态度。他们凡事低调处理，不参与任何是非争执。这种人不容易相信别人，但还可以做朋友。假如能够打开他的心扉，进入他的心灵的话，也可能会成为知己。

和上面所说的那种人相反，还有一些人对公司很有感情，他从来不分上下班时间，都愿意待在公司里工作，甚至会在公司里做一些私人的事情，好像把公司当成了家。

这种人的最大特点就是把私人时间和工作时间完全混淆了，他们对此没有概念上的划分，工作起来非常刻苦。因此，一旦遇到加薪幅度不够理想或遭受老板批评这样的事情，他们就会感到委屈，并很激动地认为公司欠他太多。

与这种人多接触的话，肯定会有助于你对公司有更多、更深的了解。但是，有一点必须记住，那就是不能效仿他们。

绅士与淑女

与人交往中，礼仪非常重要。人们都愿意作风度翩翩的绅士，作端庄娴淑淑女，这就需要了解必要的社交礼节。

交谈是人际交往的重要方式之一。交谈中给对方留下的印象将在一定程度上影响今后双方关系的发展。因此，我们在交谈中要掌握应有的分寸。

说话是要表达自己的思想感情，它不仅借助言词，也需要借助神态表情。当你向别人表示祝贺时，表情就该是真挚的；当你向别人表示慰问时，表情就该是关注的；与人交谈时，神态就该是专心的。这样对方才对你说的话有表里一致的印象，也会感到你对他的尊重。

相反的，你与人谈话时，东张西望，眼光到处乱扫，面无表情，旁若无人，对方一定会认为你是在敷衍他。如果在整个谈话中，只是偶尔地注视对方，这也是不适宜的。这种态度和表情，不但使人感到尴尬，而且会令人对你的话产生怀疑。谈话时双方要互相正视，互相倾听，精力要集中，不能做一些不必要的小动作。如玩弄指甲、摆弄衣角、搔痒痒、抓头皮等，使自己显得猥琐。谈话中打哈欠、伸懒腰、不等人说完话，视线和注意力就转向他方，都是不礼貌的。不过要注意的是，注视对方要避免目光与目光直接接触。像猫头鹰似的目光盯住不放，会造成对方内心的不安，即使本意不想真正地注视他，但他不明白这一点，反而会误解自己外表有什么瑕疵。特别对于刚认识的异性朋友，被目击者会产生更大的误会。

交谈中不要用手指着别人讲话，不要拉拉扯扯，拍拍打打。在与众人交谈时要注意先打招呼，同他们之中某一人交谈时，要照顾好其他，要不时抽出时间来与别人也说上几句，千万不要冷落其他人，如果需要个别交谈，要向其他人说明后再走开，不要不辞而别。别人在个别交谈时，不要往前凑，也不要伸头去听。如别人想要与你交谈，你又有急事须走开时，应向对方说清，约定时间再谈。

说话时一定要与人保持适当的距离。过近，难免有点拘束、别扭、不好意思；过远，失去了相互间应有的感情交流而显得陌生。那么最佳距离应该是多少呢？这要依据说话的场合和对象而定。从卫生的角度考虑，一般交谈的最佳距离为1.2米。这样有益于健康，亦避免了一方有口臭时引起的尴尬。

在比较正规的社交场合，在与年长者、女性和初次打交道的人说话时，都需要正确使用敬辞、谦辞、婉辞和雅语。比如，你与客人们一起就餐，想离开饭桌去做其他事。你如果说："我吃饱了，先去干点自己的事，你们慢慢吃着。"尽管你的意思是表达清楚了，但显得过于随便，不够文雅。你可以这样说："我已吃好了，很抱歉，我还有事先离开一下，请大家慢慢吃。"同样一个意思，你能较文雅地表达出来，人们便会说你是个有修养的人。

我们都少不了要到别人家里去做客，如果稍微留心作客的一般规矩，那么便会成为受欢迎的客人。请不要忽视下面的这些"客套"。当你决定要拜访某人时，事先要打个招呼，约定时间，否则贸然前往，容易扰乱主人的工作和生活秩序，也容易扑空。如果事先与主人约定了时间，就要准时到达，既不能迟到让对方久等，也不要去得太早，让主人措手不及。如出现特殊情况不能赶到，要另定时日，应提前通知对方，并表示歉意。

敲门是登门作客时第一件要做的事情。当你敲门时，主人大概会从中产生"闻其声而知其人"的感觉。敲门对来访者来说也是表现自己风度修养的一个方面。敲门时节奏不宜太快，更不要连续地、重力地敲个没完。

进门后，如主人家里铺有地毯，要"入乡随俗"地在门口换上拖鞋。进屋后，见了主人家其他成员或客人都要打招呼。尤其不可忘记殷切地问候主人的父母和其他在家的长辈。如果携带礼物而来，要将礼物恭敬地交给主人收下。

主人安排座位后就座，落座时要轻轻的，坐姿也要讲究，不要歪歪斜斜，似躺似坐，也不要高翘"二郎腿"，或上、或左右抖动。主人端茶点烟，要站起来表示致意，双手去接。主人献上果品食物，要等年长者或其他客人取用后自己再动手。不要在主人家随地吐痰，也不要乱扔果皮果核之类，烟灰烟头要放在烟灰缸内。未经许可，不要随便在主人各个房间走动，更不要随意翻看主人的东西。

在与主人交谈时，应集中精力认真听取对方说话，并随时回答对方的发问。若对方是长者，他在谈话时，不可随便插话，更不要自以为是。作为主人，都希望自己的所作所为能够显示出堂堂正正的主人形象。因此，宾客的言行不可喧宾夺主。比如，本应由主人决断的事情，你偏偏要给它妄下结论；是主人请人家吃饭，主人没有请你代为敬酒，你却显得比主人还能喝而左敬一杯右敬一杯；在主人的女朋友面前，你居然比主人对她还显得殷勤……这样，主人肯定会觉得没面子，容易让人产生误会而招致一些不良后果。

到别人家拜访要有时间观念。拜访时间的把握，对能否达到拜访目的，关系甚大。一般说来，主人在工作及家务繁忙之时、吃饭及休息之时、情绪及身体欠佳之时，非急事要事，尽量不要前去拜访。求助主人时，不宜三天两头去找人家。每次拜访时间也不宜过长，就是双方兴致都很高，也不可时间太久。宁可在对方兴致高时告辞，也不要拖到无话可说的地步，也可为下次交谈创造条件。特别是主人有急事要办、或家中有新客人来访，自己与新客人又从无交往时，应在与新客人简单地打过招呼后，尽快告辞。

家中有客人造访，主人应热情相迎。特别是对初次见面的客人、远方来的客人、久未见面的客人或职位及经济低于自己的客人，更应周详接待。

当客人就座后，主人应陪同客人谈谈家常或商谈要谈的事。如果自己有事需暂时离开，应向客人表示歉意，并送上书报杂志供客人翻阅，或让其他人陪坐一会儿。有时，几位客人来访，主人应一一作介绍，使大家相互认识，不要让彼此不认识的客人相对无言地坐在一起，使客人感到尴尬。若有事需跟其中一个交谈，应对另一些人说明，不可冷漠置之，使人感到待客有亲疏之别，引起误会，损伤感情。若来访客人是老人长辈，更要热情周详，搀扶相迎。老年客人一般是父母或长辈的客人，热情礼待，也是对父母或长辈的敬重。不管是家庭中谁的客人，家庭其他成员都应热情招待客人。熟悉的客人，可陪坐一会儿；不熟悉的，也要礼貌地问候打招呼，让客人感到轻松。

有客人在场，自己和家里人说话要轻声，更不要发生口角争执。如客人来之前，家中闹有矛盾，客人来了也应收敛。如孩子淘气，不要当客人的面打骂孩子，而应好好哄劝。否则，无异于下"逐客令"。当客人失手打碎什么弄脏什么，或客人的小孩子弄坏了什么时，主人要笑脸安慰客人，显示出毫不介意的样子，赶紧收拾好，让客人从难堪的情绪中解脱出来，切不可流露出不满神色，让客人感到不安，使气氛变得索然无味。

客人来访挽留吃饭时，菜肴准备酌情而定，一般以比平时略为丰盛些为宜。偶尔从远方来的好友，还要挽留在家小住。如果有条件，最好让客人单住，房间要收拾干净，准备好必需的用品，床上用品尽可能舒适干净。还要准备一些书籍、报纸，以供客人消遣。不要让小孩子出入客人房间，以免影响客人休息。

陪客人吃饭敬酒时，要了解客人是否善饮。对不善饮酒者，敬低度酒；对不饮酒者，要敬不含酒精的饮料。饮酒一定要适量。那种强灌式的劝酒方式是不可取的，既不尊重客人，又流于粗俗。特别是主人自己要少饮，主人喝醉了，尚且高谈阔论，唾沫横飞，这种情况屡见不鲜。进餐过程中，主人为客人夹菜时应用公勺公筷，并婉转询问客人喜欢哪道菜，不要不管客人是否喜欢，就把菜堆到人家菜盘里，吃不完很难堪。

客人小住期间，还应抽空陪客人逛逛商场买一些物品，或者陪同到附近公园或风景点游玩，闲暇时与客人叙叙旧情，说说亲朋好友的情况，使客人在小住期间心情愉快，有宾至如归之感。

老朋友相处，不拘小节原是好的，大家感到格外亲切。但这并不是说，对待熟朋友就可以没有礼貌，不尊重体恤别人。一声"谢"，一声"劳烦"，或一句"你真好，太辛苦你了！"其实意味着"我明白你的心意，这并不是理所当然的，我很感谢呢！"能欣赏对方的心意与虚伪的客套绝不是同一回事。

全班外出旅行的时候，往往是男同学表现"绅士风度"的最好机会。抬汽水啦、扛猪扒鸡翅啦、挽录音机啦、还要挟着一只烤叉啦……呵，好不热心，尤其是班里的男同学，哪个能够幸免这份服务的荣幸？然而，女同学却在抵达后还喊着："快饿死啦！你们还不快点升火？"男同学汗流浃背地把火升起，她们却又嚷着："香肠放在哪里？蜜糖呢？……"有耐心的男同学可能还会团团转，其他按捺不住的不和她们吵起嘴来才怪！

很多人在外彬彬有礼，在家却原形毕露。当妈妈好心地端来一碗热汤，叫他趁热喝，他却还赖在沙发上，继续把头藏在报纸里烦躁地应一声而已；抑或，他会边呷着汤，边瞄着荧光屏，不满地埋怨着："唔，这是什么汤怪难喝的！"大概，荧光幕上的剧情太有趣，令他忘却妈妈那天大清早已在厨房洗切做汤的配料了。

有人以为房间既然是自己和妹妹或弟弟共用的就不必叩门便大摇大摆地进出，但妹妹和弟弟也需要点私生活吧？吃过晚饭，还未收拾碗筷就泡着电话跟老友聊一个晚上，也是自私地侵犯了家人用电话的权利。家人围在电视机前正津津有味欣赏电影，他却会出其不意地"啪"一声转台；夜阑人静，弟妹们都在"铁架床"上层躺下了，他还要赶功课，全不经意天花板的房灯亮得他们只有把枕头蒙着脸而睡……

看来，要使车轮转动得灵活快捷，就要加上润滑油；人际间若相处得和谐协调，就一定不可缺少礼貌。礼貌包含了体贴和尊重。即使是亲人，熟人之间，"熟不拘礼"的同时亦要注意自律，方能长久地和睦相处。

与上了年纪的人交往，应以"敬"字当先。

一般来讲，老年人，是指 56 岁以上的人。老年人，阅历比较丰富，思想比较成熟，但也比较固执。所以，与老年人交际，首先应该是有一个恭敬的态度，其次，自己的言谈举止必须持重。凡是轻率，浮躁的表现，在老年人的目光中都是觉得讨厌的。尤其是那些夸夸其谈，尽在自炫本领。或稍有成就便沾沾自喜的人，都会为老年人所讨厌。

与老年人攀谈，最好的话题是"当年"。多数老人谈及"当年"都会兴致勃勃。因此，要尽量鼓动起他的回忆，当谈话已转到其年轻时代的话题时。对方的心境也因此而重返年轻，于是可以很快地打入主题；不过，一方面要能将其年轻时代之事抽象地表现出，另一方面也须运用更深一层的技巧来共同拥有具体性的经历和体验。

有些人年轻时代有过参加战争的经验，知道对方与自己有共同的体验和经历时，就会将初次见面的对方，当作旧识般打成一片而互相闲聊起来。外国有句谚语："过去虽是过去了，但总是美好的。"当年纪愈来愈长时，觉得快乐或痛苦的回忆也不过是感伤的虚饰物，更容易怀念起年轻时的事。

老年人对世面见得多，事情的难易，人生的得失，人品的鉴别，总是有一定的见解。所以，我们对于与老年人的交际，切忌轻率浮躁，但也不是叫你永远大智若愚，让他觉得你是一个无能之辈。如要在他面前有所表现，也必须找到最良好而适当的机会，掌握好分寸不必自谕或邀功，只要让他在心目中对你有一个深刻的印象就够了，已说明你对老年人的交际取得了相当成功。

此外，在任何环境下，你有义务护卫、礼让老年人，例如出门时让他先行，自己随后，入座时让他先坐，在危险的环境中处处保护他，等等。在与老年人谈话时，你必须全心静听，双目注视着他，千万不要心不在焉，或环顾左右等等。谈话中如发觉对方有错误或悖理时，你不能直斥他的不是，而应该用建议的方式，很客气地提出你的意见，并且用求问的语调："这样是不是更能收到好的效果？"或"我有一个意见，提供给你参考好吗？"总之，在任何的情形下，应绝对避免引起对方的不快。在接受老年人交给你的事情时，如有疑问，要在事前详细问清楚；事情的结果，要做到百分之百的落实，这样才能使他有"汝子可教"的印象。

为何当男人和女人说话方式相同时，得到的待遇却可能有天壤之别？当人们提及某些男人属于"强烈事业风格"或"不苟言笑风格"时，他们只是说："他是事业型的。"或者是提到他的专业："他是典型的会计师！"可是当他们评论相同风格的女人时，通常说："她是个男人婆。"因为人们认为这种风格多半属于男性，因此不认为这种风格的女性，是要表现效率、才干以及有条有理。

有位男士在谈到他公司里的三个同事时，也提到相同的特质——直来直往，可是用在女人身上，是抱怨；用在男人身上，则是称赞。他谈到一位女同事时，说："嗯，她的风格非常率直，我觉得很直，也很鲁莽。那就是我对她的批评之一——不够圆滑，因为她说的话都是对的，可就是讲得不够婉转，而且，她老是惹人生气。"谈到另一点时，他说他不喜欢与某个女人共事，因为她不善与人闲聊，使她显得过分单刀直入，他说："她比较给人这种感觉：'好吧，这是问题，这是答案，这是准备好的资料，这是该做的事，好了，我们搞定了。'没有其他的话。"

然而，当他谈到为何特别崇拜另一位男同事时，提到的竟是相同的特质："单刀直入"。他说："我觉得他很直爽、上进、而且很聪明……还有，他的确随身带把大铁锤，一旦有必要，他就用铁锤将你打扁。"当那位男士及两位女士使用同样直率的风格说话时，显然给他不同的印象。

在某个文化中的人，要是行为举止不符合人们对他（她）的原有的期望，可能就会遭惩罚。当男女经理因自己的职位，而与大部分的同性职员有所距离时，性别相同的属下，会以恶意的眼光来看待他（她）。有位男经理的风格近似女性，为他效命的男部属认为他非常温顺柔弱，而女属下却对他多表推崇。有位女经理的风格较接近男性，一位女属下便批评她粗枝大叶，说："她对我这个人从不感兴趣，只邀我吃过一次午饭。"她的秘书则指责她"高不可攀"。这位女经理认为女部属们对她充满敌意。

许多女人避免像男人那样野心勃勃，因为女人说话斩钉截铁，比起男人用类似的方式说话，会得到更多反效果。但身居要职的女性如果在谈吐中表现了太多的女性倾向，则会因缺乏权威感而影响工作。因此许多身居高位的女人，以及在企业界的女性，为了适应工作环境的说话规范，便逐渐调整她们的说话方式，甚至可能变得和她们以前所遵从的方式大不相同。

上述事例表明：男女有别，要是男女的言谈举止在不同的场合不符合人们对其性别原有的期望，他（她）就会不得人缘。

幽默也是绅士们的必备素质。当你与人争辩一件事时，幽默常常能够使你获得惊人的胜利。

美国的约翰·爱伦竞争一场极艰难的国会选举时，就是因为用了几句幽默的话，而获得最后的胜利，并扬名全国。

那时与爱伦竞争的对手，是一位与他旗鼓相当的人物陶克将军。这位陶克将军曾在内战时有卓著功勋，并曾任过数届国会议员。

当竞选时，陶克将军在演讲的结论里说："诸位亲爱的同胞记得就在 17 年前的昨夜，我曾带兵在山上与敌人经过剧烈的血战，在山上的树丛中睡了一晚，如果诸位没有忘记那次艰苦卓绝的战绩，诸位在预选时，请不要忘记吃尽苦头、风餐露宿的那个具有伟大战绩的人！"

这种演讲词，在当时最能打动人心，但是爱伦却能够在眼看对手快要成功时，用几句轻松言词把他那篇演讲的功效一笔勾销，稳操胜券。

他说："同胞们！陶克将军说得不错，他确是在那场战争中享有盛名。但那时我在他手下当一员无名小兵，代他出生入死、冲锋陷阵还不算，当他在树丛中安睡时，还曾携了武器，直立荒郊，饱尝寒风冷露保护他。诸位想起那时的情景，如果是同情陶克将军的，当然应选举他，反之，如果同情我的，我或可对于诸位的推选当之无愧！"几句话说得听众心感神服，立刻对他争相推选。不久，便把他拥进国会。

爱伦在国会奉公守法，还会常常运用幽默排解种种艰难的问题。一次，他想在国会发表一篇演讲，但被一议员所拒，于是他立刻装出一副哭丧脸，抽噎地说："虽然你们拒绝我说话，但是请你们在会议的记录上代我再插入几声欢呼喝彩，我想这一点小小的要求，总不会也被你们拒绝吧?"一番话说得全体议员们禁不住哄堂大笑。本来爱伦之所以演讲，是为了要修改会议记录，那位议员的拒绝，是根据国会法律。但是现在他即说出这样隽永的言词、便使人觉得并无坚持那条法律的必要。于是一致通过爱伦发表那篇演讲。

爱伦在演讲终了时，又使用他的幽默手腕，使人格外爱戴他。他在结尾时说："议长! 我已经把我所持的理由全盘托出，对不对由你们去评判，现在我要回休息室，去愧受朋友们的贺词了。"这真可说是一段千古罕见、妙不可言的演说结尾，他充分表现了演出者的坚定自信，因此，博得全席的不少掌声。

幽默运用得当，是争辩时极其佳妙的武器，它能使你一鸣惊人，但如用错便易伤人感情，被人看做一种恶毒的讽刺，后果将不堪设想。

第八篇

处世应酬学

篇首语

俗话说："平时不烧香，临时抱佛脚。"那样菩萨虽灵，也不会帮助你。所以我们求神，自应在平时烧香。而平时烧香，也表明自己别无希求，完全出于敬意，而绝不是买卖；一旦有事，你去求它，它念在你平日的香火之情，也不至于拒绝。因此同事之间、邻里之间、朋友之间平日要礼尚往来，对婚丧、嫁娶、大病小灾、生日喜庆一类的应酬断不可小视。要知道，这实际是在为自己铺路啊。

第一章

处世应酬学基本原理

处世应酬学的原则

> 有人认为应酬只是诚意对诚意的问题，和技术无关。这种见解不一定全对，因为即使你有诚意，但怎样才能把这一份诚意传达给别人，这的确是需要技术。

成功的第一步——协调一切

我们列举一个最普通的例子。假设你今天上班之后，要吩咐你的部下办一些小事情，或者要检讨一下昨天所办的事。在这种情况下，你已在不知不觉间，面临着重要的"应酬关头"了，因为这样做，是你迫近了对方。如果你不好好考虑到对方的处境和适应他的心情，一味我行我素的话，你会使事情伏下危险。

上班人的生活中最令人困扰的是，在工作岗位上无法与上司、同事及部属好好地相处。例如：上司唯独苛待自己，老职员暗地里扯后腿，同事由于嫉妒到处散布坏话，同事心存抗拒，不按命令行事，等等。遇到这些事时，大部分的人都很难突破这种人际关系的障碍，而常有逃避放弃、辞职离开的想法，一部分不死心，没法耐心继续工作的人，则往往过着趣味索然的上班生活。

电视公司的 H，由于某同事比 H 多五年的工作经验，而 H 则是刚到，因此 H 对其心存尊敬，视为前辈，所以，刚开始还以为与他关系非常友好，然而实际上完全错误。因为同事 K 对 H 忠告："你是否做了一些令前辈疏远你的事？前辈似乎对科长说了许多对你不利的事情，你最好注意一点。"

原来是 H 和前辈商量了许多有关公事之后，总会在公司附近的啤酒馆一起饮酒，当时前辈说了许多对科长的不满及工作的不如意事，H 于是也放松警觉，说了一堆有关科长的批评及科内的问题。据说前辈就根据这些话，再加油添醋地向科长打小报告。

由于这件事情，H 对前辈的态度转变，并采取警戒的态度，而前辈在情感上明显地表示对 H 的不满，并且在工作上，不管是明或暗，都总是扯 H 的后腿。H 原对工作充满干劲，认为公司是富有意义的场所，但由于与前辈发生不合后，开始觉得公司是灰色沉闷的工作岗位。

如果在工作岗位上应酬得不好，像H一样，大部分的人都会认为是对方不好相处，以致无法建立良好的关系。这一类人，犯了一个很大的错误，因为人际关系的培养是相对的，而不是孤立的，不和睦的事，是双方的问题。不过，大部分的人都觉得自己是正确的，错的应该是对方，从而仅看到对方的缺点。诚然，就像H一样，这是错误的。

于是，这就涉及协调的问题——请来看看美国"最佳雇员"洛斯特身为下属是怎样协调他与上司的工作的：

美国宾州人洛斯特曾被选为"最佳雇员"。他的工作是替一家百货公司处理文件。他获选后，对记者透露他的"应酬术"时说："我只是尽量地干。"他的上司，百货公司的总经理说："洛斯特并不是个唯唯诺诺的人，你要他办事，他总是答以'很好，我尽量做'，但一小时后，他会告诉上司，说他办了一个钟头，但还没有做好十分之一，看来当天很难完成了，如果有误公事，我再去想想办法吧。"

他的应酬真的成功，因为上司的自尊心被维护了，他得到的答复是什么呢？不出下面两个：（1）"这样吗？明天也行。"（2）"我叫X君来帮你"。

站在上级的一方，通常是较容易控制场面的。控制场面，该是一种义务，而不是权利——既然是义务，你不妨使对方轻松一些，千万不要让他有"紧迫感"，这也涉及协调的问题了。

有人以为命令行事是讲求效率的善策。但心理学家指出，其实任何人，都喜欢自己拿主意做事，除了故意怠工者外，谁都有"按自己的方式做事"的意欲。身为上司的人，如果充分利用这种心理，不只可以维护对方的自尊心，也可使工作事半功倍！

许多上司对于下属常有"冲口而出"的习惯，明知需要"尊重"他，但讲起话来那种意识却一去不复返。

因此，上司对下属的应酬，应有下列三个原则：

（1）完全记得部下的名字；

（2）完全避免伤害对方的自尊心；

（3）尽量使用可以鼓舞对方的字眼。

这不止适用于单位里面，也适用于生活的其他方面。

处世术是职业工具

日本有一所医科学院，学生们要接受"病人应酬学"教育长达六个月。因为在日本做医生，除了应有学识、技术之外，还要有一套对付病人的应酬术，不然的话，他的高深医学和技术也无法发挥，从生意的角度说，他就是挂起招牌，也不见得就会其门如市。事实上，最受病人信赖的好医生，往往是应酬最得其法者，因为他懂得了解病人过去的病历，家庭的健康状态。最近的病状与自觉症状，这一切都需要从病人口中得知。

有位朋友最近开了所牙科诊所，里面有三个专科医生，轮流替顾客看牙。三个人就有三种应酬病人的方法。

第一个："什么？这样就不痛，对了，这样就不痛！"他一面说，一面就动手拔去病人的坏牙。

第二个："很痛吧，我想您还要稍为忍耐一下，好吗？"再过一会就好了。他是"同情者"，病人似乎得到安慰。其实他也一样使劲去拔坏牙。

第三个：根本不和病人说话，他板起脸，病人一坐下，用手一指，他便不由分说，把坏牙拔出。当然，他不会拔错牙，因为这位牙医的技术十分高明。

不用说，顾客对第一个较有印象，而第三个则最不理想了。

就像现在的市场经济一样，企业不仅要重视产品本身的质量，更应把做好售后服务作为竞争手段，其实这就是一种应酬，是一种必不可少的职业工具。

我们做人也如此，也应把处世术看作为职业工具，这点和做生意是一样的。美国著名的文化企业家卡耐基说过："必须深切了解顾客的需要和要求，用服务来取胜……"

经营者们以自己的服务打动顾客，从小事做起，顾客一进门，就热情有礼，显出时时在倾听他或她叫你拿东西的样子。这时顾客如果什么都不买，或许认为对不起你，最终也会慷慨地买下一件东西。其实待客热情，是对人的尊重，你尊重了人，他人才会尊重你，如果自尊心强的顾客，遇上你冷漠的目光，定会转身离开，即使他有购买的欲望也罢。

俗话说，诚招天下客。心有诚意，则表现于外的自然而然就是率直的态度和语气，容易使顾客为你的态度所打动。服务热情能做不能做的生意，态度恶劣能做的生意也做不成！

至此，我们已明了应酬是很重要的，那么，就让我们也把应酬看为是一种职业工具，认真分析一下我们平时的应酬方式，也许就从现在开始，出现了一个人的转折点！

应酬学的原则

有些人常认为自己不擅应酬，意思是指不大懂得应酬，而在现实生活中，常指不大喜欢交朋友。不交朋友倒无所谓，事却不能不做，做事的结果就会必有同事，而同事之间，又非应酬不可。

当你初上任的第一天起，由于应酬得不好，祸根也许由此种下，害得你不安于位。这并非故甚其词，而是事实俯拾皆是。比方说，你今天来上班，不免要和同一机构的其他同事们略作应酬，通常是来一番自我介绍，简单地说："我叫刘司，请多指教。"但你更好是说："我是今天才开始上班的刘司，在会计部管出纳的，请多多指教"因为说明你来做什么职位，或负责什么项目，是非常重要的，不过，如果你说："我在某某会计专科学校毕业，曾在某某银行任会计……"这样就变成过分了。

凡是良好的应酬，都应避免自大、分辩或太多的解释。例如：你今天上班迟到，于是向上司解释原因："今早二环路发生车祸，汽车大摆长龙，我只得半途下车找出租车，但每一辆出租车都被人截走，等了好久才……"

　　车祸，摆长龙阵，出租车……都是原因，而迟到却是结果，你的上司一定不耐烦听这些的。

　　这里有两个答案，你看看哪一个比较好？

　　a. "今天公共汽车出了毛病，所以迟到了，非常对不起。"

　　b. "今天迟到了，非常对不起，因为公共汽车半途出了毛病。"

　　上面两句说明，原因与结果互相倒置，听起来一样令人觉得舒服，但大多数的其他场合，原因与结果那一个应该排在前面，则有极大的关系。

　　这就是说话的技巧问题了。接下来，再来谈谈选择应酬空间的问题。

　　一些专家把空间作为应酬的第一要素，这是很有道理的。应酬需要一个场所，而且不是随意的场合，因场所的不同而收效各异。比如，青年男女谈情说爱，就要到僻静的公园或小河边上，而不会到商场的座椅上。所以，要想得到理想的应酬效果，就必须物色一个适宜的应酬场所。

　　说到场所，人们会想到办公室、家庭、公园，以及其他一些地方。这些场所，各有各的条件，各有各的特点。

　　办公室：这里比较严肃，是谈公事的地方。一般上下级之间的应酬或接待来访者，在这里更合适。人们有一种感觉，好像在办公室谈的事能给人以信任。

　　在家里：一个人在自己家里，心情较为"解放"，对事物的理解比较清楚，所以，有些事，最好是到别人家里去拜访。在家里就不同于办公室，办公室总给人一种有很多事要办的感觉，不能专心致志地和人谈话。如果下级想请他的上司解决某种困难，最好到上司的家里去，上司会静心、耐心地听你倾诉苦衷。有时，朋友、同事间为了解除某种误会，也多上门到家去交谈。这样做，一般效果都很好。

　　在车上：一些很有采访能力的记者，在采访时，往往抓住人们下班回家坐车的时间。因为这时已经下班了，被访问者一心想回家去，坐车这段时间无其他事可做，当然会好好地接受记者的访问了。

　　在餐桌上：很多人说生意有了基本意向后，往往主动的一方就要请吃饭。在餐桌上，人们感到更"解放"，似乎有说话不算数之感。其实，只要不是醉后之言，都是算数的，也许是因同餐进酒，把双方的关系拉近了缘故，会使谈判有明显的进展。一般人说的"我晚上有应酬，"多半是请人吃饭。可见，餐桌上是应酬的一个很重要的场合。

　　上面虽然介绍了掌握语言和选择应酬空间的重要性，但掌握应酬的三大原则则更有根本性。

　　鲁迅某次在上海坐黄包车，有意实验一下应酬学上的三大原则。他从朋友家门前叫车去南京路先施公司，依照时价，该付出车费三角。

　　鲁迅没有说明去南京路的什么地方，价钱讲好，便坐上车。刚到南京路口，车夫便停下来，说："到了"。

鲁迅本来应该说："哎呀，对不起，我只对你说南京路，却没有说明我要去先施公司……"但他并不把这句话讲出来，却故意说："还没有嘛，我要去先施公司，此地距离先施公司还远呢！"

车夫提出反驳："什么话？三角钱来到南京路，还不下来？……"

"哪里，我来南京路就是为了要去先施公司嘛！"

"你分明说是来南京路。"

"你不去先施公司，我就不付钱。"

"你不付钱我就叫警察。"

这个结局如何，我们不必理会。总而言之，是证明了坐车虽属小事，但应酬不得其法，会闹出乱子的。当时鲁迅只要说他刚才应该说的话，黄包车夫也许早把他拉到先施公司，再不然，多付车夫五分钱便一切顺利了。

这次实验，启示了应酬学的三大原则：

(1) 先了解对方的立场；(2) 接着，请别人了解自己的立场；(3) 然后，请别人帮助，达到自己的目的。

鲁迅这样重视应酬，也许对他的文章有很好的帮助。事实上，自古以来，许多有名人物都很重视应酬学。被称为辩证法始祖的苏格拉底便以应酬学教诸弟子。我国古代孔夫子之重视应酬学，你只要打开《论语》便知道了。

这一切，只因应酬本身在当今已经成为职业上的一种多功能的工具。

百事百通的哲学

不论何种形式的社交活动，都有一个质量上的问题，高质量的社交活动和每个人的修养有密切的关系。培养良好的心理素质并根据个人的心理素质特点恰当地开展社交活动，是十分必要的。

首先，应先学会克服交往中的自卑心理。

不少人在应酬中常有这种心理：既想接近别人，又怕被对方拒绝；既想在别人面前谈些自己的观点，又怕被别人耻笑；事先想好了许多话，可一站在生人面前就全忘了，仿佛大脑是一片空白，一个词也没有，一句话也说不出来，只好躲在不引人注意的角落受冷落。事后，从前准备好的那些话却又一一再现，而且思维也开始活跃，这时他们后悔刚才自己为什么如此窝囊。这种心理现象一般都是自卑感在作祟。

有了这种心理，必会使应酬质量大打折扣。所以，应先分析自己。找出产生自卑感的原因。比如平时过少参加社交活动，受这方面的教育和锻炼不足，工作能力不强，有某种生理缺陷疾病等。认清了这些，便有意识地弥补缺陷或用自己的优势弥补不足，这样，在有意识的进取和锻炼下，会渐渐地让自己在应酬过程中有一种平衡心理。

其次，应具有一定的社交活动技能和社交常识。

应酬活动它不是一种抽象的活动，其表现形式是多姿多彩的，广博的知识，高尚的情趣，往往使社交活动变得更加丰富，给参加者带来多方面的收获和享受。

　　一个人不会跳舞，不会摄影，就会使旅游失去了许多乐趣。如果请朋友到家里聚会，你不会做饭，随便吃点什么东西与你有一手好烹调技术，做一桌味美的饭菜相比，显然气氛会大不一样。所以，掌握一定的技能，就会打开参加更多的社交活动的渠道。

　　还有，还应掌握一定的社交常识。如：怎样和人家握手，交换名片；怎样安排喜庆活动，怎样注意餐桌上的礼仪；怎样和人寒暄和掌握一些地方的风俗禁忌等等，都可以让自己在应酬的过程中潇洒大方。

　　最后，也应该掌握应酬学上技术方面的事项。

　　应酬技术第一是需要有个程序，不可以杂乱无章。第二就是必须要保持主动。

　　下面的举例是假定你为了替友人谋一份差事，去拜访某大公司的经理。你先要明白一个原则，就是：虽然你去见的可能是一个身份颇高的人，而且又是你有求于他，不过，他仍是被动的，你才是主动者，所以你要在程序方面做一些准备。

　　准备一：先考虑用什么方法。（1）写信；（2）打电话；（3）其他方法。比较之下，你认为终究以亲自去见为佳时，这表示你已不免要做一番应酬。

　　通常我们必须亲自见人的原因，大致由下列情形决定：（1）表示尊重对方；（2）想当面看到他的反应。因为写信和电话对方很容易向你"耍太极"；（3）观察一下对方的事实；（4）直接去见某经理，先去见他的太太，或是见公司的人事部主任，这事情很重要。有许多做经理的人根本不管具体事，他会告诉你，最好去找他们公司的人事部主任。但等到你依照他的批示去找人事部主任时，人事部主任知道你已去见过经理，并且是经理的相识，他起码有两种误会的可能：第一种就是以为你用大石压死蟹的方法；第二就是以为经理有意推搪，将"拒绝"让他来实行。

　　把应酬科学化加以实际公式应用，首推美国西屋电气公司的贺逊工厂。该厂有一家收银机公司也准备一些固定的应酬方法，规定内外职员必须遵守。其中有些人反对，说如果在应酬客人时，脑子里想着那些应酬的公式和理论，岂不弄巧成拙？这话有一定的道理。不过，应酬初期未能依照"书上说"，是比较好得多，以后就要靠随时变通了。

　　当然，当你和一个人应酬时，你心理上有着"我正在应酬你"的感觉时，就不太好了，这会变成神经紧张，一切出于不自然。最佳的应酬是必须排除上述成分，要设法令双方的感觉不在应酬状态中。

　　贺逊工厂的一位专门指导应酬术的专家说，我们一定要培养诚恳的精神，才能很好地运用应酬术，单是有"术"而无诚恳，简直无用处。他说，如果我们和一位物理学家或美术家见面，而所谈的尽是专门问题的话，情形也许会好些，因为话题全部涉及专门学识。但一般人就完全不同，不要以为你自己有了丰富的"应酬知识"，便在别人面前卖弄，那会变成"作状"。

进入对方

人们常用对牛弹琴来讽刺不辨对象,不合时宜,盲目行动的愚蠢作法。通常,应酬的过程就是情感交流的过程,复杂的人际关系常常使人在结交时悲喜交织,苦乐参半。一次应酬中引起的不如意,常常会影响另一次应酬的情绪,造成情感表达的不适当,使预期目标流产。要避免这种状况,就要学会控制自己的情绪,及时地进行心境转换,同时注意了解别人的心态,以一个玩笑或一句妙语去掉感觉上的不快。

以某种意义上说,信息和情感是一对孪生姐妹,二者密不可分。在应酬时,要尽力使自己的情感与要向对方输送的信息内容协调一致。如果你表情呆板或愁容满面地向朋友祝福,会引起朋友的怀疑;若春风得意地向人报丧,也会被认为是在幸灾乐祸。

所以,为了使应酬成功,不仅像前面说过的注意选择空间,还要配合当时当地的情况,运用一定的应酬技术,随机应变,以便应酬事半功倍,达到预期目标。

俗语说:"人心隔肚皮。"意思是指不容易知道别人的真正意向,但研究精神分析学的人却认为人心是"包着几层皮"的。他们认为最内层是"自我",即一切以为自己打算作为出发点。自我的外层,是"下意识"。这两层的外表,大概起码要包上四五层的"皮",你很难发现它的真相。我们在日常生活中和别人应酬,自然不必像精神分析家那样,研究到对方的"最深层",但最低程度应该替对方想一想,只要你站在对方的立场稍加推敲,你就可以把对方的内心"思过半矣"。

投其所好是目前许多人都善于运用的交际术之一。比如,某人喜欢看电影,或对某人特别崇拜,若去拉他,一开始就大谈电影和介绍某人的情况,他定会喜欢的。等到他心花怒放时,内心所有的皮都被剥开,一切就容易解决了。

但这不要和"拍马屁"混为一谈。

社会上有许多人常用满口的奉承话来应付朋友,他们常对他人的事务或嗜好表示意见。比方某人知道我是做印刷生意的,他就以为为了迎合我的兴趣,大讲其印刷经;当他知道我是喜欢钓鱼时,就大讲其钓鱼之道。晓得运用这种方法的人,自然都是逢迎能手。但要求他们注意,当你这样做的时候,往往会引起别人的憎厌,理由很简单,你所讲的对方未必都会有同感!

你要得到别人的合作,需要了解别人的意愿,因为对方的感受和投入程度是决不会与你相同。假如你自己不吸烟,甚至对烟表示极度的讨厌,这不过是你个人的感觉,但你的吸烟的朋友,可能不同意你的感觉,如果他们也和你一样厌恶烟味,他们就不会吸烟了。因此,你向那吸烟的朋友表示你厌恶香烟是没有效果的,你只要说"不吸烟"就够了。

有家百货公司,他们的职员要受到特别训练,比方说,有一个客人来购西服,选来选去,选中了两套,但他只想买其中的一套,所以,必须在两者之间选择一套。这种情形是常有的,顾客的心理,并不是考虑两套西服的品质如何,只不过是难以取舍罢了。

如果这时售货员这么说："我认为这一套比较好，因为色泽和质地都更适合你。"客人听到你这么说，保证会买下这一套的。这就是掌握了顾客心理活动变化的效果。

还有，他们绝不会向顾客说："这件东西比较便宜。"而会婉转地说："这件东西比较耐用。"或"实用"之类的话，借以排饰顾客的"贪便宜"的自卑感。

其实，贪便宜的心理人人都有，我们在应酬上要讨取别人的好感，不妨偶然向别人"施舍"点小便宜。好好地利用这种心理去应酬，也是一条成功的路径，这并不是诡诈，正当地运用起来，并不比其他方法逊色。

学以致用

应酬在理论方面大有心得的人并不一定就会应酬得很好。理由很简单，就像一位外科医生，光有学了几年的理论知识，却缺少实际操作，那么，他决不能算作是位合格的外科医生。

这也好比学游泳一样，空有书本教你的手如何拨水，脚怎样动作就会推进力强，那种说法当然都有理论根据，但你只靠这些是不会游泳的。你要学游泳，或游得更好，最好的办法是立刻跳入泳池。当然如果你没有一点游泳的常识，或是没有较好的指导，而只是一味在泳池里乱爬乱拔的话，你也不会成为游泳选手的。

依照专家们的分类，应酬有三种类型：

第一种，他们称之为"抽出型应酬"，这就是要把对方所知的事，用应酬的方式，"抽"出来。法官对被告，新闻记者对采访对象，医生对病人，律师对他的顾客，都是前者要向后者"抽出"材料的。

你在收音机听到电台记者向某人访问，记者问一句，某人答一句；或者在报纸上看见记者所写的访问记，以一问一答方式写出，这都可以表示，记者是通过"抽出型应酬"，才会有所收获的。

第二种，被称为"渗进型应酬"，就是说，你要把自己的意志或情感，渗进对方。经纪人的工作，就是这种应酬的典型。发号施令，向人借贷，调兵遣将，甚至求婚，都可列入此类。

最高明的渗进型应酬，是别人被你渗进了而不知，如一位电脑公司的推销员，为了推销而去拜访某位客人，鼓其如簧之舌，把电脑说得天花乱坠，客人明知言过其实，只是为了情面不好意思推却，勉强订购一部，这样推销员虽然做成了生意，但并不能算是成功的渗进型应酬。

应酬的第三种，称为"相谈型应酬"。举例说，你也许受到某方委托，为解决某项问题，和某人商量，这需要交换双方的意见，让彼此的意愿交流才能成功。

相谈型应酬是需要技术的，如果问题首先出自你的口，你就要用适当的方法把事情顺序说出来，让别人有机会整理从你的口里得到的资料，以便找出解决方法。倘若问题首先出自他的口，你也需要倾听，同样要迅速吸收资料来寻找解决之道。

至于比如"今天天气怎样"这类的应酬，他们把它归为寒暄语言。

尽管专家们把应酬划分为上面的三种，并且列出十大应酬秘诀，但他们也承认，其中有好几项是很难实行的，但我们应该尝试并加以实行。因为应酬不比其他，他需要我们在现实生活当中不断运用。

被认为有困难的有如下几项：

（1）对人与人之间关系的了解。大多数人很容易在应酬中忘记了自己和对方的关系，一浅，一深，一亲，一疏，都会影响了彼此的关系。

很多人写信懂得用种种不同的格式称呼，例如，"敬禀者"只用于写给尊辈，大家都分得清清楚楚，但我们和别人应酬时，能记得彼此的关系，认真地了解到一些写信时的格式么？恐怕是否定的。

（2）客观的立场。客观这二字常被人使用，但真正的客观却很难有。你叙述一件事，而这事又与你的利害有关，说到利害关头，你的词锋就很容易转到有利于你的方面去，虽然这是不合理的。

（3）用种种尺度去衡量一件事的价值。我们通常内心只带着一把尺子，很少能带许多把尺子的。如何才使内心带着许多把尺子，这是需要特别留心的事。

已故的英首相张伯伦对于一些报纸向他诽谤，若无其事。他的见解是：报纸并不是人人都看，而看的人最少有一半不关心这段新闻，而关心的另一半又最少有一半不相信他的话。所以它的影响是微小的。我们在忙，所以不值得花时间去理会它。

处世应酬学的艺术

现在大多数的人在应酬场合，都是用"自我中心"形式讲话，比方："我的意思是……""我认为应该……"等等，但新的应酬却呼唤以对方为中心，也就是以对方为主体，尽量避免谈论对方不熟悉的话题。我们说，应酬学艺术的核心就是"进入对方"。

避免谈论对方不知的事

经常听人说："不要在一个不打高尔夫球的人面前，谈论有关高尔夫球的话题。"这句话颇有道理。因为与人交谈时，彼此的话不投机，往往会使人觉得非常尴尬，不知下一句该如何应付。

从另一方面来说，若我们与人应酬交谈时，所谈的话题，对方不曾接触，也不曾感受过，不免会使对方认为我们是在自我夸耀，无视他的存在或鄙视他的无知，如此一来，岂不是又疏远了彼此的距离吗？

在这个社会上，有些人总喜欢夸示自己，往往认为自己的学识、兴趣高人一等。每遇亲朋友，就迫不及待地大肆吹嘘自己的心得、经验，却不知这样常令一旁的好友不知所措。

举个例子来说，一个视赌如命的人，看到不会赌钱的人，很可能会揶揄他一番："你怎么不会赌博，那人生还有什么快乐可言？"试想，这话传到他的耳朵里，必定不会让他感到愉快的。

被称为辩证法始祖的古希腊哲学家苏格拉底也是通过应酬来教育他的弟子。他说："好的应酬是站在对方立场去想"，这是最重要的一个原则。任何方面，忘记了这个原则，就会由早到晚都不开心，如果你的应酬技术不足，这不仅仅使对方不愉快，你自己也会不开心的。而且这种不愉快，会影响你的工作的效率趋于低下。

所以，当我们把握着真理时，不要向理亏的一方过分地施行重压吧，俗语说得好，有理莫高声，这话真是金玉良言。你宽恕别人，为的是留下余地，让别人将来也会宽恕你。

强化第一印象

我们通常在和人初次见面时，都会在不知不觉中给对方戴上"此人很不友善"、"此人很直爽"之类的帽子。这是拿对方跟自己已有的经验相对照，并以其体格、外貌、服装等为基准，而对对方产生的一种观念。如果对对方的第一印象有所错觉的话，就很难修正对方给我们的第一印象。

根据美国心理学家亚瑟所作有关第一印象的研究中指出，在会面之后所得到的有关其人的印象，往往与今后所形成的印象相一致。

因此可见，一个人的"第一印象"是非常重要的，别人对你，或你对别人都是一样。在应酬的路上，第一印象不好的话，如要挽回，就要花很大的努力，这一点非加注意不可。

绝大多数的人，面对初识者，常会觉得对方对自己尚无任何成见，而欲以头脑敏捷、富幽默感、具有责任心姿态应对。"但若一味地用令人咋舌与吃惊的话，反而容易给人不实在或夸张的效果。"

这里基于两点理由：第一，简单地说，每个人都不喜欢听到自示自夸的用语，用这样的语词，往往不能符合自己的思维逻辑，易造成前后矛盾。此现象不仅会暴露自己的无知，而且也会混淆自己的脚步，弄得杂乱无章。

第二，有时是自己想出了得意、有道理的言词时，急于对初见面的对方滔滔不绝地说出，此种情况虽说是情有可原，此种人亦可以说是头脑敏捷，但却会因锋芒太露而遭他人的猜疑，使他人不可不谨慎。

想想我们周围的人，有许多受人拥戴与信赖的人，并不是属于才气风发，以惊人之语而博得他人喜欢的。相反，有的人言词伶俐，却无法得到别人感动与钦佩。如果你讲起话来具有新潮的思想，不说高深远大的见识，在任何时候都是用一般平凡百姓的想法和自己的亲身体验来说话，不说一句趾高气扬的话，就可以与对方谈得畅快。

而假如最初就给对方一种模糊、不良的印象，也不必太早就灰心。为了弥补对方对你的第一个印象，此时给予一些强有力的知识或表现，对方可以根据这些表现配合最初的印象，而渐渐地好转起来，否定以前所记得印象，到了彼此要分手时，最初的印象就被打消，最后只剩下良好的印象。

除此之外，要想给对方一个好的印象，就必须注意服装。它不仅是一个礼节的问题，且也是一个文明教养的窗口。

有人会提出异议：服装那会成为问题？应酬的内容最要紧。

你看见一个老年人穿着一条牛仔裤，会有种轻佻的印象么？你看见某人穿的长裤裤管正中央没有一条痕，你会有"不好看"之感觉么？如果你的答案都是肯定的，那么你就不能不正视服装这个问题了。

留意你的服装吧，这并不是叫你穿上最流行的，最时髦的衣服，只是请求你穿得使人有整齐、清洁之感，至于衣服旧等问题都是次要的。

不仅如此，装饰打扮可以增加自己的自信心。也许大家都有同样的感觉。要到一流饭店赴宴会时，总会将自己体面的打扮起来，若是到一般商店、市场购物，则是一套轻便的常服。其实，并不是每到一家一流饭店，都规定须西装革履，而是这些饭店的气氛和其他人的穿戴，会使你不得不注意自己的服装仪容。

盛装赴宴，不仅仅是为了表现自己的礼仪，而且也是为了免负于酒店的豪华气派，所以，穿着正式服装的行为，也可以说是一种预防被那种气氛吞没的心理的武装。这时身上的衣装，已不仅是件普通的衣服而已，而是一件保护心灵的外衣。质地好的服装，可以强化自我意识，达到与观光饭店平等的关系。初次见面的对象，就像一流的饭店，只要你能将与对方建立平等关系的"东西"，加诸己身的话，便会更加大方自信了。

自然，人们对于盛装的人和不讲究衣着的人两者间的感觉是不会相同的。美国有许多家大公司对所属雇员的装扮都有"规格"，所谓规格自然不是指定要穿成怎么好看或指定衣料，而是"观感"的水准。

不只在美国如此，在世界各地都一样。如我国的几家保险公司中的业务员，他们在向人们推销保险时候是不会穿得不三不四的。无疑，对于穿得整齐的人，总是较有信赖感的。

所以，请你不要过分的嘲笑"先敬罗衣后敬人"这种风习。我们再进行应酬时，应该重视一下现实，要推己及人，不然的话，便要遭受一些不必要的失败。

在进行第一次会面时，也要十分注意时间的问题，自己应清楚对方可以腾出多少时间，也应尽量减少应酬时间，要提防自己和对方发生"疲劳感"。这不仅方便了自己，也方便了对方，更要紧的是使应酬本身奏效。

最后在临别的时候，也应给予足够的重视。一位女明星一次在与人交谈中，一直都很注意在听，对方也一直很有兴致地谈论，最后，女明星概括地说："能够和您谈论使我了解到很多的事物，这些都是值得作为我工作上参考的宝贵意见，实在非常地感谢你！"这一番结束语，给对方留下很深刻的印象。这之后虽然对方一直没有机会再碰到这位女明星，但在记忆中，仍是以那时候最后留下的美好印象为印象。

恭维要出自诚意

在和人见面时，适当地恭维人家是有礼貌有教养的表现。不仅可以获得好人缘，而且还可以使双方在心理和情感上靠拢，缩短彼此之间的距离。

因为这适当的颂扬，常常会由此提高了他人的尊严，使自己和他们更有利于合作。

人是一种有思想的动物，所以应酬术如此多变。除你是有办法打动别人的人，否则不易成功。要打动别人的心，只有一种路径可走，就是尽量去运用别人的经验和理智，而不是运用自己的强制方式。

在当你想恭维一个人时，出言乱赞是不好的，一定要表现出一种足以使对方认为"赞得对"的热诚，而且所赞的一定是个不变的事实。

秦末汉初的叔孙通，就是个善于判断状况的能手。

秦始皇死后第二年，陈胜、吴广等人在楚地揭竿而起，开始反秦暴政的义举，二世皇帝接获消息后，便召集宫中大臣说："听说楚地国界的守军叛乱，占领了蕲县，接着又攻入陈郡。关于这事件，你们有何意见？"

虽然始皇已死，但人们对于三年前"焚书坑儒"的事件仍心有余悸，且二世皇帝为了宣示大秦帝国的国威，不断问罪群臣并滥杀无辜，因此，群臣对于皇帝的问话莫不异口同声说："身为宫中大臣，连做梦都不该有背叛天子的念头，他们的行为，实是罪该万死，必须立刻派兵镇压。"

可是，皇帝一听有人想背叛他，便露出不悦的表情。叔孙通看了这种情形之后，说："臣不认为陈胜、吴广有背叛的行为。今天下归秦，四海为一家，郡县间的城墙被拆除，兵器也被熔掉，举国之内，再也没有战争的迹象，这是众所周知的事实。天主在上，威令遍布全国，人民恪守自己的工作岗位，天下的人无不悦服皇上。在这样的太平盛世中，哪会有叛乱的事发生，那只不过是件单纯的盗贼案罢了，根本不值得大惊小怪，相信不多久，地方官役定会把他们绳之于法。这种小事即蒙圣虑，臣等惶恐。"

皇帝听了这番话，频频点头，深表赞许，赏赐他二十匹的绸缎和一套衣服并升他为博士。而那些认为是一场叛乱的大臣们，却均以口出不逊的罪名交给司寇处理。

退朝之后，叔孙通的同僚们攻击他说："你奉承阿谀的态度，也未免太过分了。"

"道不同不相为谋，我只不过是刚逃出虎口罢了。"

虽然，叔孙通这样的作法不为人们所服，但在那时代下，他也是逼于无奈，也是一种生存之道，不过，我们却不能够否认恭维的作用。

在平时生活中，不伤体面的事我们不妨迁就别人，但在问题的本质上，该拒绝就拒绝，该同意就同意，这在应酬学中也是个非常重要的事项。不然的话，如若是一味的附奉，那么迟早我们在人们之间的正常交往中就会失去地位，成为"附庸外交。"

那么应该怎样去赞美人家呢？

首先，我们应该顾及到现场，如有旁人在场，则应注意到他们的心理，以免他们产生难堪，误会了诚意。其次在措词方面也要求掌握分寸，以免弄巧成拙，还有恭维必须有针对性，语气一定要诚恳，点到即可。

这里要解释一下，虚伪地赞扬他人这是不行的。比如你看到一位并不很漂亮的女孩，你就不能赞她太美丽，因为这样，她会觉得你是在故意戏弄她或是太虚伪了。这所起的效果实在是太不理想。但是，我们不一定要赞她漂亮，而改为赞她的头发、服饰方面。再者，赞她温柔、有气质也是一样——或许，她还会觉得你这人了解她哩。

澳大利亚的心理学家贝维尔就曾说过："如果你想赞美一个人，而又找不到他有什么值得赞扬之处，那么，你大可赞美他的亲人或和他有关的一些事物。"

应酬方式应因人而异

"人要相交才能知道个性，马要试骑才能知道良否"，这是一句从古代流传到现在的至理名言。它道出了人性的千千万万种。

人类是被感情化了的动物，各人的思维方式、文化修养、生活境遇都不尽相同，加上性格上的千差万别，便构成了当今社会上的形形色色。

而应酬的目的却只有一种，那就是改善现状，让自己或别人活得更加开心幸福，让后代过得舒适。世上的人，几乎每天都在进行着这样或那样的应酬，不过有的人成功了，有的人却不断地失败。究其原因，当然也有千千万万，但是，其中的应酬方式也有不适当之嫌！

既然，人有千千万万种，女人不同于男人，老年人不同于青年人，丈夫不同于妻子等等，那么，我们与之应酬的方式千变万化，因人而异。独守其中、千篇一律的应酬是不会成功的。

卡耐基说过这样一件事：他租用一家旅馆的大礼堂讲课，刚要开课，对方通知他要付比原来多三倍的租金。卡耐基去找旅馆经理交涉，他说："我接到你的通知时，有点震惊。不过这不怪你。假如我处在你的地位，或许我也会写出同样的通知，你是这家旅馆的经理，你的责任是让旅馆尽可能地赢利。你不这么做的话，你的经理职位就难以保住。"

"假如你坚持增加租金，那么让我们来合计一下，这样对你有利还是不利。先讲有利的一面，大礼堂不出租给讲课而出租给举办舞会、晚会的，那你可以获大利了。因为举行这类活动的时间不长，他们能一次付出很高的租金，比我这租金当然要多得多。租给我，显然你吃大亏了。现在，再考虑一下'不利'的一面。"

"首先，你增加我的租金，反而降低了收入。因为实际上等于你把我撵跑了。由于我付不起你所开的租金，我势必再找别的地方举办训练班。还有一件对你不利的事实。这个训练班将吸引成千的有文化、受过教育的中层管理人员到你的旅馆来听课，对你来说，这难道不是起了不花钱的活广告的作用吗？"

"事实上，假如你花 5000 元钱在报纸上登广告，你也不可能邀请到这么些人亲自到你的旅馆来参观，可我的训练班给他们邀请来了。这难道不合算吗？请仔细考虑后再答复我。"最后，经理让步了。

卡耐基这次成功的经验是："我站在他的角度想问题。"假如他气势汹汹地去责备经理，后果肯定是不欢而散。

卡耐基的经验告诉我们，同别人交谈，要站在别人的立场上想问题，也就是要注意和研究交谈对象，这样做，更容易说服对方，取得交谈的良好成果。

首先，应先了解对方的一些经历情况和生活状况。在应酬当中，各人的思维方式各不相同，他有他的生活愿望，你的生活观点，交谈能否融洽，就在于应酬的双向协调性开展得怎么样。

按照美国心理学家马斯洛的观点，人有生理、安全、群属、尊重和自我实现这五个层次的需要。假如你不了解他的生活困难，而在那里大吹特吹打高尔夫球或是环球旅游的乐趣，他肯定提不起兴趣和你谈下去的，但倘若你告诉他一条快速致富的门路，不用你说下去，他们也会提问的。无疑，因为这正是他所关心的。

其次，必须注意对方的心境特征。

如果在交谈当中，不顾对方的心理变化，而一味地将想法统统搬出来，那么，你是得不到他的认同的。一厢情愿的谈话往往会让对方厌恶。

孔子在《论语》中提到："言未及之而言谓之躁，言及之而不言谓之隐，不见颜色而言谓之瞽。"意思是，不该说话的时候说了，是犯了急躁的毛病；该说话的时候却没有说，从而失掉了说话的时机；不看对方的态度便贸然开口，叫做闭着眼睛瞎说。

在交谈过程中，双方的心理活动是呈渐变状态的，这就要求我们在和人交谈中应兼顾对方的心理活动，使谈话内容和听者的心境变化相适应并同步进行，这样才能让交谈意图达到明朗化，引起共鸣。

我们常听到"在那种情况下，我实在不该那么说"这句话，这是因为说话与时境失去统一、和谐造成不良后果而产生的懊恼。

最后，应清楚对方的身份和性格特征。

性格外向的人易于"喜形于色"，和他可以侃侃而谈；性格内向的人多半"沉默寡言"，则应注意委言婉语循循善诱。

汽车大王福特说过一句话："假如有什么成功秘诀的话，就是设身处地地替别人想想，了解别人的态度和观点。"成千上万的交谈者不知道自己为什么不受欢迎，问题就在于他没有想到别人需要什么，只一味地夸夸其谈，其结果必然是失掉了一批又一批的交谈对象。要想交谈成功，就必须注意对方，研究对方，站在对方的立场上想问题，谈问题，这才是交谈成功的灵丹妙药。

重视对方的兴趣

在建立良好关系的过程中，实现双方兴趣上的一致是很重要的。只要对方喜欢同样的事情，彼此的感情就容易融洽，这是合乎逻辑的，推而广之，对其他许多事情，彼此都愿意合作了。

应酬学上有一条要则：要适合别人的需求而达到自己的需求。但是非常可叹，这个社会上能够做到这一步的究竟不多，因为人人怕吃亏的心理使然。

不过，这个方法在商业活动中却被广泛应用：

日本最大的帐篷厂商，太阳工业公司董事长熊村太郎，他见到不少人到野外去登山取乐，由此构想出在城市建造登山练习场的生意蓝图。便在东京市内利用自己的高楼外壁修造断崖绝壁，专供年轻人作登山练习场。

这座"断崖绝壁"练习场，宛如在市内的一座深山，山上花木苔藤，荆棘遍布。这座原始野味十足的假山，构成一大奇观，吸引了那些喜爱登山的年轻人纷纷前来，欢呼雀跃地在断崖上攀登。年轻人爬上"断崖"，远望那云海中群峰叠嶂，近看市区那迷人的景色，不觉异趣横生。同时，这些人感到登山不用到野外，既省时又省力，何乐而不为！

熊村太郎的收入滚滚而来。此后，他随即在隔壁开设了一家登山用品店，其生意之兴隆，在东京屈指可数。熊村太郎就利用年轻人的兴趣，就是利用这高楼外壁发了大财。

三十多年前，一位名叫安藤百福的日本人在下班途中，忽然看见许多人挤在饭馆前等着吃热面条。安藤百福对这司空见惯的现象突然悟出：面条受欢迎，这是一个很值得挖掘的市场。

但吃热面条要等候，费时，费力，还缺少调料，味道不好。他进一步琢磨：如果能创造出一种用开水即可泡食且又有味道的面条，一定会备受欢迎。于是，他放弃了原来的工作，致力于方便面的研制。开始他屡试屡败，但他不断改进，经过三年奋斗，香喷喷的即食面终于试制成功了，仅八个月，就已销售达三千三百万包，安藤百福也一跃成为拥有雄厚资金的大富商！

安藤之所以成功，是因为他善于从普通的生活中挖掘"上帝"的潜在需要，揣摩和把握"上帝"们的兴趣。

市场风云瞬息万变。企业家们要打开市场，寻求立足之地，就必须善于洞察预测市场，勇于抓住机遇。但不少经营者就是缺少市场的敏感意识，往往习惯于因循守旧，不是跳不出传统的模式，就是摆脱不了他人的影子，最终导致失败。

应酬就像做生意一样，他必须清楚对方的兴趣。谈论对方所深感兴趣的事，比谈论一些毫无兴趣的事，更能显出亲切。

每一个人都有某个方面的兴趣。兴趣可分为两种：一种是对有关系的事物的兴趣，一种是对无关系的事物的兴趣。所谓有关系的事物，是指与你和别人发生兴趣的事物。利用这种兴趣，常常可以在彼此之间建立良好的关系。

可是有许多人对他们业务以外的某种事情更有兴趣。通常一个人所做的工作，不是出于自愿，而是为了谋生。但在业余时间，他所关心的事情，则是他自己所选择的。换句话说，他最深感兴趣的是他的办公室之外的事情。因此，从业务之外与某人接近，比在业务上与他联系更容易，更有效果。

一般人都希望他相处的人，有许多不同的特殊兴趣，有的他特别喜欢，有的比较淡薄。如果可能的话，你应尽量找出他最感兴趣的事，然后再从这方面去接近他。倘若没有机会或者这种机会不容易得到，那么也该尽可能去选择他最大的兴趣供你利用，主要的目的是要使他对你发生兴趣。

欲与别人的特殊兴趣建立一种特殊关系，必须把你的真实的兴趣表现出来。单单说一句很感兴趣的话是不够的，在对方的询问下，你不能掩饰你缺乏真正的兴趣，免得弄巧成拙。

问题在于你怎么能使他人了解你对某件事情真的和他有同样的兴趣。因此，你必须对这题目具有相当的知识，足以证明你是有过相当研究的。越是值得你接近的人，你就越应该努力对他所感兴趣的事情，作进一步的加深了解，使你能够充分应付他，使他乐意提供你所想知道的事情。

我很钦佩幼儿园的教师，她们就有许多办法去哄小朋友，把一群哭哭吵吵的小朋友训练得高高兴兴。

这当然有她们成功的应酬门道，分析其原因，是由于她们能放弃自己的个性而去迎合小朋友的兴趣和思想。

这种作法纯粹是出于热诚，而热诚却永远是应酬成功的因素。当你的内心充满热诚时，你向别人提出的，将不是一个令人难堪的问题，而是他乐于回答，或者是他所熟悉的问题。

你知道某人去过美国，如果你向他问及美国的事情，他一定非常高兴或滔滔不绝地讲到美国的许多事情，即使你的目的只不过想问问有关美国入境的手续，而他会连带告诉你纽约帝国大厦的电梯快到什么程度。

专家们给出关于和他人交谈兴趣的三个步骤：

（1）找出别人感到特殊兴趣的事物；

（2）对于那感兴趣的题目应预先获得若干知识；

（3）对他表示出你对那件事物真的感兴趣。

站在对方的立场

我们在前面已讨论过，应酬不是单一的，它是具有双向性的。一厢情愿的应酬总会令人感到疲倦。

一位无线电播音员兼电视演员，因患上震颤麻痹而失去职业，这使他非常痛苦。他在家里不愿外出，就怕社会上的各种眼睛。他说到外面都有这种眼睛：以讨厌或嫌恶的心理向他侧视的眼睛、充满怜悯心的眼睛、无动于衷的眼睛，以及圆瞪的眼睛。

可是，一次与一个小孩的相遇，却使他难忘。

在英国的一条乡间小路上，他遇到一个大约只有 10 岁的学生。这孩子以单纯的好奇心注视着他："你的腿有什么困难吗？"他回答："是的"。那孩子说："哦，先生，我真难过。"

这次交谈使这位演员感到欣慰，那孩子的同情和诚恳温暖了他的心。

残疾人对他们生理上的痛苦能够习惯地忍受，但他们对来自社会上的各种冷漠和嫌恶的目光，却感到莫大的痛苦。

当你和残疾人谈话时，务必注意，应站在对方的立场上，千万不要损害他们的自尊。

推销员可说是此道中的高手。

优秀的销售人员懂得首先应站在顾客的立场上，和顾客建立一种信任和亲切的气氛，他们所用的方法叫"亲近语言"。这种方法可作为一种暗示手段，告诉顾客：我和你一样。我们意气相投，你可对我深信不疑。

试比较以下两种推销方式：

A："太太，要洗发水吗？这种牌子是最新产品，不仅能洗发护发，还能去头屑。买瓶试试吧。"

"我家已有很多牌子的洗发水，都说能去头屑，可我的头屑还是挺多。"

"这种产品采用最新配方，是当今最流行的，你要是买一瓶，肯定管用。"

"我以前买洗发水，他们可都这么说。"

B："太太，你在看洗发水，是吗？"

"对。我的头屑多了，用了很多牌子洗发水都不管用。"

"是啊，头屑多确实挺麻烦。我太太头屑也挺多，我正让她用这种新牌子的洗发水。"

"是吗？效果怎样？"

"我看她的头屑确实少多了。你看这牌子的配方的确与众不同，你要买瓶试试，也许有效。"

前一种推销方式忽略了和顾客站在同一个立场上，自然就难以取得顾客的信任。而后一种推销方式却不大相同，自始至终都使顾客觉得亲切可信。重视她的需求，当然在提出购买建议时，会水到渠成。

应酬学上有一条要则，是：先适合别人的需求而达到自己的需求。但是非常可叹，这个社会上能够做到这一步的人究竟不多，因为人人怕吃亏的心理使然。

你要知道别人有什么需求，就必须站在对方的立场上，加以揣摩、观察。那么，当你有意识地这样做的时候，你已经学到应酬学上的一个极其重要的原则。

那个被称为辩证法的始祖，希腊的苏格拉底也是通过了应酬而教育他的弟子的。他说："好的应酬学是'站在对方的立场去想。'"

这是最重要的一个原则，任何时候，忘记了这个原则，就会由早到晚都不开心。而且这种不愉快，会影响到你的工作效率。

现在让我们来把"站在对方的立场"改为"替他人想想"。其实这两句话的意思是一样的。相信大家都有同感，不是对这个应酬原则没有了解，而是当你面临实行时你可能很快会把它忽略。

所以，我们在应酬时就要常常有意识地运用它，让它渗透在我们的日常生活里面。

当你"替他想想"时，你的应酬方式已发生了改变，长久下去，你会成为一个受人欢迎的人。

诺瑞丝是一位钢琴教师。她述说了她怎样处理钢琴教师和十几岁女孩常常会发生的一些问题。贝贝蒂留着特长的指甲。任何人要弹好钢琴，留了长指甲就会有妨碍。

诺瑞丝说："我知道她的长指甲对她想弹好钢琴的愿望是一大障碍。在开始教她课之前，我们谈话的时候，我根本没有提到她的指甲问题。我不想打击她学钢琴的愿望，我也知道她以不失去它引以为傲，并且花很多工夫照顾指甲，以使它看起来很吸引人。"

在上了第一堂课之后，我觉得时机已熟，就对她说："贝贝蒂，你有很漂亮的手和美丽的指甲。如果你要把钢琴弹得向你所想要的那么好，要么如果你能把指甲修短一点，你就会发现把钢琴弹好真是太容易了。你好好地想一想，好不好？"

她做了一个鬼脸，表示她一定不会把指甲修短。但是，第二个星期贝贝蒂来上第二堂课时，出乎诺瑞丝的意料，她修短了她的指甲。

贝贝蒂很爱她的指甲，要命令她把指甲修短可以说是相当困难的，但诺瑞丝她却没有直接这样做，她只不过这样"替她想想"。

当你"站在对方的立场"或"替他想想"之时，对方也会用同样方式来对待你的。

有位妇女，新搬进一个社区居住。不巧，领导因时常宴客，喧闹的声音有增无减，使她无法入睡。不过她并没有一味地抱怨，反而事先反省自己，有无吵到邻居的安宁。尔后才向邻居说："我家最近客人比较多，是否有吵到你们？"

这时隔壁的太太也非常客气地说："我也不知道有没有妨碍到你们？"

说着便到这位妇女的家中，听听有无噪音，这才发现，原来家中喧闹的声音已妨碍了邻居的安宁。从此以后，大家彼此都非常谨慎，生怕一时的疏忽成为左右邻居的困扰。

让我们在日常生活中多多为对方想想，当他们有困难之时，我们尽量去帮助他们，也许在我们真诚的感动之下，他们会帮我们更大的忙呢？

当我们听到"这人真好"时，我们不妨猜想：此人曾帮过他，或是满足他的某个需求。

特殊场合下的应酬

这里所谓的"特殊场合"，是含有困境的意思。

1972年5月，在维也纳一次记者招待会上，《纽约时报》记者马克斯·弗兰克尔向基辛格提出美苏会谈的"程序性问题"。

"到时，你是打算点点滴滴地宣布呢？还是来个倾盆大雨，成批地发表协定呢？"

基辛格回答："我打算点点滴滴地发表成批声明。"全场顿时哄然大笑。

那位记者发问的方式是选择式提问，如果基辛格照他那样选其中一个来回答的话，都不算是妥当的。唯有使用模糊语言，才能巧妙地摆脱困境。

在我们的身旁，绝大部分的人都是普通人，包括我们自己在内，都有着多种弱点。因此，我们不可能乞求梦想有一种完美、和谐、符合逻辑的人际关系的存在。现实中，每个人都会经常遇到一些无法料到的困境，譬如说失言、恶意谣言、被冒犯等等。

当你拿起一件精美的装饰品，问主人关于它的来历，他回答说："这是我曾祖母的遗物。"这时，你却不小心把它掉落在地上，打得粉碎；当你应邀参加一个家庭宴会时穿得西装革履，有头有脸，而其他人却是简单的便服时；当你在人们面前发表高论，人们却在小声散布谣言时。

这时，你可以意识到这是处在特殊场合之时了，但你不能够视若无睹，而应该及时采取补救，以摆脱困境。

第一种情况下，你应向主人道歉，相信他会谅解你内心的难过。然后，你第二天就到商店寻购礼物，直到找到合意的为止，把它送给他，并附上一封短笺，说明你知道这不能补偿那损坏之物，但你希望他能喜欢它。

第二种情况，为了更好地融洽当时的环境气氛，你可以除去外套，并表示你必须参加另外一个约会，又必须及时到达，这样可以免去更衣的时间。

至于第三种情况，明智的做法就是不加理睬，继续你的发言。就算是下来之后，也不要辩解，因为你越是在公开场合为自己辩解，人们却会越相信那些谣言，真是越抹越黑。

有许多很有才气的人，都是被恶意的指控所陷害，又拼命去解释，结果是跳进黄河也洗不清。因为只要你一开始顶嘴，马上会丧失别人对你的同情和支持。

有人这样说过，一个未开化的人，听到他不喜欢的批评时，很快就会使用拳头攻击对方。半文明程度的人，不会使用拳头，而是用嘴巴，用恶毒的语言来反击对方。至于十分文明的，是不屑于使用拳头和嘴巴来反击的，他只是拒绝反击而已，他深知此时能获胜的唯一方法就是不理会他。

批评意味着你的重要。

任重而道远的人往往也是最受人攻击的人。所谓"树大招风"，这种情况在每一种行业中，在每一国度中都是一样。位高权重的人，就应当预期会有更多的批评与指责落到身上。

在有些情况下，如果你故作不知，却会显示你的软弱，尤其是一些面对面的无礼讽刺，你更应在当时就做出一些积极的反应。

有一次，英国著名戏剧家萧伯纳寄给丘吉尔两张戏票，并附了一张纸条："来看我的戏吧，带上一个朋友，如果您有一个朋友的话。"

丘吉尔回复："我很忙，不能去看首场演出，请给我第二场的票，如果您的戏会演第二场的话。"

丘吉尔好像总是受到来自各方的恶言攻击。一次议会上，一个女议员恨恨地对他说："如果我是你的妻子，就在你的咖啡里放上毒药。"

丘吉尔马上说："如果我是你的丈夫，我就马上把它喝下去。"

面对无礼的冲撞，是应该这样的。

美国学者珍妮弗·詹姆斯在谈到当她听到难堪的话时的几条对策：

（1）探求出口伤人背后的原因。出言不逊的人，内心往往有许多痛苦要发泄。如果你猜不出他有什么真正的烦恼，不妨问问。记住，对方说的尖酸话不一定都是冲着你而来的，因此，不妨退一步，想想他这样做是否有其他原因。

（2）分析说话本身。

（3）勇敢面对口出恶言者，不要回避。

（4）一笑了之，开点玩笑对付侮辱你的话。

（5）自创"警告信号"。通过某一举动来警告对方，令他自动停止恶言。

（6）不予理会，人家说什么，你不要马上动怒，可以顺着他的意思说下去，令他的话落空。

（7）假装懒得理会。宽恕是极重要的生存之道。人最怕别人认为他无聊讨厌，你可以假装不感兴趣，眨眨眼，打个呵欠，然后用一副"懒得理会"的表情望向别处。

（8）你不可能完全避免受到尖酸话的攻击，试试把一些伤人的话看做是人们失意时的正常发泄，而失意是人人都会有的。我们大多数人都会尽量不去侮辱人，不过偶然也会犯错。

失言，是容易被人谅解的，因为有很多是出于无意的。正所谓"马有漏蹄，人有失言。"在日常交谈中，难免说滑了嘴，出现了纰漏而使自己陷入窘境。

笔者的一位好友曾有过这样的经验：他在一次会议上和一位要人谈话，为了想使谈话活泼轻松，于是很随意说道："看那一位穿着圆点花衣服的女人，看到她我就反胃！"

没想到对方这样说："那是我的太太。"

可想而知，当时这位朋友听到这话时的处境是多么无地自容。后来他提起时，表示他一回想起来心头上就有点发毛。

这也难怪，这样的窘境总是特别的难以补救。但并不是所有的困境都是这样。

果戈理有一句话："理智是最高的才能，但是如果不克制感情，它就不可能获胜。"如果说，我们在遇到困境都是心慌意乱，不能控制自己的感情的话，在这种特殊场合下自然会穷以应付。这时，我们不妨来个自娱娱人，将错就错。

清代著名学者纪晓岚快捷灵巧，机智过人。有一次，乾隆想开个玩笑难纪晓岚，便问他："纪卿，忠孝怎么解释？"

纪晓岚答："君要臣死，臣不得不死，为忠。"

乾隆立即说："我以君的身份命你现在去死！"

"这……"纪晓岚没料到他竟然会这么说，"臣领旨！"

"你打算怎样死？"

"跳河。"

"好，去吧！"

但纪晓岚走了不一会儿，又跑回来了。

乾隆问："纪卿，你怎么没死？"

纪晓岚答："碰到了屈原，他不让我死。"

"此话怎讲？"

"我到河边，正要往下跳时，屈大夫从水里来，拍着我的肩膀说：'晓岚，这就不对了，想当年楚王是昏君，我不得不死。你应该先问问当今皇上是不是昏君，如果皇上说是，你再死不迟啊！'"

就凭这一句，不仅抵制了皇帝的"圣旨"，也化解了困境。

罗斯福在当选美国总统前，曾任海军要职，一次他的朋友问他关于某军事基地的计划，这是个很让人为难的问题。

当时罗斯福环顾一下四周，低声问："你能保密吗？"

朋友赶紧说："当然能。"

罗斯福松了一口气："那么，我也能。"

一场尴尬就在轻松幽默中消失。

或许人人都有好奇心，他们有时会问一些根本就不适合问的东西，也许他们是无意的，但你却可以不答。比如说，一些很私人化的问题，一些涉及某方面的机密问题等。

但不管是有意的还是无意，假如你较重地伤害了别人，应立即承认并向别人道歉，并做些自我批评，希望得到宽容，然后闭口不语，不要将其余时间都去谈论这件事。

而我们对于别人的冒失，也应表示不在意，并迅速和尽可能地使他感到自然。

例如，当对方在一次宴会上，不小心把汤弄翻了并搞湿了我们的外套，这时对方肯定是很过意不去的。如果你怪他不仅无济于事，且也显露了你的度量，疏远了你和他的关系。这时我们能够表示不经意或者讲些幽默的话，人们对你的看法相信会不一样的。

要知道，出了这些不体面的事，当事人必然感到心慌。他会产生像儿童做错了事而等待处罚那样的恐惧心理。那被冒犯的只是受到片刻的创伤，而冒犯别人的人，他的内心会永远地感到负疚于人。

对于这种特殊场合下的应酬，最好的被公认为最佳的应对方式就是适时地，适当地讲一则幽默，当你"幽"他一"默"的时候，可说你已自我解脱了。

弗洛伊德说："最幽默的人，是最能适应的人。"

有一次，著名京剧老生演员马连良先生演出《天水关》，他在剧中饰演诸葛亮。开演前，饰演魏延的演员突然病了。一位来看望他的同行毛遂自荐，替演魏延这一角色。

当戏演到诸葛亮升帐发令巧施离间计时，这个演员想和马连良开个玩笑，该魏延下场时，他偏不下场，却摇摇摆摆地向诸葛亮一拱手，粗声粗气地说道："本将不知根底，望丞相明白指点！"

但是，这个突如其来的情况并没有难倒马连良。他先是微微一怔，旋即向"魏延"莞尔一笑，说道："此乃天机，岂可明言？"遂请魏将军站过来。

"魏延"一听，只好走到"诸葛亮"跟前，只见"诸葛亮"稍微转了一下身体，俯在"魏延"耳边轻声说了句什么，那"魏延"口中连呼"丞相妙计！丞相妙计！"然后赶忙匆匆下场。

原来，马连良的"妙计"只不过是压低嗓门，笑着对这位捣蛋的同行骂了一句："你这个王八蛋还不快点滚下去！"

这连台下的老观众们也没有看出其中的奥妙。

有时候，假若你一时想不出现有的幽默例子，也可以临时编造个有趣的故事，一样可以大破冷场。

这是一种无伤大雅的娱乐，你的目的不是为了欺骗，而是为了打破僵局。

应酬需要度量

有人说过：一个人的内在气质和品格是最漂亮的，连最新款式的衣服也无法装扮的。尽管有些人外表上展示出最吸引人的风度，但是，内心存在着贪婪、妒忌、怨恨及自私。所以，他将永远不能吸引任何人。

一个善于应酬的人，他的忍耐力是必不可少的，"小气"是应酬的大敌。

依照专家的分析，一个人如果过分压抑"小气"，会变成"不满现状"的心理，"不是在沉默中死亡，就在沉默中爆发"。这种状况在应酬过程是可以遇到的。原因很简单，他们的忍耐力不到家，常常无法适应有时会在应酬中出现的那种紧张的无形压力。心理承受不了，就会冲动蛮干。

当我们在听到别人陈述或解释时，即使明知他说谎或是强词夺理，也不该迅速表现出不满的态度。

但有些人在这种场合下常会说："不要多讲了，你的意思是……"这样说就不是一种好的应酬方式。不论如何，他起码已刺伤了演讲者的心，哪怕是他在强词夺理或是瞎吹。

随时随地使用谦恭的语气与人交谈，这在当今世界，已经可以说是成为一条众所周知的应酬法则。要想成为一个善于应酬的人，就必须懂得随时以谦恭的态度对人，唯有如此方能表现出自己的风度和良好的修养。

我们中国是一个讲究孝道的国家，通情达理的事连三岁小孩都会。但是，在我们的日常生活的接待事务上，却较少这样体现。那就是把"请"，"谢谢"，"对不起"这一类的词语很好地融化进我们的日常生活中。

西方国家这方面体现得很成功，就连是前辈对自己的晚辈，譬如说是孩子，也会很自然地说出"请"，"谢谢"。

这不能说他们是很见外，而是已成为日常生活中不可忽略的习惯。试比较"拿杯茶来"。和"请你拿杯茶来"。这两句话，如果你要人选择的话，相信都会较喜欢后面一句。

分析原因，是前者给人的感觉多少含有一种命令驱使的味道，这违反了人的本性。而后者却相反，它给听者的感觉是：虽然你是叫我干某事，但你很尊重我。

应酬学上有一条很重要的原则就是：先满足别人的需求而达到满足自己的需求。

当我们叫对方拿茶的时候，用"请"就已先满足了对方的需求。不用说，当对方满足之后，自然会为我们倒茶，于是，我们也满足了自己的需要。如果我们是"拿杯茶来"这样说，他们或许会装作听不见哩。

为了让我们更加通情达理，"请"一起来注意这个问题吧！

曾经听过这样一个故事：有个王妃，看见新雇的女仆将清汤弄浊了。大臣、仆婢心想，王妃一定会气愤极了。然而，却出乎意料，这位王妃不但没有责备女仆，反而和颜悦色地说：

"唉呀！我真糊涂，忘了提醒你，煮清汤要把锅盖盖好！"

乍听之下，似乎是王妃的疏忽，没有事先交代清楚，以致清汤成为浊汤。却因此掩饰了女仆的失误，使女仆深深地敬佩王妃。

从上例子可以发现，我们每一个人在日常的应酬中，对于他人的过错，不应过于责备。人都是有情感的，当你责骂他的时候，他就会有一种莫名其妙的"我被非人对待"的感觉，这在应酬上是很危险的。

但人又是很容易满足的动物，当你在他过错时表示一下"度量"，他就会在瞬间对你认同。所以说，应酬需要度量，目的不仅可以为别人，也可以为自己。

培养自己的"度量"，是应酬必不可缺少的。因为"量小非君子"，量小是应酬大敌。

关于一个人的耐性，在平时的生活上，已很重要，假如你是一个脾气不佳而又耐性不好的人，在应酬时，你也要有自觉，起码要忍耐极短的时间，把应酬的时间敷衍过去才行。比如你听见一个下属犯了过失，在查明原因之前，你不该发作，也不该立即指责他；别人滔滔不绝，或你的目的不达要领时，也不该表示出不耐烦，否则，吃亏的到底还是你。

那些修炼的和尚在静坐时达到忘我的水平，我们在应酬上，有时也应向他们好好学习，这对我们的"功力"大有益处。

第二次世界大战时，一位德高望重的英国将军举办一次祝捷酒会，除上层人士之外，将军还特意邀请了一批作战勇敢的士兵。

酒会自然是热烈隆重。没料想一位从乡下入伍的士兵不懂席上的一些规矩，把面前的一碗供洗手用的水喝了，顿时引来达官贵人、夫人小姐们的一片讥笑声。那士兵一下子面红耳赤，无地自容。此时，将军慢慢地站起来，端着自己面前的那碗洗手水，面向全场贵宾，充满激情地说道：

"我提议，为我们这些英勇杀敌，拼死为国的士兵们干了这一碗。"

言罢，一饮而尽。全场为之肃然，少顷，人人均仰脖而干。此时，士兵们已是泪流满面。将军的度量以其丰富的人情而显示出一种深刻的感召力。无需证明，在这样的将军手下驰骋战场，焉有不唯将军马首是瞻？

当别人发生不幸时，或是不小心冒犯了你，或是他做错了某事时，假如你表现出的是一种谅解，一种开阔的心态，相信会很快地得到人心。

"我一点都不怪你，如果我是你，说不定我也会这样做。"当你用这种表示来原谅对方时，他已经软化下来，对你更是尊重有余。

自私小气，偏见过甚的人，他的人际关系总是那么狭窄，而当你开始善待人们之时，你的道路将会越走越宽，因为你给人的感觉是如沐春风，永远是那么的舒服。

卡耐基说过："同情在中和酸性的狂暴感情上，有很大的化学价值。明天你所遇见的人中，有四分之三都渴望得到同情，给他们同情感，他们将会爱你。"

学会宽容别人，是你改善人际关系的第一步骤，如果你想让人尊重的话。

应酬中的体态语

珍妮嫁给了怀特，怀特年纪比珍妮大，受的教育也比珍妮多。他很清楚，珍妮在知识上和社会地位上都不如自己。然而，怀特却很爱珍妮，认为珍妮是最称心如意的妻子。但这也不能防止怀特对珍妮玩弄他那把戏。

每天，怀特下班回家后，总是有一套标准活动程式。珍妮必须在六点半把晚餐准备好，等着他，既不能早也不能迟。怀特六点钟到家，洗好手、脸，读报读到六点半，然后，珍妮就得叫他吃饭，珍妮自己也就座，她偷眼侧视着丈夫。她丈夫也知道她正看自己，但两人都装作没这事儿似的。

吃饭时，怀特既不说饭菜好，也不说饭菜不好。珍妮心里七上八下，十分沮丧。怀特喜欢这饭菜吗？不喜欢？要是真的不喜欢，她知道等待着她的将是什么：充满冰冷责难的、沉闷而痛苦的一夜。

珍妮心神不安地吃着，瞧着怀特毫无表情的脸。自己准备的菜有什么不合适之处吗？调味品用的不合适？自己是按菜谱做的，不过加了点儿别的香料，难道弄错了？

对！一定是弄错了。珍妮的心沉下去了，浑身难受。是的，怀特不喜欢自己做的饭菜，他不是开始撇嘴了吗？

怀特也一起演着这出话剧：他看着饭菜，脸上是捉摸不透的表情。可这当儿，珍妮的心被折磨得死去活来，这时，怀特才微笑起来，夸这顿饭好吃。

珍妮突然感到浑身上下不可思议地快活，生活太美好了！怀特是她的心上人，她高兴得不得了。她低头吃起饭来，她感到饿了，狼吞虎咽，心里却非常愉快。

怀特靠着精心制作出来的假面，靠着安排体态语的表达时间，设计了这一套微妙的折磨人和夸奖人的把戏。

这就是体态语。怀特在整个过程中没有讲过话，但珍妮却可以在他的各种动作中体会到他的心理活动。虽然这只不过是怀特有意制造出来的，但恰恰可以证明到这一点：动作也是一种语言，它可以显示出当事人的心理活动。

不管是有意还是无意，体态语一直都被人利用着，以前的无声电影，各种哑剧就是例子。现在，它已发展为一门科学，在现代社会中，被越来越多的人运用着。

特别是在应酬场合和一些谈判场合，体态语已经达到前所未有的地步。因此，能够很好运用体态语言的人，就意味着能够更好的表达自己的意思，能够更好地察觉到对方的各种心理活动。

一心想高人一头的人，会成心采用一个与众不同的姿态。医生和病人之间，父母和子女之间，教师和学生之间，姿态往往不一致。这是要显示前者的地位或其重要性。在工作会议上，某人如果成心摆一个不同寻常的姿势，那么他是想表示他的身份比别人高。

有一位出版社的高级编辑，开会时他摆出一种很怪的姿势；靠在椅背上，双手握在一起，举过头顶，然后放在脑后，两肘像翅膀一样展开。这么一来，他马上就把自己置于与众不同的地位，也就是说他的地位要比出席会议的其他人都高。

过了一会儿，这位高级编辑的一个同事开始惟妙惟肖地模仿他的动作。这位同事的体态语是说："我是你的人，我忠于你，头儿。"但也可能是说："我想沾沾你这个大人物的光。"还可能是说："我打算取代你。"

每种聚会场合，不论是社交的还是家庭的，领头人往往先作出一个姿势，然后其他人起而效之。

这在应酬场合中很重要。虽然说这是不自觉的举动，但正是这种不自觉，才正确无误地表明了他们的一些微妙关系。

美国的朱利斯·法斯特认为人在应酬中是有一些私人空间的，但当谈到每个人须要多大空间时，他并没有明确给出，只举了这样一个实例：

"不久前，我曾和一个精神病学家一起吃午饭。在一家优雅的饭馆里，我俩在一张精巧的小桌旁坐下，一会儿，我的朋友掏出一包烟，点上一支，把那包烟放在桌面四分之三处的我的盘子前边。"

"一直是他说话，我听着。可是，说不清是什么原因，我感到有些别扭。当他把他的刀叉挪动位置和香烟排在一起，越来越靠近我这一侧时，我越发不舒服了。"

"接着，他还探过身来，向我说明他的一个观点，我简直弄不明白他说了些什么，因为我越来越觉得别扭。"

最后，他向我道歉，说："刚才，我是给你表演非语言交流中体态语的最基本步骤。"

我被弄糊涂了，问："你指什么？"

"我侵犯了你，威胁了你，对你挑衅。我把你逼得不得不维护自己的地盘，这使你感到不安。"

我仍不理解，问："是怎么回事？你做了些什么？"

"我从移动香烟开始。"他解释道，"按不言自明的规矩，我们已经把桌子一分为二，一半归你，一半归我了。"

"我并没意识到桌子分成了两部分。"

"当然意识不到，但规矩还是有的，我们在心里标出了一个界域。通常按文明社会里一些不言而喻的要求，我们必须共享这张桌子。然而，我是有意把我的烟推向你的地盘的。是成心这样做的。"

他继续说："你虽然并没有意识到我的行为，但你还是感到了威胁，觉得不安。之后，我又接连不断地侵入你的界域，推我的盘子、银刀叉，后来又挪动身体，你越来越觉得不舒服，可是不明白到底怎么回事。"

以上实例是法斯特在他的《体态与交际》一书中提到的，这证明了人在应酬当中是需要一定的私人空间的，当这个分域界被外界侵犯时，他会感到不适，感到压力。

这在应酬中我们可以给予类似的应用，当我们需要给对方一点压力时，就可以像这样无意似的施加给对方。当然，到了极限的时候，对方是会起来反抗的，反抗的形式就是不自觉地离开这个境地，或是寻找依靠。

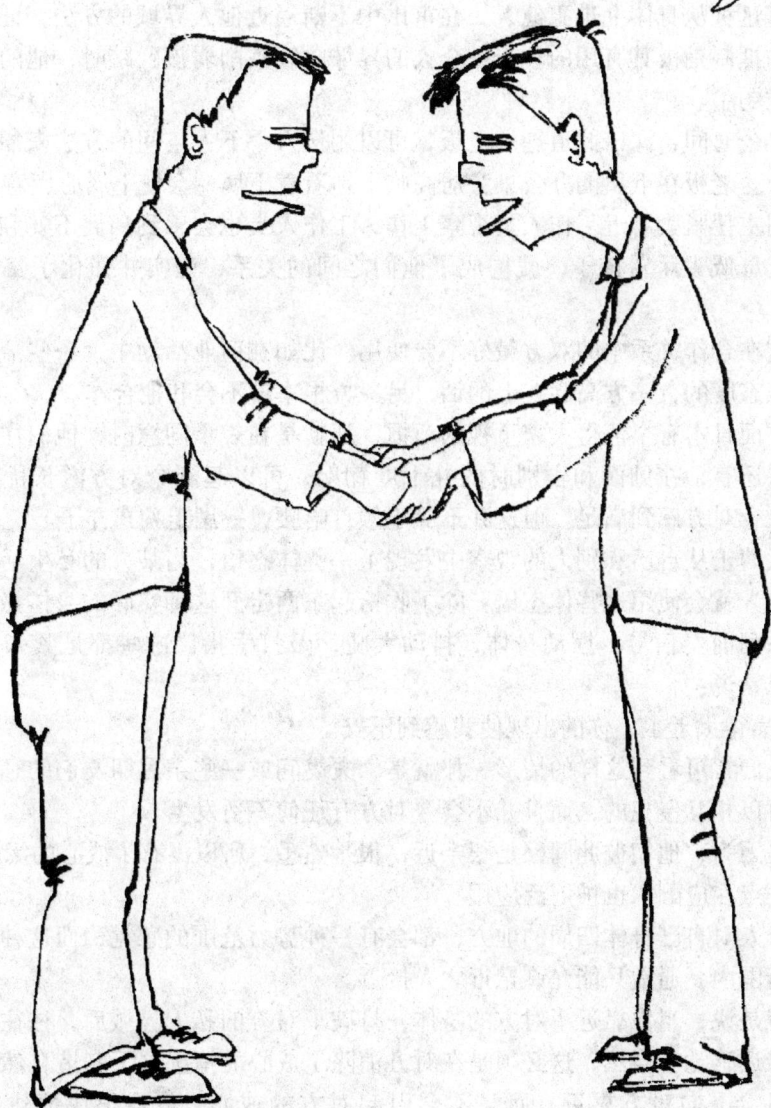

但总体看，屈服的现象居多。这种方法经常被一些警察运用，他们利用它来提审犯人。

一本关于审讯和招供的教科书建议：审讯人应坐在紧靠嫌疑犯的地方，中间不放桌子或其他障碍物。该书警告说，任何障碍物都会给被审讯的人以某种程度的解脱和倚恃感。

该书还建议，开始时，审讯人虽然可以坐在距被审讯人 2～3 尺远的地方，但他应该在审讯中不断靠近被审讯人，这样，到最后，被审人的一个膝盖就正好接近审讯人的双膝之间。

警官这种从身体上进犯他人，在审讯中不断逼近他人界域的方法，证明对于打破犯人的抵制是极其有用的。当一个人的界域防线被削弱被践踏时，他的自信心也就变得脆弱了。

在办公时间，深谙此道理的老板，可以用侵入手下人空间的方法来加强自己的领导地位。老板在下属的办公桌旁居高临下地看着下属，会使下属心慌意乱。

部门主任紧紧靠近工作人员视察工作，工作人员也会感到局促不安和畏惧。事实上，父母低头斥骂孩子，就构成了他们之间的关系，证实并强化了父母的统治地位。

但这在合作关系中的双方最好不要使用。比如在商业活动中，一些洽谈工作是本着合作态度的，一方高高在上的话，另一方根本就不会和他合作。

这方面日本有个值得大家重视的习惯，那就是在表示同意时，他们往往会弯下腰点头，还有，在见面和告别时的九十度鞠躬，可以起到令对方滋长优越感的作用。往往令对方感到满足。但这并不等于颔首哈腰，一副走狗式样子。

索默博士从自己和别人的观察中发现了一些体态语，当某人的私生活界域被侵犯时，这人就会使用这些体态语：除了收拾起东西走开这种实际的身体撤出外，还会有一系列前奏信号：摆动身体，抖动大腿，敲打手指，这些都是紧张的初步信号。意思是说：

"你靠得太近了，你的出现使我感到不安。"

但我们常可看到这样的情形，那就是，夫妻间或一些亲属朋友们的私人空间几乎都是可以相互侵犯的，而且并不会令对方有任何不适发生。

这是因为，他们彼此间已是很亲近，很是熟悉，所以没有了戒心的缘故。

这一点在应酬中也被广泛应用。

每个人对自己身体四周的地方，都会有一种势力范围的感觉，而这种靠近身体的势力范围内，通常只能允许亲近之人接近。

也就是说，当你靠近了对方的身体，打破了对方的私人界域后，往往能很快地建立起亲近感觉。当然，这必须是在对方消除了戒心的情况之下制造自然接近对方身体的机会，向对方靠近，而又不会引起对方的戒心，就会很快地建立起伙伴关系。

大多推销员都是此中好手，他们经常一边谈话，一边很自然地移动位置，挨到顾客身旁，我曾在某杂志中看过这么一则标题，就是"手放在你肩膀，我们已是情侣"。的确，本来一对陌生的男女，只要能把手放在对方的肩膀上，心理的距离就会一下子缩短，有时瞬间就成为情侣的关系。

这是某位评论家在杂志上提到的，就是在百货公司买衬衫或裤子时，女店员总是会说："我替你量一下尺寸吧！"每当这时，这位评论家都会在心中喝道："嗯！这种方法真不错，我上当了。"

这是因为对方要替你量尺寸时，她的身体势必会接近过来，有时还接近到只有情侣之间才可能的极近距离，使得被接近者的心中，兴起一种似谈恋爱的兴奋感。

等到叫价时，或许你已经不好意思狠狠杀价了。

所以，可不要上这种当哦！毕竟还是要"感觉归感觉。"

第二次世界大战以后，亚洲国家也纷纷地活跃于世界政治舞台，而其中有许多外交官都为自己的个子比一些西方国家的人矮而烦恼。

因为个子矮会感受到对方的压力，进而易形成对自己不利的情况，所以他们就想尽方法来克服。

而对方因为自己的地盘内突然遭受到侵略，于是加强了对方极具气魄的印象。这一点已不止在政界方面，在其他的一些应酬场合中也被广泛应用。

随便说一下，我们在和别人握手的时候，需要握得较有力些。从心理方面来说，不论任何人被对方用力握手时，都会有反射性的用力回握，而由这种情况发展到心的沟通。亦即内心会感到一种强烈的联系感。同时，从握的强度也会感觉到对方的诚意和意志力，以及对方旺盛的精力等。

根据某位名记者的自述，他因身体矮小，所以每次和外国人见面时，总是会比对方握得更用力，借以消除他的自卑感。

的确，用力握手时，对方会感觉到一种心理性的压力，进而对你产生一种震慑之心。因此，与人初次见面时，这种有力的握手，就是你最强烈的武器。

高度可以给予人一种压迫感。有一位朋友就深知此中意义，他长得很是高大，不论在哪里，总是给人鹤立鸡群的感觉。但他在做买卖时，却极其走运，原因是他有感化合伙人的本事。

观察了他在一些成功的买卖中的动作后，发现他随时随地，只要可能就俯身弯腰，或者坐下来，以便让合伙人获得统治权，感到优越。

在电影《大独裁者》中，和卓别林所有其他电影一样，这部片子也充满了各种各样的体态语，其中最有意思的是在理发店里的那场战争。

卓别林扮演的希特勒和奥其扮演的墨索里尼并排坐在理发椅上刮脸。这场戏的中心内容是两人都要作出高于对方的统治姿态，来表明自己优越的领导地位。

他俩都坐在理发椅上，围着布桌，脸上满是肥皂沫，所以只能用控制椅子高度的方法来抢占这个领导地位。他俩之中能把椅子上下摇动高出一截的人就赢了。这场戏，就是围绕他们都想把椅子摇到比对方更高的地位展开的。

政客们对体态语的应用，已有一段时间了。他们明白体态语的重要性，经常用体态语来增强演说的力量，让演说染上演出色彩，用体态语取悦群众，塑造性格，创造一种让人更加喜爱的形象。

争得激烈的要算是美国的总统大选。在发表电视演讲中，竞选者非常重视自己的体态语。肯尼迪就具有这种魔力，他不论说什么，几个手势，一个适当的姿势，往往就能够起到"俘虏"群众的效果。还有，肯尼迪、罗斯福等人都对此有相当的研究。

我国的邓小平先生，他说话时也很注重体态语的表达，最明显的是他的双手，往往会伴随着谈话来挥动，起到了增强感染力的作用。

还有，毛泽东同志的那挥手之间，他的心情、意志、信心和魄力全都表达出来，让人感到它那强烈的动感，成为一个经典性的动作。

江泽民同志，在他发表演讲和接见贵宾时，他的双手也会不停地挥动，借此表达了全国人民的意愿和信心。令人感触很深的是他在访问美国时的一系列演说，他的体态语表达得很自然得体，令他的形象更为上升。

仪表学校精通此道。那里，他们会教会人们走路应该怎么走，说话时的手势应该怎样配合，坐着和站着怎样才能起到一种优雅自信的作用。

这在一年一度的香港小姐、亚洲小姐竞选和一些模特儿身上可以看到。虽然说她们的做派有时似乎过于花哨，有点哗众取宠。但她们的规范动作还是够得上第一流的。她们的手势都经得起考验，是很正确的。她们知道体态语可以表达多少意思，在她们的身上，不会发生手不知往哪放的现象。

此外，谈到希特勒的演说，大家也一定会想到那种夸张的表情和动作。他所表现的独特语气非常适合那种指手画脚的说话方式，这也是他迷惑大家的原因之一。

我们东方人不像西方人有那种夸张表情与姿态，然而我们却可以有意识地去练习。但是，这不要求你的动作过于花哨，毕竟现实生活不像在演戏那样。

对期货有相当研究的某先生，就有着不太像东方人的谈吐方式，坦白说，如果把他说的内容用文字记下来，可说毫无趣味可谈。但是，凡见过他的人，都会被他那种"所谓……"的说话方式所吸引，而他说话时所配合的手势和动作，更会令听者在不知不觉中对他着迷，由此可见，指手画脚的谈话方式，实为引人注目的一项利器。

这在应酬场合中应引起我们的足够重视，只要我们能够有意识地加以锻炼，相信我们的谈话更具感染力。

体态语在特定场合下是有专门含意的，某种姿态是能够表达某种特定的内心感受的。例如：

来回搓手，表示不安、拘束或窘困；

摊开双手，表示无可奈何，或真诚与公开；

双手驻腰，表示挑衅；

双手交叉胸前，表示防卫；

笔直僵硬地坐着，表示紧张；

坐在椅子边缘上，表示恭维；

坐在椅子交叉双脚，另一只脚不住地轻轻踢荡，表示漫不经心或厌倦；

利用反复擦眼镜法的动作来斟酌言语，拖延时间；

咬嘴唇或抽烟来争取时间思考或暂时不愿讲话等等。

和几种人的应酬

在工作场合中，从一个人对工作是否诚实、勤勉努力中，即可作为判断这个人身价的基准。

把自己的工作置于第二，而经常想找其他的机会，这种类型的人，大都属于外向型。为达到自己的目的和野心，不惜千思百虑，想尽手段方法接近对他有利的事物，同时视多少的牺牲和批评达到目的的当然代价。所有可利用的就完全利用到底是这种人的特征。

如果意欲辞职时，会到对立的竞争公司去说长道短，昨天还向他人租居，今天就想自盖一栋楼房的个性。

像这样，对自己有利者必死缠到底，毫不放松，即使放弃自己原本的工作也在所不惜，反正把力量完全投注于自我的利益上。

你曾经见过这样的人物吧？

女人中也有这种类型。这样的女人易播麻烦之种，应当小心应付。

这种人心目中只有自己，凡事都将自己的利益摆在前面。他所坚持的，只有自己的利益，与这种人交往，首先要按捺住自己的厌恶之情，姑且顺水推舟，投其所好，当其发现自己强调的利益被肯定了，就会表示满意，这样，交往就会获得成功。

有种人，即使面对自己的能力无法解决的工作，仍一口答应下来："让我做做看。"接着又后悔："真糟糕，当初要是拒绝就好了！"相反的，有种人在接受工作之前首先考虑到责任的问题。这种人可说是属于内向型。换句话说，这是劣等感的表现。

这种类型的人因自己无能（欠缺自信或能力），相反的，为压抑自我的薄弱性，所以转化成各种行动表现反抗的心理。

例如绝不向任何人低头，不请托任何人办事，完全拒绝他人的忠告或协助。永远趾高气扬，态度冷傲，顽固地拒绝他人的干涉。他人对自己少许的批评也会因之感伤，这是此类型人的特征。

因为他们惧怕，接受较自己更有实力者的协助或意见的话，等于是承认自己的无能，和劣等意识，因此，为求不让他人发觉自己的劣等意识，所以永远都在演戏，采取和内心完全相反的行为。

像这种类型有各色各样：

(1) 使人感觉豪放磊落的人；

(2) 谦恭有礼待人接物圆滑的人；

(3) 被肯定评价为诚实的人；

(4) 殷勤无礼的人。

有时劣等感基于某种意义上是良好的刺激剂，有时会激发一个人努力奋发向上。这种人一旦站在某团体之上，指导、支配他人时，则又发挥出利己主义的个性，拿着鸡毛当令箭。

和这种人应酬，注意不要伤害到他，不要侵犯到他的自尊心，他们不肯轻易让人了解其心思，或他在想些什么，说话不着边际，言不及义。与这种人交往，最好的办法是明确地提出你的情况，让他做出最终决断。

有种俗称"厌恶他人"的类型，属于非社交的性格，与躁郁质的性格相反，绝少能与他人融洽相处，对周围的事物也毫不关心。

生性踏实多少有点偏激而且性格腼腆，因此闭锁在自己的象牙塔之内，很不容易与他融洽相处。因此，也拒绝他人进入自己的内心里，经常只生存在自我的内心之中。

不愿亲近他人，宁愿接近大自然或书，以孤独为乐。在人前沉默而胆小，情感纤细，易受伤害，神经质而兴奋性强烈。工作失败的话，易陷入神经衰弱的精神状态下，许多是安逸的环境下成长的人。

如果在美丽的女人面前，虽也强烈地意识到对方的存在，但却手足无措，态度暧昧，无法与她积极地交谈，或采取什么亲密的行动。

虽生性如此腼腆，但却终日沉思，所以常有出人意料之外的行为发生。举止、动作敏捷迅速，但劳动、工作的话，又立刻觉得疲劳。

和这种人做生意，首先要在于避免给予对方产生警戒心，以坦诚的态度与之相交，别让对方误认为我们心中有所隐瞒。

生意谈成之后，必须趁对方尚未改变主意之前，立刻完全地把契约定妥，以防万一。千万别以为对方的口头承诺而安心，就怕对方态度来个一百八十度的转弯。因为这种人也是经常不满，后悔的类型。

如反对而使洽谈无法顺利进行的时候，无妨暂且引退，等改变心意后再与之交涉。因为这种人心情不定，经常改变心意。一旦能够巧妙地运用对方的话，无妨吃定他们。

有时，当你见到久未谋面的友人，见了面他就说："哎呀，真忙死了，很想好好的休息，可是又休息不了……"

在应酬场合，像这样表现得很忙碌的人不少，这种人也大半是有能力者。

会话时，也立刻炫耀自己的权威性：

"你知不知道，在咖啡内放进一点点的盐，喝起来味道很棒哦！"

到处发表议论，宛转告诉别人，我可是个无所不知，经历出众的人哦。

如果你反驳他：

"这种事我早就知道了。"

对方的脸色一下子又立刻沉了下来。

同时，又有重复地提及同一件事的痴好，只要你不提醒他："这件事你告诉过我了呀！"他必滔滔不绝地扯个没完没了。

谈论某话题的话，立刻毫无止境地谈这个谈那个，连最初到底谈什么主题都忘得一干二净。被人介绍与他人认识的时候，不管对方听不听，也一样得意地谈起自己以往的自豪事，结果只是招致他人的嘲笑，例如：

"我现在是从事这种职业，不过我以前是在××公司担任××的职务。"

跟这种人相交接时，绝不可只站在听众的立场，听他乱吹，最好能提供一些他所不知道的话，如此就能使他跟你更接近。

这种人就某方面而言，有点无聊，但别忘了"给与取"。经常不忘奉承几句，必可使他站在你这边，他们还有一点老大哥的气概呢！

这样的人我们也常见，也不是说不晓得他们成天在想些什么怪主意，只是思考和行动跟别人就是不太一样。因此并没有不理解他人的顽固性，但却易偏向于自己的观念或嗜好。

仔细观察此种人的言行举动，可发现他们待人处世也很有原则，只不过是这种原则非常容易改变，而且大都不易为一般人所理解，公司内有这种上司的年轻职员，必会吃尽苦头。

例如同一件事，从前就应允属下去处理，日后再遇到同样情况却又阻止属下依样处理。年轻的职员们大都会因此而愤愤不平："不知到底是个什么理由，"不过，上司总归有上司的理由、做法。

周围有这样难以取悦的上司的话，一定是相当头疼的事。换句话说，他们的心情时好时坏，心情不好的时候，凡事都反对到底。

这种类型的人，也经常指责工作不力的同事或属下，这是因为要掩饰自己的懒散的本性。

和这种人往来时，要了解对方到底讨厌什么样的事物。无论多微小的举动，例如问候应酬的方式，进言的方式，公文的拟定法，我们的谈吐态度等，都能令他们耿耿于怀！因此要绝对避免粗枝大叶的思考或做法，才能与之深交。

也有种只做自己分内事的人。比如说，工作中突然街上响起一些不寻常的吵音时，有的人会立刻离坐，好奇地冲到窗前：

"干什么，干什么。"

"发生什么事了！"

但也有人依然稳坐如泰山，默默地做着自己的工作，管他发生了什么事。

这样毫不关心他人者，属于知识阶级较多，心理上的自我意识非常强烈。因此不愿被他人所影响。

一切事物都以自我为中心，自我思考，自我采取行动，毫不关心他人如何思考，只知自己理解多少。所以没有体贴他人之心，相当冷酷。

由于根本不接受他人的忠告或指挥，因此，一概拒绝他人，也不关心他人，所以也不会支配指挥他人。自尊心比他人更强是其性格上的特征。

在你身边，至少也有两个这样的人存在吧！这种人绝非可以交往的人。

例如，无论我们曾借过他多少次钱，等我们遇到急用，向他商借时，对方却摆出泰然的态度，硬是不肯借。这种人受到他人恩义，视之为理所当然，回报时他则相当冷淡。

同时，个性浮动，所以承诺他人之事，也以自己的情况为便，简单的就翻脸不认账，绝非可信用之人。

天生属于自私自利的利己主义者，和这种人交往，要保持相当的距离。因为自尊心强，一不小心伤到对方的自尊心，洽谈商务绝无法顺利进行。就算提出要求，他也不会接受，诉之以情，也只不过被他嗤之以鼻，冷漠的回绝而已。

但这种人对于利害关系非常敏感，可以利用的，大概也只有这一点了。即使事先如何肯定的承诺，中途仍有爽约背信的可能，绝不可掉以轻心，非到最后成功阶段，绝不可放松。

偶尔你引诱他：

"怎样，去喝一杯吧！"

对方也只是冷冰冰的答你一句："我不会喝酒，"但自己私底下却到高级酒廊去饮酒作乐，可说是自私自利，专断独行的人。

还有，对于刻板的人，这种人不会轻易对别人的招呼、寒暄做出反应，对人的言谈也不屑于听。和这种人交往，开始会令人感觉不安。

遇到这种人，就需要花费些功夫，仔细观察，注意他的一举一动，从他的言谈中找出他所真正关心的事来，据此以使他产生一些反应，及时抓住这个机会，展开话题，使他能充分表达自己的意见，这样，相互之间就有了共同语言。

生活中有一类自视甚高、目中无人，唯我独尊的人，我们称之为傲慢无礼的人。他们举止无礼，态度傲慢，令人生气。与这种人交往应尽量小心，因为他们与你交往，多是缺乏诚意，所以，在不得罪他的前提下，最好是话语简洁有力，因为与这种人多说无益，不小心，还会被其奚落。

几种应酬技巧

（1）批评的技巧

10个人中，总有9个会认为批评是可怕的，破坏性的，应该竭力去避免。

也许，只有那第10个人会看到批评也有建设的一面，认为它能帮助我们变得更加完善、成熟。

事实上，批评的确有对你有助益。这里，让我们先来谈谈被人批评时候仍能保持冷静，同时又可避免难堪的情况。

美国肯塔基州勒星敦市一位沟通顾问玛嘉利特·韦伯尔建议，你受到批评时，首先要判断那些批评是否有道理，然后想一想提出批评的是什么人。

"多少世纪以来，做母亲的都这样教导子女，"韦伯尔说，"令人佩服的是，我们的研究常常证明她们是对的。"如果提出批评的是一位专家或一个有权威的人（如你的上司），你最好乖乖地接受。

不过，华盛顿大学的心理学专家玛莎·莱茵汉指出，这并不是说别人对你的一切事情都可以批评。如果你失约，受到批评是应该的，但是，你家的墙漆成什么颜色，别人就无权批评了，因为那是个人品味问题。

受到批评时，你不说出的话往往跟你说出的话同样重要。做出有破坏性的反应诚然能终止批评，但你也许并未领会到对方的真正用意。因为批评很少是开门见山的。

有时，你会因为某些原因而需要充当批评者。

提出批评的原则，是一定要私下提出，让被批评者有机会保住面子。而且，批评必须在能够产生最佳效果的时候提出，千万不要让怨恨加深。

"由于需要很长时间才能鼓起勇气批评别人，"莱茵汉说，"所以，很多人便将批评和勇气结合，做出宣判式的全面性指责，而不是本来想做的具体批评。"

必须把事与人分开，而且对事要有真正的了解。说"他把我气疯了"是无济于事的，应该针对你想协助对方改正的那个特定行为提出看法。

如果你要批评的是经常打断别人说话的习惯，你就只批评这一点。一个人通常每次只能改正一种行为模式，因此，你最好把你的批评只限于一个目标。

同时，要设法让被你批评的人知道你的感受，多用代词"我"。莱茵汉说："如果你用假如你这样做我就会觉得怎样的方式提出你的批评，那么对被批评者认识到自己的错误是有帮助的。"

要选择适当的时间和地点。在配偶刚下班回到家的那一分钟，或在职员即将开始休假之前，如果向他们提出尖锐的批评，可以肯定他们是不会接受的。

韦伯尔建议，批评的话不要超过 3 句或 4 句。

开始时应先说自己的愿望："如果你要晚些回家，我希望你先打个电话回来。如果你不打电话回来，我会担心你发生了什么意外。当我知道你要晚些回家时，我会迟一点开饭的（给予鼓励并表明对方可以怎样帮忙）。"

对于类似这样的批评，大多数人都会作出良好的反应的。

掌握这些批评和应付批评之道的基本技术的人，可能终生都不会为那些令我们很多人都深感苦恼的情绪所困扰。

批评的确可以成为一种建设性的工具。

（2）泄漏隐私的沟通技巧

人们普遍具有一种聊天的心理。通过聊天，有意无意地泄漏出自己的隐私。

有一种应酬技巧，是有意识地在谈话中巧妙地插进许多看上去像隐私一样的自己的心理活动或被隐瞒了事实真相，来谋求和对方沟通感情。

这种技巧的奥妙在于它克服了人们认生的心理。

正如前面谈到过的那样，认生心理是担心自己试图隐瞒的隐私被对方了解到的不安全感。

但是，一般来说当人们作为社会成员经常交际之后，就可以掌握这种圆满认生心理的社交技巧，因为防止认生的各种心理机能已不断完善起来。

有应酬家美称的白夫人留给别人的印象是非常平易近人的，甚至连自己的私生活也毫无保留地告诉别人。

对初次见面一点也不熟悉的人，竟然满不在乎地闲聊起这样的话来，什么"我那儿子就因为和女朋友吵了架，便把气都撒在我身上了。对那孩子我可真是操了不少的心呀"，或者"昨天孩子他爸不小心让烟头掉在了自己的外衣上面，结果烧了一个大窟窿"等等。

而听者怎么也没有想到如此高贵的社交夫人会突然对自己这么亲近,于是也很感动。不知不觉中自己也安下心来融洽地闲聊开了。

但是,正因为白夫人很擅长说话的技巧,能够这样轻而易举地在她和谈话者之间造出一种表面上的一体或亲密感,才能享有应酬夫人的美称。

而不管她说出多少这样的隐私来,也不过是表面现象,这和真正的亲密感或一体感完全是两码事。

非常能侃而被称为应酬家的人,都很擅长这样的社交。

乍一看,在闲聊中能够适当地把有点令人吃惊的个人隐私说出来,而实际上并不是在信任别人。这种表面化的聊天,已经成为社会上度日谋生的职业了。

(3) 送礼的技巧

"芭芭拉,"她的丈夫比尔宣布,"你的圣诞礼物在冰箱里。"

是什么东西呢?芭芭拉带着疑惑走向冰箱,打开一看,她忍不住笑了:是一个按节日的方式包装3加仑的冰淇淋盒。比尔知道她特别喜欢吃冰淇淋。

接着她打开包装,就笑得更厉害了:冰淇淋盒里装的不是冰淇淋,而是四个大大的,手制的木头数字。比尔几个月前听她说过想在家门上钉上几个醒目的门牌号。笑着笑着,她的心便很感动。

比尔的礼物使我们想起一件事。

有一家百货商店,一位妇女将丈夫送的珠宝退还给丈夫,开玩笑说:难道你不认为,在生活了20年后,你应当知道我从来不披金戴银的吗?从玩笑中可以感到妻子受到了伤害。

便宜的冰淇淋盒和昂贵的珠宝产生的是截然不同的效果。

作家查尔斯·达德利·沃纳说过:"礼物的价值在于它的适宜,而不是它的价格。"

记得在高中英语课本中,曾有一篇这样的课文:说是小俩口很是贫穷,到了圣诞节前夕,作为妻子的因为没有钱买礼物送给丈夫,就把她那唯一值得骄傲的长发剪下卖了些钱。

因为她的丈夫有一块金表,是他的祖父的祖父传下来的,也是他唯一值得骄傲的东西,所以就把卖头发得来的钱买了一条金表链预作为礼物送给他。而到了后来,丈夫也没钱买礼物送给他妻子,就把那块手表当了换些钱来买了把很珍贵的梳子送给他妻子。

故事很是曲折动人。到了最后,虽然妻子得到盼望已久的那把梳子,但却由于头发剪去而暂时用不到它;作为丈夫的,他也虽然得到了盼望已久的金表链,而手表却被当了。

虽然读过这篇文章已久,但我对于它的印象还是很深刻的。专家们指出,送礼物应当注意以下一些方面:

①确保礼物对接受者有特殊意义。50年代初,比尔·伯克哈特在美国密苏里大学足球队踢球。25年后,他儿子马克加盟了他的对手康萨斯大学队。

后来过圣诞节时，马克送给父亲一件礼物——针绣花边的密苏里大学队队徽，使父亲惊喜不已。

②送人所需。当你考虑送礼物的时候，一定要自问一下：什么对对方来说是重要的。

在罗西塔·佩雷斯夫妇结婚18年之际，她丈夫雷送给她一个4英尺高，5英尺宽的玩具屋，雷听罗西塔说起过她小时候如何想得到一玩具屋但从未如愿。现在有了玩具屋，罗西塔高兴地说："雷把我看成了孩子，送给了我最好的礼物。"

所以说，平时就得留意一下对方的日常谈话。某位母亲有一本笔记本，里头记的是家庭成员之间的一些事。在他们家，当大家得到这位母亲的礼物时，都会惊喜地问：

"妈！你怎么会知道我喜欢这种礼物的呢？"

③不一定非得特殊日子才送礼物。

有位朋友，当他下班时就喜欢带支玫瑰回家，当妻子在厨房里他就会送上给她——这永远是"我爱你"的内心体现。

送礼当然要注意到对方的日常生活。礼物不一定要昂贵，也许只是给对方一份喜欢的食物，对方就会很高兴。

鼓励性的礼物更会使接受者感激。

珍妮特·赖默是位家庭妇女，她开始学绘画。很快她被邀请在一艺术展览中展出其作品，珍妮特说：

"当我的第一幅作品卖出时，我十分兴奋，但因为不知谁是买主，心里有些困惑。两月后，我经过丈夫的办公室，看到那幅画挂在丈夫办公室的墙上。"

"为了鼓励我，他不留名地买下了这幅作品！"虽然现在珍妮的作品好销了，但丈夫在她起步时，送给她的无声的"忠诚"礼物，珍妮特永远难以忘怀。

芭芭拉印象最深的是自己的一件事。夏天的一个假日，她和丈夫比尔逛进一家商店，比尔看上了一条饰有纯银制鹰浮雕图案的带扣，端详了一会儿，后来看了标价就又放回去。

过了几天，芭芭拉重新去了那家商店，买下了那条带扣。虽然带扣贵，但她知道比尔喜欢，别的她就不管了。

比尔得到礼物后非常高兴，更使他感动的是他妻子并不是为特殊日子才送给他礼物，而仅仅是出于对他的爱。

有时，一件礼物是如此的简单，但它的意义却又是这样的深远。

（4）面试的技巧

面试的质量高，通常就意味着你容易得到这个你心目中的职位，这对你一生的发展有着密切的关系——或许，就因你这次成功的面试，而成为你人生的转折点。

所以，虽然说面试这种情况是不常有的，但它却是很值得重视的。在众多的应征考试中，面试通常已是最后一关，如不通过这一关，休想获得及格。

据说从前有一位皇帝，生平喜欢新奇事物，某日召集一群画家，说："你们尽量画些最恐怖的魔怪给朕看看。"

结果怎样呢？人的当时的想象力到底是有限的，这群画家奉到御旨，只得凭他们所能想象得到的，画了大批"怪物"，例如单眼小孩子啦，头上长了角的人啦，无头怪物啦，无脚牲畜啦等等，以博圣上一笑。

其实，面试并不是十分难以应付的，原因是问题到底有限，正如画家们奉命画怪物一样，画来画去，不出想象力之内。因此，面试所提出的问题，也不会太多。而且，它还受时间的控制，根本就不会向你问得太多问题。

照美国拉嘉斯大学调查统计，凡是应征者获得接见者所提的问题，比较常见的不过是十几条左右，只要你能好好地准备一下，对你的面试必有很大的帮助。

这十几条较通常性的问题就是：

①给我们谈谈你个人的一些情况。

②在此之前，你在什么地方做过事？

③你为什么喜欢做我们这种工作，以前有做过这种工作的经验吗？

④为什么你离开以前的工作？

⑤你打算把这种职业做终身职业吗？

⑥除此之外，你还喜欢什么工作？

⑦在经济上你有什么要求？

⑧你能吃苦耐劳吗？

⑨除了你现在应征的工作之外，你还愿意做些其他零碎的事情吗？

⑩你来工作，是为了赚薪水，还是学些经验？

⑪你有信心胜任这个工作吗？

⑫你对此处所经营的事业，过去有所认识吗？

⑬你来应征前到别处应征过吗？

⑭你想找一份什么样的职位？

⑮你的弱点或者不足是什么？

⑯你知道我们的竞争对手是哪一家公司吗？

⑰你认为自己能充分发挥自己的优势吗？

⑱你内心对这家公司的印象如何？

⑲你喜欢这个环境吗？

要留意，凡是负责接见求职者的人，你要假定他们都有锐利的眼光，正确的判断，他们会一眼就看出你有没有交际的经验。大多数善于交际的人，都有掩饰其本身弱点的习惯，这并不为对方所喜，因为对方接见你，就是想了解你的真相，所以你说的话一定要让他深信不疑。

面试时，大家都抱着很大的成功希望，害怕失败，这种心态会导致患得患失，斤斤计较。遇到不顺利或出现错误，就容易气馁或造成过度紧张，而不能发挥正常水平。最好的办法是不要过分有非得不可的态度，这样遇事反而就容易坦然处之。

有这么一个笑话：某公司招请雇员，面试时，主试者问某应征者："你初恋过多少次？"

应征者答："三次。"

他答得很"可爱"，引得主试者哈哈大笑起来，因为初恋只能有一次。这就是应征者由于情绪紧张造成的。

除了上述笼统性的询问之外，你还要"应酬"其他的问题，包括有：关于你应征的公司或机构的事情，关于你的待遇和日常生活的事情，关于你的性格和健康的事情，关于你的思想和趣味的事情，关于结婚和家庭的事情，关于家庭和学业的事情等。

依照许多位主试者的见解，他们对于来应征的人谈到机构本身的事时"茫然不知"，心里极不愉快。

例如，某大汽水厂招聘职员，一定问及"你以前有喝过我们的汽水吗?"之类的事情，答以"喝过"是不够的，因为他还会问你"觉得我们的汽水与别的汽水有什么不同之处"等等。

有人在问及待遇问题时，大都会答以"只求录用，薪金不论"，或者金钱对于我不那么重要——机遇才是我最关注的，这也不是最好的答复。

金钱的重要不仅在于说明它如何来支配生活，而且在于表明这份工作和工作职位的重要。在事前你需要掂量一下，"一般情况下，他们对这样的职位会付给多少"，你可根据这项工作的性质、难度和你本人的素质，提个不高不低的范围。提少了，对方会认为你是否有其本事，要求太高，对方认为你太挑剔太讲究。

记住，薪水的问题不是你提出多少他们就会给你多少的，他们或许在事前就已定了下来。只要是个有前途的职位，不必现在就计较得失。

在此基础上巧妙地表达出你的意愿，要注意说得实在。主试者一般不会对你产生误会的。因为活在这个世上的每一个人都明白：金钱不是万能的，但没钱却是万万不能的。

至少，你还可以这样表示："最好能够有较佳的待遇"或"希望录用之后，待遇会逐步提高"。这样才是真实而受到对方信任的讲法，因为人的本性是"往上爬"的。

有些主试者喜欢应征者和他有同一嗜好，比如他喜欢看文艺名著，他可能问你有没有看过某名家所写的新书。但要当心，如果你真的没有看过，你要坦白承认"还没有看过，"但可补充说，"在报纸上常常见到这本书的介绍文章"之类，也是一样叫他听了高兴的。

答复"你为什么离开以前的职业，外谋新职?"时，多数人答以"嫌薪水少，工作时间长"等都是不好的，对方听了会不舒服，因为总有一天你会以同样的理由嫌他的。

主试者十分注意考察你是否因为在工作中没有起色而被终止工作、免职或者辞退，更确切地说，面试人注重的是你与人相处的能力。对此，最好是如实回答，不过方式不要损害到自己。

你可向面试人提供一个可以让人接受的完美解释。例如，你离职是由于公司不景气，没有发展潜力等等。

如果你被炒了鱿鱼，千万不要说："我不能使上司满意。"而应这样答："我认为那份工作不能让我充分施展我的才能。"其实，最好的说法如何，应因人而异，以前一个应征者答得较妥，他说："我总觉得能来贵行工作比以前更好。"

被问及"你喜欢怎样的上司"时，你就应该清楚主试者这样问是看你是否爱顶撞上司，是否与本单位的上司合作的好。

如果该单位的主管大致是属不保守的一类，你可以说："我喜欢那些有进取精神，有胆有识的领导者，这样的上司可以给我发挥才能的机会。"

如果他可能是不开明、不易相处的一类，你可说："只要我服从领导，而在他的领导下我又可以干好工作的，我都喜欢。"

谈到"你的不足是什么"时，试图回避或不提自己的缺点，不是一个好策略，既要做到有话可说，说得出来，又不必贬低自己。

可谈1到2项不足之处，谈时要把缺点、不足说得不会对自己造成什么危害，是一些易于弥补的缺点。

当对方要你谈谈个人的情况时，主试者最忌讳对方象记"流水账"一样无边无际，又忌你毫无根据地自夸和捏造事实。针对所求职位的性质特点，你应简洁，有用，重点地谈及你的文化程度、所受教育或培训情况、应聘前的工作经历、工作经验、专长、兴趣。

然后"正因为这些，促使我今天到这儿来谋职"接着再谈一下为什么你适合这个职务。

关于家庭方面的询问，也是一个重要环节。因为家庭对个人的性格、行为、习惯有很大的影响。

一个不健全的家庭可能会使人性情孤僻、行为放纵等。

因此，主试者一旦知道你来自有问题的家庭，会对你是爽朗还是孤僻，是任性还是自制，是轻浮还是稳重等性格和行为习惯多加注视和考察，故你的言行举止都要注意，以留下一个好的印象。

还有，许多大机构的主事者都私下表示他们不愿雇用家境太贫穷或太富有的人，这见解虽然不一定合理，但事实如此，应该在回答时注意，我们即使不说谎，也不该对于家庭的贫富过分夸张。

第二章

处世应酬学的忌禁与定位

应酬中的大忌

在日常应酬中热衷于探闻他人个人隐私的人，总是令人讨厌的。这一点在西方显得尤为突出。个人隐私所包括的面很广，如个人收入情况、女士年龄、夫妻情感、他人家庭生活等等，都属于个人隐私的范畴。当然，应酬中的忌禁还不止这一点，我们对此要有足够的认识。

勿探闻对方的个人隐私

在西方人的应酬中，"探问女士的年龄"被看成是最不礼貌的习惯之一，所以西方人在日常应酬中可以对女士毫无顾忌地大加赞赏，却不去过问对方的年龄。但是中国人就不同了，有的人常常一见面便问人家芳龄几何，弄得女士们答也不好，不答也不好，只好在以后的应酬中尽量避免与之接触。

探问女士的年龄，往往会被女士们误认为你心怀不轨，所以对你产生厌烦情绪。有一个同学胡君，好像是天生的就有这么一个爱好，总是喜欢打听女士的年龄。每次与女士见面，不论熟悉的还是首次见面的，谈论不到三分钟，他就会不失时机地向对方发问："你今年多大了？"致使许多女士不愿意与他接触，即使不得已见了面，也是打个哈哈便离他而去。这便是探听个人隐私在应酬中的失败。

中国人似乎都有一大爱好，那就是特别注意他人的隐私，而且尤以注意名人的隐私为重。那些街头小报一旦出现了一篇有关某某名人的隐私，如"某某离婚揭秘"、"某某情变内幕"之类，肯定会被哄抢一空。在日常应酬中我也常常听到这样的问话："你和你老婆的感情怎么样？"这种问题便让人难于回答，因为这纯属个人隐私问题，而且夫妻感情往往都是非常微妙的，是根本无法用语言能够说得准确透彻的，所以对这类问题，对方即使顾于情面当时回答了你，心里也会对你产生厌烦的。

所以在应酬中能够避免探问对方隐私的嫌疑，这本身便是应酬成功的第一步。因此在你打算向对方提出某个问题的时候，最好是先在脑中过一遍，看这个问题是否会涉及对方的个人隐私，如果涉及了，要尽可能地避免，这样对方不仅会乐于接受你，还会为你在应酬中得体的问话与轻松的交谈而对你留下好印象，为继续交往打下了良好的基础。

在日常应酬中，涉及隐私的主要有以下几个方面：

（1）女士的年龄；

（2）工作情况及经济收入；

（3）家庭内务及存款；

（4）夫妻感情；

（5）身体（疾病）情况；

（6）私生活；

（7）不愿公开的工作计划；

（8）不愿意为人所知的隐秘。

语言要谦和，切忌咄咄逼人

在日常应酬中，往往会出现这样的情形，某人在你的面前显得畏畏缩缩，不敢高言大声，因为他的地位或是学识没有你高；某人在交往中对你低声下气，因为他有求于你；某人面对你总是藏头藏尾，不敢正视你，因为他做过对不起你的事等等。在这种情况下，你应该更注意言谈举止，切忌透露出咄咄逼人之气。

我原来所在单位的一个车间主任便是如此。车间主任掌管着整个车间人员休假的审批权，工人要休假没有他签字便休不成。于是这位车间主任"充分"地利用了这一权利，每当有工人找他批假条时，他就做出一副居高临下的神态，嗯嗯啊啊地问这问那，那派头跟法官审犯人差不多，每一次都至少要"审"上半个钟头才能把他的大名签到工人们的休假条上。工人们对此既讨厌又无奈，背后都称他为"碎嘴蟹"。"蟹"是霸道的意思，可见工人们对这位车间主任的愤恨了。

生活中，像"碎嘴蟹"这样的人并不在少数，而且几乎在任何场合都能够碰到。所以我们在日常应酬中，无论你的谈话对象是谁，都应该给对方一个谦和的感觉，而不要露出一副逼人之态。一位哲学家曾经说过："尊重别人是抬高自己的最佳途径。"这话算是一语道破了天机。

我曾经在一个报社干过编辑，我们当时的主编沈先生五十多岁。每天一到报社，我都见到沈先生带着一脸的微笑，并且和每一位编辑记者乃至勤杂打招呼。如果有什么问题向他汇报或请教，沈先生也总是微笑着，身体微微前倾，认真地听完你的话，然后以感激的口吻说："辛苦了！"或者以商量的口吻说："你看是不是这样……"所以我每次从沈先生的主编室出来，心里都是暖暖的，哪怕是有些建议没有被采纳，也会从沈先生那儿得到一句让人心暖的话："这个主意不错，只是还不成熟，让我们一起再酝酿酝酿。"遇到这样的领导，你还有什么好说的。

很明显，如果让我在"碎嘴蟹"和沈先生之间选择一个领导的话，我肯定选择沈先生，而且我相信所有人都会与我的选择相同。这就是谦和会给人亲切感，从而赢得了人心。如果像"碎嘴蟹"那样，一味地咄咄逼人，一味地耍派头，唯恐别人不知道他"身居要职"，那么最终只能是所有人都讨厌他。所以在日常应酬中，无论你是面对什么样的人，要想赢得对方的赞赏，最好做到以下几点：

(1) 认真倾听对方所说的话；

(2) 面带微笑；

(3) 言辞恳切；

(4) 多用协商的口吻；

(5) 不要使用令对方难堪的词句；

(6) 不要摆出居高临下的姿态；

(7) 不要在言辞上让对方有压迫感；

(8) 不要对对方露出不屑一顾的神态；

(9) 把对方当朋友；

(10) 维护对方的形象。

如果能在应酬中做到以上十条，你不仅会在日常应酬中得到更多的朋友，同时也会得到更多的尊重。

尽可能谈及熟悉的话题

有一个传说，一个人其实非常无知，但是为了掩饰自己的无知，便整天把"知道"挂在嘴上，别人无论说什么，他都做出不屑一顾的样子说："我知道！"但是一旦说到实质性的问题，他便什么都说不出来。于是人们都知道了他的无知，从而孤立了他。这个人最后落得孤苦伶仃，无人再理会他。但是他却死不改悔，死后变作了"知了"，整天"知了、知了"地叫，让人听了心烦。

孔子曾说过："知之为知之，不知为不知，是智也。"我们在日常应酬中，诚实应该是第一要素，只有诚实的人，才能在应酬中赢得朋友。如果都像"知了"那样，明明无知却偏要装出一副"有知"的样子，只能令人对你生厌。

我有一个朋友，就是"知了"一类的人，似乎这世界上，就没有一件他不知道的事。"某某报社最近组织了一次研讨会……"我的话还没有说完，他便抢过了话头。"我知道，我都不愿意参加。""他们把通知寄到我家里去了。""我知道，他们肯定也把通知寄到我家里去了。""你知道他们什么时候开始的吗""我当然知道，就是最近嘛。""你知道研讨会在什么地方吗？""我知道，不在某某报社内。""是关于什么内容的？""这些东西嘛，都是一个模式，什么作品研讨会啦，什么……""你别说了，你其实什么都不知道，让我来告诉你吧……"我揭了他的底，并把有关研讨会的时间、地点及内容通说了一遍，可是他还是不认账，"我早就知道。"他说。

通过这段对话，你对这种人能生出好感吗？这种人给人的第一印象，肯定是虚伪，没有人愿意与虚伪的人交往。虚伪的人在日常应酬中，身边的人肯定会越来越少，最终很可能会剩下他自己一个人。

在日常生活中，我们可以常常看到这样的情景：两个有共同话题的人，一谈起来便滔滔不绝，例如两个球迷侃足球，两个钓迷谈钓鱼，两个股迷谈炒股，甚至两个妇女谈家常等等，他们都可以谈得非常热烈，原因就是因为他们彼此都对所谈的内容非常熟悉，都是行家里手。但是如果换一下，让一个球迷一个钓迷在一起，他们一个高谈球经，一个高论钓趣，你想那话能谈到一起么。再有，让一个股迷对一个股盲大谈股经，那不成了对牛弹琴才怪。所以我们在日常应酬中，不论与我们交谈的对象是谁，在交谈时都要尽可能地谈论自己所熟悉的问题，在我们自己不说外行话的同时，还要照顾到对方，看对方对所谈论的问题是否也熟悉。在避免谈论自己不熟悉的问题的同时，再有意识地避开对方不熟悉的问题，这样双方才有"共同语言"，共同语言可使人与人之间距离更进一步缩短。

不要随意打断对方的谈话

我们在日常应酬中，常常有这样的情况：你急于想表白自己的观点，可是对方却还没有把观点叙述完，便迫不及待地打断对方的谈话，而强硬地插入自己的观点。这样，被打断了话头的人便会在心里感到极不痛快。这是很自然的，因为任何人都不希望自己的谈话被他人打断。

卡耐基说："耐心地听完他人的观点，然后再清楚地说出自己的观点，你会觉得别人很注意你。"这话便说明了一个问题，当你耐心地听完别人的观点的时候，你便是尊重了别人；所以当你叙述自己的观点的时候，别人也同样会回报你以尊重。在日常应酬中，互相尊重是应酬成功的基础。

有一位刚毕业不久的年轻大学生，应聘于一家广告策划公司。用公正的话说，真可谓是思维敏捷，观点新奇，出类拔萃。可是这位大学生有一个缺点，就是不太注意尊重别人。每当与同事一起讨论业务时，他总是在别人将观点阐述到一半的时候，便抢过话头打断别人，而将自己的观点一股脑儿地冲口而出，而且在他所叙述的过程，别人根本不可能插得上嘴。他的这一个习性，令公司内的所有同事对他态度冷淡，最后就连公司老总也对他有些反感。这样一来，大学生在公司里便有些呆不下去了，最后只好辞职。

如果这位大学生能够注意到自己的这个缺点，在耐心地听完他人的意见后再将自己的观点说出来，凭他的思维和新奇的观点，他肯定会得到同事乃至老总的好评，那么他的事业也可能会因此而如日中天。但是就因为他有这个缺点，令他处处受挫，这个代价可算是大的。而且听说，这位大学生现在已经混迹京城三年，仍然没有一个可以令他固定的职位。

这应该算是一个极好的教训，我们在日常应酬中应当引以为戒。

已故的周恩来总理在外交上的魅力，一直都为人们所称道。大家都知道当年的日内瓦会议是一次国际交往划时代的会议，但是，那次会议给人留下最深刻印象的，便是中国的周恩来。当时参加会议的各国代表，本来政见不一，遇到了这么个"好的一个吵架"机会，都不愿意轻易失去，于是各国要人吵成了一团。面对这种形势，周恩来总理一方面绝不参与吵架，另一方面积极寻求平息这场国际大吵架的方法。周恩来在耐心地听了各国政要的吵闹之后，平静地说出了一句令各国政要为之震动，且从此成为世界名言的话："我们是来寻找友谊的，不是来吵架的！"此言一出，语惊四座，令各国政要立即为之汗颜。就因这一句话，周恩来的形象立刻便在人们的眼里高大起来，中国在世界的地位也随之提高。

设想一下，如果周总理当时也像别国政要们那样沉不住气，也混在他们中间吵个不休，那么结果会是如何呢？不难想象，其结果一定是一塌糊涂。所以，让对方说个够，等到对方无话可说的时候，来一个一语中的，便会令你在日常应酬中身价倍增，从而成为周围关注的中心。反之，如果常常贸然打断他人的谈话，强加叙述自己的观点，不仅不会获得他人的尊重，相反的只能引起他人的讨厌。

应酬时，不要冷落"次要者"

我们常常会听到周围有这样的评价：某某人做事真周到。这样的话，肯定就是对那些善于在日常应酬中做得圆满者的赞赏，同时也说明了被赞赏者是日常应酬的成功者。

在应酬场合中，如果有三个人，那么，其中一个人可能会是本次应酬的"次要者"。如果在应酬过程中，这位"次要者"遭到了冷落，在心里产生不被重视的感觉，那他的心里将会是非常尴尬的，而且以后他便会找出各种各样的理由，拒绝出现在这样的场合。这样，你就有可能因而失去一个可以在某个方面合作的伙伴。

"让每一个人都感到你在重视他的存在，你的事业便成功了一半。"这是我在应邀观看过一次日本排琴来中国交流演出的排演后所得出的经验。其实我对音乐是个外行，只是喜欢音乐的旋律，所以对音乐界的著名人物的名字知道的也甚少。当时率队来中国的是一个据说是在日本乃至世界音乐界都极有名的日本指挥家，只是我当时并没注意到这一点，只注意听他们演练的乐曲。没想到等到排演结束，那位指挥却主动绕排练场一周，与每一个前来观看他们排练的人握手，并用生硬的中国话对每一个人说"谢谢"。我当时便产生了这样的感觉：这位著名指挥家重视我的存在！虽然我直到今天仍然不知道他的名字，但是他的形象，将会被我永记在心里，而且当天在场的每一个人也同样都会记住他的这一形象。这便是一种应酬的周到，虽然这种周到对他来说轻而易举，但是给人留下的印象，却是涂抹不去的。我想会有许多人，就因为他的这一举动，而花上几十元钱去看看他们的这场演出。这也是一种做人的魅力所在。

适当地让"次要者"参与到你们的谈话中，不仅可以打消"次要者"的尴尬，同时还可以为你赢得朋友的心。

让"次要者"感到他的存在，可以有以下四种方式：

（1）常常向"次要者"微笑；

（2）不时地向"次要者"询问一些平常的问题；

（3）常常示意"次要者"喝茶或吃点心；

（4）让"次要者"参与到你们的谈话之中。

缄言不语不等于面无表情

在生活中，我们常常会遇到一些性格内向、不善言辞的人，在与人应酬时，不知如何是好，不知道该说什么，不知道该做什么。所以每次应酬都像是在受罪，从而也便对应酬避之犹恐不及。但是人生在世，却又免不了要遇到这样或那样的应酬，不善于应酬的人要想在事业或是生活上获得成功，那是非常困难的。所以适当地学习一些应酬之道，对我们的生活及事业都是有百利而无一害的。

说起来，我的性格也该属于内向的，而且我也常常在应酬中不知道该与对方说什么，"找不到话说"的现象对我来说是家常便饭，所以对应酬我也同样在心里有些胆怯。不过既然是生活中的一员，避开应酬根本不是好办法，所以我便尽可能地端正自己，发挥自己的长处，使自己在应酬之中不至于"落魄"，而且令许多朋友都感到我的应酬很"得体"。下面我就介绍几点我在应酬中的心得，供朋友参考。

（1）保持微笑

笑容可以将人与人之间的距离缩到最短，你应该相信这句话。当你与人应酬无话可说的时候，你不妨在脸上保持微笑，这样便可以给对方一种亲切感，同时笑容还可以起到鼓励对方畅所欲言的功效。只要对方能够畅所欲言，你的"无言"便可以被遮过了。

（2）保持倾听的兴趣

人都有一种表现欲，而且都需要有听众（观众）。所以当对方被你的微笑所鼓励而侃侃而谈的时候，你就表现出对他的谈话内容感兴趣。你可以看着对方，表现出你对对方的充分的信任，使对方无所顾忌。

（3）不失时机地表示赞同

在对方谈话的过程中，你可以不失时机地向对方点头，并且还可以辅以"嗯"、"唔"、"不错"、"是这样"、"对"之类的协助语，表示同意他的观点，这样会令对方的谈兴越来越浓，从而避免了冷场。

（4）适当地称赞对方

无论什么人，在希望自己的观点得到别人赞同的同时，都希望从别人那里得一些称赞的话。所以在应酬中，你不妨多说一些诸如"在这件事上你比我强"、"你的观点很特别"、"你看得真清"等等之类的赞语，虽然这些称赞仔细一想都似乎是一些废话，但就是这些"废话"往往会给你带来意想不到的效果。

（5）当好忠实的听众

有位电影评论界的朋友曾经说过这样的一句话："现在的中国电影不是缺少演员，而是缺少观众。"我从他的这句话里触类出了一条经验，那就是：现在的应酬中并不缺少会说者，而是缺少会听者。现在"能说会道"的人实在是太多了，而且大多数都希望自己是那个"说"者而不是听者，因此在日常应酬中"听众"便越来越少。在这样的情形下，既然说不是我的长项，我便不妨发挥自己"听"的长项，凭我的经验来看，在现代应酬中，会听比会说更能赢得成功。所以在每次应酬中，我大都是以一个忠实的听众的身份，认真地听取对方的每一句话。也正因为此，我在应酬中给人留下的几乎每次都比那些会说的朋友留下的印象要深得多，而且每当一些朋友有了什么新的观点或设想时，都愿意找我来探讨（当然是他说我听），这样我便毫不费力地赢得了朋友。

性格内向、不善言辞的朋友，不妨试一试我以上的经验。如果做到了这五条，你肯定会在应酬中游刃有余。

不要刺激对方的自尊心

有人说过这样一句话："学会维护他人的自尊心，你会得到越来越多的朋友。"这话说得一点都不错，因为在日常生活中，每个人都极为重视自己，都喜欢谈论自己的得意之处，即使是你的好朋友也同样如此。所以维护和尊重他人的自尊心，实际上就是为了充分地驾驭对方打下基础。

人的自尊心可以体现在许多方面。有这样一件事，说是有一对夫妻，丈夫由于在外面应酬，回家晚了些，于是夫妻间便发生了一场口舌之战。

妻："你怎么这么晚才回来？"

夫："朋友请客喝酒，没办法。"

妻："今天这个请，明天那个叫，还有完没完？你也是有家的人。"

夫："我刚回来，你就说个没完……"

妻："你要是看我不顺眼，我明天就回娘家去！"

夫："你拿回娘家去要挟我呀！好呀，你现在就给我滚，永远别回来！"

事情的结果很明显，然而就事情的过程来看，夫妻双方都在有意无意地伤害着对方的自尊。如果换一种情况，妻子从关心的角度规劝丈夫，那样情况就会大不一样。

妻："怎么这么晚才回来？"

夫："朋友请喝酒，没办法。"

妻："朋友多是件好事，可是老是这么在一起吃吃喝喝的，就不是什么好事了，而且酒喝多了对身体也不好。"

夫："是呀，我也是这么想，可是又推辞不了。"

妻："照我看，你们那帮朋友也就是因为没事干，如果在一起好好合计合计，寻个正事干干，那不比在一起吃吃喝喝更有意思吗？"

夫："这倒是个主意，明天我就跟他们合计去。"

如果是这样，夫妻双方是不是就会更融洽些呢？

我们在应酬中，只要注意维护别人的自尊，那么不管对方是什么人，都同样会还报你以自尊。但是，在维护别人的自尊时，有时要注意使用不同的方式，因为有时候会涉及国籍的不同，文化的不同，习惯的不同，这也同样是应该注意的。

有这么一件事，说的是一位中国留学生在美国乘坐公共汽车，见到一位美国老人，便礼貌地站起来让座。老人不仅不感谢他，还面露愠色，道："我是男人，不是女士，难道你看不出来！"留学生道："可您是老人呀。"老人更加恼怒了，指着留学生吼道："你居然把我看成了老人，我真的那么老吗！"说完悻悻然便往车下走，走到车门时又不甘心地回过头来问留学生："你是中国人吧？"留学生点头称是，老人这才耸耸肩无可奈何地嘟哝了一句："中国人的规矩是看重老人……"

如果在中国，这位留学生的作法不仅没有错，还应受到称赞，但是在美国，没有人把自己当成老人对待，而且也特别讨厌别人把自己当成老人来看待，这位留学生的礼貌反而在无意中伤害了那位美国老人的自尊。学会维护别人的自尊，在日常应酬中应该说是相当重要的，而且抓住别人的心理，适当地满足别人的自尊，则可令你在应酬中成为"得道"者。我认为，在应酬中要做到不刺激对方的自尊，应该首先做到以下几点：

（1）不把对方的缺点当笑料；

（2）不将对方的憾事当秘闻；

（3）不要过于显示自己的优越感；

（4）不要表现出对对方不屑一顾的神态；

（5）不要使对方有被压制的感觉。

与异性交往中忌讳的几个问题

无论是男性还是女性，在日常应酬中都免不了要与异性之间发生交往，而且，与异性交往会给我们带来许多乐趣。不过，与异性之间的交往远没有与同性之间的交往来得那么随便，这应该是所有人的共识。如果你是男性，在与女性交往的时候，你必然会在心理上产生出这样或那样的顾忌，女性也是如此，这是理所当然的。

本节中我们不妨来讨论一下在与异性交往时，我们所应该注意的有哪些问题。

（1）轻率地询问女性的年龄

在日常应酬中，轻率地询问女性年龄被认为是最不礼貌的行为，这一点在西方社会显得尤为重要。这种作法往往会被误会为不怀好意。

（2）询问女性的家庭住址及家庭情况

若非必要，随便地询问女性的家庭住址及家庭情况，容易造成误会，女性认为你心怀不轨而疏远甚至讨厌你。

（3）对女性的容貌品头论足

女性一般都非常在乎别人特别是男性对自己容貌的评价，而且女性一般都希望别人称赞她的容貌，即使她的容貌有一些缺陷。如果轻易对女性的容貌品头论足，会被认为你缺乏修养，同时还会招来女性的反感。

（4）损伤女性的自尊心

女性往往比男性更看重自尊，同时女性的自尊又特别容易受到伤害，因此在与女性交谈时，一定要避免说一些有伤她们自尊心的话。

（5）嘲笑女性

相对于男性来说，女性有许多弱点，若因此对女性加以嘲笑，肯定会因此而引发"红颜一怒"。

（6）脏话连篇

有些男性认为粗犷可以显示男子汉气魄，粗犷可以吸引女性的目光，因此在谈话中口无遮拦，脏话连篇。以为唯有如此方显男人本色。其实这是偏见，甚至可以说是无知。因为一般女性还是喜欢与"文明"的男性相处，而且与"文明"的男性相处会令她们更有安全感。脏话连篇只会引起女性的反感。

（7）说其他女性的坏话

女性一般都非常看重男性的品行，如果一个男性当着一个女性将另一个女性贬低得一钱不值，以为这样就会获得身边女性的好感，那么就大错特错了。女性的心理是很奇怪的，她们之间可以相互妒忌，但是却不容许男性妄加评论。当着女性评论另一个女性，只能引起女性的厌恶。

（8）散布传播性谣言

当着女性的面散布传播女性谣言，会令女性觉得你人品下流。而只要有一个女性认为你人品下流，那么很快，所有的女性都会知道你是个下流坏。所以千万不要散布传播女性的谣言，更不能当着女性的面做这种事。

（9）过分的恭维

女性都喜欢被别人恭维，但是过分地恭维，同样会遭到女性的反感。比如某一个女性本来相貌平平，你却恭维她说"你好美哟"，那她一定会认为你是在讽刺她。所以在恭维女性时，一定要抓住她与众不同的特点，恰如其分地恭维会令女性对你"高看一眼"。

（10）哗众取宠

女性最讨厌的男性特点之一，就是哗众取宠。哗众取宠的男人往往会过分地夸大自己，也许会在第一次时得逞，令女性对其青睐三分，但是第二次就不行了。哗众取宠的外衣一旦被剥去，女性便会对你产生十二分的讨厌，就会对你不屑一顾。

男性们在与女性的交往中，如能避开以上十点，那么肯定会成为女性所喜欢的人物。

女性在与男性的交往中，则应注意以下几点：

（1）别把男性当佣人

有一位小姐，本身虽然生得相貌平平，却自以为美如仙子，而且自负得很，因此每与男性交往，便以为男性对她动了情。由于这种心理，这位小姐便经常调用她身边的男性干这干那，不时还强行要男性请她吃饭，还不失时机地显示这是她对男性的"恩赐"。因此她每到一处，往往是仅仅一两个月，若非想在她的身上另有所图的男性，大多数的男性会纷纷离开她，不再与她来往，而且每在谈到她时都嗤之以鼻。

（2）别惦记着占男性的便宜

女性与男性在一起，往往都是非常"幸福"的，因为男性往往不仅充当女性的

"保护人"，同时还心甘情愿地为女性花点钱卖力。正因为此，有些女性才会形成一种习性，凡是与男性在一起，不是点狮子老虎，便是要苍蝇蚊子，最终令男性望而生畏。

（3）别把男性当傻瓜

有些女性，以为自己生有几分姿色，便有权对男性指手功脚，便可以让男性对她无偿服务，把男性当成了傻瓜。其实这是一种误会，因为男性在为自己所喜爱的女性服务时，心里已经在算计着如何得到回报。所以女性们应当注意的是，越是殷勤的男性，对你的威胁就越大。

（4）别对男性动手动脚

有些女性，在与男性交往时候，特别喜欢对男性或推一掌、或打一拳、或踢一脚，以为这样便会得到男性的宠爱。其实正好相反，男性对喜欢动手动脚的女性，往往心里非常讨厌，而且，喜欢动手动脚的女性，在男性眼里只有一个形象，那就是"轻浮"。

（5）别当"长舌妇"

有个女子，经常在男性面前讲其他男女之间的某些所谓的隐秘，而且讲得绘声绘色，最终总免不了来一句"真恶心"。时间不长，男性们便都纷纷远离了她，因为谁都害怕自己"有不慎"，而成为她"恶心"的对象。

（6）别自我标榜

一个女同学，总是将自己看得比别人高一等，有一种自以为"美若天仙"的感觉，老是标榜有多少男孩子在追求她。她还在随意地诽谤别的女性时，标榜自己如何如何的清纯，一些诸如"只有我一个人是冰清玉洁的"、"只有我一个良家妇女"、"除我之外，你已经找不到女孩子了"等等，最终只落得被人嗤笑的结局。

（7）别袒胸露臂

有些女性，在与男性交往中，为了表现其现代派，常常袒胸露臂，故意作出一副随便的样子，以为这样便可以赢得男性的赞赏。恰恰相反，男性往往对袒胸露臂的女性持反感态度，因为没有一个男性希望与自己交往的女性被人加以"不检点"的评价。

（8）别勉强男性

绝大多数女性都爱逛商场，而男性却特烦逛商场。有些女性为了有人"陪伴"，往往要求男性陪着自己去逛商场，而且一逛便没个完。我在此处要告诫女性的是，男性碍于情面可能会陪你一次，但是下次，他一定会躲着你。因为逛商场对于男性来说，是一种受罪。

（9）别对男性横加指责

有些女性似乎对男性期望值太高，一有不如意处，便会对男性大加指责，诸如："你这样还算是男人吗？""男子汉大丈夫，连一点男人气都没有！"等等，这种话是很伤男性自尊的，所以遭到指责的男性，虽然当时也许不便发怒，但以后绝不会愿意与你在一起。

（10）别把友情当爱情

男女之间的友情有时候是非常微妙的，作为女性，尤其要将这二者分清。我曾经与六个文学爱好者由于某些原因互相结为七兄妹，其中有一个女子，自结拜之日起我便一直将她视为小妹来对待，后来又同时到一起学习创作，身为"哥哥"，我便理所当然地关心她照顾她。可是这位"小妹"却误会了我对她的关心和照顾，以为我的所作所为都表示了对她的爱，并且将自己的"感觉"大肆宣扬，从而搞得满城风雨，介于此，我只好宣布与她解除了"兄妹合同"。

把真挚的友情当成了爱情，有时会使人非常尴尬，而且还无法解说。所以身为女性，千万别凭自己的感观对此加以定论，因为这样不仅不可能得到爱情，最终会连友情也一起葬送掉。

应酬中令人反感的十种行为

据专家统计，在日常应酬中，有十种行为是最令人反感的。这十种最令人反感的行为分别是：

（1）目空一切，自以为是

我们常常会在一些应酬场合中看到这样的情景：某一个腰板挺直的人，呈傲视天下之姿，或居高临下地坐在那里一言不发，或穿插于众人之间指手画脚，一副"老子（或姑奶奶）天下第一"的神态。

这样的人有许多。我在前文中所提到的那位在某杂志社当编辑的叫 F 的朋友，就是这么一位目空一切、自以为是的人。每次朋友聚会，F 都表现出一副无所不知，无所不晓的神态。有一次，有一位朋友便故意问 F："F，你知道北京有个新开的爬虫市场吗？"

北京开爬虫市场，这是根本不可能的事。而且，何为"爬虫市场"，谁都不知道。我及另外几个朋友一听便知，这是故意在耍 F。可是 F 连想都没想，随口便答道："当然知道啦，不就是前两天刚开的吗，这个谁不知道！"

朋友又问："那里面都是卖什么的？"

F："还能卖什么？不过像跳蚤市场一样，卖些杂七杂八的东西。"

朋友再问："这市场在哪，你去过没有？"

F："我当然知道在哪儿啦。不过现在还没有去过，这几天我特别忙，我已经准备过两天去采访了。"

说到这里，我们已忍不住大笑起来了。像 F 这样的人，在应酬中，要么令人讨厌，要么遭到大家的嘲笑。不过更多的时候，都是令人反感的。所以在应酬中，一定得老老实实，把眼睛放低点，别以为自己什么都知道。目空一切，这样的后果，只能是让自己陷入自己织就的网中，而成为应酬的失败者。

（2）虚与委蛇，心不在焉

这类人，一般在应酬中都缺乏诚意，常会引起应酬对象的反感。

历史上有这样一个故事：

楚汉相争时，韩信在项羽军中未受到重用，于是投奔汉营。但是在刘邦军中，开始仍然没有受到重用，于是韩信在一气之下逃离汉营，从而演出一段萧何月下追韩信的佳话。

萧何追回了韩信，极力地向汉王刘邦推荐。刘邦对韩信本无信任可言，只是经不住萧何的再三保举，这才答应接见韩信。韩信应招进帐来见刘邦，可是一见之下，韩信对刘邦当时的行为便极为反感。原来刘邦正在洗脚，见了韩信，不仅没有停止，反而仍然悠然自得地呈享受状，对韩也是一副爱理不理的样子。韩信将眉头皱着，回头便走。

若不是萧何不放心守在帐外，再者若不是韩信一心想借汉王之势建功立业，刘邦便会因此失去一员为他争得天下的大将，那么楚汉相争最终将鹿死谁手，还真不好说。在这个故事中，我们不难看出，韩信对刘邦的反感，正是由于刘邦在接见韩信时心不在焉，虚与委蛇。也许，韩信在为刘家争得天下之后便起了造反之心，也正是由于当时的反感而埋下的种子呢。

因此在日常应酬中，不论你的身份如何，也不论你的应酬对象与你的身份地位有多大的差异，在你与对方的应酬过程中，一旦你表现出了心不在焉的神态，对方同样会对你失去好感，同样会对你虚与委蛇。这样的应酬，将毫无意义。

（3）抠鼻挖耳，旁若无人

有些人就是这么一个坏习惯，无论在什么场合，不是抠鼻子，就是挖耳朵，就好像他的鼻子里耳朵里有抠不尽挖不绝的污秽物似的，殊不知这种坏习惯，正是人们所讨厌的，而有着这种习惯的人，在应酬场合不遭到人们的反感那才是怪事呢。

有一位公司经理，不管在什么场合，一到得意处，便不自觉地抠自己的鼻孔，并且还将抠出的脏物随手弹出。一次，在与外商进行有关合资立项的谈判，双方谈得非常顺利，马上就将进行到签字生效的程序了。可是就在这时，这位经理旧病复发，得意忘形，手指不自觉地便伸进了鼻孔。这位经理一边与外商谈笑风生，一边肆意地抠着自己的鼻孔。这个细节被外商注意到了，于是外商皱起了眉头。就在这时，这位经理大人手指甲带着一块脏物抽出鼻孔，随即一弹，那一块小小的脏物便飞到了地毯上。外商一见，眉头皱得更紧了，立即阻止了正要往协议书上签字的双方代表，随后向中方表示，这份合作意向还需再重新探讨，然后领着自己的人扬长而去，留下经理及莫名其妙的中方人员。合作就此以失败告终。事后，有人问过那位外商，究竟是什么原因使他在关键时刻阻止了协议签字的。外商的一席话传到中方参加谈判的人员耳中，简直令他们哭笑不得。

外商说："在那样庄重的场合，中方经理先生竟然当着客人的面抠自己的鼻子，而且还随意地抛掉脏物，说明经理先生的素质是非常低的。经理的素质如此之低，他的员工的素质也便可想而知了。与低素质的人合作，是要冒极大风险的。我们不愿意拿自己的资金来冒这样大的风险。"

一个小小的恶习，破坏了一项合资项目的建立，同时还给外商留下了素质低下的印象。可见在日常应酬中，一些个人的恶习如果不改，不仅会引起别人的反感，往往也会因此而得不偿失。

（4）口若悬河，废话连篇

在我们周围，多数人都愿意自己有一副好口才，这是人的共性，而且生有一张伶牙俐齿也同样是人们之所求。但是问题是，怎样才算是伶牙俐齿，是不是在应酬中可以口若悬河地大讲特讲，令其他人都插不上嘴便算得上是伶牙俐齿了吗？绝对不是这样。

话不在多而在精，所说出的理由能够让对方折服，这才叫伶牙俐齿。我们都知道周恩来总理在外交应酬中，一直都是以敏捷的思维和淋漓的语言令人拍案叫绝，从而在国际上赢得了声誉。有一次，一位外国客人问周恩来总理："为什么中国人总爱低着头？"周恩来总理回答："因为中国人在走上坡路。"

走路时低着头，本来是一种习性，但是也可以被看成是一种民族的弱点，这个问题本身就带有一种挑逗性。但是周总理却并没有因此去作一番解释，而是风趣地说："中国人正在走上坡路"，一语双关，不仅省略了一大串不必要的解释，同时还向对方说明了中国正在蒸蒸日上的形势。如果不用这种回答，而是将中国人为什么低头走路的习惯以及形成这种习惯的原因大讲一通，虽然可以称得上是口若悬河了，但是在别人听来肯定是废话连篇，如此也将引起对方的反感乃至耻笑。

口若悬河的人，往往讲出的话不得要领，所以在他人听来，十句能有九问半是空话废话，没有人愿意听别人说废话，所以这类人在应酬中不可能受到欢迎。

（5）贬人褒己，好大喜功

有一类人，在日常应酬中，总喜欢把别人贬得一钱不值，而把自己说成是几乎无所不能的完人。干了一点点事，就自吹自擂；做了一点点的成绩，便要夸大其词地大吹一通，好大喜功，唯恐他人不知道。这类人，肯定会让人讨厌。《演讲与口才》杂志曾刊登一篇署名姚菲的文章，文章讲述了作者在上大学二年级时与另两名同学参加竞选的故事，在三个人中，一位男同学已在学校里小有名气，作者和另一名女生对于听众却几乎是生面孔，但是竞选演说一过，投标结果却出人意料，那位男生落选，而另一位无论外形、音色还是风度、气质都比不上作者的女生得票却最多，其中奥妙何在？作者在文中解开了谜底："原来她比我们更好地把握住了一条：多夸听众，少夸自己。"

"多夸听众，少夸自己"，这正是那位女生夺魁的原因。在日常应酬中，如果能够像那位女生一样，多夸对方，少夸自己，那么对方就会感到你亲切；如果一味地自卖自夸，褒己贬人，那必然遭到对方的反感。因为在日常应酬中，没有喜欢"王婆卖瓜"式的人物。

（6）胡搅蛮缠，满嘴脏话

生活中常常会遇到某一些人，他们崇尚无理争三分，遇到一点点小事便与你胡搅蛮缠，让你心烦意乱。这类人往往是明知自己无理，却还要与你纠缠不休，而且具有这类特点的人，大都是满嘴粗语、脏话连篇的。这类人的最大特点，就是爱占小便宜，哪怕仅仅是口舌之利，他也要将你"击败"，方才罢休。有一句话叫做"秀才遇见兵，有理说不清"，就是说的这个意思。

许多人一旦遇到这类人，第一反应便是"惹不起，躲着走"。因为几乎所有比较明智的比较讲理的人，都不愿意跟这类人计较，人们觉得和这类人计较没意思。

"没意思"其实就是对这类人的反感，因为反感而将他冷落，一般人都会如此处理。

所以如果在自己的习惯里有如此特点的朋友，最好收敛一些，因为你如此胡搅蛮缠，满嘴脏话，虽然你可以在一些时候会占到一些小便宜，但是要知道，那只是人家不屑与你计较，时间长了，你肯定会落得个人见人厌的结局，到时候就只能跟自己胡搅蛮缠去了。

（7）散布谣言，蛊惑人心

谣言可以惑众，但是生活中偏偏有人专好散布谣言，隐私让人尴尬，可偏偏有人以揭人隐私为乐事。我们常常可以看到这样的情景：某两个人在一起，互相靠得很近，一边注意着周围的动静，一边在窃窃私语。这样的情景，大多是在传播什么"不可告人"的秘密了，而这类秘密，本身就带有某些谣传。谣言在生活中的传播是相当快的，虽然传播谣言者往往会对听他传播的人叮嘱一句"别告诉别人呀"，但是过不了多长时间，知道这个"秘密"的肯定不会就是他们两个人。

谣言往往与别人的隐私联结在一起，而探听别人的隐私又是人在本性中的一个弱点，好奇心决定着这个弱点，所以谣言的传播之快自有它的道理。终其源头，最可恶的还是散布谣言的人。一个人一旦被别人认识到是一个散布谣言的人，那么他在人们的眼里的形象便会立刻一落千丈。虽然人们都多多少少有些传播谣言的弱点，但是人们却反感散布谣言的人，因为谁都担心有一天谣言会涉及自己。

我曾经有一个同事就是散布谣言的"高手"，只要看到一男一女在一起说笑，也不管人家是出于何种原因，他便会将一个有关这对男女之间的风流谣言散布出来，而且说得似乎有根有据，乍听起来让人不得不信。刚开始时许多人都相信他，可是时间长了，而且他从嘴里散布出来的这类谣言多了，人们便逐渐了解到了真相，于是一起对他嗤之以鼻，而且给他起了个绰号，叫做"谣言制造商"，从此再也无人相信他，同时也再也无人愿意理会他，只落得个孤家寡人的下场。

谣言终有被揭破的时候，会遭到别人的反感。所以我们在日常应酬中，千万要注意这一点。

（8）虚意恭维，夸大其词

《左传》里有这样一个故事：春秋时，齐国宰相邹忌是个美男子，当时齐国还有一个美男子乃是城北徐公，于是邹忌便问他的妻、妾及客人，众人众口一词都说邹忌美于徐公，可是等到邹忌自己看到徐公时，却自知没有徐公美。于是邹忌便想到："吾之妻私吾，吾之妾畏吾，吾之客欲有求于吾"，所以"皆言吾美于徐公"，因此在心里对妻、妾及客人的印象更大大地打了折扣，并因此而上书齐王，告诫齐王别听别人的恭维。这便是有名的《邹忌讽齐王纳谏》，说的就是虚意恭维所引起的反感。

在日常应酬中，适当地恭维对方，不仅是一种礼貌的表现，而且还可以缩短双方的心理距离。但是如果夸大其词，过分地恭维对方，不但不能获得预期的效果，反而会引起对方的反感因为你夸大其词地恭维对方，对方便会怀疑你的诚意，从而怀疑你的个人品德。如此一来，对方就不可能不对你反感。比如，你对一个容貌一般且身材矮胖的姑娘说："呀，你真是太美了，亭亭玉立这个词简直就是为你而创的!"想想你这句话出口之后会得到什么样的结果。所以在恭维对方的时候,一定要做到实在得体,切勿夸大其词。

(9) 论人长短、不计后果

随意地议论别人的长短,是某些人的一大爱好。不计后果地对别人品头论足,议长论短,往往会给人带来意想不到的尴尬。

我认识一位女孩子,生得面容姣好,身材苗条,令许多男孩子着迷。可是这位女孩子有一个爱好,就是爱议论别人的长短,而且不分对象,不计后果。几乎所有的男孩子一开始与她交往时,都愿意宠着她,于是她便得到了充分发挥"特长"的机会。她在男孩甲的面前,说男孩乙如何如何,转过脸又会在乙的面前说男孩丙如何如何,接下来再在甲和丙的前面说乙如何如何,如此转着圈儿议论他们,过不了多久,三个男孩都了解了她的这一爱好,于是先后离开了她。我曾经问过男孩子们,为什么要离开那个女孩子,男孩子们的观点惊人的一致:"她那张嘴太臭!"

从这个例子中,我想你们应该知道随意地议论别人的长短,最终会得到什么样的结果了吧。

(10) 恭贵轻贱,拍马奉迎

《三国演义》里有这样一个故事:西蜀张松怀揣川中地图来投曹操,本想将汉中之地献给曹操。但是一见之下,曹操却因张松其貌不扬且名声不响而轻视他。于是张松在失望之余非常气愤,便凭借自己过目不忘的特殊才能,将曹操所作的兵法说成是"川中三岁小儿都可背诵之"的平常之物,把曹操狠狠地羞辱了一番,然后扬长而去。曹操也因此失去了一举进入川中夺取西蜀的机会。

曹操因小失大,就是因为他太轻视了张松。而在我们的日常应酬中,对身份地位高于自己的权贵鞠躬作揖,对低于自己的人便露出一副傲慢神态的人,也同样大有人在。我们常常可以看到,有些人一旦见到比自己地位高的人,便满脸媚笑,恨不能双膝跪倒以示忠诚,人们把这种人称为"奴才",更是对他们反感和厌恶。可是这些"奴才"们在地位比自己低的人面前,就会显示出自己的"主人"姿态来,除了他的"同类"外,不仅不会有人将他当"主人",绝大多数人都会对他们嗤之以鼻。因为这种人,在生活中往往是以拍马奉迎为能事,而拍马奉迎的人,是最令人反感的一类人。历史上之所以会留下"吸痈舐痔"的笑谈,就是对拍马奉迎的人的极大讽刺。

恭贵轻贱,拍马奉迎的人,也许一时会得到一点好处,但是,最终的结果绝不会好,而且就在他得到一点好处的同时,也同样会在人们的耻笑中抬不起头来的。我想这样的人在生活中,恐怕不会感到轻松吧。

应酬学的定位

应酬中要自我定位，也就是说理清应酬的思路。我出于什么目的在同谁打交道？用什么方法最有效？如此才能步步走向成功。

喜欢你自己

在应酬当中，你很可能沾染上自我轻视的病毒，唯一的治疗方法便是大剂量地服用"自爱药丸"。

但是，像社会中许多人一样，你可能从小到大一直认为爱自己是不对的。社会告诉我们为他人着想，似乎大家都忘记了"爱自己"，然而，如果你想在应酬中使自己成功的话，就必须先学会爱你自己。

有不少在应酬场合会出现这种心理，既想接近别人，又怕被对方拒绝；既想在别人面前谈些自己的观点，又怕被别人耻笑。事先想好了许多话，可一站在生人面前就全忘了，仿佛大脑是一片空白，一个词也没有，一句话也说不出来。

只好躲在不引人注意的角落受冷落。事后，从前准备好的那些话却又一一再现出来，而且思维也开始活跃，后悔刚才自己为什么如此窝囊。

这种心理现象就是缺乏自信，自卑感在作怪。也有的是因为自己习惯是这样的，比如说，"我就是这样"、"我从来都是怕应酬的"。还有的人这样说："唉！我天生就不是应酬的料，真拿我自己没办法！"

其实，这些描述只不过是一种自我轻视，自我挫败的说法。没有一个人生下来就很擅长于应酬的。那些应酬家们个个都是自我奋斗的成功者。试想，如果他们不勇于和人们应酬交谈，如果他们不善于总结应酬经验的话，又如何能被人们称之为"应酬家"呢？

就拿我的一位朋友来说，他就有一种挫败的行为。在上小学二年级时，每星期有两节美术课，他自己也是很喜欢描描画画，涂涂写写的。

但是有一天，他的美术老师告诉他，他画得并不好。听了这句不中听的话，他当时挺不高兴，从此就再也不去上美术课了，没多久，他便开始进行一种自由描述了："我美术不行"。

由于他一直回避美术，当然画起来就不那么好看，于是他便更加相信"我美术不行"这一观点。等他长大后，有人问他为什么不画画，他便答道：唉，我美术不行，一直就是这样。

由此可见，自我描述词语大都是你过去经历的产物。或许，就在你说"我不善于应酬"时，原因并不是因为这个，而仅仅是由于你以前的那一次应酬失败或是因为某人的一句话而已。

把那些旧的自我标签统统撕下来，让它们见鬼去吧！它们只能把你约束在一个极小的天地里面，让你整天和寂寞为伴，你又何苦和它们"相依为命"呢？

赶紧换上新的积极的自我标签，如"我能和人家应酬得很好！"或"应酬真是一件很愉快的事情。"相信你会从此改变你自己的。

发生自卑感的原因，大部分是由于自己身上的某些缺陷引起的，如过于高，过于矮小或生来丑陋等。

但对于这些你无法选择，又无法改变的状态，你回避它们也是无济于事的，倒不如坦然和它们好好地相处。

美国著名的心理学家，高级精神病学家韦恩·W·戴埃博士曾说过："你或许并没有一个漂亮的身体，但它就是你的身体，不喜欢它就意味着你没有把自己作为一个人来接受。"

而 NBC 的著名节目主持人芭芭拉·华特也曾说过："不要为补偿身材或面部的缺点去浪费精力，这是不能改变的事实，应该去接受它。"

如果美国总统林肯因为自己长相丑陋，成天都想着它的话，他就永远也不能当上总统，也不能被国民所爱戴。相反的，他还常常取笑自己，特别是取笑自己的外貌。并说他之所以常常出门在外，就是为了让人们知道他丑。他在回击中伤他是两面派的那些人时说："世人的人都知道我没有两面。否则的话，我就不会以这副面孔出现在众人面前了。"

有一个十分简单的实验，它值得尝试。那就是在一周的时间，记录下所听到的任何"拖延不去做事"的借口。拥有很多烦恼的人物总是习惯性地找出某一种冠冕堂皇的理由。他们所以会很难成功，最大的原因就是患了"完美主义"的特殊疾病。这就可以理解了为什么会有多么多表面上看来相当精明干练的人，却一事无成，在人生的道路上颠荡，进退维谷了。

在具体的工作中要记住：不要等到所有情况都完美以后，才动手做，如果坚持要等到百事具备，就只能永远等下去了。对自己要宽大些，不必要求绝对完美，才能常保身心舒畅。

对于自身缺陷方面，其实每个人都有各自的缺陷，你对缺陷想得越少，自我的感觉会越好。同时，你也应知道，人的美和魅力是综合的：整体的美、内外合一的美。

即使破相或体残，也不过是人生局部缺憾。有缺陷的身体如果拥有出众的才智，人品和事业及自强不息的毅力，一样是令人敬仰的美好人生。千万不要因为身上的某些缺陷，而影响到我们的正常应酬。生活应该是多方面的。

古代的李白尚有"天生我材必有用，千金散尽还复来"的气魄，难道我们就不能好好地面对现实吗？

担心自己比不上别人是社交生活的一大障碍。也许你觉得别人不会重视你，因为他们比你更自信，更有成就，更聪明，更有吸引力，这种想法是错误的，接受自己是愉快地与别人相处的秘诀。

不论你是怎样一个人——是富或贫、是勇或懦、是聪明或愚蠢、是美或丑，总会有人喜欢你，而有人则不大理你。没有一个人是人人都喜爱的。然而，只要你能接受自己，你就会受到更多人的欢迎。

当你和人开始应酬时，常常会在很不自在的情况下与人会谈。对方可能是单位聚会时碰到的上司，也可能是你以后的姻亲，要是你头脑里面当时还是一些空白，你该怎样做呢？

不妨暂且忘掉自己，以对方作为谈话的焦点。美国著名电视节目主持人琼·卡森总能使他节目的来宾快乐。他所用的方法简单：设法尽量多地了解来宾，你也可以采用同样的方法，向对方提出一些问题，如"你是怎样开始对这个发生兴趣的？"

大多数人都希望得到别人的注意。精神病医生和心理学家之所以能收入丰厚，就在于他们懂得表示理解和提出问题。他们懂得如此，你当然也能。

记住，在爱别人的同时，也别忘了要爱自己。

友情要淡不要忘

曾经看过一篇散文，内容是这样的：

我和一位朋友曾有过多年的友谊。有一次，我们因故彼此疏远了，关系很紧张。然而，自尊心又不允许我拿起话筒给他拨个电话。

一天，我去探访另一位朋友。我们坐在他堆满了书籍的书房里聊了起来。从微型电脑到贝多芬的悲惨命运，我们几乎无所不谈。

最后，我们聊起了友谊这个话题，谈到如今友谊似乎是那么经不起考验，我提到了自己的那段经历。

"友谊是难以理解的，"我的朋友说，"有的地久天长，有的转瞬即逝。"

他凝视着窗外的起伏的山坡，指着邻近的一个农场说："那儿曾经有一座很大的房子，好像是19世纪70年代建的。但就像附近的其他房子一样，在全家搬走之后，它倒掉了。没有人照看那房子，它的屋顶需要修补，雨水流过层檐浸透了房梁和房柱。"

"一次，天刮起大风，房子开始摇晃起来，开始时，是一阵吱吱嘎嘎的声音，然后，随着一连串巨大的断裂声，整个房子顷刻间化成了一堆废墟。"

我们都望着那个山坡。如今，那里能见到的只有残破的地窖口和地墓四周丛生的杂草。

我的朋友说，他对此事想了又想，终于意识到建造房子与建立友谊是那么相似：不管你有多么坚强，或是多么显赫，你永恒的价值只存在于你同别人的关

系中。

他说:"要拥有一个完美的人生,为他人尽责,发挥自己的潜能。你必须记住,不管你的力量有多大,如果没有别人的连锁支持,是绝对不能持久的,孤家寡人,将不可避免会失败。"

"友谊需要培养,"他又说,"就像屋顶必须时常修补。不写信,不称谢,挫伤别人的自尊心,争吵不休,所有这些就像是雨水浸进木椽,会像腐朽梁柱间的联结一样。"

看到这里,使我想起友谊的重要性,真诚的友谊它能同你分担生活上的失意,能同你分享各种喜悦,各种成果。

生活在这个世界,我们时常为了外界的"晴阴风雨"而使自己心理上的"季节"也发生变化,时常觉得悲哀,沮丧,抑郁寡欢,好像在自己的内心藏放着一个叶落的深秋。

在那样的日子里,我们曾经想到如何凭着物质的力量使我们精神复苏。有钱的人,会不惜浪费去逐乐、寻欢,末了,酒尽人散,抱着疲惫的身影归来,会再一次陷入幻游的悲哀里!

宋代的李清照有云:"寻寻,觅觅,冷冷,清清,凄凄,惨惨……"你寻得没有结果,因为你寻错了。

一个人真正的快乐永远是精神方面的。要使你的精神显得愉快,你就必须有真诚的友谊。记住:友情要淡不要忘。

有事之时找朋友,人皆有之;无事之时也找朋友,你可曾有过?

你有没有这样的经验:当你遇到了一种困难,你认为某人可以为你解决,你本想马上找他,但你后来想一想,过去有许多时候,本来该去看他的,结果你都没去,现在有求于人就马上去找他,会不会太过唐突了,而遭受他的拒绝?

在这种情形之下,你不免有些后悔"闲时不烧香"了。

以前我曾看过一本名叫"政治家必携"的书。教那些做政客的,必须起码搜集二十个最有可能做总理的人的资料,并把它背得烂熟,然后有规律地,按时去拜访这些人,和他们保持较好的关系。

这样,当这些人当中的任何一个当起总统来,自然就容易记起来,大有可能请你担任一个部长的职位了。

这种攀交术表面看起来不高明,但是非常合乎现实的。

我们也可从此看出,朋友是需要经常保持联络的。没事的时候彼此都有各自的生活,但有事的时候他们就会过来帮你,替你出谋,为你办事。

不论你有多忙,你只要花一分钟的时间就可以寄给某个人一张明信片,一张剪报或一张字条,好表明你感谢他或她打来的电话或寄来的信。

原则是:现在就这么做。这样你就可以省掉以后各种冗长的借口与道歉。

请你随身带一本地址簿、一些明信片及一支笔。现代生活的一个缺点,就是凡事要等待——机场、公共汽车站、候诊室及旅馆排队付账等等。

如果人是世界上最重要的事情,则地址簿是你最重要的资产,只有心思而不去表达出来是没有用的。一个潦草写成的字也比没有好。

"请不要轻视明信片的效用，事实上勤写信，寄明信片的人往往是最善于交际的人。并非因喜欢写才写，而是着眼于当时状况，给予适当回馈的一种表达方式，"某专家如是说。

自从有了圣诞卡之后，许多人每年在圣诞节前后都要花上一笔支出。据说在美国每个家庭平均每年要寄书五六十张，算起来，全国消耗于圣诞节的，恐怕要达数亿元。

我国虽然没有法定圣诞节，但随着改革的不断深入，西方的圣诞节也在我国渐渐热起来，虽然没有像他们那样，但一到那时，圣诞卡已是到处可见。

有一位到远处谋生的朋友，虽然我们有联络，但他每当我生日或春节、圣诞节前都给我寄来一张明信片，以表友情。

我觉得他处理得很好，因为他把明信片用作一种传递友情的工具，胜似千言万语。而且，文字迥异于声音，不像电话时的声音瞬间即逝。

让我们和朋友保持联系，友情要淡不要忘。

西拉斯有一次告诉别人说："朋友宜在私下规劝，在众人前要加以赞扬。"

萧伯纳就是凭着一位朋友的私下规劝，后来成为一位大文豪，并赢得许多人的尊敬。据说萧伯纳少年时，已很懂幽默，人又聪明，所以出语尖酸，给他说过一句话，便有体无完肤之感。

有一次，一位老朋友约他到郊外散步，对他说："你现在常常出语幽人之默，不错，非常风趣可喜，但是大家总觉得，如果你不在场，他们就更快乐，因为他们都比不上你，有你在，大家便不敢开口了。"

"自然，你的才干确比他们略胜一筹，但这么一来，朋友将逐渐离开你，对这你又有什么益处呢。"老朋友这番话，使萧伯纳如梦初醒。

他感到如不彻底改过，社会将不要，又何止朋友失去而已？所以他就立下宗旨，以后再也不讲尖酸的讽刺语，对人永不直接判断，反而从此他把这些天才发挥在文字上，造成了他后来在文坛的地位。

想办法在私下规劝你认为需要规劝的朋友吧，如果当年萧伯纳的朋友当着许多人面前，对萧伯纳讲了上面的一番语，后果会变成怎样呢？我想萧伯纳不仅不会痛改前非，反而会向那规劝的朋友提出更强烈的讽刺。

朋友也是人。有没有想过，当我们寄明信片给他，当我们在私下规劝时，实际上我们已经满足了他那"被人重视"的欲望。所以说，友情要淡不要忘。

注意人际关系

1930年，在中国辽阔的大地上爆发了一场举世空前的军阀大混战。以李宗仁、冯玉祥、阎锡山为首的地方军阀调动了几乎全国的反蒋力量，对蒋介石发起了进攻。当时，反蒋力量存师近百万，与之相比，蒋的力量则显得极为薄弱，然而，到最后竟是势单力薄的蒋介石得了胜利。

那么，实力雄厚的反蒋力量何以遭到如此惨败呢？主要原因是：各路军阀虽纠集在一起，形成一个反蒋队伍，但实际上不过是一个极为松散的军事集合体。

他们各存异心，军中有派，派中有派，往往互相掣肘，难以协调作战。

李宗仁起兵两广，挥师北上。冯玉祥猛攻陇海，阎锡山向津浦进军。本来计划冯部骑兵与李部在两湖相会，但由于互相猜疑未能实现。与此同时，阎锡山断绝了对冯玉祥所率领的西北军军火粮饷供应，至使本来进攻顺利的冯部不得不暂时停止进攻，放弃了有利战机。当阎部在津浦线受蒋军攻击时，他便又想起了冯玉祥。他急派人向冯玉祥运送粮弹，并请求冯部加紧攻击，以解津浦之围。

但是，冯玉祥未忘前怨，以为阎锡山是"临时抱佛脚"的势利小人，故拒绝配合。另一方面，冯部胜利之时，冯玉祥又放弃了与李部会师的计划。

就这样，由于三方面的不合作，致使蒋介石获取了战机，终于以少胜多，击败了三系的七十万雄兵，结束了这场历时七个多月的军阀大混战。

最后的结果使历史改写了许多。原因就是反蒋力量的相互人际关系根本就不堪一击。如果他们能够相互合作、配合的话，历史相信会重写的。

应酬是职业上的道具，是你处世待人接物的度量器。每天、每时、每刻，你的应酬工夫到家，你的生活一定充满愉快。

应酬得不好，恶劣的后果会逐步出现，家庭会失去和谐；夫妇会反目；失去上司的依赖和失去部下的尊敬；更会失去朋友的帮助。

照心理学家所说，应酬的巅峰效果，就是在绝无强迫的成分里，使对方照你的意向去做。真正的应酬，是把你的一份诚意传达给别人，而使别人受到感应，自动地帮助你，迁就你或同意你。

应酬不是愚弄，不是欺骗，是现代社会里的一种高尚的艺术。应酬到家的话，愈是成功，你的人际关系就会愈好，它通常就作为人际关系的第一要素。

据我所知，有许多朋友常常引以自豪地向人说："我平素不喜欢求人的。"他的话，似乎是带有一些"让人知道他是个性坚强的人"的意思。其实，把这句话挂在口边，却是无意义的。

如果有这种个性，就该修正一下，不然的话便不容易有成功的应酬。

你向着一个人说："我不喜欢求人。"即使你的话不是向他而发，但听的人却会认定你的话是针对着他的。

一个人为了应酬而说话，说话就要想到这话的效果。根据观察，凡是自称为不愿求人的，往往是应酬路上的失败者。

但说这种话的人，在这个社会上却是非常之多，这些人原想得到正面的良好效果，如果他们知道后果是很坏的，相信他们会改正过来。

我们立身处世，虽然要自力更生，不要轻易靠别人，但这个社会毕竟是集体的，况且现在社会分工愈来愈细，而个人又不可能样样都精，所以，有许多事情是很难独立完成的，甚至已是不可能。

因此，我们就不得已求于外人，但如果你人际关系薄弱，应酬方面又不到家，那简直就是错过了直通成功彼岸的快艇。自己的人际关系如何，确确实实就该给予重视。不大好的，应设法改善，不错的，应继续扩大。

俗话说："多一个朋友多一条路。"说不定，你的成功，就是朋友帮你而得来的。

不论是商界还是政界，朋友多，有许多好处，有一点就是他们和你一块在各方面不断成长。不大理解的是有些人没认识到这一点，更没有利用这一有利条件。

几年前，我听一位前辈介绍，说他的一位朋友在40岁的时候，已经创建了一个生机勃勃的公司。公司里大部分管理人员都比他小10岁左右。

他总是督促他们建立起自己的联系网。结果，他们抱怨说，这种事你办起来要比我们强，你年龄比我们大，你有职务，有经验，能够很容易地和别的公司的上层人员接触，而我们太嫩了一点，资格也不够。

现在这些人都快40了，也还是没有升迁机会，他们没有看到，当初的老熟人已经晋升了，从前的同学现在成了经理。

他们年龄虽大了不少，但仍不重视关系，也不想发展关系，他们继续和原来的朋友交往，并没有意识到这样做已经很不够了。

有了好的人际关系，有了好的应酬方式，通常就意味着你的成功机会较大。而且，能使你的日常生活过得很称心。

在好莱坞红过一个时期的爱丝德·威廉丝，以身段优美出名，她演了《出水芙蓉》一片后，成为拍游泳镜头影片中最受欢迎的女明星。

她有丈夫也有儿女，这是许多人都知道的。但是，影片公司却认为宁被人知，莫被人见，曾经向爱丝德建议，为了保持票房价值，最好避免和丈夫或儿女在公共场合出现。

但是有一次，她带了儿女在机场被记者发现了，记者们认为镜头难得，便请爱丝德和她儿女合拍一张，以便于刊登。

如果你是她，你怎样应付？你说："不要拍呀，拍了我的票房价值要减低！"或者："我的公司说过不要和儿女一起拍照刊出。"甚至大发脾气："你们拍我抢镜箱了！"

爱丝德的方法是：请大家到候机室坐下来，然后把记者们当做来送机的朋友，她说这次是带孩子们去上学，如果刊出这些小孩子的照片，对他们未来的心理以及在学校里的前途似乎不大好，未知大家意见如何？

结果，记者们同意她的意见，只拍了她单人的照片。

有时，应酬就这么简单。

品格高尚

品格高尚，自然受人尊敬。

应酬中要求你的品格要高尚。任何虚伪的作风只能得逞一时，决不能掩盖这人的低劣行为。

橡胶大王陈嘉庚，是著名的爱国华侨，曾是南洋地区最大的橡胶经营者。他依靠橡胶种植起家，成功后将大量的金钱用于祖国和家乡的教育事业，文化事业，慈善事业，他的品德、声望和卓越才华，他的爱国主义热忱和追求事业成功的奋斗精神，深为世界千百万华侨可敬仰。

陈嘉庚有一段令人感动至深的话：

"该花的钱千百万都不要吝惜，不该花的钱一分钱也不要浪费。"

陈嘉庚一生节俭，成为百万富翁之后仍然如此，他临终前留下遗嘱，将银行存款全部捐献给国家。

这样的情怀，这样的品格实在令人感触至深，可说是中华民族的骄傲。

一个人的内在气质和品格是最漂亮的，连新款式的衣服也无法装扮，尽管有些人外表上展示最吸引人的表现，但是，内心存在着贪婪、嫉妒、怨恨及自私，所以，他将永远不能吸引任何人。

爱美是人类的天性，但爱美的定义并不在乎每天要对镜装扮，而是应该竭力养成人格的美。

以处世艺术出名的卡耐基说：他有一个邻居，是个欢场中的女郎，每天一见面，便问他："你觉得我今天的发型如何？"

当卡耐基略加批评说："你最好还是梳得方一点，比现在的圆角装好些。"那女郎便连声称谢，认卡耐基为良师益友。

卡耐基在一次生活演讲中谈到这个故事，说："我知道这位女郎感谢我的原因，是因为经过我的指正之后，第二天她能梳出更好的发型，这样便可以取悦更多的人。"

"但是她忘记了，一个人每天去应酬，并不是销售发型，而是销售自己的思想、计划和热诚。"

"如果一个人的思想、计划、热诚都不堪销售而只有发型才可成为货品时，他的人格就非常可悲了。"

内心充满着虚伪的应酬，只能吸引到同类的应酬。也许露出一个虚伪的笑容，能掩饰住真正的感觉，也许可以模仿表现热情的握手方式。但是，这些外在吸引人的个性的表现，缺乏了那个被称作热忱高尚的重要元素，它不但不会吸引到人，反而会令人唾弃。

两千多年前，马其顿国王亚力山大率领军队出征印度，途中断水。全军将士干渴难忍。于是，国王命卫兵去四处找水。

但卫兵找回来的却只有一杯水，便把它献给了国王，这时，国王下令，立即把部队集合起来，端起这仅有的一杯水。充满信心地对全军战士发表了演说："水源，已经找到，我们只要前进，就一定能够找到水。"

话音刚落，大家只见国王把手中的那杯水泼在地上。将士们顿时精神振奋，怀着巨大的希望，不顾难忍的干渴，跟着国王继续前进！

只有这样的精神，这样的品格才能使对方感到震撼，得到对方的心。

中国自古以来就以忠诚老实作为为人处世的根本道德准则，卡耐基对此亦深有体会。

一次，他亲眼看见一个年轻人力车夫的忠厚。当时的车资是十五钱，可是抵达目的地之后，旅客拿出二十钱递给了车夫，并转身就走。但那位年轻的车夫却拉着他的衣服不放，要将多余的车资找还给他，并以坚决的态度说："我不能多拿你的钱，请你收回去。"

于是，经过拉拉扯扯后，那位旅客只好将零钱收了回去，据说，那位车夫后来仍秉持着这种不贪便宜的精神，辛勤工作，而终于成为在社会上已有相当地位的人。

卡耐基说："这事令我感到万分。我敬佩他的那种正直，一丝不苟的态度。就在我独自创业时，我心里仍经常惦记着那位青年的作风，也一直效仿他那种刚正不阿的精神并且秉持随时注意自己的工作是否问心无愧的意念。"

专家们指出，在应酬中，怨恨、嫉妒、自私、恶毒、疑惑、怀疑、自大、冷漠，这些普遍的缺点对应酬的影响很大，它会使人们走上一条恶性循环的道路，往往摧毁人家的人格，并使它脆弱。

只要你的品格高尚，在应酬场合中，相信你就会受到人们的尊敬，并常常感到快乐，会走上一条良性循环的发展之路。

请保持真挚的微笑吧！这是你现在就可以做到的！

要注意他人的长处

记得有人说过，只要对方有一种长处就可以同对方结交成为朋友。敢说这番话的人本身就说明了其人是应酬学方面的强手，也说明其人具有宽厚的胸怀。

能注重、善于注重他人长处的人，必定可以成为处世方面的强者，必定有着众多的各行各业的朋友，那么在日常生活中办起事来怎么能不事半功倍。

诚然，这只是一种说法，也可说是一种愿望。但是如果加以注意要求自己，也就是说使用人才，当用其长处。一位哲人说过："从长处看人，世无无用之人，从短处看人，人人难逃平庸。"说的正是这个道理。

在一本书中，记录着这样一件事：一人有五个儿子，但是五个儿子"各有千秋"，长子质朴，次子聪明，三子目盲，四子驼背，五子跛脚。如果按照常理看，这家人的日子会过得相当困难。可是出人意料的是，这家人的日子却过得挺顺当。有好奇的人一打听，才知道那人对五个儿子各有安排。他让质朴的老大务农，让聪明的老二经商，老三目盲，正好可以按摩，背驼的老四可以搓绳，跛足的老五便成了守家纺线的好手。这一家人各展其长，各尽其长，日子过得能不顺当么？

试想，如果这个人仅仅考虑几个残疾儿子的命运，不就把他愁死吗？但是他转换了一种思维角度，从扬长避短的角度出发，发现了儿子们具有正常人所不具备的生理优势。这么一来，全家无一废人。

司马光在《资治通鉴》中有这样一段话："夫人之材，各有所宜，虽周孔之材不能偏为人之所为，况其下乎？因当就其所长而用之。"人，应酬对方之时也是对自己的一种适应，正所谓有高山必有低谷，除极少数天才、全才之外，都难免其短。用人交友倘若把目光都盯在人家的短处上，那就看低了自己，埋没自己的同时也会埋没人才。

在历史上、现实中这样的教训不知有多少。三国时具有雄才大略的曹操在他的《求贤令》中说："孟公绰为赵、魏老则优，不可以为滕、薛大夫。若必廉士而后可用，则齐桓其何以霸世！今天下得无被褐怀玉而钓于渭滨者呼？又得无有盗嫂受金而未遇无知者乎？二三子其佐我明扬仄陋，唯才是举。吾得而用之。"可见人才也大多有缺点，绝不可揪住人家的短处加以埋没。这是何等的气概。曹操因宏论而应酬了全天下的才人。

在国外，与曹操的观点有异曲同工之妙的是美国南北战争时期的一位叫格兰特的著名将军，此人在具备卓越的军事才能的同时，又是一个好酒贪杯的酒徒。但是，林肯看到只有他才是一个帅才这一点，认为他虽有缺点，但与别人相比他的才华是杰出的，因此大胆地起用了格兰特。当时林肯对众多的反对者说，你们说他有爱喝酒的毛病，我还不知道，如果知道我还要送一箱好酒给他喝！格兰特的上任，决定了战局的转折，使美国南北战争以北方军很快平定了南方叛乱而告终。

《贞观政要》中也记载了唐太宗李世民的短中见长之术。李世民说"明主之任人，如巧匠之制木。直者以为轮，曲者以为辕，曲者以为轮，长者以为栋梁，短者以为拱角，无曲直长短，各有所施。明主之任人亦由是也。智者取其谋，愚者取其力，勇者取其威，怯者取其慎，无智遇勇怯兼而用之，故良将无弃才，明主无弃士。"

据说有一位厂长，在用人的时候既善用人长，又善用人短。比如安排爱钻牛角尖者去当质量检查员，让处理问题头脑太呆板者去当考勤员，而脾气太犟争强好胜者便任命他当攻坚突击队长，办事婆婆妈妈的就让他去抓劳保，喜爱聊天能言善辩的就安排去搞公关接待。这样一来。厂里一切便都秩序井然，效益时时见好。

在平常人看来，短就是短；在有见识的人看来，短也是长。即所谓"尺有所短，寸有所长"。清代思想家魏源讲过这样一段话："不知人之短，又不知人之长，不知人长中之短，不知人短中之长，则不可以用人。"中国智慧充满了辩证法，就看你具备不具备这样的头脑与眼光。如果大才、小才、奇才、怪才、庸才以及不才都能被我们用"见长之术"研究一番，那么，会有多少千里马奔腾在各行各业之中，会有多少平庸马练成千里马？观念一变，到处都充满生机。

注重他人的长处的观点不过是应酬学的一部分，从广义上可以讲得通，从小处同样可以讲得通。比如一个人生活在人群中，从小处看得应酬一个家庭或者某个体，从大处看就得应酬一个集体乃整个社会。在你应酬和发现其他人长处的同时，你的长处同样也会被对方所发现，而这样才能适应生存的最基本的需要。有些人之所以会被人视为"无用"，是因为人们所看到的只是一些表面现象，没有看到人才的真正内在本领。因为把人看作"无用"本身便具有片面性，形成这一片面性的原因，是被视为"无用"之人本身还没有认识自己，没有自我表现出自身价值的时机和能力，这是一种可悲的缺憾。"天生我才必有用"，社会不会偏向任何一个人，每个人都应该有自己的位置，与其等着别人来发现自己，不如自己向别人证明自己。

作为社会的一员，应该首先确定自己有用的长处，善于挖掘自身的长处且善于避开自己的短处，当代社会要求每个人都学会推销自己，学会把你的长处公之于众，这是使自己获得成功的应酬之道。

诚然，使用他人才华和发现自身才华都有一个"发现挖掘"的过渡。要知道，晶光闪闪的水晶石刚出土时只是一块黑乎乎的石头，黄金是由从砂石中掏洗出来的无数个砂粒聚集起来而闪光的。这些东西，如果只看表面，准会把它当做"无用"之物丢掉。作为社会的一员，谁又愿意被当作废物丢掉呢？要想不被丢掉，就得学会应酬，善于应酬来自各方面的人和事，掌握使自身闪光的各种条件，才能够在生活中游刃有余。

唐代文学大师柳宗元写过一篇文章叫《梓人传》，说是有个木匠，家里任何做活的工具都没有，就连床脚坏了也不动手去修理。如此一来，左邻右舍的人都说他是一个无才之人，空有一个木匠的虚名。可是到了后来，这位木匠去负责营造一座大型宫殿，只见所有的匠人都听他的指挥，工作进展得井井有条，而且效率高，质量好。待到一座巍峨的宫殿展现在人们面前时，人们才如梦方醒，被他们瞧不起的穷木匠之所以连自家的床脚都不修理一下，乃是真人不露相，不想用牛刀杀鸡，待到大事一出，便一鸣惊人。有的人就是这么藏龙卧虎，不显山不露水，所以也就最易被人视为无用之人。对某一个人过早地或轻易地下结论是不可取的。

不过话又说回来，如果这位木匠一生都没有得到这个建筑宫殿的机会，那么他的才能不就要被埋没了么？所以在现代社会里，像木匠这种等的方法也是不可取的，因为往往机会是自己创造出来的。学会应酬，给自己创造机会，应该是现代人必备的基本素质。

第三章

处世应酬学的主动原则

攻心为上

　　兵法有云：不战而屈人之兵，上之上者也！而要想做到这一点，就必须懂得心理战术，懂得"攻心为上"的道理。
　　只有懂得这个道理，掌握攻心的战术，才算达到了"应酬学"的无上境界。

利而诱之

　　"利"是吸引人的，特别是在商品经济社会里，有些人利欲熏心，对赵公元帅礼拜最勤。一些攻心者看准了这一点，于是诱之以利便成为他们惯用的手法。

　　《孙子兵法·始计篇》中说："利而诱之。"对于贪利的敌手，就要以小利引诱他。

　　一天，几位中年男子来到台北的一家珠宝商行。他们拿出一批包装精美的琥珀样品，希望在该行寄卖。

　　老板上下左右对琥珀细细打量了一番，觉得这些琥珀色泽、质地尚可，就答应代售。

　　谁知，第二天刘老板刚把琥珀放上货柜，就有人出高价买了。没多久，这批琥珀就被抢购一空。

　　刘老板见琥珀生意如此走俏，就向那位代售商"吃进"了价值 100 万台币的琥珀，以求发一次"横财"。

　　形状各异的琥珀整齐排列在刘老板的货柜中，然而生意远没有寄售时那么兴隆。

　　日子一久，这些琥珀开始黏糊糊起来。原来这些假琥珀是塑料、树脂、蜜蜡的混合物。

　　刘老板见利忘害，损失了近百万台币。

　　从前有个财主，家资逾万，但仍想发财。

　　有一天，一个道士来到他家，说是走路渴了，想讨杯茶喝。

这个道人谈吐之间流露出一派高雅脱俗的风度，主人对他的印象很好。

话渐渐投机，道士便询问财主家东南约百步远长着五棵大树的地方，是否是他家的土地，财主点头称是。

于是道士请求屏退左右，对财主悄声说，此地下有黄金百斤，宝剑两口。黄金挖出后可以分赠给穷困的亲属，两口宝剑，一归财主，佩上后可以位极人臣；另一口道士请求送给他，作为斩妖除魔之用。

这几句话，立刻拨动了财主的财迷心弦，急不可待请教挖掘的方法。

道士提出要在五棵大树下摆下法坛，备上祭品，所用器皿必须是金器。

道士为了使财主放心，就让人把四大箱极为沉重的"财宝"抬来放在财主家，使主人十分满意，毫无戒心。

道士选定了一个"吉日"，让财主一家晚上闭门等候，一见外面有火光，就率领僮仆携带工具前来挖宝。

财主依计而行，在家闭门静候。等了将近一夜，也未见火光，最后实在等不及了，只好开门前往察看。

到了现场，只见金器已被席卷一空。财主赶忙回家打开四大口箱子，发现里面哪有什么"财宝"，全是瓦片碎石。

财主梦想发大财，轻易上当，反而破了财。

在攻心说服术的范畴内，措辞遣句的功夫，虽然是极重要的项目，而如何控制话题的进展使其生动有力，更为不可或缺的一环。许多人常误以为只要自己能井然有序地将某些堂皇的道理灌输给对方，对方必定能够理解，同时会欣然接受。事实上，要吸收一名同志，或争取对方的合作，绝非想象中这么简单，必须将话题调整至双方传达通讯时，心理思潮的波动符合一致才行。

我们经常听到许多人抱怨："我虽然能够听懂对方话中的含意，却总觉得不够确切！"

这是因为双方尚无法契合，听者仍心存猜疑的缘故。为了使说词能够通达对方的深层心理，有时暂停谈论，不着痕迹地转变话题，由四周相关的琐事开始交换意见，并让对方感到"占了便宜"，就可使对方的心理不再设防，收到意外的功效。

推销员遇到拒之唯恐不及的对象，通常都会和悦地说："不买无所谓，请您拿起来看看好吗？"

此种要求对方做一些简易的动作，引发其好奇心，可免除直接说服，令人产生反感的危机。倘若他所推销的产品是香水，他就会进一步鼓励对方打开瓶盖：

"闻一闻，这种芳香是多么清新迷人啊！……"然后再伺机将价格告诉对方，如此步步为营，由小而大地累积起来，终必能激起对方的购买欲。

说服者若想将自己的说词推销给对方，诱使他"购买"，必须先认清对方的心理，在不使其感受到压力的原则下，诱之以利，轻轻推动他，使他自动将警戒心的栅栏，逐渐降低，直到你能够轻易跨越为止。

为了减轻对方的心理压力，我们不妨假藉第三者的口吻，说出自己的意见。心理学家坚尼斯·塔威利曾以 31 位志愿者为对象，进行"香烟是导致肺癌的主要凶手，必须戒除或者减量"的说服实验。他将受试者分成两组，对其中第一组用恫吓的语气，叙述肺癌患者的痛苦经历；另一组则请权威性的专家，客观地分析香烟的弊害。

实验结果显示，饱受威胁的一组成员，虽然对肺癌深具戒心，可是实际上决定戒烟，并且付诸行动的人数，却以第二组为多。

香烟——肺癌——痛苦——死亡，以理论而言，几乎已经成为确切不移的公式了，却仍旧无法深入每位受试者的心理。倒是假借权威性的第三者，提出一些温和的劝告，反而容易奏效，此种说服术的技巧和运用，确实发人深省。

一般来说，当个人做任何决定时，均会优先考虑所处团体的意愿。因为，潜意识里他会存着"遵循团体的意向，总是错不了"的念头，并认为跟着团体走，不必浪费心神，能节省脑力等。基于此种缘故，此种情况下的"游说对象"与背后团体之间的心理障碍，反较"游说对象"与说服者之间的心理障碍更难逾越。

也就是说，对方心理或许认为你的说服理由充分，但是，却不愿因个人的利益而影响背后集团的意志，遂不做任何评论。但是，当你让他产生"为了集团的利益"的信念时，对方就能拆除与说服者之间的心理藩篱，转而成为有力的说服者呢！

此外，"实惠"意味着让对方认为最起码这件事情不会引起任何害处。使用这种战略的最佳时机是"游说对象"承认你的说服有理，却又不愿多此一举，因个人的缘故使背后集团发生变化。说服者应掌握片刻良机，将接纳说服与否的"损失"和"利益"加以权衡，使之明了接纳说服的益处较多。

通常，使用这种战略时，说服者应退居配角地位。举例来说，当你遇到这种情况时，暂且扮演对方的背后集团，故意就说服内容提出各种疑问，例如："其实，我对这几点还不甚了解，你认为如何呢？"于是，对方会在假想的情况下变为说服者，而提出种种辩驳。此时你再提出自己的意见："有关这一点，我以为……"，在极自然的情况下表明更佳的办法或更深入的看法。只要将这个方法反复地使用，对方必定会受到你的影响，甚至可能因此摇身变为与你站在同一条阵线上的同盟战友呢！

因此，只要你能诱之以利，赋予对方足以说服背后权威人物的充分理由，就能掌握80％的胜券了。

消除反感

许多被游说的对象往往一开始就对说服者产生一种成见，一种反感，所以消除这种反感就成为首先要解决的问题。对待自卑、没有主见的人，我们应当鼓励他（她），给他（她）自己拿主意的机会。这样，对方就会有一种成就感，进而接受由你提出、但由他（她）认可的方案。

然而，通常我们遇到固执己见的人（犹豫地表示"不行就是不行"的拒绝态度），常有力不从心、束手无策的感觉，只想打消说服对方的念头。但是，世上无难事，就视你的决心了。

人造奶油发明之初，美国民众都认为其味道较奶油差而不愿购买。可是，人造奶油业者却自信，无论品质、味道、营养价值，人造奶油均可完全取代天然奶油。遂广做宣传，并且委托各种机构，追究产生"人造奶油不及奶油"此一成见的原因，并集思广益地商讨对策。美国深层心理学家派克德所著的"幕后的说服者"一书中，记录当时的人造奶油业者，曾做过如下的实验。

他们邀请数十位家庭主妇参加午餐会，餐后，询问她们是否能够辨别奶油和人造奶油。90%以上的主妇，均极有信心地表示能够分辨，因为人造奶油较为油腻，吃起来似乎有股臭味，令人不敢领教。接着，主持实验的人员，分给每位妇女两块奶油，一黄一白，请她们品尝辨别。结果，95%以上的妇女，认为白色的奶油味道鲜美、香甜，一定是天然奶油。至于黄色的奶油，色泽不佳，味道也令人不敢恭维，准是人造奶油！

"事实却正巧相反，白色的才是人造奶油。主妇基于传统的习惯，产生抗拒人造奶油的成见，尤其印象中好的奶油应该是洁白而稍带光泽，所谓味觉的分辨，纯粹是心理作用，毫无根据的说法。"

这个事例告诉我们，给对方以自信，使其做出自主选择并对这种选择善加解释和诱导，能够有力地说服对方。人造奶油业者并未露骨地挖苦主妇们的味觉不灵光，或采取由正面摧毁她们成见的笨方法，只不过再三强调人造与天然奶油之间的"类似性"，请主妇们发表改进的意见，使主妇们留下深刻的印象，也颇为满意。此后即开始购买人造奶油，业主们亦成功地达到开拓市场的目的，可谓皆大欢喜。

有时候，我们可以因人定计，不必推翻对方的成见，顺着他说服对方。有位年轻的服装设计师，他获悉新客户的宣传科长是位法侨，一向深以祖国为荣。因此，他将样本送交对方过目时，即有意无意地强调："据说这种款式，是今年巴黎最流行的……"虽然这些服饰，完全出自设计师本人的手笔，但是他能够抓住客户的心理，激起对方心灵深处的优越感，所以迅速地使对方接受他的创意。

一位不同凡响的男士，娶了一位令人不敢恭维的"牵手"。虽然她具有中等之姿，却让人觉得有一种前所未有的土气。

然而，当她再次出现时，众人的眼光不禁为之放射异彩，不过数月之隔，想不到她竟像影片《窈窕淑女》的叙述一般，摇身变为气质优雅的贵妇人。

据说，这位太太在婚前，即对自己的容貌有很深的自卑感，从来不施抹化妆品，自然也不会留意百货公司的橱窗内所悬挂的美丽衣裳了。尽管目前的社会逐渐注意穿着问题，这位太太却毫不心动，她对装扮所表现的态度，已经超过"不在乎"的程度了。

或许是因她有位貌美的姐姐吧！更加深她的自卑感，而认定自己是个不适合妆扮的女孩。

如果，你建议她不妨换个发型，她会怒气冲天地说："少烦我，我可不像我那位老姐！"一片好意落得不讨好的地步！这种态度亦可视为，由于自己的容貌不若长姐那般姣好，而产生欲求不满的现象。但是，她将不美的理由归为未曾妆扮的缘故。

他如何说服她，使她变成气质高雅的淑女呢？打听的结果是这么一回事。

每当太太穿了一套既不合身，又无美感的衣裳，他半句话儿也不说，只当她原来就是这等模样。

但是，一旦发觉太太今天穿了一件剪裁合宜的衣服时，总不忘夸赞她几句。不但对衣服的变化如此，连发型和配件亦采同样的赞美。

丈夫的夸赞使她勤于改变自己的外型。本来嘛，女为悦己者容，不是吗？不多久，她就消除了自卑感。

以说服术扬名的卡耐基，在他的著作内也举了类似的例子。内容是说某公司的董事长在巡视工厂时，发觉部分员工公然在悬挂着"禁止吸烟"的招牌下抽烟。即使见了董事长也没有拧熄烟蒂的迹象。

若遇着一位头脑不冷静的人，可能会怒火高涨地说："喂！眼睛瞎啦！难道没有看见这儿悬挂着'禁止吸烟'四个大字？"但是，这位先生却由口袋里掏出香烟，一一地请这些员工各拿一支，并邀他们到外边的草坪上闲话家常。

由这两个例子，你可以发觉例子里的主角，都不希望见到"不愿见到的事"发生，巧的是他们采取相同的说服法——予对方足够的尊重来消除双方的戒心，最终达到说服的目的。

一般而言，欲矫正因欲求不满而产生的反抗态度，必须采用间接的说服方式，若直接施以压力，反而容易激起更强烈的反抗意识。这和拍皮球一样，在充满气体的皮球上施加压力，只会弹得更高而已。

进行游说时，说服者是处于不受游说对象欢迎的地位。因此，原就心有不满的游说对象，此时更为不满了。在这种情况下的说服工作，可说是完全针对"不满"而发的。

有时，我们为了消除对方所怀有的反感，不得不在夸赞对方的同时，将自己当作"恶人"，来承认对方的感受。

最近，有一个刚走红的电视女星，接受新闻记者访问时，说明她投身影视界的原因：

某天，当她在闹市中行走时，突然有位陌生男子向她搭讪，一开口就要求她到电视台试镜。因为，当时她并没有跻身电视明星行列的念头，同时，也对这名男子（原是电视节目的制作人）的唐突行动产生反感，所以便拒绝了。

这位男子遭到对方拒绝之后，便立即道歉："实在很抱歉，我知道这种态度太唐突了！使得这次的大好良机白白错过，我觉得非常遗憾！但是，像你这样天生丽质的女孩子，最适合活跃在水银灯下，让万人观赏了。我无法游说你参加试镜，算是我的失败。我要请电视台所有的节目制作人，写推荐书来打动你的心。总之，请你再给我一次机会吧！"于是，女孩子便由于这次的说服，而踏入从前曾发誓绝不涉足的影视圈。

这是由说服者在提高对方的同时，首先向对方承认自己的错误，诱使对方答应"再见一次面"，而获得成功的实例。当说服者掌握住第二次说服的机会时，当然要比初次见面时容易进行多了。假使这位女星没有抛弃对那位节目制作人的反感，被他的诚意所感动而转为好感，她可能就要平淡无奇的过一生了。

一般来说，我们对于初次见面的人，贸然产生好感的情形应该是不多。因此，一个说服者必须有心理准备，避免可能自己在无意中的某种行动落入对方眼里，就成为不可原谅的瑕疵，而产生反感了。如前面所举的例子：说服者一开口讲话，对方马上露出拒人于千里之外的脸色。当时，说服者就应该明白地表示引起对方反感的症结，是自己本身，这样才能使说服工作推展到下一个阶段，也才能使对方因你的诚意，而消除无谓的反感。

反之，如果只是一味地抬举对方，令对方产生"这个人经常如此玩弄这种手段吗"的想法。假使被说服者如此怀疑的话，那么，说服工作就会触礁了。因此，说服者若要使对方由反感转为好感，就不得不扮演"坏蛋"，使反感转移到说服者身上，表明所有的过错皆出于己身，要是不表现自己的诚意，就与诈骗的伎俩无异了。

有一种使对方的反感转向，或祛除反感的说服技巧，就是诱使对方从另一个角度，来反省自己无谓而生的反感。

譬如，有许多上司为了消除部属对自己的反感，经常采取"我可能过分了点，不过，你也太拘泥于芝麻小事了，算了吧！大男人胸襟放宽些吧"这样的态度，来说服部属，从攻心说服术的观点来看，也是颇能奏效的一招。

无论对方对于说服者的反感是有意识的，或下意识的，对方的心理一定会有"不愉快"的感觉。大致说来，一般人都希望能与他人圆满地交往，顺利地进行工作，所以，不会自讨没趣地去制造这种不愉快，在潜意识里，都想以他人产生好感，便于工作的进行。

所以，只要我们能够巧妙地制造使对方消除反感的机会，对方通常都会顺水推舟地解除"反感的武装"。刚才所举的例子中，上司是借着承认自己的错误，同时，并将对方所怀有的反感，指责为"芝麻小事"，意图减少对方因拘泥于鸡毛蒜皮之事，所造成之无谓的"心理损失"。易于反感的人，总是受感情所左右，缺乏对"芝麻小事"的客观认识，故需"晓以大义"，使其认清反感的真相。

要使对方了解此种反感是"芝麻小事"，还有另一种方法，那就是，令对方认为这是大比赛过程中的一个小比赛，如此规定这种"反感"的地位，使他们知道那实在是微不足道的。然而，所谓的大比赛，即是指人生，或在一个"综合大运动场"上，所举行的各种比赛。

我们若使对方具有这种扩大视野的观点，并使对方知道，我们并不是他们所认定的敌人，以长远的眼光和宽阔的视野来观察周围的形势，我们彼此还是自己人。

我们若能利用这些方法，使对方"心理的藩篱"得以逐渐撤除，便能对我们产生好感，换句话说，也就是将对方从"感情论理"的世界，推往"理性"世界，这样，说服的工作就可算是成功了一大半。

满足他（她）

某大都市的火车站前，有一栋以现代人的眼光看来，显得微不足道的大楼。这栋 5 层楼的商场，占地面积为 75 坪，数年前落成的时候，在那一带附近，以钢筋水泥大楼的开路先锋姿态，成为众人瞩目的焦点。

该大楼是商场前任董事长特地请美国聘请首屈一指的工程师，精心设计而成的。不论外形或内部陈设，都流露出浓厚的艺术气息，颇具美术建筑的风味。但是，随着时代的变迁，这栋意义深长的大楼，终于难逃拆除的噩运。

一家拆屋公司的董事长 A 先生负责此项工程。他对该大楼的所有者——董事长二世说：

"哇！这栋大楼实在太棒了！您准备将它拆除改建，不是太可惜了吗？这栋美轮美奂的建筑物，多年来，早已成为本市代表性的景观之一，您是否有义务把它继续保存下去呢？您可曾事先征得令堂的同意。倘老令尊还健在的话，又会有何种反应呢？……面对这么一栋杰出的大楼，即使您决定要我拆除，我也不敢贸然从命哩！"

说老实话，A 先生是希望能承包拆屋工程的，孰料他竟然再三强调，不可轻易拆除此楼，连董事长亦大感意外。可是，过了一会儿，董事长炯炯有神的眼睛，闪现"深获我心"的喜悦，神情却流露出无限的慨叹。

长辈们耗费大量的精力和财物，建造出象征家族精神的大楼，才历经一代，就必须被摧毁，大家的心情必定十分沉痛。虽然，拆屋之举已势在必行了，但是，若有人轻描淡写地说："好吧！我们就择日动工吧！"董事长的心理必定更加难过，很可能会因此发生反感。A 先生能在瞬间洞察对方心底的奥秘，提出反对的意见，难怪会博得董事长由衷地嘉许了。

经过十几分钟的交谈，A 先生已赢得董事长全面的信任，且欣然决定由他负责拆屋工程。

接着，A 先生诚恳地说：

"敝公司既然有幸承办拆除工程，绝对全力以赴，干净利落地完成任务。请问董事长：您是否想将这些大楼的某些部位，保留下来当作纪念呢？只要交代一声，我一定不负所托！"

在旁聆听的人，忍不住暗中喝彩。A 先生的心思周密，能够处处为客户设想，尤其注意满足客户的情感需要。其洽谈业务的方法，完全符合攻心说服术。其实，针对说服本身而论，根本无需高举"攻心说服术"的旗帜。因为若不能洞悉对方的心理，并提出切中要害的说辞以满足对方的心理需要，是绝对无法令人心悦诚服的。

众人皆知举凡规模较大的企业团体，都设有询问、服务等柜台。成立这类柜台的目的，除了将消费者的心声反映到企划部门以外，亦负责处理顾客的欲求不满等事情。

因此，站在柜台后的服务人员，均是经过专业训练的干练之才，他们负责接受顾客的不满，并使之满怀喜悦地打道回府。一般说来，这种工作极富挑战性，我们甚至可以视之为处理欲求不满现象的专业人才。

若某女士在公司的拍卖摊上，买了一件沾有污点的风衣，不禁怒气冲冲地来到公司所属的服务台，与服务人员交涉。这些经过专业训练的柜台服务员，绝不会对她说："特价品自然是有点瑕疵才会廉价出售呀！"

为了使顾客能完全表露心中的愤怒，他们可能故作吃惊状地询问购买风衣的详细情形，或以调查商品为由，请你填写问卷，甚至拿出顾客芳名录，请你留下联络住址。总之，商场战术无奇不有，总有办法满足你，诱你入瓮。

下面是一个已为人父的男士所说的经历。这个例子并非借着"谈论"以宣泄心中的不满，而是另一种以行动来发泄不满的变形发泄方式。

由于他不允许儿子购买新近流行的电视游乐器，使宝贝儿子陷入欲求不满的情绪里。

每当父子俩逛到电器行或玩具公司时，小儿子总是不停地纠缠父亲，请他购买一台来玩玩。父亲被惹烦了，甚至不肯让儿子去碰这种游乐器。某日，他们又为"买"、"不买"而引起例行的争执时，父亲突然改变态度说：

"好吧！既然你这么喜爱电视游乐器，我允许你每天到玩具公司玩玩。但是，等你彻底了解这玩意儿以后，我们再决定是否有购买的必要！好吗？对了！要记得看看是哪些小孩在玩这种电视游乐器，回来后别忘了向我报告一番。"

小儿子兴高采烈地去了。然而，不多时就未再听见他吵着要买电视游乐器了。原来，这小家伙的注意力转向了。

如果，这位父亲固执己见，坚决反对小孩玩电视游乐器，这个小孩可能永远没有办法脱离欲求不满的困扰，不满也可能在心灵深处日益增加，而影响其将来的发展。

似上述的例子，不管孩子们所追求的事物正确与否，偶尔不妨任其所欲，暂且让他亲自体验实际的情况，如此亦可解除欲求不满的现象，这也是祛除欲求不满的攻心说服术之一。

刺激对方的"虚荣自我"，还有另一个方法，那就是利用对方的"地位意识"，来进行说服工作。譬如，想要说服自己的上司时，就应刺激对方的"地位优越感"，强调自己的无能，以"我恐怕无法胜任，所以……"的态度，来煽动其表现欲。这样就能刺激对方对于自己的地位，拥有高度的优越感，心想："说得也是呀！这家伙的能力恐怕是不行，还是让我自己来吧！"于是，便会高高兴兴地、心甘情愿地应允对方的要求了。

与上述情形非常类似的是，有些人很在乎"地位体面"。譬如谈生意时，对方所重视的并不是生意的内容或条件，而是"他们会派何种身份的代表，来与我磋商？"因此，当你想要向银行贷一笔巨款时，如果任意派遣一位女职员或次级职员，和银行经理洽谈，也许对方会火冒三丈，心想："真是岂有此理！怎么会派一位次级职员来见我呢？这岂不是漠视我吗？"如此一来，生意当然吹啦！如果，A公司

派出的职员是位干练的家伙，他可能想到："真不愧是贵公司的栋梁之材，做任何一笔生意都是稳扎稳打的，绝不吃亏，他们对于自己公司的产品极具信心，自然不愿以高价格购买本公司的产品了！"或认为"所提出的条件应当有利于公司，若能毫无阻碍地为对方所接受，未免太离谱！……他们觉得不满也是理所当然的事啊！"他完全接纳对方因价格偏高而产生欲求不满的现象。所以，对于一个重视"地位体面"的人，必须以对方所能接受的人为代表，去进行说服工作。

然而，对方如果是高级知识分子时，则需使对方拥有"我比你懂得多"的自尊心获得满足，除此之外，还需解析所欲说服内容的缺点，亦即不利于对方之处，以配合对方的意识阶层，如此，也能收到意想不到的效果。这种说服术可说是包含说服意图的正反两面资料，借以哄抬对方的"地位意识"，而获得"两面说服法"的效果。

对于一个以自尊心为挡箭牌，而拒绝说服的对象，使他认为接受说服是出于其"自由意志"的决定，这也是提升对方自我的重要方法之一。因为，自尊心很强的人，同样地，自卑感也很重，所以，他们很害怕自我被攻击、被刺伤、而一味地采取防卫的姿态，但却忘了自己立场的重要性。

因此，当你想要说服这样的人时，应让对方从另一个角度，重新观察自己的自尊心，使他意识到，自己是个何等重要的关键人物，这么一来，原是说服障碍的自尊心，却反成为说服的催化剂。换句话说，说服者可先承认自己的错误，以满足对方的自尊心。

现在举一个例子说明如下：有位美国著名的说服专家，在其著作里谈到，他曾带着爱犬到某公园去溜达，当时他并没有替狗拴上铁链，也没有戴上口罩，就大摇大摆地在公园溜达。然而，狗不拴上铁链，不戴口罩是违反法律的。当他遛狗遛得正高兴时，出现了一位警员，笔直地朝他走来，他心里一慌："糟糕！准要被臭骂一顿了！"果然不错，警员警告他一番，并由他当面道歉，且口头保证此后不再犯，才算了事。

过了几天，他早就把这档子事忘得一干二净，又带狗到公园去散步了——当然又违反规定了。但是，无巧不成收，却被同一个警员发现，当他意识到这种尴尬的场面时，在那位警员尚未采取任何行动之前，立即主动向警员道歉，责骂自己的健忘。警员见他勇于认错，心里非常的舒服，说："到我看不见的地方去遛狗吧！"

的确，我们若能制造时机，让对方指摘我们的错误，如此必能使对方的强烈自尊心，放弃防卫态度，给予说服者有利的决定。再说，若想诱使对方踏入"说服的陷阱"，就需满足对方的优越感，使他认为，说服者是完全受他摆布的，简单地说，即是令对方以为，自己的自尊心不是被攻击，而是支配说服者的。

沉默是金

计划主动说服他人的一方，倘若没有包容对方的雅量，或者拒绝与对方建立和谐的关系，当然会有徒费口舌，却无法奏效之叹了！我们总想将自己的意念，传达给对方，并使其欣然接受，首先必然要学会沉默，敞开胸怀，倾听对方的肺腑之言，了解彼此的需求，然后积极地表示关心对方，争取对方的好感，所谓"沉默是金"，对方必定会心悦诚服。

有位汽车业的掮客，根据多年的工作经验，观察推销的成功率是"滔滔不绝且自夸者三；沉默寡言，虚心求教者八"。他指出许多业务员，仅凭三寸不烂之舌，想从正面说服顾客，其成功率仅三成而已。至于那些能够控制自己的谈话时间，耐心地聆听顾客的批评或建议，然后谦逊有礼地提出改进之道者，必能赢得顾客的好感，其成交的比例，也就高达80%以上了。

某大企业的负责人，曾经邀请10位该年度招揽寿险成绩最佳的业务员，召开座谈会，请他们将自己的心得，传授给新进职员。令人惊讶的是，10位成功的业务员，竟然都属于木鱼型。由这些实例，我们可以发现，一般人对不善辞令者，较不会产生警戒心；同时会不自觉地向对方吐露自己的心声，以致说服者反而成为忠实的听众。此种深获我心的举动，自然会使我们无条件地接受对方的指示，掏腰包购买他所推销的产品了。

著名的女性精神分析医生莱希曼曾经表示，在心理治疗的过程中，倾听病人谈话是极重要的一环。医生可以借此掌握病人的心理动态，双方产生"理解与共鸣"，成为诊治的第一个阶段。但是，在倾听的同时，绝不可像个木头人般，任凭对方唠叨。否则，对方必定会意兴索然，而产生不满。如果想提高对方谈话的兴致，使其自动开启心扉，就必须输送"我正在洗耳恭听"的讯号，以点头表示同意，上身前倾做出关怀状，表情亲切，微笑着安慰对方……同时，用真挚的语气说话。如：

"是的！"、"我非常了解你的感受"、"你的意见很宝贵！"这样，将使对方产生受重视的喜悦。

对待那些企图借做作的神态或言词，来掩饰警戒心的人，必须更有耐心地善加抚慰，使他逐渐放松情绪，愿意和你合作。

有时候，你实在无法苟同对方的谬论，却必须暂且表示赞同，然后再伺机开导他，诱引他突破自我的壁垒，和你打成一片。这样，总比双方各执己见，僵持不下，要有意义得多。

人们所说的成见系导源于个人狭隘的体验，故说服者若能设法拓宽对方的视野，牵引其走出自我的象牙塔，主动发现"天外有天，人外有人"的真相，并且暗中慨叹："自己以往真是坐井观天，竟然漠视了许多真知灼见！"如此，你所提出的游说，就可谓成功一半了。

欲达成上述的目的，必须先诱导对方吐露个人的成见，然后客观地审察对方，拟订可行的策略。有位资深的采访记者曾经告诉我："访问的秘诀是自己尽量少开口。"这句话确实很有道理。记者们面对着一位素昧平生，尚无法揣测其是否怀着某种成见的人，往往不敢信口开河，或者贸然发问，以免触犯对方的忌讳，令其恼羞成怒，下达逐客令或拂袖而去，可就颜面尽失，无地自容了。

我们可以运用记者采访时的技巧，试图说服深具成见的人。首先，应该诱导对方吐露成见，然后不着痕迹地让对方察觉其错误的所在和理由。绝不可直接了当地批评对方："你的想法真是幼稚而可笑！""你的话未免太不合逻辑了！"因为由深层心理学的观点来说，这才是最为笨拙而可笑的方法。无论何等偏激而狭隘的成见，都是个人世界观及人生观的一部分，纵使外人觉得荒诞或可笑，却依然不失为支持其人生的判断基准。

在这种心理状况下，说服者若狂妄地否定或批判对方最珍贵的信念，很可能会破坏对方所留下的好印象，更加紧锁心扉；即或你的说词颇为正确，亦愤而拒纳了。因此，聪明的说服者会委婉地说："你的看法很对。不过，是否另有如下的观点呢？……"令对方主动地自我反省，将其成见客观化。

但是，"沉默是金"并非让你永远不开口。有时，恰恰需要说服者不断地阐述自己的观点。根据心理学原理，人类如果不断地接受某种刺激，潜意识里就会留存下一道深刻的痕迹，即使经过漫长的岁月，也会在某种偶然的场合中显现出来。

我们都知道，宣传或广告所采取的原则，皆是以最简明的词句，最具代表性或趣味性的图案，在群众的心坎上，镌刻下难以抹杀的印象。譬如"鸽子是和平的象征"、"狡诈如狐狸"等等，都已经成为每个人心目中，确切不移的真理了。商贾们遂纷纷为产品设计出鲜明易辨的标帜，像"虎标万金油"、"羔羊淋手钩纱"等，都是我们极为熟悉且乐意采购的物品，其宣传效果亦功不可没。

银行或保险公司通常予人冷漠、缺乏人情味的印象，而食品店则予人温暖、和善的感觉。倘若要扭转这些根深蒂固的偏见，势必得经过一段长期的努力。对方若能不断推出崭新的形态，反复刺激我们的感官，使我们逐步远离固有的阵线，吸收新的经验，终有一日会发生180度的转变，而收到预期的效果。

用象征性的图案，反复刺激视神经，也能使对方接受暗示，形成有利于说服者的新成见。某厂商于推销一项新产品时，特地挑选一位温柔敦厚的中年妇女为模特儿，使多数的主妇对此项产品倍感亲切，纷纷选购，竟至掀起一阵热潮。这是利用一种缓和剂，将对方的成见引导至有利己方的方向，而功效卓著的实例。

一位语言学家曾说："同样的音调或语句反复出现时，常具有感化人的力量。譬如林肯的名言'民有、民治、民享的政府'，倘若他仅为了提出一项政见，仅说'民主的政府'即可。但是，他三度强调'民'字，遂产生更深刻感人的效果。"的确，每个人所到这句铿锵有力的口号时，都会情不自禁地加深自己对此种理想政府的向往之情。

一个自知面貌平平的少女坠入情网之后，她的情郎反复在她耳畔低语："你那深邃的眸子，散发出如梦如幻的光彩。真是迷人极了！"她一定会容光焕发，觉得自己拥有一对足以颠倒众生的明眸，能够昂首并立于美女的行列了。

"沉默"还有另外一种表现方式。

不要指责对方的错误，而巧妙地维护对方的自尊心，虽然都是说服对方时，必须注意的事项，然而，此时亦有个不可忽略的说服技巧，那就是，于适当时机不与对方交谈，亦即不与对方正面冲突的方法。

譬如，孩子的考试成绩不理想，必然以为，当这份"满江红"的成绩单，呈现在父母面前时，定招来一顿责骂。所以，此时父母应紧闭双唇，以温和的微笑代替严厉的责骂。这么一来，孩子反而会更加奋发，极可能在下次的考试中，有令人刮目相看的成绩出现。

还有一个与此相似的例子：有位高中棒球队的选手，在某次练球中，没有向教练请假，便开溜了。当时，球队的规定很严，如果这件事被发觉了，开小差的选手必会受处罚。

但是，当开溜的选手看完电影，回到球队时，教练竟然若无其事地不吭一声，从此以后，这位选手再也没有偷懒过，很勤奋地参加练球。

这位选手毕业后，在某次的同学会碰到那位棒球教练，向他说："教练，当时你一句话也没说，这种无言的责骂胜过有形的处罚，真是使我终生难忘！"说完，一副感慨颇深的神情，教练则以嘉许的眼光看着他。

像这样，不指责对方的失败或错误，而以沉默代之，也是攻心说服术的秘诀之一，借此种办法，可使对方自我反省、自我苛责，以代替说服者的斥责。

以上所叙述的方法，是在尊重对方自尊心的原则下，进行说服工作时，不可或缺的技巧，即使是在不得不指责对方的错误时，也应顾及对方的自尊心，选择适当的时机，方可一一指出，这是必须注意的事项。

也许有很多人都经历过，当你在别人面前被指责或责骂时，自尊心受损，也常觉得面子扫地，是一种无比的耻辱，永远烙在心版上。特别是，女性在其他女性面前，被刺伤自尊心的感觉，是比死还难过的，的确，这是女性自尊心的特征，因此，应非常留意，尽量避免在他人面前给女性任何难堪。

所以，在超级市场或百货公司等地方，若有家庭主妇顺手牵羊，负责人也都会顾虑到这种深层心理，将她们带至别的地方处理，这种情形从攻心说服术的立场来看，也是足资效法的方法之一。

大家都这么做

在暗室中燃起小簇灯火，凝神注视这点灯光，不久便会发觉小灯火有上、下、左、右移动的现象。这种错觉在心理学上，称为"自动运动"。

美国学者谢里宾利用这种现象，做了一项有趣的实验。他让3名受试者观察过"小灯火"，然后，要他们分别说出光点移动的范围。结果，出现3个不同的答案。接着，让他们回到实验室再做一次测验，然后令其依次口头报告自己的判断，结果呢？原先多寡不一的判断结果，居然都统一了。

其实，由数个人所共同组成的集团，观察事物时也会出现相同的情况，然后经过反复思索或讨论，才产生适合各个分子，并为集团全体所接纳的标准，这种标准就称为"集团标准"。

有趣的是前述已经成立"集团标准"的3位受试者再次接受测验时，都维持着集团的标准，并以此标准当作自己的标准。这种现象正显示，人类的心理隐藏着说服集团中各个分子的关键。

但是，集团标准并非一成不变且长久持续，它会随着外界的冲击而逐渐改变。

美国某著名学者曾以一个村庄为实验对象，在这个实验中，先要挑选一个村人扮演大坏蛋，按照实验的计划，这个村人将与全村人民对抗，举凡村民的一致决议，他都采取敌对的态度，并且坚定立场绝不妥协。

他的态度会使全体村民一致排挤并攻击他的行为，然而，这位"坏蛋"仍顽强地坚持自己的意见。这种态度明显地激怒了村民，他们决定将他驱逐出境，这是一种集团的排斥行为。

一般而言，只有伪装的"坏蛋"才能做到不屈从周围人群的意见，并在众目睽睽、同声责难的情况下，仍坚持自己的意见，显现义无反顾的果决态度。因为，常人都会在遭受集体攻击之前或进行之中逐渐改变自己的立场，而与集团的意志妥协，产生忠于团体的念头。

换言之，当集团中的一分子发觉自己的最初意志与集团意向相反时，心中自会兴起接受"同化"的想法，而改变自己的意志以配合集团的意志。

二次大战期间，曾发生全球性的物质缺乏的现象，当时美国著名的心理学家列宾先生，参加某项鼓励家庭主妇以动物的肝脏做菜及食用肝油的策划会议时，完全摒弃对个人逐一攻破的落伍办法，而采用集团说服的手段。他在各大报纸的社会版上刊载"……有心之士已经开始食用动物的肝脏和肝油了"的消息，并得到极佳的效果。因为，许多家庭主妇在爱国思想的驱使下，纷纷响应这个计划。

尽管利用人类集团力学的好奇心理亦能达到全体分子都能接纳的状态，但是，从另一个角度来看、如果能积极地利用"避免说教，采用集团讨论"，便能在不露痕迹的情况下，将游说对象自然地带入说服者的意图中。

某大学的一个研究团体，曾就"集团力量"的现象做了下列的实验。

他们举办一个"如何获取适当营养"的座谈会，与会人士皆为家庭主妇。会中该大学的一名教授以演讲的方式，具体细微地传授有关食物营养的常识及正确的摄取法。

接着他以另一个妇女团体为实验对象，进行相同的测验，但是，却采取共同讨论的方式，让妇女们以回答的方式获取自己想要知道的有关常识。

隔了一段时间以后，再做追踪调查。据调查资料显示，第一次的营养座谈会成果极差，只有少数妇女能将听到的常识活用于日常生活当中。第二次的讨论会则成效斐然，与会妇女皆能主动地将所获得的营养常识运用在日常生活之中。

由这个实验显示，与其利用"说教"的方式传授知识，还不如利用"讨论"的方式呢！

一般而言，"讨论"的方式收益较大，人们也乐意协助推行，即使结论与初衷不符，还是愿意遵照团体的意志去做。难能可贵的是，群众并无遭受"因为大家都这么做，我不得不如此"的焦躁心理或压迫感。

因此，如果父母亲以说教的方式，告诉小孩"玩耍后要洗手"的道理，根本无法收到效果，即使小孩肯洗手也只是应付罢了！待他远离你的视线后，才不会理睬这些约束呢！处理这类问题的最佳办法是，加入孩子们的团体，并找机会与他们讨论"游戏过后是否应洗手"、"洗手的原因何在"等问题，如此必能收到极佳的效果。

通常，"大家都这么做"最常出现在商业广告上。因为，人类是社会性的动物，常会因"隔壁的张太太也买了"或"大家都这么做嘛"而加入同一行列。

此种方法能达成游说的目的，皆因掌握了人性的弱点，使游说对象认为自己是集团中的特异分子。尽管，事实并非如此，但是，游说对象却在不知不觉中跟着改变了态度。

唯此种方式具有"强迫"的色彩，因此，不能说是攻心的说服术。

某小学的教师谈到一个凡事皆采取消极态度的个案。据他所说，他的一个学生在家里十分活泼且好动，但是，踏入教室后就转变成另一个人。他过分在意同学们的眼光，而采取消极的防卫态度，既不顽皮捣蛋却也不是勤奋的好学生。但是，就教师的立场来看，既无理由责备他，也无法褒奖他，这位学生就像独自生存发展的小草，根本不需要园丁的照料。

于是，有人建议这位教师不妨替他调换座位，将他安插在最顽皮与勤学好问的同学之间。在学习过程中，老师可适可掌握时机告诉他："坐在你旁边的 B 同学也做这些坏事呢！"或"坐在你旁边的 A 同学也开始用功念书了！"让他明了班上的同学均非十全十美的人，他们也会胡乱闹事。

这种建议是将此类不爱发表意见的学生，安插在平日喜爱发问，好出风头的学生之旁，将原本平凡毫不惊人的事情夸大成"大家都这么做！"而使游说对象改变自己的态度。在此我们还可举出另一个例子——夜市里的拍卖摊。通常，那些摊贩会安排几个假扮顾客的人物，流连于摊位边，以减轻真正要购买东西的顾客之不安心理。尽管这个例子或讲不很恰当，但是，它却是根据顾客的心理而定的。

从心理学的观点来看，"集团"有两种解释，其一为，真正拥有成员的团体，称为"成员集团"；其二是，不究个人是否真正隶属于某个集团，只要群体在心灵或意识中觉得亲切一体、荣辱与共即可，此称为"准据集团"。例如：一位喜爱国安足球队的球迷，会觉得自己是国安队的一分子，并认为举凡喜爱国安队的人士，皆为这个集团的成员。换言之，对于毫无实质关系的团体亦能产生集团的意识。当然，个人也可能遇到准据集团即成员集团的情形，只是这种机会太少了。

基于此种缘故，我们可发觉个体所受到的压力，不仅来自所属的成员集团而已，连意识相同的准据集团亦可能使之感受压迫感。这里我们讨论游说对象属于准据集团的时候，说服者应用何种方法以去除对方的心理压力，使之改变观念，而达到说服的目的。

首先，我们必须察明游说对象所属的准据集团为何，随后，收集与准据集团有关并适合它的说服资料。

诉诸准据集团的说服法，经常被应用到商业广告上，例如为激起中上层阶级的购买欲，遂以"名牌"号召。将名牌产品的标价稍微提高，但仍以一般家庭能负担得起的价格为原则。

偶尔，有些妈妈会说："我家丫头才这么一丁点大，可是，就喜欢模仿大人的行动，真糟糕！"

相反地，也有些母亲说，她的儿子已经念高中了，言谈举止却像个小孩，真拿他没办法。

这种早熟和退化的现象，在今日社会里常可见到，究其形成的原因，可能与社会结构有关。曾有位心理学家指出，现今社会上只有两种界线分明的集团存在，即小孩集团与成人集团，或许，将来还会添加老人集团呢！

根据这位心理学家的解释，他认为青少年正处于这两种集团间，为寻求心灵的依据，他们只好依据成人集团的标准来行动，或是依据小孩集团的行为标准。

但是多数时候青年仍扮演着青年的角色，只是，当他们模仿大人的行为而遭受挫折时，常会陷于厌恶自己的状态。像这种因所属集团与准据集团不一样，而产生种种困扰的情形，最常被心理学家引为例子来说明的是美国的社会。由于美国是由许多种族组合而成的国家，社会上，白人、黑人、波多黎各人、墨西哥人等不同人种的集团并存。其中，白人集团的权力最大。但是，势力较弱的黑人、波多黎各人，却常以美国社会所接纳的白人集团为自己的准据集团。

他们不单是在意识上倾向于此，在现实生活中亦采取与白人集团相同的生活方式和行为模式。然而，现实是残酷的，尽管他们在行为举止及意识中，均以白人集团为依归，但是"种族歧视"的心理藩篱，使他们坠入痛苦的深渊，而常与白人集体发生纠葛。

在我们的社会里并未出现种族歧视的问题。但是，在此奉劝孩子正处于青少年阶段的妈妈们，如果，自己的儿女正陷于类似的困惑，不知应归属于何种集团时，应以巧妙的方式，引导他们回到实际所该归属的集团里。

具体而言，双亲应将自己在青少年时的感受、观念告诉他们，并让他们了解与其年龄相仿的青少年们的行为，并不落痕迹地指出现实与意识所产生的矛盾现象，青少年只要对现实有正确的认识，自能除去心理压力，恢复其应有的斗志。

警报解除

很多时候，我们无法说服某人，只是因为他（她）事先对我们产生了戒心。只要使对方放松警惕，解除戒心，警报也就解除了。

被说服一方若是个猜疑心重的人，我们必须暂时放弃说服对方的意图，和对方站在同一立场。因此，说服地点的选择也就成为重要的因素了，至少，我们不能忽视对方的意识，自己擅自指定约会的地点，不如说："我什么地方都可以，就请你指定一个你方便的地方，我去拜访你吧！"这样让对方决定会面的地点，对于后来的说服工作，比较能顺利地推展。

在每个人的心理上，都潜伏着"势力范围"的意识，如果对方觉得好像在自己家里一样，无拘无束，就易于拥有采取自己的步调，以进行各种事情的满足感。对于具有猜疑心的人，暂时同化于其生活方式，也是消除疑念的有效方法之一，这样，对方便可以确认，说服者果真有顺从自己的意向，以进行谈话的心意，如此必可维护彼此的信赖关系。

在这种情形之下，说服者在言谈中，应经常引用对方的话语和观点，如此亦可帮助对方自觉出自己的步调，也知道说服者不仅在空间的环境上，就是语言、思考方法等无形的环境上，也相当尊重其生活方式，这对消除猜疑心有极大的助益。

如果在这种约会上，对方仍然采取强硬的态度，向你提出无理的难题，那该怎么办呢？其实，这才是顺应对方的步调，恢复彼此信赖关系的大好机会。你可暂时答道："我将尽我最大的努力去做！"当然，你得尽全力地去应付此一难题，并将结果向对方禀报。因为对方知道自己所提出的问题，本是个强人所难的问题，当然不可能有很理想的解决方法。所以纵使你的结果并不尽如人意，对方也会被你的诚意所感动，而化解疑忌。

许多根深蒂固的猜疑心，常起因于微不足道的小事。当疑念刚萌芽之时，若不立即斩草除根而任其发展，那么，今后在各方面，就会徒增疑心，而使猜疑的嫩芽逐渐茁壮。就一般人来说，每一种行动都拥有许多面，有"正"就有"负"，因此，一旦猜疑心萌芽，就只会斤斤计较他人的瑕疵，而完全忽略好的一面。

换言之，所谓猜疑心即是这些鸡毛蒜皮之事的累积所造成的多层感情，因此，上述数种消除猜疑心之法，其共同的特色，即是抽丝剥茧般地去掉一层又一层的疑念。如果说，使最初刚萌芽的猜疑心，得以茁壮成长的是"负"的养分，那么，足以阻止其成长的"正"的要素，除了"诚意"之外，再也没有别的啦！

上述的各种方法，也都是表示诚意的方法，只是"表示诚意"，由猜疑心的成长过程看来，在于如何把握瞬间的机会，即能发挥莫大的功效。而猜疑心的构造又可一分为二，一是刚在萌芽成长中的疑念；另一则是已经长成大树的疑念，这不仅是时间上所造成的差别，而应说是已有坚强结构的猜疑心，和尚未达到此一程度的猜疑心的差别，比较来得贴切，当然，两者的应对方法是不一样的。

刚在成长中的疑念，最有效的祛除法则是"及早拔除"。用比喻的方法来说，它就像在成长过程中的嫩草，表面仍是非常柔软，处于易受外界影响的状态下，所以，这一个时期的猜疑心，只要以充满热情的诚意表示法，即可获得出人意料的效果。

当对方的疑念已经根深蒂固时，就会表现出漠视说服者的态度。这时，无论是把握瞬间机会的行动，或迅速表现热忱的举动，都无法完全除去对方的猜疑心。不过，从反面看来，此刻才更需要可充分刺激人心深层的诚意之表示法。

在这种情形之下，我们必须想到"低荡期间"的效用，话虽是这么说，但我们不可误以为对方产生怀疑之后，就可将彼此的恶化关系置之不理，只要彼此都是有感情的人，当然不能任事态越趋严重，而需想办法挽救此一危机。如果彼此果真疏远了，或说服者根本没有露面，那么，不仅无法收到"低荡期间"的效用，反而更增加对方的猜疑，认为说服者是个不懂礼貌的人。

　　总而言之，对方的猜疑心若过分强烈，就得暂时放弃说服效果的期待，如果错误发生在说服者身上，就更需要一味地低头认错啦！要是错误并非完全在于说服者一方时，若是对方的情绪过于激动，我们也应表示屈服，待对方恢复冷静后，再进行说服工作。

　　譬如，发生交通事故的调解方法中，有一种最典型的例子，那就是，如果调停人是个深知人心者，即使死伤者需负大半的责任，他也不会立即与死者的遗族办理交涉，就是甘冒被另一方痛骂之虞，也要先斋戒素服到死者家中吊唁一番，等对方的情绪稍平静之后，再进行交涉。不过，情绪平静并不表示即是猜疑心的消失。然而，调停人这种恳切的交涉态度，必可冲淡对方的猜疑心。

　　攻心说服术是汇集如何有效地传达说服者的诚意之技巧，前述把握瞬间机会以表示诚意的问题，也是其中一个不容忽视的技术。

　　有时，被说服者之所以难以被说服，还有一些其他的外在的（很可能是人为的）因素。只要消除了这些因素对被说服者的影响，警报同样也就解除了。

　　经过某代理商的推荐，一家广告公司取得替Ａ公司设计宣传计划的工作。由于这位代理商对Ａ公司具有极大的影响力，与Ａ公司的董事以及一些高层干部也有良好的关系，使这家广告公司深具信心，认为Ａ公司一定会在毫无异议的情况下，一致通过这个计划。然而，事出意外，当他们正在设计宣传计划时，代理店的某个主管却脸色铁青，气急败坏地跑进研究室说："教授！真是差劲！Ａ公司不知为何缘故，竟然改变态度了！"

　　经过一番询问，他们知道一直到前些日子，Ａ公司的董事和高层干部们仍对代理商表示："只要是你的意思，一定照办。"但是，此刻为何变卦？

　　据说Ａ公司对代理商表示："他们的工作太……"由此种批评语气可察觉，Ａ公司的立场完全改变了。

　　事实上，根据Ａ公司负责企划的主管表示，他本人认为这个计划十分完美。当这家广告公司的设计小组与他们交涉时也没出过差错，就是没料到他们会出尔反尔。

　　正为此突发现象百思莫解时，忽然想到："不错！代理商确实与Ａ公司的高层干部保持良好的关系。但是，对于实际处理事务的科长阶层，是否也有密切的联系呢？"

　　不出所料，果真如此！代理商懊恼地说："我没想到这一点呢！真糟糕！唉！"

　　事后，经过调查获悉，这件事情的背后权威人物真是一位科长，由于交涉宣传计划时，未曾邀请这位科长参加，使他认为自己未受重视，不但不保持缄默，反而向公司里的其他职员，数说代理商的坏话。

　　这么一来，情况自然改变了。因此，在某些情况下，集团中的公开管理者不一定就是拥有实权的人。一些低级职员也能影响决策，成为实际握权者。因为，这些职衔较低的人，很可能是公开管理者的酒伴或玩伴，而这种非公开集团份子间的关系十分有力，绝非一般可比。因此，非公开集团的份子能影响某个工作单位的人事关系、心理状态之例子，不在少数。

在说服过程中，若发觉欲求不满的原因，隐藏在对方的心灵深处时，应以何种方式处理呢？

首应强调无论是否伤害对方的感情，都要想办法让他发泄心中的不满情绪。

这种方法已被广泛地应用在心理治疗上，并获得极佳的效果。以攻心说服术的观点来看，此种治疗法有两大优点。其一是，引诱对方吐露不满，同时也想办法加强压力使之像针刺入皮球一般，将不满的情绪完全发泄出来。心理学上称这种作用为"缓和情绪紧张"，是一种软化情绪的办法。其二是，情绪发泄的过程中，说服者可能察觉一些连游说对象本身都未发现的不满原因，而意外地获得进行说服时的据点，甚至完全消除欲求不满的现象。

有关第一点，最主要是说服者应表现出"容纳"的态度。说服者甚至可利用教唆、煽动的方式，以达其游说的目的。

例如电视剧之例子，剧中主角对顽固而闭口不言的老人们说"你们的行为未免太可笑了!"、"若有不满，可以公开表示嘛!"等富挑拨性的话语刺激他们，这样可使他们吐露牢骚。

不考虑对方的情绪反应，一味地以言语、行动刺激对方，使他的信心动摇之说服法，有时也会使故作平静以免被人发觉自身有不满现象的人，在不知不觉中吐出真意；也可能因而发现连对方都未察觉的不满之真相，亦即获得此种说服法的第二个效果——"察知形成不满的真正原因"。

通常猜疑心的产生，是基于对事物的认识不够。譬如，世界政治或经济的舞台上，究竟在进行些什么？因为，一般的人均处于不闻不问的状态下，对于国际形势当然无法深入地了解，所以才会产生猜疑心，不信任之念头一旦产生，就不易连根拔除了。

的确，当我们了解对方的底细之后，就难以产生毫无理由的怀疑了。如果，自己的底牌被摸得一清二楚，竟然还使对方产生猜疑心的话，那么，自己就得自我反省一番，是否自己不够坦诚，否则怎么不能与对方建立互信互赖的关系呢？这也可说是个人自作自受的结果。

不过，很多时候，猜疑心皆因说服者没有供给对方充分的资料，或对方误以为说服者有所隐瞒而产生的。由于对方资料不足，他当然会小心翼翼地预防各种不利于己的情况发生。这种心理状态落放任不管，也不想办法消除，只一味地想游说对方，对方当然会以为说服者是利用他的无知，进行某件不利于己的事情，而产生怀疑。

关于此一问题，必须注意下列两点：一是说服者认为对方理所当然知道的资料，也不可因对方没有提出疑问，而不主动加以说明，这是行不通的。

因此，若要消除或防止自己与对方之间，因资料量的差距过大而产生的猜疑心，那么，有关"对方当然早就知道的事"，也应加以说明，切忌只字不提，或一笔带过，使对方如坠云里雾中，以致更加惶恐不安。曾经有过这么一个令人哭笑不得的实例：有位妻子认为，婆婆理所当然早就知道丈夫升迁的好消息，因此，并没有特地告诉婆婆这件事。婆婆事后获悉此一消息，怒不可遏，以为媳妇不把她放在眼里，简直是大逆不道，也不听取媳妇的解释，结果，竟闹至对簿公堂，造成不可收拾的残局。

另一点需要注意的是，当说服者欲提供资料给对方时，如果资料是属于说服者单方面所有，则必须小心谨慎，很自然地诱导对方如何确定资料的可靠性，以免弄巧成拙，徒增对方的猜疑。譬如，以"有关这件事的本末，你去问××，就可了解了"的方式来提示，即可消除对方所存有的猜疑心。

进什么山，唱什么歌

　　不同的人有不同的性格、习惯，不同的时间、地点，也
会影响人的心理。因此，根据实际情况的不同而采取不同的
方式的人，才有成功的可能。

入乡随俗

　　子路问孔子："听到了是不是要马上见诸行动？"

　　孔子回答说：

　　"有父亲哥哥在，怎么能不向他们请示就贸然行事呢？"

　　过了些天，孔子的另一个学生冉有也问孔子同样的问题，孔子回答说：

　　"听到了当然要马上行动！"

　　这两次谈话，孔子的学生公西华都听到了。对同一提问，孔子却作了截然相反
的回答，公西华疑惑不解地问孔子：

　　"先生，子路问您听到了就行动吗？您回答说要征求父兄的意见，冉有问听到
了就行动吗？您说听到了就马上行动。您的回答前后不一致，我弄不明白！"

　　孔子回答说：

　　"冉有办事畏缩犹豫，所以我鼓励他办事果断一些，叫他看准了马上就去办；
而子路好勇过人，性子急躁，所以我得约束他一下，叫他凡事三思而行，征求父兄
的意见。"

　　俗话说，"见什么人说什么话。"就其积极意义而言，就是攻心说服他人，首先
要把握对方的个性，据此采取不同的攻心方法。

　　《孙子兵法·虚实篇》中说："水因地而制流，兵因敌而制胜，故兵无常势，
水无常形，能因敌变化而取胜者，谓之神。"

　　实施作战计划要随着敌情变化而灵活地变化。

　　要攻心说服一个人，首先要弄清楚情况，摸准个性，包括这个人的兴趣、能
力、气质和性格等。

孔子根据学生们的不同脾气，秉性特点，分别采取不同的攻心方法，在今天仍有其广泛的借鉴意义。

以前，浙江生产一种烟灰缸，畅销国内外，但随着时间的流逝，这种烟灰缸逐渐遭到冷遇。

外贸部门经过调查研究，得知这种烟灰缸虽精致美丽，清洗方便，但由于国外公寓中已普遍装有壁挂电扇，而我们的烟灰缸仍那么平浅，电扇一开，烟灰便随风起舞，家庭主妇们怨声不绝。

为此，生产单位马上试制成一种口小、肚大、底深的烟灰缸。在国外试销后，客商和用户们又爱不释手了。

出乎意料的是，没几年功夫，这种产品的销售量逐渐下降。

原来随着空调设备的增加，家庭主妇们又嫌这种口小、底深的烟灰缸，清洗不方便，不如原来那种式样的好。

于是，生产单位又对这种产品作了改革，重新占领了市场。

浙江烟灰缸的经验说明，每一个生产和销售单位，生产什么？质量如何？要"践墨随敌"，才能永远抓住顾客的心。

1921年初秋时节，彭湃戴着一顶"白通帽"，穿着一身白斜纹的学生服和一双胶底鞋，到赤山约的一个村子去开展农民运动。但是农民看到他这模样，以为他是来勒税的官儿，都远远避开他。

彭湃经过反思后，改穿旧粗布衣服，戴着小斗笠，赤着脚，拿着一支旱烟筒，装饰和农民一模一样，然后进行宣传。可是效果仍不好。彭湃很奇怪，就找当地的李老四和教书先生林沛讨教。

林沛答："因为日间农民都不得空闲，况且先生的话讲得太深奥，有时我也听不懂，再加上没有熟悉的人带你去，农民都不相信你……"

李老四说："先生到乡村去宣传革命，切不可排斥神灵。"这之后，彭湃进一步改进宣传方式。

先是经林沛等熟人引荐，农民们对彭湃的疑虑排除了，敢和他讲真话了。

彭湃每天傍晚七八点钟到附近几个村子里去宣传，农民有空闲与他交谈了。

他宣传时，改用问答式的讲法，还夹着粗浅的谚语，他还用留声机放唱片给农民听。这样一来，听他讲演的人一天天多起来。

后来，每当彭湃来村之前，农民们自动摆好了桌椅，点燃灯火等着他。

为了鼓励农民起来向地主作斗争，彭湃亲自编了一些新歌谣，教给牧童唱。

白天，他常常满头大汗地帮助农民车水，边干边聊。

他还帮助农民排忧解难，兴办学校。

有一天，彭湃把租种彭家土地的佃户们召集起来，当众烧毁地契，宣布土地归佃户所有，并对围观的群众做了一番演讲，那场面十分壮观。

在彭湃等的艰苦努力下，农民被发动起来了，终于在1923年元旦成立了拥有一万人的"海丰县总农会"。

用兵作战没有固定的打法，就像水没有固定的形状一样，能够根据敌情变化而取胜者，称得上用兵如神了。

攻心犹如用兵。俗话说："入乡随俗"，"到什么山唱什么歌"。攻心必须看对象，要针对不同对象，采取相应的攻心方式。

彭湃对农民的宣传，由不信任到信任，经历了一个复杂的攻心过程。

攻心者自身的不断反省，做到入乡随俗，是获得被攻心者信任的基本条件。

宋代文豪苏洵在《谏论》中举了个有趣的例子：

现在有这么三个人：一个人勇敢，一个人一半勇敢一半胆小，一个人完全胆小。

将这三个人带到渊谷边，对他们说："能跳过这条渊谷的才称得上勇敢，不然就是胆小。"

那个勇敢人以胆小为耻辱，必然能跳过去，那个一半勇敢一半胆小和完全胆小的人不可能跳过去。

如果你又对这两个人说："能跳过这条渊谷的，就奖给他一千两黄金，跳不过则不给。"

这时那个一半勇敢一半胆小的人必然能跳过去，而那个完全胆小的人却还是不能跳过去。

突然，来了一只猛虎，凶猛地扑过来，这时，你不用告诉，那个完全胆小的人一定会很快跳过渊谷就像跨过平地一样。

从这个例子可以看出。要求三个人去做同一件事——用了三种不同的条件激励他们，才使之都能跃过渊谷。

反之，如果用同一种条件来激励，显然是不能使三个人都动心的。

为什么呢？

因为这三个人的心理素质和性格不一样，所以就要因人而异，针对不同的性情采用不同的条件才能打动各自的心，这就是因人施对法。

《孙子兵法·九变篇》中说："将有五危：必死，可杀也；必生，可虏也；忿速，可侮也；廉洁，可辱也；爱民，可烦也。"

这段话的意思是说，将帅有五种致命弱点：只知死拼会被杀，贪生怕死会被俘，急躁易怒则经不起刺激，廉洁自爱则受不了侮辱，爱护居民则可能会因掩护居民而导致烦忧。

因人施对法，就是对具有不同心理特征的人，有针对性地采取不同的方法进行刺激，使之动心的方法。

攻心和兵战一样，使用因人的办法时，关键在于真正掌握各人不同的性格心理特征，然后采取有针对性的刺激方法，只有二者紧密结合，才能打动人心。

因为人们性格迥异，就要用有针对性的语言或行动去激励才能唤起感情，使之动心动情。

一般说来，在言谈中，对头脑简单的人，可采用激将法；对沉默寡言的人，应以多方开导为主；对性情急躁的人，说话要简单明了，直来直去；对性格倔强的人，最好从他最感兴趣的话题慢慢引入；对优柔寡断的人，则应以坚决果断的话语对待。

总而言之，要因人施对，恰到好处方是好。

说服术是一门极深奥的学问，必须衡量当时的对象和场所，采取适当的对策。当你发现某些话题容易引起听者误会，或刺伤对方的感情时，就不可鲁莽地明言，而应该采取迂回或抽象的词汇，让对方免除下不了台的尴尬场面。

请勿高嚷："哎呀！你怎么如此不中用，竟然连这点儿小事都办不好！"应该用体谅的语气，委婉地说："处理简单的事，反而更容易出错，这几乎是每个人的通病，你无需耿耿于怀！"不可冒昧地说："天啊！你竟然这么老了！"应该赞美对方："你确实驻颜有术，居然看不出丝毫的老态。"如此，定能宾主尽欢，双方感情倍增。

倘若有人为家中的淘气孩童而怒气冲天，你就可以告诉他，这是小孩子的通性，况且越爱捣蛋的小顽童，越是聪明伶俐，应该引以为安慰才是。至于美人迟暮，慨叹年华老去的时候，则以"自然界的生物，皆有老化的现象；而年龄的增长，却使人更为成熟与睿智……"之类的话语来劝慰她。

总之，当你面临与上述类似的话题时，应将男、女、老、少等，一般化的词语，来代替第二人称单数名词，使对方觉得有所依傍，警戒心也就自然消失了，更会下意识地赞同说服者所提出的道理。

每人几乎都有自己喜欢的词汇或语调，只要听到这些特定语，就会立刻产生共鸣，顿时瓦解心理的武装。例如：山东人听到乡音，马上有陶然如醉之感；北京人乍闻标准的京片子，定会怦然心动，涌现一股如逢故友的兴奋情绪。如果你想游说一位平常是麻将迷的同事，不妨在谈话时穿插一些麻将术语，引发他的兴趣；倘若对方是棒球迷，那么，"全垒打"、"三振出局"、"接杀"、"盗垒"等术语，将会产生魔咒般的效果，使他很快地和你称兄道弟了。因此，活用各种专门性的术语，作为谈话时的点缀，必定会收到令你喜出望外的效果。

流行语是某些风行一时的特定语，这些词语通常都是在偶然的因素下发明的，且与原意迥然不同。譬如目前极为流行的"盖"、"马子"等特殊的字眼，乍听之下，真令人有坠入五里雾中之感，怎么会想到它们是"吹牛"与"女孩"的代称呢？但是，这些流行语的传播速度，极为惊人，接触几次以后，多数人就会见怪不怪而朗朗上口了。年长者或地位高的人，若想成功地说服那些不驯的年轻人，在谈话中加入几句流行语，必定可收画龙点睛和近似特效药的效果。

每个人对同一桩事物的成见或偏见都迥然不同。然而，纵使其差距颇大，亦难免会有某些共同点。

有一位开明的慈父，他认为只要女儿觉得快乐，生活幸福而美满，就不需限定某种条件的男士为婿了。但是，他的妻子却列了许多条件，诸如家世、学历、年龄、经济状况等等，必须完全相符，才能成为东床快婿的候选人。

可是，那位千金却看中了一位不学无术、特立独行的青年，不仅母亲坚决反对，连他的父亲也都面露难色了。不久，对方特别请托媒婆，到女家游说。夫妇俩即刻婉拒道："谢谢你的好意。可是，经过仔细考虑，小女的条件实在高出对方太多了。为了她的幸福着想，请恕我们无法太轻率地答应这门亲事！"

媒婆立刻鼓起如簧之舌，极力鼓吹：

"二位请放心，我也完全站在为令爱终身幸福着想的立场，绝对客观地分析事实，作为贤伉俪的参考……表面上看来，两个年轻人的外在条件确实有些差距。但是深入地探讨后，可以发现他俩志同道合，性情相投，对方既然深爱令爱，将来绝不会亏待她的，……据说令爱也早已芳心暗许，非君莫嫁了。贤伉俪既然以令爱幸福为前提，难道忍心拆毁这桩天赐良缘吗？……盼你们三思而行。"

夫妇俩听了媒婆的一席话，开始冷静地考虑。遂想到世间绝无十全十美之事，万一阻止这桩婚事，以致爱女无缘遇到更理想的对象，岂不是爱之适以害之了吗？何况，出嫁的是女儿，她有权选择自己喜爱的对象，若妄图以自己的成见和世俗的标准来处理此事，很可能会造成抱憾终身的后果。

媒婆的建议，使朋友夫妇摒弃成见，以客观的立场分析此事，而为"女儿一生的幸福"，放弃不必要的条件，终使爱女获得美满的归宿。

进入心灵深处

攻心之法，全在一个"心"字上。只有进入对方的心灵深处，我们才有可能获胜。而要走进对方的心灵，就必须首先要付出爱心。

当我们出于爱心说话，进行人际交流的时候，实际上也在促使和鼓励别人按照爱的基本规律做人处世。当我们违背爱的规律的时候，实际上也是在促使别人采取错误的生活态度。

美国《读者文摘》上曾发表过一个《第六枚戒指》的故事。

那是在美国经济大萧条时期，有位17岁的姑娘好不容易才找到一份在高级珠宝店当售货员的工作。在圣诞节前一天，店里来了一个30岁左右的贫民顾客，他衣着破旧，满脸哀愁，用一种不可企及的目光，盯着那些高级首饰。

姑娘要接电话，一不小心把一个碟子碰翻，六枚精美绝伦的钻石戒指落在地上。她慌忙捡起其中的五枚，但第六枚怎么也找不着。这时，她看到那个30岁左右的男子正向门口走去，顿时意识到戒指被他拿去了。当男子将要触及门柄时，她柔声叫道：

"对不起，先生！"

那男子转过身来，两人相视无言，足有几十秒。

"什么事？"男人问，脸上的肌肉在抽搐，再次问，"什么事？"

"先生，这是我头一回工作，现在找个工作很难，想必您也深有体会，是不是？"姑娘神色黯然地说。

男子久久地审视着她，终于一丝微笑浮现在脸上。他说："是的，确实如此。

但是我能肯定，你在这里会干得不错。我可以为您祝福吗?"他向前一步，把手伸给姑娘。

"谢谢您的祝福。"姑娘立刻也伸出手，两只手紧紧握在一起，姑娘用十分柔和的声音说，"我也祝您好运!"

男人转过身，走向门口。姑娘目送他的身影消失在门外，转身走到柜台，把手中握着的第六枚戒指放回原处。

这真是"不战而屈人之兵"，巧用暗示，两全其美。事情本是一起盗窃案，一般来说，姑娘不大喊抓贼，也会着急而严厉地质问对方，执意追查。但她并没这样简单处理，而是彬彬有礼，巧用暗示，很照顾对方的情面。那男子也很珍惜不丢脸的时机，非常体面地改正了自己的错误。姑娘之所以要巧用暗示，不正是出于爱心吗?

当然事物是复杂的，人与人的价值观念、理解能力，实际处境是有所不同的。出于爱心说话并不全是让别人舒服、愉快、赞同、满意的。有时，也会使别人感到难受，遭到别人拒绝，甚至双方都很苦恼。这里的关键在于我们不能仅凭自己所说的话是否伤害了别人感情和是否拒绝了别人要求这一点来衡量是不是出于爱心。有的人可能不喜欢我们所说的话，但这个现象并不一定意味着我们说得不对，没有爱心。

美国心理学家文克曼曾经做了一项实验。有位坚决反对死刑的学生，义愤填膺地向他诉说死刑的弊害，认为那纯粹是一种野蛮、残酷、不人道的制度。艾克曼耐心地静听他的高论，不时点头，发出"不错!"、"很对!"之类的赞同语。最后，竟然三言两语，就完全扭转了那个学生的观感，吸收了一名同志! 这完全是因为艾克曼以退为进，巧妙地消除对方的警戒心，使之产生受重视的感觉，继而驯服地接受相反的意见了。

女性基于矜持的心理，通常不愿意爽快地应允男性的邀约，遂找出各种借口，委婉地拒绝对方。

"下班后请我看电影呀! 可是……今天晚上家里刚好有点事必须处理。……这两天的公事特别繁重，紧张忙碌之余，我觉得身体很不舒服。"

"噢! 真不巧! 没想到你最近这么劳累，竟然连晚上都没空! 健康的身体是一切的基础，你有没有请医生检查，对症下药呢?"

"其实也没有什么重要的事情……至于感冒头痛嘛! 只要休息两天就会好的!"

"既然如此，我就放心了。那么，可否请你打个电话回家，交代一声，然后我陪你去散散心好吗?"

"你设想得很周到，不过……"

"好了，不要再犹豫了! 我会早点送你回家……"

这位聪明的男士，能够顺着对方的语气，处处为对方着想，使对方情不自禁地答应他的邀约。

除了某些性格怪异的人，通常，"情"远较"理"能够打动个人的心弦。有些尚未开窍的人，常喜欢据理力争，坚持自己的原则。面红耳赤之余，不仅未能赢得对方的信服，反而强化对方抗拒的决心。此时，如果改用微笑战略，和善地表示和对方站在同一阵线上，虚心接受对方的意见，必定能使对方不再坚持己见而改变态度。在这种微妙的状况下，很可能会不自觉地采纳说服者的意见；同时，此种态度并非导源于理智的层次，而是在深层的核心滋长，因此，其效果也就更加迅速而显著了。

个性内向或城府较深的人，通常不会轻易向外人吐露心声。此时，游说者就必须设法打开僵局，除一面聊有关天气等通俗的话题外，还可以藉观察对方的服饰，如服装的颜色、领带、手表、袖扣等，大致了解对方的嗜好及性情，提出一些相关而有趣的话题。如此，受瞩目的一方，必定不好意思再拒人于千里之外了。

提示对方某种无意识的举动，也是揭开话匣子的最佳途径。譬如，你发现对方用手指不停轻敲桌面，就可以顺口发问：

"你平常喜欢弹钢琴或是其他乐器吗？"

遇到喜欢在桌面用小指尖划写的人，就应该说：

"哇！你的小指既纤细又秀丽……"

这一类的话题，必定能够吸引对方的注意力，而无暇兼顾警戒心，自然可以融洽地沟通双方的意见了。

道路两侧的流动摊贩，时常会在地面上，划个圆圈或三角形，于四周摆设一些成品，自己站在当中，口中不断喃喃低语……路人往往会好奇地驻足围观，摊贩遂伺机扯开嗓门大吼：

"各位乡亲！兄弟很荣幸地向大家介绍……"

这样，他们常能圆满地达成招揽生意的目的。

相同地，游说者可以做一些小动作，引发对方的好奇心，继而消除无言以对的尴尬。

有位刚出道的新闻记者，到一家人皆公认即将倒闭的公司，访问该公司的宣传科长。对方严阵以待，拒绝提供任何进一步的消息。记者的经验不足，虽然有无可奈何之感，却不甘心就此打退堂鼓，遂预备采取持久战。

记者想借抽烟来解闷，摸遍全身衣裤的口袋，竟然找不到香烟。只得走到衣架旁，想到风衣口袋里搜寻。那位科长忍不住用关怀的语气探问：

"有什么事需要我效劳吗？"

记者红着脸，把原委告诉对方。科长莞尔一笑，立刻热忱地取出自己的烟，请记者同享吞云吐雾之乐。经此一转换点，双方开始畅谈，记者如愿以偿，作了一次翔实而精彩的独家报道。

这桩事例，仿佛"无心插柳柳成荫"一般，记者歪打正着地取得开启对方心灵的锁匙。但是，见微知著，此种借小动作消除对方警戒心的方法，倒是颇值得我们借鉴。

有时候，我们发现无法与深具戒心的人沟通感情的原因之一，在于对方抱持着"我俩根本处于不同世界……"的想法所致。试忖：两个生活环境、思想背景、宗教习惯等完全不同的人，初次见面，当然会有格格不入之感。为了突破此种障碍，必须让对方相信，彼此隶属同一世界，皆是某集团内一分子。

要想劝劝酗酒者除此一恶瘤，最具说服力的，是曾经尝过酒精中毒之苦的"过来人"。因为互相间的集团意识，足以迅速地化解彼此的警戒心，使其敞开胸怀，虚心接纳善意的劝导。

一个熟练的家庭访问推销员，只要一人某户人家的大门，就能够立即找出一个使主妇感兴趣的话题，引发对方的谈兴。例如：客厅的茶几上，摆置着一瓶康乃馨，他就会极力夸赞，并且说：

"康乃馨，一直是我最喜爱的花，经您的慧心巧手安排之后，更显得秀逸不凡，实在太美啦！……"

如此，定能使对方有深获我心的喜悦，很快地并列于相同的阵营内，不好意思让你失望而返了。

一些初次见面的朋友，通常会提出诸如此类的话题：

"府上是南方人吧！……""您是哪所大学毕业的？"

这种惯例，虽然使人有无足为奇之感，但一旦发掘出双方有某项共同点，都会觉得分外亲切。譬如两人都是 T 大毕业的学生，立刻就会紧握双手，喜形于色地说：

"哈！真巧！我们竟然是校友哩！……"

陌生感和警戒心遂在刹那间化为乌有了。

> "君家在何处？妾住在横塘。
>
> 停舟暂相问，或恐是同乡。"

此首五言绝句，充分流露出国人喜欢发掘"认同感"的心理。仅需借"同乡"此一微小的共同点，即可以成为结识朋友的最佳契机。

曾在富兰克林·罗斯福总统麾下任新政首长的吉姆·法尔里，有一项令他人望尘莫及的特长。他和每一位初次会晤的人交谈时，都会殷勤地探询对方的姓名、家庭状况、职业及政治见解等，然后牢记于脑海中。据说，一两年之后，两人再度见面时，吉姆还能够如数家珍地道出对方亲友的名号，并亲切地向他们一一问好，这种卓越的外交才能，遂使吉姆成为当时政坛上的风云人物。

富兰克林·罗斯福总统曾经订购一部轿车，当轿车送至白宫时，众人将制造轿车的技师介绍给总统。然而，当总统爽朗地与参观者谈笑时，这位羞怯而不惯与陌生人周旋的技师，始终沉默地伫立一旁。不久，众人告退之际，罗斯福总统却特地走到技师面前，毫不思索地唤出对方的名字，同时亲切地同他握手致谢。

罗斯福贵为总统，竟然能够叫出只听过一遍，且地位卑微者的名字，使在场的宾客皆为之动容，技师更是感激得无以复加。倘若总统不喊技师的名字，只是礼貌性地和他握手道谢，这件轶事，也不会成为流传迄今的佳话了。

我们和新朋友交谈时，不要忘记适时地呼唤对方的名字或雅号，如此能使对方感到自己颇受重视，而不自觉地开启心扉，热诚地欢迎加入的伙伴，谈话的气氛也会更加和谐而融洽了。每个人对自己出生以后即十分熟悉的名字，通常都极为敏感，尤其听到他人用柔和亲切的语调呼唤它时，更觉得浑身舒畅。

"××先生！您的看法竟然和小弟不谋而合！"

"某某兄！您的高见真是发人深省！"

请读者们注意，当您与人交谈时，能够适时地轻唤对方的姓名，必定能够获得意想不到的效果。

此外，为了加强彼此的认同感，将对方引入自我的阵营，可以尝试少用"你、我"对立的人称代名词，而统称"我们"。倘若你远在异国他乡，又因病魔缠身入院治疗，而有位主治大夫到病房来探望你，同时亲切地问："How are 'we today?"会使你顿时觉得满室生春。

如果这位医师以"How are 'you' today?"此种寻常的问候语，绝不会让人有特殊的感受。但是他巧妙地将"you"改成"we"，就有"让我们共同努力"的鼓舞意味，使对方驱除孤独无依之感，信心百倍地和恶劣的环境搏斗了。

善于察言观色

精神治疗法之内，有一种技巧为不触及本题，让病人谈论与主旨相关的琐事，医生则从旁劝导，很自然地使病人改变观点，从善如流了。美国精神医生米亚兹博士，于其著作《如何观察他人的眼光》中，引述了许多实例，说明察言观色及说服他人之道。米亚兹博士曾游说一位即将抛弃丈夫、儿女，投奔情夫怀抱的少妇，在谈话中根本不提丈夫和儿女之事，却能使她幡然醒悟，第二天就改变初衷，再度成为一个贤妻良母。此完全归功于博士能够旁敲侧击地将"离家出走绝非明智之举"的观念，灌输至少妇的脑海，使她深深地觉悟到冲动的后果将不堪设想，遂能悬崖勒马，未铸成大错。

将此种技巧，运用于游说有成见的对象时，亦可奏奇效。倘若我们长驱直入地痛责对方抱持成见之非，必定会使其态度强化，双方舌战的结果，是无法获得任何成效。因此，我们应该先行发问，再察言观色，找出其症结所在，再轻描淡写地自我表白，故意不触及本题，让对方经过一番归纳后，自觉不当而自愿妥协。

推销语法中，也有类似的技巧。一位老练的推销员，乍观对方貌似顽固不易妥协的类型，就会先由周遭的琐事，和对方漫谈，然后伺机发问："您为什么如此憎恶推销员呢？"由对方的回答中找出令其产生成见的原因，然后委婉的表白："我从来不做此种违背职业道德的事……"让对方作一比较，而逐渐发现所坚持的成见，是件毫无意义，以偏概全的傻事。如此，这位推销员就胜券在握了！

说服者犹如一位雄辩家，他协助对方脱离"迂腐"的成见，促其产生新的动机，转而折服于己方的见解。

欲说服某些特定的人物，若以直接游说的方式进行，称为"正攻法"。但是，某些情况则属例外。

譬如，你要说服某一集团的忠贞份子，应先掌握他的行为受何者影响，亦即找出影响他的主要人物，想办法先说服这些人。可以采取使游说对象产生"如果他这么做，我也……"的说服术进行游说。

当游说对象的深层心理遭受压力时，他的态度由"明白了"转变到语意暧昧的"其实……"此时，如果责备他："你不是说'明白了'吗？"对方的态度可能变得更为强硬。

会谈间得仔细观察对方的脸色，如果谈到股长并未引出任何反应，但是，论及科长，对方马上挺直腰板向前倾听时，很明显地表示，科长对他的影响力极大，对方很可能遭到科长所施予的压力，才拒绝被说服。于是，你可将话题集中到科长身上，对方必定随着你的询问，全盘托出科长所拥有的权力。这种说服术亦可称为诱导询问法。

当你想要说服对方，而对方潜意识里却隐藏着"亏你还是个男（女）人！"或"好个不知天高地厚的小子，竟敢向我游说！"等反感时，你的第一步工作是什么呢？

这时，我们首先要做的是，无论对方的所作所为有无道理，必须承认他的感情。在心理学上，这种"承认"是会见时所使用的基本方法，即肯定对方的观点或感受，以取得好感与信任。因此，我们必须在怀有反感的对方面前，以言行表达出："我很了解你对我的反感，也承认你的感受。"来化解对方的敌意。

所谓"言行"，当然是指语言和态度。我们需视对方的社会地位之高低，以决定采用语言或态度，来表达自己的意愿，方能获得显著的效果。

因此，对方的社会地位若比自己低时，你就一面说"我似乎很惹人讨厌"来承认对方的感受；同时，也尝试着令对方能"意识"出自己所表露的反感。如果对方经由你的诱导，意识出自己所潜藏的反感时，由于礼貌的关系，他们不得不对你的"语言"反应。"哎呀！没这回事，是你太敏感了！"只要对方有这种消除隔阂的反应，即表示，对方的反感会急速地退缩。

经过这种举动的暗示，对方会将"反感"从自己的潜意识里拉出，与你共立于同一舞台上。这样，就可消除对方所"压抑"的反感了。

相反地，如果对方的社会地位比你优越，当他表露出对你的反感时，假使你很唐突他说："我似乎很惹人厌！"或"你对每个人都如此无礼吗？"那么，你可能会弄巧成拙，使得事态更趋恶化。

因此，像这种情况，你应以"我的行为可能冒犯了你"的意思表示，换句话说，若是对方采取忽视你的态度，你则需以上述的态度，来容忍对方的反感。因为，对方采取这种忽视的态度，即是安着"试一试"你对他的"忽视态度"，究竟会产生何种反应的心理。所以，你若在感情上承认对方的感受，而以行动表示，自己一直是站在卑下的地位，这样一来，就可能引发出对方"宽恕"你的动机，而使他的敌意化消。

　　所以，这时你切不可忽视对方的反感，而一味地站在自己的立场，强调自己的主张，这样反而会拉远彼此的距离，使反感加深。

首先要战胜自己

说服别人，首先要说服自己；同样，战胜别人，首先也要战胜自己。

一个人不管有多么能干，都有许多缺点。这些缺点往往并非学识或能力方面的，而是指性格、人生观以及处世哲学方面。

许多人认为：能干者就能成功。其实不然。没有"世事洞明皆学问，人情练达即文章"的睿智，连环境都处不好，又怎么能成就大业呢？

难得糊涂

清代文学家、书画家郑板桥有一句著名的格言："难道糊涂"。所谓"难道糊涂"实际上是最清楚不过了。正因为他看得太明白、太清楚、太透彻，却又对个中缘由无法解释，倘若解释了，更生烦恼，于是便装起糊涂，或说寻求逃遁之术。

现实人生错综复杂，盘根错节，确实有许多事不能太认真，太较劲。做人太认真，不是扯着胳臂，就是动了筋骨，越搞越复杂，越搅越乱乎。顺其自然，装一次糊涂，不丧失原则和人格；或为了公众为了长远，哪怕暂时忍一忍，受点委屈，也值得，心中有数（树），就不是荒山。有时候，事情逼到了那个份上，就玩一次智慧，表面上给他个"模糊数字"，让他丈二和尚摸不着头脑，也是"难得糊涂"。评职、晋级时，某候选人向你面授机宜，讨你个"民意"，你明知道他不够格儿，可又不好当面扫他的兴，这时候你该怎么办？不哼不哈，或嘻嘻哈哈，划"圈"时再认真，不失原则。人格呢，似乎也不失，当事人问到了，坦诚指出他不够格儿的地方，不问，顺其便。"难得糊涂"是既可免去不必要的人事纠纷，又能保持人格纯净的妙方。

"难得糊涂"作为"牢骚气"，原来就是缘由"不公平"而发的。世道不公，人事不公，待遇不公，要想铲除种种不公，又不可能，或自己无能，那就只好祭起这面"糊涂主义"的旗帜，为自己遮盖起心中的不平。假如能像济公那样任人说他疯，笑他癫，而他本人则毫不介意，照样酒肉穿肠过，"哪里有不平哪有我"，专捡达官显贵"开涮"，专替穷苦人、弱者寻公道，我行我素，自得其乐。这种癫狂，半醒半醉，亦醉亦醒，也不失为一种"糊涂"。这种糊涂真正是"参"透、"悟"透了。所以当你面对现实，要学笑容可掬的大肚弥勒佛，"笑天下可笑之人，容天下难容之事"，那就会进入一种超然的境界。

深藏不露

有成效的领导者善于控制自己的情感，掌握自己的心境，约束自己的言行。无论受到什么刺激，他们都能保持沉着、冷静，而不产生冲动行为。必要时能节制自己的欲望，忍受身心的苦痛和不幸，克制自己各种消极情绪，表现出高度的耐受性、纪律性、组织性。在待人接物上表现为忍让克己。

但是，有些不成熟的领导者或易冲动的人，往往不能控制自己的情感和行为，遇到某种刺激，易于兴奋，易于激动；处理问题冒失、轻率，好意气用事，不顾后果。有的人贪得无厌，官位越高越好，权力越大越好，金钱越多越好，事情越少越好。这种人由于不能控制自己的私欲，而逐渐走上了犯罪的道路。

在古代，"慎独"是一种流行的道德修养方法。古人认为，道德原则是一时一刻也不能离开的，要时刻检点自己的行动，警惕是否有什么不妥的言行而自己没有看到，害怕别人对自己有什么意见而自己没有听到。因此，一个有道德的人在独自一人、无人监督时，总是小心谨慎地不做任何不道德的事。坚持慎独，在"隐"和"微"上下工夫，即有人在场和无人在场都是一个样，不留有任何邪恶性的念头萌发，才能防微杜渐，使自己的道德品质高尚。慎独修养方法实质是提倡高度的自觉性。

马琴利任美国总统时，一项人事调动遭到许多政客的反对。在接受代表询问时，一位国会议员脾气暴躁，粗声恶气，开口就给总统一顿难堪的讥骂。但马琴利却视若无睹，不吭一声，任凭他骂得声嘶力竭，然后才用极和婉的口气说："你现在怒气应该平和了吧？照理你是没有权利这样责问我的，但现在我仍愿意详细解释给你听……"几句话把那位议员说得羞愧万分。其实不等马琴利总统解释，那位议员已被他折服了。也许你以为马琴利总统是个"没有脾气的人"，恰恰相反，他是个脾气极大的人，只是他也有一股同样大的自制力，能将脾气暂时压住。

又有一次，一位众议员在马琴利总统面前自吹自擂，而事实上，总统明知他是一个口是心非、不忠不义之徒。当时他不露声色，直到那个人走后，他才突然将胸中那股怒气发泄出来！他破口大骂，指出那个议员胡说八道，然后拍桌摔椅，好像一个疯子似的，连当时在他身边的一个密友，都吓了一跳。这是他忍无可忍的表示，但也充分看出他的涵养。

孙子兵法有一招叫"以柔克刚"，讲的是要想制服一个大发脾气的人，再没有比"低声下气"更好的了。对方愈是发怒，愈应镇定温和；愈是紧张的场合，愈应保持冷静头脑。如果能做到这点，你一定不难发觉对方因兴奋过度而显出的种种弱点，而能一一加以击破。

"以柔克刚"还表现在特定的人物和特定的场合的迂回，而不是以硬碰硬，以刚克刚。如走路，时常会遇到各种障碍，如果面前横了一块大石头，你究竟是搬开它再往前走，或是从上面爬过去，还是绕开石头走路？搬开"石头"要用多大力气，自己是否对付得了？爬过去会不会摔跤？绕开它，路程又远了多少？有没有足够的时间？这一系列问题都要在最短的时间内作出权衡的比较，才能得出结论。多设想一下在你行进的路上可能会出现多少"石头"，而自己怎么做个"弯弯绕"，胸有成竹地一一绕过它们快速前进。

开始接受自己

每个人的人生目标都应该是做一个实实在在的人。

我们自身就具备各种构成人格的因素，能将这些因素很巧妙地结合起来，使之成为每个人自己生活的有效推动力，形成自己的整个生活，这才称得上对自己负责，才可以说是有实实在在的生活。

那些缺乏乐趣、缺乏幸福的人，总难以把他们单个的自己和存在着的生活相结合、相协调。说这是世界上最为惨痛的人生悲剧，似乎并不过分。

无论在哪种环境之下，每个人都应当把自己投入生活的怀抱，建立起自己的人格。不好好地爱惜自己，不勇敢地承担生活的责任，建立自己的人格，就等于当了一个不负责任的人，也就谈不上做个实在的人。

人格的建立，有三项要素：遗传、环境和个人的反应。

遗传因素对于我们来说，几乎没有办法负责任，对于我们的环境，又基本上不可以随意控制，也难负起什么责任。然而，对于个人的反应，很好地保存和利用它，让这种自身具有的东西去应付我们的生活，显示出我们的生活能力，那就是我们要负起的责任了。然而，大多数人在接受了这种责任，但又觉得吃力时，几乎都是千方百计地求得解脱。常常说许多的话，目的是证明自己没有错，说自己根本是对的。这是一种想超脱、想卸掉责任的欲望。这从某一层次上说，是过于看重自己的运气。

在现实生活中，运气显然是一个真实存在的因素。可是，凭藉我们的生活经验，我们都知道，世界上最令人感动的，最具感染力的，是那些运气不好但又实实在在的人。对于他们来说，决定的因素不在于他们的遭遇，而在于他们如何对付这样或那样的人生遭遇。

格林·肯宁汉小时候因失火而导致跛腿。当时医生严肃地对他说，除非是奇迹，否则他不可能再独立行走，谁都不否认，这位一英里赛跑运动员实在是一个运气不好的人。然而，世界永远都有奇迹的出现。他开始练习走路时，是扶在一只犁后面，在田地上走过，依靠着犁来支撑。后来，他忘记了痛苦和疲倦去冒险，试验着独自走路，看看自己的两条腿究竟会如何。就这样，一直坚持着，直至他打破了

当时的一英里赛跑世界纪录。

看来，以运气欠佳为借口，不去实实在在地生活和做人，是不可取的，没有人愿意欣赏和称赞这种人。而那些碰上一次或数次好机遇的人，实际上也不能保证永远有好的运气，也不能成为令人羡慕的勇于负责的实在的人。

人毕竟不是机器，不可对自己不负责任。但许多人为着逃避个人的责任，往往放任自己，慢慢养成一种情感上的惰性，以宿命的观点来调节自己的情绪。当然，能平心静气地生活在这种很具惰性的情感里头，也能够过得很舒适，很坦然。但这并不是一种对自己、对生活负责的态度。

对于这种推卸责任的欲望，有些人则是表现为把个人的一切责任归之为遗传和环境的因素造成的。他们常常是将主观和客观、内部的关于自己的才能、智能方面的因素，或者是外部的关于遗传或环境的因素混为一谈，努力从中提供对自己的每一项缺点的辩护，而不去分清责任的所在，更不会从主观上愿意承担人生的责任，并因此而采取积极的态度。世界不可能没有困难的存在，而积极地对付困难，将不幸看成机遇，转祸为福，是人生的一大责任。

这个世界地面凹凸不平，粗糙无比。而生存于这个地表上的人又总会有不公平的、自私的和残忍的。不过，我们仍可区分得出两种人：

一种是无论何地，何时，又无论何种环境、何种遭遇，他总有托词，总有借口可找的。

一种是虽处于同样困苦的环境，甚至有些是更为难以对付的环境中而又不习惯找借口，不习惯推脱责任，却总是喜欢实实在在地朝前看，凭自己的智力和努力，去对付眼前的世界。无论日子走到哪一天，也无论这一天走进了怎样的环境，他都会坚信自己是这一切的主宰，并清楚地告诉自己："我自己可以好好地对付它。"

这两种人有着必然的不同。他们的态度、他们的方式、他们的结局都不会一样。

有一位青年，在参加一次比赛中失败了。他在给家里的信中这样说：

"我们的对手在我们的阵营中找到一个漏洞，这个漏洞就是我。"

看得出，他就是那种我们说的敢于承认过错、不推脱责任、正视现实、勇于自省的诚实的人。

我们都应该做这样一个有人格力量的精神健全的人。

如果我们成功了，如果我们凭着信心和努力，达到了我们所期望的目标，我们会更确信自己的力量。同样，当我们遇到挫折，失败了，我们不可以推卸责任。

勇于承担自己的一切，建立美好的人格，做个实实在在的人，是我们的责任。虽然我们常常说要"建立人格"，然而，人格并不像一座建筑，而是一条河流，不停地流动着，永远在运动中。

作为一个实实在在的人，就是要置身于一个永远运转的过程中。

因此，每个成功的人，其生活的考验标准，对于不同情况下的两个人，或同一个人在不同的时期，总不会完全相同。但是，在这千差万别的人当中，有这样一个永恒的标准：一个真实的人，他的内心会趋于统一，他会有统一的坚定的人格。

我们的生活模式不是一劳永逸的，我们自身的人格也不可以是一成不变的。模式有多种多样，人格也是多重的。要做个实实在在的人，就要努力使自己的人格达到统一。

一个有品格的人，基本上对人生的各种不同因素的反应都是确实不移的。如果是个实在的可信赖之人，他的各种情绪、各种态度、观念，以及欲望，都不会相互抵触，更不会大相径庭。他已经成为一个完整的人，无论思想或情感上，或是方式方法上，都具有稳定性和一贯性。

得意的人生，并不都是平静的人生。不少成功之人，之所以成为伟大之人，其令人佩服之处在于历尽千辛万苦而后再尝到甜蜜的果子。他们都有不平静、不平凡的人生，他们的内心曾经受过苦苦煎熬，而他们的身躯，又曾历经种种痛楚。

佛罗梭斯·南丁格尔有过一段别人难以想象的痛苦、失望的时期，她在日记上写下这样一段话：

"我 31 岁了，我什么都不想，只想到死。"

她的苦楚，心和身的痛，足以证明她一生的不平静。像她那样的人，绝不是因生活中没有起伏才有了得意的成功，只是，他们的人格在不断运转中终于战胜了一切，让他们实现了一个成功的梦想。

所有坚强的人，如果我们愿意知道，总能听到他们曾经有过的苦苦挣扎和斗争的心声。

他们是不善于将自己推向纷乱的人，他们一生总在努力着，把他们生活中的正直、诚实和他们心目中的期待、渴望等等因素包容着，用最好的方式将它们组织起来，使它们具有价值，并用它们帮助自己对自己的人生负责到底，使自己有得意的人生。

每个人都不可避免地遇到这样的处境：既是实实在在存在的我，还有我的能力与存在的环境；又是一个在自己的理想中转圈的我。而这两者之间既很难跨越，也无法连接起来。

一个人有远大的理想和勃勃雄心，是可以赞赏的，其人格或者会因此而得到发展。然而若这种期望不可能得到实现，起不了推动人格发展的作用，则会有将生活的一切都撕得粉碎的危险。

要想有一种适宜的生活，或一种得意的生活，就不可以不对自己作出挑战。你可以这样对自己说：

"我，从今日开始，我要接受自己，连同遗传给我的天资和缺陷，连同我的环境，以及各种不可估的或不可控制的因素。我接受我自己，把这当作我的工作，我要看看到底这样做的我又会怎样子。"

真真实实的你

许多社交指南方面的书籍和文章，无一例外地教导人们待人处世要态度谦恭、忍让大度，并且还要赞美别人。这些要求当然不错，但必须要在表现真实自我、能够自由选择的基础上去做，而不能一味地适应别人，不惜失去自我。

当你与别人交往时，你首先想到的是"我应该怎么表现，装出什么样子，才能让别人认可和满意？"还是"我本来就是这个样子，我就要真实自然地表现！"这两种不同的意识将决定你在人际交往中是否自由平等，是否具有个性魅力。

后一种选择能使你在人际交往中取得事半功倍的效果，表现真实的自我毕竟比矫情、虚饰要容易，关键在于突破心理上的障碍。

首先，应立刻停止掩饰，不必藏拙，不必害怕露怯。当然，不必到处宣扬自己或自家人的缺点，只是不要竭力掩盖，以免使自己的心理受到压抑。

再者，不要为一些渺小而平凡的缺点过错而耿耿于怀，没有几个人会对你不够完美而大惊小怪或恶意中伤。因为他们自己也不会完美无缺，一切正确。每一个人，不论他是穷是富，是美是丑，是聪明还是愚笨，都是从同一种生物衍化而来的，都有独立自主的权利。懂得这个事实，一切困窘和羞辱也就不算什么，不必计较了。每个人都有他的难言之隐，家家都有一本难念的经。在这个世界上，你并不是最糟糕、最倒霉的人。别人也没有多少时间和兴趣去想你的难题。大家本来就彼此差不多，你何必要把自己"打入另册"呢？要知道，自我贬低和压抑，不敢表现真实的自我，这和肆无忌惮地盛气凌人、强加于人的霸道表现，同样有害于人际关系与交往。唯有真实自我地表现自然，才会有自由平等的人际交往与关系。

正在走过来的那个洋洋自得的"大款"，你深知他那名牌包装的躯壳里是多么空洞无物，你何必还要挤给他一个微笑？你知道你的上司有时也说得不对做得不妥，但你却不敢对他有丝毫不恭，即使他主观武断，指鹿为马，你仍要称颂他正确英明；再如，你和某个朋友有隔阂，你很清楚这回是他冒犯了你，而不是你的过错，你何必要为该不该去主动求和的问题弄得很苦恼？又如你看见同事的小女儿，虽然那孩子眼睛不大皮肤不白，你还是仔细考究其可赞赏之处，终于发现后赞叹道："看，这孩子的眼睫毛多长呀！真跟假的一样！"结果呢？那个大款对你却是一脸不屑一顾的神情；上司可能会认为你没主见难成大器；朋友会觉得你胆小怕事太软弱；而那位同事会说：你算挑出了我们孩子的唯一优点，我听了真比被人揭尽了短处更难堪……也许对方的回报和反应会比较平和，但你在人们的心目中也是形象平庸，没有个性。不亮出你的个性，哪里会有人格魅力呢？

表现真实的自我，塑造人格魅力，必然能为人际关系与交往架桥铺路，可是许多人总想提防着什么，还是相信"见人只说三分话，不可全抛一片心"较为安全。其实，这是一个误区。令人烦恼的关系往往是一种彼此不讲真话的关系，当然不是由于出自爱心和保守机密不讲真话。有些人总是小心谨慎地保护着自己，害怕把自己的真实的内心世界，尤其是自己的弱点暴露给别人。为此，他们待人接物，只能说些有关天气的废话和陈芝麻烂谷子一类的俗套，要不就是无话可谈，处境尴尬。这种人也就很难搞清楚话不投机或是枯燥乏味的原因是什么，往往会以为别人不理解、不喜欢自己，或是别人没有表现出应有的热情。

不坦诚主要表现为拘谨，阻碍人际交流、心灵沟通。比如在比赛或会议上得到表扬或奖励，许多人的简短讲话往往囿于"一差三感谢"。"一差"是说自己不行，做得不够，还很差；"三感谢"自然是表示感谢领导、感谢群众、感谢有关部门等等。这样并非就是虚情假意，但作为一种墨守成规、只求稳妥的公式，无法展示自己的真心实意，也就无法与别人沟通心灵。

前些年，许多运动员取胜得奖时，面对话筒也大多说两句套话。后来，一个女孩子得了世界冠军，她在回答"此刻你在想什么"的时候说："我想妈妈，想回家。"多么坦诚、率直，有人情味。这样的心里话，人们一下子就会理解，喜欢，产生感情上的共鸣。这样的自我袒露也同她在运动场上的精彩表演一样可以打满分。

人们往往把坦诚还是虚伪看作是道德品质问题，这是不够确切的，至少对大多数不够坦诚但又品德不差的人来说是不够恰当的。实际上，坦诚直率是一种豁达的胸怀，一种开放的心态，一种自信的意识和良好的自然状态在人际交流中的真实自然的表现。作为道德品质，坦诚确实很宝贵，像永不陈旧、永不贬值的黄金。但是，许多人不乏一颗金子般的心，却未必能做到任何时候都无修饰，无须遮掩，敢于和乐于袒露真实的自我，因为一般人难免有点小心眼儿、虚荣心、好面子，尤其是害怕暴露自己的缺点、弱点，也就是人们常说的怕"露怯"。这么一来，尽管为人不错，但往往会在一些小事上斤斤计较，在细枝末节上患得患失，这就不能十分坦诚。显然，真正的坦诚不仅要清除虚伪、矫情、嫉妒与猜疑的污垢，而且要荡涤小心眼儿、虚荣心、怕露怯、好面子等尘埃。我们只有心态开放、胸怀豁达，具备高度的自信意识，才能做到直率真切，以自己的心为基点，向四周辐射铺展无数坦诚的桥梁，任心灵自由来往、交接、融汇畅通。

人们经常感叹马老实了任人骑、人老实了任人欺。老实人吃亏，社会太不公平了。其实，这不能全怪社会不公平，有必要反思一下为什么自己没有勇气表现起初的自我？如果你发现自己常常扮演违心的角色，那么你不要指望别人改变，而要自己拒绝扮演。因为别人不尊重你的人格，总是要求你百依百顺，这是你自己一味忍让才让别人这样对待你的。尽管这是你无意中教会别人这么做的。

一个女子的丈夫专横而又冷酷无情，她对丈夫的辱骂和摆布忍气吞声，连孩子对她也不尊重。对此，她已经是走投无路了。其实，造成这样的局面，主要是由于她的逆来顺受和忍气吞声。是她，在无意中教会别人这样对待她。她必须从自己身上寻求解决问题的方法。

她的新态度就是设法向丈夫和孩子证明：她不再是忍气吞声，任人摆布的了。她丈夫最拿手的伎俩就是向她发脾气，对她表示嫌弃。过去她不愿当众争吵，强求自己做一个善良、宽厚、完美的女人，因此对丈夫的挑衅总是毫无办法。现在，她要完成的第一个任务就是理直气壮地和丈夫抗争，然后拂袖而去。当孩子对她表现出不尊重的时候，她坚决地要求孩子有礼貌。采取这种新态度后，家人对她的态度发生了很大的变化。她确实体会到是自己教会别人怎样对待自己的。

表明新态度时，不仅要用言辞，而且要用行动。许多人以为斩钉截铁、干脆明确地说话和行动将会令人不快，或是故意冒犯。其实不然，这样做意味着大胆而自信地表明你的权利和人格，或是声明你有不容侵犯的立场。不要再说那些什么"这是无所谓的"、"我可没什么能耐"之类的话。当你碰到吹毛求疵、好挑剔、夸夸其谈、强词夺理、强人所难、专横跋扈的欺人者，你就该冷静地指明他们的言行不合情理，是不能接受的。请记住：是你教会人们怎样对待你的，若把这一条当作指导你的生活的原则，你就能解放自己了。

在人际交往中，如果你不能表现真实的自我，为了让别人满意不得不装模作样，扮演违心的角色，那么第一个牺牲品就是你自己，你也不会赢得别人的信任和喜爱。你首先觉得真实的自我不可爱，别人怎么会喜爱？显然，不表现真实的自我，就是自我贬低和束缚，就是自欺欺人。人不完美很正常，很真实，何必总想在别人面前表现自己是一个完美的好人呢？

在存在的自我和幻想中的自我之间有一种特殊的状态，这种状态极容易被人们错误地看待和处理。

比如，女儿有一个渴望占有的母亲，在母亲的束缚之下成长的她，可能以为无私和忠心是她的责任，这样其结果对做母亲的并无好处。虽然无私和忠心被作为一种美德应该提倡，但如上面所说那样，女儿的生活很可能是给毁了！她的人格也因被损坏而得不到完整的正常的发展。

一个人实际和幻想的自我之间这种不可消除的状态若表现得很明显，而他又不能正确地接受自我时，就会造成一种一个人难以忍受的苦恼，有时甚至造成一种具有灾难性的自卑感。

要做一个真实的人，首先要做到自我接受，这是基本条件。而补偿的原则是可以使这个基本条件得以实现的一种积极因素。缺陷或弱点也可以变成一种具有积极作用的刺激。一个女子可能正因为缺乏姿色而更善于发挥自己的其他长处，令自己更为聪明与富有魅力；一个拘谨、内向的人，他的沉默可能帮助他走上科研道路，并获得成功。

对自己的不足加以承认和研究，并有效地处理、利用，是一种生存发展的能力。对于我们的缺点善于处理、善于防范并转化到采取进攻的态度，是积极的人生态度，也是一种对生活的补偿。能现实地看待自己，并全部接受下来，然后努力想办法，并付诸行动，进行改造，这才是一个真实的人。

人生就如去做布置庭园的工作一样。每块地都有差异，有大小、平坦与崎岖之分，也有优劣之分，而你对它的布置也会产生令人意想不到的效果：挺好的一块地，本来可以锦上添花的，却偏给糟蹋了；被人瞧不起的另一块地，本来看似毫无用处，或许遇上你，偏又可以变得很具价值和引人注目。

无论谁，要自我接受的话，最好的开始就是：将使自己痛心的事情减少到最低限度。对自己的容貌的丑陋、知识的贫乏、经济上的拮据，以及其他许许多多的缺陷与不足，若你将它们看成是耻辱而耿耿于怀，并影响了你的人格的健康发展的话，主要是因为你从内心将这所有的都当成是真正的耻辱。将这些尽量地撇开，不让它们继续刺痛你的心，你才可以更好地自我接受，才可以更好地发展你的人格。

一个人人格上的基本要素，最终总会显露出来的。每个基本要素都是可以接受的，并且是可以发展的，你能将它们变成励志的要素，它就会在成功路上助你一臂之力。你若不善加利用，就等于荒废了一块地一般。无论如何，关键的事情是要看你如何去使用和利用它们，使之成为你完美人格的坚实基础成为使你做个真实的人的基本条件。

美国一个大学校长的夫人，是一个极能干的女人。她于贫困中长大，小时候她曾向母亲诉苦、抱怨。母亲告诉她：

"你要知道，孩子，我给了你生命，给了你身躯，我所能给予你的，没有比这更大、更宝贵的了。你不要埋怨什么，而应当拿这个生命去做点事。"

《绿色牧场》一剧中有这样一句话：

> "我没有什么了不起，
> 我就是我所具备的一切。"

这是一种现实的自我接受。我们的出发点也应该如此：真真实实。

第九篇

处世性别学

篇首语

　　两性之间的相处因种种特殊性而变得复杂化，这就要求我们学习和运用更细致的处世技巧。男人有男人的特点，女人有女人的共性，研究和揣摩这些问题，有助于提高我们为人处世的针对性和自觉性，从而提高成功率，避免阴沟翻船。两性相处，最重要的原则就是关系简单化，同事关系就是同事关系，上下级关系就是上下级关系，千万不要暧昧，暧昧是绯闻的孳生地，切记。

第一章

走 近 男 人

男人的魅力

　　"魅"者，精怪也，相对于女人而言，男人对魅力的问题恐怕考虑得更多。男人虽然在打扮上花的时间没女人多，但男人一旦"修起边幅"，倒确是极为讲究的。这个年头，男人的压力大呀，什么都得想到，比如爱情，事业的成功，财富等等，这迫使男人要让自己像个"人样"，独具"魅力"，真是颇不容易，然而，男人的魅力是内涵，女人未必能真正洞悉；男人魅力反面的某些东西，女人就更未必能了解了。

男人是泥做的骨肉

　　"男人是泥做的骨肉，女人是水做的骨肉"，这是《红楼梦》中贵族公子贾宝玉的妙评。其实这种"妙评"，对于女性了解男性毫无启迪之处。因为它太含糊，一点都不务实。女人似乎向来不求甚解，因而只会拿着这句话来贬低男人。她们会戏谑地说："瞧，这是你们男人自己说的！"

　　如果想要了解男人的究竟，建议你首先要了解他的身体，这是必备的知识。

　　（1）女人的问题很多

　　关于男人的身体，每个女人绝对都有许多隐藏了许多年的问题。因为每个女人都会从小时候就开始想一些有关男人身体的问题。然而在没有结婚之前，她对男人的身体几乎是一无所知的，生理卫生课上的几张有限的教学挂图和老师模模糊糊地讲解，不仅不能让她们更明白些，说不定反会让她们在一知半解的惊讶中糊涂了许多。俗话说，百闻不如一见。结婚后，女人终于可以亲眼目睹男人身体的种种细节，但仍然不明白，他身上哪些部位更为敏感？他为什么爱得胃病？他总是掉头发，这是不是他的生殖能力出了什么问题？真是不一而足。她们很难对照自己的身体来理解男人身体的某些方面，因为她早已意识到，这二者之间的差别真是太大了。

（2）差异从出生时开始产生

当我们观察人体时，可以选择古希腊雕塑天才们的古典艺术品——无疑会注意到体形和轮廓方面的明显两性差异。男子魁伟，线条粗犷而健美，蕴含了男子的旺盛精力，突出的骨骼引人注目，隆起的肌肉棱角分明。而女子则苗条，弱小，骨骼娇柔，肌肉虽也不乏力量，但被丰实的结缔组织所包围，显得柔中有刚，男子的体形挺拔刚健，女子的体形凹凸分明，胯很宽大，胸部隆起，与腹部和肋部构成优美的曲线。男子的体形似乎生来有助于活动，女子体形自然适于静谧。

这些差异在男女婴出生时就产生了。出生时，男婴一般比女婴重，且高，胸围也比女孩的大。在 2.5 到 4.5 岁，男孩迅速发育，但 2.5 岁的男孩很少能达到最终身高的一半，而女孩则往往超过。男孩这一时期的增长系数或生长能力，在后来的时期绝不可能达到，4.5 到 6.5 岁的生长能力只有到了大约 15 岁左右才会再次出现。女孩 2.5 到 6.5 岁时的增长系数和生长能力，在以后的生活中再也不能达到。因此，正如希奥兹（Schiotz）所说，男女孩在早期生活中确实有真正的生物学方面的差异，我们不可能恰当说出生命中真正的无性时期。

（3）身高与体重

可以说，女子在 20 岁臻于成熟，而男子在 20 岁时却正处于发展阶段，因此男女的身高和体重确定的年龄段并不一致。女人几乎一无例外地喜欢高个男人，身高是她们择偶时的一个重要标准。但对一个具体的男人来说，这方面他几乎是无法控制的，因为身高几乎是完全依赖先天遗传，后天的锻炼和营养虽也有一定的作用，但实在不够明显。

一个男人能长多高，由基因、荷尔蒙和环境等因素决定。一般正常发育的成年男子，身高要比同龄同条件的成年女子高约 10%，在 1.6~2.0 米之间。女人必须记住这一比例，如果选择的男人能够指出他比任何一个女人（包括你在内）高出 10% 时，你就没有理由去指责他的身材不够高。

成年男性在身高和体重方面要优于女性，这点刚才已谈到，也早已得到了充分的证实。发育过程中不太明显的性差异和身体多部分的比例更有意义，也更为重要。一般来说，相对于整个身高而言，女性的头部比男性的长，颈部比男性短，躯干比男人长，四肢比男子短。

躯干相对短小是一个优势特征，因为它标志肌体的成熟。如果我们把成人与婴儿或与类人猿相比，就可以证明这个论述。

气候因素对身高有着十分明显的影响。爱斯基摩人矮小敦实，极少有超过 1.68 米的，这种身材和体形很适于保存身体的热量不致过快散失。而在苏丹境内尼罗河流域的一些部落的人以及中间非洲的瓦图西人，平均身高达 1.83 米，他们的这种高瘦的身体适于在燥热的气候条件上保持较高的散热能力。

根据半个世纪以前所作的估计，美国成年男性的平均身高为 1.70 米，成年女性的平均身高为 1.60 米，男女身高之比为 1:0.93 或 16:14.88。英国男女的身材差异与邻国人十分相像。在法国，两性差异为 12 厘米，在比利时，两性差异为 10 厘米。而美国的两性差异要大些，大约是 13 厘米，不过其体重差异比英国人的小。

男性的身材高大与健壮似乎优势于女性，其实，无论中外的调查与实验都表明，在生命的每个阶段，从受精到出生，到婴孩期，再到青春期，乃至永远，男人都要比女人更易于死亡。相反的是，女性比男性要善于生存，更具有坚韧的生命力。男人自以为高出女人一筹的想法，实在是一个错误。

（4）男性荷尔蒙

男子的第二特征比如胡须、喉结、低沉的男音等是怎样形成的？《圣经》里说，亚当正要吃下夏娃递过的苹果时，突然被上帝发现，于是那正欲咽的苹果便噎在喉中，成为喉结，这据说就是男人有喉结而女人没有喉结的缘故。这当然只是传说。

宗教竭力将第二性征的出现归因于原罪，其实，事实完全不是这样。男人在青春期的这些身体变化，是由于其体内分泌的男性荷尔蒙在起作用。

男性荷尔蒙是由男子身上的一个腺体，即睾丸分泌出来的，并注入血液里去。它像一个人体内的化学信使，随着血液流遍全身，影响其他细胞和组织。它与男子体内内分泌腺的激素一起，促进男孩身体的生长和生殖系统的成熟，并且刺激他的肌肉发育，使他成为一个男子汉。荷尔蒙对性别来说有决定性作用。亚里士多德的文献中，曾有几页记载了关于阉割对男人的影响的一个案例，在青春期被阉掉的男孩子永远不会发育出男性的第二特征，也就是说，他不长胡子没有阴毛，连他们的声音也没多大变化。在文艺复兴晚期，人们认为妇女登台表演有伤风化。因而就将男人阉割，装扮成女人来唱高音，那时这对于男人可是一种荣耀。这些男人长得格外颀长，声音清脆嘹亮，肩膀狭窄，骨盆变大，当然男子汉气概也就消失殆尽了。

实验证明男人性荷尔蒙的生产像女子的月经一样有涨落，呈现周期性的上下波动趋势。但是男人激素高峰可能同他的性活动有密切的关系，而不是像女人那样同其体内内在机制有关，观察表明，男子在经历一段时间的性节制之后，其胡须在将要性交前的那天会比在性交后的那天长得更快。这个实验可以说明一些问题。

（5）他的身体的一些重要部位

男性的胳膊与女性不同，年轻男性的胳膊扁平且线条分明，成年男性很少有圆柱形胳膊。由于成年女性的胳膊脂肪沉积，因而显得圆润，是成年女性美之一部分。对于男性胳膊和女性胳膊，艺术家们各有所好，乔凡等艺术家从他们的角度画少女的胳膊，而有的则更喜欢画男孩的胳膊。

手的形状及各部分的比例常常引起人们的注意。手的形状也表现出一定的男女性别差异，比如各手指的相对长度的性别差异就一直引人注目。与女子相比，男子的食指常常要比无名指短，因而女人的手形似乎更为柔美些。有一位研究者的实验表明，在男子中，有500多例食指比无名指短，而在女子中，有100例的食指比无名指长。无名指长的男子有77%，女子的只有63%，食指长的男子仅7%，女子则有21%。人们证实了女子食指较长这一事实，也发现了女子的拇指比男子的相对较短这一特点。长食指有它的意义，因为它象征着高度的进化。

正是由于文明人的成年男性具有相对长的腿，因而他的比例显然与婴儿不同，但是与原始人不一定有比例上的差异，有时原始人的腿也很长，腿是身体的一部分，它的生长最迅速，可变范围最大，同时也是人体中最容易受生活障碍影响的一部分，大腿的生长最迅速也最能表现明显的性别特征。女子的大腿虽然比男子短，但是从不同的角度看，女子的大腿比较粗。毫无疑问，男性大腿的绝对长度和相对长度较长，不过，研究结果并未表明腿有同样明显的两性差异。按照某些观察者的观点，女性的腿相对来说是细长的。女性很早就具有令人瞩目的大腿周长。实际上，我们唯一能肯定的是从青春期开始，欧美女子大腿的相对尺寸和绝对尺寸就明显大于男子。虽然女性髋部的直径和周长比男性大，但是不像夸张的那样大，况且女性髋部并不总是这样大。例如，幼年时髋部的绝对值就没有那么大。据测量，女孩子 14 岁时，大腿的最大周线也绝对大于男孩，12 岁时，相对值大于男孩。美国女孩 15 岁时，大腿绝对值平均比同龄男孩大些。有人选择了 400 名 20 岁的男子和 400 名 20 岁的女子（各方面适中），他发现，女子的大腿周长比男子大 $1\frac{1}{4}$，这是女性的绝对值确实超过男性的唯一测量。

女性的小腿似乎也较粗，这与浑圆的大腿相称。男性的小腿都比女性的要细。脚有两种类型：一是细长型，中趾长而发达，常见于男子；二是缩短型，中趾短而粗，常见于女子。人们认为，女子中常见的缩短型是种族进化的最新成就。看来男性的身体的一些部位来看，其进化远不及女性呢。当然，这些结论也往往是一些研究者们的一家之言而已。况且，身体部位的某些进化特征，并不表明男性就比女性低劣，在许多方面，女性的动物性是更为突出的，这个问题，在这里暂不讨论了。

男人的阳刚之美

对于男人来说，男子汉气概是必然要具备的。他们会把"没有男人味"的评价当作莫大的耻辱。体格健壮，争强好斗，独立自主，能战胜一切困难，似乎能主宰世界，是每个男人深埋在心的内在渴望。他们的阳刚之气是其最突出的特征。人们要问，男人的阳刚之美，是不是生而有之，抑或是后天形成的呢？

（1）男子阳刚之美的基因阐释

人体的每个细胞都拥有 46 条染色体，而精子和卵子除外，它们各有 23 条染色体。当卵子受精后成为一个细胞时，它又有了 46 条染色体。男女性别的分别，就与这其中的两种染色体负载的基因密切相关，即 X 染色体与 Y 染色体。女性的两条染色体是相同的，用 XX 表示。男性的两条染色体中有一条和女性相同，另一条则不一样，用 XY 表示，其中 X 染色体是两条染色体中较大的一条，它载负着正常生活必须的基因，小的 Y 染色体似乎只承载决定男性性别的基因。如果进入卵子的精虫带有 X 染色体，它同母体的 X 染色体结合就会生成女孩；但若载有 Y 染色体，它同母体的 X 染色体结合，就会形成男孩。

Y 染色体并不是使男人具有阳刚之气的决定因素。它和男人的好奇心、自主精神和脾气也关系不太大。据一些人类学家观察，新几内亚有一个原始部落叫塔哈姆布里，那里是女人的天下，这里的女人比男人更具有支配欲，她们客观冷静，精力旺盛，性欲很强，这些特征似乎与生俱来；而这个部落的男人却总具有一种纤弱的

男人的魅力是内涵

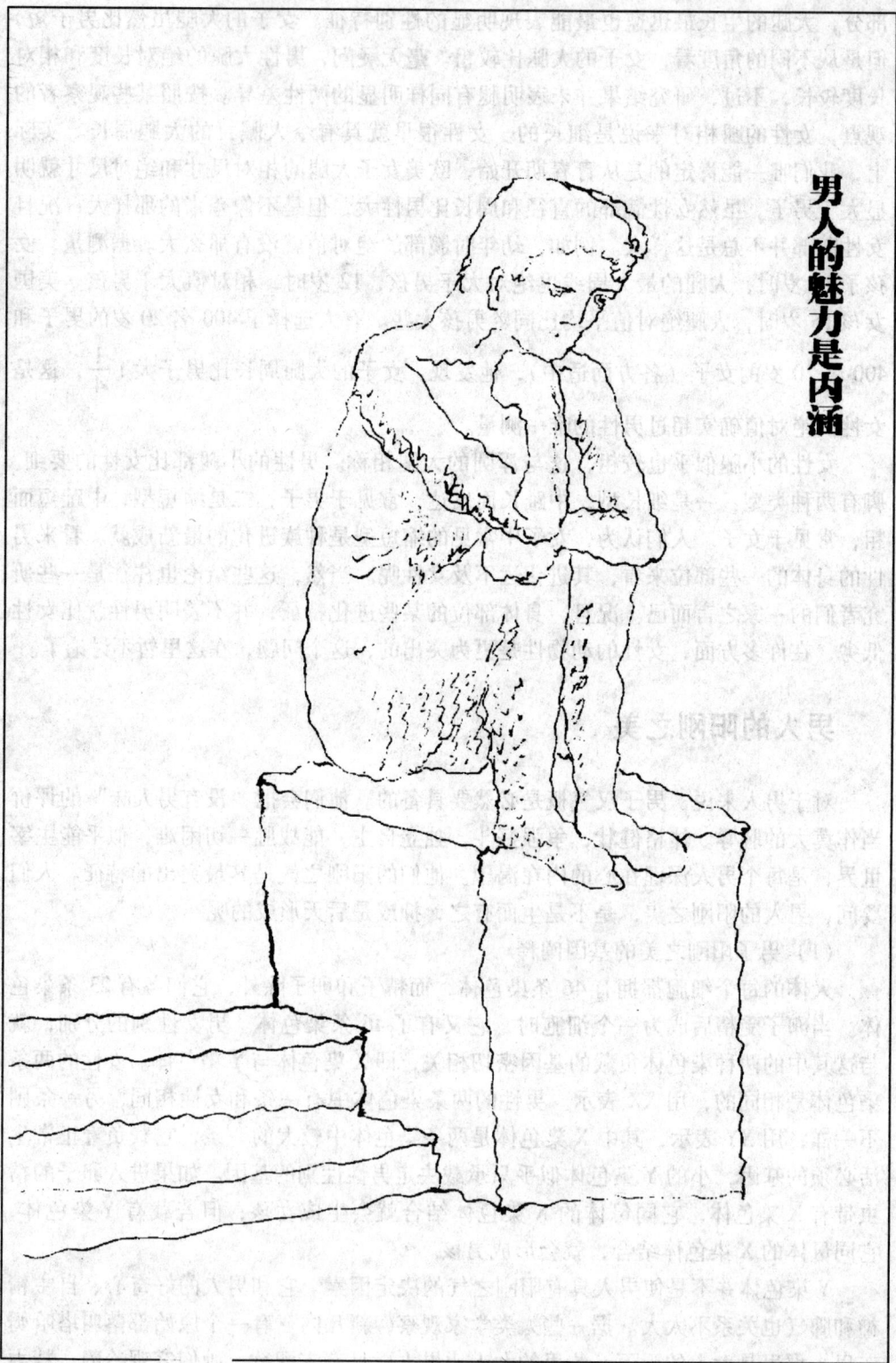

性格，他们喜欢卖弄风情，真是令人奇怪不已。

（2）再说男性荷尔蒙

我们曾经说到，荷尔蒙对性别是有决定作用的，那么雄性荷尔蒙对男子的阳刚之美是否具有重大影响？

有关研究者们认为，在雄性荷尔蒙的众多作用中，有一个作用主宰着男人的性意识和性行为。体内正常的荷尔蒙浓度使男人有正常的自我意识。如果在胚胎期头三个月内雄性荷尔蒙分泌过少的话，将会使一个男人将来的男子气大打折扣，在他的潜意识中，将会使自己是一个囿于男人躯壳的女人。而雄性荷尔蒙分泌过多，也决不会有好影响，将可能导致过大的性胃口甚至性暴力。

当然，关于雄性荷尔蒙的这种影响论断在不同的研究者那里会得到不同的评价。美国学者莫尼博士和他的助手发现，在胎儿发育的一个关键时期内，偶尔或阴差阳错地接触雄性荷尔蒙的女孩，不仅长有与男孩性器官相似的性器官，而且她们的行为也酷似男性。莫尼博士用大量的事实证明了自己的观点，即受雄性荷尔蒙影响的大脑通常比没有受过雄性荷尔蒙影响的大脑拥有更高的智商和更阳刚的行为。那么到底阳刚行为与阴柔行为的标准是什么呢？莫尼认为，是看一看孩子是否好动和具有彻头彻尾的男孩子行为，比如攻击性强，善于解决那些考验思维感觉的问题，不喜欢裙子等。这种标准的科学性，人们也各有见解。

有两例带有雄性基因的雌雄同体病人（即阴阳人）出生时，即患上肾上腺综合症。其中一个人经过女性化手术，她的阴蒂被削小了，其余的外生殖器官也被修改成女性阴部模样，被当作女孩抚养。而另外一个则经过"阴茎修补术"并被当作男孩子来抚养。两人长大后的性别身份都是确定无疑的。那姑娘是具有点顽皮，但她是温柔迷人的，而那男孩也无障碍地加入了男孩子群，还对一些女孩子表现出了罗曼蒂克的兴趣，尽管他体内的每个细胞都带有女性的染色体组合，即 XX。

可是，染色体与雄性荷尔蒙对男人阳刚之气影响都是有限的，这些相互矛盾的实验或病例，即是证明。

（3）阳刚之美是父母与社会教育的结果

一个人在其笔记中写道：当我还小的时候，一天我正坐在沙发上看书，我的双腿交叉搭着，右腿搭在左膝上。父亲看见后训斥道："瞧你坐的样子活像个姑娘！"他给我做了正确的样子。他把他的左脚跟放在右膝上，这样他的大腿也就大大咧咧地以一个男子汉的气度左右分开。从此以后我就一直注意自己的各种行为语言，怎样做才像一个男子汉。

有些男孩在婴儿期会表现出一些女性化，他在成长的过程中，受到父母的指点，矫正，最终还是抛弃了这样一些表现。这表明，在很大程度上，男孩之所以有男孩的行为，女孩之所以有女孩的行为，取决于他（她）们被教给了什么，他（她）们被允许干什么和他（她）们是怎样来认识自己的。对这个观点的说明有一个最佳的病例可以佐证。

这个病例是这样：一个发育正常的男孩在一次包皮环切手术事故中失去了

阴茎，那时他才7个月。出事后10个月内，他的父母仍把他当作男孩来抚养，这个男孩对女孩子喜欢做的事不屑一顾。后来，根据专家建议，他的父母同意通过手术改变他的性别，即变成女孩。手术过后，他的父母开始把他当女孩来抚养，不出数月，他逐渐学会了各种女孩行为，有了收拾打扮的兴趣，与"他"的那些兄弟迥然有别。现在她进入了青春期，如果医疗方案还在执行的话，那么她正在接受雌性荷尔蒙，这将她的第二性征变得明显起来，乳房鼓起，臀部胀大，也将基本完成自她出生后17个月时已开始的女性化疗程。虽然她将永远不会生育，不会有月经，但无疑地会把自己当女人来看，并像女人一样失去那种男人所特有的雄性阳刚之气。

事实证明，那些有特别错位的成年男孩或女孩，往往与其从婴幼儿时期所受的教育和抚养方式紧密相关。如果要进行心理矫正的话，就必须进行一系列的心理再教育。

（4）健美的体魄是男人的资本之一

一般来说，男孩到4岁时，就开始懂得肌肉对他自我形象的重要性。他的父母和伙伴，他读的书，乃至看的电视节目都一遍遍地告诉他，他越是强健，就越受到别人青睐。当然，男人的这点认识也不是外部影响所能完全左右的，因为他对于健美有着天然的兴趣。他们大部分的生理结构，包括各种腺、激素和莱格称为"生物自我"的额脑冲动的综合体等等，都促使他努力使肌肉协调成长。没在镜子里面反反复复比划肱二头肌的男子汉，恐怕不太多吧？

脸部瓷实的肌肉棱角分明，肱二头肌和胸肌一块块突出，腹肌一边3块分布在富有弹性的腹部，——一个男人知道，所有这些都给予他信心。他乐于听到女孩说他的肩膀是多少厚实宽阔，他们健壮的体魄下，表现出来的修养并不仅仅是粗鲁，而更可能是彬彬有礼。当然，一个男孩对别人的赞颂往往又是不安的。社会不鼓励更不赞成男子欣赏他们身体上"男子气"较少的东西，他们不太喜欢用"美丽"、"漂亮"、"清秀"这样的一类软绵绵的形容词来形容自己。他可能知道他的高大的身躯和修长的四肢对女人们有吸引力，而且可能因此沾沾自喜，但是他更欣赏他的体格中所具有的男子汉力量这层含义。"力量"对于一个男人来说格外重要，因为他要面对的，不仅仅是女人的满怀成见的挑剔和不知足，更是整个社会生活所可能有的压力，他们需要在自己的心中，筑起一道有力的防线，让自己感受到应该有的安全。

（5）阳刚之美更是一种气质

如果阳刚之差仅仅视为体格健壮，那将是一种误解。不错，男人都比较关心自己的外表。一项研究表明，94%的男人希望改变他们的生理外貌，绝大多数男人希望自己是健壮的，具有宽肩窄腰、发达的臂和胸部。每个男人的心底愿望都是如此，但聪明的男人，在锻炼肱二头肌、胸肌和腹肌的过程中，更愿意把这种锻炼当作一种意志的磨炼、人格的重塑。一个女人永远也不能理解。男人们在那些沉重的杠铃，高高的单杠前晃来晃去，汗流浃背而且天天如此到底是为了什么。他们仅仅是想让自己肌肉鼓起来而已？远远不止这些。毕竟，与女人不可能人人有一张漂亮的脸一样，男人也不可能个个像大卫，因此，男人追求的往往是外表美背后的东西，即气质。他们完全知道，吸引一个女人，乃至在同性中具有某种优势，只能靠自己内在的气质。一个内心懦弱的男人，很难在这个竞争激烈的世界里找到自己的位置。男人的追求力量，盖源于此。也正是这个原因，他们对那些浅薄的、只求其表的女孩，向来难得称心，甚至不屑一顾。

阳刚之美应是男人优美气质的核心内容，也是他魅力的关键所在。一个富有魅力的男人，他身上那种遮掩不住的阳刚之气，会深深吸引你，常常会改变你最初对他外表的印象。男人的魅力竟是那样神奇！一个女人曾写道："第一次和我丈夫见面时，我甚至想到他有些丑陋，他的眼睛显得小，嘴巴努力向前突出，额头太过宽广了。可真正与他接触以后，他的开朗、热情、坦诚和幽默，让我感受到了这个男人的力量，和他在一起，我总感到有一种说不出来的愉悦幸福。他显得小的眼睛变得生动而迷人，他突出的嘴巴很性感。男人就该这样！而他那宽广的额头，总使我产生一种很想去抚摸它的，亲吻它的欲望。最终，我们结婚了。我想，我的那些女伴，最终像我一样嫁了一个貌不惊人的男人，一定和我的感受相似吧？男人的那种阳刚之气，那种内在气质是女人所无法抵御，无法抗拒的。"

（6）不同气质的男人

同女性一样，男人的气质类型通常也分为四种，即胆汁质，黏液质，多血汁和抑郁质。不同气质的男人，当然就各有其特点了。下面我们来分析一下四种气质男人的各自的基本特征。

①胆汁质男人　胆汁质男人的典型特征是脾气大，性格急躁，容易冲动，显得非常高傲。不过这种人的火气来得快，去得也快，你只有等他安静下来之后，才能与他谈正经事。当然这种男人非常有热情，心灰意懒的人可能会因受到他的感染而兴奋起来。他做任何事都有一种无与伦比的干劲，但不能承受挫折，易于在挫折中消沉。

②黏液质男人　黏液质男人反应比较迟钝，行动缓慢，任何事情都不会使他感到不安，对人缺少同情心，他们的冷静与持重有时会让人们欣赏，他会是一个理想的朋友与丈夫。当然，有时候他表现得过于持重，往往令急性子的朋友和妻子生气。

③多血质男人　多血质男人热情活泼，容易冲动，性格开朗，但不免喜欢说空话。这种人不论生活多么艰苦，总能看到积极的一面。但他们办事似乎不太牢靠，有时为了讨人喜欢而许下自己无力办到的诺言。假如没有这个弱点，他确是一位不错的男人。他们的座右铭是"自己活，也要让别人活"，因而有着一种内在的慈悲心。

④抑郁质男人　抑郁质男人的显著特点是忧心忡忡，郁郁寡欢。生活对他来说，就像压在身上的千斤重担。他总是看到生活的负面，因而使他对生活的热情大打折扣，使他的内心尤其期望生活赐给他快乐与幸福。这种性格的形成，很可能与他的生活经历和家庭背景有关。也许是以前的生活让他变得过敏。出于对自己的同情，这种人对人间的种种苦难都会付出一份同情，因而往往有一种悲天悯人的

情怀。

实际上，现实生活中的人的气质往往是混合型的。心理学专家科尼格认为："这几种气质在我们身上并非一成不变。正是由于它们的无穷变化才会导致极其细微的差别和巧妙的结合。不过这四股劲风，终有一股最为强大，是它鼓起了每一个大地之子航船上的风帆，载他驶向生活的海洋。"

一个聪明的男人能够较准确地分析自己的气质方面的倾向，并充分利用多种条件，进行人格自我修炼，来培养他们所认定的那种男人所该有的良好气质，而且他的这种自我修炼往往要受到女人的重大影响，特别是比较亲近的女人。她们的任何一句关于他的气质评语，都会引起他的重视，从而督促自己力求成为更令人满意的人。

（7）男人气质的判断方法

气质本身并无好坏之分，每种气质都有其所长，那么它们的混合，就更为色彩斑斓了。的确，男人绝对不会是一个乏味的人，只要他没被生活压扁，或者因为某些因素而让他过于自我封闭。了解一个男人的气质类型，不管他是何许人也，只要与他有一定的关系，对你都有一些裨益。

下面36个问题可以帮助你准确迅速地判断他人的气质类型。方法很简单，你认为符合他的情况记2分；比较符合的，记1分；介于符合和不符合之间的，记0分；比较不符合的，记 –1分；完全不符合的，记 –2分。

①他做事力求稳当，不做无把握的事。

②他宁肯一个人干事，也不愿很多人在一起。

③遇到可气的事他就怒不可遏地想把心里话都说出来才痛快。

④遇到一个新环境他能很快适应。

⑤他厌恶那些强烈的刺激。

⑥和人争吵时，他总是先发制人，喜欢挑衅。

⑦他喜欢安静的环境。

⑧他善于同别人交往。

⑨他常常羡慕那种善于克制自己感情的人。

⑩他的生活有规律，很少违反制度。

⑪在多数情况下他都情绪乐观。

⑫碰到陌生人他就觉得很拘束。

⑬遇到令人气愤的事他都能很好地自我克制。

⑭他做事总是有旺盛的精力。

⑮他遇到问题常常举棋不定，优柔寡断。

⑯他在人群中从来不觉得过分拘束。

⑰他情绪高昂时，觉得干什么都有趣；情绪低落时，又觉得干什么没有意思。

⑱当他注意力集中于一事物时，别的事很难使他分心。

⑲他理解得总是比别人快。

⑳碰到危险情况，他总有一种极度恐惧和紧张感。

㉑他对学习、工作和事业怀有很高的热情。

㉒他能够长时间做枯燥、单调的工作。

㉓符合兴趣的事情他干起来劲头十足，否则就不想干。

㉔一点小事就能使他情绪波动。

㉕他讨厌做那种需要耐心的工作。

㉖与人交往他总是不卑不亢。

㉗他喜欢参加热烈的活动。

㉘他常看感情细腻、描写人物内心活动的文学作品。

㉙工作、学习时间长了，他常常感到厌倦。

㉚他不喜欢长时间谈论一个问题，愿意实际动手干。

㉛他宁愿侃侃而谈，不愿窃窃私语。

㉜别人说他总是闷闷不乐。

㉝他理解问题常比别人慢些。

㉞疲倦时他只要短暂地休息就能精神抖擞，重新投入工作。

㉟他心里有话宁愿自己想，不愿说出来。

㊱他认准一个目标就希望尽快实现，不达目的，誓不罢休。

你可以先将每一气质类型后面的题目得分相加。如果某一类型的得分超过12分，他就是典型的这一气质的男人；如果某一类得分超过8分，而其他三种类型的得分较低，则为一般的这一气质类型的男人；如果有两种类型的得分明显地超过另外两种类型，而且分数比较接近，则为混合型气质的男人，如胆汁质——多血质混合型；如果某一类型得分很低，而其他三种类型都不高，但很接近，则为三种气质的混合型男人，如多血质——胆汁质——黏液质混合型。

胆汁质：②、⑥、⑨、⑭、⑰、㉑、㉗、㉛、㊱。

黏液质：④、⑧、⑪、⑯、⑲、㉓、㉕、㉚、㉞。

多血质：①、⑦、⑩、⑬、⑱、㉒、㉖、㉙、㉝。

抑郁质：③、⑤、⑫、⑮、⑳、㉔、㉘、㉜、㉟。

（8）塑造男人

说实在的，女人眼中所谓的阳刚之气或男子汉气概大多是实用主义的，男人虽然知道这一点，也似乎十分乐意。因而，女人们大可名正言顺地去"帮他"成长为自己想象中的那种男子汉。

为了保证男人服从的幸福——这是女人带来的，不是其他男人或某种动物甚或上述社会体制之一带来的——男人一生有一系列的训练，此种训练开始得很早。女人很幸运，男人在儿时就由女人严密地管理，因为这样才最容易训练他。

男人自幼就习惯与女人相处，觉得有她们在场是"正常的"，她们不在场是"反常的"，这使他后来容易依赖女人。但是这种依赖不会严重，因为一种没有女人的生活只不过是改变了光景，正如某个人生于山地，搬到平地去住，他可能怀念山地的家园，但不可能回去，其他东西在其生活当中变得更为重要。

如果女人只鼓舞男人的一种模糊的罗曼蒂克"乡愁"——只是在星期天或离家

的时候才有这种感觉——没有直接的后果，那么对女人不会有利。她负责为了某一特定目的而直接训练男人：他必须工作，由她处理他的工作成果。女人在抚养她孩子的时候，就有这种想法，她使他产生一系列的制约反应，使他产生一切事物以满足她物质上的需要。她从男人1岁的时候起就这样操纵男人，其后男人受完教育的时候，会以女人对他的用处所作的评价，去判断自己的价值。只有在他得到她的称赞和对她产生有价值的东西之际，他才会高兴。

可以说女人已成为一种价值尺度，男人有时可能以这种尺度判断自己行动的价值。如果男人花些时间在没有价值的事情上，例如看足球，那么他最好赶快在这个尺度的正数方面增加活动，以补偿其负数，这说明了女人何以不太反对足球或其他运动。

制约一个男人最有用的因素之一是称赞。称赞的效果比较好而且长，可在男人一生当中长期使用。任何男人习惯于有条件地称赞，会把没有称赞视为不高兴。

寓称赞于训练有下列优点：使称赞的对象变成下属（称赞要有价值，必须来自上司，因此被称赞者使称赞者居于高位）；造成一种瘾君子（如无称赞，马上他就不知道自己是否有价值，忘记了自己的能力）；增加他的生产力（为了同样的成就和更大的成就，称赞都最有效）。

大人以笑脸和鼓励夸奖一个小男孩的时候——因他没有尿床，喝饮料喝得很干净——那么他已陷于一种良性循环。

他会照样动作，借以博取称赞和宠爱，如未得到赏识，他会尽量争取。他在恢复称赞时感到快乐已经使他上瘾了。

在孩子两三岁以前，母亲对于儿女，一视同仁，男女孩受到同样的操纵，直到注意卫生原则的时候为止。但从这个时候起，异性教育分道扬镳。女孩年龄越大，利用他人的艺术变得更加精进，男孩则更受到操纵，变成利用的对象。

在早期的操纵当中，玩玩具起到了一个很重要的作用。母亲起先会刺激其孩子们玩玩具的兴趣，然后她要利用这种兴趣。女孩会得到洋娃娃和一切必须装饰品——婴儿车、洋娃娃的小床和迷你茶具。男孩会得到女孩决不会得到的东西——拼装玩具、电动火车和飞机。因此女孩一开始就受到制约，和她的母亲认同，使其适于扮演女人。母亲称赞或谴责洋娃娃的时候，女孩也称赞或谴责洋娃娃。对于女孩来说，游戏吸引了领导的原则。女孩的教育和男孩的教育一样，都是基于称赞，不过是在她和女性角色认同的时候，所以她除了"女性"以外，决不需要任何东西。标准的价值永远由女人决定，因为只有女人才能评判她们自己的角色多么好。

一个男孩的所作所为都受到称赞，除了玩小玩偶以外。他造模型水库、桥梁和运河，坐小车去看这些东西如何发生作用，玩玩具手枪以及小规模的实习。一般来说，男孩子对于机械学、生物学和电视工程的基本原理已经懂得不少，全都是从个人经验得来。他能建造茅屋，并在模拟战争当中予以保护。他越表现主动，就越受到称赞。

女人认为男人真是一部机器——部非常的机器，如果她能解释，她的理想会是一个机器人，能够思考、计划、发展和生产一套理想的机能以适应每种新的情况（科学家们也在开发这种机器人，好为他们工作，为他们下决定，为他们思考，为他们处理其所得到的成果；可是这种机器人是没有生命的）。

男人在能选择自己的生活方式以前，老早就已上了必须受到称赞的瘾。在他的工作受到称赞的时候，他只有高兴，因为他是一个上了瘾的人。但因每个男人热衷于工作以利他自己的瘾头，他没有时间去帮助他人。男人的存在本来就是处于经常和其他男人竞争的状态。这是男人何以分秒必争想得到称赞的原因之一，得到别人称赞可能是他的唯一权利。有人始终会在家里等着告诉他，他什么时候好，有多么好。显然只有女人才最适于担任这个角色，在事实上，她已一辈子准备担任这个角色。

一个男人，例如一位成功的艺术家或科学家很少能够征服他的瘾头、到达这种田地——另一个男人的称赞使他满足。一旦某一方面的工作使得一个男人成功和有经济基础，他就很少会在另一方面考验他的能力，以满足他的好奇心。

男人的英雄情结

一个男人成长过程中如果没有过几个令他钦佩崇拜不已的人，那是不可思议的。这种人就是他心目中的"英雄"。男人与"英雄"的神交不仅仅是为了膜拜，更是为了"自己也变成那个英雄的样子"。这便是男人不会缺少英雄情结。

（1）什么是"英雄"

英雄的品格至少有三点，即强壮、智慧和想象力。这三个方面都体现为一种雄性的力量，这种力量无坚不摧。

每一代的男孩子都有供他们模仿的男子汉典型。这种典型的男子汉有一种取之不尽的、不仅能忍受痛苦而且还能禁得住任何感情打击的能力。这种英雄式的男子汉的脸谱不断地变化，因为时代在变化，然而关于英雄男子汉的这些品质却像地球的旋转轨道一样永远不变。

要问为什么"英雄"具有这种品格，说起来还是人们也这么认为。因为只有天下男人都这个样子，她们才能受到良好的保护和帮助。比如某个女人的车子抛锚了，她将怎么办？她会找个男人来帮忙。所幸他还有一手，他能很快地换好车胎，女人未付出任何代价，而男人不仅弄脏了衣服，还耽搁了生意；可是如果他发现她的车子又出了毛病，他还会去给她修理。而男人心目中的英雄则绝不是这样的。这一点他自己万万没有想到。

（2）男人生活中的第一英雄

很显然，在一个家庭中父亲很容易成为这样一个角色，成为另一个男人——他的儿子的第一个和最有影响的楷模。当然，他也将成为唯一一个直接受到挑战的英雄。这个男人或许珍视这一父子关系，或许勉强接受它，或许拒绝它，或者是他的父亲割断父子情。但是，在他一生中，他没有一天不感到父亲的存在与影响。有些人也许会矢口否认，但在内心深处不得不承认父亲的楷模作用和对他最初的崇拜意识。

　　每个男孩子都需要一个成人的男性助他成长，确立自己作为男性的根基。很明显，最合适和最重要的一位就是他的父亲。当儿子站近父亲时，有一种难以名状的感觉，这感觉给儿子一种自信和自觉，知道何为男人。因为对于一个小男孩来说，童年时的父亲统治好像一个巨人，给他荫庇。可惜这巨人却是蒙面的，除了荫庇外，他也带来威胁。

　　伟强今年 18 岁，四兄弟姊妹中排行第一。他非常高大健壮，内心却十分胆怯，不敢与别人交往，甚至连别人的目光也不敢接触。当问起他童年与父亲的关系时，他这样说：

　　"我觉得父亲好像一个蒙面的巨人，他是做制衣生意的，平时十分忙碌。我对他的感觉十分陌生，他好像蒙面一样。

　　他的工作世界是怎样的？他有什么梦想、恐惧和感受？我全不知晓。我觉得他只供养我却没有花时间认识我。在记忆中他每星期也不会花半个钟头陪我呢。

　　记得 7 岁那年，我很想学刷油漆，他教了我一会，见我笨手笨脚的，他干脆自己完成那件工作。当时我感到十分自卑，觉得爸爸是一个巨人，什么都会、什么都懂，而我一无是处。

　　自从他的生意愈来愈好后，他就根本不再教我任何技能了。到今日，我经常都有不及人的自卑感觉，我想或多或少是我父亲造成的。"

　　做儿子的男人终生都要扮演一个角色。不管他本人做了多少个孩子的父亲，他仍然是某个人的儿子。扮演这个终身角色常耗竭一个人的所有情感。这并非蓄意贬低母亲的重要性，对于多数男人来说，在许多方面她是重要支柱。然而，只有父亲的胜利——无论想象中的还是真正的胜利——才是一个男人最先学习并用于衡量自己，而后又被日益专注地加以研究的东西。对父亲作为一个"男子汉"所取得的成就进行研究以后，就会发现父亲原来并不那么"英雄"，这时做儿子的就要重新修正心目中父亲的形象、母亲的形象以及自己的形象。这往往使自己在一段时间内对父亲的局限性感到困惑。当然，这些认识最终将渐渐淡弱下去，随着年岁的增长，做儿子的愈来愈强地在自己身上感觉到了父亲的存在。

　　（3）反抗父亲：男人的第一次革命及其结局

　　一方面我们透过认同父亲来确立自己的男性特质，另一方面我们却透过反抗这位巨人来寻找自己的身份，这似乎是每个人都需要经过的风暴期。

　　伟强也不例外。自小父亲如军训般地管束他的日常生活，令伟强十分反感，但却无力反抗。稍大些时，他父亲便锁他在屋内，不准外出玩耍，经常强迫他读书，给他造成十分大的压力，又不懂与同辈相处。伟强长大了，父亲在他心目中不再是一个巨人，他起来向父亲挑战。伟强怎样开始革命的呢？

　　"我觉得他供我读书，无非是想我有好成绩来炫耀他自己，我偏不要。他要我学好英文，其实我最感兴趣的是美术设计，他又偏偏不让我学设计，我十分憎恨他，但他仍然有权有势。我不敢当面与他冲突，便故意将英文考得很差，上英文课时又跑到图书馆看美术设计书籍，作为暗地里的反叛。为何我不可以有我自己的方向和目标？我不愿意再活在他的阴影下。"

许多男人从父亲那学到了不少训诲，其中之一就是："尽管做你的男子汉去吧，只是不要为难了你的母亲。"父亲角色的一个重要内容就是划出母亲的地盘并把它向儿子指示出来。通常这位父亲从他自己的父亲那里听到的也是同样的训导。既然这训导曾使他父亲获益匪浅，如今也当会对他有所助益吧。这代代相习的家训谁也不特别当真，但令人恼火的是还要代代相续下去。

爱子之心人皆有之，这不用说。父亲们十有八九都愿意带他们的儿子去野营。然而通晓野营之道的却屈指可数，结果反而同众多其他的失败活动一起成了父子间鸿沟的代表。它本来是有可能成为田园诗意的、令人舒心惬意的男人之间的交往活动，可是对于为数众多的父亲和儿子来说，实际情形与美好的愿望相去甚远。倒是每周一次的信步远足、探幽觅胜，或者同龄朋友的聚会，少了父亲反而更合心意。

很多关于父子关系的文章和小说都是儿子写的，而很多时候，儿子都以受害者的角度来探讨父子关系，其实有欠公允。正如伟强的父亲一样，也受上一代父亲模式影响，事实上，父亲对儿子情感上的含蓄，可能是每个男性成长的特有产品，一代传一代。这并不代表父亲不爱儿子，他们就是没有学到与儿子亲近的法门吧！

与自己儿子亲近，并不是一件容易的事。一位令人敬重的长者，描述了他突破自己作为父亲形象时的情形："面对两个差不多跟自己一样高，已在高中读书的儿子，我鼓足了勇气，闭上眼睛，过去拥抱了他们。我从来没有这样做过，这是一个爆炸性的经验，对我对他们都是如此。一阵爱的洪流漫过我的心灵，这是我们父子间新关系、新感情的开始。"他便作了一首《浪父回头曲》，发人深省：

"……父亲就往远方去了，他的影子消失在办公室、公司、餐厅、会议厅、交际活动、朋友中间，这些曾使得他与子女难得一见。于是他醒悟过来，说，在我家里有可爱的太太和子女，我要起来回家去，对他们说，我得罪了天，也忽略了你们，从今以后……"

(4) 走出家门寻觅榜样

父子关系是极为微妙的，因为儿子总是在不断地长大，也要成为一个成年男人的。

一个男人看到父亲年事渐高，会感到一种莫名的怅惘和悲哀——它不可辩驳地证明自己也将要衰老，甚或觉得自己必死的命运是父亲的过错，就像基因遗传下来的其他致命缺点一样。他愈来愈对这第一位的榜样不厌其烦了。他们在与父亲的对抗与和解中走出家门。男人注定要从事他们的事业，去寻找他在社会上的位置。在这样一个竞争激烈的社会大舞台，男人需要更有力量的榜样。

正如鱼游于水，它很难体会没有水会是什么滋味；男孩子一出世也就被抛掷在竞争中，他们也很难想象没有竞争与竞赛的生活会是怎么回事。竞争是男人的本能，能胜利就更具有男子气概。因此，在男人的心目中，英雄往往是具有战士风格的。

在竞争的压力下，男性也就不知不觉穿上战士的盔甲。悲伤、怜悯等感觉是不容许的，因为在我们文明里，这些感受被视为弱者的象征，表现出来只会惹人取笑和欺负。在敌我阵线分明的情况下，我们愿放下自己的盔甲。

在童年与青年期，运动成为男性主要的战场。运动必须苦练技巧，许多少男不惜忍受痛楚为要得到别人的掌声。要做一个成功的运动员，他一定要有强烈取胜的精神，这精神驱使他视自己的身体为工具、机械甚至是武器，目的只有一个，就是要打倒对方。在战场上不容建立深厚的友情，成功比人际关系更重要。在这期间，学业上的成就也十分重要，但也不及运动场上的光荣那般肯定男性理想的形象。长大了，男性又将战场转移到工作场所去。

战士虽然可以在战场上取胜，但他同时也留下一些遗憾，日后非花加倍的心血，否则不能将之扭转过来。这包括他感受到的压抑，对亲密关系的回避，以及将工作作为唯一肯定自我的价值等等。

成年男子模仿他们心目中英雄的劲头决不亚于孩童，不同之点只是他们现在是在一个稍微大些的舞台上模仿，因而不那么显眼罢了。新闻英雄、体育英雄、电视电影英雄都可以而且也正在融入大多数男人日新月异的外表形象里。他们的遣词造句、陈述的语气等大多都是有出处和来头的，而多数来源不外乎当时的风云人物。

（5）走出一代代英雄的阴影

男人在一生中的不同时期有不同特点的英雄榜样，他们也在更新换代。这实际上是一个男人的自我超越与走向成熟。这个过程只能由男人自己来完成，无疑，男人所面临的这些人生课题是很艰难的，因为他们要面对许许多多的干扰因素，他的人生思路很容易被诱上不恰当的旁门左道。这时他的"英雄"形象就要变样了。他的"成功"便要大打折扣，说不定还要南辕北辙。在此中，女人的作用至关重要。

这些女人包括他的母亲、妻子、姐妹与女友。女人们尤其是亲密的爱人们该做些什么？

首先是要懂得他的需要。长大成人后，男人渐渐懂得他们在生活中的角色是要成为养家糊口的人，感到自己赚钱的本事是关系到本人乃至家人生存的核心因素。

女人如能审慎地接通男人工作自尊心的电路，补充其他的养料——鼓励、建议、赞扬、关心——便可以强化男人与她们的关系。不过，这并不意味着女人必须姑息他，或女人的事业并不重要。只是男人需要知道他的作用获得了承认和重视。

"自我"不是个肮脏的字眼，但它是个被误解的词。这个词是使我们的品格在最原始的精神要求（性要求的其中之一）和周围物质世界的要求之间保持平衡的控制标志，它给予我们"我们是谁"的观念。更确切地说，自我告诉："我"是谁，"我"在哪里，"我"何以为我。

如果人的结构像一部汽车的引擎，那么自我就如同化油器，它连接着油门踏板和活塞，使内力和外力协调一致。令人遗憾的是，人不能像汽车那样每行驶五千英里，就掀起引擎罩调整一下我们心理上的化油器，以便保持运转正常。

生活道路上的坎坷，损害了自我。坚强、自信的男人还会纳闷：早上起床去上班有什么意思，每天所做的大部分事情都要让自我承受沉重的冲击。每天拿着月票乘车上下班的苦差事；拒绝接电话的顾客、大喊账单价目太贵的客户、能损坏文件的影印机、通话时突然中断的电话机以及引起消化不良的食品等等，这一切难怪许多40岁左右的人会遭遇严重的中年危机。自我，即"我"是谁的意识，被严重地扭曲了。

当男人还是儿童时，如果很幸运地拥有明智、富有爱心的双亲，那么他幼小的自我就会不断地被巩固和强化，只要会做最简单的动作，就会受到称赞。突然，这一切都结束了。他已长大成人了。现在一只手震撼世界，另一只手一天三次、一星期五天地南征北讨，还难得到"谢谢你"这样一句赞誉。这里十分需要女人来夸奖男人的自我，他需要听到"好啦，好啦！"的安慰话。还因为女人和他的特殊关系，她比任何老板或朋友都了解这个男人的"我"。

人们需要互相照应，你安抚我的自我，我也要安抚你的自我。

这对女人来说，存在着明显的实际好处，因为当男人情绪低落时，也存在着使妇人情绪低落的危险，所以要使他振作起来。有时用简单的话语——诸如"你在工作上最出类拔萃的"——就可以给五个对工作感到厌倦的男人注入一剂真正的强心针。反之，在妇人遇到不顺心的事情时，会发现他会以他灵活的、强有力的自信出现在自己的身边。

结论的要点是：让男人知道，在女人的生活中，在那两个极重要的场所——卧室和工作间——他时时刻刻都是金牌得主，从而给他男人的信心。

关于人，有趣的是：当我们对自己感觉良好时，当我们的自尊心扶摇直上时，我们周围的第一个人——特别是那些我们喜欢和愿意接近的人——都将获益。可以向你保证，这是你一生中投入最少、收益最多的投资。不需股本、不需债券、不需现金股利来支持你在这方面所作的低额投资。

如果他在性生活和工作这两个易受伤害的领域中自我感觉良好，他肯定会回敬你的。好处就是他也懂得你同样需要自尊心，他对他的自尊心感觉良好，也就会反过来大大增强你的自尊心。

这里并不打算确定女人内在力量和自信的源泉。在本书中，解释男人的行为动机究竟是什么，这是件非常困难的事，谢谢你的谅解；这就是要把性和工作当成如此重要的自我因素加以集中讨论的理由。希望女士们能理解这些方面对男人是何等重要，并且明白男人就是不一样。

南希·格拉斯是个爱夸耀丈夫的人——大部分男人都喜欢这样的妻子。谈起她的丈夫，南希的脸上就会浮现出一种美妙的神情，而赞扬他个没完，太棒了！这小伙子多幸福啊！

男人是容易受拉拉队队长欺骗的人，鲍勃常以梅里丽在大学里当过拉拉队队长而取笑她，但她现在还是知道怎样为支持己方球队而鼓掌喝彩。几年前，她接受了她的家乡马里兰州北部一家报纸的采访，记者想采访一位当地有成就的女人事迹，梅里丽是美国广播公司6个广播网中3个网的新闻编导，正符合这个条件。当采访进行时，她大谈她丈夫对她的职业生涯多么重要，以及她爱他的品行、才华。鲍勃当时就在采访现场，感到无比自豪，更增强了自我意识。如果鲍勃对自己感到自豪，他只有对她也同样感到自豪才有意义。

在自尊心处于低潮时，夫妻关系容易出现麻烦，男人也会开始从其他女人、其他活动——也许是变换职业——寻找失落的自我，我处于相同的境地时也可能会那样。但是如果自己倾心、钟爱的女人在家庭里给身为男人的我们打上一针激励自尊的强针剂，真的，那会有助于巩固两人的关系。

女人有朝一日会发现，她们这些作为，都是为自己而做，因为她们在一个男人的成长中付出了心血，她们也将获得一个可心的男人。

男人的能力

　　男人的能力问题，不仅男人自己关心，可以说，女人更为关心。为什么这么说？因为男人对自己的生活往往不够苛求，而女人对男人能力的苛求，往往连锁反应地导致了男人对自己能力的苛求。相比较来说，女人的敌人是自己的缺陷，而男人的对手则是来自生活的各个角落。他们得在事业上出人头地，同时，还希望过上安定美满的家庭生活。要实现这些梦想，非得有点本事不行，虽然有时候运气显得那么关键。

男人的本质——相对于女人而言

　　女人发现男人有用之处，她们称之为大丈夫气概；其余凡是对她或其他任何人无用之处，一律叫人没有大丈夫气概。男人如想成功，其外表非有大丈夫气概不可，那就是说，他们必须添上他唯一存在的理由——工作。他的外表必须适应交给他的工作，必须贯彻始终。

　　大多数男人除了晚上穿彩条睡衣（上面至多有四个口袋）以外，都穿一种棕色、蓝色或灰色的制服——是用耐穿和耐脏的布料做的。这些制服或衣服，口袋多达 10 个，里面都是装些他们工作必要的工具。因为女人不工作，所以她们的衣服，不论是白天穿的或晚上穿的，都很少有口袋。

　　有些社会场合，男人可以穿黑色衣服，这种颜色容易显出斑点或污点，但是在这种场合，男人不可能弄脏自己。而且女人穿的衣服，色彩绚烂，正好成一强烈的对比。男人晚上偶然穿着红色或绿色的上衣，是可以的，因为对比起来，所有真正的男人似乎更有大丈夫气概。

　　男人其余的外表也适应情况。每两三个星期理一次发，每次只消 15 分钟。不作兴卷发、波浪和染色，因为这些名堂会影响他的工作。男人往往在露天工作或在露天待相当长的时间，所以复杂的发型可能是件麻烦事情。而且这种发型也不大可能受女人的欢迎，因为女人不像男人，她们向来不以审美的观点评判异性，所以大多数男人试过一两次表现与众不同之后，知道女人对他的追求表现不注意，也就恢复一种标准发型。胡子也是一样，只有过度敏感的男人——往往假装有点学问——要在精神上表现坚强，任其满面络腮，长多长，算多长，但是女人可以忍受这一点。因为胡子是男人性格的重要指标，也是性的象征。

通常一个男人每天早上要用3分钟时间拿电胡刀刮胡子。对于他的皮肤来说，肥皂和水就够好了。他所需要的是清洁，无需化妆，所以每个人都能看见他的本色。他的指甲应该尽量地短，以便工作。

除了结婚戒指以外，一个正正派派的男人不戴任何饰物。男人戴的手表不算精致，不算装饰品，因其设计显得笨重，即防水又防震，不能叫做饰物。通常由女人把手表给男人，是叫他们为她们工作。

真正的男人衬衫、内衣和袜子已经标准化了，只有尺码不同。可在任何店里买到，既不困难，又不费时。只有领带自由——所以男人往往用不着亲自去选，他让他的女人替他买。

有些男人每天上午8点钟小心翼翼地把轿车开出汽车间。有些男人还要早一个小时离开，去搭乘班车。还有些男人天还没亮就穿上工作服，带上午饭，去赶公共汽车、地下铁或火车到工厂或办公室。最不漂亮的女人也会利用最可怜的男人，命运真会作弄人。因为男人不像女人，只注意女人的外貌。所以女人当中比较值得向往的女人，往往都被钱比较多的男人挖走。

一个男人，不管他一天做什么或怎么做，有一件事情和所有的其他男人相同，就是每天都过得有辱身份。他自己过得没有什么收获，与他自己的生活也没有什么关系：他必须奋斗也不全是为了生活，因为奢侈对他毫无意义。这是事实：他为他人工作，他人为他非常骄傲。无疑地，他的写字台上放着他妻子儿女的照片。

一个男人做什么工作都没有关系——会计也好，医生也好，司机也好，经理也好——他一生中的每一瞬间都像一个无情的大系统当中的一个轮齿，这个系统专门为了尽量利用他，死而后已。

开辆公共汽车通过热闹的市镇，一定够刺激，可是始终是同一路线，同一时间，同一市镇，日复一日，年复一年，还有刺激吗？一个人指挥无数的工人工作，多么有权力感！但如突然体会到自己是他们的囚徒，不是他们的主人，作何感想？

我们早已不作儿戏，回忆儿时，我们游戏，很快就玩腻了，马上换另外一个。男子像个孩子，因为大半辈子只玩一种游戏，以致受到谴责，理由甚为明显：一旦发现他有某种天赋，他就专做一件事情。又因他在这方面能赚更多的钱，他就被迫永远做下去。如果他在学生时代长于算术，如果他有"数学头脑"，他就被判无期徒刑，一辈子搞数字，当会计、数学家、电脑作业员，因为他在这方面有最大的工作潜力。所以他要加数字、按电钮、加更多的数字，但他永远不能说："我干腻了，我要改行！"家庭生活的需求不准他找其他工作。为此，他可能要和竞争者拼命，争取高位，也许变成银行的主管。但是他为了争取高薪而付出的代价不是太大了吗？

一个男人改变他的生活方式或职业——对于男人来说，生活与职业同义——就被认为不可靠。如其改变一次以上，他就变成社会流氓，始终孤独。

害怕社会排斥，非得考虑不可。为什么人家是医生（此人儿时就爱看果酱瓶里的蝌蚪），一生检验人的大小便并宣告其结果？为什么有人一天到晚忙于和那些人人敬而远之的人混在一起？为什么一位钢琴家自幼就喜欢弹钢琴，真正一生喜欢一再弹肖邦的同一支梦幻曲？为什么有人做政客，小时候念书知道操纵人的成功术，长大以后仍旧说些话像是政府小公务员？他装模作样地仿佛喜欢听其他政客最愚蠢的闲扯，真是享受吗？他一定梦见过一种不同的生活。即令他有朝一日做了总统，代价不是太高了吗？

答案都是一个"不"字，不能假定男人这样做是为了快乐而不感到需要改变。他们这样，由于已经受到操纵，非这样做不可；他们整个人生只不过是一连串制约反射，一连串动物行动。如果一个男人不能够表现这些行动，减少了赚钱的能力，就会被认为是一种失败，将失去一切——妻子、家庭、人生的整个目的——而这些东西给他安全。

当然有人会说，一个男人失去这种赚钱的能力，就是自动地丢掉包袱。按理说，他对于这种愉快的结局应该高兴，但是自由不是他需要的最后东西。我们知道，他是根据"乐于不自由"的原则行事。被判终身自由比终身做奴隶还要糟糕。

男人就得有大事业吗

有句名言："工作着是美丽的"。不错，对一个男人则言，他对工作依恋是非常明显的，他对工作的感受更是相当复杂。这不是偶然的。无论在山顶洞还是在世界任何地方，考古学家们发掘出的所谓最早的人类文明，无不反复证明着这一观点。一块一头尖利的石块，是用来围捕野兽的工具；一小片中央带孔的光滑的龟甲——穿上草绳挂在女人的胸前一定非常漂亮——那很可能是我们腰系树叶的多情的男祖先为他心爱的女人制作的饰物。

（1）从被解聘说起

对一个男人来说，因为被认为工作不出色而解聘，那会是一种什么滋味？解聘，这个词真的是太直接了。需要有一个极为婉转的词来淡化裁员时的打击。

"对不起，你……星期五以后不用来了。"

一个男人被解雇，他就失去了生活的支柱，且伴随而来的是：收入的损失、生活窘迫、前途茫茫及自我形象破灭……连他来到地球上的理由也不复存在了。

他或许是一个情人、丈夫、父亲、兄弟、社区里受重视的一员，但没有了工作却使他茫然无措。

为什么男人不能展望他们未来的工作呢？

莱思，一名来自路易斯安那州的石油钻井工人，或许对这个问题作出了最好的回答。他说："我记得我小时候所经历过的第一次'像成年人一样'的谈话。有个男人顺着大路走到我们家房子旁边。他问我长大后打算做什么，我不记得我告诉他什么，可能是要做戴维·克罗克特或牛仔吧！"

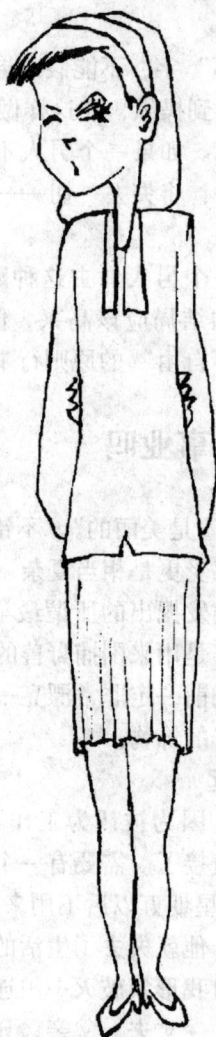

还会怎么样呢？你想成为什么样的人呢？你想做什么呢？女人也会被问到同样的问题，而且在女人升上公司中辞退解聘率最高的中层管理部门时，求职顾问这行预料会有越来越多的人前来加入。不过现在这里想集中讨论男人问题，以便让人理解：失业对男人来说，是一种重大的危机，且可能是他毕生的重大危机。

（2）男人需要工作

工作防止了人类成为其他物种的牺牲品——这一作用已够伟大了。达尔文在《物种起源》里说，人必须把自己从自然解放出来，才能最有效地抵抗自然法则——弱肉强食。自从人类第一次用自己的双脚站立在大地上并发现他那可以灵活自如地活动的手指之后，他就感觉到有必要把他的意志强加于四周环境之下。

很显然，如果不是这样，那个残酷的自然法则会轻而易举地使我们成为许多物种的菜单上的美味佳肴。幸亏我们好歹挺住了，坚持下来，而且征服了其他物种。正是我们人类的工作能力，把我们推上了地球生物类的峰巅。

工作对于人类的重要已经不言自明了，它是我们最重要的谋生手段——我们总得保持生存条件与继续繁衍下去。而对于一个男人来说，他必须得养家糊口呀，因此他必须得工作。然而仅仅如此吗？当然不。国外在一项对男人的生活态度的调查中，约有80%的已婚男人认为自己生活中第一重要的东西是“我的工作”。然而当他们被要求回答其生活中最讨厌的是什么时，至少有半数以上的人回答还是：“我的工作”。这真是一种奇怪的现象。这种奇怪的矛盾，道出了现代工作中的男人窘境。一方面，男人把工作看成是他生命的主心骨；另一方面，男人又对他的工作日益不满。这种自相矛盾往往导致男性工作者的迷惑和痛苦。

一个妻子曾这样说她对她丈夫与工作之间的那种关系：“工作意味着金钱，金钱意味着体面的生活。可是对我丈夫来说，那可就是另一回事了。他一天填进去10个小时，晚上和周末还要把活儿带回家来。他总是殚精竭虑地思考着他的工作，口口声声讨厌工作，但是讨厌归讨厌，就连钱多钱少也不当回事。即便我们明天一早起床就已经家财万贯，他也会照旧穿上衣服，一仰脖把咖啡一饮而尽，径直去办公室的，他仍然会工作不止。要他哪天撒手不干，难以想象。我倒总觉得仿佛他已被钉死在他的工作上。”

工作的吸引力来源何在，对一个男人来说，总是一笔糊涂账。偶尔谣言四起——确实只是谣言——说有些女人诱惑男人是因为他们会赚钱或有出人头地的工作头衔。许多男人应该已经听过这样的谣传了，所以他们失业时，害怕在他们的生活中失去对女人吸引力。换言之，没有工作，男人就一文不值。

戴维·布朗在《布朗氏中老年生活指南》一书中指出，他对大家熟知年事渐高的好莱坞大人物喜欢年轻女人的做法见解不同。他赞许喜剧演员麦龙·科恩的连珠妙语：“亲爱的，如果我失去了所有的钱财，你还会爱我吗？”“当然会”，洛莉塔回答道：“我会想念你的。”

那么，是因为女人的缘故了？或许是吧。然而应该承认，这也不过是“间或有之”。从下面这位男士的话中，便会发现，女人并不是其中的关键因素。关键因素就是：男人本来就是一种工作的动物。除此之外，没有别的什么原因了。如果有，那也只是次要的。瞧，他说："我不知道我为什么非得要工作。我过去曾经以为那是为了金钱，可后来发现并非如此。我的意思是，现在我还是为了金钱——我得养家糊口——可钱已不是重要的。例如，去年有一天早上我一醒来就撂下工作不想干了。我腻了，厌倦了，总是令人心烦的老一套，所以我想——为什么他妈的不撂呢？我和我妻子都是精打细算过日子的人，我们积蓄了那么一小笔钱。再说，我是钢铁工人，我这一行是很累人的活儿。我决定先优待自己三四个月的假期再说。我只想呆在家里舒坦一阵子。开始的时候，我觉得这样无比自由。这样持续了大约一个星期，接着，莫名其妙的心灰意懒出现了。一天比一天起得晚，因为，没了起床的理由，就算真的起了床也无处可去，到了月末，我觉得我不再像我了，我不再同任何人搭腔——老婆、小孩子们，我谁也不想搭理，甚至街坊上的那家酒吧也不再光顾，就好像我无脸见那些人似的，就好像我莫名其妙地不再是男子汉似的，好像我根本就不存在似的！……的确是这样！"

现在，应该明白这么一个真理，男人的的确确是在工作中体现出自己的性别的。他们的工作本身就是目的。尽管有许多其他的目的，但他们弄到底，也只不过是为工作而工作而已。

这一点是许多女人搞不明白的，因而她们在这一问题上的无知，也常常造成男人对她们的反感甚至厌恶。因此，工作出现危机的同时，婚姻问题很可能就冒出来。失业的男人开始感到厌烦、压抑和神经过敏，所以对于女人来说，避免争吵，多加体贴是她们要做的最重要的事情了。出现恼火的问题时，尽量避开，这是考验一个女人是否合格的时刻。男人有问题时，女人应尽可能等他在工作问题上有着落了，再去向他阐述自己的意见。直到危机消失之前，他都需要支持和参谋。

（3）男人的神话

上面讲到了男人与工作二者之间那种似乎神秘的关系，女人要真正了解到这一点，她就有了真正去尊重男人的可能。为什么不说是完全可能？美国汽车大王、一个成功的男人亨利·福特曾说："工作就是睿智，就是自尊，就是获拯救。因而工作不但不是灾祸，而是无比的恩泽。"男人的"睿智"、"自尊"、"获拯救"，都来自他的工作，因而他是要计较输赢的，是要掂量他所从事的工作具有什么样的意义的。他们拿职业衡量自己，也衡量别人。因此，工作愈重要，就愈意味着他个人的显赫、他个人的荣耀。

一个女性这样讲到她丈夫在工作上所进行的有意思的转变，这个故事多少有点男性的幽默在里边，但也真能说明男人的本质。她说：我的男朋友曾经是一个不折不扣的花花公子，成天东游西逛，肚子饿了才去打一阵临时工。但他却有着奢华的嗜好——汽车、潜水呼吸器和我，因此他下定决心要找一份稳定的工作。最后，他选择了一个管理培训班，转眼之间，他简直判若两人，整个人真是脱胎换骨。四个月以前，要是你问他他是谁的话，他会说："噢，我叫杰克，我一会儿干这个，一会儿干那个，我喜欢这东西，我讨厌那东西。"而现在你问他，他就说："我是初级经理。"一句不多，一句不少。他不再是个可怜虫，倒不是因为原来的工作下贱——下贱倒也是真的——而是因为那工作不够'重要'。我一直爱着这个复杂的人儿。

曾有人搞过一个调查，问题是"你是否愿意再次选择现在的职业?"结果非常有意思，也非常能说明问题。其中，数学家的愿意率为90%，律师为84%，记者为82%。这些可以说是"体面"的职业，男人们的认可率是相当高的；而另一些职业，则不同了，比如，熟练印刷工人的自愿重新选择率为52%，白领工人为43%，熟练钢铁工人为41%，纺织工人为31%，蓝领工人为24%，非熟练汽车工人仅为16%。

男人们的这些选择体现着极为务实的风格，这是社会生活本身结构的必然。在一个男人的世界里，凡事莫不与他的工作有些瓜葛。他的房子、他的汽车、他参加的协会、他通过奋斗而得到的各种荣耀，尤其是他内心的完整，都需要用工作来维持。从局外人的立场加以观察，一个男人紧张拼命地工作的原因往往似乎要么很现实——要是我丢了职业，我就付不起房租；要么微不足道——要是我丢了职业，我就打不成高尔夫球了。然而如果你想想他的家庭、他的高尔夫球俱乐部、他的衣服，他一切的一切都不仅仅是他的财富，更是他认识自己是谁的手段的话，那么男人和男人的职业之不可分割的交织在一起这一点就会变得更加一目了然。

男人们应该干大事业，这种观念，从工业革命以来就一直盛行着。不仅男人这么自认为，女人们更这样认为。19世纪美国流传着一首诗，其结尾是这样写的："我坚信一个男人与其活着就了结他的工作，那倒不如干脆将他自己的生命先行了结。"这首多少有些粗野的诗，竟出自一位妇女的笔下! 简直可以说，男人们的这种自评，在很大程度上是被他们的异性同胞操纵的结果。假如一个男人干的既非大事业，而且又不能成功，那么他到底算什么男子汉呢? 这真是一条严酷的社会准则!

因此，曾有男人这样写道："工作是男人的世界。"事情果真如此吗? 还不如认为，是多少年来女人们的怂恿和灌迷魂汤的结果。社会分工一旦形成，便成了社会这个庞大机器运转起来的一种"技术设计"，只要这个机器的"型号"不变，便难以更改其"设计"。平心而论，男人们——尤其是那些从事高度专业化工作的男人们——对于他们为社会做出了什么贡献并不总是心中有底的。这种心中无底的惶惶不安，产生了许多笼罩着男人和工作的神话：男人是播种人，男人是世界的创造者，男人是冒险家，男人是征服者。

（4）男性工作狂

男性和工作的神话的一个重要效应，就是滋生男性工作狂，可以肯定，男性工作狂要高出女性工作狂的多少倍是一个不争的事实，在公司里一定不乏这样的人：他每天投身办公室12到14个小时。他不知道周末，也从未听说过假期。就算他有时睡得着觉也睡眠极差。他过不上正常的家庭生活。甚至连家庭也没有。他从来没有安宁的日子，却总是很活跃，他的情绪总是一有厌倦就马上转成焦虑，可他好像从来没有时间锻炼身体或是放松自己。他唯一的消遣就是吃饭、喝水、睡觉。他驾起车来快如流星，对自己他也快马加鞭。这是典型工作狂的生活方式。

这种"病症"的起因众说纷纭。有一些专家把它同逞强好斗的个性联系起来，而另外有些专家则认为造成这种症状的根源是所谓"男子汉准则"，少数精神病学家则指出，这是人类无意识层次上故意自杀的一种表现形式。实际上，它在很大程度上是男性神话的一种极端表现。

工作狂的危害是相当大的。有人甚至认为：你可知道在现代国家里首当其冲的职业危险是什么？不，既不是工伤事故，也不是肺病，也不是任何一种和职业有关的伤残和疾病，而是工作狂。这或许言过其实了，但人们对它的巨大危害几乎是没有异议的。直截了当地说，工作狂是一个当代杀手。当然，在持久地拼命工作的男人中间，心脏病和脑中风是两大典型的疾病，此外还有一些同工作狂有关的其他疾病，如：消化道溃疡、酗酒、关节炎、风湿性关节炎、高血压、吸毒、精神分裂症以及阳痿等。工作狂在其他方面也对成者败者"一视同仁"。引起此症的不是一个人的工作性质而是他的工作态度。装配线上的工人和空中交通管制人员同样都可能成为其牺牲品。实际上停止工作往往并不能根除这种病，即便他熬到了退休年龄而未死，这位工作狂患者还常常会发现他自己已经被桎梏在根深蒂固的工作习惯之中了。

工作狂患者中短寿现象多是极为明显的。琼·戈梅斯博士曾作过一个细致的调查，广泛深入地研究了多种工作条件，他得出的结论之一是，在1993年年度，美国大约20万15至55岁的男人死亡，其首要原因就是工作狂，这真是令人感叹，社会高度进步，人类文明快速发展，而男人们则日益走向一种尴尬的境地，那么未来等待他们的究竟是什么呢？

男人们付出的代价是惨重的。这一点，相信有良心的女人，也必能同意。

（5）办公室里的男人之间

一个事业上颇有成就的女经理这样写道："我喜欢把自己看成是一名强悍的女人。可是比起同办公室里的男人们来，我是小巫见大巫。有时我简直不能相信那帮家伙！一有好机会，马上抓过去。总是尔虞我诈，总是巴不得一把卡死对方，糟糕透顶。我是说，有的时候他们甚至斗得人仰马翻，鲜血淋淋。当然，我不是说他们喜欢这样。"

个个男人都怀着雄心要干一份像样的事业，而那些"体面的"、"有责任"的职位，毕竟有限，于是男人之间的竞争便不可避免了。这位女经理的观察可以说是非常准确的。

办公室里的男人之间有着一种微妙的关系。一方面，他得拼搏——拼搏以养家糊口，使他们居有其室、身有其衣；另一方面，他还提拼杀——拼杀以赶跑那些虽然新出现，但却是同样可以致人死命的凶禽猛兽。合作和竞争永远是紧密相连的一对连体兄弟。新来的那个小伙子脱颖而出，办公桌对面的家伙锋芒毕露……而且总还会有另外某个家伙，在同样的刺激下等待着一旦他蹒跚踉跄、力不从心，就冲上前来取而代之。面对这些威胁，男人们似乎比在原始丛林中面对一头狮子更加精神紧张，小心翼翼。

无论这种男人间的"战争"是多么不足挂齿，但得胜后的喜悦却不是可以信手抛开的东西。有人将男人的一天班概括成一系列的危机，而每一次危机都有得有失。分而论之，这样的危机往往是微不足道的。然而如果积微成著，它们给人的胜利的喜悦，同在赌场上赢光了庄家的钱实在是相差无几。这种现象可以说成是对失意沮丧的一种补偿。然而成功地战胜了挑战之后的那份喜悦，却是发自内心的。至于所对付的挑战是否撼天动地，则无关紧要。因为男人们虽然变得对工作越来越不抱幻想，但他们还是从一天劳累的工作中获得了极大的满足。

然而，胜利还不是大多数男人从他们的工作中获得的主要报偿。其部分原因在于，倾心竭力地去赢得胜利正如倾心竭力地去玩耍一样，既令人畅快淋漓，同时又令人劳累不堪。

（6）事业上的导师

男人有许多榜样，他们把这些榜样视为成功的经典，来指导自己的事业进展。一位成功人士说过："能将一些重要人物视如导师，化为自己仿效的榜样，是成人发展的主要来源。"是不是"主要来源"，这里且不管，在实际生活中，我们知道得很清楚，男人们总在这样做着。

在希腊神话中，"Mentor"是一位可信任的朋友的名字，他在希腊神尤利西斯不在家期间，负责保护、教养、教导尤利西斯的儿子成人。这位导师是一位长者，他有如牧羊人一般培养年轻人成长。

这希腊神话正描绘出这一代的悲哀。有人形容这一代是没有父亲的一代，当我们想寻找进入成人世界的模范，爸爸却不在家，无师可从；即使爸爸在家，我们又会觉得他变得过于懦弱和落伍，不值得我们仿效。我们却没有尤利西斯的儿子那么幸福，有一位良师陪伴我们成长。

在这个人际疏离、生活节奏急速的现代社会里，友情已经难以建立，更何况良师呢！曾经有位朋友说，在苦觅良师未获的处境下，暂时只能通过听讲座录音带，弥补这缺欠。

在一个人的成长过程中，他不时渴望找到良师。在中学时期的师兄身上，学习领袖才能；在学校老师口中，获得知识的启发；在初上任工作的地方，找到事业发展的指引。只可惜很多这样的人物，出现片时就消失，他们也没有准备付出情感的投资；又或者经过一段时间接触，他们的一些缺点也会令人非常失望。但一位好的导师又实在对我们事业和梦想有很大的裨益。

西方很多年轻人，都以他们有一位导师为时尚，仿佛这是踏上成功的象征。

无疑，一个初入工作世界的男性，可说是这行业的学徒，在经验不足及地位低微的情况下，他往往要按指示工作，从旁协助和学习，非经过一段摸索期，很难独当一面。此时期若获良师指点，他定能稳步向上。

在心理上，导师更可以肯定后进的工作表现，提供角色上的模范，甚至付出情感上的支持。

以上好像画出一副很理想的图画。在现实生活中，建立与良师的关系并不简单，因为师徒之间往往涉及情感的联系，若处理不当，这关系会演变成竞争和决裂，以致双方都感到难堪与挫你应该那样败。

此外，除了渴求在导师身上获得事业发展的指引外，人们也希望导师能补足自已因"没有父亲"带来的缺欠，难怪人们在寻觅良师的过程中，心情上进退维谷，希望被了解，又怕向前一步。

志远今年29岁，结婚刚两年。他中学毕业便入银行当低级职员，转眼10年便过去了，他在同一家公司工作10年，经历不少人情冷暖。几经奋斗，他终于晋升为分行经理，眼看一些目不识丁的大学生，扶摇直上，甚至越级跳，他内心有些愤愤不平，奈何自己智商高学位低。

在他工作的10年间，或许有一些经理，除了给他富于挑战性的任务之外，谈不上是他的导师，偶然在午饭间点拨一两句，已经十分难得。在情感上的支持，反而多来自同辈级的同事。

晚间，志远进修宗教哲学。经过10年的银行生涯，他很希望寻求转变，希望有朝一日能当宗教哲学的讲师。但这一百八十度转变实在太大，可以说是从零开始，站在十字路口，他有点迷惘，想得到一些过来人的指引。

志远的父亲是一位严父，不易亲近。他自己是一位工人，听过很多人在银行业上，从后生做起能升至总经理，所以他也期望自己唯一的儿子能事业有成。他望子成龙的心态给志远很大压力，他进修宗教哲学3年来瞒着父亲，怕他用权威反对他。因为志远在银行也算是略有所成，转行对他父亲来说，是一个希望的幻灭。

在他30岁过渡期间，他寻求工作方向的转变，能得到导师的指导和认同是十分重要的。

在近一年间，他在教会认识了一位长者，平时从长者言谈之中，志远相信他能成为自己的良师。他这样形容这位导师："这位长者大约45岁左右，是大专讲师。他聪明，为人坦诚、开放，在一些公共场合中，能坦然分享他的梦想、他的执着。这是我十分欣赏的。他虽然有自己的执着，但那些执着是经过深思的，所以给我一种稳重带有热情的印象。像他这把年纪还有梦想是十分难得的。"

当问及这位长者与他父亲是否有相似的地方，他很坦白地回答："没有，或许干脆说，我在这位长者身上寻找我父亲所缺欠的。"

志远在考虑工作学业上的转向，很想找这位导师倾谈，但他正处于"进退两难"的心态。正因为对这位长者的敬仰，他怕一旦这位长者否定他的抉择方向，他会十分颓丧。此外，这位长者虽然和蔼可亲，毕竟是一位权威人物，志远怕父亲权威的影子，也夹杂在这份导师关系上。经过几星期的挣扎，他才鼓起勇气写信给长者，除了交代一些疑问外，他便希望能与长者有见面倾谈的机会。这位长者是位大忙人，志远已经"打定输数"，不敢期望太高。

希望志远的这封书信，能打开这份宝贵的导师关系，得到在事业方向上的指引。

(7) 三十而立

突然，哨子一响，高亢的歌声显得无力。所有在跑道上的男士都要停下来，因为社会时钟已来到30岁。古人有云：三十而立，成败也好，将来际遇怎样也好，每个人都要站在自己的轨道上，来一个中期测验。已经30岁了，妈妈说：你应该那样；爸爸说：你应该那样；女友说：人家的男友这样好；未来的岳母说：人家的女婿那样好。你大声回答，带点怒气：不用你们说这说那，我比你们更急。

每个社会都为我们定了一些里程碑。昔日，男儿20岁左右就要成家立室；今日，过了35岁仍未结婚，人家会认为你以事业为重，不足为怪。但过了这大限，人家就在背后说你必定有什么问题。即使是现代化的香港，女子30岁未婚，仍然受到很大的社会、朋辈的压力。

在事业上来说，30岁是定男性成功的一个里程碑。因为在进入成人世界（22－28岁）已经六七年时间，工作上已经有了一个定向，每月有多少薪金？在职业的梯级上到了第几级？明眼人，碰到面问一两句工作近况就明白了。若有旧同学叙旧，这社会时钟的压力更明显。同学甲已经是某公司的经理，同学乙在英美进修博士学位，同学丙已成家立室，住某某高档住宅。一时间，一个同学的近况就是一把尺度，自己又怎样呢？30岁了，立了什么？

为了达到这30岁的目标，不惜夜以继日地工作，一首歌的歌词："工作，休息，再工作"是很多男性的生活写照，十八、二十年轻时脸上的光彩，披上了倦容。有人这样慨叹："男性为了生计却忘了生活。"

台湾心理学家研究中国男人的生涯观时，更扬言男性的"生命死于30岁"。其中一位作者分析了四个可能性，试看文章的分题便知一二：

1. 生命死于规律的钟摆
2. 生命死于江湖的迷阵
3. 生命死于茫然的无奈
4. 生命死于借口的渊薮

第一种是提早走向，很快找到安定的工作，却迷失于安定，耽于形式，太满足现状而淡化心灵的追求。

第二种是在忙与盲中失去自我的存在，忙与盲两字都从亡，一个失掉了心，一个失掉了眼，往往有了"人在江湖，身不由己"的感觉，成了"成功的囚犯"。

第三种是经历了不少挫折而灰心丧志，在物竞天择的社会，他们坐看岁月带走年华，希望留在脑海。

第四种同样是面对生命的限制，工作的挫折，他们却不是向内的无奈，而是向外的投诉，抱怨时间不足、环境限制，机会却在抱怨声中溜走。

若以社会成败来衡量，前两种或许可说是成功，但却失去了自我的追寻；后两种可说是失败，有很多无奈与苦衷。无疑，没有经过反思的生命是缺乏方向的，既然社会时钟强迫我们静下来自我评估，我们何妨多走一步，溯本思源，不妨反问社会加诸于我们身上的成败标准，是否合理？有否过时？

（8）面对挫败

志昌今年刚刚三十出头，是一名小学教师，家中有三兄弟姊妹，他排行第二。

他的父亲是一个打铁匠，在外工作，偶尔回家一趟。他对志昌的管教十分严厉，望子成龙。无奈志昌自小读书成绩往往比不上弟弟，上学五年级便要请补习老师，好不容易才进入一所男子中学。他成绩有些许进步，父亲却毫不称赞，反取笑他不及弟弟。

在中学期间，他的成绩也没有改善，补习也无济于事。他个子瘦小，球场上的比赛从来没有他的份儿。在考场和球场上都失意的志昌，挫败感和羞怯感常伴他左右。他曾一度发愤乒乓球，在学校丙级球赛的光彩却被父亲完全否定，还骂他学业成绩差还不知上进，只顾玩耍。

中学毕业成绩不理想，他勉强入了师范，在万般不如意的情况下完成师范后任教于小学，经常郁郁不得志。为了获取一个学位，他计划到英国进修。岂料在学习期间因过度紧张身体无法支持，终于在成绩优异但身体不适下，暂停学业回国。

现在回想起来，志昌明白自己面对新挑战的心境，有两种情绪导致他走入死胡同。

第一个死胡同是急于求成。他愈希望以新的成功抹去过去的失败，就愈难忍受在尝试过程中出现的起伏，因为怕多走冤枉路，怕成功的期待过久。这样急躁要成功的心态，带给他万分紧张。

第二个死胡同是恐惧带来的。失败经验愈多，面对另一次考验时，恐惧再失败的情绪愈容易使他整个意志瘫痪，所以志昌虽然有时显得急躁，但有时却把事情推到最后才完成。这种有意无意的拖延，实际是恐惧再失败的防御。请看下面的公式：

自我价值 ＝ 能力拖延 ≠ 表现

拖延使"能力"不再等同"表现"，因为拖延给我们一种未尽全力的感觉，我们可以有借口说：若时间充裕，我定能表现更佳；或者在拖延情况下仍然表现良好，我们可以得到怎样的肯定。

志昌慢慢明白，急躁与恐惧背后，是因为他以社会的成收标准来衡量自己，以为自己在学位这一方面的失败，就等同于整个人的失败。经过一段辅导过程，他开始学习欣赏自己一些内在的素质，如对人的同情和助人的心，也重视教学的意义，希望自己在教学上，能帮助学生正确的价值观与自信。

（9）为自己重新定义成功

男人只以事业成就作为身份的肯定，事业成败就等同整个人的成败。这就像一间屋子，只有一根支柱作支撑，取去这根支柱，整间屋子便倒塌。

难怪很多男人退休后就衰退得令人吃惊。《推销员之死》一剧中的主角威利是典型的例子，他被老板解雇后，仍然每日提着公事包假装上工，最后他自杀死了，因为工作是他生命的全部，没有工作，生活还有什么意义。

一间屋子要稳固，需要多根支柱作支撑。同样，一个人要活得快乐而有意义，也需要多方面的支持。事业成败绝不可能是生命的全部。若事业成功了，却赔上生命中很多美善的事物，这又有什么意义呢！

每个人都可以为自己的成功下定义，不要将这权利假手他人。

有位朋友曾提出一个发人深省的问题，她说："假若你今死去，在你的葬礼纪念文中，你希望别人记起你一生中哪些最有意义的事情呢？"

相信这问题的答案能助我们避免走上盲目的"成功之旅"。

千金一诺——男人为什么重信用

读过《水浒传》的人，一定对那些江湖好汉的"重诺"精神留下深深的印象。当然，那些人物都是"义士"，这世界的"义士"本来是不太多的，那么现在的男人怎么来对待承诺问题？

（1）从两性关系说起

男人通常与承诺是极少有关联的，然而"为什么男人害怕作出承诺呢？"

许多心理学家认为两性关系对男人来说并不如对女人那样重要。这话未必正确。两性关系对男人并不是不重要，而是男人把它摆的位置和女人不一样。两性关系不是我们第一要考虑的事。如果按等级表排列，工作很可能被赋予较高的位置，不过，这并不是就此确定下来。总之在生活中孰先孰后，男人和女人之间存在着极大的差异。

有足够的证据使人信服：将女性的标准、伦理道德和语言加之于男人身上，势必会大失所望的（男人对女人也同样如此）。我们不得不一再提到差异，因为这是问题的核心。女人要男人做出承诺，以及她们期望男人界定这个词的方法，导致她们得出这种结论：我们一怕承诺，二想完全逃避。有的男人怕了，有的男人中断关系，溜之大吉，但是这种通用的结论不见得适用于每一种具体情况。

两性关系对男人来说虽不像对女人那样重要，但它还是重要的。只不过男人和女人是根据不同的时间表行事罢了。在两性关系的早期，女人比男人更关心永恒的承诺，一个女人可能在和一个男伴发生关系的 6 个月后就准备安家，但是做出同样的决定男人就要用 18 个月。或许女人不得不确定一个期限，但女人首先得根据这个人的时间表给他足够的时间，然后再要求承诺。

到底需要多长的时间呢？每对恋人各不相同，但你可以找一位从长远观点观察这类关系发展情况的男人咨询，以推进这个过程，减少自己的某些挫折。如果从男伴那里得到的是哼哼哈哈、一再支吾，那么女人就该认真考虑结束这种关系。如果他含含糊糊难以捉摸，而承诺对你又很重要，那就没有其他可接受的选择了。

问题像种子，不会马上开花结果，但问题一旦被提起，就会像种子一样发芽，生长。许多男人倾向于固定在现在——行为发生的今天，这就使未来成了一个相当抽象的概念。所以你的问题就是把他的注意力集中在他以往总是摆在明天的日程表上的事。通过发问，把未来变成了现在。

对方的回答会给你一个粗略的观念，火车几时到，到底是一辆特快车还是每站必停的慢车。同时还应问自己几个问题：值得等吗？我能等下去吗？我走的路线对了吗？

（2）调整你的表

约翰有许多优点，但却独独缺少敏锐性，这使他和伊丽莎白的关系遭到了挫折。

他完全、彻底地坠入了情网，可惜的是，他不能将这种情况告诉那个女孩。他们交往了几个月后，她仍住在自己家里，不过有许多夜晚在约翰的家中度过了闲暇时间。伊丽莎白把她的一些衣服搬来放进约翰的衣橱，而他也给她一间浴室作为她的私人空间。所有这些，就约翰看来，就是一种承诺：通过行动他就是在说："你就是那个我寻找的伴侣。"

问题是他应当站出来讲明白，而不是以沉默的方式来表现。约翰似乎未察觉伊丽莎白需要听到这些话，需要听到他对她表达他的爱和承诺。所以约翰的"行动语言"是无济于事的。不过伊丽莎白的交流也没有成功，因为她从没有和约翰讨论他为什么不愿意进一步发展他们的关系，她想知道他们的未来，但约翰就只知过一天是一天。这种不明确的态度渐渐损害了他俩的关系。伊丽莎白希望结婚，在她看来，只有主动求婚才能挽救他们的关系。

伊丽莎白知道事情正走下坡，她希望约翰也能意识到这一点并有所表示，但约翰还是用他的行动语言。在他看来，伊丽莎白是幸福的，他们不是仍在他的房子里共度闲暇时光吗？难道她没有书房装上她的打字机吗？性生活不是很美妙吗？

当伊丽莎白终于告诉约翰要离开时，他陷于沮丧之中，长久以来约翰一直没对伊丽莎白的需要予以注意。

约翰试图用更多的行动来表达，但他仍然不能和伊丽莎白沟通，他们的承诺定义是完全不同的。他认为承诺就是合居一屋，共享乐趣，同睡一床，同时约翰只和伊丽莎白保持性关系。这对他来说，就等于牺牲他的右臂，只因他被她弄得神魂颠倒，以致情愿断绝和其他女人的友谊，他真打算那样做。他对其他女人已没有兴趣了，据我所知，这对他是一次巨大的打击，因为他是那种相信性生活为"你不用就丢掉"的男人。他很潇洒，有魅力，在家乡也是位著名人士。

直到伊丽莎白作出结束这种关系的决定以前，约翰保证要对他们俩的关系采取行动。但他和她对两性关系与承诺的观点仍互不相同，伊丽莎白告诉约翰，他的行动以及他的话——来得太晚了。

伊丽莎白对约翰的信任，在他们关系的早期就开始衰竭了，因为那时她盼望他求婚。如果伊丽莎白在适宜的时候告诉约翰她想突破这种关系，结局可能会不一样。虽然约翰认为结婚对他也许不会产生真正的激情，但至少他注意到伊丽莎白的感情了，且他并不愿意在分手之后很快投入到另一次恋爱中。同时伊丽莎白也了解约翰虽然缺乏她所要的那种承诺，但并没有对她三心二意。

约翰和伊丽莎白没有进行必要的交流，她的火车在他到来之前就已离站远行了。她迎着东方的黎明启程，而他还在崎岖的路上缓行。

（3）承诺与年龄的关系

在很多情况下，承诺与年龄有着非常密切的关系。一位20多岁的年轻人若要做出承诺，那他必须克服要求他在事业和两性关系之间作出选择的担心。同时在一生中的这一特殊时期，很难让小伙子专注不与职业有关的事，因为他们正忙于学习工作、谋取技能，此时虽然精力旺盛，但每天12小时或者15小时他都在忙着工作，他的压力很大，因此，做出承诺便不容易些。

从26到30岁上下，事业也有些基础了，男人便开始热衷于承担义务的念头了。此时，他们也更有兴趣和女人共享他们的生活。

有关年龄因素的另一方面是生理问题。男人直到六七十岁、七八十岁仍有性欲和生育能力。只要不太晚，男人在养家方面并不会感到时间压力。男人也和女人一样，需要爱，需要由这种爱带来的安全和温暖，但他们也需要控制，对他们来说，这是成年人的处事方式。

（4）"再度回到家里"

有些男人认为，采用"故作姿态"的办法，如假装恋爱，作假承诺等等，便能既拥有支配权，又能在两性关系中得到满足。然而，"共享"在任何健康的两性关系中都是一个中心因素，如果他不能分担责任——即不愿和他所爱的人分享支配权——那么这个空虚之点是无法用轻松的交谈和火热的姿态掩盖得了的。

对于支配来说，挟制、凌辱的行动是一种神经质的征兆。尽管我们多数人知道，中止这种事情要付出很高的代价。一个曾坠入爱河的男人说那种经历"像再度回到家里"。这是多么伟大的想象啊！如果我们愿意做出承诺并爱其所爱，我们都能够再度回到家里。

即使如此，实际的矛盾心理却仍存在，因此你可以明白，由于人们都会有些担心他们最需要的东西，结果往往担心越重，爱欲越强。因为担心是否能得到的结局，我们便在最深层情欲的四周树立了一道藩篱。

因此，男人为了得到他所要的爱，又怕失去那从孩提时代就奋斗以求的支配权，此时如他还是一个不满二十四五岁的青年，那么他在青春期痛苦的反叛心理中留下的伤口必定尚未愈合，此时有关承诺的事不免令人害怕。

（5）做出承诺不易的另一证明

对于争取保有支配权的男人而言，这种情节是很典型的：起居室里坐着一对夫妇，男的在看电视，忽然觉得屋里热了一点，便起身去开空调。他正要伸手去按开关时，正在看书的妻子头也不抬地说："起床的时候为什么不开呢？"他马上停了下来。如果这时候开空调，意味着不遵从妻子吩咐的问题。他可能与妻争辩，当然也可能打开窗户。由此看来，重新确立支配权首先都是必须针对一些琐事。男人听这个故事时，他们总是点头，还说他们做的正是这样的事。

有些女人也对此点头，男人和女人都对放弃支配权的事具有复杂的感情。尽管如此，还是有许多关于男人不想长大的事，这就可以解释为什么男人不能做出承诺。《彼得·潘综合症》是一本很流行的书，书中讲述男孩彼得如何把温迪等小孩从虎克船长那里救出来的故事，他会飞，但是不能也不愿长大。

饭店老板塞尔谈起他即将要结婚了，有人却取笑他"要被拴住了"。塞尔摇摇头说："正相反，是我必须拴住她，是我要结婚的……她并没有催我。"

没有人必须告诉塞尔，做出承诺是桩冒险且为难的事。近几十年社会模式的变化并没使承诺变得稍微容易些，我们已经错过了一些文化上的交叉路口，而这些路口却标志着一生中承诺和结婚看起来是不可避免的自然阶段。中学毕业就结婚，过去一度是约定俗成的现在大专院校的最后一年往往和订婚戒指有一种不解之缘，当兵服役回来是另一次提出该安家的时刻。现在，我们仍照此行事，直到我们感到篮球校队的夹克莫名其妙地变小了，再也拉不上拉链了。

（6）与离婚的男人相处必须放慢加速

小心那些刚刚离婚或失恋男人，他们的承诺如果是急于做出的，往往要多加推敲。有位男士就是失恋后立即行动的一个好例子。他与辛迪离婚不久，就向他的女友马蒂求婚。

有人告诫马蒂，在投入第二次婚姻前，要对第一次婚姻进行反思，甚至应考虑找专家咨询，以便知道错误在哪里。但显然，他有下意识的需要，想在第二次婚姻中得到满足，而这一点在第一次婚姻中并没有解决。而现在，辛迪第二已让位了，已有辛迪第三、辛迪第四了。

这并不是说离婚的男人都中了毒，只是他们需要时间，需要至少一年来调整自己。这就好比进行房屋外部装修，你不要去整修暴风雨刚冲刷过的地方，而应等到太阳出来，墙干了之后再工作。

（7）判断你感兴趣的男人是否属于"承诺型"

假如你不信命相之事，那么，判断你感兴趣的男人是不是"承诺型"是很费力的。不过有件事可以试试看，这就是听他讲他的前妻或过去的女友。所以，此时你不妨很有礼貌地问一些恰当的问题："事情为什么没有成功？""问题是什么时候开始的？"这样你就会听到警铃正在远方敲响。你们在谈论了他的过去之后，还可以谈论他的未来，如在生活中他常想做些什么，他常去哪些地方等。在两性关系的最初日子里，你别指望看到你的芳名用大写字母写进剧本里，因为要达到这一步还为时过早，不过你应当能够辨别他是否在打算演一出多集独角戏。为了说明这一点，这里有个例子。谈到工作与家庭如何兼顾的难处，有位男士说他很喜欢他的工作，为此还立了一条规矩且把这规矩告诉了他所有的女友：他决不让任何事阻碍他的工作。他共结过三次婚；他的几个前妻都将婚姻破裂归咎为他的工作狂。对此，他却振振有词地说："她们总不能怪我不曾有言在先吧！"

电影和书籍可能培养我们的观察力。他喜欢看什么书、哪类电视节目？他喜爱的银幕英雄是否为"真诚"、"孤独"、"今天好明天散"这几种类型呢？文学和戏剧涉及许多对两性关系极重要的尖锐问题，你可以跟他聊聊小说、戏剧的结局，情节变化，人物冲突以及如何解决等问题。不是有人说生活模仿艺术吗？

此外最重要的还是要仔细听对方讲话。有时我们会被爱河激情堵塞了我们的双耳，淹没了我们的理性。所以，假如你平心静气地听他说话，你会了解到很多他对承诺的感受。

（8）男人一旦做出承诺

比较而言，男人的承诺比女人的承诺往往还是要可靠得多，尤其当这种承诺是对女人做出的时候。

严格地讲，成熟的男人是不轻易做出承诺的，但一旦他决定做出某种承诺，那么这种诺言便立刻变成一种责任，当然同时也成为一种负担，他将想方设法、竭尽全力去履行。也因为如此，从男人对做出承诺的态度往往可以看出他的责任感和对自己的估计。

有些女人在种种问题上都想要男人向她们做出保证，这是一种贪婪本性的表现。但在某些关键问题上，是不可马虎的，尤其是感情问题上，真正有情的男人并不会指天起誓，一定要"海枯石烂"之类。男人的爱——这里指成熟男人的——往往比女人深沉得多。

男人为什么喜欢运动

男人喜欢体育运动，不仅仅是一种英雄情结所致，还有更为复杂的原因，这也是男人的生活多姿多彩的缘故。

（1）男人主演的"电视连续剧"

首先，吸引观众的运动项目像是男人在演电视连续剧。许多女人看连续剧为剧中的情节、人物和风流韵事而入了迷。体育也是一样，有开局，对峙，可能还有精彩的高潮。它是逃避现实，躲避生活中沉重负担的一种方法。

体育也是男性结合在一起的一种形式。比赛，这里说的是参加运动，不会让男人互相疏远，而是让他们更紧密地联系在一起。一些体育界的激烈竞争者，他们互相尊重，后来便成了最要好的朋友。在拳击比赛中可常见到这种情况，两个拳击手打了15局，最后互相拥抱并表示要做好朋友，比赛促成了团结。

比赛对男人极重要，他们靠比赛塑造自己的个性，寻找刺激和发起挑战。当把对手击倒在地时，这里一点也没有人身攻击的意思。对手懂得这一点，因此他刚从泥地上起身就要回谢对方善意的行为。

由于对这种比赛不断发展的兴趣，同时又助长了松弛和懒散，因而电视体育对男人很有吸引力。每个周末都把时光花在电视机前，一小时一小时地耗掉了。但这也不会是男性的问题，男人和女人都被电视节目所吸引，白天电视节目的观众女性占优势，晚上黄金时段看电视的大多数也是女人。在《美满的婚姻性生活：热爱生活》一书中，作者保罗·皮尔萨博士提出电视是健康婚姻的最大障碍之一。工作一天之后，夫妻二人回到家里："嗨，你怎么样？""挺好的，你呢？""好极啦！"这就完了，然后分别坐在电视机前度过晚间的其他时间。

其实，偶尔看看电视体育节目消遣一番，并非完全不好。如果他像钉在椅子上一样看每个传球动作、凌空一脚、射门得分，那就不妨和他一起看上一会儿，你会发现你也喜欢这种精彩的场面。

（2）显示能力

在运动场上最易产生英雄，造就英雄。男人在这里能当着成千上万的观众展现他们的技能和雄姿，而场外的人们，尤其是女人们也能充分地品头论足，凭自己的喜好猜测谁是胜家谁是输家，也能很容易地做出更微妙、更有意思的议论：谁赢得光彩，谁输得体面。总之，不论表演的男人，还是场外的男男女女，都能在这里找到一份快乐，一份自己想要的东西，一般来说，体育比赛有可辨的边界，熟悉的开头、中间和结尾，大多数都在三四个小时内完毕，因而在不长的时间内，男人能实现自己的一个小小梦想，真是件有吸引力的事。

　　然而真正能在场上一搏的男人还是占男人总体中的少数。在一所有 1000 名男生的大学里，至多只有 200 名男生能参与和组织各种运动与比赛，这意味着 80% 的人除了上体育课外不再参加什么体育活动。因此，能有机会听到场外的喝彩声和赞叹声甚或是嘘声的人，是极少数的一部分，而更大的一部分人，只能成为在场外的疯狂或不疯狂的体育爱好者、"体育发烧友"。他们在唾沫横飞地批评、恶骂某些表现不佳的队员或欣赏另一些他们认为"牛皮"的队员，以显示自己的能力和见识。其实这些人热衷于体育评论，不过是对他们没能力上场一展雄风的一个补偿。因此不难看出这些业余评论员往往是个"激愤主义者"，他们的评论总是要打倒一些运动员，而又把另一些——通常只有一两个——贬得狗屎不如，他们自己的那种有或根本没有的"能力"也就以另一种方式得到了痛快淋漓的表现。

　　重大的比赛，尤其是那种举世瞩目的"世界杯"足球赛，NBA 总决定赛等比赛期间，是一些男人的盛大节日，这种高水准比赛更是给予了他们一个"显示能力"。"实现幻想"的大好时机。此时，他们的血压升高了，瞳孔放大了，肩膀绷紧了，在比赛进行之前和进行的间隙，像吃了兴奋剂似的，满面红光，像中了魔似的，别人的比赛完全成了自己的比赛。有人说，大多数现代男人并不是在真正的运动中受到伤害，而是在观战的时刻流下鲜血，是深得男人之三昧之言。的确，男人的这种"流血"的灵魂上留下的印记，较之于战场上的流血毫不逊色。在一个男人的一生中是没有多少机会让自己闪现出英雄主义的光辉的，对于大多数男人来说，只好满足于分享"我那个队"或"我喜欢的那名队员的"的荣耀。心情激动是真正存在的，精神上的报偿也毋庸置疑，失败令人顿足，记忆弥留久远。他们感受到的荣辱或许更为强烈些，如果他是一个真正的体育迷的话。

　　（3）被打败了的男人

　　父母、老师、朋友，我们所读的书。电视节目、还有女人——当然包括女人——都使我们相信，作为男人就应该是擅长投球挥拍，或者心灵手巧，能做些安装、修理工作的人。但是确实也有一些一想到换一个漏水龙头上的垫圈就汗流浃背的男人。

　　男人不能击球过网、敲敲打打、堵个漏洞时，他就会感到枉为"男人"。这是愚蠢的态度吗？是的，这正是。然而，这也是上次打乒乓球时败在你手下后把球拍扔到窗外的原因。

　　女人不可能完全避免这类事情的发生。有一对结合多年并且非常幸福的中年夫妇，他俩都是出色的园艺师，但这位丈夫很少到花房或菜园去，因为他很早就懂得那是她的领地。照她看，他去那里修剪或除草没有不出差错的。难道他想做她的工作，还想胜她一筹？因此她不喜欢这样。

　　从理论上来说，进入花园的自由和打乒乓球胜负的自由是人人不可剥夺的权利，但实际上要得到却并不那么轻而易举。也许哈·杜鲁门是对的，他说："如果你不能忍受酷热，就走出厨房（或花园）。"这就是那位丈夫所做。他宁可不和妻子一争高低，她养花种菜，他则大加赞赏。

　　如果你想打乒乓球或做其他什么事，就去打去做。如果他打败了，就在其他方面给他的自我加以补偿。作为胜者，你不要对他趾高气扬。另一方面，不要故意输掉比赛，大大方方地输掉是很坏的做法。若对方出于怜悯而让你赢了，你心里会怎么想？

有人会说男女关系处处都得在意，假惺惺安抚他的"自我"也是好办法。好是好，但肯定是假的。要给男女关系增加些"化妆品"，以增强已有的一切，但并不是说用一张虚伪的面孔来对待这种关系。

（4）打猎的男人

城里的男人们对打猎总是充满好奇心。这一点都不奇怪，在那些乏味的射击场上，男人从来无法理解那种射杀动物而带来的刺激与欢乐。几乎可以说，这是一种没有危险的战争，男人在这种战争里，只是自尊心与技术在受到考验，如果忙乎一天什么野物也没打到，那将是一件不太可爱的事。

对许多年轻男子和男孩来说，打猎是交往的一种习俗。当父亲带着儿子第一次外出打猎时，就要进行一种由来已久的仪式，这可以追溯到几千年以前。父子在森林和田野里时，他们之间说的是不相干的话，两代人的距离缩短了，爸爸重新回到了他和他的父亲在很久以前第一次进入森林时的青年时代，而儿子则得到了时光和体验的馈赠，向成年又走近了一步。

真正的猎人——不是赶时髦的野外郊游和爱玩猎枪的那类人——是在追求返璞归真，接近大自然的感觉。他们与猎获对象成为一体，你不可能用其他任何方式体验到这些。拍照虽然妙趣横生，但是与之不同，食肉动物因其天性和需要，也是猎人。外出打猎的男人就是要捕捉那种即是男人又是动物的原始存在状态。

即使从未使用过步枪或猎枪，狩猎之行也是可能成功的。有句古老的格言："不在乎得失，而在乎你从事这种活动的方法。"它对那些天亮前即起床走进森林深处的人有特殊的意义，与外界隔绝的几个钟头和扣动扳机的一瞬间一样重要。猎人单身一人悄悄地走进孤寂之中，把他和家庭或家族隔绝了。猎人打猎回来时，他就成了一个不同的男人。

男人，现代男人，是群体的创造物。但是一个男人去打猎时，就得独自前往。他的成功或失败，全凭自己的运气和技巧。

被我们的祖先擒猎的动物教会他们如何用逻辑因果联系的方法思考问题。尽管今天的猎人可能是工程师，但他也要发挥自己最高知识成就的智力。当他在灰濛濛的八月里某一天吹着口哨召唤着他的狗迎风而去的时候，他又回归到了他自己人性的根源。

那些顺着枪管或箭头瞄准活蹦乱跳的动物的人，据说是肾上腺素引起身体上的一种反应。这样的反应是他们从高速行车或飞机跳伞等任何其他活动中从未体验过的。

（5）为什么"驾校"越来越火爆

北京的驾校这几年来的火爆程度真是令人吃惊，"学车考本"成了男士们的一种时尚，甚至一部分女士也被卷了进去。这真是件有意思的事。你可以为这种现象找到无数条理由，但有一条理由，似乎更为关键。

在美国民间传说里，理想的男子汉是牛仔。他独立自强，自己漫游广阔的天地。一辆汽车也会给男人带来同样的独立感，他就是他，不受别人控制，这样的生活给他自行其是的机会。

熟练地驾车行驶很有意思，虽有一种危险因素，却可以让在办公室里关了一天的年轻人大大地兴奋起来。操稳方向盘，再踩上油门前进，在繁纷多彩的世界上，这是一种简单的乐趣。

现在北京有不少车行，可把车出租给那些已考了"本子"却还没有购置自己的车的朋友过过瘾。驾着自己喜爱的车型绕三环一周，想必是件很惬意的事吧？的确，在这个时候，什么烦恼都可以不理，虽然红绿灯十分可恶，但那也成为快乐的一部分了。

（6）健康地活着

健康往往是一个内容广泛的综合概念，包括了身、心两个基本方面。运动对于男人的这两个方面都有着极为重要的作用。对许多男人来说，他们之所以喜爱运动，这是一个极为重要的原因，如果认为男人喜爱运动仅仅是为了吸引女人的眼光，那将是十分错误的。

男人们懂得，如果自己的身体越健康，那么抵抗疾病和工作、家庭压力的能力越强。男子的身体一旦发育完毕，那么其状况就不会再有太大的自然改善。要得到改善，只有通过运动来增加对身体的活动要求。

几乎任何活动都可看成锻炼运动，但是，适合男子或只有男子能做的活动，对其身体的调节作用要比做其他活动更强。步行每小时约消耗热量200卡，它能使腿部和背部的肌肉有节奏地收缩和放松，并通过挤压下肢的血脉而增进血液循环。但这种运动方式不及跑步、游泳、骑自行车、跳绳或划船有效。后面的这些活动如果一直进行20到30分钟以上，能提高人的体温、增加心跳和呼吸速度，诱发出汗，迫使肌肉消耗更多的氧，血液循环速度大增。

一连几个星期做有规律的、强有力的运动能在人的身上引起重要的变化。除了使脂肪大量消耗外（开始以每周0.5到1公斤的速度，如果热量摄入不增加的话），运动还能降低静止心跳率，减少某些种类的高血压，并提高肌肉消耗氧而不产生乳酸的能力（乳酸是使人感觉疲劳的化学物）。一个人如果不断地运动，其身体还会产生其他的调整。静止新陈代谢率会下降，同时，能量储备上升，给肌肉和心脏运送"食物"的毛细血管的直径扩大，血液化学作用会发生变化，使——至少在部分人身上如此——很高的胆固醇和甘油三脂下降。

除此之外，运动是消除精神紧张（由紧张而日渐形成的精神压力）的最佳方法。还有证据表明。运动能改善大脑的功能，使其更加敏锐。喜欢经常跑步或游泳的人说这些活动使他们大脑清醒、思路清晰。他们如果破坏运动习惯就会感到懒洋洋的，浑身不舒服。有些人甚至还反映，他们在运动时，知觉增强了——头脑更清醒，这部分地归因于在做大运动量锻炼时流向大脑的血液的增加。

（7）运动计划的重要性

在美国曾进行过一项研究表明，肌肉如果没有有规律的运动，就会以惊人的速度退化。当然，它们是不会完全衰弱的，因为在日常的活动中它们还得到一些使用。但是，如果一个人每隔5天不运动一次，他的肌肉就要失去原先1/5的力量。肌肉不光变得衰弱，还会松软无力，而且疲劳得更快，当一个人的大部分肌肉处于这种状态时，他必须开展一场身体运动，使自己恢复强壮，于是男人买来一双跑鞋，从箱底翻出他的旧运动衣，跑步去了。

一个人绝不能指望他的缺乏调节的身体会自动显示他一天的活动量是否足够。内部报警系统只是在一个人超过运动的极限时才起作用。一旦超过极限，人身上一定有某种部位支撑不住。在马身上，是它的骨头碎裂，最轻的是跛瘸。人的身体反应通常没有这么显著。当身体发生剧烈痉挛时，他就得承认，该停止运动了。痉挛是肌肉细胞缺氧引起的。如果他不听身体的指令，硬要忍痛"坚持下去"，那么他就可能扯裂一块肌肉或拉坏韧带。

正如没有理想的饮食方法一样，也没有一种适合所有人的运动方式。一个人采取何种运动方式要根据自己居住的环境、业余时间的多少和他喜欢什么运动而定。如果采用的运动被视作一种困难和讨厌的事，那么一个人很快就会对其感到厌烦。一个人如果不能有规律地——隔天一次或者天天不误——一次至少运动20分钟，那么他的一切美好愿望就会化作泡影。在使身体健康或保持健康这一点上是没有捷径可走的，任何人的身体都不能拥有运动的调节作用；要想一块肌肉保持良好的状态就必须让它每隔48到72小时被使用一次。

除了身体受伤这一点外，一个人似乎没有更好的方法可以知道一天的运动量是否足够。关键的一点是要记住这一格言："运动，但不要过量。"不管从事哪一项运动，都要记住这一格言。这意味着先要做预备动作，再慢慢开始。花几分钟时间伸伸手脚，使身体活动开，让肌肉和关节明白它们将要干什么。刚开始时，速度要慢，要让身体各个部位都有机会做好准备，初时15或20分钟的运动就够了。随着身体对运动的适应，再逐渐延长运动时间，并增加运动强度。

在做剧烈运动时，心脏抽吸出的血液是在它处于静止状态的8倍。也就是说，每一分钟抽出55升的血。这时人的体温上升到39.5摄氏度，但不会给人造成任何伤害。为了减缓这种过度的增热，汗腺每小时能排出高达2.3升的液体。在一场马拉松长跑比赛中，运动员能够通过排汗而减少10%的体重。但是在一般的半小时或1小时的慢跑中出的汗并不能帮助你减轻体重，也不能"清爽毛孔"。现在科学研究出的一切证据均表明，排汗不能从人体中排除任何有毒物质。它能做的一切就是使血液冷却和降低体温，其作用类似汽车上的水箱。排汗的多少也与身体的健康水平没有关系。在一个炎热潮湿的日子里，一个人就是躺在吊床上休息也会出一身汗。人只能通过锻炼肌肉，而不能通过排汗来使身体强健。

任何运动（长期有规律的运动）都能使肌肉处于良好的状态并不断溶化脂肪。然而脂肪不是从哪一个特定的地方掉下来，而是从所有的地方一齐一点地退失（脂肪被转变成葡萄糖，供肌肉在收缩时使用）。因此，通过举重和健美体操来定点减肥对男人来说跟对女子一样是行不通的。但是，这些运动能给全面减肥贡献些力量，即使一个人已从跑步运动中获得了很大的好处，他仍然可以通过做健美操而获得更多的好处。像俯卧撑、仰卧起坐等等，都很有益处，因为，这些运动使脂肪得到在跑步时不能得到的锻炼。

跑步是一种减轻体重的好办法。一家专业杂志曾对读者作过一个调查，其结果，有将近70%的人运用这种方法减轻了体重。其中减轻5公斤者占11%，减轻5公斤～10公斤者占26%，减轻10公斤～15公斤者占14%，减轻15公斤以上者占15%，不显著者占34%。可见，这种运动方式是比较有效的。

（8）对抗身体的变形

为什么一个人要听任自己的身体变形呢？原因也许是，他一向认为自己不是搞体育的料，因此任何与运动有点关系的东西他都敬而远之。另一个原因也可能是，健美体操没能很快地给他带来效果，因此他就失去运动的兴趣。还有一个可能的原因是，结婚后他觉得没有必要再以平展的腹部、紧绷的二头肌去吸引人。

男子身体的变形会给身上根本不能再承受负担的部位增加压力。在腹部器官周围积聚的过多脂肪使腹部肌肉承受过大压力，最终使它们松垮，导致内部器官脱位，后果是妨碍大便畅通，影响消化。腹肌的衰弱还可能导致脱肠——一节肠子被推挤到不属于它的地方。脱肠通常发生在血管或部分消化道由一个解剖区而越入另一解剖区的时候。男子身上发生脱肠的最常见的地方是腹股沟道。这是骨盆间一条通道，给睾丸提供原料的血管和输精管一般是留在这条通道里的唯一组织。然而，覆盖这条通道顶部（骨盆与腹部之间）的肌肉一旦衰弱，就会出现脱肠——也就是通常所说的疝气。有时捆扎一下就足以将错位的肠暂时推复原位，但往往要通过外科手术才能彻底矫正。

肌肉缺乏长期运动还会给脊柱增加压力。腰疼，这个仅次于头痛的第二大痛区，就是由于对处于非良好状态的肌肉要求过多造成的。当一个男子笨拙地挥拍击球或从汽车里提出一个沉重的纸板箱时，他很可能要拉伤背部的一块肌肉。肌肉的反应是痉挛，紧紧地结成一团。这虽然使人感觉苦痛，但能防止他再用力而损伤脊柱或脊髓神经。

一个人在弯腰提取一重量为25千克的物体时，他的后腰要承受280千克以上的压力。如果没有支撑脊柱的肌肉，脊骨就会像火柴棍一样轻易绷断。即使是不强健的肌肉也能提供一定的支持力，但是，肌肉愈强健，承受的压力愈大。男子改善背部肌肉状况的最好办法之一是改进平时的身体姿势。下巴抬起，双肩后缩，髋部前倾（收缩臀部），这3个动作能调整脊柱的位置，减轻背部肌肉的过多压力。然而，绝大部分男子过了小学三年级或参军复员后就把正确的姿势忘记了。

（9）赞美运动

运动癖好的形成虽然原因复杂，但这无关紧要，重要的是男人们通过这种途径，获得了作为男人的种种美好感受。一个男人如果希望最大限度地享用自己的生命，他不可不去参加一些自己力所能及的体育项目。也许有人开始时感到别扭，这里面固然有技巧问题，但更多的是一个习惯问题。试想，有什么运动学不会呢？不，不，没有！选择自己喜欢的几种项目，然后换上运动衣裤和舒适的鞋子，上运动场去吧！

男人的心

  有人说，女人心似海深，其实男人的心也深不可测。有些男人表面上看去，脸色凝重，喜怒不露，让人难以捉摸。

  其实，这种男人的心也如别人一样，有着喜怒哀乐的情感变化，只不过理性控制得更好些，我们很难能凭借其表情的变化而测知其内心的真正世界。

  电影、电视中的硬汉形象，曾经迷倒了不少女孩子，比起那些奶油小生来。这些硬汉形象更令人——尤其是女人动心。

让男人袒露真心

  许多场合中，女人可以从细微的了解中，测知男人的心迹。

  男人说："我们这就去结婚吧！"

  结婚对男人来说，大半都是"懒得大费周章的仪式"。但是，一般女性却认为结婚是一生中的大事，仪式要隆重，在可能的条件下尽量让亲朋好友留下美好的印象。与她们相比，男人多半是想从公司里或学生时代所交往的异性朋友中挑个女人，简单地举行个仪式就行了。男人对于"无论如何都娶定了这个女人"的心意通常并不十分的坚持。

  而且，男人结婚常常是在公司同事或学校同学当中有人结了婚后，就跟在后头一个接一个地结婚。这股浪潮告一段落后，就得等到下一批有人带头结婚时，才会再有人跟进。当然女性也有这种倾向，但这种"一窝蜂赶着结婚"的情形在男人中较普遍。

  这就是说，男人即使有了很适合的结婚对象，假如没有人带头，也会迟迟下不了决定。等看到亲朋好友结了婚，才会想到"我也结婚吧！"这不叫懒又叫什么呢？

  在女人的心中认为，这种男人的态度实在是太过草率了。

  这里举个例子，暂且称女主角为小玲，已经 24 岁了，她有一个在学生时代就认识的 28 岁的男友。他们可说是在同一个圈子中，以学长与学妹的关系，交往了大约 5 年。现在他服务于一家颇具规模的工厂，担任工程师的职务。双方家长也默许了两人的婚事，要结婚可说是一点阻碍也没有。

然而，小玲却是这么说的：

"我现在对于要不要决定结婚感到很迷惘。以前他对我非常温柔，可是最近对我的关心一直不理会，一提到结婚的事就大发脾气。我不觉得我有什么过错，而他却和往昔的态度完全不一样。"

像这样的个案不胜枚举，算是很普通的例子。如果是个稍微懂得男人心理的女性，这根本就不是什么值得烦恼的事。

首先她的苦恼是他不想谈结婚典礼的事，他对于新居也不认真地参与意见。但只要是正常男人，对于这种面对婚姻生活的话题，总是尽可能地想要拖延下去。如果拿房间布置图或家具的清单给他看的话，他就会觉得自己好像是被"什么东西"绑住了似的。虽然没有露出"爱情的结果就是张房间布置图"的表情，但光是那种气氛就会使男人受不了。

到底男女之间的这种差异要如何才能平衡呢？拜伦有句名言说道："恋爱是男人生活的一部分，却是女人生活的全部。"结婚对男人而言，固然是其工作及人生计划里的重要事情，但也只是其中的一部分，这是千真万确的。

可是对女性来说，她所要追寻的似乎稍有不同。一旦订了婚，就会像刚才说到的小玲一样，开始编织许多关于婚姻生活的美梦，希望结婚典礼怎么安排、新居要如何布置、家具要如何摆设、餐具要等，几乎所有大大小小的事情，都要在脑袋里转一圈才满意。

当然并不是说这样不好，只是好像大多数的女性都对这些事情太心急了。更糟的是，有很多女性总是喋喋不休地催促对方，自己却什么事也不做。这么一来，男人就更受不了！

"恋爱是美丽的误会，结婚是悲哀的了解。"这句话真可以说是对这种情形做了最好的诠释。男人实在是不太容易让人看出他们的本性。

男人对于结婚总是设法推施，一旦笼罩在结婚的气氛下，却又赶着"一窝蜂去结婚"，但也不能因为这样就表示男人没有责任感。在男人的心里，恋爱和结婚是有区别的，他们不会把恋爱和结婚联想在一起，所以才会演变成"一窝蜂去结婚"。他们认为结婚只不过是一个结果而已，这一点和女人把结婚当做"目标"来追求，在想法上是有相当差异的。

举个明显的例子。有些男人也不管自己是否已有了未婚妻，还是想要找其他更好的女人（最近好像也有女性如此），一方面和未婚妻来往，另一方面还要在别处"努力"地发展其他恋情。

像这样的行为或许会让人觉得和上述那种"懒惰"的态度互相矛盾，但只要了解到结婚对男人而言并非"目标"而是"结果"的话，那就不会觉得奇怪了。男人即使是在结婚之际，仍然会在内心深处感叹道："难道从此我就要跟这个女人度过一生？"

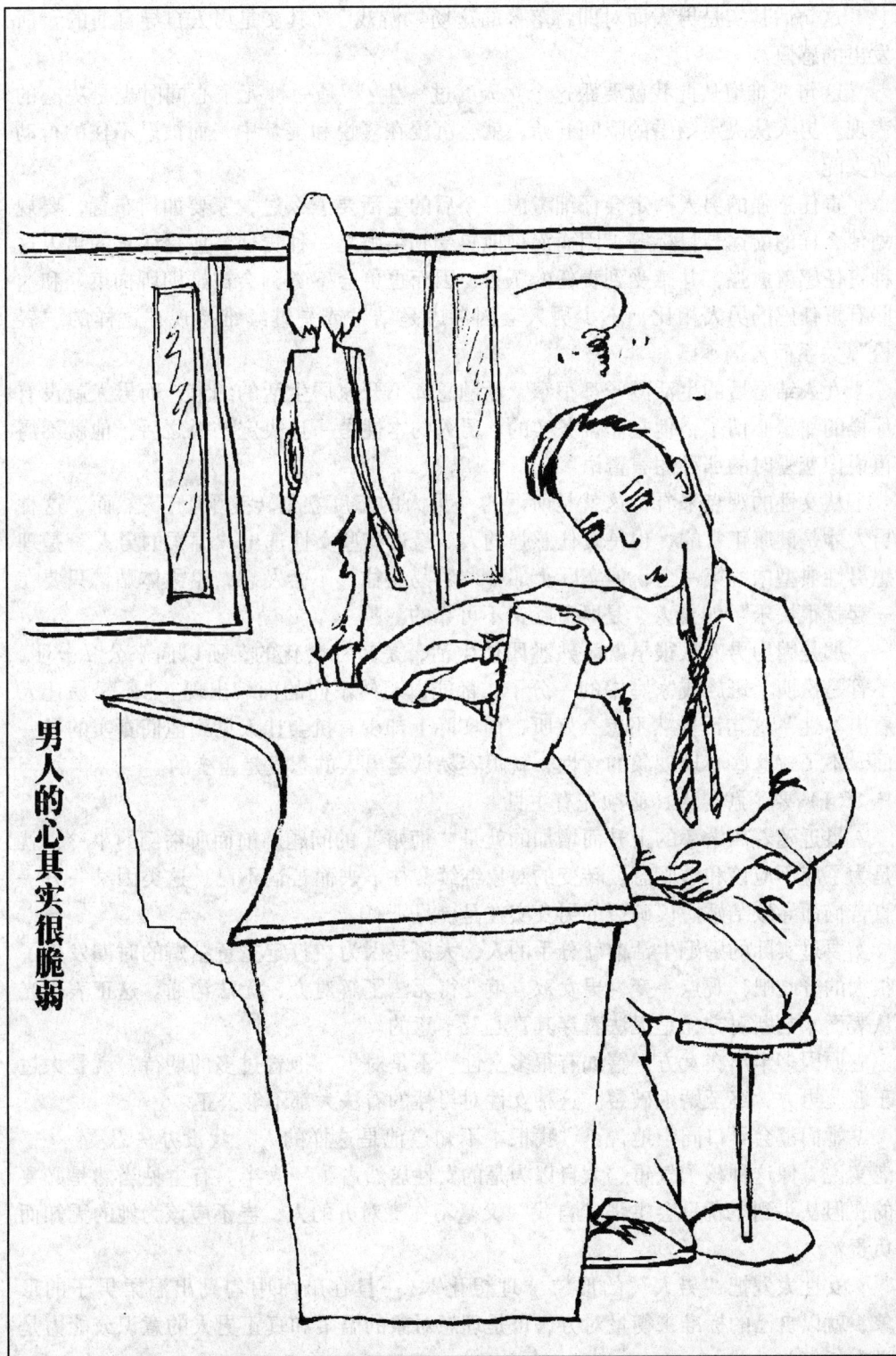

男人的心其实很脆弱

这句话其实是男人面对即将落幕的这场"游戏"（其实是男人自导自演的）所发出的感慨。

这句"难道从此我就要跟这个女人度过一生？"是一种死了心同时也是决心的表现。男人从决定结婚的瞬间开始，就会沉浸在喜悦和美梦中，而被忍不住的行动所支配。

责任感强的男人一定会仔细考虑，今后的生活要怎么过，家要如何布置，要规划什么样的前途与目标等，因而深刻地感受到结婚是一种责任。愈是认真的男人这种责任感就愈强，并感受到责任的压力，因而也更会感觉到会被婚姻所拘束。和这些有责任感的男人相比，不少男人会因考虑是结婚或是继续维持现在这样的"轻松"关系而苦恼不已。

女人结婚后的生活圈子都很窄，话题总离不开家居生活的细节，而男人就没有那样的甜蜜心情了，他是非常务实的。男人的本性是一旦决定结婚之后，他就不屑再说像恋爱时的那种甜言蜜语。

从女性的观点来看，这就是所谓的"男人的态度立刻转变了吧！"然而，这种男人才是健康正常的，也是责任感强的人。最近有些女性选出"温柔的男人"是理想男性典型中的第一名，但实际上那种"容易交往，不会发怒，温柔体贴，只要在一起就很快乐"的男人，是既危险又不可靠的。

那是因为男人从很早就已熟悉团体生活，是较社会化的，所以向来公私分明，不管是扮演上班族或家庭中的一分子，都能以迥然不同的面貌出现。"不轻易让人看出本性"这句话虽然不怎么好听，但实际上却少有机会让人见到他们真实的另一面。不了解这些心理现象的女性，就很容易认定男人的态度是善变的。

（1）要了解男人，必须先有主见

最近随着离婚率的上升而增加的就是"悔婚"的问题。前面所举例的小玲，就是为了应不应该和婚姻态度转变的对象继续交往下去而苦恼不已。这类因某一方一直苦恼而导致结婚协议破裂的男女实在是屡见不鲜。

要过实际的婚姻生活前就分手的人，大概是因为在打定主意结婚的时期发生了很大的分歧吧！观点一变，男女双方就变得无法了解对方，无法沟通。这正表示光从表面来判断对方，是无法看穿其真心及本意的。

原因多半出在女方。譬如有很多女性，不是对男方抱着过多的期待，就是太过于轻蔑男方，终至婚姻破裂。这种女性对男性的看法大都不够公正。

她们都会异口同声地说："我根本不知道他是这样的人，我没办法忍受……"老实说，像这种孩子气重、太自以为是的女性居然占了一大半。有主见当然是必要的，但从头到尾就只会主张"自我"又毫不在意对方的人，岂不应该为她的无知而负责？

女性太爱把"男人"的形象"理想化"。一旦在脑海中勾勒出温柔男子的形象，就以自己的标准来衡量对方，可是理想对象的温柔和真正男人的意识或能力是没有任何关系的。

的确，女人要了解男人的心理并不简单。从前女人的行动范围比起男人是狭隘多了，所以有懂女人心理的男人，而懂得男人心理的女人却少之又少。现代社会职业妇女多了，男女交往增多了，所以女人明白男人心理的机会也就多了起来。不过时下的女性最多也只能从公务往来中认识男人，因此纵有交往，也无法透过交往的男性来理解男人真正的心理，只能捕捉到部分且褊狭的印象。

另一方面，还会被四周的人灌输对男人的偏见，譬如说，男人是应尊敬的对象，或说男人不会嫉妒等等。像这样无法了解男人心理的女性，面临结婚之际，真可说是处于很不利的地位。男人在想到"结婚吧！"又碰巧身边有女友时就想要跟着别人"一窝蜂"，而女方若也心想"这就是我要结婚的对象"的话，婚约就会因而成立。可是如果女方无法了解男性的心理的话，日后往往会有被欺骗的感觉。

总之，男女双方对于婚姻的决定性差异可以说是在于对婚姻的看法与期待不同，女人抱了太多的幻想，男人却是真正思考事情。这个差异愈大，也就愈结不成婚，即使勉强结合将来也会以离婚收场。这似乎也是促成"不幸"的原因。

根据统计，现在日本平均2.5分钟就有一对新人举行结婚典礼，而相对的，平均5分钟就有一对夫妻离婚，其中最主要的原因就是"性格不合"。虽然关于悔婚的因素不甚清楚，但其理由大概都一样吧！

在同一个屋檐下一起生活，共同生儿育女的状况下，结婚本来就是最原始的本能，绝不是什么高级的享受。女人却不管那些，只想结了婚就可以改变男人，订婚后，一有不合己意的地方，就想要勉强地把它更改过来。殊不知照着自己单方面的价值标准来要求对方十全十美是不可能的，男人不是那么容易就可改变得了的。

女人期望自己幸福的心理是可以理解的，这也的确很重要。可是如果只是一味地要求并期待对方努力改变的话，那么女方反而会有种"失落"或"不幸"的感觉。更重要的是应该要培养观察男人的眼光，具备看透其真心的能力。人类的男女并非动物的雄性和雌性，选择对象的条件应不是那么没有限制才是，而且虽说男女的相遇有"运气"或"偶然"的成分，但也不全然是。选择大夫之前最重要的莫过于先把自己的喜好、价值观、希望的外在条件等基本要求列出来。

别忘了一个事实——丈夫是你挑的，不管他将来变成什么样子，也都是你自己的抉择。

（2）向女人表述对社会不满的男人

日本有出描写独生子考大学，以致全家人都几乎崩溃的电视剧《漫漫坡道》。在此剧中，有位助教娶了大学里有影响力的教授女儿为妻，并计划好将来要晋升教授。他负责这所著名大学入学考试的出题工作，而为了学校经营的需要，他被迫泄题给有权势人士的子弟。因那样做是向学校当局表明自己的忠心，亦是晋升将来职位的条件，所以太太和岳母都强迫他帮学校的忙。

在那样的家庭环境下，他始终无法向妻子表明内心受到良心苛责的苦楚。这时女主角出现在他的眼前，她是死去挚友的姊姊。刚开始两人交往的程度不深，只是一起去扫挚友的墓，但对心中充满苦恼的他而言，这个女主角已变成能使他内心平静下来的关键。

这个女主角的出现使得他敢对抗恶势力的诱惑，然而剧情却急转直下，两人的关系也就此画下休止符。这出连续剧或许只是虚构而已，但却真实地描绘出一个男人在社会上的无奈，因为在个人世界里出现的女人是不能作为在公开场合排解苦恼和不满的对象。

对男人而言，把工作上的苦恼和不满胡乱说出口，是意味着把自己的弱点暴露在别人面前，有时也可说是承认自己失败。因此，若是个社会经验丰富且成熟的男人大都不会在他人面前流露出工作上的苦恼和不满。即使是很亲密的朋友，也绝不会贸然将自己的弱点暴露出来。至于像剧中的助教，一开始在太太面前就矮了一截，那更不能表明心中的苦楚了。

因此，如果你交往中的男性，现在开始逐渐说出工作上的苦恼或不满的话，表示他已开始相当信赖你了。不用说啰，如果他对这位女性还不能充分信赖的话，充其量他只愿呈现自己的长处，不会表现出暴露自己缺点的言行，而是尽全力充"硬汉"，苦恼之类的话是只字不提的。

不过在男人中也有人很快就会把苦恼表现出来，这种类型的人很少会因压抑过度而变成精神病的倾向，他们反而是缺乏毅力、韧性去完成事情的人，说起来算是社会经验未成熟的大孩子。不去勉强地隐藏苦楚，这点对女人来说是个容易交往的对象，但却不能指望他在事业方面会有所成就。

信赖你，并对你倾吐不满的男人中也可分为两种。一种是于事无补的牢骚话，总是说些工作辛苦啦，不被认同啦，从这种不太能面对现实的倾向来看，可说是消极被动型的人。另外一种人一直唠叨不停，常说自己想这么做却不能照自己的意思做等等，算是较主动且积极型的人。

如此看来，虽说都是对女性信赖，但由其埋怨的内容就可以看出他是不是可以共创未来的对象。大致上，唠叨不满型的人可以激励他发挥出潜力，而于事无补的牢骚型就得以母性本能来接纳他潜在的"撒娇"才行。哪一种人好呢？当然就凭女性自己的感觉了。

（4）经常责备女友的男人

有一位女性谈到其未婚夫变心的事。她说两人从相亲到订婚都按部就班地进行着，谁知结婚典礼近在眼前时，未婚夫的态度却变了。约会的时候，他会说出像"你的想法太固执"或"你喜欢的东西太孩子气了"等"责难"、"攻击"她的话。她面色凝重地诉说刚订婚时他是个彬彬有礼的青年，自己再不对，他也不会出口伤人，然而现在却变成随时会不客气地说出这样的话，"这不正是他已不喜欢我的证明吗？"

是你的话，你会如何判断这个个案？的确，开始是"情人眼里出西施"式的爱情，一切看起来都很理想的对象，一旦热度冷却下来，所看到的尽是对方的缺点，只要其所作所为不合己意，就会以攻击性的态度表达对对方的不满。

所以正在交往中的对象，突然出现这样的态度时，与其下定论说对方的心变了，不如先想想以下两种可能。

第一是男方对交往中的女性真的有所不满或疑问。这些不满和疑问虽然不很确定，但其严重性使他踌躇要不要继续交往，而又无法直接地去质问女方，所以只好摆出攻击的态度。这也可算是变心的前奏。但如果女方问心无愧的话，可以彻底地和男方详谈，问他为什么现在变成这种态度，这样就能解决此问题了。

第二个可以想到的是，一般人在关系较亲密以后，相互之间的顾忌就少了许多，用词遣字或态度当然也会跟着不同。到那时多少都会冒失地指责对方的缺点，但并不是认为对方不好才说他（她）的，而是认为对方应会了解自己敢说正是一种亲密感的表示。

前面说的这位女性就是这样，有人告诉她："他如果那样子说你，并不是变心了，那是证明他对你的亲密感加深了，你一点都不用担心。"果然，她的未婚夫根本没有不喜欢她，而且想不到她会那么苦恼而惊讶不已。结果这个"变心事件"就以男方以后要小心自己的言行而有了圆满的收场。

这个事件是由于女方是个不懂世故的小姐，与其说她不懂男性心理，倒不如说是因她不大了解人的心理才引起的，所以也不是什么特殊的个案，类似的误会时而有之。说到日本前首相佐藤荣作夫人曾被丈夫殴打的新闻，使得日本男人会打老婆在世界上出了名，虽然也有所谓的"惧内族"或"妻管严"，但为了给骄傲的老婆一巴掌而闹离婚的事情也一样层出不穷。世界之大真是无奇不有。

被打的女性都会辩解说，想要用暴力来使妻子屈服是无视妻子的人格，并且会说若是把妻子当做一个人来看的话，就应该不会有暴力行为。但是丈夫若是真的变了心，他只是想无情地分手，也就不会再有任何暴力行为了。

当然其中是有想要以暴力来使妻子屈服，或是习惯性动粗，而且近乎异常性格的男人！但与这类男人不同的是，有的是因夫妻吵架，在盛怒之下不假思索地出手。如果据此就将之看成是对妻子失去了爱情，那看法应可说太过偏激了。很多情况是丈夫打妻子是因为对妻子有爱，希望对方认同自己所想的方向，但在理论时又不能成功地劝服妻子，不仅生老婆的气，也对自己的说服力不够而生气。暴力攻击行为只不过是要将那焦躁不安的情绪发泄出来而已。

而且动过粗后，丈夫几乎都会为自己的孟浪与粗暴感到痛苦与不安，这时若再被太太以"对你已不存有任何爱情了"来攻击的话，男人就进退两难了。

一般女性对于男人的变心好像都相当敏感。这也无可厚非，因为男人一旦变了心，女人就只有等着"被抛弃"的不幸结果，所以会想尽办法来避免，这是理所当然的。因此女人只要看到一点点表示变心的征兆就会疑心，而发生这种结果了。

对于已完全变心的男人，如果你还一直穷追不放，那只有徒然暗自痛苦；而对于没有变心的对象，你一再地以变心来攻击他，那可说是咎由自取，最后只有自叹不幸了。所以，这个时候就需要慎重而正确的判断。

（4）希望有个孩子的男人

不管男性有没有仔细想过，总是很难向交往中的女性说出"结婚"的字眼。一想到结婚所带来的新的沉重责任，当情侣的那种甜蜜滋味全都要一扫而空了。结婚对男人而言并不是要去编织一个甜美的梦，相反的却是从梦境跳回到现实中。

多数男人对婚后的生活是很有自觉的，而女性却很少有这种自觉。女性在意识上认为恋爱和结婚是直接连在一起的，所以在交往中对有关结婚的事是不可能置之不顾的。她们常认定男人虽没把"结婚"说出口，但从男人其他言行举止就能传达出结婚的意愿。如果没弄错意思的话当然是很好的，但多数不过是女性单方面的臆测而已。

最好的例子就是关于孩子的话题。两个人单独相处时，当男方一开始谈到小孩，女方马上就以为他是在表示结婚的意思，这种冒失的女性也不在少数吧！

纵使不这么以为，只要见到公园里玩耍的小孩或母亲手抱的婴儿就会说句："小孩子真好，我也好想要哦"之类的话，会导致误会也不是没有可能的。说不定真的就有那样拐弯抹角的求婚者，但男人说那样的话时暂时还是把它看成和结婚的意思无关较好。

实际上姑且说自己的孩子在眼前，对未婚年轻的男性而言，他也只不过在观念上存在一个"这是我自己的孩子"的意识而已。而且在说"想要孩子"的时候，对那男性而言，"孩子"几乎就是"家庭生活"的象征，而所谓家庭也是和结婚连不到一起的。身旁有幼小的孩子在嬉戏的那种温馨的感觉是很动人，在那情境下可使人沉静下来。这不过是一个想从平常忙碌和压力的生活里脱身而出的愿望罢了。

要说有孩子的感觉，一般而言就是家庭了，所以可以说是在憧憬着"家庭生活"。但是憧憬归憧憬，可别以为什么具体的思考，不应想成它的真正意思就是"真想早点结婚"。如果开始要把小孩和结婚具体地联想在一起时，这男的就是加深了对社会责任的自觉了，所以不会那么轻松地说道孩子的话题。假如你的男友顺口说出："想要小孩"，那你顶多想成"这个人喜欢小孩，是个安于家室的人"，那就可平安无事了，尤其还没有达到很亲密程度的时候更要这样想。

男人讲小孩的话题根本与结婚无关，可是女性却会当成是跟结婚有关的话题而容易产生遐想，于是就有许多可恶的男人利用这点来引诱女人的真情而故意谈起孩子的话题，说一些"看来你生的小孩应该会很健壮"或"考虑人口膨胀的问题，孩子还是一个好"等似有意若无情的话。这是一种"期待误解"的心理技巧，特地选择一些不确信的措词和容易引起误会的话题，想使对方产生幻想：这是电视广告上常使用的手段。有个海苔的广告，首先映入眼帘的是工人用炭火在烤海苔的情景，接着是一个女明星手拿海苔在念着广告词，看的人会想到现在那公司的海苔还是用手烤的啊！可是仔细听，就会发现刚开始那一幕已说过："从前，几百年前……"原来"这是从前的事，和现在没关系的"。

虽是这么说，但明摆着就是希望听的人产生误解。相同的道理，别忘了也有男人会想使你误解才特意谈起孩子的话题。

男人觉得不可原谅的事

（1）男人的心很脆弱

人是很脆弱的，也都希望能获得别人的爱，甚至想以说谎来获得他人的赞许。更确切地说，在内心里会发生欺骗和真诚的战争，而不知应以什么方式获得爱。

但是，不一定对任何事物都要讲求诚实。譬如，有许多女性因诚实而伤害对方，尤其是男女坠入情网时，就常会发生这种情形。

女性有时会觉得现在的男朋友对自己太好了，而考虑是不是应该把过去的一切诚实地和盘托出。

譬如，过去会因受骗怀孕而堕胎，和以前的男朋友发生过性关系，或做过见不得人的事情等等，这些过去常会变成"心疾"。这种人可能会因为自己的诚实而心安，却往往会使自己蒙受其害。

背负着过去不幸的女性，如果不向对方坦述过去，就很难过日子了。只是，有些"过去"根本不能诚实地告诉现在的男朋友，因为他的内心通常都不如表面上坚强。

坦白自己的过去，的确是忠于自己，这种诚实的行为，也的确值得赞许；可是，过去若有不可告人之处，而为了"诚实"，竟不惜把这个烫手货推给他，他怎么受得了呢？

"……这是我的过去，我实在没办法欺骗你……你会因为爱我而原谅我的过去……"

诚实的告白，虽然要有很大的勇气，男人可能不如女人坚强。

"为什么会这样呢？"

男人大概会痛苦地追问吧！女人虽然会老实地说出过去，但难免会有略带辩白的说辞，企图把一切责任推给过去的他，而敏感的男人通常都会很快察觉到。

换句话说，女人的坦白往往会逐渐变成一种做错事而要求对方原谅的态度。这种对自己的诚实，等于是把一切苦恼推给他。

在他的心中，会觉得女人好像在表白了"原谅我吧！"之后，就没事了。

清楚女人的过去后，双方才开始交往，与交往之后才知道女人的过去，二者有极大的差别，而且现在的他对此有极不同的感受。所以，对于这类烦恼，还是让自己独自解决吧！

过去毕竟已是过去了，更不必再以幼稚或受骗等理由来评论它，否则，等于毫不悔改过去的作为。因此，不管是否会觉得良心很不安，但千万不要将全部的过去告诉他。

有一个刚出道的女演员，和一位男伴在旅馆开了房间，而他竟然拍下照片，并向新闻界公开；最后片商拒绝让她演戏。这种男人固然无聊得可笑，但她会结交这种男伴，实在也好不到那里去。

发生这件事情之后，她举办了一次记者会，泪流满面地一再表示忏悔，指出她因为刚出道，年轻又轻，才会不慎受骗。

虽然她才18岁，但对这种事情，应该已有最基本的辨识能力，至少，不能说她是绝对无辜的。

大众对她感到失望和生气是免不了的，可是，为什么她要在失去工作、失去别人对她的喜爱之后，才知道自己做错了呢？

不论做了什么事，都要勇于对自己负责。再怎么喜欢做的事情，只要不合法律或民情的，一旦做了之后，就应默默接受处罚，不要再强辩，不要洋装一副受害者的模样。

话又说回来，最重要的是要时时爱惜自己，而不能为自己的所作所为负责，或受他人的价值观影响而盲目行动，也就等于不爱惜自己。

爱惜自己，即是寻找真正的自己；如果认为被爱才是自爱，就常会忽视自我。

过分渴望被爱，当然会十分在意别人的眼光，最后难免会毁了自己。不过，只要能及时发现自己的不忠实、虚荣或过于在意别人的眼光，而努力纠正错误的一面，还是会再成为一个爱惜自己的人。

总之，不懂得爱惜自己，只觉得别人的爱惜对自己才重要，必定不会了解什么才是真正的幸福，而一切的不幸正由此开始。

对一个女孩子来说，一生的幸福和男人有着极密切的关系。虽然男人对女人的幸福有着很大的影响力，但女人在遇到知心的异性之后，对幸福仍应该抱有更大、更广的追求层面。

以男性的眼光来看，值得爱的女性，就是令人觉得可爱、自己也懂得珍爱自己的女性，而那些只会要求被爱却丧失自我的女性，当然一点也不可爱了。

最可悲的是，有些女性仿佛将自己当成拍卖品，不断廉价抛售自己的媚态，结果反而显出内在的空虚，徒令对方觉得厌恶罢了！

（2）希望知道女人过去的男人

"不想知道你的过去，逝者已矣……"这是十几年前极走红的歌曲中的一段歌词。这首歌生动地唱出女人的心理——心爱男人的过去种种都不是问题，只要现在烧起的恋火是真的那就够了。而男人的心却没有这么单纯。男人对喜欢的女性的过去种种都很好奇，纵使事情都已经结束，他还是"想要知道"。

原本男人就是又保守、独占欲又强的人，对于一旦喜欢上的女性，就想把她的现在与过去完全给"挖掘"出来，否则心里就不怎么舒坦。对女性来说，想要探索认识对方之前的过去是非常为难的，但对保守的男性而言，不知道对方的一切是不能够让自己心安的。

男人突然希望听听你过去的种种时，大略有三个动机。第一，是受到前述想要独占你一切的那种欲望所驱使，以现在流行的话来说叫做"求婚宣言"；第二，想要加深和你交往的"程度"；第三，完全是对于和你交往产生疑问，想借你的过去来达到分手的"目的"。到底属于这里面的哪一个？那就得靠两人关系的程度来定了，不过如交往已相当深时，探索过去大体应是属于第一类的动机。

这种独占欲强的男性，结婚后还会为了要知道你的过去而"丢"过来各种询问。当然，他的意思并不是想追根究底，而是如不知对方的一切就不能舒坦的这种天性使然。所以你还是不要隐瞒的好，将可以"公开发表"的过去率直地说出来，家庭生活才能圆满。否则你的过去就很有可能把你的现在与未来都断送掉。

另外还有第四种类型，那就是因为过去曾和女性交往失败的人，就会想要知道女性的过去。这是种不希望重蹈覆辙的心理表现，也可以看成是第二类动机的另一种表现形式。

（3）容易移情别恋的男人

有一句话叫做"七年之痒"，其意思是说不管男女，在结婚差不多七年以后，有不少人会在心底出现嫌隙，或和其他异性陷入不寻常的感情。尤其是男人这种情况特别显著，所以做太太的结婚数年后就会变得猜疑、多心。事实上在电视、广播、报纸或杂志上的女性申诉案件中，有一大半是丈夫或情人爱情不专的问题。

以女性看来，或许会认为"已经有一个像我这么爱他的妻子（情人），为什么还要去爱别的女人呢？"觉得这是很不可思议又无可奈何的事。这里绝不是要为男人移情别恋做辩解，只是从性心理学的观点来谈，男人的这种倾向是因潜意识而造成的结果。人类最原始的性欲是暂时性的，而且有一换对象就会重新点燃的特性。亦即说，对一个单一异性持续保持性趣这事本身就和人类的天性相矛盾。而且女性是靠重复的实际经验才会慢慢地懂得性，与女性的积极相比较，男人大都会变得消极与被动。这种倾向是因为新婚后两三年内和妻子频繁行房，在妻子刚刚懂得鱼水之欢时，男人对妻子的性欲却大幅度减退所致。

而且，在男人看来妻子只是个在任何时候只要高兴就能发泄自己性欲的对象，所以他们之间没有所谓的惊险刺激或期待感，这会叫男人受不了的。当然，男人的精力常被挪到新的、未知的事物上，这就出现了一种见异思迁的表现。

但是话虽如此，对女性来说，想要嫁的男人如果在外面打野食那就糟了。虽然任何一个男人的内心都是十分顾家的，但仍然有比其他男人更容易移情别恋的男人。这里就是要谈一谈如何分辨这种男人。

男人本来就具有女性不大有的特质——对各种事物表示关心、感兴趣的特性，而这种倾向强的男人，将来移情别恋的可能性较大。

男人生来就容易被未知的、新的东西所吸引，面临这些事物时，也不会像女性一样感到不安和恐惧，相反他们会以积极的探究心理，想去弄清楚或想去抓住这些东西。工作、兴趣、游乐——任何事都是如此。在工作的地方、谈生意的地方、午休时去的茶馆、酒吧或小吃摊，几乎所有的场所都可见到男人有这种举动。坦白说，酒吧或有舞女陪酒的歌厅等，就是因为能满足那种"冒险感"，男人才想去的。

日本的宫城音弥先生依生存意义将人类分为六种人，其中有一类他称之为"冒险人"。这是由于"想要看看可怕的东西，想要做做危险的事情"的心理造成的，一般男人多多少少都会有这种倾向。这种倾向强的男人，兴趣就会比一般人广泛许多。因其好奇心非常强，所以做起事情来主动积极，约会时很热情，关于性的研究也比其他人多，也能多样化地利用闲暇。要说运动，夏天游泳，冬天滑雪，春秋两季则打网球。赌马和打麻将也不输人，酒也能喝。说起话来，话题即丰富又包罗万象，所以其生活面是多彩多姿的。有些女性看到这样的男人常以为这就是理想的丈夫，这是因为和原本思想肤浅、视野又特别狭窄的女性比起来，他是个完全相反的男人，所以更能引起女性的注意。但是，这种典型的男人因其精力比别人旺盛，当然对女性的关心、兴趣也较别人强。因此他能在同一段时间和好几个女性交往，而且左右逢源控制得宜。

也有的男人只是基于浓烈的好奇心而逢场作戏一番而已。说好听是"博爱主义"，说不好听就是"拈花惹草"了。这种男人虽然什么都想尝试，却有不少是一事无成的。有的会变成不关心家庭的"浪子"，这也是造成婚姻失败的原因。在理财方面，对自己兴趣所在盲目地投注金钱，结果总是浪费虚掷，别想指望他能有什么积蓄。

与此相反的是另一型的男人，他会贯彻一件事情到某个程度，才会奔向下一个兴趣。这样的男人因为心力集中，所以不会把换职业认为是家常便饭，而且因为善于控制自己的心力，所以在生活上招致失败的例子几乎是没有的。只是关于爱情"走私"方面他会做是"很漂亮"，所以对女性而言也不能说是很理想的男人。

男人心中最理想的女性

（1）结婚对男人意味着什么

在日本众多政治家的心目中，拥有一两个小老婆才代表"男性的价值"，这种意识似乎还盛行不衰。或许不只是政治家，还有许多男性也深有同感！

明治时代，有位名叫森有礼的教育部长，在 27 岁时准备结婚。当时男人被允许拥有小妾，他却说："所谓结婚是不移情于他人的证明"，并于朗读相同含义的契约书后完成婚礼。当时的证婚人是福泽谕吉，同时这个婚姻在那时也堪称惊世骇俗，是那时候的一项创举。然而契约仍然守不住人，11 年后他们离婚了。

如今，不论在西式或日式的婚礼中，男女双方都必须互换誓言。但是对男人而言，要对妻子"一生挚爱不渝，绝不变心"似乎是件难事；甚至在某个时期，外遇几乎等于男性的专利。

男性们的理由非常单纯：①男人在外努力赚钱，②养家糊口，③已尽到做丈夫的责任，④因此无论做什么事，都应该被容许。

可是问题就出在"做丈夫的责任"，光是努力赚钱、养家糊口，是否就可称为尽到"为人夫的责任"呢？这种说法在一家之主的权力至高无上的情况下，或许还勉强适用，但在现代社会不太可能！

因为活跃于社会上的女性逐渐增加，女人不但有自主经济能力，而且在工作上大展身手，在社会上出人头地，过去所谓"男人的圣域"已不复存在。

这种女权高涨的情形，在美国最为明显。1981 年，女性担任最高法院的法官，全美国的市长中有 10% 是女人。在日本，女权主义虽不如美国这般普及，乍看之下，深居简出的家庭主妇似乎仍占大多数，然而可以猜测她们也希望多见识外面的世界，多接触社会上的人。

于是，她们就在烧饭洗衣、照顾小孩先生的不满情绪中，每天过着无奈自怜的日子。"我也想做这做那……""我应该也能做这件事"，如此这般郁郁不平大志难伸，或许是很多主妇的心声。

面对妻子的心情，最重要的是丈夫的支持与安抚；否则这种不满很快会被对丈夫的不满取代。如果先生有过人的自信，并认为"自己很罩得住"的话，情形会更加危险；因为各位男士要对抗的不仅是自己的妻子，还有一个名叫"现代"的敌人。

男人对结婚条件的要求是不是与女人的要求不一样？

"有房子、有轿车、没有婆婆"，这句话在不久前十分盛行，也是女性梦想的"结婚对象的条件"。在前面曾提到过，女性以"对方的种种事情"作为结婚时考虑的问题；但是具体而言，究竟指的是什么呢？我们继续来看看调查的结果。

首先，男性对新娘的要求条件如下：①个性，②容貌，③对结婚的看法，④健康，⑤兴趣，⑥年龄。女性要求的条件如下：①个性，②对结婚的看法，③收入，④健康，⑤兴趣，⑥职业地位。

在排行前6名中，男女共同之处有个性、对结婚的看法、健康、兴趣等条件，或许这4项就是"结婚对象的条件"的核心。提到男与女的相异之处时，唯一不变的是男人依然执著于女性"容貌"的美丑与否；而女人最关心的也还是男人的经济能力。另外排行榜上没有列举出来的第7项"家庭的居住形态"，也是女人们担心的事。

其他如"血型"等条件，在男士的排行中并未入榜，而女性方面则堂堂登上第15名的宝座。"我虽然想和他结婚，可他是B型，所以不成"或"我和你无法顺利交往是由于血型不合的关系"等借口，或许就是未来双方分手的理由之一！

所以，婚姻专家忠告说：

男女结婚后，要携手共度漫长的人生——自然而然会发生各种问题，唯有共同度过这些波折才算是真正的夫妻。

（2）女人的信赖——男人的支柱

首先，请看一位日本企业经理对自己妻子的描述。他始终认为她是自己心目中最理想的女人，因为在困难时，他们相濡以沫，互相信赖，互相支持，共渡难关：

我从未要求妻子如何生活或给她任何意见，但在相处之中，她倒是改变了不少。

和她认识，是在上班的饭店里。我上夜班，她则是柜台小姐。当时她刚从高中毕业，由乡下来到都市，什么都不懂。

我上班到早上8点，她则是早上8点才上班，每次见了面，也只是点头打个招呼而已。有一天我看见她很早就来了，开玩笑地问她："咦？你没有男朋友吗？"

"我？没有呀！"

当然没有！她才到这里来两三个月，又住在饭店的女职员宿舍里，人生地不熟的，怎么会有男朋友呢？

"我们找一天到海边玩吧！"

"好呀！"

当时的她，一定还没有想到交哪一类型的男朋友，只不过是我很贸然地出现在她的面前，她就在什么都没有想清楚的情形下，和我交上了朋友。

后来因为某一件事，我们两个人都辞职不干了。她表示，如果要回乡下去，也找不到什么工作，干脆留下来，另谋出路吧！可是，我们二人都没有多少钱，就突发奇想说："我们不妨住在一起吧，也能省点钱。"

当时我们都很单纯，没有想到其他事情。

　　不久，在职业介绍栏上，我找到了建筑工作，她则去当服务生。建筑工人的日薪是600日元，做4天就能付一个月的房租，她为此兴奋不已。

　　"真好！我们可以付房租了！"

　　她和别人最大的不同是连我做一名小小的建筑工人，她都会很得意地告诉朋友，连她的母亲也不例外。

　　"他是做什么的？"

　　"哦！帮人家打地基，盖房子呀！"

　　"你认为适合和这样的人在一起吗？"

　　"没什么不适合的。"

　　她的个性既达观又纯洁，根本不会怀疑别人。后来我不当建筑工人，改到报社当新闻记者，她则到百货公司做事。可是，我们的经济状况并没有好转。

　　她开始学裁剪。每天下班以后，上一小时的裁剪课，然后赶回来准备晚餐。这种生活维持了二年之久。

　　另一方面，在假日的时候，我就叫她写稿，都是有关占卜方面的文章，每星期写一篇，一个月就多了三四千元的收入。

　　若让我自己写，可能只要一二小时就完成了，但她得花上七八小时。原因是她对写作的方法不了解。有时候她会要求我教她，但我一向坚持让她独立完成自己工作的原则。

　　我们两个人的薪水，再加上这些稿费，生活就不再那么拮据了，于是我们正式结婚，成立了小家庭。事实上，婚后的物质生活还是不太好。

　　结婚后不久的某一天，我突然下定决心，不再作新闻记者，而想当一个小说家。

　　念小学的时候，我就很想写小说，到了高中时代，想写小说的意识更为强烈。当建筑工人时，我常半夜爬起来写稿，但从未被录用过，虽然如此，我还是一心一意想当小说家。

　　在我和她同居的时候，曾经告诉过她："不论你是不是愿意和我在一起，我一定要做自己真正想做的事——我一定要写小说。"

　　可是，我到报社当记者的那段日子，整个生活习惯都弄乱了，不是应酬就是工作到半夜，也没有时间写小说。对于这种疲惫不堪的日子，我几乎只想过一天完全轻松的生活，就心满意足了。

　　到了30岁左右，我更强烈地渴望当一个作家，只是若就此放弃工作，生活将更加困难，一切都得仰赖妻子……不免又犹豫不决起来。

　　再进一步想，这样子拖下去，这一辈子根本没办法写出什么来，内心突然对自己产生了一股厌恶感。因为，心里虽然呐喊着："我要当作家！"但另外还有更大的声音在耳边响起："怎么维持生活？"

　　在半夜里猛然惊醒后，再一想到自己的生活毫无规律，竟冒出了一身冷汗。我动也不动的躺在床上左思右想，大概有一小时之久。

　　一个月至少要有一万五千元的收入……房租四千、伙食费五千、水电煤气和电话费一千、医药费一千……嗯，一万五千元的收入勉强可以维持家里的开销。我只要到外面接一些书回来翻译，一有空档就可以好好地写小说了。

在家里翻译文章，相当廉价，稿费少得可怜——一篇只能拿到三四千元。所以，每个月一定要在极有限的时间内至少翻译出五篇文章，这样才能维持生活，也才有较多的时间写稿。

当我冥想时，不知什么时候，妻子醒了，怯怯地问我："怎么啦！"

"没什么，只是有件事想和你商量……睡吧！明天再说。"

其实，根本不是"商量"，我已经下决定这么做了。妻子还是不太放心，又问："什么事情？现在说不好吗？"

"我想辞去报社的工作。"

"哦？你要辞掉工作？"

"……我突然想到母亲……"

这时，我忽然变得激动起来，断断续续地说："我的父亲是一个一辈子都卖不出作品的穷作家，一家人的生活都靠母亲拉保险来维持，有时穷得连三餐都不继。邻居常嘲笑我母亲：'你先生不是小说家吗？怎么没听过他的大名呢？'我常常为此气得对他们破口大骂！……当时，我也恨父亲，恨他让我们过苦日子！可是，母亲从没有对我们说过：'你父亲真没出息！'之类的话，也从没有抱怨什么。我以前不了解，只觉得母亲实在奇怪了，为什么不怨恨父亲？为什么肯一个人挑起生活的重担？……直到我自己下决心要写小说时，在刹那间才清醒过来，原来我才是最不了解父亲的人！"

说着说着，妻子默默地掉下泪来。

"反正我已经决定离开报社了！我一定要当一个作家，全心全意地写小说！我不知道是不是会成功，但是，我绝对要试试看。我每个月会拿一万五千元回来，生活应该不成问题。……我不是要求你让我辞去工作，因为这是我考虑很久才下的决定……只是，希望你能谅解。"

她并没有说些"去做你自己想做的事"之类的美言，而是很坦白地说："我不懂你为什么这么想当小说家，也不知道什么才是小说家，只觉得我不能阻止你。"

第二天，我提出辞呈。

此后，我相当努力地从事创作，所幸终于闯出一点名堂来了。我的内心经常存着感谢之意，因为不论外面的世界多么冷酷，我的家永远是最温暖的。

妻子生性达观，不仅给我相当有力的支持，在裁剪方面也有所成就。她自己开了一家裁剪研习班，不收学生的费用，但学生必须自行负责材料费。她认为自己是为教而教，不是为赚钱而教。

生了女儿以后的第三个月，她自己又努力进修，考上大学的夜间部。

刚由乡下都市来的时候，她几乎什么都不懂，而现在她已经相当地独立而且有自主心，知道自己想做什么，如何去做。

由于离开学校已有一段时间，白天有一份稳定的工作，又要开班授课，又得照顾家庭，晚上上课实在很吃力。尤其是刚开始的时候，课业进行得很不顺利，可是，我根本没有帮助她，也没有问她遇到什么麻烦，只说："你想怎么念就怎么念吧！"

前二年都很顺利地过关了，她信心大增。每天晚上安顿好小女儿之后，她都用功到三更半夜，所以，三四年级也都过关了。

第五年，可能是功课太难的关系，她偶尔会说："唉！若是考不过，就算了吧！"我不吭声，看了看她。她知道我不太高兴，"哼！"的一声便离开房间。

我明知在这种情形下，应该和她好好地谈一谈，譬如问她："为什么不再加加油呢？"或"有什么困难吗？"可是，我却什么也没说。另一方面，我更说不出什么安慰之类的好听话，只有"只要你已经尽力就好了。"

我刚开始写小说的时候，也有多少次自以为不行了，甚至现在还是如此。可是，如果就此真以为自己做不到，就更没有成功的希望。

每当我自以为无法撑下去时，常会突然想到：这就是我的人生吗？难道宝贵的一生就到此为止了？如果连自己都不愿意为人生奋斗，人生还有什么希望呢？当然也没有什么乐趣可言了。

可能真是不行了，但我绝不放弃，也不肯稍有懈怠。因为，写稿是自己喜爱、有兴趣才做的，不是为了名利，如果我不再勇往直前的话，以后一定都是做些毫无意义的事而徒然浪费了一生。

每次想到这里，我会更坚定地告诉自己：

"不论再怎么穷，再怎么受人嘲笑也没有关系，我一定要继续写作。"

刚开始写作时，每隔半年或三个月就觉得肠枯思竭。慢慢的，这种周期性越来越短，最后是一星期或三天两天，就感到自己已经到了江郎才尽的地步。所幸我也很达观，每每都能振作起来，重新开始。

每当我不自觉地说："唉！不行！不行！我写不出东西了！"

妻子就会笑着说："才怪！你根本不是这么想的！"

除此她没有再说些鼓励的话。她自己也尝过这种自觉快要坚持不下去的感受，而我当时也没有给她多少鼓励话语，她定能了解——因为，我们彼此都确信对方能独立完成自己真正想做的事。

我的女儿还小，但她已有自己独立的观点。我不想把她送到私立的明星学校去，只希望她能在一般的环境中学习人生，待她长大之后，才能顺利找到自己的幸福。

为父的我，只能作她的榜样，希望她将来是一个可以信赖的"女性"。

这位经理后来颇有感慨，曾经说过一段很令受启发的话。

我认为女性更应该重视自己的幸福。如果女性以为结婚就是幸福，为了掌握幸福才结婚，无疑是犯了一个严重的错误。女性对幸福和结婚，应有理智的认识，就是在结了婚之后，双方的人生观是否能有密切的联系？是否还能发挥自己的才能？婚后的自己，对自我能付出多少时间？

换句话说，即是要考虑到你对他是否有真诚的爱，而他能付出多少回报。如果做不到这些，必定不会有幸福，当然也用不着结婚了。

结婚是联系双方之间的桥梁，目的是要让双方都能获得更多的幸福，而不是为要尝试，求妥协或在意别人的看法才决定的下策。

"结婚的另一层意思就是为自我设想、追求自我的幸福。如果是为结婚而结婚，就毫无意义了。"

（3）男人希望女人怎样关心自己

现在有许多人只注重外表，所以，名牌的东西相当盛行；但在这种近乎于盲目追求时尚的心态下，对名牌的东西没什么兴趣的女孩子，看起来更显得迷人。

换句话说，以各种名贵的东西装饰自己，而过于相信自己魅力或强迫别人感受自己外在美的女人，常令人觉得太不含蓄而缺少韵味。

90%以上的女孩子，在某一时期会自以为很丑，但同样的，也都会有一套自信的哲学。

再怎么丑的女孩子，一定也会自以为有美丽之处，这是很正确的态度。但是，如果硬要强迫别人去欣赏她的魅力，就会令人不快了。

最常见的就是不考虑是否合适，一味迷信名牌的魅力，这除了展示"身价"或炫耀自我之外，什么也不是。

当几个女孩子在一起聊天时，甲看了看乙的项链，好奇地说："这是什么？很少看到……"仔细地看了一会儿之后，才很不屑地说："哎呀！这是镀金的嘛！"这种女孩子最令人讨厌！

相反的，乙却很坦然地说："我很喜欢，所以就买下来了。"这种个性实在太可爱了！因为她是在能力范围内打扮自己，而且是选择适合的、喜欢的。

前面那种女人往往都会故意装得很可爱、很纯真的模样，而了解其真面目的男人也会因为另有意图，设法迎合她，以期达到占有的目的。

相对的，这种女孩子无法了解男人的巧妙陷阱，她误以为男人之所以如此百般恭维，是因为自己具有独特魅力，所以易掉入对方的陷阱中。

事实上，真正美丽的女人，绝不是这样肤浅的。

基本上说来，男人和女人各有使命，所以生活方式也不太一样；有些女孩子虽然会说一大篇道理，但一生之中，最重要的还是和异性恋爱。

有些女孩子可能会辩驳："我现在只想专心工作，根本不想恋爱！"

或许这是真的，但往往是因为受到失恋的挫败，或尚未遇到理想的"他"吧！没有哪一个女人是不适于恋爱的！那些一再主张："我不适合结婚！"的女人，其实不过是在装模作样罢了！因为女人如果真的不想恋爱或结婚，就根本不会提这个问题。

女人如果想成功地和男人谈恋爱，一定要狡猾一点，也要设法使自己变得更美，但实在不易做到；要使自己更美丽，乃是一种磨炼，也是女人一辈子的生活主题。因此，即使已经七老八十了，仍然要让你的他觉得你依然美丽如昔。

所以，注重自己的穿着是对的，而整洁的装扮可以表现女人的高雅气质。但是，若不求自我充实与合适与否，只一味以名牌的东西来保护外表，却是最差劲的做法，也毫不值得鼓励。

即使是男人也一样，都渴望每天回家时，在妻子的眼中，自己永远是最迷人的。这一方面的努力并不只是意味着你要注重外在美，还要能专注于自己的事业和家庭。

绝大多数的男人都希望自己能专心地做好既定的目标，而每天回到家里时，则是妻子眼中最有吸引力、最可靠的理想丈夫。

连男人都有这种想法，更何况是女人呢？但是如果女人误选了略带轻浮或不当的方式，或受别人的看法影响，反而会失去魅力而被男人玩弄于股掌之上。

对男人不停抛媚眼的女性总是自以为颇具姿色、很迷人。其实，若表现得太露骨，反而令人觉得不雅。

看到有些男性一拿出香烟来，身边的女伴就殷勤地凑上前去，为他点火——这种做法给人一种低俗的感觉。女孩子实在不宜学习这种露骨的奉承态度。

或者，有些女孩子和男朋友上咖啡馆时，会故装亲切地询问："你要加多少糖？要加牛奶吗？"或干脆替他添加好。在男人的眼里，这往往不是亲切，而是献殷勤或多管闲事。

如果你对别人的关心那么显而易见，就不太合宜了，因为真正的关心应该是自然流露，不着痕迹的。万一对方毫不能体会你的真心，问题就是他太麻木了。默默关怀他，正是你的迷人之处，不必过于渲染。

女人对自己的恋人通常都十分重视，譬如，看到拥挤的车子空出一个位子，她会示意男朋友坐下。对男朋友好是应该的，但若认为这就是对他的爱的表现，或以为是温柔，那可就错了。

如果因为男朋友要你坐在唯一的空位子上，你也不必因此就自以为他对你有多么好，因为，这只不过是最基本的礼貌而已。

如果把基本的礼貌和感情混为一谈，表示你过去的历练还不够，或者是缺少看人的眼光。女人总喜欢温柔的男人，但以后通常都会发现自己看走眼了。

有一个令人很困惑的问题，有些女人总以为对方只会对她好而已，因此就死心塌地地喜欢对方，然而，对方可能颇讨厌她呢！换句话说，男人经常因另有企图而掩饰厌恶的态度，凭几句甜言蜜语来诱骗女人；当然一旦得手，他也不会想与她结婚。

有些女孩子虽然重视自己的男朋友，但仍会存有精打细算的想法——虽然不见得一定要结婚，但她至少会想办法捉住男朋友或未婚夫的心；同时，还可能会再交几个陪她玩乐、付账的男伴。

与其说这种女人很狡猾，倒不如说是忠于自己的私欲，这也是用以衡量自己的魅力和男人是否好色的最聪明的方法。

一再地以谎言粉刷自己的外表，很快就会露出马脚。因为，这并不是"努力"，只不过是一种不高明的表现技巧而已。

前面提到对名牌感兴趣的人，其实并非觉得名牌好，而是有了先入为主的观念，在意别人是否注意自己，全是基于炫耀的心理而已。

虽然名牌产品常有理想的评价，但你如果能正视自己，了解自己是否适合或必要，就太可爱了。

许多女性不明白美丽的真谛，而盲目地强迫自己穿名牌或流行的服饰，这只会令人觉得她们过于爱慕虚荣！并不是装扮得很名贵、漂亮就是美，还要看看她们是否有内涵。

就另外一个角度来看，很重视"内涵"的女性，常常能让人觉得眼前一亮，而且，她们懂得适合自己的生活、时时充实自己；这种女性绝不任性，不会强迫别人接受她，也不会生活在烦恼中。

重视自我和充实内在，都是必要的，但现在却都不受重视了，就如表面上的礼貌和虚伪的言辞，往往便能换来"好人"或"善良"的名誉。

总之，充实自我最重要的是，不要受到别人的影响。

第 二 章

看 穿 女 人

女人的魅力

　　了解女人不是一件容易的事。这大约是大多数男人的共同体会了。的确，我们都不是神，无法在任何时刻都能穿透女人那众多的秘密。但是，男人也有自己的办法。从这些林林总总的"办法"中，分析女人的魅力从何而来，借此来认清女人、洞悉女人，应该是颇为有效的，而且是务实的。

为什么一见她就心跳

（1）"目光是爱情的保证……"

　　爱情是什么？对这一个简单得不能再简单的问题，人类从诞生起，迄今似乎还没有一个满意的结论。瓦西列夫在他的著名的《情爱论》中，一开篇就写道，爱情"就是像一道看不见的强劲电弧一样在男女之间产生的那种精神和肉体的强烈倾慕之情。"不错，爱情从某种意义上可称为一种"强烈的倾慕之情"，但这道强劲的电弧，到底是怎么产生的呢？

　　有个神话流传千万年，似乎告诉了我们一点点其中的奥秘：据说男人与女人都只是人的一半，是不完全的人，他或她必须找到自己的另一半，才算是一个完整的人。这种寻找是与生俱来的，是一种本能。瞧，这"寻找"二字是多么传神啊！当你混沌初开时，你的内心总好像欠缺一点什么，而且这种感觉越来越强烈；你的眼睛有些羞涩，有些躲躲闪闪地去顾盼那与你不同性别的奇妙的人群，这时，不管你愿不愿意，你已然踏上寻觅爱的迢迢征途了。

　　那个被突然打动的日子是令人永生难忘的。每当你一见到她，你的心就狂跳起来。也许她并非女人中最优秀的，但是她特有的音容笑貌、窈窕身段、迷人气质，乃至奇怪的小动作，都在你看到她想到她时，擂响你心灵的大鼓。一位先生写道："自从十多年前在那片柔软的白色沙滩上第一次碰到我现在的妻子之后，奇怪的事情就发生了。那海浪拍打沙岸的熟悉的声音，那风中带有的一丝咸味，都裹挟着她的影子，冲击着我的心田，让我不能自抑地要哽咽起来，让我的眼睛里盈满泪水。

大男子主义者，目空一切，如入无人之境。

我的一位朋友告诉我说，你爱上她了。当时我也想，大约这就是爱的感觉吧。"正如费尔巴哈所说的那样："……只消瞥一眼心爱的人，我们就会心醉。目光是爱情的保证……"

（2）男人要切记："知识就是力量"

这种心灵中的风云激变从何而来呢？难道这个女人所特有的容颜、身材和气质，成为一种催化剂，"催化"了我们心中所蕴含的某种"化学物质"而让我们情不自禁、坐卧不安呢？近一些年来，确有一些研究者在开始研究这个问题。他们的实验证明我们中大部分人认为的神秘的、微妙的东西，确实有着某种化学基础。例如美国的一些科学家们指出，习惯地而且是灾难性地陷于爱情的人，其尿液中有一种类似于安非他命的化学物质，从一个"爱情头脑"中洒出的这种物质的数量，要比正常人多得多，因而这种人常常表现出头晕、食欲不振以及睡眠减少等症状，这些症状极类似于安非他命的使用者。当然，化学的作用或许在那些被爱情拒绝的人身上表现得更为明显。很多人就有过这样的体验，或从别人那里了解到这种体验：即伤心不已、抑郁不振、昏昏沉沉总像没睡够、控制不住眼泪、有时为了填补空虚而食量惊人等等。这就是人们所戏称的"爱情病"的症象。

严格地说，"爱情病"只是一种精神世界的失衡。当你一开始见到她并被打动时，这种失衡就开始了。要获得平衡，也就是说要保留住受到爱情浪潮冲击后的幸福感，又要避开它连带来的种种"情绪垃圾"弄脏弄乱我们的内心生活，这是任何一个自命为男子汉的男人所必须做到的。真正的男人不为情感、不为情困，这就要掌握相关的知识。培根说："知识就是力量。"这句话对男人来说非常有启迪意义。因此，男人不仅要了解自己，更要了解女人。

那么，就让我们来分析一下，到底那些让你内心狂跳不已的首先是一些什么因素。

女人是水做的骨肉

（1）贾宝玉的"妙评"

男人中曾有过一个花花公子贾宝玉。他对男女的区别有一句"妙评"，他认为男人是泥做的骨肉，而女人则是水做的骨肉。这一"妙评"让许许多多男人女人都津津乐道：男人用它来颂谀女人以博一笑，女人呢，则为自己的故作矜持找到了难得的一个借口。这句话道出了男女的某种本质性的差别。但从"骨肉"的构成来讲，女人身体的构成同样是异常复杂，不光是仅有"水"的。

历史上对女人身体在认识上的误会一直盛传不衰，这里面糅合着种种社会偏见，说明白点，是男人的偏见。比如亚里斯多德便认为，女人的身体就要比男人的下贱，就连她嘴巴里的牙齿也要比男人少生几颗。当然也有宗教（或礼教）上的偏见。比如欧洲的中世纪便认为女性的身体是罪恶的，应当严严实实地用布裹起来；再如中国的封建时代，便认为女性的"天足"是不美的，而应裹成畸形的"三寸金莲"等等，即使在今天也还顽固地残留着一些荒谬的说法，不一而足。

（2）青春期前的女性

孩提时代的女孩与男孩一样，对自己的身体一无所知。男孩子有时因为种种外界的摩擦而要比女孩先发现自己的小小而突出在身体外的性器官。女孩的性别意识，则往往是在父母或其他成年人那里得到启蒙的。一些研究者认为，儿童时期孩子的性别认定与家庭的抚养方式很有关系，不论男孩还是女孩，在幼年时期的这种知识是很重要的，否则就会为成年后的性倒错埋下祸根。

到了青春期的女孩才开始真正关注自己的身体。这一时期她的身体发生的种种变化，比如胸部出现肿胀，月经初潮等。一个小小的女孩对此种种情形很可能是毫无思想准备的，于是感到莫大的恐慌。《第二性》的作者西蒙·伏波娃曾在本书中写到她曾有过的窘境："由于对我的身体感到尴尬，我产生了恐惧：例如，我无法从一只我用过的杯子里喝水。我变得神经痉挛，老是耸肩抽鼻子而不能自己。"这种状况，是要引起父母或老师注意的。近来一些性社会学者呼吁，要把性教育提前到儿童时期就开始做，父母或同性别的老师要帮助女孩们度过这种"困难时期"，是很有利于孩子的性别心理成熟发展的。

（3）女性的胸部

无论从男人还是从女人的角度而言，女人的这个部位都会是印象极其深刻的。作为女人，她无法否认在自己的成长历程中，这两个逐渐隆起的圆状物给自己带来了多么百感交集的内心体验。她们开初总是由于羞涩和恐惧而极力要掩盖这个部位，甚至不惜用束胸的方式来遏制其"发展壮大"；然而渐渐地，她以它的高耸、圆润和富有弹性而喜悦而暗自骄傲，她们往往独自一人关在房里，对着大衣镜子照个没完。作为男人，你也无法否认，一个你所喜爱的女人的发育健全的胸部给了你多么强大的内心的冲击。无可讳言，这是你所感受到的一个女人的魅力的一个重要因素。在文学史上，许多男性诗人和作家，更是写下了大量的作品来表达他们由此而来的对女性的赞美之情。

然而，从解剖学上来说，女人的乳房无非是一个特定的腺体而已，就如皮肤下的汗腺一样，当然作为女性品质的象征之一，乳房又是一个很特别的组成部分。

女性的乳房发育过程约始于8岁，在发育过程中，一边可能比另一边长得快些，这一差别到了十五六岁左右乳房发育完毕时才基本上消除，不过，左乳比右乳大的现象是常有的，这并不是一种畸形。

成熟的每一边乳房都有15或20根导管，它们在两个乳头下长大起来。乳头在少女时代往往是不突出的，它很小，甚至陷进乳晕里去，只有到生育前后有了一定的性行为或性生活了，才会突出出来。乳晕，是乳头突出部四周的环状色素沉着区域。少女时期的乳晕常常是粉红色的，到生育后，才逐渐变为褐黑色。颜色加深，区域面积扩大。乳头的颜色也是这样。女性胸部的肿胀，主要是脂肪组织的沉积和乳腺的发育。乳腺是与导管相连的产乳的囊袋，是履行哺乳的关键性组织。乳房的其余部门是脂肪和起支柱作用固定乳房位置的结缔组织。

乳房的大小和形状由其基因决定，而且在国别、人种间的差别也很大。乳房的大小和乳头或乳晕对刺激性激动等等的承受力丝毫没有关系。乳头是由勃起组织组成的，与阴茎的勃起组织相似，是女性的重要性敏感区。当女性性欲被激起时，这种勃起组织的脉管会充血膨胀，显然，在遇到寒冷等外界刺激时，也会产生相似的反应。

（4）女性的皮肤

女性往往以拥有光洁有弹性的皮肤而骄傲，这是不错的，男人们也认为，这样的皮肤，不仅仅美，而且是健康的。美的皮肤的颜色不仅仅是白色，即如白居易笔下杨玉环的"凝脂"，也可以是其他颜色。不仅不同肤色的人种有各自的审美观，而且曾有一度太阳浴后的古铜色皮肤风靡世界，男女都以之为美。这不能不说是一个有趣的现象。细究起来，恐怕这种美是人们的健康观念引起来的。可见，不论什么肤色的皮肤，健康还是衡量其美丑的一个重要因素。

皮肤较白的女性，有一个有趣的现象，那就是一旦脸红，便极易为男人感受到，因而在男性眼里，平添了许多妩媚动人之处。所以，许多女孩的化妆常以白为目标，而忘了健美的要求。这也是对男性体会的一种误解。在男人眼里，皮肤洁白也常常是与健康联系在一起的，他们不会欣赏苍白病态的皮肤。

皮肤的薄厚在女人身体不同部位是不同的。她的眼睑和耳朵背后的皮肤，只有0.05 毫米厚，这两处因而也成了女性的敏感区。而她的手掌和脚底板上的皮肤，则可以厚达 1.6 毫米，这与男性是有相似之处的。

一个普通成年女性的皮肤面积要比男人少，一般有 1.58 平方米，比男人少0.37 平方米。

许多女性往往喜欢用各种清洗液来治理她们的"油性皮肤"，然而，要是没有皮脂，皮肤肯定会干燥而皱褶起来，像老年人的皮肤一样。其实，适量的皮脂，对美丽光洁的皮肤往往是至关重要的，而且多亏了皮脂，皮肤才得以成为一个包容整个身体的防水屏障。就连眼睛也不例外，在那里，皮脂变成了一种透明的"挡风玻璃"，即角膜，来保护眼睛的水分平衡。

当然，皮脂腺的分泌紊乱是让女人们感到烦恼的。一旦分泌过多皮脂物，就会导致皮肤和毛发过分油腻，进而使污物堵塞毛密的毛孔，引起发炎，形成黑头粉刺和痤疮。这种毛病在女人的月经期前后出现或加重，这是因为荷尔蒙刺激皮脂腺分泌的原因。因此，女人要了解这些生理问题，科学使用化妆品和清洗物；男人看到女人为此乱成一团时，也不妨提出科学的建议，帮她拿拿主意，女人是会从心里感激你的。

（5）荷尔蒙的神奇作用

在感到紧张和激动时，女人的体内就会就分泌出一种肾上腺素，也就是荷尔蒙。女人赴约会时，她的心脏就开始"咚咚"乱跳，舌头发干，手心出汗，膝盖发软。这就是荷尔蒙在起作用。她血液内的肾上腺素从生发到消退，最快可以在一分钟内完成。肾上腺素的作用就像一个应急的装置。一旦碰到紧急状态，肾上腺素已经充满她的全身，使她做好了避免外界伤害的准备，各种要素都被调动来判断，作出相应的反应。

除了应付紧张状态，肾上腺素在平和情况下是一种调节体内环境的物质，它有助于保持各个组织和器官的运动平衡。内分泌腺产生的荷尔蒙大约有20多种，它们随着血液的流动，控制着人体内的新陈代谢，诸如骨骼的生长，女性月经的周期，以及从乳头乳晕的颜色到她的阴唇的形状等等性征的发育。据实验表明，多一点或少一点荷尔蒙，都有可能极大地改变一个人的一生。

当然，肾上腺素并不只有好处，还有着令人惊恐的一面。过分的紧张，换句话说就是人体内分泌过多的肾上腺素，它就会蚕食一个本来应当是非常健康的身体。医学证明，许多疾病都与之有关，如风湿性关节炎、癌症、心脏病、甲状腺机能亢进、消化道溃疡以及溃疡性结肠等等。随着女性日益进入职业性竞争，这些让男人颇为头痛的疾病，也开始来纠缠女人们了。

女人体中腺体的荷尔蒙是在其大脑的严格定时和调控下，经历了一个复杂过程分泌出来的。这些荷尔蒙根据大脑的指令，在女人体内作出恰当反应的第一个事实，就是月经。虽然人们并不认为月经总处于荷尔蒙的控制之下，但从荷尔蒙这种物质出发，大约是可以揭示出女性的生育之谜的。

我们常说的所谓"雌性激素"，就是那种把女孩变成妇女的荷尔蒙，人们很早就知道它所引起的月经与生育多少有些关系。在古代，女人们常常要听从巫医们的忠告，多吃牛羊肉或尽量多以蹲坐的姿势来引发她们的月经，继而引发其生育能力。而传道士们则能够调制出草药合剂，以某种方式来刺激女人的子宫肌肉。这种草药合剂中含有强效的子宫肌肉刺激物，如麦角菌等。

女人体内不同的荷尔蒙有时会相互影响，进而影响整个女性生殖系统的组织和器官。比如月经失调，就是这种相互影响的产物之一。一种叫卵泡激素的荷尔蒙，其作用是使妇女卵巢内的卵细胞成熟以备排卵；另一种叫促性腺激素的荷尔蒙，医学上又称为黄体生成激素，它的作用是引发女人排卵，导致成熟的卵子排出卵泡。在青春期，这两种激素会大量地分泌出来，这时，大脑的另一个分泌荷尔蒙的区域——下丘脑开始工作，产生出一种叫做释放因子的化学物质。这些物质流过一段距离后到达垂体腺，在那里它们又刺激卵泡激素与促性腺激素两种荷尔蒙的生产。通过这样复杂的生理过程，女性逐步准备好了她的生育能力，成为真正的成熟女性了。

（6）女性身体各部分的重量

女人体重的一半是肌肉与皮下脂肪。美国的科学家做过一个有意思的实验。这个实验测量出了一个中等身材、体重59千克的女人的身体的各部分的重量，大致是这样分布的：

脂肪：16千克　肌肉：14千克

骨骼：7.3千克　骨髓：2.7千克

血液：4.5千克　皮肤：1.8千克

结缔组织：2.7千克

肝：1.6千克　乳房：2.3千克

胃与肠：1.8千克　脑：1.6千克

肺：0.910 千克

淋巴组织：0.68 千克

子宫：0.45 千克　肾：0.31 千克

心脏：0.23 千克　膀胱：0.14 千克

胰腺：0.071 千克

唾液腺：0.057 千克　眼：0.028 千克

牙：0.028 千克

甲状腺：0.028 千克

肾上腺：0.014 千克　胸腺：7 克

其中，我们看到，女人的肌肉仅 14 千克，占其身体体积的 23%，而男人的要占到 40%。可见比男人要少得多，但同样也有 400 块，与男人的肌肉数目完全相同。而且一个成熟女人的肌肉细胞数量，据测，是其少女时期的 10 倍左右；而一个男孩长成到成年，其肌肉细胞数量要达到 20 倍左右的差别。

女人的肌肉的大小是在其 10 至 11 岁时基本上就被确定了的，这也是她体内的荷尔蒙的作用之下，因而女人从事一些体育活动，大可不必担心会粗壮得让自己承受不了。这一点也颇有意思。

除了乳头上有一点点平滑肌以帮助它在相应的时候勃起外，女人的乳房内没有一点儿肌肉；而她胸壁上的肌肉群，则是能得到增强的，爱美的女人经过有目的的锻炼，可以达到增大胸围尺寸而变得更为隆胸的健美目的。

（7）女性的其他一些部位

成年男人张口一吸所得的空气比女人所能吸进的多得多。然而在青春期以前，女孩和男孩的肺容量却是一样的。

一般地说，女人的肩膀要比男人的肩膀窄，而她的臀部却要比男人的宽；她的腰更细，这也常常是在国人眼中迷人的一处。如果你让一个女孩摊开手掌，你会发现她的无名指常比食指要短，这同男人双手上的这两根指头的长短正好相反。若有例外，当然也不必奇怪。其实要是用臀部与肩膀来分别男女的话，那么每一千名妇女中就会有一百名被归到男人的行列中去，而每一千名男人中也有一百名要被归到女人中去。

女人身上的发毛的数目和男人的一样多，尽管其中有一些不如男人的色深质硬；她皮肤下的绝缘脂肪也要多得多，因而女人往往对寒冷不太敏感，而且在水里也更容易浮起来。

假如肘部是一个三角形的顶点，两臂和躯干各为三角形的两边，那么男人的前臂与躯干所形成的角度比女人的小 6 度左右，这个角就叫搬运角；她的"边长"也比男人的要长，因而她可以毫不费力地一只手捧着孩子而腾出另一只手干各种家务活动。这样的形象我们在影视中所见可真不少。

将女人的嘴唇和她颅骨上的骨结构连起来的是 8 块小肌肉。她的表情取决于她使用这 8 块小肌肉力的某一块。当她感到恐惧时，笑肌将她的嘴角往下拉；当她哀伤时，三角肌和颏肌在下唇收缩；当她微笑时，大颧肌和颊将她的嘴角往上牵动；

上唇提肌会偶尔展示她的大齿；而开心的露齿大笑时，8 块肌肉全部活动。据伦纳德·鲁宾博士的说法，当女人在表达爱意和深情时，8 块肌肉会舒展开并略启玉齿。

靓女并非天生的

当一个袅袅婷婷的可爱女子出现在你面前时，你会感到惊奇：真是天生尤物！其实，女人并非天生的，说不定，这个可爱的小尤物在几年前，竟是一个"丑小鸭"！

（1）西蒙·伏波娃的口号

"丑小鸭"怎么会成为"白天鹅"呢？法国作家西蒙·伏波娃在其名著《第二性》中曾说："女人不是天生的，而是变成的！"这真是颇有见地的见解。《圣经》上有一个留传千年的故事，说最初生活在伊甸园里的有个男人亚当，为了不让他感到过于孤独，上帝在他沉睡时，从他的身上取下了一根肋骨，造成了另一个有点不同的人。亚当说："这是我骨中的骨，肉中的肉，可以称之为女人，因为她是从男人身上取出来的。"这个女人叫夏娃。可见，在古代的欧洲，人们观念中，女人首先不过是男人身上的一根骨头而已，是男人的附属物。这种观念最终还是被科学所取代，这是科学发展的必然结果。圣经时代已经过去了，男人看重女人，已经是天经地义的了。任何一个以陈旧观念先入为主地走近女人的人，总是要碰壁的。

（2）生男还是生女的奥秘

现代医学已经在很大程度上可以影响于一对夫妇生男还是生女了。而在即将过去的一个世纪的初期，人类才开始揭示出真正决定的一个孩子性别的关键因素。这种因素，就是秘藏于男性精液内的基因材料，即染色体。这个秘密是由一个叫麦克朗的科学家在 1902 年发现的。经过实验表明，在人类 23 对染色体中，有一对染色体的功能是决定性别、性状和性的意义的。人们用 X 与 Y 来表示这对染色体，其中 X 染色体是雌性的，Y 染色体是雄性的。如果钻入卵子的精子带有一条 X 染色体，那它同母体中卵子所带的 X 染色体相结合，生出的就是女性，否则就是男性。一般来说，男人 50% 的精子带有 X 染色体，其余的一半是带有性男孩的 Y 染色体。因而生男孩还是生女孩，可能性各占一半。在中世纪的西方国家，人们祈求男孩的秘方是，取相同数量的葡萄酒和狮子的血，在满月当空时，在神父虔诚的目光注视下，将二者搅和均匀，据说女人喝下这种"鸡尾酒"，就可以生下男孩来。而在中国，却有另一种旧俗，人们把小男孩带到新婚夫妇床上"坐床"，以保证生出男孩来。在另一个国家，则更有意思的一种做法是，丈夫操着斧头，在新婚的床前对妻子高声吼唱："——哈哈嗨！生男孩！"这种种习惯风俗，真可谓用心良苦，也体现了人类想控制生男生女的强烈愿望。

（3）如最初的"变"

胚胎在母亲子宫里的最初六星期中，无论是 X 染色体还是 Y 染色体都还没有明显地发挥作用。除非对染色体进行实际的分析，否则，这六周的时间里是分辨不出男女来的，而且这种分析还必须涉及与性别有关的基因障碍，比如家庭有白痴病史时，方才能进行。雄性与雌性胚胎的外形都是一样的：其头、手、腿及躯干正逐渐成形，眼耳也依稀可辨了。即使到了出生之后，男孩形象与女孩形象也远非那么泾渭分明，即要么阳刚，要么阴柔。科学家们的实验发现，男孩与女孩同样喜欢群处，并且都同样屈服于同伴的压力，女孩也与男孩一样有较强的自尊心与进取心。当然，二者之间还是开始表现出一些不同。比如，无论用什么标准来衡量，男孩都更富于进攻性，他们更喜欢打架，爱抛头露面，好做强者的白日梦；他们在解决最能标示三维感觉能力的问题方面，也往往较高一筹；而女孩在掌握语言概念、进行类比，以及完成所有涉及语言理解能力的任务等方面都胜过男孩一筹。

这些最初的不同和变化，是由性荷尔蒙，尤其是睾丸素造成的。科学家们认为，虽然胚胎的睾丸要等到青春期才能产生精子，但它们最初成形时，就已开始制造睾丸素，如果没有睾丸素那么胚胎都将发育成女婴。人们还做过一个实验，即清除掉新生雄鼠的睾丸素，它长大后的行为就显出雌性特征；而相反，给新生的雌鼠注射睾丸素，那其行为后来就显出雄性。虽然目前对这些方面的研究尚处于实验阶段，但毫无疑问，男女性别之迹已经基本解开了。假如两条染色体都是没有任何东西干扰荷尔蒙的平衡的话，那么婴儿一旦生下就有一种潜势，这种潜势使她按照父母的指点行事，进入阴柔的女性角色。

（4）一个变性的手术病例

一个正常的男孩在出生后 7 个月时，因为包皮环切手术事故失去了他的阴茎，此前他一直同他的孪生弟弟一道，像其他正常孩子一样被抚养着。手术事故发生后 1 个月内，他的父母继续将他同他的弟弟一般对待，兄弟两个都活泼调皮，却不屑于玩洋娃娃，对那些女孩子家才干的事都避而远之。这时，根据一些给生殖器反常的孩子分配性别的专家的忠告，孩子的父母同意将这个男孩改变成女孩。经过手术，这个男孩的性别处解剖构造被改变了，他的父母也从此拿他当女孩抚养。不出几个月，这个已成为女孩的男孩，就在其父母的鼓励下获得了女性化的行为特征，她养成了爱清洁、注重穿戴以及撒娇的习惯，总之和她弟弟是截然不同。她的弟弟则被鼓励去保护姐姐。到她长到 4 岁半时，她已经比她弟弟整洁多了，就连她同父母的交往方式也大不相同。现在，她已进入青春期，如果医疗计划还在继续进行的话，那么目前她正在接受荷尔蒙治疗，以使她的乳房发育、臀部长大，以求基本上结束自她 1 岁零 5 个月起就已开始的女性处置过程。她将永远不会有生育能力，也不会来月经。然而可以肯定说，她认为自己是一个女人。雌性基因并不自动地产生阴柔性，在很大程度上，女孩之所以有女孩的行为而男孩之所以有男孩的行为，那是取决于别人如何教导他们，取决于别人允许他们干什么，取决于他们自己怎样认识。雌性基因从来不曾阻止姑娘们穿长裤、打垒球，被阻止的原因来自父母，他们不能让女人"不成体统"。正如弗吉尼亚·伍尔夫在《女人的职业》一书中所说："亲爱的，你是一个女孩子……要有同情心，要柔顺，要学会赞美，要学会撒谎，要要尽我们女性的一切手腕，而永远也别让人知道你是有主见的。"而马克·吐温则这样描述一个女孩子："你穿针的时候不要线不动而用针去凑，要针不动而用线去穿——女人都是这样穿的，而男人却是另一种穿法。你要扔东西打老鼠时，要摇摇晃晃地踮起脚尖，尽管笨手笨脚地把你的手举过头顶，然后打到离老鼠六七英尺的地方；掷的时候整个大小臂要伸得僵直，就好像肩膀上装了一个轴——这就像个姑娘的样子了，而不要拉开大臂从弯曲的手腕和肘部投出，这就成男孩的样子了。"

这就是西蒙·伏波娃为什么说"女人不是天生的，而是变成的"的真正含义。

（5）她变成什么样了

一个女人就一个样子，这就像是哲学上常说的，"世界上没有两处完全相同的叶子"一样。对于许多男人来说，女人的确常常是一个谜，难解的谜，因此便有了"女人神秘莫测"的几乎众口一词的说法。的确，女人神秘莫测，不仅对于男人而言是这样，甚至对于她们自己，也同样如此。你一定会赞同这种说法，一个青春期的女孩，不论她是 14 岁、还是 24 岁，都或多或少地乐意自己是个谜。也就是说，她自己也常常不惮于对自己是个什么东西犯点糊涂的；男人们也不喜欢一下子就能猜着"谜底"的女人，然而，追究此中的"谜底"恐怕又是他们最最锲而不舍的人生乐事了。

那么女人究竟"变成"什么样子呢？打从娘胎里出来后，女人又是如何成为女人的呢？这可是一个不大不小的难题哩。

这里，我们似乎可以抓住一个为男人们所津津乐道的词，即"女人味"，来分析分析。男人们都爱说，他们欣赏有"女人味"的女人，那么这个"女人味"是一种什么样的味道？相信每个男人、女人都有各自相异的说法和理解，但是，显而易见，他们的这些形形色色的理解与说法中，又是不免有许多共性的。

比如，"女人味"往往具有浓重的表演性，就是"演戏"，这种论断，有谁会说不对呢？大概很少会持反对意见。

比如，女人常常在男人们的面前说："我没有方向感，一点也没有。我丈夫总是把车开往我指点的相反方向，而且总是他正确。"她的语气里必须充满一种崇拜的味道。又如一个女人在一篇文章里这样写道："他们常常故意在地铁站的地下过道里考我，走哪个出口不用再横穿马路回家，而我则总是故意地乱指一气，明明知道要走哪个出口，我也要故意指相反的那个。"还有的女人显得诚恳地说："我不会算加法，你把小费帮我算出来吧。"

这种种事例说明了什么？你发现，男人往往很是欣赏这种"表演"的，而女人呢，则在貌似笨拙的外表中，积极地迎合了男人这种心愿和天性。真是皆大欢喜！这个世界让这种"女人味"调和得生机盎然。"女人味"就是这样导演出来的，调教出来的，就像外套一样穿在身上，或者像手上戴的黑手套，甚至就像一件托胸乳罩一样。

然而，对于一个你不了解的女人，而对她的女人味，你又怎样能信任她呢？的确，你不信任，女人之间互相也不信任。荣誉、正直、勇气、坦率，这些品质似乎一直都是男人的专利。对于这种现象的产生原因，除了男女性间的巨大差异外，西蒙·伏波娃在其一部名著中就写道："主要的误解……在于女人使她自己表现得有女人气得天经地义的，仅仅做个异性是不够的，甚至做个母亲也还不够，还得认识到这一思想：真正的女人是文明制造的人为的产物。"

如果确有正常的女性味这种东西，那么，让我们设想一群被遗弃在树林中的女婴，她们要相互合作生存下去时，会表现出怎样的思维与情感的特征，我们可以肯定，这时的"女人味"必定是另一种奇怪的东西。

在另一些被称为有"女人味"的女人身上，我们还可以看见所谓被恪守的妇道：即谨言慎行，约束自己的力量。她们学会了保持整洁，在大众场合，从不狼吞虎咽，她们吐词文雅，学会了不失风度地恭维男人，不管她内心是否真正愿意这样做。因此，有人暗暗地发出这样的感叹：女人味真是一种负担，沉重的负担，尤其是当你疲惫不堪、伤心失意或迷茫彷徨的时候。

（6）她是怎样被调教出来的

"女人味"是负担也好是别的某种奇迹也好，它毕竟是女人的味道。凡为女人，恐怕都不可能少了此种味道。那这种"味道"是天生的吗？当然不是，而是经过漫长历程"调教"出来的。

母亲是女孩成长人生中第一位影响巨大的启蒙老师。几乎每一位母亲都想把自己认定的好作风"复制"在她的替代品——女儿身上。一个女孩子从一开始也就在学习她的母亲，母亲就是她将来要成为的样子，这一点在她一两岁时就知道了。母亲和女儿之间就是这样一种有意思的关系。

有人说，一个女儿，就是她母亲的园地，她母亲的针线活，她母亲的艺术品。这句话是颇有道理的。当母亲的会不厌其烦地教导她们的女儿，应怎样才是站有站相、坐有坐相，应怎样布置房间，怎样擦洗自己的身体，什么叫货真价实、物美价廉，什么是殷勤好客，什么是吝啬小气。母亲对女儿的监督几乎是全天候的，而且总是责备求全。除了这些琐碎小事，在其他做女人的许多重大问题上，也同样是如此，一个女人该怎样做妻子？怎样做母亲？怎样做朋友？这些问题她都会言传身教。从某种意义上来说，一个好母亲，一旦她说服了她的逐渐具备了独立思想意识的女儿，那么，她就是女儿的生活榜样。她给自己的评价以及给男人和婚姻、人情世故下的定义与断语都会深深地烙在女儿的心中，甚至影响她的一生。可见榜样的力量，的确是无穷的。一个长大了的女儿曾这样写道："我的母亲现在比我矮了，她已是徐娘半老，头发也正日渐稀落，有时我会将她同那个曾经支配了我童年的女人联系起来。年轻时的她，肤若凝脂，精力充满，她的优雅风度和开朗性格，使我们小小的家充满了生气和光明。简直可以说，她几乎可以一心五用，哪里有她哪里俩没有安宁，然而哪里有她，哪里就有了生机。"

然而这种无上的权威总是要随着女儿的成长而逐渐失去的，一个母亲迟早要接受来自她女儿的挑战。正如一个女人所谈到的："到我大约13岁时，我就开始不承认我曾依附于她了。到我十七八时，我决定和她了结。我不再需要她，不再喜欢她，她和我已经不是一类人了。我从大学回来看她，只和她呆了一天，返校时，她送我到一家诊所门口，我们就此告别。当我站在墙的拐角处，看着她，我感觉到丝丝别样的陌生正生硬地挤进了我的心里了。"

这种状况的产生，原因是多方面的，不仅仅是因为女儿的成长，还在于她的成长还有许多除了母亲之外的力量在同样起着作用。如父亲的力量，兄弟姐妹的力量。很明显，这些力量是彼此不尽相同的，甚至是差异巨大的。当一个父亲下班回到家里时，他的尚在摇篮里的女儿欢叫着，他的脸上顿时有了光彩，忘却了一天的疲惫，他把她捧起来，高高举向空中，他的公主，他的心肝，他的宝贝疙瘩，她对于他来说是至纯至净的。而一个父亲对于女儿来说，这个时刻，他不是某一个男人，而是所有的男人。这个男人虽然不会像母亲一样，整天唠唠叨叨地指点她，但他以他那种男人所特有的方式在深刻地影响着她。他对母亲的评价和对她本人的评价同样将烙印在她的心里，伴随她一生。等她长大了，她将会一次又一次地遇到不同的男人，而在每个男人身上，她都会影影绰绰地看到、感觉到她父亲的影子。有时她会感情用事地以这种种往日的印象来判断这些男人优劣，来确定自己该采取怎样的态度。兄弟的作用也是不可小看的。兄弟可以说是女孩一个天然的异性伴侣，那些没有兄弟的女孩，一定十分羡慕她与男孩子们融洽相处的机会。兄弟还是女孩子通向男性世界的一个重要而天赐的通道。在生活中，我们不难看到这样的事例，即女孩与她兄弟的朋友结了婚。

总而言之，一个女孩就是这样被自然而然地调教出来了的。她所特有的"女人味"，并非生而有之，而取决于她怎样得到别人的爱，取决于怎样被人所爱。有人说，姑娘可爱的秘诀是：她只消静静地站在那儿，做出一副傻样子就行了。从这句话中，你大约就可以体会到当今生活中女人的某些重要的本质特征了。

（7）去追究"她的历史"

女人是变出来的，这对男人来说，不啻一个重要的原理。每个女人都有她特定的"变化"过程，但她的所得到的爱的来源，总是大体相当的。因此，她的"神秘莫测"的现状，必然与她的以往的生活有着紧密的关联。这给男人了解女人提供了一把钥匙。

这里讲到的去"追究她的历史"，是说要用语言和其他种种方式谨慎地敲破她过去生活的蛋壳，或让她自己心甘情愿地啄开这层蛋壳，像孵小鸡一样，露出她毛茸茸的童年的小脑袋。

一个女孩是不会轻易地谈论自己过去生活的，但如果要她谈论她的妈妈、父亲、兄弟姐妹，则要容易得多。如果这些人物混得颇像人样的话，她更会以谈论他们感到骄傲，从而滔滔不绝。那么这正中你下怀了。从这种信息中，你可以捕捉到她的影子和她的特点来。这些所得，对你一定会深有启迪。

永恒的气质魅力

气质是一个有点说不清道不明的东西，它体现在一个女人的各个方面中，诸如容貌、身材、性格等。一个男人一旦为一个女人所诱惑，如果是真实的话，他往往谈不太清楚，究竟是什么东西附在她身上，而且如此迷人。

（1）"美丽占先"

一个女人把自己的美丽容貌看得极为重要，说起来也是可以理解的。就从男子来说，恐怕也是天然地喜欢与一个漂亮的女孩在一起。因此，美丽的女性似乎更容易接近更丰富的生活内涵。

女人很小的时候就懂得美的巨大力量，她们在让自己"美"起来这件事上，不知要花费多少心血。一个女人这样写道："那年我才 15 岁。我和我的知心女伴呆在学校的女厕所里，对着镜子，用一支很粗的浅黑铅笔描着眼睛，然后又用白唇膏抹涂嘴唇。我们专心致志、全身投入，根本不去理会别的事情。"就是这样，她们根据不同的社会时尚，精心、简直是呕心沥血地打扮自己，似乎这本身就是莫大的享受。女人们会认为，要是她们的头发闪闪发光，肤色光彩照人，因此不时成为男人关注的焦点，或是身后总是一队热切的追求者，那么这个世界就会是她们的。为了这种感觉，女人们甚至会毫不留情地撕扯自己，甚至是蹂躏自己。她们对于自己体态的丝毫欠缺、不妥之处，有着出自本能的不可思议的洞察力，并且能当机立断，严加铲除。

女人自己，抑或是男人都常常把她们的脸看做是她最重要的形象特征。的确，虽然脸部仅占人体表总面积的 5%，然而人的形象却主要靠脸来表现。在人体的其他部位，再也找不到能像脸部这样每个平方厘米能给人以丰富信息的了。

容颜之美并没有任何神秘之处，人们可以对它进行分析，列出它的各种特征，并用语言或用画笔精确地描述出来。所有人的脸部的基本相同：眼睛、眉毛、额、鼻梁、唇齿等等谁比谁都不会多也不会少，但这些因素的一点点差异，就足以使一张脸与另一张脸有天壤之别，足以改变整个人的气质的外部表征。

情场中最理想的脸型是 20 岁左右的年轻人的脸，它下颌轮廓清秀，脸部皮肤光滑柔润，没有皱纹和任何色斑。对女性而言，一张能打动男人刚强的心的脸，常常有着这样的特征，即结合了类似婴儿脸部的稚巧和标志成熟的高颧骨，再就是稍有力的特征。这三者的结合，常使一个女人的脸部楚楚动人。它透露出这样的信息，就是不仅像婴儿一样逗人喜欢，而且又是成熟女性，个性分明。大多数男性发现，成熟的妇女比年轻姑娘更具魅力。一个女人只凭她一张娃娃脸，是难以让男人坠入情网的，她的可爱，至多只能招来兄长般的怜爱，而不是其他。

说到女人的脸，便不能不提到化妆。化妆是女人永远的话题。化妆术几乎与人类爱美之心和羞耻感一同产生的。它与人类的文明和良好风度差不多一样久远。早在几千年前，埃及人就十分精通化妆术。埃及的首都开罗以及孟菲斯则是公认的化妆艺术中心。从古董里挖掘出来的遗物叫后人惊叹不已，进而对当时的化妆术的复杂程度深信不疑。比如开罗发现的 6600 多年前的一座埃及贵夫人的墓葬，其用作殉葬品的化妆用具真是琳琅满目。

女人的化妆不仅针对诸如肤色、雀斑等等一些小小麻烦。如果她到了一定的年龄，皱纹也便成了一点烦心事，而成为化妆的对象。皱纹本身其实并不丑陋，没有人会因为面颊上的酒窝、人中或眼睑上的皱褶而不快，就连婴儿也有这些皱折。也因此，没有女人会去涂抹这些特别的皱纹，她们所极力要对抗的是鱼尾纹、抬头额纹等一类表征年老的皱纹。从其心理来分析，女人对皱纹的对立心理和化妆，是为保持其与婴儿类似的脸部特征。

有时，——也许有许多女人不会同意这种说法，——有时男人对化妆本身有着更高的洞察力，更高明的判断。其实这是不奇怪的。正所谓旁观者清，置身事外，看着女人们为一点点脸上的瑕疵团团乱转，男人是免不了要感到可笑的。在化妆问题上，有时女人征询一下男人的观感，是一种很聪明的做法。

现代化妆术不会放过女人的露在外面的任何一个部分。对于女人来说，一头秀发几乎与她那张脸一样具有重大意义。这不仅仅是为了性别上的差异。精心梳理的刘海遮住了她的前额，相对来说就使面部各组成部分的构成格局有了些微妙的变化，比如鼻子的位置相对下移，眼睛显得更为突出了，还挡去了额头上可能存在的皱纹。根据心理分析，西方的男子往往喜欢金发女子，女子则更喜欢黑发男子。大约是因为金发表示年轻单纯（欧美的婴儿大多数头发的颜色较浅），因此金发女子看上去比浅黑发女子更具有孩子气；相反，那些金发男子常常自以为缺少魅力，可能是因为这种颜色包含着不成熟的因素。现在不少女子开始用染发的办法改变头发的颜色，做得恰到好处的也的确为自己增色不少。

（2）女性的身材

男人通常通过观察女人的胸脯、脖颈、臂膀、腰臀和双腿来判断一个女人身材是否具有魅力。前面我们讲过她的胸脯，这里我们择要来说说别的部位。

先谈谈她那或许是最能体现出女人性别特征的腰臀一带。中国战国时有个楚王好细腰的谚语，可见，这腰身的美妙在男人眼里有着至关重要的地位。有人戏语道，很可能在现代人类的 4 万年历史中，"细腰"一直是女人美的核心。这话不无道理。看着服装式样的繁复变迁中，尺寸标准虽各有不同，但窄小腰身却始终流行。据说，世界上最窄的腰身只有 14 英寸，是英国的一位女子。看过一些欧美小说的人，都会对那些女孩们为得到一个纤细的腰是多么愿意一遍遍地用布带来缠束，虽然这是一件十分辛苦的事。任何一位女子，只要她的腰围比臀围小约15%左右，那么这样的腰身就足以使任何一个男人的心房为之颤动了。当然，如果她的身材整体上都比较匀称的话。必须清楚的是，女子并非非得拥有时装模特儿一般的腰身，才能满足男性视觉上的欲望。现代女郎的一些节肥方式，确是让男人们要感到好笑的。腰部以下即是臀部了。如果你是个有心人，就会发现，即使得在严肃庄重的场合，男子的视线总是不由自主地要跟着女性的丰臀游移。

再说说女人的腿。一般来说，男人更欣赏女人有双修长的美腿。腿长是性成熟的标志之一。男孩子与女孩子一样，他们在进入青春期后，其肢体就会迅速长大变长。当然，腿的长短是与其身材相对而言的，在比例上的长，才是真正的长腿。有些个矮的女性，也有一双美丽长腿的，这点也瞒不过男人的眼睛。

（3）"美貌"之外的内在美

如果以为一个女人有了一头秀发，胸脯高耸，双肩圆润，细腰宽臀和一双长腿，就果然令男人彻底倾倒了，那将是十分错误的。漂亮外貌的女人，顶多有了当当花瓶的资格，能比另一些女人更早地招来一些男人的关注。实际上，这种外在的美对一个女人的生活而言，往往不是最关键的，（当然更非无关紧要），而一个真正有着"气质魅力"的女人，即使外表稍稍逊色，也同样让男人倾心。

气质本是一个心理学中的概念，它指的是人的典型的、稳定的心理特征。气质是极具多样性的，古代希腊的医学家希波克拉底，就把人的气质分为四种：多血质、胆汁质、黏液质和抑郁质。不同气质的女人，有着不同的具体情形。下面是她们的基本情况：

多血质的女性。她们属于敏捷好动的类型。在实际生活中，她们有着较强的灵活性，能迅速调整自我，适应外界环境的各种变化，一旦遇到尴尬场合，也能机灵地摆脱窘迫处境。她们不太安于陈旧古板的生活方式，对新鲜事物有着强烈的敏感性和接受能力，因而也就导致了情绪不稳定、容易浮躁的毛病，有时出现轻诺寡信、见异思迁的行为表现。

胆汁质的女性。她们属于那种兴奋而热烈的类型。这样的女性，总给人一种热情、直爽、善于交际的良好印象。她们有理想，有抱负，遇事有自己的主见，而且反应迅速，行动果敢，言而有信，表里如一，颇得人喜爱。她们不大愿意受人指挥，而是有较强的指挥欲，因而，也就有了自制力较差，有时行事草率简单和鲁莽的毛病。这类女性，在日常生活中，情绪变化有较明显的周期性特征，她们能以极大的热情和旺盛的精力投身于工作和家庭中，但一旦遭遇挫折和逆境，情绪也易于变得萎靡不振和心灰意懒。

黏液质的女性。她们很有耐力，沉默安静，在日常生活中表现得较为平静而灵活性较低，反应稍迟缓。也因此，她们能在任何环境下都显得更容易保持心理平衡。她们做事喜欢深思熟虑，力求稳妥，不打没有准备和没有把握的仗。这种女性外柔内刚，具有强烈的自我克制力，与朋友的交往适度，态度持重，给人一种老练成熟的感觉。她们是很好的妻子与家庭主妇，任劳任怨，敬老爱幼，而且持之以恒。其缺陷是过于拘谨，不善应变，有时表现出墨守成规、固定性有余、灵敏性不足的特点。

抑郁质的女性。这类女性的显著特点是感情细腻而脆弱，表现得更为羞涩，容易产生内疚、怯懦和自卑的心理状态。她们的行为或大或小有些心理紧张症，怕强烈的刺激。她们常因一些微不足道的小事而引起很大的情绪波动，而又不太愿意向别人表露自己的真实感受。在与他人交往时，表现得较为呆板、腼腆和拘束，喜欢一个人独处取静。当然，这种女性的优美有时也是往往很突出的，她们做任何事都有很强的责任感，能信守诺言，遇事三思而后行，求稳不求快，是个值得信赖的人。

以上四种分类应当明确是很模糊很相对的。生活中的具体的一个人，往往是复杂的，在气质特点上，往往是以一种倾向为主的复合型。而且对于男人来说，也真是各有所爱。每种气质都各有其长短处，只要你喜欢，哪一种气质都是最有魅力的一种。

（4）女性性格万花筒

除了对女性进行气质上的划分，研究者们还对女性进行过多维的性格细分，这些分类，真会让你感到女性性格的"万花筒"式的特点。

比如，目前应用比较广泛的一种性格分类法，是按照人际关系的分类，同时考虑其他心理特征。可分为：

A 型（行为型），其特点是，争强好胜、喜欢嫉妒、喜怒无常，情绪波动大，急躁，带有外倾型性格。

B 型（一般型），其特点是，情绪较平稳，能适应社会环境、适应生活、工作，智力、体力表现一般，较被动。

C 型（平稳型），其特点是，有较稳定的情绪和较强适应外部环境特点的能力，做事有条理，是个稳重的人，但不善交际，有内倾型特点。

D 型（积极型），其特点是办事积极，能适应各种环境，善交际，乐于助人，组织管理能力较强，有外倾型特点。

E 型（逃避型），其特点是，对社会环境的适应能力差，不善交际，缄默，喜欢独居，内心活动较丰实，有自己的爱好。

还有其他种种分类法。有的按照理智、意志、情绪的心理特征，将女性性格分为理智型、意志型和情绪型；有的按个性心理活动表现出对外界事物的感觉是倾向于外还是内，将女性性格划分为外倾型和内倾型性格；还有的按照个性独立程度，将女性性格分为独立型和顺从型。如此等等不一而足。

对于男人来说，是要避开那些心胸过于狭隘的女人的，她们的斤斤计较和孤僻性格，会让想干点事的你感到幻灭。即使是为一句无意的话，或许你会受到她们最恶毒的报复。心胸过于狭隘的女人，是最缺乏修养的，她们之中有人虽然有着很高的文化程度，但仅有这一点顽固不化的毛病，她就是不可取的。心胸狭隘会引发出种种其他毛病，比如固执己见，自私自利，嫉贤妒能等等，简直是女性性格的"万恶之源"。相反，与一个心胸开阔的女人在一起，会让你如坐春风，感受到生活的惬意和它本身所固有的美丽温柔的一面。男人想做点事尤为不易，因而对那种过于褊狭的女人，如果你没有改造她的兴趣或屈从于她的愿望，还是远远逃开为妙。

（5）塑造属于你的女人

生活中的女人恐怕很少是让你百般满意的。这不要紧，只要你发现了一个好坯子，就是最大的成功。然后你尽可以在以后的生活中用自己的爱的热情去塑造她，创造出一个属于你的女人来。对于一个有着较强生命力的男人来说，这不是一句空话。

如何来"塑造"一个满意的女人呢？这当然没有一定之规的，说得不好听一点，这有点类似于"驯化"，但与驯养动物不同的是，维持她那点点作为女人该有的小小虚荣心。在这个前提下，你就尽可以施展你的才能了。

女人的能力

　　男女两性能力的比较，有差异但无优劣之分。只是社会和文化的背景的作用，使之产生了社会分工的传统定位。客观地说，女人要出人头地，确实要比男人付出更多的代价。

女人并不比男人低劣

（1）"弱者，你的名字是男人"

　　美国大文豪莎士比亚的有名格言 Frailty, the, The name is woman 通常都翻译成"弱者，你的名字是女人"。把女性界限在"弱者"，我有些许异论。因为在生物学、心理学方面，女人有很多地方被认为比男人强。

　　前苏联人口学者伯理斯·乌拉尼斯的人口统计学上的调查说，女性的强韧在出生时就清楚表现出来了。例如，1966 年苏联诞生的 1000 个男婴有 29 名在生后一年间死亡，而女婴的死亡人数不过 23 人而已。其理由有很多，但明显的是女性的组体更具有生物的抵抗力，比男性的构造强的缘故。而且女性的生物抵抗力经过几十万年的进展，女性的生命对人类的存续有较为重要的存在价值，比起男性的生命更有"分量"，这一点也需要认识。

　　而且，在维持生命的食物方面，从前女性也甘于粗食。这是长年养育子女所得来的经验，男性没有充分的营养不能负起保卫觅食的责任，而女性则给予较差一点的食物也能饲育长大。

　　这一点在生理学方面亦可得到证明，男性的平均体重有 56 公斤，女性为 49 公斤，女性是男性的 87%。这问题在于蛋白质的分量，男性有 10 公斤，而女性只有 7 公斤，也就是说女性是男性的 70%，男女蛋白质分量的比例是在体重之上。这也就是说，为维持自己的身体，男性要比女性摄取较多的鱼、肉之类的营养。

　　而在平均寿命这一方面，女性比男性长，这在世界七十几个国家之中也是共同的现象。当然我们前面谈到的生物学上的理由也是其中之一，另外，对环境适应的所谓心理学要素也是一大因素。到了一个风俗、习惯完全不同的外国，能够马上习惯适应的是女性，而女性学习语言的能力也比男性强。虽然如此，现代社会的情况又是如何呢？男性在工作场所忙得不亦乐乎，每日必须面对变化复杂的事情；相反的，女性在家里，生活的压力要相对轻一些。男性在这一方面是比较吃亏。

这样看起来，在生物学、心理学方面应该说："弱者，你的名字是男人"。

（2）面对生命和生活的危机，女人能发挥出想象不到的力量

1972 年 6 月，在印度新德里近郊发生的日航坠机事件至今还令人们记忆犹新。这个事件牺牲了很多人，但有几个人奇迹般的还能活着，而活着的这些人都是女性。这引起了全世界的关注。

过去有很多大事故的幸存者都是女性居多，而有关这些女性能生存下来的原因，也成为人体科学中的一道难题。

假如这些事件不是单纯的偶然，我们可以说女性在生死存亡的关头，保护其自身的本能是神秘的，她有不可思议的潜力。这种力量也许是女性天生具备的动物本能，也许是为了生孩子，在维系人类生命的前提下发挥出来的生命力，或者是上述生物学、心理学上的抵抗力较强的缘故。其答案不能确定，可是我们知道，在面对与生命的危机有关联的生活危机时，女性有较敏感的反应，而且亦能发挥出想象不到的力量。

这里有一个很好的例子。在第一次世界大战将近尾声时，日本富山县渔夫的妻女 300 人袭击稻米批发店而造成的抢粮事件，经历了 3 个月，蔓延了全日本 3 府 32 县，更波及北海道，抢米事件是当时寺内内阁垮台的重要原因。

当时，战争造就了不少暴发户，但通货膨胀和失业也使很多人过着悲惨的生活。在这种状况之中，都市人口增加、粮食不足的欧美向日本购买稻米，而产地的农夫害怕冬天的霜雪之灾，不敢卖稻米，商人又乘机大肆收购囤积，这样一来，确保生存所必需的稻米就成为当务之急。而对这种生命危机最敏感的就是女人们了。

不论古今，在着眼于每日生活威胁的消费者运动当中，女性发挥了特有强韧。她们不在乎主义思想的论争。

在人类漫长的历史中，男性处在穷乏困苦的境地时，往往失去奋发努力的意志，而使他顽强站立起来的大多是女性这种坚韧的生命力。

当然，女性不是在各方面都比男性强。但这种强，至少可以说得女性自身天赋的潜力。

（3）女人若要"变成天才"，就要付出相当的牺牲才行

男女基本的差异，来源于生物学上的机能差异，在智能方面亦可作如是说。

在生物学上，每一个女性都有生产子女等所谓保存种族的使命，假设有人能生产，有的不能生产，那么人类就有马上减少、面临灭亡的危机。相对的，男性在这一方面没有发挥生殖能力的必要。这种想法也是由于精子的排出数（一次约 4 亿个）和卵子（一次 1~2 个）的排出数的差别而来的。

女性和男性比起来，各方面都比较平均，很少有突出的。由猴子的实验可以明白，雄的可以离开群体，变成单独一只雄猴，而雌的就没有这个例子。原始人也是如此，女的都成群结队地做同样一种事，而男人都一个一个出外打猎，独自活动。

在智能方面亦可作如是说。统计男女智能检查的结果，和无数次研究的结果显示，智能指数上男女虽没有很大的差别，但由标准偏差，即点数分散的情形看来，男性方面显然比较大。这就是说，男性在智能方面有个人的差异，而女性的个人差异很少，大都是平均、等质的。

由这些我们可以知道，女性没有很特出的才能，同样的也没有特别低劣的。在学校课堂里我们能发现，能写出很优秀答案的，大都是男性，相反的，连自己的名字也不会写，在纸上乱涂乱画的也大都是男性。比较起来，女性的回答问题的能力就在可与不可之间，很平均发展。

这些差异，说明了需要创造的"天才"人物，是不能期待女人的。俗话说："天才和疯子只隔一层纸"；可见天才大多是畸形的，一种突然的变异，是和常人不同的。因此，在生物学的原则上，女性极少有这种变异的。

曾经有一位"天才"的呼声很高的女性学者被邀请到日本来访问，原来她是一个不能跟常人谈话的特异性格的人。女人假若为了要变成"天才"，就要付出相当的牺牲才行。

（4）每个女人都是她嫉妒的对象

古时候到现在，女人给人的评价是嫉妒太深。日本著名古典小说《源氏物语》里边，关于女人的嫉妒有很深刻的描写。

从心理学上的分析，所谓嫉妒，是怀疑自己的所有物可能被侵犯，而引起恐慌或不安的一种感情。所以它并不限定在男女爱情之间，出现了比自己有力的竞争者，或威胁到自己的守备范围或地位时，对竞争者产生嫉妒心和憎恶感，这些都可说是嫉妒。而嫉妒并不是女性的专用物，它是和男女的性别无关的，但男女嫉妒的内容有所差异，这也是事实。

在男性来说，引起嫉妒的竞争对方是有限定的。这是因为男人的学历、经验、过去的成绩等条件使他们的社会地位有明确的划分。换句话说，差别是很明显，他会认清自己的实力和地位，因此就不会随便嫉妒对方。男性所嫉妒的大概都是同时期进入公司服务的同伴，或是期望着同一个位置的同僚。

相反的，女性的能力没有很明显的差别。大学和中学毕业的女人，在以家庭为中心的日常生活里，差不多是过着没有变化的日子。决定女人价值的与其说是学历，不如说是裁缝、烹饪等能力。尽管有些女人当了领导，也只不过是少数中的少数罢了。女性的差别有好像没有一样，这种微小的差别只要一遇偶然的事件即能改变，它是非常不稳定的差别，因此对女性来讲，别的女人都是竞争的对手，她们都具备被嫉妒的条件。

此外，女性的立场也不稳定。虽然法律上说男女平等，女权运动也很盛行，但东方女性的实际现状是狭居在家庭，没有活动力，是储存在男人生活的，一旦没有男人的保护，常常会陷入凄凉的生活境地，而从她手中夺去安定生活的，大多是和自己没有差别的其他女性。

因此，女人为了保护自己所爱的"所有物"不被夺走，她会燃起"嫉妒"的火焰来保护自己的生活。

（5）女人不懂得幽默

有这么一则故事。有位男士在当一个集会的主席时，看到一个女孩子很热衷地在玩着手上的锁，而不参加别人的讨论。他就说："××姑娘，你在研究锁，将来想当女盗贼吗？"集会完后，他被那个女孩的母亲叫住："我不允许你叫我女儿盗贼！"他差一点挨打。

一个母亲带着孩子去看医生，她的儿子穿很多衣服。医生开玩笑地说："啊，你穿这么多，把全家的财产都穿出来了啊！"以后这位母亲就不愿再去找这位医生了，她的理由是这样："虽然我们是穷一点，但只是多穿了二三件衣服而已，说我们把全部财产都穿出去，这真是欺人太甚！"

有位男老师时常和某大学的女同学们去冰果室或饮食店，有一天他在街上遇到其中一位同学，她说："常常让老师掏腰包……"，老师开玩笑说："穷人没有过钱，一有稿费，就对花钱特别有兴趣。而那些有钱人看惯了钱，他们认为没有什么稀奇。所以他们不爱花钱"。她却面无表情地回答说："嗯，真是这样呢。"

由以上几个例子，可以知道女性是不善于幽默的，为什么会这样呢？一言以蔽之，女性是现实的，看到眼前的事，马上就把自己或自己周遭的现实问题连续在一起，她们只考虑眼前的事。

前面第一件事情是有内幕的，这个女孩的家给邻居的印象并不好，因此她的母亲听了那位男士的话，马上就联想到自己的家庭，以为他是在讽刺她们。

第二个例子也是一样，她把医生开玩笑的话当真，和自己的现实生活联结在一起，而被自己那种近视的想法所扰。最后一个例子，是不是这位女同学也一样贫穷不得而知，但至少她说"是"时，就认为对方是穷的。

由以上的例子看来，要向女性开玩笑时，最好选择不会让她联想起她自己的现实和话题。当然，女性自己能改变这种近视的想法是最好不过的了。

（6）"优柔寡断"和"暧昧"的女人

"优柔寡断""态度不明""暧昧"等语言，好像专为女性而造的一样。因为女人的行动之中，有很多都是踌躇、狐疑、暧昧不明等等优柔寡断的态度。

例如，你跟一个女性去购物，她会犹疑很久，到底买或不买，买这或买那，而这段等她决定的时间，你差不多可以把全百货公司的女店员的名字记牢而绰绰有余了。其原因大抵都是这样，这件毛线衣200元，但另一件更令她满意的是220元，到底是买便宜的呢？还是买贵一点的呢？她就在这两种东西之间跑来跑去，犹疑不决。

但是，女性这种犹疑不决、没有果断力的性格，我们也不能太责怪她们。因为大多数的场合，女性都要计量她们的钱包，不能为所欲为，她们是要量入为出的。她们的收入不仅要依靠丈夫，甚至在履行社会责任或债务时，也要依靠丈夫或亲戚朋友。因此之故，女性不管在什么时候，将责任担负在自己身上而完成此任务的能力就没有男人那么高强了。就以刚才购物的例子看来，假设她买了不能用的粗劣物品时，依自己的权限，她就不能随便再买另外一件物品了，因此她们是慎重又慎重的在"选择"，这种态度长时间的维持下来，就成为女人的本性了。

这种理由也不只限于女性而已。在公司里面的小职员也是一样，因为他们没有责任或权限，遇到要他们履行责任或权利时，他们的能力就显得不怎么高明了，他们不得不慎重的判断，这也是当然之理，我们不可责怪他们没有果断力。这和个人的素质是无关的，有了责任才有决断力这是普通常识，假如没有荷负责任的"社会能力"就不能下决断，这是很明显的事实。

假如要女性消除容易犹疑、没有果断力的性格，首先要给予女性某种程度的认可或权限，这是先决条件。

（7）女人爱问"为什么"

参观展览时，一面听解说员的讲解，女性还常频频地问同行的男性"为什么?"而看电视新闻报道时，女性稍有一点不懂，马上就向丈夫问"为什么?"一般讲起来，女性问"为什么"的次数不知高于男性几倍，这是什么缘故呢？

这是因为女性自己不思考，想借他人的知识，不劳而获的消解自己的疑难，也就是依赖性较强的缘故。男人的"为什么"和女人的"为什么"比较起来，男性的"为什么"是不知道的事情想了一阵子之后，真的不知道时再问"为什么"的，而女性就没有这一层思考的意愿，她一有疑问，自己不思考马上就问"为什么"。而对于别人提出来的答案不但不敢怀疑，反而会当做自己的。

这种女性依赖性的表现，大半是受到现代社会情报媒体、传播媒介发达的影响。所有的情报媒体都能使女性的"懒惰"得到方便，因此她们的"应付"、"将就"的精神就逐渐发达起来了。这和男性不同，男性大都不愿轻易问别人，大概为了虚荣的"自尊"吧。而对于发问不会感到害羞的女性太多了，这使得顾问、指导之类的行业大为兴盛，这也是女性促使它们成长的。当然，什么都想问的态度，也有的是源于旺盛的、健全的知识欲。

男性之中也有一些人是这样的，不过这只是少数的"例外"，但是依照"不耻下问"的求学态度讲起来，女性的学习精神是比男人强多了，但这并不是意味着女性的学养都比男性强。

（8）当年的优秀女生哪里去了

一般说来，小学时代的某些女同学都表现特出，到了中学就不那么令人注目了，你是不是也有这种经验？

这种倾向是非常普遍的。小学五六年级时，女同学不管在哪一科目都有优良的表现。但是一升上中学，女同学在某些科目较突出，某些科目就不理想了。

这和女性的身体发育有很深的关系。因为这个时候正是女性初次月经、长毛、乳房膨大等表示女性体形的性特征开始显现出来的时期。同时其精神活动也急速地表现出女性的特征，对美丽事物的向往，以及温柔、伤感等情绪的倾向特别发达。将来作为一个成熟的女性所具有的身体上的、精神上的各种特征就是在这个时候开始发生的。由此我们可以知道，越是"女性的"越对情绪化的事件抱着较深的关心，但另一方面，对于理论的、分析的事情就不那么感兴趣了。随着她们发育成"女人"，物理、化学、数学等科目就成为她们头痛的对象，这就是此种倾向的最真实证明。

当然，这时期的女性假如得到适当的指导，不使她的兴趣偏向任何一边的话，在理论、分析的方面，她们也能得到很好的成绩，例如发现镭的居里夫人就是最好的例子。但我们不可忘记，在旁边鼓励、指导居里夫人的是她的丈夫居里先生，事实上，等到居里先生逝世之后，居里夫人的研究就没有特殊的进步。

而同样是理论的、分析的部门工作，或者是更高阶层的理论性、抽象性方面，譬如纯数学、定理或公理的探讨和证明方面，男性也同样地感到力不从心。

从这个观点看来，那些对物理、数学特别有兴趣的女性，说句失礼的话，大概都是未发育完全的女性，大多是欠缺情绪上的温柔和体贴的女性。当然，虽然如此，她们作为一个"人"的价值还是丝毫没有差别的，虽然她不是"女性"，假如她能完全发挥人的能力也就很好了。

（9）女人较适合担任零碎的工作

有人说，世界上有女性的名演奏家，可是却没有女性的大作曲家。这句话充分地表示出女性资质的特征。可是，女性在感情方面既然优秀的话，演奏好是当然的事，而作曲不是也很拿手吗？稍微想一下，也许读者会有这种疑问。

的确，女性在乐器、歌唱等表现感情方面是真有一手，在表现纤细感情的音乐方面，有男性望尘莫及的能力，这是她们的世界。

但是作曲除了要有丰富的感情之外，还要有其他方面的能力。

作曲在某些方面讲起来就像建筑一样，美妙的旋律只不过是一个主题而已，环绕这个主题的旋律和声是附在骨骼上的肌肉。要完成有起承转合之乐曲的作业，就像纯数学一样，那是需要理论的堆积组合的，作曲就像我们所说的"构造"一样，它是要求某些结构力的。而对于女性来讲，要建造一座严密的音乐殿堂是很困难的作业。

下面一件事是某杂志社的男记者讲的。他说杂志社出了一个专题，女性记者都有很细密的取材，但在综合整理的阶段时，她们把每一种资料放在这个主题之下，而不晓得应该如何来取舍、削减，她们反而变得犹疑不决，很容易迷失了"焦点"。由这个事件，我们可以知道，女性是欠缺构造的能力，但是欠缺构造力，并不是说她们没有"智力"。

今天，在各个分工合作的部门里面，有很多活跃的女性，甚至位居指导者的位置，她们都能发挥女性特有能力，运用她们仔细、敏感的神经注意每一个细小的地方。

而欠缺构造力，反过来说就是感性敏锐，很容易拘泥于琐碎的小部分，而没有余裕来照顾整体大局。

因此，对于女性，与其让她们困惑，不如给她们能发挥特长的场合，这才是聪明的办法，而她们也能专心地、安心地做她们的工作。

（10）有趣的"妇人专用车"

尽管父亲和母亲的爱有所分别，但父亲是不会在夜里为子女编织手套和毛线衣的，催眠歌和儿歌大多是出自母亲之口，这可说是母爱的特色。因为女人在肉体上和精神上适合于长时间的、有韵律性的细微工作。

我们通常都认为女人在体力上和精神是比男人软弱，耐辛劳的程度也比男人差。当然女人在这方面的某些地方是差一点，但并不是完全比男人弱。女人心理上对于"反复"的事情较能得到安全感，而在体力方面，男人虽能扛重和发挥百米的速度，但在体力长时间的运用和持久力方面就稍劣于女性。从前男人狩猎，女人农耕，这种工作分配上的差异，也是由于这种心理上、肉体上的差异而来的。

但女人在肉体上输给男人的，社会大都会给予女性方便。譬如日本国铁所设的"妇人专用车"即是一例。

这个"妇人专用车"的由来经过如何，我们不得而知，大概在昭和二十二三年左右，国铁的中央线和京滨东北线乘客非常多，在客满的电车之外，又特设了一个二个厢的"妇人专用车"，好让她们从容不迫地上车，这恐怕也是对在体力上劣于男人的妇女专门准备的吧。

但是，体力上的测验或心理实验指出，女性在客满的电车中并不会比男人更疲倦。但是又为什么要设这个"女人专用车"呢，唯一的理由可能是因为她们是女人的关系吧。特别为她们设置"妇人专用车"就证明铁路当局太不了解女人的耐力了。

当然，这不限于"妇人专用车"这个话题，我们总有"女人体力较男人为弱"这个先入为主的偏见，所以才为她设置了这个专车吧。假如不理解男性和女性的特质，而一味地宠爱女性，这也不是对待女性的正确方法。这是男人应该知道的事。

（11）女人容易相信别人的评价，但男人对女人的赞美却不可信口开河

英国的菲鲁特爵士说过下面这一段话：

"欣赏一个美人或丑女时，要赞美她们的能力、性格。你对普通的（不美不丑的）女人要称赞她们的美貌。因为美人不需要人家称赞她的美丽，而丑女，你说她漂亮她也不会相信，只有中间的不美不丑的女人，你对她的容貌稍加称赞，她就高兴万分了。"

这一段话真是洞悉女性的心理，在此出现的"中间的女人"是代表大多数的女性，她们是不能正确地评价自己的女人。有客观的、明显的特征的女人，就像菲鲁特爵士所说的极端美丽的女人和丑女，她们对自己的评价和别人的评价都有"信心"，她们自己也知道自己有什么"特点"。但一般的女性，对自己所有的能力、容貌、性格等，不能做正确的评价。这是因为，女性在社会中较少会遇到严格的考验自己能力的机会。没有经过如何知道自己能力的训练，也不知道如何自处的女性，必然就欠缺对自己进行评价的能力了。

因此，女性对他人的评价不但全盘牢记在心，也有或忧或喜的倾向出现。例如男性，假如受到恭维也不一定觉得高兴。他人恭维的内容假如和自己的评价相差太远时，他就会感到不愉快，而且有可能怀疑对方的真意，尽管对方的恭维是出于好意，他也会谢绝好意，不相信对方的评价。就是相信了，他也会做这样的判断："虽然他这样说，大概也只有二三分的真实性吧？"

但女性就不同了，她对恭维的内容是不是符合自己，没有一个比较对照的基准，她不能自我批评，她会想："虽然他的恭维没有百分之百的真实性，大概也有

相反的，女性受到比客观的评价更低的不当批评时，她会怎样呢？譬如，有一个姿色平凡的女性，别人时常说她："你不漂亮，你好丑啊……"这样反复地批评她，她就会认定自己是丑的，一直到长成大人，她对什么事情都会感到畏首畏尾，养成消极的性格。

这样看来，我们对女性不可随意批评，开玩笑的和恭维的话对她们的人生有决定性的影响，不可信口开河。

女人比男人更不易满足

虽然许多女人在男人面前表现出对生活对工作的种种满意感，其实许多人只是一时的冲动而已，为某种幸福感所冲动，因而暂时昏了头。一旦冷却下来，她的内心保证是另一番景象。

女人比男人更不易满足，这是千真万确的事实。

（1）女人为什么好吃

很多女人整天吃着零食，真让男人纳闷，她们为什么喜欢嘴巴整天地动？这里面有一个重要原因，一位心理医学曾介绍过一位女病人的行为表现：她的食欲特别旺盛，不管怎么吃都不会饱，其必然的结果是她越来越胖了。更进一步问清楚之后才晓得，原来她在第一次领薪水的时候，特地大吃特吃一番，以后有什么不满的事情时，她就想起第一次大吃特吃的快感，因此一有不如意的事她就想吃，这样时间一久就成习惯了。平常有什么欲求不满时，就想以填饱肚皮的快感来消遣，这种代偿行为就是造成她食欲旺盛的原因。

男性中也并非没有这种事情。刚参加工作的年轻人，因环境的变化，以吃食来排遣而患了"神经性食欲过多症"。不过，他们和女性吃的不太一样，而且，即使吃胖了他们也没有太大的烦恼。

上面提到的例子也许是极端的例子。不过，也有的女性乍看起来似乎很正常，却在无意识之中猛把食物往口中塞，譬如丈夫晚归了，妻子一边看电视、手表，一边口中发着怒言，手也不停地拿东西往口中塞。

还有，一些老小姐从公司下班之后，因为没有约会的伴侣，心里抱着一种不满足的意愿，就成群结队地往饮食店或糕饼店跑。

这种女性，她们自己本身也并不那么爱吃，而是被人家拖着吃而养成习惯的。这种例子在动物中也时常发现。譬如把一只鸡引到一堆食物之前，让它尽量吃，当它吃饱了之后，它又去引来了几只饥饿的鸡，当这些鸡啄食的时候，当初吃饱的那只鸡也跟着吃起来。这些实验报告指出，第二次吃的分量是第一次吃饱时的70%。

有人曾调查肥胖小孩的家庭，发现是母亲过于保护他们，不让他们有激烈的运动或游戏，因此这些小孩子关在家里的时候就以吃来消除这些被压抑的不满了。

当然，并不是每一个肥胖的女性都是因欲求得不到满足才这样好吃的，不过，这种事情有值得注意的必要。

（2）爱旅行的女人

在中国，喜欢旅行的女人现在恐怕还不太多，其实这也是一种现象而已，许多女子内心里却充满着这样的幻想。

有人搞过一个调查，对象是一些年纪稍大的单身女郎。

问卷上第一个题目是问"现在最想做的是什么？"很多女性都选择"旅行"。很久以前游山玩水是隐居出世者的特权，现在却是女性的最大消遣，这到底是为什么呢？

一般说来，女性的日常生活是非常单调无聊的。而主持家事的女性也不得不从事煮饭、洗衣服、照顾孩子等等这些毫无变化的作业。不仅是在家里，出外工作的女性被赋予的事情也往往是整理文件、传票，或是在工厂制作零件等等单调的工作。

人要是长期处在这种刺激少又单调的环境中，会引起欲求不满，每天勉强地生活在单调生活中的女性，是用什么方式来消解这些欲求的不满呢？

男性对工作的欲求不满时，回家时可以和孩子嬉笑游玩，假日也可以种植草花，或者以饮酒的方式来排解。男性的工作场所是在外面的，它和家庭之间隔着一段距离，可以简单消除这些不如意的事。

而女性就没有这些轻松的方法了，尤其是家庭里的主妇，工作场所也就是生活的场所，也是休息的场所。对她们来讲，逃脱这些欲求的不满，就意味着要离开她生活的场所，因此最有效果的"暂时的离家"，这就是旅行。

从女性的旅行心理中，我们可以了解"现成的饭菜、摆好的筷子"这种喜悦是存在女性心里的，对这些女性而言，旅行时住在那些必须自己煮饭的旅馆里是没有意思的。

这种对旅行的愿望象征着女性的内心要脱出日常生活的欲望，就是因为有这种心理的背景，女性常常会想出去参加什么集会、大拍卖之类的活动，对婚丧之类的宴会也觉得很有劲，稍微能变化一下的饮食方式都能令她们高兴不已。

旅行是一种象征，象征着不可知的刺激。因此，有这种"不可知的刺激"感的事情，如科幻小说、电影等，都可能成为她们所喜爱的对象。当然，一旦这种单调的生活得到改变，她们的这种嗜好可能很快就消失了。

（3）她们为什么喜欢帮别人的忙

助人为乐有时是一些女人的一个特点，她们因此赢得好口碑。比如附近有啥婚嫁丧祭时，她们就带着围巾出门去，到厨房或客厅帮忙，招待或传达的工作也干得很起劲。并没有人要求她们帮忙，是她们主动帮忙的。还有的女人，把丈夫的全身搜索得非常仔细，甚至口袋和钱包里面的东西也"照顾"得无微不至。

在这种场合，受到帮忙的那一方，反而有一种被强迫推销好意的感觉，自己并没有要她帮忙，她却好心好意地帮这帮那的。虽然有时会感到她多管闲事，她还是很快乐地在工作，自己也不敢有所异议，既然她喜欢做就让她做吧。

但并非所有的女人都喜欢帮助别人。而自愿好意来帮忙的女人，大多心中抱着一种疏外感。

而潜存在女人心中的疏外感到底是什么呢？就是"周围的人对自己的评价是否正确呢？"，这种不安，使自己对自己也没有确定的信任。

也就是说，爱帮助别人的女人为了要确认自己对周围的人来说是重要的人物，是不能取代的重要存在，是发挥着重大功能的存在，因此她特意勤劳地到处给别人帮忙。

当然，这种女人毕竟是好友人，但有时因场合不恰当，也是要讨人嫌的。许多男子就不怎么愿意太多地看到这种情形。尤其是不喜欢女人们对自己的事指手画脚。

（4）她喜欢你不停地给她送花

现在的鲜花商贩的生意真是出奇的好。这说明给女人送花，成了一种时尚了。一个男孩去找女孩约会，空着手去总是不能让对方感到惊喜，如果带一束还滴着露水的鲜花，那真是最好不过，正合她的心愿了。为什么？因为鲜花是另一种语言，同时又是你示爱的物证。这类似于"口说无凭，鲜花为证"的味道。不仅如此，女孩喜欢不断得到小礼物，也是这个原因在作怪。她们只有体验着相同的语言或反复的动作，才能安心，才能相信是真的。不仅恋爱时如此，就是在结婚后，女人也爱问亲爱的，你爱我吗？她时常要求确认"爱"，而对此感到退缩的大多是丈夫。由男人看来，不管如何爱她，"我爱你"，这句台词只要讲过，就不想再说第二次，是否爱你，可以在我往后的行动中判断出来。

可是对女性来讲，语言是比行动更重要的，假如男人不在她们的耳边重复说着"我爱你"，她们就认为不能和对方的心沟通了。处在安定状态的女性，都是根据重复的语言来确认现在的安定状况，否则她会感到不安。

女性这种心理可以称为"反刍本能"，女人重复同样的事务也不会感到饱和。女人整天编织花边或做的精细的手艺也不会感到饱和就是这个缘故。

这种女性的反刍本能，来自女性特殊的生理构造。体验了多次的相同状态，女性的精神便能得到松弛和安慰，也能确保她的地位的安定。因此，她对现在的状况越感到不安，对过去安定状况的证据"你爱我"的话的要求也越迫切。

譬如男人以摄影为乐，而女人就要特地把照片贴在相簿上，反复地看才能感到高兴，这也是反刍本能的表现，尤其是夫妇的感情恶劣时，做妻子的时常要把恋爱中所照的相片，或是结婚时拍摄的照片拿出来看，不管时间与次数多寡，她是不会感到厌倦的，因为这时她的心理所要求的"安定"最为迫切。从丈夫那里听不到"我爱你"的话，只能由相簿上的照片得到过去的快乐时光，也只有由此来确认"爱"的真实性了。

因此，满足女性的反刍本能是男人的任务，一般讲起来，受到女性赞扬的男人也就是那些满足女性的反刍本能的男人。

当然，这也是表现出真正男人的价值所在。给予女性所追求的安定与平和是男人的任务。

（5）女人喜爱"长颈鹿"

有的女孩的择偶条件是相当严苛的，例如要求对方是一流大学出身，在一流单位工作。在一个职业女性座谈会上有一位小姐说："一开始不敢奢望太多，不过希望婚后大约4年，家庭全盘现代化，有自己的房子，能够有这样的生活能力的人，才是理想的。"如果说这种物质上的苛求是随时尚而变的话，那么在她所提出的择偶条件中，不变的一点是对方的身高。翻翻各类报刊上的征婚广告，就不难发现，即使是超过了30岁的女人，也有希望男子的身高在多少多少的记载。

女性为什么不喜欢矮个子呢？最大的理由似乎是走在一块儿时不雅观，可以归入其虚荣心在作怪的原因。不过女性另有一种隐秘心理，就是光自己合意还不够，还要使周围的人也一定看得顺眼。因此，丈夫比自己矮，她就会想，人家会不会笑呢？会不会以为他是怕老婆的？

此外，女孩子们似乎还认为比自己个高的男性更为可靠，是可依赖的。如果他的身材比她矮，她就会觉得他缺少可靠性。她们心里会嘀咕："男子较矮，太可笑了，简直不成样子"，或者是"如果想把脸儿埋进他的胸，或者两个都被请去做客，事情会怎样呢？"或者是"如果生下的小孩个子也这么矮……"

如果男人的身材不够高，当然也大可不必泄气。你也可以说："身材高大又怎样？那是琐细末节，不必啰嗦，跟我来呀！"有这种气概和魄力，不由女孩子不跟着你走。

（6）女性的拒绝反应的背后

女性除具有与生俱来的生物学上的坚强性之外，还残留着幼儿的心性，对生理的、感觉的强烈刺激是不能忍耐的，这在前面已经谈过。

这种事情在喜欢或厌恶的精神活动方面也可做如是观。女人在对某些东西抱着渴望，或对某种东西抱着很强烈的关心时，其精神状态可说对那些东西有极度的敏感。这时候，其渴望或关心超过太多时，精神状态也会太敏感，只要她渴望或关心的对象忽然出现在她的眼前时，因为忍受不了这种刺激，她会表示出拒绝。

人性本能之中原本有很多这种现象发生。譬如，当人好几天没吃食物而处在饥饿的状态时，一旦突然间食物出现在眼前时，会不顾一切地狼吞虎咽一番而终于致死。还有，人受到严重的冻伤时，或全身受寒冻有生命的危险时，马上烤火取暖时，反而会有使症状恶化的危险。这时候是要缓和的、渐进的方式才妥当。

就像在黑暗中寻求灯光的人一样，突然遇到灯光时自然而然会把眼睛闭起来，因为他不能马上适应这种突如其来的事物，反而防御起来了。

女性的防卫本能本来就很强，因此在精神生活上，这种拒绝的反应也时常发生。很久以前，有一个很纯情的小姐，她很少有机会遇到心爱的人，她很怕看见他，虽然还不至于拒绝看他，但是看见他时心跳就加速，手脚就不听使唤，因为太紧张的缘故就发生贫血昏倒的现象了。

尤其是在对性的问题方面表现更为敏感。这是因为性一方面是人类的本能，人们对它有很强烈的关心；另一方面又对它有避讳和压抑，因而易产生这种现象。

在这些例子当中，最具特征的是连当事者本身也没有觉察到，但当我们仔细观察时即能发现她们的心中对此藏着异乎寻常的关心。女性的拒绝反应的背面，往往隐藏着这种出乎意外的愿望和关心。

（7）女人都有逛商场的癖好

有人说，对女人来讲，百货公司是使她成为女王的城。这句话是有道理的。

浪费人力最多的企业就是百货公司。入口有穿着美丽制服的小姐百般殷勤地欢迎你光临；乘坐电梯、电动扶梯时，也有小姐向你说"欢迎光临"。进去不买东西，自己反而感到不好意思。

这种服务需要大量人手，但在百货公司这方面讲起来，假如停止了这些服务，女性顾客，尤其是家庭主妇就不来了。

因为对平常照顾孩子和丈夫的主妇来说，百货公司是别人免费替她服务的场所，那种服务就像侍女在向"女王"侍奉一样。

而且，百货公司里面琳琅满目，各种美丽、珍奇的物品可以满足"女王"的拥有欲。刚跳进百货公司的大门就能体会到当"女王"的滋味，一直到她逛到最顶楼，她的脑海中完全在构筑着"梦之城"这是使"女王"高兴买东西的步骤。

当然，百货公司不是使女人感到当"女王"滋味的唯一场所。只要是像百货公司那样的商店街，女人都能在那里构筑她们的梦之城。但是女人在构筑她们的梦之城以前要固执地到处走走逛逛，仔细地看、仔细地摸。她们要把物品的形象留在眼底，要用手触感觉物品的粗细，因为这些都是她们的梦之城中的日常用具。

偶尔遇到有对不买货的女人失礼的商店，她们也会大为生气，但她们生气的理由并不只是因为受到无礼的对待，而是因为这种粗鲁的态度是来自于她所构筑的城中。

有人说女人不是去买商品，而是去买"气氛"，也就是这个理由。用品质和价钱来得到女性顾客，并不能得到"超级"的美名。商店的好坏，不是以商品的好坏为标准，而是以服务的好坏来判断的。为什么？因为对女人来讲，日常被压抑的感情要是得不到解放，她们是不会买东西的。

（8）女人天生爱做梦

1952 年，芝加哥大学的研究人员做了一个实验，发现当人们做梦的时候，他们的眼球在眼睑之下快速地来回运动，似乎他们正用眼睛在跟踪着正展现在他们头脑里的景象。此后的实验中，科学家们企图抓住人梦中那瞬间即逝的意象并勾勒出一幅无意识的心灵活动的图景。

一夜睡眠里，一个女人会做四五个梦，但当她醒来后，能记住的内容当然是很少的。女人常梦见自己在室内或者熟悉的地方，她们的梦里出现的女人多于男人，相互间的行为也颇为友好，很少有公开的性活动，梦中人的面部也是可辨的。

在紧挨着月经之前的日子里，女人的梦则会变得百感交集，充满了各种矛盾。焦虑和失意破坏了他们的快乐，红色与粉红色成为主要色调，她的梦还带有匮乏与敌意的味道。到后来进入经期，在排卵时间的前后，她的梦又变得恬静而和美了。到了妊娠期，又出现了另一番景象，这时大胖小子一个接一个地在梦中出现。而梦里常常提供的是一种神奇的解决办法：婴儿不经分娩，即刻就来到了人间。

女人的梦是难解的，当一个女人向你诉说她的梦时，或许实际上她在诉说她的某种不满呢？这时，你可要听好了！

（9）女人可能更急功近利

在现实生活中，急功近利的毛病常发生在男性身上，其实，如果你仔细观察，女人的言行中，可能隐藏着她们更急功近利的心理特征，只不过在现实中的女人可能因为种种原因，表现得稍稍隐晦一点而已。

德国的心理学家 W·凯拉做了一个有名的实验，他在鸡的正面前放置一个"匚"字形的笼子，里面放着食饵，鸡只要绕到后面就可以吃到食物了，但是这只鸡不晓得要迂回绕道，它只对着食物直走，结果在眼前的食物它连续啄食几次都没有成功。接着，凯拉又做了一个实验，他用绳子绑着浣熊而将绳子圈在一根木棒上，在浣熊的前面放置食饵，只要浣熊退后把圈在木棒上的绳子解脱，就可以吃到食物了，但是它只晓得往前吃，而不知解脱自己。凯拉由这些实验得知，动物不会"迂回反应"是因为目的物太近于眼前，动物成为欲求的俘虏时引起的。由此可以知道，动物满足欲望的方式是非常直接的。

女性和某些动物的反应一样，对外界刺激的反应是直接的，她们不会绕道而行。也就是说，这是她们欠缺长期计划的能力的特征。在这个意义上讲起来，女人是比男人更具动物性的。

看到今天有利的、便宜的就马上追逐过去，而把明天有利的事往后延，相差只有 24 小时的时间，明天的便宜就不能满足女人的欲望了。远一点的、绕个弯道的就引不起她的兴趣了。

由于女人不会"迂回反应"，因而她们的欲望往往在当时就被急切地表现出来，比如当有讨厌的人站在她眼前时，她的态度就会马上显现出来。她不会稍稍满足于隐忍之中。这样看来，女人的自我矛盾确是很多的，很突出的。

（10）不要指望你能满足女人的一切

从上面可以见得，女人有时确是不易于伺候。不管你的能量多大，你如果认为你能满足女人的一切欲望，"可上九天揽月，可下五洋捉鳖"，你一定正在犯一个错误。反过来说，女人恐怕也不会有这种奢望，虽然她有时也会对你有一点点牢骚，但她的左思右想的性情，会安顿好她自己的心思，从而对自己说："唉，生活恐怕就这个样子吧？"这时，她已说服了自己了。

女人比男人更冷酷吗

（1）女人由得知他人的不幸来确认自己的幸福

女人往往喜欢探听别人的隐私，谈论别人的丑闻，这恐怕是人们所共同承认的。这究竟是为什么？

当女人在谈论别人所做的"蠢事"时，其实心里正在说："哼！我才不会那么蠢呢！"颇有点幸灾乐祸的味道。或者，在她自我感觉不好时，谈论这种事她会更有一种快感，心里在说："还有比我更不幸的人呢！"心里平添了一些安慰。

许多女性在不同程度上会觉得自己是不太幸福的，她们常常嘀咕：发生了这样的一些事，我为什么这么倒霉？别人为什么就那么有运气？她们心中常常感到不满、不幸，或认为自己是最愚蠢的女人。这些灰色想法使她们的心理难以平衡。为了知道有比她更不幸、更愚蠢的女人，她们专门找些不幸的"丑闻"和"婚姻纠纷"事件，以比上不足比下有余的心情来安慰自己。也就是说，由知道他人的不幸和愚蠢，来确认自己的幸福或聪明，以满足自己的"不满"。

这样一想，满足女性的自尊心，使她感到幸福是一件很简单的事。家里有钱，物质生活丰富的女性也会感到不幸，这时候她知道比她更有钱，精神生活方面却是又悲伤又可怜的真人真事，她的内心就会产生同情，而拿她来和自己比较一下，她就会觉得，虽然自己物质生活比不上她，但在人生更重要的精神生活方面，自己是多么丰富的啊！

（2）虐待婴孩的女人

有一则新闻说，德国有一个 16 岁的主妇，在不正当的舞会里玩过了头，把两个幼儿放在一边，这两个幼儿 9 天没吃东西，结果饿死了。幼儿因为饿得发慌，把头发撕碎，咬自己的手指，因而致死。对检察官的调查询问时，这个妇人平静地说："我并不想要孩子，他们死了也是无可奈何的……"

像这种幼儿或婴儿被杀的事件，现在好像在世界上形成一种风潮了。以杀害婴儿为例，日本方面的统计数字相当高，杀人事件的 20% 左右是杀害婴儿的，和纽约的 2% 比起来，将近 10 倍。而加害者大多是年轻的太太，就像德国那个"年幼"的妻子一样。

其理由并不能简单地归类为年幼无知，这是有原因的。有的虽不至于杀害，但残酷地打骂孩子和虐待孩子的，通常都是母亲。这类女人为什么也会对自己的子女残酷呢？

其理由大概可说明如下：因为女人并不认为婴孩有一个独立的人格，她把他视为自己肉体的一部分。这个女子和婴孩的人格还未分化，我们从她养育子女即可得知。母亲对自己的孩子又斥责又宠爱，为所欲为，这也是把孩子视为自己肉体的一部分的缘故。当然，理智地认为婴儿也有一个独立的人格，这种想法女人也是能够理解的，但在感情上她就不容易接受这种想法。她认为婴儿是她肉体的一部分，就像自己的手和脚一样，平常的时候爱护备至，好像在保护宝贵的珍藏一样，可是一旦气愤或疯狂的时候，她就会对自己的肉体的一部分做无情的攻击。她认为这是她自己的，不是别人的，她可以任意残暴。在某种意义上，这类女人打骂孩子，甚至可以说是想得到虐待狂的快感。

（3）爱上了有妇之夫

一位社会学家认为，现在女职员和社会上的中产阶级已婚男士的畸恋事件越来越多了；他说 10 个人中便会有 1 个人对这种"危险关系"非常迷恋。这种比例的测得虽然还可商榷，但年轻未婚女子对已婚的中年男士非常有好感，的确已屡见不鲜，这是为什么？

德国有一个精神分析学者叫荷鲁涅，他把逃避、防卫、自保等行动所造成的不安称之为"基本的不安"，而在自保的方法中他举出 4 个例子，其中之一是"得到谁的爱情"这种自保的方法，基理由是因为"爱我的人不会伤害我吧"。因为爱我的人不会伤害我，他会保护我，这是处在"基本的不安"保护自己的一个方法。荷鲁涅又说："在以男性为中心的社会里，女性的不安比男人多。"

女性对中年男子倾心的理由就在此。他那安定自然的态度、丰富的经验和老练沉着的处世手法，都是年轻的男人所不能给予女性的，和他们交往时就有这种安全感。他的爱不但不会伤害她，而且能保护她。

女人假如和年轻男性恋爱几次之后，她的心就会倾向中年的男人。日本白桦派的作家有岛武郎说："爱是不珍惜的夺取"，而中年男子的爱不会夺取，至少，女人的意识中没有"夺取"这两个字，他的一举一动都给女性安全感，躺在他的怀中，有躺在父亲怀中那种安全感。

当然，女性假如没有跟年轻男性有过痛苦的经验，也会对中年男子倾心。这种情况，女性大抵都是倾心于中年男人的深度，而且也有的女人沉浸在自己背德意识的喜悦中。这种"背叛"的气氛就存在她与中年男子的爱情中。

但是女性的恋爱感情是与结婚相通的，结婚是完成女性任务的安定场所，假如是有妇之夫的话，得到这种安定的可能性就没有了。虽然如此，女性还是对有妇之夫抱有好感，因为他有妻子和家庭也正是他使人有安全感的地方。女人一方面倾心于他的安全感，一方面又因为他已经结婚，他们之间的爱情就不可能有好结局。女人就陷在这种进退两难的境地里。

结婚生活的安定感是逐渐建筑起来的，而女人无意识中对既成的安全感又怀有过高的期望，就是因为这样才招来悲剧的。

（4）爱上了比她更弱或差劲的男人

有不少条件不错的女人，按说，她应当喜欢与她相匹配的男人才对，可是她却跟一些不正经的男人私奔了。这种例子，无论是在实际生活中，还是在文艺作品中，都是常见的。这是为什么呢？我们已经不止一次地叙述过了，女性在很多场合，都处于追随男性的位置，这是由于自己想完成的目标都没有实现的机会。因此，她就把这种欲求投射到别人身上，那个人假如达到某个目标时，自己也有达到目标的满足倾向。但是假如她眼前的男人都有自己完成自己的目标，用自己的方法实现自我时，就没有女人介入的余地了。

可是差劲的男人就不同了，他没有实现自我的能力，没有目标，整天无精打采，自甘堕落。他不能一个人设定目标，努力迈向目标。这种人不能体会生活的乐趣，他是寄生在这个世界的。而对于想实现自我的女性来讲，没有比这种人更好的对象了。"我假如不跟他在一起，他就要沉沦，无可救药了"，没有比这种意识更能让她满足的了。

这里有一个例子。有一个男人因为自己的放荡，被很多女人遗弃了。可是现在又有一个女人喜欢上他了。周围的人都说这个男人过去曾经跟很多女人分手，劝她不要跟他在一起。这个女人却说："那是过去的女朋友不好才使他不知上进的，我要使他改邪归正。"

对这种女性来讲，好男人反而是她敬而远之的对象。她心里想的是，她要帮助对方，假如对方不能确认自我生存的意义时，她也就不能达成实现自我的愿望了。

假如男人能注意各种小地方，没有一点缺点时，这种女人就会不满了。尤其是男性保有本来属于女性的能力时，这种倾向就愈显著。有位女人在约会时，因为男的弹了几首钢琴曲就掉头走掉了，因为她认为弹钢琴是女人的任务和能力。

受男人欢迎的男人，不会受这种女人欢迎。因为受男人欢迎的男人大概都有男人的气概，他们确是真正的男人。而受这种女人欢迎的男人大多是柔弱的男人。

日本某个女性周刊杂志社记载这样一个新闻，有 5 个男人住在一个公寓里面，他们请了一个女人来照顾他们。而这些男人是有闲阶级的贵妇和寡妇恋爱的对象。

这些人都是身材修长、均匀和美丽的男人，也是戏剧上的美男子之类的人物。为什么看起来不太强壮可靠的男子大受某些女人的欢迎呢？这并不是"美男子"的癖好。

她们之所以喜欢"美男子"事实上都是在于"无力"这一点，因为没有强大的力量，纤弱的女人才能随心所欲地操纵这个男人，就因为他比她"弱"，所以她才能毫无防备地跟他来往交流。她既不必处处受观察，也不必处处提高警觉。最主要的是，这个"美男子"摆脱不了自己"宠物"的地位。女人把这只宠物装扮得漂漂亮亮的，让他住在豪华的处所，每天做着她的好梦。

当然，也有很多的女人喜欢像野兽一样的男人，但这只是对电影上出现的美国西部片豪迈粗鲁的男人的一种迷恋，她们本来还是喜欢"美男子"的。

女人的心

　　女人的心似海深，是说女人心是难以捉摸神秘莫测的。恋爱中的女孩更是如此，常常为男友的一句话而柳眉倒竖，勃然大怒，一会儿又阴转晴，脸上带着灿烂的笑容，好像根本就未曾发生过什么事情，真是让人瞠目结舌，难解其谜。

　　可是，任何一个人都不会有无缘无故的爱或无缘无故的恨，凡事有结果必有原因。女人的心总是不平静的，就如波涛汹涌的海底潜流，不停地滚动着。要理解一个女人的心，就必须找到一点方法，找到一个窍门，去细心领会她们心底的秘密，就能把握住女人的心。

开启女人的心扉

当女人对你心存戒备时，她是不会向你打开心扉的。

（1）开口交谈的第一句话

一般而言，女性的好奇心甚强，若能掌握其与生俱来的特征，激发她的企图心，她的好奇心便如同昆虫的触角般，碰到事物立即回应，变得活泼而有生气。

因此，说女性无时无刻不在等待着刺激也不为过。而化妆品及服饰业者也深知此理，以广告掌握女性心理，以女性感觉为诉求重点。

所以，交谈时以类似戏剧开场的形态，告诉她："今天，我要告诉你的是件大秘密！"话中带谜地引起她的好奇心，再一步步牵动她的情绪，使她专注于此事件上。

欲吸引女孩子的注意时，劈头便道："啊！糟糕了！"，让她先想想可能发生的事，适度刺激她的本能后，再对她所好奇的动机做一终结，不需将事件一五一十地说明，做要点的叙述即可。因为，已经挑起强烈兴趣的女性，她的心宛如海绵一般，遇水即能快速吸收。

（2）找准节奏感

每当流行音乐界一有新曲登场，最先喜欢上的必定是年轻女子。因此，唱片业界对新曲在年轻女子间的欢迎程度极为关切。只要在此阶层中博得热烈回响，歌曲必定走红无疑，所以，唱片业界总是针对此消费群猛打广告，大肆宣传一番。一般说来，在流行音乐杂志中，女性编辑所占的比例也较大，原因是，她对流行音乐的趋势最敏感，也最具掌握的能力。

男性中歌声优美，却毫无乐感者为数颇多，此点令人大感意外。而女性则不然，对节奏的敏感度甚至深入生活中。不仅是音乐的节奏，就连家事的顺序、厨房的收拾，女性均有其独特的节奏感。若想从旁协助，必定会面对对方嫌弃的脸色，而显得碍手碍脚。那是因为她们强烈的节奏感，不容许外人插手而导致牵绊的缘故。

节奏，亦即律动，使自律神经产生活动之意。自律神经是相对于心跳、胃肠收缩、流汗、瞳孔放大等等而言，自己的意识所可以支配的身体机能。自律神经在大脑皮质中，与情绪本能的欲求有极深的关系。因此，节奏感是人有意识进行思考前，本能情绪的直接反应。女性被认为感性的原因，或许是因易受节奏支配的体质所致。

摇滚音乐会的歌者，通常对听众群前列年轻女子的反应特别留意。确认这群女孩随音乐而高举双手、舞动身体时，便不断地加快节奏使群众激动、狂舞，这是演唱会歌者受欢迎不可或缺的条件。只要激起少数听众的狂热，整个会场的情绪必定迅速沸腾，此为简单不变的定理。

让女性不自觉地随之进入话题，必须注入音乐激起情绪，并推动其潜意识。与其在枯燥乏味的工作场合谈话，倒不如找个音乐流泻，又深受女性喜爱的咖啡座，如此更能使女性松弛心情，坦直地接受对方所说的一切。然后，随着女性用鞋点地打拍子，或用手敲打桌子的节奏说话，就能在不知不觉间使女性倾听话语，并自然地交谈。女性说话也常有一定的节拍，顺其节拍与之畅所欲言亦不失为好方法。面对说话速度太快的女性，也应以快速配合。总之，节奏是开启女性心扉最适合的钥匙，此言不为过。

（3）解除她的戒备

男女组团，相偕出游时，最不受女性欢迎的男性同伴有二种：第一是从出发至结束的行程中，默默不语地绷着脸、单独行动的男性；第二，是全程中滔滔不绝地口沫横飞、用词夸大、过分活泼而聒噪的男性。不论是哪种同伴，他或存在都令女性大为反感。而此两种不了解女性心态的男性，想解除女性心中的警戒是相当困难的。

在旅程中，想博得女伴好感其实并非难事，只需态度自然地为女伴背起行李，并且以若无其事的话语与她闲聊，在女性警戒心松懈的情况下，神色自若地慢慢接近她。此法和缓，不致显得造作。

在与平日不同的特殊场合，女性会迅速筑起"心墙"（防卫机制），采取戒慎恐惧的态度。例如，小孩子在面对陌生的访客时，会一反常态，突然沉默不语、睁着大眼注视一切。大人亦然，参加就业面试时，也常有紧张、不知所措的举止。女性的情况较男性更明显，女性的日常谈话或行动中，总是被动、怯弱的立场居多，所以，对男性不自然的态度举止反应非常敏感，且常因而增加"心墙"的厚度，重重地将自己护卫起来，此种自我护卫的本能，应是女性天生的特质吧！

解除女性与生俱来的警戒心，拆除"心墙"的强大屏障，最有效力的方式还是"若无其事"的演出。有位从事心理学研究的男士，曾在一次书籍促销签名会场上，试验此法而大为成功。当他在新书出版、到书店做促销活动时，站在堆积着数百本书的大桌前，签名会的横幅在风中招展，宽大的书店，前来要求签名者却寥寥无几。他于是改变策略，将书籍分散至各书架，并在书店内广播："各位先生、女士，非常荣幸，名作××的作者××先生，此刻凑巧出现在本店内，如果购买他的大作即可获得他的亲笔签名，敬请把握机会。"且将原来宣传的大布条改换成小名牌。顷刻间，络绎不绝的读者，手捧着这位朋友的大作前来要求签名。这个实例正是将"若无其事之感"发挥至极限的证明，读者与作者之间的壁垒，被巧妙地去除了。

近来，许多企业的经营者，都深深体会到解除顾客警戒心的重要，均采取亲切自然的待客方式。例如，年轻女性所经营的高级服饰店，不要求店员着制服，而是以日常穿着的服装上班，在最自然的态度下接近顾客，藉以瓦解对方的"心墙"、去除警戒。与顾客对谈的方式，也非一般店员的虚伪式殷勤，而是坦白诚恳，像和老友谈天一样。此种"不劳您费神应付"的商店，颇能博得女性顾客的信赖与好感。

（4）不要戳穿女人的伪装

自古以来，人们在接受馈赠、或接受高升的提名时，通常是二度婉拒，第三次才答应，被认为是较"谦虚"的。在想回答"好"时，却违背心意，虚伪地说："哦！不！不！这么好的东西……"或"我怎有资格？"如今有这种表现的女性仍为数不少。因为，女性多半是客气的，姑且不论此态度的真假，但总得做此表示。如果爽朗地答应接受，却在正式公布后其取非己所属，就会造成沉重的心理压力。

深具才能的懦弱女性、或工于心计的女性，言语常出现如上述的情形。类似"我怎够资格"的口气，就如同战场上士兵所穿的、迷惑敌人双眼的迷彩装。当面对男性时，女性往往已伪装起来，以吸引男性拉近并追求自己，再将事情的演变，全然归因于自然天成。多数的女性总是如此的静待时机。

有时女性心中其实早已默许，但在面临男性稍具压迫性的问语："你其实已经答应了吧!?"时，女性固守矜持的心态又使其不得不断然拒绝。结果，女性强烈的企图心，却招致反效果。所以，对女性的想法，表现浑然不知的态度，故意掉落其陷阱、佯装无事地与她相处，才是带动女性的要领。

当公司的老板想提拔一位女性为部门主管时，最感费神的便是女性的"固守矜持"心态。她不断地举出同事的名字，直夸她们优秀、比自己更具独立核算能力，并一再地强调自己没有那份野心，老板闻此言，便轻声地安抚她："你的话我都了解。"然后，再一一举例将她提出的人选推翻，以"由此看来，只有你是适当人选了"做结。在此情形下，十之八九的女性会说："既然如此，我也再难推辞了。"仿佛是在百般不愿的心态下勉力为之。

所以，要带动起女性的情绪，在此点上确实有费神的必要。

（5）制造一点意外

受邀参加 6：30 晚宴，大多数人往往于 6：40 后才姗姗来迟。就正式礼仪而言，自然以准时为宜，不守时的行径多半不被接受。然而，有的人却以为在 6：20 抵达，主人可能尚未准备妥当，如果 6：40 到达，便能使招待者有充分的时间、态度来迎接。当然，以上持论是明知宴会礼仪，却稍加突破的做法，目的在于考虑主人的立场。

这种设身处地的想法也可用于与女士约会。就女性的观点，约会时分秒不差又认真严肃的男性，不过比毫无时间观念的男性稍好而已。一般说来，女性日常生活变化较少，平淡无奇。因此，富于变化的生活形态是她们追求的小小意外。对于约会中迟到 5 分钟~10 分钟的男性，女性在等待中会怀着"轻微的不安"，这不安正刺激着女性的心，使她们以新鲜、兴奋的心情去迎接一切的未可知。

美国有位精神分析医师，曾剖析美国中产阶级夫妇离婚率偏高的原因，认为家庭生活的刻板化，缺乏意外性、不规律性是最大原因。并不断言："每天黄昏丈夫必将车子停在车道上，妻子开门相迎的生活，毫无刺激。此种欠缺婚姻要素的生活方式，毫无未来可言。"

女性除非牺牲自己，于安定中求变化，否则绝难长久生存在一个枯燥乏味的生活领域中。

然而，尚需注意的是，女性对非常态的现象虽然能够坦然接受，但若一再重施故技，恐怕适得其反，会招致女性心里不安，从而使其失去信任感。

（6）与其说教十次，不如微笑一次

市场上某种男士服装之所以大大走红，主因在于决定购买的权力，掌握在女性之手，而非男性。女性掌握决定权，据说正是服饰公司采用阿兰德龙为商业模特儿的动机。阿兰德龙俊美的外形、温柔优雅的气质，受到多数女性的欢迎。而基于此种被吸引的理由，遂产生了使自己的恋人或丈夫穿着风衣的欲望。

一般说来，像阿兰德龙的优雅、俊俏、具有倾向女性的温文性格者，是多数女性较为欣赏的类型。

演讲会上的演说者，尽管所讲内容丰富、充实、口若悬河，只要是语气严峻、喜爱说教，女性听众绝不会有热血沸腾的情形出现。内容姑且不论，气氛柔和、委婉体贴的说话态度，则必定能大获女性听众的青睐。也许是掌握了女性心理特点，从事心理研究的心理学者，在以女性为主的演讲会场上，通常是无往不利的，此结果并非毫无根据。

工作场合亦然。女性工作的地点，通常是言论幽默、笑声不断的场合较多。而且女性在工作时，将人际关系视为要点，无法认同工作场所即"战场"的论调。也就是说，女性思考问题时，其核心是人；接受事物的方式，也是经由他人介绍。由此可知两性态度的差别，女性重感情，事事离不开感情；而男性则可将工作与人际的关系理清，思虑透彻。例如，女性在工作岗位上遇见令人讨厌的上司时，便连带地厌恶她的工作。因此，在与女性接触时，态度要和缓、笑容可掬，遣词要谨慎、温文尔雅，如此定能博得好感，甚至使女性产生信赖感。同理，在工作岗位上，欲提高女性的工作情绪，"与其说教数十回，不如以微笑代替"。此句箴言正是触到女性微妙处的警语。

（7）反复地说"我需要你"

近年来，离婚率急剧上升。几经探究后发现，妻子们对她们在"家中的价值"不受丈夫认同而深表愤慨，遂诉诸离婚一途，此原因占绝大多数。根据民法规定，男女享有同等的权利，女性便渐兴起自觉，致力拓宽属于自己的道路，更确认女性与男性享有同等的乐趣。然而，当她回头一瞥却惊觉，在家中的地位不受重视，且辛苦操劳家事也未获回报，于是不免为之气结。家事、照顾小孩，女性担当着与男性同样繁复的工作，但在丈夫的严格要求下，女性只能依顺地每天重复着枯燥乏味的各种家务，却得不到一句类似"你是我最需要的人"的甜言蜜语。为家务烦恼而疲惫不堪的女性，在身体劳顿后又没有丈夫温柔的关怀，寻求离婚以解除痛苦的现象，便与日俱增了。

随着女性自我意识的确立，女性渴望被承认为"生命中不可缺乏的人"的欲望，也有日渐强烈的趋势。此种被需求感，在家庭生活中未获满足，通常是以离婚为双方关系的结束。即使是男人，倘若在办公室中，脑海里突然涌起"你我这样的人，存在与否似乎都不重要"的念头时，必然会对自己的工作产生厌恶及排斥之心。同样的事情发生在一对恋人身上，男性的态度逐渐冷却、怠慢，终致引发女性的不平之鸣："你要的只是我的身体，并非我的心。"

上述数例，都是女性被需求感未获满足而引发的情绪反弹，但若想满足其强烈的被需求感也并非一再口头强调、倾诉"你是我生命中不可缺乏的人"才行。实际上，简单抽象的语言，远不如具体表现更能加深女性的印象。例如，一位上司对请假过后再返工作岗位的女职员说："唉！昨天真是手忙脚乱，文件找不着，一切都像脱轨似的，你不在真不行，做起事来样样不顺。"此语一出，女性在其工作岗位的存在价值便陡然确立。在平日生活中也无不同，对妻子或恋人，即使知道她们或许帮不上忙，但仍将难处告知，并且态度积极地共商大计。此种做法有助于女性肯定自我的重要性，且能够增进彼此关系的和谐。

同时，女性会为自己被需要而深表喜悦，且因男性体贴的心意，而相对地对其提高依赖感。

（8）追求一个传统型的女人

你见过传统日本女性迎接客人的礼节吗？她们遇到有客人来访时，便双膝跪在大门入口处的榻榻米上，左右手三指贴地，态度极为殷勤地行着礼，口中犹不断地说着"欢迎光临"，此种场面，令人有时光倒退数十年的感觉，仿若置身在古老的时代一般。

视见面时，你一定会将其误认为女佣，殊不知日本传统的女性，甚至是达官显贵之妻皆然。她们面对丈夫只懂得唯唯诺诺，除了"是，我知道"之外，二人之间没有交谈，而丈夫也宛若一副封建社会大男人主义者的神态，任意跋扈地驱使着妻子。

时至现代，此种"女人样"的表现，遭到绝大多数女性的强烈反抗。或许是受到女权运动的影响，女性们认为，"女人样"是男人支配女人不平等待遇下的产物，因此，身在现代，仍然拘泥于使自己有"女人样"表现的女性，必定是无法适当地表达自己的意见，且意志不够坚强的女性。

所以，由此观之，那些拘泥于古老礼仪的女性，只是为了对丈夫表示顺从，以确保她作为妻子的地位。

在现代生活中，不论是家庭或社会，女性都没有这种拘谨行为的必要，以至给人一种被虐待狂的印象。从生理上看来，现代女性体形的发达并不输于男性，男女对语言运用方式的差异也日渐减少。因此，女性普遍认为，若使自己态度愉快地实行"女人样"的各种表现，岂不是和强迫自己去做某件事、还得强颜欢笑的情形一样吗？

因此，"女人样"类型的女性，习惯将自己压迫在生活之中，逆来顺受。所以，对于紧追不舍、具有压迫感的密集追求方式是最容易接受的。因为，男性近乎强制的手段，正与其平日的处事态度不谋而合，一强制一顺从，根本不会感到格外痛苦而自然地接受。

如果男性在追求过程中稍显迟疑，女性反而极易产生挫折感。

吸引女人的心

女人的心理是微妙复杂的，要想吸引住她的心，必须巧妙不露痕迹。

（1）从"对你有益"开始

电视节目开播时，字幕上往往显示"节目最后有精美礼物相赠，敬请观赏至最后"。而看了最后的"通告"后，写明信片参加礼物抽奖者，接近80%的比例为女性，男性则通常在毫无兴趣的情况下换台。30分钟的节目，女性注视的焦点一秒也未曾离开电视屏幕，静待节目结束，立即写信参加抽奖。

由前例可推知，女性比男性对日常生活损益的反应更敏感。百货公司的折扣期间，女性是蜂拥而至；蔬菜的每日价格波动，女性也必须确实掌握。因此，与女性交谈，以"利"诱之，是最实际、最富说服力的方式。例如，把"男人总是喜爱追温柔的女人，因此，对女性而言，学会温柔是最有利的。"先说在前头，女性就会立刻产生回应。再以"女性温柔有何好处？"的损益标准分析之，女性更会因此而表现得较为热切。但此方法被滥用后，亦有不少女性被巧妙的赚钱手段所吸引，因而陷入欺诈的圈套中。

就演讲的方法而言，"对男性听众宜采高深的理论开头，女性则应以实例起首"。此为重要原则。所以，在群众前说话，应先目测在场男女的比例，再决定说话方式的安排，较为妥当。

有人在某小学中向母亲们演讲时，尽管他一直举例地说着调教孩子的方法，在座的妈妈依旧毫无反应。于是，他只好以愈来愈低的语调说着："总之，重视德育对孩子是深具好处的。"瞬间，整个被瞌睡虫占领的会场气氛为之一变。母亲们个

（2）给她一个宣泄的机会

"女性被杀会化身成鬼"的传说时有所闻，妖怪故事中，女鬼也常活跃于其间。探究女鬼的身份，如《聊斋志异》中的女鬼，原都是驯顺的女性，但在生前受尽丈夫的屈辱，遂于死后幻化为厉鬼频频向丈夫施以报复，小说通常是由此行为做开端或结束的。此外，许多小说多半都以描述女性悲惨的命运为题材。因其承受的苦难必须忍耐，而演成不能坦直地表情达意的精神状态，此类女性在小说中、电影里，均能引人关注，但在实际生活中，却难以交往。只因没有比感情遭压抑、闷不吭声、不表喜怒的女性更难以应付的了。

内向的女性一旦表露出情感，会如同决堤般地宣泄不停。长久的压抑，在面对小事物时，即有可能爆发得不可收拾。通常在面对平时柔弱乖顺的女性时，男性容易慌乱地安慰她，但事实上，以不干涉为最佳原则。让她尽情地痛哭一场，或发顿脾气，使她有个宣泄、抒发感情的机会，才是帮助她的好方法。在一阵哭泣、发泄之后，精力必然消耗殆尽，于是便达到了净化的效果，所有的委屈随眼泪而流尽，女性因而现出崭新的、坦率的魅力。

（3）对她的每一个言行都有反应

在办公室碰面打招呼却不回礼的人，无论男女，都惹女性嫌恶；在走廊上擦肩而过，却面露不知的神色徐徐走去，此类的琐碎末节，都是女性职员午休时的重大话题。住在与邻居交往较少的社区中，和邻居碰面因不熟识而稍嫌冷漠的男士，常被附近的主妇们议论着，"那家男主人，究竟从事什么行业啊？"刺探着他人的隐私。女性即使是对不太亲密的人，也希望能吸引他的注意力，如果对方毫无反应，即遭遇强烈的挫折感，从而对他抱持着猜疑的心态。此种情形，在具有歇斯底里性格的女性中极常见。而希腊语"歇斯底里"，即"子宫"之意，由此可知，女性此种性格特征，在潜意识下，自己的表现欲望被压抑住，中枢神经失控便爆发出来，于是，极易采取异常的行为。

某公司的一位经理，即有过如上的遭遇。某日，当他步入员工餐厅进食时，一进门就感受到女性职员们灼热的注视目光。因为，他属下的一名女性职员，对其他的同事们提及，前晚见到经理挽着一名妙龄女郎的手走进旅馆，登时谣言满天飞。事后调查发现，当天早上，他边走边想着事情，丝毫没有察觉迎面走过的女部属，更别说那句"早啊"的问候语。于是，那名女性职员心存报复，便撒下弥天大谎陷害他。此种方法虽然太过恶毒，但也可用来警戒对女性放出的"信号"没有反应的人，他们这样做是绝对无法博取女性好感的。然而，打招呼归打招呼，一声"啊"，或一声"嗨"，或是摆摆手，就能令女性感到满足了。切记！绝无贴近身体、拍肩说话的必要，因为，此举会令女性起警戒之心，或因此而自鸣得意。

讨厌女性故意惹人注目之态度的男性，倘若以视而不见、或充满讥讽的心态对待女性，易引起女性的反感，并加深女性的憎恨之心。例如，在电影《明星的诞生》中担任主角的芭芭拉史翠珊，在外景现场，对与她搭配的男星克利斯朵夫怒声咆哮："照我的想法去演！"克里斯多夫默然呆立着，"听见没有！"她又再次怒吼，这次克里斯多夫不甘示弱地回敬她："随你便吧！"芭芭拉闻言，怒气冲冲地离开现场。为了显示自己能力过人的女性，在唤起对方注意却未得适度的反应时，往往会将不满的情绪表现在行动上。

（4）直接对话更奏效

女性间的对话，常有将他人的话带入自己话题中的情形。举凡被引用者，上至公司的上司、同事，下至自己的恋人皆有，然而，尽管千差万别，经女性引述时宛如原音重现般，逼真的效果令人大感神乎其技。

女性此种对话中，插入别人对话的直接叙述方式，之所以大行其道，是由于此法易于产生戏剧效果的缘故。

一般说来，女性无论是充当说话者还是听话者的角色，在对话中都会将说或听到的情景描绘成一幅幅图画，或将语言视觉化，使自己能将说话者所表达的一切，逼真地感觉出来，且随之升高情绪，尽情享受会话的快乐。同时，更能传递生活的气氛，产生亲密感……

女性，与其说是由会话中品味深义，不如说是因不断地舔舐的表面而获致快感。因此，与女性对谈时，有必要将想说的话，以戏剧化的表现方式，接二连三地诉说。由聆听女性会话中得知，她们之所以如走马灯般地无休止，是因为采取直叙法对话的缘故。稍嫌严酷地说，她们引用别人的话，A先生终了，插入B先生，如此持续不停，仿佛连珠炮似的响着。

因此，与女性对话，最好使用女性喜爱的直叙法，以提高其兴奋的情绪，并吸引她的注意力。例如，上级对下属女职员说话时，先将内容戏剧化，如同构成剧本一般。然后，再运用声调、演技加入其中，则效果必比平日突增百倍。但是，不受女性信赖的男性，如果依样画葫芦，说起话来拉杂无条理，其结果必是惹得一身嘲笑。

（5）先夸奖她的同伴

丝毫不能引起关注的男性，尽管他在某位女性周围的同伴间，如何地赞美她，依旧无法卖弄他的男性魅力。

然而，对男性抱持极度关切与兴趣的女性，通常是不会将内心的欲望表面化的。此时，若采取"外围作战法"，成功的几率必定极高。先确定女性目标，对她周围的女伴采取亲近的方式，待相熟之后，再对她们说出赞美她的话。此时，这位遭受冷落的女性目标会渐生嫉妒心，正如在红豆汤中放盐比加糖更容易引人注意。然后，再经由同伴之一的女性传达："他真正喜欢的人是你啊！"之类的爱意，即告成功。但是，透过女性同伴的间接方式，必须了解女性嫉妒心的可怕，如果女性目标与这群女伴的认识程度未深，切记不可说出引起女性独占欲的话语，否则可能招致反感，不可掉以轻心。

（6）女人易被亲和感打动

美国出版界发现，书名"××日记"的书籍，常能吸引女性读者的兴趣。女性喜欢阅读日记式的文章，是因作者在其中描绘了亲身的体验，但经由体验所得而寻获喜乐。日记，本属于个人隐私，是他人不应窥视的，因为它真实地记录下作者的感情，更是作者的自我解剖。而女性在阅读方面，并非诉诸观念的探求，反而重视起初的感受，日记的体裁正是适合感情体系的文学形态。

和女性交谈时，与其用客观的理论，不如以充满真实感的语言，使女性的共鸣发生，更能掌握女性的心理。"我的作家朋友……不如我的作家朋友×××……"将姓名和盘托出；把自我感情溶入话题中，"那时，令我不自觉地流下泪……"、"那夜，我失眠了……"引发女性的共鸣。所以，谈话中注入情感，是使女性进入主题的第一步骤。而且，女性对于直接叙述法也极易兴奋，只需将内心想说的畅所欲言，即能顺利地进入女性心里。

女性易受真情所感，不论是看电影或戏剧演出，演员们所诠释出的人间种种情感，会使女性暴露她在人前所掩饰的情感，而配合银幕上情节的变换，亦悲亦喜，或笑或哭。尤其是女性欣赏悲剧电影的时刻，眼泪汩汩不止。由此证明，女性多数时间情感均遭压抑；更进一层地说，电影、戏剧较能唤起女性的情感，女性对此情感也较能产生敏感的反应。

稍微极端地说，与女性谈话之际，在意识上男性必须以戏剧中的男主角自居，举止做适度的模仿。一般流行的戏剧，掩埋了思想性、观念性的论点，也并无传达大道宏旨，只把情感的传递作为着眼点即可。男性切记此点可做参考。

卡耐基曾说："在与人交谈的场合，加入愈多令人振奋的话愈好。因为，此类话语也会鼓起别人的关心。不要将正确的情感宣泄抑制住，正如燃烧的热情不能用水浇熄一般。"所以，在说服女性时，谈话的主题如果是自己所热衷的，同时也易引起对方的关心。

(7) 女人情绪高昂时不要恭维她

推销员的工作信条中，有一项"勿过分得意忘形"。因为，推销员的任务在于激起顾客的购买欲，基于此理，以恭维的话语煽动顾客心理的技法，自有其必要。然而，在对方依自己的意图情绪高涨时，这一瞬间是推销员必须拿捏得准的。当顾客的购买意愿极强时，推销员若因过分得意而言语诌媚阿谀，会令顾客大感不悦，且怒目相视地看着面露虚伪的推销员，甚至放弃购买的意图。

在对方买气旺盛、情绪高涨的阶段，正是心理学上所谓"心理饱和"的状态，亦即忘我之境。货品即将推销成功之际，奉承恭维之语尽出，即产生"过度饱和"的情形，使对方本身感到荒谬，同时，爆发难以抑制的愤怒。这是推销员最忌讳犯下的错误。

此种情形在男性，因心里仍存有清醒的意念，故不易发生。但在女性方面则显而易见。

面对推销员的恭维，女性随之兴奋，且陶醉其中。然而，在情绪沸腾时，反该慎重地对应，否则将导致"过度饱和的反击"。

因此，恭维的态度常导演失败。百货公司的化妆品专柜小姐，逼迫顾客购买而遭严重抗议的情形也时有所闻。所以，在接受训练时告知："一次恭维、二次恭维，能够迅速提高对方的情绪，倘若过度的高昂，反而招致纠纷。"是非常有必要的。

因此，男性应谨记在心，过分恭维挑起女性的情绪，常使女性产生反感，且行为脱离常轨，往往适得其反。

（8）不要轻易对女性抱怨工作

美国女性杂志的人生磋商专栏，曾报导过如下的个案：

"我的男友是位运输机整备员，日前，我第一次到机场去等待工作结束的他下班，之后他将我带到他平日常去的酒吧。那里聚集着同是机场的同事们，他们一起厮混，弃我于一旁不顾，并热衷于男性们感兴趣的话题。他们说着我毫无兴趣的话，且互诉工作的辛苦。这情形令我沮丧不已。"

针对此问题，女性心理咨询员所给予的答案是："你必须尽快和他分手。原因并非他弃你不顾、独自享乐，而是在同事间抱怨自己工作的男性，不久后也会以相同的态度对待妻子埋怨不休。所以，这样的男性是无未来可言的。"她斩钉截铁地说。

如今，女性进入社会工作的比例显著上升，但女性心中"男主外、女主内"的观念依然根深蒂固。因此，不断抱怨工作的男性，不仅在工作，在任何方面都能反映出他的无能。那位咨询员即以此口吻，道出此类男性浑然不知生活意义的态度，更因咨询员本身亦是女性，遂坚定地认为女性的柔弱是理所当然，而男性则必须有宽阔的胸膛供女性依靠、粗壮的臂膀为女性扛起一切。

（9）惯于接受奉承的女性不妨挖苦几句

有位作家曾说过，男性在表示"我爱你"的同时，心中所想的却是"想和你好"。所以，在一见美女即吐露爱意，正是男性心中隐含的晦暗欲望"想和你做爱"。劝告女性须看穿此伎俩。

对男性的野心最敏感、最警觉的，是惯于受男性奉承、疼爱的女性。因为，听多了恭维的甜言蜜语，所以深谙男性的接近方式，于是，再多、再动人的话语都难以打动她的心。所以，在旁人眼中，男性似乎已顺利地攻城略地的同时，便立即施以她最擅长的手腕，令男性在最后的瞬间，夹着尾巴逃跑。

此类情景，出现在高级俱乐部的女性身上最为显著。男性客人是老板倍加礼遇的，因为，他们通常是利用公司交际费的职员，所以，要求再高额的费用也不致令其却步，挥金如土是他们共有的特色。因此，男女之间也完全没有心灵契合的可能。

由前推敲得知，受女性欢迎的男性，反而是以言语挖苦女性的男人。所谓"毒舌家"，并非突然语出伤人，而是在褒奖他人时，若无其事地刺入一刀，标准的暗箭伤人法。此法用于女性身上，女性的前后表情会产生极大的变化，出其不意是其制胜的关键。因为，在奉承中略带挖苦，使惯于受恭维的女性无法掌握男性的心理，反因好奇而兴关切之意。

在男女共处的场合，女性通常是被奉承呵护的对象，例如办公室中被喻为"办公室之花"的女职员。同事之间总因"她是女生嘛"的缘故疼爱有加，连大声对谈亦不敢。然而，若以"这件事你应该会作吧"这种稍嫌严厉的口吻询问她，未必是种逼迫，反而称得上是真挚的态度。相对地，女性职员与其说有强烈的反弹，不如说是因兴奋而振作起来，且在工作顺利完成后，更增加对自我的信心。因此，对待女性的要诀，应是褒贬兼而有之。

（10）别忘了夸奖女人的新装

女性穿上新时装赴约时，男性见面即问："你的新外套在哪儿买的?"女性会答："怎么? 你不喜欢吗?"在《女性的说服法》一书中，作者法兰克·格莱对此类男性有所批评，并表示若男性先褒奖后才有此一问，必不致使女性做此回答，且自然地表露喜悦之色。

对女性而言，穿着的服饰是身体的延长。崭新饰物的穿戴，不仅是装扮而已，且是自我全新的表现。此点心意若被赞誉，她们会如同自身价值被肯定一般的雀跃不已。

儿童心理学家珍·皮亚杰曾说：根据自我立场，对欲求、感情基础加以判定，并付诸行动的幼儿倾向，称为"自我中心性"。而女性此种非逻辑的主观思考方式，仍然根深蒂固。

于是，女性在他人评价自己新装的同时，不仅是希望他人肯定自己的价值而已，更希望他人证实其判断的正确性。客观地评定时装的价值、设计的新与旧、在何处购买等等都不重要，只需"不错，很好"一句赞美的话，即可替代一切。

与鼓励孩子方法相同，当孩子展现他的得意之作时，"很好"、"你真不错哟!"等话是相当重要的。

如同正欲出门的夫妻，妻子迟疑地问道："今天我是不是不一样呢?"在百般提示下，丈夫才发觉妻子颈子上戴了一条项链，而原来外出的气氛，也因此由晴转阴。妻子于是开始有"你已经对我漠不关心了"的情绪，难得一起外出的机会，也闹得不欢而散。

（11）对容貌无信心的女人找出其优点

英美俚语中"Beauty is only skin deep"，亦即"美，只是皮肤的深度"。其意义在忠告女性，内涵与外貌之间并无关系。对女性而言，自己并非美貌的事实，俨然已不可动摇。因为，男性总是被美女所吸引，此点女性早已了然于心。

因此，男性反而难以接近对美貌缺乏自信的女性，且无法了解女性心中的真意，所以，怀抱着疑惑，苦无良策。不美的女性，会架设心理的壁垒以警戒男性，所以，欲除其防备，逼其就范，并非易事。如果想掌握女性心理而说出"你真美"之类的话语，会使原已有自知之明的女性，再加上一二重警戒，结果如同指摘其缺点般地挖苦，更增其厌恶感。容貌，是女性自我的象征，言语伤及容貌，同时亦伤及内心。

然而，对美貌有自信的女性，她们的容貌也并非完美无瑕。美女名伶们在拍摄影片时，非常重视角度的选取，必定小心翼翼地遮掩住缺点。相对的，与美貌绝缘的女性，也至少会有一部分是值得夸示的优点，宜谨慎地掌握。

因此，不称其"美女"，而说"眼睛真美"，使女性对眼睛产生自信，且坦直的态度也较容易使其接受。如此，反复、反复地赞美，女性的意识逐渐将部分的美感，如波纹般荡漾开来，不多久"女性迷人的双眼＝迷人的容貌"，将同等的暗示效果发挥到极点。

（12）对智慧的女人宜用诗意之语

一家颇具规模的公司，打破由来已久的传统，将录用女性职员的资格定为大学的毕业生，改变原来的高中生即可录用的制度。不料，在此门户开放的第一年，试用期终了，转入正式聘用的阶段时，数名新进人员却宣称"辞职"，因为她们对自己受到与高中女生相同的待遇而感到愤愤不平。一位女职员举例说，她在向上级汇报工作时，竟与高中毕业的女职员列坐同席。她不满地陈述道："我接受过大学教育，然而，这份工作并未能使我的能力得到充分发挥。"

此种情形，公司认为不满自有道理，故应允改善，因而情况暂告稳定。自此以后，受过高等教育的女性进入工作环境，此一问题必会受当局重视。传统上，女性的知识水准有被压低的倾向，且丝毫不受重视。而时至今日，女性获得平等教育的机会，已大大增多。但由于女性社会地位仍然不高，所以，只需领先一二步，就容易有自己与众不同的想法，此亦不得不然。例如，大学教授中，女性教授多有夸示自我地位的倾向。

有智慧的女性共同的特点，是拥有精英意识，她们都自认为优于他人，具有强烈的优越感。不断地夸耀自己，且希望他人肯定自己的优越性。如果面对此类女性，却采取与其他女性相同的对待方式，势必铸成大错。男性须先掌握其心灵的脉动，再鼓起她的优越感，方为上策。

在办公室中，彻底贯彻有智慧的说话方式，最能收到效果。女性诉诸理性的谈话，有喜好抽象方式的倾向，因此，言语之中放弃口语，尽量表现出诗意为佳（因为文字用看的场合居多，亦称视觉语）。换言之，"赶快把报告拿出来"之类的浅白口语不能用，应改为"尽快提出报告文件"较文雅的语句。又如，"这里改好的话，向常务董事的秘书说，请她问常务董事好不好"之类的文句，着实难登大雅之堂，故宜改为"此处订正后，烦交常务董事秘书，恭请裁夺。"将有智慧的女性与其他女性严加区别，更能使之应对得宜、干劲十足，因而表现出她突出的工作能力。

让女人对你说好

使女人对你说好，首先意味着她对你的言行表示赞同。

（1）从褒奖优点开始

女性有一个共同的心理现象即"撒娇"。女性日益坚强的角色，已能与男性在工作岗位上相抗衡，发挥不分轩轾的才华。即使如此，男女之间先天的能力差别仍是不得不被承认的。不论女性的能力能否超过男性，在心中女性早已自认不如，所以，在潜意识之中抱持着"撒娇"的情感，与男性共存于此社会。当女性向男性撒娇而遭拒绝时，男性可由其面部瞬间的表情，看出女性难以置信的神色。而毫不考虑女性心理，丝毫不留情面地指摘其缺点，也会造成女性的慌乱，不知所措。女性用"撒娇"来包装自己软弱的地位，一旦被赤裸地揭露，惊惶、错愕复杂的情绪便顿时涌现，难以自制。

能够对男性的指摘，拒绝接纳，并采取相对立场的女性并不多见。大多数的女性会因此而沮丧，失去对工作的自信。所以提醒女性如无结果，应在提醒的同时，将其长处或优点一再夸赞，作为对女性"撒娇"的回应，把得到的"撒娇"信息处理后，再将其送回。之后，再次提醒她注意，打击因此降至最低，女性也因深知男性了解自己，故坦然地侧耳倾听、接受。

（2）让女人做主角

最惯用的欺诈伎俩，是告知对方："别人我根本不会拜托他，因为是你，才肯将一切托付于你。"此种情形，女性最容易上当。由为数颇众的女性之中，排除其他的人，独独挑中自己，心中隐隐有些虚荣，便在飘飘然之际为人所利用。

这种借助于欺诈的行为，是令人不齿的。但在说服女性时，使其位居在上、采高姿态的"主角"方式，是最能瞬间奏效的。一般商店能够掌握顾客心理，大赚其钱，即是将此法发挥得淋漓尽致的结果。"这批货是新进的，但在我看见你的那一刹那间，就令我想起，它们穿在你身上是多么的娉婷、婀娜，你仔细看看，如果中意的话。"不断地暗示着顾客，自己对她多么关心，使她的地位突显至"主角"，宛若掌上明珠般地捧着，再用暗示的口吻，慢慢地表露意图，不仅在商场适用，在私人的场合也能发挥功效。例如，一对恋人谈心，男性对女性倾吐："我孤独一人，真是寂寞。"不如说："你不在，我感到寂寞难耐。"一句话看似雷同，却是天差地别。在对谈的大多数时间中，男性将女性如"主角"般地恭维、呵护，当体会出男性的体贴心意之后，女性将大受感动。

（3）一句提醒，五句夸奖

女性"被责骂则闹情绪，被褒奖则得意忘形"，着实是难以应付的角色。一遭斥责，便如贝壳般地将自己包住，死命不出。相反的，若遇褒奖，便举止放肆，形同野马，难以制服。所以，对女性善变的态度感到迟疑的男性，不在少数。

女性此种心态，其实是起因于对男性的自卑感而来。在工作场合中，男性拼命地工作；而女性在一般的观念下，被归类为终究是必须进入家庭的人。且一旦步入家庭，丈夫成天为全家的生活而奔波，拥有被社会肯定的价值，妻子则除家事之外，仿佛一无是处。于是，相对于丈夫的价值感而产生的自卑感，在无意识中支配了女性心理。当她自觉不如男性，工作不能专心时，便会向男性撒娇。

是故，在提醒女性之际，必须确实考虑此种微妙心理的平衡。提醒一件事，必须同时褒奖几句赞美词，以下为例：

"你的穿着十分清爽。"

"而且，姿势也相当优雅。"

"对待客人态度温和，说话条理分明。"

尽量以具体的话语，将值得赞誉的特点一一列举，再说："只不过你的桌面稍嫌凌乱，如果能够清理一番，必定能够使效率大为提升。"欲提醒之事，也同样以具体的事实说明。在办公室中，若能以不触及女性自卑感的方式指正其缺点，女性即产生自我期许，以与男性职员平分秋色的战斗力为目标，加紧努力。倘若再适时鼓励其自尊心，更能促使女性加倍努力，提起干劲，为获再度的肯定而向前迈进，如此相互循环的结果，办公室中的工作效率及气氛也将日益旺盛、蒸蒸日上。

（4）用简单的话打动她

希腊裔的女演员美利娜·美尔库里，与现任丈夫乔尔斯·达许结婚之前，曾与某位大富豪结婚而分手，然而时至今日，她仍不时地公开表示："我真的很爱他。"并且，每次返回希腊，必定造访前夫，住在那间曾属于她的房间之中。

以思想、行动新潮而闻名的女演员美尔库里，犹不断地缅怀过去，将自身置于过去的时空中，以证实眼前的生活。更何况一般女性，如不反思过去来确认现况，必将深感不安，不知生活意义何在。

在美国家庭中，夫妻之间没有一日不互诉"我爱你"，虽因思想差异及开放程度不同，但在我们的国度中，仍能听见妻子向丈夫询问："你真的爱我吗？"如果丈夫以稍嫌机械的语气回答："当然啦！"女性的表情必在骤然间迅速变化，而自我推演出结论："啊！你已不再爱我了。"

这并不是说女性过于看重言语上的意义，正确地说，女性执著于言语的回响。因此，与其单调地以"当然"草草带过，不如重复地以"我爱你"加强其感受。女性追求的是言语中的回响及连带产生的快乐，那么，何不让她反复听之，而沉浸在快乐的情感中。

男性单纯地认为，意义传达即可，而女性则不然。她们习惯于重视对方的回响，不仅止于夫妻之间，凡是说服女性的场合，皆需不只一次地揭示要点，反复说之，藉以消除女性不安的情绪。正如打着毛线的女性，数小时间重复着相同的纺织动作，男性若帮助她将言语编入记忆中，即可获得女性的信任。如此反复诉说自己心意的男性，必将深得女人心。

（5）用"我们"来达成共识

在美国被誉为推销之神而闻名的 E·A·强生，在他针对女性心理的销售学中提及，说服女性消费者最确切的用字并非"我"或"你"，而是"我们"，它的威力远非其他字眼可比拟。以目前日本 NHK 电视节目为例，观众接收 NHK 电视节目时，是必须支付费用的。但目前观众的拒绝付费运动越演越烈，NHK 苦无良策，而一位专任收费员，道出了他的亲身体验。"当拜访一户拒绝付费的家庭时，我问道：'你也看 NHK 吗？'未等他回答，我已料到他必定矢口否认，于是，我改变口吻道：'NHK 电台不同属于我们的吗？'尽量以温柔的语气，激起他的共感，如此他的抵抗便减至最低。"

此法用于女性，效果最为卓著。在某些场合，称"你"或许也能发挥威力，但用"我们"，则最能勾起女性的共同意识。英语中"We feeling"即第一人称复数，此语对亲爱感的滋生尤有成效。女性比男性抱持着更多、更丰富的情感，更爱好自己与群体间的关系。前述所言的推销场合，遣词中运用"我们"来说服女性，会令女性认为推销员是一起磋商、购物的同伴，因而毫无敌意，产生共感。

对女性使用"我们"一词，是基于女性心理中所抱持的某种命运共同意识。美国作家杰拉尔多·A·布莱恩的作品《哈罗屋 11 号》中描述——女主角回忆起与男主角相遇的情景，她说："那绝非偶然，而是我俩命中注定在那儿相遇的。"男主角道："或许是吧！"但女主角却兀自断言："是的，那是宿命。"女主角用"我们"来暗示与命运有关的宿命与宿缘，即是为了引起二人同感的缘故。

在工作场所中，连续地以"你"指称对方，会使整个办公室的气氛凝结、冷却，若善于运用"我们"，极易酝酿造成同事间向共同目标并肩迈进的心理。对于某特定女性，厉声怒斥"你以为这样做就行了吗"必使其因而产生疏离之感，不如说："这是我们共同的问题，请再费心好吗？"将自己与女性溶成一气，制造令女性自思反省的气氛。如此一来，不使女性孤立于群体之外，再提醒之，忠告之，女性会以开放的心胸坦承接受，而不致产生太大的情绪反弹。

（6）并肩而坐更易说服她

以并肩比邻的坐姿交谈，说服女性，是非常有效的方法。横向的空间，在心理学中被称呼为"感情的空间"，是与恋人谈心、诉情最适当的位置，而且容易产生"朋友意识"。相对地，两眼相对的正向位置，有助于精神的集中，属于理性的"知识空间"。例如，下围棋或象棋时，一定采取面对面的交战位置，因为，那是个丝毫不能溶入情感的时刻。因此，与女性采取正面相向的姿势对谈，会令其深感拘束、惶恐不安，不知所措地拉拉领口、摸摸衣袖、扯扯裙摆，目光游移无定，而且，表现出无法用情的紧张感和失却耐心的浮躁。

同时，在与女性并肩谈心时，切忌大声说话，粗声大气的喧闹会破坏原来亲密的气氛，而夸张的表情及手势，也不能收到预期之效，因为，对方必须特意向侧面望去，反使精神散漫、繁杂，不如将声调、音量及表情充分配合，再移入比平时更丰富的感情，以自然的语调，向对方轻松道来即可。但必须注意，在双方并无亲密关系时，太过靠近女性会导致相反的效果。因为，女性不论是肉体上或精神上，皆处于被动状态，一旦身体被人亲近时，便产生压迫感，造成心理的沉重负荷，以至不能专心。当然，谈话也就难再持续了。

（7）不要轻易说"因为是女性"

某位中学男教师，指着一名头发凌乱蓬松到学校上课的女学生，说："你身为女孩子，就该注意自己的服装仪容。"但女学生也不甘示弱地指着无精打采的男教师，说："老师，您身为男性，应该将胡须剃干净吧？"

从前种种，另当别论，但时至今日，强调以"因为是女性"的缘故而制定禁令，不仅必定招致反弹，更可能因此而成为笑柄，不可不慎。

在年轻人服饰专卖店中，"是女性的"一语已被视为禁语。在吊带裤的选购热潮中，如果一名店员朝着正在挑选的女性顾客，说明"这是女孩子的款式"，语未毕，此女必已掉头远走，不再上门了。随着新时装的流行，穿着与男性相同的流行服饰，已是寻求男女"平等"的一种方式。此种方式，并非以观念的实际感受来证实的，而是一种因自由的心态产生，随之而起的结果。

原属男性专用的酒类，近来，女性的爱好者与日俱增。酒类出口的公司，为了是否应在酒瓶上打出"女性用"字样而伤透脑筋。"属于女性的，请你品味！"若以此宣传语为推销，必定引起反效果，使女性消费者敬而远之。因此，使公司陷入两难。

又如美国某家制酒公司，为将鸡尾酒的销售网扩大，于是，推出一种"以糖衣包着的鸡尾酒"的新产品，但根据最新的调查显示，女性爱好者的人数正在聚减。原因是，"女性专用"与"蔑视女性"几成同义词，渐渐浸透了女性的意识。说出"因为是女性"的言语，会令女性的意愿萎缩，绝不会产生正面的影响。

（8）女人易服从于权威的第三者

女性在生产前后，都会阅读有关育婴的书籍。但与其说她们是为了获得育儿的知识，不如说是将育婴大事托付给"育婴权威"，使自己能以安适的心情待产、生子、育儿。育儿书籍种类繁多，有著名的权威医师所著并极力倡导的，故十分引人注目。

姑且不论在形式逻辑学上，专家权威者的言论对错与否，只要提出权威者的论点，归纳出结果，"因此，你的观点是错误的。"此种论断方式称为"权威的谬误"，对于说服时，面露不易接受表情的女性，此种论法的效果出奇的好。

因为，在女性长久置身的环境中，接触"权威"的机会不多，所以，在强调男女平等的现代，对于权威之言相当敏感。于是，借权威之名以弥补自己薄弱的理论基础，此种倾向日趋强烈。

尤其是虚荣心强烈的女性，当社会中被一致认定的意见与自己相左时，她们会因对自己缺乏肯定的缘故，而感到羞愧，并将自己的论点转换为具权威的第三者之言论，以提升论点的价值。

推销员在进行推销时，为引诱顾客购买欲，也善于利用"具权威的第三者"的技巧。例如，推销适于儿童的书籍、录音带，常使用的手法，即是一边做内容说明，同时向母亲们展示推荐者的名单，著名的大学教授、儿童心理学者等等不胜枚举，母亲们见状道："那么知名的学者推荐书，这对孩子一定有用。"于是，几乎无往不利。推销员因此而得知，权威者之言是打动女人的最佳利器。

在运用权威者言的场合中，用来举例的权威者以女性熟知者较好。现代的社会，是个讲求情报化的社会，所有的人都必须了解最新的情报。所以，如果立论中的权威者是位默默无闻的人，必定遭摒弃，效力大减。此时，人的头衔、社会地位等往往能充分带动女性心理，使其信服。

（9）先说出结论再细述

女性对于采取"强迫态度的男人"一向不抱好感，且深深厌恶。就以说服的情形为例，"太太，好吗？你家是三口之家，只有一位独子。抱歉，老实说，你们夫妻二人已不年轻了，终有一日，儿子会长大，虽然，这间小屋相当舒适，但是孩子长大上学校，还是有一间独立的书房较好，要做到此点，这房间似乎稍嫌狭窄。再过几年，孩子到了适婚年龄，也必须成立自己的家庭，这房子太小，您二老还得搬出去，或是孩子另组家庭。现在住处已经难以寻找了，更何况以后呢！不如现在就再买一栋大一点的吧！"房地产公司的推销员只顾说出自己的道理，看来颇似思路井然、头头是道，但他在导出结论的过程，完全未能给被推销者反驳的余地，此点就推销员的原则判定，是不合格的。

此种论理方法，只是将对方目前的情况一一诉说，且将不买房子的动机封死，独断地提出结论。倘若对方是男性，必定也能提出理论加以反驳。但女性在社会中扮演的角色较弱，在提出反对意见之前，即有"勉强购买"的被强迫感，于是，心生厌恶。"你真是爱管闲事啊！"由于厌恶推销员，根本难以再思考强有力的论点推翻他前述所言，只能采取感情上的拒绝态度来对抗。同时，细微的问题，女性通常是毫无自信的，由于恐惧失败，因此，独自下结论易感紧张，踌躇不前。

基于此理，采取一起思考的方式，二人共同达成结论才是良策。推销员若先请问："抱歉，请教您与主人的年龄？"这公寓房间住着如何？给对方一些考虑的时间，再一步步诱导她接近自己心中预设的结论，即与她一同历经思考的过程。在此"过程"中，有思考的时间、适当的质询，引领着女性向结论徐徐前进。

不仅止于推销的场合。在拜托女性事务、或催促她行动中皆适用。男性总是十分性急，来不及做假设，只顾提示结论，于是，根本失去了操纵女性的资格。正确的方式应该是引领她参加思考，直至共同导出结论，令女性有"非遭逼迫"的印象，及"自己作决定"的满足感。以此法引领出女性的自主性，使之成为预定结论的赞同者，因而随意将结论驳回的情形亦将减少。

（10）多说几次她的名字

当你对迎面而来的女学生直呼其名时，通常面对的是一张因兴奋而难以置信的表情，"老师，您记得我啊！？"情不自禁地欢呼着。以下的谈话自然是顺利而愉快的。对你而言，不过是因偶然的缘故，恰巧记得其名且直呼出来；但对那女学生而言，却是项意外的惊喜，由她那清楚的面部表情变化，即可悉数读出。

人世间无论何物，拥有名称，才同时获得个性。因此，称呼人的姓名，也几乎是肯定对方的个性，摒弃彼此间的社会地位与立场，以开放的心胸坦诚相见。由上点得知，称呼他人的名字，能够缩短二人的心理距离。

在女性相处的场合中，彼此间称呼名字的机会较少。例如主妇们，与邻居间都以"×太太"相称，与丈夫间多以"你"相称、而孩子也只是称"妈妈"，纵使有以本名称呼的机会，也会加上"×先生的夫人"。女性职员间也常以"你"来称呼彼此。因此，女性对他人的直呼其名，会以为是其个性受肯定而雀跃不已，此种情形较男性明显得多。同时，基于女性"极欲引人注目"的心理，他们往往以为被不熟识的人认识且记忆着，是一种非凡的礼遇，也因此而更易与此人接近、交往。

以下是一个巧妙地接近女性特有心理的例子。近年来，家庭的信箱收受广告信件的情形大为频繁，而广告信件上收信人的名字通常是先生的名字，绝少出现太太的名字，但某公司却一反常态以主妇之名寄件。因为，邮件寄达时的收件人常是家庭主妇，而实际上，属于她们的信件却是少之又少。因此，当她们发现那些平日与其无关的信件，收信人竟是自己时，必定会以愉快心情拆开一看，或许，能借此收得广告的最高效益。

明了上述所言，就要在与女性交谈之际，适当地加入对方的名字，打开对方的心扉，才能使其倾听细诉。反复数次后，心理间的距离定将缩短，彼此也因而产生信赖感，女性也可能对说话者的想法、意见加以肯定。

怎样批评女人更有效

一般而言，女人不易接受别人的批评，尤其是当她情绪激动时，更不会听进你的话。女人很重视自己的面子，当众批评她，会大哭一场，闹得你下不了台。

（1）批评女人时不宜第三者在场

一位大学老师指导毕业论文时发现，学生在论文起草阶段，通常是数人一组前来接受指导，然而后期却逐渐以个别的方式前来。原来，论文最初的阶段，不过是主题的设定及资料的搜集，进入准备时期后，学生依各自的构想整理资料，再请教于老师给予指正缺失。而缺点的指正正是令其尴尬之处，所以，她们化整为零，单独来找老师指教。

女性在他人面前，总是呈现自己好的一面，而隐藏自己的缺点，此种情形在面对男性时最为明显。接受毕业论文指导的女学生，倘若在同学面前遭受"你，这个地方不行啊"之类的斥责，便有如受莫大的耻辱般地难以抬头，且自尊受创。

因此，告诫或指正缺点时，选择无第三者在场的时机尤佳，当事人二者面对面即可。"这是我俩之间的事哦！"提醒她不可泄露第三者知悉，更能使其安心地信服于谈话者。

（2）只有一个原因来批评她

美国一位薯条制造商，在推出新产品之际，于杂志上刊载广告，以对抗旧式薯条的制造商。

新式薯条的广告文案，一反老式薯条所标榜的三大特征，只采取一点"好吃，属于大自然风味"的简洁方式，摒弃了老式薯条宣传的三大特征。这种只以简单主张为号召的做法，实际上是针对广告的接收群所具备的高诉求度，加以研究无误后所做的抉择。

薯条的购买阶层，分布在孩童与主妇间。男性在面临数项理由时，会将其综合比较后，下一客观的判断。女性却不然，太多的理由与优点，反令其目光游移，难下定论。一项项排列的理由，常会令其觉得有"说服人"的企图，反而有令人心生警戒的倾向。因此，将商品的优点汇集成一个，较易博得女性的认同。

不仅限于广告，说服女性专门针对某点强调，是种颇具成效的方式。在言语中，不改变论点，只集中于一处侃侃而谈，可博取他人诚实的好感，而且倘若反复言之，会令效果大增。在复诵之际，加入暗示，则更能在其潜意识中植入根深蒂固的信念。

如此一来，女性不论有无意识，都会将说话者的言论自我内在化，使其成为自己的论调，并向其他的女性大肆吹嘘，这种情形对广告的商品而言，亦不失为一种善意的宣传。

前述的薯条广告之所以大大成功，就是巧妙地掌握了女性的特有心理。

（3）以沉默来应付女人的无理取闹

费尽唇舌也难以使女性理解时，某些女性通常以无理取闹企图改变话题提出许多难解的问题为难对方。此时，与其任她们妄自胡为，不如以"倾听"、"沉默"的态度来对应，仿佛深深思考般地沉静片刻。

将说话者所谓的"情理"说明，暂且中断，热情地倾听对方的话。由于如此专注地倾听，必定引起正在说话的对方强烈的不安，频频为"你觉得如何"、"对吗"询问原说话者的意向如何。此时，若以侧头、双手交叉于胸前，一副陷入沉思的静默神态表现之，定能紧紧握住女性心理。

美国的心理咨询研究者将对话的沉默方式可分为三种：思考的沉默、休息的沉默、等待对方发言的沉默。其中思考的沉默占52%，其代表意义为"考虑对说话内容的回答"。知悉其中含义的女性说话者，会理所当然地判定"他一直为我竭尽心力地思考"，因而心生好感。明白对方正为自己而思考且不发一语，于是她便开始重新反省自己的意见。使女性不仅思量对方的言语内容，也在自己的说话内容里寻求疑点。而反复地"倾听"、"默然"之后所下的断言"不行啊"，必将迫使女性的错觉："对方正为自己的主张绞尽脑汁，苦思如何以否定的答案表达，是经长时间深思熟虑的结果啊！"

因此，当男性想说服女性，以道理与之争辩不休，而女性却以情感作为反驳时，采取此法使女性因匪夷所思而透不过气，宣布放弃的可能性是相当大的。

明白了"沉默""倾听"的效用，在面对对方依情感所出的无理难题时，不妨以此法反驳之。以其人之道，还治其人之身，反而更能顺利地解决。

（4）不要全盘否定女人的观点

男性在倾听女性要求及主张时，常回答"怎么可以"或者随口说出"不行啊！不行"。这种将女性论点全盘否定的话语，在面对女性时，是一大禁忌。

女性所言非单方主张时，最好先接受其论调，再言明自身立场，畅所欲言，女性较易认同此种方式。

因此，将女性所言一概否决，"不是你说的那种情形"、"根本不是那样"之类坚决的口吻，可能引起女性强烈的反感，以为连自身的存在亦遭否定。于是，在默默中，产生一发不可收拾的情绪反弹。

对女性所强加辩解的主张难以心悦诚服时，不如先以坦率的态度认定她所持的主张，譬如，当女性提议"我们一个月一起吃一次饭"时，男性若不赞成此提议，应先给予提示："但是，我很忙，恐怕排不出时间。"然后，再给予部分的肯定，"我是说这个月没空，那么下个月没问题吧！"道出二人共同之处。此时女性之言虽未全然实现，但在获得男性认同后，亦会因男性"正直、不虚伪"而抱好感。

最后，再追一句"你会失望，我很能了解"，先将女性可能产生的失望与不满道出，用温柔的方式将否定的伤害减至最低。

（5）批评女人的吝啬

有人曾在参观某家贸易公司时，不经意地发现，公司内男性职员的办公桌两边皆有抽屉，而女性却只拥有单边的抽屉。询问原因之后才恍然大悟，原来这并非对女性职员的歧视，而是女性若拥有两个抽屉，势必对一些原应丢弃的物品眷恋不舍，使无用的物品占据了整个抽屉，徒然浪费抽屉内的空间。所以，如果只有一个抽屉会令她学习节省空间，放置工作所必需的档案。得知详情后，不禁令人由衷地敬佩主事者细心、合理的安排。

由此可见，女性吝啬的习性，其背后隐藏着意想不到的浪费。女性理家时，许多废置已久的物品都舍不得丢弃，摆满了架上及橱柜。一般女性的收入较男性为少，因而无法负担与男性相同的支出，故比较节约。但女性极厌恶他人称自己吝啬，节约不过是女性适应较低收入的生活方式，所以，称其吝啬将深深刺伤女性自卑的心理，如同被斥为无能般地难以承受。有鉴于此，直接指摘女性的吝啬是项忌讳，不如将攻击的焦点集中于吝啬背后浪费，如此不仅能顾全女性颜面，更能明晰地传达自己的意图。有位作家朋友，某次外宿打牌，彻底未归。次日清晨返家，便直冲厨房打开冰箱，怒声呵斥："你把丈夫辛苦的血汗钱，这样地浪费，任它如此的腐烂。"说着，随后抓起腐烂的蔬果往外丢。这位朋友颇有先发制人的强意味，肆无忌惮地对女性最大的弱点正面攻击，而妻子虽然愤怒不平，然内心却因"吝啬"二字未被揭露，反而暗自窃喜。

（6）批评任性的女人

5点半下班铃声一响，有位女职员便将放在打字机上的手停下，完成一半的文件搁在一旁，转身向上司报告："我因为与人有约，所以回家了。""你为什么不将工作告一段落再走呢？"上司询问道。"但是，5点半以后是属于私人时间。"她丝毫不以为然地答道。虽然她从未在9点时准时上班，迟到也毫不在乎。这种情形，在年轻女性间有日益增加的趋势。

任性的女性对期待、欲望皆强烈，现实的一切总令她不满。所以，她为了实现强烈的欲望，拼命争取，只要心中欲望未得满足，便心有不甘。于是，她为自己在前方铺下一条路，任凭他人如何阻拦，她也毫不犹豫地往前走。

任性的女性在描述人生时，认同于生活中必然的事件，加以择取。而5点半准时下班时"必然"，加班则是"偶然"故绝不考虑。

任性的女性之所以认同于必然性，归因于她们生活在以自我为核心的小世界中，同事们也都各自为政，有自己的生活重心。即使是结婚，也认为"是我，别人都不行"，对必然的结果深信不疑。

要压抑女性的任性，除了教其认清人生的偶然性外，别无他法。你可以对任性的女性说道："你现在走出公司，搭上公共汽车往约会的地点去，绝对不会发生事故，我能担保。但是，因为乘迟一班公共汽车而捡回一条命的类似事件，也并非从不会发生，所以，凡事并不是皆顺着你的心意去做就能行得通。因此，稍微带点轻松的心情去面对事物吧！"人间百态，并非都是女性所以为的"细小世界"，其间交织着复杂的偶然性，故需时时有人提醒她。例如，一位极负盛名的作家曾说："人是无法战胜自然的，因为人生存在着太多的偶然。有此种达观的想法，便能悠然地安度晚年。"即使难以达到此种达观的境界，能够了解人生的偶然性，也能使心境稍加开阔，静静地观察他人的生活形态。

（7）批评"似懂非懂"的女人

推销员中流行这样一种说法，"半点通也是通"。所谓半点通，即"似通非通"

之意。凡是假装万事通的人，商店的店员或推销员，会认为此顾客很内行，郑重其事地招呼他。对他的知识，也装出一副崇拜的神态。当客人表露出他的知识时，"真不错，您懂得真多啊！不好意思，那么，关于……我想您也很清楚吧！"推销员若无其事地将话题带入，如此一来，客人由间接的表现方式得知，自己不过是一知半解，故会极具耐心地听着对方的说明。

凡事装懂的人自尊心极强，十分重视他人眼中的自己形象如何，且表现欲时时燃起。因此，直接指摘他（她）在言语上的缺失、矛盾时，必定挑起猛烈的反驳，且绝对不可能承认过失。而且，女性受到不当指责时，产生被侮辱的意识，比男性更为严重，也更加敏感。而这种意识的产生，由于处事未至完美，或感情遭受露骨批评的情形极多。故应先满足对方的自尊心，再顺其自然地引导其承认自己的失误。

（8）批评开朗的女人

社会上，存在着一种不受环境拘束，不隐瞒自身情感的坦直型女性。

在一场电影试映会中，一位坦直型女性俨然以一副电影评论家的架势，盛气凌人地对导演说："我感到非常失望，欣赏完您的作品，我才发觉它是部愚蠢之作。"她毫不留情地大加批评，在场的人个个震惊不已，将目光齐集于遭批评的导演身上。导演是位已垂垂老矣的温厚长者，他不断地点着头接受对方的严厉批判。最后，他亲切地说道："谢谢你仔细地欣赏我的作品。"并伸出手握手致谢。然而，这位女性却握住他的手，"哪里我才想向您致谢呢！刚才的话，不过是希望求您指教罢了，若有冒犯之处，请见谅！"并直率地再三道谢。

一般的男性会起而反驳，将情感上的不快予以表面化，但这位导演的对应方式，却可见修养之深了。坦率行事的女性若遭反驳，会因而陷入愤怒争吵之中，而男导演却将她的情感完全吸收，结果，反而令她佩服不已，同时也感到惭愧。

（9）批评爱唠叨的女人

凡事皆唠叨的女性，就另一角度而言，亦可称之为完美主义者。任何小事未臻完美，必招致她们的唠叨。垃圾桶里的垃圾堆满，"负责打扫的人在做些什么呀？"忍不住要指责一番。办公室里的女同事们肆无忌惮地大声闲聊，也会惹起她的不快："你们以为这里是茶馆吗？"又是一阵抱怨。

事实上，这是由于她的心思不顺、或工作不顺引起的口头上的埋怨。换句话说，在工作中，喜欢唠叨的女性，若工作得很顺利，必然保持缄默。

生性爱唠叨的女性若遭反驳，将激起她的不满，使她更加唠叨。因为"不完美"是其唠叨之因，所以，稍微在小事上施以援手，必能对她有所帮助。这类女性在工作场合中，常受到孤立，被人敬而远之。稍微给予她一点帮助，即可令她万分欣喜，使其焦躁不安的情绪获得缓解。同时，勿使她对小事过敏，如此，反而在细枝末节以外的重要事件中，能予她施展所长的机会。

怎样激励女人

女性一旦情绪低沉后，不采取措施，很难使她兴奋起来。所以一定要激励她，使她重新振作起来。

（1）给女人留下余地

《圣经》上说，女人是由男人的一根肋骨变成的。某些心理学者认为，这个神话巧妙地投影了女性的心理。意即，因为女人是一根肋骨，没有女人，男人便不能完整地存在，唯有加上女人，才能使男人成为男人。女性的潜意识中，坚持着这种想法。

的确，女性只要是亲自参与过的事情完成后，皆会感到欣喜万分，宛如一切都是自己所为，这种倾向极为明显。然而，觉察出缺陷且加以弥补而产生的喜悦，却是所有女性的共通点。美国的广告常以间接的表现方法，使接受者产生联想，运用想象力。此类广告的诉求对象以女性居多。譬如，福特汽车公司的汽车广告，广告板上只见一辆手推婴儿车，此外别无他物。广告文案写道："销售量最高的屋顶折叠式敞篷车"，婴儿车使女性产生亲切感，且对爱情抱着暖暖的期待。广告企划所营造的气氛，即是欲令女性由婴儿车联想到汽车，这种方式属于形态心理学者所谓的"闭合理论"的应用。视界中的一点或一线，围成一面，虽然不是连续的反应，但亦能产生整体的感觉。如，圆周被截成数道弧线，仍能看出是个圆，就是典型的例子。

女性在看电影时，易将情绪完全投入，却体会电影中的情节，将演员的悲喜投影在自我感情中，且具有将"不完整"联想至"完整"的能力，发挥此种能力，即是倾注所有的热情。通讯猜奖的爱好者，女性占压倒男性的多数，即是基于这种游戏能够满足女性追求"完整"答案的癖好。

针对女性追求完美、完整的心态，留给她参与的空间，使她朝着完成的方向前行，激起她奋发的心。

（2）活跃一下环境的气氛

"女性是标准的近朱者赤的类型。"曾有一句话这么说。它说明了女性对环境的适应性高，在任何场合中，行为模式、思考方式均会随之变动，此亦为女性特点之一。例如，由南方到北方谋生的人，男性多半在居住数年之后，仍保有南方口音，而女性则仅须半年的时间，即能说一口标准普通话。因此，人类学者中，女性的比率较其他科学人数为多，原因在于在未开发地区从事实地研究，女性顺应土地、风俗习惯的能力较强，往往有助于研究的成果。因此，带动女性即应善加利用女性此点特性。提高女性的干劲，工作场所的气氛很重要，办公室里的气氛不佳，女性采取"顺应"的态度，反而使效率大打折扣；工作环境生气蓬勃，女性即使是中途加入，亦能迅速感染气氛，精力充沛地工作。

但是，"近朱者赤"的快速效应，其褪色的速度也很快，所以，适时地让她远离充满干劲的工作环境，稍做调适后再重回岗位较恰当，也较合乎女性特点。

（3）适当运用一下撒谎的艺术

女性对他人撒谎的反应相当敏感，且认为说谎对女性是莫大的侮辱。女性积极参与社会运动的原因，通常是源于受骗后而引起的震怒。而且，由于对欺骗的反应纯属情感方面，所以，不能客观地接受"撒谎有时是为了方便"的论调。因此，随着时间过去而冷却的情感，却也并未因而善罢甘休。不能问女性："何以不能撒谎？"因为她们根深蒂固的观念是："撒谎是不对的。"

基于上述理由，对女性说明撒谎的原因，不如矢口否认，以"没有撒谎"作辩解更具说服力。女性的生活中心是以婚姻、家庭、亲子、及邻居为主的人际关系建构而成。因此，事实的解释、说明即使女性能懂，也未必能够体会。所以，以自身担保不会说谎，反而更易使其接受。

电影《教父》一片中，影片结束前继承教父之职的艾尔·帕西诺所饰的麦克，杀害了背叛的小舅。丈夫被哥哥刺杀的妹妹陷入半疯狂状态。麦克的妻子不安地询问："你真的杀了人？"他的表情不变，立即否认："没有。"但周围的情形显示，他分明是撒谎，然而，他的妻子却因丈夫的"证言"而安心不少。

相反的，承认撒谎，无论是关系再亲密的亲人都会引起女性的心理反感，使尼克松总统下台的白宫顾问约翰·丹恩即为一例。水门事件爆发时，尼克松下令他写一份报告书，捏造所有白宫中人与此事件毫无关系。当他如此告诉他的妻子时，他的妻子反问道："这都不是真的吧！"不得已，他只好承认前述的谎言，于是他的妻子激烈地反对此种作为。事后，他回忆道："我的妻子是对的，但她的天真，却陷我于痛苦的深渊。"

当然，说谎是不值得被称誉的。但是，若于不得已的情况下，还是坚持地矢口否认较好，至少引领女性相信自己才好。

（4）激励对容貌有自卑感的女人

男性不像女性那样看重自己的容貌。由客观的角度看来，容貌不过是女性吸引人的条件之一，但是，因为容貌不佳而自卑，对人生感到悲观的女性，不在少数，且均抱着过度的自卑感，忧伤度日。

有些女性与一般社会标准的美女相较。也不过是中等之姿，由于难以由比较中看清自己，遂因自己也不比过其他的美女而忧心忡忡，且导致工作效率日渐低落。此时，若以"不是容貌，而是指你的内在"一语，劝慰她时，更易招致她的怀疑，情绪也因此而更加低落。

应当劝她学习一些惹人注目的技术，如考驾照、学电脑等等皆可。然后，再给予褒奖，解除她的自卑感，消除自卑心理。由于褒奖的用语不同，且自己努力的成绩获认可，故容易接受。进而更因此而开始注意其他事项，包括服饰、化装等等，以自信的态度去面对挑战，迎接更新的事物。

（5）退一进两的方法

有些女性被问及为何同意结婚的理由时，答道："是他坚持的嘛！"这种情形颇为常见。仿佛并非出于本意，有些出于无奈的味道。"坚持"或"执意"均属于强迫的方式，如同食物的调味重，会造成舌或胃的沉重负担；执拗的强迫行为，将造成沉重的心理负担。因此，对方给自身造成的压力，迫使自己不得不答应，似乎成了名正言顺的借口。当然，此语可能是为顾及面子而说，但是，男性执意地穷追不舍，往往能够打动女性的心。正如购物的情景，"男性在面对店员执拗强迫性的推销员，采取巧妙的回避态度，而女性则望而生畏。"的确如此。在意识到店员强迫促销的意图时，女性往往会因而退却，采取防御措施，推辞不买。

因此，手腕灵活的推销员面对顾客时，先谨慎地察言观色，倘若见顾客面露难色，便退回原处，如此反复地来回数次，其用意即是避免女性筑起防御工事。所以，拜托女性一件困难事情，与其长时期地纠缠，对方仍不签应，不如采取"退一步进两步"的方法有效。

（6）为她提供一个避难所

一位专门从事房屋租赁的人，对房客强调："这间日光浴室，给您夫人使用，不是很适合吗？"结果，生意顺利成交。针对女权至上的家庭，为主妇设计一个避难所的巧思，在此可谓获得完全的成功。此举不仅满足女性"逃避的愿望"，更能增进彼此间的和谐气氛。

有许多女性天生在人际关系的对应上显得懦弱，且与人交往容易紧张，结果造成神经疲乏，因此，常希望能找一个空间独处，调适心理状态。基于此理，若为其专设一休息场，将有助于她人际关系的处理态度，更趋和善、更加自如。

在家庭中，女性忙于家事后，能够在属于自己的空间中避难一番，便能得到片刻的松弛。在接待丈夫的朋友后，拖着疲惫的身心，若能有一避难所可寻得慰藉，必能使女性产生安全感。

"避难所"对于上班女郎们更是不可或缺的。以百货公司的女性销售员为例，公司便为其设置了休息室。因为，在长时期招呼客人后，须分批让她们轮休，远离工作场所，重新调适身心后，再返回工作岗位招呼客人。

（7）改变谈话的场所

由男性看来，女性的观点通常都是些不合逻辑的论调。"不要，就是不要嘛！""不是说我理亏吗？为何还要我提出说明？"、"不想做不行吗？""不想做就是不想做！"凡此种种，当女性展开类似"理论"时，男性常束手无策。有的女性甚至会用哭泣、愤怒等"具体动作"相对抗。

以上所言即为心理学所称之"倒退现象"。意即，精神的发展回到未成熟的阶段。婴幼儿的哭泣，为了寻求自我要求的实现，同样地拒绝安抚，诉诸情感的逻辑，与欲求的满足。

通此情况，不如先退至一旁，让其情感尽情宣泄。同时，更换一处新的场所，使女性心情焕然一新，再重新开始劝导。因为，景致一转，女性的心理状态便断绝与前面的关系，说话者可伺机再重新开始话题。

（8）天外飞来式的激励法

美国的电视黄金时段中，通常播放一些短时间的表演，将场景不断地变化。穷究其因，原来此一时段的观众群，以女性及儿童居多，须以不停变换的节目来迎合其味口。

姑且不论此说恰当与否，也不必持"女人的心，如春天的天空"的理论，更无须强调女性的善变。但是，女性的话锋如移脚飞快的拳击手，若一步步地紧追着攻击，反而消耗力气、徒劳无功。所以，倘若配合着她的论点，必定追不上她变换的速度。

　　因此，对付女性的善变，随着她的论调改变，唯唯诺诺地说："是啊！是啊！""对！有理!"，根据不具任何效果。不如突然将话锋一转，插入不相关的话题，虽然很突兀，但是，女性的阵脚会因而混乱，趁此时机将其诱入预设的陷阱中，即可突破女性善变的心态。

第十篇

处世包装学

篇首语

在以前的印象中，包装似乎特指商品，其实，在人际交往中，人的包装不仅重要，而且古已有之。刘备三顾茅庐，把自己包装成礼贤下士、求才若渴的明君，因此才打动了诸葛亮而出山的。

正如人不能赤身裸体走在大街上一样，其言行举止也不能随意而为，社会有社会的规则。凡成功人士无不重视自己的形象和自己的口碑，因为这也是生存和发展的需要。当然，包装不等于伪装，这是必须要搞清楚的。

第一章

处世包装学内功心法

拒绝"绣花枕头"

即便你已经有了得体的外表，而且接人待物彬彬有礼，你也渴望给予别人一个儒雅高尚的印象，但是你胸无点墨，对别人谈论的诸多话题不懂，不能参与，间或还说几句露出无知的错话。人们对如此的你，充其量只能给个"绣花枕头"的评价。况且，没有知识底蕴的风度，仅是做出的潇洒，是强装出来的，一不留神就会"草包露馅"。故而，如果你想成就自我的优良形象，必须从思维内部的包装做起，从源头做起。

胳膊底下夹本书

进了公司之后，还要不断地充实自己。在公司待上三年、五年，有了相当的经验之后，公司认为你颇具潜力，就会让你继续进修，这也是你升迁的大好机会。

不过这么一来，你势必得牺牲一些休闲娱乐及家庭生活。例如上英语讲习课，就要耗掉40个周末左右。然而，身为未来主管的你，要有中世纪的骑士精神，奋战不懈。除了运用在学校所学有关工作上不可或缺的知识，还要随时进修，有自己独到的见解，方能成为人上之人。

人人都有向上进取的决心，又人人都有贪图享乐的一面，手头的工作能拖则拖，这就是人的惰性，必须予以清除干净。

首先他必须和自己心中"明天再做"这种劣根性奋斗。有人说"明天能做的事，为什么要急着今天完成？"可见这种想法是当今企业界的大忌，因为"拖到明天就大势已去了！"

人都有惰性，能好好睡上一觉之后再做决定的话，大概有百分之九十的人会先去睡一觉。正因如此，一些该查阅的资料，常常东拖西拖，就拖到来不及查了，这种经验大概每个人都有过。

其实每个人都是潜在的"明天再做"患者，只是问题轻重不同罢了。为了不使自己误事，不妨试试以下方法。

——决定当日必须完成之事，并记录下来。

——分清事情的轻重缓急，列出优先顺序。

——特别棘手的工作放在第一位。

——不要把自己生活上的问题当做借口，例如上帝、国家、太太、小孩等，影响正事。

——如果对你来说，上帝是遇到难题时唯一商量的对象，那么请你不要犹豫，立即开始祷告。

毅力坚强的人，最易得到别人的同情与敬佩，某公司，常利用休息日，发起职员爬山运动，来锻炼个人的体格。年轻同事，当然高兴报名参加，但中年以上的人，多数已无此兴趣，而某乙却毅然决定参加了。因为年龄的关系，体力已差，某乙便落在年轻人的后面。在年轻人当中，有的早已捷足先登，有的却在中途就折回去了，但某乙还是努力向上爬，虽然累得汗流浃背，气喘如牛，而终于爬到了山顶。其上司，非常赞许某乙的毅力，有一天，便亲自到某乙家去访问他，闲谈之中，更觉某乙的精神令人可佩，遂选某乙担任其秘书。某乙的办事，也如他的爬山一般百折不挠，工作成绩自然也就胜人一筹了。

所以你不必问前途困难有多少，只要问你的毅力是否始终不断就够了。比如炸山开路，你不停地炸，再回头看看已炸成的路，证明你的用力，丝毫不会白费，你不必估计未炸的石壁，还有多厚，几日炸不完，就花上几个月的工夫，几个月炸不完，就用几年的时间去炸，前面的石壁，越炸越薄，而你的毅力却取之不尽，用之不竭，以不尽不竭的毅力来对越炸越薄的石壁，则胜算在握，哪里还会气馁，哪里还会失败呢！

钢在还没有炼成以前是铁，生铁这样的东西，又松又脆又杂，没有多大的延展承载能力，也没有多大的用处，虽然不是没有用的废物，但是与废物只不过有些程度上差别而已。可这种近于废物的生铁，经过若干烘次炉的熔炼，去除杂质、融入合金，火里来火里去地百般锻铸，终成好钢，幸而生铁是冥顽不灵毫无知觉的东西，所以任人类摆布也始终不会叫苦，也不会喊痛。不然的话，它也许要哀号悲泣，希望得到人类怜悯，中止对它的打击，把烈火熄了，让生铁保持本来的面目。那样的话，哪里还能锻炼密度高硬度强的钢，人类众多物质的进步还会仰赖这种物质的帮助呢！从又松又脆又杂的生铁，经过了这么样的千锤百炼，终于成为人类物质进步的一大利器，如果生铁有灵，也当不怨天尤人，而且应该万分感激人类对它屡施无情的锤炼，使它能够成材而作出贡献。

社会是一座烘炉，其火力的强烈，要高出制钢的烘炉万倍。社会即是人类生活的场所，当然逃避不了一切磨难，而社会各方面所给人们的磨难，也非人所能预料的。如果你了解了生铁成钢的必经过程，就应该准备忍受社会对你的任何磨难，也应该乐于接受社会对你的任何磨难，冷嘲也好，热讽也好，明攻也好，暗算也好，排挤也好，压抑也好，饥寒也好，穷乏也好，你的心里先要存有积极的信念。不但是肯于忍受，而且还要乐于接受，忍受是有限量的，乐于接受才是无限量的。这种心境必须根于信念，矫揉造作是无济于事的。但是这种信念的建立，也不是玄之又玄的理想，而是发自彻底的自我认识，认识自己的潜能与潜力。潜力生于潜能，每一个细胞中都充满了潜能。人身上有数不清的细胞，也就有不可胜数的潜能，每一个潜能，只要有磨难来加以撞击，撞破了包住潜能的外壳，潜能一旦放射出来，便可以发生强大的潜力，而且只要撞开了极少部分的潜能，所发生的潜力，就有"无坚不摧，无攻不破"的效果了。所以你在没有遭到磨难以前，也许也像生铁一样又松又脆又钝，然而当磨难撞开了潜能以后，也许是比钢更密更硬更坚实的。

其实身体的锻炼还是末节，意志的锻炼才是更主要的。锻炼出一副钢铁的身体，未必能发挥你的潜能和潜力，只有坚强的意志才能发挥你的潜能和潜力，"精诚所至，金石为开"。所谓精诚，就是钢铁般的意志，开的金石就是发挥你潜能潜力的结果。每一个人成就有大有小，这种分别与其说是因为才能有高下，不如说是意志有强弱之差。能够多发挥自己的潜能潜力的，叫做才能高，所发挥潜能的潜力较少的，叫做才能低。要发挥潜能潜力，只能靠钢铁般的意志，而要将意志锻炼成钢的工具，就是社会给你的一切磨难，而你对磨难能否忍受，能否乐于接受，完全看心理建设做得如何。所谓"德慧术智，恒存乎灾疾"。灾疾就是磨难，德慧术智就是潜能潜力的表现，孟子的话，只说明了磨难最后的成果，并没有说出这成果是由钢铁般的意志所促成的。

社会烘炉的火焰在今天燃烧得更加猛烈，意志薄弱的人，自不免望而生畏，初入社会总是朝气蓬勃，像是一只初生之犊，什么都不怕。等一旦尝到了磨难，便又觉得自己弱不能胜强、寡不能敌众，而自甘雌伏。他根本不知道意志还必须经过磨难的锻炼，只要心理建设健全，磨难是会增强意志，而绝不会摧毁意志的。多遭磨难应该感到庆贺，多遭磨难可以锻炼成钢铁般的意志，发挥你无限的潜能与潜力，而建立超过常人万倍的事功，"英雄字典中无难字"，成功终是属于你的。

好钢用在刀刃上

要想在整个组织突显自己，成为引人注目的人，没有自身的硬件作基础是不可能的。这就需要不断地学习以充实自己。

（1）多多重视工作经验

有的人还不明白经验的真正价值，以为工作经验是片段的心得，是没有学理的东西，却不知道要解决实际问题，靠学习的少，用经验的多。学习是富于一般性的，所以解决不了实际问题，因为实际问题是富于特殊性，只能用特殊性的经验来解决。用经验来解决问题，往往深中肯綮，一举手一投足之间，就能迎刃而解决。因此有人误认为这不是问题，至少这不是严重的问题，谁知解决一不得当，怕人的严重性便立即出现了。"如大于其细，摧强于其脆。"这是用经验来解决问题的妙处，在此先说个小的例子。某公司，一年之中，员工都有临时借薪，这事已成惯例，不能避免，每次借薪数目都是有增无减，而增加的标准，往往就成为双方争执之点。万一争执的结果，劳方认为数目太少，于是另外提出新的办法以为折中，这个折中办法，就是借薪数目。依资方所主张，用扣还办法，由按月份扣改为下次发薪时一次整扣，乍看起来似乎可行，然后略加考虑，便知道其中隐伏了新纠纷的祸根。到期借薪债扣旧欠，而所借的数额没有加，一无所有，此岂劳方所甘心？如果借数增加一倍，扣去旧欠，所借又与上次相同，然而物价或许已经上涨，又岂劳方所愿意？在资方则苦于负担太重，或劳方则觉得借薪太少，新纠纷的发生势必难免的。有经验者应付整扣借薪的要求，必能想到这一点而详加开导，则不难释然，而由缺少经验的人来处理，便很容易铸成错误，种下新纠纷的根。此事虽小，而经验之可贵，已经很显然的可以看得出来了。

上述例子，是人事财物处理，当然要利用经验，至于纯技术问题，经验的重要性，便不那么高了。只有经验，没有学理的技工，对于机械，只能知其然，而不能知其所以然，那些对学理有透彻认识的技师，才能知其然而又知其所以然。古人说："行是不著焉，习焉而不察矣，终身由这而不知其道。"就是这个道理。

（2）实力乃坚强后盾

具备相关的能力最为重要。凡利用不正当手段或裙带关系，推展事业都是危险的，因为大家不会一直忽略你缺乏必要能力的事实。发展能力是一项长期计划，早先，我们曾把掌握事业比喻为园艺，这是需要几年辛勤工作的事，因为一曝十寒不会有什么收获。时时提升品质、保持良好能力是必要的，此外还要偶尔做些能让你获得新能力的大决定。

在关键性的事业变动时，新能力的获得特别重要。人们有时候会发现，目前的职位和向往的职位之间，有着明显不能跨越的鸿沟，如果发生这种事，当事人必须去找联结的桥梁，倘若没有跨越这道鸿沟的道路，这位当事人便注定要沿着边缘另辟他路。能力就是桥梁，它们使人跨越至他们想去的地方。

一项典型的事业必定需要发展新能力，这些能力关系着成人可预料的转折点。下面便是事业人主要的生命转折点：

- 中学至大学（主题：教育程度）
- 大学至工作（主题：投入的领域）
- 工作至业务精通（主题：专门化过程）
- 业务精通至权力（主题：高位）
- 权力至最高限度（主题：停止增长）
- 最高限度至退休（主题：生活形态的选择及衰退）

在遭逢每一生命转折点之际，当事人都面临新的困难和机会，而这些困难和机会，和自己以前经验过的任何事都不相似。每一个转折点代表个人的发展的一次挑战，所以预先替未来的转折点做好准备是件要紧的事。也就是说，我们必须终生不断学习发展。改变也许每十年一次，而且是无法逃避的，虽然有的人可能忽略或有意规避下一个转折点，但是生物年龄的逻辑和事业焦点的意外变化却是无情的。

人在事业中必须获得的新能力，它的范围和性质，随性别、职业、社会阶层及社会变动而异。譬如，妇女可能自工作岗位退回家庭，其后可能又再返回工作。可能有少数人真的逃避获取新能力，如有些人在 15 岁时当球场管理员，到 70 岁时也

还是这个老职业。

（3）自我充实瞄准法

要想充实自己的能力，不能太盲动，一味地学习并不是一种最明智的方法，要因目标不同而具体学习。

能力的获取帮助我们塑造未来发展，以适应实际需要。但是，并非所有能力都同样有助于优异表现。例如，对一位初级数学的老师来说，必须对自己所教授的科目内容一清二楚，但是额外的数学知识——如高等微积分，则不但用不上，而且可能有反效果。事实上，能使一位初级数学老师优于一般水准的，应是吸引、鼓励及掌握学生的能力。所以，当事者的首务，在于集中全力以获得这方面的高度能力，那才是与杰出表现直接相关的事。

没有一种能力可以适用于各种职业，因此，事业人必须自己区别所必要的能力，以及足以使自己表现非凡的能力。若依传统智慧去区别那些事业成功的人士，不是聪明的作法。我们只能依赖有关技术、知识、态度和自我观等因素去界定，同时借不断的观察去辨识自己所应具备的能力。

事业转折点不仅意味需要获取新能力，若只如此，必定会漏掉一些重要的部分。譬如，一位成功的推销员可能精力充沛、具口头能力及善于交际，但如果是一位销售经理，却需要另一套不同的能力，才能表现得好。事实上，有些低级职位所必要的能力对高级职位并非有用，这时就需要拒绝学习。所谓发展，就是在获得新能力的同时，也要抖落一些能力。一般说来，低级职位通常比较偏重于个人，而以结果为取向；但高级位置则需要比较多的团体技巧、协调及决策能力。凡具有想爬升野心的事业家，都要像蝴蝶一样，经过几个蜕变阶段。

这一步要怎么做呢？一些人对他们使用的个人发展技巧，作了以下的建议：

• 明确地认识你下一个事业步骤。

• 把此刻正担任着你所渴望扮演之角色人物列出来。

• 按表现"成功"和"不成功"将他们分类。（尽可能客观，你不需要把结果告诉他们！）

• 分别去认识表现成功和表现不成功的人。

• 找出他们实际做了什么。

• 问明哪种做法有助于成功。你仔细把这种做法特点写下来——不要立刻下结论。

• 比较"最好"和"最差"的做法，它们差别在那里？

• 在工作机构外，观察你所崇拜的表现成功的角色，以确定你的结论。

• 参考教科书、自传等等，以便获得不同的看法。

• 把能够优异地表现你所崇拜的角色必具的能力，详细写出来。

• 把所需的能力和你目前的能力做个比较，并为填补这道鸿沟而拟定行动计划。

能力分析的关键在于对业已扮演该角色的人士做详细研究。事业人应学习不带偏见地加以分析。

（4）不服高人有罪

明白了学习对能力提升的作用的同时，还应该有个明确的学习上的老师，单凭自己的努力来实现既定目标是非常困难的。因此，你应该对自己加以仔细地分析研究，而后向他人学习自己所不具备的东西。

此处你要做点研究，目的是要得出能够达成你事业目标的个人发展计划。

①把你明年事业目标列出来；

②在你刚刚列出的角色或工作中，谁表现最优异；

③去和以上所列这些人谈话，问他们：

（a）他们具备的技巧。

（b）需要的知识。

（c）他们认为有建设性的态度。

（d）他们对自己的想法。

（e）他们必须做好的是什么。

（f）他们对新人有什么忠告。

④等你进行过这些谈话后，用你获得的知识回答下列问题。我欲达成的目标应：

（a）获得下列新能力；

（b）放弃这些能力；

（c）也就是说，我需要如此改变我的行为；

（d）我可能由下列人、事、训练、教育等获得协助。

无疑地，良师本身需要具备特殊能力，如此才能帮助别人去看清事实，认识自己的短处、长处及弱点；他应成为一个给予实际的、可贵的、积极的回馈专家；他应能帮助当事人用新方式来看事情或构成观念；并帮助他们重组经验、辨认关键要点。在良师指引和行动学习双管齐下之后，当事人终能获得正式非正式的新能力。

有的机构已经建立正式的计划来鼓励这个良师观念。美国有一家公司的做法是，选派人员在国外子公司担任副总裁，负责帮助有前途的年轻经理。很多大公司都有类似的发展系统。但是，导师人选必须谨慎选派，他们要具有能在"当前"达成高度表现的能力，因为某一阶段获得的经验到了下一阶段，可能已给人错误的指引方向。

试着推销自己

只顾埋头做好工作，等着被人认可，这是一种危险的事业策略。在学校的时候，师长不鼓励决断的态度，也认为自我表彰是有害的；但工作上的高成就若没有事业人的自动表现，别人当无法予以承认，某君在一句话里真切地传达了这一点："要自吹自擂，否则我保证你一无机会。"

事业正在拓展之中的人，他们推销自己的能力都很难。就如我们前面提过的，自我推销是一把双刃刀，也好比煎蛋卷，不可煎得过火或不足。推销不足的事业人容易错失机会；但过度自我推销的事业人，则会被看成满口空话的自大者。

仔细研究一些事业人的推销技巧，显示下面这几个方法有效：

●赞同既定的体制——接纳老板的基本价值观。

●有助于人——在各种情况下要明显地表现出建设作用。

●卓越——找出鹤立鸡群的方法。

●成就沟通——让别人欣赏你的成果。

●建立依赖——学习超越当前问题、当前忧虑的能力，并能从前后关系中取得经验。

●现形——要让掌权者认识你。

●显像——要让人看到你是个能创造、能改变未来的人。

●显得有用——要能做事。

知道了推销自己的重要性和一些技巧，就要试着推销自己。最重要的是要把握时机。

推销自己是今天的工作，它给人机会。一举一动应包括在内，即使是非语言的微妙表现——譬如心理态度、音色、眼神接触等。但是我们并不主张只把自己塑造成一个理想，正如某女士所说的："自我认识最重要的是要对自己的信心，但是也要知道哪一部分可以表现。"

很多忍受着严苛工作的事业人，都谈到自我表现的重要性。丁女士说得尤其清楚："你做成20件事，别人不记得你，但你做坏一件事，别人就印象深刻了。所以说，做成和让人看见你做成都一样重要，即使沉默和害羞的人，也需要学习自吹自擂。"

一个普通受欢迎的自我表彰法是：采用有确实效果的计划。只是"做好工作"不足以让人重视，必须是最终结果能清楚呈现的工作，才是大好机会。尽管要冒公开失败的危险，但是，只要是可能会有明显的效果的派任工作，事业人最好还是去做。人们都如此强调这点："我现在晓得了，让人知道你是个好素质的人很重要。我可以在半天之中，刻意制造一个印象而使我受惠好几年。"

一个好的推销员一定要先信任自己所推销的产品。对事业人而言，这个"产品"就是工作史和今日表现的总合。既然人是根据过去的追踪纪录来判断的，所以不管你现在正在做什么工作，一定要做得出色。

"追踪纪录"这个名词是从赛马中得来。刘君头一次知道这个名词是他父亲教他的。十二岁那年，父亲把赌博的秘诀告诉了他，他喜欢赛马，当然也喜欢赌赢马。他父亲是少见的赌博人，他的财富其实都得自娱乐。他常看他研究每周出刊出的马经，只有经过相当的思考才能赌。他记得他说："赌博的人要尽可能降低冒险，他们依赖的是过去的历史，追踪纪录包括六方面：育种、训练、巅峰状态、障碍、骑师以及路况。这六项的每一项都要衡量。"他父亲指出："假如你想赢，你就要比一般人聪明，而秘诀就在于研究追踪纪录。"

对事业人而言，良好的追踪纪录最重要。虽然研究心理学多年，但我们还没发现比刘君父亲所订的那六项更好的评估追踪纪录方法。

首先我们要从对事业人有意义的观点来对这些项目下定义：

"育种"——天生的能力

"训练"——天赋加上发展的程度

"巅峰状态"——表现出最佳水准的本事

"障碍"——限制绩效的程度

"骑师"——主管的素质

"路况"——目前环境是助是阻

要获得推销得出去的追踪纪录，需要经年累月勤勉以求，而从职业赌徒的观点来想你自己，当能有所帮助。你的育种、训练、巅峰状态、障碍、骑师和路况如何？权充可以成功的机会，而在投入外界机会时要机敏，并不断地自问："我如何对这个机会做最有效的利用？"设法避免过度乐观，或杞人忧天的悲观。

练就团队亲和力

组织与个人是矛盾统一的存在。

人必须诞生于叫做家庭的社会最小单位的组织之中，有时甚至诞生在这个家庭组织未健全之前，本能地成为这个组织的成员。

政府机关和公司则是可以凭个人意志选择的场所，这一点与家庭有根本区别。家庭成员对新成员——婴儿的诞生是喜爱和欢迎的；而成人的组织里却是对他人幸灾乐祸，甚至巴望升迁立即跌落下来。

大文豪莫泊桑曾说过："那些公司的职员们每天，每星期，每月，每年重复同样的工作。倘说有变化，那就是结婚，第一个孩子降生，父母故去之类的事了。还有一个也能称为变化的，就是工资的一点点上升。"大多数这种类型的人是所谓"大树下乘凉"的典型人物，也被称为市民、庶民或者群众等，他们虽然毫不出色，但从组织的角度看却是可以放心使用而不必顾忌的人。

倘使让这种人离开组织，他们就没有一个人生活的能力。他们在组织中从来不强调自己，无条件服从组织命令，按要求行事。他们爱妻子，感到家庭和睦的幸福，他们按典型的小职员模式生活着。开会时他们不发言，下班后到小饭馆喝上一杯酒后，就开始发上司的牢骚，和自己有相近境遇的人互相揭伤疤，戳伤口，以求发泄的满足。

只有新的自我可以拯救这种单调的重复。最近有一种业余娱乐的说法，其实质还是喝酒唱歌直至深夜疲乏，这并不是通过娱乐更新自我，而是对旧的自我的再确认。

新自我的发现必须是在工作中进行的。即使从一张单据上也能有所发现，多少年来都使同一种单据，但它是否适应现在呢？倘使有些项目总是空着，不是可以省略了吗？像这样的疑问和发现到处都有，不过是没有人去找罢了，谁能在工作中有所发现，往往也就发现了新的自我。

人要有勇气去面对自己，不管是新我还是旧我，都要正视，只要这样才能积蓄起自己生存的力量，扩展自己的生存空间，我们要有面对困境的决心。也许你以前是一个心性醇厚，宽厚待人的人，人们一直都把你视为景仰的模范，赞颂你的为人。然而你却在某一天改变了自己的脾性，不再微笑着面对他人，举止不再是温文尔雅，对与自己朝夕相处的亲人也视若无睹，不去给他们你的爱心和关怀，你变得发脾气，动辄暴发雷霆之怒，这种变化有时连你自己也感到奇怪，想在心中不动声色地把这样坏脾气都一一改掉，恢复以前谦谦君子的风态，但事与愿违，你还是会在不自觉中尽数显露出自己的形骸来。或许你是遇到了不如意的事情，或许你被人误解，甚而你与同事、上司之间发生了摩擦……这一切都会造成你的不快与焦躁，自然你也可以把这些生活中的小插曲作为自己改变的因由，你不觉得这是一种无因的搪塞，你觉得这很正常，但事实上是你已经在接踵而来的生活中的不如意面前变得行动失常、手足无措，甚至连一向为人赞颂的谦谦风度与举止也失去无踪了，你是否意识到自己已经失去面对逆境的信心和勇气，失去从中奋起的决心和力量了吗？

赵先生一天下班回家，看见家人也不打招呼，径自往睡房走去，把门重重关上，和衣倒在床上，大力喘气。中午时老板对他的责骂，言犹在耳："你出来社会工作多少年了？怎会犯这样的错误？你究竟有没有听清楚我的吩咐？"

他也奇怪当时自己为什么如此好脾气，没有跟老板发生正面冲突，不过，他却气得脸也白了，情绪久久未能平复。思前想后，他觉得做人好苦，好像无数锤子从四方八面向他击打。他想放声大叫，破口大骂，可惜他只是一名小职员，除了苦着脸对着案头堆积如山的工作发呆，暗自发出诅咒外，又能如何？

赵先生的脾气越来越暴躁，有时同事跟他开玩笑，他也会大发脾气拂袖而去。遇到工作不顺利时，他会乱摔东西以泄愤。他表面上对老板十分恭敬，背后则把他骂得一钱不值。回到家里，更对家人有若仇敌，诸般挑剔呼喝，弄至家无宁日，自己固然难受，身旁的人也感到怨愤。赵先生不慎堕进这样的恶性循环中，他的痛苦与日俱增。有人劝他收敛一点，但他身在公司，承受重重的压力，精神太受困扰，脾气一触即发，十分吓人。

在公关界服务了二十多年的老邱，眼见世侄形容枯槁，终日郁郁寡欢，了无生气，遂以过来人的身份，与赵先生分享他的处世经验。

老邱说："遇上困难工作视自我锻炼的机会，这是说易行难的事情，但最起码你可以做到对事而不对人。一人做事一人当，绝不连累其他无辜者。"

诚然，以为三言两语便能把问题圆满解决，这是很天真的想法。可是，具有自知之明是成功的一半，了解到自己的弱点后尽量加强自我控制。请你信任的朋友随时提醒你，行事为人以中道而行，避免于激烈的言词，心情欠佳时最好紧闭自己的嘴巴。培养出坚强的信念，有赖先建立正确的人生观。在恶劣的环境中仍能屹立不倒，努力与周围的人合作，令事情达至良好的效果，一切的哀乐得失，对一个有深度的人来说，并不重要。

许多事情往往比你想象中容易得多。你可能不以为然，但连最起码的实际功夫你也懒得动手去做，不思振作，总是摆出一副无可奈何的表情，慨叹命运弄人，时不与我，这样的人生态度，无论你想成就什么事情，也难以实现，因为无形中你承认自己是弱者，未上战场已然扯上白旗，何为胜利之可能？

每个人都很主观，很倔强，不容易听取人家的意见，除非自己曾经吃过亏，才会变得聪明，从失败中获得启示。不过，对于那些冥顽不灵，从来也不敢接近任何挑战的人，忠告也是枉然。

如果我还存有一点信念，对未来仍有点点抱负，盼望获至精神上的慰藉，请不要再让"很难"这两个字随随便便从唇边溜出。以一颗坚定的心为基础，平时多培养良好的生活习惯，注意谈吐，做自己认为对的事，抱着"边说边做"的精神，就算一切未必是"船到桥头自然直"，你也能找到一个可行的解决方法。

人人都想寻找趋吉避凶之道，追求养生之术，但愿有生之年，一切顺境，平步青云，遵守辉煌的成就，不少人穷其毕生精力，无非想达至这样的目标，试问谁愿生活多摧折，遇上危难？这是为什么执教鞭已二十多年之久的冯先生，工余独钟情于翻阅紫微斗数、奇门遁甲、面相手相的书籍；现年三十五岁的邱小姐，宁愿放弃谈恋爱的黄金时间，全副精神投于研究相学方面，穷追不舍，差不多已到了废寝忘食的地步。

你相不相信世界上有一位能知晓过去未来，懂得神机妙算的异人？不管你的答案是什么，当你开始对命运之说产生兴趣，盼望有人告诉你面前将是一条怎样的道路之时，你的心中已欠缺安全感，失去自信，在人际关系上可能屡遭挫折，你的生活苦多乐少，午夜梦回，你常常暗自叹息落泪。

命运就在你的手里，对这句话如果你不是半信半疑，则必然矢口否认，嗤之以鼻，却少有人百分之一百认同这种说法。皆因人生于世，总会经历事与愿违之困厄、沮丧，令人不得不把心中的疑惑归咎至命运头上，自怜一番，作为无言的抗议。人的感情复杂而危弱，如果你不希望因意外临到身上而令你阵脚大乱，怨天尤人，就需要不断扩阔自己的知识领域，认识更多来自各个阶层的朋友，就算是自己不懂的话题，也须专心聆听，怀着好奇心，培养兴趣，对有趣的事，何妨大笑一场？运用自己手上的资源与有利条件，创造你想拥有的生活。

一个博学的人，他也知道人根本"不堪一击"的事实——随时变改自己已日趋僵化的思想。宇宙之大，人不过是一粒小砂子，苍穹奇伟奥妙，人的价值在哪里？与其相信命运，不如把握光阴，多吸收各方面知识，遇到疑惑而作出冷静的分析，步步为营，不要被人牵着鼻子走，学习处变的技巧，自强不息。

若要你一下子全然改变自己的观念，对什么事情都以为轻而易举，你可能又要说："很难！"下面这些建议你可以作为参考：

（1）面对工作上的新挑战，你不愿奋起迎战的原因，纯粹是你害怕失败。但你有没有想过，尝试全力以赴，至少你还有获胜的机会，呆坐空想，必败无疑。

（2）找一些名人的传记来念一念，你会因此而眼界大开，明白到成功没有幸致，他们都是曾经流泪的大丈夫，忍辱负重。

（3）尽管你在心中叫苦连天，也不要随便发出怨言。人前人后，夸大自己苦况的人，他们的内心没有平安，处事何来干劲？沉着应战，实行"见步行步"，你会发现"柳暗花明又一村"！

(4) 不断告诉自己：那不是什么艰巨的工作，我的能力应是胜任有余。

一个人遇到排山倒海而至的工作，穷于应付之际，会精神紧张，无法平衡情绪，就算能够忍着不乱发脾气，难保不会感到心情恶渐，难以再像平常一样，待人和颜悦色，言笑晏晏。况且人在江湖，面对各式各样的人，狡猾奸诈、言而无信，凡此种种层出不穷，你的好脾气又有什么作用？

如果人人都采取"以牙还牙"的态度对付欠缺修养的人，这个世界将会变成一个充满仇恨的地方，自不待言。不管外在环境如何不堪，你依然抱持正确的人生观，自我要求严格，这才是智者的行为，这种做人的原则用于工作上，也是如此。

前人所言："你滚下的汗水越多，你得到的东西也越多。"这种观念，如今已不合适宜，电脑时代的今天，事事讲求速度与效率，你应该反省一下，自己的办事方式是否已然落伍？以最短的时间，令工作达至最好的效果，才是成功之道。英国一位心理学家曾经说："准时完成工作并不算什么尽忠职守，能够敬业乐业，为自己及公司带来丰厚的利润，心境永远保持活泼开朗，才算是一个了不起的人。"

办公桌上放满亟待处理的工作，仍能谈笑自若，有信心发挥最高办事能力的人，他们值得被每个人所学习。最近笔者曾访问了十五位各行各业出类拔萃的人物，他们每天工作不过十小时，却能令业务蒸蒸日上，成就不凡，他们的秘诀是什么？综合他们的经验，不外下列数点：

(1) 每天放工之前，先编排好明天的工作，按事情之轻重大小先后排，写在纸上，计算每项工作所需的时间，以实事求是的态度，认真地思索各种问题的解决方法。

(3) 承认自己会有心情不好的时候，当你情绪陷于低潮之际，切勿强迫自己面对艰巨的工作，你应该暂时处理一些简单的事物，让自己有充分的时间回复高昂斗志。

(3) 先把艰难的工作做完，才着手处理简单的事情。

(4) 对于那些浪费你宝贵工作时间的人，不妨对他直言，你正在忙，改天再与他聊天。

在一般上班族的心目中，相信没有什么是比遇到一个爱挑剔的上司更令人沮丧的事情。下班后回到家里，你可能依然怨气未消，蹙着眉，对身旁的人虎视眈眈，随时准备迁怒他们，可是，静心一想，他们得罪了你吗？

毫无疑问，答案是否定的，你对亲人肆意放纵，或会获得一时的快感，但这却是治标不治本的愚己行为。正视问题，尝试与你的老板相处，针对事情而不是针对个人，学习不把公事与烦恼带回家，对不同的人待以不同的态度，例如：老板无理取闹的时候，你应当据理力争，抱着"错了我会承认，不是我的错而要我承认，恕难照办"的态度，你会工作得快乐一点，至少看到脸上堆满笑容的家人之际，你不会以为他们好欺负，迁怒对方。

老板故意跟你过不去，处处刁难你的原因，实在不胜枚举，有基于妒忌、小气、自私、偏见等心理因素，你也不必一一细想。虽然你的自尊很宝贵，但对付那些根本不讲理的人，又怎能计较那么多？

　　避免成为工作奴隶的唯一方法，是变为它的主人。同样地，想获得别人的尊重，首先你要自爱，言行一致，处事有原则，人家自然对你不敢小觑，就算是老板也不例外。英国一位作家在他的畅销书籍《工作、老板与你》中，这样写道："一个好的职员，除了要有优秀的工作表现外，他需要懂得与其他同事相处，尤其是弄好与上司之间的关系。"

　　假如你以为理论始终是理论，知易行难，这样的想法显然错误。实行起来，十分简单，你只要把自己分内的工作完成妥当，切勿"练精学懒"。未开始着手做事以前，先弄清楚老板的要求与工作期望，作风务实，自然就能减少出错的机会，此外，老板责问你的时候，你不必急急替自己辩护。坚定地看看对方，以无限的冷静面对老板的挑剔，态度不卑不亢，你将会发觉他对你越来越客气。

成熟从宽容开始

　　人往往能够将别人的缺点看得一清二楚，却暗于自见，所以在斥责他人的时候，容易忽视自身的弊，而严厉地指责对方的不是。一旦超出别人所能忍受的范围，反而引起厌恶和反感，丧失说服力。所以人要给对方留面子，要有体贴心，不要去指责别人的小过失，不去攻讦隐瞒的私事，更不要去揭别人的旧疮疤。

　　所谓的宽容，和"度量"与"包容"有很大关系。《菜根谭》中说："持身不可太皎洁，一切污辱垢秽，要茹纳得；与人不可太分明，一切善恶贤愚，要包容得。"一个人必须具有容纳污秽与耻辱的能力，再加上包容一切善恶贤愚的态度，才能够宽容他人。

　　"地之秽者多生物，水之清者常无鱼。故君子当存含垢纳污这量，不可持好洁独行之操。"这句话的含义同上一句相似。人不能太清高。因为世界本来就很混浊，什么样的人物都有，如果太纯洁了，只会自己堵住自己的路。

　　一件事情发生了，急于调查事因反而愈搞愈不明白，不如在真相未明之前放宽心，任其自然发展，慢慢再查个水落石出，若是操之过急就会引起别人的愤怒和反感。同样，在指使别人时，若是巧施心机强欲操纵，反而会引起对方不满，所以不如顺其自然使对方心悦诚服地遵从。

　　上面介绍了宽容的美德，但是，此种态度只适于对待他人，却不能自我宽容。在律己方面应该时刻以严格的态度自我反省。太过于放纵自己不仅没有好处，反而会阻碍自己身心的发展。"责人者，原无过于有过之中，则情平；责己者，求有过于无过之内，则德进。"俗话说："见人之过易，见己之过难。"责备别人不可太刻薄，但是反求诸己则必须严格要求，如此一来自己的德性也就随之而进步了。

　　古人常说"责人宽，律己严"，就是要教化我们要懂得宽容别人，原谅对方的错误使你失去威压感，这样别人才肯帮助你。我们常常可以听见别人说："那个人是特立独行的"，或是"那个人完全是靠自己的努力成功的"。我们不妨仔细沉思，是事真有只靠自己努力就能成功的人？任何人对于这项疑问都会提出否定的答案。

当你步入社会开始就业后，你应该切记：成功是靠别人的支持而获得的，能够把你和你的希望联结在一起的，就是别人的支持。

譬如说，一个公司的经理之所以能够实行他的计划，就是因为得到属下的支持。假如他的属下不听从他的指示和命令，董事长要开除的并非是他的属下而是他。

推销员之所以能够销售他的商品，也是因为有要买他商品的人。假使没有任何人愿意买他的商品，恐怕他也必须面临失业的命运了。

此外，我们也常常向别人提出各式各样的要求。老板要求员工认真工作；妻子向丈夫要求爱情，丈夫向妻子要求信赖；父亲要求孩子听话，而孩子向父母要求关爱他们。

要达到我们的要求，别人总是扮演最重要的角色。

过去必须靠武力才可以获得权力宝座，同时也必须动用武力和威吓手段才能维持权力宝座。在那样的时代里，人们除非承认并支持领导者，否则就将被送上断头台！

现在我们把对别人的言行正确想法的重要性，用譬喻的方式作说明：

你的精神层面可以当作你内心的广播电台以两个波长相同的频道向你传达信息——一个是 P 频道（Positive 频道，就是积极的频道），一个是 N 频道（Negative 频道，就是消极的频道）。

这两个频道会产生什么样的作用呢？这就是我们的主题。假如今天你的上司把你叫到他的办公室，先是对你称赞。回到家里以后，你当然会想起今天的事，你也会加以检讨。

如果这时候，你把中心广播电台的频道转到 N 频道，你会听到广播员对你说：

"请你要好好留意总经理，绝对不能对这个人掉以轻心，他是个不容易应付而话中总带刺的人。他把你叫到办公室就是想要打击你，向你夸耀他的能力。下次你再遇到这种情形，一定要反击才可以。噢！不！你不应该再等到下次，也许明天你就可以到他办公室向他兴师问罪。"

但如果你把频道转至 N 频道，你却会听到广播员对你这样说：

"就如同你所了解的，总经理是一个善良、爱下属的好人。他把你叫到办公室，指出你的错误，全是一番好意。他不是也给你许多建议吗？这些建议不都是很恰当吗？你只要按照他的指示去做，一定能够避免过失、提高工作效率，也许还会因此升官也说不定！你不但要虚心接受总经理的建议，更应该感谢他的好意。"

遇到这种情况，如果你听信 N 频道的话，你就会犯下无法挽回的过错。但是，如果你能够接受 P 频道的建议，那你一定能够在上司的建议中获得好处，并且因此而和他建立更和谐的关系。

其次我们必须提醒各位：如果你总是把频道转至 P 频道，过不了多久，你的思考方式就会完全被固定于 N 频道。这时候，要想把它转回到 P 频道，恐怕就相当困难了。

为什么会有这种结果呢？你一定听过"物以类聚"的说法吧！就是这个法则发

生了作用。无论是积极或消极的想法，都可能发生类似想法的连锁反应。

譬如，你常会因为讨厌某一个人所说的某一句话，就因此也否定他的人格、宗教信仰、政治立场，甚至他的娱乐方式你也不以为然。这些和他所说的话完全无关的条件，却因为受到你的否定情绪的连锁反应而抹杀了，这是不公平的。

因此，我应该常常把心中广播电台转到 P 频道。假如 N 频道不小心侵入，也要马上把它切断。当你打开电台收听消息之前，应先考虑对方受肯定的特质。如此一来，前述的连锁反应发生作用后，好的意见就会不断地影响你，而所产生的结果也会令你满意。

在现实生活的奋斗中，何以只有极少数人会获得成功的喜悦，而大多数的人却要沦于失败的境地。客观因素当然不可回避与忽视，但起决定作用的恐怕还是人的主观因素。

美国著名的卡耐基工业研究所，曾经对一万名现职主管人员做过调查。据调查显示，这一万名主管人员，只有百分之十的人是因为丰富的专业知识、成熟的技术或超人智慧而获升迁。

哈佛大学也做过类似的调查，他们分析被公司革职员工之所以被免职的原因，结果显示，因为人际关系不好而被革职者，是因为工作能力不好而被革职者的两倍。

美国心理学家威盖姆的报告中也显示了相同的事实。他的报告中指出，在被革职的四千名员工中，仅有四百人是以工作效率不高之理由被革职，其他百分之九十的员工，则是因为缺乏和别人融洽相处而遭革职。

所以，我们说成功须仰赖他人的支持，须从别人的行动中获取于己有利的东西。我们可以肯定地说："忽视别人力量的人，无论做什么都不会有成功的机会"。

为了使你不至于忽视别人的力量，为了使你能够和别人愉快地相处，以便借此打动和影响他人，进而获得他人的协助。你必须牢记这句话：不少的人都是自私自利的，也就是孔子所说："人若不为己，天诛地灭。"

不管对方是小孩、丈夫、妻子、上司、同事、下属、朋友或邻居，你都应该牢记下面四项原则，并且按照此原则采取行动。

①有相当一部分人都是利己主义者。
②有相当一部分人所最关心的永远都是自己。
③有相当一部分人都希望被视为重要人物。
④有相当一部分人都希望受人赏识、器重。

当你拿到一张团体照时，你的眼睛首先搜寻的，一定是你自己。可见我们都是最关心、最看重自己。换句话说，人类只有在自我的饥渴获得满足后（就算仅满足一小部分也可以），才会忘却自己，把注意力转移至别人身上。所以，假使你想要影响别人，想要让对方按照你的期待去行动，你就应该满足他对自我的饥渴。

牢记这四项原则，再来把握三个条件，你就随时随地影响别人，这三个条件是卡耐基在他的"人的操纵"中提出来的。在这本书中，他说：如果我们想要按照自己的意思影响别人，我们必须遵守以下三个原则：①承认对方有五分理；②让对方有重要感;③考虑对方的立场。

(1) 承认对方有五分理

人在犯严重错误以后,通常都不愿意承认自己有错。俗话说得好:"做贼也有三分理"。从第三者立场来看不可饶恕的过错,在当事者看来却会有充分的理由,总以为错不在己。因此,如果你是莽撞。直率地正面指出对方错误的行为,你就不可能因此影响他、矫正他。

直率的态度,也不会在我们的人际关系中创造出有利的条件。因为一旦对方受到你正面、直接的指责时,他会立即采取防御的姿态抵抗你。无论你的态度多么诚恳,你的建议多么有益,他都不会敞开心胸接纳。所以你首先必须做的是:无论何种情况,先承认对方的立场。也就是肯定对方的辩解有充分的理由,然后再掌握机会陈述你个人的意见。

推销员在推销商品时,不可避免地会遇到顾客各式各样的反对意见。有些顾客会说:"你不认为价钱太高了吗?"有些顾客会说:"你不认为这款式太老旧了吗?"面对顾客的种种挑剔,推销员早已准备了各式各样的公式来解决。你最常听到的就是:"是的……但是……"这种解决反对意见的方法,也就是利用"是的"表示接受对方的立场,而用"但是"陈述自己的技巧。

我们相信不仅是推销,在我们面临各种反对意见时,我们也可以动用这个方法来解决双方之间的歧义。

因此,在解决问题时,我们不应用高压的方式,或正面直接地非难对方的过错,而应该站在对方的立场,仔细考虑对方的想法和理由。假使你能够这么做,结果一定对你有利。你会因而了解对方、同情对方,最后也就能够因此打动他、影响他。

(2) 让对方有重要感

根据心理学家的说法,每个人都盼望自己受人注目、受人欢迎。我们应该设法满足别人的这些企盼。

《霍桑工厂的实验》这本书,虽然被视为是讨论人际关系的旧作,但有些实例的验证仍然相当有效。书中提到西屋公司的霍厂对员工所做的一项实验,此项实验的目的,在于调查影响工厂生产力的变因。

他们选出一部分的员工作为实验的对象。首先他们改善这些员工工作环境的照明设备,以探究照明设备是否影响生产力,结果显示生产力因此大大提高。然后他们把照明设备恢复原状,结果生产力仍然提高。因此他们控制的变因包括:工作时间长短、休息时间长短、膳食好坏等,结果均发现,不论变因改善,或是恢复原状,这些人的生产力均能提高。调查的结果,似乎说明了没有任何一项的变因可以影响生产力。

但是,谜底终究还是被解开了。这些被选为实验的员工,因为自己的入选而感到责任重大,因而产生荣誉感,这就是提高他们工作情绪和效率的主因。过去他们感觉自己不过是大机械中的小零件罢了,没有人会特别认真卖力工作。可是现在却是完全不同,他们已经成为全工厂注目的焦点。他们已经被赋予重任,他们知道自己已经不再只是领薪名单的一员，而是被人赏识、被人当作是真正的人才。所以，他们必须有所改变。

各位不妨好好深思其中道理。当我们和别人相处时，也一定要能够满足对方的企盼，如此我们才能充分掌握对方的心思和行动。

当你交付工作给属下，或是委托孩子办事时，能否获得对方鼎力的协助与合作，上述的道理将是重要的影响因素。我们在一家旅馆经理的口中学习到一项重要的规则。这位经理惯作的口头禅是：

"不告诉对方理由，而用高压态度命令别人做事，是不会成功的。"

有一天，这位经理叫一位男服务生到一个房间关窗户。在这位男服务生可能埋怨不应该叫他去做只要女佣就可做的事之前，经理已经以非常慎重的态度告诉他：

"那个房间里的窗帘价格非常昂贵，你现在必须赶快去把窗户关好，否则待会儿台风刮来，窗帘如果损坏，那将是我们相当严重的损失。"

这位男服务生听完之后便飞奔而去。我们必须向各位说明的是：这位男服务生认为自己负担的责任将不仅是关窗户而已，他是要去挽救价值昂贵的窗帘。

因此，请各位务必铭记下面的规则——让对方知道他必须如此做的理由：让对方认为他是担负某项任务；让对方了解他的工作非常重要。如此你必须能够得到对方的鼎力相助。

（3）考虑对方的立场

有一学者说："为了让自己成为受人敬爱的人，我们必须培养一种'设身处地'的能力，也就是抛开自己的立场置身于对方立场的能力。"

汽车大王亨利·福特说：

"如果有所谓成功的秘诀，那必定就是指要能了解别人的立场。我们除了站在自己立场考虑之外，也必须要有站在别人立场考虑的处事能力。"

因此，在你想要影响别人、让别人按照你的意思采取行动之前，你应该先反问自己：要如何做，才能引起对方按照我们意思去做的动机？

譬如，当你希望孩子不要染上抽烟习惯时，你不要向他说教，或只是告诉他并不希望他抽烟。你应该对他说：

"抽了烟就不能当棒球选手了，抽了烟就不能得到一百公尺短跑金牌。"

有一位农夫使尽力气想把小牛赶进牛栏里。可是，小牛的脚就好像是被钉牢在地上一样，丝毫不为所动。农夫的太太正好出来，她不慌不忙地把自己的食指放入小牛嘴里让它吸吮，很容易就把小牛牵进了栏里了。

这位农夫的太太就是站在小牛的立场替它考虑，她知道小牛现在需要什么。用这样的方法就是大象我们也可以使它移动。当然这对于我们也是一种非常适用的方式。

某公司的经理，为办公室里的人际关系不和睦而苦恼不已，因而到庙里去请教一位有名的高僧，高僧只告诉他"首先要拼命地吃"，经理虽然感到莫名其妙，但仍应允确实遵守；而在经理离去之后，此位高僧则立刻打电话给他的家人告知此事，当经理一回家之后，就忙不停迭地大吃大喝；某天早晨天未亮时，突然听到厨房传来准备早餐的声响，他才恍然大悟，每天只注意吃喝，而完全未曾对替自己精心准备餐点的太太表示谢意；那天早上，他尝试着说"大家早，饭菜好像很好吃呢？"家人莫不大吃一惊。自此以后，他不论是在家或公司，都能在说话之前，做事的时候，替他人想一想，因此再也不必为人际关系而烦恼了。

只要能够体恤对方的心情，同时积极地分享对方的心，努力维持亲密而和谐的关系，并谈论些自然生动丰富的话题。丰富的话题乃促进关系的重要媒介，因此应多用一点心去探索他人的需要，同时更要多用些智慧，制造丰富优美的言辞与人交谈。

吹牛不用上税

"成名"这两个字，无论钻到谁的耳朵里，都会使他心驰神往的。你看，一部世界史几乎一半都是成名伟人的传记。而在当今的时代里，也正有不少人为着"成名"这两个字在发愤图强，有的果然成名了，但有的却尝试到了失败的滋味，也有的中途不能忍耐而使满心的成名欲望渐渐消退了，更有的竟认为"成名"只是空口说白话而已。

"成名"是否是妄想？是否一般人办不到？你如果提出这个问题来问我，我一定会笑你见识太短浅了。睁开眼睛来看看，你的周围不是有无数大大小小的成名人物在那里活跃着吗？他们在没成名以前，不是和你一样的普通吗？甚至我可以说有些还不如你呢。因此"成名"决不是骗人的幌子，也绝不是妄想的东西，只不过问题是"怎样成名？"这才是值得我们讨论的东西。

我现在还是以小段故事来开头吧。

那次我和一位某出版社的会计先生一起吃饭，他对我说道：

"我要去借五十万元来，打算尝试一下。"

"干什么用呢？"我对他的话表示惊奇。

"没什么用途。"他这样回答。

"那你为什么要借这么多钱呢？"我更奇怪了。

"借钱的目的只不过是想创一个信誉。"

"原来如此，你这个目的太特殊了。"

"是的，不同于一般的理由才是最充分的理由。你也许不知道我们出版社已经营了十年，却从来没跟别人借过一块钱。"他又这般说道。

"这才是个很好的信誉啊！"

"话也可以这样说，不过我想我们还应该有另外的一种信誉。"

"这是什么意思，能解释解释吗？"我不明白。

"告诉你也无妨。最近，我们因为广告方面的资金问题，和某家以前没打过交道的银行进行了来往。前几天，我应银行方面邀请亲自去和副经理谈了话，他见到我的第一句话就是：'先生，听说贵社要新推出两本大型刊物，是否真有这个伟大的计划？'"

"我回答说：'计划确实有，不过恐怕要过一两年才能实现。因为我们现在的财力不够充足。如果要立刻推出来的话，我们得借一笔钱来才行。'"

"他凑上来问：'你们想借多少钱呢？'我回答：'最好是个大的数字！'"

"副经理接下去说的话，使我吃了一惊。他说'我认为你把他们借钱的能力估计得太高了。你可能不知道，你们出版社从未借过钱！'"

"我有点费解，于是要求他解释一下，他于是分析给我听：'借钱并不是很容易的事，经验告诉我们，单是有还账的能力，并不能表明借款到期一定会偿还的。如果你们需要几百万的借款去办你们的新刊物，我们银行方面怎么知道把这笔巨额款项借给你们是否稳妥呢？'"

"'无论是个人还是企业，都不能靠运气来赚得一个信用卓著的信誉，全靠自己造就一个相当响亮的信誉，别人才可以相信你的信用。如果你向我们银行借了一笔小钱如期还清，下次再多借点也无妨。但一个从来都不曾借过钱的人忽然开口借钱，我想无论哪家银行，都不得慎重考虑的……'"

"'再说得明白点，从来不向人借钱的人，一定比不上一个时常借钱而每次按期偿还的人信用卓著。'"

"副经理说的这些话，你认为怎么样？我认为这是他们做生意的手腕，就希望别人经常向他们借钱，银行家全靠这种功夫来赚人家的利息呢！"

"话虽这么说，不过他说的也不无道理。要在一两年以后实现我们的计划，情况的变化是难以预料。所以我从现在开始就要着手创造出一个信誉来，以便将来周转不灵时，好有一条退路。这还要取得我们老板的同意才行，但只怕他不肯，他的脾气很固执。"

听了他这一大篇讲话后，我回答说：

"我对财政学一点也不懂，因此不敢说借钱好，还是不借钱好。但我可以帮你找一个证据说服你们老板，是富兰克林的一段话，等一会我把他抄给你。"

当天晚上，我便从一本叫《给青年商人的忠告》的册子里，抄了如下一段文章：

"大凡能到期偿还债款的人，可以在任何时候任何环境下，请朋友凑钱来借给他。这是有极大好处的。……青年人除了需要勤俭之外，信誉也能造就高尚的地位。"

我把这段文字抄下来寄给那位会计。时间很快过了两个星期，我又和他一起吃饭了。于是我问他：

"建立信誉的计划，开始实现了吗？"

"没有！"他苦恼地摇摇头："我跟那个老头苦辩了好久，还把你寄给我的文章拿出来给他看……"

"那么他的意思如何呢？"我急切地问。

"他吗？他只是从眼睛上面射出两道光来望着我，好半天没说一句话。最后，他才到书架上去拿出一本书来，翻到某一页后，然后吩咐道：'你把这一段读读看……'"

当时，我不但把它读了一遍，而且还抄了一段下来。那也是富兰克林的短文，题目正是"致富捷径"。

我记得是这样的：如果欠了债会怎么样呢？如果到期不能归还的话，你也就失去了自由，怕去见你的债主。即使见了他，说起话也一定心虚，并且常常会作出各种拙劣的举动来，渐渐地你远离了诚实，甚至说的话也会卑鄙，本来很好的言词在你嘴里变成了谎话。说谎话，是人类最轻贱的行为！你看那些自由的人们，不欠别人的债，不需要躲避谁，每天和任何人说话总是堂而皇之，用不着说一句谎话……

"他咬定一个主张，说自己生来就不喜欢借别人的一分钱，这才叫信誉。他很坚决，无论我说什么都动摇不了他的信念，我想即使是富兰克林来跟他谈也不会有什么结果。"

这是我亲身经历过的一件事。我把这件事告诉你，并不是想要说钱能不能借的问题，也不想讨论"不借钱"好不好。我的目的，只是要证明"信誉"是可以靠自己建立起来的。

朋友！凡是做了一件不平凡的事，或者在这种环境之下采取了一种特殊的行动，也许会给别人留下一个有益于你的印象，估量出你是个什么样的人。但这种印象还要经过时间的检验，以后你的行动将会证实这种判断或加强这种印象，还可能会更加使这种印象得以扩充。

建立信誉就是想要成名。当你想成名的时候，以下几点你应该看作"成名"的原则：

你想要得到一个怎样的信誉？必须想好了再做。

利用机会把能成名的各种特点表现出来，万万不可忽略，切莫让机会错过。

在平时要保持一致。

无论在何种环境里都不要贬仰了自己。

下面我们把这几点展开来分析一下。

首先，你们也许要问我，为什么要确定自己想要的是一种什么样的信誉呢？因为你本来就已经在不知不觉中获得一信誉。不管你喜欢也好，不喜欢也好；你有行动也好，保持静默也好。别人对你总有一种看法：说你轻率；说你懦弱；说你诚恳；说你自私；或者说你很聪明；说你很愚蠢；说你乐观；说你脾气古怪；或者说你是个交际很广的人，说你是个无足轻重的人；你想要哪一个，又不想要哪一个，难道不需要想清楚吗？

有一个好的信誉，对于处世确有重要关系。一个人的成功往往全依赖于其信誉而成，如果换了另一个人，便办不到了。好的信誉，往往使一个人在不幸出了差错时，可以幸免于别人的责难。在这种时候，如果换了一个信誉较差的人，就会雪上加霜，弄得身败名裂了。总之，一个信誉很好的人可以促进与别人的友好关系，并且借他这名声还可以得到自己想都不想的收获呢！

什么是良好的信誉？这就和我们前面所说过的各种美德有关了。如宽容、真诚、坚毅、乐于助人等等。你能够使自己成为一个为别人所喜欢、敬仰，甚至五体投地的人方为最好。

但是，你不能随随便便地作个选择就算完事。你应该从各方面作精密的分析。

你怎样帮助别人？你对某种事情要怎样处理才算宽容？你怎样向别人表达自己的诚意？在哪些事情上需要表现坚毅？

要想"成名"总要先有个目标。你想要别人把你认为是一个怎样的人，你不妨先给自己描绘出一个清晰的轮廓。然后，你再按照你的计划而行动。不过你要记住，不可能无所付出就能达到目的。你必须做一些事，来造就你的信誉。你应该实际去帮助他人；实际去表现你的宽容、真诚、坚毅等等。

为了更快地达到目的，除了上面所讲的外，必须再加两个条件进去，就是一方面表现出来给人看，一方面反应还得敏捷才行。

表现出来，对于你的成名是绝对不可少的。实际上，成名完全可以用引人注意的方法，来使别人脑海里留下你的深刻印象。例如你相处一群朋友之中，你可以在某一方面下一番工夫，获得比任何人更多的知识，使得别人知道你在某一方面确有专长。虽然你可能只得从一些细小的事情上着手，但你要在这一方面有权威者的魄力。

你不但应当在某一方面做个专家，而且须随时随地准备用你的知识，一旦碰到有人问及相关的事，你立刻陈述你的看法，不要迟疑。这就是所谓的反应敏捷。如果你能使别人这样评价你：在这一方面他说怎样就一定是怎样，他的话是靠得住的。那么，在这一方面，你就有成名的把握了。

切记，你不能神气活现，或者故意卖弄关子，如果你这样做的话，别人就要说你妄自尊大了。而且你也不能过分虚张声势，这也是值得注意的。

你不可乱吹牛皮，相反应该实实在此表现，注意尽量显出你的热心，你的知识，你的技能，你的诚恳。这也得全靠你去寻找机会，在机会出现时，马上把你所知道的熟练地表现出来。否则，别人便会怀疑你不懂装懂呢！

下面，我再和你谈谈"保持一致"的价值。

要想成名，不能靠吹牛，不能胡说八道，这在上面已经说远。这里还得提醒一句，你要想实际地求得成名，还要注意"保持一致"这四个字。

今天你是"仁慈"，明天你是"残暴"，这是很坏的现象，你在别人的脑袋里便绝对是"不仁不义"的印象了，此外你对每个人的态度，也要随时保持一致，比方今天你对甲好，明天你对乙的态度不好，结果是会影响你的"名誉"的，因为乙会把自己所受的待遇，和甲相比较，而觉得你是加倍的蛮横强暴无理了。

保持一致还有其他价值。简单地说，你应该在同样的环境下用同样的态度行事。这不但可以使你得到某种名誉，同时别人会因此而信赖你。你要知道：别人总是希望随时随地观察你的行动，随时随地探测你的真实想法。如果你有一处给他们看出了缺点，你将会前功尽弃，被他们一言所抹杀。原因在于，人们总是对坏事记得更牢的。

至于不要贬抑自己，我也可以和你简单地谈一谈。

例如：你刚到一群不相识的人们中间居住，挂了一块医生的招牌，宣称自己擅长喉疾，当然大家不会有什么怀疑，但想必也不十分的相信。如果你同时说眼科自己不拿手，那么人们就会更加认定你看喉科的本领一定不小，而信赖你是一个喉科专家了。

这个例子说明，你想成名，就不能贬抑自己，应该想办法抬高自己的身份。过分地吹牛或过分的谦逊都是不好的，最要紧的，还是要实事求是，使得别人可以公认你名誉的卓著。

不要贬低你自己的身价而让人看不起你。这也可以帮助你提高成名的效率。

你如果想求得"成名"，尽可以照上面所说的去试好了！

提升性格魅力

　　性格并非是你事业前进的束缚，相反的，许多成功的经营人士都是为自己独特的性格魅力获得众人的信赖与注目，成就了令人钦羡的事业的。追求性格上的完美使他们表现出一种对事业追求的执著，不畏艰难，有一种克服任务困难与阻碍的意志力。

　　所以说，还是在这纷纭变幻的社会中保留你的性格魅力吧，她会给你以意想不到的惊喜！

仗义疏财是美德

　　如果你只喜欢跟有钱人做朋友，讨厌缺乏学识的人，仇视那些意见与你相左的同事，自以为高高在上，纡尊降贵与一班俗人打交道，实是对自己的侮辱；如果你口舌逞强，咄咄逼人，还视之为赏心乐事，态度嚣张狂妄；如果你心中只有自己，任何人对你纯粹是利用价值，你会变成一个怎样的人？

　　美国哈佛大学的罗斯教授说："性格上有这么多弱点，而仍不晓得应如何把它们一一除去，这种人是很可怜的。"你可以不理会人家对你的观感，但俗语有云：旁观者清，人家对你的评价往往很正确，能够虚心听取意见的人，犯错的机会将会大大减少。

　　做个有教养的君子，首要条件是培养耐性，这包括对人对己两方面，若你对所做的一切都感到厌烦，又怎能与人融洽相处？若你凡事讲求速战速决，希望不劳而获，已犯教养上的大忌，而心浮气躁，急功近利的思想，只会把人拖向地狱的深渊，无法自拔，相反，退一步海阔天空，做好修养的基本功夫，你会成为一个快乐人。

　　每个人的心中，同时存着两股矛盾的力量，互相抗衡彼此争夺控制人体言行的地位，一个声音叫人向善，另一个诱人向恶。别忘了随时反省，冷眼旁观自己究竟在做什么，是否矫枉过正，像一只断线的风筝，看似逍遥自在，其实正步往自毁的路途，弄至焦头烂额，还得不到人家的同情，境况堪怜。

从眼神中，你的心在想什么，是忠诚还是狡诈，对方都能一目了然。试问一个自己飘忽不定，眼中闪出狡黠光芒的人，你又怎会随便信任他？学习客观地待人处事，避免太早下决定，对己对人都有益处。须知人人的长处不同，有些是显明易见的，有些却需要慢慢发掘，才能找到其散发馨香之源，何必急在一时？

人与人之间最好不要牵涉金钱上的问题，因为它可以摧毁最深挚的感情，令本来一双患难与共的朋友，彼此倾轧，互不信任，最后反目成仇，还不知道自己由于金钱问题引起纠纷，让别人瞧不起你。

如果你能够对金钱培养出一个正确的态度，日后不管人家如何对待你，相信你也能泰然处之，因为物质对人的影响何其宏大，你可以从容自持，证明你是个很有修养的人。英国中央研究中心的负责人哈特博士，是当今著名的心理学家，他综合前人的研究成果，加上自己六年来的临床经验与心得，集思广益，终于得到一个对金钱的新阐释，为那些希望战胜金钱的引诱，修心养性，把精神花在更有价值的东西之上的人，提供一条消闲门径。

（1）钱财与时间是人生两样最沉重的负担。最不快乐的，就是那些拥有太多这两样"东西"多得不知怎样使用的人。

（2）金钱是一个很好的仆人，却是一个很坏的主人。

（3）认为金钱万能的人，我们就有理由怀疑他为了钱便什么都干。

（4）财富并不是生命的目的，只是生活的工具。

（5）财富之于品德，正如军队的辎重一样。没有了它不行，有了它却阻碍前进；由于照顾它，有时反而丧失或妨碍了胜利。

（6）钱不认识人，它没有耳朵、没有心。

（7）钱，并不如人们有时说的，是万恶之源；过分的、自私的、贪婪的爱钱，才是万恶之源。

（8）如果你要知道钱的价值，试去借一点：因为去借钱的人就等于去寻烦恼。

（9）只有正确地运用金钱，才不会令人变成财奴。

（10）贪婪的人最不需钱，但偏偏最爱钱、最拼命敛财；挥霍者最需要钱，偏偏最是满不在乎。

（11）将金钱奉为神明，它将会像魔鬼那样降祸于你。

（12）所有的爱，都是带点盲目的，爱钱尤然。

（13）灵魂的必需品是不用钱可以买到的。

在我们生活的社会中，有这样一句话非常流行，那就是"钱不是万能的，但没有钱是万万不能的。"这种对待金钱的态度才是真正洒脱的。正确地使用手中的金钱，不成为拜金主义者，这才是现代人所应具有的风范。只有这样，你才能在金钱横行的社会里站稳自己的方向，不盲从，不矜夸，一点一滴地积攒着自己立世的资本，提升着自己的能力。

有钱本身并没有脱离绅士，而且有钱也不并不是坏事，只不要认为绅士与赚钱无缘而已，但事实上并不是这样，绅士也是努力工作赚钱，英国的绅士，本来就是

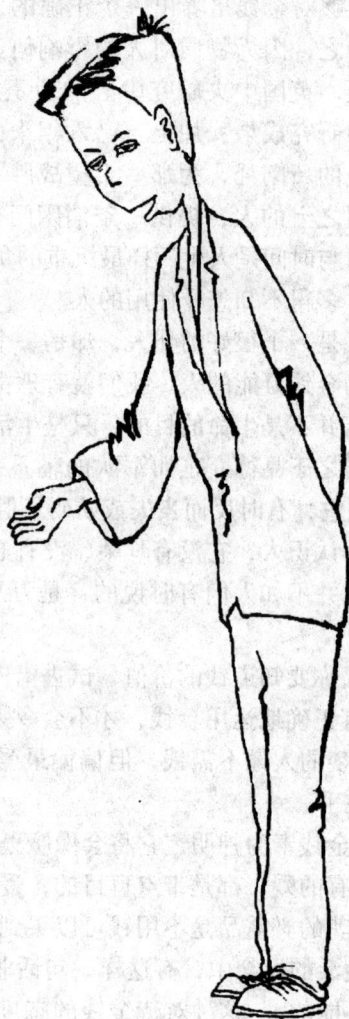

农园的领主，因此在经营事业上，不仅仅是委托管家而已，领地内的桥梁、道路、养鱼池等的管理，都得亲自做家族、领民的指导。奥地利贵族候贝鲁库是17世纪的人，在他的著作《贵族的地方生活》中，从领主的行政管理到领民的农业技术指导，都有详细的说明，绅士原形的贵族，在经营上也是想尽办法、费尽心思的。

绅士不管多么的有钱，平常不随便乱花，然而一旦要花钱时，就尽情的花大钱，也就是在别人面前不会拿钞票出来数或者是一味的储蓄金钱，这些都是非常愚蠢的行为，钱是为了自己享乐而用，不只了解这点而且要付诸实行。绅士不会被金钱所摆布，知道以金钱作为"手段"而善加利用。

目下，国内的一些企业人，使用钱要像英国的绅士这样，也许有些困难，但做到接近的距离是可以的，不要毫无目的的花钱，要像候贝鲁库先生一样，能干脆地做一件有意义的事情。

例如：同样是喝酒，到好的店铺去，有时候可以获得学习的机会。某一个作家年轻时，即使没有钱到好的店铺，也不愿意到普通的店铺去，不如把这笔钱存起来，走遍所有好的店铺，即使半年只能去一次，也要不断地持续下去，这样反而对自己有帮助。到了像样的店铺能够学习种种的东西，不仅是吃的而已，也可知道各种待人的关怀方式，值得我们观摩学习。

因此，每天节省豪华享受的午饭，换取一个简单的便当来打发午餐，一天就省下不少钱，一个月下来就可多出一笔钱，然后用这笔钱到第一流的寿司或好的餐厅去吃饭。年轻时应该这样做才行，那个作家也是继续这样维持下去。

另外还有一点，就是从候贝鲁库先生的故事，可看出绅士的经济观念，那就是以长久的眼光来看，买好的东西，比较合乎经济，换句话说，买贵的东西不是因为虚荣，而是觉得那样比较有利。就像买了高级的西装，经过了三十年，形状也不会变，布料即使朴素也不会有厌倦和粗俗感，不必买新的流行服装。

因此可以说绅士是不浪费金钱的，这样的经济观念可以说是最确实的。

当然，绅士娱乐时也会花钱，如赛马、扑克牌、赌博等，都是成为美国绅士的资格之一，但赌博只不过是社交手段之一，输是享乐的代价，不必因太热衷而骤然变色。绅士因对经济观念很清楚，所以懂得金钱的限度，做合乎自己经济的娱乐，因此能长久保持享乐的心情，而人际关系也不会产生裂痕。

20世纪初，英国的政治学家卡洛·拉斯基列举作为绅士条件的第一点是：父、子、孙三代能不必工作而生活。的确，在古代有这样财产的人，才是成为英国绅士的条件，而且英国绅士本来就是贵族，有钱是当然的。只是要配合现代广泛通用于世界的绅士条件相当困难，而三代不做事还能生活的有钱贵族也已不存在了，因为上一代所建立的财产，不久就全部变成税金了。

作为现代的绅士，不管有没有钱，宁可说是否保持绅士的精神才是最重要的，尤其是现代，如果把自己的不幸，不方便，都归咎于没有钱，认为自己贫穷，所以不会幸福，此品行恶劣也是没办法，做这样的辩解，实在找不出比它更卑贱的说法。在中国明代末年编的明言集《醉古堂剑扫》中有"贫不足羞，羞为贫而无志"，如果把这话讲的更明白些即是：贫穷不值得让人感到卑贱、羞耻，可耻的是因贫穷而失去志气。换言之，被金钱所摆布而迷失自己的人，才是最可耻的。

别让人说你没教养

一个你以为可以无所不谈，肝胆相照的朋友，一天竟然出卖你，为了自己的利益，把你们多年来辛苦建立的情谊一笔抹杀，你心中的伤痛可想而知。或许，你会对人性感到失望，誓言永远也不会原谅对方，你的可行性变得乖张暴戾，待人冷漠而诸多挑剔。显然地，你对自己的戕害，远比任何一个人加诸你身上的打击来得大。朋友在我们生命中扮演的角色，固然很重要，但自重自爱，不求别人时常予我们所需的慰藉，不问自己付出多少，收获若干，但愿无愧我心，光明磊落，这才是最要紧的。如果你想达至"人人于我如浮云，有缘相聚我会珍惜它，到了分散的时候，也不会强自挽留"的境界，你需要多阅读好的书籍，争取与有深度的人交谈的机会，培养一份好奇心，静心观察身旁的人与事，思考表象后面蕴藏的深义。无论何时何地，就算时间紧迫，你无法三思而后行，也应好好衡量自己的条件与能力，知己知彼，才作出明智的抉择。须知凡事经过计算与分析，就算结果更坏，你也能从容处变，做个好输家。

朋友做出对不起你的事情，你可以跟他理论、骂他，甚至打他，但不要以为含恨在心，便能令对方得到应有的惩罚，只要你不把他放在心上，你受到的伤害自然也会大大减轻。明白了世上没有十全十美的人，也没有天生的大坏蛋，朋友会变成仇敌，敌人也能对你有很大的帮助，你还执著什么呢？

俗语有云："朋友如衣服"，随着每个成长的阶段，你的言行思想自然不断改变，多认识新朋友，开阔自己的生活圈子，公平对待每一个人，不要让任何人成为你的主宰，生活才会更灿烂。

爱默生曾经说："获得朋友的唯一办法是自己先做别人的朋友。"假如你对人与人之间的关系感到疏淡，你必定是缺乏安全感，却又找不到可依靠的人。记住：没有谁不能没有对方而活，或许事事有人跟你有商有量，令你觉得称心满意，但培养独立精神，接受事实，永远祝福你的朋友，更加重要。

如果不小心碰撞到别人，我们应该说："对不起。"得到人家的帮助或恩惠，我们会说声"谢谢"，像这样毫不费力，而能带给别人莫大的快慰的事情，可谓"口头人情"，理应人人都可以付出，可惜，真正懂得待人接物诚恳的人，寥寥可数。大家都懒于张开金口，说些感激别人的肺腑之言，就算是自己不对，开罪了对方，也由于不习惯向人认错，遂把问题搁在一旁，若无其事，惟盼对方的怒气慢慢消解，自动原谅自己。

社会上，希望时常听到人家赞美自己，却羞于向人赔不是的人，日渐增加，有人把这畸形的现象归咎于教育流弊。孩子从小在利欲熏心的社会中长大，人人自以为是，以名利多寡来衡量一个人的成败，久而久之自然形成恃才傲物的性格，自我膨胀，瞧不起别人，更不会顾念对方的感受。

切勿轻看一句"对不起"所具有的重大意义，它代表的意思起码有：我愿意承担自己的过错，日后希望做得更好，我敢于面对自己的缺点。一个有涵养与没有涵养的人的分别，在于是否关心那些对你毫无利用价值的人。换言之，对那些小人物，能够真诚有礼。

世界著名高尔夫球手戴洛顿，自少是个心高气傲的人，由于家境宽裕，一生际遇顺利，所以从来没有将别人放在眼内，还抱怨人家待他不好，是社会亏欠了他。直至在一次高尔夫球的公开赛事中，他连吃败仗，自尊大受打击，精神临崩溃的边缘，若不是朋友纷纷向他伸出援手，不断劝导他，戴洛顿自言如今他可能已住进精神病院中。他曾经说："事业上的重大挫折，使我体验到待人接物的正确态度，那是：分享朋友的快乐，也分担大家烦恼。"

放眼高瞻，人实在何其渺小，多替别人设想，你会发觉自己不再如此重要，心情自然就能平静放松。

歌德曾经说："最大的危险在于一知半解。"可是在我们的周围，包括我们自己在内，到处都是愚昧无知的人，还以为自己聪明透顶，对于不明白的事情，固然缺乏谦卑的心向人请教，还死爱面子，冒充专家，装腔作势，结果除了能愚弄自己之外，谁也不会损失什么。

著名哲学家路德说过："如果你是聪明的话，你会知道自己的无知；如果你不认识自己，你便是愚笨的。"承认自己的不足，接受没有人是十全十美的事实，不断学习，吸收新知识，扩阔自己的眼界，才是智者的行为。

不要害怕告诉对方你对那件工作毫无头绪，只需你的态度谦虚，语气诚恳，人家必定会欣赏你的坦率，乐意助你解决种种疑难。同样地，你在未完成任何工作之前，切勿自吹自擂，妄自尊大，给予人家太大的希望，待着手进行之时才发觉自己力有不及，想临阵退缩可能已经太迟。应该这样做：凡事替自己留点余地，只答应人家八成的工作效果，到时能做到九成，甚至十全十美，你就是一个了不起的人，带给人一个信实可靠的印象。

不要奢望自己可以扮演"通天晓"的角色，否则徒自惹人窃笑。对于自己真正懂得的东西，不要害怕点头，但若你对它有半点疑问，须有勇气承认，不耻下问，这样才是个聪明人。

人人都想追求心性自由，自我发展的无拘无束，可是又有几人能够？其实，成年人在世上沉浮拼搏半天，还不如孩子来得更加潇洒。

成年人处世的最大难处就是他们的苦恼太多，整天都皱着眉头，面色冷峻，仿佛总有发泄不出的愤懑和怒火似的，这个样子怎么能保持旺盛的精力与斗志呢？请你看看孩子们吧，不要总以为自己是世界上最忙碌的一个，也许你可以从孩子身上学到点什么。

不要以为小孩的思想言行，必然是肤浅幼稚。他们是未经社会污染的一群，从他们全无心机的脸容上，你会看到一位顶天立地的大丈夫所具备的种种特质。或许，你从没有认真地端详过身旁的小朋友，不会专心聆听他们的说话，当你细看下文的时候，你必然会惊讶于他们的广宽胸襟。

请向小孩子学习一下：

（1）每晚准时睡觉，早上醒来后对爸妈说声"早！"

（2）自己做错了事，便必须承认，挨骂之后，谨记下次不要犯同样的错误。

（3）让人欺负了，回家便向爸妈哭诉，第二天醒来后不再记恨，又与那个欺侮自己的人聊天玩耍。

（4）谁最疼爱自己，当然心中有数，立志长大后要对他加倍的好，赚到钱时请他喝茶，现在则做个乖孩子，听大人的教诲。

（5）孩子的心目中，所认识的人全是好人，根本没有"敌人"的观念，他们只知道不可说谎，不要懒惰，从没想到过要算计人家。

（6）他们对自己喜欢的人报以甜甜一笑，谁待自己不好，孩子也只是低头不语，不会表现出厌恶的态度。

（7）就算看见陌生人时，他们也习惯主动称呼人家"叔叔"、"姐姐"、"婶婶"，叫得人眉开眼笑，甜在心里。

（8）他们从不会盛气凌人，只是用一双亮晶晶的大眼睛看着对方的脸，尽自己最大的努力去了解大人所说的每一句话。

（9）他们的心就在脸容上，绝不会装假。愉快的时候，他们会手舞足蹈，欢愉之情感染身旁每一个人。

每个人赤裸裸来到世上，本是一无所有，但却想拥有一切——名誉、地位、权力、事业、爱情、快乐、家庭、成功、孩子……但是，穷他们的一生精力苦苦追求，结果却是迷失方向，不知道什么是自己真正想要的东西。

认清目标，立定志向，是塑造一个丰盛人生必备的元素。

看见人家穿戴名贵，丰衣足食，由自怜而产生妒意，希望自己有朝也能享受奢华，这也算是人之常情。可是，人之欲望无穷无尽，怎样才算足够？在我们的朋友里面，会时而听到这样的抱怨："我每天夜以继日不停工作，为了赚钱甚至不顾身体健康，可是，当我想要的东西都一一拿到手后，我却一点也不感到高兴，反而觉得很空虚，那些已达到的目标，对我再也没有什么意义了。"

把人生的目标建立在一些肤浅的东西上，没有考虑到自己的性格、能力、兴趣及其他各方面的因素，以为人有我有，便是人上人，这种自愚的行为，也有值得同情的地方。纽约市国家心理顾问研究所的负责人，是举世知名的马田桑纳辛博士，他对于人的行为与心理问题极有研究，在最近一篇刊登于《纽约时报》的文章里面，他写下这样一段说话："选择目标，认定方向，是每个人的一生大事，有些人做得很好，所以能够保持容光焕发，遇到问题而能迎刃而解；有些人却被自己的野心搅昏头脑，想一口气把所有事情办妥，必定自招失败，徒劳无功。"

如果你不希望堕进恶性循环之中，对生命感到心灰意冷，你需要现在就开始寻找一个正确而远大的目标，避免把它与名利沾上半点关系，因为这些东西经不起时间考验，短暂的快乐过去，紧接而来的却是一大段空白的日子。

怎样订定目标？你需要趁自己心平气和的时候，把门关上，诚实地问自己："我想要什么？"把人的目标清楚记在纸上，放在抽屉里，两星期后再拿出来看看，把你认为可以删除的目标划掉，慢慢地你的答案将呈现眼前。

记得这句话吗：生命像一首歌，不在于它的长短，乃在于它是否动听。

"在人海载浮载沉，努力挣扎的过程中，我体悟到一个真理：骄兵必败，惟是尽力而为，谦卑地度过每一天的人，他们才找到真正的快乐，不枉此生。"紧守现今的工作岗位，努力做到一百分。不要计较得失成败，也不怕流汗与流泪，这个道理，只能实践，从书中永远体会不到分毫。

世上有这样的男子汉，他们能够轻松地完成一件别人极难完成的工作，事后却好像什么事情也没做过一样不露声色；他们为别人尽了力，当受到感谢的时候，却认为理当出力，而且丝毫不求酬报。一旦别人为他们做了哪怕极小的一个事情，他却铭记在心，终生图报，即使为好人赴汤蹈火也在所不辞，这是具有侠义心肠的男子汉气魄的人。像这样的侠客政事，不管在什么时代，什么地方，美国西部也好，日本旧时代也好，都是为人赞颂称道不止的。

实际上那些游侠人物都是头脑敏锐、善于发现他人的品德的好手。头脑不好的人，坏事都做不成，连欺骗也是拙劣的。那些被称为"黑幕"的人物之所以可以隐秘地不露出自己的真面目，都是因为头脑机敏。遗憾的是他们没有把自己聪明机敏的高智力用到人类进步事业的发展和带给人们幸福的行为上，而是反其道而行之。

有些人轻视那些专业运动员，认为他们四肢发达、头脑简单。其实不然，一流的运动员大都曾是小学时成绩名列前茅的好孩子，或在某一方面有突出特长的孩子。

但是几乎没有什么人敢说："我是天生脑袋瓜好的男子汉"。相反，自认为脑子不好的人倒很多，这和中国人从小以学习成绩来区分头脑好坏的习惯有关。

学生时代是集体教育，一视同仁地接受教学，为了对学生的接受情况进行区别，不得不采用分数制的办法。但是，只靠在分数上体现出来的学习才能是生存不下去了。在今天的成人社会中，人们靠分数所不能体现的才能生存，这些才能是忍耐、努力、诚实、机智、亲切、度量、和蔼等。人们对他人的最高评价不是"他数学一百分"，不是"他语文好"，而是"他这个人真不错"。

总而言之，一个人的才能不仅表现在能够出色地完成各项工作，同时也表现在有特别高尚的人格。

同样地，再想想个人的品德吧。如果你是一个愉快的人，别人也会自然地喜欢上你。因为那可以使他觉得更加愉快。而愉快这两个字，总跟健康、强壮、成功、安全、权力以及其他，有着密切关系的。

如果你是一个宽容的人，一定会使对方喜欢，因为大度与宽容，暗示着勇气和权力。一个思维无限严密，有超越常人力量的人，可以用不着担心周围的人对其抱着怎样的野心。别人畏他，因而也喜欢了。

真诚就更不用说了，因为说大话的人往往是靠不住的，无论他走到哪里，别人总会感到不安。因此凡是诚实真挚的人到处都受欢迎。

至于毅力，毅力的反面便是懒惰。懒惰往往使人厌恶。一个人在工作上，无论是进度快还是慢，无论是从事脑力劳动还是体力劳动，无论最后是成功还是失败，只要他自己不懒惰，也还是能够改进工作方法和提高工作效率，同样也不会惹人讨厌。如果一个游手好闲的浪子，便休想得到别人的好感。

其他的美德也是一样的。只要你能同情别人，深知别人在与你相同的环境下，也会产生与你相同的情感，以此把彼此联系起来，彼此也就能达到互帮互爱。

保留几分深沉

一个人若能让人感到其成功出乎人的意料，"真没想到，他竟能做成那样的事情"，这样的人才算是一个高雅的人。

过分或过早宣传自己打算要做的事情，其结果经常是可悲的。在人们所尚未关注的领域里，充分运用自己的特长，发挥自己的才能，其本身便是一种乐事，如果碰巧与人的关注相同，也是很有趣的事。至于一个人暗自高兴，禁不住笑出声来的时候，那更是加倍地享受了欢乐。

无论谁都愿被所有的人承认，这是人之常情。正是这"人之常情"，把那么多的人塑造成了缺乏人的魅力的模型。其实若论人做人，我看八分为人喜，二分为人嫌，或者七三开便足矣。十个人里有七八个人喜欢你，两三个人讨厌你，我看以这种准则处世，生活才有情趣：若人人都称你好，恐怕做人的味道就会像空气一样无色无味了。

人在未被他人理解之前常被他人视为"异端之徒"、"逆流之子"。尽管人生多少伴随着被误解的成分会显得有味道，有意义，但它却往往会成为你前进路上的危机。能及时准确地发现这种危机形成的症状是自我教育的主要内容，而第一步就是正确地说出"我"和确立"我"。当你用十天的时间掌握了说"我"时的心理基础以后，你会感到以往称呼自己的时候，曾经使用的是如何轻率的口气，采取了对自己多么不负责的不恰当态度，甚至你会感到脊背发凉的。而这，便是你开始进步的标志。

我们经常听到"返回原点"的说法，但问题是"原点"究竟在那里。它可能在自己的内部，但也可能最初是以他人为出发点的。一般人们的工作是有连续性的，你现在做的工作有时是你前任甚至更前任的继续。在这样的情况下，错误究竟从何处开始出现的，很可能搞不清楚。

日本古书里曾记载了平安时代的一种习俗。那时候有一些官员被任命到外埠去上任，临行时送行的人总要严肃地叮嘱他们——到了那里要认真向前任了解公务，只能向当地的官员和百姓们说，"我将继承前任的工作"，绝不能讲"我要做件什么事情给大家看看"之类的大话，死也不能做拍胸脯许愿的事情，千万千万！切记切记！

时至今日，这种"认真听取前任的话"的忠告还是一个重要的参考原则，成了当官者的一个护官符，过去现在似乎都一样。现在流行一种说法："连总理大臣和大公司的经理谁做也都一样。"反而倒是那些倒闭以后重整旗鼓的经理人员才能真正发挥出干练和富有创造的才干。

忠实于自己的基本存在是自我教育的第一步，第二步则是如何从中自发，发挥自己之所长。日本各级地方行政机关，因为没有决定方针、政策的任务，所以只是年复一年地完成几乎毫无变化的预算。在这种部门里，即使最优秀的官员也谈不上充分发挥能力。

日本的官僚机构自古就是坚固无比的，后来又加进了宗教意识，把对天皇和国家安泰的祈颂带入了官僚机构。一件两件事是改变不了这种根深蒂固的状态的。因此政府机构办事效率低也就是必然的了。——不过在我们看来，日本政府的办事效率在世界上还不是最慢的。

但即使在上述状态下，也肯定存在能够运用发挥自我的可能性。以地方役所（地方行政机关）的拘谨凝固的空气为例子，那些部长以下的地方公务员（地方役所的办公人员）胸前口袋几乎一律插着支笔。这像是一类人的模式。

于是我们想：倘若我有维持贫困生活以外的多余的钱，就要为全国的国家公务员和地方公务员每人一条领带，再配上一条相称的手帕，如果全国的公务员和干部都能用一条色彩鲜明，搭配适当的手帕换下那支笔，插在胸前的口袋里，那么全国的行政办事机关的气氛将一下子变得明快、活泼起来。如果我有钱，就给所有女职员赠送一套色彩优雅式样大方的工作制服。现在她们穿的不是制服，而不过是件罩衣，给人一种上世纪或本世纪初女性的印象。

在日本，你如果穿了件花哨些的衣服，立即就会有人猜想"他可能去行贿吧"，这其中就有自我教育的问题。世界上人们所做的事情并不是都是像定理那样绝对不能改变的，所谓习惯或者说惯例，也只是从以前某个时期开始形成延续至今，人们是在一种模糊蒙昧的气氛下遵从和服从它的束缚的。因为绝大多数人都在那个范围里，顺从它比较安全。但是，那里却没有自我，只有一个完全投降了习惯的被约束着的"自我"。而自我教育正是依靠自己的独立思考，学习更新自我和战胜人生的方法。

如果有人一生都没有失败过，那只能说明他没有碰到过强手，而胜负决搏也不一定是强者胜利。即使是强者，也会有"会不会失败"的犹豫和恐慌的瞬间。内心不坚定，失败就不足为奇。因此当两刃对决，生死攸关，胜负决定于唯一一次交手的时候，胜者首先是深知自己的特长并且直至最后能够竭尽全力运用发挥自己特长的人。

十分了解自己的特长，但却不能持自信之心也同样大错——知己，信己者，胜也。

如果以为自我教育仅仅是局限在自己内部的教育，你就是误会了，它实际上是指认真研究自己，为下一步行动做好准备。更极端地说，是创造下一步行动前的最好心理状态。就像宇宙火箭开始喷射，即将飞上天空时的情景。

打一个比方，佛中的坐禅者，总是半闭半开着眼睛。究竟是微闭着，还是微开着呢？有人会觉得"微闭"，是指静修内心，沉于无我的境地，只有这样才能达到"禅"的境界。但是，即使说这样做可以拯救自己，而从宗教"拯救他人"的目的来看，就不可能做到。后来，经一位高僧的指点，他才认识到坐禅者在坐禅时，实际上双目是"微闭"的。也就是说，处于坐禅的寂静世界里，眼睛豁然洞开，看清了自己，做好跃出外部世界的准备。

当然，对坐禅的解释有多种说法，有些人是赞成上述方法的。通过开发自己内部世界而调整好自我，这是自我教育最大的目标。日本的剑道把进攻前的一瞬间看做最重要的时刻。那些被称为攻击型的剑道高手，其实不会首先发起进攻。他们的高明之处在于：能在极短的瞬间里，准确地判断出对方的攻击。

如果你在短暂的时间内无论如何也不愿去原谅那些令你难堪甚至深深开罪了你的人，那么你就先休息一下，将身心完全放松，不要再去同理智压迫自己的意愿，给自己一个完全松弛的时间状态。哪怕是只有短短几分钟，对你也会大有帮助。

（1）关上办公室的门，不听电话，独自坐在椅子上发呆，让脑海有短暂的空白，什么事也不去想，也不必挂虑流逝。

（2）虽然桌上未完成的工作堆积如山，令你感到十分厌烦，但你不妨放纵一下自己，把工作推至一旁，双手放在桌上，将头舒舒服服地靠在上面，小睡十五分钟。

（3）走在路上的时候，你幻想自己是一只身轻似燕的小鸟，调节呼吸及心跳速度，尽管你为着准时到达开会地点而心焦如焚，必须不断提醒自己保持心平气和，迟早你必会到达。

（4）如果你平时没有听音乐的习惯，你应该尝试在精神紧张的时候，打开录音机，欣赏一下曲中情怀与美妙旋律。假若你想自己高歌一曲，更是有效的疏解方法。

（5）深呼吸几下，打电话给好朋友聊天，把精神集中在自己的嗜好上，看看缸中逍遥自在的金鱼，跟宠物玩玩，好好大哭一场，来一个温水浴等等。

早上醒来，你可能仍感到四肢软绵无力，恹恹欲睡，可是上班上学的时间快到，我必须抖擞精神，把自己打扮得整齐光洁，面对现实，表现一副活力充沛，满怀自信的样子。尽管真正的你是一个懦弱胆小的人，你希望事事有人替你做主，让你依靠，只是你更明白人生而孤单，必须学习独立。

如果你是一个率直的人，或会拒绝以两种面目示人。第一种是爱恨嗔笑存于心底，永远与人保持一段距离，不敢流露真情，唯恐弱点暴露，被人有机可乘。第二种是当你心情欠佳之时，则以冷面愁容示人，一问三不应，像是全世界的人皆亏欠了你。这是很孩子气的表现，试问谁愿意无端让人抢白一番，忍受晦气。

沉默是一种哲学，用得好时，又是一种艺术。人应该知道在什么时候说话，也应学习在适当之时保持沉默。尤其是你饱受外在环境威力的摧折，恨不得对人狂吼怒叫以发泄心中怨愤之际，你需要约制自己的舌头——调和呼吸，放松身体，让沉默成为一种达至身心平衡，精神畅旺的催化剂，不假外求而能化解烦恼。

名散文家朱自清先生这样说过："即使在知己的朋友面前，你的话也不应说得太多，沉默是最安全的防御战略，也是长寿之道，你应当自我节制，不可妄想你的话占领朋友整个的心。"

人共有的大弱点，便是在亲密的人面前不知收敛，原形毕露，忽略对方也有情绪低落的时候，以为亲戚朋友有责任分担自己的愁烦，把在外面承受的种种压力，一股脑儿全发泄在他们身上，更难听的咒骂也会脱口而出。这种言行，人人都可以避免，视乎你愿不愿意在心烦意乱的时候闭起嘴巴而已。德国哲学家西拉斯说："我常因说了话而后悔，从未因沉默而后悔。"

明白了导致一己情绪变动的原因，往往是自造自找，与人无关，慢慢地你将更有能力掌管自己的明天，人也变得更可爱。

肝火不能太盛

气质是这样一种东西：人人都有，但并非人人满意。许多人认为，自己不大走运，是因为自己气质不好。因此，他们时时刻刻都想弄清，气质究竟是个什么东西？有这种意愿是很自然的！西塞罗早就说过，不，比西塞罗还要早就有人说过。在特尔文的阿波罗大神殿里，我们就可以看到这样一句名言："请认识自己。"

要想保持良好的风度，就要善于了解自己的弱点，当然也应认清自己的优点。只有具备了这些条件，才可以对别人及其行为进行评价。一本关于文明礼貌的书不可能面面俱到，因为人们的气质和所受到的教育实在是千差万别（人们对此无能为力）。

早在公元前 400 年前后，希腊医生希波革拉第就调查过性格和气质的多样性。当时，他把人的气质分成四种：胆汁质、黏液质、多血质和抑郁质。同时，这位名医和他同时代的人还得出这样一个结论：这种种气质中，似乎没有一种是可以独立存在的。科尼格也曾经对此说过这样一段话："这几种气质在我们身上并非一成不变。正是由于它们的无穷变化才会导致极其细微的差别和极为巧妙的结合；不过这四股主风，终有一股风最为强大，是它鼓起了每个大地之子航船上的风帆，载他驶向生活的海洋。"下面就让我们来分析一下这"四股主风"的基本情况。

绝对胆汁质——此种人脾气大、性子急、易冲动。如果你想安安静静地过日子，最好不要去惹他。这种人火气来得快也消得快，所以只有等他平静下来以后，才能与他心平气和地谈话。这种人非常高傲，常常引起周围人们的反感。

绝对黏液质——此种人反应迟钝、行动缓慢、对人缺少同情心、任何事情都不会使他感到不安。有血性的人真想在他的脑袋里安上一台录音机，不断地提醒他"今日事，今日毕。"这种人过于恬静与持重，不喜欢看到意外的事情。这种人也许最适合做一些不需要热情、只需要平稳、没有突击任务的工作。这种人显然是一个理想的朋友和丈夫，只要他的恬静不会使性情比较急躁的朋友和妻子愤怒到极点。不过，在需要头脑冷静的紧急关头，这种人的恬静与持重还是颇有益处的。他的这一特点以及他的忠厚与稳妥，都是很好的品质，因此对他的过分持重，可以多少原谅一些。

绝对多血质——此种人热情、活泼、易冲动。年老时最能影响这种人心情的事情，莫过于这样一种意识——他从未充分享受过生活的乐趣。"自己活也要让别人活"，这就是他的座右铭。社会上对他的评价是：性格开朗、有魅力、好说空话。这种人不论生活多么艰苦，总能看到积极的一面。但这种人办事不大牢靠，有时为了讨人喜欢而许下自己无力办到的诺言。是的，假如没有这个弱点，那他确是一位很值得羡慕的人。此人情绪多变，不能始终如一。凡寄希望于他的人，很可能大失所望。但也不应因此就把他当成坏人。这种人并非总能做到待人诚恳、精力集中。在必要时，可以婉转而又严肃地向他指出这个问题，如果他不听劝告，拒绝批评，那就离他远一点。

绝对抑郁质——此种人的特点忧心忡忡、郁郁寡欢。生活对他来说，就像压在身上的千斤重担，似乎随时都会给他带来危险。他对生活所持的这种态度使他怀疑一切。他是一个很难伺候的客人，假如有条毛毛虫偶然进他的碗里，他会怀疑主人别有用心。这种人总是期待着生活赐给他快乐与幸福。由于缺少乐观与信任，他总是首先看到事物的阴暗面。不过，对此种人不应抱怨。他之所以如此冷漠与多疑，往往因为他有不幸的生活经历。他需要的是信任、关心和温暖。

以上就是四种气质的"纯粹"表现。假如它们完全以这种形式出现，人们之间的关系就会变得极其乏味，尽管也会简单得多。但是实际情况并非如此：这几种气质总是混杂在一起的。正像变化不定的春风，人的气质也是各式各样、颇为复杂的。下面，我们想用一些篇幅来谈谈我们常见的几种人。这将有助于我们认识自己、克服缺点，以便在有暗礁威胁的大海能更稳妥地驾驶他们的航船。

比如，有一种人，可以用这样的话来形容他的特征："你要不夸我，我就对你不客气。"我们那些喜欢虚荣的好兄弟就属于这种人。好大喜功的人需要别人奉承，就像人们需要吃饭一样。他渴望不断地听到来自四面八方的颂扬，说他在男人之中最有魅力，夸他在同事之间最为能干。一旦听到这样的赞许，他就像公鸡听到人们称赞它的羽毛漂亮一样洋洋得意。若想和他共事，需要学会奉承，否则他会认为你在忌妒他。

"唉，我身上的担子可真重啊！"这是另一种好大喜功之人的特点。这种人希望得到别人的怜悯，总觉得他干的工作多、负的责任大。这种人期待别人的注意，让人看到他的功劳，对他说些赞扬的话。如果他确有成绩，夸他几句未尝不可，只是一定要恰如其分，否则他会忘其所以。

无论是爱虚荣，还是图功名，目的只有一个：不仅在公司、而且在家庭和朋友之中，都想当第一提琴手。正常的虚荣心可以不必皆指责，但是极端的虚荣心却会使人成为一个卑鄙的投机者，这种人为了达到自己的目的，不惜"从别人的尸体上踏过"。和这种人交朋友要特别谨慎，因为一旦有利可图，他会滥用你们之间的友谊。对这种人最好采取不亢不卑的态度回应。

董菜是一种不大惹人注意的花草。它们总是默默地栖身于一个僻静的角落里，从来不炫耀自己的芬芳馥郁。它们只想报告春天的信息，别无他意。因此，它们在人们中间享有"谦抑的董菜"之称。极谦虚的人们也是这样，他们从来不去显示自己，有了成绩也尽量不让人知道。这种人办事总爱避开别人，但这并不是因为他们心里有愧，而是因为他们非常自谦和腼腆。这是一些心地善良、惹人喜爱、像蚂蚁一样勤快的人。他们几乎总是比那些夸夸其谈的人知道得多，也做得多。这种人非常敏感，骄矜之人的冷嘲热讽会使他们越发沉默寡言。需要经常强调的是，对于这种人的能力和成绩应当给予实事求是的评价。只有来自大家的鼓励、肯定和信任才能使他认清自己的能力。

拍马屁、阿谀奉承几乎成了献媚者的职业。无论你说什么，他都会随声附和；只要是你爱听的话，他可以信口开河。他也许会对你说，你是姑娘们崇拜的对象，你完全可能成为全欧洲的拳击冠军（最轻量级的）。照他那样说，你早该成为金牌得主，听他一说，你的丈母娘就成了世界上最可爱的人。杜绝此类奉承话的方法只有一个，那就是：明确地告诉他，你讨厌听到这样的吹捧。可惜的是，年轻人往往很容易被这样的花言巧语所迷惑。献媚者是危险分子，因为在他的赞扬声中，你很快就会失掉勇于求实，自我反省的能力。

因谨慎过度而疑神疑鬼的人，精神上总是处于一级战备的状态。这种人一贯谨言慎行，生怕暴露自己的缺点，办起事来瞻前顾后，让人火中取栗。这种人总是把人家的好心当成预谋已久的诡计，并将所有的人首先视为需要严加防范的"异己"。尽管此人很难交往，还是应当尽量解除他的疑惑，使其相信你的良好动机。

对于权欲者来说，自己的意志就是一切。他们总是企图凭自己的意志去争取社会的承认。这种人听不进批评，容不得不同意见。他们的所作所为往往是导致夫妻不和，因为他们总是觉得自己一切都对。与这种人很难相处，要知道，有谁愿意长期听任别人的摆布？谁喜欢总是无条件地听命于人？在我们这个社会里，没有真正的平等，就谈不上什么友谊。如果权欲者总是粗暴地破坏这一原则，那么良好的关系实难建立。

那么，今天我们应当怎样去对付这样的专制者呢？与这种人动肝火是不值得的。这种人对明智合理的劝告也并不总是置之不理。假如好言相劝无济于事，那么对于这种不知好歹、固执己见（因为这是"他们的意见"）的人则应使用讽刺的武器，尽管这只是为了出气。

还有一种人，喜怒无常，脾气就像四月的天气。这种人的性子谁也摸不清，几分钟以前还好好的，转眼之间就莫名其妙的大发雷霆。他们的情绪就像商店里的顾客一样，总是不断变化。不过，他们事后也往往为自己的失控而懊悔痛惜。人们对于阴晴不定的上月天气已经习以为常，没有人会感到惊奇。同样，人们对于喜怒无常的人也不应当过于介意，要知道，这种人脾气来得快，消得也快。

不过，我们不应当把心情不好和脾气古怪混为一谈，因为我们每个人都会有心情不好的时候，但这种一时的苦恼也不该发泄到别人身上。

性情急躁和喜怒无常一样，都是一种缺乏自制的表现。急躁的人常常对自己因为一时心血来潮伤害了好朋友而感到内疚。这种人火气一消退，头脑就会马上清醒过来。对性情狷急的人最好采取冷静、策略、谦让的态度，否则杯水之波定将转为惊天之浪。不过，风平浪静之后，还是应当让他明白，没有人喜欢他的急躁情绪。

大城市里神经过敏的居民被迅急的生活节奏和嘈杂的都市噪音弄得疲惫不堪，常常羡慕具有黏液质性格的人所固有的那种审慎持重。是的，假如他们的审慎持重表现得恰到好处、合情合理，那么实在不应受到指责。但是持重过度有时会被人们看作是一种懒惰和冷淡的表现。我们前面提到过的科尼格曾把这种人的特点刻画得惟妙惟肖，并提出了对付的办法：

"对于惰性者和黏液质人，决不能总是听之任之。既然人们差不多都或多或少地有一点爱发号施令的嗜好，那么，就让我们来满足这种欲望，去促一促这些萎靡不振的黏液质的人吧。在那些黏液质的人当中有这么一种人，由于他们优柔寡断，多少年来连一件最小的事情也办不成。在他们看来，诸如回信、写收据、付账之类都是一些非同小可的重大国务活动；要完成此事，所需时间之长，实在令人震惊。对于这种人，有时需要施以压力。他们一旦成就了一件繁重的工作，会真正感谢你的，尽管当初对你颇为不满。"

有一种人的性格既复杂又令人生厌，这种性格可以用一句话来概括，即"人云亦云"。这是一种反复无常、不可信赖的人，因为他们既无主见、又无观点。只要对自己有好处，他们可以拥护任何人。这种人严守"人云亦云"的信条，总是等到大家都说完了，他才发表自己的意见。这种人常常根据别人的意图来决定自己的观点。这种"观察员"觉得，这样做可以不担任何风险，因为到时候他们可以把责任推到主管和同事们身上。这种人永远得不到正直豪爽的人们的尊敬。

有些人自命为世界上的第八大奇迹。他们认为，如果没有自己，没有自己的智慧和努力，一切工作都将徒劳无功。他们总是做出一种万事不为难的样子，好像一切事情若由他们处理，都会易如反掌。这种人高傲、自负、目空一切，为了证明"老子天下第一"，总是压制老实人和能力差一点的人的创造性。这种人虚荣心很强，从来不去帮助别人。对付这种人的方法，就是充分发挥自己的主动性。妄自尊大往往使人丧失自知之明。这种人的性格与"谦抑的堇菜"型人的特点正好相反。对于这种人的傲慢，应当采取不屑一顾的态度，自己该干什么就干什么，当然也要注意礼貌。

还有一种性格，毫无疑问，正是本书读者和本书作者所持有的性格。具有这种性格的人总是谦虚，尽管他们也知道自己颇有能力；虽然很有才华，却依然彬彬有礼；这种人的心情总是非常愉快；他们对任何事情都充满热情，然而并不过分；这种人总是坚持自己的观点，却又不强加于人。简而言之，这是一些理想的人。至于对他们应该采取何种态度，这里无需赘述，因为与这种人在一起只会感到快乐，满心的烦恼都将化为过眼的烟云。

坚决克服"小毛病"

何以有些人特别引人注目，令人一见倾心，到处惹来艳羡的目光？心理学家指出那些懂得发挥魅力，把自己的长处展露无遗的人，自然能带给人一种与众不同的感觉，如果他们能保持一贯的形象，于一个眼神或微笑间流露其气质与涵养，别人自会觉得他们很美。怎样发挥我的魅力，增添吸引力？

不要随便蹙眉或咧嘴大笑，前者让人觉得你很不快乐，后者则容易令人觉得你是个粗鲁的人，你很难估计当自己滔滔不绝或大笑时，有没有把口水飞溅到对方的身上。与人交谈之时，说话不宜太大或太小声，唯一的标准是让对方能够清楚听见你的话。

在一班朋友面前，不要与你身旁的人讲悄悄话，尤其是须避免"小声讲、大声笑"这些不雅的动作。如果有人当众赞赏你时，你不可表现出沾沾自喜的态度，或是极力否认，以微笑替代说话，神情谦虚，是最明智的做法。

不要以为没有熟识的朋友在你的周围，你便可以不顾仪态，如：瘫坐在椅上等，至于穿着打扮方面，也不宜过分随便，就算你并不重视那个约会。如果是女子的话，化妆应以素雅自然为主，切勿以奇装异服出现，否则人家只会把你当作小丑看待。你要遵守一些公众场所的规则，如：严禁吸烟、不准烧烤等，否则你穿得再漂亮，也是虚有其表，令人侧目。

人人都可以成为伟人，干一番大事业，光宗耀祖，只要你发挥潜能，自能履险如夷，从容应付任何困难与挑战，达至前所未有的成就；但成败的关键，在于你是否懂得培养自信，无论何时何地，永远是自己忠实的支持者。

你的长处是什么？你要好好思考，才能对自己有深刻的了解。发挥所长，自然有出色的工作表现，奠定培养自信心的基础。

不要以为自己是个超人，为逞一时之快，事无大小都一一承担。凡事尽力而为，也须量力而为。能够从失败的经验中记取教训，时刻反省的人，他们反败为胜的机会将会大增。不论你遇到什么疑难，你需要正视它，以积极的态度寻找应变的方法，一旦问题获得解决后，你对自己的信心将随之增强。

把你曾经妥善完成的工作或骄人的成就，一一列明纸上，学习自我欣赏，培养勇气，肯定自我的价值，确信自己的办事能力胜人一筹；接受人家的批评，去芜存菁，也非常重要；对于一些恶意的抨击，你大可不必理会，务求自己脚踏实地度过每一天。

你要主动地与朋友保持联络，跟他们分享你的计划与理想，由于对方懂得欣赏你，就算你对自己的能力感到怀疑，对方也会激发起你把事情完成的决心。

不要羡慕人家得到美人垂青，无论何时何地，都能吸引异性的注意，在对方的心目中留下良好的印象。你也可以成为这样的人，只要你培养出好风度，学习尊重别人，大家自然会喜欢跟你聊天，觉得你是天下第一等的好人。如何为自己建立一个魅力四射的形象？你需要注意以下各点：

• 待人诚恳，遇到愉快的事情，不妨大笑一场；心中有疑难，不妨说出来与好朋友分担，客观听取对方的意见。

• 就算自己的收入不高，也要学习做个慷慨的人，宁愿省俭一点，也不可跟人家斤斤计较，尤其是当朋友身困危境时，你要尽自己所能帮助对方。

• 人不可自以为是，目空一切，但更不可丧失尊严与自信。你要避免骄傲的言行，更要避免自怨自艾，未战先投降等愚行。

• 能够保持心境开朗，面上时常挂着微笑的人，不管在任何场合里，都是最受欢迎的人物。

• 一个时常改变主意，生活毫无规律而情绪化的人，试问怎样与人家融洽相处？你要避免犯自我放纵的毛病，现在就寻找生活的目标，培养正确的人生观，做

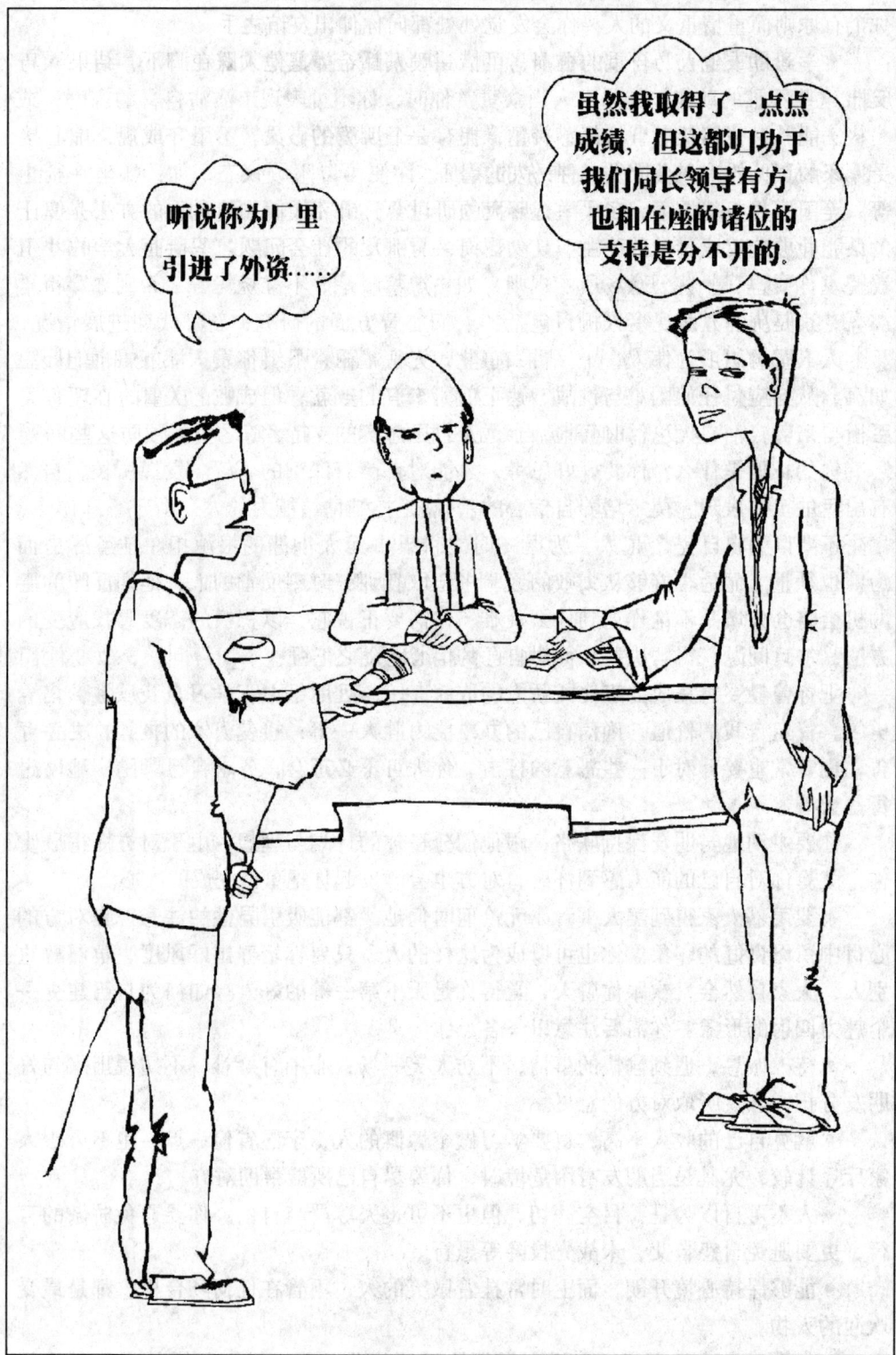

一个有原则而重情重义的人。你会发觉处处都向你伸出友谊之手。

　　● 学习尊重他人乃自重的根本，可惜一般人都希望把他人踩在脚下，结果弄巧反拙。

　　● 能够对一切新奇事物都感兴趣，拥有一个活泼的心灵，不墨守成规，虚心接受人家的意见的人，会散发一种诱人的馨香。

　　美国一些心理学家，多次举行盛大的研讨会，研究人们如何自重的方法，俾让大众能够更有效地对付种种由于自尊受损，而引发的社会问题。圣荷西大学的罗尔教授说：“这只是一个开始。”

　　专家们从各方面观察分析，包括：人们心智方面的研究；新陈代谢进展情况，及个人不同的自我了解方式，结果有重大发现。研究小组负责人韦士哥博士说：“我们相信犯罪、酗酒、吸毒、依赖别人救济等社会问题，与缺乏自重的心理，关系相当密切。”一旦发现如何避免自尊心受损的方法，自然随之找到预防这些问题之策。

　　罗尔教授强调说：“那些人格不完整，缺乏控制情绪能力的人，由于心理作祟，往往不懂得怎样自我尊重。”一些社会学家指出，这个问题的根源，在于经济是否好景，失业情况是否好转等等，因为社会出现动荡不安的局面时，人们的自重能力，相应也会降低。

　　罗尔教授说：“今次是一个很好的机会，让大家正视这个切身问题，改变他们一向所持置事外的态度，使人人承担应负的责任，活得更快乐。”

　　前校际篮球队教练巴殊发觉，除了外在因素影响个人的表现外，自己的决心也非常重要，他举例说明：“在球场上，你感到朝气蓬勃，信心十足的时候，那场比赛就会很容易获胜。”

　　如果你希望处处受到别人的重视与欢迎，首先你要学习欣赏自己的长处与优点，接受自己的弱点，不怀疑自己的处事能力。

　　人谁无过？一错可以再错，你可以不断犯错，但切勿犯同样的错，否则一旦养成恶习，你要把它戒除也无能为力。为什么？道理至为明显，如果你无法做自己的主人，便会受制于人或你无法驾驭的事，譬如你觉得讲粗话很有性格，与朋友交谈的时候，时而爆出一些脏话，久而久之，你再也无法吐出干干净净的语言。影响所及，就连行为举止也很粗野，昔日温文尔雅的形象一扫而空，人人对你侧目鄙夷，你把自己害苦了！

　　下定决心改过自身，这是一件不易成功的事情。不过，人们都有一颗心，一颗随时随地告诉你什么是对与错的良心，你只需客观地听取人家的忠告，对你日后培养正确的人生观，必定大有裨益。

　　美国名科学家诺顿是一个头脑灵活，处事有条不紊的人，由他负责执行的研究计划，每次都通达致突破性的发展，是大家敬重的人物。可是，只有与史诺顿一起长大的朋友才知道，这位成功人士曾是个生性不羁的问题少年，他曾经跟人殴斗、酗酒、逃学，甚至入狱三天。在亲戚朋友的眼中，他是一个“大奸大恶”的人。史诺顿最近一次访问中告诉记者：“人要不肯认命，不甘心一世居于人下、遭人唾弃，才会走回正途，发奋上进。"

在二十二岁那年，他痛定思痛，给自己最后一个机会，故意疏远那些损友，找到一份餐厅侍应的工作，工余报读夜间进修课程，其用功程度比一般适龄大学生犹有过之，为他日后的璀璨成就打好稳固的基础。史诺顿说："当我陷于困境中的时候，我可以找出各种理由自暴自弃，但我没有这样做，我相信自己仍具有反败为胜的力量，而且珍惜光阴，说做就做，绝不再找其他借口。"

一个人是否有成就，往往在于问题出现之际，他如何应付，拨乱反正，简而言之，不放弃自己，看着目标，不断前行，已经足够。

年纪越长，你会发觉身旁的朋友越少，就算一大班朋友围坐在一起，你的心又可以向谁倾吐？人的一生中，大部分时间都必须单独度过，能够领悟独处的艺术，好好利用这段美妙的时刻，无论日后你想成就什么，做起来也觉得分外轻省。坚持、独立、吃得苦等高贵情操，往往是从孤独中培养出来，别人跟你相处的时候，也能被你的独特气质吸引，认定你是个不平凡的人。

如果你连自己也容纳不下，试问又怎能培养出动人的风范，叫人家对你发出由衷的赞美？下一次当你感到寂寞难耐，急不可待想找朋友做伴之时，请尝试安静地珍惜独处的宝贵时刻，不要自寻烦恼，养成依赖别人的坏习惯。

消除独处所带给你的孤单感觉，只有一个有效方法——接受它。一旦当你不再抗拒这种感觉时，自会发觉他根本没有什么可惧之处。尽管你身旁的人如何关怀你，但对方毕竟不是你，有时你的苦闷很难让他们完全了解，你是你，何必要拒绝与自己面对面的机会呢？

如果你害怕孤独，无法接受独处的考验，你也不会真正享受与人相处的乐趣，因为你为了逃避现实，往往消磨太多时间与一大群人在一起，最后迷失于喧闹的气氛中，不知何去何从。到了人生的最后阶段，你可能需要孤身前进，所以你要早日对孤独意义有一番深切的体悟，克服心中的恐惧，才不会成为它的奴隶。

无法建立良好的人际关系，是很多人最大的遗憾。导致与人产生隔阂的原因，可能在于你是一个完美主义者，对自己要求严格，待人也诸多挑剔、性格偏执、最喜欢小题大造，"在鸡蛋里挑骨头"，造成愤世嫉俗的性格，影响人格的发展。

如果你不想成为一个难相处的人，性格走到极端，就要时常反省，看看自己有没有犯了矫枉过正的毛病。

每次完成了一件工作，而你仍感不满意，认为自己还可以做得更好的时候，提醒自己不可处事太执著，只要尽力而为，问心无愧，已经足够。所谓"谋事在人，成事在天"，何必自我催迫过甚？

你可曾想过以下这些问题？就算你不是一个完美的人，这又有什么关系？难道这就表示你一无是处吗？谁能保证事事必能如愿以偿？既然世上没有绝对的事情，为何你不能坦然接受自己的弱点？人的力量何其渺小，你必须要面对很多事情，非你的能力可以办到的。现在就应该放弃"如果不是这样……就是……"如此偏执的态度。

只要你停止迫害自己，减少自我施加压力，不要对人与事要求过高，也别高估自己的能力，逐渐地你会发觉自己变得容易与人相处，生活中充满笑声，并在工作中获得你所需要的成就感。

不管你希望自己成为一个怎样的人，也不管你如何努力建立自我形象，你是否能够向对方传递重要的信息，达至人与人沟通的目的，让你的外表及内心同样吸引别人，才是决定你是否能成功地使人一见倾心，被你的雍容气度所震慑的主要因素。

人与人之间的沟通是一个很复杂的过程，你如果了解并感受到它的重要性，在与人相处时，特别重视这一点，你自会发觉周围的人纷纷向你伸出友谊之手。你无须花什么精神，便能成为受欢迎的人物，对于建立自我形象，事半功倍。

人与人之间的沟通不仅牵涉到讲与听，而且也关联到你对他人感受的敏感度。在考虑到自己以前，就先考虑到别人的需要与兴趣，不要向一种倾向屈服，把一些长久持续的关系视作是理所当然的——应不断地与对方沟通。一些持续较久的关系在沟通方面往往会比新建立的关系更难进行。

留心彼此相处及沟通时发生问题的讯号，不要试图隐藏你在沟通方面遭遇到的问题，诚恳地向朋友说出自己的意见与提议，你会慢慢发觉对方并不如你想象的偏执顽固，相反，在达成协议的过程中，你的优美气质将被显露出来，令人对你产生好感。

动辄大发雷霆的人，可以找到千百个借口，原谅自己不是之处，还归咎对方，认为错不在于自己，纯粹是对方面目可憎，令自己难以控制一触即发的怒气。其实这种理由乃一派胡言，除非你选择要生气，不是则谁也无法令你这样做。

如果你不希望带给别人极坏的印象，臭名远播，以致人家处处躲着你，你应该在自己的怒气快要发作的时候，退一步想想，学得聪明一点，不可自我放纵，免致日后后悔之时，一切已经难再补救。

很多人习惯对别人发脾气的原因，是他们没有顾虑到后果。假若你晓得自己为逞一时之快，无端把对方责难一番，从此对方会把你视为很难相处的大恶人，人人会对你敬而远之，你大概不敢再凶巴巴待人了。

当你快将动怒的时候，暗自在心中从一数到十，假如数完数字后你仍想发怒，不妨重复做，这是训练忍耐力的好方法。

对方可能是故意激怒你，令你本来愉快的心情一扫而空，你为什么要中他的计谋？就算你的内心很讨厌他，也无须把他痛骂一场泄愤。沉默不语，视对方如无物，故意轻视他，才是对他最大的报复。

你一定会遇到以下的尴尬场面：你最讨厌人家抽烟，对烟味十分敏感，可是在一个公开场合里，你发觉人人手上都夹着香烟，房中烟雾弥漫，大家谈笑甚欢，你身为他们的一分子，如坐针毡，差点提出抗议，最后再三思量，为了大局着想，还是勉为其难模仿人家抽烟，做出违背意愿的事情。你觉得很难受，不知应如何处理这样的难题？

没有人能够在不甘心的情况下，把事情做好。如果你以为抽烟是打成一片的表现，你错了，因为你脸上痛苦的表情已泄露了心中的秘密，谁会欣赏这样一位苦口苦脸的同伴？英国剑桥大学心理系的罗夫兰教授，最近在《泰晤士报》写了一篇关于这种矛盾心理的特写文章，他说："人人都有机会表达自己的感觉，除非你对自己缺乏自信，胆小畏怯，自我否定，这样人家才会对你产生抗拒感。"

只要你不是蹙着眉眼呵斥对方，而是委婉地把自己的想法说出来，态度坚决而温和，在特定的环境里作出适当的让步，迟早人家必定会习惯你的生活方式，尊重你而不会迫你就范。

尽管你认为吸烟是极愚蠢的行为，是一种害己累人的慢性自杀，你有权选择不吸烟，但你无权轻蔑吸烟者，除非他是在禁止吸烟的公共场所。在法律面前，人人平等。如果你能够把看不顺眼的事情，以对方的角度解释对方的行为，摒除成见，心中遵从一个大原则——得饶人处且饶人，世上没有十全十美的人，你会觉得更舒适。

千万别以为你对嫖赌饮吃不感兴趣，便是洁身自重。拘泥这种狭隘观念的人，其弊病是偏执愚妄，自命清高，容易瞧不起人，态度骄横，充分显示出自己的无知幼稚。

请记住：你如何待人，人家也会同样回报于你，保持爱心说诚实话，心中永远存着一个善念，态度诚恳，无论何时何地，你都会成为受欢迎的人物。

从早到晚，保持笑脸

如果你自视颇高，希望自己在不同的场合里，都成为核心人物，吸引别人的注意，你就需要学习如何变得可爱。谈笑风生，培养幽默感。不论碰见任何人，你都要保持笑容，态度从容不迫，专心聆听对方的说话，这样，人家必然觉得你与别人不同，像个谦谦君子。

没有人会对一个终日眉头紧蹙、忧心忡忡的人产生好感，更没有人愿意跟语言乏味的人深交，所以你要不断扩阔自己的生活圈子，认识更多的事物，这样才能与不同背景的人有深入的沟通。

在一大群人的场合里，你应避免与人家抢着说话，所谓"贵精不贵多"，说话的时候，你要注意自己的表情与声线，前者不宜太夸张，后者不要太小，还须尽量避免为一点小事情，而跟别人争得面红耳赤。即使对方的言行很可笑，你也不可取笑对方，或者语含讥讽，令人感到尴尬。

一个真正具有吸引力的人，并不依靠外表打扮古怪，标奇立异，穿戴名贵惹人注目，而是以内涵取胜，使每个与他相处的人，如沐春风，不会感到丝毫的压迫感。平时多阅读、多思考、多观察，与良师益友讨论做人应有的态度，能改善你的气质。

满怀自信，告诉自己，我是个受欢迎的人物，你便能如愿以偿，于不自觉间受到重视。

试想想，作为一个晚会主人，多么令人兴奋。筹备鸡尾酒会或晚宴，能使你的生活变得更多姿多彩！你只需付出一点心力，便能令被邀请的朋友及你自己，度过

中华藏书

中华处世秘笈

中国书店

一个难忘的晚上！如果你想扮演一个成功主人的角色，你要注意自己的举止谈吐，多关心你的客人。这样整个晚会的气氛必然会更佳，人人对你赞赏不绝。此外，你还须留意以下的地方。

预先安排一些好友早些赴会，可以减低你等候其他客人来临时的焦虑，如果你能够得到几位朋友的帮助，请他们替你营造愉快的晚会气氛，就无须担忧别的客人不合群，最少你可以与这些朋友共度一个难忘的晚上。

无论在酒会发生任何事情，切勿为琐事而烦恼，一般客人绝对不希望看到一位不断为添加酒水、食物而劳碌忧心的主人。若你有熟悉的花店，应该为晚会预订一些鲜花，它能带给整个会场许多欢乐的气氛。你要相信灯光对营造热闹气氛的影响力，它们不一定需要衬托漂亮的烛台，仍能显得十分夺目。

请记住：你所邀请的客人，足以决定你的晚会气氛。如果你希望举办一个较严肃的舞会，你应该遵循正式的邀请手续，期望客人都能打扮得大方得体赴会；若你只是随便相约一班朋友见面聊天，你应该暗示对方，那将是一个轻松的茶叙。

让人人喜欢你并不是一件困难的事情。你无须花费太多的心力与时间，对方自会对你产生良好的印象，视你如良朋知己。人与人之间交往，第一眼非常重要，你要抓紧对方的心，使他对你另眼相看，或许你需要参考以下由专家所提供的意见，利用身体语言，发挥你的魅力。

（1）当你遇见陌生人的时候，别忘记清清楚楚跟对方说声：你好！让人觉得你充满朝气，性格开朗。

（2）不论你是男或女，应该主动地跟对方握手，用力不宜太重，或是太轻，只要能让对方觉得你的热诚，已然足够。

（3）你要尽量争取直视对方的机会，大家目光相接的一刻，很容易拉近彼此的距离，令对方觉得你很尊重他。

（4）当对方讲出自己的名字之后，你最好能在谈话中一再重复他的名字，在分别的时候，不妨再讲出他的名字，此举能加深对方对你的印象，认为你是一个可爱的人。

（5）人人都喜欢受到别人的重视，你应该多向对方提出问题，以示你对他极感兴趣。你不但可以提出一些私人问题，也可以问对方一些较深入的事情。

（6）鼓励对方谈谈他的个人奋斗史或成功的故事，这必定使他眉飞色舞，越讲越兴奋，视你为他的好朋友。

（7）每个人都有自己的长处，你应该努力发掘他与别人不同的地方，恭维他，对方必定以同样的态度对你。

（8）平时你需要多留意时事及任何新消息，使自己能有各方面的话题跟对方沟通，自我建立一个博学的形象，令人觉得跟你在一起眼界顿开，如沐春风。

（9）在第一次见面的时候，不要相聚太久，以防失去你的神秘感，更有自暴其短之虞。在适当的时候潇洒地离去，下一次见面时自会增添不少情趣，使对方对你产生一种思念。

或许，你会觉得关怀别人是一件很费时误事的愚蠢行为，你宁愿把精神花在玩乐方面，但如果你能够心平气和地想一想，目光远大一点，你将发现自己从善行中所获至的满足感，并非任何物质的东西所能比拟，一如你向一个遇到危难的人伸出援手，从这个人的身上，你能获至需要的勇气、诚实与非凡的智慧，更懂得自我欣赏，对生命发出颂赞，由此而使自我形象变得高大。

有些人是天生的幸运儿，无论做什么事情，都比别人顺利，时常遇到贵人相助，不愁衣食。自小父亲待他如珠如宝，千依百顺；朋友也以他为中心人物，懂得欣赏他的优点，乐于为他所用；结婚之后，两口子快快乐乐生活在一起，又得到伴侣的体谅与关怀，一生无愁无怨，没有遇到什么大的挫折，工作称心如意，财源滚滚而至，锦衣美食，样子看来也特别年轻，一举手一投足，分外高雅，处处引来艳羡的目光。对这种有福星高照，无须动手流汗便能拥有一切美好事物的人，你可能感到既妒且恨，大声疾呼：为什么上天这么不公平？

什么是快乐？一般人只以为脸上时常挂着笑容，穿戴名贵，出入有司机接送，可以随时到外地旅游，就算不工作也不用担心挨饿人，便是快乐的人。可是，那其中的愁苦寂寞，谁能了解，快乐是一份喜悦，一种对生命不变的信念，怀着信心，迎接每一个挑战与考验，在困惑中，依然抖擞精神，向着目标前进，在苦难里，不忘仰望穹苍，轻轻哼唱，发出赞叹。

世界之大，人事纷扰。人应当庄敬自强，搞清楚自己扮演哪一个角色？有什么抱负？一旦失败临到身上，能否做个好输家，卷土重来？达至处变不惊的地步？你需要扪心自问，不断反省又反省。如果你觉得这些建议太抽象，不必懊恼，不切合实际需要的忠告，徒令人更觉无奈。以下的建议便不一样了，它们是寻找快乐的捷径，人人能学，可付诸实行。

严格来说，人的表情只有两个——哭与笑，至于那些不哭也不笑的嘴脸，他们已选择麻木冷漠度过一生。一切事物都有其值得笑的地方，就算更悲惨的事也不例外，哪怕只是苦笑。总之尽量放开怀抱，无须执著一事一物，一种看法，一种规矩。还能发出嘻嘻哈哈的声音时，何妨笑个痛快？

你要自己快乐，便能快起来，事物便这么简单。此外，尽量忘记忧伤，努力记取欢愉往事，你的人生观便能有重大的改变。

人若能达至无求自足的地步，人间将能增添无限欢愉，恼恨仇怨一扫而空。可惜世上毕竟是执著顽固的人占大多数，一切的愚行才会层出不穷，嫉妒与哀伤遍布世界每一个角落。

请扪心自问，你是不是一个豁达大方的人？你可能认真思索才肯定地回答一个"是"字，不过，无论我是好人、坏人、奸险小人、正人君子、西方人、中国人……你的心中必然有一个没有人知道的秘密，而且也有一个自己无法克服、也不希望别人去碰触的弱点，你会与知己良朋畅所欲言，话尽辛酸——除了把那个秘密抖出来。你愿意忘掉自我，为朋友而赴汤蹈火，惟是谁也休想改变你，尤其是你那个被埋于心中深处的弱点。你会说："我什么事情都可以依你，就是那件事我要独自处理。我就是这样的人，我当然知道自己的弊病在那里，只是现在仍不是改变它的时候。"

你那根生命的刺是什么？那可能是嫉妒、小气、贪婪、虚荣、奢侈、搬弄是非、不负责任、狂妄自大、自卑自怜、好大喜功等等。由于它的存在，你深深感受到人性的丑恶，无论你如何隐藏这只可怕怪兽，希望带给每一个人良好的印象，但你的努力终会付诸东流，为什么？理由至为明显，你有没有看过一个不良于行的人？他越是装出常人一般的走路姿势，穿起窄脚牛仔裤、高跟鞋、打扮新潮，你越会觉得他身上的残障十分碍眼，替他感到难堪！想尽办法掩饰自己的毛病，谁料欲盖弥彰，得到相反的效果，诚是可怜可哀矣！

收拾心情，面对现实，虽是说易行难，但世上本来就没有不流一滴汗水，便能获至的东西。每个人都有弱点，分别在于有人一生被这个大魔头折磨，有人则能慢慢脱离它的魔爪，靠自己的理智与它和平共处，接受它是性格的一部分，让时间与经历把它的棱角磨掉，朝着一个完人的目标迈进。

坦诚面对自己的弱点，拿出足够的时间与勇气克服它，不断自我提醒。同时也接受自己时而软弱惧怕的事实，对人处事更加谨慎端正，一切的问题将再也无法困扰你。

喜欢听赞美是每个人的天性。忠言逆耳，当人家对着自己狠狠数落一番时，不管那些批评如何正确，大多数人内心都会感到不舒服，有些人更会拂袖而去，连表面的礼貌功夫也不愿做，令提意见的人尴尬万状。下一次就算你犯更大的错，相信也没有人敢劝告你，这岂不是你最大的损失？

美国罗伦治医院负责人史提芬医生说："谦虚接受人家的批评，好好反省，努力改进，消除恶习与弱点，是每个人应该学习的功课。"如果你总是觉得听到人家指出自己的错误，是一种耻辱，令你面红耳赤，无地自容，终而恼羞成怒，以下有一些建议，或能助你克服这种心理上的障碍，慢慢懂得从批评中吸取教训。

（1）世界上没有一个完美的人，所以你不必介怀人家的批评，你的弱点，无损你的价值，无须一概以敌视的态度对待意见与你相左的人。

（2）如果别人对你的工作表现，颇有微言，你知道人家是针对事情发出意见，而不是故意与你作对。

（3）千万别把"我的工作不被接受"，解释为"我不被接受。"

（4）听到人家对你的批评后，暂且不要马上反唇相讥。你应回去好好想一想，看看对方是否真的恶意中伤，抑或只是说出真相。

（5）假若你对于人家的批评半信半疑，不妨多跟几个朋友倾谈。客观听取别人的意见，你会对自己有更深刻的了解。

（6）如果你觉得人家误解了你，你不必与对方发生争执，只需把你的意见说出来，保持心平气和，批评便再也不能影响你了。

如果你希望自己人见人爱，广结人缘，带给刚认识的朋友一个好印象，你需要注意日常生活中的细节，与人面对面闲谈的时候，不但要注意自己的谈吐与仪表，在看不见对方，只听到声音的电话中，你更不可忽视礼貌，切勿以为别人不在你的身旁，便可以放肆起来，拒人于千里之外。懂得抓紧讲电话的机会，为自己建立一个美好形象的人，无论他们做什么事情，必定有所成就。

每个人天生美妙的声线，如果你能加以发挥，在工作上将会带给你极大的帮助，事事进行得十分顺利。假如你不希望被人视为一个态度恶劣、没有教育的家伙，下一次在讲电话的时候，你要回忆以下的建议：

（1）假若你想让对方晓得你很欣赏他，或是表达任何正面的情绪，说话的时候，你要面带着微笑，这样对方听进心里，才觉得你的确有诚意。

（2）由于对方看不见你的表情，你需要在说话中充满热情，使别人于不知不觉间也受到你的感染，觉得你是一个很特别的人。一些带有较强烈感情的字眼，如：伟大、真奇妙等等，有助你抒发这种强烈的情感。

（3）说话的语气应该温和而声调降低，不可无端大叫或说话硬邦邦的，时而变换一下语气，在一些重要的字眼上才提高声线，别人必然会觉得你的声音很动听。

（4）拿着电话倾谈的时候，说话必须清楚，让对方不致听得太吃力。

（5）不要把电话放在头与肩膀之间，一边讲电话，一边处理手边的工作，因为这样会令你分心，何况歪着头讲电话，无形中压着喉咙，令说话变得不清晰，给人一种怪怪的感觉。

很多人都不习惯与陌生人或刚认识的朋友打交道，有时碍于情面，不得不勉强寒暄数句，可是气氛都变得十分凝重，大家同感尴尬，心跳加速、脸红耳热，甚至因此而害怕与陌生人接触，性格日趋内向，影响自己正常的社交生活。美国华盛顿大学一些心理学家指出，享有与陌生人愉快的聊天经验，其实是一件很容易的事情，只要你懂得一点技巧。以下是一些建议：

（1）把话题集中在对方的身上，谈谈一些他感到自豪的事情，以友善的态度，聆听对方的说话。

（2）人人都喜欢听到别人对自己的赞美，你希望打开话匣子，发问时须有技巧，例如："你手上戴的戒指很漂亮，它是什么宝石？"或者说："你的溜冰技术如此高超，是在什么地方学会的？"

（3）消除人与人之间隔膜的方法，可以注意对方身上所携带的东西，如：书本、球拍等等，巧妙地环绕他感兴趣的问题讨论，例如：你看到对方手持一把网球拍，你可以这样开始对话："你能否介绍一处地方，让我学习网球技术吗？"

（4）让对方晓得你对他有好感，希望与他成为好朋友。

（5）就你们共处的环境，发出一些问题或你个人对周围事物的观感，如："这里的环境很优雅，你知不知道还有什么地方像这间餐厅一样好情调？"

（6）面对陌生人，不要随便对身旁的人或事肆意批评，否则对方会觉得你很难相处。

（7）避免犯有言浅言深的毛病，对于刚认识的朋友，不应向对方大谈自己的秘密，此举吓怕对方，令人增加许多心理负担。一个真正有内涵的人，除了学问渊博，心胸广阔，懂得体谅别人，说话不卑不亢，处事得体，待人和气之外，他的言行举止，处处表现出不凡气度，令人一见倾心，总觉得与他在一起，如沐春风，被他的仪表深深吸引。

如果你也希望成为一个到处受欢迎的人，你应该意下列这些事项。

中华处世秘笈

（1）要打扮得体，但别太刻意穿戴。保持外表整齐清洁，用衣服来衬托出自己优美的身段，而不是成为衣服的衬托品。

（2）别把烦恼带到宴会去。若你能肯定自己有嘲自解的幽默感，便不妨向别人提及你的不幸遭遇。

（3）礼貌从容地离去。在适当的时候，从容地提早引退，却又表现出很舍不得的样子，人家必然会对你留下深刻的印象。

（4）学习说"不"。你要培养独立的性格，并且要知道自己的好恶，无须口不对心地做自己不喜欢的事情。

（5）培养幽默感。一般朋友见面聊天，你应避免谈论他人的是是非非，保持笑容，耐心倾听，已经很足够时，时而说出一两句富幽默感的话，增添愉快的气氛，便更理想。

（6）别故意亲近名人。如果有知名人士与你出席同一宴会，别像个无知少年般为他们着迷。

（7）别口舌不饶人。偶尔与人辩论一些问题，对你来说是一种有益心智的锻炼，但不想着一定要说赢对方。

（8）别大惊小怪，无论遇到什么事情，你必须要保持冷静，有条不紊地做自己该做的事情。

（9）不要做名牌的奴隶。炫耀卖弄自己满身名牌，是一种十分愚蠢可笑的行为，而且名贵的衣饰会抢尽镜头，你反而变得黯淡无光。

凡是有人的地方，就有是非。亲密如兄弟手足，也会为了一丁点事情而发生争执，彼此于不自觉间存有心病，大则互不瞅睬，漠视关乎对方的种种，视作陌路人，小至故意跟对方抬杠，心存鄙夷。

面对别人无理的指责批评，你可能会感到很生气，反唇相讥，逞一时之快，把人家的弱点大大取笑一番，像这样不成熟的报复行为，其实十分正常，只是它对于心理会造成不良的影响，久而久之，你会仇视一切与你意见相左的人，遇到一点不如意，心情随即变得恶劣，要人人迁就你，就是连你也不晓得自己下一刻的情绪如何，生活的枷锁把你压得喘不过气来。

可能你从来没有想过自己对是非的反应，竟会带来无穷祸患，令一个本来无求自足的人，变成另一个人——刻薄寡恩，善妒小气。

比如某君，他是一个至情至性的人，在他心目中，只有不可以做的事情，却没有不说的话，加上他性格率直，很容易得罪别人，到处树敌，什么"口不择言"、"出言不逊"，都是人家对他的指斥，如果他要一一辩驳，跟别人纠缠不休，他还哪里有时间对酒当歌，细细体味一切美妙的乐事？不管别人对他的言行如何侧目，形容他是一个怪人，某君依然故我，做自己认为对的事，笑骂由人，从不把是是非非放在心上，又何来怨愤？不过，假使对方的所作所为太过分，他会按捺不住，力斥其非，就算别人恼他一生一世，他仍是紧执宗旨，对看不过眼的事情，口诛笔伐，时过境迁之后，什么也不放在心上，他的处世态度是，对事不对人，但求自己不作恶害人，朋友对他的毁誉，一概抛诸脑后。

当你发觉自己变得多疑善妒，喜欢跟人家斤斤计较之时，务必特别留神，这可能是你性情转趋乖张的开始。星星之火，迅即燎原，何况是养成自我膨胀的恶习？

相信谁也不愿意被人利用，尤其是对方曾是你的知心好友，你发誓永远也不会再信任这样的人。可是，与此同时，你有没有发觉身旁的朋友日渐减少？如果你很在意人家利用你，无疑，你的朋友必定少之又少。

每件事情必有好坏两方面，当对方虚情假意哄骗你，使你甘心乐意为他无条件付出自己的精神与时间，你发现真相反勃然大怒之际，是否尝试过让自己控制情绪，想想自己有什么长处值得人家利用你？对方利用你而达至名成利就的目的，你是否能够反利用？最聪明的人，凡事三思而后行，一旦决定动手拼干，便毫不理会别人的看法，总要自己做得愉快，找到各种的意义所在，如此又有何利用可言？借此作为自我锻炼的机会，"不经一事，不长一智"。唯有具容人之量，珍视生命过程中种种宝贵经验的人，谁也无法利用他，只须一息尚存，每天他都在生活，世界为他所拥有，万事万物是他的踏脚石，精诚所至，谁可阻挠他的青云路？

事事看开一点，做人多忍让，看着目标，步履稳健，不徐不疾，心情自然轻松，精神畅快。

下一次，当你实在忍无可忍，很想把利用的朋友狠狠羞辱一番，以泄心头怨愤之时，请你把你的愤怒目光收回，注意力无须集中在自己被人利用这件事上。你应该从这方面思考：

（1）对方能够利用我的原因，无疑是由于我的弱点，让他有机可乘，现在该是我好好反省，把弱点找出来，彻底消除恶习的时候，明天必然也会因此变得更好。

（2）反正多做一些工作，多花点精神、时间与金钱，自己仍能应付自如，借此又可以知道自己的能力有多少，何必斤斤计较。

见庙烧香，见佛磕头

美国著名作家马克·吐温曾说："一句赞美的话可以当我十天的口粮。"

学会赞美是我们进入社会的一门必修课。

似乎有人会对此怀有疑问，只要有能力、有学识而后好好地干，地位、成绩、声誉自然会接踵而来，其实，这种想法是非常错误的。要想求得事业上的成就，不营造一个和谐安宁的人际关系氛围是不行的。良好的人际关系会使你获得多方面的支持与帮助，助你实现自己的奋斗目标，而营造一个良好的人际关系氛围就要学会给别人一点赞美。

说好话要字正腔圆

无论是夫妻、情侣甚至与一般朋友谈话，都尽可能不要拿他和别人作比较，或称赞可能与他有"敌对"关系的人。有些太太经常在丈夫面前说"隔壁山本先生当上课长了，他不是和你同一期进公司的吗？"虽然她没有直接贬损先生，但在他面前称赞别人的先生，就已经明白表示责备先生的无能，如此是很可能造成夫妻间不快的。

即使只是在他面前称赞别人，而丝毫没有讽刺之意，但听起来仍很伤人自尊；例如，有一次在我经常光临的一家裁缝店，听到一位小姐说"这个布料，李小姐也订制了一套不同颜色的呢？她的皮肤白皙，穿起来真好看。"此时自己心中顿时产生了难堪的感觉：这正说明了有时候不经意的比较，常会使双方都感难堪。

如果不小心说出"她也穿了一套和你一模一样的衣服，真有气质哦！"虽然知道已经说出口难以收回，不妨补充一句"但是你穿起来和她就产生了不同的韵味，你穿起来显得明朗活泼呢！""个性都穿出来了"然而这毕竟只是补救的作法，还是避免在别人面前，赞美可能与他产生敌对的人较好。

其实赞美或谄媚的话，所不同的即为是否说出"具体"的事物；谄媚的话可以漫天乱说，而真正赞美的话却能永存心头，虽然有些人即使是听到谄媚的话也很高兴，但真正忠直的人即刻会感到，"谄媚"的背后可能带有企图或要求，因此完全不予理会。

有些口才笨拙的人往往以为自己不会说赞美的话，事实上，口才越笨越拙的人，越能将赞美"具体化"，如"你的蛋糕做得真好吃，我家小孩都非常喜欢你做的草莓蛋糕"，就是这样，并不需要任何拐弯抹角，只要具体说出来反而更能使对方高兴。

要说出赞美的话是颇为困难的，相同的，在接受赞美时，要将自己愉快的感受说出来也不容易。

有许多人受赞美时心中虽然很高兴，却又不好意思说出来，或者以为他有什么企图，而加以否定或拒绝接受，令赞美的人感动十分难堪，有下不了台的感觉。

例如，"你的表现真杰出啊！""不要揶揄我了！我还差你一截呢！""你这件衣服真漂亮啊！""好了，才五百元一件而已"。对别人赞美的话如此加以否定，或带有敌意，必定予人"很不好相处"的感觉，如果认为对方有特别的企图或要求时，自己觉得不好，只要加以拒绝即可，没有必要完全否定对方的话。

对于他人的赞美，"欣然接受"是最好且最有礼貌的作法，例如，"昨天你电视上穿的那件洋装真漂亮！""是吗？""真的，尤其是那条腰带。""是啊！那条腰带还是我母亲去法国时，特地买回来的。""真好看。""真是高兴呢！谢谢你。"

据说某公司总裁李先生，有次被询问如何掌握住这么多手下，使他们如此尽心竭力为他效劳又不致引起争执？他说道"不要在大众面前公开赞美其中一人"，相同的道理，也应避免在人前公开责骂部属。假定主管在公司开会时，特别指出"这次和三江公司能顺利定下契约，都是××的功劳"，在座的同事心中必定愤恨不平，"太过分了，明明是同一组一起做的。""他不过是运气较好罢了"、"机会是我们一起创造的啊！"如此一来，办公室战争就会无休止了，对公司来说绝非好事。

一般人往往认为"既然是光彩荣耀的事，为什么不在大庭广众下予以表扬呢？"然而实际上，除非没有利害关系的称赞，否则极容易引起其他部属的嫉妒不满，这种赞许可以私底下告诉他，至于公开嘉许时，每个人的辛劳都要趁机表扬，如"因为大家努力合作，才有如此的结果"、"大家的辛劳我已向总经理报告过了，他非常的高兴。"如此才是最完善的作法。

我有一名十分要好的女性朋友，她的先生在一次出差到国外时突然因病死亡，于是公司问她是否愿意接替她先生的职务，亦即专门处理外籍观光客的业务秘书工作；在她工作的第一天，她意外地发现了许许多多的惊喜，然而最大的惊喜莫过于公司资深员工及经理告诉她，有关她先生迅速而有效率的办事能力，更有顾客满怀关切之情告诉她"他是一个多么善良的人"，着实令她感动万分。

许多赞美的话由他人口中传来，心中的确十分喜悦，另一种由长辈或上司口中传来的赞美，更是令当事者除了喜悦外，另有一分光荣与感动。虽然做事并不是为了做好给别人看，但如果你的成功能经由别人肯定，而且获得自己所敬重之人予以承认，相信会使自己更激进、更努力。

一般百货公司经常会举办"微笑小姐"、"亲善大使"的选拔，其目的，亦是想借由顾客对百货公司的小姐的认同，经过上司、经理等长辈的眼里、耳目而予以传达，其所得到的荣耀更是每个人都想争，由此更能使赞美达到最大的效果。

如果你的朋友原本说好要来看你，但却在当天打电话来说"因为临时有事，所以不能前往，真是不好意思"，这时你如果说"啊！正好，我也刚好有事必须外出……"则尽管是实话，对方也会感觉"不受重视"，以为自己的来访是不受欢迎的，此时如果回答"真遗憾！一直以为有机会和你聊天，真是可惜，那么改天吧！改天可以吧？"相信对方必定会感到受重视的喜悦。

又假定这位朋友来访时，窗外突然淅沥淅沥地下起雨来，此时如果说"上次你来的时候也下雨"、"那次去看歌剧也是淋了雨回来的"、"好像每次和你在一起都会下雨"，则会使对方误认为你和他在一起是非常无聊，或是非常难受的，甚至将下雨的责任都归咎给他，这样的情形，相信任何人都会感到不愉快的。

此时如果能温和地说"啊！又下骤雨了，这种骤雨是最有情趣的呢！""我想这场雨可能要下一段时间啊！我们又可以多聊一会儿了。"如果在语气中，能时时表现出"重视"对方存在的意味，相信对方也会以重视你而予以回馈的。

公开演讲或致辞，应尽量避免自说自话，以及千篇一律的内容，在结婚喜宴上的谈话，总不外乎是"他们两个真是郎才女貌"、"这对才子佳人真是配合得十全十美"、"两个人从国中、高中至大学都是令人称羡的一对"、"他们都顺利地自一流大学中毕业"，诸如此类的致辞，令人烦不胜烦。

夸别人要慷慨大方

那些可以获得别人好感而且杰出的人，都是毫不迟疑去称赞别人的人。

绝大部分的人都吝于称赞别人，纵使他们非常清楚对方的成就；结果这些人也同样地难以获得别人的称赞。

反观那些杰出的人，因为总是慷慨大方、毫不迟疑的称赞别人，所以他们也可以赢得别人慷慨而大方的称赞。

据心理学家的报告，称赞别人时，应该遵守下列五项原则：

（1）不要害怕面对面称赞别人

如果对方是个女人而她的新帽子很漂亮，你要勇敢地当面告诉她；如果对方是个男人而他的领带很漂亮，你也应该勇敢地当面称赞他。纵使你在报上看到友人被选为区政协代表，你也应该立即拨电话向他道贺。

像这样直接当面称赞他人的话，也许对方听了以后，会对它打些折扣，但是这总比你不把它说出来要好。你不可能不费吹灰之力就能使对方感到愉快。所以，既使你的称赞不可能收到百分之百的效果，也应该毫不迟疑地当面告诉他。

（2）向对方求助或是征求意见

譬如，你可以问对方："你认为如何？""我该怎么办？"这是属于一种间接的称赞。你或许认为它不能达到和直接称赞相同的效果，但是，如果你能运用得当，它绝对能够产生比直接称赞更大的效果。

（3）满足对方在知识、能力、判断力上的虚荣

对于实在不是很了解事情真相的人，你也应该对他说："你一定很了解吧！"也就是说，你能够把他当作知道此事的人，也足以撩起他的虚荣心，让他感到高兴。每一个人都希望被认为是有知识有教养的人，如果你不忘时常用"你真有知识"、"你真有能力"、"你真有判断力"，去满足他这方面的需求，那你就能很容易地使他对你产生信赖和好感。

曾经有一位催眠专家表示，如果你想催眠一位有教养的人，最重要的秘诀是，在事前不露痕迹地给他这样的暗示——知识水准愈高的人愈容易被催眠。那么不管这个人是否真的有教养，他都很容易催眠。因为他为了证明自己是有教养的，会先迫使他自己这么做。

所以，如果你对那些爱谈论政治事务的人说："像你这样通晓国际情势的人，一定对石油问题的发展了然于胸。"那么，你就能很容易地博得他的好感。

（4）说出对方的优点

譬如说，男人希望被认为强壮，女人希望被认为漂亮。你只要好好掌握这个原理，并且制造机会称赞他的强壮或她的美丽，那么你也可以很容易满足他的虚荣心，让他感到无比的高兴。

那么对于根本都不强壮、不漂亮的人，我们该怎么办呢？

你可以对不漂亮的女人称赞她"很有智慧"、"很善良"、"很善解人意"……同样地，你也可以对不强壮的男人称赞他："很有能力"、"很有见解"、"很有个性"……总之，一定有办法可以找到满足对方的赞美词。

（5）称赞对方的成就

这是满足对方虚荣心最好的方法。有些男人对于自己事业的成功感到得意，有些女人对于自己孩子优良的学业成绩感到得意。聪明的你就应该在他们这些得意处，好好利用机会加以称赞。

懂得这些称赞原则并且善加利用的人，一定会为他的生活带来许多意想不到的好处。不过你应注意，绝不可以把它和"谄媚、奉承"相混淆。像那些显而易见矫情的谄媚，和称赞是完全不同的。

那么，称赞和谄媚到底有什么不同呢？

心理学家表示，要防止你的称赞沦为谄媚，最好的方法就是只去称赞他真正的成就。而且，你称赞时的态度必须非常认真和诚恳。称赞和谄媚之别就在这里。

恭维要带几分真诚

对于不了解的人，最好先不要深谈，要等到你找出他所喜欢的是哪一种赞扬，才可进一步交谈。最重要的，我们绝不可随便恭维别人。

如果有人告诉我们，某某在我们背后说了许多关于我们的好话，我们会不高兴吗？这种赞语，如果当我们的面说给我们听，或许反而使我们感到虚假，或者疑心

他不是诚心的，为什么间接听来的，便觉得非常悦耳呢？因为那是真诚的赞语。

历史上德国的铁血宰相俾斯麦，为了要制服一个敌视他的属员，他便有计划地对别人称赞这部属，他知道那人听了以后，一定会把他所说的话，传给那个部属。

吉士斐尔说："这种驭人术，是一种至高的技巧，在人背后称赞人，这个方法，在各种恭维的方法中，要算是最使人高兴，也最有效果的了。"

另外还有一个间接赞扬人的方法。克利佛兰前任军事部长贝柯，曾经在法庭上用过这种方法。他向一位外国法官陈述案情时，故意地说了一句似若偶然而很动听的关于并非美国公民的话，那位敏锐的律师和另外几位出席法庭的人，都注意到这句话，因此贝柯很顺利地得到这位法官的好感。

这是一种简单的计策。如果有某个人对于讲述故事的本领非常自负时，我们可以当着他的面称赞说，某某人是怎样的善于说故事，他便会觉得非常高兴。

美国名总统威尔逊，在他竞选民主党总统的时候，就应用这种方法：有人发布威尔逊多年以前所写的一封信，在那封信里，他表示要将某议员打得一塌糊涂。在信件发布不久以后，在华盛顿的某一场宴会中，那位议员也在座，威尔逊在他的演说辞里，对该议员的品格和他所以博得名誉的缘故，赞誉备至。过了不久，威尔逊又和该议员碰面了，那位议员握着威尔逊的手，告诉他不必为那封信的事烦心。

煤油大王洛克菲勒的同事贝特福特，有一次经商失败。他是帮助洛克菲勒创建标准煤油公司的伙伴之一。但是这一次，他竟因投资过大而遭倾覆了。

接着发生的事情，却使他惊异不已。

贝特福特说："有一天下午，我走在路上，我看到洛克菲勒和勃拉脱两位先生，就在我的后面。但我没有回头，照样地一直向前走，可是他们叫住我，洛克菲勒在我肩上诚挚地拍了一下，并且说：'贝特福特，我们刚才听人谈起关于你的事情。'我想他们或许要责备我，或许他们听了一些不确实的消息。我答说：'那实在是一次极大的损失。我只保存了百分之六十的投资。''啊，那已是难能可贵的了。这全靠人处理得当，才能保存这么多。这真的是出乎我们意料之外。'"

洛克菲勒在应该斥责的地方，反而一反常态，找出一些值得赞美的地方来。

赞美是一种博取好感和维系好感最有效的方法。它还是能促人继续努力最强烈的兴奋剂，它是自信泉源。

须华孛说卡耐基："他是一位会握着你的手，鼓励你，赞美你的人。在我的生活经验中，还没有碰到一个能及得上他的人，有许多人，虽然拥有职权，但他们没有嘉许人的雅量，只会讥讽别人，像这样怎么能成就更伟大的功业呢？"

其实须华孛本人是最能领会卡耐基精神的人。有人说："在须华孛的手里赞美别人已成为一种异于寻常的动力之源。"

当须华孛就任紧急造船厂厂长的时候，工人群中热诚的情形，可由斯笃克勃立奇的叙说中得知："从经理到工人，他都很大方地给予嘉奖，称赞工作人员的工作技巧，使受到的人，都觉得这比金钱奖赏还为可贵。"

"军舰'拖甲虎'号在二十七天内完工，甘登造船场里所有的记录，都被打破了。须华孛召集造船舰的全体工作人员发布一篇庆功的演说辞，并且赠给每人一枚银质奖和威尔逊总统的一封信。最后须华孛转向负责监造人汤美梅森，从自己的袋子里掏出一个金表，亲手交给他，作为一个小小的纪念。"

领导者把赞赏给予属下，恰似把食物给与饥民。在许多事物里，他将给与他们最高营养的食物。

斯脱朗是芝加哥日报的发行人，他曾经告诉别人：他在保险箱里保存三百封信，这三百封短信，都是他的上司费克都在二十年中所给他的。他说："这三百封信，都是对我工作成绩的赞美——而那种赏识，在别人看来，或许根本是无足轻重的。"

柯德士是著名的星期六晚报的发行人，他是"慎于批评"也"慎于赞美"的人。

但是，腊明顿冉特公司的总经理冉特曾经说过："称赞不会增加消费，但常会增加利润。"

当然，有一种人，是不能轻易给予赞美的，当他们听到赞扬时，常会得意忘形，所以有时候，碰到这种人，就必须用严峻的态度，去讨论他所做的事。

著名的事业家卜德曾经定下六条法则以处理员工的规范。其中有一条是："对于他们所做的好事，要当着大众面赞美他们。"

美国有两位最大的铁道建筑家，一位叫黑耳，一位是海立门。这两人都有这种胸襟。黑耳告诉我们："黑耳的长处是期望并珍视他手下的人；海立门的优点是对于各种人才，都会给予无尽的赏识。"

时时用使人悦服的方法赞美人，是获得人们好感的方法。记着：人们最喜欢人家赞美的，便是他们觉得没有把握的事。

低调做人不吃亏

浦德南曾经用过一简单的策略，而获得惊人的成就。

浦德南是驰名出版界浦德南图书公司的总经理。有一次他是赶到华盛顿预备出席一项会议，借以拥护一条出版界极有关系的议案。

那时他处在一个极困窘的地位，因为在事前，法律顾问已对他宣告绝望。但他听了法律顾问的宣告后，并不失望，独自站在许多有权势的人中间——那些有权位的人，都想阻止这项草案的通过。

最严重的是，委员长柯佩增对这项草案也表示反对。

可是结果浦德南却借着柯佩增的力量，而获得胜利。他劝导柯佩增以正直的方式，把这份草案呈报给国会。

在这次会谈里，浦德南称呼柯佩增，总用"钧长"，称该会为"钧会"，完全采用法庭中正式仪式。

浦德南把柯佩增当成一位不偏不倚的审判官看待。最后他以赞扬柯佩增而获得胜利。

所以恰当的颂扬，是最有效的方法，它可以抬高别人的自尊心，获得别人心甘

情愿的协助。伟大的领袖，几乎都是使用这种方法的能手。

美国总统罗斯福便有这种本领，他对于任何人都能使用恰当的称赞。

林肯也是一个善于使用赞扬的人，文波曾告诉我们："挑出一件使人足以自矜和能引起兴趣的事，然后说一些真切而能满足他的话，这是林肯日常必定会做的事。"

林肯曾经说过："一滴甜蜜糖比一斤胆汁更能捕获许多苍蝇。"

人不分男女，位无贵贱，都喜欢听到适当的称赞，同时这种称赞能给予加倍的能力、成就和自信。这的确是一位最有效的方法。

要使赞扬能够生效的方法很简单，只要我们心中牢记各人性情不同的地方，适时地给予恰当的称赞就可以了。

有自大狂人虚荣心最重，往往他们不论在任何时间、任何地点，都喜欢别人对他作阿谀式的颂扬。

许多有作为的人便不是如此，如煤油大王洛克菲勒和钢铁大王卡耐基，他们喜欢别人恭维，有一位著名的新闻家恺雷，曾经报导过：

"倘若有人称赞他的家庭经济，这位煤油大王常会乐不可支，同时，他又喜欢听别人说他对慈善事业和办理学校是如何的热心，当他听到这类话时，他会马上非常兴奋；有一次，我赞美他向学校里一群小孩子所发表的谈话，他立刻感到高兴极了。"恺雷又说："钢铁大王卡耐基只要你恭维他某一次的演说辞，是怎样的有益和怎样的动人，就很容易引起他回答平时不愿意回答的问题。"他又说："如对着卡耐基或洛克菲勒赞美他们的商业领袖才能，是绝不会使他们发生兴趣的，这些在他们听来反而会觉得你没有诚意。然而'家庭经济'和'公开演说'却是他们癖爱的虚荣点。"

差不多任何人都有这种虚荣，这是因为他们对这些事觉得没有把握，但却希望在这些没有把握的事情上显示自己的卓越，获得人家的赞赏。当你对他们这些没有把握的事情中任何一件加以称赞时，都会使他们乐不可支。

吉士裴尔伯爵说："各人有各人的优越的地方，至少也有他们自以为优越的地方。在自知优越的地方，他们固然盼望得到别人公正的批评，但对那些还没有自信的地方，尤其喜欢受到人家的恭维。"

有一位非常能干的名人名叫华浦耳，吉士裴尔曾经批评他说："他的才干是众所周知的，对于这一点，他自己也知道得很清楚。但他在对待女性方面，害怕自己的举动像一个浮华之徒，而盼望听到别人说他拥有温厚文雅的态度。所以在这点上，是极易被人恭维奉承的，而这也是他常喜爱和人谈话的资料。由此可以证明，这是他的弱点所在。"

吉士裴尔说："你如要发现各人身上最普遍的弱点，只要你观察了最喜欢的谈话题材，就可以了。因为语言是心音，他心中最渴盼的，嘴里一定讲得最多。"

恺雷告诉我们他怎样获得帮助，只因为他能找到两种差别极大的典型人物所嗜爱的虚荣。他说：有一次，我和一位裁判长傅罗谈话，寻思他刚在西部某大学演讲完毕，我很了解如果我对他只谈一些关于演说的话，是不会让他高兴的，因为演说对他已成为老套了。于是我对他说："裁判长，我真想不到一位站在最高法庭的人，竟然是如此的平易近人。"他立刻对我发出了会意的微笑。

有很多人，喜欢听相反的话；更有很多人，喜欢人家把他们当做是很有理智的人。有一次我和一个人讨论某件事，我告诉他："因为你是这样的冷静、敏锐，因此我想知道，我们现在究竟在做什么？"他听了这话，立刻出现满面春风的样子原来这个人盼望别人把他看成冷静和敏锐的。

吉士裴尔告诉我们："差不多凡是女孩子，都喜欢听到别人夸赞她们的美丽，但对于具有倾国倾城姿色的女孩，就要注意避免再去赞扬了，而应该称赞她们的智力；如果她的智力又恰恰不如别人，那么你的称赞，一定会使她雀跃无比。"

拍和被拍的辩证

恭维话有人爱听，你对人所说恭维话，如果恰如其分适合其人，他一定十分高兴，对你便有好感。最奇怪不过的是，越傲慢的人，越爱听恭维的话，越喜欢接受别人的恭维。有的人义正词严，说自己不受恭维，愿听批评，其实这只是他的门面话，你如果信以为真，毫不客气地率直批评缺点，他心里一定老大不高兴。表面上虽然未必有所表示，内心却是十分不安，对于你的感情，只有降低，绝不会增进。

每个人都有希望，年轻人希望寄予自身，老年人希望寄予子孙，年轻人自以为前途无量。你如果举出几点，证明他的将来，大有成就，他一定十分高兴，引你为知己；你如说他们如何了不得，他未必感兴趣，至多你说明他是将门之子，把他与他的父亲，一齐称赞，才配他的胃口。但是老年人则不然，他自己历尽沧桑，几十年的光阴，并未曾达到预期的目的，他对自己，不复十分相信，不复有十分希望，他所希望的，是他的子孙。你如果说他的儿子，无论学问能力，都胜过他，真是个跨灶之才，虽然你是抑父扬子，当面批评他，他不但不会怪你，而且十分感激你，口头上虽然连连表示不敢当，内心里却认为你是慧眼识英雄。可见说恭维话时对于对方的年龄，应该要特别注意。

对于商人，你如果说他学问好、道德好、清廉自守、乐道安贫，他一定不高兴；你应该说他才能出众、手腕灵活，现在红光满面，发财即在目前，他听得才高兴。对于官吏，你如果说他生财有道，定发大财，他一定不高兴；你应该说他为国为民、一身清正，他才听得高兴。对于文人，你如果说，学有根底，笔上生花，思想正确，宁静淡泊，他听了一定高兴。看他做什么职业，你说什么恭维话。

最后讲个有关拍马屁专家的老笑话。某丙是拍马屁专家，连阎王都知道他的大名。死后见阎王，阎王拍案大怒，"你为什么专门拍马屁？我是最恨这种人的！"马屁鬼叩头回道："因为世人都爱拍马屁，不得不如此，大王是公正廉明，明察秋毫，谁敢说半句恭维的话呢？"阎王听后，连说是啊是啊，谅你也不敢！实则阎王也爱听恭维话，不过说恭维话的方式，与普通不同罢了。这个故事，是说明了世人之情，都爱恭维，只要你的恭维话说得有相当分寸，不流于谄媚，不但无伤人格，而是得人欢心的一法呢！

许多伟人都是听着别人的赞美成长起来的，他们对赞美的用处有着自己独特的内心体会。一个孩子如果总是得到长辈和他人恰如其分的赞美之辞，那么他必能按良性方向成长起来。美国前总统林肯是一位相貌非常丑陋的男人，他在一封信的开头是这样写的："人人都喜欢赞美的话。"丹麦童话作家安徒生自幼因为相貌丑陋被周遭婉拒，得不到别人的亲近和喜爱，后来才写了《丑小鸭》来寄托自己的渴求。美国著名的心理学家威廉·詹姆斯经研究后说："人类本性中最深刻的渴望就是赞美。"所以说人人都需要别人的赞美。

人是世间最自私的动物，每个人最关心的就是自己，关注自己的相貌、能力、名声、成绩以及在人们心中的形象，追求来自方方面面的赞美和褒奖。赞美直接关系到一个人的名声和将来的发展。因为人的发展的最重要因素就是精神动力。人活一张脸，树活一张皮。赞美别人也就是给别人一个面子，不但给别人以心理上的平衡和个人发展上的动力，自己同时也获得了别人的认可和支持。

中国有句老话叫做：爱美之心，人皆有之。其实，喜欢听别人的赞美是人的天性使然。

美国心理学家马斯洛分析了人的各种需要及欲望之后建立起层次结构学说，认为人有从低到高的五种需要，即生理需要、安全需要、人际关系需要、尊重和荣誉的需要、自我实现的需要。其中生理需要是最基础、最原始的需要。人们在生理需要获得满足之后，才会涉及其他方面的需要。

国内一位民营企业领导昔日高考落榜之后非常苦恼，但他的父亲并没有太在意，相反，为了唤起他奋发向上的动力，父亲对儿子说："落榜算得了什么？爱迪生没上过大学却成了世上最伟大的发明家，华罗庚初中毕业却成数学家，在大学里教学。既然你喜欢电脑，那你就搞电脑维修吧，我支援你一万元儿作本钱。"在父亲的赞美和支持下，他不断努力，十年后，一个民营电脑企业迅速发展起来。营业额最高逾一亿元。

在赞美人需求其彻于人的生存和发展的始终，胜过一切灵丹妙药，可以治愈人的心理上的创伤和生理上的缺憾。对处在失意与挫折之中的人们来说，赞美往往具有人们难以想象的巨大力量。

谨记不要功高盖主

当第一次世界大战时，美国政治家好士说些不好的消息给国务卿白里安听。他把白里安心中的希望动摇了。这是 1915 年一月的事，是战争发生的第二年。

他没有政府的核准，便到欧洲去任美国的和平密使。但在当时言"和平"，是白里安所不赞成的。这件烦恼难应付的差使，美国总统威尔逊选定好士去承当。同时，他又肩负着使命，把这消息说给白里安知道。他简直要把白里安尾上的羽毛拔光，可是还要使他心里悦服。他在日记里，把这次和白里安很棘手的会晤叙述出来：

"他听到我赴欧洲充和平密使，就很明显的露出失望的样子，说'他早就预备了。'我答道：'总统的意思，以为如正式任命任何人去干，殊不稳妥，因为这样就会引起很大的注意，人民要惊异这个人为什么要在那方？'白里安慷慨地说道：'如他感觉由政府正式任命发生困难，那么，也就只好采用非正式的办法了！顶适合不过是你去走一遭。'好士把这国务卿的创伤，很灵巧很自然地敷上了药膏。

"会引起很大的注意"这句话，好士无疑是在白里安的虚荣上面倾了香液。"非正式任命的密使"这句话不但保持了白里安的自尊心，也表示那年老的白里安是应留在国内。

好士当时最吃紧着力的一点，就在使白里安感觉自己地位的重要，在他面前显现出"引起很大的注意"的影子。同时，他用了权变渡过了这层难关。旁人的"自尊心"，他却能好好维护，使旁人感觉比他优越。他只用了一种手势，却给白里安轻轻一拍和一推。

好士能认清给人不好的消息是一件不大易的事，是值得我们敬仰的。其困难并不全在消息的本身，而在如何表达这种消息的法子。

有能力的人，遇到非把不好的消息说给人听的时候，就必须压倒人家希望的时候，往往竭力避免带给人家的耻辱。

福特拒绝请求他的人，有一种固定对付的办法。为要不使那人觉得受打击，并维护那人的身份起见，他常先叫那人去见他的代办，同时在无形中暗示代办如何应付那人和他的请求。福特用什么方法呢？他必定给这请求者一纸便条带给那代办，而便条上必定有一个"See"字。如便条上的"See"字拼得不错"S-e-e"，他的代办便知道这是允许那人请求的意思，如拼错成为"S-e-a"时，他的代办便知道是拒绝那人的请求。

美国名总统麦金莱常用一种更简单更直接的法子。当他必须使一人失望时，就对这人格外表示恭敬，请他吃点心或午餐。阿尔考德曾告诉我们说："麦金莱对人说'no'字，说得诚恳极了，失望的自荐者结果几乎都成为他的好友。"

把不好的消息用雅趣的方法说给人听，常须稍稍慎重一点，选择我们的字句。

有一个所熟知的故事，颇能阐明此理：

"一个鞋铺的店员，对正在穿跳舞鞋的妇人说：'太太，你这一只脚比那只大。'第二个鞋铺的店员说：'太太，你这一只脚比那只小一些。'妇人把第二个鞋铺的鞋子买了。第二个人真是一个合格店员，第一个却不是。"从这个故事看来，我们的说话，虽在些微之处，也应当加以慎重。

约翰陶德是纽约一所很大建筑公司的主人，他有一个年轻的雇员叫做华特，这人很能运用这个策略。约翰陶德曾谈起道："华特有一次把很恶劣的信息送给一个非常怪癖的人，华特在那人的办公室里，不到五分钟，已和那人成为朋友了。"

所以你们遇着把不好消息说给人听的时候，或使人失望的时候，必须留心把那人的虚荣维护起来——如果你有尊崇他的善意的话。

迭斯拉里想做成功的演说家，可是他的演说，人们都不喜欢听。有一次他作公开演讲时，竟受人嘲弄，遭遇了耻辱。

这件事发生后，那身上着白色背心，上面悬着黄金链子的年轻的迭斯拉里，成为英国下议院里的笑柄。但他并不灰心，"总有一天你们要静听我讲的"。这是他在遭遇了耻辱之后说的。不久，他的理想果然实现了。

迭斯拉里为什么会受到这样的耻辱呢？因为他的演说极其笨拙，推理的时候，思想很不周到，并且举例琐碎，在迭斯拉里遭受挫败后，沉寂了数月，并彻底反省，当他醒悟到演讲的人须以别人的自我为本位时，他前几次笨拙的演讲，仿佛是一种"权术"运用下刻意的安排，因为他两度复出演讲，一鸣惊人，好像突然显露了真正的才华与目的。他的演说，使那些议员不但印象深刻，且认为他将是英国首相，将跃为欧洲少数的大政治家之一。

那些一向顽固的英国人，从来就对迭斯拉里不喜欢。因为他很早就有浮华的名声，衣服总是很鲜艳夺目，大家对这虚有其表的公子，自然看不起！而他呢，对于别人的优良习尚不知尊崇，自以为聪明不过，当然也要引起人家对他的反感！

其实他失败的主因是打击了人人心中的虚荣，使这虚荣遭了很大的打击。

可是那好几次的蠢笨演说，使那些和他作对的人解除了武装，对他不再作任何攻击，殊不知他经过几个月的隐藏，一反从前的笨拙，竟然一鸣惊人，使大家坦白地说："我其实不感觉我是特异的聪明——的确不会比你更聪明些。"

迭斯拉里牺牲一己的"自我"，却把别人的"自我"慰藉了。

所以大多数人，操纵别人的唯一困难，就在自信力太强，以为自己卓越得了不起，把"自我"抬得太高，别人的"自我"不去顾虑。因此在无意中打击了别人的虚荣心，结果把自己的目的弄僵，这是屡见不鲜的事。汤姆林斯的学生，曾经有过一则故事，是很显明的例证。

汤姆林斯是美国唱诗指导员的领袖，盛名久享，当时正在专心指导一个年轻妇人，这妇人原是他的好友，可是她颇使汤姆林斯感觉吃力。一天，汤姆林斯去访瓦伦，瓦伦就是说这故事的人。

汤姆林斯对瓦伦说："她应该从我这里学得不少回去，我能帮她的忙，也许可以节省她五年的工作时间。可是，她总想使我知道，凡我所教她的她早已了解了，因此和她讲话，我很感觉乏味。你看，还有法子教她改除了这恶疾吗？"

瓦伦就把这事告诉那位女士。她知道后，立刻就改换办法。据瓦伦报告，后来成绩大佳。

这位女士先不了解这点，她是竭力的要表现自己的。好像迭斯拉里在第一次演说的时候一样，她要表现"自我"，把别人的"自我"忘记了。

一般的雇主对他们的雇员，常常铸成同样的错误。许多有希望的青年，对于他们的上司，也常常因这样而弄得糟糕。

某年轻人因为对他的经理犯了这种毛病，结果弄得失业，著名的心理学家马客尔博士曾讲起这人。他说："那经理好几次遇到无法应付的问题，这年轻人总是很粗鲁的对他加以指摘式的说明，他是大错了。他这样的指摘人家错误，自己却不察觉，殊不知别人所犯的毛病，早已知道，何必要你指摘呢？"

人们心里常有一种纯真的感觉，就是总以为自己比四周的人们格外聪明，格外有技巧，格外充实。可是，真正的领袖人物便不然，他所追求的，乃是一个更伟大更永久的感觉——就是权力的感觉，他常常让别人高视阔步，而自己却躲在后面拉着绳子。连他手下是卑贱的人，他也使他们跑在前面，他总维持他们的虚荣心。

泰娄是一位著名的工程师，他为要镇压他的"自我"，甚至对属员讲话的时候，"我"字都不肯说出口。

所以凡具典型领袖资格的人，第一步的小心，就是不要让别人感觉不如你。

桑德柏葛论到林肯在著名的都格拉斯辩论胜利的时候，他这样写道："他（指林肯）申明自己毫无所知，他讲了不少惊人的、机智的话，可是自己绝对没有引人颂扬他机智的心理。"

卡班特是著名的制作家，他的演说句句都很精彩，他在这类的经验里，发现了他个人成功的"主因"。他有一次说："人们见你滔滔不绝地讲，如果自以为有无上的智慧，非常的聪明，他们是决不会感觉什么兴趣的。……凡不能知道这种基本知识的演说家，一定是想找出新颖的材料，以为这样便可以博得光辉。实际上他们只自己取悦，自己光辉，并不能使听众们愉快。"

所以不明那方策的人，动辄使听众感觉他是聪明过人的人，而结果恰得其反。——但是一个真正的领袖，并不如此，他要把民众在他的脚下扫开，他的妙术，便在使听众自己都感觉聪明。

约翰·海是著名的政治家和外交家，他和人谈话便是采用这种方式。毕修勃曾告诉我们说："他谈吐不凡，他的思想和论据，好像是从听众方面得来，但他从不自觉得意，有丝毫的表露。"这一点，他像法国具有谈话天才的雷加米尔夫人，她对于和她讲话的人，总设法使他们自觉聪明，自己却没有丝毫的表露。

凡要维持良好的人际关系，对他人的自尊心，务须要小心地加以维护。自己万万不要表示天分过人，比他人重要。你要记牢，这种希冀，时刻会在内心活动着，所以应当时刻留意。

把"镜头"让给别人

朴特兰是著名朴特兰出版公司的总经理，有一次，他把凡戴克博士的演说词窃为己有，又把顺序单上自己的名次变换，以期达到目的。本来呢，朴特兰是预定作最后煞尾的演说。可是他和主席商量，把那煞尾的荣誉演说让给著名的牧师凡戴克博士。

这好像是一件可鄙的阴谋，但这实际上乃是举办大事业里若干聪明动作之一。朴特兰很了解凡戴克的终极目标。

朴特兰是经过长期艰辛奋斗的人。他在许多地方工作过，好容易当了出版业的领袖，对于国际版权的竞争获得成功。因为这个缘故，所以那天晚上他和凡戴克博士同时被邀演说。凡戴克演词的材料朴特兰完全知道的，并且知道那材料很好。可是朴特兰窃取他的材料并不为此，他是要叫凡戴克把他已说过的最重要几点，再述说一遍，使听者感觉着那演说格外有价值。据朴特兰说："我当时利用时间，把凡戴克博士的演词说了。轮到他说过，他毫无障碍，从我所讨论议题一条一条的重述一遍。我所讲的是主要的商业问题，他除重述要点外，又讲许多在营业方面要专心考虑的问题。他人并不感觉他所讲的乏味，便已感觉到我所讲的重要了。"

朴特兰用了巧妙手腕，藏身幕后，把凡戴克轻轻推到前面，做了本问题的第一流负责者。在这件有趣的事实里，可以把重要的领袖才能表现出来。通常人们总以为做领袖的是企图一己的光荣和显赫。只要有一点点的私欲发现，人们就会态度冷淡，或变为仇雠。所以真正的领袖常在幕后暗地进行他的计划。

大事业家法兰克林，他在二十五岁的时候，还是一个不知名的青年，但当时，他便创立费城图书馆，后又建立学校，成为今日的本雪尔文尼亚大学。然这两项事业，他总是尽量的做到"不出面"。图书馆的创立，好像是若干朋友请他去办，为嗜好读书者而设的。而学院的成立也好像不是他自己的主张，乃是一班热心公益的绅士的意见。

法兰克林这样地说道："凡倡议了一件有益事业的人，不该把自己表现于人前，因为人家要以为你是在沽名，致旁人有失望之感，而这班人正是你应借重的。……总之：暂时的或些微的牺牲你的虚荣心，随后一定可以大大得着补偿。"

因此凡有能力的人，对于他所从事的方针，要比个人的利害来得重大。

哈立曼是伟大的铁路建筑家，沙纳西是他最后患病时的知己相伴，沙纳西说："我感觉……他有一种伟大力量，使凡和他接触的人都对他忠实，这种力量的发生，一半是因为他能辨别真材，一半是他能使四周的人对他具有深切的信仰，信仰他志在谋大众的幸福，不是为个人的私利，因而较之任何人博大高远。"

纽约《世界报》的创造人和出版人浦列舟，是美国著名出版家之一，也有哈立曼同样的精神，他曾经敬告他的编辑，如在一个紧急时期，他所发生的命令，有和该报政策违背的，编辑们尽可不去理他的命令，仍遵照着该报的政策编辑。

司维夫特是司维夫特公司的创办人。有一次，他公司里的更夫因为天色昏暗不能辨别他，就不许他进入发电所，他反而增加了这更夫的工资。

庸人们往往在某一个时候把自己的便利、妄想以及虚荣心，放在一切之前。可是一个正直的领袖对于一件寻常的主张，要比他力所能做、口所能言的任何事物，看得格外重大。凡是自己的势力薄弱，以及不能凭借权势解决纠纷问题的人，大可采用这种谋略，许多年轻的行政官，应付难驾驭的民众，更应当用这些宽大政策，作为众人的向导，以解决问题。只要一经把这些政策拟妥，并且得了上级的核准，他的困难自然就会消减。

所以你们如正做某一事业的领导，或是劝诱人家实行你们的主张，最好是藏身幕后。但有一点你要弄清楚，当前的计划，比你个人还重要。

让别人做你的喉舌，把你的思想发表出来，是顶聪明的事。对待雇员和手下，要注意把你已定的政策，放在当时个人的利害之前。

切勿自吹自擂

事实做到的只有十分之一，或者连十分之一都不足，说话却说到十分，虚多而实少，他靠三寸不烂之舌，说得异常动听。有一部分听众不察，也许就会上他的当而信以为真。比方他对某种学问技术，不过初窥见径，尚未升堂更未入室，居然自命为专家，到处狂言无忌，遇到不懂的人，自然不易将他拆穿。比方他对于自身经历，说得如火如荼，某事是他做的，某计划是他拟的，某问题是他解决的，好像他是足智多谋，好像他是万能博士，不明白的人，自然无能证实其虚构，这就叫做吹牛。比方他的事业，并无什么发展，他却说营业如何的把握，手中的货物如何的充分，某批货物赚多少钱，某批生意又赚多少钱，说得大家都不禁有些动心，这同样是吹牛。他与某要人根本没多少关系，他却对人说，某要人如何器重他，某要人如何珍重他，某事曾和他商量过，某事曾由他经手过，把某要人的私生活、起居，描写得十分详细，不遇到个中人士，自然不易拆穿，这更是吹牛。

吹牛的动机，有时是表示他的了不起，或是想骗得大众的信任，或者借此提高他的身份，或者借此使他的某种诡计得逞。

他对于有地位，有权力的人，力求接近，巧言令色、屈节卑躬，专从小处上，猎取对方的欢心。色示而先应，未命而先趋，凡可以使对方觉得舒适的，无所不用其极。能够直接与对方接近，则做对方的奴才，侍候奉承，唯恐有失；不能直接接近对方，则不作奴才的奴隶，借奴才作接近的阶梯，卑鄙龌龊、无耻之至，这叫做拍马屁。

拍马屁的人，必会吹牛，吹牛的人，往往会拍马屁，拍马屁完全是上谄，吹牛则近于下骄，上谄下骄，正是小人的两种矛盾性格。

你看见世上会吹牛善拍马屁的，趾高气扬，春风得意，也许会发生一种感想，以为吹牛拍马屁，是成功唯一秘诀，不会吹牛，不善拍马屁，虽有真才实学，一辈子也不会飞黄腾达。然而，吹牛拍马屁的人，真正成功了吗？吹牛总有拆穿的一天，一朝被人拆穿，人将唾弃之，虚是虚，实是实，以虚作实，总有细心人看出他的破绽，等到狐狸尾巴露出，便是原形，所以吹牛的成功，是假的，所有都是暂时的，拍马屁的最大成功是找到靠山，然而，他的靠山谁能保其永远不倒，一朝大树倒下，所有猢狲都要星散，他岂能独免？有时被拍的人，忽然厌恶他的为人，这不一定是出于觉悟。多数是拍马屁的争宠，而出于倾轧，他被轧倒，再起极难，想另找靠山，更非容易，从拍马屁来的成功，能够保存终身的，恐怕世无其人吧！

你要做真正的成功，还是靠你的奋斗。奋斗不已，必有所成，实至则名归，实大则声宏，何必还要靠吹牛？当然，宣传功夫也有事实上的需要，但是宣传绝不是无中生有，而是把现有的事情提出其重要点，而加以适当地渲染，当然，联络与你事业有关的重要人物，或多少与你的事业发展有关系的，但绝不是用联络来达到依草附木的企图。联络重要人物，必须以你的事业为出发点，必须保持你人格的清正，所以宣传与联络是你成功的条件，不是你成功的依据。先要有成功的依据，然后才能与成功的条件相配合。没有根据，徒找条件，这不是宣传，而是吹牛，这不是联络，而是拍马屁。拍马屁与联络毕竟还是有差别的，谁都希望成功，然而成功的关键，在我而不在人，在根据而不在条件。

第二章

处世包装学硬功功法

人靠衣装　佛靠金装——包装体面

服装是一门大学问。合理的着装，会使别人赏心悦目，以为你的审美品味非常高雅不俗，对你的印象也就出奇的得好。如果是第一次相见，这就能相对消除了进一步交流与融通的障碍，减弱了他对你的猜疑。这是最重要的。

初次相逢，未曾深交，人与人之间的交流是靠直觉，是靠个人自己的主观好恶来评论。比如一个人穿着一套比较怪异的服装站在大家面前，大家看了半天，都是皱眉闭眼，内心品评不已。但让大家具体说一下，却仿佛是早已商量好的两个字：别扭！虽然大家无法用文字具体形容出来，但对那人的印象恐怕不敢恭维。所以，与人见面，着装是非常重要的一个因素。

自己是自己的形象大使

对 CI（Corporate Identity）这个文字您是否略有所闻呢？CI 可以说是各企业所呈现的面貌和象征，最近 CI 的重要性俨然成为热门话题。例如：国内的几家大公司为一新 CI 而大举求新求变的热烈景象，社会大众或许还记忆犹新吧！CI 的变革项目包括广告设计、招牌、包装纸，公司使用的信封、信纸、车辆及公司的名称、标志等，因此所需的经费十分可观，尽管如此，各种企业都趋之若鹜地加入这场 CI 战。

过去，企业间的竞争仅局限于商品的制造品质和外形美观，可以说注意力都集中在商品本身。而最近视野扩展到整体公司的形象，每一家企业都为提高自己的公司形象全力以赴。虽然产品的制造技术是赢得消费者信心的要素，但首先必须在企业和消费者间建立一个"连接点"，革新 CI 就是为建立"连接点"而展开的行动。

在个人方面也是一样，真才实学固然是决定胜败的主因，但在这竞争激烈的社会，除充实的内涵外，提升个人 CI 更有如虎添翼的功效，使你在人生旅途上一帆风顺。

商场的经营步调可以说愈来愈紧凑了，往往还来不及深谈了解之前，就必须采取行动，决断取舍，在这种状况下，对每一位经商者而言，个人形象成了重要法宝。如果你还认为男人的成功完全靠内才的话，可就错了。

有人以为外表全凭上帝的赐予，半点不能强求，这种想法是正确的。外表可烘托自己的内涵，只要肯投注心力，甚至有"化腐朽为神奇"的功效，正如为提高形象而努力的公司团体一样，个人也应树立自己的风格。

只要是精通深奥事业理论的人都会了解，所有企业为了在竞争激烈的社会中生存，将会快速进入重视 CI 的时代，而处身于同样社会形态的个人，如果仍想只凭内才求取成功，也将被淘汰，势必要认清这个由 CI 定优劣的趋势。

重视外表的个人社会已经来临，有体面的外表，便是具备了成功的高级武器，如何让自己拥有体面的外表，正是你所要努力的。

我国经过了农业时代和工业时代，逐步进入一个比较成熟的社会。

农业社会的本位是国家，工业社会的本位是企业，而成熟的社会本位既不是国家，也不是企业，而是个人。

在个人获得重视的时代，个人的信用和魅力已超过国家利益和企业光彩。

以往企业者靠名片上的头衔达成任务，现在则由外表取胜，这样的社会使个人更有施展的余地，只要有这方面自觉与努力的人，都有机会凭借个人水准一决胜负。仪容高雅、形象完美是现代竞争社会制胜的一个法宝。美国前总统里根并非具有卓越突出的政绩，可是却获得多数人的拥护和支持，这就是形象时代来临的一个范例。

里根曾是一位配角演员，二十多年前任凭谁也无法预料，他会成为美国总统，记得《回到未来》这部影片中有一段对话：

"现在的总统是隆纳·里根！"

"哦！那位总统是不是詹·麦克罗！"

如果在二十年前，这当然是一则笑话。

然而，里根得当的外表却促成这个事实。对政治家而言，外表也是极重要的因素，相信政治家本身都会朝此方向努力，凡是帮助他们从事选举的参谋中，一定有为他们树立形象的专家，这是广为人知的事，而这种倾向与商业社会的状况并无二致。

希腊哲学家亚里斯多德曾有"灵肉一致"的名言，意思是说外表和内在的本性是一致的。可见古时的希望哲人已体会出人的外表能反应其本性。所以外表的重要并非危言耸听，这是古今中外共同的真理。

对经商者而言，即使薪水不高，与人谈生意时，也不应显露贫穷、邋遢的样子，否则根本失去竞争的资格。所以，为了提高形象，偶尔也要有"打肿脸充胖子"的精神。

如果一个人的服装和礼仪都十分得当，旁人看来必能赏心悦目，而相信他是个做事严谨、有担当能力的人。造成这样的印象就已达到"里外一致"了。

到社会上应征工作，如果顺利通过笔试，却因未认清此一趋势而遭淘汰，未免就太可惜了。终身雇用制已成过去，表现不佳的职员随时有被辞退的危机，因此不论各方面都应谨慎从事。

积极人士都懂得掌握时代的要求，最近对升迁保持高度关心的中年人士，都显然地能跟上时代潮流，注重自己的容貌和穿着。

第一印象并不是指第一次见面中，所有时间观察对方所得的印象，而是最初几秒钟的成果。

心理学上有个专门术语称"初次效果"，意思即初次见面的一瞬间足以决定胜败。

"一见钟情"这句话，或许会有多人疑惑，初见面究竟能传达什么呢？

虽然瞬间的接触只能认识表层而已，最重要的是真才实学，在这忙碌的时代，人与人会面时间匆促，许多事只能凭见面时短暂的感觉来判断。

充分把握"初次效果"，使其对自己有利方法就是注意仪容，时代的观点是，不注重外表的人，多半也是不在乎充实自己的人。

外在表现与"初次效果"最有关系的是服装的式样、颜色、眼神与表情等。

日本早稻田大学教育学系教授，东京提升形象的心理学讲师东清和先生曾说："用来形容对某人印象的基本词汇有五十个，而形容第一印象的则只有五六个，因为第一印象只能用极表面的词语为形容，诸如令人讨厌、有智慧、漂亮、温柔、有干劲等等。"

佛要金装，人要衣装

自古有言"人要衣装，佛要金装"，可见服装对人的重要性。有些人认为："男人真才实学最重要，何必在乎外表！"因此每天埋首于业务，穿着的事完全交由太太处理，这样的商人实在很多。但从另一角度来看，外表是需要自己拿点主张的，因为服装可代表一个人，是构成个人 CI 的要素，可以说是男士的另一张名片，应该精心设计才对。

既然服装是个人 CI 的问题，必须注意与个性相符，如果只因衣服本身品质好就购买，那就是对自己的仪表问题不负责。

想赢五六句好评语并不困难，只要稍加努力就能享受提升形象的成果。但提升形象不仅要把外表装饰得很体面，重要的是如何借外在表现内涵。

即使对自己聪明才智信心十足，但得不到好评价，下回见面的机会就少了。

有句话说"一时万事"，而对方用何种眼光看自己及自己给对方何种印象，也俱有一时万事的决定性。

对方对你的观感并不像拼图游戏那样，第一次见面未察觉的，就由第二次见面填补上去，而是把新印象不断重叠起来。

第一印象如果是聪明、稳重的，下次见面时即使有较激烈的争执，对方会把上次印象融合而判断你是个对工作投入的人。相反，如第一印象是穿着随便、毫无气质，工作态度散漫，第二次见面即使诚心交谈，对方也一定认为你固执己见，目中无人。

形成第一印象所根据的资料如下：

①性别②年龄③外表④脸部表情⑤视线⑥态度⑦声音⑧谈话内容等等。

要想成为一个事业成功的人，必须掌握面对面的机会。商业的经营观念近来转变很大。由于通讯事业的发达，现在商业交往中的大部分事情都是经由电视、电话、传真机等现代通讯设备来完成的，而说到双方的正式会面则通常是这些设备无法妥善办好的最后途径。某些大公司的入口处都设有柜台，这绝对不是虚设的特殊用品。那些站在柜台后面的美丽大方的小姐们，都具有"慧眼识人"的专长，他们能根据一个人的穿着、气质、举止等因素来判断是否允许来人进入。是被人拒之门外，还是顺利地见到你所要见的人，在这个时候，恐怕大概要靠你的形象因素了。

每个人每天都会遇到许多新鲜面孔，尤其站在商业第一线的人，频率更高。第一印象十分重要，因为它的准确性比电脑还高，实在令人不可思议。

心理学家说，每个人都有自我防卫的本能，而排斥对自己不利的人。因此会在极短时间内，判断出一个生面孔的来意。

由此可知，如果别人对你的第一印象是完美的，此后你便可左右逢源，一帆风顺。即初次会面足以决定胜败，生意是否谈成，朋友是否能继续交往，都在这短短时间内立下基础。

必须切记的是，第一印象只有一次，无法重来的。不可能因身体微恙，情绪欠佳而宣布改期。而对第一印象影响最大的就是外表，由此可见提升外表形象的重要性。

商业社会的竞争将逐渐白热化，个人要求生存，武器愈多对自己愈有利，我们可以预料，体面的外表在今后的商业活动中将被视为最高级的武器。

社会上的主管级人士，往往要从事繁忙的社交活动，每天要接触很多新面孔，如何在短暂的接触中，让对方留下深刻美好的印象呢？当然装扮、礼节、姿态都必须兼备的，而如果又拥有天生的姣好的面庞，更能锦上添花，无限光彩。

在欧美等国家，每一位企业经营者都已深刻感到，提升个人形象是成功的关键，而且对塑造自己的外貌投注极大的心力和资金。我国也已逐渐有此共识，如果您仍以为外表无足轻重，而毫不在乎，恐怕难逃被淘汰的命运。

众所周知，社会进步的脚步是愈来愈加速，在以前，人们的观念以十年为一代，而现在已缩短五或三年为一代，所以每三五年社会就脱胎换骨一次。仍维持五年前价值观的人，已被贬为"旧人类"，而十年前则被认为是"化石时代"的价值观。

同样，谈生意的速度也在加快，慢慢交涉、说服再成交的做生意方法已成过去式，而今已进入一个速战速决的高速时代。

若是慢条斯理地进行，表示你已落伍了，一定要用简捷、高效率的方式推荐自己。而愈是这样的时代，外表的影响力当然愈大。

在超繁忙的社会里，与客户沟通时，千万别忘了对方也是个大忙人，一味地拐弯抹角，反而增加客户的压力和负担，如何在短暂的接触中，留给对方好印象，使对方产生依赖感，提升形象便是最佳方式。

所谓高科技不仅是指电脑或电信传真等技术，应该还有更深一层的内容，例如：如何掌握对方心理的技巧也应包括在内。

电脑的发达改变人们的工作内容，这也是现代商业社会的特征。单纯的工作都让机器去从事，而人们则进行电脑所无法代劳的部分。例如：与人会商、协调等。因此，人与人的交际占了工作量的大部分，而使对方产生的印象，就是让他了解你工作能力的方式之一。有才干，而又能给好印象的人，将会有一番大作为。让人产生印象的第一因素就是外表，在这个外表被重视的时代，可以说真正是在表现自己。

注重人的社会里，所有技术方面的工作与机器均能取而代之，人则在机器能力所不及的更高层次上，施展其魅力与才能。

一个怀才不遇的人，要想内才发挥得淋漓尽致，首先要突破瓶颈，提升外在形象，这个十分重要，尤其在今后社会里将愈来愈重要。

外表并不仅仅在于你的脸部，那么脸部的怡人就不能解释你魅力的全部，气质是整体的美感效果，能给人以通体的随性怡情，使人乐于与你接近，与你交往攀谈，从而获得你的内涵，在心灵的深层位置接纳你，认同你。首先衣着的品味能代表一个人的内涵，可以说服装是男士与小姐的另一张名片。

初见面的人都会交换名片，彼此的认识也仅止于名片上的头衔。所以，对外表的印象将直接或间接影响两个人在商业上的合作关系。

衣不惊人死不休

服装是表现个人风格的媒介，只要掌握自己的原则、身份加以变化，便可享受穿衣的乐趣。服装如何表现个人风格？是否每天穿同一款式、同一颜色的衣服，就是表现个人风格呢？不，这并不完全正确。

最重要的是不要刻意模仿他人，根据自己的感性与知性选择服装。当然也有特别例外的，比如某电台台长 H 先生的秘书说，H 老板每天都穿一模一样的衣服上班。直到去世时，才从他的夫人口中得知，原来他有数套完全相同的西装、衬衫和领带。难怪旁人觉得他从未换过衣服一般。其实 H 先生是为了要表现个人风格，建立个人 CI。然而这种方式，未免太强烈太特别太单一了。

礼节对女性固然相当重要。然而，穿着对女性而言，更是重要。它是一门女性必须研修的艺术学。

因为，一个人在日常生活中，任何时间都不免与人交谈，而衣着的功能不仅表现女性个人的外表，而且还是造成别人对你的第一印象。

因此，不论你是一位职业妇女，家庭主妇，甚至一位少女，你都应该随时随地注意你的穿着，不要光是在重要的宴会、集会或约会上才去重视它，或根本忽略它。

至于，穿着有无标准可言？要如何才能使穿着雅致动人呢？这实在难以下定论。除了靠日常生活中多观察，多留心搭配的美学外，并没有一个可以共同遵循的公式可言。

具体而言，你首先必须了解自己的体态、脸型、年龄、个性，以及自己的社会身份、地位开始，配合当时的季节、时间、场合等客观因素，再求得适合于自己的服装。切勿一味地追求时髦，而结果并不一定适合自己，徒然浪费金钱，也造成服饰与他人完全雷同的庸俗结果。

通常，人们对于穿着的态度，不外乎下列四种类型：

（1）马虎型：对衣着只求遮体，一切并不考究。

（2）实际型：穿着不漂亮，但整齐清洁，并注意质地花色及耐性。

（3）韵致型：穿着具特殊风韵，雅致动人而又恰当。

（4）风头型：过于奇装异服，惹人注目，与自己或时间、地点均不相称。

因此，当我们选用衣着时，最好以选用比较朴实、大方的为佳，这种衣着远比耀眼而没有韵味的，更易使人有高贵之感。切勿穿着过于耀眼，或过于庸俗。尤其要能表现出你个人特有的气质的衣着。

当然，谁也不能不花一文而达到服饰动人的地步。但你只要多花点心思，就算花少许的钱，也能使你穿着达到特色出色，令人刮目相看，并且得体的效果。

整齐、清洁乃是一切穿着的基本条件。内衣须每日换洗。衣服须时常整理，清洁熨平，保养，以维持最良好的情况。合适的内衣，可使衣服在身上的线条更为柔和。

外衣的挑选，要注意单纯、合适、合身，颜色要能协调相配。佩戴的装饰品，不要太复杂，每次以不超过三件为原则（耳环作为一件）。穿戴以单纯而大方，最能显示女性的气质与韵味，也能适合较多的场合。

休闲在家，或在家作家事时，以穿着朴素的家居服或工作服为宜，至于参加集会时，则要以外出服为宜。参加下午的集会、酒会、音乐会等，要比上午来得正式一些，仍然不宜穿表面有亮片或闪光之类的衣服。晚宴或晚上的音乐会，戏剧舞蹈展示会时，如有附金银丝的衣服，不妨出笼，除可增加会场华丽气氛外，也可使人置身某种意境之中。

义卖会或园游会时，可穿质地薄而柔和的衣服，尤其在夏季更为合适。

参加野宴或户外旅行的场合，均宜穿质地好而轻便朴实的衣服，除非是出国旅游，即使穿毛线衣与牛仔裤（限国内秋冬季为主）也无不可。

短裤以夏季家居，或户外活动、比赛，或到海滨，游泳池游泳时穿着，否则很多场合穿短裤外出是不太适合的。

上班的服装，要质地考究，耐穿，剪裁合身且颜色朴素大方，并须保持衣着情况良好。切勿奇装异服或过分暴露。

最重要的，不论你对服饰有多么重视，在选购时，都必须考虑你的经济情况，在容许的范围内，谨慎的选购。千万不要一时兴起，或在手头宽裕时，大量选购，花费过多的金钱，买不太多的衣服，到头来，反而在不知如何选择外出服饰，变成了什么衣服都看不上，形成了没有衣服可派上用场的心理，徒然使你更加失望，也浪费了不少金钱。

身材发胖是许多人的烦恼，他们常常找不到合适的衣服，但如果你谨记下面的原则，境况会有所改变：

(1) 避免穿男性化线条挺直的款式，线条柔和的款式比较适宜。

(2) 不可穿非常触目的款式与颜色。

(3) 勿采用浅亮颜色。

(4) 缎子或表面闪光的质料均不适宜。柔软而表面不发光的质料最合用。

(5) 大花及粗厚重的纺织品应避免采用。

身材太矮的人在选择衣服时应记住以下原则：

(1) 穿上下一件头的衣服，比衫裙分开的更为合适。

(2) 宜采用直条花纹的衣料。

(3) 不要束宽腰带。

(4) 裙子要略短。

(5) 勿采用粗厚重的衣料。

身材瘦长的应注意以下事项：

(1) 勿穿直条花纹衣料。

(2) 旗袍，直统的布袋装与公主式装等，均不相宜。

(3) 宜采用质地粗厚重的纺织品。

(4) 如不太矮，可穿大花衣料。

(5) 蓬开大圆裙很相当。

(6) 漂亮的颜色和大花衣料均能穿。

(7) 柔和的线条较挺直线条更为理想。

身材高的人应注意事项：

(1) 站直，穿最新的款式。不必萎缩。你一定会很漂亮。最著名的模特儿总比一般人要高一些。

(2) 如果你的身材比例不理想，那么注意用能弥补的缺点的衣着。

穿着雅致，合适，合时，最足以影响个人仪表。

保持衣服于良好情况以免影响仪表，应注意下述各点：

(1) 脱下后，立即挂起。

(2) 收藏于衣柜以前，最好能在外面挂一会儿。

(3) 衣服应熨平整，最好在每次穿用前熨一次。

(4) 要保持清洁，常洗，切勿等别人感觉该洗时洗。

(5) 常常整理，检视缝线，边缘及纽扣等。如有需要，立刻补缀。

(6) 羊毛衫不能挂，要折起来放好。

追求个性化服饰

一般人可按既定的原则，加以变化，享受穿衣的乐趣外，不论职业、地位、年龄都能在工作上取得胜任的愉快。

目前社会构造复杂，变化太大，想在这样的环境中求生存，就要提高精神层次以及革新服装，使自己有出类拔萃的仪表。

现代的年轻人十分讲究穿着，也很花工夫打扮自己，但多半是对杂志上的服装搭配法通盘接受了，只是追求流行罢了，基本上应该同时注意自己对衣服的感觉，才能从其中获得乐趣，否则如何能提高形象。

自成一格的穿着对商人而言是一项新考验，尤其国内长久以来的保守风气，使男士们对外表的关心受到压抑，而停留在穿制服的时代，直到近年男士们才逐渐在穿着上有发挥的余地。

独树一格的穿着技巧，首先要考虑体形、脸形、职业等因素，如为薪水阶层的职员，同时要配合公司的格调、本身职位高低，及个人想要表现的形象，将一切综合起来，反应在穿着上。

此时，应该将过去时装流行趋势，完全摒除才能找到属于自己的风格。

今后的穿着理念，不讲究原则，只要求个人品味的呈现，而这就是服装设计的起点，选择服装款式，完全依个人的感受与喜好，甚至凭灵感来创造。

（1）蓝色

蓝色系从浅蓝到接近黑色的深蓝，其中变化无穷，而最重要的是深蓝色。深蓝色对男士而言，永远不补充淘汰，几乎没有人排斥深蓝色，因为深蓝象征端正、知性与冷静，看起来清爽、年轻，很多学校机关的制服都采用深蓝色，可见其被肯定程度。先选择深蓝为基本色后配上条纹的布料所做成的衣服，可形成高社会地位或厚实的形象。总之，蓝色可说是最正统的颜色。

以蓝色为主色时，搭配的色彩要柔和，对强调色彩最有效果的是白色和灰色。至于红、橘红、黄等对立色则少用，但偶尔一用也可给人崭新的形象。

要使穿着有变化就要从布料着手，虽然明亮色度相同的蓝，若使用不同的用料，如绸料与毛料，由于光线吸收率与反射率的不同，其效果也不同。

（2）灰色

灰色是属于黑白系列的素色调，其变化也无穷，穿黑白色衣服最难搭配，但若用点脑筋，则没有任何颜色能比黑白搭配更吸引人。

由于是单色调，可与任何颜色相称，小配件也容易挑选，灰色的穿着要点就于此。黑白颜色最易于表现个性，实用范围也大，相反的，任意套穿，效果不佳。灰色要特别留心配色，因此使用太多副色最危险，要用三种以内的颜色来搭配才好看，如果强烈的对立色使用一种则较易处理。

如果全身黑色打扮，给人暗淡的印象，如全白打扮又给人轻浮印象。懂得利用强调用色法，才能呈现整体效果，朝气蓬勃，这是最成功的穿法。

（3）褐色

这种颜色不易搭配，但善用巧思，对提高形象很有帮助。褐色是泥土和枯叶的混合颜色，有温馨感，给人好品格的印象，在谈生意时对自己有利。褐色中包括如巧克力浓褐色，又称棕色，与一般颜色较好搭配。

淡褐色偏向红色，给人稳重、成熟感。褐色衣服如穿着得当，可散发都市的气息，可以说是一种时髦漂亮、脱俗的色彩，当然能得到极佳印象。

褐色的最佳搭档是绿色，尤其是橄榄绿和黄绿更佳。而红色、橘红色、黄色等强烈对立的颜色起初要尽量少用，稍有经验时再慢慢加入，要诀在明度与彩度上应存在共通点。

蓝色是褐色的补色，也易与褐色调和。初穿褐色衣着，不要选深褐色，应先用柔和的中间色，再逐渐扩大范围，就万无一失。

好衣还要好身材

听说过这样一句话："女人的身材生来是让女人评头品足，而不是让男人批评的。"乍听之下，觉得很不以为然，细细思考，这句话却充满了思考之后的智慧和体味。不是吗？男人注目于女人的时候，只会细细观察她的脸蛋和三围，换成女人看女人，那就挑剔得多了，会看对方身材是否肥瘦均匀，身上是否有赘肉、腰是否纤细、小腿修长晶莹与否……总而言之，在女人眼光中的女人，是多一分嫌肥，减一分又偏瘦，实际上，出于一种嫉妒心理，女人看女人总是要"鸡蛋里面挑骨头"，非得找出一点不如自己的地方。

影响女人身材的因素，一方面是后天的发育，但主要方面却是来自家族的遗传，所以有些女人天生身姿绰约，清秀隽逸，而有些则体态浑圆，或像一个壮汉般的虎背熊腰，这是不可避免的先天因素。人的体形可以分为A、H、O、X四大类型，要想明白穿什么样的衣服才好看，首先要明白自己的体形属何种类型。

A型身材的特征是：面型多是鹅蛋圆、心形或梨形，臀部和大腿较肥大。腰部有清楚的线条，但却较短。

H型身材的脸型多属于方形、长方、圆或椭圆形，腰部生得高而不太明显，四肢看上去略为纤细。这种身材是许多女人梦寐以求的东西，因为这是国际时装模特的标准身型。

属于O型身材的女性特征是：身材较浑圆，腿部线条非常优美。面部多属圆或梨形，下颚和面颊较圆润，颈部较短，没有明显的腰肢，臀部扁平，手臂结实。

X型身材具有以下特征：面部呈现鹅蛋形、长方形、心形或椭圆形，下巴线条优美；颈部则纤细、多肉、柔软，肩部较圆润；脸部非常丰满富有曲线，腰部明显且纤细；臀部圆润多肉，走起路来十分婀娜多姿，大腿圆润细长且匀称。此身材最宜展现女性独有温柔与妩媚的女性魅力，堪称是得天独厚、完美无瑕的身材。

四种体形各具特色，只有明确了自己属哪种类型，然后再根据体形来选择与自己相适宜的服务，才能使女人的独特魅力发挥出来。

A型身材的人穿衣服，不妨注意以下几点：

不要穿质地柔软贴身的长裙或直身裙，这类衣服会暴露你较大的臀部。

多穿有垫肩的上衣，这样可平衡较大的下肢。

束腰的长裙和皮带可强调你的腰部。

不适宜穿贴身的毛衣，因为它会突出肥大的臀部；如果穿时应佩戴饰物，以分散注意力。

拥有H型身材的人，最适宜穿流线感重，和稳重端庄的服装式样。一些肩膀设计夸张，能表现臀部和大腿，而又明显分出腰部的款式，最能突出你身材的优点。

由于H型人士的腰部不太明显，因此穿衣时不应尽量突出腰部，给人一个腰部纤细的假象：

采用弹性腰带来束腰以加强腰部线条。

连身长裙，则最能尽显你优美修长的身段；长而束高腰的衣物，不但突出腰部，还能显现你那令人羡慕的修长的美腿。

高领的硬身恤衫可掩饰你较短的颈部。

呈菱角、方形或棱条的衣物，同样能够显现H型天赋的优点。

此外，鉴于H型的人腰部较高，颈较短，加上背上至脊骨的一段距离间肌肉组织较丰厚，因此容易给人一种肚皮凸出的感觉；所以你走路时，切记尽量抬高头部，做出挺胸收腹的姿势，自然能够保持高贵，完美的H型形象。

O型身材的女性体形较浑圆且身材较短，所以一旦穿连身的长衣服会给人一种"吹胀了气球"般的感觉，所以穿衣时要特别留意。

直身裤和松身衣的装束，能突出腿部优美曲线，给人一种修长的感觉。

忌穿贴身的衣料，这会令丰厚的背部表露出来，背心式的宽外套和蝙蝠袖的衣服明显地加宽和加重背部负荷！

多穿有流苏装饰的衣物，能令视觉呈垂直感，此外净色（单一色调）的衣物，令人有整体感。

X型身材的女性可称具有完美的身材，但也要穿得适宜，才能更好地展现自己的玲珑身段。

尽量强调腰部的线条，多使用腰带，用腰带围巾都可以加强腰部效果。

少穿深色和式样累赘的上衣，以减轻别人对你胸围的负担感。

质料柔软贴身的连身裙、两件针织裙能强调浑圆的臀部，而且有助展现你均匀的上、下身段。

露背的衣服可展现出优美具弧度的背部线条。

总之，优美的X型身材，加上合适的服饰定会使人为你的魅力而倾倒。

服饰的职业特征

人要衣装，是不争的事实。建立良好的工作形象，衣着更是颇重要的一环，如何才能切合一个时尚女性兼职业女性的身份，是一门不简单的学问。

有些女白领认为打扮追上潮流是年轻人的权利，若为五斗米而硬变落后，恐怕对青春有悔。

又有些一心要成为强人的白领丽人，衣着方面永远端庄，然而，却落得与时代脱节。

其实，两种想法都属矫枉过正。

懂得打扮者，是懂得选择适合自己年龄、身份和环境的服饰。

二十多岁的女郎，穿戴如四十多岁的妇人，或如十多岁的幼稚少女，都是失败的。

怎样才算合适呢？应该既留意潮流的趋势，又了解到庄重的需要，例如流行窄身短裙子，办公衣着却不宜选过短过窄的。

不妨在每天早上离开家门前，先对着镜子检视一下：裙子是否太紧窄？衣衫是否过于太紧窄？衣衫是否过于低胸（前后、后面）？衣料是否令人眼花缭乱？配搭太累赘？太娇俏？袖口、领口过于松阔？

这些都是着装的基本注意点，对于上班族的女性，穿着时应既简单又好看。

穿着不得体，很难留给别人好的印象。尤其是上班族的女性，更该重视服饰的搭配与穿着，使自己焕发出迷人的光彩。

"腰太粗"、"臀部太大"等每个人的身材都有或多或少的缺点，但不要单看这些缺点，而需注意到整体的平衡感。掌握以下三要点，就能让你看起来是更为修长苗条。

第一是让头看起来小一点。

如此一来，就能让脖子以下的部分看起来比较修长些。所以个子小、头大的人，都应缩小头发所占的面积。最好是把头发剪短，若是留长、也该好好的绑起来。

第二点是佩戴些让别人视线集中在上面的装饰品或小配件。

这能让脖子或胸部以下看起来比较修长些。

第三点是全身以同一颜色或色系的纵线条来强调。

第四点是衣服穿在身上至少有一处要合身。尤其是外套，肩腰的部分一定要合身。

上班族女性的服装还要与自己的工作环境相适应，过或不及的妆扮都会与周围的工作气氛不相协调，譬如紧身或低胸的衣服，华丽的洋装或波浪形长发，固然十分性感，但却与工作环境不相称。反之，若完全不化妆，毫不在意自己的外形，不修边幅的装饰，亦会给人邋遢不洁的印象，引起旁人的不快，当然也就不能获得上司或同事的青睐。因此，着装时不能只考虑自己的品味和喜好，还要考虑到周围同事和上司的眼光才是。

在没有规定制服的公司里，究竟该穿什么样的服装上班才合适呢？一般来说，传统的套装能较好的与办公室环境相适应。这种服装简单大方，能适应于各种工作场合，只要在搭配上多花些心思，就能成为大方得体的上班服饰。

以西装外套和窄裙为例，只要再准备些换穿的裙子及外套，就能做出各种变化。而且这种装束既可表现出温柔、典雅的女性美，又能表现精明干练的风格。

总之，如果你为上班该穿什么衣服的问题而头痛的话，不妨考虑一下套装的装束。

选择上班时的穿着时，还要考虑到衣服的色彩。衣服颜色不宜过于鲜艳、亮丽。一般来说以穿着灰色、深蓝色、咖啡色等颜色最为合宜，如果是有花纹的布料，则以素色为佳。

总的来说，上班时的服装切勿使用过多的颜色。如果感到外套颜色过于朴素，可以搭配较鲜丽的腰带或衬衫，就可表现出活泼、青春的气息。

笑意写在脸上——包装涵养

笑能被使用或利用，可认作为一种武器，武装你的定向情绪，武装你的设计形象，这么说吧，笑是处世的最廉价、最省力又最好用的武装。

不管你是美的、丑的，只要你在工作中笑的时机好，笑的程度佳，那你的笑就会给你带来好的评价，会显露出你的风度与气质，人们会说你是一个有修养、随和而可亲的人。当你得到了周围的人对你这个评价后，你还愁你的前程不灿烂吗？

笑脸能让"芝麻开门"

有人说，笑容是支点，能力是杠杆，有了这两样，能撑起整个地球。在美国能在工作上出类拔萃的女性，大概也多是具有细心周到和亲切笑容这两项优点的人吧！竞争愈是炽烈，胜负的关键与其说取决于能力，倒不如说取决于能让自己显得更出色，更如虎添翼的魅力。

在你心里想着"对那种老顽固主管，我才懒得一笑呢！"或"客户公司里的烂部长，光皮笑肉不笑就足够！"时，何不试试相信微笑的力量，诚心地以笑脸应付呢？绝对不会有什么损失吧?!

也许你正在感慨"算了吧！恋爱、结婚、健康、那些根本不成问题，我只担心自己没有钱而已……"在现今这个世界，没有钱确实悲惨。但即使如此，亲切的笑，也会有如带来幸福的青鸟般解决所有的烦恼也说不定。"有钱"跟"笑容"也同样有着密不可分的关联。

L先生就曾因为某个女性魅力的笑容，迷迷糊糊地从腰包掏出钱来。

可别误会，他并非一看到小姐甜美的笑容就成了老迷糊，说钱，其实指的是募款的现金。

他非常赞成帮助社会贫苦无助的人，但因其中募金流向不明的欺诈亦时有所闻，所以对"街头募款"的劝诱通常都不加理睬。一天，在车站遇到一个为了救济外国灾民的募金活动的女性。正打算视若无睹侧身而过时，冷不防她却把个献金箱挪到他面前："谢谢!"虽然他猛摇手"不!"她也不移开。

他以不快的强硬语气："我不会捐的!"，她一点也没有厌恶的神色。

"这样子吗? 那，还是谢谢你了!"说着，露出洁白的牙齿亲切地微微一笑。

那笑容不仅爽朗而且深具魅力。不知不觉他追上转身离去的她，掏出百元大钞投入募金箱里。这不就充分地说明了魅力的笑容较之能言善道的推销话术更具有说服力吗?

还有一次，L先生诊所的患者中有一位推销保险的女业务员。年纪约三十五六，算得上是个活泼又富行动力的美女。说是："由于自知齿形外观不雅，所以无法有足够的自信咧嘴而笑，希望能带给初见面的准客户更好的印象。"在齿形治疗的一个月中，他指导她做"微笑训练操"，同时告诉她笑的威力。

三个月后，她以明朗快活的语调打电话到诊所来，想不到营业额竟然增了一倍。对于自己的笑容有了自信，就能带给客户好的印象，而自己也会因此变得更积极更有活力，这绝对不是偶然的侥幸。

世界闻名的保险业务员F·贝克在《我如何成为杰出的推销员》一书中也曾写道："我成功的秘诀其中之一就是每天早上都对镜子训练自己的笑容。"

此外，L先生还曾被某个推销牙齿百科全书的业务员之笑容所感，购买了一部近十万元的百科全书。不是他人特别好说话，一打听其他牙医朋友们也几乎全买了。

据说他是贩卖该百科全书的外商公司里No. 1的超级业务员。L私下请教，他才带点不好意思地说他魅力笑脸的秘密在于，在准客户的门前，一定先确认自己的笑容后才敲门拜访。

"笑招好运来"。想要赚更多的钱，亲切的笑容是无上的至宝。实际上，在上海有家百货公司，两年前就开始在开店的前五分钟，集会员工做微笑训练操，和演练与客户应对的要求。

在不景气笼罩各行各业，业绩都无法大幅提升的今日；左想右想都想不出好法子的业务员或服务员，希望都能再度重新认识微笑的威力。

当你经过车站前的商店时，如果看到商店的老板娘对你笑了一笑，或许你会随手买一份报纸吧!

还有，当你进入郊外的公路餐馆买东西时，即使你已点餐完毕，如果笑容可掬的女服务员亲切地对你说："你是否还需要些别的吗?"或许你会因此而再多点一二样餐点。

在贩卖场上，亲切的笑容多少都具有提高销售额的魔力，所谓"积沙成塔"，以笑容面对顾客与板着一付晚娘面孔面对顾客，在销售业绩上其差别是显而易见的。

其实，顾客买商品的动机的百分之二十，是取决于商家营业人员的笑容，服务等接待顾客的态度。当然商品本身一定得有其魅力，但是在最后促在交易成功时，

"笑容"占了很重的分量。

自古以来经商的人，就已注意到这一点了。

而"经营之神"松下幸之助更说："如果有人问，在我们卖给顾客的商品中，最重要的是什么，不知各位列举出什么样的商品？当然可以朝很多方面考虑，不过我认为应该是亲切的'笑容'。"

而美国的百货大王——华纳麦克也强调"微笑与握手都不需花时间与金钱，但却可以使生意更兴隆。"

不花额外的经费却能使销售业绩提升，在商场上非使用"笑容"这种武器不可，而唯一的问题是此笑容的品质，勉强露出的笑容或有所企图的过剩笑容，只有为了推销商品，反而会减低顾客购买的意愿。

发自内心的迎接顾客、欢迎采购、感谢的笑容，才能令人觉得愉悦，也唯有能永远保持这种诚心的人才称得上是真正的生意人。话虽如此，永远保持发自内心的笑容，并非易事。因为面对顾客时的身体状况、心情，还有天候等，时而会有难以露出笑容的日子，尤其是遇到刁蛮不讲理的顾客时，更是让人笑不出来。

遇到这种情形，有两种方法可以使你再发出会心的笑容，其一是：把自己当成顾客，试想着如果你上餐馆时，遇到了很和蔼的老板你心里可会想："哇！那家餐厅的老板的笑容真令人舒服。"反之试着描绘这样的情景："那家书店的老板老是板着一张老K脸，实在令人看了就不舒服，我才不愿去那儿买书呢！"，如此一来，即使你觉得不悦，也会自然地露出笑容。

其二是：在日常生活中就不要怠慢笑容的训练，某大饭店的女经理曾表示，饭店的职员所使用的通道上都张挂着照映全身的大镜子。

职员开始工作前，都需先确认自己的服装与表情，而且定会努力练习，使自己展露出自然的笑容。

如果日常中能重复地演练，则习惯成自然，笑容就会变成你的一部分。一位演员即使他的身体情况不佳，踏上舞台后，他仍然会机敏地表演，而不会让观众看出病容。所以诸位最好也能试着在不断的演练中，使和蔼的笑容成为你的注册商标。

由日常生活中开始自我的微笑训练，对于由心而来的笑容极有助益，而且不费成本却可以提高业绩，实在是最佳的经销方法。

真正的最佳服务，应该包括机能性的服务与情绪性的服务，而愉悦的笑容，即是情绪性服务的原点。日本的服务品质堪称世界第一、笑容即是构成这项美誉的原因之一。在美国购物完毕后，店员都会微笑地对你说："祝你有美好的一天！"这样的话听来实在令人一天都充满喜悦。所以百货公司如果能推广微笑运动，业绩一定能蒸蒸日上。

"我看过很多到银行来贷款的中小企业的总经理，但是能让我们放心地把钱借给他的，是那些即使资金周转不灵，他仍充满活力、笑逐颜开的人，反之，那些哭丧着脸的人就借不到钱了。"

这是在某家大银行的贷款部门有多年事业经验的老行员所说的话。

仔细观察那些擅长于拜托别人的女性，她们可能不是美女，但笑容却使她们看起来更讨人喜欢。

难以启口的事，难以进行的事，但又必须拜托别人时，"笑容"可以发挥强大的力量，对于受委托的一方，会因你的笑容，而增加协助你的意愿，放心地与你交换意见。

但是，如果你以为光是展露笑脸，就可以与对方完全沟通，那就不对了。前面也说过，每个人能专心听别人说话的界限只有三分钟，略加整理一下你想阐述的要点，再配合你甜美的微笑，特使你的请求更容易接受。

即使你说话不甚有自信，但语尾一定要坚决，严谨、简洁的用词与说话方式，要使你的笑容更引人注目。

有求于人，每一个人都想尽量避免，但在这个互助社会中，迟早有一天你会遇到这种情形，所以日常中你就应该以笑脸迎人，这是让别人聆听你面带笑容之请求的秘诀。

笑脸是升职的台阶

但凡事业成功的人，必定都很善于用微笑来打动人心，即使是一个平素看起来极为严肃的人，他（她）也会懂得用笑容来为自己的事业创造有利的条件，而且，因为久蓄的力量，他们的笑容也更加会有一种慑人的魅力。

"我的人生可不是以结婚为目的。当然有好姻缘最好了，但我更希望能在工作上出类拔萃！"

对这些成功欲望强烈的人来说，"笑脸"也会发挥意想不到的威力。

办公室里有时也会像战场一般。在紧张匆忙、死板板的气氛中，遇见美妙的笑容的话，任谁的心情都会缓和下来。

还有，在营业会报或简报活动中想说服公司采纳企划，或向上司推荐自己时，如果只是一味地强施压力就容易泡汤。以"笑容"巧妙地捉住人心，彼此的话语也就容易沟通了。

有句名言："人一悲伤就会哭；因为哭就是悲伤。"我们借用这句话，把它改成："人一高兴就会笑；因为笑就是高兴"的确，笑容不只表示自己心情的好坏与否，那种亲切明朗的快乐会感染身旁的每个人。譬如，心烦意乱时，会使人一颗心直往下沉，如果也能努力展开笑颜，那么，不知不觉中，气氛就会轻快许多，跟周围人们的沟通也就容易、顺利得多了。

这种情形和讲电话是一样的，即使对方看不见你，但是愉悦的笑语会使声音自然轻快悦耳，因而留给对方极佳的印象。相反的，若接电话时板着臭脸，一副心不甘、不情愿的样子，声音自然会沉闷凝重，无法留给对方好感。因此，由于脸部表情会影响声音的变化，所以即使在电话中，也不要常抱着"对方看不到我"的心态去应对。不管何时，只要笑容可掬地接听电话，声音自然会把明朗的表情传达给对方。

笑脸是最厚的挡箭牌

"今晚一起吃饭吧?"

当公司的上司或有业务关系的同事如此邀约你时,你可能会觉得:"我实在不想跟他吃饭……"但是不讲情面地断然拒绝,又怕影响到工作,此时最聪明的拒绝方法是——"笑容、温柔、爽快"。

首先,让他看到你满面的笑容,"咦!真的吗?"、"哇!我好高兴喔!",这些惊喜的表现,即可保持你的礼仪,又不会伤害对方。

然后,你可以把无法赴约的原因推诿给别人,"可是,今天我爸妈从南部来。"或"可惜!我今天要去参加同学会!真对不起!"以温柔的办法拒绝他。

最后是"你的邀请令我觉得很荣幸……"或"下次如果还有机会,我们去最豪华的餐厅吃饭!"当然别忘了换上亲切的笑容,由这样的玩笑,可以达到爽快拒绝的效果。

拒绝难以开口说:"不"的邀约时,笑容是最佳的武器。即使无法如电影脚本般顺利演练,但只要对方看到你满面笑容中所表露的诚意,应该就不会再为难你的。

同样地,当你想拒绝别人向你借钱时,笑容也一样可以传达你的诚意。

L先生一位朋友到他家借钱,听其描述,知道他的情况相当的难,L虽然很想把钱借给他,但金额实在太大了,往后若发生纠纷,可能会连朋友的情分都失去。所以仔细思考过后,L先生还是拒绝他了,老实说,这可是需要很大的勇气。

然后,L把手中所有的现金拿出来交给他,笑着对他说:"这些多少能有帮助吧!"而对方也终于明了他的心意。

俗谚说:"亲兄弟明算账。"朋友间的金钱借贷,能避免就尽量避免,尤其是当金额过于庞大时,就很容易发生问题。

此时,你可以善意的笑容断然地拒绝他,"我现在手头上没有这么多钱。"或"有没这么多钱,不过我可以把现有的钱……"笑容一定可以将你的诚意传达给对方知道的。

另外,当你到友人家接受招待时,最苦恼的可能是——当餐桌上出现你不喜欢吃的菜肴,此时,如果你苦着脸说:"我不喜欢吃这个!"则会招致主人的反感,最好是以纯真的微笑告诉他:"哇!真丰盛,我实在很想吃,可是我肚子已经盛不下了。"对方应该不会再劝说你动筷子了,而你也不必因此而觉得心虚。

总而言之,难以开口拒绝;但又不得不拒绝时,不妨考虑最不费力气的法定——笑容,即使你说不出令人心服的理由,但只要有笑容的润滑,你与对方的关系就不至于崩裂。

如果一位你所不认识的人,他突然一直往你的脸靠过来,而且还面露微笑,你一定会觉得很恶心,即使他的笑容很迷人,那动人的感觉仍会化为乌有。

或许这样的描述太过极端,但主要的是想告诉各位:展露笑容也要适应地保持距离，因对手的不同也有不同的距离，在对方的哪一侧展露你的微笑最具效果呢？这都是特别法则的。

文化人类学者——艾德华顿·L·荷勒，他把人与人间存在的距离分为四等。

①亲密距离（0～45厘米）。恋人、同志、家人、亲友等较亲密关系的人际距离，如果双方的关系并不是很亲密，而却跨入这个区域，则会使对方觉得不自然与嫌恶。

②个体距离（45～120厘米）。伸手可触及对方的距离，即使不很熟的朋友，在谈得很投机或发生纠纷时都适用此距离。

③社会距离（120～360厘米）。即使伸手也无法触及对方的距离，生意商谈或初次见面的朋友适用此距离。

④公众距离（360厘米以上）。学校讲课或演讲等适用此距离。

即使是以同样的笑容与人交谈，但因与你交谈的对象的关系不同，所以你必须先掌握谈话的位置与笑容的距离。这种关系，可以让你的笑容变得和蔼可亲，形式化，甚至是令人敬而远之。尤其是外国人对于东方人在尚未熟稔之前，就想跨入亲密距离或个体距离的习惯，非常地在意。

当你想展露你的笑容，想与人交谈时，最好是由对方的右方接近他，人类的心脏在左侧，所以当有人靠近时容易受惊，而且大部分的人都是右撇子，因为惯用右手，所以当你接近他的右侧，他比较不会有警戒心。

知道了该如何用笑容与迎合或拒绝他人，还应该理解他人笑容中的含义。语气中描述"笑"的名词有很多。

微笑、爆笑、大笑、哭笑、冷笑、傻笑、嘲笑、羞怯的笑、苦笑、含笑、窃笑、假笑、赔笑等等。既然笑的种类繁多，那么人的笑容心理状态就绝不是只有一种，人有不仅在高兴时才笑，放心、满足，表示同意，甚至是愚弄一下对方，展现威吓、攻击时，都会出现笑容的。

所以"笑"是很复杂的表情。

蒙娜丽莎的微笑到底代表什么呢？至今它仍是个"谜"，而你应该也有无法理解他人笑容的含义的时候吧！在此，先对人类在十三种心理状态下会笑做一番考量，综合整理后牢记脑中，如此一来你将可以展现出更具效果的笑容，而且也更能洞察他人笑中的含义。

（1）表示协调时

为了化解初次与人见面时的紧张或与他人发生误解或意见不合的僵局，我们常会表现出与对方调停的笑容，而商场的笑容也以此居多。这种笑容是人际关系与交流的润滑剂，本书的主题即是强调这种笑容。

（2）排除紧张感与压力时

当你被委以重任，而且无法得知其是否可以顺利进行时；甚至是你已知道要达成任务是相当困难时，在任务未达成前，你的内心一定是充满着不安与重压，而一旦任务成功了，你忧愁的心为之开朗，而不自觉地露出笑容，安心与满足的笑属于此类。

（3）夸示优越感时

当你瞧不起你的手下败将时，你会表露出含有"瞧见了吧!"或"我比你厉害吧!"的优越感的笑容，也就是冷笑或嘲笑，但常常会被误解为是恭贺或协调的笑。

（4）当安心与不安同行时

当人被相反的感情所左右时，为了保持心理的平衡常会出现这种笑。例如，带女朋友上高级餐厅的男性，看到女朋友那欣喜若狂的表情，虽然感到很满足，但想到"这里的东西真贵……"，内心就显得很不安，此时他可能会出现虚伪的笑。

（5）攻击性笑容

嘲笑他人的缺点或外表的丑陋等等的笑容，在笑的程度上，它是展露优越感的笑容的延长，经常在街角因"你在嘲笑我"而转变成打架的原因即是这种笑，所以母亲常会教导小孩子"不要成为别人嘲笑的对象"。

以上为主要的"笑容"心理，人心是一日千变的，如何不受浮动的心情所惑，适当地控制自己的感情，展露出最好的"笑容"呢？这要看你的努力程度。

笑脸是找工作的敲门砖

职员招考时的面试，究竟是为了什么举办的呢？

是公司方面想考验你？为此而想听听你的见解？

其实，两者都不是，应该是：公司是为了测试是否该让你进入公司而考验你；而在接受考验的一方，则是以"希望公司能听听我的见解"的心态来面对考试，推销自己，选出最适合自己的公司。一点点的骨气是面试成功的要素，而在这种场合的必胜法宝，就是最初的笑容。

某位经验丰富的面试主考官，曾表示：面试的成败是取决于最初的十秒钟，因为参试者很多，所以在这十秒间印象大概都可以作为合格与否的关键。

接着，就是只对最初印象较好的人，稍微问些深入问题，印象较差的人，则在适当的谈话后，就告诉他："你可以走了。"所以只要在最初的十秒内，你给予主考官良好的印象，之后，只要不要出大错，你的面试就成功了，这虽然稍嫌武断，但却是过来人的至理名言。

十秒一眨眼就过去了，甚至连开口说话的时间都没有，所以，唯有在这种时候，你的甜美笑容才能事半功倍。

进入主考室后，首先45度鞠躬，然后面露微笑，虽说稍露微笑，但最好是嘴角上扬能留下深刻的印象，如果你的笑容和煦如光，主考官一定会暗忖："嗯! 这个女孩子感觉不错!"

最好避免在鞠躬时仅是点个头意思意思，这样可能会让年高的主考官留下"不稳重"的印象，正式场合的鞠躬，一定是30度~45度。

正式询问开始时，当被叫到你的名字时，首先回应："是"，并且以笑容应对主考官，然后阐述自己的意思，对于主考官的话，要满面笑容地仔细聆听。

此程序中的问题，一定是些故意为难的质问，诸如："结婚后，你是否会辞掉工作?""如果在有约会的那一天,公司的上司命令你加班,你会怎么办?",此时的微笑方式就很微妙了。

如果你的回答是:"结婚之后,我当然还会继续工作。"或"我会以工作为重。"则以坦然的笑容回答,是不会发生任何问题的;但是如果你真的不知如何回答此类问题时,暧昧的笑是绝对不妥的,你可以用认真的表情回答:"这个嘛,"然后一付是困惑的样子,陷入沉思,反而能让人留下率直的印象。

目前,有很多公司都对女职员非常重视,所以都很仔细地挑选有能力的女职员,如果你展露暧昧的笑容,反而会令公司怀疑你是否真的想一展长才。

并且,面试时的视线,一定要朝着主考官,经常转移视线、慌慌张张地四处张望的人,则会被标上不合格注脚。

据说,最近有人甚至为了面试,而去接受整形手术,在这一方面下投资,果真会令人留下很好的印象吗?真令人纳闷!还不如从今天开始练习微笑操。

巴掌不打笑脸人

"挨骂的高手是笑容高手。"

在成长过程中不断地从高龄的祖母学到这句教训的梅小姐,在对方发怒的时候就会自然地展现笑容的效果。

她任职于某中型证券公司的董事长秘书。该董事长从一介股票捐客苦熬出身,在一代间建立了公司的规模。虽说对外人很善于交际应对的手腕,对公司员工却极严苛,常常当面就显露个人激烈的好恶。

该秘书的职位从来没人待得久,梅小姐已经是第五位接任该职的人选。至今她已在该职服务了八年,薪水也不断地调高,使得公司元老从业员工震惊不已。

有一次,某位员工问董事长之所以长期任用梅的理由。他看董事长以少见的温和笑容回答:"即使在我心情恶劣大声怒斥她的时候,她也绝对不会显露震惊的脸色,总是以笑容应对。一看到那笑容,不知为什么就觉得自己乱发脾气实在有如笨蛋一般。以前的秘书则是一挨骂就摆出一副臭脸或哭丧脸,而令人更火上加油……"

像这样,被上司或前辈斥责的时候,以笑容应对能使对方的心情尽早息怒。而最近的年轻人,不知是否是不习惯于被骂,要不,一挨骂就摆出臭脸或哭丧脸。

其实,会挨骂是因为你还有可能性,如果能以笑容对应,不但不会招来多余的怒火,有时或许还能得到贵重的忠告。

微笑着面对上司,面对同事,不但能避免被炒鱿鱼的危险,还能为自己赢得工作上的协助。

有人曾在烧烤店听到某位年轻的上班族和同事的对话:"我真服了公司的 S 小姐了。做事慌慌张张老是失败。不仅如此还粗心大意、漏洞百出。但是,失败时总是红着脸'对不起!'同时还不好意思地微笑。一看到那笑容,最后可能是包庇她,而自己的工作负担反倒加重了。"

听了这话不难想见 S 小姐微笑的力量。

笑容可以补充我们缺欠不足之处。虽然做事老是失败似乎没什么工作实力，S小姐却以漂亮的笑容带给工作场所明朗的气氛，给同事好感，这是超乎工作实力之上的功能。

特别是失败时能率直地道一声"对不起"和赔上笑容，就已挽回了失败的一大半了。

通常工作能力愈强的人，自尊就愈高，也愈不能率直地承认自己的失败。但有些失败并不是只靠自己的能力就能修复的，这时如能仰仗同事或上司的协力就万事OK。所以何不抛弃那种虚假的自尊，以笑脸道歉，并请求协助，这才是真正的聪明人。在这种时刻你必须更相信微笑的力量。

但在此需注意，当你的失败使得上司或同事发火动怒的时候，首先必须严肃正经地道歉，然后才以笑脸说明事情的缘由。如果一开始就被认为是嬉皮笑脸，可能会火上加油惹来无妄之灾也说不定。

笑脸能使鬼推磨

现在，你已经了解笑容的重要性，同时又精通了"微笑操"，对还想更进一步深入练笑容的奥妙的人，在此还有特别的秘诀提供。

这方法将会使你那漂亮的笑容发出比任何人都亮丽的光彩。不是在谁都可预想会见到微笑的时候，反而是在普通并不认为会看到笑容的时候流露出漂亮的微笑会出人意料，如此一来将会紧紧地抓住人心。

例如在与情人或朋友吵架之后、工作失败的时候、陷入低潮的时候，和别人分手的时候，不管情绪如何地阴暗、不愉快、心情如何忧郁，你都可以用你微笑的力量吹散它们并将心情化负为正，不论是你或周围他人的运势都会因你智慧的笑容产生变化。

在吵架之后的笑容，除了能让对方松一口气之外，还具有使友情或爱情比以前更为强化的力量。

如果在吵架后，对方对你微笑的话，那么不管先前吵得多激烈，应该怒气都会付诸流水吧！但，与其等待对方发出笑容，还不如自己主动流露笑容就不用在事后还得经历种种苦恼。

吵架之后，"先笑为强"。你的笑容握有主导权，除非下定决心从此绝交，否则就请积极地以"笑容"修复友谊吧！

在热门电视剧《东京爱情故事》中就隐含着许多这类吵架之后的漂亮笑容之情节。饰演女主角赤名莉香的铃木名奈美小姐也因此剧一跃而成为广受欢迎的女星。原因也就在名奈美小姐本身也是具有强烈微笑威力的人。

原本轮廓属于东方端庄、古典风味的她之所以能带给人生机益然神采奕奕的现代感，就是因为她的表情很丰富。心想着：她在生气了吧?！却又在一瞬间变成笑脸；以为好像要哭出来了，又一下子破涕为笑。那表情转换时机的掌握和巧妙，可以感觉出名奈美小姐的将来绝不仅限于温柔优雅的大小姐角色，而是真正的演技派。

在剧中有一幕她和织田裕二饰演的男主角长尾完治在公园第一次接吻的戏。实际上在那之前两人刚为了芝麻小事吵过架。在公司里莉香对完治几乎是不相搭理的。

当完治一个人垂头丧气地坐在公园的板凳上时，莉香突然出现"完治，还好吧?!"说着还笑眯眯地微笑。看到那笑容的完治不禁松了一口气同时也发觉莉香的可爱之处。

是莉香在吵架之后的漂亮笑容，使得完治成为爱情的俘虏。虽然只是戏剧中的情节，但这一幕倒可以作为在意料之外的笑之力量会使得男性心动的好例子。

当然在这种时候，露出笑容的时机也是相当重要的。正吵得不可开交时突然笑眯眯地笑起来，或刚吵完架马上对对方微笑，如此脱线似的笑法也都会使笑的力量减半。

想生气的时候就尽兴地发怒，即使怒气冲冲地让人畏惧三分也不要紧。吵架的对方愈能了解你是真的生气了，其后的笑容愈让人快慰。

还有，当事情很清楚是自己不对的时候，就别净计算着该如何对应，立刻以笑脸赔礼。

即使你真有错，干脆果敢的笑脸也具有抵消错误的力量。

笑容对朋友间的友情也是非常重要的。

常听人说："女孩子间彼此不容易建立长久的友谊。"但有些人却不这么认为。不过为了一些芝麻小事而闹翻的情形在女孩子间似乎真的比男人间来得多。其实有些时候与其仰仗异性还不如同性朋友更能依赖，所以千万别掉以轻心。

有某位女编辑曾说起她与亲友到海外旅行的事。她的个性属比较大而化之的，而她的亲友却是凡事井井有条小心翼翼的性格，在那之前据说两人靠互相弥补个性的缺陷而维持着良好的关系。

但在一起旅行共同生活起居的那个礼拜，却搞得水火不容反目成仇。在旅行到一半途中，因她把行李扔得房间到处乱成一团，两人遂大吵起来。亲友放出重话："像你这种邋里邋遢的人，以后绝交!"之后两人就互不搭睬，当然旅游观光时也都各自行动。

虽然当时她也一直在想："为了那种芝麻小事而发脾气，真太不值得了!"希望能恢复友谊，但却仍然带着不愉快的气氛到行程结束。正在机场等候游览车接送回家时，亲友走过来笑眯眯地说："我说话太过分了点!"

面对着这笑容，她说当时她想的是："如果自己先道歉就好了! 我以后要和她维持着一辈子的友谊!"

对男性而言的有一大堆的女朋友还不如有几个能信赖的同性朋友。女性也是一样，而正因女性常会为了芝麻小事而翻脸，更应善加利用"笑容"解决，也才不会失去重要的好友。

宴会，是认识各式各样的人的好机会，借由这种场合，你可能交到了好朋友、找到结婚对象、开拓工作的领域、机会等等。

人生本来就是一连串的偶然联结而成的，特意打扮一番后，以容光焕发的一面出席宴会，可千万别将这样的美好时光浪费在吃吃喝喝上，你最好先立下目标，比如：今天我一定要认识五个新朋友，才算不枉此行。

而且此时，迷人的甜美笑容将是最佳的聚心力，在众多的与会者中，它将会让你散发出耀眼的光彩。

当被介绍与初次见面的人认识时，轻轻地点个头，展露小小的笑容，如果你的笑容让对方有似乎相识好几年的老友那般的亲切感。这次的宴会就成功了。

而对方自报姓名，递交名片后，你应该再度微笑地说："啊！您是×××先生，您好，请多多指教"，在称呼对方姓名时，再度展露笑容，将使你更平易近人。

奇怪的是——很少人这么做，这只不过是提高印象的小窍门罢了！

当对方开始说话时，你应该笑容满面地倾听，如果你能略为夸张地回应："咦！真的吗？"或"哇！真有趣！"则你就可称得上是个社交能手，在听到一些令人吃惊或有趣的话题时，毫不犹豫地就开怀大笑，可以给人爽朗的印象。

在这种场合，因为是初次见面，所以一个爱说话的女性容易招人嫌恶，最好是只说三成的话，其他七成的时间，则当个沉默的听众，并因情况需要，而自然地展露微笑、欢笑或大笑，让你的脸呈现抑扬顿挫的美好笑容。

在看到你所认识的人时，别忘了以笑容来打招呼。在宾客云集的会场，或许你们连说话的时间都挪不出来，但是如果你能让他看到你的笑容，对方应该就会心满意足了。

在此略述一个笑容的题外话，当你在宴会上巧遇某个你所爱慕的人时，笑而不语的会面情形，正是日后写信或电话中交谈的话题，这也是邂逅的秘诀。

许久以前，日本曾发生这么个浪漫的故事。某个欧美先进国大使馆里管理阶层的外国女性，和同在大使馆修剪园木的园艺工人结了婚。

在今天国际间的通婚或许已经见怪不怪了，而这两人的结婚因为"职业、社会级层"的不同以"令人惊讶的一对"而震惊了周围的人。

但，意外的还不止于此。女性这一方根本就不会讲日文，而男的英文也几乎是等于不会讲，这着实是无法想象的一对。

到底两人是如何沟通情意、互许终身的呢？这倒真是个"谜"了。

她曾经这样告诉好友。

他的英语实在是又烂又破，但还是想尽了办法要接近我。说真的，有时他到底在说些什么我也搞不清楚。但，他的态度非常诚恳而且他的笑容实在很迷人很可爱。我想，即使语言不通时微笑可以成为人与人之间沟通的桥梁，比起那些笨拙的翻译或语言翻译机还来得更有力呢！

在今日，"笑"才是真正的"地球语"。

担任某商业中心顾问的李小姐也坦白地说："我虽然略通英语，但并不流利。所以，在与外国人商业洽谈时，笑容就非常重要。要超越语言的隔阂，让对方留下印象和了解个性，以笑脸相迎是最管用的了。"

笑脸可以弥补我们的缺点。在与外国人交谈时，即使你对语言没有充分的自信，只要用亲切的笑脸来应对，相信一定就可以传达意思。魅力的笑脸可以跨越国境和语言的障碍，为你带来好运。

笑容确实是全球通用的语言。

"笑疗法"的奇效

美国有位作家卡森斯，是《周末一览》杂志的主编，他患了某种胶原病（强直性脊椎炎），医生告诉他这种病无药可治的，而如果侵害到脊椎的结合组织就麻烦了。而且这种病经常会伴随着难以忍受的强烈疼痛。他和医生研究过后，决定采取服用大量维生素 C 的独特疗法。

有一天，"在看电视喜剧的节目时，笑得人仰马翻。不但笑，而且是放声大笑遏止不住……"令人难以置信的是，病竟然因此而痊愈，终于健康地回到老公司重新做他的老编去了。

卡森斯在美国某医学杂志上写出他的经验之谈："持续大笑了十分钟的时候痛苦缓和下来了，而且每天至少也能睡上两小时了……"这就是因为笑会促使脑或脊髓分泌出某种具有镇痛作用的荷尔蒙——恩多芬（endonphin）。

笑与病。乍看之下两者似乎毫不相干，可是，其实却有着密切的关系。你不妨把笑视为身体内侧的一种慢跑。

史坦福大学的威廉教授的说法是，笑具有能使心脏或血管的作用更活泼的力量。

也有人说，笑能促进掌管免疫机能的间脑（大脑与小脑中间的部分）和脾脏的机能，而强化人体免疫力。

而据日本大阪谷口医院副院长升韩夫先生的报告："如果真正从心底大笑，比起大笑之前，白血球会增加百分之三十。"

在美国、法国、瑞士和加拿大都已经有了用"笑"治疗的诊所，甚至也有人发明了让不笑的患者发笑的噱头机器。

目下，"笑疗法"也正在被引入中国。将"笑疗法"导入中国的刘君医师正以之用以医治癌症病人。据刘先生说："生存的意义或是幽默感都能刺激免疫力中枢——间脑，而强化与癌症战斗的免疫力。"

当身体不知怎的总觉得不对劲时，与其随随便便仰赖"药"，还不如用"笑"来得高明多了。面对着镜子尽量笑出来或去看什么有趣的电影，何不试试用"笑疗法"来医治生活中的不适呢？

探病时的笑容，是相当难以掌握的。

尤其是当对方病重时，该以何种表情与病人相会，着实令人头痛。但是因为对方尚未临终，若以悲愁的表情面对病人，反而会令病人心情沉重，所以还是以笑容探病最妥当。

它可影响身体状况，并且提高病人的复原能力。前文不就曾提过有个诺曼·卡森斯先生。因笑而病愈吗？基于此种用意，探病时应该尽量使病人快乐，最好准备

人的表情因不同的场合而千变万化。

一些能带来欢笑的话题，这是探病时最好的礼物。对于在医疗病房服务的人而言，这也是最好的信条，医生与护士的明朗笑容，比任何药物都更有效。L 医生在治疗中，也总是以笑容面对顾客，往后的医学所讲究的并非仅是治疗疾病，"幸福医学"中所谓病人幸福快乐的医学，也是一大课题，"笑容"在幸福医学中势必占有一席之地。

有人曾综合了多数男性体会：在看到女性笑容的种种场面之中，听到"加油哦！"同时莞尔一笑的鼓励笑容，对激发出男人拼命最管用不过了。

女性在唯独女性所拥有的温柔之外，还能让人有坚强的感觉的，就是此时流露出的笑容。

一个青年实业家说，他所经营的公司一度面临倒闭的危机。由于房子抵押了，遂面临即将无家可归的窘境。

当时他一面脑中浮起太太沮丧失望的嘴脸一面拖着沉重的脚步回家。当惶恐地对着太太说出不能不放弃自宅赁屋居住时，她却只笑眯眯地说：我们还有更珍贵、更值得珍惜的东西啊！

这位实业家回顾那一段往事时说："当时我真的是吃了一惊！"这就是典型能产生鼓励作用的微笑。其后，他太太也到别家公司上班补贴家用，而他的公司也逐渐地脱离危机。现在已成为一家广受注目、稳定成长的中坚企业。

当你所爱的人陷入危机时，你可以用谆谆告诫、打他一顿屁股等等方法来勉励他，但是其中仍然以"笑容"最为管用。

这时，如果只是听着对方喋喋不休地唠叨：要努力！要打拼！大概也不会产生什么干劲的。

有句话说："莫测高深的笑"，意思是不知道笑的人葫芦里究竟卖什么膏药。也可以说是生气的人思虑浅薄，而笑的人则老成世故的多。

蒙娜丽莎微笑正是绝佳的例子。像她那暧昧微笑的笑容"究竟那微笑中藏有什么意味呢？"费人思考而具有动人心弦的震撼力。

偶尔对恋人或朋友来个谜样的微笑，让他们如陷五里雾中，不但"帅"而且可以透出成熟的风采。

想要维持长久的人际关系，有时打开天窗说亮话是相当重要的，但预留一些神秘感也是其要诀。

如果别人在被你所吸引同时还会猜测着："那个人在微笑时究竟是在想什么？"那你就深悟"笑容"的个中三昧了。

笑容通常都会给人明朗、温柔、好感的印象而抓住人心，但有时也能在正面的意义上扮演威胁的角色。能震慑住前来攻击的对方，同时有无言逆袭对手的力量。

你不一定也有过这种经验：当正要出言顶撞对方时，对方却只是笑眯眯地听着你的话，这时不知怎么搞的就变得不太对味而气势尽缩了。

所以，如果遭遇莫须有的攻击，或不管如何说明对方都不肯理解而情绪趋于激动时，施以"笑容"正是全身而退的妙招。此后就请尽力地发挥笑容柔和的力量吧！

在此时须注意一点，张开大口开怀而笑，和嘴角突然往上一咧式的笑容这时反倒会坏事。宁可嘴角稍稍往横的方向拉，在嘴角留些暧昧的味道比较好。

笑里藏刀

有人笑的时候肩膀会前后摇晃，这是他的特征；有人哈哈大笑；而有的人那理性温和的笑容令人印象更深刻。

人的笑声与笑容都各有怪癖或特征，现在你的脑海中可能也会浮现出一些与你较亲近的人或周遭的人的笑容或笑声的特征，"我的朋友 M 小姐，她总是跺着脚大笑……"或"我们公司的总经理，他笑的时候总是会摸着啤酒肚……"等。

如果能由每个人不同的笑法，判断出其性格，那不是既方便又有趣吗？

《人相学入门》的作者——八木喜三朗，他在那本书中对于人的笑法性格，做了下列有趣的分析，谨简约载录如下：

（1）经常发生爆笑的人……其性格明朗、开放，工作与人际关系都很如意。

（2）经常苦笑的人……工作认真，但却仍疲于劳苦，性格倾向于阴沉，而且往往是自己刻意造就阴沉的性格。

（3）善于展露社交笑容的人……予人好感，广受众人喜爱。尤其是明眸皓齿的人更是受人欢迎，但是须注意：如果一直保持社交性的笑容，可能会发生问题。

（4）经常若有所思地微笑的人……性格内向，即使遭遇困难也不会表露在脸上，工作成果在一般水准，但偶尔会倾向于多一事不如少一事的消极主义。

（5）窃笑的人……过于恋家是他的烦恼，但另一方面，也有其好色的性格，对于工作不够积极，不愿抛头露面，不过，温厚的性格是其特点。

（6）捧腹大笑……过度的笑，此人常说大话，但缺乏实力，笑容右倾的男性，对女性过于关心，容易褊袒女性，此点应多如注意。

（7）嘲笑……头向左倾的笑法，此人好恶分明，人际关系不佳，在工作中也常是劳苦忙碌居多。

（8）应酬式的笑……头向右弯。眼尾下垂是应酬式笑容的特征。男性对女性太宽厚，容易发生两性问题，在家庭中显得很神经质。

（9）开怀大笑的人……在性格方面、无不良癖好，且表里一致，在工作与人际关系上都很顺利，前途无量。

由此观之，好的笑容最能招来好运，所以是开怀的笑法，也将是看过这本书的你，未来的笑容吧；你的朋友、情人、家人、上司或同事他们怎么笑呢？你不妨仔细观察一下。

绅士风度不可少——包装举止

一名歌手若想跻身到歌星的行列，仅有优美的歌喉与歌唱技巧是不行的，他除了有艺术的天赋之外，还要有我们提到的服装的得体，可亲的笑容，更要具备的是抬手置足的体态要舒展潇洒，倾吐语言的语气要和蔼可亲，顾盼流兮的双眸要充满深情等等，否则，你就不配有成千上万的拥护者和痴迷的追随者。

其实，抬手置足之间，就是你整体形象的无声泄密，会把你的修养、内涵无遗地表露出来。你若想有一个完美的包装形象，你必须在一点一滴的小节上下工夫。

谈吐的韵味

声音是一个人得天独厚的外部条件。口齿清晰，发音良好，非但可以正确及时地表达自己的意思，而且可以打动别人，获得良好的第一印象，因此许多成功的企业人事音质都非常具有魅力，具有一种独特的吸引力。

小说家阿诺德·本奈说：我们日常生活中发生的冲突纠纷大都起因于那些令人讨厌的声音，语调以及不良的谈吐习惯。的确，谈吐上的缺陷可能会导致你失业或砸了你的一笔买卖，有时甚至能把一个国际会议搅得不欢而散。

人们常常根据你的谈吐决定是否聘任你为他们工作，是否请你担任他的家庭医生，以及你能否被选作代表或议员，它甚至能影响人们是否下决心购买你推销的旧车，是否愿意邀请你到家中做客，并进一步同你交往。

即使你的思想像星星一般闪闪发亮，即使你替公司经营所出的主意像保罗·盖蒂的主意一样精明，即使你的头脑里充满了有关艺术、体育、飞机、矿物学、音乐会、电脑等等各种渊博学识，但这一切都无法使你免遭语言障碍的困扰。除非你能引起人们的注意，文雅亲切地与人交谈、沟通，否则极少有人会愿意听你说完你的见解。想想看，你的声音那么沉闷呆板，绝不可能引人注意，更谈不上达到你的目标了，你那种声音恐怕只有你的母亲才会有耐心把它听完。

马歇尔·麦虑汉的名言——"外观等于信息"，也许并不适用于人类所有交流方式，但在语言交流上却是肯定适用的。

语言出现障碍或表达能力欠缺，至少会使人低估你，会导致针对你的流言飞语无情地传播开去，当然这会歪曲了你的形象。

语言障碍各种各样，有的就像肢体伤残，需要施以整形外科的手术矫正；有的只需要像改旧衣服一样略加修整；有的则像一个松弛的腹部，要把它绷紧；还有些就像修理汽车一样，需要调整零件；或者像车上的弹簧，要上点油来润滑。另一些人毛病则很像小男孩的脏脸孔，要用热肥皂水使劲擦洗一下才行。

就像叉子、筷子产生之前就有了手指一样，没有含意的叽哩咕噜、尖叫狂吼在语文产生前就被人类广泛使用了。尼安德塔人一辈子也不分析句子，但凭着抑扬顿挫的声音和语调，他们照样能吓跑敌人，也能打动尼安德塔少女的心扉。

自从人类创造了语言，语言便成为改变国家命运的利器。由于萨伏那洛拉的动人言辞，使得15世纪的佛罗伦萨从荒淫奢靡转变为严谨自律的城市；千千万万的男女老幼因为听信了彼得的蛊惑，纷纷拥入中东，为把耶路撒冷从异教徒手中夺回，参与了那场徒然而血腥的"十字军东征"。

遗憾的是，昔日那些伟大演说家的声音，未能见诸文字留传后世。想想看，要是你能亲耳聆听西塞罗庄严地对罗马元老院说"迦太基必须毁灭！"听帕特利克·享利高喊："对于我，不自由，毋宁死！"还有亚伯拉罕·林肯说的，"在上帝守卫之下，这个国家应享有自由的新生！"或者威廉·金宁斯·布莱安说的，"你们不能将这顶荆冠压在劳工的头上！你们不应把人类钉死在一座金十字架上！"如果你能听到这一切，该会怎样激动不已？

现在，这些话印在纸上，依然是字字珠玑，光芒闪烁。然而这些珍宝已失去它附着形式，演说家当年的风采、人格，声音的节拍和激情——这一切，全都永远地逝去。

今天，人们理所当然认为演员必具备动人的谈吐，但在以往的电影界中却非如此。

20年代末，有声电影的出现，宛如一把横扫一切的镰刀，几乎把当代的明星淘汰个精光，那时的好莱坞就像发生了一场黑死病似的。

在无声影片的时代中，明星们一向不必注意谈吐，因为影迷根本听不见他们的声音，所以声音的出现使大家惊惶失措。一位前程无量的明星第一次听完自己的录音之后，竟吞服了过量的安眠药。众多影迷心目中的情人——卡蕾妮·格菲丝在看了《时代周刊》毫不留情的影评之后，便告别影坛，一去不复返了。那篇影评是这么写的："美丽的卡蕾妮·格菲丝原来是用鼻子来说话的。"

在声音与电影结合之前，银幕情帝鲁道夫·范伦铁诺的后继者——约翰·吉伯特签订过一项四年合同，年薪一百万美元。但在他拍的第一部有声影片里，他那副尖细的噪音就引得观众哄笑不已，而这些观众仅仅一年前还在为吉伯特的热情神魂颠倒呢！

有声电影占据了银幕，无声电影的黄金时代终于过去了。

如果你还是个未婚者，你说话的方式常常决定了你会不会有一桩满意的婚姻。要是你已经结婚，你的谈吐对于婚姻能否长久十分重要。曾经有一位风韵犹存的女士对我哭诉：她的丈夫在结婚三十五年后的今天，竟然坚持要和她离婚，他向她发誓绝无外遇，只是想独居一段时间。

也许他俩的婚姻还有其他失败之处，但听过她的谈话之后，我立即发现了一项最重要的障碍——长年忍受她那种吃吃发笑的样子和蚊子叫一般的说话声，的确不是一件易事。换了我，也会渴望独居一阵。

当然，改变那些毛病并非难事。不幸的是她的婚姻已经不可能挽回了。因此，要是发现你讲话时，你的丈夫总是躲躲闪闪，你最好立刻开始留意你自己的说话方式。同样，如果你讲话时，妻子老是似听非听，心不在焉，你也应该认真地自我检查一番了。

对于渴望在商业上获得成功的人，非常重要的是谈话自信、准确、有说服力。商业界人士首要推销的，就是他自己。从申请第一项工作的晤谈到作为名誉主席发表演讲，在这漫长的征途中，他必须不断地说服别人。如果你打算经商，那么你的谈吐形象，包括容貌、声音，是决定你这一生成功与否的关键。

近几十年来，情况又有了新的发展，一位企业家的言行不仅会被人听到，也会被人看到。过去他与外地同行洽谈生意可能是利用电话洽谈会的方式，现在却很可能是使用闭路电视系统。甚至连办公室内的会议也常常是利用电视，因为这样一来谁也不需要离开自己的岗位。

可是，在电视上表现自我的能力，也许将成为你事业成功的关键。（未来的年代里，你在社交上的成功也会如此，因为那时用传真电话会像今天打电话一样普遍了。）

最近，我的一位朋友，在自己条件比其他竞争者优越的情况下，丢了一项意义重大的代理业务，他懊恼地说："我现在突然明白是怎么回事了，是我的谈吐耽误了我，不管我说什么，都无法使我的股东们信服，因为他们对我说的话总感到莫名其妙。"

他说的一点不错。由于他的外国口音，念某些词时，常常出现不正确的发音，不能清晰流畅地表达意思，语调就差得更远了。更糟糕的是，当他觉察到自己的语言缺陷时，自卑的心理更导致他语无伦次，吞吞吐吐，不敢正视对方的眼睛。对听家来说，载体等于信息。而在这种情形下，无论载体还是信息都是消极失效的。

广告大师玛丽·威尔斯擅长创造生动有效的广告形象而驰名于麦迪生大街。然而，如果少了一个重要条件，她绝不可能如此迅速地获得成功，那就是专栏作家尤琴妮亚·雪柏所说的："她那柔和而激扬的声音使最疯狂的想法都变得真实可信了。"

你的谈吐可能成为你的最大财富，也可能成为你最沉重的负担。驾驭你的谈吐，避免身受其害。

现在的事实是大家经常会以言取人，以对方的语言来看待个人，所以不良的谈吐有可能会危及你的交际和事业，如果你存在某方面的不足，也可以用动人的音质和明快的谈吐来弥补，要用语言来表现你最优秀的一面，这才能助你走上成功之路。

语言上出现障碍，对于一个男子，意味着将失去权威和说服力；而对女性而言，则会导致你失去女性的魅力，人们一听到你的声音就避之唯恐不及。这些悲剧性的缺点可能会破坏你原来的美好的形象。那么，怎样才能检查出这些缺点呢？

脸上有了疤痕，首先要从镜子里看见它们的位置。然后再到药店或化妆品专柜去买些药物、化妆品，把疤痕治愈或者至少把它们掩盖起来。如果疤痕很严重，还可以去找整形外科医生，反正你总是有办法可想的。治疗语言障碍也是如此。在治疗或根除它们之前，先要找到并认出这些障碍，然后才能对症下药。怎样做到这一点呢？

一面镜子可使你对自己说话的样子有个整体的印象。譬如：它能告诉你，是否指手画脚，动作过多；是否噘着嘴唇，丑态可笑；表情是否太冷漠，太呆板，或者太紧张；是否为了压低嗓音而使嘴唇僵硬不动……

但是，你最可信任的检验者还是录音机。在百货商店里，你可以很容易地买到价格便宜的便携式袖珍录音机。家里都有镜子，录音机应该备一台。用不了很久，你甚至还可以买得起一架录像机，它能及时录下你说话时的声音和形象。这样，你不仅能听见自己的声音，还能看到自己说话的样子了。

利用录音机，可以使你作为一个旁观者，私下里听见自己真正的声音。这时，你的声音有什么缺点，你立刻就能发现。然后再按照本书提供的指示，用录音机检验你改进缺点的效果。利用录音机改进谈吐，可以说是取得事业成功的最佳途径之一。你可以借助它大声地练习你要提出的建议，编排你的讲演稿，或者预演一遍将要进行的谈知过程。你还可以把你的电话交谈录下来，检查自己在电话里的声音和谈吐风格是否令人满意。

录音机甚至还能帮助你为孩子留下终生纪念，成为一本有声的"婴儿手册"，使你能了解孩子的语言发展过程。如果你的家庭有大声朗读故事的习惯（我希望如此）录音机能把那些轻松愉快的时刻长久地保存下来。

要是实在没有录音机，还有下面两种简单的方法可以替代。

①鼻子紧靠在一本半开的大型杂志中间，对着里面说几句话，你听到的将是一个被扩大了的声音。

②面对房间里的一个角落，身体尽量靠近墙角，站坐都可以。然后两手握成杯状，轻轻盖在耳朵上。用平常的音量说几句话，声音经过扩大，被墙壁反射回来。也许，这个声音会吓你一跳呢！

两千年来赫瑞斯曾劝说罗马的政治家们到浴堂里练习吟诵。他认为："密闭的环境能给声音带来律感。"

那么，哪些是我们应该清除的语言障碍？如何辨认它们呢

（1）用鼻音讲话

这是特别多见，破坏性又极大的一种语言障碍。用鼻腔说话，别人听到的鼻

音。你试着用拇指和食指捏住鼻子，然后发"姆——哼——嗯"的声音。这时，你的手指会感受到发音时引起的鼻腔震动，那就是鼻音。

现在，你再用同样的方法捏住鼻子，然后发"窝、欧、窝、欧、窝"，这是些完全应由口腔发出的音。如果你在发"欧"时，感到有嗡嗡的鼻腔音，那就说明，你是用鼻音说话了。在电影里，用鼻音说话，常常用来表现那种满腹牢骚、脾气很坏的角色。这是创造角色的需要。要是你在生活中也用鼻音说话，那么，你给人的第一印象绝不可能是吸引人的，听上去你好像是一个喜欢惹是生非，而且消极厌世的家伙。

说话时如果嘴闭得过紧，也会迫使声音从鼻腔发出，造成鼻音。上下齿之间最好能保持半英寸左右的距离。相反，要是你说话时把牙齿咬得像玉米棒上的两排玉米粒，甚至比这还要紧，把嘴唇闭得像没说话一样纹丝不动，那么你肯定是在用鼻音说话呢。

鼻音对交际能力损害，在女性身上表现得比男性更厉害。我们很难举出有哪个说话带鼻音的女性是迷人的。因此，要是你希望自己具有广告界女天才玛丽·威尔斯那样的征服力，或者希望像碧姬·芭德那样令人心旷神怡，那么，注意避免用鼻腔共鸣，而要用胸腔来鸣。

曾经有那么一段时间，说话时下颚不动被公认为"上流社会"的谈吐标准——"面部肌肉不要牵动，脸上不要显露过度的兴奋，不要大笑（因为那也会造成皱纹）。"而我却要大力推荐这些皱纹，如果你的脸上缺少这些笑的皱纹，那就是你笑得太少。生在这危机四伏的世界上，我们需要多一些笑声。我们脸上的生动神采，正是我们与他人交流的方式之一。

说话时绷紧下颚，会向对方传播一种紧张、痛苦的空气。我有一位心地善良的朋友就是因此受到挫折。她曾渴望专门为盲人录制一些磁带，可是，尽管盲人听众看不见她，却能清楚地感受到她声音中紧张不安的情绪。

（2）用尖嗓音说话

不发脾气你也爱尖声音吗？不喊孩子也总是高腔大嗓门吗？女人们经常如此。也许是因为她们每天都要经受太多的刺激吧。想想你自己是否就是这样一位妻子。如果是，那么恐怕你一说话，你的丈夫就会心情烦躁。尖锐的嗓音甚至比鼻音更令人难以忍受。在我的印象里，只有一位政治家例外，那就是前纽约市市长费罗·拉哥蒂。虽然他是个尖嗓子，却赢得了选区内所有选民的支持。有一次，当他在广播演说里描述一件星期日漫画的趣闻时，全纽约的人都逗得忍不住——因为不管他的嗓音多么尖锐刺耳，人们还是从心里热爱这位"政治花朵"。

和鼻音一样，尖嗓子的面部特征也从镜子里检查出来：你的脖子可能看上去相当紧张——血管和肌腱是否像绳索一样凸起来？下颚周围的肌肉是否看得出或摸得出被拉紧了？要是有上述现象，那么，可能你的嗓音让别人听起来就像海鸥叫一样尖锐了。

你还可以试着用一根丝带套在脖子上，保持舒适的松紧度。这时，如果憋住嗓子尖声说话，在说到每句末尾时，你会感觉到丝带扼住了你的呼吸。

（3）低语的人

你说话时，是否总是显得疲乏、忧郁？是否显得老态龙钟，缺乏朝气蓬勃、昂扬进取的活力是否经常有人要求你重说一遍，因为他们根本无法集中精力听你说？问题可能是出在你没有掌握正确的呼吸方法，以致不能表达你的心声。

微声低语是传达秘密或谈情说爱时才适用的说话方法。恐怕仅有一种公共场合要理所当然地使用低语。那就是当你站在教堂里，轻声回答神父的婚姻誓词说"是的。"这时，尽管别人听不清，大家还是知道你在说什么。

什么是低语？这是声音的幽灵，是一种丧失大部分语调和共鸣的声音。它不像一阵微风什么东西也没吹到时一样，因为即使吹到了树叶，叶子也会作响的。

怎样检查出是否有这种低语的毛病呢？

首先，可以把手指放在喉结上，发"日——"的音，这时你的手指会感到喉结上有一股震动的感觉。而真正的低语是不可能准确地发出这种"日"音的，因为这是个"有声"音。现在，你再发"嘶——"，此刻你的喉头就不再震动了。"嘶"正是"日"的"无声"音。其次，再把手指放在喉结上，用正常的音量说几句话，要是手指上完全没有嗡嗡震动之感，你就肯定是用低语说话了。

千万别以为低语同柔和清晰是一回事。即便你用最低的音量说话，你也须借助气息的力量产生共鸣。正常的说话，声音应该能把最低音到最高音之间的各种音调自如地表现出来。

当然，你可能是为了追求某种特殊效果而使用低语，就像玛丽莲·梦露那样。但这根本不同于真正的低语。我们把这叫做"舞台式低语"，它和生活中的低语是完全不同的两码事。使用"舞台式低语"一点也不比朗声演讲花费的气力小。在剧院里，从台前第一排直至最远的包厢都能听清这种低语。詹姆斯·凯文将军在军队中一向以低嗓音著称，可是大家听清他的话并不费力。他用的就是"舞台式低语"。（况且，作为威严的凯文将军的部下，你最好还是设法弄清他说的是什么！）

相反，表现力低下的低语者在说话时，别人几乎听不见。贾姬·奥纳西斯就是如此。有时，你想听明白她在白宫电视访问节目里的演说，简直费力极了。

一位海军机密电子情报部门的教员曾向我求教。他的声音太低，除坐在第一排的学生外，其他学生根本无法听清他在讲什么，好像他在自己的班级里也要保守什么机密似的。不过，现在他的表达能力已经大有进步了。

有些人在某种情况下说话非常清晰，而在另一些场合里却哑声低语，我认识的一位制锁企业家就如此。他和妻子外出社交时总是低语，但每逢召开董事会时，他却谈吐清朗。我猜想，在前一种情况下，他是在下意识地暗示妻子放低嗓门，少说废话。真是这样的话，他的妻子却并未接收到他传达的暗示。这正说明，用低语的方式来传达心声是无效的。

有些女性可能认为，微弱的声音正可以表现女性的温柔娇美。其实，这能让人感到一种表面的做作，绝算不上真正的温柔。比如在维多利亚时代，晕厥是当时文化中女性美的象征，而在今天，我绝不赞成假装晕厥去赢得一个男子的爱恋，当然，他出于同情，可能会替你叫辆救护车，可是他是否会再去医院看望你就很难说了。同样的道理，你也不应指望用微弱的低语来赢得他的钟情。就好比你这架发报机失灵了，听起来相当吃力。那么后果简单不过：他会马上转向另一台。

一次，有个女子挺得意地对我说："我的朋友们都说我的声音特别有抚慰力，能使他们很快沉入梦乡。"多么可怜，她以为别人在恭维她呢！其实，她朋友们的言外之意是：她的声音无法使他们保持清洁。

低话症还有个"远亲"，那就是"休止"。有这种毛病的人，说话就像雷雨天里的半导体收音机，声音来去不定。也许开场白相当精彩，语句滔滔不绝，宛若游鱼一般流畅自如。但是演讲将结束时，语言的源泉突然枯竭，下面声音飘然逝去，像鱼儿无力地挣扎在沙滩上。本来正是该达到最高峰的时候，声音却像一块酥饼落地，四分五裂了。

（4）僵硬的嘴唇

即使你专门学过读唇，也未必能弄懂那种说话含糊不清的人说些什么。因为这种人说话时，你很难看出他们的嘴唇有什么动作。

某教区内的信徒都抱怨他们的牧师："一个礼拜里六天看不见他，到了第七天，终于见到了他，却又听不清他在说什么。"这个牧师是个说话吞吞吐吐的人。

这种人和低语者一样，好像他们在告诉你秘密时还要向你保守秘密。他们的嘴唇懒惰，不愿张得大点，致使他们总是表达不清楚。在他们僵硬的嘴唇里，字句都被黏到一块。吞吞吐吐地出不来，有时把整个字词都给吞下去了。

请再次面向镜子做些语言练习。要是你说话时嘴唇几乎不动，那你肯定有说话含糊不清的毛病。请听听阿登·纳什的千方百计：

"我确信大家在毕业或注册之前，都应该学会高声讲话，要声音朗朗，口齿清晰。"

"那种口齿不清的支吾，会扰乱我的听觉。"

"咬字不清，声音混浊，含含糊糊的语言会造成可怕的错误和误解。"

"不论你说话有什么口音，要表现出你的男子气概，并保证语意清晰，这是最基本的事情。"

"……你只需把堵在嘴上的毛巾拿出来就行了。"

有个处方也许比纳什先生的还要简单，那就是：

"生动活泼地讲话。"

（5）沙哑的嗓子

呼吸方式的错误，不仅会导致低语和说话支吾，还可能使你说话费力。

一个没有用正确呼吸来帮助的声音，就像一部以最大马力艰难爬行在陡峭山坡上的老爷车，越爬越慢，越爬越慢，伴随着不停的摇摆颠簸，最后终于停住不动了。

这种未利用呼吸的声音只要说话一多，就会变得粗糙沙哑。1968年在民主党和共和党的全国会议期间，数百万电视观众都能听到屏幕里台上的官员（偶尔有台下的听众）嘶哑的吼叫声。民主党终身主席卡尔·亚伯在那次会议后，几乎说不出话来。是的，老爷车是登不上峰顶的。要想自如而有效地谈吐，须先学会如何"加油"，如何"换挡"。

如果你说话时喉咙很容易产生疲劳感，老是需要清嗓子，或者你的嗓子长年嘶哑不愈，而你既没感冒，也不抽烟，医生诊断也说明你的喉咙并无疾病，那就可以确定地说：你是没有正确地运用呼吸来帮助你发音。结果你的声音变得越来越含混、沙哑、粗硬，当你讲话时，不仅你自己，连你的听众也会感到喉咙很不舒服。

（6）单调的声音

正常的说话声音，应能包括十二至二十个音符的音阶，（职业演员、歌唱家能达到三十六个音符。）而有些人却很不幸，他们只能达到五个音符。如果你是这样的人，你的声音听起来可能像一个没有关紧的水龙头，只能发出"嘀、嘀、嘀"的漏水声，或者是像一只节拍器的声音——"嗒、嗒、嗒"，你一说话，正好催人入睡。

常有些商业人士来向我诉苦："只要轮到我讲话，人们脸上总是露出一种迟钝、困倦的神情。"其实，你硬要别人来听你无休止"嘀、嘀"，"嗒、嗒"，又怎么能怪人家要发困呢？就算是希腊神话中的怪物"晨眼兽"，也不能在这种声音里保证清醒地睁着眼睛。没有音调的变化，没有色彩的搭配，只能是单调、单调、单调。

怎样检查出你的声音是否单调呢？不妨选一段报刊上的文章大声朗读，看看你的声调能不能随着文章内容的起伏而抑扬顿挫；你的声音是生气勃勃、有光彩、有韵律，还是毫无变化，平板呆滞、千篇一律地无升无降？

还是录音机能最忠实地描绘出你的声音形象。自己录一段话，倒回来仔细听，并且假想你是在听收录音机里一个陌生人的声音，然后公正地判断一下，你是否喜欢这个声音。

（7）不适当的速度

从各方面看，肯尼迪总统应算得上是个优秀的演说家，不过有时候他也会说得太快，让听众喘不过气来。正好相反，詹森总统说话却总是拖拖拉拉，经常是还没讲完眼前的难题，新的国际危机又出现了。

说话速度太快，会使听众听不懂你的意思——甚至会让听众喘不过气来。要是说得太慢，听众则根本不耐烦听你说完。适当的说话速度大约是每分钟一百二十个字到一百六十个字左右。朗读的速度一般比平常说话要快一点。当然，说话速度并非一成不变，因为说话时的思想，情绪肯定会影响到说话的速度。句子的停顿、快慢的变化都是丰富语言表达效果的手段。

请你高声朗诵下面这段斯蒂芬·怀斯的演讲词，并且用手表计算时间，读到六十秒时立即停止，在你念到的最后一个字上做个记号。

林肯一生中受到过无数的诽谤和中伤，但事实证明，一个人一生中受的诽谤并不能显示他的生命是否有价值，更不能据此预见历史的裁判。这样看来似乎伟人的伟大可以从他们生前受到的否定预见出来，但当一个酷似林肯的人出现时，我们应该承认他、尊敬他，而不是故意否定他。认为林肯的精神已经消失，再也不会复出，并以此作为缅怀林肯的方式，是再糟不过的了。另一种类似的想法是假设新的林肯永远不会出现。

林肯已经成为我们衡量人生价值的准绳，我们还以是否接近于亚伯拉罕·林肯来确定我们对一个人尊敬的程度。其他的人也可能在人格上像他，接近于他，但林肯仍然是用作衡量和评价的最终准绳。

要是到六十秒时，你还没念到"新的林肯永远不会出现"，那么你就说得太慢了；要是你已经念到了第二段中间部分，你可能就让人听不清了，因为说得越快，就越可能含糊不清。如果失去了平稳顺畅的要求，听上去声音就会像莫尔斯电码，或者像用七十八转的速度放三十三转速的唱片一样。

相反，如果你一分钟说不到一百一十个字，那么，最适合你的工作就是去做保姆，因为你肯定能毫不费力地让你的听众沉沉入睡。

（8）口头禅

你见过这种人吗？他们的话语里老是夹着"你知道吧，你知道吧……"没完没了，你非得紧咬嘴唇才不致烦得喊出声来。

口头禅的花样很多，有的开口"这个"，闭口"那个"；有的则总是"我说……，他说……"有一次，我认真听了胡伯·哈福瑞在电视访问中的谈话。在四十分钟的时间里，我共计听到了三十六次"我相信"，相当可观的数字！

有些不含实际意义的声音，像"啊"，"哦"也会变成一些人的口头禅。奥列佛·温德·赫姆斯说过："千万别在谈话中使用那些可憎的'哦'字。"这一点请你铭记在心。

如果备有录音机，可以把你自己在电话中的交谈录下来。重新听过以后，你就能检查出自己是否也有那些累赘的口头语。只要提高警惕性，你就能防止自己在交谈中滥用它们，并且认识到这些口头禅在交谈中是多么令人厌烦，索然寡味。

（9）动作过多

说话时附带一些不适当的动作也会破坏说话效果。例如坐立不安、拧眉、扬眉、皱鼻子、挤嘴角、摸耳朵、扯下巴、咬嘴唇、挠头发、晃腿以及珠子、铅笔、领带、手指等等——这还只是一部分。

1968年，参议员尤金为竞争民主党的提名而在电视上露面时，摄像机的镜头大部分时间集中在他的头部和肩部。他看上去显得从容不迫。但是偶尔出现他的全身镜头时，大家都看到他的双手紧张地动个不停。这时，观众的注意力集中在他的手上，而他演讲的内容反而被忽略了。

我认识的一位商业界人士，每当他在公开场合发言致辞时，都把自己的秘书事先安插在听众当中，如果他说话时手势太多，秘书就把铅笔夹在耳朵上向他发出暗示。也许，你没资格雇用一个发暗号的秘书，但只要你时时留心注意，很快你就能自己发现这些破坏你谈话效果的，盗走听众注意力的"小偷"。

（10）眼神、眼神、眼神

当你向别人致意时，握手问候意味着彼此建立了一种身体接触的交流关系。而"眼神的交流"也是同样重要的交流方式，用眼神你就可以同他人建立一种关系。收音机、电视机在未接通电流前，只是个无声无息的死匣子。但是如果你使用了眼神，你就像打开了电源开关，它能使你与他人建立起一种真正的人际关系。

你的眼神并不仅仅传递信息，它还能从别人的眼里收到信息。"太有趣了！""真烦人！""我明白了。""我糊涂了。""我准备好了。""我真想多听一些。""你把我惹火了。"等等，这些你一看就懂。

当你说话时，你的眼睛是否也帮助传达话语？还是躲躲闪闪，不敢正视他人？你是否因为看着别人说话感到困窘，就两眼盯着墙壁、天花板、脚尖或其他什么？你望着听众时，眼里看到的是一簇簇的人还是一个个的人？

再也没有比躲开别人的视线更容易让你失去听众了！

也许你的知识和修养并不是那么出众，但你完全可以用自己生动的声音来弥补。

你的声音给别人留下的印象可能是非常美好的，但也可能相当恶劣。有时，你也许很疲惫，或者你已经年逾七旬，但你的声音仍然可以显得"精力充沛"、"青春焕发"。不过，你还是必须警惕：声音也会起反作用。它能使精力充沛的人显得"困乏"，健壮的人显得"虚弱"，能使你在成功时呈现出一副"失败的样子"，也能使年轻的你听上去像是"垂垂老矣"。

人总会衰老。也许当今的美国小姐将来会感激姬丝·露西·李的话，因为她总是说："你的身段仍然美好如初，只不过缩了几英寸。"但我们终究会变得这地方松垂，那地方褶皱；不是发胖，就是枯干。我们会放弃骑马，也不能像现在这样常常熬个通宵。

因此，不要让声音泄漏你的年龄，除非你本来就很年轻。福兰克林·罗斯福即使在病入膏肓之际，也竭尽全力使他最后的几次演说显得年轻而富有朝气。当温斯敦·丘吉尔已经双肩松垂，步履艰难的时候，他雄浑的声音仍然不逊当年。

你的工作是否需要不停地用电话交谈？是否需要在那种像汽锅厂、跳舞厅一样喧闹的环境中吸引听众的注意？如果是，那你一定要学会如何保护嗓子，否则你肯定不能避免嗓音沙哑。

各种各样对嗓子的刺激都可能导致沙哑和喉炎。说话用力过度就是其中之一，这常常是由于急躁或在嘈杂的环境中竭力让别人听到自己的声音而造成的。

吸烟——无论是自己吸还是周围的人吸，都会刺激声带。

此外，神经上的紧张，用力咳嗽，大笑和不停地清嗓子都可能使嗓子用力过度。如果在这些情况下观察喉咙，你会发现声带已经从正常的白色变为被激怒的红色了，因为你迫使两片声带彼此互相摩擦。

要尽量避免用清嗓子来减轻嗓子的烦躁，（许多职业演唱家都忌讳喝啤酒和牛奶，因为这两种东西很容易使嗓子分泌过多的黏液。如果你发现自己的嗓子也有痰液的感觉，你就应该在谈话前的几个小时内避免饮用牛奶。）你可以试着轻轻咬住舌尖（这样会促使分泌唾液），然后用咽唾液来代替清嗓子。

更好一些的办法是：喘气，然后轻咽唾液。这里有一个练习，叫做"喘气的小狗"。

你经常能看到狗趴在地毯上，下巴松弛，吐出舌头不停地喘气。你也学着这样做，先打呵欠，直至使自己感到咽喉畅通，口腔、舌头都松弛起来，然后用喉咙和口腔轻缓流畅地呼气吸气。吸进呼出，吸进呼出，你能感觉到清凉的空气流过舌头，进入气管，再循环而回，这时，气流就把声带上的黏液拂去了。这个练习会使喉咙干燥，因而做完之后必须吞咽口水。

像这样呼吸七至八次，再把整个过程重复做十次以上，然后休息。如果需要，一个小时之后再开始做。这个练习听起来就像一台老式蒸汽机车晃晃悠悠地驶入车站一样。

如果喉咙真的生了病，那么你需要的就不是语言顾问，而是喉科医生了。

要是患了严重的喉炎，医生会禁止你再说话，他也许还会顺便告诉你一位名家的忠告："喉炎患者不仅不能进行一般的说话，就连微声低语也要避免。"从上述章节中，你已经知道："缺乏呼吸辅助的低语，只能增加喉咙嘴唇的负担。"

医生还会再加上一句："在任何情况下，都要抵制吸烟对你的诱惑。"

为了避免喉炎的威胁，当感冒病毒由鼻腔窜进咽喉再侵入胸腔时，你应该提前尽量避免说话。如果在这时你说话过度，很可能会导致咽喉长出息肉甚至肿瘤。

当你接受外科手术，割掉声带肿瘤之后，更要遵循"沉默就是金子"的戒律。然而不幸的是，有许多人并没有认真听从医生的劝告。在手术后的数周内不甘于绝对寂寞——结果，他们的声带遭到了无法挽回的损伤。

如果你想避免喉炎，应严格遵循上述有关呼吸辅助的指导，你这样做了，就会发现喉咙的沙哑和疼痛就像腊月里的蚱蜢一样少见了。

举手投足有学问

（1）累赘的成分

犯错误乃是人之常情。神这样说无疑是对的，但是说话总是带"哦"却应该被判以重罪。

对于清除"哦"，有一个怨言，那就是早在它泛滥成灾之前就应该被消弭，因为现在它的子孙后代已经快要占领整个世界了。

"哦"只不过是我们语言的无数累赘中的一个。

上文曾提到过赫姆斯的警告："不要在你谈话的过程中塞入那些可怕的'哦'字"。按照今天的情况，要把这句话改为：为了解除听众的烦恼，不要在你谈话的过程中塞入那些"你知道"，"你知道"。

"哦"和"你知道"一样都是语言中毫无意义的累赘成分，只不过是添入了些增加停顿的声音。除此之外，还有一些大家常见的累赘成分。如"现在"、"据说"、"那么"、"你知道我的意思"、"你懂吧?"、"等等、等等"之类，以及喘息、碎嘴、清嗓子和吃吃发笑。

如前所述，清嗓子不仅会刺激说话人的嗓子，而且还会刺激听众的听觉，使他们也想清嗓子。

有位律师，他烦恼地说：无论什么时候，只要他一讲话，就能发现听众的眼睛里呈现出一种痛苦的神情。

"我很清楚"，他说。"我的演讲词准备得相当不错，可究竟我说话时有什么毛病呢？"

其实问题很简单，他的毛病就是不停地清嗓子。当他后来认识到这个陋习之后，立刻改掉了。（在我谈到的所有问题中，"自我约束"的力量不可低估，只要能做到"自我约束"大部分的语言障碍都能因此而清除。）

至于吃吃发笑，对未满十四岁的人来说是可以原谅的。但如果超过了这个年龄还是不改，就是罪过了。

有位矮小圆胖的中年妇女她带着一种持续的刺耳笑声。

要努力减弱她的笑声，尽可能使之不那么刺耳，最后终于完全治愈了这种笑声。为了做到这一点，首先采用贴纸的方法，在纸条上写着"吃吃笑"的地方画上一个大叉子。另外一个办法是让她练习用通畅的呼吸来说每句话，这样，她也就没工夫停下来发笑了。

同时，还采用一个心理上的措施。

因为吃吃发笑令人联想起少年时代，清除陋习的前提是要先认识到陋习的存在。事实上，有时只要认识到这一点就足以达到清除的目的了。

贴纸是理想的警告牌。

如果发现自己说话时，常带"哦"之类的字眼，你可以把"哦"字写在贴纸上，在上面画个叉或一条线。至少要做六张这样的贴纸，分别贴在你肯定常看到的地方，诸如写字台、炉灶、电话机等上面。并切实按照这个要求去做，要不了几天，你的障碍就会消失的。

（2）视觉的歧途

一位事业发达的房地产公司老板曾坦率地谈起他对彼尔的忧虑。

彼尔是他那里最有希望的年轻主管之一，人很机灵，精力旺盛。对公司的贡献也大，而且生得仪表堂堂。可不知怎么回事，他总是让人烦躁不快。

问题出在哪儿——服装样式？谈吐？声音？这位老板说不出个所以然来。最后，他还是让彼尔上这儿来了。果然和他说的一样——彼尔是个精强强悍的人。但他的毛病立刻被发现了，那就是他的右手。

那只手在不停地动作，有时像游蛇似的扭动摇摆，有时又像只飞蝶那样滑过眼帘，再不就同风车叶一般在面前旋转个不停。

在印度舞蹈中，手势就是语言，手借助位置、动作的变化来叙述复杂的故事。同样，聋哑人也是完全依靠手势和身体动作来传达很抽象的意念。如果能正确动用手势，其表意作用是很有效的，尤其是在需要特别强调的地方。但一定是在真正需要的时候才动用，否则只能起到分散听众注意力的作用。并非你每次提到"一"，就要伸出一个手指头，提到"二"，就要伸出两个手指头，因为这些字本身就可以表达意思。如果你的手比你的声音更吸引观众，那么手把锋头全抢去了，而它本不应该喧宾夺主。

轮到他在课上演讲并进行电视录影时，他右手腕上系一个红色的大蝴蝶结。并且告诉他："只要你这只手一举起来，你就会看到蝴蝶结，同时，我们也会看到。

这样我们就只注意那个蝴蝶结，而不可能专心听你讲话了。"这个办法很有效，他的手终于安静下来。

等他的课程结束以后，他把蝴蝶结带回到他的办公室，放在一个玻璃罩里作为警戒物。此后，他就能任意控制他的右手了。

你应该能够纠正，或者至少可以减少不正确的手势。汤姆·韦克曾在《纽约时报》上把理查德·尼克松在1968年竞选中的手势归纳为："自游泳，斗牛，空手道的劈砍、刺戳、上击以及单手投篮等。"同时他也注意到尼克松在当选总统后，把这些缺点都改掉了。

在影响交流效果的身体障碍中，最多见的就是多余的手势。除此之外还有其他一些，比如有些人老是摇头点首，有些人喜欢舔嘴唇或咬嘴唇，还有的喜欢心神不定地玩弄手里的铅笔、饰物，或者去掉一些根本不存在的线头，其他如身体左摇右摆，骑木马似的前仰后合，狮子踱步一样地来回盘旋，钟摆一般的晃二郎腿，以及耸肩膀，掠头发，弹拍桌面，剔玩指甲等等。

这些身体障碍多数是因为紧张造成的。而紧张又是在谈吐中普遍存在的问题。

著名辩护律师克莱伦斯·达罗有时就动用一项身体障碍，当他的对手向陪审团陈述证据要点的时候，他就在桌边抽着雪茄，让烟灰越来越长，却不弹掉，直到全场的目光都集中到他那支雪茄上，等着烟灰掉下来。他的对手常常因此无心再说下去。

只要这个障碍不是真正的顽症，一般都可以没有痛苦地纠正。如果你说话时总是摇头点首，可以在打电话时在头顶上放一本书，要是能做到打完电话书还没掉下来，那你的问题就解决了。（当然，这个练习要在你独自一人时做，否则别人会以为你神经出了毛病呢。）

再次重申：贴在适当位置的纸条是理想的警醒物，它就像维护你谈吐的保姆。

一家极受欢迎的女性杂志的编辑要帮助她改善在会议上发言的效果。她说话时鼻子像兔子一样一皱一皱的，而她自己全然不知。要求她写十二张贴纸，上面意味深长地写着"鼻子"两个字，字的上面画了一个叉子。

一周之后，她再也不像兔子了，重新回到了人类之中。

（3）心灵的窗户

一位银行业的领导人提起人们普遍觉得银行家是高傲冷漠的这一点时，认为这实在很糟糕。然而，更糟的是，许多正在受着培养，准备将来担任银行业高层职位的年轻人似乎认为本来就该如此，当愈来愈需要融化冰霜的时候，他们却要冻结起来。现代银行业的人际关系极其重要，领导人应该亲切和蔼而不是冷若冰霜，他问我有没有什么办法帮助那些青年人变得平易近人些。

其实大多数领导人所表现的冷漠，其根源在于紧张和缺乏自信。也许其中有些人是因为固执或专注，而忘记了社会美德。但多数人还是因为根本没有认识到与他人亲切交流的重要。他们没有想到由于缺少关注、赞许的目光，竟使他们和同事、部属隔绝起来，有时甚至连笑着打个招呼他们都做不到。

一些年纪较长的董事却比较易于接近，他们丢掉了升迁过程中伴随着他们的那副严峻面孔，重新变成喜欢开玩笑的人。他们的笑容亲切平易，对他人有一种真挚而自然的兴趣。

改变冷漠表情的捷径是练习直接而愉快的目光交流。如果你正和一位上司或下属谈话，不要左顾右盼，或盯视着窗外。要表现出兴趣，并且用目光表现出来，要直接看到人们的眼睛里去。不仅仅是看着，而且要看进去。

在所有商业会谈或社交谈话中，应有百分之九十的时间看着对方的眼睛，让自己的眼睛和声音一起同对方交流，并且真正认识到目光交流的意义并不比声音交流次要。如果谈话的另一方不只是一个人，你的目光应该轮流落到每个人身上，并停留五至六秒的时间。在你的目光中应该包含着关注和赞许，而不是茫然或敌意。

有个学生，他的主要问题就是不停地眨眼，像一个出了毛病的霓虹灯。闪烁不定的眼睛使他显得缺少自信心。当他了解到这个问题之后，只用了几个小时就使眼睛的眨动恢复了正常。另一个学生的情况恰好相反，他谈话的时候好像和对方完全隔绝，因为他的眼睛几乎一下也不眨。他是用眼角死盯着对方，看上去像某桩神秘案件里的坏人。引导他增加眨眼频率后，不久，这种吓人的表情也就消失了。

如果你正在与人交谈，而感觉到自己总是躲开对方的视线，如果你说话时像猫头鹰那样盯着人看，或者像个瞌睡大发的孩子那样一个劲地眨眼，请把需要引起你警惕的问题写出来，开始想办法纠正。

（4）大蒜和酒

整饰自己的形象还包括个人的卫生习惯。身上带有不良气味会使对方不快，影响谈话效果。但同时也要避免使用过于浓烈呛人的香水。谈话前的午餐不要喝酒或者吃洋葱，至于大蒜，甚至在前一天晚上就不要吃它。

附带说一件一个人经历的一件与大蒜有关的趣事——尽管当时并不觉得有趣。她在百老汇演出的第一个剧目是《罗萨琳达》，那出戏上演了很长一段时间之后，不记得是第十四还是第十五个月时，在剧中与她谈情说爱的那位男高音突然染上了吃大蒜的爱好，可以想象，在这种气味里谈爱情是多么的困难。

后来她终于和他谈了这个问题，他答应她在每次演出前不再吃大蒜。此后几周之内，他们合作得不错。然而，在一个演出前的傍晚，门房送来一个信封，里面装着二百二十七千克大蒜和一张字条，上面写着："请你用它自卫——我忘了。"

在那出戏的第二幕里，男主角将走进罗萨琳达的客厅，穿上她丈夫的绒袍和拖鞋，坐在沙发上，由机灵的女仆阿黛莉亚服侍用餐，晚餐盛在盘子里，其中有一件银器里放着香肠。男主角将掀开盖子，狂喜地嗅着他最爱吃的食物所散发出的香味。为了报复他，她在开幕前偷偷溜进了道具室，把二百二十七千克大蒜捣碎，通通塞到香肠里面，然后把盘子放在烤炉上烤热。

开幕之后，男主角走进客厅，喜滋滋地脱去外套，换上袍子、拖鞋，躺在沙发上等待银盘端来。当他掀开盖子深吸一口时，他差点憋过气去。

但是，她也自食其果——男主角只需说几句话就可以退场了，剩下她一人独自在瓦斯般的气味里挣扎，她把这一点给忘记了。

侃侃而谈的愉悦

有个人在很多年前就开始收集玻璃镇纸。在那个时代买一个玻璃镇纸不过几块钱，但现在其中一些已能开价数千元。原因何在呢？因为镇纸业仅仅在 19 世纪中叶兴旺发达了二十年，这以后就渐渐消失而变成一种供欣赏艺术了。

真心期望美好的交谈不会也成为失传的艺术。这样想是因为交谈的艺术尽管目前尚未绝迹，但已经十分罕见，有时看上去确实存在着失传的危险。

这种衰落的根源可能是现代生活的快节奏和高度紧张，当然，电视也负有责任。

人们总是围绕着一架电视机，不管身边有多少人也不交谈，一连好几个小时收看娱乐节目或新闻报道，根本不需要张嘴说话。在这种情形里，人们也不可能交谈——难道你能和广告对话吗？如果你还把看电视当作晚餐的娱乐，或者把其他许多应该同亲人、朋友谈谈心的时间，用在看电视，那么你无疑是放弃了人生中最珍贵，最有意义的体验。

看电视并非毫无可取之处。

选择适当的电视节目来看，对交谈不仅无害，而且是一种助益。电视节目里除了无聊的内容之外，还包括不少能为你的思想和谈吐提供有资料的纪录影片，影像剪辑以及座谈节目等。

有史以来，人类就开始重视谈话的意义。中国有句俗话，叫做与君一席话，胜读十年书。法国散文大师米谢尔·蒙田说："磨炼自己的头脑，和他人相互切磋交流，是十分有益的。"英国哲学家约翰·洛克也自谦地说道："我把自己所拥有的浅薄知识归功于不耻下问，那是我在和别人认真探讨他们所从事的特殊职业和所追求的目标时不断积累而成的。"

有益的交谈比美酒，比戏院或音乐会更能振奋你的精神，它给你带来消遣和快乐，会助你上进，帮你解决疑难；会激发想象力，拓展知识面；它还有益于消除误会，使你和你所热爱的人们更加亲密无间。

如果你交谈艺术的生命力已经枯竭，请尽快让它获得新生吧！我曾亲耳听过许多政治家、商人、名作家，甚至演员坦率承认自己不善言谈，每当交谈的话题一离开自己的本行，他们就感到自己像被挂在墙上似的，被冷落在一旁。

而更多的人却习惯于为自己开脱："我口才不好，不会讲话。"他们有好多借口：

——我不知道该说些什么。

——别人不会感兴趣的。

——他们根本不听我说。

——我太害羞了。

——我就是喜欢听别人说。

——我怕让人家厌烦。

但是，所有这些借口都是站不住脚的。

（1）其实，你很可能想说些什么，只不过因缺乏自信，没有勇气说出。若真没有什么值得一说的事，那平时就该注意搜集。可以读读报纸，不仅是读体育版或社会新闻版；可以看看杂志，了解一下世界局势。不懈阅读，直到阅读成了你的一种乐趣，一种无法再放弃的习惯。

多留心书籍、音乐、艺术、篮球、宇宙等，你会发现有成千上万的东西值得一读，值得一谈！

（2）任何事情都可能引起人们的兴趣，只要你能把它说得妙趣横生。我曾经听过有人描述原子核的裂变，他讲得那么生动明晰，在场的十二位对此一窍不通的外行，竟然全神贯注地听了半个钟头。

（3）你并不是太害羞。害羞实际上就是以自我为中心，这样的人只是忙着考虑自己，因此对其他问题只能保持沉默。把你心里想的说出来，然后话题自然会源源不断。

（4）别人肯定不会拒绝听你说，除非你总是一副谦卑、疲倦的腔调，或者老是微声低语。改变这种说话方式，高声谈吐，用一句吸引人的话开场。如果你没把握做到，也可以采用一个简单的问题，如"你是怎么到上海来的呢？"

就算你这样做了还是引不出什么话题，你至少可以说些能起到推进或鼓励作用的议论。"对，你说得很有道理。""这么独到的想法我还从未听说过。"你很快就会感到这些"填空"的句子已经变成你交谈中很有效，几乎不可或缺的一部分了。

注意倾听良好的谈吐，你会看到那些谈话者都是热情洋溢，谈锋锐利，生动引人，感情真挚，同时语言准确恰当。你会看到他们活跃积极，脸上带着自然的微笑，看上去精神焕发。

要十分推崇"微笑交谈"，它不应仅仅限于公众场合，任何两人以上的交谈都应从微笑开始。

上电梯的时候，为什么不可以对身边的老太太笑一笑，道声早上好呢？在饭馆用餐的时候，你不妨向对面那位可敬而孤独的老人先打声招呼。搭乘飞机的旅途中，向邻座试探一下愿不愿聊一聊，总是可以的吧？

一个人是不是能同你谈得投机，只有接触后才知道。也许你会遭到拒绝，那也不必在意，谁都有权要求独处，不过总应该试一试。

和其他交谈方式一样，赞扬在"微笑交谈"中很有效。如果你的谈话对象的仪容举止确有值得赞扬的地方，那就对他说出来。亚伯拉罕·林肯说："人人都喜欢赞扬。"当然，这种人类的本性并不是他第一个发现的。有一点不可忽视，那就是你的赞扬必须真实可信，如果你的赞扬明摆着并非出自真心，那就无异于一种对他人的侮辱。弗顿·谢恩大主教曾如是说："赞扬就像薄薄的腊肠片，清爽可口，恰到好处；而阿谀则又肥又厚，令人无法消受。"

有时情况相反，一位陌生人或萍水相逢的人试图和你搭讪，这时除非你确实不愿意交谈，否则都应接受。如果你想独自沉思，不妨坦率而有礼貌地推辞，可以说你很疲乏，或者说想读读书报，或者正要去工作、休息等等。

你是否注意到在意外事件或天灾人祸发生之时，如1965年的纽约大停电，人们彼此之间变得多么团结友爱。可悲的是，人们总是非得经过一次大停电、垃圾业罢工、水灾或暴风雪才能真正相亲相爱。而在此之前，有些人可能已经是二十年的老邻居，却从未笑着打过招呼！

正如保罗对以色列人的忠告："不要拒绝款待陌生人，因为有些人可能在无意之中得到天使的爱护。"

买副眼镜戴起来——包装斯文

身为办公室人员，出席高雅的宴会、赶别人的约会甚至把自己的客户、同事或上司请到家里做客，都是必不可少的事情。这些东西表面看起来非常简单，实际上却决定着个人一方面的能力——待人接物的礼仪。虽然，礼仪既不可能彻底决定一个人的命运，也不能当饭吃，但是却能透过这一方面来看清一个人修养的深厚程度，而礼仪给个人带来的深层效益也绝对不是简简单单地就能用语言来衡量的。

礼尚往来

请人到家里做客，是件挺费心的事，想到要准备主餐、饮料及打扫……就很头痛，其实只要会掌握重点，就不难宾主尽欢了。

款待（hospitality），原本是亲切的招待旅行者，供他们住宿给予援助的意思。后来发展成让彼此愉快的对应方式，因此（款待）除了要自我满足之外，也要让对方感觉愉快。

招待客人的准备，应从打扫开始。若时间允许的话，连角落都要清理干净。但现在的人大多很忙，因此如果时间不够充裕时，只做重点式的打扫即可。

第一个重点是厕所。如果厕所不干净，其他的地方再清洁也没有用，应先将不好的味道清洗掉，而马桶和墙壁上的污垢也要擦干净。习惯将生理用品放在厕所的人，此时应移到客人看不到的地方。此外，擦手用的毛巾，最好能选择和马桶垫相同的色系，以增加整体的美观。

放盆花点缀感觉会更好，也可喷点香水或用香皂来增添香味。

第二个重点是玄关（大门口）。玄关是客人最先看到的地方，这对你家的第一印象具有很大的影响。可用一些可爱有趣的东西来装饰。

不过装饰不好反而会有反效果，所以还是不要摆东西，以保持干净清爽的感觉。

要给客人穿的拖鞋应事先排放好。

要招待客人的地方，桌椅应摆整齐，并尽量让空间看起来宽些。用花或图画来装饰，会增加整体的美观。

桌巾应选择能和餐具配合的颜色。桌巾的颜色宜淡雅，形式宜简单。铺好后要检查看看是否有破损或不干净的地方。

不想让别人看的东西，应事前收藏好。

最好要将窗户打开，让新鲜空气进来。

打扫完毕，接下来就要准备饮料和餐点。如果事前没有准备好，可能会因为你的忙进忙出，而影响到对方的情绪，毕竟对方的要求是找你聊天而不是喝茶叫东西的。若事先做好八成的准备，就能坐下来陪陪客人了。例如：可把泡茶的水先烧好，或食物先煮熟。

食物的内容应以对方的喜好为优先考虑，并事先做好决定。

食料和餐点都准备好后，接下来就是自身的打扮了。大部分的人都会先整理家里，而忽略了自身的穿着。若担心衣服太脏，可提早换好衣服。此外，化妆以淡雅为主，只要打上粉底涂点口红即可。

客人来时，以笑脸相迎，以表欢迎之意。而对方手上的外套、围巾等物，应接过来并帮对方挂好。

请客人入内坐好之后再将准备好的茶倒给客人喝。

如果客人有带礼物来时，可拿到厨房打开，看看里面装着什么。若是蛋糕，果冻之类，可适时的拿出与客人分享。若是没有拿出来时，也别忘了向对方致谢。若是对方带花来，你应赶快将它插在花瓶里，让大家共享。

边用餐边聊天，是件很愉快的事情。不仅能和对方更亲近，也会觉得时间过得很快。不过此时必须注意的是话不要太多。提供话题也很重要。但如果只是你在那边长篇大论的说一些对方没有兴趣的话，则只会增加对方的反感。通常客人和你谈话的主导权，应该是六比四。也就是让客人多说，而你多听。

客人告辞时，别忘了把刚才替他保管的东西还给他。外套等物，应在玄关前就请对方穿上，若有必要你也可以帮他穿上。

客人穿好鞋子之后，应再次地感谢对方的来访，及送礼。送客应送到什么地方，可视情况而定。一般都送到门口，若是大楼则送到楼梯或电梯口。

登门拜访

到同事或朋友，尤其是长辈家登门拜访时应注意到一些基本礼仪，方能给对方留下好印象。

最先要考虑到的是服装。应避免穿奇装异服或颜色浓艳的服装。最好能穿较宽的长裙或洋装，这样不仅方便舒适也不失端庄，至于发型也应梳理整齐。

到别人家去拜访时，最好是在约定时间的前后五分钟到达。若是太早到达，对方可能会因为尚未准备好而显得手忙脚乱。反之，如果太晚到，可能会因为准备好的食物都凉了而需让对方再忙一场。若即将迟到时，应打通电话给对方并告知对方你可能会到达的时间。

到达门口时，你对着对讲机说："您好，我是×××"。此时不需客气的打招呼，若有穿外套，应在按门铃前脱下来。当然，这都随着所到之处的不同（有的房子没对讲机或门铃）而随机应变。若仍穿着外套，可将围巾和手套脱下来，以示对主人的敬意。当对方打开门时，若亲切的问候寒暄，就能高兴地通过第一关——门。

一踏进玄关，就要将门轻轻地关上。此时，有的人因担心背对着对方不礼貌，故将手伸到后面去关门，其实这样反而不对。

面向着门，把门关好之后，再转过来看看对方，并和对方问候寒暄。鞋子应面向正面的脱下来，并在穿上拖鞋之前，将鞋尖朝门的方向摆好。

进入室内，在入座之前，再和对方寒暄致意。除了言语之外，动作也要注意。如果有带礼物来，可在此时交给对方。并将里面是什么东西告知对方，例如："是容易破损的点心"。将礼物交给对方时，必须双手奉上。

主人请你坐某个位置，即照主人指示坐下，若没特别指定，则通常是坐下座。

主人拿茶点或点心出来时应欣然接受，若点心是主人自己做的，可适度的赞美，并请教其做法。

想要上洗手间时，可直接向主人言明，若是只因难以启齿，而在那里坐立不安时，反而有失礼貌。必要时还可请主人带领。

最后要注意的是回家的时间，不管聊得多愉快，都不应久留。当话题告一段落时，就应起身告辞。若不方便说出来时，可先看看表说："时间已经不早了！"而后接着告辞。

离开前再夸赞一次食物的美味或室内的装潢等，并表明希望下次还能再来登门造访。

在节日聚会的喜庆中，每一个参与的人都会感染那种欢快的氛围而欣欣然，但是，你是否想过这种情况下也要注意自己的仪礼风范呢？

贪吃不应当成为家庭聚餐的主要目的。要有决定意义的不是吃喝，而是气氛。认真考虑宾客的人选、聚会的时间和即将来临的节目的性质，对于形成良好的气氛至关重要；而房间的布置以及服装的款式同样不能忽视。

小型聚会，比如普通晚宴，只要口头或电话邀请就可以了。考虑宾客人选时，应当力求将趣味相投的客人邀请在一起。比如，六个来宾中如果有三个人是集邮爱好者，那么对于其余三个人来说，晚宴也许会显得很乏味。还有一点应当特别注意：男客不能把女客丢在一边置之不理。邀请四对夫妻比邀请三对夫妻外加二个年轻姑娘要妥当得多。夫妇俩人一定要一块儿请，未婚夫妻也要尽可能一块儿请，如果主人既认识男方又认识女方，那么一定要一块儿请来。

服装的式样当然要根据聚会的性质而定。可以有把握地说，在绝大多数场合，男性应当穿他平日所穿的黑色便服，女性也应当穿她平日所穿的各式服装。当然，盛夏之际，你朋友的父母邀请你到郊外游玩，还是身着便服为好。至于在正规而又隆重的晚会上何种穿戴最为理想，请柬上通常都有说明。

女主人的打扮应尽可能比自己的女客人朴素一点，不能企图在服装上胜过一筹。

应当遵循这一原则：不要把晚会变成炫耀时髦的机会。无论冶艳华丽的服装多么令人神往，可是节日的目的在于愉快的交往，而不是为了显示宾主衣柜里的珍藏。

听到门铃声，主人应当前去开门迎接客人。此事也可由主人家大一点的孩子代劳。主人应将刚到的客人介绍给在座的其他客人。

主人要等全体客人坐定之后，才能坐下。和父母同住的年轻人，要主动把自己的同学或同事介绍给父母。如果儿子或女儿邀请几个朋友到家里来做客，譬如说庆祝生日，父母可以不必马上和客人寒暄，而是在晚会进行期间，最好是客人到半小时或一个小时再和客人打招呼。

俗话说，遵守时间，不光是国王的事情。让别人等候，无论对主人还是对客人都是很不礼貌的。但是尊贵的客人迟到几分钟，还是可以原谅的。

进了门，如果已有客人来到，你要先向主人及主人家属问好，然后再向其他客人问好。如果房间太小，行动不方便，不一定非要挤到每个客人面前问候。彼此打个照面或点头示意就可以了。

招待客人，要各司其职。有的家庭是丈夫擅长烹饪，妻子承担其他家务。在这种情况下，准备宴席就成了男主人的事情。之所以提到这一点，是想说不要拘泥于"正常分工"。

按"正常分工"，宴请客人应当是女主人操办的事情。女主人负责把客人送的鲜花插进花瓶里，请客人入席，宣布宴会开始。男主人负责介绍客人，安排客人入座以及上饮料、敬烟、递打火机等等。热情周到的主人总是提前准备好一切，不让客人久等。他们应当对每个来宾都应酬到，不能只把注意力集中到某个客人身上。

男主人不能身穿睡衣迎接客人，女主人也不应系着围裙。

按照规矩，应当在适当的时候答谢主人的盛情。答谢宴会不一定非要和你所参加的那一次完全对等不可。比如，别人请你参加的是午宴，你完全可以邀请别人赴晚宴或其他什么宴会。单身汉一定要遵守这条规矩。一般说来，单身汉条件有限，但是单身汉自己不应过分强调这一点。

单身汉被请到别人家里做客，事后也完全可以请人家到饭店吃饭或通过别的方式答谢。

读完了上面几页，大家可能会害怕：哟，一年一次竟要花费这么多的精力，这么多的时间，这么多的金钱。是的，不应当经常举办这种大型家宴。可以偶尔在小范围内欢聚一下，这样主人可以少花很多钱，也不至于搞得疲惫不堪。这种交际形式应当提倡，因为成功的因素不是大量的花费，而是友好的气氛。

用过晚餐以后，邀请一些人到家里做客，并不需要花费主人许多时间。这种简单的晚会之所以能广泛流行，主要在于它具有非常融洽的友好气氛。

晚会上通常要给客人备上啤酒、葡萄酒或茶水。中间可以给客人送上一些吐司和茶点；晚会结束时，可以给客人端上一杯咖啡。

还有一个可以减少主人开支的办法，那就是：客人们事先商量好各自带一些食品，有饮料，有小菜，女主人再补充一些食品，然后一起摆在餐桌上。一般说来，女客人管小菜，男客人管饮料。

请客人喝咖啡通常安排在下午四点以前。餐桌不需要布置得很讲究，有一套咖啡具就可以了。土耳其咖啡只有在加热后才能端上来，女主人应当坐在椅子上给客人倒咖啡。这要另外准备一些大蛋糕和甜点心。

舞会的地点不一定非选在饭店举办不可，家庭舞会有时效果更好，必要时应当挪动一下家具，腾出跳舞的地方。

舞会不需要设宴，但最好能准备一些冷盘。

请客人喝茶通常安排在傍晚五点到六点之间。茶会的特点是比较随便（也许因为喝茶时可以随间就座，没有固定的座位）。

喝茶时要备一些点心和小吃，饭后晚会可以再上一些吐司。

鸡尾酒会是一种新型习俗，可以称得上是一种轻松活泼的娱乐晚会。是的，鸡尾酒会这种聚会需要你慷慨解囊，家里当然必须预备甜酒了。如果条件许可，一起去看戏或听音乐会之前，你可以借这个机会把客人请到家里，开一次鸡尾酒会。你不必太过考虑客人的座次，没有座位的客人可以站着，利用这段时间跳跳舞是很不错的。事先不打招呼就带朋友和熟人，来参加鸡尾酒会也是可以的。不过，应当把他们介绍给主人。鸡尾酒会要特地准备一些点心小吃。

告别时，要让客人自己开门，否则就会让人觉得你要下逐客令。如果来客不多，主人要帮助客人穿上大衣。当然女主人在任何时候都不应该帮助男客人穿衣，除非客人年事已高，体弱多病。如果来宾并非清一色妇人，男主人送到门口就可以了。

通常，客人们都是一起告辞，但应先征得年长的客人或最尊贵的客人的同意。如果哪位客人需要提前离开，无须公开宣布，也用不着详细说明离开的原因。但不辞而别也是不对的，应当在晚会开始之前，提前告诉女主人说，由于某种原因（如有急事、有病等）必须比大家早离开。如果客人很多，那么只要和主人及同桌的客人道别一下就可以了。

有一类男人，当需要他陪自己没有特殊兴趣的女性回家里，总是想起"平等"二字。常常有这种情况：你一连几小时坐在自己的熟人中间，和同桌的女性天南地北地闲聊，把回家的时间一拖再拖，但当你终于告辞出门时，不是突然想起有一件急事需要打个电话，就是猛然想起了关家里的澡盆的水龙头。因此非常抱歉，陪同桌女伴回家的义务只好免了！

当然，谁也不会仅仅由于进餐时一个女人曾在你的右首坐过两小时，就要求把她送到她的家门口。但礼貌却要求你有义务把她送到电车站或者出租汽车上，一直等到她离开。

发邀请函时，主人就应事先考虑到晚会结束后客人是否有人护送回家。主人可以委托一位客人或者两位家属承担这项义务。

中華藏書

中华处世秘笈

中国书店

与人分别时的寒暄话，如果用带有"期望再见"的语气，往往会令对方在离别之后，特别想念你，期望早日再见到你。这种情形以酒吧里的女服务生或许是最佳的例子，女服务生当中，会送客的女服务，自然有较多的顾客喜欢她；在送别时"款款深情的眼神"、"情意绵绵的话"、"目送你的背影直到消失踪影为止"，面对此种送客方式，即使是老奸巨猾的老板或只知工作的工作狂，想必也无法抗拒；比较起来，家里太太面无表情地道再见、冷冷地关上大门送走上班的丈夫，当然是截然不同的。

当情人之间的约会结束时，若能真切地说出"今天很愉快，谢谢你"、"期待下一次相见之日的到来"、"晚安、真希望下个星期六赶快到来"，如此将分别时寒暄或道别的重点放在下一次的重缝、约会上，那么即使是初次见面的人，也会因此而更期盼下次再见的日子，分别之后更会特别想念你。总之，要使人在没有看见你时也会想到你，就必须格外注重分别时的用语，例如"期望再见到你""要早日回来"之类的话，在送别时都很令人感动。

早餐

如果你朋友的父母邀请你周末到他们的别墅用早餐，那你可得早点起来把自己收拾得利落点。要知道，能在清新的空气中，在惬意的环境里用上一顿早餐，乃是美妙一天的良好开端。客人应当在午餐开始之前离开。早餐用不着十分排场，早餐备有咖啡或可可、面包或吐司，同时还应备有黄油、蜂蜜、酱、香肠、火腿和煮得很嫩的鸡蛋。正式的早餐近似标准的午餐，比晚餐还要讲究。

午餐

如果你应邀去吃午餐，请务必遵守约定的时间。早在一点，比让主人等你好得多。如果女主人一切准备就绪，就等露一手，可是客人却来迟，结果不得不再花上半小时把烤肉回锅，以致使其色形全无，想想看，这将会使她何等懊恼啊！

午餐和晚餐应当尽量弄得好一点，但是过于讲排场——尽管为了使客人满意——非但无益，甚至会被理解为自我炫耀。如果不是特别重大节日，午餐应当仅限于汤、带配菜的肉食和甜食。饭后如能再上一些冰淇淋和咖啡，同时给男人准备一杯白兰地和几支香烟，那么肯定会使客人非常满意。

晚餐

晚餐中通常都不准备热菜。多少准备些凉菜、凉肉、沙拉、面包、干酪之类即可满足大家的需要。

用过晚餐，客人们应当离开餐桌，以便收拾餐具。一般说来，只有跟主人非常熟悉，女客人才能帮助女主人收拾餐具。执意去帮忙，尽管是出于好意，也是绝对不可取的，因为只有女主人才熟悉厨房的布局。并非每个女主人都愿意让外人看到里面的杂乱的样子。

晚饭后可以上茶。哎呀，差点忘了！还有一句话必须说一下：没有酒，晚餐照样可以吃得很不错。

不拘小节难成大器

婚丧喜庆中的婚礼和喜宴，是我们日常生活中，最常参与到的豪华典礼。在婚宴上得体的表现，就是给新人最好的祝福。

结婚时的礼仪，是由接到喜帖的那一刻开始。

能参加喜宴是最好的祝福，如果真的无法出席，应立即回复，以表诚意。因为主办者需要确认出席者的人数，以便排席位，因此及早回复，是体贴对方的做法。

不能出席时，应以电话或明信片告知对方，并将不能出席的原因说清楚。如此一来，不仅不会给对方造成困扰，也不会让自己表现得太过失礼。

参加公开宴席时，应特别注意服装。即使邀请函上写"可穿一般服装"，也不可穿牛仔裤和T恤。白天可穿西服，晚上则穿礼服，也可穿端庄一点的长裙和衬衫。但尽量避免穿和新娘相同的纯白色。运用首饰和花饰让自己变得更出色！

此外，平日不常化妆的人，参加宴席时一定要化妆，因为像这种场合，化妆算是一种基本礼貌，而且能使自己变得更为亮丽。

进入会场时，应向招待者致祝贺之意，并简单的自我介绍。例如"恭喜恭喜，我是新娘的同事×××，真高兴能参加他的婚礼。"礼金放在红包袋内、用双手交给收礼者。

签名时字体端正清楚。

送完礼金签完名应尽速离开，以免妨碍其他的人。

在会场遇到对方的亲属家人应简单的问候。因为他们当天可能都很忙碌，因此有什么话可留待下次再说，此时，只要传达祝福之意即可。

在结婚喜宴上，常会因为遇到久未谋面的好友，而兴奋得大声喧哗，此时宜避免这种类似同学会的场面出现……

进入会场，和新郎和新娘的招呼宜短，只要道声"恭喜"即可。

接待是新郎新娘的代理，故角色也十分重要。他们必须代理新人来接待客人。

当客人来时，应面带笑容的和客人打招呼。当客人说："恭喜恭喜"时，也应站在主办者的立场说声："谢谢"。

礼薄应分两份，一份是登记男方亲友，一份是登记女方亲友的，礼金收齐之后，应尽快交给负责人。此外，要先清楚谁是主婚人，谁是司仪，由谁致词，而后才能不慌不忙的安排，即使人未来之前，也不可尽顾着聊天，而该看看有没有什么没有准备妥当的。

通常开席之后，还会有人姗姗来迟，因为收礼金者最好能在接待处多停留三十分钟，当然最好是由两个人来轮替。

包或外套寄放在接待处，这时若是会场有寄物柜，可请他们将东西寄放在那里。此外，更要熟知厕所、公用电话，停车场的位置所在，以便别人询问时答复。

被邀请致词时，应抬头挺胸地面对麦克风，若是此时因害羞而低着头，不论你致词的内容有多好，你给别人的印象也会打折扣。

致词的内容应以新郎新娘为主。但也不可说些太轻佻的话，毕竟在场还有许多长辈。而一些比较不好的字眼如"分离"、"毁坏"、"拆散"等等，应避免使用，以免破坏喜宴的气氛。

换别人致词时，自己也应认真地听。用餐时，可和自己身旁的人交谈，但需注意谈话的内容和音量大小。

观赏比赛或欣赏表演，应该算是日常生活中比较特别的活动。参加类似活动时，也应注意礼仪，因此请用心学习。

首先应该了解的是，那些在舞台上表演或运动场上比赛的人，为当天的表现，都付出了许多的努力，因此身为观众的你，除了给予他们鼓励之外，还应对他们的努力兴表敬意。

观赏比赛和表演的礼仪，就事先预习，就算是别人邀你去时，也需具备最起码的知识。若观赏比赛，应先了解基本规则，若是欣赏戏剧，则需具备概括的预备知识。如此不仅能轻松的欣赏，也能让同行者对你刮目相看。

观赏运动比赛时，最先要注意到的就是服饰。也就是要配合 TPO 来穿着。也要考虑比赛的场所走在室内和室外。例如：冬天在户外比赛时，就得穿暖和一点的服装，否则如果你一直在那儿叫冷的话，会影响到旁人的观赛。而宽边帽子或雨伞，也会遮住别人的视线，在室内比赛时，不要穿颜色太鲜艳的服装。以免可能会因为太醒目而分散选手的注意力。尤其是当比赛场地狭窄，而你和选手之间距离较近时更需注意。

接着是加油的方式，迷恋特定选手的人往往都会只为自己喜欢的人加油。但是比赛者并不是只有他一个人。因此，不管哪个选手表现好时都应拍手致意。但也不能乱拍一通。对胜者和败者都加油鼓励，这才有运动家的精神。

剧场的大厅或座位，都是社交的场所。遵守社交礼仪，才能享受到戏剧的表演和剧场的气氛。

起先要注意的是服装。因为剧场是高雅的社交场所，因此应该打扮正式一下。不要穿 T 恤、牛仔裤。可穿洋装或套装。当然也不需要穿得太华丽，像是要去赴宴一般。

第二是到达剧场的时间要提早。如果迟到让同行者焦躁不安。反之，若提早到达，可先看着说明书中的表演内容，事先了解，更能溶入表演的气氛之中。开演前先上厕所，以免表演途中走动。若是迟到，可请服务员带领入座。此外，不管有多少空位，都应坐在自己的位置上，不可任意移到其他的位置上。

上演时不可吃东西或发现声音。要说悄悄话或咳嗽时，用手掩住嘴巴。表演给大众看的节目不宜带小孩去。不要任意晃动或把身体抬高，以挡住别人的视线。

除了要注意基本礼仪之外还要让自己更懂得欣赏。

首先要能适时适地的鼓掌。对表演感动时，最好用鼓掌来表现。当每一幕落幕或表演结束时，都必须鼓掌。如果搞不清楚何时该鼓掌，可跟着别人就不会出错。

看完比赛或表演后，可站在走道旁边和同行者交换心得。此时才是分享感受的最佳时机。

不要一看完就匆匆离去，这对邀请你的人，是很失礼的。

贵客面前别露"怯"

中国人是讲究饮食的民族，食的文化源远流长。不管是居家小庆，节日之喜，还是朋友会面，宾客交欢，都少不得一个吃字。不管是大吃，还是小吃，作为新时代的先生和女士，都应该在这种热情洋溢中显现自己的谦谦风度和深刻内涵来。

今天，吃饭，绝不仅仅是作为维持生命的重要手段，同时也是人们休息、享受，在紧张劳动之余获得品味生活的机会。否则，我们就用不着花费那么多的精力去制作美味可口的饭菜，也用不着想尽方法去布置餐桌了。

当然，没有必要的饮食方面过于讲究。不过从小就懂得一些进餐的规矩，以免当众出丑，或坐在饭桌前手足无措。吃鱼是否可以使用餐刀，吃鸭子是否要把骨头上的肉啃光？凡此种种，都是必备的常识。所以，认真地、详尽地探讨一下有关进餐的规矩是非常必要的，须知：进餐时的举止是检验礼节的一面镜子。

如果你要宴请客人——好友或熟人，那么布置餐桌就得特别认真。但是，也不要把家里所有的一切统统摆到餐桌上。装饰典雅、别有风味的餐桌，比起满桌都是饭菜要中看得多。

桌椅摆放的位置要适当，尽量避免客人受到桌腿和别人膝盖的挤夹。桌椅之间应当留有 60 厘米左右的距离。

注意不要让窗外或门外的风吹着客人，不要让光线直射到客人的脸上，不要让桌上的瓶花像一道屏风一样挡住客人的视线，彼此看见，也不要把这些鲜花正好摆在客人面前。鲜花和蜡烛可以增加餐桌的隆重气氛，但并非多多益善。

餐桌上铺的桌布应当超出餐桌边缘 20 厘米左右。家里只有日常桌布而没有能盖住整个餐桌的节日桌布，也不要不好意思。在每件餐具下面铺上一块圆形或方形餐巾，这种做法在许多国家早已流行。这种五颜六色的手工制品在超级市场里就能买到，它们同样可以使餐桌具有美丽的色彩和节目的气氛。用这种方法，桌面其余部分就不必覆盖了。

如果家里没有餐巾，可以用纸餐巾来代替。通常是把叠放整齐的餐巾放在一个深浅不拘的盘子里。自家人在一起用餐时，每个人把自己的餐巾放在一个专门的小口袋里或用一个金属圈套着，既实用又便当。

餐具的摆法很有讲究。每个座位的前面都要放一个盛主菜用的盘子。盛小菜的碟子要放在一个大盘子里。如果没有小菜，就换成汤盘。汤盘可以摆在一起，放在女主人旁边的橱柜里或菜几上，以便女主人盛汤。汤勺要和汤盘放在一起。

在非常地讲究的宴会上，当你面前摆有五种甚至六种节日餐具的时候，你也不必惊慌。叉和盘子的种类繁多，要分清它们的用途还是相当容易的。

要先使用离盘子最远的餐具，然后以渐近顺序取用。用于吃甜食的餐具要全摆在盘子的前面。如果挨着盘子还有一套餐具（叉把朝左，刀把朝右），那你就应当知道，那是吃最后一道食品——干酪时用。

通常，餐刀应当放在右边，刀刃对着盘子，餐叉应当放在左边，叉齿朝下。汤勺应当放在餐刀的右边，如果没有甜食，就放在盘子的前边。如果上汤之前还有小菜，就把大小适中的相应餐具放到桌上已有的餐具的边上，就是说，餐刀要放在汤勺的右边，餐叉要放在最边上一个盘子的左边。如吃鱼，吃鱼用的餐具要放在汤勺的后面，而吃肉用的大号餐具则要紧挨着盘子放。

吃小菜用的餐具可以交叉放在菜碟上，并用餐巾盖住（不要遮严）。有时可以用两把大叉子代替吃鱼用的餐具。吃水果要使用专门的餐具。吃甜食、干酪或干烙饼干时用的餐具放右前方。先用的酒杯要放在最右边；喝啤酒用的酒杯要放在托盘上。

胡椒粉和盐要装瓶，几个瓶要分放在桌上。盐瓶要记一把小勺，因为汤匙太大，取不到盐。

往盘子里加小菜、热菜或凉菜，要使用专用餐叉和汤匙；用自己的餐具取烤肉、切黄油，很不雅观。如果没有专用切黄油的餐具，可以在黄油罐里放一把普通的汤匙、餐刀或餐叉，取过黄油之后，再规规矩矩地放回原处。

晚间喝咖啡，布置桌面时，要让点心盘的边与桌边取齐。咖啡杯托盘要放在点心盘的右侧。调羹要放在托盘上或并排放在托盘的右边。如果调羹已经插进咖啡里，那么当然只能放在托盘上，否则桌布就会沾上咖啡的污迹。吃点心用的刀、叉要放在点心盘的右边，也就是放在点心盘和咖啡杯的中间。如果吃果脯和大蛋糕，要准备一些专门的小铲子，吃硬点心里要准备一些夹钳。

邀请别人做客，主人应当认真地考虑座位的排列。座位卡这时很能派上用场。座位卡可以装饰得喜气一点，这不仅告诉客人他的座位在哪儿，还有美化餐桌的作用。座位卡可以靠在酒杯上，也可以倚在桌中间的盘子上。夫妻两个人一块儿陪客的时候，通常是分坐在餐桌的两边，但在结婚和订婚的宴席上的却往往例外。最好能把趣味相投的客人安排在一起，因为他们总能找到共同的话题。如果来客都是好友或亲戚，也可以不必照此办理。但是在特别隆重的场合，应该让最尊贵的客人坐在男女主人旁边或男女主人相对的座位。夫妻两人和亲戚的座位不一定紧挨着，暂时"分开"，没有什么关系；但对于新郎和新娘，这样做就不大合适了，因为这会影响他们晚宴上的情绪。

在隆重的场合，如果餐桌安排在一个单独的房间时，在女主人请你入席之前，不应当擅自进入设有餐桌的房间。如果都是朋友，大家可以自愿入座；在其他场合，客人要按女主人的指点入座。客人当然要服从主人的安排，但是礼貌却要求你在女主人和其他女士都入座之后方可坐下。一般说来，宴会应当由女主人主持。如果女主人说："祝你们胃口好"，这就意味着你可以动手吃了。如果女主人先没有发话，勺子就进了嘴，那可是非常不礼貌的。

现在再来谈一谈如何上菜。如果有小菜的话，应当自己动手把小菜盛到底盘上的小碟子里。如果事先小菜已经盛在碟子里，那么饭前应当把碟子放在底盘上。用餐过程中，汤盘或鱼盘以及其他菜端上来时就要把小菜撤下去。在主菜（比如烤肉）上来时，那个大底盘才可撤去。

先把切好的烤肉端上来，再上蔬菜和土豆，最后再把调味汁端上来。女主人应当先把菜递给坐在自己左边的一位客人，然后再由这位客人送给下一位客人，如果女主人想对某位客人表示特殊的尊敬，或者想表明自己对他的到来感到特别的高兴，可以把菜先递给这位客人。女主人要到最后才给自己上菜，同时要注意一下客人的菜是否都齐全了。因为只有在很熟稔的朋友之间，客人才会主动要求添菜。一般说来，添主菜（如烤肉）的建议要向客人提出两次。

客人吃过第一道菜之后，要将盘子从餐桌上撤走。女主人应把撤走的盘子放在自己旁边的厨里柜或茶几上。宴会需用的一切，例如餐具、甜食等等，都应放在女主人伸手可取的地方，女主人不应该为一些小事离开客人，将会破坏餐桌上的气氛，因为每个客人都会感到女主人的忙碌都是为了他。如果女主人接连不断地往厨房来回走动，客人就会感到不安，吃不下饭。

在隆重的场合，如果有人帮忙，女主人主要靠眼色，以确保事事有条不紊。协助接待来宾的人要先给坐在男主人右边的客人，即最有身份的女性上菜。如果有两个人帮忙，他们应同时先为男女主人两旁就座的客人服务。

如果女主人不是亲自上汤，而是要求客人代劳，那么汤盘要从右侧端到客人面前。上其他饮料，如酒、咖啡和茶时，也就采用同样的方式。酒水一向是从客人的右侧端上去。

菜肴（烤肉、鱼、蔬菜或甜食）的上法正好相反，应当从客人的左边上。上菜时，应当离盘子近点，免得发生意外。上菜人的手背可以稍稍触及桌面。客人应当用右手吃饭，左手帮助接一下菜。烤制的主食也应当从左边上。

餐具应当从客人的右边撤下。客人如果为表现殷勤而把大家用过的盘子都收摆到自己的面前，摆得像座小山似的，那是非常失礼的。在餐厅吃饭，也不应当把自己用过的盘子递给服务员。但是，需要你帮忙的时候，就该义不容辞，凭感觉你能知道何时何地可以不必墨守成规。

餐巾只有在上菜的时候才能打开。现代的礼节是这样规定的：餐巾应当展开铺在膝盖上，不应掀在胸前或围在脖子上。现在看来这项规定不大合理。当然，如果每个就餐者都把餐巾掀在胸前，确实显得很滑稽，然而却可以使衣服减少很多污迹。那么该怎么办呢？规矩还得遵守，办法只有一个，留神你的餐具。

今天，刀、叉已成为必不可少的餐具，因此每个人都应当学会正确使用刀、叉。

应当用右手持刀，运用拇指、食指和中指，并用手心顶住。烤肉即使是稍微硬一点，也决不能用手指使用摁住刀背或叉齿。我们使用餐具应当像外科医生使用医疗器械一样轻松自然。食物送入口中，拿刀叉的手就应随即放到桌上，把刀叉平放在盘子的上方，而不要竖着，像两根直挺挺的旗杆。餐刀用来切碎食物或在吃蔬菜和土豆时跟餐叉配合着用，换句话说，餐刀主要是起一些辅助作用。在放刀叉的时候，为了不弄脏桌布，应当把刀叉分别搁在盘子的两边，或者交叉着放在盘子上。就餐完毕，应把刀叉并排放在盘子上。用过的刀叉不能搭在盘子边或放在桌布上。餐刀不再用的时候应当横着放在盘子上。

吃小块红烤肉和炸肉饼一类的荤菜时，最好不要用餐刀，而用餐叉。吃蛋菜时（煎蛋除外），通常不用餐刀。有些菜不需用餐刀，尽管餐桌上摆有餐刀，也不要去用它，有一把餐叉就足够用了。

使用汤匙只需要将前半部分放入口中，不能过深——起码德国人习惯如此；喝汤时应将汤匙微微倾斜。匙柄应用拇指和食指拿住，并用中指托起。

以上就是刀叉的基本。那些已经习惯于按照自己的"方式"用餐的人，一时可能认识不到遵守进餐规矩的好处，只要经过一段时间，一定会懂得，遵守这些规矩会使你感到无比的轻松和愉快。

吃小面包用不着刀叉，直接用手就行了，有鱼或汤佐餐时，不能把小面包切成块或泡在汤里，要用手掰成小块吃。大面包才要用刀来切。

吃汉堡或三明治时也不用刀叉。汉堡是一种去皮的小白圆面包，夹有番茄块、火腿或香肠，有时是蟹肉、鸡蛋块、鲜黄瓜以及其他可口的小菜。三明治是一种无皮、多层的三角形的吐司，夹有黄油和果酱。

取黄油有专用餐刀。先把黄油放在自己的盘子边上，然后再用餐刀抹在面包上。

"不老不嫩的蛋"应当放在专门的蛋杯里。必要时将蛋壳顶部破一个洞，但不要用餐刀敲也不要在桌沿上用力磕，而要用小匙轻轻打破，将碎蛋壳放到盘子里，然后用小匙取食，注意不要让蛋黄流出来。煮熟的鸡蛋去了皮，用餐刀纵向切开，再用餐叉弄碎吃。吃炒鸡蛋和煎鸡蛋，通常只用餐叉。但是吃火腿煎蛋时要用餐刀。吃牛奶蛋饼和油炸土豆饼时得用两把餐叉。

从瓶中取果酱要用公用的茶匙。先将果酱放在自己的盘子边上，然后再用自己的茶匙抹在面包上。

切好的香肠要用公用的餐叉取得自己的盘子里，在后用自己的刀叉剥去肠衣。

肝浆灌肠如果一下子去掉整个肠衣，会使人看着不舒服而影响食欲。因此应当先切成大小适中的一段（根据自己的食量），然后放在自己的盘子里用餐叉按住，再用餐刀去皮。

凉拌菜不能放在面包上。凉拌菜属于配菜，用作配菜来吃——即用餐叉来吃，放在盘子里，每人一份。凉拌菜的菜汤不能喝，要留在盘子里。

众所周知，按照以前的规矩，吃鱼不能用餐叉。但现在常常可以破规。吃炖鱼时，不仅可以同时使用两把餐叉，还可以使用餐刀和其他的餐具。有时还得非用餐刀不可，比如吃熏鳗鱼，只有用餐刀才能将鱼皮和鱼肉分开。吃醋渍鱼，同样需要刀叉并用。吃炖鱼时，如果同时使用两把餐叉或全套吃鱼用的餐具，就不需要费力一次剔光鱼刺，就是说，应当一部分一部分地吃。首先剥去上一面的鱼皮、剔去鱼刺，吃完一面之后，再翻过去吃另一面，最后留下一副完整的鱼骨。照规矩，同时使用两把餐叉时，应用右手的餐叉将鱼肉送入口中。至于为什么要这样，谁也讲不清楚，就让大家各自去解释吧。

鱼肉里的小刺应用餐具挑出，然后放在旁边专备的盘子里，或者直接放到自己的盘子边上。如果鱼刺不慎卡在嘴里，应用餐叉从嘴里慢慢取出，但随口把鱼刺吐到盘子里，那是不可取的，因为这种不雅观的行为会使你的同桌倒胃口。万一鱼刺用叉子取不出来，也可以用拇指和食指从嘴里夹出来。

怎样喝汤才算规矩呢？虽然今天不会有人想直接用嘴对着盘子喝汤，但是如果把汤盛在杯子里，有人会以为可以像咖啡一样地"喝"了。盛在杯子里的汤也要用汤匙舀着喝。喝汤时，应当右手持匙，左手扶着杯子把。当杯子里的汤剩下不多了，才可以端起来喝。这时应当先将汤匙放在盘子上，再用右手拿起杯子。如果用盘子盛汤，不要盛得过满；添汤时，汤匙仍应放在盘子上。如果你想把汤喝得一滴不剩，可以将盘子由里向外稍稍倾倒。起码我国的习惯是如此。需要提醒的是，即使汤很热、也不能用嘴吹，要让汤自然冷却。

烤肉要切好再上桌，也可以直接拿到餐桌上切。吃肉菜时要刀叉并用，但吃肉饼、肉丸以及其他用肉馅做成的肉菜时只可用餐叉。吃当吃一块切一块，不要一下全部切碎。吃带骨肉时要先用餐叉将肉牢牢地固定住，然后再用餐刀剔去骨头，剔出的骨头应当放在盘子边上。只有吃烤鹅，才可以直接用手拿。如果骨头非常细小（如鱼刺）应当用餐叉帮助从嘴中取出，然后放在盘子边上。

带皮的土豆应当先用餐叉固定住，然后再用餐刀（右手持刀）去皮。上桌的土豆最好是去了皮的。经验证明，我们的男子汉大丈夫总觉得让手艺好的妻子代为去皮更好。而且等到土豆皮去净了，别的菜也早凉了。弄碎煮土豆无需用刀，只用叉就可以了。不能为了吃盘中的调料，而将土豆捣成烂乎乎的。

调料（浇汁）不能浇到土豆上，只能浇到肉或菜上。这是因为调料的配制要以符合肉菜的要求、增加肉菜的香味为目的。

吃米饭要用筷子，喝米粥和肉汤粥要用匙子。

吃蔬菜一般不用刀切，必要时可以用叉弄碎。

带核的糖煮水果应该放在带托盘的杯子里，托盘可用来盛果核。有时也可以专门在餐桌上备一些盛果核用的小盘。果核不能直接吐到盘子上，而应当用匙接住。杯子应用左手扶住，但不要端到嘴边。喝汤时，可将汤盘倾斜，但不可将杯子倾斜。

吃水果时，要备有水果刀或整套水果餐具，不能直接用手拿着吃，不管水果多么诱人，也要克制住自己。在朋友面前有时还可以随便一点，但在社交场合就不允许了。吃梨和苹果，要用水果刀，先用水果刀切成四或八瓣，再用刀去皮，然后用叉子取食，柳橙去皮要用刀，橘子去皮直接用手。吃葡萄不可整串拿着吃，而要用手一个个揪下来吃，吃时用手遮着嘴，就可以将葡萄皮或其他水果的果核整齐地放进果盘里。李子要用手掰开，去核后再吃，杨梅要整个放进嘴里，然后再用嘴唇慢慢除去丝蒂。杏、桃一类水果去皮、去核后，应适当切成小块。

正餐的最后是咖啡和少量点心（根据情况确定）。咖啡应当盛在带匙的杯中，但是不能用杯中的茶匙来喝。喝饮料时，不应因为好喝而出很大的响声。添咖啡时，杯子不应从小托盘上拿起。如果你远离餐桌，比如坐在沙发上，应当用左手将小托盘置于齐胸的地方。喝完咖啡，应将杯子重新放到托盘上。添加时，茶匙可以留在把缸里，但绝不能留在茶杯里，倒满茶水后，应将茶匙从把缸里取出。不应用力捣碎杯里的糖块——要让糖块自己溶化。取糖不能用自己的匙子去取，而要用镊子或者指尖去夹。没有把的茶碗应用两双手的拇指和食指托住，即捧着喝。

吃大蛋糕、奶油小蛋糕一类点心时，应使用专门的匙子，但最好还是用叉子。如果点心放在纸餐巾上，应将点心连同纸餐巾一起放到自己的盘里。浸糖酒的蛋糕或普通甜点心应当用手掰着吃。吃奶油卷、油炸包子一类点心时，既可以直接用手，也可以用叉子。

吃糖果和吃点心的方式完全一样，应当先从糖盒或糖盘中挑出你要吃的糖，放进自己的盘子里，然后再吃。

吃意大利式面条时需要手指特别灵巧。外行人观看别人吃面条时会感到眼花缭乱。先将匙子放到面条里，再将叉子放到面条上，使面条与下边的匙子紧贴在一起，然后迅速旋转叉子，使面条尽可能地缠到叉子上。对于内行人来说，一秒钟之内——甚至无需借助匙子——以上的全部动作便一气呵成。

在通心粉下锅之前，我们都希望女主人能将通心粉折成几段。万不得已时，也可用叉子将通心粉弄断。用叉子吃通心粉时，也可以用刀子帮一下忙。

吃面疙瘩或肉丸子时，主要的餐具是叉子，也可以用刀帮一下忙。

不要以为吃是一个很简单的问题，弄得不好，你就会大出洋相。是否有风度的与仪态，关键在你吃的姿态上。

养成餐饮的礼仪，也是很重要的，因为从一个人餐饮的礼仪，可以观察出这个人教养的良好与否。所以，你若能注意餐桌上的礼仪，久而久之，这些礼仪自然会成为一种习惯，无论何时何地，它都会自然流露出来，显示你是个有身份、有教养的人。

所以，你从早上进餐开始，就应感觉到他的存在，时时刻刻检点着自己的行为，你就会培养出很女性化的动作来吃早餐，喝咖啡。

如果不是这样，你就不会在意是否应该在咖啡或是红茶的杯子下，再加上一个小碟子，你很可能会粗心地随手将汤匙丢在杯里不管，或是将手指伸进草莓酱中，挖出一颗颗的草莓来吃或是将面包直接放在餐桌上，手肘支撑着桌面显得无精打采，或是不将番茄剥皮，待要吃的时候，才边吃边将番茄皮吐出来。

吃东西若是只想将它放入嘴里嚼嚼吞入即可，就和牲畜没什么二样。

当你在路上行走时，你就要想到，他正从窗口在看着你。

这样，你才会像名媛淑女一般抬头、挺胸、收臀部，笔直地走在一条直线上。

若是在车内，你存在他随时都会在你身旁的想法，你就不会做出不以手掩的哈欠，或是不以手帕遮住的喷嚏，或是不雅观的露出裙下的大腿等失态的发生，同时你还会有礼的让座给老弱妇孺，让这些无形中的约束，慢慢转变成一种礼仪或是习惯，使你像是名媛淑女一般，自然将这些礼仪举止流露出来。让你成为一位深具魅力的上班族。

善解人意

某天，美智子在东京住宅中亲自烹制料理，她的手艺真是不错，当她准备好"热汤"的材料之后，仔细吩咐女佣看好，就去烹制其他菜肴，而煮汤时要将锅盖打开一部分，以免汤汁外溢，佣人却大意地忘记了，闯了祸的女佣哭丧着脸站在美智子旁边，美智子并没有责备佣人，却说"啊！原来煮汤不能将锅盖盖紧啊！"美智子十分善于烹调但却装作不知道，由此可见对佣人的体恤之心。

在指责别人的过错之前，先想想自己从前是否也有过这种经验，不要急着责备对方，如能说："我年轻时也做过这种糊事"、"你可不要告诉别人！我以前也犯过这种错误呢！"换言之，除了让对方明了自己的错误之外，也要避免使对方太难堪，先举自己为例可使对方产生亲切感，有站在平等地位的感觉，不致产生强烈的排斥感，而能赶紧自我纠正错误。

相信各位均有此经验，当朋友向自己借钱时，总是会犹豫不决、考虑再三，不知是否要答应，并非全然因为"借钱是卑恭地堆着笑脸，还钱时总是哭丧着脸"；最重要的乃是碰到"不想还"所引起的问题才是最麻烦的，由此可见，要成功地借到钱还必须具有高度的技巧。

借钱一方面要使对方相信自己一定会如期归还，再来最难的就是开口说要借钱，唠唠叨叨绕了一大半圈才说到主题，会令人厌烦，不如开门见山地说："今天来是有事相求，家里发生了意外，想向你借一万元……"，继之将归还日期及方法明确而具体地告知，"我准备从每个月的薪水中扣五百元来还。""年底我父亲的存折就到了期了，到时可全部归还清楚"、"利息照银行贷款的标准给你好吗？"又如果有人作保，可再加上"为了万一，也让你安心起见，我特地请了公司经理及好友王君作保证人，对方也已经同意了，你应该可以放心了。"如此明确又具有诚意的借钱方式，就不致使对方为难了。

探病时，"说话"很重要，必须了解状况再适度地表达出关怀之意。以笔者而言，不管生病的朋友在家中或医院疗养，探病之前，必定先打电话询问清楚才前往，一方面可避免说出病人介意的话，另一方面也能顺利地选择合宜的话题交谈。而与病人聊天时，可不经意地询问病情，如果病人愿意告诉你，必定详细报告，若病人病情不公开，或病人不愿意讲，就该避免作追根究底的询问或胡乱猜测、假设。

谈话中可谈些公司、同学或其他有关团体的有趣话题，但却不能说出会使病人焦急不安、难过的话题。一般人为了使病人放心，都会安慰他说："不要担心你的工作，一切都很顺利，大家都合作得很好。"这种话虽然可能使病人安心，然而另一方面，却好似疏忽了他的工作能力和自尊心，因此不如鼓励病人"你不在，大家都觉得很不方便，大家都希望你能早点回去。"

虽然说是"失恋"，也有程度上的不同，有些情形是严重到要面对死亡，也有些只不过是"单恋"失败而已；各种情况虽不同，但同为"失恋"，那种心情依旧是非常难过的，在安慰失恋的朋友时，最好的方法是耐心地听他倾诉，听对方发发牢骚、出出怨气。

　　但是也要视情况而定，有时候，帮忙骂两句可能很适合；也有时候，对已分开的人还念念不忘，你却在一旁唠唠叨叨地念着"在我看来，他只不过是个平凡的人而已……"，如此，反而会使对方心理难过或造成怨恨的心情。一般而言，男性对恋爱总视为人生的插曲，女性却认为"恋爱是人生的全部"因此对失恋的男性说"看开一点吧！"，往往比任何话更有效；但女性却无法以这样冷静或平淡的态度面对，笔者的作法是，约他们到格调优雅的咖啡馆，与他们细谈，听他们倾诉，只要他们能将不满完全宣泄了，就好了。

　　不管是否猝然失去另一半，或相偎相依已久的老伴因病去世，想必心情都是极度悲哀难过的；刚开始时或许为了处理善后，使他没有时间去想另一半，但在葬礼之后，所有的空虚、寂寞及无助感都会蜂拥而来，此时，身旁的朋友就该尽量劝慰他。

　　在和对方谈话中，最重要的是避免提醒对方的孤独感及寂寞，应多和对方谈些生活上的事情，以扩展其生活领域；如果对方愿意闲聊有关伴侣的生活点滴，以及他的一切，当然可以做个耐心的听众，否则让对方寻求另一个生活目标才是较重要的。但是这些激励的话，一定要等到葬礼过后一两个星期之后再说，因为在其亲人刚逝去时说这种话会使对方对你产生厌恶感。

　　总之，在朋友心中悲痛或突遭变故之时，当一个好的听众比努力地劝慰更有效，但一段时日之后，激励使之振作的话就可慢慢地告诉他，老是沉浸在悲哀的气氛中不是好办法，重新振作才会寻得人生的光明面。

　　在参加葬礼时，一定要小心谨慎地处理寒暄的话，才不至于失礼，如果不太懂得说此类寒暄的话，简单地说"请节哀"、"我很难过，也不知道该说什么才好"，总比唠唠叨叨地说些无关紧要的话，来得恰当。

　　有一位学生的婆婆，以九十七岁高龄去世，在参加葬礼的人当中，竟然有人说"活到这么大年纪，也没什么好遗憾了"，相信那位几年来辛苦照顾卧病在床的婆婆、时刻随侍在侧的学生，听到这种话时必定非常生气，也会对这个人留下恶劣的印象。

　　在参加葬礼时，不仅要注意礼服的穿着以及肃穆庄重的表情，更重要的是安慰亲友的寒暄话，太过热烈或冷都不恰当，悼念的言语最好能够发自内心，因为虚假的夸张的哀悼语，会给人不真切的感觉，唯有真情流露的言语才最动人。

　　任何人都有不愿意或不喜欢被问及的事，可能是个人隐私，也可能是不方便回答的问题，如果蓄意追问或不明就里地询问，往往会造成难堪的场面。此外，这些问题因人而异，会因性别、种族、年龄之不同而有别，因此，与人交谈时应注意避免造成尴尬的局面。

　　譬如访问一个"暴发户"的经历，其童年生活或学历都会使得对方难堪。但如果是一个白手起家的成功企业家，则其困苦的童年生活、艰难的求学生涯以及奋斗的历程却都是他引以为自豪的经历；此外，相同的问题向女性询问，也会造成令她无法侃侃而谈的现象，此点亦须留意。

　　有些话题经常会在无意中刺伤对方，譬如询问对方的婚姻生活、待遇与太太的薪水、家庭状况等，事实上，对于隐私问题，如能尽量简化或轻描淡写地带过，甚至避免，是最好不过的。"已所不欲，勿施于人"尊重他人、关怀他人的苦处、难处，也等于是尊重自己。

与人谈话时要选择共同的话题，"今天的天气很暖和，可以去海边游泳"、"是啊！我早上就去把夏天的衣服找出来了"。此外，也可加入旅行、运动、艺术等能引起共鸣的话题，至于政治、宗教等敏感问题，除非是非常亲密的朋友，否则还是避免提起，以免产生对立的现象。

另外有种问题也要避免，就是对有名人士从前的经历，笔者就曾听过周围朋友这样的对话："你知道高岛屋百货公司的总经理吧，他连小学都没毕业就当上总经理"。当时就觉得他们的谈话，实在不得体。

谈论到对方的学历、家世等个人背景问题，经常会带有"评论"的意味，而这种谈论往往会使被谈论者的自尊受到伤害，如果你毕业于一流的高级学府，及拥有良好的家世背景，或许愿意侃侃而谈，但是在人群中谈话，仍应尽量减少这种对人评论的情况，这也是一种礼貌及对人的尊重。

有一位来自乡下的年轻女孩，写信来说"我在一对老夫妇家中帮忙做家事，他们总是唤我'下女'，使我心中非常不舒服。我相信目前已经没有人这样子说了，'下女'或'帮佣'都是职业而非职称。每次在人面前说'我们家的下女'、'我们家帮佣的'都让我感到十分难堪，我认为至少该称'管家'才对啊！为此我很想辞职。"

从她的来信中看出，并没有待遇方面的怨言，看来这对老夫妇还是善待她的，只是"称呼"伤到了她的自尊心，使她无法忍受。以外人的眼光来看，或许会认为，"下女"或"帮佣"也不是什么难听的称呼，何必小题大做？但就其本人而言，每个人都希望自己能受到应有的尊重；因此即使只是一个小小职称的问题，也会严重关系到个人荣耀。譬如称呼"站长"或"教授"使人感到光荣，但称呼扫地、煮饭的人为"下女"就会使她产生不快之感，如能改称"女管家"这种不具有任何贬抑的意味的称呼，相信必定可以避免这种令人不舒服的感觉，换言之，可以称呼"职称"，如教授、主任、总经理，却不要以"职业"叫人，如修车的、扫地的、煮饭的。

前阵子逛街购物，看到一幕令人难忘的情景——前面有对父子在拐角之处走来，突然看到一名患有小儿麻痹症的年轻女性，小男孩一看到她，就拉着父亲说"爸爸，跛脚、跛脚"，父亲听到立即一言不发地打了小男孩一下，然后将食指放在嘴上说"嘘，不要这样说"，笔者立刻看到那名女性神情羞涩地低下头走了，心中顿时难过起来。

其实这种情形是非常容易看到的，如果有大人在旁边，通常会劝导小孩不要这么说，可是有些大人看到身体有缺陷的人，也经常会露出"好恐怖"、"哎哟！身体都萎缩了"、"好可怜啊！"的表情或惊叹语，要知道，即使是不小心地脱口而出，却都已经伤害了这些残疾人士。

笔者认为遇到这种情形时，应尽量避免说出悲怜或带有轻视意味的话，如"跛脚"、"驼背啊！"而应另换一种带有善意的语气，如"身体行动不便的人"、"眼睛看不到的人"，切莫毫无忌惮地说出他的缺陷，如此会使对方对自己的缺陷，产生自卑的感觉，总之，以善心与关怀来对待残障朋友才是合乎人情的。

不说不笑不热闹——包装幽默

　　当你在埋怨命运的不公与生活的乏味的时候，你是否意识到自己在遗忘一些属于自己的东西呢？人生五味，你只感觉到她的苦闷乏味，却没有感觉到她的多姿多彩。许多事业成功的人都是从你的这一段苦闷乏味期走过来的，他们善待生命之赐予，从不悲观失望，他们用微笑来面对生活的每一次挑战。

　　在许多境况下，你已经觉得筋疲力尽，但是别人却依旧谈笑风生，不时地用满是睿智与成熟魅力的幽默来打动大家。你是不是非常羡慕他们的这种能力与气质。

消除对方的警惕心

　　微笑除了在人际关系上具有莫大的效果之外，也对生活带来很大的助益。首先，它带给了人们健康。

　　人们时常提到"健康的微笑"这句话，它是用来叙述笑的内容。我们只好仔细想想，就不难发现笑本来就和健康具有很大的关系。

　　首先让我们想想笑对人体生理上所产生的效果。

　　人类是借着呼吸才得以生存，如果一旦停止呼吸，就要与世永隔。

　　当呼吸作用正常时，必须吐出的气与吸入的气维持某种的平衡，如果身体发生异状，呼吸就会变乱。

　　人类笑时会产生激烈的呼吸运动，其特性为强而短暂，且呈现痉挛性运动，如此反复多次后，胸部里面会由于空气增加而膨胀，进而加速血液的循环。这种作用增强了肺脏的功能，也因而使全身的机能显得更为活泼。

　　纵使不惜医学上的说明，相信没有人不承认笑对身体的健康有所帮助。当我们对某件事感到不解时，往往会下意识地深呼吸一下，这就是胸部的运动，对健康相当有帮助。

有时呼吸的紊乱肉体上和精神上都会产生痛苦。这是因为它和笑产生的作用恰巧相反。人类笑时吸进的空气多，吐出的空气少。而它则是吐出的空气多，吸进的空气少，因此它无法使胸部产生运动。

总之，笑对健康的帮助很大。起码，精神爽朗，能够时常笑的人总算得上是个身心健康的人。

前面我们所说的是有关自己本身笑的这方面，至于使人笑的人又如何呢？

"让人笑固然是不错，可是只对别人的健康有所助益，那岂不是太没意思了！"

有些人也许会如此说道。实则让人笑不仅有助于对方，而且对自己的健康也有帮助。你尽可毫不吝惜地将微笑播放在别人身上。

只要你置身于快乐的场合，你自己的心情也会变得明朗起来。你自己本来是微笑的播放者，结果由于别人的笑容也使得你自己变成微笑的收成者，这时你的愉快自不用待言。

正因为如此，让人笑的人会对自己的精神和肉体带来无比的利益。

依照常识我们也可以知道，微笑在社交上可以带给我们极大的效果。

只要你想一想当你和别人初次见面时的情形，相信你就会赞成这句话。

当我们和别人初次见面时，精神往往会显得紧张。

当然像推销员那种人另当别论。因为他们时常和陌生人见面，已经养成一种不怕陌生人的个性，而一般人则在接近陌生人时，会感到紧张。这是由于我们不了解对方，在不安之中使我们产生了警戒。

当两个人内心怀着不安和警戒心，而彼此相对面时，笑容可以解除肉体的和精神上的不安，对双方都有好处。

这时的笑容并非是幽默，而是种原始的笑容。这就和一个人由于从椅子上跌倒而引起另一个人笑出声来是类似的。

当紧张感消除时，在双方的内心也可能都还夹杂着羞耻或轻蔑的感情。如果这时的微笑是富有机智、幽默的话，那么笑容足以打破双方的僵局，而沟通双方的隔阂。

笑的原因有许多种，而其中最有助于社交上的莫过于发自幽默的笑。

"幽默"这个字眼虽时常出现在我们口中，然而要对它下定义却不是件简单的事情。

在字典中，对"幽默"的解释是"高级的洒脱、滑稽、诙谐"。这个解释看似简单，实则细思之下，不难发现其内容相当复杂。

幽默是种有感情的滑稽之一，它本身并不具有嘲弄人类的无知或错误行为的意思。它不包含嘲弄、揶揄、侮蔑的感情，而是对其对象怀着善意。沙里尔曾经说道："幽默是微笑与洒脱的结合。"

要正确地定义"幽默"相当困难，在此若专书论"幽默"也超出了本书的主题。我们仅就一般常识的感觉来研究幽默的概念。

人类是唯一能够有计划地引人发笑的动物。没有比利用这种特权更好的事了。和人初次见面时，微笑是促进彼此内心交流的有效武器。可是如果怀着轻蔑或恶意来接近对方的话，那就会产生反效果。

有益于社交的微笑是必须高雅而且富于权智的。这种幽默所产生的笑容不仅有益于人的初次见面，而且还可发挥至许多方面。例如婉转地规劝对方的错误、抗议对方的不对，拒绝对方的要求等都可利用这种幽默来达到效果。

只要将这些特质具备在身上，你就可以自由自在地运用幽默而妥善处理人际关系，在社交上加以充分发挥，而成为一个幽默、风趣的人。

背几段有趣的小笑话

当我们称呼某人是个"有趣的人"时，我们往往会联想到对方是否也是个态度较为轻薄、不端庄、生活懒散的人。真正的幽默家并非以玩笑来找人开心的。

我们既然都是社会上一员，自然必须遵守社会的秩序与法则，幽默家何尝不是如此。

如果认为自己幽默，可以随便找人开心，这种毫无责任感的看法就大错特错了。

使人欢乐当然是件好事，可是一旦被人讥笑，那你也就完了。

喜剧演员在舞台上以滑稽的运动或语言使观众大笑，然而这只是他在舞台上的一面，观众一定不会贸然就下断言说这种演员在日常生活中也是如此。

如果认为喜剧演员在日常生活中也是充满了喜剧的作风，而电影中的坏人在日常生活中也是专做坏事，那就大错而特错了。

喜剧演员或坏蛋演员在日常生活中往往都是和你、我一样，有板有眼、规规矩矩地做人做事。他们演活了自己所扮演的角色正足以证明他们的演技精湛。

一个幽默、风趣的人非成为一个良好的社会人不可。正由于他的生活态度令人保持好感，别人对他的幽默会投与怀着敬意的微笑，如此他才可能发挥作为一个社交能手的幽默家的真正价值。

幽默的第一个课题就是必须身为一个态度认真的人。一个人格有所缺失的幽默家应已经失格了。

在你想成为一个幽默、风趣的人之前，必须先记住上面的一段话。

要成为一个幽默家，必须具备丰富知识，当然这并非表示你必须具备像学者一样高深的学问不可。

一个风趣的人的知识不必专精，但是要尽可能地广博。换句话说，和人对谈时的话题要能丰富才行。

如果自己的话题太少的话，就不容易发挥幽默。譬如别人谈到棒球时，如果自己对棒球一窍不通，那么自己不仅无法与人交谈，甚至于连插嘴的余地都没有。

因此平时要多努力吸收多方面的知识。以便遇上任何话题时，都有办法与人交谈。

除了运动之外，如艺术、文化、政治、社会和国际问题等的基本知识都需加以涉猎。

此外，要多看报纸、周刊以及多留心有趣的见闻。

多看报纸或周刊就不难发现有趣的新闻，这些消息有助于社交上的交谈。

但是若广为大家所知的新闻，效果就差了。要多注意的是那些少为人知的消息。

很少人看报纸或周刊会仔细地看。因此，只要你多注意必可发现不少鲜为人所注意到的笑料。

例如在报纸的社会版中，往往有用格子框起来的新闻，这里面不乏有趣的记事。

现在是个繁忙的时代，大多数的推销员都匆匆地看了看报纸的大标题后就上班去了。你只要花费比他人多一点的时间仔细看看报纸上的小地方，就不能发现笑话的题材。

此外，报纸上记载的海外记事往往也相当有趣。在经济栏、政治栏中也有些"秘话"之类的报导，这些都不妨多留意。周刊亦复如此。

电视中常常都有些喜剧节目，由一些幽默演员轮流上场表演，他们所运用的一些流行语，很可以加以好好运用。

此外，电视或收音机的广告也可以多利用。由于它们反复出现，因此很容易就记起来。它们常常带来很大的效果。

你可以学习那些出现在各种节目上的滑稽节目上的滑稽演员。不要只说一句"真有趣!"然后就结束了。你应该研究一下他们何以能说出如此滑稽、有趣的话题，作出如此滑稽、有趣的动作，然后作为自己的参考。

另外要注意的一点是让人笑并非只靠语言。动作也是个重要的因素。

欧美人往往显得较东方人幽默，他们的动作较多、较明显就是一个主要的原因。有时你不妨将电视的音量减至最低，然后观看画面来研究演员们的动作。

那些职业性的幽默家、滑稽家和我们所处的环境不相同。他们必须刻意去让大批的观众笑，也因此这些人的幽默方式也并非是全适合我们去学习的。

如果你身旁有幽默的人，那么多接近他们，向他们学习，这种机会更应把握。

例如同事中有些人平日特别开朗，常常令大家哈哈大笑，你不妨多观察这种人，留意他们的言行举止。正因为他们就在你的面前，你一定会有不少心得才对。

也许有些人品格并不善良，可是如果你在他的言行举止上发现幽默的地方，你也可以向他学习，总而言之，你该利用所有机会向值得你学习的人学习他们这方面的长处。

有些人在适时适地举起一只手时，会令人笑出声来。然而你照本宣科时就未必令人觉得好笑。

譬如当你在路上碰到熟人时，你举起了一只手，结果发现对方并不觉得好玩，相反的，事后你自己还发现这个动作就好像在叫住计程车一样。

如果对方举起一只手向你招呼时，你不妨说道："嘿! 你何时变成希特勒了!"

相信你的朋友这时一定会笑出声来。

笔者有个朋友的山东方言很好，他时常在会话中夹杂山东腔调，引起全堂哄然大笑。

　　那位朋友出生于上海，后来不知不觉地学会了山东地方的方言，而且将一口山东腔调说得字正腔圆。

　　只要你有兴趣，相信你也能学会山东或四川的方言在社交上派上用场。

有说有唱有比划

　　法国小说家摩洛瓦举出具备幽默感的条件：

　　即使说出令人大吃一惊的话时，也要保持完全没有感觉。

　　相声家柳家小先生提出这方面的窍门："绝对不能边说边笑。某次表演时，我说到故事中的一句'有人在家吗？'观众中有位小孩回答'来了！'观众都扑哧一声笑出来，我也觉得很好笑，但还是忍下来了。我经常对弟子们说：'故事中的人物可以笑，但想要以自己的笑容引观众发笑，可不是好主意。另外，说故事的人也不能边讲边哭。演员在舞台上表演剧中的角色，当然可以随剧情而落泪，不过讲故事的人绝对不能哭。'"

　　幽默家不应看不起劣等者。

　　幽默不是站在高处往下批评别人。只要让自己站在劣等者敏锐的观点来诉说事情，即可成功。

　　即使现实状况改变，幽默家也要给予正确的印象。

　　取笑、批评人物或人生的幽默。虽然是故意把对象夸张，若夸张不正确，失去本质，就跟肤浅的喜剧相同，脱离现实。

　　人人都知道谈吐幽默的好处，可是，却不是人人懂得制造欢乐的气氛，令人发笑。一个能够令别人大笑的人，他往往是领袖人才，可以让别人替自己卖力，永远忠心地相随左右。在工作岗位上，幽默所发挥的效能更大，既能拉近与同事之间的距离，又能娱人自娱，使自己工作得特别起劲，成为瞩目的焦点人物。可是，若自己说出来的笑话，别人竟然反应冷淡，此时应当怎么办？

　　英国著名心理学家瓦伯宁博士说："别人对你的幽默感无动于衷的原因，可能是由于他听不明白，或者心不在焉，心中有烦恼，不喜欢泄露自己真正感情的人，而不是因你的笑话内容不值得一笑。"

　　明白了这种微妙的心理后，下一次遇到他人对自己的幽默感反应冷淡时，不要懊恼，以下是一些应变的良策：

　　①忘记别人冷漠的表情，下一次只需再说另一个笑话，或者找另一个说笑的对象便是了。

　　②在说笑话之前，不要预先告诉别人这是一个笑话，以免人们寄望过高，结果发觉它并不是"很好笑"。

　　③一个具幽默感的人，他懂得言已尽而意无穷的谈话艺术，所以他只把话说清楚之后，便不加以任何评语，让人们自己去思索与意会，有时又让人大大地惊喜。

　　④在任何情况下，也不要气馁，否则你的处境会变得非常尴尬。别人是否发

笑，已不是你的责任，所以不用自责太深。

⑤笑话的内容宜短不宜长。若要别人觉得你所说的笑话很好笑，首先你必须要自我欣赏。

凡是在社会上经历过的人，谁也无法估计因缺乏机智而遭受的损失。因为面临事变而不知如何应付，以致遭到惨重失败的人，简直可以说比比皆是呢！

机智，是以智力为根据的。照我们平时所说的，机智，正是一种才华表现，凭着机智可以把通常不相关的两件事情，巧妙地联系在一起。机智也可表现在文字上搬弄花样，但并不一定会叫人发笑。

机智需要有一个活泼机敏的脑袋，方能遇到机会时，把一些不相干的观念连接起来，用正面的话暗示出反面的意义。你自己对人所说的警语，就必须讲得巧妙动人。

至于幽默，和机智是不相同的。构成幽默的条件，并不是一种字眼方面的玄虚。但它也和机智一样，以协调为基础。譬如说，一个人头上戴着礼帽，鼻梁上架了付金丝眼镜，走起路来神气活现，不料正在自鸣得意的时候，脚下踩了块香蕉皮，一跌滑倒，四脚朝天，这样的事情当然是可笑的。因为，他那本来的威风和跌了一跤的狼狈相，正形成一个鲜明的对比。

然而反过来说，他假若是个衣衫褴褛的穷人，本来说是一副可怜的样子，跌了一跤却不至于引起多少人注意，因此也无所谓滑稽幽默了。

机智是可以后天获得的，但幽默是不能的，因为幽默是天生的。此外它们不相同的地方还在于机智需要思想，而幽默是需要感觉，只有在说话时两者可以发生一些关系。不过两者都是不能滥用，滥用了就会使人讨厌。

在与人交际时，幽默和机智的用处很广。在这里我们可以从以下几方面来观察一下。

幽默和机智，在交际上可以表现出你的聪明之处，也可以鼓起他人的兴致，可以压倒别人，可以缓和紧张的局面。

在上面这些作用当中，第一条通常是十分受人重视的。另外我们知道：凡是一个对着一件滑稽事发笑，正因为感到了某种得意。在心理上，他处在一个安全的位置，尽情欣赏着一幕喜剧之中所暴露出来的他人的弱点。

那个笑着别人的，我想一定会被那个制造笑料的人视为朋友。有时也不见得发笑的是别人。例如你模仿某人讲话的怪腔调，自己也许会因为造出幽默的资料给第三者而得意地哈哈大笑的。想到这一点，你也会感觉到人性中也有可怕的一面吧！事实上，即算你的嘲讽全无恶意。但在别人听起来，却以为你是恶意的模仿呢。

你如果真是个绝顶聪明的人，尽可以显示出你的聪明来使人佩服。倘若你不那么聪明，那么不妨自己安慰自己吧。

你用机智和幽默去鼓起他人的兴致，别人将对你十分的感谢。你说的一句笑话可以像一线阳光似的驱散重重黑暗，别人怀疑、悲观、忧郁的阴影，一听见你的笑话，立刻会烟消云散。也就是说，你说这样的笑话，可以与他人之间建立起良好的关系。

把机智运用得法，可以使一个竭力反对你的人哑口无言，也许在某种场合还能够获得第三者的好感。不过当你和对手经过一番唇枪舌剑之后，厌恶感往往是越来越深。而这时双方谁都希望有支持者来拥护自己，也希望那些中立的观战者能倒向自己一边。最好你使用了"机智"这一武器后，旁观者会对你热烈鼓掌、喝彩，这才够味呢！

其实，这种机智是危险的，因为它可以把一粒火星煽成炽热的怒焰，你和对方争辩的结果，也许是你不幸惨败，那不是更可怕吗？即算你确有致胜的把握，也不希望你去作这种冒险的尝试。

机智与幽默的用处还不止上述这些。另一个更大的用处就是扑灭怒火，一句幽默的回答，是有释怨解恨的功效。这里当然不是指辛辣的讽刺，而是有意无意地轻松诙谐，以前，有一位参议员曾经向总统控告另一位参议员，竭力想把他打人狱中，总统轻轻松松地说：

"哦！法律我是很熟的，可还没经历过这样武断的审判。"

总统的机智和幽默，就折中了一幕紧张的闹剧。

这就可以说是缓和的法则。缓和任何紧张，大概可算是幽默的高效用吧！还有一段故事，美国副总统马歇尔有一次接见一位采访者，在谈判到国家的前途时，正是由一支五分钱的雪茄烟上开场的。

幽默的品味

想要不得罪别人，在运用机智和幽默时，你应该注意到以下六个"不要"。

①不要挖苦和嘲笑别人。

②不要缠着别人滔滔不绝地长谈。

③不要一味求滑稽而毫无真实内容。

④不要在不适宜的场合乱用幽默。

⑤不要信口开河地胡说八道。

⑥不要忘了对人礼貌。

幽默，也是有区别的，有些是文雅的，有些是带挑拨性质的，有的是高尚的，有的是低级的，这里笔者认为要低级是最容易的，那就是指"讥笑"二字吧。然而低级的幽默最有害处，往往一句普通的讥讽话就会使别人当场丢脸，触怒众人。所以幽默应该使它高尚、文雅才好。

无论在别人的背后还是面前，都不要讥笑别人，也不要时常模仿别人的动作或腔调。即使你真的忍耐不住，也要设法竭力打消这个念头。

至于说话牵强附会，滔滔不绝，唠唠叨叨也是有害的，所以你要改正话匣子一打开就关不上的毛病。因为这样下去，多数朋友会说你很烦人，不愿意再与你交谈。对于你自己来说，谈话越啰嗦则所表达的意思越是含糊不清。

一味地俏皮，无休止地幽默，我认为其结果反而是索然无味。你把一个笑话翻来覆去讲了三五遍甚至七八遍，别人起初虽然认为你非常幽默，但到后来听厌了之后，便会认为你这个人很无趣。

你因为擅长说些俏皮话，一旦"小丑"的名声传了出去，以后别人将会认为你毫无别的可取之处，这也就是说，你自己把自己的真实抹杀了。马克·吐温写了一本很严肃的书——《贞德回忆集》，他在出版该书时便知道了这个利害关系，因而他不用真名或常用的笔名来具名，唯恐别人又把该书当作幽默文章。

机智和幽默的效果，并不是单看它本身好与不好而决定的。一句话好笑不好笑，与时间和地点很有关系。你对某些人说了一句话，他们前俯后仰地哄堂大笑，也许对另外一些人说这句话，却毫无反应。或者今天十分动人的一句话，到了明天却全无意味，虽然听的还是昨天的那些人。所以，你必须了解你的听众。而了解听众的秘诀，只有从经验中才能得到。

至于说笑话，有时也会使人不感兴趣，其原因在于时机适当与不适当的区别。比如大家聚精会神地在一起，严肃讨论一件十分急迫的事，你忽然在这时插进一句全不相关的笑话，则不但没人会笑，也许还会对你冷眼相对。所以机智与幽默虽然是谈话的调味品，但调味品放得不恰当反而会使味道变坏的。

不管脑海中浮现如何幽默的题材，如果它可以刺伤在座的任何一个人的话，你还是不要说出的好。因为受到伤害的人可能因为别人的笑声而内心更为难受，甚至于对你产生怨恨。

固然当你事先注意这点的话就不会伤害到任何一人。但是有时你可能在疏忽之中，说出口后才猛然想到："糟了！这个笑话刺伤了某某君！"尤其是当你刺伤的对象是在座的中心人物时，还可能引起被伤害者的不满。

现在我们举婚礼来作为例子。在婚礼的宴席上，说些幽默而带有启示意味的话相当不错。如果婚礼这天刚好是儿童节，那么你就不妨以此为话题说道：

"今天是新郎、新娘步入人生另一里程碑的大日子。大家也知道，今天恰好又是儿童节，屋外到处都可以看到旗帜飘扬的天空。据说新郎、新娘是恋爱结婚的，难怪他们要选择今天结婚……"

将儿童节和恋爱联系在一起是个颇具启示意味的幽默，如果你将幽默的话题指向新娘年纪比新郎大或新郎原是酒吧的服务生等的话，你的幽默就要产生负面的效果了。

你对大家发表新郎、新娘恋爱结婚，这点想必不会引起他们的不高兴，在今日这种流行自由恋爱的时代里，新郎和新娘还可能因为自己是自由恋爱而感到骄傲哩！

但是若新娘年纪比新郎大则你又提出这个问题的话，那就可能引起当事人的反感了。

因此在结婚的宴席上，最好不要提及年龄不当或过去所从事的卑微职业等问题，否则尽管你多么幽默也不会令别人佩服的。

说话的人或许无心，然而听者往往却是有意，因此这类的幽默还是少运用为妙。

凡是在公开场合讲些不礼貌或不文雅的笑话，以及在不恰当的时间不恰当的地点说笑话，都是不行的。比如你在一间男生寝室里所讲的笑话就不能够把它拿到学校的讲台上去说。如果你希望别人对你发生好感，笑话无论如何不何随随便便地乱说。

一般说来，笑话是人人爱听。但我可以说，在一群所谓头脑开通的人中间，总有一个顽固的人存在。比如在一群不信宗教的人中间，总有一个人把几分虔诚刻在脑子里。你如果在这样一群人中讽刺上帝的话，则不但不会引人发笑，人们还根本不觉得有一点趣味呢！

最后，我还要讲一下，在你运用机智与幽默时，注意你自己的心理状态也很重要，尤其不要招来别人的怨恨。大致你应该避免下面这些话：

含着嫉妒的话；出于恶作剧的话；恶意批评别人的话；尖刻反驳着愤怒芒刺的话；揭露别人隐私的话……凡此种种，你出口时必须加以慎重，总之以不说为佳！此所谓，三思而后说！

中華窗世秘笈【中】

全新校勘图文珍藏版

学术顾问◎汤一介 文怀沙　主编◎徐 寒

中国书店

第二章

处世变通学七大奇术

层层剥笋——释理示利术

人的思想是复杂的，对某一事物不理解，想不通，往往
是疑虑重重，非一点即通，而需要像剥笋一样，把握脉络，
层层推进，穷追不舍，把理说透。这就是层层剥笋的方法。

层层剥笋　阐明利害

苏秦游说燕文侯获得初步成功便又来到赵国。这时奉阳君已经去世了。苏秦便借机劝说赵王道："当今在下在位的卿相、大臣，以及一般有知识学问的平民，都非常推崇您是一个能行仁义的贤君，很久以来，大家都很希望能在您跟前效力，接受您的教导。虽然这样，但是奉阳君忌讳您，使您无法执掌国事。所以一般宾客游士，没有谁敢到您面前来尽心效力的。现在，奉阳君已经死了，您从今以后又可与士民新近。因此，臣下我才敢向您尽忠。

为大王着想，没有比使人民安宁、国家太平无事更为重要了。安民的方法在于选择外交途径。外交途径选择妥当，人民就能安定。外交途径选择不妥当，那么，人民必将终生不能安定。现在，请让我来分析说明赵国外患的情形：

假如赵国与齐国、秦国两面为敌，那么人民势必无法安定。又假如赵国倚靠秦国来攻打齐国，人民也同样无法安定。又假如赵国倚靠齐国来攻打秦国，人民仍然是无法安定。

您假如真能听我的建议，必可使燕国献上盛产毛毡、皮及狗马牲畜的土地；齐国必献上盛产鱼盐的海域；楚国必献上盛产橘柚的田园；韩、魏都会献上一部分封地作为您的汤沐之邑。而您那些尊贵的亲戚及父兄们，都可以被封侯。说起让别国割地奉献，而获取极大利益的这种好处，是五霸拼着军队被消灭、将领被俘虏也要追求的。使自己的亲戚都能封侯的这种好处，更是商汤、周武王去拼死征战的原因。现在，您只要安坐不动，便能两种好处都得到，这就是我最替您期求的事。

如今，假如大王您与秦国相交，那么秦国必可利用这优势去削弱韩、魏；假如您与齐国相交，那么齐国必定可利用这优势会削弱楚、魏。魏国一旦衰弱了，就必

定要将河外这地方割送给秦国，那么能通往上郡的道路便断绝了。河外割让给秦国，那么往上郡的道路也同样不能畅通。如果楚国衰弱，则赵国便没有了外援。这三种策略，不能不详细考虑清楚。假如秦国军队攻下轵道，那么韩国的南阳便危险了。秦国若进而劫取韩国，包围周都，则赵国便受到威胁。假如秦国据有卫地，进而取得郑城，那么齐国在无法抵抗的情况下，必定屈服于秦国，秦国既已得到山东，就必然举兵攻向赵国。秦国的军队一旦渡过大河，越过漳水，占据有番吾，那么秦兵便攻打到了邯郸城下。这就是我最替您忧虑的事。

当今山东诸国，没有比赵国更强大的。赵国地方两千余里，军队几十万，战车一千多辆，坐骑一万多匹，存粮足够支用十年。赵国的西面有常山，南面有黄河、漳河，东面有清河，北面又邻接燕国。燕本是个弱国，没有什么值得惧怕的。在诸侯国中，秦国最畏惧的就是赵国。但是，秦国不敢举兵攻打赵国，为什么呢？就是怕韩、魏从后面图谋它啊！既然这样，那么韩、魏就是赵国南边的屏障。秦国要是攻打韩、魏，没有名山大川的阻挡，可以渐渐地嚼食它，直到占有他们的国都为止。韩、魏不能抵挡秦国，必然向秦国臣服。秦国没有韩、魏的阻隔后，灾祸就临到赵国了。这又是我为您所感到忧虑的地方。

我听说，尧没有三百亩大的地盘，舜没有一点点土地，而能拥有天下。大禹不到一百个部众，却能在诸侯间称王。商汤、周武王的战士不超过三千人，战车不超过三百辆，却能立为天子，他们实在很懂得平治天下的道理啊！所以，一个贤明的君主，对外必能预测敌人的强弱，对内必能估计自己战士的好坏。不必等到两方的军队相抗击，而胜败存亡的谋略，已先在心中形成了。怎么可以被众人的言论所掩蔽，而糊里糊涂地去决定事情呢？

我按照地图来衡量现在的情势：各诸侯国的土地合起来，有秦国的五倍大。各诸侯国的兵卒加起来，有秦国的十倍多。假如将六国联合为一，尽所有力量向西边攻打秦国，秦国就非败不可。然而，现在大家却不这样做，反而向西面侍奉秦国，做秦国的臣属。攻破别人与被人攻破，使别人称臣和向别人称臣，怎能同日而语！说起那些主张联合六国去侍奉秦国的人，他们都希望分割各诸侯国的土地给秦国以同秦国讲和。假如秦国吞并天下成功，那么他们便可得到很大的封赏，而将楼台亭榭筑得高高的，宫室建得很美丽，欣赏着竽瑟等各种音乐，既可以拥有楼阁宫阙以及漂亮的车子，又可拥有许多美女。一旦秦祸临头，主张连横者却不与诸侯共忧患，所以这些主张连横待秦的人，日夜都在进行着以秦国的权威来威慑各诸侯，以求取割地。因此，我希望大王能仔细考虑！

我听说过：一个贤明的君主能决断疑惑，去除谗言，屏阻小人散播流言的途径，封塞乱臣结党营私的门呼，所以我才能在您面前抱着忠诚之心，来陈述种种使国君尊贵，使土地增产，使军队强大的计策，我为大王所筹划的计策，最好是将韩、魏、齐、燕、赵六合为一，合纵对抗秦国。并使天下各国的将相，在洹水上聚合，交换质子，杀白马结盟誓。而彼此约定说：假如秦国攻打楚国，那么齐国。魏国便各派出精良的军队助战；韩国负责断绝秦国运粮食的道路；赵国渡过洪河、漳河，从西南边援助；燕国则固守常山的北面。假如秦国攻打韩、魏二国，那么楚国可以断绝秦国的后路；齐国则派出精兵来帮助他；赵国渡过黄河、漳河援助；燕国固守云中城一带。假如秦国攻打齐国，那么楚国可以断绝秦国的后路；韩国守住城皋；魏国堵住河内的道路；赵国渡过漳河、博关相援助；燕国派出精兵来助战。假如秦国攻打燕国，那么赵国守住常山；楚国出兵攻武关，齐国从沧州渡河到瀛州去援助；韩、魏都出精兵来助战，假如秦国攻打赵国，那么韩国便出兵宜阳，楚国出兵武关，魏国出兵河外，齐国渡过清河，燕国也派精兵助战。假如诸侯之中有哪个国家不依照约定的，便用其他五国的军队来讨伐他。假如六国真能南北联合，共同抗拒秦国，那么秦国的军队必不敢出函谷关，来侵害山东各国。能这样做，您的霸业便可成功。"

赵王听了苏秦一番议论后，回答说："寡人年少，继位的时候很短，从未曾有人告诉我治理国家的长远之计，如今，您有意要使天下得以生存，使各诸侯国得以安定。寡人将很敬重地听从您。"

于是赵王便送给苏秦一百辆装饰得很漂亮的车子，一千镒的黄金，一百双白璧，一千束锦绣，用来邀约其他诸侯加盟。

苏秦这一长篇游说词其所以获得成功，除了他抱着一种谦恭节制的态度使对方没有逆反心理之外，主要是采用了"层层剥笋"式的谈话策略。

说到层层剥笋，人们往往会想起列宁用这种方法说服美国西方石油公司董事长兼总经理哈默的事。

哈默于1898年生于美国纽约市。18岁那年，哈默接管了父亲的制药厂，当上了老板。由于管理有方，制药厂买卖兴隆，收入大增，几年之后，22岁的哈默就成了百万富翁。1921年，他听说苏联实行新经济政策，鼓励吸收外资，就打算去苏联做笔买卖。他想，在苏联，目前最需要的是消灭饥荒，得到粮食。而这时美国粮食正值大丰收，1美元可买35.24升，因生产过剩农民宁可把粮食烧掉，也不愿低价送往市场出售。而苏联有的是美国需要的毛皮、白金、绿宝石，如果让双方交换，岂不是很好吗？哈默打定主意，来到苏联。

哈默到达莫斯科的第二天早晨，就被召到列宁的办公室。列宁和他做了亲切的交谈。粮食问题谈完以后，列宁对哈默说，希望他在苏联投资经营企业。哈默听了，默默不语，为什么呢？因为西方对苏联实行新经济政策抱有很深的偏见，搞了许多怀有恶意的宣传，使许多人把苏维埃政权看成可怕的怪物。到苏联经商，投资办企业，被称作是"到月球去探险"。俗话说，谣言可以铄金。哈默虽然做了勇敢的"探险"者，同苏联做了一笔粮食生意，但对在苏联投资办企业一事不能不心存疑虑。

明察秋毫的列宁看透了哈默的心事。他讲了实行新经济政策的目的，告诉哈默："新经济政策要求重新发展我们的经济潜能。我们希望建立一种给外国人以工商业承租的制度来加速我们的经济发展。"经过一番交谈，哈默弄清了苏维埃政权的性质和苏联吸引外资办企业的平等互利原则，很想干一番。但是说着说着，又动摇起来，想打退堂鼓。为什么？因为哈默又听说苏维埃政府机构重叠，人浮于事，手续繁多，尤其是机关人员办事拖拉的作风，令人吃不消。当列宁听出哈默的担心时，立即安慰他："官僚主义，这是我们最大祸害之一。我打算指定一两个人组成特别委员会，全权处理这事，他们会向您提供你所需要的帮助。"除此之外，哈默又担心在苏联投资办企业，苏联只顾发展自己的经济潜能，而不注意保证外商的利益，以致外商在苏联办企业能否得到什么实惠。当列宁从哈默的谈吐中听出这种忧虑，马上又把话说得一清二楚："我们明白，我们必须确定一些条件，保证承租的人有利可图。商人不都是慈善家，除非觉得可以赚钱，不然只有傻瓜才会在苏联投资。"列宁对哈默的一连串的疑虑，像剥笋一样逐个加以澄清，并且斩钉截铁，干脆利落，毫不含糊，把政策交代得明明白白，使得哈默心中一块石头落了地。没过多久，哈默就成了第一个在苏联租让企业的美国人。这就是"层层剥笋"这一方法的奇效。

开诚布公　弃弯取直

　　游说，作为游说者是为了争取到一定的利益；作为被游说的对象，则是尽量保护自己的利益而不受损害。如果在说服过程中，双方并不回避利益这个核心问题，而采用开诚布公的方法，客观地分析对方行动的利与弊，具体地指出自己能满足对方哪些利益以及满足的途径，设法使对方的某种需要得以满足，从而使游说者的最终目的——自己的需要得到满足成为现实。在这一点上，美国大企业家维克多·金姆提供了一个有力的例证。

　　一天下午，维克多所在公司里的一位年轻有为的员工走进他的办公室。年轻员工向维克多宣称他刚接到别的公司的录用通知，说这家公司愿意提供较高的待遇，还附带一些其他福利，其中包括使用公司的汽车，每年可以在公司冬季销售会议期间到圣地亚哥度假，等等。上述福利是维克多所管辖的雷明顿公司不能提供的。这位年轻员工知道雷明顿公司不可能满足他的这些额外的要求，但他坚持要和维克多谈谈，好让公司在他要接受新的工作之前，有机会能重新考虑。维克多找出整个事件中不寻常的地方来与这位年轻员工谈判。维克多知道，别的公司是用高薪水来做钓饵，这一点雷明顿公司办不到，再说以目前这位年轻人的职位和对公司的贡献，还不值得投这个"资"。不过考虑这位年轻人今后对公司的作用，维克多开诚布公地与他进行了交谈。

　　他首先答应可以将年轻员工的薪金略微提高。在同意了调整薪金之后，维克多指出：以年轻人目前在本公司的职位，将来的升迁潜能很大。虽然目前本公司所提供的薪金与别的公司相比要低一些，但公司对它的每一位成员都不会亏待。如果年轻人能胜任当前的工作，那么根据公司的奖励制度，薪金将会逐年调高。在提醒了公司对他的一贯态度之后，维克多又向年轻人指出了所担心的几个问题。他考虑要接受的那份工作实际上是死路一条。虽然这家公司比雷明顿公司愿意提供的薪水要多些，不过，如果他接受那家公司的工作，那么他将来在那家公司的职位，将很难有机会继续提升。这并非说明他能力不足，问题是这一新的职位将来没有雷明顿公司所具有的升迁机会。他继续告诉年轻人。他想加入的那家公司是个家庭企业，其中的成员大多攀亲带故，一个外人很难打入权力核心。再说，通向权力核心的路途，也不是他的专长所在。他的专长是销售，而这家公司则是以提供融资服务为主的。

维克多还进一步指出，雷明顿公司没有升迁上的限制，说不一定有一天他会坐在维克多现在的位子上。如果他考虑留在雷明顿公司，公司会为他提供良好的发展环境。维克多为他描绘着远景。这位员工对自己很有信心，他也知道维克多并不是开空头支票，因为维克多说的都在情在理，都是符合实际的。几天以后，这位年轻员工又回到了维克多的办公室，告诉维克多说他已经放弃了新的工作，决定仍然留在公司里。

维克多在同年轻员工的这次交谈中，为了能够说服年轻有为的员工留下来，基本上采用开诚布公的方法，分析年轻员工去与留中的利弊得失。由于维克多态度中肯，且又语中要害，虽然没有满足年轻员工眼下的种种额外要求，但还是达到了他挽留年轻员工继续为公司服务的目的。

一般而言，进行游说时，说服者是处于不受游说对象欢迎的地位。那么，什么可以作为消除隔阂、沟通关系的桥梁呢？那就是共同利益。如果获悉对方的利益所在，采用明修栈道的方法，告之以利，使说服的过程变成寻求共同利益的过程，肯定会收到良好的效果。从一面的事例中，我们将会看到明修栈道的方法在游说中有着举足轻重的地位。

詹森是一位杰出的商业家，他的投资范围十分广泛，包括旅馆、戏院、工厂、自动洗衣店等等。出于某种考虑，他还认为应该再投资杂志出版业。

经他人介绍，詹森看中了杂志出版家鲁宾逊先生。鲁宾逊是出版行业的大红人，很多出版商都争相罗致，但始终无人如愿。如何才能把鲁宾逊负责的杂志弄到手，并将他本人网罗到自己旗下呢？经过一两次共同进餐，双方有了初步的了解，詹森决定采用明修栈道的方法进行说服。

事先，詹森经过调查和观察，知道鲁宾逊本人恃才自傲，而且瞧不起外行人。但是另一方面，鲁宾逊现在已是子孙满堂，对于独立操持高度冒险的事业已经没有当初的兴趣，而且对于整日泡在办公室里处理日常琐事早已深感困倦。

说服开始后，詹森针对鲁宾逊的个人性格和心理状况，开门见山地承认自己对出版业一窍不通，需要借助有才干的人促成事业的成功。接着，詹森把一张25000元的支票放在桌子上，对鲁宾逊说："除这点钱外，我们还要再给你应该得到的那些股份和长期的利益。"为了解决鲁宾逊公务的烦恼，詹森指着几位部属说："这些人都归你使用，主要是为了帮助你处理办公室的繁琐事务，把你从办公室的繁琐事务中解脱出来。"当鲁宾逊提出所有经济实惠要现金不要股票时，詹森又耐心地告诉他股票在过去几年中如何涨价，利益如何可观，利息如何大等等，同时还强调，他会向鲁宾逊提供长期的安全福利。

对于鲁宾逊来说，这些条件不仅满足了他的迫切需要，即他的出版业有了足够资金和扩展业务的财务保证，破产的危险大为减少，而又满足了他的根本需要，即可以摆脱繁琐事务，专心致力于出版业务的发展。于是鲁宾逊同意将他的杂志转手给詹森，并投到詹森的旗下。双方签订了5年的合约，内容包括：付给鲁宾逊4万元现金，其他红利以股票的形式支付等等。

在这个案例中，詹森在充分了解对手的基础上，成功地运用明修栈道的方法，使双方通过交谈，满足了鲁宾逊在财政资金、扩展业务、减少破产危险以及摆脱繁琐事务专心钻研业务等方面的需要。而反过来，詹森只付出一笔比他预计的价格还低的金额，即获得了一批有价值的资产，罗致到一位有才华的出版家，从而在更大程度上满足了自己的需要。

远利诱惑　唤起欲望

在游说过程中，恰当地向游说对象提供有关长远利益和前景的论据，往往可以使对方产生强烈的共鸣，激发对方进行交谈的兴趣和积极性，并且能够在很大程度上影响游说的结果，改变对方看法和立场，从而达到游说的目的。这种方法可以叫做远利诱惑。这种游说的技巧做得好，有时可以产生不可思议的效果。

在西方某国，有一家制造电灯泡的公司。该公司处于初创阶段，产品销路不畅，价格也不满意。他们的董事长到各地去做旅行推销，希望代理商们积极配合，使他们生产的电灯泡能够打入各级市场。

有一次，董事长召集各个代理商，向他们介绍新产品。董事长对参加谈判的各代理商说："经过许多年的苦心研究和创造，本公司终于完成了这项对人类大有用途的产品。虽然它还称不上是一流的产品，只能说是二流的，但是，我仍然要拜托各位，以一流的产品价格，来向本公司购买。"

在场的人听了董事长的陈述不禁哗然："咦！董事长该没有说错吧？谁愿意以购买一流产品的价格来买二流的产品呢？那当然应该以二流产品的价格来交易才对啊！你怎么会说出这样的话呢？难道……"大家都以怀疑和莫名其妙的眼光看着董事长。

"那么，请你把理由说出来让我们听听吧！"代理商们都想知道谜底。

"大家知道，目前制造灯泡行业中可以称得上第一流的，全国只有一家。因此，他们算是垄断了整个市场，即他们任意抬高价格，大家也仍然要去购买，是不是？如果有同样优良的产品，但价格便宜一些的话，对大家不是种福音吗？否则，你们仍然不得不按厂商开出来的价格去购买。"经过董事长这么一说，大家似乎明白了一点儿。然后，董事长接着说："就拳击比赛来说吧！不可否认，拳王阿里的实力谁也不能忽视。但是，如果没有人和他对抗的话，这场拳击赛就没办法成立了。因此，必须要有个实力相当、身手不凡的对手来和阿里打擂台，这样的拳击才精彩，不是吗？现在，灯泡制造业中就好比只有阿里一个人，因此，你们对灯泡业是不会发生任何兴趣的，同时也赚不了多少钱。如果这个时候多出现一位对手的话，就有了互相竞争的机会。换句话说，把优良的新产品以低廉的价格提供给各位，大家一定能得到更多的利润！"

"董事长，你说得不错，可是，目前并没有另外一位阿里呀！"

董事长认为摊牌的时间已经到了。他接着话题继续说道："我想，另外一位阿里就由我来充当好了。为什么目前本公司只能制造二流的灯泡呢？你们知道吗？这是因为本公司资金不足，所以无法在技术上有所突破。如果各位肯帮忙，以一流的产品价格来购买本公司二流的产品，这样我就可以筹集到一笔资金，把这笔资金用于技术更新或改造。相信不久的将来，本公司一定可以制造出优良的产品。这样一来，灯泡制造等于出现了两个阿里，在彼此的大力竞争之下，毫无疑问，产品质量必然会提高，价格也会降低。到了那个时候，我一定好好地谢谢各位。此刻，我只希望你们能够助我扮演'阿里的对手'这个角色。但愿你们能不断地支持、帮助本公司渡过难关。因此，我要求各位能以一流产品的价格，来购买本公司的二流产品！"

话音刚落，一阵热烈的掌声掩盖了嘈杂声。董事长的发言产生了极大的回响，收到了很好的谈判效果。代理商们表示："以前也有一些人来过这儿，不过从来没有人说过这些话。我们很了解你目前的处境，所以，希望你能赶快成为另一个阿里。"为了另一个阿里的产品，代理商们不仅扩大订单，而且愿意出一流产品的价格购买。会谈以董事长的极大成功而告结束。

移花接木——嫁接再生术

　　移花接木作为一种计谋，则是通过"嫁接"的做法来去凶就吉的。在商业经营中，移花接木大有用武之地。因为自己的商店、产品等如果与名人、优质等有所联系，往往会引起轰动，受到消费者的青睐，所以往往需要采用"嫁接"的方法变无关为有关，变关系不紧为密切，从而达到畅销效果。

移花接木

　　唐朝从天宝年间开始由鼎盛走向衰败。唐玄宗宠幸杨贵妃兄妹及宦官是唐朝由盛到衰的根本原因之一。这时期中，唐玄宗自以为大功已成，当享安乐，因此少理朝政，骄奢淫逸，整日沉湎于杨贵妃众姐妹的温柔怀抱里。一些官宦子女自然也就跟着模仿，大演"唐乌龟"之丑剧。

　　达奚盈盈是天宝年间为唐玄宗宠幸的某宦官之小妾。她明艳动人，在当时堪称一绝。她不仅漂亮，还有才智，而且也风流浪漫，卧室内经常私藏俊美男子。一次，她竟把一个担任千牛卫职务的美少年在自己内室里藏了好几天还不舍得放行。

　　千牛卫失踪后，官府很着急，四处派人去寻找。时间一长，唐玄宗也知道了。唐玄宗听说自己身边的禁卫官居然丢失，也很吃惊。当即下诏书让官府在整个京城内大肆搜索。然而，什么地方都找了，就是没有千牛卫的影子。于是就问起千牛卫近期曾到哪里去过。千牛卫的父亲说，前阵子有个宦官病了，千牛卫曾去探望。显然，那宦官便是达奚盈盈的"丈夫"。唐玄宗于是又下诏到这宦官家去追寻。

　　达奚盈盈只得对千牛卫说："事到如今我势必不能再把你藏在这里了。但是你放心，你出去以后不会有危险的，他们绝不会加害于你。"千牛卫很害怕，怕会因此犯法获罪。盈盈就教他说："你出去以后，不能说是在我这里，如果皇上问你到哪里去了，你便模模糊糊地告诉他，你所见到的人长得如此如此，你见到室内陈设是这般这般的，你在她那里吃到的食物是这样的……再笼统含混地告诉皇帝，你之所以在她那里呆这么久，是由于形势所迫，身不由己……你要是这样说，绝对不会有什么祸患。"

千牛卫自己无计可想。他深知当今之时宦官法力无边，达奚盈盈素有计谋，便死马当做活马医，把达奚盈盈的话牢牢记住，出了隐藏之处，直接去见唐玄宗。

唐玄宗虽见千牛卫不找自来，仍然怒气难消，追问他这些日子到哪里去了，千牛卫便把达奚盈盈的话照葫芦画瓢复述了一遍。不料皇帝一听，果然怒气顿消，笑了笑，再不多问一句。

几天之后，杨贵妃的姐姐虢国夫人进宫来见唐玄宗，唐玄宗打趣她说："你为什么把青年男子藏得那么久而不让他出来呀？"虢国夫人听了丝毫没有惊惭之意，只是大笑一场而已。

千牛卫莫名其妙脱离祸患，等到他有一次见到虢国夫人，方知道达奚盈盈巧妙地用了移花接木之计。原来达奚盈盈深知宫内细情。虢国夫人虽是唐玄宗的情妇之一，却仍然拥有数不清的面首。还经常扣留藏一些青年男子在家与她鬼混。达奚盈盈于是教千牛卫凭空描述了虢国夫人的长相服饰、室内设施和饮食习惯等，使唐玄宗误以为千牛卫是虢国夫人窝藏的。凭虢国夫人的实力和品性，区区达奚盈盈怎能与之相比。唐玄宗自然不能再责怪千牛卫，而只能把一件大事化作一个与情妇逗趣的话题了。

移花接木，本义是指把花枝嫁接到别的树木上，比喻暗中更换人事或事物。达奚盈盈把本与自己相关的千牛卫（"花枝"）巧妙地"嫁接"到了虢国夫人（"树木"）身上，是一种典型的移花接木的做法。

伦敦一家曾经门可罗雀的珠宝店，为了摆脱岌岌可危的困境，老板决定采用移花接木之计，要把他的珠宝店与王妃黛安娜联系起来。

一天傍晚，这家珠宝店突然张灯结彩，老板衣冠楚楚站在台阶上恭候嘉宾，不一会儿，一辆高级轿车在门前戛然而止，黛安娜缓缓地从小车里走了出来，她嫣然一笑，亲切地向行人点头致意。人们见此情景便蜂拥而上，争先恐后地想一睹王妃的风采，久久不愿离去。有的少年还大胆挤上前去吻了她的手。路边的警察急忙过来维持秩序，防止围观者影响王妃的正常活动。

老板笑容可掬，感谢王妃光临本店，随即引王妃向柜台走去，售货员拿出项链、钻石、耳环、胸针等最贵重的首饰任其挑选。黛安娜面露喜色，爱不释手，连声称好……

预先早有安排的电视录像机将此情景一一摄入镜头，第二天便在电视台广为播放，虽然自始至终没有一句解说词，更没有诱导广告，但珠宝店名、地址却是相当醒目的，这家珠宝店立即轰动整个伦敦。

那些好起时髦的年轻人，那些"爱屋及乌"的黛安娜迷们，立即蜂拥而来，珠宝店门前车水马龙，人们竞相抢购黛安娜王妃所赞赏的首饰，老板满面春风，亲临柜台，应接不暇，仅几天的营业额就超过开业以来的总营业额，而且生意一天更比一天好。

很显然，老板把珠宝店强行"嫁接"到黛安娜身上，借此来赚大钱的移花接木之计获成功。

或许有人要问：并不是每家商店都会有王妃光临的时机呀？这是要说，如果王妃主动光临，那么商店与王妃之间的关系是"自然"形成，而不是因"嫁接"才得来的，也就谈不上使用"计谋"了。只有本无关系而变成有关系的"嫁接"，才可称得上是用计施谋。我们说这家珠宝店的老板使用了移花接木之计，是因为还有下文。

珠宝店的生意越来越红火，也成了街谈巷议的重要新闻，于是震动了皇宫。皇家发言不久郑重声明："已查日程和安排，王妃在那天绝没有去过珠宝店。"

人们都以为珠宝店的老板要被起诉上被告席了，然而老板却镇定自若。他承认从未有过王妃来过本店。那天盛情接待的女贵宾，是他煞费苦心找来的，她的气质、神态、举止、身材都酷似黛安娜王妃，经过美容师化妆，其发式、服饰等等也都与黛安娜一模一样，但她毕竟不是黛安娜。电视台所播的录像从头到尾只有音乐，而未置一词，因此，珠宝店并未构成欺骗罪。人们想当然地误为此"黛安娜"为彼黛安娜，那是他自己的事。

人们自己把珠宝店"嫁接"到王妃身上，珠宝店则只是知道可能多地推销珠宝——老板的"嫁接"技法何等高明！老板的说辞何等冠冕堂皇！

灵活机动　此物彼用

老师问："茶杯是干什么的？"

学生答："喝水。"

老师拿起茶杯，呷了一口茶："也对，也不对。"。

学生一片茫然。

老师接着解释："正常情况下，茶杯是用来喝水的，所以我说是'也对'。"一阵风刮起来，吹起了桌上的讲稿，老师便拿起茶杯压住了乱飞的纸张。然后说："在特殊情况下，你们看茶杯还可以做武器来杀对手……"

学生们明白了老师所要讲的一条计谋："灵活机动，此物彼用。"

唐大历十四年（公元779年），唐代宗死，唐德宗李适即位，当时朝廷内忧外患，局势混乱。唐德宗想革除代宗弊政，于是整顿史治，疏斥宦官，整理财政，改革税制，推行两税法，使朝廷财政收入大量增加。他又改善了与吐蕃、回纥的关系。他还希望借机一举消除藩镇割据、父死子继的状况，以加强中央集权，中兴唐室。唐德宗刚愎自用，轻举妄动，对功臣将师的猜忌更甚于肃宗、代宗。因而虽有良好的愿望，结果却使割据局面愈演愈烈，不少藩镇干脆联兵抗唐，自称帝王。

唐德宗建中四年（公元783年），淮西节度使李希烈与另外一大批节度使联手，切断了朝廷来自东南的粮道，率叛军急攻襄城（河南襄城），威胁洛阳。十月，襄城岌岌可危，德宗只得命泾（甘肃泾川北）原（甘肃固原）等诸道兵救援襄城。泾原节度使姚令言率兵五千路过京师，天雨甚寒，因得不到犒赏而大怒，于是军士哗变，攻入京师，冲入皇宫，德宗率后妃及宦官仓皇出去，往奉天（今陕西乾县）逃奔。

当时颇有声威、曾出任过泾原节度使的朱泚因入朝奏事而被唐德宗扣留在长安。泾原叛军拥朱泚为主。救援襄城的诸路兵马多半未出潼关，听说长安兵变，也都返回长安，投顺于朱泚。朱泚自称"大秦皇帝"，改元"应天"。

为了收买人心，朱泚希望找几个唐朝大臣来当下属。他便命人把久失兵权的段秀实请出来，段秀实此时只任司农卿之职，朱泚以为他大才小用，一定会顺从自己。段秀实见面却劝朱泚应做忠臣，迎回皇帝，见朱泚当皇帝之心已坚，便表面与之周旋，暗中时时注意动静，怕朱泚乘势追击唐德宗。

果不出所料，朱泚接受泾原叛兵拥戴后的第一件大事，便是命兵马使韩旻率锐骑三千，急袭奉天，要置唐德宗于死地。段秀实知事急，命灵岳设法去盗窃姚令言的兵符，以便把追杀皇帝的韩旻诱骗回来，给奉天以足够准备防御的时间，急切之中，哪能得手，灵岳去了半日，空手而回，报称防范甚严，无从下手。

段秀实急中生智，展纸下笔，写了数语，然后盖上了自己司农卿印记，交给快马，命其追韩旻。

韩旻已经到了骆谷驿（今周至西南），被司农卿属下的农兵追上。韩旻见农兵，又看了盖有司农卿大印兵符，糊里糊涂也就赶回了长安。唐德宗于是免却了被袭杀的一场大祸患。

司农卿的印记本是用来指挥农事的，段秀实灵活机动，在紧急关头竟用来指挥军务。唐德宗正是因为段秀实急中生智的此物彼用之计，才得以保全性命。

可以说，世上任何事物都有多种功能，但由于人们心理定势的作用，事物的许多功能都被排除在思维视野之外，看到的只是最通用的功能。而如果"灵活机动，此物彼用"，往往能因地制宜，物尽其用，在紧急状态之中，更是化险为夷、转危为安的妙计。商业经营中运用此计，则还会取得更意想不到的神奇局面。

哈姆威是埃及的一个糕点小贩。1904 年，美国路易斯安那州举办世界博览会。在博览会期间，哈姆威被允许在场外出售甜脆薄饼。

在哈姆威薄饼小摊旁是一位卖冰淇淋的小贩，盛夏季节，天气酷热，冰淇淋十分畅销。因拥上来购买冰淇淋的人太多，盛冰淇淋的小碟子不够使用，致使很多顾客等着有人吃完冰淇淋退了碟子之后，才能轮到购买。

与其相反，哈姆威的薄饼生意却备受冷落。他看到卖冰淇淋的盛况，灵机一动，把自己卖的薄饼卷起来，成为一个小圆锥形，把"锥子"倒过来，不就可以装冰淇淋了吗？

顾客们用薄饼卷起的小筒子盛冰淇淋吃，觉得比单吃冰淇淋有味得多，又省去了等、退碟子的麻烦。

薄饼装冰淇淋受到了出乎意料的欢迎。当即风行一时，因而被戏称为这届世界博览会的"真正明星"。

大家所喜欢吃的蛋卷冰淇淋由此诞生了。它的发明权应属"灵活机动，此物彼用"的哈姆威。

不怕耻笑 大胆标新立异

赵武灵王继位后，决心学习各国的长处，改革本国不适应新形势的旧制度，扎扎实实地壮大自己的力量，需要改革的东西很多，该先从哪里改起呢？赵王决定召集全体大臣，共同讨论，然后再定。

公元前 307 年，一天，赵王在皇宫召集大臣开了五天会，专门讨论如何改革图强。会上有的拥护改革，有的不赞成改革，有的持怀疑观望态度。赵王见大家看法尚不一致，就没有急于做出决定。

赵王为了摸清情况，决定微服私访，他没有告诉任何大臣，也没带任何护卫和随从，一个人几乎走遍了赵国各地。他在北面一带边境线上待的时间较长。他到山中防哨，细致地了解了前线的防守情况。一天，他登上高山，正观察间，见北面林胡的一支骑兵像一股旋风般地卷来，胡兵一个个骑在战马上，战马膘肥体壮，行动迅疾，左冲右突，十分灵活。胡兵都穿着轻便的服装，背插大刀，腰悬箭壶，风驰电掣般地攻来。自己的边疆守卫军队接到报警的信号，急忙吹起号角，集合队伍迎击，守边部队的装备都是战车，他们慌慌张张套好车、排好阵，就费了好长时间。因为战车都有严格的规定，每辆车前要配齐三个甲士。中间的一员驾车，左面的一员手持弓箭军器，任务是打击敌人，右面的一员称为车右，通常选择力气大的人担任，他手拿戈戟，但主要负责在险要地带下车，以防不测。每车的后面一般配有七十二员步兵，出击时常常要布好方阵。这整套装务，既繁琐，又笨重，尤其在山区作战，更显得不适应。林胡侵入赵国内地好几十里了，他们抢的他，劫的劫，粮食财物很快夺到手。等到防守的部队排好车阵要与林胡的骑兵对打的时候，已被林胡的骑兵往来驰骋地大杀一阵，杀得人倒车翻。杀过一阵之后，林胡的部队也不恋战，又像旋风一般远去了。

这一切赵王都看得清清楚楚。这怨谁呢？怨自己的武士不英勇、不尽力吗？不不。怨自己的防守士卒懒惰，抵御不及时吗？也不是。只能埋怨沿用老战车制度不适应新的情况，不适应新式战斗的需要。我们为什么老抱着这吃亏的作战制度不肯改一改呢。

他暗下决心，就从这里下手。回到国都，他立即召集御前会议，明确提出，实行"胡服骑射"的改革方案，可是大臣尤其是文官中反对者不少。他们说："如今的服装是祖辈传下来的样式，都是根据古礼的要求制做的。试想，我们穿一身胡服，在这里行礼、议事，那成什么样子？纵然我们自己不嫌粗鄙，邻国见了也准要取笑我们。"

赵王说："顽劣之人会嘲笑，贤明的人会明白，即令天下都反对，北方胡人部落的土地和中山国，我一定夺取到手。"他坚持自己的主张不变，并准备自己率先垂范，第一个先穿胡服，赵王的叔父赵成反对最烈，宣称他病情严重，在家卧床，抗拒参加御前会，赵武灵王便派人向他解释说："在家当然听命尊长，可是在国则必须听命君王。现在，我已经穿胡服，只叔父大人不肯更换，恐怕天下人对你提出指责，治国有常法，总以人民福利为第一，政治有常规，总以贯彻命令为成功要素。明显的善政，连最微贱的人都会了解，但要想彻底执行，必须高位的人先行地遵守。我想仰叔父大人带头，来完成胡服骑射的划时代变革。"赵成对来者说："我听说过，中原是聪明才智人士最喜爱的地方，诗书礼乐最讲究的地方，远方外国最向往的地方，蛮族部落最羡慕的地方。而今大王突然抛弃一切，去效法蛮族，穿他们的衣服，违背古代的风俗习惯，已激起广大人民的反感，愿大王三思。"来人回报了赵成的态度，赵王又亲自去赵成家拜访说："我们赵国，东有齐国和中山国，北有燕国和东胡部落，西有楼烦部落和秦国及韩国。我们的边防部队，仍使用传统武器，缺乏骑射装备，一旦敌人发动攻击，如何防御得住？从前，中山国仗恃后台齐国撑腰，侵略我们土地，捕捉我们人民，决河水灌鄗城，如果没有上天保佑，鄗城可能失守，先祖们认为是最大的羞辱。我之所以改变服装，更新战备，只不过为了准备四境应变，报中山国之仇。叔父大人却坚决维持固有传统，忘了鄗城丢丑，大出我的意料。"赵成看他说得如此诚恳，终于被打动，同意赵王实施"胡服骑射"的改革方案，第二天，赵成就穿胡服上朝。于是赵王下令胡服骑射，全国一致实行，经过一段较长的时间的努力，赵国终于建立了一支强大的骑兵。

后来，赵王率领骑兵攻以胡地榆中一带，辟地千里。第二年他又率领强大的骑兵攻打中山国。中山国的军队出城迎敌，他们仍用战车作战。中山国军队的车摆得很长，看起来声势很大，但极不灵活。赵王把自己的骑兵分成两部分，一部分正面迎战，打着赵王的旗子，引诱敌人进入伏击圈。赵王却率领另一支骑兵，以最快的速度绕到中山军背后。中山军望见了赵王的那面旗子驱车追赶，但车子如何能追赶上骑兵？赵军战一阵，退一阵。中山军正追赶得起劲。忽然一阵鼓响，两边埋伏下的骑兵突然杀来，背后又冲来一支骑兵，三路赵军一齐呐喊，他们风驰电掣般地往来冲杀，把中山国的车阵冲得七零八落。中山国的军队掉头就跑，可他们哪里跑得过骑兵？士兵们连声惊呼：天兵天将来了，天兵天将来了！这惊呼声更使中山军乱了阵脚，有许多被赵军生擒活捉，有许多自动放下器械投降。

一连串的胜利提高了赵国的威望。中原各国都来祝贺，争着和赵国交往。就连西方强大的秦国也不敢小瞧赵国了。

赵王实行"胡服骑射"，其所以成为百世称颂的举动，不仅因为其效果使国风为之一变，人的精神面貌发生变化，军队变得勇武善战，更因为赵王能借助客观情势的改变，坚决冲破传统势力的抗拒，打破常规，放弃托古改制的程式，有急风骤雨式变革的胆识和魄力。

这种胆识和魄力对于经商者同样是至关重要的。商场如战场，竞争如战争，在情况万变强手如林的商海之中，谁能抓住机遇，富有胆略，敢于标新立异，谁就能成为强者。

1960 年丰田汽车推出了丰田——皇冠牌小轿车，在调查的基础上，它终于被推上美国市场。正当人们庆贺公司占领美国市场时，美国市场却传来消息：皇冠车发动机性能不佳，高速行驶时功率骤降，其质量很难满足美国消费者的要求，代销商对此也失去了信心。

丰田的经营者们面对失败没有垂头丧气，他们迅速提出了振兴丰田、再进美国市场的计划：首先，以坚韧不拔，锲而不舍的精神努力开发新产品，搞技术革新，大大提高质量；其次，打破原先广告只限于优美动听的辞藻，注重展示产品漂亮外形的常规，敢于标新立异拍摄大规模"破坏性试验"的广告，在美国大播特播。于是，一个由三组"破坏性试验"组成的广告系列问世了。

在第一个广告中，电视上出现一辆飞奔的皇冠车，跃上跳板凌空飞行 25 米远后平稳落后，油门一加，又高速前进。

在第二个广告中，一辆皇冠车被从一个十多米高的悬崖推下，小车落地后连滚三滚，车顶瘪了，发动机罩的一部分也掉了，这种冲击量大得吓人。但电视观众看到的则是：摔得面目全非的皇冠车立即启动了发动机，顺顺当当地向远处驶去。

第三个广告片描写的是皇冠小汽车分成两队进行足球赛：这需要急转弯、急刹车和快速启动。这个广告的用意在于告诉观众，皇冠小汽车能够应付任何情况下的驾驶要求。

这种"破坏性试验"广告，在美国市场播放了近一年时间，它终于起到了为皇冠以至整个丰田公司转变形象的作用。客户的成见打消了，经销商的信心恢复了。丰田——皇冠经久耐用，发动机性能优良的形象树了起来，这个号的小轿车成了最畅销车。

改弦更张　死路变通

在英国南部海岸的巴格斯山丘附近的一个工业地区，有一家小规模的电子工厂。这家工厂是由一名高级电子技术人员经营的。这位经营者发明了一种可以广泛地运用于工业上的测定装置。为了出售他发明的物品，他到处去推销，并印刷了大量的宣传单散发给大企业家，可是却遭到对方的冷淡。后来，他又发明了另一种用途的新产品，并且挨门挨户去推销他的产品，结果这回比上次更惨，问津者很少，库存量陡增。这时，他想起了前任经营者曾对他说过的一句话："必须亲自加入产品的市场，专心一意地在其中经营，直到独占市场鳌头才行。"

受此启发，他一改过去挨家挨户推销新产品的传统做法，而是有计划地到各地饭店举行小型的发明新产品展示会。他先是在伯明翰的亚巴尼饭店举行展示会，广泛邀请当地有名的技术人员到饭店来。邀请的方式隆重而简捷，由工厂派人派车专程接他们到饭店，准备有简单的午餐和葡萄酒。用餐完毕，他对这些客人说，他每次举办这种展示会，只限将新产品卖给六个客户，多者不卖。成交对象，将选择那些资金雄厚、技术力量强大、设备先进、经营管理良好的工厂，以保证产品的质量和本公司的信誉。他的话给来者很大冲击。不仅各自希望能成为当场的买主，而且，会后各公司的采购人员纷纷去人去函索取产品说明书，要求访问、参观他的工厂，谈判交易。久而久之，他的产品的名气大增，稳稳当当地建立了极高的信誉，比其他同行的销量大得多。

这家电子工厂的经营者开始手中压有新产品，运用传统的推销方法，使他的销售活动屡遭失败，造成了滞销不利局面。后来，经营者因势变通，通过小型发明产品展示会的形式，向当地有名的技术人员及客户展示，激起竞买。这种谈判技巧和方法，竟使这个小规模的电子工厂，不仅打开局面，走出低谷，而且迅速成为同业中的佼佼者。可见根据实际情况，积极创造变通的重要作用。

因时制宜　合法不合理

在工作中，人们往往会遇到一些"合法不合理"的事情，处理不好这类问题，不仅影响人与人之间的关系，而且容易使问题复杂化，进一步影响工作的开展。

如何使这一矛盾转化为"既合法又合理"，这就需要采取变通的方法，顺其"合法"，制其"不合理"而收到两全其美的效果。

清朝顺治帝时期，有个叫汤斌的大臣，在担任潼关道副使时，就曾以计谋处理过一件"合法不合理"的事情，在历史上传为佳话，并对后人也有一定的启发和借鉴作用。

顺治帝时期，逃到江南的明朝皇帝宗室建立了自己的政权，与新建立的清政权南北对峙，分庭抗礼，企望恢复大明统治。为统一中国，清王朝派兵南下，剿灭明朝残余势力。战火纷飞，百姓遭殃，特别是兵家必争之地潼关，更是生灵涂炭，民不聊生。

潼关自古为兵家必争之地，连年战乱之后，城内百姓只剩下不过十几户。此时，南下清军，一年之中要经过这里数次，驿递、粮秣、军需等物资供给很匮乏，再加上朝廷官吏的巧取豪夺，军队士兵的敲诈抢掠，百姓们的生活困苦不堪。汤斌疾恶如仇，以潼关副使之职上任后，目睹民间疾苦和贪官污吏的暴戾，他首先告诫自己手下："不要借朝廷的名义向老百姓摊派，不得随便向城中居民征用驿夫。"同时，凡有军队路过潼关城，他都先与率兵的主将约法三章："军队所需物资，如果筹集不上来，请向朝廷弹劾我汤斌；如果在军队所需之外向百姓索取其他东西，即使一草一木，那我也要秉公执法，严加处置。"过往的清军将领看到汤斌说话办事既严肃认真、又公正有理，也就无话可说了。但终究还是有不通情达理、无事生非者。

一次，总兵陈德率领八千官兵，携带部下家属万余人，经潼关道调往湖南。陈德想借此机会，向地方勒索银两。他借口自己的母亲生病，提出要在此地暂住一段时间。汤斌看出了陈德的诡计，但又不好直接拒绝，于是以大军南下，负有"伐叛"的重任，不可因为自己私人的小事，延误朝廷大事的道理，婉言回绝了陈德。陈德见此招儿不灵，心想汤斌果然厉害。他不甘心就此罢休，于是又强硬地提出路途遥远，需征用军车五千辆的要求，并说如果没有或者不足五千辆，可以折为银两，拿银子自己去雇用。陈德提出的这个要求和条件，乍一听还有些道理，但实属勒索钱财。按规定，陈德需用军车的要求是合法的，但以银两来代替，却毫无道理。汤斌听后，一时觉得不好直接拒绝。连年遭受战火劫难的关中，不要说向百姓征收银两，就是这五千辆军车也是无法办到的。汤斌心想："我先暗中搞清楚你实际用军车的数量，再与你理论。"汤斌为稳住陈德，一边答应他的要求，一边派人去明察暗访。经调查汤斌知道陈德所用军车数量，充其量也不过就两千辆。陈德要军车是虚，要银两才是真正的目的。汤斌没有直接与陈德交涉，而是非常痛快地答应了他的要求，为他解决部下家属所需的全部车辆。

汤斌先将征集的两千辆军车藏在城中，然后告诉陈德："军车已为将军全部备齐，您可以马上率军南下。"当天，汤斌又设置了一桌酒席款待陈德，说是为他饯行。陈德非常高兴，洋洋得意，认为汤斌再厉害也不敢违背朝廷的规定。看到陈德忘其所以的样子，汤斌向他提出："我与总兵大人边饮酒，边'以人量车'，这样可让大人亲自过目所征集的军车数量，您可略知我办事是从来忠于朝廷和职守的。"汤斌话中有话，可陈德一点也没有听到，欣然答应。于是二人坐在城楼之上，举杯饮酒观看"以人量车"。

汤斌布置部下，凡南下官兵的家眷坐满一车，就驰出城外一车。就这样坐满军车的家眷，一车一车地出了城门，直至天明。汤斌与陈德谈笑自如，直到官兵的全部眷属都已坐车出城，才问陈德："大人，家眷已全部出城，军车数量您已过目，您可以放心地率军南进了。"陈德将部下叫来，问及军车数量，方知不足五千辆，顿时醒悟，但为时已晚，心中暗自后悔："汤斌果然厉害，我上当中计了。"陈德此时已无话可说，只得与汤斌拱手告别，怏怏领兵上路。

汤斌巧用计谋"以人量车"，不仅没有违反朝廷的规定，满足了陈德用军车的要求，而且巧妙地排除了陈德提出的无理要求，保证了百姓的利益。此事传出去以后，凡是清军南下路过潼关，再也没有发生扰民的事情。

一年后，流亡在外的百姓，纷纷返回潼关，竟达数千户之多。朝廷考核官吏政绩，汤斌在关中地区名列榜首，受到朝野的赞许和百姓拥戴。

超常思维——异想天开术

> 无疑我们不能否认想象力量的伟大。这世界的改变，文化的进步，一切的功绩，我们不得不归诸想象。——假使人世间没有这许多想象力而能坚决改良万物的人，那么，我们到现在，还得过着穴居荒野时代的初民生活。

想象力统治世界

近代的物质文明，给予人类的贡献，是最伟大也没有的！不过，推究其能有所贡献的原因，还不是因为这人世间有许多幻想家，他们终日不断地"想象"……在他们的"想象"之中，看见了许多超越现实的东西，发现了许多前所未闻的事实；然后根据这些伟大的想象力，努力不懈地工作，工作……结果都使它们成了实在的东西。

摩斯在他的想象之中，看到了比邮递更迅捷的通信方法，于是他就一再地不畏惧失败，相信他的理想可以有成功的一天。他不顾亲戚朋友的讪笑，也不顾周围人们的嘲讽，他有目标，他有自信。他并且有决心，终于发明了电报，这对于世界来说，是多么伟大的成功啊！

贝尔认为电报这东西学是不太方便，他继续地幻想……幻想……要想在"幻想"里，找寻到一种比较便利的东西。结果，这东西果然被他找到了，——我们现在有了电话。

菲尔德认为靠轮船去横渡大洋传递消息，实在是太慢了！他也想在想象之中，去寻找更便捷的交通方法。结果，他也寻获了，——海底电缆的铺设，使各大陆之间联合成一体。

马科尼的贡献更伟大惊人。他在"想象界"中找到了一件更古怪的东西，那就是"无线电报"。这是胜过了以往一切更好的交通方法。它能够使一个远在海洋中的旅客，先行预订房间，并且可以叫好一辆汽车，到船埠去迎接他。

有一位无名氏的希腊雕刻家，他在杰作"米罗的维纳斯女神"上，暗示了我们从前所没有估计到过的匀称的美丽和姿态的宏伟！这一个模型，给予了我们一个典范，直到如今，我们仍是向着他所指引的路线，继续不断地努力，并且，我们确已获得了惊人的进步。

米开朗琪罗的伟大想象，也是至今还值得称颂的。在他的美妙雕像中，使人们得以亲近到了神一般的人物。

作曲家们的伟大想象，也成了音乐杰作，传给了我们，使我们可以永远地享受它。

商人们利用他们想象，布置了一个个伟大的"百货商店"，把各种商品聚集在一起，让每一个进来的主顾，不论要买什么东西，从生到死，从日用到消闲，差不多都可以买到。

教师们在想象之中，觉得人类应该有一个机会，使他们可以无限制地进步。于是，我们有了各级各种的学校。

的确，世界上任何成就，哪一件不与想象有关呢？如果我们只看见事物的现状，没有更深一步的想象，这世界就不会再有什么新奇的东西可发明，这世界就得停止进步，人类文化也不会蒸蒸日上，文明也到了终点。可见想象力是多么的伟大啊！

有想象力的人们，既能推动世界前进，又能改良各种的东西：汽车替代骡车，海轮船代替帆船，新奇的东西替代陈旧的东西，进步东西替代退化的东西！唯有这样不间断地努力，不间断地发明，不间断地替代，破坏旧的，建设新的，如此新陈代谢，世界将更繁荣发达，人类文化的水准将日益提高，物质文明日新月异，永无止境；想象力的伟大，也是永无止境。

因为有许多伟大的艺术家的想象超越了现实，所以才能产生这些伟大的杰作。假使我们要从事物的本体中观看"自然"，那是瞧不清楚的！唯有在想象之中，对它可以成就的能力，应该无限制地向高张望，要认定这想象中的现象，可以有达到"可能"的真实性，再说得清楚一点，凡是现在我们所想象的东西，我们深信在将来，都要慢慢地，一件件出现在这世界上。

当贝尔试验电话多次失败的时候，朋友亲戚都责备他，劝他停止。但他却很坚决地说：

"我深信我的想象是合乎理智的，所以，我相信它有一天必能成为现实。"

不错，往往有许多人，认为专门想象的人是毫无价值的，往往呼唤他们为"疯子"。凡是具有梦想的人们，常被认为是一些不务实际的人，嘲讽他们为"纯粹的理论家"。

可是，这些伟大的想象者，倒常常可以用事实来证明他们自己，比那些惯于嘲笑他们的人们，实际得何止千万倍！要知这世界的梦想者们，已经把各种最实际的东西，一一给予了我们，使我们现在都可便利地享受着。这些梦想者们，更曾经替我们改善了许多困难的处境，把我们从苦役中解放出来。

啊！我们在一天之中所接触的事物，不论是穿的、吃的、住的，以及看见的、听见的，那一件又一件，我们能不归功于我们的梦想者和理论家吗？

他们真是梦想者吗？是疯子吗？是纯粹的理论者吗？假使你们一定要"判断"他们，那么，错误的是你们自己！要知道这世界最最实际的人们，还是他们呢！

从这里我们可以获得一条"确定不移"的规律：

——伟大的人物所以能够有成就，正因为他们是都能站在自己的本位上，看到更伟大而超过现实的理想人物！

这正告诉我们，伟人们个个是幻想家。富于想象的人，能够努力的话，就不难成为伟人。

做父母的人们，往往在想象中看到他们的子女们，比他们更完美，更超出一筹。他们希望子女们他日真的超出了他们，实现他们的梦想！

我们深信，总有这么一天，大家都能够感觉到：想象对于人生，具有伟大的主观力量。不论是在教育上，在实践理想上，在影响事业上，以及在增进健康和快乐上，都是一个非常重要的因素。

每个人内心中的各种景象，决不会无端地来欺骗我们，或是来奉承我们的；乃是让我们知道：我们内心中的想象，皆能够成为真实，也有着足以想象它们的真实性。所以想象无非是真实本身的轮廓，或者是暗示，也可以说，是真实的一个影子。

想象是未来事物的首先发现者，它能使我们瞥见无穷美妙的事物，呈现在我们前面不远，使我们雄心奋起，刺激我们上进，去争取这"幻想界"里的事物，促其实现，促其迅速成为现实！想象还能使人感到现实生活的平庸、不足，让我们有改善的决心。

想象决不是纯粹的狂想，在它里面含着理智和可能实现的因素。所以，能够根据"想象"努力的人，往往是成功的人多。

要是儿童的想象，能够指导得适当的话，就可能决定他未来的快乐和成功。我们必须纠正那种将儿童们引入歧途的想象力，因为这足以使儿童遇到不堪告人的灾害和阴暗。

这样说来，训练儿童们的想象力，当然是必需的了。

让儿童们从小养成习惯，产生美丽而不是可恶的景象，激励他们向真美的理想奋斗。能够如此训教他们，这不是比给予儿童一笔巨大的家财，还要有价值得多吗？

成功在心中　想象是力量

透过20世纪宗教思想家R·W·杜拉因和福特公司的创造者亨利·福特的一段问答，我们可深入了解这个命题。杜拉因说：

"全世界的人都知道你的工厂是世界最大的工厂之一。你——福特大汽车工厂的创立者，年轻时，没有资本，没有依靠，没有背景，可以说几乎是一无所有的人，会完成这种伟大的事业，实在是令人不得不感叹、佩服，我想请教你关于成功的秘诀。"

福特回答说："对不起，你说错了一点。你刚才说我一无所有，我认为不是很正确的。因为任何人都是拥有了一切可以成功的条件才出发的，而这所有的资源和条件就在自己的心中。"

杜拉因问道："对，对，我就是想要听你这句话。你能够完成如此巨大的工作，并能够收集向伟大的人类贡献所需的财富的力量，是正如你所说的'已经在自己的心中，有无限的财富'一样地自觉了吗？而你对那种财富，一点都不重视，这更是你伟大的地方。"

福特答道："财富只是做事的一种工具而已，并没有其他任何特别的意义。财富也可以说是达到目的的一种手段而已。"

杜拉因问："像你所说的'相信自己是伟大的人物，就必定是如此'。那么，从这一瞬间开始，自己和周围的环境就会真的建立起关系来。伟大的人比普通的人更会预先去接触那些一般人无法以人力得知的某种方法，然后去洞悉一切的可能性，所以我想问你，你是否也经历过这种伟大的且我们可以接触的力量？这种力量也许可以叫做神力，但你是否亲自感受过呢？"

福特回答："我认为那个力量就是一切，所有的根源都在那里。我们只是去认识那个力量而已，所有事物的精华和本质都在那里。和这种力量接触的方法，就是想要对绝大多数的人，实行绝大多数的善，而把自己的生活维持在一定的轨道上。"

杜拉因问："这就是全部吗？"

福特说："一个人自己本身就是一宇宙，同时也是全宇宙的一部分，全宇宙及全体中的我们都在那里生活。其实全宇宙的中心就是自己。这种叫'自己'的中心，会引诱出小小的灵体（眼睛看不见的生命的灵的元素）来，而把自己本身建立起来。

我们想要什么时，只要把心思集中起来，向着实践的目标去努力、去移动的话，就可以使这个生命的灵的元素体集合起来，帮助我们把自己所希望的东西筑成一个形态，并逐渐完成实践。

做正当的事或有意义的事的人，谁都可以接受到这种灵体元素的帮助。这种生命灵体元素，是从外界来辅助我们的，同时也会发自内心来帮助我们。当我们把意念集中并发射出去之后，许多必要的东西也就会为我们带来。这种灵体是会成为我们向上进步的有形的实体；这种灵体的性质或分量，是因个人的意念的形态不同而所差异的。那种认为灵体在遥远、很神秘的地方，而和我们相距甚远的想法，实在是错误的。

一切都在这里——心中，一切都已经被准备妥当了，不管任何东西，都已经在这里很齐备了。假定自己想要实现的一件事，在心中很清楚地看到，这时，小灵体的波动会以想念为中心而开始活动起来，因为这个小灵体是来帮助我们的。并且，自己也向着这个小灵体的方向走去的话，如此一来，所必要的元素都会集中在一起，并且会很顺利地带动事情的发生。"

杜拉因说："就是说，明显地想象出目的的实现的样子的话，就会在心中浮现一种状态来，也就会从那时开始，形成一种形态来，是吗？"

福特答道："是的，看不见的小灵体就会飞向我们的希望的周围，并不断地形成。所以我们应该把希望的实现，深刻地描绘在心中，并且清楚地刻印于心；也就是说，在心中造成事务的蓝图是很重要的，这就是信念。信念就是将要成为形态的东西的主体。

人是一个宇宙。在这个宇宙之中，有和前面说过的小灵体一样的东西；也就是说，'有很多生命的灵体元素'。同时人本身是支配着无数的灵体，也可以说，是大生命的一种统帅或者是大生命的王者。"

杜拉因说："你的'生命的灵体元素'之说真是有趣。假定这个小灵体在心中所产生的原因，能够清楚地被说明，那以成为'形态'的结果出现之前的方法或过程，也就会明白地显示出来。因为原因带来的结果是，必须要有力量在实际上移动才行；也就是说，实现实际工作的实体以及小生命体，必须同时移动才行。你刚才说的灵的元素体，是不是说想念就是生命体。而思想即是实体的意思？"

福特答道："思念的波动或精神的震动的学说，对我来说，是最确定的学说。依照我的想法是，想念就是力量。换句话说，想象就是拥有生命。这当然可以按照你喜欢的方式，怎样解释都可以；反正想念这种东西，是由我们心中进进出出的小生命体所成立的一种流动。那也就是一种波动，同时也是生命体的种子。"

杜拉因道："嗯！有道理。的确，我们可以承认新的想法，也就是：想念就是力量。但是，假定想念就是力量的话，你不认为还有其他能把这个力量用某种方法来开拓，更有效地利用它的普通水准以上的方法吗？你不认为，一定可以精神统一，来把想念的方法引导到一定的方向去吗？"

福特道："把信念集中的话，就会产生可以吸引灵性的小生命体的中心磁力来。例如，在某一种大事业有野心，想把想念集中，由于想法的磁力作用，使得对那个事业的可以成功条件、所需要的一切要素，都会集中起来。把愿望不断地、强烈地想，那个事物就会被吸引出来。

有很多人做了事业，却不会成功，主要是由于不能以不断的强烈的热情来想自己所志愿的事的缘故。若想持续不断地引发志愿，就应该使想法不中断，且很有耐心地把希望和热情继续下去才行。性子急又很容易失望，是不可以有的情形。想要引进为了这件事的成就所需的适当条件，有时需要花费三到四个月的时间，有时甚至需要花费半年以上，有的更是需要数年；想要使想念长时期地继续集中，就会形成引进必要事物的条件的磁力来，也就是说，对那种事务，可以成功的必须的要素，以及灵性的小生命，会集中到那个人的周围，并很自然地为了那件事务的成功而去活动；也就是对其志愿的事物。连续地集中想念的话，事务本身就可以完成的。这是因为想念就是事务的实体，所以也可以说：'想念就是事务。'"

两个人的对话在这里告一段落。虽然稍微难懂了一点，可是的确对愿望成功的本质，说得很逼真，也的确可以告诉我们深邃的本质与真实。而一般那些只能以身体理解过成功的人们，只是很单纯地想向着本质走去。

从酒保成为大学讲师，从卖牛排的成为电影评论家，从这些成功的例子上看来，每个人所走的路都不一样，条件和环境不相同；所以我们只是想模仿他们表面的成功，是无法办到的。但是，在他们的每一语每一句中，都表现着事物的本质；如果你能够学会这些真正的想象法，不管你在如何恶劣的条件下，你的人生也一定会按照你所志愿的方向走去。千万不可操之过急，但也不可以按兵不动，应该从现在开始，立刻去做、去实行才对。

异想天开蛇吞象

1920 年，詹姆斯·林出生在一个贫困的犹太人家庭。父亲是一个油田工人，只知凭力气挣钱养家。幼年丧母的他是由姑妈抚养长大的。

就在他 14 岁那年，中学都没有读完，就偷偷跑出来，开始了流浪生活。

几年的流浪生活磨炼了他的意志，也开启了他的智慧，尤其使他形成了一种独特的思维方式。

第二世界次大战爆发了，他应征入伍，成为一名海军士兵，投入了紧张并且有死亡威胁的战斗之中。

二战结束后，詹姆斯·林于 1946 年退伍回到了达拉斯。几年的军营和战斗生活使他更加成熟老练，也更加雄心勃勃。

他认为自己创业的时机已到，准备大干一场，但却苦于缺乏足够的资金。

然而，詹姆斯·林不是一个只图安逸生活的人。他决心要创一番事业，便不怕冒风险，将自己辛辛苦苦挣钱买来的房子卖了。当兵时他有一点积蓄，加上卖房子的钱，差不多有 3000 美元。

3000 美元算不了什么，他却用这笔血汗钱开办了一家小电机工程行，从此开始了他的传奇生涯。

创业之初，万事皆难。他的主要财产只有一辆旧卡车，一间租来的办公室以及老板兼职员的自己。

由于住宅的工程量十分有限，他只能在这儿做几百块钱的活，那儿做几百块钱的活。奔波于城市的各个角落，他相当劳累，收益却并不大。

不过，目光敏锐的他很快便发现了另一个更大的市场——办公大楼和工业建筑，那儿电气工程合同是以千万美元为单位来计算的。对急于扩大业务的他来说，这无疑正是梦寐以求的。

但当时除了住宅这种不为人注意的小工程外，其余如办公大楼和工业建筑几乎都被大公司垄断，要挤进去得到业务谈何容易。

詹姆斯·林开始从装修成本上寻找突破口。当时正值战争结束不久，大批军用剩余电线廉价出售。眼疾手快的他购得了这些便宜的电线，使成本大大降低。这样他在承揽工程时，报价总是低于其他公司，凭竞争力抢到了很多非住宅工程合同。

这是他在事业上的第一次成功突破，他的电气行也得以从众多的小公司中脱颖而出。到 1955 年，其营业额已超过了 100 万美元。他从微薄的一点资金起步，取得了这样的成绩，应该就已经是相当不错的了。

由于美国的个人所得税及其他杂税相当高，所以尽管营业收入很高，可一年干

下来真正到手的钱却少多了。这些钱用来过日子倒绰绰有余，但对渴望扩大发展的詹姆斯·林来说，却远远不够。

当时，股份公司作为一种新形式，正逐步在美国兴盛起来，政府在税收上也给予了一定程度的优惠。

詹姆斯·林看准了这一点，决定与他人合办股份公司。这样既可以筹集资金扩展事业，又可以在税收上获取更多的优惠。

一开始，他向证券公司申请成立股份制公司。但证券经纪商和投资银行都瞧不起这个毫无背景的小人物，他们认为一个小小的电机工程行是不可能公开发行股票的。詹姆斯·林的申请被认为是异想天开。

但没过多久，金融界的人士便发觉他独自一人已动手干起来，并且办妥了一切法律手续，把电气行改为林氏电机工程股份有限公司，获准发行 80 万股普通股票。

然而，直到这个时候，金融商们仍不相信名不见经传的小商人能获得成功，都怀着幸灾乐祸的心情等着看笑话呢！

难道就非得依赖那些证券商们才才能成立股份公司吗？难道就不能靠自己的力量办到这一切？早年流浪生涯形成的坚强意志促使詹姆斯·林立刻开始了紧张的工作。

根据股份公司内部股权的规定，允许他个人持有一半的股份。其余的一半即 40 万股以每股 2.5 美元公开上市，也就是说，如果股票全部售出，就可获得 100 万美元的现金收入。

谁会把赌注押在一个小商人身上，去购买前景渺茫的股票呢？证券商们因此断定詹姆斯·林必将失败。在他们看来，没有他们出马，股票发行将无法进行。

使这些自鸣得意的证券商们搞不懂的是，詹姆斯·林不按他们的一贯方法行事，却找了一帮朋友替他做口头宣传。即平时总是以电话和挨家挨户推销方式发行股票。

其实，这是他经过充分比较之后做出的决定。打电话上门推销的方式虽然有效，但开销也太大，进展缓慢。思维独特的他想出了一个方便有效、费用低廉的推销方法。

他和他的朋友们出乎意料地出现在工业博览会上，向来宾们散发公司将发行股单的传单。此举果然奏效，在短时期内，他的股票全部售完，令那些保守的证券商们大吃一惊。

由于这一独特而又大胆的策略，他不仅拥有大量的发展资金，而且还为其公司及个人拥有的股权建立起全新的高水准的市场信誉。

以前，这家公司只不过是一家资金缺乏、信誉不高的小公司，毫无稳定的市场价格可言，如果他想出让的话，可能连个买主都找不着。即使是有人愿意购买，出价最多也不会超过 25 万美元。

在不甘落后的詹姆斯·林的一手策划之下，他创立了新的股份公司，并拥有 40 万股的股权。按上市股值计算，有 100 万美元之多；从当时股市变化趋势来看，短短几个月内，其价格将上涨许多倍。

詹姆斯·林正像那些最终成为商业巨子的成功者一样，他在事业顺利时绝不"见好就收"，而是乐于冒风险。他无意出售股权，而是踌躇满志地计划建立一个企业王国。

虽然初战告捷，他那通向企业王国的道路却并不平坦。美国的市场竞争十分激烈，中小型公司时时面临着倒闭的危险，要想扩大自身的经营尚且困难，更不用说在短时期内迅速崛起。

在风云变幻的市场竞争中，詹姆斯·林却又独辟蹊径，在短短几年间一举买下了3家公司，资产总额扶摇直上，到1960年已达数千万美元。

在其他中小型公司互相吞并、苦苦挣扎之时，林氏公司却脱颖而出。

首先，他以现金买下了另外一家电机工程公司，使林氏公司的业务量扩充一倍。同时，公司股产售价上涨很快，使得林氏公司在购买其他公司时处于有利地位，可以不必支付现金。

由于公司股查阅在市场行情看涨，声誉很好，可以把它当作现金使用。詹姆斯·林很少动用自己和公司的现金，就又买下一家电子公司，改名为林氏电子公司。新成员的加入，鼓舞了投资者的信心，公司股票节节上涨。

然后，他又以同样的手法买下了另一家叫阿提克的电子公司，与林氏电子公司合并为林氏－阿提克电子公司。

连续三次大胆购买不仅使林氏公司扩大了规模，企业王国初具雏形，而且使詹姆斯·林于50年代后成为商界的风云人物，他的公司也颇引人注目。

进入60年代，在另一次股票交易中，他获得了一家以达拉斯为基地的大公司——迪姆柯电子与火箭公司的产权。公司又一次改名，成为林－迪姆柯电子公司。

詹姆斯·林不再只是一个小生意人了。在激烈的竞争中，他用种种吞并、购买的手法控制了好几家公司，正慢慢向自己梦寐以求的企业王国迈进。

之后，他又在筹划购买下一家公司：千斯——伏特股份有限公司。在兼并这家重要的飞机制造厂后，林氏公司已跻身美国15家最大上市公司行列。作为一家有着悠久历史的飞机制造厂，伏特公司自然不甘心被别人吃掉。公司的管理人员奋起反抗林氏公司的收购企图，他们发誓说即使是破产也不愿将公司拱手让人。另一些职员则和公司讨价还价，阻挠这次收购行动，想从中捞到好处。

伏特公司的吵闹引起社会舆论的广泛关注，但这使詹姆斯·林感到更为开心，更加坚定了收购的决心。因为这样闹的结果，使林氏公司在社会上更出名，这不能不说是个意外的收获。

他从股市上大量买进伏特公司的股票，又用各种方法安抚该公司的职员，不久掌握了大部分股权。

1961年春天，他终于如愿以偿，兼并了伏特公司，又一次变更公司的名称为林－迪姆柯－伏特股份有限公司，简称LTV公司。

如果按照常规模式发展，LTV要达到这种规模非得几十年不可。詹姆斯·林却将速度大大提高，在几年内就达到了目标。这自然应归功于他不满足现状、敢于大胆想象的独特思维天赋。

当这些被吞并的公司并入 LTV 公司之后，它们的旧股东把原来的股票交回，换发了 LTV 母公司的股票。这样，在股市上已买不到原来的如迪姆柯公司、伏特公司的股票，能买到的只有 LTV 公司一家的股票。

当年组成股份公司的经验告诉詹姆斯·林，发行股票后随着股市上涨，他的财富便大大增加了，现在他为什么不可以用 LTV 公司的子公司，也如法炮制一番，用以增加公司的资产呢？

按常规做法，这些以前曾是各自独立的公司，而今只不过是 LTV 公司的财务报表中所谓的"账面资产总额"的一部分数字而已。

在这种相当保守的数字后面，一定还有扩展的余地。詹姆斯·林在这一思维驱动下又找到了一条快速增加财富的捷径。

1965 年，他按照业务范围，把 LTV 公司分为三个独立的公司，即 LTV 航空公司、LTV 电气公司和 LTV 林－阿提克电子公司。每一公司发行自己的股票，除 LTV 母公司掌握的部分外，其余都在证券市场上公开发行。

股票上市后，果如行前所料，投资者蜂拥而至，踊跃抢购，3 家公司的股价飞涨。拥有 3/4 以上股权的 LTV 母公司的财产急速上升，其本身的股票价格也随之上涨。

这是商业史上利用别人的钱赚钱的一个极为精彩的例证，詹姆斯·林真正实现了无中生有这一目标。在这场令人眼花缭乱的交易中，他所有的花费，不过是发行股票过程中的一些手续费和佣金而已。

在 LTV 公司的股票跳升不止的情况下，他一天比一天更富有，因为他个人拥有的 LTV 公司的股票已有数十万股之多，而且他还有权认购和购买更多的远远低于市场价格的该公司股票。

有很多次，当詹姆斯·林星期一早晨起床时，发现自己的财富比上周五股市收盘时又增加了数百万美元。倘若换了别人，也许会心满意足地就此歇手。

但是，似乎所有的超级富豪都有一个通性，那就是金钱本身并不能令他们满足。到 60 年代后期，他的财富已足可供他到任何他乐意去的地方选择一个平静的伊甸园，安享人生各种乐趣。但是，他念念不忘的仍然是发展。

詹姆斯·林有着运动员一样强健的身体，虽然商界风险重重，他每天只睡几个小时，却能面对激烈的竞争应付自如。他时常半夜醒来，发现自己满脑子都是高明的想法在转个不停。

美国有名的 Signture（《署名》）杂志形容他是一个服用了过量的兴奋剂，而且已不可救药的人。纽约的证券经纪人则说："他好斗得像一个野蛮人。他所爱的是拼搏的本身。他从未喝醉过，却陶醉于拼搏的欢乐中，他把做生意当作是近身的搏斗。"

这位好斗的商业巨子又开始了吞并威尔逊公司的壮举，这简直是一个奇迹。

威尔逊公司是一家王牌企业，本身也是通过吞并其他公司发展起来的，只是作风比较保守罢了。这家公司年营业额达 10 亿美元，是 LTV 公司的 2 倍。雄心勃勃的詹姆斯·林又该如何吞并它？答案仍然是用别人的钱。威尔逊公司的股票，是华

尔街所谓的价位偏低型股票，也就是说，就其营业能力和其他同行相比，它的市场售价偏低了些。

这其中的原因很多，主要是因为威尔逊公司作风保守不善于替自己做广告，也不像其他竞争者的股市上哄抬自己的股票，因此，投资者不大注意它。

但就是这种公司潜力大，并且很难控制。虽然其经营声势并不大，但不会将控制权轻易拱手让人。况且LTV公司的营业额比它少一半，更加不甘心让詹姆斯·林得手。

不过，收购行动有对他有利的一面。威尔逊公司股价较低，只需8000万美元即可买到控制该公司的股权。他以LTV公司持有的股票作抵押，到银行贷到了这笔数目并不小的现款。

在证券市场上威尔逊公司持有的股票量并不多，大部分都控制在公司的大股东手中。詹姆斯·林除在股市上买了一部分股票外，又找到该公司的股东，以高于市场价格买下了一部分股票。这样，威尔逊公司的大部分股票落入詹姆斯·林手中，尽管该公司的经营者不情愿，也只有无可奈何地看着公司被兼并。

购买股权从而得到控制权，这在兼并公司的手法中属于一般做法，真正体现詹姆斯·林独特手段的是他如何偿还那笔8000万美元的贷款。

在威尔逊公司被兼并后，LTV公司背上这笔债务。他首先设法把大部分债务转到威尔逊公司的账上，该公司仍是个独立的公司，所以债务人变成了威尔逊公司，而不是LTV公司。当然这只是一种操作技巧，虽然巧妙，但钱还是由詹姆斯·林来负责偿还。

威尔逊公司的规模大，潜力更大，胸有成竹的他早就看准了这一点。在经营上，他按照分散LTV公司的做法，把该公司分成了3家独立的股份公司，同时发行新股票。其中大部分成为LTV公司的资产，其余的则公开上市发行。

单是发售股票所得款项，就足以抵偿移到威尔逊公司账面上的债务。华尔街被这一精彩绝伦的手法惊得目瞪口呆。

詹姆斯·林总是敢于做别人想都想不到的事情。这次他在几乎没有动用自己公司资金的情况下，竟吞并了一家比自己公司大2倍的老牌企业。

当时美国商界有人评论说，这是他聪明地利用别人的钱赚钱的历史上一次最为高明最为成功的手法。

投资者得知威尔逊公司已被LTV公司兼并后，对詹姆斯·林为独立的3家公司掌舵感到信心大增，都抢着购买新上市股票，股价越来越高。

LTV公司掌握了上述3家公司的大部分股权，股价看涨时，其资产也同步上涨。按照当时股价计算，这时单单LTV拥有的股票价值就是威尔逊公司未被兼并时价值的2倍。

詹姆斯·林因其在商界的卓越表现而跻身美国400个豪门排行榜之列。这位商界奇才在激烈的市场竞争中如鱼得水，游刃有余。他收购其他公司时的独特手法，至今仍为人们津津乐道，更给后来者以无穷启发。

独具慧眼——超前预见术

社会生活中，有善于预测、明察秋毫的功力是十分必要的。事实上，经常会有形势不明朗的时候，在这种时候，能否先人一步，提前预测，是能否取得成功的至为重要的关键一着。

长于预测　料事如神

西汉初年，太尉周勃亲自率兵诛灭吕氏一伙，功勋卓著。顷刻间，周勃成为红遍朝内外的风云人物。作为主谋者之一的陈平，此时却黯然失色。汉文帝新立，一朝天子一朝臣。陈平十分知趣，知道自己作为老臣并不为新任皇帝所了解，况且又非主要功臣，何必赖在相位上不走呢？于是，陈平称病不朝，目的是为了把相位让给周勃。

文帝虽说刚刚主持朝政，但他对陈平的才能也不是一点不知。现在，他对陈平称病十分不解，便把陈平找来，想问个明白。陈平十分坦率地说："过去在高皇帝时，周勃的功劳比不上臣，现在在平定诸吕时，臣的功劳不如周勃。所以，臣愿把相位让给周勃。"

文帝感到此话也有道理，于是让周勃当了右丞相。对陈平，文帝也不愿舍弃，便让他当左丞相。古人尚右，右丞相位居第一，左丞相位居第二。文帝以为这样就把矛盾解决了，既提高了周勃的地位，又做到了政策及用人的连续性。为表彰陈平的顾全大局，还赐他黄金千斤，加封食邑3000户。

这天，文帝要议国家大事，找来右丞相周勃问道："天下一年要判多少案子？"周勃面露愧色，连说不知。文帝又问："天下钱粮的收入、开支，一年要多少？"周勃越发窘迫，脸上、背上冷汗直流，却是无论如何也回答不出来。

文帝转而问左丞相陈平。陈平却说："各有主事者嘛。"文帝没听明白："主事者是何人？"陈平解释说："陛下要问判决狱案，应该找廷尉；要问钱粮，应该找治粟内史。"文帝不高兴了："如果都找主事的，那还要丞相干什么？"

陈平却认为这根本不是问题。他说："丞相么，管住其下属。陛下如果不知他如何控制众臣，那就该拿他问罪。丞相之职，上可辅佐天子掌管全局，下管万事万物各得其所，对外镇抚周围各邦，对内凝聚百姓之心，使各级官吏各司其职。"文帝认为讲得很有道理，连连称善。

周勃却恨不能脚下裂道缝钻过去。两人离开皇帝后，周勃对陈平说："先生怎么不教教我呢？"陈平一笑："老兄身居其位，还不知应干些什么吗？如果陛下问起长安有多盗贼，你也一定要回答吗？"

至此，周勃方知自己的确不如陈平，不仅是一般的不如，差距还大着呢！于是，他称病要求免去相位，让陈平独自为丞相。

后人一看便知，这又是陈平的一个计谋。他明知周勃不是当丞相的料，却主动辞去相位，让周勃来替代自己。不这么做，恐天下对自己不服，皇帝自己也会觉得他占着茅坑不拉屎。待周勃真坐到右丞相的位子上，文帝自己会觉得周勃不行的，最终相位还是回到了陈平手里。看来，陈平对此事洞若观火，预料会出现这样的结局，才设好圈套让周勃钻。不这样做，周勃不会知道丞相并不好当，文帝也不会知道周勃不适合做丞相，丞相之职还非得陈平不可。

现代商战中，有善于预测、明察秋毫的功力是十分必要的。事实上，经常会有形势不明朗的时候，在这种时候，能否先人一步，提前预测，是能否取得成功的至为重要的关键一着。

美国西尔松咨询公司的股票分析专家依莱·嘉泽莉女士，就是这样一位具有远见卓识的未来趋势预言家。她才40多岁，就被誉为"华尔街预言女杰"，现在是全美国最负盛名的股市预言家之一。

嘉泽莉女士最成功的一次预言，是1987年10月19日"黑色星期一"来临之前，她大胆地预料股票指数将会在这一天下跌600至700点。果然不出她所料，这天在3个小时之内股指下跌了508.32点，基本证实了她预言的正确。

嘉泽莉女士的成功预测，来源于她近20年时间的刻苦钻研。她在数量经济学领域中，经过长期锲而不舍的研究，终于找到了用数字模型预测股指波动情况的有效途径。她每天通过电视及时了解全国及全球的市场动向，再把这些情况综合起来进行量化，以她的数字模型预测股市走势，然后用电话与同事们进行广泛的讨论。

每个月，嘉泽莉都要写出一份月度研究报告，然后寄给她在世界各地数千名咨询者，使他们得到各种各样的股价预测情报，帮助他们躲避风险，做到有准备地使用投资工具赢利。她的公司也因为她的名誉而生意兴隆。

在成功预测面前，嘉泽莉却十分冷静。她经常说："总有一天，我也会失误的。股市有它特殊的规律。在通常的情况下，在我做出预测前1小时，其他一些分析家们的意见已经在影响股市了。我的作用不过是判断得更全面、更深入而已。"

台上一时彩，台下数年功，嘉泽莉女士一方面得益于知识、技术的帮助，更重要的是她对股市的规律心中有数。市场一片叫好声中，她能看到危机；市场一片悲观声中，她能看到希望。股市是经济变化的晴雨表，通过各种经济情报的分析，可以看到股市的变化规律。她懂得辩证法，才能有正确的预测。

凡事预则立　不预则废

崇阳（今属湖北）县内，老百姓们都靠种茶维持生计，那里茶园满坡，每年春、夏时节，大量的茶叶运往各地。

张咏担任崇阳县令后不久，在各乡村张贴了一张张告示，下令老百姓务必拔掉茶树，改种桑树。

告示贴出，全县大哗，老百姓叫苦不迭，有的上衙门要求张咏取消告示，不要拔掉茶树改种桑树，有的则大骂张咏，说他是个昏官。

张咏见后仍不改变初衷，他说道："种茶获利很高，朝廷肯定要征税的，而且税赋一定很高，到时候大家很难承受得了，不如现在早做准备，另选他业。"

在他的催促下，全县许多茶树被拔掉，种上了桑树。

二年后，朝廷果然向茶业征税，而且税额很重，邻近几个种茶的县里的百姓陷入了困境。继续种茶叶，入不敷出，别说赚钱，说不一定还要亏本呢；不种茶吧，又无事可干，实在是左右为难。

而这时崇阳县种的桑树都已经成长。老百姓养蚕织绢，一年便卖了上百万匹绢，挣了许多钱，解决了生活问题。崇阳县的百姓这时才体会到县令的一番苦心，同时也非常敬佩他有先见之明。为感谢张咏，崇阳的百姓们为他立了座庙，让子孙后代都记住他给百姓带来的好处。

一位优秀的企业家必须具有超时空经营，"面向未来"的经营策略，善于对市场进行深入的研究，缜密的推断和科学的分析，实行"超前"经营，形成"人无我有，人有我新"的市场优势，永远走在时代潮流和同行的前面，成为时代潮流的引路人和开路先锋。造船巨子坪内寿夫放弃油船转而开发汽车就是实行"超前"经营的成功例子。

1952年，日本四岛渔民很穷，渴望能打更多的鱼，需要更换更好的渔船。

坪内寿夫看准了这一形势，购下了已经荒废三年，一片破败的来岛造船厂。他要在三井、三菱这些大企业无暇顾及的夹缝中打出去——生产小型渔船。

为了避开日本政府对500吨级以上船只的种种苛求，坪内寿夫把渔船的吨位定在499吨。仅一吨之差，既免去了渔民们诸多的繁杂手续，又使渔船具备了足够的吨位。这正是渔民们想要的那种船，因此，船造出来后，深受渔民们的欢迎。

渔民很穷，一下子无法凑出足够的钱款购买渔船。坪内寿夫大胆地采取分期付款的方式卖船。为了扩大宣传，坪内寿夫动员全体员工，趁新年渔民在家过年的时机，上门宣传来岛渔船的优越性。这种推销方式使不少渔民欣然买船，仅仅8年，来岛造船厂异军突起。一跃成为日本第五大造船厂，跻身世界造船业的第22位。

当别的造船厂见到坪内寿夫制造的渔船有利可图，纷纷转向生产渔船时，坪内寿夫决定生产油轮。

60年代是日本经济迅速发展的年代。世界能源的主要支柱石油，装在日本的油船上驶向世界各地。一股油船热的飓风席卷着日本的造船业。坪内寿夫由于超前思维，捷足先登生产油轮，获得令人垂涎的利润。

但坪内寿夫却敏锐地看到了产油业和油船制造业势必出现供求矛盾。他提出要求，放弃油轮制造，生产汽车专用运输船。

坪内寿夫的建议在董事会提出时，许多人都表示反对：现在造油轮的利润十分可观，放着的钱不赚，却偏要去造没有多大效益、造出来不一定有人购买的汽车专用运输船。

但坪内寿夫却不顾大家的反对，断然决定全力生产汽车专用运输船。因为他预测到汽车业将是日本未来的贸易主力，汽车专用运输船将会畅销。

日本汽车具有省油便宜的特点，因而在能源紧张的70年代备受青睐，大量的日本汽车远销到世界各地。由于日本汽车大量出口，使来岛造船厂生产的汽车专用运输船深受欢迎，坪内寿夫的生产扶摇直上，几年占据了日本汽车专用运输船生产的三分之一，并大盈其利。

而油船制造业却在1977年的石油危机中一蹶不振，许多造油轮的船厂损失惨重，有的甚至倒闭。坪内寿夫此时的名望已震惊日本，令人刮目相看。

算在人先　游刃有余

《孙子兵法·计篇》中讲："夫未战而庙算胜者，得算多也；未战而庙算不胜者，得算少也。"一位高明的军事家应该具有高瞻远瞩，算在人先的谋略。只有算在人先，才能做好充分的思想准备，等到天时、地利、人和之时，付诸行动，从而稳操胜券，取得战争的主动权。

完颜兀术见活捉宋高宗无望，便在建炎四年四月，领兵北返。在北退途中，兀术本想从镇江渡江，返回扬州。他没料到，扼守长江的韩世忠带兵把他截住。兀术站在江岸一看，江上布满战船，旌旗猎猎。兀术还以他打过长江去的经验，又指挥金兵驾上战船，向宋军冲杀，可是从早一直打到天黑，也没能通过，不得不收兵。

韩世忠夫人梁红玉，自幼习文练武，技艺高强，心怀韬略。此时，她正跟丈夫驻在军中。她向世忠献计说："我军不过8000余人，敌兵不下10万，就是以一当十，很难持久。我想，明日再交战时，我领中军，专管防御，只用炮弩射击金人。将军可带领前后二队，在江上等候。我在船楼上面，竖旗击鼓，将军看到我的旗指向哪里，就向哪里进军。"

韩世忠点头说："夫人所言极是。我还有一计，此间有利地形，莫过金山，居高临下，进守两便。山上有龙王庙，金兀术来到这里，必然登山俯望，窥我虚实。我今日就遣将埋伏庙里，到时候把他擒下。"

梁红玉说："将军赶快下令吧。"

韩世忠即刻召偏将苏德，让他带领健卒二百，登上金山龙王庙，百人埋伏在庙中，百人埋伏在庙下两侧山坡草丛中，听到江上鼓声，即刻行动。

苏德领命去后，韩世忠便登上船楼，不断注视着金山上的动静。没过多久，果见金人有五骑上山入庙。韩世忠当即用力击鼓，声震山谷。庙中伏兵听到鼓声，立即呐喊杀出，敌骑慌忙拨转马头，往回逃跑。庙下两侧的伏兵动作稍迟，结果，五骑中仅有两骑被捉住，其余三骑走。其中，有一个穿红袍系红玉带，韩世忠料定是兀术，心里不胜惋惜。

第二天，按照梁红玉计策，她坐于战船的船楼之上，头戴雉尾，满身披挂金甲，英姿威武。兀术亲自率领舟船冲来，遥见宋军船楼上坐着一位女将，也不知是何人，以为一位女子没有什么了不起，就把令字旗一挥，指挥金兵向中军冲来。眼看敌人的船只渐渐靠近，只见梁红玉举槌击鼓，随着鼓声咚咚，万道强弩雨点般射过箭来，又有火中连珠似地飞来。这班金兵不是被火炮击毙，就是被箭射杀。

兀术忙下令转船，想从斜刺里逃脱，岂料梁红玉那里又一次鼓声大震。配合着宋军一片呐喊声，一彪水军突然出现，为首的一员不是别人，正是威风凛凛的韩世忠。金兵见了，都不寒而栗，怎敢迎敌，连忙转舵西向。行不多时，又有宋将率舟船拦住去路，船头上操戈立着的，仍是韩世忠。兀术正在惊诧，身旁忽然闪出一将，大呼杀敌，径直与韩世忠交锋。兀术一看，此将不是别人，乃是他的女婿龙虎大王。兀术素知世忠的威名，晓得龙虎大王敌不过，正欲遣将上前助战，已经来不及了。韩世忠抖动长矛，将龙虎大王打落水中。兀术急命部下捞救龙虎大王，不料宋军中的水卒，已跃入水中擒去，登船报功去了。

兀术大惊，只得突路飞逃。韩世忠追杀数里才收军。兀术派人送信给韩世忠，情愿归还所有抢掠的财产，只求放他一条路和释放龙虎大王。韩世忠没有答应，砍杀了龙虎大王，并继续追赶兀术，兀术只得继续逃窜。

韩世忠高瞻远瞩，算在人先，做好了对兀术的作战准备，终于以少胜多，打败了金军。

现代经济领域的竞争，可以说比军事和政治的斗争更激烈，更复杂，更危险，更残酷无情，因而高明的企业家更应有"算在人先"的谋略，只有这样，才能事先做好充分而周密的准备，深思熟虑，反复推敲，打有准备之仗，永远掌握主动，使企业百战不殆，游刃有余。

日本立石电机公司产品销售额近几年来每年以两位数的幅度递长，在激烈的国际市场竞争中，力挫群雄，成为业绩斐然的佼佼者。"尽早预见市场需求，抢在他人之先迅速创制新产品。"该公司总裁石简言一语道破天机。这就是公司成功的秘诀。

立石电机公司抢先在市场上推出的产品很多。日本第一台自动取款机是该公司生产的。世界第一台信用卡核准机是该公司制造的。当别的企业尚在专心生产机械性或电气类产品时，立石电机公司已开始运用新兴电子技术生产同类产品的研究工作。比如用电子数码温度计取代水银温度计就是出色的杰作。立石公司预见并激起新需求的闻名产品是"电子旅馆"。旅客只需把押金插入自动服务台里，电脑控制的服务台就会递出一张磁卡，可用它开门、开灯、用餐和购物。旅客离开前将磁卡插入自动服务台，就能取回结算后的押金余额。

该公司的另一杰作是信用卡核准机。信用卡虽然应用广泛，但是其检验方法落后，信用卡核准机的问世，使查清持卡人身份信用状况等工作瞬间得以完成。

新闻发言人立石电机公司在分析日本人口老龄化时意识到，日本人口患病率将会上升，这会导致医疗设备价格和医疗费的上涨，从而使更多的人宁愿自行诊断身体状况。于是公司决定马上进行各种家用诊断器的研制，抢先向市场推出葡萄糖和乳酸盐分析器、家用血压计、数码温度计等。这些产品问世不久就风靡全日本。

1968年，正当各国石油运输商竞争热火朝天时，挪威32岁的耶和生却把他父亲一年前购进的3条油船卖了。不少人都笑他无知，笑他不懂得趁此机会狠赚一把，也有的笑他退出竞争是出于懦弱。这种情况对耶和生来说，是意料之中的。一年前，父亲刚去世时，耶和生从他父亲手中接过一家小小的船运公司。这家公司只有7艘船，这3艘油船是父亲刚刚投资买进的。

耶和生看到，积压大笔资金购买价值昂贵的油轮，对他这样小本经营的船运公司来说，风险相当大。他不能和大公司比，万一在石油运输方面遇到危险，损失就大了。出于这种考虑，他退出运油竞争，卖掉油船，又购进7艘散装船。他装备用这些散装船从事钢铁和原材料的运输。运输这些产品，相对来说风险较小。虽然其利润比石油运输要小，但比较稳定。于是，他与一些大企业签订了运输钢铁和原材料的长期合同。

1973年，中东战争再次爆发。为了抵制欧美发达国家对以色列的支持，阿拉伯石油输出国先后都提高了油价，中东石油运输热顿时冷却下来。可是，阿拉斯加等地的石油开采这时又取得了成功。运油路线缩短了，油船的供不应求马上变为供大于求。这一根本变化，使许多大的石油运输公司进退维谷，形势迫使他们纷纷转向经营其他门类。

耶和生由于方向调整得早，不仅没有受到这场风险的冲击，相反在那些长期合同中使赢利稳步攀升，生意越做越大。到90年代，耶和生公司成了挪威最有生气的航运公司之一，它已成为拥有90多艘船、120万吨运输吨位的大型运输船队，还在世界各地拥有其他一批投资项目。

耶和生的成功也是建立在知己知彼基础上的。这在商战中需要有超前的意识才能做到。

60年代之前，现在的东京"丸之内"商业区还是一片不毛之地。可是，三菱公司的创业者岩崎弥太郎，以100万日元的代价买下这里7万坪土地。当时不少人也笑他傻，说他花费如此昂贵的价钱去购买这不值钱的土地，真是太不值得了。

可是，30年之后，这里却成了大厦如云的黄金地段。地价整整涨了300倍，人们不得不折服岩崎弥太郎的眼力。

1972年，三菱公司又每坪1500万日元的价格买下东京日本广播协会的一块地，此举令商界轰动。试想，如果没有当初购买"丸之内"的勇气和以此建立的雄厚实力基础，这时能有这个能力买黄金宝地吗？

独具慧眼　临危预见而制胜

公元620年，唐朝统治者稳定了关中，控制了陇右、河东、巴蜀的广大地区，主要对手只剩下洛阳的王世充和河北的窦建德。唐高祖李渊先派使臣联结了窦建德，使其保持中立，然后于七月间，命李世民统7总管25员大将的10余万兵马，进攻东都洛阳，要一举击灭王世充集团。

起初，李世民一路势如破竹，非常顺利，到九月，已扫清外围据点，围困了洛阳。李世民想乘胜攻城，不料王世充凭借坚城深地，严密防守，一直到第二年年初，仍是屡战无功。将士疲惫思家，都想班师西归。连远在长安的唐高祖李渊也认为洛阳城坚，攻克无时，密令李世民退军。而李世民信心十足，断定洛阳必被攻破。所以一面回复唐高祖，请求宽限时日，继续围攻；一面对士气低落的军队下令："洛阳未破，师必不还，敢言班师者斩！"大众才无可奈何地在洛阳城外磨蹭，不敢多作声张。

就在这军心动摇、进退两难时刻，忽然东方传来了警报：刚刚密结和盟的窦建德起兵10余万，前来支援王世充。新近收复的管州已经被攻，荥阳、阳翟等沿路各县，连连失守。窦军兵马，水陆并进，不日便要开到洛阳。

原来，王世充在唐军刚刚起兵的时候，就曾向窦建德求援。窦建德希望能维持三足鼎立的均衡态势，相安无事，便一面答应王世充的请求，一面派人劝说李世民罢却进攻洛阳的兵马。李世民却故意不遣返窦军使者，一味围攻洛阳。窦建德见洛阳岌岌可危，怕一旦王世充破灭唐朝势力急剧扩大，自己也便难逃厄运，便急起大军，星夜驰救。

唐军将士听到这一惊报，无不相顾失色。谋士大臣，议论纷纷。萧瑀、屈突通、封德彝等认为，洛阳久攻不下来，将士疲惫思归；现在窦军又至，气势强盛。唐军若继续逗留在洛阳城外，便要遭受窦、王夹击，有腹背受敌的危险。因此，应该立即放弃对洛阳的围攻，退守新安，依险据守，防止窦、王军合力东进。

危难时刻，李世民经过一番冷静思考，同意另一些人主张继续攻战的意见。他认为，王世充拥有东都洛阳，府库十分充实，所率之兵又都是江、淮的精锐之士。现在势穷力蹙，只是因为缺乏粮食而已。窦建德亲率大军前来增援，当然也是兵精将良。如果畏惧退却，让两军以后合为一体，用河北的粮食来滋养洛阳精兵，那么统一全国的战争等于是刚刚开始，休养生息，渺无时日。而实际上，最最黑暗的深夜，也即意味着黎明时刻的到来。王世充龟守孤城，兵败食尽，不烦力攻，可以坐克。窦建德新近刚刚战胜孟海公，将骄兵惰。唐军如果敢于迎上前去，据守虎牢关，唐军不难将其攻破。他如果狐疑徘徊，那么过不上半月，王世充自行崩溃。唐军一下子兵力增强，气势加倍，再要主动攻灭窦建德，也便只是吃一碟小菜而已了。所以，目前看似危险，实际上是天赐的"一举两克"之良机。如果畏惧退却，坐失良机，等到窦建德突入虎牢，刚刚从王世充手中夺来的洛阳附近诸城又被窦军抢去，那么大唐便真正危险了。

于是，李世民果断地做出了一举消灭王、窦二雄的大胆部署：命李元吉、屈突通继续围困洛阳，但不得轻易与王世充作战，采取围而不打，让其坐以待毙的方法。自己亲自带领程知节、秦叔宝、尉迟敬德等共3500骁勇为先锋，东进虎牢，阻遏窦建德10万增援大军。

李世民处乱不惊，他所做出的判断是十分正确的。按史书记载，因唐军切断洛阳粮道，城中乏食，绢1匹只换3升粟米，10匹才换盐1斤，"服饰珍玩，贱如土芥"，草根树叶都抢吃一尽，军民都是身肿体弱，面临绝境，这正与李世民"（洛阳）可以坐克"的判断完全吻合。而当时的窦建德部也的确如李世民所说，"将骄士惰"，貌似强大气盛，实际上隐含着不少弊病。李世民目光远大慧眼独具，夜半已料日将出，依据正确的判断，果断采取围城打援、"一举两克"的做法，既是一种勇敢顽强的表现，更是一个机智善谋的范例。

慧眼独具，敏锐地在各种情况下尤其是在危险关头捕捉出被一般人所否定的、新颖、潜在、更有价值的取胜因素，乃是一个军事指挥家或者商业领导者果断做出有效决策的前提。在军事竞争中，李世民的这种雄才大略，不仅使他没被窦建德的气势所吓倒，反而立下了一战灭两雄的巍巍奇功。在商业经营中，也有一个相类似的事例。

1979年，占全球原油产量10%的伊朗，因革命而停止了石油生产。于是，第二次世界石油危机爆发了。以世界最大的埃克森公司为首的一些石油巨头，陆续减少了对日本"民族石油公司"的供应。日本石油业一片恐慌，各种报刊赫然刊出"石油巨头抛弃日本之日"、"日本经济崩溃之日"等等带血腥味的标题。65%的进口量来自国际石油巨头的民族石油公司，更体会到了灭顶之灾的滋味，下属的一些公司已经完全揭不开锅了。

出光公司在民族石油公司中进口量雄居首位。然而，在一片恐慌不安和进退失据的黑色旋涡之中，出光公司竟出奇的平静且工作有条不紊。原来，出光公司的实权老板出光佐三石破天惊地向高级职员们定称："现在正是机会!"整个公司已经紧张有序地投了"机会争夺战"之中。

出光佐三对当时整装待发、前往各产油国去直接洽谈生意的全公司油商们说："长期以来，我们一直认为石油会越来越紧张，必须有长远准备，增大进口量。第一次石油危机后，由于正好发生经济危机等原因，世界的石油供应一时有了过剩，别的公司都竭力控制购买量，而对我们暗暗发笑。而在他们停止嘲笑的现在，我们却可以慢慢地把剩余的石油用做在黑暗中开拓的明灯了。同时，我们还必须明确一点，目前真正处于危机状态的并不是民族石油公司，而恰是国际石油巨头。因为，第二次石油危机的实质，乃是产油国夺回流通、分配大权，因此，对于各位油商和我们整个公司而言，不仅不是危机来临，目前的形势只能是一次绝好的机会，是公司去与产油国直接谈交易的机会。"

果然，世界石油巨头迅速没落，同时日本大幅度摆脱了对石油巨头的依赖性，不断增加与产油国直接交易的份额。而在这一点上，出光公司先人一步成为领头羊，便是理所当然的事情。

奇思怪想——脑筋急转弯术

在社交活动中，有时不妨利用对方不知底细，来个"脑筋急转弯"，做一只披着"狼皮"的羊，兴许会收到奇效。只是，此招务必慎重，不然，很可能"赔了夫人又折兵"。

羊披狼皮　瞒天过海

在中国历史上，皇帝当俘虏的不乏其人。皇帝本人被俘，表明了他所统治的王朝也将结束。明英宗被俘，本身就证明了明朝已开始走向衰败。

明英宗正统十三（公元1448年），吴官潼出使瓦剌时，被扣押为奴。就在第二年，英宗在"土木之变"中被俘，正被瓦剌扣押的吴官潼，便主动要求做了英宗的随从。从瓦剌回国，因为朝廷内部的权力斗争，不幸的吴官潼又被打入自己的大狱。

到景泰元年，瓦剌再次大举进犯中原，并包围了北京城。大将石亨为代宗出主意说："把吴官潼放出来，可以让他退兵。"正急得团团转的代宗，一听有人能退兵，马上诏吴官潼出现，并亲自为其去掉刑具，问："你能让也先（瓦剌首领）的部队退兵吗？如果能成功，我封你为侯。"

对瓦剌人十分了解的吴官潼当即一口答应："可以！"代宗大喜，便立即赐予新衣，把他押至石亨的营中。石亨一见吴官潼，高兴地说："吴先生来了，我就放心了。"

吴官潼赶着一头驴，头戴一顶破草帽，手里拿着一块肉，闯入瓦剌人的包围圈。瓦剌兵抓住他，送至头领面前。吴官潼便装得十分委屈的样子，不慌不忙地用番语说："我是某村人，我娘有病，我进城买肉给她老人吃，你们抓我干什么？"

然后，他又故作神秘地说："你们怎么还在这里？我听说朝廷已传旨召四方兵马到京城，马上就要潜入你们的领地，去剿你们的老巢。"吴官潼停了停，又说："若不是与你们有乡情，我才不会冒着杀头的危险告诉你们呢！"

正在这里，石亨乘机用火器向也先的部队猛轰。瓦剌军将领一见，以为朝廷下一步确实有"大动作",顿生退兵之意。也先最终撤兵,北京遂解围。

偌大的明王朝,到了这种份上,实在是可悲之极。但不管怎么说,曾被瓦剌人扣押的吴官潼,对瓦剌人的习性十分了解,所以略施小计,便使瓦剌人退了兵,从而解了北京之围。

在现代商业活动中,这种手法,常被想做成某件事,而自身力量又不够的人运用。而且运用得当,确实能够"瞒天过海"。

70多年前,日本神户新开了一家经营煤炭的福松商会,经理便是少年得志的松永左卫门。

开张不久的一天,商会来了一个当时神户最出名的西村豪华饭店的侍者,他送给松永一封信,上书"松永老板敬启",下款"山下龟三郎拜",内称:"鄙人是横滨的煤炭商,承蒙福泽桃介(松永父亲的老友,借了巨资给松永作商会的开办费)先生的部下秋原介绍,欣闻您在神户经营煤炭,请多关照。为表敬意,今晚鄙人在西村饭店聊备薄宴,恭候大架,不胜荣幸。"

当晚,松永一踏进西村饭店,就受到热情款待,山下龟三郎毕恭毕敬,使得松永未免飘飘然。

晚宴进行中,山下提出了自己的恳求:"安治川有一家相当大的煤炭零售店,信誉好。老板阿部君是我的老顾客。如果承蒙松永先生信任我,愿意让我为您效劳,通过我将贵商会的煤炭卖给阿部,他一定乐于接受。贵商会肯定会从中得利。我呢,只要一点佣金就行了。不知先生意下如何?"

松永一听,心里马上盘算起来。没待他开口,山下就把女招待叫来,请她帮忙买些神户特产瓦形煎饼来。并当着松永的面,从怀里掏出一大沓大面额的钞票,随手交给女招待,并另外多抽出一张作为小费。

松永看着那一大沓钞票,暗暗吃惊。眼前这一切,使他眼花缭乱。稍一镇定,便对山下说:山下先生,可以考虑接受你的请求。

稍作谈判后,松永便与山下签下了合同。

丰盛的晚宴后,松永一离开,山下便马上赶到车站,搭上末班车回横滨去了——西村饭店这样高的消费,哪里是山下所能承受的?

他那一大沓钞票,其实只是他以横滨那不景气的煤炭店作抵押,临时向银行借来的;介绍信则是在了解了福泽、秋源与松永的关系后,借口向福松商会购买煤炭,请秋源写的。然后,山下又利用豪华气派的西村饭店作舞台,成功地上演了一出瞒天过海的妙剧。

从那以后,山下一文不花,从福松商会得到煤炭,再转卖中部,从中大获其利。业务介绍信,饭店里设宴谈生意,给招待员小费,这些都是日本商界中司空见惯的。山下就是利用这些极为平常的小事,显示自己拥有雄厚的实力,隐藏自己没有资金做煤炭生意的事实,从而达到了自己的目的。

而年轻的松永,被山下诚恳恭敬、热情招待和慷慨大方所迷惑,轻信了山下。正像瓦剌人不知吴官潼之伪装一样,如果松永事先知道山下的底细,怎么可能同意他的建议呢?

真假间用 奥妙无穷

安禄山攻占长安之后，为阻断唐朝来自江淮地区的粮道，便派出大批人马向江淮方向挺进。谯郡（今安徽亳县）太守杨万石闻风投降，并胁迫县令张巡为长史，到河南迎接叛军。

张巡来到真源后，在玄元皇帝庙中举起了拒降抗敌的义旗，集合起千余名义士，西行至雍邱（今河南省杞县）。雍邱县令令狐潮也投降了安禄山，这时出城迎接叛军，张巡于是乘虚而入，占据了城池。

令狐潮受到安禄山的封赏回来，见城池已被张巡占有，急率叛军4万，团团围住了雍邱，在安禄山那里立了军令状要把城夺回来。

张巡智勇过人，常常孤军出战，一次又一次地杀退了敌军的猖狂扑攻。可是，城小兵少，装备又差又缺，在敌人的反复进攻之后，城内连一支箭也找不到了。以数千人抗拒数万装备精良的敌军，唯一的依据是一座破败的城池。但是，如果敌人冲到城脚下，却连据城而射的箭矢都找不到了，那么城破人亡的命运也就降临了。

张巡清楚得很：得想办法搞到箭矢。但在敌军紧紧围困的孤城之中哪里去搞箭呢？张巡心里比谁都着急，但他不动声色，静思妙计。不久，他计上心头了。

张巡下令：捆扎千余个与真人大小相同的稻草人，然后给他们都穿上黑色的衣服。

太阳下山了，没有月亮，大地一片昏黑。令狐潮知道张巡的厉害，昏黑的夜晚使他更提心张巡及其部下凶猛的突击。所以他丝毫没有放松警惕，反把神经绷得格外紧张，并下令每个巡守的兵卒必须乘天黑钻空子。

令狐潮有令在先，守巡士兵当然也不敢马虎，哪怕是城头掉下颗鸟粪，他们都会惊呼起来。

这时，一个眼尖的士兵猛然间发现城头有一团黑影往下移动——分明是有人缒城而下！接又是一个，又来一群！……

巡逻兵一片声惊呼起来：唐军缒城出击了！

令狐潮急忙跑来察看，果然，他看见城墙上已密密麻麻都是摸黑下缒的兵士。他不禁血涌喉头，高叫："调所有弓箭手！务必把唐兵射杀在城墙上！"

箭雨横飞！……

令狐潮知道，如果让唐兵摸黑冲击自己的营帐，那么这些不顾死活的人个个是以一当百的，一夜间便可吊销他辛苦经营起来的严密包围圈。唯一的办法，便是用箭，把他们阻挡在短兵相接的距离之外。

令狐潮是够聪明的，但更聪明的是张巡。

原来那密密麻麻地爬在城墙上的"兵"不是真人，只是在黑夜里看起来像真人的"草人"。

一阵急射之后，每个草人都成了"刺猬"。张巡手下的人在一片欢呼声中拉起这千余个"刺猬"，一计算，居然从敌人中讨到了数十万支硬直的箭矢，已足够来阻杀敌军的几十次进攻。

几天之后一个晚上，令狐潮及其兵将还沉浸在哑巴吃黄连的羞辱之中。巡逻兵竟又见城墙上出现了下缒的唐兵。巡逻兵知道张巡的箭矢该用完了，所以又来玩草人借箭的把戏。心里不以为然，但毕竟也算军情，所以还是晃晃悠悠、连嘲带讽地把此事报告给上司，上司再转告给令狐潮。

令狐潮此时显得十分冷静，心里升起了一团莫名快意：上了你张巡一次当，这一次你又故伎重演，我一矢不放，看你作何收场！

令狐潮慢慢地踱出了营帐，也来看墙上的草人。

500多个人原来是张巡精选出来的500名敢死士兵。上次是"草人代兵"，这次却是"兵代草人"！

那身穿黑衣，活像"草人"的500多名敢死士兵，一等大家都双脚着地，齐声狂叫之后，竟个个如下山猛虎，疾电奔雷一般，即刻杀进了令狐潮的军营之中。

乘隙击虚，以疾掩迟，500敢死士兵如蛟龙搅海，在昏乱惊异的敌群中狂砍猛杀，所向披靡。

令狐潮这次输得更惨。死伤无数，大半营帐被烧，包围圈一举被冲破。

张巡屡战屡胜，越战越强。后来又移军睢阳（今河南商丘南），与睢阳太守许运一起顽强抗敌，杀敌12万，有力掩护了唐廷江淮租庸的西运，保障了江淮人民的安全，为唐廷组织对安史叛乱的反击奠定了重要基础。

张巡守孤城抗强，却屡战屡胜，智谋百出，其中"草人代兵，兵代草人"是最为著名，也是最有威力的。

"草人代兵，兵代草人"是一种什么计谋呢？

《三十六计》第七计"无中生有"，计义是"诳也"，非诳也，实其所诳也。少阴、太阴、太阳。用白话来说，就是用假情况蒙骗敌人，但不是弄假到底，在特定的时机要巧妙地假中藏真，由虚变实。这样有假有真，真真假假、虚虚实实，造成敌人的错觉，然后实现以出其不意的攻击。

"草人"是虚、是假，"兵"是真、是实。张巡先以"草人"代"兵"，是虚，是假，令狐潮却视假为真，白白送上了数十万支箭矢。张巡不失时机地又以"兵"代"草人"，转虚为实，假中藏真。令狐潮这一次却视为真为假，无端放弃了射杀敢死士兵的大好时机，最后惨遭敌敢死士兵的猛烈突出。我们不能说令狐潮不够聪明，而只能说"无中生有"之计防不胜防，奥妙无比；只能说张巡"草人代兵，兵代草人"把"无中生有"之计运用得出神入化，天然自成。

"无中生有"是一种疲敌、误敌有效计谋、张巡借此计以守孤城，打得令狐潮心惊肉跳。如果把此计应用到商业上，那么同样可以使强大的对手迷失方向、忘却关键，糊里糊涂中被你牵着鼻子走。

1936年，四川发生旱灾，粮食紧张。各大粮商乘机囤积居奇，重庆粮价顿时一涨冲天。当时汉口粮价依旧平稳，但由汉口运粮至重庆出售，不但难于获利，弄得不好还会亏掉血本。"面粉大王"鲜伯良经营的重庆面粉公司因晚走一步，无法买进常价原料，眼看着要断送一年的大好生意，着急万分。

鲜伯良为解重庆之急，经过一番辛苦筹谋之后，带了 3000 包面粉亲自从汉口赶往重庆。

面粉大王抵达重庆之后，第二天便依常规去走访各大粮商。粮商见面粉大王亲临"寒舍"，当然喜出望外，热情备至。但在每一家粮商客厅里，当面粉大王与粮商谈兴正浓的时候，总会匆匆跑来面粉大王的高级助理，递给一纸合约后，在面粉大王耳边神秘细语一番。面粉大王则总是正色厉声道："某老板用不着如此神秘。"接着便把助理的话告诉那老板，说是刚刚获悉与汉口某粮店达成协议，鄙人从那里购得若干万包粮食，于某日即可抵达重庆出售。就这样，鲜伯良在轻描淡写中把重庆的头号特大新闻一字一句地灌进了每个大粮商的耳朵里：面粉大王将从汉口源源不断地运粮来帮助重庆渡过干旱之年。

对粮商来说，这无疑是平地惊雷。

接着，鲜伯良开始将汉口带来 3000 包面粉低价出售。粮商们这一下更急了，争先恐后放弃了囤积居奇的美梦，开始竞相减价抛售。

不多时，重庆复兴面粉公司的仓库里堆满了低价粮食，而等到粮商们突然发觉自己手头无粮食了，而汉口并未向重庆运粮时，便赶紧亲自赶往汉口。没料到，此时汉口的粮价竟比自己刚刚抛售的重庆粮价高得多了。而等到他们再次赶回重庆时，却又发现重庆面粉公司开始高价售粮了。

打破常规　别出心裁

苏秦曾经长期为燕国服务。滞留在齐国期间，他实际上是做一种间谍工作，目的是把齐国的攻击目标，转移到燕国以外的国家去。

有一次当苏秦回到燕国时，正好遇上齐国动员大军攻燕，夺走了十个城邑。

燕王大吃一惊，把苏秦叫来对他说："我一向偏劳先生居间斡旋，但事不奏效，竟演变成这样的结局。希望你到齐国去疏通一下，设法阻止这意外事件。"

简单地说，燕王认为这是苏秦的现任，他应该去把城邑夺回来。苏秦也觉得这是他的过失，就说："好吧！我一定去夺回来！"

领土被敌国夺走了，现在要毫无代价地夺回来，这种交涉的任务当然是很艰难的。

据《史记》记载，苏秦到齐国被齐王召见时，"俯而庆，仰而吊"。所谓"俯而庆"，是说苏秦在俯身相拜时说："这次大王扩张领土，非常可庆可贺。"所谓"仰而吊"，就是慢慢抬起头来，说："可是，齐国的命脉已到此为止了！"

既被庆贺，又突然被凭吊，这两种相反的态度，连续进行的这么快，即使不是齐王，任何人听到了，也会大吃一惊的。

听到这么出其不意的话，齐王愣住了，于是问道：

"庆吊相随何速？"

苏秦不敢错过机会，立即解释说："我听说：快饿死的人，也还是不敢吃乌喙（一种毒草），因为愈是吃它，愈死得快。而我发现，燕虽是小国，燕王却是秦王的女婿，既然贵国夺走了燕国的领土，从此以后就得和强秦为敌了。像你这样只捡了一点便宜，却反而招致天下精兵来攻贵国的恶果，这不正如同吃了乌喙一样的情况吗？”

齐王听了，脸色大变，说：

“那该怎么办？”

苏秦见目的快达到了，便继续说：“古时候的成功者，大都懂得‘转祸为福，转败立功’的道理。所以我想如今之计，最好是立刻把夺来的领土还给燕国，燕国见被夺之城邑意想不到的又回来了，一定很高兴。而秦国也会认为贵国宽宏大度，也会很高兴的。这就是‘释旧怨，结新交’。由于这一点使燕秦两国对齐国友善的话，其他诸侯也必然如此。”

苏秦先出其不意使对方震惊，接着谈起情势大局，再提到利害得失，时而威胁，进而哄骗，完完全全玩对方于股掌之间。

齐王听完，说：“你说得有道理。”

于是，便把夺来的城邑全数归还给燕国。苏秦就这样顺利完成了无代价索还领土的任务。

一般说来，人们都习惯于常规思维，惯于按照通常的语言习惯的行为方式行事。但是，如果有人突然打破了常规，另辟蹊径，独出心裁地用超常的方式进行解释，那么，他的千方百计和行动便会引起人们的好奇心，促使人们怀着极大的兴趣去关注他，那么说服工作就可能顺利地进行。

有意“牵强”引导出无意“附会”

最高明的行动是别人没有意料到的正确行动，最高明的计谋是别人一时还认识不到的妥善计谋。出奇制胜就是当出现僵持或顶牛状态时，冲破习以为常的认识范围，打破因循守旧的思维习惯，及时转换的角度，出其不意地刺激对方，利用别人没有想到的“拉”和“推”去取胜他人，常常能收到显著的效果。这就是出奇制胜的方法。

东汉建安十三年（208年）十月，曹操率领八十万大军由江陵顺水而下，驻守赤壁，摆出渡江南下攻打东吴孙权的态势。东吴百官，有主战的，有主和的，弄得国君孙权也举棋不定，急召都督周瑜回朝问计。就在东吴面对曹操大军压境，是战是和，议论纷纷之际，诸葛亮为了巩固孙权和刘备共同抗曹的联盟关系，专程出访了东吴。来到东吴后，孔明看出说服周瑜决心抗曹既可以平定文武大臣的嘈杂议论，又可以坚定孙权联盟抗曹的决心，是他这次出访的重点。此时的孙权、周瑜虽心存抗曹念头，可是在诸葛亮面前故显深沉，不露痕迹，同时也想试探诸葛孔明，故而谈及抗曹之事，周瑜总是以言语搪塞，游说出现僵持状态。足智多谋的诸葛亮便针对周瑜气量狭小，且又根据凡人对爱情都是自私的特性，故意曲解曹植的《铜雀台赋》中的两句话，激起周瑜对曹操的满腔怒火，痛下不灭曹操誓不为人的决心。诸葛亮正是运用出奇制胜的方法，赢得这场游说胜利的。下面就是这次游说的简述。

一天晚上，鲁肃引诸葛亮会见周瑜。鲁肃问周瑜："如今曹操驻兵南侵，是战是和，将军欲何如？"周瑜说道："操挟天子以令诸侯，难以抗命。而且，兵力强大，不可轻敌。战则必败，和则易安。我们意见和为上策。"鲁肃大惊道。"将军之言错啦！江东三世基业，岂可一朝白白送给他人？"周瑜说道："江东六郡，千百万生命财产，如遭到战祸之毁，大家都会责备我的。因此，我决心讲和为好。"诸葛亮听完东吴文武两大臣的一段对话，觉得周瑜若不是抗曹的决心未定，也是一种有意试探。此时如果不另辟蹊径，只是讲一通吴蜀联合抗曹的意义，或是夸耀周瑜盖世英雄，东吴地形险要，战则必胜的道理，肯定难于奏效。于是，巧用周瑜执意求和的"机缘"，编出一段故事，激怒了周瑜。诸葛亮说道："我有一条妙计，只需差一名特使，驾一叶扁舟，送两个人过江，曹操得到那两个人，百万大军必然卷旗而撤。"周瑜急问是哪两个人。诸葛亮说道："曹操本是一名好色之徒，打听到江东乔公有两位千金小姐，大乔和小乔，长得美丽动人，曹操曾发誓说：'我有两个志向，一是要扫平四海，创立帝业，流芳百世；二是要得到江东二乔，以娱晚年。'目前虽然领兵百万，进逼江南，其实就是为乔家的两位千金小姐而来的。将军何不找到乔公，花上千两黄金买到那两个女子，差人送给曹操？江东失去这两个人，就像大树飘落一两片黄叶如同大海减少一两滴水珠，丝毫无损大局；而曹操得到两人必然心满意足，欢欢喜喜班师回朝。"周瑜说道："曹操想得二乔，有什么证据可说明这一点？"诸葛亮答道："有诗为证。曹操的小儿子曹植，十分会写文章，曹操在漳河岸上建造了一座铜雀台，雕梁画栋，十分壮丽，并挑选许多美女安置其中，又令曹植作了一篇《铜雀台赋》。文中之意就是说他会做天子，立誓要娶'二乔'。"周瑜问："那篇赋是怎么写的，你可记得？"诸葛亮说道："因为我十分喜爱赋中文笔华丽，曾偷偷地背熟了。"周瑜请诸葛亮背诵。赋略云："从明后以嬉游兮，登高台以娱情……临漳水之长流兮，望园果之滋荣。立双台于左右兮，在玉龙与金凤。揽'二乔'于东南兮，乐朝夕之与共……"

周瑜听罢，勃然大怒，霍地站立起来指着北方大骂道："曹操老贼欺我太甚！"诸葛亮表面上是急忙阻止，其实是火上浇油，说道："都督忘了，古时候单于多次侵犯边境，汉天子许配公主和亲，你又何必可惜民间的两个女子呢？"周瑜说："你有所不知，大乔是孙策将军夫人，小乔就是我的爱妻！"诸葛亮佯作失言请罪道："真没想到这回事，我真是胡说八道了，该死该死！"周瑜怒道："我与曹操老贼势不两立！"诸葛亮却故作姿态地劝道："请都督不可意气用事，望三思而后行，世上绝无卖后悔药的。"周瑜说道："承蒙伯符重咐，岂有屈服曹操之理？我早有北伐之心，就是刀剑架在脖子上，也不会变卦的。劳驾先生助我一臂之力，同心合力共破曹操。"于是孙、刘结成抗曹联盟得到巩固，赢得了赤壁之战的重大胜利。

诸葛亮这次在周瑜面前的游说为什么会成功？这是因为：第一"乔"姓古时本就写作"桥"，后来才改作"乔"的，把原赋中两条桥的简称"二桥"，曲解为大乔和小乔的简称"二乔"，是十分容易收到诸葛亮有意的"牵强"、周瑜无意中"附会"的效果；第二，诸葛亮十分了解人对爱情的极端自私，夺妻之恨往往胜于灭国之耻，况且周瑜本来就是个量小的将军。诸葛亮看准机会，编造这一段谎言刺激周瑜，果然产生了巨大的效果。

奇思异想　井水退强敌

长江大河自古就是天然的防御工事，水攻也是许多名将常常采用的战术。三国时，曹操与袁绍战于冀州，曹操久攻不下，折兵损将，便采用谋士许攸之计，掘开漳河大堤，放水淹没冀州，终于取得胜利。后来，关羽和曹操的大将于禁战于樊城，于禁率领七支精兵，并有勇将庞德为先锋。关公亲自领兵交战未能取胜，还受了箭伤。此时正直雨季来临，关羽派军士上山截住雨水通道，蓄了大量山洪，然后在一个雷雨之夜掘开土堤，山洪似万马奔腾势不可挡，将驻扎在平地于禁的七支精兵大部分淹死，生擒于禁、庞德，这就是历史上有名的"水淹七军"。

然而，能用几桶井水把军力明显优于自己的敌人吓退的将军，历史上只有一个，他就是东汉西域校尉耿恭。别人的"水攻"是利用水的力量，而耿恭的"水攻"却是从心理上动摇敌方军心，就其运用兵法而言，可以与诸葛亮的空城计相媲美。

耿恭在汉明帝时就任西域校尉。当时汉朝国力不强，北面的匈奴兵力却挺雄厚。耿恭才上任几个月，北匈奴单于就派大将领兵二万打进车师国，杀了归附汉的车师国国王。耿恭手中只有几千军马，但他并不示弱，主动进攻打了个大胜仗，杀了几千名匈奴后，后终因寡不敌众，只好退到城中坚守。

当时，另一个校尉关宠带着几千兵马驻扎在车师国前王部，无法支援耿恭。汉朝在西域没有其他兵马，耿恭可谓孤军作战。

匈奴的大将也很有心计。他知道形势对自己有利，再猛攻几次钭城后，采取围困的方法，不让粮食运进城，打算将耿恭困死。

耿恭早就做了准备，预称在城里下大批粮食，有了粮食，军心稳定。双方坚持了不少日子。匈奴大将深知城内粮食很多，又想出一条毒计，他把流进城里的河道全部堵死，人可以饿十天，却不能一日无水，他认为耿恭这下子算完了。

没过几天，城内便发生水荒。一天黑夜，耿恭选了一批勇猛的士兵，悄悄出城掘河，但匈奴军早有准备。双方混战一场，各有伤亡，河道未能掘开。

第二天，匈奴大将骑着马，让军士用长矛予挑着几颗汉军士兵的头颅在城外耀武扬威。汉军也不示弱，也把昨夜斩获的匈奴士兵脑袋挂在城墙上。匈奴大将劝耿恭投降，否则就要把汉军渴死。耿恭说："你把河道堵死就能就渴死我吗？没有河水我可以掘井。"匈奴大将仰天大笑，气焰嚣张，他说："你尽管掘吧。从来没听说这里能掘出井水，除非有神灵保佑你。"

耿恭下令，在城内东、南、西、北中等方位同时打井。可是井打了十五丈深，别说出水，连一点湿土都没见到。

城中已经断水，兵士们渴得没办法，只好喝马尿。马尿不够喝，又把粪挤出汁来解渴。生活条件实在太苦，兵士中起了恐慌。

由于缺水，士兵体力下降，连出城和匈奴死拼的可能都没有了。耿恭深知，唯一的出路就是打出井水。

打井的士兵饥渴难当，不免心灰意冷，耿恭亲自下到井中掘土。士兵见将帅如此，精神受到鼓舞，坚持不懈地挖下去。

匈奴大将望见城头守军个个唇焦口干，面黄肌瘦，认为已不堪一击。他下令第二天攻城。

当天夜里，汉军依然拼命掘井。掘到二十五六丈深时，土开始变湿。也就是说离水层不远了。

汉军士兵像喝了酒那样兴奋，猛力挖掘，到了快天亮时，有一口井涌出水来，打井终于成功了。

此时，守城的士兵来报告，匈奴军队正在城外集结，看来要发动进攻。

耿恭考虑了一下，认为自己的士兵连饥带渴，体力衰弱，就算马上喝足水，也不能恢复到打仗所需的体力，再说水少人多，一下子也分不过来。

于是，耿恭对士兵说：我知道你们很渴，我也很渴，有一个方法让匈奴退兵，但是需要水。所以大家先不要喝，用桶把水装上，运到城墙上去。

耿恭平日很得军心，自己又能以身作则，所以在这种情况下，士兵依然坚决执行了命令。

运到城墙上的水只有十余桶，耿恭又让士兵放了十几个空桶在旁边。然后他挑了一批较强壮的士兵立在城墙上守卫。

刚布置妥当，匈奴大将就率领兵马来到城下。望见城墙上的大桶和严阵以待的士兵，匈奴大将疑惑不解，让士兵暂不进攻。

耿恭立在城头上，大声说："大汉的将士有神灵保佑，你们堵了河道，有神灵给我们送水。我们的水比河水好喝多了。你们要想尝尝也可以。"

耿恭说完便让士兵一桶桶向城下倒水。万余名匈奴将士看得目瞪口呆。过了一会，不知谁先拨转马头，一会儿工夫，一万五千多匈奴兵马拼命往北跳，逃得像背后有鬼在追一样快。

"空城计"不能照搬，耿恭的"水攻计"能模仿，他们都是特定条件下的产物，但里面渗透的智慧，却是应当学习的无价之宝。

水无常势——变色龙术

　　无论从政经商，这种以变应变，乃至随机应变的策略，都是大有用武之地的。运用得好，可险处逢生，平步青云。事实上，每个有成就的企业家、政治家都把这一策略运用得烂熟，他们会成功利用每一个机会，以达到自己的目的。

以变应变　上乘变术

　　崇德八年（1643 年）8 月 9 日晚 10 点，太宗皇太极因患中风，与世长辞。

　　在谁来接班的混战中，最有权势的多尔衮以大局为重，表现出政治家的远见和卓识。他站出来表态，拥立皇太极第九子福临为帝，改顺治元年，就是后来的清世祖顺治皇帝。当时福临 6 岁，连自己的生活还不能自理，又如何能治理国家？多尔衮决定帝年岁幼稚，吾与郑亲王分掌其半，左右辅政，年长之后当即归政。多尔衮后被尊为叔父摄政王。

　　多尔衮是努尔哈赤的第十四子，初封贝勒，因为在十位贝勒中，按年龄大小排行第九，所以也被称为"九生"。多尔衮英武超群。天聪二年，他年仅 17，随太宗征内蒙察哈尔多罗部立过大功。天聪五年，皇太极设立六部，多尔衮掌管吏部。天聪九年，多尔衮率兵追击林丹汗残部，招降林丹汗之子额哲，获传国玉玺后献给皇太极，又立大功。在清王朝的奠基事业中，多尔衮贡献很多，还是颇有政治头脑的杰出人物。太宗死后，多尔衮名为摄政王，实则掌握着清朝最高权力。

　　明清之际，农民起义风起云涌，到崇祯十六年（1643 年）已成燎原之势，李自成的大顺军和张献忠的大西军得到迅猛发展。崇祯十七年正月，李自成在西安正式建国，国号大顺。同年 2 月，起义军攻占太原、代州。3 月，李自成率百万大军向北京进发，3 月 17 日，兵临北京。两天后，崇祯皇帝自知大势已去，泣退众臣，亲手砍死了袁妃，逼死周后，又杀死女儿坤仪公主，自己爬上煤山自缢，农民军占领北京。

　　此时，满洲统治者正在关外盛京注视着关内形势的发展。4 月 4 日，在尚不知李自成人京消息的情况下，大学士范文程上书多尔衮说："当今正是摄政诸王建功立业，重休万世之时，应该进取中原，与'流寇'争角。"

当即，多尔衮采纳了范文程的建议，打出"救民出水火"的旗号，4月7日祭天伐明。9日全军出动，13日兵至辽河。这时，得知北京城破，崇祯皇帝已死的消息，人主中原的形势越来越有利，便加紧向山海关进军。

早在京师危急的时候，崇祯帝命宁远总兵吴三桂回师。吴三桂慢慢腾腾，折腾了十几天，才走到河北丰润，得到李自成已攻占北京，于是又退回山海关不敢前进。

吴三桂没想到，李自成不久即派唐通前来，带着其父吴襄的亲笔劝降信和犒师的银两，他入京，另派2万起义军把守山海关。他接受了犒师的银两，但却屯兵九口为自己留下一条后路，才慢慢地向京师而行。走到滦州，听得逃来的家人吴福密报：家产悉数被抄，夫人、小姐被杀，父亲被囚，爱妾陈圆圆被闯将刘宗敏抢去做了压寨夫人。他马上又掉头回山海关，击走了李自成派来接防的那2万人。

不几日，李自成亲率20万大军前往山海关征讨。危急时刻，吴三桂采用方献庭的密策，派副将杨坤、郭云龙出关，向多尔衮送去密信一封，上书：

明天西伯辽东总兵吴三桂谨上书于大清国摄政王多尔衮殿下：我朝李闯作乱，攻陷京师先帝惨遭不幸，祖庙化为灰烬。三桂受国厚恩，据守边地，意欲为君父复仇，怎奈地小兵少，不得不泣血而求助。我国与北朝（清及前身）通好二百余年，今无故而遭国难，北朝应亦念之，而且乱臣贼子当也北朝所不能容之。夫除暴安良者大顺也，拯危扶颠者大义也，救民水火者大仁也，取威定霸者大功也。索闻大王乃盖世英雄，值此摧枯拉朽之机，诚为时不再得，乞念亡国孤臣忠义之言，速即立选精兵，直入中协，三桂自率所部，以合兵而抵都门，灭流寇之宫闱，而示大义于中国。则我国之报于北朝者，岂惟财帛？行将裂地以酬，决不食言！

此信说明吴三桂已决心倒向清朝，和农民军作对。其个中原因究竟是什么？明末清初有个诗人叫吴梅村的，顺治九年作了一首《圆圆曲》，诗中说：

> 全家白骨成灰土，
> 一代红妆照汗青。
> 痛哭六师皆缟素，
> 冲冠一怒为红颜。

诗中透露，吴三桂之所以要引清军入关，只是为了爱妾陈圆圆。此话似乎有些过激，但仔细琢磨，也自有其道理。那吴三桂并非什么正人君子，他爱财、惜命，又极有官瘾，当然也不会不爱美色。

这个陈圆圆，本姓邢，母亲死后，其姨把她养大，故改了姨家的姓。她，家住姑苏，名沅，字畹芬，"蕙心纨质淡秀天成"，长大成人，竟色艺无双，被崇祯皇帝的周后之父物色入宫，周后想用圆圆夺掉田妃的宠，不料此计未成，田妃倒将圆圆遣出宫来，送给自己的父亲田弘遇享用。怎奈老夫少妇，终嫌非匹，"石崇有意，绿珠无情"。时值闯军大盛，时局动荡，为保产业，田弘遇想结拥重兵、握实权的吴三桂，邀其赴家宴。三桂在田府一见圆圆，立即为之倾倒，以保田氏胜于保国家的誓言，将圆圆强索到手。后来，明廷谕旨，饬令三桂迅速出关，军中不能随带姬妾，只好把圆圆留在北京，叫父亲吴襄看着。此番得家人来报，知自己的爱妾居然被掳，顿时气得七窍生烟，咬牙切齿，誓报此恨，而眼下又力量不足，怎能不忙如丧家之犬投奔清朝。

再说多尔衮已令清军向山海关进军，静观关内形势，寻隙进关。此时前锋刚到锦州，正在规划下一步行动。忽然，杨、郭二将持吴三桂邀书前来，清军赶快把书信转至多尔衮。

吴三桂的请求，无疑给了清军入关的极好机会，也正中多尔衮心怀。想当年，清军为打通入关之路，二次在宁远受阻，一次努尔哈赤受伤，不久便撒手而去；一次皇太极失败，险些丧命阵前。这次可不费一兵一卒就可入关，此乃天助大清。

于是，多尔衮当即决定，以变应变，要投下诱饵，招降事故三，遂令才学深通的范文程，濡墨沾毫，写下回书：

大清国摄政王多尔衮复书明平西伯吴三桂麾下：闻说李闯攻陷北京，明帝惨遭不幸，实在令人发指。为此，我定当率仗义之师，破釜沉舟，誓灭李闯，救民于水火。你思报君恩，与李闯不共戴天，实在是难能可贵的忠臣。以往你我长期为敌，今当捐弃前嫌，通力合作。古时候，管仲射桓公中钩，后被尊为仲父，辅佐桓公，遂成霸业。此等往事，足为今人良好榜样。你如率众来归，我大清必封以故土，晋爵藩王，一则国仇得报，二则身家可保，世世子孙，能长享富贵，当如带砺河山，永永无极。

文程写毕，呈与多尔衮。多尔衮看过，命加封，交给杨、郭二人。这两人翻身上马，连夜赶回，向吴三桂复命。

吴三桂看了多尔衮的回信，知道清军已答应出兵，自己不觉腰也硬了，胆也壮了。从信中得知，自己如若投降清军，大清还能"封以故土，晋爵藩王"，更是觉得心里美滋滋的，连嘴巴也乐得合不上了。

4月21日，清军到达离山海关十里的沙河。吴三桂得知这个消息后，赶快率领500名精锐骑兵去迎接清军。他一见到多尔衮，立即跪拜称臣，又假惺惺挤出几滴眼泪，哭崇祯皇帝的不幸。他说："启殿下，目前中原无主，务必请殿下迅速挥师入关，拯救百姓于水深火热之中！"多尔衮见吴三桂已是真心投降，赶快双手扶他起来，并下令叫人宰牛杀马祭天，与吴三桂折箭盟誓，表示双方从此精诚合作。吴三桂和他的500骑兵，于盟誓后立刻剃发留辫，改穿清人服装，表示完全归顺于清军。

第二天，多尔衮领清军，分三路浩浩荡荡开进山海关。

真假美猴王　佛眼亦难辨

袁世凯镇压了革命党人的"二次革命"之后，做起了皇帝梦，他复辟帝制的逆行，激起全国人民的无比愤慨，全国人民群起讨伐。其中最早举行大规模武装讨伐的就是云南蔡锷等领导的护国军起义。为了组织和发动这场讨袁的起义斗争，蔡锷与袁世凯斗智斗勇，还颇费了些周折。

蔡锷，1882 年 11 月 8 日出生，家乡在湖南省宝庆亲睦乡蒋家冲（今邵东县渡头桥区蒋家冲村），父辈务农，是一个普通的农民家庭。蔡早年留学日本，返国后，参加编练新军。1911 年初至云南，任新军第十九军三十七协协统，与同盟会会员多有联络。武昌起义后，与李根源等发动新军起义，初任总指挥和云南军政府都兼民政长，曾协助贵州和四川独立。民国初年参与组织统一共和党，以"巩固全国统一，建设完美共和政治，循世界之趋势，发展国力，力图进步之宗旨"，并对省政有所改革。

二次革命期间，蔡锷对交战双方表示中立，还曾拟联合黔、桂两省，作为中间人，主张两方停战，凭据法理解决。对蔡锷的这些举动，袁世凯深为嫉恨，但他知道蔡锷是个人才，恐其日后有变，就将蔡锷召入北京，名义上作为自己的助手，隔三岔五地将其召入府中，假惺惺地与其商量大政方针，实际上是牵虎入笼。

蔡锷明白袁世凯的意图。为了不让袁世凯抓住什么把柄，自从入京以后，他自敛锋芒，每每与袁世凯交谈，故作呆钝，且说自己年轻识浅，阅历不深，除军事上略知一二外，难识大体。

袁世凯也是善窥人意，料只要不放蔡锷出去，在其眼皮底下，总不会怎么的。

于是，袁世凯委蔡锷以"重任"，先任将军府将军，再任全国经界局管办，并选为政院参政。

蔡锷不动声色，不管你封什么官、做什么套子，总是随来随受，得了一官，未尝加喜，添了一职，又未尝推辞。这样一来，倒弄得袁世凯十五只吊桶打水——七上八下，莫明其妙。一日，袁世凯召蔡锷到总统府，议论恢复帝制一事。蔡锷道："我原先是赞成共和的，但是，二次革命以后，我才知道，这么大的中国没有一个皇帝是统治不住的，我也准备提倡变更国体，现在总统有这个意向，那是太好了，我第一个表示赞成。"

狡猾的袁世凯反问道："你说的当真么？为什么南京、江西变乱时，你却要做调解人，帮他们讲话呢？"

蔡锷立即回答说："此一时，彼一时，那时我远驻云南，离北京太远，长江一带，又多是国民党势力范围，恐投鼠忌器，不得不违心地做中间人，还请总统原谅。"

蔡锷很坦然，解释得合情合理，袁世凯听了，拈须点头微笑，唠叨几句，方才送客。

待步出总统府，蔡锷才觉得出了一身冷汗。

从此以后，蔡锷便主动与那些为帝制摇旗呐喊的大小人物打成一片，成为"知己朋友"，天南地北、海阔天空地胡吹瞎扯，宣扬帝制。

一天，蔡锷与一帮乌合之众吃饱喝足之后，个个酒后耳热，又谈起帝制。蔡锷便附和道："共和两字，并非不良，但我国国情人情，却不适合共和。"

宣扬帝制的筹安会的大头目杨度立刻应道："蔡锷兄，你今日方知共和二字的利害么？"

蔡锷不敢怠慢，赶紧道："俗话说得好：'事非经过不知难。'杨大人还不肯谅解蔡某人吗？"

杨度不甘罢休道："你是梁启超的高足，他最近做了一篇文章，驳斥帝制，你却来赞成帝制，岂不是背叛老师么？"

蔡锷笑道："师生也是人各有志。以前杨大人与梁启超同是保皇派的，为什么他驳斥帝制，你偏又办起筹安会。今天你诘责我，我倒要问问老兄，谁是谁非？"

众人大笑，都说蔡锷言之有理，理直气壮。杨度讨了个没趣。

杨度不甘心，红着脸拿出一张纸，递给蔡锷道："你既然赞成帝制，就应该参加请愿，何不签个大名？"想以此将蔡锷一军。

蔡锷接过一看乃是一张请愿书，便爽快道："我在总统面前已请过愿了，我签个名，有何不可？"遂提起毛笔，信手一挥，潇潇洒洒写了"蔡锷"两字，又签好了押，交给杨度。

大家见他这般爽直，都以为蔡锷真是脱胎换了骨，疑心荡然无存，个个拍手叫好。

此时，蔡锷正寻找着虎口脱身的机会。

为了能再让袁世凯消除对他的疑心，蔡锷脱掉他那身戎装，西装革履，油头粉面，去那妓院寻花问柳。

想不到蔡锷在妓院结识了有胆有识的闻名京城的小凤仙。

在知书识礼的小凤仙那儿他可以排遣忧愁，又可以让袁世凯以为自己一心寻花问柳，心思只在风月场中，以便更除去戒心，所以蔡锷三天两头在小凤仙那儿过宿。

为了把戏演得更真，蔡锷特地让小凤仙备了一桌酒菜，邀请了为帝制蹿上跳下的杨度、梁士诒、孙毓等袁世凯的爪牙，吃喝戏闹一番。几杯酒过后，蔡锷扬言，要与妻子离婚，娶小凤仙为妻。杨度、梁士诒对蔡锷深信不疑，以为蔡锷已不再是云南都督时的蔡锷了，纷纷报告袁世凯。

再看蔡锷，把一切公务都搁置起来，不去过问，整天到小凤仙那儿转来转去，一副神魂颠倒的模样。

一日，蔡锷待夜阑人静，与夫人附耳密语，演出一场"真"离婚的戏来。

第二日清晨，蔡锷乘袁世凯还没有起身，就赶到总统府，要求见袁世凯，待侍官说总统未起，便故做懊恼状道："总统起来后，请立即传电话于我。"便回家去。

袁世凯起来之后，听了侍官的禀报，以为有甚大事，立即命令传电话给蔡锷。就在这时，听到汇报：蔡将军在家中与夫人殴打，摔坏好多东西。

袁世凯立即派王揖唐、朱启钤前去调解。

王、朱二人进入蔡锷家中，只见蔡夫人披头散发、泪流满面躺在地上，地上摔坏的东西是乱七八糟。蔡锷在一旁自骂。待他们二人一番劝解，蔡锷更似火上浇油，骂得更凶，哪知蔡夫人更是毫不示弱道："与其被你打死，倒不如回娘家去。"

说罢，卷起行李，带了两个仆人，别人劝也劝不住，当即回娘家。

王揖唐见蔡锷妻离家破，也是暗暗高兴，遂道："总统召你入府，你快与我们同去。"

蔡锷故作懊丧道："我为了这泼妇，竟忘了此事。"

袁世凯闻之，终于彻底放心，与儿子袁克定道："我道蔡锷有才有干，可办大事，谁知他尚不能治家呢？我也可高枕无忧了。"

蔡锷见袁世凯放松了对他的监视，暗中与梁启超策划反袁，寻机脱身。

1915 年 11 月初，蔡锷以去天津看病为由，在小凤仙的巧妙配合之下，设法躲过了北洋警探的跟踪，绕道日本、台湾、香港、越南，于 12 月 21 日偕同戴勘等人秘密到达昆明。

蔡锷终于虎口脱险，不久即和唐继尧组织护国军讨袁。

袁世凯知道蔡锷的能力，所以才能将其召至身边，软禁于京城。蔡锷知道袁世凯已见己芒，所以才故作呆钝，寻机脱身。

怎样才能使生性狡猾、耳目甚多的袁世凯真正相信自己呢？

假戏真做。

先是与袁世凯的狐朋狗友打成一片，加入宣扬帝制的筹安全当中，同流合污，让袁世凯及其爪牙认为其棱角已磨去。再到妓院"鬼混"，整天于花天酒地间醉生梦死，不问政务，直至"休"了结发之妻。这番假戏真做，天衣无缝一般，袁世凯哪能不信？

袁世凯也就再不能看到蔡锷的真正意图。

虚虚实实，真真假假，让对手无法看清你的本来面目，甚至产生错误的判断，这是经济活动中常用的手腕。

"水至清而无鱼。"人"至清"、生意活动"至清"就容易被对手牵制。相反，对手就会帮助你承担风险，让你获取利益。真戏假做、假戏真做，迷惑了对手，生意场上往往就能运作自如。

唐拉德·希尔顿是控制美国的十大财团之一，世界闻名的旅店大王。他以 5000 美元起家，历经磨难，成为举世闻名的拥有亿万财产的富翁。

1923 年，希尔顿看中了达拉斯商业区大街转角地段。当时，这块地段属于另一个精明的房地产商人劳得米克。

希尔顿请来建筑师进行测算，建造旅馆最起码需 100 万美元。

当时，希尔顿自己口袋中的钱还不到 10 万元，那些支持他的人也顶多能借给他 20 万或 30 万，而这些钱差不多只够付给劳得米克。

已临近造旅馆的开工日期。

希尔顿决计摆迷魂阵。

在请教了劳得米克的法律顾问林兹雷之后，他找到劳得米克，一本正经地说："我买地产，是为了造一座大厦开旅馆。要盖房子，我的钱要全用上，所以，我不想买你的地，只想租下来。"

劳得米克一听，暴跳如雷，大声斥责希尔顿是搞欺骗手段。

希尔顿心中当然清楚，但他要"骗得真诚"，让劳得米克接受他的欺骗手段。希尔顿等劳得米克稍为平静下来，非常"诚恳"地说："我的租期为99年，分期付款，你保留土地所有权，若不能按期付款，你可以收回你的土地，而且也同时收回饭店。"

劳得米克考虑了一会。又找到律师林兹雷研讨一番，觉得按希尔顿说的办法去做，自己也没有吃亏。

于是，二人以每年3.1万元的租金谈妥。

希尔顿这才明晃一枪道："我希望拥有以地产作为抵押来贷款的权利。"

劳得米克只得很不情愿地同意了。

希尔顿赢得了那个最重要的可以贷款的条件。

土地使用权有了，他又筹经费。圣路易市场国家商业银行董事长韩敏维答应了5万元贷款，老友桑顿出资5万元，承包商借了15万元，加上他自己的10万元，共计35万元。

1924年5月，希尔顿生平第一次主持破土动工典礼。

可是，旅馆盖到一半，钱已经用得精光。

希尔顿又想在劳得米克身上动脑筋。

一天，希尔顿一副火急火燎的模样，找到劳得米克，描绘了工程管理中遇到的困难，请求他把这幢建筑物接收过去，使它得以完工，然后希尔顿租过来经营。

劳得米克与林兹雷商量了一下，觉得未尝不可。

希尔顿又一次与劳得米克达成协议，劳得米克答应补足工程款使饭店准时竣工。希尔顿和他签了年租10万元的合同。

1925年8月4日，"达拉斯希尔顿"旅馆落成，举行隆重的揭幕仪式。希尔顿终于有了以自己名字命名的旅馆。

从此，希尔顿扬起了向旅店大王前进的风帆。

高瞻远瞩　势未变我先变

公元1004年正月，党项族首领李继迁去世，其子李德明继位。李继迁在位时，百折不挠地联辽抗宋，利用宋朝疲于应付辽国不断南侵之机，在西北大地上纵横驰骋，时时劫掠宋朝边境，最后一举攻克了军事重镇——灵州，创立了夏、辽、宋三国鼎峙的局面。李德明继承父志，利用这一大好形势。准备进一步发展党项实力，打击宋朝，于是，即位之初即向辽国奉表，表明一如既往的联辽抗宋之态度。辽朝也当即封李德明为西平王，承认了他在党项族中的领导地位。这样，三国鼎峙局面未变，与辽朝的友好关系没变，而因新得灵州这一辽阔、富饶的土地，党项对宋朝的打击力量显然大大地增强了

然而，李德明并没有利用如此大好形势，像他父亲那样向宋朝积极诉诸武力，而是来了个180度大转弯于公元1005年特地派遣了牙将王蠊，赶往宋朝奉表入朝，表示愿意向大宋皇帝称臣。

对于一个正统的勇蛮好斗、性烈如火的党项族人来说，李德明的举动实在令人感到瞠目结舌。不过，"一操一纵，度越意表。寻常所惊，豪杰所了。"也就是说，有智有谋者，一收一放往往都会出人意料。一般人对其行为举措莫名其妙，真正的豪杰却了解于心，会心而笑。李德明不仅是个勇武好斗的党项族人，他也是个胸怀韬略的英明君主。他不在乎普通党项民众的惊疑不解，他只要切实执行他成竹在胸的"高瞻远瞩，践墨随敌"的长远计谋。

原来，就在李德明继位不久，即公元 1004 年冬季，宋、辽订立了著名的"澶渊之盟"，宋辽大战从此告一段落，两国开始相安无事，和平共处了。显然，这一重大事变必然要影响到党项与辽、与宋的关系。党项与辽早订和约，关系尚浅，而党项与宋朝的关系则一直以刀枪说话。以往党项在与宋朝交战中之所以尚能输少赢多，倒并不是因为敌弱我强，而完全是因为宋朝东西不能兼顾，主要兵力被辽国所牵制的缘故。现在，宋辽结盟，如果宋朝发狠心专来对付党项，那么且不说刚刚出现的三国鼎峙之势有可能即刻消失，就是党项族的生存恐怕也成了问题……

宋朝不一定会发狠把党项族赶尽杀绝，但如果战火连天，烽烟不断，兵疲国贫，那么谁能担保东边的辽国会不来坐收渔翁之利呢？辽国有抗衡宋国的实力，它要在党项人身上讨点便宜本来就不是件难事。

还有，父亲李继迁征战 20 年，为开创三国鼎峙的局面历尽了千辛万苦，得之不易。民众本已苦不堪言，新得的灵州之地有待开发培育。所以现在最需要的就是喘口气休养生息，借有利形势迅速扩充国力，使三国鼎峙的局面真正牢固化。

最现实的问题是，宋朝在与党项的多年争战中也不得乖巧了。在李继迁去世、李德明新立之际，就有大臣曹玮向皇帝指出："李继迁擅河南地（即今鄂尔多斯地区）二十年，兵不解甲，使中国有两顾之忧。今其国危小弱（李德明才 23 岁），不即捕灭后更强盛不可制，请率精兵，拎德明献于阙下。"只因当时宋朝与辽国激战，都被辽打得大败，自救不暇，才无力分兵西顾，不得不暂时把曹玮的建议放下，而采用了另一种更为阴柔难防的计策：一方面诏示德明"审图去就"，另一方面，又下诏党项豪族万山、万遇、庞罗、逝安、万子等等率部归顺宋朝，并各授团练使之职，赐银万两、绢万匹、钱五万，茶 5000 斤……用重赏厚赐使党项人自我溃败。并且，早在公元 1001 年开始，宋朝就支持吐蕃久谷部长潘罗支统治西凉。因而潘罗支非常愿意与宋朝遥相呼应，夹击党项。李继迁就是在与潘罗支激战中，被流矢击中致死的。这样，西有潘罗支以及也受宋朝支持的回鹘兵，南有刚刚与辽国停战的宋官军，内部又有自残溃败的可能，李德明如果不及时采取有效措施，那么党项人的命运恐怕就要断送在他手里了。

于是，李德明果断地派牙将王蠶向宋朝人表称臣，务求喘气养民，消除西边危机以取得扩充国力的机会。宋朝不知是计，大上其当，当即同意议和停战，并在谈判条件上步步退让。

不久，宋与辽不断给李德明加官封爵。宋又令河西各少数民族部落各守疆场，勿侵夏境。并把原本用于瓦解党项内部贵族的银帛茶币加倍"恩赐"。

李德明得到这些大量的"恩赐"，足以用来笼络团结各部贵族，又得到和平建设的大好时机，使党项实力迅速加强。于是，一方面在南边筑城建池，充实对宋朝的防务，另一方面向西扩疆拓野，接连攻占了回鹘、吐蕃的大量土地，成为泱泱大国。1020 年，还在灵州的怀远镇修建都城，从西平迁到新城，号为兴州（即今宁夏）。西平在黄河之东，离宋朝边境较近，兴州在益河之西，宋军因黄河之隔无法抵达，加上有贺兰山作屏障，实为建都定国的风水宝地。于是，大夏帝国的根基已被完全奠定，党项族完全独立于宋朝的控制，有了坚实的基础。

　　"瞻"就是往前看，"瞩"是注视，"高瞻远瞩"的意思是站得高，看得远，做事情能超脱偏执，展望未来，周全处置。李德明不拘泥于父亲的猛冲猛打，一味对宋朝敌视的做法和态度，详察当时的势态情形，立足党项人的长远发展战略，机智地向宋朝奉表称臣，用"变色龙"之术，终于顺利地消除了"大好形势"中所蕴含的不为一般人所明察的"巨大危机"，为党项人的迅速振兴创立了不可磨灭的功勋。

　　市场无常势，商业环境总是处于发展变动之中。孙子曾经说过："能因敌变化而取胜者，谓之神。"顺乎天意，敌变我变，方能克敌制胜，方能用兵如神。然而，很多商业经营者往往是通过自己狭窄的天地，只凭过去专业经验的有色眼镜来分析判断。种地出身的服装商很容易把衣服销售当作卖地瓜来处理。会计出身的经商者很容易把合同书写成账本，教师出身的经商者常会把顾客当学生来"教育"……而这些往往是把自己的生意做到死胡同，钻到牛角尖里去的重要根源之一。采用"高瞻远瞩"之计，就是要跳出已有经验的狭窄天地，根据商业经营的固有规律，立足本企业的长远发展前景，切实根据市场变化的趋势脉搏，及时调整方案计划，灵活顺应顾客需要，巧妙采取浮动价格，牢牢把握市场变动的趋势，从而使企业在任何风云变幻的环境中都能不断发展壮大，无往而不胜。

　　1986 年，全国电子市场出现不景气情况，整机滞销，元器件跌价，有的工厂亏损，有的公司倒闭。在此逆境中，如何使企业站稳脚跟并继续发展呢？张家口市的专业化生产接插件开关的电子器材厂就采用了"随机应变"之策。

　　他们首先是"高瞻远瞩"分析市场趋势。工厂的正副厂长等领导分五路到内地、特区以及国际市场进行深入细致的调查研究，然后确认：新型、高档、学生用收录机等依旧畅销不衰，企业的生存和发展，不仅要在逆境中敢于扩展市场，同时更必须开辟新产品。

　　他们跳出固有的生产模式、经销套套之束缚，站得高，看得远，认清了市场转机的关节点，把握了电子厂适应市场变化的关键之所在；于是他们开始"变化"。

　　首先他们主动出击，用七天七夜短促突击，连续作战的办法，承包研制模具，试制夏普机、学生机上使用的近十种直键、揿键、扳键新产品，并以最快的速度投产，工人通宵轮流生产，成品送货上门，结果大受整机用户的欢迎，成功地签订了大量的技术协议和供货合同。

　　其次，他们以最快的速度试制电子琴用的插件开关，供应南通、常州等地的电子琴生产厂家，居然开辟了一块电子元件的市场新天地。这样，在同类厂家"忍饥挨饿"的情况下，该厂却丰衣足食，满负荷地运转，1986 年的经济指标，竟比上

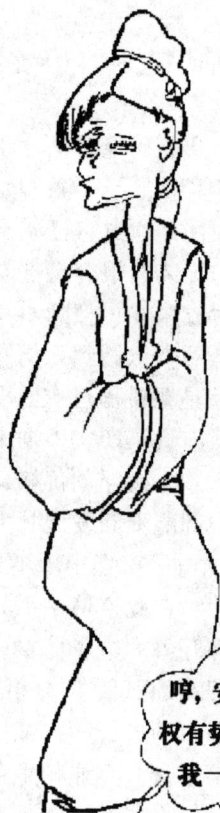

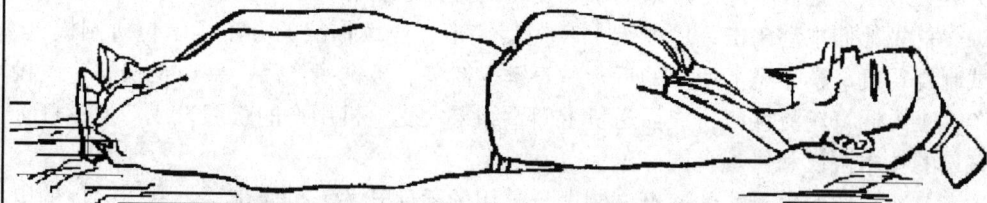

一年猛增 70% 以上。这不能不说是"高瞻远瞩"，认清形势，灵活应变的神奇效力。

后来，该厂大量开发新产品，灵活转变经营、计划、价格机制，产品不断地打入牧区，打入全国各地，最后跻身于国际市场，开创了彩电电源开关出口国际市场的先导，并为结束出口彩电整机一直沿用进口电源开关的历史作出了贡献。目前，该厂已与合资组建成了华丰电子器材有限公司，具有生产 300 万只彩电电源开关的批量生产能力，其中大部分行销海外。回头看一看 1986 年时的小厂，华丰公司堪称是一只从草棚里飞出来的，可以自由翱翔于世界各地的金凤凰。

识时改弦真俊杰

汉武帝是个对中国历史作出过重大贡献的帝王。然而，在他统治期间，由于发动了一场长达 30 多年的对外战争，造成人民的沉重经济负担，造成战争的巨大牺牲，造成各类矛盾的不断激化。因此，汉武帝统治的晚年，出现了小规模的农民起义和铁官徒的暴动。在统治集团内部，出现了像"巫蛊之狱"这类宫廷内部的争斗。这些，对处于内外交困之中的武帝来说，构成了促使他改弦更张的催化剂。

"巫蛊之狱"的起因是武帝晚年体弱多病，酷吏江充说这是因为宫中有"蛊气"隐藏着，武帝便指派江充清查，江充率领一批人到宫中到处查找，终于在卫皇后和太子刘据宫中，掘出许多埋着的木人，江充硬说"蛊气"就是从这里来的。

江充惯于以酷烈手段打击皇族和高级官僚而著名。本来他是赵王刘彭祖的门客，因为检举刘彭祖之子刘丹乱伦而被武帝看中，以后就专门吃这行饭，而且专门和卫皇后这条线上的人对着干。

太子刘据受到诬陷，有口难辩，于是先下手把江充拘押起来。有人将此事向武帝奏报，说是太子要造反。武帝便令丞相刘屈牦前往捉拿太子。太子刘据只得出逃，路上与丞相所率兵力交战三天三夜，终于力不能支，又临时组织力量抵抗了两天后逃出长安城。城里，武帝大怒，致使卫皇后交出玺绶自尽，卫氏家族自杀的自杀，坐牢的坐牢。太子刘据眼见走投无路，在被地方官追捕途中也自尽。

过了一段时间，传来消息说，正受武帝宠爱的李夫人的兄弟贰师将军李广利在率兵讨伐匈奴时，向匈奴投降。由此引起武帝对李夫人这股势力的注意。政治形势一翻过来，立即有人出来揭发，说刘屈牦、江充等人都属李夫人一党，互相都有牵连；又说李广利、刘屈牦还阴谋立昌邑王为太子；还说当年的"巫蛊之狱"完全是江充带人事先把木人预理在宫中，对卫皇后和太子刘据加以陷害。武帝听了，颇有追悔之意。事情已经发生了，再追悔也没用了。

恰在这时，搜粟都尉桑弘羊上书，请求在西北边陲轮台扩大屯田 5000 多顷，以就地解决军粮，加强边陲战事准备，以扩大战争。武帝想起国内这一系列的事变，农民起义，流民增加，朝廷内讧，再扩大战争，事态将更加严重。于是，他下了一道历史上著名的"轮台罪己诏"。其中说："轮台又要新增屯田，加设亭障，这必将成为扰民之政，朕不愿再看到这种情况。眼下当务之急，在于把苛政杂赋加以禁止，休养生息，与民休息。"

虽说这道"轮台罪己诏"下得晚了一些，但有比没有要好，明白了比坚持错误主张好。一个帝王，在晚年能够如此面对现实，承担责任，扪心自责，并加以改弦更张，这的确是需要具备一定勇气的。这样的情况，在历代帝王中并不多见，后人也认为颇为难能可贵。

后来，武帝传位于少子刘弗陵。为防止李夫人一党篡权阴谋这类事件再度发生，便勒令刘弗陵之母钩戈夫人死。这也是一种改弦更张之举。

武帝是人，不是神，不可能不犯错误。只要能认识错误，及时改弦更张，就能把因为自己的失误造成的损失减低到最低限度。这在政治斗争中也应该说是一种较高水平的智谋。现代商战，形势复杂，不可能没有失误。问题是，一旦发现失误，就应当立即从根本战略上纠正错误，这时改弦更张，才是最好的办法。

美国通用汽车公司是世界上最大的公司之一。1981年，董事长人事更动，罗杰·史密斯当上了董事长。他刚上任，就对他的前任采取了全盘否定的态度，他的目标是要把通用汽车公司建成21世纪的领先企业，建成一流的高科技企业，建成完全无人操作的电子化的制造企业，为了实现这个计划，他用了5年时间，花了800亿美元去推行他这个庞大的计划。此外，他还花了大量的资金收购建造了多家大型企业，比如收购休斯飞机公司的军用电子和卫星公司，建造密西根州的机器人工厂，底特律的"未来工厂"，以及相当于2个福特汽车公司规模的小汽车生产集团，等等。

罗杰·史密斯这些举措，在整个美国产生了巨大影响，人们交口称赞他是一位敢想敢干的伟大英雄。1985年7月罗纳德·里根总统参观通用汽车公司时说："我来这里准备建议你勇敢些，结果你比我想建议的更勇敢。"

史密斯这些举措是否真符合通用汽车公司的实际呢？是否真能给通用汽车公司带来高速发展呢？实际情况是，通用汽车公司非但没有得到发展，相反其经济效益、利润都逐年呈下降趋势，主营业务汽车的市场占有率从原先的47%逐渐下降到33%，利润在3年中下降了35%。

为什么会这样呢？实践证明史密斯的设想好高骛远，脱离实际。他收购的休斯飞机公司，原先是靠国家优惠政策经营的，可是史密斯却花了相当于其资本5倍的价格去收购。他建立的机器人工厂，由于质量不过关，每个干活的机器人后面都要跟一个修理工，修理机器人的时间经常比机器人干活的时间更长。史密斯只关心公司的高技术发展，对员工的状况如何丝毫不关心，甚至还千方百计以裁员和减低员工工资来提高效率。相反，他自己带头加薪，公司600多名高级管理人员平均每人每年也得到红利多达5万多美元。

史密斯这些做法带来了一系列不良的后果，公司董事会上不少人批评他。可是他不仅不接受，反而压制别人发言。他规定，除了他允许外，任何人不得讲话。因为他在董事会内的控股数超过了其他董事的总和，他具有绝对的优势，他就利用这种优势大搞专制独裁。这下表面上没人反对他了，实际上预示着他将面临更大的失败。

商场如战场。史密斯脱离实际的发展计划和他的独断专行的作风，终于使他自食苦果。在严峻的现实面前，他不得不把自己原先制订的计划搁置起来，被迫对一些公司实行关、停、并、转。现实迫使他不得不改弦更张，迫使他对生产成本要注意核算，以减少不必要的开支来开源节流。1988 年以后，改弦更张使通用汽车公司又有了新的起色。当然，饿死的骆驼比马壮，虽然经过这一番折腾，一旦又走上正轨，通用汽车公司仍然是世界上最大的公司。

随风就势　顺应潮流而变策

公元 581 年 9 月，南陈的周罗、萧摩诃两将侵入隋境。杨坚早有灭陈统一的雄心，因此建国后便马上派其儿子杨广为并州总管，贺若弼为吴州总管，韩擒虎为庐州总管，分别坐镇在今山西太原、江苏扬州和安徽合肥，做好了北防突厥侵扰、南下灭陈统一的准备。此时，部署已毕，杨坚便以上柱国长孙览、元景山为行军元帅，命尚书仆射高颎统帅诸军，借南陈入侵之机开始实施"先南后北"的方略。

陈朝是一个大国，军事上兵多将众，具备较强的实力，但与当时的突厥相比，陈国的弱小也是显而易见的。所以"先南后北"实际上也是一种"先弱后强"的策略。再者，突厥人这时唯利是图，目光短浅，虽曾数次侵入长城以内，其目标则只是要掠取人马和资财，隋朝对此已作防备，所以南下伐陈不致产生后顾之忧。而且，江南富庶无比，先取江南可马上增强隋朝国力，这样更利于迅速战胜土地贫瘠但骑兵甚强的北方突厥。

不料隋军正在扎实地行动之际，忽报突厥联合原北齐的营州刺史高宝宁，一举攻陷了隋朝的临榆关（今山海关），准备长驱直入，大规模地南侵。隋文帝杨坚不禁深为震惊。

匈奴的别支突厥，是逐水草而居的一个游牧民族，兴起于北魏末年，强盛于 6 世纪中叶的北齐、北周时期。据有今长城以北、贝加尔湖以南、兴安内参以西、黑海以东的辽阔地区。拥有骑兵数十万，手持弓、矢、鸣镝、甲、刀、剑等具有优势的武器。当时突厥尚处奴隶制，但首领有绝对的权威，士兵作战亦极其勇猛，因此战斗力非常强。北齐、北周时期，两国火并，便争向突厥纳金帛以求和亲。突厥更加嚣张，其首领竟声称："两儿（指北齐、北周）常孝，何忧国贫！"杨坚代周建隋之后，逐渐减少了对突厥的献纳。突厥当然十分不满。但当时因为突厥的佗钵可汗去世，子侄之间忙于争权夺利，无暇侵隋。到了这时，沙钵略可汗已稳定了局面，嫁给佗钵可汗的北周千金公主按俗礼已改嫁沙钵略可汗，也不甘被杨坚篡代周室，日夜请求派兵复仇。沙钵略可汗于是企图借隋朝南下之机大举伐隋。

也正在这个时候，陈朝的陈宣帝病死，调回了侵隋军队，并遣人至隋军求和。隋朝的不少大臣认为这是进攻南陈的天赐良机。先南后北、灭陈统一又是经周密准备的国家大计，不能犹豫徘徊，轻易改变。纷纷劝谏文帝继续向南挺进，不可因突厥的举动而让大事半途而废。但隋文帝却借"礼不伐丧"之名，向陈朝遣使赴吊，歉词允和，断然收退了南下的兵马。并力排众议，确定了"南和北攻"的方针，派重兵前往北方抵御和进攻突厥大军。

　　许多大臣对隋文帝中止伐陈而先击突厥的做法深觉不妥。隋文帝却说，突厥伏恃强大的骑兵，行动迅骤，飘忽无定，本难对付。而今沙钵略可汗挟仇而来，意在一改过去只掠资财的战略，攻城略地，想深入我腹心，居心叵测。而现在的南陈却无此居心也无此能力。因此，统一大业虽以灭陈为标志，但最大的阻力则在突厥。如果死死抱住"既定的国家大计"不放，不作随机应变的修正更改，势必陷于腹背受敌的境地。而且都城长安距北境不远，防卫薄弱，突厥一旦乘机深入，必将朝不保夕。这样不要说统一大业，恐怕连立国根本都要无端失却了！

　　隋文帝审时度势，借"礼不伐丧"之名机智地改变用兵方向，采取稳健切实的南和北攻之策，使建立不久的隋朝，在国力军力都不充实，国内尚不十分安定的情况下，避免了两线作战的兵家大忌。为集中力量制服突厥以解除主要危险然后稳步进军南下，统一全国奠定了可靠的基础。

　　在商业竞争中，由于市场情况，竞争对手以及目标利益、技术手段等等总是处于一个不断变化的过程之中，因此，审时度势，根据变换了的情况，灵活果断，及时机智地调整和改变行为策略，乃是使自己逢凶化吉，优势独占的制胜法宝。

　　前些年，浙江出产的一种烟灰缸，质地优良，造型美观，畅销国外。可时隔不久，渐遭冷遇。外贸部门通过调查得知，这种烟灰精致美观，清洗方便，但由于国外住房中已经普遍装用壁挂电扇，电扇一转，烟灰便会被吹得满屋都是。

　　得到此信息后，厂家马上改变原来的形状，研制改变成一种口小、肚大、底深的烟灰缸，很快地又使商家爱不释手了。

　　但过不了几年，国外许多家庭又把原来的壁扇换成了空调，于是口小底深的烟灰缸因不便清洗而遭受冷落了。于是，厂家又针对客户的这种需求变化，及时对产品进行了变革，从而再次占领市场，热销不衰……

　　1983年7月，日本任天堂公司发明了可接在电视机上的电子游戏机，引起了人类娱乐史上的一次革命，游戏机红极一时。然而，随着游戏机在日本数量的增加，日本社会知名人士开始呼吁游戏机对儿童学习有负面影响，而对智力开发并无什么价值，这对任天堂公司无疑是致命一击。公司立即研究对策，改变产品。

　　首先，公司开发了新颖的附加件"儿童学习盒"。把它与游戏机、电视机连在一起，电视里就出现供儿童学习的彩色画像和老师讲课的声音。孩子们据此可以像玩游戏机那样"愉快地学习"，对不懂的地方还可以反复学。学完一个阶段后，它还能为你测验打分。游戏机有了这种"学习盒"，魅力更大、市场更广了。

　　而后，任天堂公司又发明了一种供成年人使用的附加件"股票信息处理机"。据此人们可以方便地及时接收并处理股市信息，可谓"赚进千万，只需弹指之功"。于是传统的游戏机再一次遍地开花，再度掀起畅销狂潮。

水无常势　兵无常法

　　相传，元代有一位道士给人算命，十分灵验，很多人慕名而来。

一天，有三人进京赶考，恰好从这里经过。三人听说这里的道士算命很灵，便点上香，叩了头，拜问科场凶吉。

只见道士闭目朝天，煞有介事地伸出一个指头。三人不解其意，求道士点明。却见道士拿起指尖一挥，然后说道："此乃天机，不可一语道破，到时候自然会明白。"三人快快而去。

三人走后，道童好奇地求问："师父，他们三人中到底有几个能考中啊？"

道士微微一笑："中几个都说到了。"

道童还是不解："你这一个指头，是指中一个？"

"对。"老道回答。

"那要是中两个呢？"

"那就是有一个不中。"

"那他们中三个呢？"

"那这一指头就是指一齐中。"

"那三个都不中呢？"

道士大笑："那就是一个也中不了！"

道童这才恍然大悟："原来这就是'天机'啊！"

这个故事流传甚广。是否确有其事，我们姑且不去考证。但老道对一指的妙解，却让人感叹其圆滑之余，不得不佩服老道随机应变之高明。

正如"水无常势"、"兵无常法"一样，商战很难用一种模式来进行。而且，瞬息万变的商场，需要决策者、经营者随之作出快速反应。在这方面，英国壳牌石油公司随机应变的经营策略，可谓运用到炉火纯青的境界。

最早从经营贝壳等饰品起家的塞缪尔父子，凭借"犹太人的灵感"，在日益激烈的石油工业竞争中站稳了脚跟，不但抵制了洛克菲勒财团的吞并，而且与皇家荷兰石油公司联手，在世界石油市场上以其独特灵活多变的经营方式与洛克菲勒平起平坐，最终成为全球性的大石油公司，甚至在利润上大大超过洛克菲勒控制的埃克森石油公司。

对跨国石油公司来说，最大的风险，也是最难对付的情况，就是世界局势的不稳定。为此，壳牌公司布置了三道防线。

首先，它有效地建立了分散经营网络。壳牌公司在50多个国家勘探石油和天然气，在34个国家提炼石油，并向100多个国家销售石油。这样，如果一个地方发生政治或经济动乱，壳牌在其他地方的公司就不容易受牵连。而在政治气候特别微妙的国家，壳牌公司则通过垄断市场来确保自己获得高额利润。

其次，壳牌力求产品多样化。壳牌在全球设有300多家从事石油、天然气、化工和有色金属生产的公司。这样，既可在局部政局不稳时减小影响，也可以避免季节性波动。

再次，快速应变是壳牌经营成功的关键。壳牌公司较之其他企业，"忧患意识"更为强烈。如果说世界大部分企业的"忧患意识"还仅仅停在"意识"上，那么壳牌则不然。它不但有着强烈的"忧患意识"，而且建立了行之有效的应急措施。

它密切关注世界各地政治、经济形势的波动给国际石油市场带来的瞬息变化，只要一有风吹草动，壳牌公司能马上作出反应。不仅如此，壳牌的分公司每年要举行4次石油供应突然中断的"演习"。由近130艘油轮组成的壳牌船队，随时会遇到突如其来的模拟"意外"。频繁的演习，增强了各地分公司对不测情况的应付能力。在海湾战争期间，壳牌公司每天失去由科威特和伊拉克供应的几十万桶原油，但由于公司有充分的长时间的应付危机的准备，所以在世界石油市场受到战争的冲击发生严重危机时，壳牌却没有受到多大影响。

"变"与"不变"是相对的。用多变的方法去处多变的问题，这本身不是一个相对固定的办法。正像壳牌公司随机应变的经营手法一样，正因为它的经营手法呈现出多样性，当世界某地政治、经济发生变化时，它却可以"稳坐钓鱼台"。

假阳隐阴　人面狮身

公元755年11月9日，安禄山以讨杨国忠为名，率所部及一些少数民族军队10余万人，号称20万人，由范阳（今北京）急速南征。大军所到之处，绝大多数州县望风而瓦解，或降或逃或被杀，毫无抵抗能力。12月，安禄山已抵达灵昌（今河南滑县西南），利用河水结冰迅速渡过黄河，克陈留、陷荥阳，直逼虎牢（今河南汜水）。

直到此时，安禄山才遇到唐朝由封常青率领的6万官军的阻挡。可是，封常青所率官军都是仓猝征集，未曾训练的新兵，哪里经得起安军铁骑的冲杀。封常青大败于虎牢，再败于洛阳城郊，三败于洛阳东门内。百般无奈只得以退为进，与陕州的高仙芝合军，弃城让地，退守潼关，企图据险抗击，防止安军进入长安。唐玄宗心急火燎要反攻，怒斩敢于后退避敌的封常青和高仙芝。派哥舒翰带8万兵马前往潼关替代，一面敕令天下四面出兵，全攻东都洛阳。

安禄山本拟从洛阳亲攻潼关，以便一举夺下西京长安推翻唐朝。不料河北军民在颜杲卿、颜真卿的带动下奋起抗击，声势浩大，切断了洛阳官军与范阳老巢的联系。加上李光弼、郭子仪两大将军及时率兵出陉，与河北军民声气相连，对安军形成了很大的威胁。安禄山只得退洛阳重作部署：派猛将史思明回救河北，令儿子安庆绪攻夺潼关。无奈河北军尤其是名将李光弼、郭子仪足智多谋、英勇善战，史思明连连败退。而哥舒翰则凭潼关险，只守不出，安军根本无法西进。唐朝终于稳住阵脚，有了抽调优秀兵力以一举灭敌的机会。安禄山则前阻潼关，后断归路，虽已迫不及待地在洛阳当起了大燕皇帝，实际心虚途穷，无所作为了。

不料，正在安禄山日夜担心的时候，唐玄宗为迅速平叛竟听信杨国忠的片面情报，下令哥舒翰急出潼关，进灭安军。哥舒翰只得放弃天险进攻。10余万唐军将士，即此丧命于安军的伏杀之中。长安的屏障无端落入叛军之手。

潼关失守，长安乱作一团。原本怒不可遏、急于平叛的唐玄宗，此时已志丧神靡，只带了杨贵妃姐妹及皇子皇孙，颤抖着乘夜溜出长安，逃往西蜀。公元765年6月，安禄山又轻轻巧巧地夺取了西京长安。……这，就是使唐朝由强盛的顶峰走向衰败之深渊的关键点——"安史之乱"的第一个阶段。

人们不禁要问：大唐正处强盛之际，虽然朝政已开始衰败，但依然拥有80万雄兵、一大批忠于皇室愿意效死疆场的将帅和历史上最广阔的国土以及取之不尽的战略资源；而区区安禄山虽性狡诈，但并无雄才大志，虽控兵近20万，但仍不足唐军1/4，且反叛朝廷不得人心，却为何能势如破竹，瞬间攻战唐朝两京，逼得唐玄宗闻风而逃呢？这里的主要的原因，是由于安禄山成功地运用了"假阳行阴，乘疏击懈"的计谋。

戒备松懈之敌，势必思想麻痹，斗志涣散，指挥不力，协同不好，反应迟钝，战斗力弱。"乘疏击懈"就是要出其不意地在这种时机向敌人发起猛攻，使敌人措手不及，神志混乱，失去抵抗能力。但在一般情况下，敌人不会麻痹松懈。因此在发起猛攻之前，往往要通过"假阳行阴"来迷惑敌人，使自己养精蓄锐。"阳"是公开、暴露，"阴"是伪装、隐蔽。"假阳行阴"就是用公开的行动来掩护隐蔽的企图和行为。

安禄山在发起攻击之前，用了整整10年时间来行施"假阳行阴"的计策。

安禄山的"假阳"就是故意装出痴直、笃忠的样子，赢得唐玄宗百般信任，对他毫不防备。公元743年，安禄山已任平卢节度使，入朝时玄宗常常接见他，并对他特别优待。他竟乘机上奏说："去年营州一带昆虫大嚼庄稼，臣即焚香祝天'我如果操心不正，事君不忠，愿使虫食臣心；否则请赶快把虫驱散。'下臣祝告完毕，当即有大批大批的鸟儿从北飞下来，昆虫无不毙命。这件事说明只要为臣的效忠，老天必然保佑。应该把它写到史书上去。"

如此谎言，本十分可笑，但由于安禄山善于逢迎，玄宗竟信以为真，并更加认为他憨直诚笃。安禄山是东北混血少数民族人，他常对玄宗说："臣生长蕃戎，仰蒙皇恩，得极宠荣，自愧愚蠢，不足胜任，保有以身为国家死，聊报皇恩。"玄宗甚喜。有一次正好皇太子在场，玄宗与安相见，安故意不拜，殿前侍监喝问："禄山见殿下何故不拜？"安佯惊道："殿下何称？"玄宗微笑说："殿下即皇太子。"安复道："臣不识朝廷礼仪，皇太子又是什么官？"玄宗大笑说："朕百年后，当将帝位托付，故叫太子。"安禄山这才装作刚刚醒悟似地说："愚臣只知有陛下，不知有皇太子，罪该万死。"并向太子礼拜，玄宗感其"朴诚"，大加赞美。

公元747年的一天，玄宗设宴。安禄山自请以胡旋舞呈献。玄宗见其大腹便便竟能作舞，笑着问："腹中有何东西，如此庞大？"安禄山随口答道："只有赤心！"玄宗更高兴，命他与贵妃兄妹为异性兄弟。安禄山竟厚着脸皮请求做贵妃的儿子。从此安禄山出入禁宫如同皇帝家里人一般。杨贵妃与他打得火热，玄宗更加宠信他，竟把天下1/4左右的精兵交给他掌。

安禄山的叛乱阴谋许多人都有察觉，一再向玄宗提出。但唐玄宗被安禄山"假阳行阴"之计所迷惑，将所有奏章看作是对安禄山的妒忌，对安禄山不仅不防，反而予以同情和怜惜，不断施以恩宠，让他由平卢节度使再兼范阳节度使、河东节度使等要职。

安禄山假阳行阴之计得手，唐玄宗对他已只有宠信毫不设防，便紧接着采取

"乘疏击懈"的办法，搞突然袭击。他的战略部署是倾全力取道河北，直扑东西两京（即长安和洛阳）。

这样，安禄山虽然只有10余万兵力，不及唐军1/4，但唐的猛将精兵，皆聚于西北，对安禄山毫不防备，广大内地包括两京只有8万人，河南河北更是兵稀将寡。且平安已久，武备废弛，面对安禄山一路进兵，步骑精锐沿太行山东侧河北平原进逼两京，自然是惊慌失措，毫无抵抗能力。因而，安禄山从北京起程到袭占洛阳只花了33天时间。

唐朝毕竟比安禄山实力雄厚，惊恐之余的仓猝应变，也在潼关阻挡了叛军锋锐，又在河北一举切断了叛军与大本营的联系。然而无比宠信的大臣竟突然反叛，唐玄宗既被"假阳行阴"之计所震怒，又被"乘疏击懈"之计刺伤自尊心，变得十分急躁。而孙子曰："主不可以怒而兴师，将不可以愠而致战。"安禄山的计谋已足使唐玄宗失去了指挥战争所必需的客观冷静，又怒又急之中，忘记唐朝所需要的就是稳住阵脚，赢得时间以调精兵一举聚歼叛军之要义，草率地斩杀防守得当的封常青、高仙芝，并强令哥舒翰放弃潼关天险出击叛军，哪有不全军覆灭一溃千里的呢？

安军占领潼关后曾止军10日，进入长安后也不组织追击，使唐玄宗安然脱逃。可见安禄山目光短浅，他只想巩固所占领的两京并接通河北老巢，消化所掠得的财富，好好享受大燕皇帝的滋味，并无彻底捣碎唐朝政权的雄图大略。然而，就是这样一个目光短浅的无赖之徒，竟然把大唐皇帝打得溃退千里，足见"假阳行阴，乘疏击懈"计谋的效力了。

战争中不乏挂羊头卖狗肉之事，商场上也常用假阳行阴之计，当对手疏忽懈怠地，割取他的脑袋他还不知道是谁下的毒手。商业竞争中自然也就常用"乘疏击懈"之计从对手手中突然抢取自己所需要的东西了。

广结善缘——蜘蛛结网术

多一个朋友多一条路，处世以和为贵，即使做不成朋友，也切忌树敌。凡成大事者，必有众人相帮，毕竟一个人的力量是有限的。

和气致祥　相安无事

春秋争霸，虽然大都处在你死我活的打斗之中，但是，在各诸侯国之间，以及各诸侯国与外族之间，也不乏和平友好相处的时期。并且，在争夺霸权的斗争中，这种和平共处也是一种重要的谋略。魏绛和戎就是一例。

晋悼公对内政大力进行整顿，君臣之间团结一致，国力强盛起来，声威大震，北方的戎人不敢侧视。公元前569年，北方戎人无终部落酋长喜父派孟乐到晋国，通过魏绛的关系给悼公献上了一些虎豹皮，请求晋国与戎人各部落讲和。

对于戎人的纳贡求和，晋悼公不想应允。他说："戎狄他们都不讲信义，贪得无厌，不如讨伐他们。"

魏绛分析了当时晋国所处的地位和形势，劝谏晋悼公说："各诸侯刚刚归服我们，陈国也是在最近才归服与我们，并且正在观察我们的表现。如果我们有德他们就会更亲近我们，否则，就会背叛。现在如果我们兴师动众去征伐戎狄让楚国乘机攻打陈国，而我们又不能去救援他们，这实际上是抛弃陈国。中原诸国也必然会背叛我们。戎狄本来就难以驾驭，如果我们征服了戎狄却失去了中原各国，恐怕得不偿失吧！"接着，魏绛向悼公讲了后羿的故事，劝诫悼公不要过分热衷于田猎等事。

听了魏绛的话，悼公仍然犹豫不决，他问："还有没有比跟戎狄讲和更好的办法呢？"

魏绛回答说："与戎人讲和，有五大好处：戎狄四处流动，逐水草而居，他们重财轻土，我们可以把他们的土地买来，这是第一点；边疆不必再加强警备防守，百娃可以安心耕种，管理边疆农田的官员也可以完成任务了，这是第二点；一旦戎狄事奉晋国，四周各国必然被惊动，各诸侯会因为我们的威望而更加顺服，这是第三点；以德行安抚戎狄，能免去将士远征之苦，武器也不会被损坏，这是第四点；汲取后羿亡国的教训，推行德政，使远方的国家来朝，邻近的国家安心，这是第五点。同戎人讲和有这么多的好处，主公还是认真考虑一下吧！"

悼公听后非常高兴，便让魏绛和戎狄各部落结盟。

晋人和戎人讲和，使晋国解除了后顾之忧，同时，为其同楚国的争霸提供了兵力。悼公为了表彰魏绛和戎的功绩，给予他很高的奖赏。

和平共处在于相安无事，使各方能够合理地调配和使用人力、物力、财力，去攻克主要方向，解决主要问题，对付主要敌人。《壶天录》中说："和气致祥，乖气致戾，处家固然也，既涉世亦何莫不然！"从这个意义上理解，和平共处不仅可以作为政治外交谋略，而且还可以作为一种经济谋略和处世谋略。

李嘉诚先生是香港的十大富豪之一，《财富》杂志认为他的身家是 25 亿美元。他现控制了香港最大的上市集团公司，估计持有 5 家上市公司的股份市值为 120 亿元。他还持有市值 30 亿元的其他上市及非上市公司的权益，在加拿大及美国的酒店、地产、赫斯基石油的权益估计值 20 亿。在中国本土的发电厂、酒店、中信、港澳国际、英国柯路福石油等等的权益约为 20 亿，另有 10 亿元投产在欧洲、新加坡的金融市场或发展计划。有人曾经这样评价："单以商人的身份而论，李氏个人名下资产是亚洲第一，比较松下幸之助、堤义明或堤清二略多。"

李嘉诚先生的成功，除了靠勤劳和眼光锐利之外，与他以诚待人、以信待人，在稳健中求发展分不开。他 14 岁就到一家塑胶表带厂工作，并很快成为该厂的营业员。20 岁时，工厂升他为经理。但两年后，他用 7000 元储蓄开设了自己的塑胶工厂，取名为长江塑胶厂。后来，他在为他的公司命名时，也叫长江。李嘉诚先生曾对"长江"这一名字的寓意做过这样的说明，他说："如果你不要支流，你就不能汇流成河。"他希望这名字使他时常记着商人需要大量的朋友和同伴才会成功。因此，他在生意场上，常注意与同行们和平共处，让一些利益给对手。1985 年，他决定以配售方式在伦敦出售港灯 10% 的股份，当时港灯快要公布年终报表，而且这一年港灯的业绩出色。于是，李嘉诚派驻欧洲的代表马世民建议他延后出售，这样可以卖一个更好的价钱。嘉诚先生没有同意。他对马世民说："我们现在出售会留些好处给买家，将来再有配售时就会较为顺利。"

人们通常认为，商场如战场，竞争就是拼杀，互相吞并。然而，李嘉诚先生经常记住"长江"的含义，和平共处，百川汇流，获得了巨大的成功。其谋略的深刻内涵，确实值得我们研究和汲取。

网络众心　必须具海阔胸怀

天下已定，各位功臣翘首以待，总希望能有个好结果，有的已等待不及，早就在那儿争论功劳大小了。刘邦觉得，也该到了封赏之时了。

封赏结果，文臣优于武将。那些功臣多为武将，对此颇为不服，其中尤其对萧何封侯地位最高食邑最多，最为不满。于是，他们不约而同，找到刘邦对此提出质疑：“臣等披坚执锐，亲临战场，多则百余战，少则数十战，九死一生，才受赏得赐。萧何并无汗马功劳，徒弄文墨，安坐议论，为何还封赏最多？”

刘邦打了个形象的比喻，说：“诸位总知道打猎吧！追杀猎物，更靠猎狗，给狗下指示的是猎人。诸位攻城克敌，却与猎狗相似，萧何却能给猎狗发指示，正与猎人相当。更何况萧何是整个家族都跟我起兵，诸位跟从我的能有几个族人？所以我要重赏萧何，诸位不要再疑神疑鬼。”

众功臣私下的议论当然免不了，但毕竟与萧何无仇，对此事也就算了。

一天，刘邦在洛阳南宫边走边观望，只见一群人在宫内不远的水池边，有的坐着，有的站着，一个个都是武将打扮，在交头接耳，像是在议论什么。刘邦好生奇怪，便把张良找来问道：“你知道他们在干什么？”

张良毫不迟疑地答道：“这是要聚众谋反呢！”

刘邦一惊：“为何要谋反？”

张良却很平静：“陛下从一个布衣百姓起兵，与众将共取天下，现在所封的都是以前的老朋友和自家的亲族，所诛杀的是平生自己最恨的人，这怎么不令人望而生畏呢？今日不得受封，以后难免被杀，朝不保夕，患得患失，当然要头脑发热，聚众谋反了。”

刘邦紧张起来：“那怎么办呢？”

张良想了半响，才提出一个问题：“陛下平日在众将中有没有造成过对谁最恨的印象呢？”

刘邦说：“我最恨的就是雍齿。我起兵时，他无故降魏，以后又自魏降赵，再自赵降张耳。张耳投我时，才收容了他。现在灭楚不久，我又不便无故杀他，想来实在可恨。”

张良一听，立即说：“好！立即把他封为侯，才可解除眼下的人心浮动。”

刘邦对张良是极端信任的，他对张良的话没有提出任何疑义，他相信张良的话是有道理的。

几天后，刘邦在南宫设酒宴招待群臣。在宴席快散时，传出诏令：“封雍齿为甚邡侯。”

雍齿真不敢相信自己的耳朵。当他确信无疑真有其事后，才上前拜谢。雍齿封为侯，非同小可。那些未被封侯的将吏和雍齿一样高兴，一个个都喜出望外：“雍齿都能封侯，我们还有什么可顾虑？”

事情真被张良言中了，矛盾也就这么化解了。

论功封赏，这是件好事。然而，每次论功封赏都不可能面面俱到，结果总是一部分人笑逐颜开，一部分人心灰意冷，弄得不好甚至还会出现一些意想不到的副作用。本来是一件好事，到头来却没有收到好的效果。刘邦的论功封赏，的确体现了战争中以地位作用高低论功，在发现由此出现的一些矛盾后，又能以宽容为怀，化解矛盾。这种智谋既保证发挥了自己队伍中骨干的积极性，又能做到队伍的基本稳定。

《诗经》上说：“百川入海，有容乃大。”意思是说，千百条河流之所以能流入大海，是因为大海有兼收并蓄的宽大胸怀。无古今，无论政坛还是商海，都要能够容人，能够容纳不同意见的人，这样才能做到事业的兴旺。

北京有位厂长，很有容人的胸怀，在当地传为美谈。

有一次上级组织质量大检查，参加这次检查的不仅有主管局的领导、专家，各厂的一些技术骨干。有位外厂的小伙子在检查中，当着这位厂长的面提出了尖锐的批评："你们的计量器既不准确，也不齐备，你这个厂长怎么当的？"又说："计量是工业生产的眼睛，不抓计量，就等于眼睛看不见了，怎么抓产品质量？"

大概是年少气盛，往往得理不饶人的缘故吧，那位小伙子越说越尖锐，丝毫没有顾忌那位厂长的面子。

可是，厂长却颇有大将风度。这些尖刻、刺耳的话并没有引起他什么不愉快，相反他还连连说道："提得好！提得好！"这可不是那种敷衍搪塞式的一般表态，而的确是从心底里接受意见的态度。因为他知道，他厂里缺的就是计量方面的人才，没有人怎么能搞好计量呢？

他眼前一亮，这个小伙子不就是现成的人才吗？他赶快与兄弟厂联系，想方设法要把这个小伙子调来。经过努力，调动终于成功。小伙子果然是计量方面一把好手，全厂的产品计量都由他负责，产品质量自然上了一个新的台阶。

厂里还有位年轻的女技术员与车间的一位老师傅闹矛盾，弄得很不愉快。厂长批评这位女技术员，她不服气，当面和厂长争吵起来，还甩下手里的工作，扬言要调离这个厂。厂长并没有给她穿小鞋，从那以后就像没发生那回事一样。有一天厂里通知这位女技术员，说是要送她出去学习，让她把整套技术学回来，回来后就让她专门负责这个方面工作。当时，她简直难以置信这是真的。同时，她也为自己态度不好而感到惭愧。

学习回厂后，她主持编写了专门的《工艺手册》，成了厂里的技术骨干。过去，她一度打报告说要调走，学习回来后她却说："这回我是棒打也不走了。"

能有这样容人大量的厂长，厂里的生产还能搞不好吗？

礼下于人　卑躬屈节奉人才

燕王姬哙把王位传给他的宰相子之。子之做了三年国王，燕国大乱，百姓怨恨，齐国乘机进攻燕国，燕国大败，子之被杀。过了两年，燕国贵族立公子平为国王，就是燕昭王。经子之之乱和齐国的入侵，燕国被糟踏得残破不堪，国都蓟几乎成了一片废墟。燕昭王决心改革政治，加强军事，发展生产，使燕国强盛起来，以便早日报齐国入侵之仇。于是他特地去请教郭隗先生，说："齐趁我国内乱攻破我们。我很清楚燕国地方小，人力弱，谈不上报仇。然而，请到能人共理国事，以雪父王之耻，我的愿望在此！请问报仇该怎么办？"

郭隗先生听了回答说："开创帝业的人常与师长共处，建立王业的人常有良才相伴，完成霸业的人必有贤臣辅佐，而亡国之君就只会跟奴才们混在一起。若能放下架子，尊能人、贤者为师，恭恭敬敬地向他们学习，那么，才能胜过自己百倍的人就会到来；若能以礼事人，虚心受教，那么，才干胜过自己十倍的人就会到来；如果别人怎样做，也跟着怎样做，那么，才能跟自己差不多的人就会到来；如果凭几执仗，横眼斜视，指手画脚，那么只有奴才们才会到来；如果瞪起眼睛，晃着拳头，顿脚吆喝，对人斥责，那么，来到的就只有下等的奴才，这些都是礼贤下士和招致能人所应注意选取的标准。大王如果能广选国内的贤才，尊奉为老师，亲自去拜见求教，天下都知道说大王礼敬贤才，那些有才能的人肯定会争先恐后集中到燕国来了。"

昭王说："我现在该向谁礼敬才行？"

郭隗先生道：我听说古代有个国君，花千金购千里马。三年没买到。这时宫中有个侍臣对国君说："请让我去买吧。"国君就派他去。找了三个月，果然找到一匹千里马；可是那匹马已经死了。侍臣就用五百金买下了那匹马的头，回来报告国君。国君大发雷霆，说："我要的是活马，死马有什么用？白白地丢了五百金！"那个侍臣："一匹死马还用五百金买来，何况活马呢！人们必定认为大王确实不惜重金购买良马，千里马很快就会送上门来了。"不到一年，果然送来了三匹千里马。现在大王真要招致人才，就从我开始吧。像我这样的人还能受到您的重用，何况比我更有才干的呢？难道他们不会不远千里而来吗？

燕昭王采纳了郭隗的意见，郑重地请郭隗到朝中来，拜他为老师，日夜和他商量复兴国家的大计。为了表示对郭隗特别尊敬，给郭隗以优厚的待遇。当时燕国的宫殿被战火烧了，燕王自己没有像样的宫殿居住，和大臣们一起办事也是在临时搭的简陋草房内，却单独给郭隗筑起一个高台上给他建筑了华丽的馆舍，又举行了隆重的仪式，恭恭敬敬地请郭隗到里面居住。还在这高台上放置许多黄金任郭隗取用。人们都称这高台为"黄金台"。

这件事很快传遍四方，人们都知道燕昭王敬重贤才，尊重人才，一些有真正本领的人，都先后聚集到燕国来。著名的军事家乐毅从魏国来到燕国，善于带兵打仗的剧辛从赵国来到燕国，精通天文地理的阴阳家邹衍从齐国来到燕国……这样许多豪士云集燕国。28年后，燕国果真殷实富强，以乐毅为统帅的四国合纵军长驱直入齐国，雪了先王之耻。

网罗人才需要有足够的吸引力，卑躬屈节地侍奉贤者当然是一种手段，但利用人才之间的攀比和竞争心理，造就有利于人才生存，人尽其才的有利条件，更可以吸引大批人才不请自来，造成人才队伍不断壮大的良性循环。郭隗也许说不上大才，可连郭隗也被燕王如此器重，更何况大才。敬重郭隗只是一种号召、一种榜样、一种象征，它必然产生强烈的社会效应，促使信息迅速传播，给人才的心理产生有效震动。这比君王屈尊下士，一个一个地前往访求对人才的影响更广泛、更强烈。

现代的企业家中，在招募人才时，应该说也有从这历史故事中受到启示者，珠海市重赏科技人员就是一例。

珠海市1992年3月重奖科技人员的冲击波在全国引起了轰动。

3月9日，珠海市召开了1992年度科技进步突出贡献奖励大会。会上，荣获特等奖的迟斌元、沈定兴、徐庆中三人分别被奖励奥迪牌小轿车一辆、三室一厅住房一套和巨额奖金。

这些获奖项目，是经过奖励委员会严格评审定出的，都是技术较为先进，为国家创造了巨额财富的项目。

如珠海特区生化制药厂厂长、高级工程师迟斌元以其研制的特效止血药品"凝血酶"获得特等奖，在他领导下的生化制药厂，在短短两年间，就以一流的技术开发出一流的产品，并创造了一流的效益。1991 年，这家仅有 50 人的企业完成了 3000 多万元产值，人均创税利达 12 万元。因此迟斌元除获奖小汽车一辆、住房一套外，还获得 26184 元奖金，奖品总值近百万元。

港台和内地有些科技人士对珠海的做法表示不解，认为像"止血酶"之类的项目并非尖端科技，并不值得如此重奖。但珠海市政府却认为，他们评出的项目，都属于科技含量高的项目，都能为国家创造巨额财富，重奖他们，就可以使珠海在全国树起一面重用科技人才的旗帜，使人们看到搞科技也可以成为"百万富翁"，那么更尖端更先进的项目自然也能在珠海落户。

现在看起来，珠海市以百万元重奖科技人员的"尊贤致任"之举已达到预期的目的。珠海市科技部门在不到一个月的时间内，收到海外留学人员来信 200 多封，其中不少要求到珠海工作和定居；国内也先后有 100 多人次带着 30 多个高科技项目来洽谈，一时间珠海呈现出一股科技潮。

1992 年 10 月份，珠海市又准备购买一批房屋与小汽车作为次年奖励之用，这种重奖今后还将每年进行一次。《羊城晚报》10 月 23 日在头版头条以《珠海市重奖文章续笔有神》为题，对珠海这一做法给予了高度的评价。

婚姻纽带联结"家族集团"

人们知道，"秦晋之好"是形容男女婚姻的一个专用词语。但是，有的人未必了解，在"秦晋之好"这个词语后面，隐藏着一个谋略——联姻外交。

秦国在春秋初期还是一个建国不太久的小国。秦国的始封君非子，曾替周孝王养马，因其养马很有成绩，孝王便在天水附近封给他一块地，作为周的附庸。周厉王时，犬戎势力强大起来，逐渐向东扩张，宣王命非子之孙秦仲为大夫讨伐犬戎，却被犬所杀。于是，宣王又派秦仲的儿子秦庄公继续对戎人作战。在周王室的支持下，收复了失去的土地，阻止住了戎人的东进。庄公子之秦襄公继位时，周幽王被杀，犬戎进攻镐京，襄公曾出兵救周。周王室东迁，岐山以东一带的土地已无力控制，平王对公说："戎人把我岐山和镐京的地方都侵占了，你向戎人攻击，能打到哪里，哪里就属于秦所有。"襄公和他的儿子文公都对戎人进行征战，秦文公把戎人赶走，夺回了被抢去的周地，从而全部据有西周关中的地盘。进入春秋不久，秦国就东与周王室为邻，南已越过秦内参，东北与晋隔河相望。

八百里秦川的关中平原，具有良好的自然条件，给秦国的进一步发展提供了雄厚的物质基础。到秦穆公时，秦国已具备了较为强盛的经济力量。于是，穆公开始积极展开对外军事、政治斗争，即位不久就跨过黄河，灭掉了犬戎。

然而，秦国要向中原发展，首先接触的便是晋国。

当时晋献公也正在扫灭周围的小国，开始为晋国图霸奠定基业，国力日盛强大。如何与晋国交往？秦穆公经过一番思索，决定采取联姻的策略，与晋国建立和好的关系。于是，穆公让大夫公子絷代其向晋献公求婚，请求晋侯将长女伯姬嫁与穆公作夫人。穆公的请求得到了献公的应允。由此秦晋两国以婚约为纽带，和好相处。晋献公死后晋室发生动乱，秦穆公还支持公子夷吾平息动乱，并拥立夷吾为君，即晋惠公。

秦晋联姻还使秦国得到了两位有才干的人：蹇叔和百里奚。百里奚是虞国的大夫，晋灭虞时当了俘虏，献公把他作为女儿的嫁奴仆送给秦国。到秦国后，百里奚向穆公阐述了秦国富国强兵的策略，他说："秦国所占据雍岐地方，原是周文王与武王发迹的地方，山如犬牙，原如长蛇，周不能守，而给了秦国，这真是上天要开创秦的大业。现在西戎的边沿，有数十个小国，如果兼并他们，有其地可耕田，有其民可以作战。这是其他诸侯不能与君相比的。先占据了西部，然后扼山川之险，以临中原，乘隙而进，霸业就可以成。"随后，百里奚推荐他的朋友蹇叔为上卿。蹇叔也向穆公进言图霸之策。他说："现在齐侯已老，霸业将衰。立公如果能善抚诸戎，征其不服者。征服了诸戎，然后训练兵卒，等待中原有变故。在争霸之后，布以德义，这样霸业就可成。"秦穆公得百里奚、蹇叔二人辅佐，国家大治，国力更强，便向东发展，争夺霸权。

联姻外交，利用姻亲纽带，巩固双方的关系，这一谋略自古至今都被世人推崇和选用。通过姻亲纽带建立起来的关系，一般来说，比较牢靠，即使有裂痕也较容易修补。当然，这要排除美人计式的姻亲。美人计与联姻外交的区别在于，美人计意在迷惑对方的视听，消磨对方的志气，削弱对手的威望，最后达到俘获对手，而联姻外交是施计者主动请求缔结秦晋，并以达到双方和好为主要目的。

联姻外交不仅在政治斗争中动用，而且，在商战中也是可以运用。被人们称为"台湾经营之神"的台湾首富王永庆，就曾经得益于姻亲关系。

有人曾这样说，要了解王永庆在商场一帆风顺当要了解台湾三大家族的背景。这里所说的台湾三大家族，就是王永庆、辜振甫、蔡万春。台湾的三大家族被人们称为"裤头连三家"。核心人物就是警备司令陈守山上将。陈守山的女儿嫁给蔡万春的妹妹蔡玉兰的儿子曹昌祺，而蔡万春的妹夫曹永裕也是台湾的富商。陈守山另一女儿又嫁给王永庆的弟弟王永在的儿子，而陈守山的堂兄陈守实又是台湾信托总经理辜濂松的妹夫，辜振甫亦是台湾信托等台湾大企业的经营者。

港台报刊曾这样评价：在台湾，警备司令的权力十分大，可说是拥有直接影响民生最大权力的人。台湾三大家族与警备司令有了亲戚关系，办事自然方便得多。这一评论，道出了联姻外交谋略在商战中的重要作用。

不拘一格　高薪厚禄招贤能

秦始皇的著名宰相李斯在回顾秦国发迹史时，曾经说过这样一段话："在秦穆公的时候，从西边的戎人那里得到了由余，从东边的宛地得到了百里奚，从宋国接来了蹇叔，从晋国迎来了邳豹、公孙枝，这些人都不是秦国人，而穆公能够信用他们，兼并了20个国家，称霸于西方。"的确，在秦穆公图霸的活动中，广招人才，任用贤能，是其极富特色的谋略。

秦穆公招百里奚和蹇叔还有一段生动的故事。

百里奚是虞国人，家境很贫苦，到了中年的时候才外出谋事。他先到齐国游说，可是没有人用他，常常苦到靠讨饭度日。后来，他到了宋国，遇见隐居僻壤的蹇叔，两人很是投机，成为至交。他们一起来到王室帮王子颓养了一段时间的牛，后见王室纷乱，便离开了王室，回到故乡。晋国灭虞后，百里奚成了晋国的俘虏，后被晋献公作为女儿的陪嫁奴隶送往秦国。在往秦途中，百里奚逃到楚国的宛地，靠养牛看马为生。

秦穆公发现晋国送来的陪嫁奴隶中少了百里奚，追问中，得知他是一个有才德的老人，正在楚国放养牛马。穆公想，如果向楚人说明百里奚的才德，这样楚人肯定不会放人。于是，穆公指使大臣向楚人只说百里奚是一个在逃的老奴隶，以当时一个奴隶的身价（5张羊皮）赎回百里奚。当百里奚到了秦境后，秦穆公便热情地接待他。并在宫中同百里奚谈了三天三夜，更觉得他是治国之才，便把国家大事交给他管。百里奚推荐蹇叔，说蹇叔是一个很有政治远见的人。于是，秦穆公用隆重的礼节请来蹇叔，叫他做上大夫。蹇叔和百里奚成了秦穆公的左、右宰相。

秦穆公还任用百里奚的儿子孟明视、蹇叔的儿子西乞术和白乙丙为秦国的大将，帮助秦穆公训练军队，振兴武备。晋国人邳豹、公孙枝及后来戎人的使节由余，这些不同国别、不同出身的有才能的人，也纷纷为秦穆公所重用。在秦穆公称霸的活动中，百里奚等将相起了很大的作用。可以这样说，秦穆公的霸业，正是从全方位招贤用贤开始的。

人才问题，历来是成就大业者重视的问题。《孙子兵法》云："夫将者，国之辅也，辅周则国必胜，辅隙则国必弱。"也就是说，将帅是国君的助手，如果辅佐周到，国家就会强盛；如果辅佐疏忽，国家就会衰弱。然而，用人之道各有不同。秦穆公不分国籍、不分出身、不分老幼，全方位地招揽人才，任用贤能，可以说是用人之道高人一等。这也是秦国能称霸西部的重要原因。

"全方位招贤"也是商战取胜的重要谋略。一些经济发达国家，经济之所以发达，与他们的广用人才分不开。美国在二次世界大战后采用重金礼聘政策，以年俸1.5万到4万美元招募科学家，加之美国当时已成为世界科学中心，结果，其他国家的许多科学家都纷纷聚集美国，这对美国经济发展起了重大作用。

全方位的网罗人才，也是企业兴旺发达的关键之一。山东有个南李屋村，他们成立的"南里"公司，在用人策略上就与其他村办企业不同。别人是"借脑袋生财"，人才不过是高级"借用品"，始终处于配角和从属地位；而他们则是"搭一个戏台，让人才唱主角"。

"南里"公司聚拢人才的方式也是多渠道、全方位的。具体说就是：第一，发挥优势就地"挖"。他们从毗邻的胜利油田这一人才密集型企业聘来高级工程师、工程师、会计师、律师和技师等，还聘用了不少离退休技术人才，有30人由油田职工变成了南里公司员工；第二，根据需要外地"引"。他们先后从山东、北京、湖南、辽宁等地引进化验、电器、化工、外语、贸易和管理等人才近40名；第三，瞄准学校登门"求"。他们先后从大专院校物色到14名毕业生。都通过正常渠道来到"南里"；第四，厂校挂钩主动"训"。他们与清华大学铸造教研室建立起项目协作关系，先后派4批技术人员前往进修培训。此外，南里公司还把招募人才的触角伸向海外，招来外国专业人才加盟其在外的办事机构。

各方人才的引进，使南里公司的事业迅速发展。1992年6月成立"南里"威远公司，投资739万元，在威海经营房地产开发业务，仅半年时间就增值到1164万元。同时成立的"南里"青岛公司，是由大学生组成的"学生军团"，他们利用青岛的旅游优势，与台商、港商合作开办"三和"文化娱乐公司，一次购买20部"拉达"轿车搞出租服务，经营十分红火。现在，南里集团已经走出了渤海湾，走向太平洋，走向了世界。

广结善缘　必得好报

孟尝君以养士而闻名。一次，他的门人冯煖到孟尝君封地（薛地）收债，他收了能还者的债契，不能偿还者，一一验证了契卷后，出人意料的大声宣布："所有债务全部免除。"随着一阵青烟，契卷被付之一炬。"孟尝君万岁！"面带笑容的债民们不自禁地喊出了口号。

这是春秋时冯以门客的身份，为孟尝君"举义"的一个场面。冯煖此举，并非全是为了民生之苦，而是富有远见的为孟尝君留取资本，后来的事实验证了此点。

齐国新王即位，孟尝君失宠，由国都被逐往薛地。孟尝君凄惶茫然之时，见封地的百姓成群结队到百里之外的大路上跪迎他。

在薛地，孟尝君受到了拥戴使齐王震惊，齐王因此向孟尝君道歉。一年后，居然答应将宗朝建在薛地，并隆重迎接孟尝君回国都作相。

多栽花，少种刺；多铺路，少拆桥。这是古人教育后辈晚生的诚言。冯煖所为，实不难让人领悟其中所蕴含的智慧。

近代以来，搞民意测验，常有一些反常现象，得票率高的往往不是那些争强好斗、激进偏持的人，善搞中庸调和的人往往最有群众基础。

谁不得人心，谁就处处碰壁。谁能广结善缘，谁就朋友满天下。

网络关系　能量无边

为了达到某种目的，说服他人接受你的建议，可供选择的有效方法之一，就是设法找到和他有亲近关系且赢得他信任的人，让他帮你去说服。

这就是"关系学"。人是有感情的动物，对于有亲近关系的人，由于心理上有一种认同倾向，或碍于情面，一般不会轻易拒绝对方，正是这种心理，为人们提供了可以利用的机会。

张仪做秦国宰相时，有一次，秦王对楚怀王提出要求，想将商于之地和楚国的黔中之地交换。这时，楚怀王说："交换土地，还免谈罢！但是，如果你交出张仪，我愿意把黔中之地免费奉送。"

张仪由于此前多次欺骗楚王，使楚国蒙受重大损失，所以楚王对他自然是切齿难忘，只想抓到张仪，将其碎尸万段。

张仪听到这个消息，便对秦惠王说："让我去一趟楚国吧！"

到了楚国之后，张仪马上找到以前的老朋友靳尚。靳尚是楚怀王信赖的近臣，又是楚怀王宠妃郑袖的得力助手。张仪想靠靳尚和郑袖这两位楚王亲近的人来帮助自己脱离险境，完成使命。

楚王见到张仪之后，不分青红皂白就地逮捕他，欲置之死地而后快。这时，靳尚立刻挺身而出，向郑袖说道：

"我看不妙了，大王对您的宠爱，恐怕就到此为止了。"

"到底因为什么呢？"

"大王想杀死张仪，可是张仪却是秦王的宰相。秦王为了救出张仪，打算把上庸的土地和美丽的公主送给楚王，而且公主还将带来漂亮的歌妓。这样一来，大王一定会宠爱秦国的公主，而不再宠爱你了。为了巩固你的地位，无论如何，必须赶快让大王释放张仪。"

靳尚的这些话自然都是张仪教唆的。

郑袖岂可让秦公主横刀夺爱？于是便向楚王哭诉道：

"一个做臣子的，替他的国君效忠，那是理所当然的，你怎么能单单责怪张仪呢？再说，我们又没有送秦国土地，而秦国却先派张仪过来，这就是对方相当看重我们大王的证明。然而，大王不但没把他当使者看待，还想杀死他，这显然会触怒秦王的，万一秦国兴师问罪，怎么办呢？我不想就这样被杀，希望你休了我，让我带着太子离开吧！"

楚怀王见此情景，不得不重新加以考虑最终还是释放了张仪。

张仪就这样利用了靳尚、郑袖和楚王的亲近关系，逃离了虎口，使得自己的游说生涯能继续维持下去。

顺境中传播爱之种

在逆境中，借机深入观察自己，对自己思考的时间会很长，是有一定程度的内省期，此时须锻炼自己。

可是，在顺境中又该怎么做呢？在顺境中更应该去实践爱，不能只利己，正因为在顺境，才更应该以灵性的眼光去投资，为求得真理投资。总而言之，必须以行为给予他人爱。

这绝不是说要去计算得失。在顺境中播种爱的种子，会使人们在逆境中得到应有效应，在自身处于逆境时，人们也会伸来援救之手的。

这种想法较单纯，但是，这才是真正使你常胜的理论。

可是，往往人们处于逆境时，奢望这逆境中所没有的东西，悲叹自己的不幸，依赖他人之力。而在顺境之时反过来变得傲慢凌人，自认为是靠自己的力量成功，而萌发出傲慢的萌芽。于是，别人会离他而去，顺利的时候还好，但风向一旦变化，便会一败涂地，无人前来救援。

得意之时，形成干涸的自爱，认为接受他人的爱是当然的，出人头地也是当然的，对这种认为理所当然的人，即使实际上已经处于失败的边缘，别人也不愿意说出自己的意见。

仿佛变成了舞台灯光下的小丑，在灯光下独舞，而当留意到已没有一个客人在场，初次与严峻的现实抗争的时候到来了，这时候才去考虑这到底为什么？到底错在什么地方？

另一方面，在顺境中不忘记对他的关心，不断地播种爱之种的人，当自己陷于困难的局面时，可以确定会出现前来援救之人，这是毫无疑问的。这是因为他对人关心，有爱心，成为给他人的希望，这种行为还会产生"德"，这所谓的"德"即可以在危机时呼唤援救之人，绝无例外。

傲慢无比的人，格外需要注意。手脚伶俐之人，获得单纯成功便立即喜悦的人，要格外注意。

第五篇

处世糊涂学

篇首语

　　装聋作哑，扮痴卖傻，听而不闻，闻而不言，言而不动，这就是处世糊涂学的至高境界。

　　聪明难，糊涂更难，由聪明而糊涂尤其难。"大肚能容，容天下难容之事；笑口常开，笑天下可笑之人"。弥勒佛之所以能日进万金，全仗他的心理功夫。

　　太较真，活得累；聪明反被聪明误。这已经是屡试不爽的了。

第一章

处世糊涂学原理

养精蓄锐　以逸待劳
——并非养尊处优

养精蓄锐是一种积蓄力量、从容应变的策略，但养精蓄锐不等于养精处优，而是蓄力待机而动，给敌人以致命一击。何以如此？盖因养精蓄锐者虽胸怀大志，但却没有自立门户的能力，只能暗自积蓄实力，蓄养精神，以待展宏图大志。

以逸待劳与养精蓄锐有异曲同工之妙。以逸待劳重视实力的转换，避免正面强攻，以消磨敌人的锐气，其基点在于增益自己，耗损敌人，俟敌疲而为我所乘。

韩侂胄谋权势逐贤

南宋光宗时的宰相赵汝愚约朝臣韩侂胄，密请于高宗皇后吴氏，逼迫光宗为太上皇，拥立赵扩为帝，是为宁宗之事。赵汝愚借外力以获成功，但未获利，反遭其祸。

赵汝愚字子直，是宋的远房宗室，幼年家贫，但心怀大志，苦学不辍，终于以进士第一而挤入宦途。尔后仕途平坦，官运亨通，直升至知枢密院事，入居宰执，与吕留正共秉大政。只因秉政，才有可能卷入这场宫廷政变之中。当宁宗得立，韩侂胄便想借此得到功赏和高官。赵汝愚认为："吾宗臣也，汝外戚也，何以言功？惟爪牙之臣，则当推赏。"竟不能满足韩侂胄的愿望，而且结下怨恨。

原来南宋之初，士大夫们喜谈论学术，渐分为两派，一派以提倡程颐理学为主，一派则提倡王安石的功利思想，两派见解不同，不断争执辩论，乃至以此为党。在政治上进行打击。在孝、光之世，朱熹提倡理学，甚有声望。宁宗即位，赵汝愚即推荐朱熹为侍讲，给宁宗讲学。朱熹虽是学者，但对时政也很关心，看到韩侂胄"时时乘间窃武威福"。便向赵汝愚出主意。"当用厚赏酬其劳而疏远之，汝愚不以为意。"于是，朱熹借讲学之时，向宁宗进言道："陛下即位未能旬月，而进退宰执，移易台谏，皆出陛下之独断，大臣不与谋，给舍不及议。此弊不革，臣恐名为独断，而主威不免于下移。"实际是指韩侂胄居中用事。韩侂胄闻之，便以朱熹迂阔不可用，力主罢去朱熹侍讲之职，而赵汝愚却不能挽回此议，反与韩侂胄结怨更深。

以赵汝愚的看法，韩侂胄"易制不为虑"。不想韩侂胄抢先控制台谏，掌握言路。然后以"彼宗姓，诬以谋危社稷，则一网无遗"。将赵汝愚罢相，并以"伪学"之名，将赵汝愚的同情者加以贬逐，韩侂胄的权势也就此稳固。

赵汝愚在这场政变中，借助韩侂胄这个外力，没有加以甄别，对其又不设防，最终败在外力之手，这正是不善用谋者。史臣评论："汝愚独能奋不虑身，定大计于顷刻，收召明德之士，以辅宁宗新政，天下翕然望治，其功可谓盛矣。然不几时，卒韩侂胄所构，一斥而遂不复返，天下闻而冤之。"这也是对赵汝愚不善甄别人物的评价，然史臣不知政治斗争的残酷性，竟然以"信非人力所能"来自圆其说，也说明政治斗争的复杂性。"益之有损，损之有益"，用谋者焉能不慎！

武则天的"软肋"

中国历史上唯一的女皇帝武则天，通过种种手段，牢牢地掌握权力，"人人屏息，无敢议者"，是有名的铁女人，堪称是强者。即使如此，她仍存在许多难弱之处，使政敌有机可乘。

提起武则天的难弱之处，莫若她的继承人的问题。武则天共生有四子，长子李弘，年仅24岁便死了，据说是她给毒死的。次子李贤被立为太子，但宫中窃议，认为李贤是武则天姐姐所生，使李贤"内自疑惧"。因为李贤是武则天当皇帝的障碍，所以武则天把他流放到巴州，后来还是杀掉。三子李显继为太子，在高宗死后不久，被武则天废掉。另立四子李旦为帝，由武则天完全掌握权力。武则天当皇帝之后，又被改为皇嗣，赐姓武氏。武则天当了皇帝，武氏家族兴起，作为武则天的侄子武承嗣、武三思，看准这个时机，千方百计想谋得继承位置，认为"自古天子未有以异姓为嗣者。"这确实使武则天犹豫不决。

早在李贤"内自疑惧"之时，李贤为谋求自固，就曾作一首《黄台瓜辞》，命乐工歌之，以期感化武则天。歌云："种瓜黄台下，瓜熟子离离。一摘使瓜好，再摘令瓜稀，三摘犹尚可，四摘抱蔓归。"虽然武则天为了权力不能丢失，将李贤杀死，对另外两个儿子也不尽情理，但始终没有听别人的谗言而加害他们，可见母子之情尚存。母子之情可以说是武则天的弱点。忠于李唐王朝的政治势力，也就利用这点，保护李家这两个继承人，并以此在政治上占有一席之地。

武则天称帝以后，追封五世祖为皇帝，立武氏七庙于洛阳，尽王诸武，说明武则天对武氏的眷恋和依靠。在唐王朝时，父系为主的习惯已经形成。那么，父死子继是必然的，而母死子继也因血统最近是合情理的。不过，这样一作，继承权无疑要落到李唐子孙手里，武周王朝就会夭折。如果立武家子弟为继承人，武周王朝是延续下来，但毕竟血统有别。既恋亲子，又不放心武氏，这是武则天之难。武氏诸王就利用武则天之难，不断扩大势力，期望控制朝中大权，并力争继承之权，以使武氏在政治上保持绝对的优势。

对于武则天的难弱，忠于李唐王朝的政治势力和武氏政治势力都很清楚，关键在于谁能制造出制胜的机会。在这一点上，处于劣势的忠于李唐王朝的势力把握住要点，力争"损上益下"，争取达到"其道大光"，以完成复唐大业。

首先，忠于李唐王朝势力的主要人物狄仁杰，趁武则天犹豫不决时，及时地从容进言："文皇帝（李世民）栉风沐雨，亲冒锋镝，以定天下，传之子孙。陛下今乃欲移之他族，无乃天意乎！且姑侄之与母子孰亲？陛下立子，则千秋万岁之后，配食太庙，承继无穷；立侄，未闻侄为天子而祔姑于庙者也。"武则天虽然以"此朕家事，卿勿预知"为辞，但狄仁杰自恃为武则天股肱，强进所言，并借武则天迷信，为之解梦，打消武则天立武氏为继承人的意图。趁此机会忠于李唐王朝势力的其他人也加紧活动，使武则天召回贬在外地的李显，册立为太子。这样忠于李唐王朝的势力便获得初步胜利。

其次，忠于李唐王朝的势力为清除武则天所难，实际上是为了保持和扩大胜利成果，开始安抚武氏政治势力。在正式册立李显为太子时，忠于李唐王朝的势力主张让太子与诸武盟誓，以示永远和睦相处，不得加害对方。于是"即引诸武及相王（李旦）、太平公主（武则天之女）誓明堂，为铁券使藏史馆"。这算是排解武则天之难，也使忠于李唐王朝的势力得到安全。

消除武则天的难弱，这对于忠于李唐王朝的势力来说，是至关重要的。上述手段固然起到一定的效果，但保持下去也是不容易的事。在忠于李唐王朝的势力顺利发展之时，有一位名叫吉顼的人，与武懿宗争功。"顼魁岸辩口，懿宗短小伛偻，顼视懿宗，声气陵厉。"这样便使武则天顿然感觉诸武将来的处境，很不高兴地说："顼在朕前，犹卑我诸武，况异时讵可倚邪！"其难弱痛处再现，眼见忠于李唐王朝势力的努力前功尽弃。幸好吉顼善为口辩，在被贬官辞见武则天时，陈说道："合水土为泥，有争乎？"武则天不知何意，便回答说："无之。"吉顼又说："分半为佛，半为天尊，有争乎？"武则天说："有争矣。"然后吉顼顿首道："宗室、外戚各当其分，则天下安。今太子已立而外戚犹为王，此陛下驱之使他日必争，两不得安也。"此一陈说使武则天反悔之心暂安，也使日后在武则天老病之时，忠于李唐王朝的势力有能力发起政变，成功地恢复李唐国号。由此可见使用以逸待劳之计的侦其难弱，制造胜机而攻之的手法，其中变化是相当复杂的，其关键就是制造胜机，并且一定要抓住胜机，才有可能获得成功。

曹彬人多乱阵脚

北宋初年，大将曹彬等奉太宗旨意率军收复幽、蓟等州，其时正率部往涿州行进。

契丹军一方由大将耶律休哥统领，耶律休哥因为所率人马不多，不敢正面迎战。只是派遣精锐骑兵，截击宋军粮草，一面急报契丹军，速发援兵。契丹萧太后

得到耶律休哥的禀报，亲自率领雄师前来增援。

耶律休哥得知援军很快就到，便先率军到了涿州。同时想了个消耗宋军实力的办法，他命令轻兵向宋军挑战，待宋军前来迎战时，则一战即退。等到宋军吃饭时再冲杀过去，待宋军放下饭菜挥戈还击时，他们又且战且退，撤至远处。这样每天重复几次。到了夜间耶律休哥派人藏在峡谷之中，或吹口哨或击鼓，待宋军杀出却又不见一人。这样宋军日不得食，夜不能眠，哪里还行走得动。只得结成方阵缓缓而行。这时正值盛夏时分，红日当空，没有丝云片雨，军士们汗淌遍体，口渴难忍，沿途又没有水井，大家只得喝路旁小河沟里的脏水。这样整整走了4天才到了涿州。

曹彬这里刚刚准备安营扎寨，休整人马，侦察人员来报说："耶律休哥又统兵前来。"曹彬一听连忙命令各军列阵迎敌。这时又有侦察人员前来禀报说："萧太后及契丹国主耶律隆绪已经带国中全部精锐部队前来接仗了。"这一报可不得了，宋营将士无不为此大惊失色。曹彬和大将米信商议说："我看全营兵士已经筋疲力尽，粮食又快吃完了，怎么能与这样强劲之敌对抗呢？不如暂且退军，等待适当时机再进军出击。"米信说："将军说的对，知难而退这是行军的要诀，您别再犹豫了，咱们赶快退兵吧。"

曹彬下令退兵，没想到这一退，全营兵马顿时乱了阵脚，横不成列竖不成行，向南溃逃而去。

耶律休哥正在前进之中，闻听宋军已退，快马加鞭紧迫不放。追至岐沟关赶上宋军，宋军这时无心恋战，勉勉强强挥戈交锋。这样毫无士气的疲惫之师怎么能战得过耶律休哥的精锐之旅呢？况且连日来契丹军养精蓄锐，宋军困顿劳饿支撑不住，于是继续退却，曹彬、米信也没办法只得随军后退。

好不容易奔到沙河，看看追兵已远，大家濒河休息，埋锅造饭准备夜餐。忽然又听战炮连天，契丹兵追赶而来。曹彬、米信等不敢再战，充食忍饥，慌忙率部渡河南走。宋军过河的人马还不到一半，契丹兵已经杀到，把宋军杀得人仰马翻。宋军被杀死、溺死的人马不计其数。

至此契丹军大获全胜。耶律休哥请求乘胜南逼，萧太后说："盛夏季节不利行军，宋师正是犯了这个大忌，所以败绩，我军万不可重蹈他的覆辙。"于是下令班师回朝。

李文忠以逸待劳胜券在握

洪武二年（1369年）春，征虏副将军偶罹暴疾而亡，太祖悲悽万分，痛不欲生，追封开平王。诏命李文忠代常遇春职，趋会大将军徐达雄帅，助攻庆阳。

李文忠兵至太原，闻报：元将脱列伯围攻大同，大同危在旦夕。李文忠对左丞相惟庸等诸将说："将在外，军命有所不受，总归有利于国，专擅也无妨。今大同被围，宜速去救援，若必禀命而后行，岂不坐失良机？"遂率军出雁门，行至马邑，与元平章刘帖木率领的数千游骑相遇。李文忠指挥部下，与敌接战，大败元军，擒元将刘帖木。挥军进至白扬门，择地安营扎寨。是夜，天降雨雪，满山皆白，李文忠丝毫不敢放松警惕，引亲兵数人满山巡视，极目远眺，觉雪地上似有行人踪迹，立即策马还回，督军前移 5 里才阻水立寨。诸将对李文忠的决定疑惑不解，李文忠道："我察看雪山地形，前扎营之地，是元军伏兵出没的地方，很危险。今移兵此地，稍觉安稳，但须严加防范，没有号令不得轻举妄动。"果然不出李文忠所料，天刚午夜，元军便乘夜劫营，李文忠下令营门紧闭，坚守不动。元军恃勇冲突，被如飞蝗般的炮矢射退。天色微明，李文忠秣马厉兵，发两营军士前去挑战，饬令奋斗死战，尽可能把时间拖得越长越好。元军脱列伯营中，折腾了一夜，正在准备早饭，见明军已经杀来，也顾不得吃早饭，强打精神上马迎敌。杀了几个时辰未分胜负，在营中静待的诸将屡劝李文忠发兵增援二营，李文忠泰然自若，并不发兵。待元军又累又饿疲惫不堪时，李文忠陡然上马，率两路大军左右夹击，如泰山压顶般地包抄过来，可怜饥肠辘辘的元军，欲战无力，欲逃无路，个个六神无主，惊惶失措。脱列伯见腹背受敌，欲打马逃遁，李文忠赶上一枪刺中其马首，战马负痛跳躜前蹄，将脱列伯掀于马下，遂被明军生擒活捉。余众见主帅被擒，纷纷下马乞降，李文忠大获全胜。

设置埋伏消耗敌人

1450 年，土耳其苏丹穆拉德二世集结了土耳其的全部兵力 10 万人进攻阿尔巴尼亚，决定给阿尔巴尼亚最后一击。穆拉德带着自己的儿子御驾亲征，志在必得。

土军径直攻向阿尔巴尼亚首都克鲁雅。阿尔巴尼亚领袖斯坎德培在国内宣布总动员。国内一切适合服兵役的男子都响应了号召，几天就召集了 1.8 万名志愿军。斯坎德培针对敌我形势，周密地制定作战方略、调配军力。他将阿军分为三部分：一部分约 3500 人的部队留在克鲁雅要塞抗击来犯土军；另一部分 8000 人的军队由自己亲自率领，分布在克鲁雅北部的都美尼斯蒂山中，从这里部队能够攻击土耳其军队的营地；斯坎德培将第三部分阿军编成几个人数规模不大的支队，这些支队的特点是行动迅速、极为精干。斯坎德培把这些支队布置在斯库姆毕河流域，让他们埋伏起来，等土耳其军进攻克鲁雅经过这里时打击土军，消耗他们的实力，最大限度地使土军蒙受损失。同时，支队还将阻挠为入侵阿尔巴尼亚的土军提供粮草给养的商队，使土军后勤无继。斯坎德培调配布置完毕．就以逸待劳地"迎接"入侵的土军。

土耳其大军在穆拉德苏丹的统帅下，取道马其顿，浩浩荡荡杀奔而来。他们刚刚进入阿尔巴尼亚，就陷入了阿军快速支队的埋伏。土军不得不忍受突如其来的袭击。有时土军将阿军袭击部队追赶到阿尔巴尼亚的边远地区，但在这里，他们又陷入了阿军设置的另一个陷阱里。一路上，土耳其部队付出了重大代价。1450 年 5 月 14 日，土军才最终抵达阿首都克鲁雅，穆拉德苏丹指挥土军从四面包围了克鲁雅要塞。

留守克鲁雅城的阿军顽强抵抗。土耳其苏丹下令猛轰要塞。轰击之后，他要求阿军投降，遭到阿军断然拒绝。苏丹恼羞成怒，命令发起总攻。阿尔巴尼亚守军寸土不让地保卫要塞，使土军分毫难进。就在这时，斯坎德培率领的隐藏在都美尼斯蒂山中的阿军不断出击，时而从东，时而从西地歼击土耳其围城部队，使土军顾此失彼，手足无措，无所适从。斯坎德培将攻城土军引诱到事先设伏的有利地形上，予以痛歼。同时，阿军快速支队开始围截袭击为土军运输粮草的商队，使土军长期不得给养。

土耳其军队没有粮草供应，又攻城久战不下，十分焦躁。他们恨不得立刻歼灭不断在城外袭击他们的斯坎德培，肃清骚扰的阿军，然后全力投入攻城。于是土耳其军暂停攻城，调兵力进攻斯坎德培亲率的部队。斯坎德培看透土军心理，决定牵着敌人的鼻子走。土军想打的时候找不到阿军，不想打的时候阿军又突然降临。土军处处被动、时时挨打，力量一点点被消耗着。不久，本来是进攻的土军就不得不开始转入防御状态。

随着冬季的到来，在历经了4个月徒劳的围城之后。苏丹终于意识到攻城的无望。他下令收兵，于1450年12月26日撤离克鲁雅要塞。阿军这时从四面八方一起出动，如天罗地网一般。土耳其军队无心恋战，全线溃逃。当穆拉德苏丹带领自己的残兵败将逃回阿得里亚那堡的时候，战场上丢下了2万多具土军尸体。阿尔巴尼亚的抵抗获得了全部的胜利。

以逸待劳等上钩

1904年2月8日，日俄战争爆发。俄军以旅顺港为基地，派出大量军舰巡弋渤海湾，袭击重创日军舰队和运兵船。日军如果想调陆军从旅顺登陆，拿下旅顺军港，就必须首先制服住驻守港口的俄国舰队，使其不能行动自如地出击。

为此，日军制定了"沉船堵口"的闭塞战斗计划，准备以此来封锁俄国舰队于旅顺港内，使之成为死船，从而保证日本在旅顺的登陆，同时也可以围歼俄舰队于港内。

3月27日深夜，日军出动3艘驱逐舰，掩护4艘装满碎石杂物的残旧船只，执行堵口任务。日军悄悄行动，慢慢逼近旅顺港口。港口俄军阵地一片寂静，日军敢死队员心中窃喜，以为俄军昏然无觉。

距旅顺港口还有2海里，目标在望，日军准备开始最后的行动。突然，沉寂的俄军阵地刹那之间亮如白昼，数百只探照灯齐向日军射来。日军大惊失色，强烈的灯光使他们如同瞎子。这时，俄军海岸炮万弹同发。日军仓皇之间，炸沉堵塞船。然而这些船沉的位置根本起不到任何作用。日军的"沉船堵口"行动归于失败。

原来，俄军早知道日军要前来堵塞港口，故意按兵不动，假装丝毫没有察觉。等到日军来到跟前才突然袭击，使日军措手不及，来不及调整堵口计划，以至彻底失败。

以逸待劳之计的应用范围

以逸待劳之计在政治斗争中的应用范围是相当广泛的，无论是政治家、野心家、阴谋家，为了达到自己的政治目的，往往采用不同的手法。经过不断的使用，不但丰富本计的内容，也扩大了本计的应用范围。

第一，用于攻击政敌而争权夺利。

在专制政体下，政治权力具有强烈的诱惑力，政治权术也越来越丰富。在这种政治条件下，无论是政治家，抑或野心家、阴谋家，想在政治上占据优势，都需要使用权谋。这样做的目的是保全自己，并且尽可能地扩大自己的实力；而要扩大自己的实力，必然要削弱他人；削弱他人不如消灭。在这种情况下，攻击则成为削弱或消灭的重要手段。

本计是以《易·益卦》推演来的，重点是观察"利有攸往"，趋利避害，这本是官僚政治的常态。有利必趋，必然出现竞争。在专制政体下，君主和他身边的各种政治势力、各种政治势力之间，争权力，争财富，争控制别人，尤其是争生命本身，因为置人以死地是取胜的主要手段。既然是取胜的主要手段，本计的最佳选择是攻击政敌，置政敌于死地。例如，宋代史弥远谋诛韩侂胄，取而代之，竟能独任宰相26年，死后还能封为"定策元勋"。忽必烈平定李檀叛乱，对反形已露的，严惩不贷，都是力求争取政治上的主动。

攻击政敌，置政敌于死地，固然是取胜的主要手段，但中国传统的思想却认为："杀机之不可发也！杀机一发，害不在其身，必在子孙。"为此，他们可举出许多例子。如秦始皇好杀而诸子为项羽所杀，汉武帝好杀而杀己子，曹操好杀而其子自相诛夷，司马懿好杀而国运不昌，唐太宗杀骨肉而子孙亦杀骨肉，李斯好杀而父子被刑，李广杀亭长而自刎剑下，等等不一而足。在这种思想影响下，使用这计谋的，往往求其次，置政敌于困窘之境。例如，魏公叔逼吴起远走楚国，韩侂胄致赵汝愚于贬逐而终生难复。其实，这种攻击方法比起置之死地还要残忍，因为死是暂时痛苦，而活着受困，不但身受困辱，备受人间之苦，而且还要承受巨大的精神压力，这比死还难受。如严嵩陷害杨继盛，投入监狱拷问，挦、敲、夹、鞭、杖五刑具备之后，"臀肉尽脱，股筋断落，脓血继涌，不亡如缕。又日夜笼匣，身关三木，痛不得抚，痹不得摇。昼不见日，夜不见星，药饵断绝，饮食沮抑"，备受痛苦。用此等手段攻击政敌，并不比置人以死地好多少。这正如猫抓住老鼠，不是马上吃掉，而是反复戏弄。然而，留得青山在，不怕没柴烧，只要政敌生存，就存在死灰复燃的可能，故使用此计者，不在万不得已的情况下，大多不会选用这种手段。

在攻击政敌时，前两种手段不是轻易能够得到机会，比较常见的，则是去之而已。去掉政敌，仍可得利争权，也是本计目的。如西汉昭帝去世，昌邑王刘贺即位。本来辅政大臣霍光"惟在所宜"，立刘贺是为了便于控制。不想刘贺即立，根本不买霍光的账，将自己原为王的官属都带到长安，"往往超擢拜官"，建立自己的势力集团。刘贺认为自己既为天子，当然可以为所欲为，"日与近臣饮酒作乐，斗虎豹，召皮轩车九旒，驱驰东西"，完全不以政局为意。而霍光见所立非其愿，早就开始密谋废立。结果，霍光趁刘贺出游之际，召集群臣，胁迫太后，废去刘贺。刘贺被废，退回玉邸，霍光亲送，并自我解脱说："王行自绝于天，臣宁负王，不敢负社稷！愿王自爱，臣长不复左右。"而且涕泣而去。这是去掉政敌，并且刻意加以修饰。正因为权谋者含而不露，许多被陷害的人至死都不知何人所害，乃至向陷害自己的人感谢不已。

第二，用于削弱政敌充实自己。

在政治斗争中，削弱政敌的势力，实际上就是增加自己的势力。本计的增益之道在于"损刚益柔"，刚在明处是公开的事物，柔在暗处是阴谋权术，用权术来应付时变，达到保存自己削弱别人，也是本计的立足点之一。

按本计的要求，当自己势力不济时，可以借助外力，亦即使用其他的政治势力来达到削弱政敌、补益自己的目的。在专制政体下，君主通过扶植一种政治势力以打击另一种政治势力。是在当时政治斗争中君主巩固自己地位的必要权术之一；各种政治势力菌集在君主身边，通过君主或其他政治势力来打击自己的政敌，这也是他们的必要权术；而利用政敌，使其放弃攻击自己，并且给予自己某些利益，同样可以达到削弱政敌充实自己的目的。

中国古代有君子和小人之分，认为君子坦荡荡，不屑用权术；小人常戚戚，专用诡诈。但当你用心读史时，就会发现，诡诈并不是小人专利，君子也不免用之，因为这是政治斗争的需要。清人胡思敬在其《国闻备乘》一书中讲到："《战国策》描画小人情状，后世虽极诡诈，莫能出其范围。君子恶其人，未尝不明其术。不幸当杌陧（动摇不定；困顿）之交，事处至难，不得不假借用之，以济一时之变。如胡林翼之出谋用智，其心亦良苦矣。林翼初授鄂抚，驻师江南，官文以将军署总督，驻江北。两府将吏颇构异同，林翼大惧，即渡江谒见官文，结盟为兄弟，执礼甚恭；出其爱妾拜官文太夫人为义母；月进羡余多金充督署公费。官文大喜，一切军政吏事悉让林翼主持，不置可否，事乃克济。"这里的胡林翼便是使用的"损刚益柔"的手段，削弱官文的权力，保存了自己，并且最终达到主持军政吏事的目的。

第三，用于中伤政敌保存自己。

本计的最佳境界是不使用直接进攻的手段而达到困敌灭敌之目的。不直接进攻，使用中伤的手法，也是中国古代官场常见的事。中伤他人，不能暴露自己的意图，乃是官场求生之道，这就要求使用者手段必须巧妙。

明人袁中道曾论说官僚们"不用实，而专用虚，妙于趋，尤妙于避"的原因是"法虽密于牛毛，而人深于九渊，邪食贪者之用术愈精，止可以欺吾耳目；而正者清者之行已或疏，反至于遭吾之诟议。"可见，官吏趋巧逐妙是保存自己战胜他人的生存之术，不精者，很难沉浮于宦海。故当时人感叹："仕途倾轧排挤之风，至为可畏，苟一不慎，辄被中伤，殊有令人防不胜防者"。

战国初期，魏文侯派乐羊伐中山国。是时乐羊之子正在中山，"中山之君烹其子而遗之羹"，企图瓦解乐羊的斗志。乐羊为忠于魏，也为鼓舞士气，"坐幕下而啜之，尽一杯。"吞食亲子之肉，忍痛再战，"三年而拔之"。班师回朝，魏文侯向其出示"谤书一箧"。目睹此物，乐羊不得不再拜稽首曰："此非臣之功，主君之力也！"就是这样用人不疑而不轻信谗言的君主，也不免坠入中伤者的圈套。当魏文侯得知乐羊食子的举动时，曾经激动地说："乐羊以我之故，食其子之肉。"中伤者师赞从旁说道："其子之肉尚食之，其谁不食？"仅此一句，就把魏文侯引向自身。是啊，亲子可食，君主亦可食，"其谁不食？"的用意非常明显，自此魏文侯开始怀疑乐羊的忠诚，再也没有重用过乐羊。

宦海风波险恶，稍有不慎，便有倾覆罹难的危险。然而，对于那些老官僚来说，他们久经风浪，见多识广，在宦海之中乘风破浪，化险为夷，并非难事；因为他们熟习为官之道。以创"多磕头，少说话"的六字箴言的曹振镛来说，他说颇为擅长此道。

曹振镛是清代嘉庆和道光朝的内阁大学士、军机大臣，为官很有智巧，经常是"含意不申，而自出上意"。他所谓的"少说话"，并不是不说话，话一出口，必抓住别人致命之处。如当时的名人阮元，无论是在学识，抑或是资历上，都胜过曹振镛一筹。声名卓著，天子自然也有所耳闻，欲重用之。用人大权，素为君主独断，但君主恐耳不聪目不明，总要多方了解一下情况，那么身居军机大臣的曹振镛，便是君主率先要询问的对象。有一天，道光皇帝问曹振镛："阮元历督抚已三十年，甫杜即升二品，何其速也？"曹振镛原本嫉妒阮元的声名，恐他有朝一日进入军机而取代自己，便回避问题的实质说："由于学问优长。"道光不知缘故，又问道："何以知其学问？"曹振镛是深明君主所重的自己的家天下，不喜欢臣下沽名钓誉，便说道："（阮元）现在云贵总督任内，尚日日刻书谈文。"道光默然了，心中计为阮元只务声名，废弛政务，不但征调阮元入军机的念头打消，就连地方大员也不想让他充任了。寥寥数语，没有恶语伤人，却起到中伤的作用。

中伤是在政敌无法防备的情况下进行的，它直接损害政敌的利益，削弱政敌的势力，进而获得一定的利益，这种做法虽不是光明正大，但在官场上却得到广泛的应用。这正是："官益久，则气愈偷，望愈崇，则谄愈固；地益近，则媚亦益工。"专制政敌造就这种中伤的环境。

第四，用于排斥政敌扩大自己。

本计强调"困敌"，在造成政敌困势之后，要"莫益之，或击之"，同进要求立心要恒。这计的上爻是"上九"，以"刚"为上。因此，使用本计进的最终目的都是尽可能地将政敌排斥掉，进而扩大自己的优势。

清人胡思敬在《国闻备乘》卷一《同城督抚不和》条云："督抚同城，权位不相下，各以意见缘隙成龃龉，虽君子不免。两广总督那彦成与巡抚百龄相攻讦，百龄寻以失察家丁议遣戍。继百龄者为孙玉庭，劾彦成滥赏盗魁，彦成亦被逮。及百龄再至两广，以玉庭葸懦复劾罢之。此君子攻君子也。吴文熔初至湖广，与巡抚崇纶不协，崇纶百计倾陷，以孤军无援，死黄州。则小人攻君子矣。"这只不过是官场百态之一。

宋人洪迈《容斋续笔》卷16《贤宰相遭谗》条云：一代宗臣，当代天理物之任，君上委国而听之，因为社稷之福，然必不使邪人参其间乃可，"不然必为所胜。"作为宰相，重任在肩，其贤者以君主、国家为重也不免要排斥"邪人"，而图己之私者，更不免排斥他人，不然必为所胜，这里有你死我活的斗争，谁也不能后退半步，不然必履危机。正因为这种前途叵测的恐惧感和危机感，才使政治斗争变得复杂。

总之，在专制政体下，权力不平等的情况特别突出，权力大的人完全可以不顾权力小的人的利益，并且利用手中的权力来不断的发展自己的实力。由此可见，权力大的排斥权力小的是正常现象。不过，在中国古代的权术论中认为，力不足则用谋，权谋往往能够弥补自己的力量不足。在这种情况下，即使是势力弱小的，也有可能战胜势力强大的。故此，本计的使用范围也就不仅仅限于上述几个方面，而是拥有更广阔的市场。

以逸待劳之计的基本特点

以逸待劳之计以其劳人益己的特点，在政治斗争中发挥着重要作用，因而引起政治家、野心家、阴谋家们的特别关注，不断加以应用和充实，这不但丰富本计的内容，而且使本计的特点更加鲜明。

第一，就以逸待劳之计在政治斗争中的应用而言，具有明确性、实用性和致命性的特点。

以逸待劳之计以己之益就敌之短，本来就是一种有明确目标的攻击手段，在政治斗争中使用则更显得其明确性。这一是有明确的攻击目标，这就是"劳"；以己之逸攻其劳，这是其明确性。二是"待"也不是消极的待，而是想方设法促其劳，这则是用计的明确性。

以逸待劳之计本身是用于进取，其攻击目标的明确性，也就决定本身的实用性。在专制政体之下，各种政治势力交错，占据优势的政治势力，地处显要，觊觎者必多，故需要多方防范，其劳是必然的。觊觎者处于旁观位置，很容易看出劳者的弱点，以己之逸待敌之劳，势力转换得当，获胜就比较容易，这就是其实用性。例如，韩侂胄身为辅政，欲立盖世之功，在众人阿附之下，有些得意忘形；就在此时，那些欲谋而代之者却引而不发，寻找可乘之机，结果使韩侂胄疲于战争，难于自顾，最后函首金国。

以逸待劳之计在政治上攻击目标的明确性和实用性，关键在于本计在攻击时的致命性。因为以"逸"攻"劳"的本身就是乘故劳弊，以优攻劣，易于致命。例如，吴起才华横溢，但其不善于掩饰，锋芒毕露，不但劳心费力，还很容易被人躲避；避开锋芒而攻击，其本身就是致命的；以此之敌，吴起虽空怀抱负，却屡屡为人中伤，乃至命丧乱箭之下。

第二，就以逸待劳之计在政治上的作用而言，具有实效性和完善性的特点。

以逸待劳是增益之计，它强调困敌，却不以战，以谋略达到削弱和疲劳政敌，将政敌的优势转换成劣势，进而改变力量的对比，这在政治斗争中是非常有效的手段，也是争胜的手段，因此具有实效性。此外，以逸待劳之计还强调损刚益柔，这本身要求使用者不是消极等待，而是积极争取，既注意客观现实的存在，又注意到人为的因素，这就增加了本计的实效性。例如，在义和团事变中，陕西巡抚岑春煊和袁世凯因护驾和镇压有功，俱得慈禧的宠幸。"世凯恶春煊权势与己相埒"，乃"密奏春煊曾入保国会，为康梁死党，不可信。"慈禧虽痛恨康梁，但"以春煊新被宠，不应有是，待之如初。"袁世凯见此计不行，乃觅得岑春煊与康有为的相片各一，经过复制，变成二人的合影，上呈慈禧；在物证面前，慈禧不由不信，其对岑春煊的宠信也就不如以前，不久将岑春煊改调两广总督，在赴任路上，又将岑春煊罢免，自此，岑春煊就失去与袁世凯抗衡的能力。这里，袁世凯便是充分利用人为的因素，成功地排挤了政敌。

以逸待劳之计能在政治上经久不衰地被应用，是在于它的完善性。因为使用此计，往往在表面上不露痕迹，这样便容易在复杂的政治斗争中保存自己，而尽可能地不树敌招怨，这需要一定的谋略加以完善。明人袁中道在讲到武力与谋略的关系时说："夫胜本于谋，谋本于智；智藏于文，而可以役武者也。以天下全胜之时，而丑虏攻城陷堡，有如破竹，岂武力不足欤？猛虎之在深山，一夫以机取之，立食其肉，而寝其皮。牛至魁然也，三尺童子能穿其鼻，而惟其所使。何则？智之所制也。"本计要求不以战，正是充分发挥智谋的作用，而智谋本身就要求完善。

第三，就以逸待劳之计的使用者的个人素质和心态而言，具有自我完善和求全争胜的特点。

谋略是人类智慧的结晶，使用谋略，本身就必须有较高的素质。不同的素质在使用谋略的过程中，会出现不同的结果。例如，清代雍正朝，有广西举人出身的陆生楠，"其人或小有才"，对于当时政治颇有看法，乃仔细书写《通鉴论》十七篇，"抗愤不平之语甚多"，遭到雍正的严斥，并拟为斩立决。同在一朝，孙嘉淦上书陈三事，即请亲骨肉，停捐纳，罢西兵。这三件事直接触动雍正的痛处，而且是直接上书，比陆生楠借古讽今要露骨得多，按道理应该是相当危险的事。然而，雍正却没有直接怪罪下来，而是召大臣商议曰："翰林院乃容此狂生耶？"在场的大学士朱轼不无回护地说道："嘉淦诚狂，然臣服其胆。"雍正默然良久，乃笑曰："朕亦且服其胆！"竟能升其官，而后不断受到重用，在雍正朝便升为吏部侍郎，乾隆时又连任总督，名重于当时。

孙嘉淦之所以敢于指斥当朝而不受其害，关键在于他的自我完善和他的个人素质。孙嘉淦曾有"居官八约"传于世，其略云：一、事君笃而不显。二、与人共而不骄。三、势避其所争。四、功藏于无名。五、事止于能去。六、言删其无用。七、以守独避人。八、以清费廉取。此八约可见孙嘉淦的为官之道，亦可见在官场上自我完善的本人素质的重要。而陆生楠则不然，从雍正的朱批来看，其人"不唯毫不敬畏，且傲慢不恭"，不但有"踞傲诞妄之气"，而且还有"结为党援之处"，这些都是致命的弱点；从罪名上看，似有强加之嫌，但从人品来看，其去孙嘉淦远矣。这样相比，孙胜陆败则是必然。

以逸待劳之计的基点在于增益自己，故具有求全争胜的特点。本来用计的前提在于增益自己，这就是求全，增己损人，又是争胜，这对使用者就提出较高的要求。基于此，使用者必须费一番心思才能实现自己的目的。例如，东晋王敦之乱，晋明帝本身并不占优势，但其在复杂的政局面前，能够保持清醒的头脑，充分地利用政敌之短，使之化为己用，不但增益和保全自己，而且削弱和分化了政敌，故此很快地平定了叛乱。

总之，以逸待劳之计重视实力的转换，避免正面强攻，在复杂的政治环境中，很容易发挥其胜战的功效。因此引起政治家、野心家、阴谋家们的重视。经过他们的不断应用和完善，使本计雄居"无往不胜"的地位，成为政治家、野心家、阴谋家们所乐于使用的计谋，其在政治斗争中的特点也就更加引人注目。

养精蓄锐

养精蓄锐是一种积蓄力量，从容应变的策略。养精，即保养精神、精力；蓄锐，即积累锐气。养精蓄锐不是养尊处优，而是蓄力待机而动。养精蓄锐者胸怀开创自己事业的大志，可是又没有做好自立门户的充分准备，于是，采取暗自积聚实力，蓄养精神的办法，以待展宏图大志。

明太祖朱元璋运用养精蓄锐之术，在群雄中立于不败之地，最后平定天下。他巧用"养士"的策略，把一大批知识分子团结在自己周围，为己所用。"养士"给朱元璋带来许多意料不到的好处。首先，"养士"可以削弱敌人。假如"士"不为我所用，势必要跑到敌人方面去或者自行纠集起来，结果对自己不利。其次，"养士"可以安民。儒士大都知识渊博，在地方上有声望，在老百姓心目中有地位，朱元璋用"士"，对于民心的向背有着潜移默化的作用。再次，"养士"有利于地方行政管理。在经济上，儒士处于中小地主地位，拥有许多佃户，"士"归民归，"士"顺民顺。在攻下徽州时，老儒生朱升告诉朱元璋三句话："高筑墙，广积粮，缓称王。"这一建议对朱元璋的事业影响极大。朱元璋按此建议，养精蓄锐。第一，巩固后方，保存实力。他在军事上通盘调度，统一指挥，建立巩固的根据地，并使之由点成面。第二，发展生产，兵民结合。为了发展生产，他想了许多办法，如设立营田使，实行屯田养兵；还设立"万户府"，加强民兵建设，把作战力量和生产力量合而为一。第三，缩小目标，从长计议。他审时度势，避实就虚。当时义军蜂起，群雄并立，然而，朱元璋行"缓称王"计。当先称王者次第覆灭，元军也元气大伤时，朱元璋方挥师南征北伐，同时并进，最后终于统一了中国。

养精蓄锐，还在于应付不测之变。俗话说，天有不测风云，人有旦夕祸福。有了充分的精神准备，有了雄厚的实力，当突然事件再来临时，就可以从容对应，不至于手忙脚乱。1839年，清朝大臣林则徐奉旨到广州，打击英法等国向中国走私鸦片的活动，林则徐到广州后，发动了大规模的禁烟运动，仅虎门销烟一项，就销毁鸦片 237 万多斤。林则徐考虑到英国等国可能借口报复侵略我国，于是，他采取养精蓄锐、实而备之的策略，从国外买了五千斤、九千斤的大炮 380 门，设置在珠江口两岸；加紧炮台工事建设，尤其加强虎门炮台的防卫；在江面上设置铁链，水下设置木桩，封锁珠江口通道；招募水兵，训练水勇 5000 人，加强海防和江防；派人搜集翻译外国书报，密切注视敌情动态。1840 年 6 月，当英国军舰向珠江口进犯时，林则徐率军迎敌，严阵以待。英军见势未敢贸然行动。后来英军又转而北上，进攻厦门，也遭到我国兵民的沉重打击。

韬光养晦　明哲保身
——先管好自己

逆境中，胸怀大志的人，必韬光养晦，小事装糊涂，坚定地朝着自己的目标奋进，必成大业。

韬光养晦作为政治生活中的应变术主要是应付个人所处的不利的政治环境，保全自身性命，以图他日东山再起。由于隐藏了自己的本来面目和真实意图，可以迷惑自己的政敌，解除对手对自己的戒备，故而更具杀伤力。

高洋才智深藏终成正果

北齐开国皇帝高洋，是东魏大丞相、齐王高欢的次子。高欢死后，长子高澄继任大丞相，都督中外诸军，坐镇晋阳；高洋则被封为京畿大都督，在邺都辅佐朝政。

高澄凶横暴烈，狂傲不羁，处处锋芒毕露，总揽朝政，不可一世。高洋表现与其兄正好相反，温文尔雅，愚钝憨直，讷言少语，对国家大事总是睁一只眼闭一只眼，得过且过。文武群臣素来看不起他。高洋在兄长高澄面前也是从来百依百顺。他为夫人购置的一点好的服饰，高澄看上了据为己有，他劝夫人不要气恼。自己的美妾多次被高澄调戏，也佯装不知。高澄对这个弟弟更是瞧不上眼，曾经说："我的这个弟弟如能富贵，那么预言吉凶贵贱的相面书就无法解释了。"高洋退朝回家，常常是闭门静坐，对妻妾也说不了几句话。有时则脱了鞋、光着脊梁在院子里奔跳不停。想不到就是这个高洋，在局势突变时却成了另一个人，令人刮目相看。

高澄对皇帝元善不满，赶到邺都与几个心腹密谋废立之事，被家奴兰京聚众刺杀身亡。高洋得报后，神色不变，率兵赶至，将兰京等凶手一一捕杀。对外则宣布大丞相只是在家奴造反时受点伤。又向皇帝元善请求护送高澄回晋阳养伤。元善立即准行，心中暗喜，认为高澄既伤，而高洋难成大器，威权当复归帝室了。高洋回晋阳后，当即召集群臣布置政事，推行新法，革除弊政。不到一年，晋阳治理得井井有条，欣欣向荣，百官惊叹不已。高洋见内外安定，这才宣布高澄去世，为其兄发葬。元善认为他毫无野心，便晋封他为大丞相，都督中外诸军，装封齐王。

数月后，高洋率兵抵达邺都，逼元善皇帝禅位。元善闻知，惊得目瞪口呆，只好交出玉玺。高洋登台南面，改国号齐。

高澄、高洋兄弟与刘缜、刘秀兄弟的命运有相似之处。不同的是，高澄与刘缜更为锋芒；而高洋比刘秀的演技更高超，迷惑性也更大，起事之时也令周围的人更惊讶。

小作退让暂隐忍

宋朝的陈瓘曾经主持过科举考试。有一年蔡卞听说：陈瓘想完全录取搞史学的人，而罢黜通晓书经的人，以此来动摇王安石的学说。心里非常生气，就想了个阴谋用以陷害陈瓘，同时禁绝史学。计划安排好了，就等着陈瓘的录取名单公布，好借机发难。

陈瓘是一个才智过人的人，对自己的计划早已考虑周全，他预料到蔡卞等人会搞阴谋陷害他。于是录取的前五名，全都是通晓经学之士和王安石学派的人。蔡卞本来等着发榜之时，从录取名单上挑毛病，可一看到所录之人，前五名全是谈经之士，也没有理由加害陈瓘，只得作罢。

陈瓘所录之人，前五名虽然都是谈经之土，但是五名之下，录取的则全是通史博学的历史人才。

陈瓘后来对人说："当时如果我不肯退让的话，矛盾就势必会激化。那时对方必然加害于我，而史学也许就被废弃了。"所以随时都要有灵活的措施，用以解决当时的危险，不要只是考虑事情进程的快慢，欲速则不达。

碰上邪人绕道行　如此方能避祸凶

宋朝程灏任越州金判时，蔡卞为元帅，对待程灏颇优厚。

起初，蔡卞不断告诉程灏，张怀素的道术神通广大，即使是飞禽走兽，也能呼唤差遣到前面。张怀素说过孔子杀少正卯时，他曾劝孔子杀得太早了；汉高祖和项羽之兵在成皋相持不下时，他屡次登楼观战。不知道他现在多少岁数，大概不是世间的凡人。

程灏听了偷笑不已，后来他将前往四明时，张怀素也正要去会稽，便示意程灏稍候。

程灏不等他，说："孔子不谈怪力乱神之事，因为不适合教诲弟子，怀素所为也接近神怪的迹象，州牧既器重他，士大夫又逢迎他，老百姓也盲目附和，真有道术的人是不愿如此的。更何况，不认识他也未必是件不幸的事。"

20年后，张怀素东窗事发，供出一些与他有关系的名人。有人想借机牵连程灏，后来因为找不到一点事而作罢。如果不是因为程灏向来言论正直，就不免被人陷害了。

张怀素是众人所推崇的人物，而独有程灏不肯轻易和他见面，明哲保身，也真要有些远见和勇气才行。

中大兄待机推翻强权

公元7世纪前期，正是日本社会处在剧烈动荡的时代。朝廷中掌握实权的苏我虾夷专横残暴，废立天皇；大兴土木，赋役烦苛；私立祖庙，僭越礼仪；后来又私授紫寇（朝廷中最高官阶的大德所戴寇帽的颜色是紫色），让其儿子苏我入鹿执掌国政。入鹿为人暴戾，威权超过乃父，篡夺皇权的活动更加放肆。

苏我氏的残暴统治，弄得百姓民不聊生，也引起统治阶级的恐惧与不安，于是，以中大兄皇子和中臣镰足为核心，形成了一个反对苏我氏专权的政治集团。

中大兄皇子和中臣镰足二人俱受中国文化影响很深，共拜留学隋唐归国的学生和僧侣为师，两人交往甚密，开始秘密地着手制订和实施打倒苏我入鹿和实行政治改革的计划。

首先是争取支持、扩大势力。第一个措施是在苏我氏的营垒里，团结那些不满苏我入鹿专横的人，主要是入鹿的堂兄弟苏我石川麻吕。由中臣镰足说合，中大兄娶石川麻吕的女儿远智娘为妃，结成姻亲关系。第二个措施是争取掌握军事实权的官吏的支持。中臣镰足把担任宫廷警卫的佐伯连子麻吕、稚犬养连网田、海犬养连胜麻吕等争取了过来。第三个措施是争取其他有势力的朝廷重臣的支持，如重臣阿倍内麻吕等。第四个措施是同那些从唐朝留学归来的知识人取得联系，把他们作为革新政治的智囊。这样，他们已经取得了可以与苏我氏抗衡的势力，只等机会到来，就可以取而代之了。

第二步，就是发动宫廷政变，出其不意处死苏我入鹿等。645年6月，中大兄皇子和中臣镰足长期等待的机会终于来了。12日，来自三韩（今朝鲜境内）的使者将向朝廷进赠礼品，满朝文武都将出席这个仪式，中大兄就决定利用这个机会，与中臣镰足等人作了严密的布置与分工，采取政变行动，杀死苏我入鹿。

6月12日清晨，苏我入鹿前往早朝，在宫殿门前遇见了一位歌舞伎。歌舞伎花言巧语与他嬉谑，使入鹿"笑而解剑"，自动解除了武装。入鹿进入宫门后，太极殿的十二道大门，即刻全部关闭上锁。中大兄亲自召集全部门卫，以俸禄相许，获得卫士们的支持。

大殿上，早朝仪式正在进行。石川麻吕在唱读三韩赠送礼品的表文。大殿旁边，就隐藏着手执武器的中大兄、中臣镰足、佐伯连子麻吕等人，气氛极为紧张。按照事先的约定，是在石川麻吕唱读之间，由佐伯连子麻吕冲出刺杀苏我入鹿。可是，佐伯连子麻吕畏惧苏我入鹿，唱读快完了，仍未动手。石川麻吕一时紧张，不觉汗流浃背。入鹿见此，不觉十分诧异，问石川麻吕为什么颤抖？石川麻吕回答说：怕是太靠近天皇了，不觉流汗。情况万分危急，计谋随时可能被苏我入鹿察觉,中大兄便当机立断,率先冲入大殿,以剑刺伤入鹿头肩。入鹿惊跳而起,佐伯连子麻吕紧接着挥剑刺伤其一脚。入鹿带伤跑近皇极女王御座,叩头作揖说:"臣不知罪,乞垂审察。"女皇也很惶恐,问中大兄发生了什么事情。中大兄回答说苏我入鹿有篡权夺位的图谋。女王听罢,默默地离座退殿。佐伯连子麻吕、稚犬连网田迅即斩杀了入鹿。

斩杀了苏我入鹿之后,中大兄等人又立即采取了应变措施,阻止苏我氏的反扑。当时虾夷获知入鹿被杀后,立即聚集起全部武士家兵,企图进行武装反扑。中大兄得知,立即派将军巨势德陀等人前往与苏我入鹿父子有联系的各大臣、军队和眷属中间,展开政治攻势,揭露苏我入鹿专横跋扈、违君欺下的罪行,要他们当机立断,弃暗投明。经过宣传和策动,苏我氏所属部下纷纷放下武器、解剑投弓而去。苏我虾夷见众叛亲离,感到大势已去,遂于次日纵火自焚而死。

这样,中大兄发动的宫廷政变取得成功,反苏我氏的斗争取得了胜利。紧接着,一场新的大规模的政治改革——大化改新在他们的推动下开始了,日本历史迎来了一个新纪元。

不露声色地争取那些掌握军事实权和其他可以为我所用的人,这样,敌我力量对比就发生了变化,彼竭我盈,此时发动政变,焉有不成功之理?

皇帝雪地长跪暂忍辱

在封建社会,人们往往把代表最高权力的皇帝和国王比作太阳,但在中世纪的欧洲,人们却说皇帝、国王只不过是月亮,在他们之上还有一个更高的权威,那就是教皇,只有教皇才佩称为太阳。

教皇是基督教会的首脑。教会本来只是管理宗教事务的团体,但在中世纪的欧洲,由于各个王国内封建主割据林立,连年混战,造成王权衰弱,局势混乱,这时只有罗马教皇可以统一指挥各国、各地区的教会,加上各民族又都信仰基督教,因此教会在群众中影响很大,这就使得罗马教廷成了凌驾于各国之上的政治实体,教皇成了各国国王的共同的太上皇;国王登位、加冕要由教皇来主持;和国王同行时,教皇骑马,国王只能步行;接见的时候,教皇坐着,国王要屈膝敬礼。国王的权力来自教皇,神权高于王权。不仅如此,教会还在各个国家拥有三分之一的土地,并且向各国居民收取"什一税"(即每人收入的十分之一交教会)。文学、艺术、哲学、法律等都必须为教会和神学服务。一个人从出生、成年、结婚一直到老死,处处都要受教会的管理和控制,教会拥有自己的监狱和刑法,还用"开除出教"的办法来对付一切反抗者。一个人如果被开除了教籍,他的一切社会地位和社会关系也就失掉了。这是一种最令人害怕的惩罚,连国王、皇帝也不例外。

1076年,德意志神圣罗马帝国皇帝亨利与教皇格里高利争权夺利,斗争日益激烈,发展到了势不两立的地步:亨利想摆脱罗马教廷的控制,获得更多的独立性;教皇则想加强控制,把亨利所有的自主权都剥夺殆尽。在矛盾激化的关头,亨利首先发难,召集德国境内各教区的主教们开了一个宗教会议,宣布废除格里高利的教皇职位；而格里高利则针锋相对，在罗马的拉特兰诺宫召开了一个全基督教会的会议，宣布驱逐亨利出教，不仅要德国人反对亨利，也在其他国家掀起了反亨利的浪潮。教皇的号召力非常之大，一时间德国内外反亨利力量声势震天，特别是德国境内的大大小小的封建主都兴兵造反，向亨利的王位发起了挑战。

亨利面对危局，被迫妥协，于 1077 年 1 月身穿破衣，只带着两个随从，骑着毛驴，冒着严寒，翻山越岭，千里迢迢前往罗马，向教皇请罪忏悔。但格里高利故意不予理睬，在亨利到达之前躲到了远离罗马的卡诺莎行宫。亨利没有办法，只好又前往卡诺莎去拜见教皇。到了卡诺莎后，教皇紧闭城堡大门，不让亨利进入。为了保住皇帝宝座，亨利忍辱跪在城堡门前求饶。当时大雪纷纷，天寒地冻，身为帝王之尊的亨利屈膝脱帽，一直在雪地上跪了三天三夜，教皇才开门相迎，饶恕了他，这就是历史上著名的"卡诺莎之行"。亨利恢复了教籍，保住帝位返回德国后，集中精力整治内部，然后派兵把一个个封建主各个击破，并剥夺了他们的爵位和封邑，曾一度危及他王位的内部反抗势力遂逐一告灭。在阵脚稳固之后，他立即发兵进攻罗马，以报跪求之辱。在亨利的强兵面前，格里高利弃城逃跑，最后客死他乡。

显然，亨利的"卡诺莎之行"是别有用心的。在他与教皇对峙，国内外反对声一片，特别是内部群雄并起，王位岌岌可危的情况下，他想利用苦肉计取得和解，赢得喘息时间，以便重整旗鼓，东山再起，再和教皇较量。结果，他成功了。

韬光养晦

韬光养晦是指暂时敛藏自己的才能，隐匿踪迹，等待时机而动的计谋。韬光，即把才华掩藏起来；晦，隐晦，即瞒人耳目，不让人知道踪迹。韬光养晦一词出自清朝文人郑观应《盛世危言·自序》，云："自顾年老才庸，粗知易理，亦急拟独善潜修，韬光养晦。"然而，在我国历代典籍中，有许多相近的表述。如南朝梁人萧统《靖节先生传序》有"圣人韬光，贤人遁世"之说；金人马钰《满庭芳》中有"怀美玉，便韬光隐迹，二十余年"的语句；《隋书·薛道衡传》则提出："韬神晦迹则紫气腾天。"

韬光养晦作为政治生活中的应变术主要是应付个人所处的不利的政治环境，保全自身性命，以图他日东山再起。由于隐藏了自己的本来面目和真实意图，可以迷惑自己的政敌，解除对手对自己的戒备，当时机合适时，就可一展个人宏图。三国时，刘备在沛城被吕布打败后，失去了栖身之地，只好投曹操麾下。后来，曹操移师许昌，也带着刘备，目的是要控制刘备。刘备既不甘居于人下，又怕曹操谋害自己，因此装出胸无大志的样子，还在住处后院开了一块地种菜，亲自浇灌。一天，曹操请刘备小酌，煮酒论英雄。酒至半酣，曹操说："方今天下，英雄只有使君与我。"刘备以为曹操看出了自己的心思，心里一惊，手中的匙箸都掉在地上。正巧霹雳雷声，大雨骤至，刘备随机应变，说："圣人云'迅雷风烈必变'。一震之威，乃至于此。"曹操听后说："雷乃天地阴阳击搏之声，何为惊怕？"刘备接着道：

"我从小害怕雷声,一听见雷声只恨无处躲藏。"曹操听罢,一声冷笑,认为刘备是个无胆、无识、无用之人。从此放松了对刘备的戒备。刘备用韬光养晦之计,才得以从曹操的嫉恨中平安脱身,日后方才造就三国鼎立之势。

韬光养晦,还作为复仇雪耻的应变术。东汉时期,有个叫苏不韦的人,其父苏谦曾做过司隶校尉,被上司李皓泄私愤判了死刑。当时年仅18岁的苏不韦把父亲的灵柩运回家乡,浅浅地埋在地上,发誓报仇后再为父亲正式下葬。接着,他又把母亲隐匿在武都山里,自己也改名换姓,用家财招募刺客,待机刺杀李皓。几年以后,李皓升迁大司农,其官署紧靠堆积军用秣草的廒,苏木韦带领亲从,暗中潜入卧中,夜挖地洞,白天躲藏起来,这样持续干了一个月时间,终于把地洞打到了李皓的寝室下。一天,苏不韦带人从地道潜入李皓卧房,不巧李皓上厕所去了。事情暴露后,苏不韦又用其他计将李皓气死。古人评论说,李皓能凭着私愤杀了苏谦,却不能治苏不韦,为什么?恐怕是因为侠士们善于隐藏自己。

韬光养晦也有用作处世之道,人生应变之术的。其主要目的是在于免得锋芒毕露,招惹是非。洪应明先生在《菜根谭》中说:"君子之才华,玉韫珠藏,不可使人易知。"不露锋芒,并不是销蚀锋芒,不是改变操履,而是指人应隐其锋芒,不要恃才恃权恃财而咄咄逼人,从而使个人更容易被社会、被他人所接受。其实,这也是一种强化自己的学识、才能和修养的过程。学会以此来应变人生,有利于培养自己处理好各种人际关系的能力和技巧,也是放弃个人的虚荣心,踏踏实实地走人生旅途的表现。

《史记·滑稽列传》云:"三年不鸣,一鸣惊人。"凡事没有取胜的把握,就不必四处张扬,与其使人早有闻而有准备,不如突然制胜而使人惊愕不已。这样做,一来可以减少取胜的障碍,特别是人为的障碍;二来可以造成惊人的心理效应,增加胜利后的影响力。自古道:识时务者为俊杰。所谓时务,就是客观形势或时代潮流。认清客观形势和时代潮流,才是聪明能干的人。人的一切活动都需要借助客观条件,并且受客观条件的制约;人要想建立功业,取得出色的成就,更要认清和善于利用客观形势的发展变化,因时制宜,待时而动。落后于时势,见识狭窄,处处受阻,不能实现自己的抱负。反之,客观条件不具备、不允许的情况下,不讲究策略,不善于韬光养晦,一味地硬拼蛮干,英雄倒是英雄,然而却可能一事无成,或于事无补。这也就是韬光养晦在应变中的积极意义。

锋芒勿太露

《老子·洪德》章说:"大巧若拙,大辩若讷"。意思是最聪明的人,真正有本事的人,虽然有才华学识,但平时像个呆子,不自作聪明;虽然能言善辩,但好像不会讲话一样。你有才华,那只是一方面的才华,我们必须把保护自己也算作才华之列。一个不会自我保护的人有才华,却过早地埋没了才华,不能为社会作更多的事,这样的才华有什么用呢?这样的才华仍然是小聪明啊!

秦朝的李斯祖先是楚国上蔡人。他后来归顺秦始皇,被当作客卿。开始当廷尉，后来作了宰相。他上书要烧书，在一起讨论《诗经》、《尚书》的都要杀头。于是他把儒生活埋，焚烧经书、术数书籍。李斯曾和宦官赵高造伪诏而杀了公子扶苏。后来他与赵高发生了矛盾。赵高对二世挑拨说："李斯大儿子李由是三川守卫，同盗贼陈胜私通，而且丞相身居在你之外，权力却比你还大。"秦二世认为他说得对，于是把李斯关进牢房，用完五刑，在咸阳把他腰斩了。李斯临刑的时候，回过头对二儿子说："我想和你再牵着黄狗一块出去，到上蔡东门去追野兔，怎么能够做到呢？"于是父子相对痛哭，他被灭了三族。所以胡曾诗说："功成不解谋身退，直待云阳染血衣。"

张居正，明隆庆元年入阁，后为首辅（宰相）。万历初年，神宗年幼，国事都由他主持，前后当政十年。当时军政败坏，财政破产，农民起义此伏彼起，危机严重。他以"得盗即斩"的手段加强镇压，并进行一些改革。万历六年，下令清丈土地，清查大地主隐瞒的庄田；三年后在全国范围内推行一条鞭法，改变赋税制度，把条项税役合并为一，按亩征银，使封建政府的财政情况有所改善。但他排斥异己，结党营私，生活腐化堕落，喜爱声色犬马，家中财物珍玩无数，还和妃子勾搭成奸，名声很糟。终于以"夺情"（即他贪婪权势而怕为父奔丧时权力被人剥夺，终于没有奔丧）为清礼所不容，等万历皇帝长大后，就没收了他的财产，还扒了他的坟墓，为他所排挤的人逐渐恢复了位置。

明代魏大中在42岁时才走完了科举道路的最后一步，进士及第并被授予官职，当时是万历四十四年，朝廷一片乌烟瘴气。他官阶八品，在朝廷中尚无发言的地位，却对人对事都看不惯，看不惯还爱说，结果到处遭人白眼。他到哪里，哪里的官员便失却捞到好处的机会，而他自己却一点儿好处也不要，甚至不与人交往，这在官官相护的时代真是不可原谅的错误。他结交的几个人都是东林党人，与当时权势显赫的魏忠贤为敌。结果，他上疏弹劾温体仁、魏忠贤奸党，反遭诬陷时，天启皇帝因为知道他过分廉洁而放过了他，但他终于还是被抓进狱中，被折磨至死。

海瑞，以正直廉洁而著名，到处主持公道，侵害大官僚地主的利益，克扣下属，连纸张都不许多领多用，甚至要求必须写满——不能浪费，结果，一生被人排挤，到处碰壁，郁郁不得志。他仗着一身正气，谁都不放在眼里。结果是既无能力扭转世俗，也没有过一天舒心的日子，最终还被罢了官，遭贬谪。

如果这些人收敛一下锋芒，学会保护自己，一边为天下黎民着想，为社稷着想，一边实施自我保护，哪里还有这么多悲剧发生呢？实际上，两者完全可以兼顾，并不一定非要顾此失彼。历史上事业成功而且下场很好的人多得是，他们或者归隐，或者仍身居高位，这不是取得了双份的成功吗？事业成功而个人生活失败，怎么能算完全的成功呢？怎么能是大智大慧的人所为呢？

所以，无论是初涉世事，还是位居高官，无论是做大事，还是一般人际关系，锋芒不可毕露。有了才华固然很好，但在合适的时机运用才华而不被或少被人忌，避负功高盖主，才算是更大的才华，这种才华对国对家对人对己才有真正的用处啊！这方面，荀攸是一个绝好的榜样。

曹操是个难侍候的主儿。他有过人的才华，下手快，出手狠，疑忌心重，气量极狭，把"宁教我负天下人，休叫天下人负我"作为信条。他杀了在危难中款待他的吕伯奢一家九口人，杀了能摸透他心思、锋芒外露的谋士杨修。可是他手下有一位谋士荀攸，却与他相处融洽，前后为曹操谋划十二奇策。曹操玩弄权术，想让手下的人怕他，荀攸未必不知道，但他不露声色。而杨修，总是想表现自己的聪明，说破曹操的目的，终为曹操所不容。荀攸对曹操执礼甚恭，让曹操感到自己的重要和特殊，平时对一些小事，总是装聋作哑，顺水推舟，想来"丞相英明"之类的话是不会少说的。正因为如此，所以他博得曹操的信任和欣赏，每到关键时刻，他的计划就总能为曹操所接受，从而使自己的才能得到了极大程度的发挥，又给自己创造了一个宽松和谐的环境，把人臣的艺术发挥到极致，所以曹操说他"外愚内智，外怯内勇，外弱内强"，"其智可及，其愚（其实是大智）不可及。"

　　周公（姓姬名旦）是西周初年著名的政治家、军事家，曾佐其兄周武王伐纣灭商。武王死后，成王年幼，由他摄政。其兄弟管叔、蔡叔、霍叔等人不服，联合纣王子武庚和东方夷族反叛。他率军两次东征，经三年苦战，终于平定了叛乱。东征胜利后，成王把殷民六族和旧奄国地，连同奄民，分封给他，国号鲁。周公因需在朝中辅助成王，于是派儿子伯禽去鲁。在儿子伯禽临行前，他告诫伯禽道："德行广大而守以恭者荣，土地博裕而守以俭者安，禄位尊盛而守以卑者贵，人众兵强而守以畏者胜，聪明睿智而守以愚者益，博闻多记而守以浅者广。"周公的这些谆谆家训，对今天我们这些后人不是仍有很大的警戒和教益吗？

　　洪应明在其传世名著《菜根谭》中也认为，富者应多舍，智者亦不炫耀，操履不可少变，锋芒不可太露。他指出"富贵家宜宽厚，而反忌刻，是富贵而贫浅其行矣！如何享？聪明人亦敛藏，而反炫耀，是聪明而愚懵其病矣！如何败？"这段话的意思是：一个富贵的家庭待人接物应该宽宏厚道，但有的人反而苛薄无礼，这种人虽然身为富贵之家，可他的行为跟贫贱之人却完全相同，这样又如何能够长久享有富贵呢？一个才智超群、博学聪明的人，本来应该隐匿其才华而有的人反而到处炫耀自己，这种人表面上看起来好像很聪明，其实是很愚昧的，这样的人如何会不失败呢？

　　做为一个人，尤其是作为一个有才华的人，要做到不露锋芒，既有效地保护自我，又能充分发挥自己的才华，不但要说服、战胜盲目骄傲自大的病态心理，凡事不要太张狂太咄咄逼人，更要养成谦虚让人的美德。所谓"花要半开，酒要半醉"，凡是鲜花盛开骄艳的时候，不是立即被人采摘而去，也就是衰败的开始。人生也是这样。当你志得意满时，切不可趾高气扬，目空一切，不可一世，这样你不遭别人当靶子打才怪呢！所以，无论你有怎样出众的才智，但一定要谨记：不要把自己看得太了不起，不要把自己看得太重要，不要把自己看成是救国济民的圣人君子似的，还是收敛起你的锋芒，夹起你的尾巴（千万可不要翘起来啊），掩饰起你的才华吧。有道是急流勇退，适可而止，只有能够好好地把握自我的人，才会有更成功，幸福的人生啊！

才高须谨慎

嫉贤妒才，几乎是人的本性。愿意别人比自己强的人并不多。所以有才能的人会遭受更多的不幸和磨难，木秀于林，风必摧之嘛。

曹植锋芒毕露，终招祸殃。文名满天下，却给他带来了灾祸，这难道是他的初衷吗？他只是不知道收敛罢了。

唐人孔颖达，字仲达，八岁上学，每天背诵一千多字。长大后，很会写文章，也通晓天文历法。隋朝大业初年，举明高第，授博士。隋炀帝曾召天下儒官，集会在洛阳，今朝中士与他们讨论儒学。颖达年纪最少，道理说得最出色。那些年纪大资深望高的儒者认为颖达超过了他们是耻辱，便暗中刺杀他。颖达躲在杨志感家里才逃过这场灾难。到唐太宗位，颖达多次上诉忠言，因此得到了国子司业的职位，又拜酒之职。太宗来到太学视察，命颖达讲经。太宗认为他讲得好，下诏表彰他。但后来他便辞官回家了。

南朝刘宋王僧虔，东晋王导的孙子。朱文帝时官为太子庶子，武帝时为尚书令。年纪很轻的时候，僧虔就以擅写录闻名。宋文帝看到他写在白扇子上面的字，赞叹道："不仅字超过了王献之，风度气质也超过了他。"当时，宋孝武帝想以书名闻天下，僧虔便不敢露出自己的真迹。大明年间，曾把字写得很差，因此而平安无事。

隋代薛道衡，六岁就成了孤儿，特别好学。13 岁时，能讲《左氏春秋传》。隋高祖时，作内史侍郎。隋炀帝时任潘州刺史。大业五年，被召还京，上《高祖颂》。隋炀帝看了不高兴地说："这只是文辞漂亮。"拜司隶大夫。隋炀帝自认文才高而傲视天下之士，不想让他们超过自己。御史大夫于是说道衡自负才气，不听驯示，有无君之心。于是炀帝便下令把道衡绞死了。天下人都认为道衡死得冤枉。但他不也是太锋芒毕露而遭祸的吗？

春秋战国之际，卫国有一个大臣叫弥子瑕，很得卫灵公的宠爱，所以他从不把清规戒律放在眼里。卫国规定，私自偷乘国君专车的人要刖脚。一天夜里，弥子瑕突然得到禀报，说他母亲得了急病，一着急，就驾上卫灵公的座车疾驰回家了。又有一次，他与卫灵公游御花园，走过一片桃林的时候，见到树上结满了又大又红的桃子，就摘了一个尝新，咬了几口后，说桃子好吃，就把剩下的桃子给卫灵公吃。朝廷中有人认为他置君臣体统于不顾，但卫灵公却说，弥子瑕是个孝子，为了母亲，竟不顾自己触犯法律的后果；又说弥子瑕是个忠臣，连一个桃子好吃这样的小事也首先想到君王。不久，弥子瑕终于在众人侧目的情况下失势。由于弥子瑕恃宠犯上的事甚多，经众臣的挑唆，卫灵公竟大骂弥子瑕是个叛臣，说他犯上作乱，擅自以我的名义乘君王之车，说他对君王不诚不敬，有侮慢之心，连吃剩的东西也敢献上来，还美言欺君，伪作忠顺！

人的处世，在文场中，中国历来有文人相轻的陋俗，名气一大，流言便会满天飞，若稍有不慎，必将惹下大祸。在名利场中，要防止盛极而衰的奇灾大祸，必须牢记"持盈履满，君子兢兢"的教诫。"欹器以满覆，扑满以空全"，这是世人常用的一句自警语。欹器是古人装水的一种巧器，呈漏斗状，水装了一半它很稳当，但装满了，它就会倾倒。扑满是盛钱的陶罐，它只有空空如也，才能避免为取其钱而被打破的命运。中国人的传统观念是：居官要时时自惕！时时处处谨慎，切勿不留余地，越是处权势之中，享富贵之极，越是要不显赫赫奕奕的气派，收敛锋芒，以保退路。在官场热闹处要能以一双冷眼相欢，避免无形中的杀机。

　　曾国藩深通文韬武略，也深知功名之靠不住和害处，所以他是"以出世的精神，干入世的事业"，不把功名放在心上的，成为中国近代少有的"内圣外王"的典范。他反复嘱咐儿子曾纪泽要谨慎行事，甚至于大门外不可挂相府、侯府这样炫耀的匾额。很多位居高官的人或者尸位素餐，或者请求致仕，主要就是收敛锋芒，以免成为众矢之的啊！所以古人说："露才是士君子大病痛，尤莫甚于饰才。露者，不藏其所有也。饰者，虚剽其所无也。"

中华处世秘笈

中国书店

好汉不吃眼前亏
——不逞匹夫之勇

"全师避敌。左次无咎，未失常也。"即保全自己，避强敌，寻机待变；虽为退却，并没有失去战胜之道。

聪明人为了掩盖内心的重大抱负，实现一定的政治或军事目的，常常以伪装的手法掩人耳目，欺骗对手。当处于不利状态时能忍受巨大的屈辱和磨难，以便休养生息，求得最终胜利。

故善谋者应谋大局，谋长远，不应与对手争一日一时之短长。

忍辱负重伺机谋变

唐玄宗李隆基是高宗李治的孙子，睿宗李旦的儿子。他生于垂拱元年（685年），卒于代宗宝应元年（762年）。唐玄宗又称唐明皇，他是太极元年至天宝十五年在位（712～756年）。

李隆基20岁以前是在武则天执政的时代度过的，也可以说是在逆境中求生存。人处逆境，不外采取两种截然相反的态度：弱者悲观消极，一蹶不振；强者自强不息，待机奋起。同处逆境的李隆基七伯父中宗李显、父亲李旦和哥哥们都是弱者，而李隆基却是强者。他胸怀大志，性格英武。他的青少年时代正处于李唐宗室与武氏集团进行殊死斗争之时。李唐宗室不满武周统治，图谋恢复李唐社稷。面对这极其严酷的社会现实——长辈、同辈们的大量被杀，国号被改为周，父亲被改姓武，从皇帝降为皇嗣，使李隆基痛心疾首，立志报这血海深仇，雪这奇耻大辱。于是，他在非常恶劣的政治环境中，为了保护自己，决心自勉自强，等待时机，同时，努力学好本领。他在父亲李旦的严格教育下，刻苦读书练武，读经书，博览群书，钻研天文、历法、音律、书法，学习骑马、射箭，使自己在文武两方面都得到了长足的进步。

机会终于来了。神龙元年（705年）正月，发生了一起重大的政治事件，即张柬之、桓彦范、敬晖、崔玄暐、袁恕己联合诛杀张易之、张昌宗，逼迫武则天让位给中宗。中宗上台后，采取了一系列的复兴措施。如恢复国号为唐；下令各州只设寺、观一所，以减轻百姓负担；各州百姓免一年租税，房州（今湖北房县）百姓免3年劳役；释放宫女3000人；赏赐张柬之等功臣；惩办二张党羽；昭雪冤案，惩罚酷吏；鼓励直言、荐贤，等等。但是好景不长，风云突变。以韦后（中宗妻子）为首的韦氏集团，与武氏集团余党武三思、上官婉儿、武懿宗、宗晋卿等人，互相勾结，组成了韦武集团。他们采用各种阴谋手段，把张柬之、桓彦范等大臣杀害，掌握了朝廷大权。

景云元年（710年）六月，韦后梦想当武则天，与散骑常侍马秦客、光禄少卿杨均密谋毒死了中宗。

中宗死后，韦后搬出幼稚无知的李重茂上台当傀儡皇帝（少帝），自己临朝摄政。她还想爬上皇帝的宝座，准备对李旦下毒手。

正在这个关键时候，有胆有识的李隆基看准了朝廷上下不满韦后的机会，毅然决定发动宫廷政变。

景云元年（710年）六月，李隆基和刘幽求、钟绍京、薛崇简（太平公主子）等人，率领万骑（皇帝卫队）和总监丁夫（皇宫仆人）突入长安玄武门，冲到了太极殿。韦后被这突如其来的事变吓得惊惶失措，仓皇逃进殿前飞骑（皇宫卫队）营，她和安乐公主及其丈夫武延秀被乱兵杀死。李隆基分派万骑把韦武集团成员消灭干净，终于报了仇，雪了耻。至此，李唐宗室又开始掌握了政权。

韦武集团被铲除后，李隆基、太平公主和众大臣商议，由太平公主出面，叫少帝让位给李旦（即睿宗）。李隆基被立为皇太子。

睿宗在位时一直在李隆基和太平公主之间搞政治平衡。他即位的第一年，主要听李隆基的话，以姚崇、宋璟等人为相，做了一些好事，如重用忠良，贬斥奸臣，大裁冗官，昭雪冤案，政治比较清明，颇有新兴气象。因此当时人说："姚、宋为相，邪不如正。"然而，太平公主却经常叫人散布流言飞语，在李隆基周围布置密探，不断向睿宗打小报告，组织宗派小集团等卑鄙手段，使她在睿宗面前逐步占了上风。所以睿宗即位的第二、第三年，大多听太平公主的话，并以窦怀贞、肖至忠、岑羲、崔湜为相，做了不少坏事，政治日益腐败。因此当时人说："太平用事，正不如邪。"他们之间的斗争愈演愈烈。

唐先天元年（712年）八月，唐睿宗李旦主动传位给太子李隆基，自称太上皇，五天一次在太极殿处理政务，凡三品以上的大员的任免以及朝中大事，由睿宗处理，唐玄宗李隆基每日在武德殿理政。李隆基由懂事开始，亲眼见到过武则天势力专权李唐，韦武集团把持国政，历经宫中多次人事变乱，现在当了皇帝，按理应轻松愉快地吐出多年的晦气了，可是整日里仍然乌云挂脸。原来自己虽贵为天子，大权仍在父亲之手，尤其是姑母太平公主，一心要做第二个武则天，玄宗朝廷中的文武百官，也大多依附太平公主，七个宰相，除魏知古、郭元振、陆象先外，另外四人都是太平的党羽，姑母太平把李隆基作为自己专权的政敌，两人在朝廷明争暗斗，已延续了多年，所以说李隆基虽登台称帝，心情并不怎么愉快。

李隆基登台后，也密切注意网罗自己党羽人才，书生王据虽然家穷，因为才华出众，即被李隆基拨擢为太子中舍人、中书侍郎，两人经常在一起密谋诛灭太平公主之事。王据对他说："韦后因为毒死中宗，招致天下人心不服，才能一击而中，很容易除去。太平公主是武则天皇后的女儿，凶狠狡猾，朝中大臣大多归顺她，对她不应该孝顺仁慈，天子当以宗庙社稷为重，为了天下安定，应去小节留大义。"宰相刘幽求是玄宗李隆基的心腹，当年诛杀韦武集团，刘幽求立有大功。他见太平公主在朝势大，玄宗苦于应付，就私下里与右羽林将军张暐密谋，想把同居宰相之职的太平重要党羽窦怀贞、崔湜、岑羲三人杀死。两人谋划妥当后，张暐秘密请示玄宗，李隆基点头称是，要两人赶紧布置。哪知张暐谋事不密，消息传泄出去。玄宗得知消息泄密，在东宫极为紧张，思考再三，还是认为自己不能稳操胜券，担心势大的太平公主会乘机反击，自己的皇位即将不保，于是抢先进殿，向睿宗主动揭发。就在玄宗告发时，果然太平公主得窦怀贞、崔湜密报，进宫向睿宗控告，说侄子隆基无端加害，要睿宗处置。睿宗面对亲妹妹的诉苦，只得严词训斥自己的儿子，玄宗无法自解，就把一切责任推到刘幽求、张暐身上，并答应严加惩办。不日，崔湜等人在太平公主的暗示下，让台谏上折数列刘幽求、张暐等人犯有大逆之罪，罪在处斩。玄宗不愿意在太平未除的情况下，先斩大将，赶忙到睿宗处说情，说刘幽求等人，立有诛韦武拥父皇登位大功，应当免死。睿宗准请，结果刘幽求由狱中放出，远流到封州（今广西梧州），张暐远流至峰州（治所在今越南河西省）。

李隆基要驱逐朝中太平公主的势力，舍得把亲信手下刘幽求、张暐作为替罪羊抛出，是心藏深谋的。景元四年，武则天的儿媳韦皇后胆大妄为，毒死中宗李显，立少帝李重茂，韦后自己临朝听政，上演了一场武则天的故事。韦氏宗族亲信把持李唐上下，甚至要谋害相王李旦。为了逐杀共同的政敌，李隆基考虑到韦氏势众，于是联合姑母太平公主，密结禁军，与刘幽求等人起兵突袭杀了韦后及其党羽，李旦上台，是为睿宗。李隆基因拥立大功，先是封王封相，领马骑禁军，后又册立为太子。睿宗初上台，听从李隆基的劝告，任用宋璟、姚崇等人为相，整顿吏治，贬斥奸佞，一时政风变浪。太平公主身为武则天之女，自小聪明过人，长得很像其母，又机敏沉着，善于权略，武则天当政时，即参与谋划。当初诛杀张易之兄弟，她立有大功，现在同侄子联手，再立灭韦新功，这两次关系到李唐王朝兴亡治乱的重要大功，加上自己的亲哥哥睿宗为帝，自然地，她的权力欲和党羽势力在朝中也膨胀起来。她的三个儿子被封王，其他儿子起码也进入九卿之列。睿宗对她非常偏爱器重，每次与她议论朝政，往往相坐逾时，时间很长。如果有几天太平不来朝殿，睿宗就叫宰相去她的府中询问。太平长期侍奉武则天身旁，善于猜测上意，所以每当与睿宗议事，她都能迎合帝意，凡是她推荐的人，都会被睿宗封give高官，甚至当宰相。很快地，太平公主在朝廷中网罗了大批党羽，势焰灼人。睿宗上台伊始，太平公主还不曾以李隆基为敌，欺其年少，想他不会有多少作为，逐渐地，她感受到自己的这个侄子英武过人，在朝中又得到人望，刘幽求、宋璟、姚崇等不少人被其利用，已经势压自己，于是太平公主一改初衷，以李隆基为政敌，必欲除去而后快。先是她极力劝谏，反对睿宗立隆基为太子，布置密探，搜集李隆基活动的情报，又四处散布谣言，中伤李隆基。一时间，窦怀贞、肃至忠、岑羲、崔湜、薛稷、常元楷、李慈等宰辅重臣，都收罗在自己的羽翼之下。李隆基面对太平公主的咄咄逼人之势，也寻机反攻，例如，指使姚崇、宋璟等人出面奏告，使睿宗下令，把与太平公主关系亲密的宋王李成器、幽王李守礼等人外放到京郊去做刺史，把太平公主夫妇迁到蒲州（今山西永济）居住，且让睿宗答应由李隆基监国行政。太平公主遭到排挤后，联合李成器、李守礼和李隆基两个被解除典领禁军之权的弟弟，一齐向李隆基施加压力。逼着李隆基自剪羽翼，以离间姑侄、兄妹关系之罪，忍痛把宋璟、姚崇两相贬职到地方去做刺史。后来太平公主又利用睿宗让位一事，迫使李隆基主动提请，召太平公主回京居住。到了景元二年，太平公主势力在朝中基本占了上风。李隆基上台为帝，睿宗退至帝后，却仍以太上皇之位掌握朝政大权，就是太平公主从中做的手脚，所以李隆基上台之初，还不具备实力与太平公主硬拼，为了暂时稳固皇位，争取时机，以达到最后铲除太平公主势力的政治目标，玄宗需要暂时的妥协，这就是唐玄宗抛出刘幽求、张暐的主要缘故。

到了先天二年（713年），李隆基和太平公主之间的斗争更趋激烈，双方都磨刀霍霍。太平公主先是唆使宫女元氏乘机下毒，由于玄宗防范严密，事未逞。她又与典领羽林军的常元楷、李慈等频繁密谋，想在七月四日以羽林军冲入武德殿，迫玄宗退位，由窦怀贞等人领南牙兵作声援，发动政变。哪知太平公主的消息被左散骑常侍魏知古侦知，即刻报告了玄宗，玄宗集合兵部尚书郭元振、龙武将军王毛仲、殿中少监姜皎、太仆少卿李令问、内给事高力士、果毅李守德以及岐王、薛王等先发制人，七月三日，首先动手，领兵冲入虔化门，杀死羽林军首领李慈、常元楷，又把萧至忠、岑羲、窦怀贞等太平公主党羽斩首。太平公主闻变逃到南山的佛寺中躲藏起来，三天后抓捕下狱，被玄宗下令赐死，凡朝野内外太平党羽一举被杀者几十人。睿宗李旦见事已至此，下令今后朝政大权，一切由玄宗李隆基处理，自武则天称制以来的唐初数十年宫廷政争，至此停息，李隆基取得了最后的胜利。那位被贬到封州的刘幽求，也被玄宗及时召回京都，封为左仆射，重新予以重用。

唐明皇李隆基确实是一位胸怀大志的统治者，面对朝中的各种势力，他能权衡利弊，不因小失大。即使自己的功臣宰相刘幽求被贬到封州，他也隐忍不发。终于消除异己，巩固了他的政权。

明退暗进统一中原

乘天下大乱，北部的乌桓破幽州，掠其汉民十余万户。乌桓是个以游牧射猎为生的少数民族。各地方的军事集团首领为了维护自己的割据，曾经依靠过乌桓的骑兵，袁绍就曾如此。乌桓诸单于中，尤以辽西单于蹋顿为最强，而且蹋顿与袁绍交往较厚，待袁绍病死后，蹋顿多次派兵袭扰汉郡，想让袁绍之子袁尚重振旗鼓，光复旧土。

曹操为了统一北方，于207年决定发兵攻打乌桓。诸将皆劝说："袁尚已穷途末路，乌桓见其大势已去，怎能再被袁尚利用？现在我们远征，刘备必劝刘表袭击许都。万一如此，岂不悔不晚矣！"

谋士郭嘉说："将军虽然威震天下，但乌桓自恃其远离许都，必然毫无防范，如果我们出其不意发兵袭击，战则必胜。再说，刘表自知他不如刘备，重用刘备担心不能制之，轻任刘备又担心嫌其薄待而离去。鉴于此，将军虽远征，不必忧虑刘表后袭之患。"

曹操决心早定，率兵北进。

五月，兵至无终。正值夏季雨多水大，沿海的道路无法通行，乌桓又派兵马扼守了其他的路径，军队难以前进。曹操忧虑重重，田畴献计说："此路，夏秋常有水患，浅不能通车马，深不能载舟船。我们莫如先撤离无终，乌桓以为我军是受阻而退，必然放松戒备。我们再东出庐龙口，越过白檀之险，入敌兵空虚之地，路近而便利，趁其不备而袭击，蹋顿必败无疑。"

曹操依计行事。并让人沿途在树木上刻字："如今大暑，道路不通，待到秋冬，我军复来。"乌桓的骑兵见此，对曹军退去深信无疑。

曹操令田畴的乡众为向导，率军上徐无山，劈山填谷五百余里；经白檀，过平冈，穿鲜卑庭，直逼柳城。未行二百里，乌桓就发现了。蹋顿和袁尚兄弟，以及辽西单于楼班、右北平单于乌延等，率领数成骑兵猛扑上来。

曹操登上了白狼山。曹军与乌桓兵马奋力拼杀。乌桓兵马来势迅猛，士气很盛。曹操的辎重在后，所率兵士多是轻装前进，而且与敌军在数量上不成比例，伴随曹操的臣将不免有些畏惧。曹操虽知形势危急，但镇定自若。他登高远眺，见敌阵不整，料知缺乏统一指挥，各部之间难于协调作战，不禁心中大喜。遂果断下令，张辽为前锋，率众兵猛击敌军。敌军各部果然自顾不及，皆溃不成军，大败而逃。乌桓单于蹋顿被斩，乌桓及汉卒降者二十余万众。

辽东单于速仆丸和袁尚兄弟投奔辽东太守公孙康，所率骑兵尚有数千。曹操的部将都主张立即发兵攻击，定能擒住袁氏兄弟。曹操说："何需动用兵马？我要让公孙康将袁氏兄弟的首级送来。"曹操不但没有进军，反倒退还柳城。不久，又率兵返回。果然，公孙康送上了袁氏兄弟的首级。

众将一见，都感到疑惑不解，便向曹操问其原委。曹操说："公孙康向来畏惧袁氏兄弟，我如果当时急于动兵，他们就会合力抵抗；我如果按兵不动，他们就会彼此相图；势在必行啊！"

至此，曹操平定了多年引发局部战争的北部乌桓，且又消灭了袁绍的部分残余势力，基本上统一了北方。

一向以老谋深算著称的曹操，用兵打仗的智谋可谓绝妙。用计大胜乌桓统一北方，接着在赤壁之战失利情况下，除去了心腹之患——马超，统一了大半个中国。

以甲代乙巧退荥阳城

楚汉双方转战于关东，汉军粮饷全靠萧何从关中运来。路远运粮难，常常不能随时接济。然而，天无绝人之路，秦朝在荥阳附近设有一个大粮仓——敖仓。为解决军粮不足的难题，汉军拿下敖仓。为了运送方便，刘邦便屯驻荥阳指挥战局。

此时，九江王英布刚被刘邦招降，项羽正为此事气得怒发冲冠，准备亲自率军进攻荥阳。谋士范增献计说："汉王固守荥阳，无非是靠着敖仓取粮方便。如今要攻荥阳，只要截断敖仓，荥阳一断粮，顷刻便可攻倒。"

果然，粮道一断，荥阳城又被项军围困后，城内将士连日鏖战，精疲力竭，加上粮绝乏食，朝不保夕，为此刘邦焦急万分。张良、陈平本来足智多谋，此时也回天乏术。正在发愁时，中军帐中进来一将，只见他陈词慷慨，情愿粉身碎骨，以报刘邦的知遇之恩。刘邦一看，来人是汉将纪信。

屏去左右他人之后，纪信小声说："几个月来，大王困守荥阳，兵越战越少，粮越吃越空，眼看很难久守，最好能突围他去。现在四面受敌，没有空隙可突。不如让我出城代大王诈降，趁其不备，大王可乘机突围。"刘邦深知，纪信此去凶多吉少，便含着热泪说："将军如此忠诚，但愿老天能护佑将军。"纪信表示："臣死也值了。"

接着刘邦召入陈平，把纪信愿以死诈降一计告知。陈平听后，又在刘邦耳边添加了一计，刘邦连连称妙。

这边，项羽接到汉使送来的"降书"后，很是兴奋，忙问汉使："你家主公何时出降？"汉使答道："今夜就会出降。"项羽赶紧命令手下战将钟离昧等人领兵把守，一俟刘邦出来便开刀。

可是直到黄昏，荥阳城中动静全无。夜半时分，城东门突然洞开，出来一群身着甲胄的妇女，楚军正在狐疑，只听一阵娇滴滴的女声叫道："我等妇道人家没衣没食，只好逃出求生，请将军们高抬贵手，赏我一线生机。"楚军对她们的服饰还有疑问，她们却说："我等没衣可穿，只得穿汉兵的弃甲御寒，请勿见怪。"

自古以来，男不和女斗，已成为中国人的传统。项军见此，也不好怎么干涉。奇怪的是，那班妇女络绎不绝，走了一伙又来一伙。楚军那班丘八，多时没闻女人味，如今在此看呆了。只见来围观的项军越来越多，其他几个城门的守军也到这里来看热闹。趁着这个机会，刘邦带着陈平、张良、夏侯婴、樊哙等人溜出了城。

天亮时分，妇女们已走得差不多了，城内来了一乘龙车，当中端坐一位王者。楚军一见，都以为是刘邦出降来了，赶紧入报项羽。项羽亲自出营，可车上却无人下车。走近细看，车上那人穿的是汉王衣服，容貌却不大像。项羽厉声问道："你是何人，敢来冒充汉王？"车中人回答："我乃汉将纪信。"项羽知已上当，只得气呼呼地下令把纪信连人带车统统烧成灰。

纪信、陈平合演的这出声东击西的战术，保证了刘邦的指挥部及汉军主力安全撤出荥阳。这种真假难辨，声东击西的计策，在现代商战中往往也能取得出人意料的成功。

"碧绿液"审时度势博得众人欢心

"碧绿液"是法国最有名的矿泉水，不仅在法国有很高的知名度，还远销欧美亚各国，具有良好的声誉。可是，1989年2月，美国食品部门突然宣布：在抽样检查中发现，有些碧绿液矿泉水不符合卫生要求，含有超过规定2倍至3倍的苯，若长期饮用将有致癌危险。这对碧绿液矿泉水公司来说，就如晴天霹雳！

按通常情况，大多数公司会回收那些不合格产品，再象征性地向公众作一番道歉，然后以时间换空间，大事化小，小事化了，待风头过去后再悄然登场。可是，碧绿液矿泉水公司却马上举行记者招待会，郑重宣布现已销往世界各地的1.6亿瓶矿泉水全部就地销毁，立即用新的产品加以抵偿。为此，公司损失高达2亿法郎以上。不少人对这家公司这一做法大为不解。

实际上这是公司的韬光养晦之计。坏事已经发生了，无可挽回了。但这件事却使碧绿液的知名度空前增大，公司管理层正想借此机会改变形象，增强知名度，把坏事变成好事，从而在更高层次上挽回公司的声誉。

碧绿液矿泉水新品终于上市了！这天，法国大大小小的报纸都以整整一版的版面刊登广告，人们又看到了熟悉如故的那只葫芦状绿色玻璃瓶。

电视广告做得更绝：白色背景下，一只绿色的碧绿液矿泉水瓶滴下了一滴滴晶莹的矿泉水，它好像一滴滴眼泪。画外音是一个委屈的小姑娘正在饮泣呜咽的声音，一个慈父般的声音正在劝她："不要哭，我们仍然喜欢你！"那个小姑娘回答："我不是哭，我这是高兴啊。"

成功的传播媒介，打动了亿万公众的心，人们从心底里又原谅了碧绿液。广大消费者被这则充满人情味的广告感动了，他们又恢复了对碧绿液的信赖。

如果碧绿液不是这样，而是采取另一种态度，将会是什么结局呢？

现代商战中，突如其来的变化是经常发生的。在飞来横祸的沉重打击下，怎样冷静应付，以屈求伸，伺机再起。碧绿液矿泉水公司就是一个很好的例子。

装呆作痴控制大局

商务谈判活动中，有些谈判对手，故意表示软弱无能愚笨无知的样子，使对方的杰出的辩才、严密的逻辑、丰富的资料，总之强大的实力派不上用场，完全陷于英雄无用武之地的境况，最后没准还会败北的。所以，著名的谈判大师罗斯博士告诫谈判者："愚笨就是聪明，而聪明却往往就是愚笨。显得非常果断、能干、敏捷、博学或者理智的人并不见得聪明。如果你能了解得缓慢些，少用一点果断力，稍微不讲理些，也许你反而会得到对方更多的让步和更好的价格。"

有一次，三位日本人代表日本航空公司与一家美国公司谈判，美国公司方面参加谈判的人中有许多是精明能干的高级职员。谈判一开始，为了加强美国公司的谈判实力，他们从早上 8 点钟开始，用了两个半小时的时间，利用了许多挂图，分发了许多电脑资料，再加上别的种种视听器材，以及三台幻灯片放映机，在银幕上映出了好莱坞式的公司介绍，向三位日本代表作了一次很精彩的产品简报。在整个简报的过程中，日本航空公司的代表一言不发，静静地坐在谈判桌旁。

两个半小时的产品简报结束后，美国公司的一位高级主管得意地站了起来。他扭亮了简报室的灯光，只见他脸上闪烁着笑容，充满了期望和满意。他转身对三位显得有些迟钝和麻木的日本代表说："请问，你们的看法怎么样？"

有位日本代表非常有礼貌地笑笑，回答说："我们还不懂。"

听了日本方面的回答，美国公司的这位高级主管收敛起笑容又问对方："你说你们还不懂，这是什么意思？哪一点你们还不懂？"

另一位日本代表也同样有礼貌地回答说："我们全部都不懂。"

再看美国公司主管的表情，他沮丧的神气，就像冠心病马上就要发作一般。他压压心中的气，再问对方："从什么时候开始你们不懂？"

第三位日本代表认真地说："从关掉电灯，开始放幻灯简报的时候起，我们就不懂。"

这时，美方的主管斜倚着墙边，松开他那条价钱昂贵的高级领带，显得垂头丧气，没精打采。他对日方代表说："那么，那么……那么你们希望我们做些什么呢？"

三位日本谈判代表异口同声地回答说："你能够将简报重新再来一次吗？"

在这个故事里，美国公司精心地为日本谈判代表安排了长达两个半小时的产品幻灯简报，满以为这会使日本方面叹为观止，坚信他们的产品质量，并且愿意出大价钱购买他们的产品。可是正当美国公司代表陶醉在他们的谈判实力之中，为他们将有谈判的成功而得意洋洋的时候，日本航空公司的代表运用装呆作痴的战术，给了他们一盆冰凉的冷水。声称他们对对方的简报全不明白，而且从一开始就不明白，希望他们能够将两个半小时的简报再从头至尾地放一遍。在这种情况之下，谁都会知道，美国公司的那帮精明强干的主管那般充满热诚和信心的谈判态度，早已被对方的愚笨和无能的对策所改变，灰心和沮丧占据了他们的心。而日本航空公司的谈判代表则沉着冷静，不慌不忙地控制着整个谈判的局面，将美国公司的要价压得很低很低，为他们节约了一大笔外汇，高高兴兴地回公司领赏去了。

谈判代表正是靠这种假痴不癫的战术，成功地击败了美国公司那帮精明强干的人。可见，在无法战胜实力强大的对手时，不妨采取以退为进，韬光养晦之策略。

领导者怎样"保乌纱"

常听到有人骂某些领导"保乌纱帽"，也常见到骚人墨客辛辣讽刺"保乌纱"者的绝妙文笔。在这里公然为"保乌纱"者出谋献策、岂不是大逆不道！但细想起来，这也是一个客观事实，不容忽视。"保乌纱"有积极之保，也有消极之保；保的目的有为公的、为党的事业的，也有为私利的。积极之保、为事业之保，应该肯定；为私利之保，则为世人所不齿。我们是立题意在前者，旨在使德才兼备的好干部能够在领导岗位上多为国尽职出力。

人才有软专家和硬专家之分。倘若具有软专家素质且符合干部"四化"条件的人，勇挑重担，想在领导岗位上干一番事业，为人民做出更多的贡献，以证明自己存在的价值，并为此而"保乌纱"，就应当得到人民群众的理解和支持。

长期以来，我们忽视了个人价值，只准被选择、不准自选择，这不利于人才脱颖而出。现在改革了，实行竞选制、考任制和自荐制，说白了，就是允许人们"争乌纱"。既然允许"争乌纱"，为什么不允许"保乌纱"呢？

据报载，某市在1988年换届选举中，一位副市长在竞选演说中说："说心里话，我还想当副市长，希望大家选我。"据说，另一个市的市长在对学生讲话时说过，他的孩子常骂他"保乌纱"，他说"保乌纱"有什么不好？他对该市的今后发展规划了蓝图，"保乌纱"是为了组织实现他的规划目标，更多地为人民造福。这确实没什么不好！这种为人民谋福利而"保乌纱"且敢于讲真话、能够做出成绩的人，应该为人民大加称赞。

当然，对于那些以权谋私而"保乌纱"的人，我们必须与之作坚决的斗争，揭露其真面目。但要注意防止出现列宁指出的那种情况，在倒洗澡脏水的时候，不要把澡盆里的孩子也倒掉了。假若良莠不分，一概地反对"保乌纱"，那就会给为人民利益而"保乌纱"的人套一枷锁，而使那些投机钻营之徒大行其道。

可见，"保乌纱"是大多数领导者非常关心的问题，是领导科学研究的重要课题。那么，领导者应当怎样"保乌纱"呢？

迂回术

时下，送礼、吃喝、走后门之风，在一些单位和地方还未得到有效的扼制，有些刹不正之风比较好的单位，也有沉渣泛起的趋势。一个新上任不久的地级领导说："报刊上登了一些拒收送礼的事例，确实令人敬仰，但有些人照此办却会后患无穷。你拒绝一个送礼的，就会因为得罪一个人而得罪一批人，因为他们结成了关系网；我是单枪匹马上任的，这样做，我就难以站住脚，更不要说开拓新局面了。为政清廉难啊！"

面对这种情况，很多想有所作为的领导者困惑了，他们不约而同地提出了这样的问题，怎样才能既出污泥而不染，又能调动下属的积极性呢？

治本的办法应该是：表彰廉洁奉公的先进分子，教育挽救失足分子，扶正祛邪。鉴于我国目前正处在深化改革过程中，新旧体制并存，有些政策界限一时难以划清，因此对于那些给自己送礼、行贿、搞歪门邪道的行为，似可采取以下对策：

1. 直中有迂

态度坚决，方法委婉，用各种不伤对方感情的方法，达到巧妙拒贿目的。

2. 迂中有直

说不服的，不妨暂时收下，学习周恩来等老一辈革命家的办法，转作公用；或者交公保存，待条件成熟时再处理。

3. 宁直不迁

在风气比较好的单位或地方，对于送礼行贿者，来一个让他"曝光"一个。这样，谁还敢效尤！

平衡术

不少领导者常常为错综复杂的人际关系而慨叹、所苦恼，有的甚至被关系网缠住手脚而翻车、落马。因此，都希望有个良好的人际关系环境。

良好的人际关系环境，从哲学上讲，就是从不平衡中求得平衡的环境。领导者都想到矛盾少的单位工作。其实，越是在纷纭复杂的矛盾中求得平衡，就越能显示领导艺术的高水平。文艺创作，如果不反映尖锐的矛盾冲突、不反映那些极不平衡的事物，就不能引人入胜。杂技艺术中，越是在难于平衡的高难度动作中保持平衡，便越能成为受人欢迎的精彩表演。领导工作当然也是如此。领导者要想从极不平衡的状态中求得矛盾关系的平衡，就必须善于运用平衡术。

1. 平衡有上下、先后、左右三种平衡

上下平衡：中央最高领导者以下的各级领导者，都有上级与下级的关系问题，必须做到上下级平衡。先后平衡：任何单位，都有先进和比较先进的人，也都有后进和比较后进的人，只有实现两方面的平衡，才能达到单位预期的目的。左右平衡：一个单位，往往会出现不同利益要求的群体或派别，对于领导干部来说，它们犹如人的左右手和左右脚，必须通过平衡来调动其积极性。

2. 平衡的关键是正确选择平衡点

平衡不是半斤八两，而是有侧重的辩证平衡。上下平衡，是全局与局部的平衡，侧重点在全局方面，必要时也放在局部方面。先后平衡，一般侧重先进方面，但以后进方面能接受为限度，必要时也放在后进方面。左右平衡，应把重点放在各群体的优势上，时而把某项工作放在甲群体的优势上，时而把某项工作放在乙群体的优势上。

3. 用权变的方法进行平衡

或者迁就落后、等待觉悟，甚至像列宁所说的那样，敢于同魔鬼结成联盟、俟条件具备就吃掉魔鬼；或者团结先进力量、严刑峻法，"舍得一身剐，敢把皇帝拉下马"。究竟以哪种方法为好，这就要靠领导者审时度势了。

"护官符"

《红楼梦》第四回写了这样一个"护官符"："贾不假，白玉为堂金作马。阿房宫，三百里，住不下金陵一个史。东海缺少白玉床，龙王请来金陵王。丰年好大'雪'，珍珠如土金如铁。"曹雪芹的本意是鞭挞封建官吏只看大财主的颜色而不顾群众死活的丑恶行为。但也可见，"保乌纱"问题是古今中外领导者普遍关心的问题。

社会主义社会的各级领导者，绝不能象封建官吏那样只看大财主的颜色行事。但是，处理好上下左右之间的人际关系却是必不可少的。不过，如果没有政绩，即使人际关系搞得很好，终归也是难以保住"乌纱"的。

过去有个顺口溜："年龄很重要，文凭少不了，德才作参考，关系是个宝。"不妨改为："德才很重要，关系少不了，要想'保乌纱'，政绩是个宝。""以民存心，以智决策，依德行政，依法办事"才是灵验的"护官符"的要诀。

论以屈求伸

以屈求伸语出《周易·系辞》："尺蠖之屈，以求信（伸）也。"蠖是蛾的幼虫，这种幼虫行动时总是先蜷曲后伸展。因此，以屈求伸是指用弯曲来求得伸展。说明一个人处世有方，能屈能伸。明王世贞《鸣凤记·第五出》："尺蠖欲求伸，卑污须自屈。"

以屈求伸作为应变术，与韬光养晦有异曲同工之效。然而，以屈求伸往往是个人处在比较危险的境地时所应用的策略。

汉更始元年（23年），刘秀指挥昆阳之战，震动了王莽朝廷。然而，刘秀兄弟的才干也引起了更始皇帝刘玄的嫉妒。刘玄本是破落户子弟，投机参加了农民起义军，没有什么战功，自当上更始皇帝后，又整日饮酒作乐，不事朝政。刘玄怕刘秀兄弟夺取了他的皇位，便以："大司徒刘縯久有异心"的莫须有罪名，将立有战功的刘縯杀害了。刘秀接到兄长刘縯被杀害的消息，几乎昏厥，但当着信使的面仍极力克制自己，说道："陛下圣明。刘秀建功甚微，受奖有愧，刘縯罪有应得，诛之甚当。请奏陛下，如蒙不弃，刘秀愿尽犬马之劳。"转而，刘秀又对手下众将说："家兄不知天高地厚，命丧宛县，自作自受。我等当一心匡复汉室，拥戴更始皇帝，不得稍有二心。皇帝如此英明，汉室复兴有望了。"刘秀的这种虔诚态度，感动得众将纷纷泪下。刘秀突然遭此打击，自然难以忍受。然而他心里清楚，刘玄既然杀了兄长，对我刘秀也难以容得下。此后，刘秀对刘玄更加恭谨，绝口不提自己的战功。刘秀的行动，早已有人密报给刘玄。刘玄在放心的同时，觉得有些对不起刘秀，便封刘秀为破虏大将军，行大司马事。并令刘秀持令到河北巡视州郡。刘秀借机发展自己的力量，定河北为立足之地。更始三年初春，刘秀实力已壮，便公开与刘玄决裂。更始三年（25年）6月己未日，刘秀登基，是为光武帝，建国号汉，史称东汉。此时，刘秀只有32岁，正是年轻气盛、成就大业的时候。以屈求伸，"忍小愤而就大谋"，终使刘秀化险为夷，创建了东汉王朝。

以屈求伸是一种有效地自我保护的策略。在现实生活中，有许多运用这一策略摆脱危险的实例。曾经有过这样一件事：一小孩被人贩子劫持，他起先作出反抗，后来猛然想到父母时常教导他不可急躁、不可蛮干，凡事都要动脑，用智慧战胜困难的叮咛，再掂量一下自己也远非人贩子的对手。于是，他装出一副贪吃好玩、不谙世事的样子，对人贩子的吩咐也是样样照做，还主动与人贩子搭讪。几天之后，人贩子对他的监视明显放松了。一天，当人贩子带着他在转卖路途中路经一个城镇的交通岗时，这个小孩趁人贩子不备，跑到交通警察身边，从而得以回到父母的怀抱。并且协助公安机关抓获了人贩子。这个小孩所采用的正是以屈求伸的策略。正是这一策略，使这个小孩避免了被拐卖的厄运，同时，也免人贩子的淫威和暴力之苦。以屈求伸作为应变术，还需注意两点：一是这里的"屈"不是奴颜屈膝，"屈"是有限度的，绝不应拿根本原则做交易；二是屈是为了伸，只会屈而不会伸，或屈之有余而伸之不足，都不应归入此应变术之列。

以退为进

以退为进原意是以逊让取得德行的进步。汉扬雄《法言·君子》云："昔乎颜渊以退为进，天下鲜俪焉。"作为应变术，以退为进则是指表面上退却，实际上是进攻或准备进攻的一种战术。

进则进矣，为何要以退为进？原来，危难当头，直接进取不能，所以变为以退而求进。

明武宗年间，宁王朱宸濠叛乱，王守仁领兵平定了宸濠之乱，捕获了宸濠并将其囚禁在浙省。当时正值皇上南巡，驻在留都。中官诱骗王守仁放宁王回江西，然后由皇帝亲征再把其擒获，以显示天子的威风。中官派两个宦官到浙省传达他的命令。王守仁见令十分气愤，指责中官的这一行为祸害国家，扰乱朝政，却又收下了他的命令。中官也怕此事闹大，只好作罢。然而，同僚江彬等人嫉妒王守仁的功劳，到处散布流言，说王守仁开始时与宁王同谋，后来听说朝廷派军出征，在大军压境之下，才把宸濠逮捕以开脱自己。面对即将要殃及自己的祸害，王守仁采取以退为进的策略，他把宁王朱宸濠交送朝廷，再上表告捷，并把捉宸濠的功劳都归于总督军门，请求皇帝不必到江西亲征。王守仁自己也称病在净慈寺休养。使臣面见皇帝后，极力称赞王守仁的忠诚以及让功避祸的行为。皇帝弄清了是非，不仅立即制止了对王守仁的诬告，而且后来还更重用他，封其为"新建伯"。

晏子使楚时，也运用以退为进战胜了楚王对其的侮辱。当时，楚灵王以楚国强大，齐国弱小而傲慢自大。听说晏子身材矮小，又很瘦弱，然而却闻名于诸侯各国，便想拿晏子开个玩笑，羞辱羞辱他，借以显示楚国的威风。灵王手下的大臣们也随声附和，出谋划策，决定用连环之计陷晏子于狼狈境地。晏子来到楚都，见城门紧闭，而城门旁边刚刚新凿的小门却开着。晏子命车夫叫门，早已事先安排的守门侍者出来指着小门对晏子说："相国出入此门宽绰有余，为什么还要开大门呢？"晏子一听这话，心里明白这是楚王故意侮辱他，便站着不动，提高嗓门喊道："这是狗门，不是人所出入之门！出使到狗国，才从狗门进；我今天出使楚国，不应当从狗门而入！"守门侍者飞报楚王，楚王听后说："我打算戏弄他，不料反而被他所戏弄。"于是命令人打开正门，请晏子入城。进入宫中后，楚臣们与晏子又是一番舌战。楚灵王见晏子果然其貌不扬，冷笑着说："我看你们齐国是没有人了吧，怎么派你为使者？"晏子见楚王如此无礼，十分气愤，本想"以牙还牙"痛斥楚王几句，可又一想自己身为堂堂使臣，应讲究礼仪，不负使命。于是压住火气道："齐国地广人多，仅国都城内的人呵气可以成云，挥汗可以为雨，路上摩肩接踵，怎么说我们齐国没有人呢？"楚王哈哈大笑，接着说："既然齐国人才济济，怎么把你这个人派到我这里来呀？"晏子沉着地对应道："我们齐国选派使臣有条规矩，派往

礼仪之邦去朝见德高望重的君王，要挑选体面能干的人为使；派往粗野无礼之国去拜见昏庸无能的君王，则挑选丑陋无才的人为使。我在齐国无德无能，人又矮小，所以只配充当出访楚国的使臣！"晏子以退为进，弄得楚王又羞又愧，暗中佩服晏子的机智与才干。

以退为进是现代企业经营的重要策略。当你所经营的产品出现市场疲软，难以销售的时候；当你的产品质量不过关或发现为别人的另一种产品所取代的时候；当与你的竞争对手实力对比条件悬殊，难以战胜对手的时候，不妨采用退让的方法，以退求进。企业经营者如果不懂得以退为进的策略，该退而不退，势必会在盲目前进中碰壁。

隐强示弱　以退为进
——我怕了你成不成

　　人的一生之中，不可能什么事都一帆风顺，总会遇到各种各样的困难、挫折，无论是来自自身的，还是来自外界的，都在所难免。故古人有云：能进能退，是为英雄，能屈能伸，方为丈夫。因此，面对困难和挫折，既不能消极悲观，一蹶不振，又不能鲁莽从事，不顾后果，而应退一步，仔细分析原因，努力改正，才能扭转乾坤。

　　另一方面，"强中自有强中手，能人背后有能人"，故真正聪明的人都懂得这一点，他们大都深藏不露，大智若愚，大巧若拙，不会轻易暴露和表现自己的才能。

魏宣子示弱骄敌

　　智伯向魏宣子要土地，魏宣子不给。任章说："您为什么不给？"魏宣子说："智伯无故向我要土地，所以不给。"任章说："智伯无故要土地，邻近国家必然恐惧。智伯贪得无厌，天下必然恐惧。您给他土地，智伯必然会骄横轻敌，这样邻近的国家必然因害怕智伯而团结起来，用联合起来的军队对付轻视对方的国家，那么智伯的命就不会长了。《周书》说：'要想打败它，必须暂且助它一下；想要夺取它，必须暂且给予它。'您不如先给他土地，使智伯骄横。况且您为什么要放弃单独用我国作为智氏攻击的目标，从而可以联合天下的力量来对付智氏的机会呢？"魏宣子说："好的。"于是给了智伯有一万人口的城。智伯非常高兴，就向赵氏要土地，赵氏不给，所以智伯发兵围攻赵氏的封邑晋阳。而韩、魏乘机在外面反戈，赵氏在里面接应，智氏因此而灭亡了。

　　自己如果并不强，也可趁势装作更弱的样子，以起骄敌之心。比以弱胜强相对就容易多了。

耿弇后撤示弱伺机破敌

东汉光武帝刘秀手下的大将耿弇在攻打割据势力张步的战斗中，接连攻占了西安（今山东淄博境内）和临淄两城，激怒了张步，张步亲自率 20 万大军前来迎战耿弇。

两军前锋刚一接触，耿弇的骑兵将领就要率部出战。耿弇急忙制止了他，命令部队马上后撤。原来他怕骑兵一出击，挫了敌人的锐气，会使敌人的主力部队缩回去。所以才让全军撤退，故意示弱，把敌军主力引出来，寻找打击它的好机会。

这一行动果然给张步造成了错觉，他真的以为耿弇的军队被自己打败了，便不把对手放在眼里，让主力部队出击追赶。耿弇率军退了一段后，先让部将出战与敌人交锋，自己站在高处仔细观察敌人阵势的虚实，寻找敌军的薄弱环节。他很快发现了敌人的弱点，决定把这当成攻击的突破口，于是亲自率领精兵冲杀过去。张步追赶得正在得意，作着活捉耿弇的好梦，不料自己薄弱的一部遭到汉军致命的一击，在全军引起了连锁反应，招致大败的结局。

示弱不等于本身力量弱。不是出于忍让之心，而是另有打算。且不可被假象迷惑。

郭子仪佯败胜敌

唐肃宗年间，郭子仪收复了被叛军占领的都城长安（今西安）后，又奉朝廷命令率军乘胜东进，攻打洛阳。洛阳守将安庆绪听说唐军前来攻城，慌忙派大将庄严、张通儒带领 15 万大军前去迎战。叛军在新店（河南省郏县西）与唐军相遇。新店这个地方崇山峻岭地势险要。叛军依山扎营，居高临下，形势对唐军非常不利。

郭子仪趁叛军立足未稳之机，选派两千名英勇善战的骑兵，向敌营冲杀过去，又派了一千名弓箭手埋伏山下，再令协助作战的回纥军从背后登山偷袭，自己则亲率主力与叛军正面交战。战斗打响之后，郭子仪佯装败退，叛军越战越勇，想一举歼灭郭子仪的军队，倾巢出动，来势凶猛，从山上追赶下来。这时，突然杀声如雷，唐军埋伏的弓箭手像神兵一般从天而降，只见万箭齐发，无数的箭镞像雨点一样射向敌群。郭子仪又杀了个回马枪。这时，叛军的背后又传来高呼声："回纥兵来了，快投降吧！"叛军前后被围，左右遭打。在唐军和回纥军的夹击之下，叛军被打得七零八落，一败涂地。庄严如丧家犬一般逃回洛阳，急忙向安庆绪建议弃城北走。安庆绪无奈，只得放弃洛阳，北渡黄河，退守相州（今河北成安一带），郭子仪就这样收复了洛阳。

退有撤退及逃跑及佯退三种情况。败非败，为诱敌。

韩世忠戡平内乱

1129 年 3 月，南宋发生了一场军事政变。扈卫大将苗傅与刘正彦举兵叛乱，逼迫宋高宗传位给钦宗太子，并请隆祐太后垂帘听政。太后说："现在大敌当前，让我这个懦弱妇人与三岁的小孩来定夺军国大事，如何能号令天下？"苗、刘二人一意孤行，直到高宗颁诏禅位，才撤下军队。知枢密院事张浚密约韩世忠一起发兵讨伐。韩世忠见信痛哭失声，表示"誓与此贼不共戴天"。他赶到平江，对张浚说："今日之事，我愿与你共同承担。"韩世忠向张浚的前锋统制借兵 2 千，加上自己的部队，一起乘舟沿江进发。

据守杭州的苗傅、刘正彦等听说韩世忠率军南下，非常恐慌，急忙调手下"赤心队"驻临平镇设阻，又以皇帝的名义命韩世忠北上江阴，同时把韩世忠的妻子梁红玉、儿子韩亮扣押在杭州。

韩世忠行至秀州，致书苗傅、刘正彦说："我这次南下，是因为部队几经恶战，伤残太多，队伍零散，进入杭州后，一方面可以得到休整，另一方面也可护卫銮驾。"苗、刘二人闻知韩世忠兵少将寡，又愿意护卫新立的皇帝，便不把他放在心上了。传令允许率军至杭州，并授予韩世忠节度使的高衔。韩世忠推辞不受。

为了争取时间，韩世忠趁苗、刘二人对他深信不疑之际，加紧赶造攻城的云梯器械，又密约其他将领一道兴师讨平叛乱。韩世忠在秀州称病不前，苗傅等人还糊里糊涂，竟同意大臣朱胜非的建议，让韩世忠的妻子晋见太后，然后前往秀州慰问。韩夫人梁红玉临行前，隆祐太后亲执其手嘱咐："国家艰难至此，盼韩将军速来救驾。"

韩世忠从妻子口中得知杭州防备松懈的消息，知道苗、刘二人中计了，便集中各路人马浩浩荡荡向杭州开进。刚出发，苗、刘二人派来使臣传达新皇帝的旨意，韩世忠翻脸怒斥道："我只知有建炎（宋高宗年号），不知有什么新皇上！"说罢，斩其使臣，焚烧"诏书"，挥师前进。

苗傅、刘正彦听到消息，这才如梦方醒，万般无奈，只好请宋高宗重登皇位，让高宗下诏令韩世忠等人退兵。

平叛军进抵临平镇，苗、刘的部队借助山川之险列阵防守，并在运河中放置木头，阻塞了航道。韩世忠率兵弃舟上岸，寻敌攻杀，他对将士们说："今天是各位以死报国的时候，若面上不带几箭，必予斩首"。大家闻言，无不拼死力战。守军抵挡不住韩世忠军队的勇猛进攻，纷纷溃逃。韩世忠杀开一条血路，引导大军进入杭州北关。

苗傅、刘正彦等人听到临平失守，自知大势已去，急忙带两千精兵出城逃命。韩世忠入宫见宋高宗，请求率兵追杀叛将。高宗任命他为江浙制置使，继续围剿叛军残部。韩世忠一路追杀，在福建击败苗、刘的军队，生擒刘正彦，苗傅改装隐匿民间，还是被韩世忠在建阳抓获。韩世忠班师回杭州，宋高宗嘉赠锦旗，亲书"忠勇"二字，表彰他在平乱中的巨大功绩。

在平乱之初，韩世忠虽已拥有精壮的实力，但由于叛将已有戒备，加上皇帝、太后俱在杭州，自己的妻儿亦被扣为人质，投鼠忌器，故佯作虚弱顺服的样子迷惑对方，骗得信任之后，从容部署联络，做了充分准备。然后利用敌人防卫松弛之机，迅猛发起进攻，而且穷追不舍，直至将叛军全部消灭。这体现了韩世忠随机应变，智勇双全，是具有杰出指挥才能的军事家。

德川家康称臣候天时

日本幕府大将军德川家康是一个善于观察天时的人。本能寺事变时，织田信长惨遭部下光秀杀害，而当时的家康是织田信长手下的第一红人，他如果借替主复仇的名义开战，天下或许当非家康莫属。但就在他准备起事时，关中的丰臣秀吉却抢先一步移师而来，并迅速地平定了光秀。这样，家康只好按兵不动，等待时机的到来。

眼看着丰臣秀吉东征西伐，势力日壮，织田信长遗子信雄便向各方告发秀吉有篡夺织田政权的野心，同时请求家康出兵救援。家康见机会来了，即刻起兵，小牧山一役，把秀吉打得落花流水。无奈信雄意志脆弱，经不住秀吉的眼泪攻势，竟擅自答应停战的要求，与秀吉签了和约。家康陷于孤立，师出无名，只好再度鸣金收兵。

此后，秀吉势力日盛，如日中天。但秀吉惧于家康的力量，不敢贸然与之交手，反而将自己的妹妹嫁给他，把母亲押做人质，忍气吞声地劝家康归服朝廷，极尽笼络之能事。

识时务者为俊杰。家康见秀吉一统天下已是大势所趋，心想再与他对抗非但斗不倒他，反而要搞垮自己，于是便暂栖秀吉的麾下，宣誓效忠。家康一反常态，对秀吉唯命是从、忠贞不贰，搞得朝中大臣大惑不解，真以为家康变成另一个人了。

就这样，家康一面竭力拥戴秀吉，一面静待时机的到来。秀吉过世后，经关原会战，家康终于渐渐掌握实权，丰臣的地位被大大削弱。不出多久，家康就把丰臣给彻底击败了。

德川家康称臣效忠，静静地凝视时机的到来，终于盼到时机来临，建立了德川家族的大业。

卢维杜尔巧斗争

杜桑·卢维杜尔是18世纪末海地革命的杰出领袖，他不仅率领海地奴隶起义军，与法国殖民军进行了殊死的战斗；而且同法国政府驻海地的代理人进行了巧妙的斗争。

1798年4月，法国政府为了控制海地，委派老奸巨猾的埃杜维尔担任驻海地的特派员。埃杜维尔到海地上任后，主要打算干三件事：首先是劝杜桑脱离海地的政治斗争，到法国去过荣华富贵的生活；第二是设法削弱杜桑的权力；第三是劝杜桑进攻英国属地牙买加，以达到既打击英国，又消耗起义军力量的目的。

埃杜维尔是典型的欧洲种族主义者，他起初根本看不起奴隶出身的杜桑，以为只要略施小计，杜桑就会束手就范。有一天，埃杜维尔通过他的助手阴阳怪气地对杜桑说："要是能和杜桑·卢维杜尔一起回法国，该多么荣幸啊！在那里，他的美名和功德将有口皆碑，他本人也可以安度余生。"杜桑清楚地知道，埃杜维尔是想使自己脱离海地政治舞台，于是，他指着一只船回答道："这只船太小了，装不下我这样的人。"又指着一棵新栽的小树饶有风趣地说："等这样的树长到能造一条装下我的船时，我再去吧！"埃杜维尔的助手被说得瞠目结舌，埃杜维尔本人在旁边听着也无言可对。杜桑以诙谐的语言，轻而易举地挫败了埃杜维尔。

埃杜维尔并不服输，一计不成再施一计。从1798年下半年起，他与南部混血种人起义军将领里戈开始接触，并多次进行挑拨。他劝里戈控制住海地南部地区，脱离杜桑领导。为了挫败埃杜维尔的阴谋，杜桑对里戈的屡次挑战都采取了克制态度。有一次，里戈同杜桑会见时，杜桑手下的将领曾劝他逮捕里戈，遭到了杜桑的指责。这样，埃杜维尔企图挑起黑人同混血种人内战的阴谋终于破了产。埃杜维尔还擅用职权，命令杜桑将起义军复员，回乡生产。杜桑对此进行了针锋相对的斗争，很快将起义军扩大到5万人。

埃杜维尔一再碰壁后，便劝杜桑进攻英国属地牙买加。杜桑听后，斩钉截铁地说："这一进攻计划实际上是要消灭起义军，使旧制度复辟和重建奴隶制度。"杜桑不仅目光犀利，能看透事物的本质，而且有较高的斗争艺术。他为了击败埃杜维尔的诡计，并在海地独立问题上取得英国的支持，所以，在击败英国干涉军以后，又对英国采取了友好姿态。

1798年9月，杜桑应英军司令官梅特兰的邀请，到马尔·圣尼古拉港进行访问。梅特兰命令英军鸣放礼炮，举行盛大宴会来欢迎杜桑。宴会上，杜桑邀请梅特兰回访。过了几天，梅特兰果然来到杜桑的司令部，但不见杜桑，心里十分不安。这时，只见杜桑怒容满面地从后屋走出，手里拿着两封信请梅特兰看。一封信是法国代表写的，信上要求杜桑立即逮捕梅特兰，以证明他对法兰西共和国的忠诚；另一封信是杜桑写的，墨迹还未干，杜桑严词拒绝了法国代表的要求："你们怎么能设想我以不光彩的行动，来逮捕梅特兰呢？……"梅特兰对杜桑如此友好的表示十分感动，他们之间的关系更密切了。埃杜维尔为此恼羞成怒，大发雷霆。

埃杜维尔在与杜桑的反复较量、斗智中一一败北，弄得他众叛亲离，狼狈不堪。杜桑看到公开驱逐他回国的时机已经成熟，就在群众中揭发了他企图破坏海地革命的种种罪行。海地角群众举行了反对埃杜维尔的示威游行。埃杜维尔没法再待下去，只得于1798年10月灰溜溜地回法国去了。从此，杜桑基本上摆脱了法国的殖民控制，使海地实际上取得了独立地位。

杜桑·卢维杜尔以其高超的斗争艺术，挫败了殖民主义者的种种阴谋诡计，巧妙地拒绝了去法国过荣华富贵生活的劝说，宽宏大度地维护了起义军的团结，灵活地争取盟友，为海地摆脱殖民控制、争取独立地位作出了卓越贡献。杜桑·卢维杜尔的名字永远铭刻在海地人民心中。

以退为进的外交艺术

　　1920 年，新生的苏维埃俄国还处于国际帝国主义的包围和封锁中。为了改变国际地位，摆脱孤立状态，冲破封锁包围，俄共非常希望与西方国家发展经济贸易关系。当时的意大利政府出于经济原因，在国内工业界的压力下也愿意同苏俄进行经贸联系。意大利外交大臣卡洛·斯弗茨几次在报纸上发表声明，表示他的政府打算恢复同苏俄的贸易关系并准备在罗马接待苏俄经济代表团。

　　俄共迅速地抓住这一机会，宣布组成以苏俄早期杰出的外交家沃罗夫斯基为首的经济代表团赴意大利罗马。

　　俄国经济代表团到达罗马后，沃罗夫斯基拜会了意大利外交大臣斯弗茨，他谈了苏俄政府对发展俄意关系给予的高度重视以及对于这次代表团访意寄予的重大期望。然后，沃罗夫斯基请外交部对俄国代表团享有特权给予书面证明，他说，这种特权应当包括收发普通和密码电报、收发外交邮件和人身不可侵犯。

　　斯弗茨表示，意大利政府将认真研究这一要求并尽量予以满足。他说意大利政府对俄国在意工业不景气的时候来意大利大量订货感到高兴和赞许。

　　但是，这时意大利国内的政治形势却在发生着急剧变化，反共反苏的法西斯势力迅速抬头。他们在全国各地大搞暴力活动，猖狂反对共产党人。俄国经济代表团成员也经常受到骚扰、跟踪、搜查，俄国派来的外交信使也遭到扣押。在反共势力压力下，意大利政府不得不拒绝承认俄国经济代表团的外交地位，企图把它置于私人贸易公司的地位。但当时执政的乔利蒂政府也急于同俄国签订贸易协定，缓解国内实业界呼声，并加强自己在最近的议会选举后变得十分不稳的地位，争取更多议员的支持和拥护。1921 年 5 月，乔利蒂政府向逗留在罗马的俄国经济代表团建议立即签订贸易协定。

　　苏俄政府认真深入地分析了意大利政府的心态，决定采用以退为进的策略。5 月 23 日，沃罗夫斯基向意大利外交部发出照会。照会叙述了两国签署贸易协定谈判的由来，列举了警察进行敌视活动的事实。照会说，俄国同意大利进行经济贸易合作，向意大利大量订货，会减少意大利的失业，特别是准备为商船队购买各种船只的那批订货，还会减少意大利工人迁居国外、流落他乡的人数，这对意大利是有巨大实益的。但是，目前的情况表明，俄国代表团无法在不受干扰的条件下讨论协议草案的条款，它的工作人员成了丝毫不受惩罚的污辱行为的牺牲品，它的办公地点和公文不能保证不受侵犯。在这种处境下，代表团别无他法，只有不得已撤离意大利，中止谈判，返回自己国家。

　　这下，意大利政府慌了神。三天之后，外交大臣斯弗茨再次邀见沃罗夫斯基。这次他格外客气，用咖啡招待了俄国代表团团长。

　　"沃罗夫斯基先生，"斯弗茨说，"意大利政府仔细研究了您的照会，正式决定给予俄国经济代表团以外交地位。做出这一决定，本国的政府是基于同苏俄建立更为密切的合作关系的愿望。我本人早就赞成承认贵国并同它建立良好关系。我希望你能相信，我国政府与那些毫无责任心的人所干的敌视贵国的鲁莽举动毫无关系。我想说，如果您改变撤离意大利的决定的话，给予外交地位的协议，在一两日后就可以生效。而且，您将于近日内收到我国政府的正式照会或者公函，表述我今天的声明。同时，如果贵方没有异议，我们可以让贵国决定继续留驻意大利并行使自己职能的消息见报。"

5月29日早晨，沃罗夫斯基收到了意大利政府的公函。公函中说："我们两国在经济上的接近是令人感兴趣的……我们乐于自今日起给予你们希望得到的外交特权。"

需求常常是双向的，你有求于对方，对方也有求于你。洞悉了这一点后，就应该利用对手这种弱势，在谈判中采取以退为进的方略，要挟对手，迫使对手就范，做出妥协和让步。

知进退之道，屈伸之理——让步的策略

古人曰：能进能退，方为英雄，能屈能伸，才是丈夫。这话古今中外，历来如此。孙子十分重视战争中的进退之道，屈伸之理，他在《虚实篇》说："进而不可御者，冲其虚也；退而不可追者，速而不可及也。"意思是前进而使敌人不能抵御的，是因为冲击敌人防守薄弱的地方；后退而使敌人无法追击的，是因为行动迅速敌人追赶不上。孙子在这里指出，用兵作战不仅要能进能退，而且还要讲求进退的策略，即要做到进则冲其虚，退则速不可及。同时，孙子还主张将帅在战争中要能屈能伸，知"屈伸之利"（《九地篇》），这样才能在战争中，攻守自若，刚柔并济，灵活多变。

尽管战争与谈判的性质和特点不同，但两者所采用的策略却是相通的。进退之道，屈伸之理同样可以被广泛地运用于谈判之中。在谈判中运用该策略，就要求谈判者要能屈能伸，该进则进，该退则退，在对谈判对手针锋相对，据理力争的同时，还要注意恰当的让步，采取相应的让步的策略。

在谈判中，让步要采取的基本策略：

（1）每次让步都应得到某种相应的东西作为回报。不要做无谓的让步。

（2）应把否决你的第一次报价作为谈判的开始。

（3）促使对方在主要问题上先作出让步，你在较为次要的问题让步，目的在于让对方在重要问题上让步。

（4）确实作出让步时，要三思而行。因为每一个让步都包含着己方的利润或成本。

（5）要把你方让步和争论的协议记录下来。需要时，可拿出备忘录。

（6）要时时权衡对方的让步与双方需要之间的平衡。重新估计对方的需要，检查己方最优先目标是否真那么重要。

（7）不要出轨。尽管在让步的情况下，也要保住全局的有利于自己的势头。

（8）不要不好意思说："不"，大部分人都怕说："不"。其实，该说"不"的

地方不说"不"，反而会失去别人的信任。所以不但要有耐心，还得前后一致。

（9）记住说"这件事我会考虑一下"，这也是一种让步。

（10）同等级的让步显然是不必要的。例如他让你60%，你可以让他40%。如果他说："你应该也让我60%时"，你可以说"我无法负担60%"，来婉转拒绝他。

在运用让步策略时，需要注意以下几点：

让步前的选择

在还没让步以前，要先想想你将如何做。你要满足对方哪一方面的需要？以下便是你在让步时可以做出的选择：

（1）时间的选择：让步的时间可以提前或者延后，以满足对方的要求。选择的要诀在于让对方能够马上接受，没有犹豫不决的余地。

（2）好处的选择：让步可以同时给予对方公司、公司中的某个部门、某个第三者带来某些好处。

（3）让步内容的选择：让步的内容可以使对方满足或者增加对满足的程度。人们可以从讨论中的问题和问题有关的事情或不相关的其他人那里得到满足或增加满足的程度。

（4）成本的选择：由公司、公司中的某个部门、某个第三者或谈判者负担成本上的亏损。让步的实质比表面上更加微妙，它牵涉受益人，用什么方法，什么时候及什么来源；唯有全盘考虑周详后，才能更有效地运用。

让步幅度的掌握

（1）假如你是买方，让步时要在长时间里慢慢地开始；假如你是卖方，可先做一点大的让步，之后最好能上、下浮动一两次，最后一次一定要让一点。

（2）避免做出一次性巨大让步，大起大落。

（3）先让对方开口说话，让他表明所有的要求，然后再表明自己的要求。

（4）如果买主一次就做一大笔金额的让步，会因此引起卖主对价格一味坚持。所以买主在让步时必须步步为营。

（5）买主不会欣赏容易得到的成功，所以，假如你真的想让对方快乐，就让他们去努力争取每样能得到的东西。除了不要做太快的让步外，也不要太快便提供给对方额外的好处。允诺快速的送货、由己方负责运费、遵照对方的规格要求，提供有利的条件或者降低价格。即使要做诸如此类的让步，也不能做得太快。

最后的让步

谈判者要作出一个让步的困难是：既要保持自己坚定的信誉，又要表示出愿意"迎合"对方，以取得对方的回报，在谈判的结束阶段，最后的让步的时间选择和让步的分寸是至关重要的。

（1）让步的时间选择。如果退让的时间太早，对方将会误认为这是"顺带"的小让步，将使对方得寸进尺。如果时间太晚，除非让步的价值十分重要，否则将失去应有的作用，即对于对方只有很小的影响或简直不发生影响。

为了选择好时间，建议最后让步应分成两部分。主要部分应在最后限期之前，即给对方有刚好足够的时间回顾和考虑。次要部分，如果它是非常必要的，那应成为使对方感到最后的"甜头"，安排在最后时刻作出。

（2）让步的幅度。信息传递的可信性不仅如同取决于最后作出让步的时间选择和方式那样，而且还取决于最后让步幅度的大小。如让步的幅度太小，对方不大可能相信你最后的条件，除非你已经预先十分谨慎地准备好了充分的理由。如让步的幅度太大，它将被对方认为微不足道，有时甚至感到是对他的侮辱，结果你将一无所得。

让步与要求同时并提

必然让对方知道，不管在你作出最后让步之前或在作出让步的全部过程中，都指望对方予以响应，作出相应的让步。谈判者向对方发出这种信号的两种方法如下：

（1）谈判者在谈出让步时，可示意对方这是他自己的意思，这个让步很可能使他与他的公司之间产生矛盾。所以他只能同意这样一个交易：即对方也提出回报的表示，这样他回公司时也可以向他的上司或上级有关部门有个交代，他可以这样说："我愿意同意你关于延期罚金比率的建议，虽然我将为此而受到种种的批评，但关于不可抗力的条款，你必须帮我的忙。"

（2）要表明并不是直接地给予让步，而愿意这样做，要以对方的让步作为交换条件。谈判者可以这样说："我考虑过关于检验的建议，坦率地说，我看这没有多大问题，只要我们能够达成一个关于交货时间的协议。"请注意，"我看这没多大问题。"这一短语，或类似的语言，实际上是向对方传递某个信息，即谈判者愿意对这点让步，但不是现在，而是在对方退让之后。

匿壮显弱　明知故昧

匿壮显弱与明知故昧，含意不尽相同，但都是诈计、诈弱、诈昧。亦都是糊涂学的精华所在。

"匿壮显弱"就是充分展示自己的短处、弱点，而诱使敌人上当受骗，使他骄傲自大，使他放松戒备，然后把本来强硬的面目露出来一举吃掉对方。这也是以装糊涂来糊涂敌人，达到成功的目的。

"明知故昧"的意思是明明知道的事情而故意装作不知道，看得分明的东西装作看不见。通俗一点讲，就是虽然明白一切，但却故意装糊涂。那么，明明知道、明明看见了却装作不知道、没看见，这当然是一种策略。例如为了保全自己，为了使目的达到，你都必须这样做。比如你偶然知道了你不该知道的事情，为了保护自己的生命安全，你必须要缄口不言。人人都有身处险境、尴尬难堪的时候，明知故昧常常是明哲保身或达到目的的重要手段。

在生活中以上两种方法也很有用。比如交友，找合作伙伴等，精明外露、咄咄逼人者往往使人畏而远之，而貌似傻气的人往往容易引起别人的结交愿望，因为与这样的人打交道放心。能干的男人一般不喜欢女强人，也是这个道理。而为了使自己不引人注意，不成为出头鸟，还要常常装点糊涂，尤其是在一些无关大局的事情上，不要外露精明，以使自己成为众矢之的。古人云："聪明而愚，其大智也。"

不露声色，实际就是装糊涂，越是大事，糊涂越要装得彻底。一则可以保护自己，减少受人暗算或报复的机会；二则可以在别人不防备的时候予以攻击，反败为胜。

明朝张崌崃任滑县县令时，有两名江洋大盗任敬、高章来到县城，冒充锦衣卫（特务组织）的使者拜见张公，并且凑近张公耳边说："朝廷有令，要公开处理有关耿随朝的事情。"

原来当时有位滑县人耿随朝，担任户政的科员，主管草场，因为发生火灾，朝廷下令羁押在刑部的监牢里。张公听到此事，更加相信两人的身份。任敬于是拉着张公的左手，高章拥着张公的背，一起进入室内坐在炕上。任敬摸着鬓角胡须，笑着说："张公不认识我吧！我是霸上来的朋友，要向张公借用公库里面的金子。"于是二人取出匕首，架在张公的脖子上。

张公抑制住内心的紧张，装出替他们着想的样子说："你们不是为了报仇，我也不会因为财物牺牲性命。你们这样暴露自己的真实身份，如果被别人发现，对你们可相当不利！"

两个强盗觉得有道理。

张公又进一步说："公库的金子有人看管，容易被发觉，对你们不利。有一个办法是，我向县里的有钱人借贷，这样你们可以安然无事，也不至于连累了我的官职，岂不两全其美。"

两个强盗听了更加赞同张公的办法。就这样，张县令不露声色地稳住了强盗，并取得了他们的信任与合作，同时一条计谋酝酿成熟。

张县令传令要属下刘相前来，刘相到后，张公假意说："我不幸发生意外，如果被抓去，会很快被处死。这两位是锦衣卫，他们不想抓我，我很感激他们，想拿5000两黄金当他们的寿礼，以表心意。"

刘相听了，目瞪口呆，说："到哪里去弄这么多钱？"

张公说："我常看到你们县里的人，很有钱而且急公好义，我请你替我向他们借。"

于是拿出笔来，一共写了9个人，正好数量符合。所写的这9个人，实际上都是武士。

刘相看了以后，恍然大悟。不一会，名单上列出的9个人，一个个穿着华丽的衣服，像富贵人家的子弟，手里捧着用纸包着的铁器，先后来到门口，假装说："张公要借的金子都拿来了，因为时间太紧迫，没有凑足所要的数目，实在过意不去。"一边说，一边装出哀求恳免的样子。

两位强盗听说金子到了，又看到这些人果然都像有钱人的样子，就很高兴地说："张公真的不骗我们。"

张县令趁两个强盗查看金子的空档，急忙脱身，并大喊抓贼。九个武士，一拥而上，两个强盗猝不及防。其中一个被抓，另一个自杀身亡。

张县令遇事从容镇定，不动声色诱盗贼上当，糊涂装得多么彻底，既保全了身家性命、公家钱财，又擒获了强盗。

司马懿装病夺权是一则有名的故事，目的在于迷惑对方，使其放松戒备，然后暗中图事，一俟机会成熟，便原形毕露。这一招很灵！

魏明帝时，曹爽和司马懿同执朝政。司马懿被升做太傅，其实是明升暗降，军政大权落入曹爽家族。司马懿见此情景，便假装生病，闲居家中等待时机。

曹爽骄横专权，不可一世，唯独担心司马氏。正值李胜升任青州刺史，曹爽便叫他去司马府辞行，实为探听虚实。司马懿明析实情，就摘掉帽子，散开头发，拥被坐在床上，假装重病，然后请李胜入见。

李胜拜见过后，说："一向不见太傅，谁想病到这般。现在小子调到青州刺史，特来向太傅辞行。"

司马懿佯答："并州靠近北方，务必要小心啊！"

李胜说："我是往青州，不是并州！"

司马懿笑着说："你从并州来的？"

李胜大声说："是山东的青州！"

司马懿笑了起来："是青州来的？"

李胜心想：这老头儿怎么病得这般厉害？都聋了。

"拿笔来！"李胜吩咐，并写了字给他看。

司马懿看了才明白，笑着说："不想耳都病聋了！"手指指口，侍女即给他喝汤，他用口去饮，又泻了满床，噎了一番，才说："我老了，病得又如此沉重，怕活不了几天了。我的两个孩子又不成才，望先生训导他们，如果见了曹大将军，千万请他照顾！"说完又倒在床上，喘息起来。

李胜拜辞回去，将情况报告给曹爽，曹爽大喜，说："此老若死，我就可以放心了。"

从此对司马懿不加防范。

司马懿见李胜走了，就起身告诉两个儿子说："从此曹爽对我真的放心了，只等他出城打猎的时候，再给点利害让他尝尝。"

不久，曹爽护驾，陪同明帝拜谒祖先。司马懿立即召集昔日的部下，率领家将，占领了武器库，威胁太后，削除曹爽羽翼，然后又骗曹爽，说只要交出兵权，并不加害他。等局势稳定了，就把曹爽及其党羽统统处斩，掌握了魏的军政大权。

装糊涂在夫妻相处上亦很重要。夫妻双方可能都会有那么点小隐私，并无伤大局。双方不要互揭对方的短处，不要捅破夫妻各有的那点"小秘密"。尤其是男人丈夫，心胸开阔些，宽容大度些，也就大事化小，小事化了了。如果发生意见不一致，争论一阵，见不出高低，便不必再争论了。没有多少原则性的大是大非，何必非争个清楚明白呢？你知道自己的意见正确，对方同样认为自己正确，这样，就应当装糊涂，让争论在和平的气氛中结束。夫妻如此，朋友也是如此。

把自己的优势藏起来，充分展示自己的短处、弱点，而使对手上当，放松警戒，也是以装糊涂来迷惑对方，从而达到成功的目的。

隋朝大将贺若弼准备攻取京口（今镇江），先以老马多不好使唤为借口，买陈国船然后藏起来，又买破船五六十艘，放在港中。陈国人窥见这些破船，就认为中原没有好船。贺若弼又命令沿江巡防的军队交接班时，都必须集中到广陵（今扬州），并在广陵大列旗帜，旷野支帐。陈国人以为隋国的大军开来了，立即派出军队，做好战斗准备。过后知道并无此事，原来是江防人员交接班，就不再戒备了。这时贺若弼又沿江渔猎，人马喧噪，声势不小，陈国人以为对方是在打渔，仍无动于衷。等到贺若弼的军队渡过了长江，陈国人还始终没有察觉。

唐高宗调露元年（679 年），大总管裴行俭讨伐突厥。开始几次朝廷派人送的饷粮都被敌人半路劫走。行俭大怒，心生一计，就伪装 300 辆粮车，每辆车内埋伏壮士五人，各带长刀和劲弩。300 辆车都用老弱的兵驾着，又暗派精兵跟踪在后，车行不久，突厥兵果然前来抢粮，老弱的士兵假装逃生。于是突厥兵就把车赶到水草边，解鞍牧马。当他们正要从车中取粮食，壮士们突然从车中跃起，向敌兵冲杀。跟踪在后的精兵也冲杀上来。突厥兵几乎被全部消灭。从此以后，突厥兵再不敢劫持粮车了。

"匿壮显弱"，需要很大的忍耐力，争强好胜者是绝对做不到的。这要先丢脸、先失败，经过一番痛苦的忍耐，而达到最后的成功。

"处晦而观明，处静而观动"，这是观察事情发展而后制之的一种方法。在暗处观察明处自然容易看得清楚，身处变外，以静制动，方可以后发制人。聪明的人，懂得先静如处子，后动如脱兔，方能控制事态的发展。春秋时郑国的武公有一位皇后叫武姜。武姜有两个儿子，长子生时难产，武姜受到惊吓差点丧命，因此她给此子取名寤生，非常不喜欢他。可按照成便，长子是当然的太子，武姜也没有办法，可是她喜欢小儿子共叔段，总是想方设法地为小儿子谋利益。武公在世时，武姜曾多次地提出要易储，让共叔段当太子，都被武公拒绝了。武公一去世，寤生自然继位为庄公，成为郑国的国君。武姜于是与共叔段密谋取寤生而代之。为此，他们想首先建立一个根据地，武姜就对庄公说：你现在是一国之君，应该有权给自己的弟弟一块封地吧？庄公答应了，并且对她说，除了国家的军事重镇制邑外，共叔段可以在国内随便挑选封地。于是，武姜帮共叔段挑选了一座地势险要、经济发达的城市。庄公的谋臣对庄公说，你不该给他这座城市！庄公却悠然地回答了他一句话说：多行不义必自毙。果然，共叔段到了封地后，积极招兵买马，扩张势力，日夜筹划谋反庄公的计划，搞得封地的臣民尽人皆知。但是，郑庄公表面上对臣下们揭发的共叔段的种种劣迹，只是一味地表示不相信，一味地在武姜面前装糊涂，使武姜和共叔段更加明目张胆，谋反更加积极。可是，庄公却乘他们毫不防备，暗中派人打探其谋反的进程，对他们的行动了如指掌。直到确实得到了共叔段启程的具体日期，武姜准备为共叔段打进都城而为其开门的里应外合确凿证据，庄公才突然起兵，打了个共叔段措手不及。由于已作了阶下之囚，谋反的证据又俱在，且国中已无人不知共叔段准备谋杀亲兄篡位的事实，所以共叔段与武姜根本就没法狡辩和抵赖，结果共叔段被杀，武姜被关进地牢，庄公的地位从此得到巩固。

东汉末年,何太后之兄何进有忿于十常侍弄权,欲请外兵入京诛杀他们。京城乃军机重地,藩镇军马照律不经宣诏不准进京,以防作乱。但出身屠家的何进见误解浅,不谙此理,动了这念头。曹操知道后,对何进说:"宦官之祸,古今皆有;但世主不当假之权宠,使至于此。若欲治罪,当除元恶,但付一狱吏足矣,何必纷纷召外兵乎?"曹操这话很有道理,一则天子不应让宦官拥有如此大的权力,二则要办他们的罪时,也只需把他们交给狱吏究罪就行了,不必要动用到外兵进京。何进不但不听曹操劝阻,反而猜忌曹操怀有恶意。曹操感叹说:"乱天下者,何进也。"果然,由此演出董卓进京,淫乱内宫的悲剧。

天下乱始于何进,而何进在十常侍设下阴谋算计他时,不但不听部下的劝告,反而认为自己掌天下大权,无人敢奈何他。这就注定了他的灭亡。

掌天下大权是说明权力大而已,并不能证明自身的安全。相反,权力之顶峰,成了众欲之望,众矢之的,反而成为别人谋害的对象还不知道。何进的结局就是这样。虽然袁绍、曹操各选精兵五百,命袁绍之弟袁术带领,并亲自护送何进入宫,但宦官矫传太后懿旨,阻止袁绍兵将进去。何进就在太监们的围攻下被砍成两段,成了十常侍作乱的第一个诛杀目标。

何进的见识与他的出身有关。因妹妹入宫为贵人,生皇子辩,妹妹被立为皇后,何进由此平步青云,一下子成了大将军。他位于人臣之极,但却外强中干或像墙上芦苇,头重脚轻根底浅,成不了大事。他看不到三步棋,只看见自己的权势和职位,以为有了权力,就有一切,就进了保险箱,任何人都会拜倒在他跟前。这太自大了,死也死得不冤,他是死在己手。

权、财、势大时,容易冲昏头脑,小看对手。在生活中,拥有何进的权位,非一般人所有。作为普通小人物、小百姓、小干部、小领导,可以从何进的教训中吸取的经验是,对待问题,应多思,慎虑,认真对待。不要以为有把握,或是已熟悉了,就可以轻视它。问题在未解决之前,即使有百分百的把握,也应视为三成、四成的把握来考虑。事情是变化的,人与人,人与事,关系都会转过来。在关键的地方,错失一步,可能会全盘失去。故此,万事小心为上,切不可骄矜。

大智若愚　大愚若智
——聪明反被聪明误

古人云：鹰立如睡，虎行似病。这正是鹰、虎攫鸟噬人的法术。故聪明人处世，内心要明白透彻，外表则要尽量普通含蓄，不显山，不露水，抱朴守拙。有道是"风流灵巧招人怨"，聪明外露，惹人忌妒，灾祸也就不远了。"大智若愚"则可麻痹对手，掌握斗争的主动权。总之，有了内在智慧明达，做人处事就不会吃亏；有了外在的朴拙愚钝，就能够趋利避害，远祸全福，吃小亏，占大便宜。

赔了夫人又折兵

"赔了夫人又折兵"的典故，出自《三国演义》。讽喻那些设法整人整不到，反而贴了老本的人。

周瑜是庐江舒城人，与孙权的哥哥孙策同年，交情甚密，结为昆仲。周瑜人生得靓，资质风流，仪容秀丽，才学也无人可比。在曹操屯兵百万虎视长江沿岸的形势下，东吴议降者甚众，军心涣散，周公瑾如不脱颖而出，东吴早归属曹操了。

却说刘备没了甘夫人，周瑜知道了这个消息，心生一计，要孙权的妹妹嫁与刘备，让刘备来入赘，然后把刘备幽囚在狱中，却使人去讨荆州换刘备。等讨得荆州，再对付刘备。遂派吕范为媒人，往荆州说合。不想诸葛亮听得消息，猜定是周瑜的计谋，遂让刘备应允。并让赵子龙保护刘备，临行前授予三个锦囊，内藏三条妙计。东吴那边，孙权之母听到消息，见了刘备一表人才，却真心实意要把女儿许配与他。周瑜和孙权不想此事弄假成真，又不敢公开囚禁和杀害刘备。刘备劝说娘子去荆州，娘子应允，于是二人商定去江边祭祖，乘机逃离东吴。周瑜派兵追赶，却被娘子挡了回去。正当周瑜准备孤注一掷时，却见诸葛亮早在岸边等候，刘备等已登了船，往荆州而去。刘备的兵望着急急追来的吴兵，大叫"周郎妙计安天下，赔了夫人又折兵"！

周瑜自恃胜券在握，不想遇到了诸葛亮。这"赔了夫人又折兵"，实际上正是周瑜聪明反被聪明误的结果。俗语说："偷鸡不成反蚀把米"，也正是说明要小聪明不但得不到最终结果，还要做赔本生意，落人耻笑。

其实，聪明是一笔财富，关键在于怎么使用：财富可以使人过得很好，也可能使人毁掉。真正聪明的人会使自己聪明起来，那主要是深藏不露，或者不到刀刃上、不到火候时不要轻易使用，一定要貌似浑厚，让人家不眼红你。要小聪明往往是招灾引祸的根源。无论做什么事，都不能要小聪明。

好算计人的小人，无不以为自己聪明、妙算，但因为用心险恶，都维持不了长久。既要整人，又不便明言，这就注定了败局。设的计见不了人，是奸计；奸计不得人心，天人共愤，自己虽精心谋划，却未免心虚。有一丝透露，就心惊肉跳。且再秘密的事，也还有透风的墙，人家一旦知道了，也就"夫人"陪了"兵"也折了。一个时时处处事事显露精明的人，不会取得别人的信任、同情和爱护、栽培，因此不会取得真正的、伟大的成功。

聪明是一笔财富，关键在于怎么使用；财富可以使人过得很好，也可能使人毁掉。自以为聪明，要小聪明，往往办不了事，还可能招灾引祸。正如周瑜，自恃胜券在握，不想遇到了诸葛亮，不但没有如愿以偿，还要做赔本生意，落人耻笑。

许攸居功招怨

三国时的许攸，本来是袁绍的部下，他虽是一名武将，却也足智多谋。官渡之战时，他为袁绍出谋划策，袁绍不听，他一怒之下，投奔了曹操。曹操听说他来，没顾上穿鞋，光着脚便出门迎接，鼓掌大笑道："足下远来，我的大事成了！"可见此时曹操对他的看重。

后来，在击败袁绍、占据冀州的战斗中，许攸又立了功，他因自恃有功，在曹操面前便很不检点。有时，当着众人的面直呼曹操的小名说道："阿瞒，要是没有我，你是得不到冀州的！"曹操在人前不好发作，强笑着说："你说的不错！"内心却已十分嫉恨。

许攸并没有察觉，还是那么信口开河。有一次，随曹操出邺城东门，他又对身边的人自夸道："曹家要不是因为我，是不能从这个城门出出进进的！"

曹操终于忍耐不住，将他杀掉。

曹操战胜袁绍，说起功劳来，许攸当为首选。作为谋士不能说他不是一个聪明人。可是他居功自傲，不知进退，知语胡言，结果被杀，为得格外愚蠢。许攸可算"大愚若智"的一个典型。

短命皇帝隋炀帝

殷纣王自焚了，殷纣王式的人物不只没有绝迹，且后来居上，隋炀帝便是这后来者中的"佼佼者"。

的确，与殷纣王比较起来，隋炀帝无论在哪一方面，都可称得上是"大巫"。

他的荒淫过之纣王。纣王不过宠一妲己，而隋炀帝有名有姓的妃姜不下数十人，他在洛阳建 16 院，每院以 20 名绝色女子住之，供他随意行幸；其在晋阳所建汾阳宫，就有宫女 500 人；传说他还在江都建所谓迷楼，以数千宫女住其户，又造所谓御女车，以供他任意蹂躏女子之用。他在洛阳所建的西苑，周长达 200 里，苑内有海，海上有岛，苑内堂殿楼观，穷极华丽，宫树秋冬凋落，则剪彩绸为叶为花，色褪则换，使其常如春色。至于他的离宫别馆，更是多得不计其数，可以说在隋朝那辽阔的疆域里，凡是山水佳丽处，都有他的离宫。至于他开凿大运河，两幸江都城，人力消耗之大，财物靡费之多，更是罄竹难书。

他的残暴过之。他骄奢淫逸，不问政事，却又猜忌臣下，对谁都不信任，一有不合意者，必构其罪而灭其族；甚至那些尽职尽责，无罪无辜之臣而横遭夷戮者，也是不可胜纪。

他的残暴统治，激起了空前激烈的反抗：李渊、李世民高举义旗于山西，窦建德起兵于河北，李密、翟让造反于河南，其他大股小股的义兵更是遍及天下。当时的形势真是普天之下，皆非王土；率土之滨，皆非王臣。隋炀帝晚年蜷缩在江都城内，而城之郊外已是四布义军。隋炀帝感到自己的末日到来了，有时揽镜自照，对萧皇后说："这么好的一颗头颅，不知会被谁砍掉！"

最后那颗头颅倒是没有被砍倒，他是被他的臣属司马德戡、宇文化及等人用绸带勒死的。从隋文帝统一天下，到隋炀帝之死，总计才 28 年。

隋炀帝的荒淫残暴固然超过了殷纣王，他的才智能力也不比殷纣差，他 20 岁时便作为大元帅统兵南征，隋朝统一天下的大业，是经他才最后完成的。

作为一个帝王，隋炀帝办事有两个特点，一是贪大，二是求多。即以他行幸江都而论，他所乘坐的龙舟是一座 4 层楼，高 45 尺，长 200 丈，有正殿、内殿，东西朝堂，房屋达 200 多间，简直就是将一座陆地宫殿搬到了水面。他整个的船队绵延达 200 余里，光是给他挽船的民工便多达 8 万余人。这样一支水上巡游大军的确是前无古人。

隋炀帝这个人的性格，具有某种浪漫主义气质，他的开凿大运河，他的在禁苑中剪绿为花为叶，没有点浪漫主义者的想象力，是想不出来的。一个具有浪漫主义气质的人而又掌握了至高无上的权力，这有时会是一种灾难，他为了将他的浪漫主义想象变成现实，便会不顾客观实际，不惜人力、物力、财力，不顾百姓的死活。

看来，一个最高掌权者，最好还是一个现实主义者，他不见得非常具有诗人的才情，只要具有一步一个脚印的实干精神，那便是国家的大幸，百姓的大幸。

新官上任装糊涂

明代时，况钟最初以小吏的低微身份追随尚书吕震左右。况钟虽是小吏，但头脑精明，办事忠诚，吕震十分欣赏他的才华，推荐他当主管，升郎中，最后出任苏州知府。

初至苏州，况钟假装对政务一窍不通，凡事问这问那。府里的小吏们怀抱公文，个个围着况钟转悠，请他批示。况钟佯装不知，瞻前顾后地询问小吏，小吏说可行就批准，小吏说不行就批不准，一切听从部属的安排。这样一来，许多官吏乐得手舞足蹈，个个眉开眼笑，说况钟是个大笨蛋。

过了三天，况钟召集全府上下官员，一改往日温柔愚笨之态，大声责骂道："你们这些人中，有许多奸佞之徒，某某事可行，他却阻止我去办；某某事不可行，他则怂恿我，以为我是个糊涂虫，耍弄我，实在太可恶了！"况钟下令，将其中的几个小吏捆绑起来一顿狠揍，鞭挞后扔到街上。

此举使余下几个部属胆战心惊，原来知府大人心里明亮着呢！个个一改拖拉、懒散的样子，积极地工作，从此苏州得到大治，百姓安居乐业。

况钟的装糊涂是一种权术，让下属尽情表演，自行露底，自己则一上任就摸透情况，想好对策，于是理政事，一击即中，一治则服。

赠送刀架似愚实智

闻名世界但在最初出现时却不为人知的吉利刀片，尽管吉利先生对自己的产品充满信心，但如果长时间打不开局面，资金方面将受到困扰。所以，为了打开销路，吉利反复考察了自己的产品。实际上，这可以分为两种产品：保险刀架和保险刀片。由于刀架可以长时间使用，而刀片则需要经常更换，要销出刀片，就必须销出刀架，而这两者是不成比例的。

吉利在经过反复思考后，果断地作出一个惊人的决定：向消费者无偿赠送保险刀架！

当人们用上这种新的剃须工具时，它的优越性立即被人们感受到了，第一个刀片用坏后，便纷纷买新刀片。这样，刀片的销路马上就打开了。直到今天，当吉利产品打入中国市场时，吉利公司仍然采取这一销售策略：刀架便宜得令人难以置信，而一旦当你喜欢上吉利产品，再去买其刀片时——"赚你没商量"，对不起，多掏点钞票吧！

经商的目的就是为了赚钱，最好能一本万利。吉利先生免费赠送刀架，本利兼失，看起来愚不可及。可他的聪明高人之处正在这里，实践证明，他的做法正是大智若愚，似愚实智的卓越体现。

经商赚钱要正当

在美国，有一位农家子弟，完全靠个人的力量搞起食品加工业，后来竟成为国际知名企业家，这个人就是美国的亨利·J·霍金士。

霍金士一生保持了农民那种纯朴的性格，他在企业界获得成功，很大程度上正是靠了这种诚实的性格。当然，在商业上仅靠厚道是不够的，同时还必须同时兼有另一种才能，这就是经营的能力和创业精神。霍金士正是一位能把农民的诚实和商人的精明融为一体的企业家。

霍金士在经营食品加工业初期，美国的"纯正食品法"还没有制定，有不少食品业人员在食品中乱加一些东西，危害着人们的健康。

霍金士一开始就反对这样做。他认为，赚钱要赚得正正当当，尤其是干食品这一行，不能为了赚钱而损害消费者的利益，甚至危害消费者的健康。他说："供应消费者优良的食品是我们的天职，不能一味在价格上做文章，在原料上动手脚。"保证食品纯正，这就是他在经营上的大原则。

他还严格要求本公司的职工，要抱着"这些食品是我们自己吃"的心理去工作，要特别注意讲究卫生。

但在价格问题上，他"从不迁就消费者"。他认为，自己既然提供的是优质产品，理应得到相当的价格；消费者既然吃到纯正的食品，就必须付出相当的费用。

霍金士坚持自己的原则几乎到了固执的地步，这在同行中也受到了不少非议。由于他坚持质地纯正，所以他坚持做到：凡要在食品中加入任何东西，必须经过专家试验，证明这样做于人体无害，方可投入生产。给食品添加防腐剂也不例外。

经过试验，证明防腐剂对人体有害。霍金士看了实验报告，甚为震惊。因为同行几乎在所有的食品中都添加了这种防腐剂，这已经成为一种习惯。

他决定将这份实验报告公布于众。但专家建议他再冷静地考虑一下，因为这可能会在食品业引起轩然大波，结果很可能遭到同行的反对和排斥，给自己带来不必要的麻烦。而且，在食品中添加防腐剂有利于食品存放和保存，如果反对添加防腐剂，势必可能会给食品加工业带来困难，从而也给自己的企业带来困难。

尽管专家提出了这样一些非常实际的反对意见，但霍金士还是坚持自己的意见，将实验结果公布于众："既然我知道了事情的真相，我就不能向大众隐瞒。不管后果如何，必须马上向消费者宣告，这是我应尽的责任。"

霍金士向社会公布了防腐剂有害的实验报告。果然不出专家所料，他的举动在食品业引起轩然大波。同行们为了保护自己的利益，举行了一次声势浩大的集会，把霍金士说成是"荒谬至极，别有用心"之人。他们还联合起来，在业务上排挤霍金士，想把霍金士彻底打倒。

这确实给亨家公司带来了很大的困难：产品销量大减，市场份额几乎被别的公司抢占完了。

食品纯正运动持续了三四年之久。1906 年，美国政府终于制定了"纯正食品法"。这一法规的创立，使美国食品在国际上的声誉大振，这是霍金士始料未及的。

更重要的是，霍金士在三四年的磨难中，非但没有被挤垮，现在反而获得了全胜。亨家食品也由此迎来了大发展的黄金时代。

当人们前来向霍金士祝贺时，他把自己心里话掏了出来："我从小没有学过做生意，后来变成了生意人，是因为我看到很多农产品因为没有销路而被弃置于田野，感到非常可惜。我一开始经商，就不习惯商界的虚假和欺骗行为。支配我的想法是，生意人也应像平常人一样，不能尽做损人利己的事。"

其实，从另一个角度看，霍金士的所作所为，何尝不是一种聪明绝顶的竞争手段：一方面，固然保护了消费者的健康；而另一方面，通过反对添加防腐剂，将同行逼到了死胡同，自己则迎来了发展良机！这种诚实得让人不以为聪明的聪明，难道不是聪明的最高境界吗？——推而广之，做人又何尝不是如此?!

愚人有愚福

老子是第一个推崇"愚"的含义的人——宽容、简朴和知足的最高理想。

林语堂认为，这种教训包括了"愚者的智慧、隐者的利益、柔弱者的力量和真正熟识世故者的简朴。"他还写过一首诗把这种弃智守愚的智慧概括起来为：

> 愚者有智慧，
> 缓者有雅致，
> 钝者有机巧，
> 隐者有益处。

这种境界的达到，往往是一个高尚的智者在人生的迷恋中幡然悔悟而得到的。

即使在儒家思想中，没有任何东西比炫耀、漂亮、熟巧、有意显示更遭批评的了。例如，自己总是赞许自己的名气有多大，成绩有多么的骄人，他的成就与名气一定不会有他说的那样；自己总是夸奖自己有多少财富，而且花起钱来大手大脚，百般挥霍，他的财富一定没有实际上的那么多，而且同时也表明他不是一位真正富有敬业乐群精神的人。所以能把自己的非凡能力渗透在如愚如拙、如钝如鲁的表面看似平淡的行为中就受到前所未有的赞扬。而且，人们认为一种令人钦佩的"愚"，是真正自发创造行为产生的自然的结果，是比"聪明"更难得到的品质。"机巧"是损害纯白之心的一种污染剂。要变得聪明并非是一件多难的事，而变成一个远非聪明所能企及的"愚者"，却并不是一件容易的事，现在的人的学历比以往的人的学历都要高很多，所以无论是在聪明的程度上，还是在伶俐的程度上，也都超过以前的人。然而，他们的生活，却未必比以前的那些没有学历的人幸福。这是怎么一回事呢？

查尔斯·兰姆（Caries Lamb. 1775－1834 年）是没有任何学历的人——柯律耶治把他叫做"心地温和的查尔斯"——但是他的生活却是那么幸福。"我爱愚者"是他最爱说的话。崇拜他的梁遇春在《兰姆评传》中这样写过：

> ……只要我们能够虚心，各种人们的动作，我们全能找出可原谅的地方。因为我们自己也有做各种错事的可能，所以更有原谅他人的必要。真正的同情是会体谅别人的苦衷，设身处地去想一下，不是仅仅容忍就算了。用这样眼光去观察世态，自然只有欣然的同情，真挚的怜悯，博大的宽容。而只觉得一切的可爱，自己的生活也增加了无限的趣味了。兰姆是

有这种精神的一个人。

只有自己先原谅别人，别人才能原谅自己。古语说"人至察则无徒"，即过于精明的人是不会有太多的朋友的。所以，只有能宽容别人，别人也才能宽容自己。有一回，有人问兰姆恨不恨某个人，他说："我怎能恨他呢？我不是认得他？我从来不能恨我认识过的人。"这正是一种与"人至察则无徒"相反的愚者的精神之体现。日本的中岛董一郎曾说："彻底愚直的愚，这最大的美德，现在已丧失了。"当别人要得到某种东西时，自己就会唯恐在这方面损失了什么利益，而千方百计地去阻挠别人得到这种东西，却认为这才是"精明"。实际上，完全不是这样的。

从这个角度上来说，所谓的"守愚"，实际上就是培养自己的超凡的智慧与美德。

在另一方面，"守愚"也象征着踏实工作之精神，即不为讨好谁而工作，而是为了实现自己生存的意义而工作。

洞山良价《宝镜三昧》的最后一句是："潜行密用，如愚如鲁"，意思是暗中行事，而不为人知，这样才具人生的真实性；也就是说，守愚是世间最为高尚的美德，即不为名利，自发地只为"做事"。

进而言之，做事欲为人知，或想做得漂亮，只不过是利己主义或小我私欲的表现，只是求其私心之满足而已，而我们所说的"守愚"，就是将机巧、辉耀之心剿杀殆尽，把所欲所求的虚妄之心，一概予以否决，才能变得无心，变成愚，使人生的道路上充满真正耀眼的光辉，而在人生的实践之中追求一种踏踏实实的生活态度。

那些为真理而献身的人，就是守愚的最好例证。

外愚内智　人生的大智慧

糊涂学并非一种处世的技巧，也不是基督的那种泛爱与宽容，它是中国特有的大学问、大智慧，也是中国人特有的一种人生大境界。

糊涂是大智若愚、宽怀忍让；是大勇若怯，以柔克刚；是处事不悖，达观权变；是审外乱内整，内精外纯；是有所不为，而后有为；是宠辱不惊，是非心外；是得意淡然，失意泰然；是宽容忍让，不计前嫌；是不以物喜，不以己悲；是藏锋露拙，明哲保身；是匿壮显弱，明知故昧；是乐天知命，顺应自然；是淡泊名利，知足常乐；是与世无争，宁静致远；是吃亏是福，财去人安；是居安思危，未雨绸缪；是保静养神，清心寡欲；是沉默是金，寡言鲜过；是谤我容之，侮我化之……

有了糊涂学这种大智慧，人才会清醒，才会冷静，才会有大气度，才会有宽容之心，才能平静地看待世间这纷纷乱乱的厮杀，尔虞我诈的争斗；才能超功利，超世俗，善待世间的一切，才能居闹市而有一颗宁静之心，待人宽容为上，处世从容自如。

有了糊涂这种大智慧，你就会感到"天在内，人在外"，天人合一，心灵自由，获得一种从未有的解放。

凭着这颗自由的心，你再不会为物所累，为名所诱，为官所动，为色所惑。

有了这种大智慧，你才会突然顿悟，参透人生，超越生命，不以生为乐，不以死为悲，天地悠悠，顺其自然，心灵得以腾空。

戒自作聪明，自以为是

名利和欲望未必都会伤害人的心性，只有自以为是的偏私和邪妄才是残害心灵的毒虫；声色享乐未必都会妨碍人的思想品德，只有自作聪明的人才是道德的最大障碍。

王安石规劝苏东坡

苏东坡在黄州时亲眼目睹了菊花落瓣，认识到错改了王安石的咏菊诗，想向太师赔罪，只是找不到进京机会。马太守决定把冬至节派官上朝进贺表的事交给苏东坡，贺表也由苏东坡来写。东坡得到这个机会很高兴，记起到黄州上任时王安石嘱咐他取瞿塘中峡水之事。当时因对被贬黄州心中不服，竟忘了这件事，现在想一定办妥。于是从水路走，可顺便取中峡之水，顺流而下，一泻千里。因鞍马劳顿，身体困倦，不觉睡过去了，没有吩咐手下打水，到醒来时，已是下峡，中峡已过。东坡赶紧吩咐拨转船头，要取中峡水，但逆水行舟，很是费劲，而且用不上力。遇见一个老者，问三峡哪一峡水好。老者说："三峡水昼夜不断，难分好坏。"东坡想："何必一定取中峡水呢？"叫个水手取下峡水装满了一瓮，回到黄州，写好了进表，连夜到东京。到了相府见了荆公，东坡对错改诗句一事，拜伏于地，表示谢罪。王安石说："你没看见过，这不怪你。"便问中峡水的事情。东坡说已经带来了。王安石赶紧取来瓮，命令下人生火煮水，冲泡阳羡茶，但茶色半晌方见。王安石问："此水何处取来？"

东坡答："巫峡。"

王安石说："是中峡水吗？"

"正是。"东坡故作认真想蒙混过去。

王安石笑着说："又来欺老夫了，此下峡之水，如何假名中峡？"

苏东坡大惊，说是问过当地有经验的老者，告诉三峡水都一样。于是听信了他取了下峡之水，并问："老太师怎么辨别出来？"

王安石教育他读书人不可轻举妄动，凡事要穷究根底，并向他解释："上峡水性太急，下峡太缓，只有中峡水缓急相伴，太医院宫乃明医制师知老夫患中脘变症，故用中峡水引经。此水煮阳羡茶，上峡味浓，下峡味淡，中峡浓淡之间。今见茶色半晌方见，故知是下峡之水。"

东坡听后，心悦诚服，离席谢罪。王安石又安慰他说没什么罪，并指出他因过于聪明，反被聪明所误，容易疏略。

以上这件事，幸亏是遇到了心胸大度的王安石，倒也没有什么。若是遇到了另一位心胸狭窄的高官或皇帝老子，那么苏东坡就会为其小聪明付出惨重代价了。苏东坡的错误就是自以为聪明，而低估了别人。而以聪明欺人，常常受欺者反是自己。这就是聪明障道的道理。

聪明莫被聪明误

《孟子·尽心章句下》中说：只有点小聪明而不知道君子之道，那就只足以伤害自身。盆成括做了官，孟子断言他的死期到了。盆成括果然被杀了。孟子的学生问孟子如何知道盆成括必死无疑，孟子说：盆成括这个人有点小聪明，但却不懂得君子的大道。这样，小聪明也就只足以伤害他自身了。小聪明不能称为智，充其量只是知道一些小道末技。小道末技可以让人逞一时之能，但最终会祸及自身。《红楼梦》中的王熙凤，机关算尽太聪明，反误了卿卿性命，聪明反被聪明误就是这个意思。只有大智才能使人伸展自如，只有大智才是人生的依凭。

"古今得祸，精明人十居其九。"杨修恃才放旷，最终招致杀身之祸。他的才华，在大智者看来，其实只是小聪明。大智者虽心里明白而不随便表露出来，绝不是表现比别人聪明。如果杨修知道他的聪明会给他带来灾祸，他还会耍小聪明吗？所以他的愚蠢处就在于他不知道自己的聪明一定会招来灾祸。这样的人是聪明吗？显然不是。多年中，他被提拔得很慢，显然是曹操不喜欢他的缘故。对此他没有意识到曹操对他厌恶，疑心越来越深，他也没有意识到，这就是说，该聪明的时候他反倒真糊涂起来了。如果他能迎合曹操不表现他的聪明，或适时适地适量地表现才能，那么他很可能会成功的。人们也许会说，杨修之死，关键在于曹操也聪明，他的多疑，但是换了谁，一个上级能愿意让部下全部知道他的心思、他的用意呢？显然杨修最终非失败不可。这可算是"聪明反被聪明误"的典型。罗贯中说他"身死因才误，非关欲退兵"，也只是说对了一半。他的才华太外露了，从谋略来看，尚不是真才，不是大才，那么除了灾祸降临，他还会有什么结果。曹操何等聪明之人，在他跟前，笨蛋当然不会受重用，才能太露又有"才高盖主"之嫌，所以真正聪明的人会掌握"度"，过犹不及，就是说，太聪明反倒不如不聪明，实在是至理名言啊！

明代大政治家吕坤以他丰富的阅历和对历史人生的深刻洞察，写出了《呻吟语》这一千古处世奇书。书中说了一段十分精辟的话："精明也要十分，只需藏在浑厚里作用。古今得祸，精明者十居其九，未有浑厚而得祸者。今之人唯恐精明不至，乃所以为愚也。"

这就是说，聪明是一笔财富，关键在于使用；财富可以使人过得很好，也可以使人毁掉。凡事总有两面，好的和坏的，有利的和不利的。真正聪明的人会使用自己的聪明，那主要是深藏不露，或者不到刀刃上，不到火候时不要轻易使用，一定要貌似浑厚，让人家不眼红你。一味耍小聪明，其实是笨蛋。因为那往往是招灾惹祸的根源。无论是从政，是经商，是做学问，还是治家务农，都不能耍小聪明。

提起《红楼梦》，说到王熙凤，人们一面惊叹于她的无与伦比的治家才能，她的应付各色人等的技巧，但人们更为熟悉的是她的结局。她算是文学作品中"聪明反被聪明误"的典型了。王熙凤的判词是这样的："机关算尽太聪明，反送了卿卿性命。"

王熙凤在贾府算是一个巾帼英雄了，她想尽各种办法，用种种计谋，想使贾府振兴起来，或者至少维持着大家的局面，同时也积攒些家私。然而她的努力，她的鞠躬尽瘁，却招来贾府上下人的一片不满，最终也没有使贾家有什么起色，死后甚至连女儿也保不住。

看看贾府里外人对凤姐的评价。"于世路好机变，言谈去得。""心性又极深细，竟是个男人万不及一的""少说着只怕有一万心眼子，再要赌口齿，十个会说的男人也说不过她呢！""从小儿几个妹妹玩弄时就有杀伐决断，如今出了阁，在那府里办事，越来越练老成了。""真真泥脚光棍，专会打细算盘。""天下都叫她算计了去。""嘴甜心苦，两面三刀"，"上头笑着，脚底下使绊子"。"明是一盆火，暗是一把刀"……她都占全了。这些熟悉凤姐为人的各色人对凤姐的评价，活脱脱现出了一个机关算尽太聪明的人物。然而，她这样一个十分精明的人物，却落得孤家寡人，身心劳碌至死最终又一无所得的下场，岂不正应了"聪明反被聪明误"那句话了吗？

凤姐比一般人更多地体验了痛苦的折磨，且不说她在背后遭骂挨咒劳心竭力，绞尽脑汁，就是死时的凄凉和死后的寂寞也会使她备尝苦楚。倒是李纨并不轰轰烈烈，并不劳心竭力，却落得干净自在，人缘好，中年时儿子功成名就。的确，王熙凤只知进，不知退，只知耍小聪明，不知道厚道待人，只知损人利己，不知深藏于密。甚至连自己的丈夫也数落她，背叛她，她实在是活得好苦好苦，而这一切的根源，却在于她的聪明和爱耍小聪明。

西方有这样一种说法，法兰西人的聪明藏在内，西班牙人的聪明露在外。前者是真聪明，后者则是假聪明。培根认为，不论这两国人是否真的如此，但这两种情况是值得深思的。他指出"生活中有许多人徒然具有一副聪明的外貌，却并没有聪明的实质——小聪明，大糊涂，冷眼看看这种人怎样机关算尽，办出一件件蠢事，简直是令人好笑的。例如有的人似乎是那样善于保密，而保密的原因，其实只是因为他们的货色，不在阴暗处就拿不出手。……这种假聪明的人为了骗取有才干的虚名，简直比破落子弟设法维持一个阔面子诡计还多。但是这种人，在任何事业上也是言过其实，不可大用的。因为没有比这种假聪明更误大事的了。"

道理就是这么简单，却又深奥无比。一个不知道"急流勇退"的人实在是一个傻瓜，一个机关算尽的人最终会被算到自己头上。俗语云："搬起石头砸自己的脚"，正好是"聪明反被聪明误"的绝好写照。

劝君莫耍小聪明

中国读书界，一向重视抄本书籍。很多藏书家把抄书作为藏书补充的重要手段，很多名家抄写或收藏的抄本身价不凡。但这些抄本，大多是从未出版、绝版或市面上不易见到的书籍。否则，就不值得费工费时费钱来抄录。且说清末民初，宁波一个沈姓人家，想从抄本上独辟蹊径，赚笔大钱，便雇了数十个抄工，日夜不休，抄了满满十几箱子书。不过，他抄的全是市面上很容易买到的，这就没有什么价值了。但他以为总可以骗骗那些二流读书人吧。无奈二流读书人也不会花高价买抄本，因为他们原本不在乎是抄是刻。结果，求售不果，只好一下子全卖了出去，而价格尚不值纸、墨、书手工钱的十分之一，可真是倒了老鼻子霉了。自己倒成了真正的傻瓜。

然而，世界上就是有些人，自以为很聪明，总以为别人都是傻瓜，很好愚弄的，却不料总是搬起石头砸自己的脚。政界、商界、学界都不乏这样的人。但骗局总有被揭露的时候。那些生产或销售假冒伪劣商品的人有几个一直得逞的，很多假酒啦，假药啦，身受其害的还少吗？遭人诅咒的还少吗？

正好，不用举历史故事了，也不用举现实生活中的例子了，《读书》杂志1993年第8期登有陈四益先生的新寓言《愚人》一篇，刚好作为"愚人者自愚"的说明。因该文系文言，特译成白话如下：

在一座城市的南边，有一条愚泉，据说人饮了这泉里的水便会变成愚人。

有一个叫皮子玉的人暗想：如果引愚泉里的水入城，让城里人饮用，那么全城的人不都变成愚人了吗？这样这座城就只有我皮某来治理了！

于是皮子玉就偷偷地引愚泉的水进入城内，自己则凿井饮水。不几天，全城的人果真变愚了。

起初，这些愚人各以田产、房屋赠与他人，而人人都予拒绝，只有皮子玉来者不拒。因此全城的土地、房屋皆归皮氏所有。后来人们又都拿出珠宝到处抛掷，皮子玉都拾藏起来，成了城里的首富。

城里的人对此很感奇怪：田产、珠宝如同粪土，我们都弃之不顾，而皮子玉视之为宝，真是太愚蠢了。于是大家聚到一起商量道："我们城里有一个愚人，这是全城的耻辱。人神共愤，天地不容，理应共同清除他。"

于是众人各携棍棒，围住皮宅。

此时皮子玉正在家里点着灯数珠宝，门外突然人声鼎沸。他出门一看，众人又拥入宅院，将其五花大绑，簇拥着来到护城河。人们纷纷数落皮子玉的愚行，并准备将他沉到河中淹死。

皮子玉哀叹道："我本想使众人都变愚，而大家反都以为我是个愚人。真是愚蠢啊！愚蠢啊！除了我还有谁比我更愚蠢呢！"

说后便自己投到河中，很快就被河水淹没了。

这正是耍小聪明者的下场。

大智若愚的好处

以退求胜

中国古典名著《三十六计》是一部如何通过不直接对抗获胜的指南。所有亚洲商人和政治家都研究这本书。人们只要看一下标题："扮猪吃虎"、"大智若愚"、

"走为上策"，对这些计谋的实质就会一目了然。

在实际生活中，不管你多么有能耐，多么无情，总是有人比你更有能耐，更加无情。培养这种敏感性很重要，即认识你何时应该奋力反击，何时应该委曲求全。更为重要的是，应该培育自己忍受委曲求全的力量。当到了实现你的目标的时候，委曲求全有时候能比奋力反击更加有效。

当今日本经济获得成功，清楚地显示了委曲求全的威力。第二次世界大战中，日本被战败以后由半个世界的统治者沦陷为被占领国，它吸取了惨痛的教训，即侵略并不总是能够实现自己的目标。经过四十五年默默地卧薪尝胆、委曲求全，如今日本再度繁荣昌盛，威震全球。

当你获胜时，你失败

"当你获胜时，你失败。"这是意大利阿西斯天主教圣人圣弗朗西斯的至理名言，它具有深奥的见解，起初不容易被领悟，但是下面这个故事将阐明这一点。

多年以前，我遇见一位六十开外的男人，他就像坠入一个伸手不见五指的泥坑一样，似乎毫无希望。他已经失业三年多，生活的积蓄全花光了。

五年之前，一切都变了样，他步入了眼花缭乱的金融世界，从事有利可图的海外房地产投机生意。结果，这竟然是个大骗局，他损失了27万美元。

他对自己的损失十分懊丧，于是诉诸司法。他被迫花费大量工作时间来打官司，最后弄得他丢了饭碗。打了三年官司和失业三年以后，他用完了剩余的积蓄。等他打赢了这场官司的时候，那位罪犯已经将他的全部财产兑换成现金挥霍殆尽，而他则倾家荡产，两手空空。

在生活中需要展开数不清的大大小小的搏斗。我们大家都必须学会明智地选择，在哪些搏斗中进行拼搏，在哪些搏斗中体面地接受失败，并且忍受随之而来的那次失败的耻辱。有时候最后胜利的代价是十分昂贵的，结果你是个真正的失败者。正如美国汽车企业家李·艾科卡说的那样："假如将竞争降低到仅仅为'谁能够生产最廉价的产品'，那么最大的赢家将是情愿成为最大的输家的人。"

别惹能够伤害你的人

汪先生是香港一位天资聪颖的艺术家，他过去经常制作一些数量有限的陶器，然后向朋友们推销，挣得微薄的生活费。刘先生是一位艺术品推销商，他偶尔看见汪先生的作品，一眼看出了汪的潜力，同意为他推销陶器。

刘先生征集了一千名赞助人，每位赞助人交付了相当于一千美元的会费，总额达一百万美元，刘先生用这笔钱发起了推销运行宣传，以及开展许多别的推销活动。三年以后，汪的艺术品在香港一举成为最受人喜爱的当代艺术家的收藏品。如今他的作品每件价值高达十万美金。

汪先生开始思量，为什么我应该把自己收入的一大半付给刘先生？更有甚者，刘是一位横行霸道的人。甩掉刘，独立自主、另立门户兴许更好。汪先生跟一位远房亲戚兰太太商量了这个问题，兰太太是颇有成就的女商人。

兰太太真诚地劝告他说："有一些人你千万惹不得，刘就是其中之一，不管你

对刘先生有什么不满意，你都应该忍耐。刘在香港艺术界是个能够呼风唤雨的人，他很快使你成名成家，也能更快让你威名扫地。作为一位正在崛起的艺术家，你横竖不该与刘先生反目成仇。通过迎合刘，你获得了世人的承认，这是你做梦也没想到的事。艺术世界纯粹是维护价值问题。你需要同刘携手合作。"兰太太的忠告是最有远见的。

香港一位为了生计和名望而苦苦奋斗的画家来到旧金山，开始寻找一家画廊展销他的作品——描写他家乡渔民们生活的油画。他四处奔波，毫无收获，最后才发现一位赏识他的才华的人。此人是一家大名鼎鼎的画廊的主人，很喜爱他的作品，于是他举办了许多场展览，大力推销这位画家的绘画。这位画廊主人将他的作品印刷成供咖啡茶几上摆设用的彩色画册，投资巨款把他的油画作为这家画廊的主要展品来介绍。通过这家画廊的努力，他的第一幅画卖了二万美元，第二幅画又以八万美元的高价售出。那位画家、这家画廊和那些油画的收藏者都从中受益。

然而，这样干了几年以后，他的朋友们说服他最好还是单起炉灶另开张。最后的结局是：这家画廊倒闭了，那位画家开了一爿小商店专门销售自己的油画，这些画对收藏家来说已经没有商业价值。那位画家的毛收入并没有这家画廊推销他的画时高。更为糟糕的是，所有对他的画进行了投资的人都亏了本。

要点总结

（1）以退求胜：如果某人能力强，力气大，他应该藏而不露，表面装作呆头呆脑，软弱无能。

（2）在实际生活中，不管你多么有能耐，多么坚强，总是有人比你更有能耐，更加坚强。

（3）培养这种敏感性很重要，即认识你何时应该奋力反击，何时应该委曲求全。

（4）更为重要的是，应该培育自己忍受委曲求全的力量。

（5）当到了实现你的目标的时候，委曲求全有时候能比奋力反击更加有效。

（6）当你获胜时，你失败。当我们进行不应该进行的拼搏时，即使我们取胜，我们也失败。

（7）我们大家都必须学会明智地选择，在哪些搏斗中进行拼搏，在哪些搏斗中接受失败，而且忍受随之而来的那次失败的耻辱。

大事不糊涂
——逗你玩儿

现实生活中许多人似乎特别糊涂，但是，就是这些糊涂人，生活好像特别垂青他们：经商的，不知不觉之间腰包鼓了起来；从政的，官运亨通以至平步青云；至于爱情，似乎爱神也对"糊涂虫"青睐有加。

相反，不少"聪明人"费尽心机，为了蝇头小利绞尽脑汁，为了上级欢心上下其手，为了私欲六亲不认，甚至和最好的朋友都反目成仇，把人际关系搞得一团糟，正应了一句古话：聪明反被聪明误。

因此，装装糊涂，享受生命，用小糊涂换来大好处，这才是真正的智者。

小事糊涂疏人心

宋太宗病笃，统领宦官的王继恩欲趁此机会，废立他一向惧怕的宋真宗，改立听命于己的太宗长子元佐。朝中大臣亦有多人支持继恩，事态日益不可收拾。

太宗驾崩，皇后命王继恩召吕端觐见。吕端以巧言蒙骗王继恩进入书房，借机将之监禁，然后前往谒见皇后。

皇后询问吕端继位人选之事，吕端回答："先帝料今日情况，未曾驾崩却先立太子，事到如今，臣等又怎能违背先帝遗诏呢？"

皇后闻言，只得默不作声。

宋真宗即位会见群臣，吕端等掀开御前垂帘，确认太子无误后，才率百官参伏。待王继恩终于脱困，离开书房，大势早已底定，无法挽救了。

有人善于为幕僚，有人善于做决断，用人之际，必须辨明其性格，以免沧海遗珠之恨。

所谓大事清楚，就是坚持为国为公的原则立场。在这一点上，吕端是原则性极强的人。处理国事灵通，但不拘琐事罢了。

郭子仪盛德服人

汾阳王府第在亲仁里，开大门户，任人进出。郭子仪属下有位将军要出兵，来王府告辞，王夫人和女儿正要梳妆，就命令他拿佩巾、提水，把他当做仆隶一般的役使。后来子弟们激烈规劝不听，接着哭道："大人的功能显赫，但若不自我尊重，贵贱人等都可以在寝室走动，我们认为虽然是伊尹、霍光也不应当如此。"

郭子仪笑着说："这不是你们所能设想得到的，我有500匹马吃官家的粮草，1000人吃公家的米粮，进退就在这些地方。假使围起高墙，关闭大门，内外无法疏通，一旦惹起怨恨，别人说我不守臣子的法度，有些贪图近功、戕害贤能的人，更来促成其事，那我们所有的亲族都将粉身碎骨，后悔莫及了。现在让它空荡没有阻隔，四门洞开，虽然有人想进言，也找不出什么理由来。"子弟们听了，都非常佩服。

德宗下令在帝王陵墓之近处禁止屠宰。郭子仪的仆隶犯了禁令，金吾卫将军裴晋公奏报皇帝，有人说："你不为郭公设想吗？"裴说："这正是为郭公想啊！郭公德高望重，皇上才刚即位，一定会认为他党羽庞大，所以我举发他的小过失，以表明郭公是不足畏的，不是很好吗？"像裴公此人，真可说是郭公的益友。

唐朝臣官鱼朝恩暗地派人挖开郭氏祖坟，盗墓不成。郭子仪自泾阳来朝见皇帝，皇帝安慰他，他就哭着说："微臣久掌兵权，不能禁止人去残害别人的坟墓，现时别人却挖开先祖的坟墓，审上天的谴责，不是人为的祸害。"

鱼朝恩又宴请郭子仪，有人说将不利于他。部下愿意武装跟随他，郭子仪不同意，只带几个家童前往。

鱼朝恩说："为什么随从这么少呢？"

郭子仪于是把听到的传闻告诉他，鱼朝恩惶恐地说："大人如果不是长者，怎么可能不怀疑我呢？"

唐朝人裴晋公任职中书省时，有一天，左右的人忽然告诉他印件失踪了。裴公怡然自得，警告他们：正在宴客，不要声张。左右不知道何故。半夜酒饮得畅快时，左右的人又告诉他印件找到了，裴公也不回答，宴会尽欢而散。

有人问他是什么缘故，裴公说："小官员盗印去书写契券，写完就会放回原处，逼急了就老羞成怒，再也要不回来。"

这不是故作安静，以示镇静，实在是聪明透顶，所以积为智量。度量不大，是做不到的。

局外人看郭子仪、裴晋公，可谓"糊涂"了。其实只因为他们看到了宦途的险恶。追根究底，什么事情能比得上身家前途要紧？

齐王"糊涂"改遗训

古时候，一人犯法，要株连九族。这些亲属包括自己的父母、兄弟、妻子儿女，还包括家族中的叔侄、外公家的、岳父家的等等，有的一连就是几百人，那是非常残酷和悲惨的。

战国时候，齐国的大夫邾石父图谋反叛，当即便被齐宣王诛杀了。齐宣王还想要杀灭他的亲族。邾氏家族中人心惶惶，连忙召集族中长老商量，一致认为不能坐以待毙，决定请艾子帮忙，向宣王求情。

艾子非常机智，无论在上流社会还是在民间，都很有名望。他很受齐王赏识。当邾石父家族的人找到他，说明来意之后，他当即表示，非常乐意帮忙。因为他本来就很反感什么株连九族之类的刑法，而且他看透了，这些严法酷刑都只是对百姓而言，王亲国戚们是轮不上的。他心里想，就是拼死进谏，也要去为邾家数百无辜的人说话，也要去劝说齐王改革这种残酷的刑法，以拯救国内千千万万的无辜民众。

第二天，艾子拿着一根三尺长的绳子去见齐宣王，直截了当地对宣王说："邾石父犯罪，已经伏法，叛党消灭了，也就没事了，大王何苦还要杀死那些老老小小的无辜百姓呢？"

宣王说："一人犯法，诛灭九族，这是先王的遗训。《政典》中说：'与叛逆者同一宗族的人全部杀尽，一概不赦免。'我不敢违反先王的法规啊！"

艾子听宣王这么一说，便上前行礼说："我也知道大王是迫不得已。可是我听说，那年大王您的亲弟弟公子巫向秦国投降，还献出了邯郸，这样说来，大王您也是叛臣的亲族，按理应该受到株连。现在我献上这根短绳子，请大王马上自杀吧！您不要因为爱惜自己的身体而违犯了先王的法令呀！"

齐王笑着站了起来，叹了口气，说："先生不要说了，我不加罪于他们就是了。"

邾石父家族数百人因而免于死难，而且从这以后，宣王如有这类事情，都慎重而又慎重，不再轻易提株连九族之类的事了。

艾子机深知作为统治者，不能用苛政，那样实际上是逼民造反。他机智幽默地要齐王自杀，在这荒唐的背后，演绎出废除不合理的先王遗训的道理。

巧计还清白

亚伯拉罕·林肯是美国的第十六位总统，他在就任总统前，曾经当过律师，接受过著名的阿姆斯特朗案件。

阿姆斯特朗是林肯的一位已故好友的儿子，为人正直、善良，但却被诬陷为谋财害命的罪犯。全案的关键在于原告方面的证人福尔逊，他在法庭上发誓说：10月18日晚，他在草堆后面，在明亮的月光下，清清楚楚地看见阿姆斯特朗躲在大树后面向被害人开枪射击，打死了被害者。

林肯坚信阿姆斯特朗是个无辜者，他在查阅了有关档案后，又实地考察了被害者遇难现场，然后以被告律师的身份要求法庭开庭复审。

在法庭上，林肯问福尔逊：“你在草堆后面看见阿姆斯特朗，从草堆到大树有二三十米呢，你不会看错吗？”

福尔逊毫不犹豫地回答：“不会错，因为月光很亮。”

林肯又问：“你能肯定不是从衣着方面认清的吗？”

福尔逊说：“肯定不是。当时，月光正照在他的脸上，我清清楚楚地认出了他的那张脸。”

林肯追问道：“你能肯定时间是在晚上十一点钟吗？”

福尔逊耸耸双肩，道：“毫无疑问。因为我当即回屋看了看钟，那时正是十一点一刻。”

林肯最后问道：“你能担保你说的全是事实吗？”

“我可以发誓！”福尔逊面对林肯和众多的听众，神情有些激动，“我说的全是事实！”

林肯向四周看了看，然后以不容置疑的口吻，郑重地宣布道：“尊敬的陪审官先生们，女士们，先生们，我不能不向大家宣布一个事实：这位福尔逊证人先生是一个地地道道的大骗子！”

法庭内顿时骚乱起来。

“肃静！肃静！”法官威严地吆喝道。

原告气咻咻地质问林肯：“请律师先生回答，你有什么证据指责我的证人是骗子？”

林肯微微一笑，不慌不忙地说：“你的证人福尔逊先生口口声声说他在明亮的月光下清清楚楚地看到了阿姆斯特朗的脸，可是，请不要忘记，10月18日那一天是上弦月，在十一点的时候，它早已下山了，福尔逊先生是如何看到明亮的月光和阿姆斯特朗的脸的呢？退一步来说，即使是福尔逊先生把时间记错了，月亮还在天上，但在那个时候，月亮是在西天上，月光是从西照射向东的，大树在西面，草堆在东面，被告阿姆斯特朗如果真的是在大树后面，面向草堆，他的脸上是不可能有月光的，福尔逊先生怎么能看到月光照在被告的脸上并认出被告呢？”

法庭内发出一片哄笑声，听众、陪审官员以及法官们都为林肯无懈可击的分析而折服。

证人福尔逊狼狈不堪，他只好供认自己是被人收买来诬陷被告的，阿姆斯特朗被当庭宣告无罪释放。

林肯凭借聪明的才智，揭穿了伪证人的卑鄙行径，为无辜的阿姆斯特朗洗去了耻辱，也为自己赢得了声誉。

林肯在决定人的生死的庭审上一点也不糊涂，能够从细微处查知伪证人的破绽，还人的清白，避免了冤案的发生。

宰相智惩剃头匠

古代印度有个国王，他十分残暴而又刚愎自用。他的宰相却是一个十分聪明、善良的人。国王有个理发师，常在国王面前搬弄是非，为此，宰相严厉地责备了他。从此理发师对宰相怀恨在心。

一日，理发师对国王说："大王，请您给我几天假和一些钱，我要去天堂看望我父母。"昏庸的国王甚为惊奇，便同意了，并让理发师代他向自己的父母问好。理发师选好日子，举行了仪式，跳进了恒河，然后又偷偷爬上了对岸。过了些日子，他趁许多人在河里洗澡的时候，探出头，说自己刚从天堂回来。国王赶忙召见，并问自己父母的情况。理发师谎报说，先王夫妇在天堂生活很好，可再过三天，就要被赶下地狱了，因为他们丢失了自己生前的行善薄，所以要宰相亲自去详细汇报一下。并且他还向国王建议，为了很快到达天堂，应让宰相乘火路去。国王马上召见了宰相，让他去一趟天堂。宰相听了这些胡言乱语，便知道是理发师在捣鬼。可又不好拒绝国王的命令，心想："我一定要想办法活下来，要惩罚这个奸诈的理发师。"

第二天凌晨，宰相按照国王的吩咐，跳入一个火坑中，然后国王命人架上柴火，浇上油，然后点燃了。顿时火光冲天，全城百姓皆为失去了可爱的宰相而叹息，那个理发师也以为仇人已死，心中正在暗自高兴。其实，宰相安然无恙，原来他早就派人在火坑旁挖了通道，他顺着通道回到了家中。

过了大约一个月，宰相穿着一身新衣，故意留着一脸胡子和长发，从那个火坑中走了出来，径直走向王宫。国王听见宰相回来了，赶紧出来迎接。宰相对国王说："大王，先王和太后现在没有别的什么灾难，只有一件事使先王不安，就是他的胡须已经长得拖到脚背上了，先王叫你派个老理发师去。上次那个理发师没有跟先王告别，就私自逃回来了。对了，恒河这条水路现在不通了，谁也不能从恒河这条路上天堂去。"

第二天，国王让理发师躺在市中心的烧台上，周围架起干柴，然后命人点上了火。顿时，理发师被烧得鬼哭狼嚎似的乱叫。这个搬弄是非的家伙终于得到了应有的惩罚。

宰相运用"以其人之道，还治其人之身"的策略，一方面让国王深信不疑，另一方面，让理发师拒之不能，在众人不知不觉中，严惩了奸贼。

理发师携怨出奸计，宰相装糊涂跳火坑，然后倒打一耙，以其人之道还治其身，将理发师送上了烧台，接受火刑。

君子不计小人过

孟子说：君子之所以异于常人，便是在于能时时自我反省。即使受到他人不合理的对待，也必定先反省自己本身，自问，我是否做到"仁"的境界？是否欠缺礼？否则别人为何如此对待我呢？等到自我反省的结果合乎仁也合乎礼了，而对方强横的态度却仍然不改。那么，君子又必须反问自己：我一定还有不够真诚的地方。再反省的结果是自己没有不够真诚的地方，而对方强横的态度依然故我，君子这时才感慨地说："他不过是个妄诞的人罢了。这种人和禽兽又有何差别呢？对于禽兽根本不需要斤斤计较。"

每个人都生活在人群中，有人的地方自然会有矛盾，有了分歧、不和怎么办？很多人就喜欢争吵，非论个是非曲直不可。其实这种做法很不明智，吵架又伤和气又伤感情，不值。不如大事化小小事化了，俗话说家和万事兴，推而广之，人和也万事兴。人际交往中切不可太认死理，装装糊涂于己于人都有利。

事实上，按照一般常情，任何人都不会把过去的记忆像流水一般的抛掉。就某些方面来讲，人们有时会有执念很深的事件，甚至会终生不忘。当然，这仍然属于正常之举。谁都知道，怨恨会随时随地有所回报。因此，为了避免招致别人的怨愤，或者少得罪人，一个人行事需小心注意。《老子》中据此提出了"报怨以德"的思想。孔子也曾提出类似的话来教育弟子："以直报怨，以德报德。"其含义均是叫人处事时心胸要豁达，以君子般的坦然姿态应付一切。

《庄子》中对如何不与别人发生冲突也作了阐述。有一次，有一个人去拜访老子。到了老子家中，看到室内凌乱不堪，心中感到吃惊。于是，他大声骂了一通扬长而去。翌日，又回来向老子致歉。老子淡然地说："你好像很在意智者的概念，其实对我来讲，这是毫无意义的。所以，如果昨天你说我是马的话我也会承认的。因为别人既然这么认为，一定有他的根据，假如我顶撞回去，他一定会骂得更厉害。这就是我从来不去反驳别人的缘故。"

从这则故事中可以得到如下启示：在现实生活中，当双方发生矛盾或冲突时，对于别人的批评，除了虚心接受之外，还要养成毫不在意的功夫。人与人之间发生矛盾的时候太多了，因此，一定要心胸豁达，有涵养，不要为了不值得的小事去得罪别人。而且，生活中常有一些人喜欢论人短长，在背后说三道四。如果听到有人这样谈论自己，完全不必理睬这种人。只要自己能自由自在按自己的方式去生活，又何必在意别人说些什么呢？

琐屑本无原则　何须小肚鸡肠

人人都有自尊心，人人都有好胜心，你要联络感情，处处要重视对方的自尊心，因为要重视对方的自尊心，必须抑制你自己的好胜心，成全对方的好胜心。比方对方与你有共同性质的某种特长，对方与你比赛，你必须让他一步，即使对方的技术，敌不过你，你也得让对方获得胜利。但是一味退让，便表现不出你的真实本领，也许会使对方误认你的技术，不太高明，反而引起无足轻重的心理，所以你与他比赛的时候，应该施展你的相当本领，先造成一个均势之局，使对方知道你不是一个弱者，进一步再施小技，把他逼得很紧，使他神情紧张，才知道你是个能手，再一步，故意留个破绽，让他突围而出，从劣势，转为均势，从均势转为优势，结果把最后的胜利让于对方。对方得到这个胜利，不但费过许多心力，而且危而复安，精神一定十分愉快，对你也有敬佩之心。不过安排破绽，必须十分自然，千万不要让对方明白，这是你愿意使他胜利，否则便觉得你很虚伪，他的胜利，也没有多大兴味，这就是你的失败。所最难的问题，起初你还能以理智自持，比赛到后来，感情一时冲动，好胜心勃发，不肯再作让步，也是常有的事，或者在有意无意之间，无论在神情上，在语气上，在举止上，不免流露出愿意让步的意思，那就白费心机了。

　　从前某显宦，公余之暇，喜欢下棋，自负是国手。某甲在他门下做一名清客，有一天与某显宦对弈，一入手便咄咄逼人，某显宦知是劲敌。比赛到后来，竟逼得某显宦心神失常，汗浸浸下。某甲见对方焦急的神情，格外高兴，故意留一个破绽，给某显宦发现了，立即进攻，满以为可以转败为胜，谁知某甲突然出其杀手锏，一子下盘，很得意地说道，你还想不死么？某显宦遭此打击，心中大不高兴，立起身来就走。据说某显宦向来着意于修养，胸襟比普通人宽大，但也受不了这种刺激。因此对于某甲，他始终介介，不能忘怀，而在某甲呢，还是莫名其妙，他始终不懂为什么某显宦不再与他下棋。某显宦能使某甲富且贵，为了这一点不快，老是不肯提拔某甲，某甲只好郁郁不得志，以清客终其身，也许他要自认命薄，谁知是忽略了对方的自尊心，抑制不住自己的好胜心，小过失铸成了终身的大错。这件故事，也许是无是公乌有先生而编，却在教训年轻的人，在无关得失的比赛竞技，总要让对方一步，这当然不是为了买对方的欢心，作升官发财的阶梯，而在获得多方面的好感，对于你的一切，多少总有点好处。上面所述下棋，不过是一个例子，以此类推，应该让步的比赛，正多着呢！

第二章

处世糊涂学技巧

谋糊涂

谋事公道　人我不二

谋人事如己事，而后虑之也审；谋己事如人事，而后见之也明。

清·金兰生《格兰联璧·处事》

1. 糊涂夜话

常言道：人到七十古来稀。人生不过百岁，就应该做个好人，存着好心，多行善积德。有什么利益可以超过百岁，能带到棺材里去呢？有的人为了蝇头小利，于最起码的仁义道德都不顾，丧尽天良，为所欲为，被世人痛骂。一个重视道义的人，能把千辆兵马的大国拱让人，而一个贪得无厌的人连一分钱也要争个你死我活。为了谋求天下人的幸福，牺牲自己的利益，这种人永远活在人民的心目中。所以，"谋事公道，人我不二"的糊涂之人，他们舍弃一己私利，成全公义，最终为天下人尊敬、爱戴。

法然《勅修御传》："一念尚且可以得逞，何况乎多念！"

这则名言的意思是：对要干的事就算没有把握，也不妨假装有把握，而对自己则要不断地说一定可以完成，这样在无形之中，原以为做不成的事也可以完成了。

就大多数人而言，当眼前的工作若无百分之百的把握，那他开始就会放弃。实际每一个人都在工作之初会产生"自己恐怕办不成"的不安感觉。此时，如以破釜沉舟的决心，拿出勇气，来进行一番尝试的话，也许效果大不相同。

曾有人这样说："虽然有人说，人要有自知之明，明知困难就不要去动它，要不然就很难有成功的一天，但这种观念实际上是大错而特错的。其实，一个人遇有困难，就越能够发挥出他的潜在能力的。"

一件事当你自己还不知道能否成功，不妨自认为做得成，然后全力以赴。毕竟，"谋事在人，成事在天"，"功夫不负苦心人"。

宋代文学家苏洵在《审敌》中写道："为一身谋则愚，而为天下谋则智。"

为个人谋利益思维狭隘，为天下谋利益则思维开阔，它的主要原因就是，为一己私利考虑得多，就必然将一己的利益凌驾于许多人的利益之上，思维基础的变化必然导致思维结局的变化。

所以，只有思维开阔，不受私利的狭隘思维所限制，才能使一个人的思维清醒、正确、明智。

刘邦登上汉王朝开国皇帝的宝座后，傲视群臣，目中无人。

有一次，他患了感冒，于是传下圣旨，"任何人不得入宫进见"。许多事情连续几天都得不到奏报，地方上的官员叫苦不迭。

大将军樊哙是一个粗人，十分恼怒，他闯进皇宫，来到刘邦榻前，高声说道："想当初，陛下在沛县起兵时，何等英雄气概，如今天下安定，您怎么就变得如此萎靡不振？您患病，不与文武大臣商议国家大事，成天与太监呆在深宫里，难道不回想秦始皇当年病死时，宦官赵高假造遗诏，杀害公子扶苏与忠臣良将，祸乱天下的事情吗？"

樊哙越说越激动，刘邦原本是轻感冒，听了将军的陈辞，深受感动，翻身下榻，立即召集文武群臣，共商大事。

2. 糊涂典例：他亦糊涂　我亦糊涂

武将王德用和善的态度对待下面的官员，他的相貌壮伟，颇为动人，即使是住在深巷里，大山里的小孩、妇女，外面以至少数民族，都知道王德的姓名。

御史孔道辅等人，因为一件事向皇上奏了王德的过错，于是罢免了王德的枢密院官，赶出京城，镇守着边关；后来又贬官，任随州的知府。

官员们都为他感到恐惧。而王德自己却如同没事一样，神情不变，只是不交宾客朋友罢了。

一段时间以后，孔道辅因战死于沙场，有一位官员对王德说："这就是害你贬官的人的下场！"而王德却伤心地说："孔道辅在其位说其事，怎么说是害我呢？可惜朝廷中又损失了一位直言忠诚的大臣了。"

说话的人为此终身感到惭愧，而上下官员都认为王德很有度量，是一个大公无私的好官员。

3. 糊涂公案：肉食者的糊涂

艾子的领导们，都是齐国粗俗的人。

艾子听见一个人对另一个人说："我和齐国的公卿大夫，都是人，也都禀受了天、地、人三才的灵智，为什么他们都有智慧，而我就没有呢？"

另一个人说："他们天天吃肉，所以有智慧；而我平日尽吃些糙粮，所以缺少智慧呀。"

那个问话的人说："我恰好有卖粟得来的钱数千，姑且和你一起天天食肉试试看。"

过了几天，又听见那两个人对话说："我看自吃肉以后，心志清楚、聪明通达，遇事有智慧，不仅有智慧，而且还能研究清楚，弄懂其中的道理。"

其中一人说："我观察到人的脚面，向前伸出甚为便利，如果向后伸出，岂不要被相继跟随而来的人踩着吗？"

另一人说："我也发现人的鼻孔向下长着甚为便利，如果向上长，岂不要被天上落下的雨水灌进去了吗？"

两个人便互相称颂起他们的才智来了。

艾子听后感叹地说："唉，吃肉人的智慧，不过如此罢了。"

学糊涂

实难亦易　似易亦难

子曰："其为人也，发愤忘食，乐以忘忧，不知老之将至之尔。"

1. 糊涂夜话

孔子说:"吾十有五而志于学,三十而立,四十而不惑,五十而知天命,六十而耳顺,七十而从心所欲,不逾矩。"可见,孔子后来高深的学问都是从十五岁立志于学习开始的。

在谈到学习对人生的重要性时,孔子说:

如果一个人爱好智慧而不爱学习,那他将被放荡所蒙蔽;

如果一个人爱好信实而不爱学习,那他将被戕害所蒙蔽;

如果一个人爱好直率而不爱学习,那他将被偏激所蒙蔽;

如果一个人爱好勇敢而不爱学习,那他将被祸乱所蒙蔽;

如果一个人爱好刚强而不爱学习,那他将被狂妄所蒙蔽;

孔圣人说的六个"如果",说明即使你具有仁德、爱智慧、为人直率、处事勇敢、遇事刚强,但若不爱学习,所有这些好的品质都可能向其反面发展。可想而知,那些心术不正,本身品质就卑劣的人,若不学习就更可怕了。

日莲和尚《十八圆满抄》:"凡是我弟子都要像我一样修行正理。身为智者学匠而堕入地狱,又有何益。"

曾有学者指出:"欠缺宗教心的教育,将塑造有知识的恶魔。"今天,世界上有许多国家的教育就有欠德育,只注重智育,让人感到教育目的完全变质了。

今天,人类不但捕捉其他动植物来食用或作标本,还无所顾忌地破坏大自然,生态平衡严重破坏。有科学家预言,照此下去,人类迟早必会自食恶果,遭受宇宙大自然的反击。所以,人类现今考虑的,不是科技万能的问题,而是我们在将来或是我们的子孙后代是否能继续适应环境,是否能够被容许继续生存的问题。

所以,日莲和尚的名言,达到了一种糊涂状态,他真正的内涵就是:为学问而学问毫无意,只有在为世上而派上用场时,才能称之为真正学问。

"业精于勤,荒于嬉;行成于思,毁于随",韩愈在《进学解》中只用了短短十四个字,就准确阐述了学业的"精勤"与"荒嬉",德行的"行思"与"毁随"的辩证关系。更难能可贵的是,韩愈深刻地提出,学业的"精"与"荒",德行的"成"与"毁"不是靠天资,而是凭后天的主观努力。

智慧是人类文化的集中表现,智慧来源于学习。一个人只有勤学好问,才能成为有智慧的人,而好学精神最集中表现在"不耻下问"上。

孔子进太庙后总是不停地问这问那,而且每事必问,有人说道:"谁说那个邹县县官的儿子(孔父曾为邹县令)懂得礼义?你没看见他进太庙后,每事必问。"孔子就道:"我遇到不懂的事情就向别人请教,这正是知礼的表现。"由此不难看出,孔子对学问的勤奋好学的精神。

王安石有一篇流芳百世的杰作《伤仲永》,他描写的是一个少年的悲剧故事。

古时代,金溪县有个叫方仲永的,五岁时,居然能写诗,别人指着什么事物叫他作诗,仲永当即完成,文采道理都有可取之处,远近的人都知道他,都称他为"神童"。

逐渐地，有人谏请方仲永的父亲带他去作客，并即席作诗，有的人还赠些银两，以示奖励。父亲看到有利可图，于是天天拉着他去拜见县里的大户人家，不让他安心学习了。

十三岁的方仲永，别人叫他写诗，已没有从前的那么好了，二十岁时，他已经变得默默无闻，与一般人没什么两样。人们都为他惋惜起来。

2. 糊涂典例：吃亏是糊涂

周文炜说：夏国的彭君宣在一位姓氏很古老的人家里，看到一幅裱得不怎么样的字，上面书写着："学吃亏"三个大字，是出自顺文康公的手笔。

最近又听说敏公的曾祖父智奄先生曾经把这三个字拿给别人看，所以乡亲们就称他为"学吃亏先生"。睿宗的祠堂里也写着这三个字。唉呀！做官的人和住在乡里的人们如能够一直以这三个字为准则，那么天下就没有办不成的事，没有不好相处的人。

智奄先生把这三个字传给燕公，又传给万公，后来传给现在的敏公。敏公一直都以文字著称，都是"学吃亏"这三个字教育培养出来的。亏损不可以不吃，吃亏不可以不学。

学吃亏，即学糊涂。

3. 糊涂公案：一鲁儒的糊涂

庄子去见鲁哀公。哀公说："鲁国有许多儒士，学习先生的道家学说的人却很少。"庄子说："鲁国很少有儒生。"哀公说："整个鲁国的人都穿着儒生的服装。怎么说儒生少呢？"庄子说："我听说儒生戴圆帽子的，必须懂天文；穿方头鞋的，必须懂地理；佩带五色绳系的玉链，处事一定决断。但有学问的人，不一定穿着儒生的服装；穿着儒生服装的，不一定懂得儒家的学说，如果您一定认为我说得不对，何不在全国发布命令：'不懂得儒家学说，却穿着儒服的，一定判死刑。'"

于是哀公便公布命令，五天以后，在鲁国没有敢穿儒服的。只有一个男子，穿着儒服，站在鲁哀公宫门口。哀公立即召见他，拿国家大事询问他，他回答起来，千变万化，无穷无尽。庄子说："这么大的鲁国，只有一个儒生，能说多吗？"

思糊涂

运用之妙　存乎一心

怵惕惟厉，中夜以兴，思免厥愆。

《书》

1. 糊涂夜话

宋代朱熹说："我年轻时做学问，十六岁就喜欢理学，十七岁就有像今天学者这般的见识。后来得到谢显道《论语》这本书，特别高兴，于是就熟读它。先用红笔把语句好的地方划出来，再读后，又觉得红笔太烦再用黑笔抹去，再读后，又用青笔抹出来，再读出要领，才用黄笔描出来。到这个地步，那么理解的地方就很多，最多只留一两句，然后就在这两句上反复体味，心中自然洒脱。"

大凡读书，就要提出疑问，大的疑问就有大的体会，小的疑问就有小的体会，没有疑问就没有体会。也就是说，如果能在没有疑问的地方读出了疑问，这就是进步。

道元和尚在《普劝坐禅仪》中有言："兀兀然而坐定，将不思量地加以思量。然则，如何思量该不该思量？非思量，此乃坐禅之不二法门也。"

道元这句话就是劝诫人们：始终"保持非正经的态度"。他认为：应当对人的主观思想进行修正，使它符合自然，使这种主观思想不偏于标准，也不倾向不标准，而应当超越陈旧而固定的观念，把合乎自然的自由的目光投向生活的深层，寻找生活的真谛。

超越合乎标准的想法（思量）和不合乎标准的想法（不思量），并且探寻追求介于这二者之间的思想（非思量）的整个宇宙的行为，这就叫做"坐禅"。

周穆王任命伯冏为太仆正时训诫说，害怕公务出错误，半夜起来思考如何得以免除过失。孔子的"三思而后行"更成为后世之名言。

一个人只有在平常的一事一情中不断总结应对的经验，才能使思维方式愈来愈精要，也才能应付各种复杂多变的局面及情况。

宋朝著名的抗金英雄岳飞，原是宗泽帐下一员战将。对于岳飞，宗泽很欣赏他，只要有机会就指点他，并希望岳飞能成就伟大的事业。

一天，宗泽把岳飞召来，说道："岳飞，你有超群的勇气与出众的才能，然而，你爱好野战，对战前筹划则不屑一顾，这不是一件好事。"语毕，宗泽便拿出一张布阵图给岳飞观看。不料，岳飞将阵图掩了起来，坚决地说："大帅言之有理，布阵而后战是常用的战术，也是非常好的作战方法。但是，您知道吗，运用的巧妙，完全在于将领的一念之间。"宗泽听了岳飞的话，露出了会心的微笑，点了点头。

这之后不久，宗泽不幸在战场上殉难，岳飞铭记他的遗志，逐渐成为一代抗金英雄。

2. 糊涂典例：六条妙计不糊涂

陈平，西汉开国功臣，小时候家里十分贫寒，但他十分爱读书。有一年村里举行社典，陈平帮助屠户分肉，分得很公平。乡亲们都说："很好，姓陈的小子可以当屠户。"陈平说："唉，如果让我宰割天下，天下也会像这肉一样处理得好。"

陈平开始为魏王做事，由于有错而不受重用，离开后又为项羽所用，结果犯了罪，逃脱了，通过魏无知介绍见到汉王刘邦。最初，刘邦封他为都尉参乘典护军。周勃对汉王说："我听人说，陈平年轻在家时曾与大嫂有暧昧关系，跑到魏，魏拒绝他；跑到楚，楚又拒绝他。现在又跑到汉来。如今您封他为典护军，希望您认真思考。"汉王因而责怪魏无知。魏无知说："我讲他可以，是指他的才华，您要了解的是他的品行。现在若有像尾生那样讲信义，像孝己那样有德行的人，但对您的事业没有什么帮助，你怎么去用他们呢？"刘邦点头称是。接着，任陈平为护军中尉，各路将领都受他监护，将领们不敢再说什么了。

在征讨过程中，陈平先后献出六条妙计：拿金子反间楚国；拿饭招待楚国使者；请求假装游云梦；拿美女献给单于，解了平城之围；轻手轻脚在耳边说话；晚上放出美女二千，让楚兵去围攻，使刘邦跑到西边。这些计谋无不成功，帮助刘邦打下了天下，平定了内乱，立下汗马功劳，后官拜右丞相。

3. 糊涂公案：詹何钓鱼的糊涂

詹何用单股蚕丝做的钓鱼丝，用尖细如芒的针做钓钩，用楚国的细竹做钓鱼竿，用剖开的米粒做钓饵，从百丈的深渊、滚滚的急流中，钓上可以装满一辆车子的大鱼，而钓鱼丝不会断，鱼钩不会拉直，钓鱼竿不会弯曲。

楚王听后感到很奇异，就把詹何招来，询问原因。

詹何说："我听已去世的父亲说过，蒲且子射鸟，用拉力很小的弓和细小的丝绳，顺着风势把箭发射出去，在青云的高空中一箭射中两中黄莺。这是由于他用心专一，用力均匀。我照着他射鸟的方法，模仿着学钓鱼，经过五年，才完全掌握他的方法。当我在河边拿着钓鱼竿钓鱼时，心无杂念，一心只想钓鱼，抛出钓鱼丝，让钓鱼钩沉入水里，手不会时轻时重，不受外界事物的干扰。鱼儿看见我的钓饵，还以为是沉于水中的尘埃和泡沫，就毫不怀疑地吞下去。所以我能用弱小的东西制服强大的东西，用轻的东西得到重的东西。大王治理国家果真能像这样，那么天下就可以在你的掌握之中，运转自如，有什么事做不到呢？"楚王说"好！"

求糊涂

生有涯　知无涯

吾生也有涯，而知也无涯。

《庄子·养生主》

1. 糊涂夜话

读书不是一件容易的事，没有苦读的精神是很难读好的。韩愈曾说："业精于勤荒于嬉，行成于思毁于随。"什么事想干好，没有一种精神是不行的。就读书而言，家庭富有，则会因财富而丧失了学习的意志；家庭贫困，则会因生活的贫困而改变了学习的方向。

"知识是一笔无形的财富"，富有的生活并不意味着学识、知识的富有，生活的贫困并不意味着学识、水平的贫困。关键在于能否苦读，虚心求取知识。

有的富家子弟绫罗绸缎，花里嗖哨，这必定学不好。所以凡有大成就的人都以知识为乐，而不以财富为乐。就此而言，这些人是糊涂，是傻气十足，但真正富有的却正是他们。

莲如《御一代记闻书》说："若想了解佛法，就多向别人请教。若想知道事理，也多向别人请教。"

有所不懂，我们会向有关专家求教。不可否认，专家也有弄不清的地方，有时他们教与你的，或许荒谬可笑。

近年来，由于科技、医学的高速发展，人们总认为太空或人体的奥秘已被揭开，实际不然。如草履虫是没有脑细胞和神经组织的单细胞动物，但为什么又具有喜欢明处而不喜欢暗处的向光性呢？人类的身体患的癌症及感冒为什么没找到根治的方法？就这两个问题，人类还有什么可以自吹自擂的？

所以，"对自己所不懂的事，就应虚心一些，向别人请教。"

人生下来，头脑一片空白，宛如一张白纸，除了本能外，其他的知识都没有，什么都不会做。因而有不懂的问题并非怪事，也不丢人，只要不断学习，这张"白纸"上自然能绘出迷人的风景。一个从小就不愿学习，或者不认真学习的人，可能一生愚昧，一个人从小失去学习机会的人，可能终生是白痴、傻子。

因此，人生最怕既没有知识，又不知道学习，那将一辈子愚昧无知。荀子说："不知则问，不能则学，虽能必让，然后为德。"

李相，五代时任大居太守，一天，他读《春秋》时，误将"叔孙婼"中的"婼（chuò）"读成了"chuǐ"。旁边有一位地位很低的侍从听到后，脸上禁不住露出了不以为然的神色。

李相看到侍从的脸色不对，便责问他："你也常读这本书吗？"侍从赶紧答道："是的，大人。"李相又问："你在听我读书时，为什么不时露出沮丧的神色？"侍从答道："因为在下当年随师学艺时，所学不精，今天听大人读'婼（chuò）'为'chuǐ'时，才知自己从前读错了。"

李相听后，立即坦诚地说："说不定是我错了。我读成'chuǐ'，并非老师那儿学来的，而是自己根据关于读音的训诂书《释文》确定的。所以，很可能是我读错了。"说着，李相拿出《释文》给侍从看。看到李相态度诚恳，虚心好学，下属如实指出了他的错误。

李相十分感动，同时深为自己所学不精而感到惭愧。他请侍从面北而坐，深深地对他施了学生敬师之礼，称之为"一字师"。

2. 糊涂典例：糊涂君王纳贤才

战国时，燕国被齐国打败，国库空虚，国势衰落，百废待举。正在这时，年轻有为的昭王登上宝座，他发誓，重振国威，报仇雪耻。

昭王意识到，唯有广纳贤才，放宽政策，国才可兴，耻才可雪。于是他密召大臣郭隗共讨招揽贤才之计。郭隗说："从古至今，帝王都有良师，王者都有良友，霸者都有良臣。然而一个国家濒临灭亡的君主，在他手下尽是一群无用的酒囊饭袋。大王如果想招揽人才，微臣倒有几条笨拙的方法：竭力礼待他人，恭敬受教，如此即可聚集比自己胜几百倍的人才；对人表示敬意，倾听他的意见，如此即可聚集比自己胜几十倍的人才；若只以平等的方式待人，则只有与自己能力相当的人才到来；若手握权杖，吹胡子瞪眼使唤人，则只会有一些小吏；若不分黑白是非，随意呵斥人，则身边只会有奴仆了。大王，上述五条仅为招揽人才的才识。当务之急是挑选国内的贤者，加以礼遇，广泛向他们请教，如果这个消息传开，天下的仁人志士定会蜂拥而来。"

燕昭王连连点头称是。

接着，郭隗说了一个故事："古时有位国王，他不惜千金去求取千里马。使者四下打探，三年后才打听到一匹马的下落。待使者赶到时，那匹千里马已病死了。怎么办？使者决定以五百金买下这匹马的尸骨，带回复命。国王见带回的是一堆骨头，勃然大怒：'本王要的是会跑的马，你为何花五百金买一堆骨头回来？'使者沉着冷静地答道：'大王，您想一想，一匹死马都值五百金，活马的价值又有多大呢？若天下人知道这件事，何愁好马不送上门来。您说，对吗？'果不出所料，短短一段时间，国王得到了好几匹千里马。"

昭王听完问道："那我该向谁请教呢？"郭隗撩衣服跪倒，"大王，恕臣无礼，您若真心揽才，就从微臣开始吧。若连我这样无能之辈都会受到重用，则天下许多贤德之人自会不远万里来投奔您。"

昭王大喜，于是采纳郭隗的建议，厚待于他，并拜为国师。各地的贤才良将听说后，纷纷前来投靠。昭王广纳贤才，礼贤下士，国库充实，兵强马壮，几年后终于一洗国耻。燕国从此威名大增。

3. 糊涂公案：学舟的糊涂

楚国有个练习驾船的人，在他初学那会儿，无论转折回旋还是快慢缓急，都严格按着船师的教导去做。后来，他张开白帆，提桨击水，那小船就像行云流逝、飞鸟掠空一般，瞬息之间，一泻千里。

在这个时候，船师便带他到沙洲较浅的水域进行试航。这一天，天气晴和，浪静水浅，水面平坦如镜。楚人驾着船随心所欲地航行，十分惬意。他不知道自己能够做到这样，主要是由于恰好碰上了好天气，却以为自己完全掌握了驾船的技术。

于是，他很快辞退了船师，骄傲起来，自以为了不起。他把大海看成是个小水塘，把江湖看成是一杯水。他击鼓直进，急不可待地独自驾船闯入水势凶险的河道。正当他得意地航行时，天气骤变，狂风以排山倒海之势，掀起万丈波涛，吞没了天日；巨浪互相撞击，发出震天动地的轰响；惊得鲸鱼狂奔乱窜，骇得虬龙潜入海底。楚人望着四周的可怕情景，不知所措，胆战心惊，手中的桨掉落了，船舵也丢失了。最后，船翻了，他自己也葬身鱼鳖之腹。

胜糊涂

胜非其难　持之难者

胜非其难者也，持之其难者也。

《列子·说符》

1. 糊涂夜话

古人说："舌存，常见齿亡；刚强，终不胜柔弱。户朽，未闻枢蠹；岂及乎圆融。"它的意思是：常看到当牙齿都脱落的时候，舌头却还在口中，可以看出刚强终不如柔弱来得长久。当门户已经腐朽的时候，门轴却未被蛀虫所毁坏，可见执偏总比不上圆通。

在狂风吹过草原时，最先倒下的往往是参天大树，而大风过后，丝毫没有受损伤的则是那些地面上柔软的小草。大树虽然坚硬，但遇上比它更强硬的东西，它就只能折断了；小草虽然柔弱，但它却能顺着风向调整自己的形态，所以得以保全。

同理，当取得某项事业的成功，若要让它永久辉煌下去，这就很困难了。当遇到这种情况，只有师法自然，顺风调整自己，否则，只会使自己处于挨打的被动局面。

兼好《徒然草·一一〇》："不可为求胜利而战，应为求不败而战。"

兼好法师推崇"不求胜，只求不败"的下棋方法，看起来似乎消极，其实是克敌制胜的最佳办法。因为，如果求胜心切，只顾一路杀进敌阵，往往会造成自己的后防空虚，反而容易被敌方乘虚而入。

有一位著名的足球教练指出："踢足球，当然是要进攻、再进攻，这是足球的魅力所在。但是，如果一支球队只重进攻，而轻防守，最终必然导致失败。"

列子以"齐、楚、吴、越皆尝胜矣，然卒取亡焉"为例，告诫人们说：取得胜利并不难办到，但要保持胜利成果，才是最困难的事。说明胜利后要保持清醒的头脑，兢兢业业，却是不容易的。

在《东譬喻经》中有这样一则故事：从前有一条蛇，头和尾经常互相争吵，头对尾说："我有耳能听，有眼能看，有口能吃，走路又在你之前，因此我应算老大。"尾回答说："是我让你走，你才能走，如果我不让你走，你走走看？"于是蛇尾就在树上绕了三圈，三天都不肯动，蛇头无法动，饿了三天之后只好对蛇尾说："请你放开吧，让你做老大！"蛇尾听了很高兴，兴奋地朝前走，才不几步，就掉到火坑里去了。

这个头尾相争的故事，对于我们现在社会的每个人都是一个很好的告诫。在现代这样一个人员、关系高度密集的社会，头与尾都同样重要，人们应各尽所能，若如那条蛇一样，头尾都想争大，不但容易滋生愤懑，而且会把自己引向死亡。只有大家互相谦让，多做奉献，人们生活的社会才会充满慈爱和智慧，才能在生命之中找到真正的快乐，而并非怕别人超过自己而产生怨恨。

2. 糊涂典例：糊涂妻劝糊涂夫

乐羊子的妻子，不知道是谁家的女儿。

有一天，羊子赶路，在路上拾到别人丢失的一块金子，回家交给妻子，妻子说："我听说有志之士不喝盗泉的水，廉洁的人不接受施舍的食物，况且像这种走路拾到的金子，更容易玷污人的行为。"羊子十分惭愧，将金子扔到野外了。

羊子曾经到远处寻师求学，只一年工夫就回来了，他妻子跪着问他什么原因，羊子说："出门久了，思念家中的事，没有其他的原因。"妻子于是拿了一把刀走到织布机旁说："这织物出自蚕茧，最后在织布机上形成，一丝一缕积累起来才有一寸，一寸不停地积累，才有一匹一丈的布。现在如果把这织物弄断了，就损坏了它，浪费了时间。人求学问应当有所成就，不能半途而废，和剪断这一匹布有什么区别呢？"羊子被妻子的话感动了，再回去拜师学艺，七年没有回家，直到学业有成。

3. 糊涂公案：纪昌的糊涂

甘蝇是古代一位射箭能手。他一拉弓，野兽就中箭倒下，飞鸟就中箭落下。甘蝇的学生名叫飞卫，跟着甘蝇学射箭，技巧超过了他的老师。有个叫纪昌的，又跟飞卫学习射箭，飞卫说："你要先学会不眨眼，然后才可以谈得上学射箭。"

纪昌回到家里，仰面躺在他妻子的织布机下面，眼睛盯着脚踏板。这样练习了两年，即使锥尖刺到了眼眶，他也不眨眼。他把这情况告诉了飞卫。飞卫说："还不够哩，第二步你还得练好眼力才行。要练到看小东西像看大东西一样，看不明显的东西就像看明显的东西一样，然后再来告诉我。"

纪昌用一根牦牛毛，系上一只虱子，挂在窗上，朝着南面，目不转睛地望着它，望了十天，觉得虱子渐渐大了；三年之后，看到虱子就像车轮那么大。再看其他东西，都跟山丘一样了。于是他用燕国牛角装饰的弓，北方的蓬竹造成的箭，来射那虱子，一箭就穿过虱子的中心，而悬挂虱子的那根细毛却没有断。他把这情况告诉飞卫。飞卫听了，高兴地跳了起来，拍着胸脯说："你学到射箭的本领了！"

成糊涂

桃李不言　下自成蹊

道虽迩，不行不至；事虽小，不为不成。

《荀子·修身》

1. 糊涂夜话

汉朝讨伐匈奴的名将李广，是一位匈奴人闻风丧胆的虎将，有"飞将军"之美称。但是，他是一位木讷刚直的人，遇到皇帝的赏赐时，他总是毫不吝惜地与将士们分享。吃饭时，等将士们到齐吃上饭后，李广才开始用餐。行军途中，到泉水井垣处，待全体部下解渴后，他才饮用。总之，一切以部下为先。

司马迁评价李广："桃李不言，下自成蹊。"也就是桃树李树虽默默无语，但是它会开出芬芳的花朵，结成甜美的果实。所以人们自然而然地会聚集在它们周围，开出一条道路。孔子说："德不孤，必有邻"与这句话意思相近。

可见，一个人要想有良好的人缘，就要如李广将军那样，处处以人为先、以己为后，自然受到人们的景仰。这也是聪明人应明白的处世态度。

《大智度论》有言："世间的人爱好福之果报，却不爱好福因。"

就功成名就而言，常人只羡慕其成功，却很少去理会他成功之前，究竟尽了多大的努力以及吃了多少难以言状的苦头。有些人认为他是交上了好运，时来运转而已。

古今中外，被誉为天才的人绝没有一个是抄捷径而来的，"所谓天才，乃是指百分之一的灵感与百分之九十九的汗水而言"，"天才就是努力之意"，这些可谓至论。

世间的人偏爱幸福的结果，却不理会获得幸福的原因，这是世人的通病，亦是真糊涂。

荀子说："道路虽然很近，不前进不会到达；事情虽然很小，不去做不会成功。"

司马迁在评论李广时说："《论语》上说：'在上位的人，本身行为正当，不用命令，人民也会照着去做；如果本身行为不正，即使下令，人民也不愿听从他。'这不正是指李将军吗！我看到的李将军，诚恳忠厚，就像个乡下人，嘴里不善于说话。在他死的那天，天下无论认识他的和不认识他的，都为他哀悼。这正是因为他那忠实的本心，真正的感动了士大夫们。俗话说：'桃树、李树不会自我吹嘘，可是因为它们花朵好看、果实好吃，自然而然人们就会到这儿来，日子一久，树下就被人们踏出了一条路！'此段话虽短，倒也不妨用来比喻李广人格的伟大。"

汉武帝时的名将李广，他之所以被许多人敬仰爱戴，除了他有超人的武艺之外，更重要的是他在做人方面自律自爱，深得广大中下层官兵与百姓的钦佩。在金钱方面，李广看得很淡泊，汉武帝赏赐给他的财物一点不留地分给部下，与士兵同宿同饮。有一次在大漠中行军，天热，好不容易找到一汪清泉，李广一定要士兵喝完他才喝，此举令部下打心里仰慕他们的将军。

2. 糊涂典例：糊涂国君赏糊涂礼

战国时，魏国国君令大臣乐羊率领大军去攻打中山国。众所周知，中山国重臣乐舒正好是乐羊之子，为此，朝廷中议论纷纷，认为乐羊虽会带兵攻城略地，但这次不大可能为国尽忠了。

乐羊率军抵达中山国后，也经过了周密而详细的计划，最后决定用围而不战的战术攻城，一连几个月，不肯动一兵一卒。这下子，许多大臣认为乐羊真的不进攻中山国，因而弹劾他的奏章似雪片般飞到魏文侯的案前。当然，对大臣私下的议论，魏文侯并非不知，他不动声色，反而派遣特使携带礼品、酒食远道犒赏慰劳乐羊及他指挥的军队。

流言飞语越来越沸腾，魏文侯索性大兴土木，为乐羊建造了一座豪华的别墅。终于，乐羊按原计划攻下了中山国，凯旋回归。魏文侯大喜，特意为乐羊举行盛大的庆功宴会，共赏给了乐羊一个密封的钱箱。乐羊回到家后，打开箱子不禁感慨万分。

原来，魏文侯赏给乐羊的不是金银绸缎，而是满满一箱攻打中山国时大臣们弹劾他的秘密奏折。乐羊这才明白，若非文侯的全力庇护，若非文侯的超常信任，不要说攻打中山国的任务不能完成，就是身家性命恐怕也不保了。

3. 糊涂公案：鲍君神的糊涂

有个人在野外捕捉到一只麂，他没敢立即牵回家，用绳子拴住后先离开了。刚好有一行十余辆经商车队经过这片沼泽地，人们望见这只麂拴着绳子，就牵着走了。可是心里又觉得不正当，有人便拿了一条鲍鱼放在原处。过了一会儿，捉麂的人返回来，见不到捉到的麂，反而看见一条鲍鱼，想到沼泽地不是人们走的道路，非常奇怪这件事，心中肯定这是神迹。这事辗转相传，于是有人来此治病和求福，居然多有效验。于是替它修建了一座祀庙，庙中巫祝有几十人，帷帐钟鼓齐备。方圆几百里地的人们，都来祈祷拜祭，尊称为鲍君神。此后过了几年，放鲍鱼的人又来了，经过祀庙打听到事情的缘由，说："这是我的鱼，哪里有什么神呢？"上堂抓起鲍鱼走了。于是礼庙从此破败了。

鲍鱼本无意称神，却糊里糊涂地被人们供养祈祷。实可谓糊涂中的"糊涂"吧。

算糊涂

了心悟道　神机圣算

提得起，放得下。算得到，做得完。看得破，撇得开。

清·金兰生《格言联璧·处事》

1. 糊涂夜话

在还未遇到突然的变故，形势对自己不利时，应当采取怎样的手段应付呢？这就需要人们有反应灵敏的头脑，要求对外界发生的一切及时做出适当的反应，诸葛亮可谓"神机圣算"的老手。

一个无知、无才，又无良好心理素质的人，断然不能做到临危而不惧，处变而不惊，更不可能随机应变，巧作应对，化险为夷。这就需要我们居安思危，提高应变能力，防患于未然。

"神机圣算"的关键就是要巧装糊涂，而且要装得恰到好处，不露痕迹，以应付各种突如其来的事变。当然，这需要有智慧的头脑。

《中阿含经》："平常心在遇有异常时必乱。所以必须学习如何在异常时，亦能保持平常心。"

一个人不会料事如神，未卜先知，在遇到突如其来的变故时，常因未做心理准备而慌乱不堪。所以，我们应首先在心理上做好准备，遇到异常情况也就不会六神无主，束手无策了。

生活有规律的人，常常物有所归，他并且懂得这个道理，事先整理自己身边的事，不一定只为预防不测而做，即使在平时遇到意料不到的事，找起来也非常方便。

所以，什么事情预先要有所准备，到时即使发生意外也免去许多忧患，做到"防患未然，有备无患"。

办事能力的高低，主要体现在能否在办事的全过程中始终处于清醒、明确的意识谋划中，和在实施的过程中是否有随机应变的能力。

在日常生活中，处事既要敢于承担，又能将事情料理得圆满周到。诸葛亮素有"神机妙算"的美誉，他的故事被人们竞相传颂。

诸葛亮率军平定了南中的叛乱后，准备在当地人中任用一批官吏。此时，有人向他进谏说："南蛮之人心怀叵测，今日降服，明天又会反叛，最好是乘他们降服时，委派汉人为官。"

诸葛亮一摆手，说道："若委任汉人做官，那么就要留军队，军队留下了，粮草从何而来？这是困难之一；南中刚刚经过战争的破坏，许多人父死兄丧，对汉人十分仇恨，委任汉官而不留军队，势必酿成祸患，这是困难之二；再者，当地许多官吏犯有罢官、该杀之罪，若任汉人为官，他们绝不会相信汉官的，这是困难之三。现在我要任当地人做官，就可以避免上述三方面的矛盾发生，使南蛮人与汉人相安无事，还有什么办法比这更好的呢？"

果然，待当地的官员上任后，避免了诸葛亮说的三方面的矛盾发生，南中百姓相安无事，安居乐业。

2. 糊涂典例：坐禅不能成佛

马祖和尚与南岳和尚在修行时发生了一件意味深长的事。

传说有一次，南岳和尚来拜访马祖和尚，问道："马祖，你近来做什么？"马祖答道："我每天都在坐禅。"

南岳问道："哦，那你每天坐禅的目的是什么呢？"马祖说："当然是为了成佛呀！"马祖认为，坐禅是为了观照真实的自我，久之，从而悟道成佛。

南岳听到马祖的话后，当下找来一枚瓦片，一声不响地在马祖面前磨了起来。马祖真是丈二和尚摸不着头脑，奇怪地问："你这么做，究竟是想干什么？"南岳平静地回答："你没看到我正在磨瓦吗？""你磨瓦又做什么呢？"

南岳乐呵呵地答道："做镜子。"马祖愈加不可思议，"大师，瓦片是无法磨成镜子的。"南岳说："马祖啊，坐禅是不能成佛的。"

南岳和尚就是想告诉马祖，虽然坐禅很有意义，但若被坐禅束缚，心的自由就会受到制约、控制，也就无法悟道成佛了。

3. 糊涂公案：邹穆公的糊涂

邹穆公下了一道命令："今后喂养鹅鸭，一定要用秕谷，不得再用粟米。"当时官仓没有储备秕谷，只好去跟老百姓交换。这样一来，两石粟米才能换得一石秕谷。官吏们认为这样花费太大，请求穆公允许他们仍然用粟米喂养。邹穆公说：去吧，这不是你们所能懂得的。百姓想法喂饱了牛去耕田，背上顶着太阳去除草，他们不知疲倦地劳作，难道是为了喂养鸟兽吗？粟米是人的上等食粮，为什么要拿它来喂鸟呢？再说你们只懂得算小数，不懂得算大数。周的谚语说：'从袋子漏出来，积蓄到仓库中了，'你们难道没有听说吗？君主是百姓的父母，把官仓的粮食取出来，转给老百姓，这不等于还是我的粮食吗？鸟如果吃邹国的秕谷，就不会糟蹋邹国的粮食。粮食储在官仓和放在百姓手里，这对我来说又有什么区别呢？

易糊涂

驾驭时机　把握主动

顺风而呼者易为气，因时而行者易为力。

汉·桓宽《盐铁论·论功》

1. 糊涂夜话

所谓"天有不测风云，人有旦夕祸福"，世上的事情不是以人的意志为转移的。随着情况、形势的变化，及时掌握有利时机，把握主动，灵活应付，这是一个人立身处世建功立业不可或缺的本领。

在生活中，我们必须处处、时时以应变的心态看待社会、人事，首先要做好应付变故的思想准备，并机动灵活地运用应变之术，以使自己永立不败之地。

所以，驾驭时机在许多场合中都是靠糊涂才会成功的，这种装糊涂有进攻型的，也有退却型的，不同的场合要灵活运用，以谋求解决问题的最佳方式。

临济《临济录》："有一人，论劫在途中而不离家舍。"这句话是说：对悟道之人而言，进行的过程本身就是目的。

无论是求学还是劳动或运动，通常我们都以为这样做，只不过是获得某种好处的手段，如果一味这样想，则难免我们自己变成一种手段的危险。

近代国际奥运之父顾拜旦指出："奥运大会的意义，并不在于成功，而是在于参与。"同理，人生的目的似乎也并不在于成功，而在于努力本身吧。

如果把人生当成达到某种目的为手段的话，那么为那些在人生过程中常见的看起来无用的事物而花费金钱与体力，则是件毫无意义的事情。这种人，只会糊涂地了却一生。

适当地把握时机，适时掌握主动权，就会变不利为有利，变被动为主动，这是为人处世立于不败之地的要旨。

做好一件事情，客观条件极其有限，但只要把握时机，因势利导，善于动脑，主观能力自然会是无穷无尽的。

浙江以东的裴甫起兵叛乱，已攻占了几个城池，朝廷任命王式为观察史，镇压动乱。

刚上任的第一件事，王式命人将县里粮仓中的粮食发给饥民。众将官迷惑不解，都说："您刚上任，军队粮饷又那么紧张，现在您把县里粮仓中的存粮散发给百姓，这是怎么回事呢？"王式微笑着说："叛贼用抢粮仓中存粮的把戏来诱惑贫困百姓造反，现在我向他们散发粮食，那么，贫苦百姓就不会当强盗了。再者，各县没有守兵，根本无力防守粮仓，如果不把粮食发给贫苦百姓，等到敌人来了，反而会用来资助敌人。"

王式的话在各位将领听来，的确言之有理。果然，叛军到达后，百姓纷纷抵抗，不到几月工夫，叛乱被平定。

2. 糊涂典例：糊涂崇祯斩草除根

明代宦官之祸惨重之极，到天启年间魏忠贤更是横行无忌，他排除异己，把持朝政，顺我者昌，逆我者亡。魏忠贤网罗了一大批宦官阉党，形成了一股强大的政治势力。此时的明王朝已江河日下，矛盾加剧，危机四伏。年仅17岁的朱由检登上帝位，是为崇祯皇帝。他决定狠狠打击阉党，拨乱反正，重整河山。

崇祯继位之初，朝政均由魏忠贤等人主持，包括大臣进宫，魏渐有独揽大权之势。面对咄咄逼人的阉党势力，崇祯深思熟虑，煞费一番苦心。一方面他对魏氏加官晋爵，以免打草惊蛇；一方面他不露声色地对其他阉党党羽各个击破，斩除了魏氏的爪牙，遏止了其势力的发展。许多大臣上书弹劾，不少问题涉及魏忠贤或矛头直指魏忠贤，各方面的支持，增强了崇祯彻底铲除魏氏的信心。而魏忠贤对这些一概不知，根本不知道有一张大网将其严严罩住了。

一天，魏忠贤被召入宫，内侍向他宣读了朝臣的奏章，他听后吓出了一身冷汗。他身边已没有多少人，只好重赂受宠的太监徐应元，欲以辞去东厂印为代价，换回身家性命，以图东山再起，崇祯恩准了。接着他大规模地清洗阉党，罢官入狱处死的不计其数，阉党势力严重受创。又下谕旨，贬谪魏忠贤到安徽凤阳祖陵司香，籍没了魏氏家产。崇祯决心一劳永逸，斩草除根，下令锦衣卫抓获所有魏氏奸党。此时，魏忠贤正在去凤阳的途中，得到崇祯的密谕，深知败局无法挽回而上吊自尽了。

魏忠贤一死，树倒猢狲散，余党群龙无首，七零八落，崇祯进一步铲除余患，最终以严厉的手段结束了明代历史上最黑暗的宦官执政的时代。

3. 糊涂公案：宋玉的糊涂

宋玉侍奉楚襄王，不被楚襄王了解，很不得意，在脸色上流露出来。有人对宋玉说："为什么先生的言谈这样平常，计谋策划又老是受人怀疑呢？"宋玉回答说："不是这样，您难道没有见到过黑猿吗？当它居住在桂树林中，在密叶上从容游戏，跳跃往来，像蛟龙一样翻腾，像飞鸟一样栖停，悲啸长吟。在这个时候，即使是后羿、逢蒙这样的神箭手，也不能够正面盯住它们。等到它的枳棘丛中的时候，恐惧得发抖，惊惧地张望着，小心地踩着脚印走路，人们可以因能捕捉到它而得意。不是它的皮肉筋骨变得僵硬，身体更加短小了，而是因为所处的环境对它不利的缘故啊！所处的环境不平等，怎么可以衡量功劳和比较才能呢？"

第六篇

处世中庸学

篇首语

　　"不偏不倚，是为中庸"，这其实是为人处世的适度原则。凡做事不可畏首畏尾，功夫不到，火候不到，则不能成事；但过度、过火也于事无益，因为"过犹不及"。当然这也不等同于和稀泥，如和小人相处，当以若即若离、不即不离为最妙，如此进可攻，退可守，左右逢源，游刃有余。

　　"枪打出头鸟"，这句话里蕴含着很深的东方人的生存智慧。

抱朴守拙　不偏不倚——中庸大法

在社会上行走，如临深渊，如履薄冰，应尽量减少"福中祸"的苗头。要做到这一点，其一要抱朴守拙。在同僚中，你都是他们公开或隐蔽的对手。一现高山，则显平地。"出头鸟"定先挨枪子。二要取道中庸。世事纷扰，更何况官场险恶。自以为老子为大，左右冲撞，早晚得碰壁。退一步，海阔天空。任凭风吹浪打，总能立于不败之地。

阮籍和嵇康的不同命运

三国魏末，中原继"建安七子"之后，又出现了在文学史上有一定地位的"竹林七贤"。这七个人是：嵇康、阮籍、阮咸、山涛、向秀、王戎、刘伶。"竹林七贤"的特点是思想与主张自相矛盾，崇尚老庄又不能不入仕，轻蔑礼法又不能完全跳出礼法的拘束。有浓重的忠君正统思想的司马光在《资治通鉴》中评论这些人"皆崇尚虚无，轻蔑礼法，纵酒昏酣，遗落世事"。本文要比较的是竹林七贤中最著名又齐名的阮籍和嵇康。

虽同为七贤，但各人性情不同，最后结局也不同。

阮籍字嗣宗，陈留尉氏（今属河南）人，"建安七子"之一阮瑀之子。曾做过步兵校尉（介乎中郎将和都尉之间的武职官员），所以后人称作阮嗣宗、阮步兵。

阮籍表面上不遵礼法，有种种似乎荒唐表现。

他为人至孝，但母亲死的时候，他正和人下围棋，对弈者要求终止下棋，阮籍却坚持决出个输赢胜负；接着又饮酒二斗，才大声哭号，吐血数声。他母亲下葬时，他又吃肉饮酒，然后才和母亲遗体告别，放声一哭，又吐血数声。居丧期间，伤心哀痛，消瘦失形。按当时风俗，来吊唁者听到主人哭声才行吊唁丧礼，但阮籍只是箕踞直视来吊丧的人。

阮籍又能作青眼白眼，见到礼俗之士，就做出白眼相对；嵇康的哥哥嵇喜来吊唁，遭到他的白眼，嵇康告诉哥哥带酒肉去，阮籍才喜而改用青眼相对，因为嵇喜以阮籍居丧之期能带酒肉来看他，是不拘礼法的人了。

正因为阮籍这样蔑视礼法，所以礼法之士都嫉之若仇。

阮籍在男女礼法上也不那么讲究，但心内纯正表情坦荡。他的嫂子回娘家，他出面与她告别。别人说他这是不遵男女大防的礼法，他却说："礼岂为我设耶？"他邻家有卖酒少妇甚美，阮籍有一次竟醉卧其侧；一个士兵家有才有貌的女儿早死，他本不识其父兄也去哭了一场。

他还经常驾车独自不按路线胡乱走，有时候在前方无路可行了，他就大哭而返。有一次登上广武山（在今河南荥阳东北）观楚汉相争的古战场，叹道："时无英雄，使竖子成名。"语中轻蔑刘邦。

虽然如此行为怪诞不从俗流，但阮籍在官场上是异常小心而且精明的。

《晋书》其本传上说他也有"济世之志"，就是有政治抱负。但看到魏晋之交政局混乱，不少名士不得善终。所以心灰意冷，又处处小心。

仕途上，他有时凭远见而避祸。如大将军曹爽曾一度执魏国柄，召阮籍作参军（将军府僚属诸曹长官），阮籍预见到曹爽好景不会长，便托病不去，隐居乡里，后来曹爽果然被司马懿杀死，这时乡亲们才"服其远识"。

在官场上，他从不轻易开口说话，这也是他的一个保身之术。年轻时随叔父漫游，兖州刺史王昶请他相见，他一天也没说一句话。而一谈起学问来，他则滔滔不绝，可从来不"臧否人物"，即不评价他人高下好坏。

阮籍还常借口有病和装出大醉不醒的样子来逃避官场上可能涉嫌棘手的事。司马昭为其子司马炎向阮籍求婚，阮籍不愿高攀权贵，竟大醉六十多天，使事情不了了之。司马昭一度非常宠信的钟会曾谗害死嵇康，又想陷害阮籍，多次向他请问朝政的事，想让阮籍开口表态，不管说好说坏都编造罪名制裁他，他就是连连大醉，不肯说话，终于避免了钟会的谗害，而后来钟会本人倒是狂犬欲吞天，伐蜀后谋反被乱兵杀死。年轻时，阮籍多次以病为借口谢绝别人荐举的官位，或干脆不到任，或到任不久便辞官。

阮籍还做过一件事，在"清高"的人眼中是一个历史污点，就是曾替人写过劝进表。魏天子曾加司马昭"九锡"，司马昭假意推辞，司马昭手下公卿劝进，指定阮籍执笔，阮籍大醉忘了这件事。公卿们准备入府劝进时，派人来取劝进表，来人见阮籍仍伏案醉眠，便催问他，他当即伏身将劝进表写在书案上，命那来人抄录，文不加点而言辞清壮，甚为时人所称道。

正因为阮籍自觉地采取了避祸措施，并且受到司马昭父子的保护，尽管陷害他的人很多，他却没有遭到什么凶险，五十四岁时寿终正寝。

比起阮籍来，嵇康的命运就糟得多。

嵇康，字叔夜，谯郡铚（今安徽宿县西南）人。曾做过魏中散大夫（皇帝的侍从散官），所以后世又称作嵇中散。

嵇康和阮籍一样身材魁伟，一样博学多才。阮借口不言人过，嵇康则喜怒不形于色。

但嵇康不像阮籍那样谨慎小心，性情又刚直丝毫也不肯曲挠，终于不得善终。他的生命结局，有识之士早已预见到。一次他在汲郡（治所在今河南汲县西南）共北山采药遇到一个叫孙登的隐者，嵇康要和他攀谈，孙登不答言。过了许久，嵇康只好告辞，问道："先生就这样和我不说一句话吗？"这时孙登才说了一句："子才多识寡，难乎免于今之世。"意思是说，嵇康才高但对世事认识太浅薄，不免要在现在这种世道里受害。

孙登的预言后来果然应验了。

嵇康在四十岁时被杀。他是由钟会构陷，司马昭下令杀死的。

钟会构陷他，是因为他曾蔑视轻侮钟会。

钟会也是个聪明有才能的人，当时正得司马昭的信任亲厚。他慕嵇康之名，前往拜见，嵇康见钟会驾车到来，不以礼接待，端坐打跌不理睬钟会。这样持续了一段时间，钟会只好转身回去，嵇康忽然开口问道："何所闻而来？何所见而去？"钟会答道："闻所闻而来。见所见而去。"

由此，他得罪了钟会，钟会嫉恨于他。

他还实际上得罪了司马昭。

竹林七贤中有一个山涛，字巨源，做过吏部郎（魏时的尚书省属省，尚书省共二十三员郎官，吏部郎是其中之一），曾想推荐嵇康代替自己。后来山涛迁升，嵇康便写信给山涛，表示自己不愿做官的意思，并强烈表示了对当时政治不满的态度，对旧的礼法也进行了猛烈抨击。这就是后世有名的《与山巨源绝交书》。

他在信中以嬉笑怒骂冷嘲热讽的笔法，说自己若做官有"七不堪"，实际上嘲骂了官场卑俗虚伪；还有"甚不可者二"，即："又每非汤武而薄周孔，在人间不止此事，会显，世教所不容，此甚不可一也；刚肠疾恶，轻肆直言，遇事便发，此甚可二也。"这里的"非汤武而薄周孔"，意即不以汤、武为然，且又鄙周公、孔子。汤即商汤，周即周武王。商汤代夏，武王代商，而当时路人皆知司马昭准备伐魏，所以嵇康公开表示否定商汤、周武王，实际上等于说他不以司马昭为然。司马昭听到后，自然怀恨在心。

恰值司马昭和钟会都嫉恨嵇康时，魏国出现了一个冤案，即吕安被其兄吕巽诬告案。

吕安是嵇康的崇拜者、好朋友，东平郡（治所在今山东东平县）人，平时和嵇康有交往。每当想念嵇康时，就不远千里驱车采访。他的哥哥吕巽是个品行很坏的家伙，但和钟会都是司马昭的亲信。吕巽奸污了吕安的妻子，又反过来诬告吕安不孝。不孝在当时是很重的罪名，于是吕安被捕入狱。

吕安自然不服，申诉说嵇康可证明自己冤枉。嵇康明知自己出头凶多吉少，但义不负心，出面替吕安辩白，保证吕安无不孝之事。

这时事件实际超出了冤案本身。当时司马昭正欲为蜀灭吴后取代魏室，钟会便在司马昭耳边说嵇康的坏话：嵇康，卧龙也，不可起。公无忧天下，顾以康为虑耳！并说嵇康曾经想帮助叛乱的毋丘俭，当时已有人举报到山涛那里，只因为山涛没有相信和上报，所以嵇康之案未受追究。钟会还引古论今："昔齐戮华士，鲁诛少正卯，诚以害时乱教，故圣贤去之。康、安等言论放荡，非毁典谟，帝王者所不

宜容。宜因衅除之，以谆风俗。"（均见《晋书·嵇康传》）

钟会的这两段话，前一段是说嵇康是智谋超常的人，一旦有了机会会成为司马氏大患的；后一段则是讲找借口杀掉嵇康、吕安是有帝王之志的人应做的正经事。

促使司马昭下决心找借口杀掉嵇康的另一个深层原因，是嵇康娶魏室之女为妻，也就是说，嵇康与名义上的魏国皇帝有亲戚关系，而司马昭是早已准备对魏取而代之的，加上嵇康又被称为"卧龙"，所以杀掉嵇康是除去了一个他篡魏的潜在敌人。

于是，司马昭同意将嵇康、吕安处死。

嵇康被捕后，自知难免遭毒手，作诗说："欲寡其过，谤议沸腾；性不伤物，频致怨憎。昔惭柳下，今愧孙登。内负宿心，外赧良明。"诗中既为自己鸣冤，又为自己未能避祸而愧赧。

行刑的这一天，魏国的太学生三千人来请愿，要求留下嵇康作教师，未被允许。到刑场后，嵇康要求最后弹奏一次琴曲《广陵散》。这琴曲据说一个自称"古人"的人夜里传授给他的，并教他发誓不要传授他人。后来有一个人要求跟他学习弹奏此曲，他没有答应。他弹奏一曲《广陵散》后，感叹道，这个曲子从今失传了！

嵇康被杀后，他的好友"竹林七贤"之一的向秀曾作过一篇赋怀念他，但在当时司马氏专政条件下，他不敢尽情倾吐心曲，只好如鲁迅所说"刚开了头便煞了尾"，这就是有名的《思旧赋》。

嵇康不是不知世道险恶，也不是不知自己应避祸。但才高名盛刚直自傲，忤逆权贵，最后还是被冤杀。

浑瑊谦抑终全身

唐德宗时，浑瑊与李晟、马燧并为名将，特别是在抵御吐蕃的战争中累立战功。但李晟、马燧晚年都被削夺了兵权，只保留官阶和爵位，每月按日期朝见皇帝几次之外再无事可做。只有浑瑊一直独镇方面，至死身处要职如掌握实权。

浑瑊是少数民族铁勒九部中的浑部人。从曾祖父至祖父、父亲都做皋兰（今甘肃武都县东）都督。浑瑊十余岁就入伍从军，开始军旅生涯，一直到64岁时。

浑瑊11岁时，随父亲到朔方军（驻今陕西靖边县境）从戎。当时的朔方节度使张齐邱见他年纪太小，开玩笑道："你带乳母来了吗？"然而，就在这一年，他立了"跳荡功"（两军交锋前先冲入敌阵打乱敌方阵线之功）；两年后，他又连续在对吐蕃的战斗中两次立下大功，十多岁时就升作中郎将（统领府兵的军事长官）。

平定朱泚之乱时，他所立功勋卓著，为唐德宗所赏识并成为异姓王。

唐德宗建中四年（783年）初，割据淮西的李希烈造反，围攻郑州。唐德宗调泾原军（驻今甘肃泾川县北）平叛，但泾原的军队路过长安时因赏赐招待不周，冲进京城，直奔宫城丹凤门，唐德宗只好带嫔妃和一些皇室成员逃往奉天（今陕西乾县），叛军打进宫城抢掠，并拥戴被贬废在长安闲居的曾做过泾原军统帅的朱泚为首领。朱泚据长安称"大秦皇帝"，改元"应天"，史称这次变乱为"奉天之难"，或"朱泚之乱"。

唐德宗仓猝逃往奉天时，浑瑊正在长安做左金吾大将军。他率领自家家丁和新属子弟尾随唐德宗来到奉天，被唐德宗任命为京畿、渭北节度使，检校兵部尚书。同年十月甲子（783年11月19日），浑瑊率兵力战，打退了朱泚对奉天东、西、南三面的进攻，加上其他将军的死战，使奉天局势一度转危为安。数日后浑瑊被得升为京畿、渭南渭北、金商三镇节度使。

到同年十一月戊子（783年12月13日），从全局上看，李唐来勤王军队占了对朱泚的优势，但正因如此，朱泚加紧对奉天城中唐德宗的攻击，使用云梯攻城，有的贼兵已攻占奉天城头。奉天城万分危急。唐德宗把自身安危完全交给了浑瑊，授予浑瑊随意任命御史大夫以下官员和食邑五百户以下封赏的全权。浑瑊感动得涕泪纵横，以忠义激励将士，自己中了流矢也不下战场，终于侥幸暂时击退了朱泚的进攻。后来多亏另一个节度使李怀光率兵赶到，打败朱泚，才算解了奉天之围，朱泚龟缩回长安固守。

到第二年，即唐德宗兴元元年（784年），朱泚之乱未平，已被加封为太尉的李怀光又叛唐，唐德宗被迫放弃奉天逃往梁州（今陕西汉中），浑瑊先奉命戒严，唐德宗撤往梁州后，他又提任断后护卫，三月己亥（784年4月22日），浑瑊又被提升为行在都知兵马使同平章事，兼朔方节度使，并兼朔方等五个行营的兵马副元帅。

后来李晟收复长安，朱泚在逃跑路上为部将所杀。浑瑊同时收复咸阳。

平定朱泚之乱后，李晟官司徒，兼中书令，又拜为数镇节度使，封西平郡王，并在渭桥东侧立碑纪其功，荣极一时。

浑瑊也进位侍中，数镇节度使，封咸宁郡王。

接着，浑瑊又和马燧共同平灭了李怀光，被加为检校司空，重新回到河中（今山西永济县蒲州镇）镇守。马燧也做上光禄大夫兼侍中，镇守太原。

但这平定中唐朱泚、李光怀之乱的三大将军中，李晟、马燧屡遭疑忌，多亏李泌任宰相后多方回护，并请唐德宗注意君臣不疑以保天下无事。唐德宗听了李泌的话，认为当作为座右铭，二人才保无性命之忧。但这两个人晚年都长时间空有高官名位而无实权。

李晟在唐德宗贞元三年（787年）因遭宰相张延赏疑忌被明升暗贬实削兵权。李晟被拜为太尉、中书令，但只是闲居京城，每月除照便朝拜几次皇上外别无他事。但他还算笃忠不生二心。有人造谣说他庄园里的竹林茂盛，准备伏兵竹林中造反，他便命人砍倒竹林：有一个叫丁琼的人到他府中发泄对朝廷不满情绪，怂恿他生二心，他便将丁琼送交司法部门处理。虽这样自保，但直到贞元九年（793年）死去，七年中一直再无兵权和朝政实权。

马燧也和李晟一样，后十年中因事被夺去兵柄，仅为司徒、侍中空衔。

只有浑瑊，一直在河中郡做节度使。他忠勤谨慎，闲时读书，从无骄傲矜功的表现。每当向皇上进贡物品，他都要亲自检查，唯恐出纰漏；每当在镇守之地接到皇帝的赏赐，他都像见到了皇上一样恭谨礼敬。当世之人将他比做汉代的金日磾。金日磾也是少数民族人，但为人方正忠朴，颇为世人称赏。

唐德宗后期，地方军官多拥兵自重，时有桀骜不驯的表现，唐德宗唯恐激出变乱，时常采取姑息政策，对他们的请求一般都照批不误。而浑瑊，当他的请求和建议奏报上去后，如未被批准，他不但不恼不怒，反而高兴地对人说："上不疑我。"

道理很简单，如果唐德宗怀疑猜忌他，就会对他的一般请求都迁就应允。正因为唐德宗认为他忠诚可靠，才反而敢对他的请求有所取舍。这正和郭子仪在大历十年奏请让他一个属吏做县官，唐代宗没有答应郭子仪，反而让人向他祝贺的道理一样。

正因为浑瑊善于谦抑自守，他从贞元元年十五年，十六年时间一直安居河中，带着司空、司徒、中书令的高衔做掌兵权的节度使，直到64岁时病死于河中藩镇任上。

聪明人要懂得自我保护

嫉贤妒能，几乎是人的本性，所以有才华的人会遭受更多的不幸和磨难。

《庄子》中有一句话叫"直木先伐，甘井先竭"。一般所用的木材，多选择挺直的树木来砍伐；水井也是涌出甘甜者先干涸。由此观之，人才的选用也是如此。有一些才华横溢，锋芒太露的人，虽然容易受到重用提拔，可是也容易遭人暗算。

隋代薛道衡，13岁时，能讲《左氏春秋传》，隋高祖时，作内史侍郎。炀帝时任潘州刺史，大业五年，被召还京，上《高祖颂》。炀帝看了不高兴，说："这只是文辞漂亮。"拜司隶大夫。炀帝自认文才高而傲视天下之士，不想让他们超过自己。御史大夫乘机说道衡自负才气，不听驯示，有无君之心。于是炀帝便下令把道衡绞死了。天下人都认为道衡死得冤枉。他不正是太锋芒毕露遭人嫉恨而命丧黄泉的吗？

那么，遇到这种情况怎么办呢？《庄子》中提出"意怠"哲学。"意怠"是一种很会鼓动翅膀的鸟，别的方面毫无出众之处。别的鸟飞，它也跟着飞；傍晚归巢，它也跟着归巢。队伍前进时它从不争先，后退时也不落后。吃东西时不抢食、不脱队，因此很少受到威胁。表现看来，这种生存方式显得有些保守，但是仔细想想，这样做也许是最可取的。凡事预先留条退路，不过分炫耀自己的才能，这种人才不会犯大错。这是现代高度竞争社会里，看似平庸，但是却能按自己的方式生存的一种方式。

南朝刘宋王僧虔，东晋王导的孙子，宋文帝时官为太子中庶子，武帝时为尚书令。年纪很轻的时候，僧虔就以善写隶书闻名。宋文帝看到他写在白扇子上面的字，赞叹道："不仅是字超过了王献之，风度气质也超过了他。"当时，宋孝武帝想

一人以书名闻天下，僧虔便不敢露出自己的真迹。大明年间，常常把字写得很差，因此而平安无事。

　　所以有才华的人必须把保护自己也算作才华之列，一个不会自我保护的人有才华，却使才华过早地被埋没，而不能为社会做更多的事。在洛阳有一位男子因与人结怨而处境困难。许多人出面当和事佬，但对方一句话也听不进去，最后只好请郭解出面，为他们排解纠纷。郭解晚上悄悄地造访对方，热心地进行劝服，对方逐渐让步了。如果是普遍人，一定会为对方的转变而沾沾自喜，但郭解却不同。他对那位接受劝解的人说："我听说你对前几次的调解都不肯接受，这次很荣幸接受我的调解。不过，身为外地人的我，却压倒本地有名望的人，成功地排解了你们的纠纷，这实在是违背常理。因此，我希望你这次就当作我的调解失败，等到我回去，再有当地的有威望的人来调解时才接受，怎么样？"这种做法实在是异于常人，细想起来真是一种使自己免遭众人嫉恨的明智之举。既保护了自己，又留下了为人称道的美名。谁能说郭解不是大智之人呢？比较起来，那些极力显示自己才能的人，不过是小聪明罢了。

　　《老子·洪德》说："大巧若拙，大辩若讷。"意思是最聪明的人，真正有本事的人，虽然有才华学识，但平时像个呆子，不自作聪明；虽然能言善辩，但好像不会讲话一样。无论是初涉世事，还是位居高官，无论是做大事，还是一般人际关系，锋芒不可毕露。有了才华固然很好，但在合适的时机运用才会而不被或少被人忌，避免功高盖主，才算是更大的才华，这种才华对国对家对人对己才有真正的用处。

锋芒太露的悲剧结局

　　据《史记》中记载，孔子曾经拜访过老子，向他请教礼。老子告诫孔子说："一个聪明而富于洞察力的人身上经常隐藏着危险，那是因为他喜欢批评别人。雄辩而学识渊博的人也会遭遇相同的命运，那是因为他暴露了别人的缺点。因此，一个人还是节制为好，即不可处处占上风，而应采取谨慎的处世态度。"

　　老子还告诫孔子说："君子盛德，容貌若愚。"这里的盛德是指卓越的才能。整句话的意思是，那些才华横溢的人，外表上看与愚鲁笨拙的普通人毫无差别。此外，据《庄子》的记载，当杨子去请教老子时，老子也谆谆告诫他不要太盛气凌人，而是要谨言慎行、谦虚待人。无论是谦虚还是谨慎，可能会让有些人觉得是消极被动的生活态度。实际上，倘若一个人能够谦虚诚恳地待人，便会得到别人的好感；若能谨言慎行，更会赢得人们的尊重。

　　老子还告诫世人："不自见，故明；不自是，故彰；不自伐，故有功；不自矜，故长。"这句话的大意是，一个人不自我表现，反而显得与众不同；一个人不自以为是，会超出众人；一个人不自夸，会赢得成功；一个人不自负，会不断进步。相反，老子告诫世人："企者不立，跨者不行。自见者不明，自是者不彰，自伐者无功，自夸者不长。"

而如果一个人锋芒毕露，一定会遭到别人的嫉恨和非议，甚至引来杀身之祸。历史上和现实生活中的这种例子比比皆是。

杨修是曹操的主簿，他在三国一书中，是很有名的思维敏捷的官员和有名的敢于冒犯曹操的才子。

刘备亲自打汉中，惊动了许昌，曹操也率领 40 万大军迎战。曹刘两军在汉水一带对峙。曹操屯兵日久，进退两难。适逢厨师端来鸡汤。见碗底有鸡肋，有感于怀，正沉吟间，夏侯惇入帐禀请夜间号令。曹操随口说："鸡肋！鸡肋！"人们便把这作号令传了出去。行军主簿杨修即叫随行军士收拾行装，准备归程。夏侯惇也很信服，营中诸将纷纷打点行李。曹操知道后，怒斥杨修造谣惑众，扰乱军心，便把杨修斩了。

后人有诗叹杨修，其中有两句是："身死因才误，非关欲退兵。"这是很切中杨修之要害的。

曹操曾造成花园一所，曹操去观看时，不置褒贬，只取笔在门上写一"活"字。杨修说："门内添活字，乃阔字也。丞相嫌园门阔耳。"于是翻修。曹操再看后很高兴，但当知是杨修析其义后，内心已忌杨修了。又有一日，塞北送来酥饼一盒。曹操写"一合酥"三字于盒上，放在台上。杨修入内看见，竟取来与众人分食。曹操问为何这样？杨修答说，你明明写"一人一口酥"嘛，我们岂敢违背你的命令？曹操虽然笑了，内心却十分厌恶。曹操怕人暗杀他，常吩咐手下的人说，他好做杀人的梦，凡他睡着时不要靠近他。一日他睡午觉，把被蹬落地上，有一近侍慌忙拾起给他盖上。曹操跃起来拔剑杀了近侍，然后又上床睡。不久他起来后，假意问谁人杀了近侍。大家告诉他实情，他痛哭一场，命厚葬之。因此众人都以为曹操梦中杀人。只有杨修知曹操的心，于是便一语道破天机。凡此处种，皆是杨修的聪明犯着了曹操；杨修之死，植根于他的聪明才智。（过于外露）

那么，曹操斩杨修对吗？不对，因为曹操挟怨杀人，是带着积怨公报私仇的。"门"内添"活"事件，曹操对杨修是"心甚忌之"；"一口酥"事件是"心恶之"；梦中杀人事件是"愈恶之"。一次比一次憎恨杨修，借着乱传军令，曹操名正言顺斩了宿怨。故此，这不是从大局出发，从严令军纪上杀杨修的，他之开杀戒，开得不对。

杨修之死给我们留下了重要的启示。第一，才不可露尽。杨修是绝顶聪明的人，也算爽快，且才华横溢，其才盖主，这就犯了曹操的大忌。有些将帅帝王是不喜欢别人胜过自己的。例如，乾隆皇帝好卖弄才情，好写诗，写过数万首诗。他上朝时经常出些辞、联考问大臣。大臣们都很聪明，明明知道那是很浅的学问或狗屁不通的对联，也不说破，故意苦思冥想，并且求皇帝开恩"再思三日"。这意思无非是让乾隆自己说。果然喜滋滋地皇帝说了出来，于是大臣一片礼赞之声，把个皇帝老儿喜得不得了。杨修犯的正是这禁忌，你处处出尽风头，那魏王还能英明得了吗？这不是叫人赞扬你而冷落了主人么？这是他必死的原因之一。第二，事不要点破。譬如鸡肋，曹操正苦思于此，不知如何解脱，你捅穿这层薄纸，就是羞辱了他。这是杨修死因之二。

　　以上两点，是杨修的死因，也是为人在世要吸取的教训。

　　我们在日常工作中，不难遇到以下问题：有一些事，人人已想到、认识到了，却无一人当众说出来。这些人并非傻仔，而是都学精了。人所共欲而不言，言者乃大傻也。老话有一句叫："枪打出头鸟"。话你争着说，必定犯着时忌，或说中别人之痛处，这样你就会倒霉了。

　　杨修是历史的一面镜子。他的死殊为可惜，可他的死确实使后人清醒。

中华藏书

中华处世秘笈

中国书店

外圆内方 绵里藏针——立身大法

若想在社会上得以生存，首先要学会保全自己。因此，在你处于劣势或触及他人敏感、要害之事时，一时难以定夺，这时你不妨暂时让步，权衡利弊，克制忍耐，不动声色，然后伺机出击，毫不留情，定能大获全胜。

李克用的策略

朱全忠篡唐改朝后，河东节度使、晋王李克用拍案大骂："早已料到朱贼必谋朝篡位，今果出篡逆之事！"他分析了国内形势：虽有蜀王王建、凤翔歧王李茂贞、淮南弘农王杨渥等皆不服朱全忠，但势力皆不抵朱全忠；国内尚有诸多零零星星拥兵将领正持观望状态，百姓尚心怀唐室；自己虽是势力较强，但一时也难以消灭朱全忠。于是，李克用决定仍沿用唐朝名义，号令天下，扩充势力，以图后计。

李克用召集文武百官至晋王府正殿，容色悲戚，声音带泣，说道："逆贼朱全忠已僭位于汴，大唐虽亡，孤臣犹在。请列公随孤一同遥拜大唐列祖列宗之陵。"说到此，他哽咽痛苦，来到殿下，向西长安方向撩袍跪下，众文武亦跟其跪伏于地。李克用恭恭敬敬地拜了三拜，伏地放声痛哭，边泣边道："臣李克用未能剪除国贼，臣应责罪！臣誓除朱逆，以报国仇！"说罢，又大哭不已。

文武官员无不被李克用深情感动得涕泪横流，殿内一片悲愤哭声。内心最悲伤最受感动的，是原唐朝所派的监军张承业。这位唐昭宗派到太原来监视李克用的太监，见李克用对唐室如此忠诚，感动得跪下膝行到李克用身边，托着李克用的手臂，颤声哭道："晋王忠于唐室之心，天地可鉴！请晋王保重身体，恢复唐朝社稷还仰仗晋王哩！"群臣亦纷纷上前劝慰，李克用方用袍袖拭泪，回到座位，传命道："河东仍沿用大唐天祐年号，河东之地仍是大唐天下！"张承业奏道："朱贼篡逆，应当传檄诸侯，会兵伐之！"李克用欣然答应，即命人起草讨伐朱全忠的檄文。

杨渥、王建见唐朝已灭，皆欲想立国，但都希望李克用开头。二家俱派使臣致意李克用。李克用则欲借二使臣之口，传播自己忠于唐室之意于天下。李克用拿出一枝箭来，折为两半，一半递给王建使臣，一半递给杨渥使臣，说道："烦二公持此回主公，孤发誓今生今世决不失节，生为唐臣，死为唐鬼！"于是天下各路诸侯皆谓李克用忠心唐朝，愿为结交。

前面提到的原唐昭宗监军张承业，在帮助李克用谋划发布檄文讨伐朱全忠后，又为李克用立下三大功劳：一是利用他的原唐朝宫中太监的身份，奔波于各路诸侯之间，说服众将响应李克用讨伐朱全忠的檄文，使得李克用得以联合天下诸军，声势大振，势力骤增。二是在李克用去世后，竭尽全力拥戴李克用之子李存勖继任晋王之位，统领兵马继续讨伐朱全忠。三是替李存勖镇守太原，筹集粮草，招募兵卒，补充军饷，使得李存勖一心无虑地在前线指挥战争。当然，张承业的目的是为了恢复唐朝。

经过李克用十几年的努力奋斗，于公元923年，李存勖终于灭掉后梁，自立为帝，建国号仍称"大唐"，史称后康。

李克用审时度势，仍沿用大唐旗号，暂不称帝。但沿用大唐旗号，号令天下，需有一套措施。李克用最明智的一举是当着众文官武将，用哭吊大唐祖宗来表明自己忠于唐朝的政治态度，首先获得了本藩镇内将士的拥戴，然后才是晓谕天下，遍发讨伐朱全忠的檄文，赢得天下各路诸侯的响应，创立了新的一代王朝。可见，作为政治家审时度势非常重要，而善于表达自己的政治态度亦很重要。

抱子流泪掩败德

胤禛，就是有名的雍正皇帝。在他的一系列谋略中，泪谋是重要部分。

胤禛在诸皇子当中，是最善于伪装的。他的一言一行，都表现出严肃的忠孝形象。他千方百计地诋毁太子胤礽，盼望父皇康熙将其早早废掉。可是，当他手下人向他禀报："太子胤礽淫乱内宫，皇上降旨严查。太子一废，王爷就可能被皇上立为太子，这是王爷的万千之喜！"胤禛听后，心中暗喜，脸上却异常沉痛，眼中含泪道："君则敬，臣则忠，兄则友，弟则恭。国家不幸，出了这等佞臣逆子，我为臣为子为弟的，痛心疾首，何来万千之喜，真是一派胡言乱语！"说完，下令将禀报的两人乱棍打死，幸众人劝解，才将两个痛打一顿，撵出王府。胤禛玩弄这般手法，为自己挣得了朝廷内外赞誉。

传说，胤禛并不是一个谦谦君子，也有寻花问柳之秽行。有一年，他随康熙及诸皇子狩猎过程中，在热河行宫与宫女李金桂苟合，后来李金桂生下一子，取名弘历，就是后来的乾隆皇帝。胤禛见弘历肥头大耳，非常喜欢。但他为了名声，不敢将李金桂接进宫来，便将弘历交给王妃乌拉氏收养。胤禛此事，被太子胤礽侦知，认为是置胤禛于死地的法宝，便报告了康熙皇帝。康熙皇帝大怒，传旨令步军统领、理藩院尚书隆科多查处。隆科多本是胤禛集团中的骨干成员，又是胤禛的舅舅，他暗中提前将皇上下令追查出事的消息透露给胤禛，让他早作准备。

胤禛听到隆科多告知的消息后，如雷轰顶，急召谋士和王妃乌纳拉氏、侧福晋纽钴禄氏商议对策。一谋士建议："将小王子托赠民间，无处可查，将李金桂秘密处置掉，来个死无对证！"胤禛道："将弘历寄养民间，就要身入民籍，岂不误了他的一生富贵？杀死李金桂，岂不是欲盖弥彰？父皇一生讲究的仁孝治天下，如今只好从仁孝两字中求生了。现在，我背上孩子向父皇直接请罪！"说罢，两行热泪沿着腮边滚滚而下。

当天，秋雨沥沥而下。胤禛背着弘历，不乘马不坐轿，冒雨徒步入宫。康熙传旨在乾清宫召见胤禛，这使他更加惶恐。原来，康熙接见皇族儿孙，都是在养心殿，商议军国大事方在乾清宫。可见，康熙把胤禛的事件当作一件大事来对待。胤禛进殿，抱子膝行直到御座前边跪下，俯伏在地道："儿臣胤禛，叩见父皇万岁，万岁、万万岁！"康熙威严地喝道："逆子，你知罪吗？"胤禛伏地叩首泣道："儿臣知罪，悔之无及！儿臣无有出息，辜负父皇多年教诲，恳求父皇严加处分，儿臣罪过已犯，唯有回去闭门思过，永不再犯！万望父皇可怜弘历皇孙，善意恤怜，儿臣死而无挂！"说罢，将弘历捧给康熙，自己又伏地失声痛哭，叩首不已，不觉泪湿前襟，前额磕破，血流在面。康熙皇帝手捧皇孙弘历，见他肥头大耳，颇有福相，很是可爱，顿时生情，又见胤禛悲伤至极，也觉可怜，不觉心软，遂道："知过能改，也算善莫大焉。今后若再有此事，决不轻饶！生灵无罪，交皇孙放在钮钴禄格格房里，好生抚养！"胤禛一听，急忙起身，接过弘历，抱着向康熙叩首谢恩。

胤禛一番绝妙的表演，感动了父皇，遂使一场大灾冰消。如果胤禛不采取以哭动情之术，是不可能感动刚毅果断的康熙皇帝的。眼泪既保住了胤禛眼前的富贵，也打下了通向皇位的基础。

慕容垂雌伏待变

慕容垂，字道明，前燕君王慕容皝的第一子。从儿童时起就聪明过人，成人后身长七尺四寸，手垂过膝，慕容皝对他特别宠爱，曾说："我这儿子最终能破人家，或者能成人家"，因此给他起名叫"霸"，字道业。他二哥慕容儁即位后，他改名为"缺（同'缺'字）"，外表上是仰慕春秋时晋人郤缺，而实际上是厌恶此人。后为符合谶记的文字，才去"缺"旁的"夬"，改名为"垂"。慕容儁死，其子慕容暐即位，慕容垂被任为河南大都督、征南将军、兖州牧、荆州刺史领护南蛮校尉。但太傅慕容评和皇太后不能容人，他们不仅不赏慕容垂的军功，反而要诛杀他，他不得不与儿子慕容全逃离前燕，投奔了前秦符坚。

符坚早有并吞前燕之心，只是顾忌慕容垂为将，未敢轻举妄动，现在见他们父子来投，不禁大喜过望。他亲自到市郊恭迎，给以隆重的礼遇。符坚的谋臣王猛认为慕容垂有雄才大略，不杀将成后患，符坚听不进去，反任他为冠军将军，封他为宾都侯。这个前燕的宗室子弟总算在符坚的卵翼下蛰伏下来。

晋太和五年（370年），符坚俘获慕容暐，灭掉了前燕。当符坚率军进入前燕的京师邺城时，慕容垂也随军前往。他见到几个未随他出逃的儿子，想到故国沦亡，不免悲从中来。他原来的属下见他成为敌国的战将，都在脸上露出不悦之色。前郎中令高弼私下谒见慕容垂，劝他道："大王才能超群拔萃，却遭无妄之灾，辗转流离，备尝艰难。有幸上苍让我重见大王，如今国祚暂移之际，正是大王重开伟业之机。唯愿大王收揽旧臣子弟，以建丰功伟绩，不要因为一怒而捐弃燕国。"慕容垂心中正有使前燕东山再起之志，对高弼的进言自然心领神会，但并未表露出来，表面上仍旧忠心耿耿地为苻坚征战。苻坚因他战功卓著，又升他为京兆尹、泉州侯。

晋太元八年（383年），苻坚大举进攻晋室，与晋将谢石、谢玄在淝水展开激战，结果招致惨败。前秦诸路兵马中，只有慕容垂一军完整地保全下来，苻坚带领千余人残兵败将逃到了他这里。慕容垂的儿子慕容宝觉得这是天赐良机，便劝父亲乘机拿下苻坚，不要拘泥于忘恩负义的小节。但慕容垂以为时机尚未成熟，要等苻坚北归后内部裂痕更深时再动手，到那时"既不负宿心"，又"可以义取天下"。他弟弟慕容德不同意"负宿心"的说法，认为自古以来就弱肉强食，不可错过报仇雪恨、复兴燕国的机会，如果"当断不断"，就会"反受其乱"。老谋深算的慕容垂则认为前秦衰亡在所难免，苻坚授首臣服的机会不会没有；他现在之所以不举事，是要等到别人袭击苻坚的关西地区时，他再拱手平定关东。所以他才说道："关西之地肯定不会归我所有，自然会有人骚扰进攻那一带，而我正可以不费力气地占据关东。君子不怙乱，不为祸先。姑且走着瞧。"随即把自己那支完整的军队交由苻坚指挥，更增加了苻坚对他的信任感。

苻坚北还至渑池时，慕容垂请求去邺城祭拜祖墓，权翼劝谏苻坚道："慕容垂是为了避祸才来归顺的，并非因为仰慕陛下的仁德。陛下对他裂土封侯，让他领兵守城，根本就满足不了他的心愿。他这个人如同鹰一样，饥饿时飞来依人，饱了后便高飞而去，一遇气候，定然要施展凌云大志。请陛下赶快约束他，别让他随心所欲。"可苻坚不听，不仅批准他赴邺，还派人领兵护送他。

慕容垂抵达苻坚子苻丕镇守的邺城后，苻丕请他领兵两千征讨反叛的翟斌，又派亲属苻飞龙率兵一千随行，实际上是令其监视慕容垂。慕容垂要求入城拜谒祖庙时，遭到了苻丕的拒绝。他便私自潜入城内，其祖庙的守吏禁止他拜谒，他一怒之下杀死守吏而去。到了河内，他立即坑杀了苻飞龙及随行的氐兵，然后招兵买马，拉起了一支队伍。晋太元八年（383年）十二月，鲜卑人乞伏国仁以陇西为根据地，举起反叛苻坚的大旗。慕容垂见时机正好，便于次年正月，自立为燕王，正式开始了攻击恩人苻坚的军事行动。不到两年后，苻坚死于秦王姚苌之手，而慕容垂则登极称帝，亦即后燕的开国君主。

前燕名将投诚苻坚，也算能忍常人所不能忍。也正是这样，在取得苻坚信任后，招兵买马，自立为王。

艺菔皮里阳秋

明英宗天顺年间，锦衣卫指挥门达专权。袁彬因曾在土木之变时，护驾有功，深得英宗信赖，门达因而嫉妒，于是暗中派人刺探袁彬的隐私，想找到把柄置袁彬于死地。

当时有个叫杨暄的艺匠，善于制作倭漆，因此外号叫杨倭漆，听说门达想陷害袁彬，非常气愤，写了20条门达的罪状呈给英宗，并再三说明袁彬所受的冤屈。

英宗命门达传讯杨暄审问。杨暄见了门达，毫不惊慌，就好像事情根本不是他做的一样，对门达的问话，一律答"不知道"，并且说："我是一名艺匠，没念过什么书，和大人您也从没有矛盾，怎会做出这种事？但大人若能屏退左右，我就将整个事件的实情禀告大人。"

俩人独处后，杨暄告诉门达："其实这一切都是内阁李贤授意我做的，他要我呈给皇上一封奏书，至于内容写些什么我实在不知，如果大人在朝廷百官面前询问我，我愿意当众和李贤对质，李贤一定无法狡赖。"

门达听了非常高兴，便以酒肉招待他。

第二天早朝时，英宗命有关大臣齐集午门，杨暄入殿后，门达对李贤说："这一切都是你的计谋，杨暄已从实招了。"

李贤正一头雾水时，杨暄便大声说："我死也就罢了，为什么要诬赖好人？我一个小百姓，怎么可能见到内阁大臣呢？老天在上，这一切都是门达教我的。"

接着详细说明所呈奏皇上有关门达的20多条罪状，门达当场灰头土脸。英宗虽未将门达治罪，但从此对门达疏远许多。袁彬则被派往南都，一年后又奉旨回京，日后门达也因他罪贬至广西，最后死于广西。

真真假假，谁也说不清楚小时候的事，也就有了问罪或杀人的借口。一朝重臣为一艺菝所制，也未免太没面子了。

吴起不知保身受陷害

吴起是战国时期著名的军事家。他出生在卫国，后在鲁国学习兵法，渐有名气。某年，齐国攻打鲁国，鲁君欲任命吴起为将，领兵抗齐，但却遭大臣反对，认为吴起的妻子是齐人，所以吴起不会真心实意地为鲁国卖命，说不定还会半路降齐，削弱我国兵力。鲁君犹豫不定。吴起听到这个消息后，为了向鲁国表忠心，就回家杀了自己的妻子。鲁君放心了，让吴起带兵出战，大败齐军。但吴起为人一向耿直，所以得罪了不少人，恨得不少人争向鲁君进谗言。鲁君渐渐疏远了吴起。吴起无奈，只好来到魏国。

这时，魏文侯正励精图治，任李悝为相进行改革。李悝选了吴起当助手。吴起在改革中给李悝帮了大忙，整编军队，改革奖赏办法，鼓励耕战，限制贵族利益等。魏文侯十分欣赏他，重用他，任命他为四河太郡守。但那班贵族们却因此恨死了吴起，只因魏文侯宠信，没法奈何他。

但魏文侯一死，魏武侯即位后，形势却起了微妙变化。魏武侯是个昏君，他对臣子忠奸不分，还用旧的血统观念来衡量臣子，任命女婿公叔为相，推翻了李悝的某些新法，以维护贵族利益。这样一来，吴起与公叔便有了矛盾。

吴起是个死犟筋，不会见风使舵而明哲保身。每当公叔废除一条旧法时，他便据理力争，把公叔气得咬牙切齿，最后终于下定了赶走他的决心。

公叔明白，要赶走立有大功的吴起，还得国君发话。于是他设计了一个陷阱，让吴起上当滚蛋。

公叔先找到魏武侯，闲扯中把话引到吴起身上。当时，魏武侯在军事上对吴起还是倚重的，夸奖了一番吴起的功劳，表示还得重用吴起。公叔善于见风使舵，马上就说："那当然。但是，"他把话头一转，"就不知吴起是不是真正与咱们一条心，他终究是个外人呀！"一句话把魏武侯说得疑惑起来，沉思着说："对呀，他是不是真与咱们一条心呢？"公叔见魏武侯的神态，知道事情有门了，忙接口道："这个办法，试探他一下就明白了。"魏武侯问："怎么试探呢？"公叔说："吴起自从求将杀妻之后，一直还没婚配。您可招他来，说要把公主配给他。他若高兴地答应，就说明他跟咱们一心。会尽心竭力地为咱们魏国出力。他若犹犹豫豫，就说明他心怀二意，不会在咱们魏国久住的。"魏武侯说："好吧，就按你说的办。"

公叔见第一步计划成功了，忙跑回家，对妻子说，他要约一个朋友来玩。朋友到来时，要妻子装出气势汹汹的样子。他妻子一向言听计从，答应了。

于是，公叔约吴起到自己家里小酌。一进门，公叔那位公主妻子就照公叔吩咐好的，迎上前来，劈面问公叔："今天不上朝，干什么去了？"公叔装出唯唯诺诺的样子说："去看了一个朋友，相约来家小酌。"妻子大喝："酌什么？天天灌马尿，也没见你干出什么正事来！"那时虽还不多么讲求男尊女卑，但像这样的妻子，吴起还第一次碰上。于是他瞅个机会问公叔："嫂夫人怎么这般态度？"公叔装作无可奈何地叹了一口气，说："人家是公主，有国君撑腰嘛。"

这时，公叔妻子的贴身丫头听了安排，又模样汹汹地来找公叔，说公主在房中，要公叔快去，有事吩咐。吴起一见，有点火了，抱不平说："一个小小丫环，竟对男主人这般讲话，这不是造反了？"公叔又装出无可奈何的样子叹一口气，说："丫环也是从宫中带来的呀，自然主大奴也大了。"

吴起回家中，许久还为公叔在家中的地位生气，却突然来人传话，说国君找吴起有事要商量。

吴起不知国君有什么事，忙快步入宫。魏武侯热情接待，扯了半天闲话，便说出要将公主相嫁的事。吴起正在为公叔的处境生气呢，哪知国君又让自己也走上这条路，于是吞吞吐吐地说："在下出身贫贱，岂敢同公主匹配。"武侯以为他在自谦，忙说："我意已决，不计较什么出身。"吴起还是推推诿诿地不答应。武侯想起了公叔的话，以为吴起心怀二意，也就不再勉强他了。

自此以后，魏武侯对吴起渐渐冷淡起来。吴起察觉到自己在魏国不会再受重用了，便瞅个机会，投降楚国去了。

吴起在李悝的改革中帮了大忙，也符合魏文侯励精图治的政策，受到赏识和重用。但到了魏武侯这个昏君当政时，却维护贵族利益，而吴起又不会见风使舵，被人陷害也就不可避免了。

太刚易折　太柔则废

封建政治家主张治理国家，要针对具体情况，刚柔并用，不可绝对化。刚与柔，相辅相成，太刚易折，太柔则废，刚柔相济，则无往而不胜。这是事物发展的内在规律。古代君主治国安邦，必须文武并举，德刑并用，刚柔相济，从宏观上统治人民，控制全国局势。所以，刚柔之术，是封建君主的最高统治术，是保障他们统治的基本方法。

《十六经》提出："人道刚柔，刚不足可靠，柔不足倚恃。"西汉隽不疑说："凡为官吏，太刚容易受挫折，太柔则事情办不成。威行应当施之以恩，然后才能树功扬名。刚性事物性坚而易裂，易于进取而难守。柔性东西性钝而有韧，易于守成而难攻。所以太刚易折，太柔则废，刚猛有利于进攻，柔弱有利于守成。各有长短，刚柔相济，无往而不胜。"

然而刚与柔二者孰先？道家老子主张柔弱胜刚强。常拟临终给老子遗教，教他处事贵在以柔，并以"齿亡舌存"之理告诉老子，认为柔是克敌制胜的根本，遇事以柔相对待，则天下事情都能办成。

常拟生病，老子前去慰问，说："先生病得厉害，有什么遗教可以告诉弟子吗？"常拟说："你不问，我也将告诉你。我到故乡下了车，你知道为什么吗？"老子说："过故乡而下车，不是说不忘故乡吗？"常拟说："嘻！是的。过乔木而低首趋走，你知道为什么吗？"老子说："过乔木而低首趋走，不是说要敬老年人吗？"常拟说："嘻，是的。"

常拟又张大他的嘴指示老子说："我的舌还存在吗？"老子说："是的，舌头还在。""我的牙齿还存在吗？"老子说："牙齿不存在了。"常拟说："你知道其中道理吗？"老子说："舌头的存在，这是因它有柔性；牙齿的落掉，这不是因为它刚硬？"常拟说："嘻！是的。天下的事理尽在这里。我还有什么话再告诉你呢？"

叔向也持同样观点，认为柔比刚要坚实，"两仇争利而弱者取胜。"

韩平子问叔向，"刚与柔哪个坚硬？"叔向回答说："臣年纪已经八十多岁，牙齿已经脱落而舌头还存在，老子有言道：'天下最柔的东西驾驭天下最坚的东西。'又说：'人初生时柔弱。死时就僵硬。万物草木生时柔脆，死时就枯槁。'由此看来，柔弱者是乃生之途，刚强者是乃死之途。我是以得知柔乃坚于刚。"平子说："这话有理，但你平时行为是好刚还是好柔？"叔向说："臣也主张柔，何必要刚呢？"平子说："柔是否太脆弱呢？"叔向说："柔者被扭曲但不折断，廉洁而不缺乏，何谓脆弱呢？上天的道理很奥妙，按自然规律进行运行，所以它才无往而不胜，两军相攻而柔者往往获胜，两仇相争而弱者往往取利。"

大霸主齐桓公列举自然、社会现象，说明遇事刚猛，容易坏事。桓公说："金属刚硬容易折断，皮革刚硬容易破裂，人君刚猛国家灭亡，人臣刚猛朋友断绝，为人刚猛与人不和，四马不和则奔驰不长，父子不和家道破亡，兄弟不和不能长久，夫妻不和家室大凶。"

为什么柔弱胜于刚强？鬼谷子以量变到质变的道理说明之："柔弱胜于刚强，所以积弱可以为强；大直若曲，所以积曲可以为直；少则得众，所以积不足可以为余。"

在自然界中，柔胜刚，举不胜举，水至柔，但能穿山灭火。老子认为，流水之所以能穿山、灭火，因水性最柔，一泻千里。在社会现象中，弱小之物能战胜强大之物，亦比比皆是。如小国战胜大国，弱国战胜强国，即为例子：越王勾践与吴战争失败了，国破身亡，被困于会稽，忿心张胆，气如涌泉，选练甲卒，然后请身为臣，妻为妾。但能不忘会稽之耻，发愤图强，十年生计。终于一战而擒夫差。所以老子说："柔能克刚，弱能胜强。"

孔子提倡"中庸之道"，执乎其中，不左不右，不刚不柔，刚柔相济。此种学说成为后代处事的原则。曹操谋臣荀攸是一位刚中有柔、柔中有刚的人物："荀攸深密有智防，自从太祖征伐，常策划密室，时人及子弟不知其所进言。"太祖每称赞说"公达外愚内智，外怯内勇，外弱内强，不夸自己，不计劳苦，智慧可及，但愚不可及，虽颜子、宁武不能超过。"

三国时，袁焕貌似和柔，但他临大事，处危难，虽贲育之勇也不能超他。孔子提倡仁道，但在齐鲁之会，奋然于两君之间，击退齐国挑衅，保持鲁君的威严，这是以刚济柔之勇举。蔺相如奉命使秦，完璧归赵，威武不能屈，然其让车于廉颇，顾全大局，道义相尚，这是以柔济刚之义举。所以刚以柔济，柔以刚济，刚柔相济，才能有理有节有利，成为政治上的铁腕人物。

然在处理人际之间关系，古代政治家多贵柔尚宽，柔能接物，宽能得众，这是封建政治家的处世哲学，他们迫于人主的强暴，奸臣的谗言，不得不如此做人。

封建政治家主张事君惟敬。张永说："事君者廉不言贫，勤不言苦，忠不言己效，公不言己能，此可以事君。"昔萧何、吴汉立有大功，萧何每见汉高祖，似不能言。吴汉奉光武，也非常勤劳谨慎，金日单两子都受汉武帝宠爱，因戏宫女，日单则杀之，恶其淫乱，恐遭族诛。顾雍父子深得孙权宠信，但雍老成持重，见孙子顾谭酒后狂舞，则呵斥道："败坏我家者，必定是你。"

徐达言简虑精，诸将奉持凛凛，而在太祖面前恭谨如不能言，宋濂侍明太祖十九年，未尝有一言之伪，诮一人之短，始终无二，可谓忠厚长者。以上所列诸公，均忠谨奉上，宽厚待人，不矜不伐，不侮不凌，深得刚柔之术，所以得到善终。

刚强恃物必败事，狎侮对人必受辱。曹操性忌，所有不堪忍受者，唯有鲁国孔融、南攸、娄生，均以持旧不虞见诛。曹植任性而行，不自雕励，饮酒不节。曹丕御之有术，矫情自饰，宫人左右，并为之说情，遂定为嗣。关羽、张飞皆称万人敌，为世虎臣。关羽报效曹公，张飞义释严颜，并有国士之风。但关羽刚而自矜，张飞暴而无恩，以短取败，这是理所当然。诸葛恪气凌于上，意蔑于下，所以不是善终之道，终于遭杀。隋代贺若敦恃功负气，每出怨言，以此招祸，临死诫儿子贺若弼说："我以舌死，你不可不思。"因引锥刺弼舌出血，告诫他要慎口谨言。贺若弼并没有接受父亲教训，居功自傲，好议人短，怨恨形于言色，终于坐诛。隋文帝谓弼有三猛："嫉妒心太猛，自是非人心太猛，无上心太猛。"刘基为明太祖出谋划策、功居第一，然终不能为相，封拜亦轻，最后恩礼亦渐薄。原因是他过于刚直，得罪大臣与皇帝。以上诸公的结局，足为后人所警诫。

颍川周昭著书称步骘及严峻等人道："古代圣贤士大夫所以失名丧身倾家害国者，原因各不一样，但总结其教训，不外有四点：急论议一也，争名势二也，重朋党三也，务欲速四也。急论议则伤人，争名势则败友，重朋党则蔽主，多欲速则失德，此四者不除，未有能善终者。"

可见刚与柔非特指一个人的个性，也是思想行为表现，要很好掌握刚柔之术，当先端正思想路线，不急议，不争势，不重党，不欲速，以柔守之，以刚正之，刚柔相济，无往而不胜。

要善于掩饰自己

任何人物进行任何活动，都离不开一定的社会环境和具体的条件。人的任何自由，都必须以此为前提，也就是说，人的自由总是有限的，有条件的，况且情况在不断地变化，人的自由也应随之不断地发展。所以，要生存，要发展，要自由，就必须要学会自全，即保全自己。

古人云："惟德动天，惟宽容众。"与人相处，当然应有一定的度量，顾大局，看长远，倘若点滴小事都要计较，心胸狭窄，容不得他人，必将会招致他人的猜忌，以致被陷害而不能自全。要想保全自己，实现自己的远大抱负，就应该学会不为小事所缠绕，不为小利所动心，不为眼前而损长远，不为暂时而害今后。学会将原则的坚定性与策略的灵活性结合起来，从长远计，从大局计，屈伸适度，退进自如。这样，就会避免很多不必要的麻烦，也会减少自己的灾难，在复杂的环境条件下自全，在多变的社会政治活动中发展。

三国时，曹丕伪饰自己，从而确保了自己的太子之位。

史称，曹操打算废丕立植。曹丕得知自己的太子之位难保，便向门客贾诩求计。门客便对曹丕说："愿将军厌崇德度，加强士大夫的修养，任劳任怨，勤勤恳恳，做好为子之道，如此而已。"曹丕听从指教，便暗暗下了决心，磨炼自己的意志。一天，曹操问贾诩有关废立之事，门客默不作声，曹操感到莫名其妙，便又问："我和你说话，你为什么不回答？"门客说："我在想袁本初、刘景升的父子呢。"曹操大笑。袁本初和刘景升都是废长立幼，所以袁、刘两家兄弟相残相杀，为他人所兼灭了。不久，曹操带兵出征，曹丕和曹植都在路旁送行。曹植称述曹操的功德，出口成章，左右瞩目，曹操也高兴。曹丕却在一旁相形见绌，怅然自失，吴质耳语："王当行，流涕可也。"临别之际，曹丕涕泣不止，跪地面拜，依依不舍。曹操为之感动。由此大臣认为，曹植虽有才华，而诚心不及曹丕。曹植既然任性，不自雕饰，而曹丕御之以术，矫情自饰，宫人左右对他都加称赞，所以曹操终于改变了废丕立植的想法，继续确定曹丕为太子。

曹丕既立，左右长御都向卞夫人祝贺，要求卞夫人拿出自家的银两来赏赐给大家。可是卞夫人却说："大王是以曹丕年长而立他为太子。对我来说，只要不责怪我没很好地教育曹丕就算幸事了，哪有什么理由赏赐众人呢？"曹操知道后，很高兴，他夸赞卞夫人说："怒不变容，喜不失节，是最难办到的，但卞夫人却做到了，真是不简单。"曹丕以矫情掩饰自己，得到曹操和众人的赞赏从而保住了自己的太子地位，可以说是成功的自全之策。

学会韬晦深藏之策

在激烈的斗争或竞争中，人的特长或不足，甚至生活习惯和性格上的弱点，都会成为对手利用或突破的重点。但问题的另一面是：一个人的弱点和特点，也往往会引起对手思维判断上一种直线运动，顺着其表现方向去推测判断情况。

在《三国演义》中，张飞与酒结下了不解之缘。他逢酒必饮，每饮必醉，每醉必出事端，不是打人，就是误事。应该说这是张飞自身的一大弱点。这个弱点，在他斗智用谋还未成熟的阶段，常常会给对手留下利用的空当。例如第十四回，当张飞守徐州时，刘备曾一再叮嘱张飞不饮酒或少饮酒。但刘备刚走，张飞就大饮特饮起来，酒后又痛打曹豹，结果吕布乘机杀进城来，他的酒还没清醒，就把徐州丢掉了。然而，随着张飞在战争中锻炼得比较成熟之后，他的弱点却变成了麻痹迷惑敌人的一种招数。张飞宕渠山战张郃，就充分表现了这一点。

演义第七十回中写道，张飞在巴西一带战败张郃之后，挥军乘胜追袭，一直赶到宕渠山下。张郃利用有利的地势据山守寨，坚持不出，一连"相距五十余日"。张飞无计可施，于是就在山前扎住大寨，每日饮酒，饮至大醉，坐于山前辱骂。刘备得知后，大惊失色，急忙找孔明商议。诸葛亮不但没有惊慌，反而立即派魏延送去三车好酒，还在车上插着"军前公用美酒"的大旗。张飞得到美酒之后，不但自己更加嗜酒无度，还把美酒摆在帐前，"令军士大张旗鼓而饮"。那张郃在山上见此情景，再也按捺不住杀敌的心情，便带兵乘夜下山，直袭蜀营。当张郃冲进张飞的大寨时，见帐中端坐着一位大汉，举枪就刺。谁知，刺倒的竟是一个"假张飞"——草人。结果，魏军误中了张飞埋伏，张郃被打得大败，曹军的宕渠寨、蒙头寨、荡石寨全被张飞夺得。

这个故事告诉我们，一个人应该善于改变自己的生活习惯和性格，并且要善于运用自身的弱点来施展计谋，欺骗敌人。事实证明，一个人的特点及习惯性格，最容易形成对方判断情况的一种思维定式。聪明者若能有自知之明，就性用计。正好可以出其不意，把敌手诱入我的"圈套"。

张飞素以饮酒误事闻名，而这次作战他却借喝酒把骁勇善战的张郃诱出了宕渠山，真可以说是酒中出奇谋！可见，一个人若能够正确地认识自身的弱点，并顺势加以利用的话，弱点常可以转化为用谋的一种绝技。

关于张飞败张郃一事，实际上史料的记述很简单。《资治通鉴·汉纪五十九》中写道："张郃督诸军徇三巴，欲徙其民于汉中，进军宕渠。刘备使巴西太守张飞与部相拒，五十余日。飞袭击郃，大破之。"演义的作者根据这一记载，巧妙地安排了一系列精彩生动的文学细节，不仅把张飞这个爱酒如命的人物性格刻画得惟妙惟肖，而且还揭示了一条运用自己弱点来欺骗敌人的用谋道理，显示了作者深谙斗智中的奥妙，是十分成功的一笔。

和这种示弱相类似的还有东吴大将吕蒙故意示弱欺骗关公而智取荆州的故事。

关羽水淹七军的胜利，一方面使他声威大震；一方面却又进一步促成了魏、吴两家的联合。军事外交学证明，在相互争夺的"三角关系"中，谁"冒尖"，谁便会处于孤立的境地；当"一强"成为一种威胁力量时，常会迫使"二弱"达成联合。

此处所云，只是题外的话，本文主要研究的是，东吴主将吕蒙在关羽威震华夏的形势下，并没有直接采取和曹魏同时行动的作战部署。他突然"托疾辞职"，反搞得吴王孙权一时如坠云里雾中，"心甚怏怏"。唯有聪明机智的陆逊，看出点吕蒙的机关。《三国演义》由此才引出了陆逊陆口探病，接任三军主帅的一段情节。

陆逊是一位年轻的将军，当时他在东吴还未建功立业，是个无名小辈。

事情往往就是这样，那些声望不高、影响不大的指挥员，常常不被对手所重视，这就首先赢得了一个克敌制胜的心理因素。

陆逊接替吕蒙之后，便顺势给关羽修书一封，并送去东吴的名马、彩锦、酒礼等物，以谦言卑词来骄纵云长。陆逊这一招使出，不可一世的关云长更加轻视东吴。他在两面作战的态势下错误地采取了"顾头露尾"的策略，竟然毫无顾忌地"撤荆州大半兵赴樊城听调"，结果为后来东吴奇袭荆州留下了空档。

吕蒙与陆逊一唱一和，默契配合。他们采取的是一个共同的策略，即孙子讲的"能而示之不能，用而示之不用"，也就是《三十六计》中称之为"假痴不癫"的计谋。

能而示之不能，属于隐蔽伪装用兵企图的计策之一。它是大的军事行动前主将所采取的一种欺敌手段。目的在于让敌手不疑于己，无备于己，以待时机成熟，向敌发起突然袭击。

"兵者，诡道也。"敌我相争，无忠实信义可言。大凡一切成功的军事行动，都与巧妙地欺骗麻痹敌人分不开。舍此，难以收到出敌不意、攻其不备的效果。

能而示之不能，关键要了解敌将之心，顺从对手的意图而从事。关羽水淹七军大获全胜后，被一时的胜利冲昏了头脑，他一心只作着"取了樊城，即当长驱大进，径到许都，剿灭操贼"的美梦，早把东吴的威胁抛在了脑后。吕蒙和陆逊则适时利用关羽这种骄横的心理，一个托病辞职，另一个装得极其卑谦，从而使关羽真以为东吴被"震"住了。假如把关羽这个角色换成做事谨慎的孔明，吕蒙、陆逊这几招，非但不能生效，反而会暴露自己的企图。

《兵家权谋》一书中指出："将无权难以成功，兵无机难以称雄。战机、有着极其丰富的内容。然而，最有利的战机是敌手无防之时，不备之处。高明者总能让自己的行动走在敌手思想的前头。"吕蒙称病和陆逊谦恭，正是让自己的行动走在敌手思想前头的表现。

《三国演义》的描写和历史书中的记载大致相同，可见，在历史材料能充分反映罗贯中的计谋韬略思想时，这位文学家并不追求那些无价值的虚构。而等待关公的则是一场突然袭击和惨重失败。

伴君如伴虎——低调大法

聪明之人都非常懂得"功成身退"、"急流勇退"的道理，因为他们知道历来都是"飞鸟尽，良弓藏；狡兔死，走狗烹"，江山已经打下来了，昔日的战将已不再有用，反而会成为君王的后顾之忧，因此，"衣锦还乡"，"全身而退"才是明智之举。

然而，偏偏就有许多不识相之人，功成不退，功高震主，岂不知此时伴君如伴虎。老虎要吃人总是能找到借口的，因此，许多浴血疆场的开国元勋没有死在战场上，却死在主子的屠刀下，不得善终，岂非咎由自取？

孙琳功高盖主自断生路

孙休，字子烈，是吴大帝孙权的第六个儿子。东吴太元二年（公元 252 年），孙权封他为会稽王。孙权死后，孙休的弟弟孙亮即位，太傅诸葛恪辅政。诸葛恪担心孙氏诸王分据长江沿岸各军事要地，会给中央造成威胁，就将诸王迁移他处，孙休也从封地虎林（今安徽马鞍山）迁至丹阳郡（今安徽宣城）。

孙亮被废之后，孙琳决定迎立孙休为帝。孙琳先命宗正孙楷、中书郎董朝去会稽郡奉迎孙休。

孙休将二人请进，楷、朝进来之后，拜伏于地，口中说道："大将军孙琳命我二人迎您回京城入继嗣统，君临大位，请速速起程。"

"什么？"孙休不相信。

二人又把孙琳迎立本意复说一遍，孙休仍然将信将疑，心中暗想：此事非同小可，弄不好会丢脑袋，还是等等再说。所以，尽管楷、朝二人反复催促起程，孙休还是把二人留了一天两夜，这才勉强起程。

一路上，孙休始终放心不下，走走停停，拖延时间，另派人探听确切消息。急得楷、朝二人心如火燎，恨不能立时飞至京师。

行至曲阿（今江苏丹阳）附近时，探听消息的人回报确有其事，并且说："事不宜迟，迟则生变，现在天下翘首盼望，请陛下速行。"

孙休一想，此言甚是，便加快步伐，星夜赶往京城。

队伍来到永昌亭，只见这里旌旗招展。原来，孙琳已派其弟武卫将军孙恩代行丞相职权，率领文武百官及天子仪仗等在此迎候孙休。孙恩等人命人火速建造行宫，未成之时，暂以军中武帐作为便殿。

此时，孙休等人已到，先命孙楷前往通报。而后，孙休乘辇车进入便殿，群臣再拜称臣，请孙休升入御座。孙休再三谦让，后在东厢坐下。

户曹尚书忙趋身向前，高声赞奏百官拥戴之意，代丞相孙恩奉上天子玉玺印符，孙休又谦让再三，最后，孙休说："既然众卿都推戴我，我怎敢不从众人之请。"接过玺符，登上御坐。顿时，便殿内群臣三呼万岁。

第二天，孙休便乘御辇上路，前有仪仗开道，后有百官陪列，旁有军士护送，好不威风，行至距京城数十里的田野内，见孙琳等已率千余军士恭候多时。

孙休能够当上皇帝，全是孙琳的功劳。孙休对此当然不能不表示褒赏感激，即位后不久，就下诏，以大将军孙琳为丞相、荆州牧，孙氏子弟孙恩、孙据等五人皆授封将军、御史大夫等要职，并封爵为侯，诸将吏参与在永昌亭奉迎、陪伴孙休为帝者，也都官升一级。

孙琳一门，五人为侯，典掌禁兵，权倾人主，自吴开国以来，从未有过这样的事情。孙氏诸人权势熏天，为所欲为。孙休贵为君主，手中几无权力，凡是孙琳等人陈述之事，孙休无不听从办理。

即使这样，孙休仍怕孙琳等人谋反作乱，经常对孙琳及其族人厚加赏赐。十一月，孙休下诏说：

"大将军忠心耿耿，首建大计，安定社稷，功勋卓著，应优加褒奖。目前，大将军执掌中外诸军事，事情烦多，不胜劳累。现在赐其弟卫将军，御史大夫孙恩以侍中衔，使其与大将军管诸事，以示朝廷尊崇功臣，分其劳苦之意。"

有一次，孙琳给孙休奉献牛酒，可不知孙休是不满孙琳专权，或是有什么其他想法，竟然拒绝不收，孙琳无奈，只得顺便命人将牛酒携至左将军张布家。

张布见孙琳郁郁不快，忙命人速备酒菜，二人便在客厅对饮起来。几巡酒过后，孙琳酒酣耳热，说话也渐渐没有遮拦了。他对张布大发牢骚说："当初废黜孙亮时，许多人劝我自立为帝，可我以为陛下贤明，所以迎立他为君。没有我，陛下如何能当上皇帝？可今天我奉献礼物，陛下竟然拒不接收，这岂不把我看成凡臣俗子吗？这口气实在难以下咽！以后有机会，我定要改立新君。"

张布一听，心中大惊，表面却不露声色，随便附和了几句，见孙琳已大醉，便命人将他送回去。张布见孙琳等人走远，火速奔入宫中，将孙琳之意报告孙休。

孙休一听，也大为恐慌，可转念一想，又哭丧着脸，无可奈何地对张布说："孙琳权势逼人，我早已不安，现在他又明露反意，实在罪该万死！可现在我一无权，二无人，张将军，您说怎么办呢？"

张布答道："陛下所言极是，依臣愚见，为了避免激起孙琳早日谋反，不如对

他继续优待赏赐，使其不备，陛下也好做些准备。"

孙休点头道："张将军见解不差。还请张将军以后多加留意，并为我做些准备。"张布答应。

于是，孙休对孙琳像往常一样，继续委大政于他，并不断加以赏赐。

这时，有人告发孙琳，说他心怀不满，侮辱君上，企图谋反。孙休为了进一步麻痹孙琳，就吩咐有司将告发者送交孙琳发落，孙琳杀了告发者，可心中惊慌不安，唯恐朝廷中再有人与他作对，更担心孙休听信他人之言，联合朝臣整治自己。于是，孙琳便请求至武昌（今武汉市）屯守，孙休答应，并敕命有司，允许孙琳将所率精兵万余人全部带走，并允许他的军队将士任其所需，武器兵具、装备粮草等物，随意装载，不加限制。

于是，孙琳军中上下，都忙着打点行装，搬运物资，整个兵营里装备、粮草堆积如山，简直像仓库一样。孙琳又请求带两名书郎，以协助掌管军政诸事，有司上奏，孙休下诏特许，并满足孙琳的其他全部要求。孙琳等人大喜过望，以为孙休仍然信任自己，便无忧无虑地整日饮酒作乐，专等吉日良辰启程开拔了。

这时，将军魏邈来见孙休，说："孙琳手握重兵，居住在外，早晚必然生变。"

孙休猛然醒悟，明白了孙琳如将兵出外，以后更难制服，便沉吟不语，卫士施朔又进入宫中，报告孙休说孙琳等人正整治兵器，集合兵马，谋反的征象已十分明显。孙休挥手让二人退下，心中思量着诛杀孙琳之计。

当晚，孙休派人秘密地将张布召入宫中。

孙休说："孙琳将行不轨之事，你看该怎么办？"

张布说："左将军丁奉虽然识字不多，不能读书写字，但计略过于常人，能断大事，可召他来一同谋划。"

孙休马上派人将丁奉秘密召入宫中。孙休见丁奉进来，不等他坐定，便迫不及待地说："孙琳执掌国政，权重如山，现在又想谋反，我想同诸卿共同诛杀他，你看计从何出？"

丁奉说："孙琳兄弟甚多，支党繁盛，并且多数握有兵权，如果突然罢免他，恐怕人心不能统一，陛下将有大难。眼下，腊祭之日快到，依臣之见，不如趁腊日聚会的机会，利用陛下身边之兵，将其擒杀。"

孙休大喜说："老将军确实名不虚传，果然有妙计良策，就依将军之计。"

东吴永安元年（公元258年）十二月七日，建业城中流言四起，人们纷纷传说第二天腊会之日将发生事变。孙琳听说之后，十分不悦。当晚，忽起大风，飞沙走石，天昏地暗，孙琳越发惊慌。

第二天，正是腊会之日，依照惯例，宫中要举行宴会。孙琳预感不祥，便称病不去赴宴。孙休便派使者强请，先后有十余人。孙琳无奈，便要入宫，众人纷纷劝阻，孙琳说："陛下屡次命我赴宴，不可推辞。为防有变，诸位可预先集合兵马，见我入宫之后，便在府内放火，我就可以借机迅速返回。"说毕，便进入宫中。

孙琳进入殿中巡视四周，见孙休坐在正位，神色安详，旁边只有张布、丁奉等人陪侍，也面带笑容。孙琳略微放下心来，又看看四周的武卫之士，个个神色严峻，手握兵器，如临大敌。孙琳一见这等情况，刚放下的心又提了上来，心中后悔不该入宫，更不该不带卫士，独身赴宴。现在形单影只，手无寸铁，岂不是飞蛾扑火，自取灭亡？

孙琳正在胡思乱想，忽听见孙休说："丞相快请坐下！"孙琳口中胡乱应着，寻个座位坐下，哪里还有心思吃酒？孙琳眼睛只望孙府那个方向看，刚刚端起酒杯，只见孙府上空一股浓烟腾空升起，孙琳像见了信号一样，一跃而起，口中说道："陛下！臣府中起火，容臣速返，回去探望！"

孙休说："外边军将甚多，不会出事，还用麻烦丞相吗？"

孙琳说："不行！我必须回去看看？"说着，就要离席往门外走。

这时，丁奉、张布一边上来阻拦孙琳，一边以眼神命令左右武卫之士快快动手。众武士一见命令，马上围上前来，抓住孙琳，将他捆个结实。

孙琳自知大势已去，只求活命，叩头如捣蒜，一边叩头，一边向孙休请求道："我愿意流放交州（今广州一带）。"

孙休恨恨地说："当初你杀滕胤、吕据，为何不将他们流放交州？"

孙琳说："我愿意身为宫奴。"

孙休说："你为何不把胤、据贬为宫奴，而偏要杀害他们？不能饶你！"说毕，命武士将孙琳斩杀于殿中。孙琳死时，年仅28岁。

诛杀孙琳后，孙休命使臣拿着孙琳的脑袋，去孙琳军中告令其众道："孙琳已死，有与孙琳密谋者，不问罪行轻重，官位高低，全部赦免！"

孙琳党众见孙琳已死，知道形势已变，又听说可以得到赦免，便纷纷放下兵器，口中大喊"陛下万岁！"跪伏于地下。一时间，投降者达五六千人。

孙琳的弟弟孙恩及族人等，见众人已不附己，知道大势已去，便纷纷四散逃命。孙休命人全数追回杀死。接着孙休又命人诛灭了孙琳三族，还将孙琳族之兄孙峻的棺材打开，将以前封授的官印取回，砍碎其棺，再埋入地下。

孙琳功高震主，本该有所收敛，相反，他越加恃功而骄，对皇上也蛮横无理，怎能不自讨苦吃，年纪轻轻失官丢命，岂不可惜。

崔浩擅自发表《国记》遭杀身灭族之祸

崔浩是北魏太武帝拓跋焘的著名大臣。字伯渊，清河人，其父崔玄伯是魏道武帝时著名大臣。在讲究门第等级的魏晋南北朝时期，清河崔氏是北方最显贵的士族之一。族人世代为大官，无论在朝廷或在社会上，均有很高的地位和声望。崔浩青年时踏入仕途，身历北魏道武、明元、太武三朝，做官五十多年，筹谋划策，参定大计，立下无数功劳，极为拓跋焘重视和宠爱。拓跋焘曾面对降顺的高车渠帅数百人，指着崔浩说："汝曹视此人，尪纤懦弱，手不能弯弓持矛，其胸中所怀，乃逾于甲兵。"并令诸尚书："凡军国大事，卿等所不能决，皆先谘浩，然后施行。"崔浩本人也自比为西汉之张良，忠心耿耿地为拓跋王朝尽力，成为汉族士人中对北魏王朝贡献最大的人。拓跋焘之所以取得赫赫武功，完成统一北方的大业，并得到汉族士人的大力支持与合作，皆与崔浩的支持分不开。

崔浩之诛，直接原因是他主持修北魏国史一案。平北凉后，拓跋焘下诏，"命公留台，综理史务，述成此书，务从实录"，让崔浩督责秘书监，修成本朝史书。参与其事的高级官员还有中书侍郎高允、散骑侍郎张伟。他是主编，负责全书的"损益褒贬，折中润色"。秘书监官吏很多，其中著名令史闵湛和郗标一向谄媚奉迎崔浩。崔浩曾注释过儒家经典《易》、《论语》、《诗》、《书》，二人上书给拓跋焘，说汉晋马融、郑玄、王肃、贾逵四人给这些书作的注释，皆不如崔浩的注释准确精当，请求把他们注的书在全国全部收回，独发行崔浩注的书，令天下人学习；并建议令崔浩再注《礼传》，以便后来人学到正理。《国记》修成后，二人又劝崔浩，把《国记》刊刻在石碑上，公布于众，以表彰不隐恶、不溢美之直笔。看来崔浩对自己主编的《国记》相当得意，书未经拓跋焘过目首肯，竟依二人之言，将《国记》全文刻出，立于郊外大路旁，供人观赏。《国记》叙述北魏先朝之事，事事翔实，无一遮掩，来往行人阅罢议论纷纷。拓跋贵族无不忿恚，争着向拓跋焘告状，指挥崔浩故意贬低拓跋部人，"暴扬国恶"。拓跋焘大怒，命人收捕查办崔浩和秘书监郎吏诸人的罪过。北魏太平真君十一年（450 年）六月，北魏重臣、司徒崔浩及其宗族被魏太武帝拓跋焘下诏诛杀；一同被灭族的，还有崔浩的姻亲、北方头号士族范阳卢氏、太原郭氏、河东柳氏。

作为史官，给皇帝留点面子，才能给自己留下后路，可崔浩却将皇族的丑史公诸于众，虽是史实，但皇上的面子也不好过，岂能不加以报复？

翟方进心存侥幸终被杀

翟方进（？-公元前 7 年）是西汉成帝时的丞相。字子威，西汉汝南上蔡（今河南上蔡西南）人。永始二年（公元前 15 年）继薛宣为丞相，绥和二年（公元前 7 年）自杀。

翟方进祖辈出身低微，家境贫寒。其父翟公好学，曾任郡文学。

翟方进十二三岁时，翟公死，翟方进失学，于是在太守府中任职，做小吏，外号迟钝，不会办事，多次被府中掾史辱骂。

翟方进很伤心，他不甘心这种屈辱的处境，便向汝南人蔡父求救，请他看一看自己到底适合干什么。蔡父一见到翟方进，马上被他的长相所吸引，对他说："你有封侯致贵的骨相，将来会因为经术而为官，现在应该努力学习，不要懈怠，不要灰心丧志。"

翟方进本来不愿做府中之小吏，听到蔡父的话后，去志更坚，于是就请病假归家，到家中告别后母，决定到京师去学习经术。他的后母怜其年幼，跟他一起到长安靠自己编草鞋的微薄收入，供他读书。

翟方进开始学习的是《春秋》。经过十几年的辛苦钻研，他精通了经术，收了许多门徒，儒者们都称道他。

后来，他因为射策甲科，而被任命为郎，过了二三年，又因明经被荐举，升任议郎。

当时，有一个老成博学的儒者，名叫胡常，论到学问，他在翟方进之上，可讲到外面的声名，他却在翟方进之下。胡常因此嫉妒翟方进，在人前人后，常说翟方进的短处。翟方进得知，便等到胡常聚集生徒授课时，派自己的门生去旁听，并向胡常请教疑难，询问大义，同时，记录胡常的学说。这样过了好长一段时间，胡常知道翟方进尊敬自己，于是，内心愧怍。此后，在士大夫之间，在稠人广座，经常称道翟方进，并与翟结交为友。

河平中年，翟方进转为博士。又过几年，迁任朔方刺史。

翟方进为官，法不烦，政不苛；所察举者，应条辄举，甚有威名。由于他再三奏事，能合上意，所以，升任丞相司直。丞相司直系丞相高级属员，负责佐助丞相督录州郡和纠举不法。翟方进为司直一年之间，奏请免掉了两个司隶校尉，朝廷因此特别敬畏他。丞相薛宣对翟十分器重，经常告诫丞相属吏们，让他们小心谨慎地侍奉翟。并且说，翟方进一定会任丞相，而且，时间也不会太久。

鸿嘉二年（公元前19年），成帝建昌陵，营建陵邑。朝廷贵戚近臣的子弟、宾客们借机采用不正当手段，独揽各项事务、工程，而谋求奸利。翟方进部署带领丞相掾史案查，终发大奸，得赃款数千万。成帝甚为器重。

成帝认为翟方进堪任公卿之重任，想让他治民，以见其才具。于是，任命他为京兆尹。

翟方进上任后，搏击豪强，严惩不法，京师人畏之。当时，胡常为青州刺史，听到翟方进的官声后，担心他太过严苛，得罪权贵，写信给他，信中说："我听说你的政令严明，大家都已知道你的治才、干才了。为今之计，应该有所弛，否则，怕有所不宜呢！"翟方进得到信后，知道胡常是为自己担心，怕自己政令过严，连犯权贵，便遵嘱少弛威严，稍予宽假。

永始二年（公元前15年），翟方进升任为御史大夫。同年十一月，丞相薛宣因平息广汉之乱不力和处理太皇太后丧事有失，被免为庶人。翟方进也因为办丧事时烦扰百姓，被降职为执金吾，职掌京师治安。

二十几天后，丞相的缺位仍无人补任。群臣都推荐翟方进，成帝也知道并重视翟的才能，遂升任他为丞相，封为高陵侯。

翟方进既为丞相，他的后母还健在。翟方进恭谨地奉事后母，供养无缺，礼貌周到。他后母去世后，他仅服丧三十六日，便入朝办事。他认为自己身为汉相，不敢违反国家制度。

翟方进为政公洁，从来不为个人私事请托四方郡国。

但是，翟方进持法刻深，好修恩怨。任丞相后，频频举奏牧守九卿。对己所忌恶者，更是峻文深底，中伤者尤多。好多人本为京师世家，因为材具能力，历官牧守列卿，当世知名，但都被翟方进据法弹劾，纷纷落职。

翟方进智能有余，兼通法律历事，善于察言观色，号为通明相，天子对他十分器重。为固己位，翟方进往往认真探求揣摩天子的意图，故所奏事，无不深合皇帝之意。

翟方进与太后姊子侍中淳于长有深交。后淳于长与许后姊私通，戏侮许后，受其御物，案发被诛。凡与淳于长有交情的人都被免职。成帝素重翟方进，故为翟隐饰开脱，未究其罪。翟方进自感惭愧，上疏谢罪，请求免职。皇帝下诏说："定陵侯长已伏其辜，君虽交通，《传》不云乎：'朝过夕改，君子与之。'君何疑焉？其专心一意毋怠，近医药以自持。"翟方进这才重新视事，并奏免与淳于长相好的京兆尹孙宝等二千石以上官员二十余人。

绥和二年（公元前7年）二月，荧惑守心。丞相府议曹李寻认为灾祸将临，希望翟方进早做打算，早思良策。翟方进深以为忧，不知所措。果然不到数日，便有郎官贲丽奏言天象示变，急需移祸大臣，以当天变。成帝当即召翟方进入朝，责其善自为计。翟方进惶然归府，自知不免一死，但尚存侥幸之心，未肯马上引决，成帝便下册文，责备他登位十年，不能修明政治，燮理阴阳，致使"灾害并臻，民被饥饿。加以疾疫溺死，关门牡开，失国守备，盗贼党辈。吏民残贼，欧杀良民，断狱岁岁多前。上书言事，交错道路，怀奸朋党，相为隐蔽，皆亡忠虑，群下凶凶，更相嫉妒。"并赐他上尊酒十石，养牛一头，叫他自裁。方进接到牛酒，想起汉室故例，牛酒赐给相臣，就是赐死的别名。《汉仪注》载，有天地大变，天下大过，皇帝使侍中持节乘四白马，赐上尊酒十斛，牛一头，策告殃咎。使者去半道，丞相即上病。使者还，未白事，尚书以丞相不起病闻。于是，翟方进只好自杀，成帝托言丞相暴亡，数次亲临吊丧，厚加赙恤，赐谥号为恭候。

翟方进尽忠职守，为皇上分忧，而皇上反复无常，终寻隙将之杀了，可见"伴君如伴虎"诚不谬也。

马屁拍得过了分一样丢性命

武则天当了皇帝后，将原来的皇帝李旦（她的亲生儿子）改称（即皇帝继承人），又赶回了东宫。这时，有一批马屁精千方百计地向武则天献媚求宠。洛阳人王庆之拉了几百名轻薄无赖之徒向武则天上书，请改立武则天的侄子武承嗣为太子。有几名大臣表示反对，都被酷吏处死。

武则天召见了王庆之，问他："皇嗣是我的儿子，为什么要废掉他？"

王庆之却反问道："如今是谁统治天下？怎么能以姓李的人为继承人呢？"

武则天让他出去，他为了表示忠诚，伏在地上不起，说哪怕自己丢了性命，也要保武承嗣为太子，皇帝不答应，他就不离开。武则天大约也颇赏识他的这份"忠心"，给了他一张加盖了大印的凭证说："以后要想见我，拿出这个给把门的人一看，他们就会让你入宫了！"

王庆之这个无赖简直受宠若惊，越发要献殷勤了，便三天两头往皇宫里跑，惹得武则天也烦起他来，便命凤阁侍郎李昭德打他一顿。李昭德对这种无耻小人早就恨之入骨，有了这个机会，便立刻将王庆之拉出宫门之外，对大臣们说："这个混蛋，想要废掉皇嗣，改立武承嗣！"便命武士劈头盖脸朝他一阵猛抽猛打，直打得七窍流血，然后又是一顿乱棍，将他活活打死。

拍马拍到虎屁股上，虎屁股岂容他人乱摸，王庆之之死也在情理之中了。

王毛仲贪心不足遭诛杀

王毛仲是唐玄宗李隆基的心腹，因在李隆基夺取皇位的政变中有功，被授予左武卫大将军，进封霍国公。他是高丽人，其父因坐事没入官府，王毛仲成为临淄王李隆基的奴仆。因其"性识明悟"、"骁勇善骑射"，"故伏事左右"，深得李隆基喜欢。

景龙二年（708年），李隆基离开长安任潞州（今山西长治市）别驾。而此时的长安城正在孕育一场危机。当时在位的唐中宗昏庸无能，妻子韦后、女儿安乐公主干预朝政，培植私人势力，意图步武则天后尘，取李氏而代之。景龙三年（709年），李隆基回到长安，投入到维护李唐王朝的斗争之中。王毛仲身任护卫侍从，与李宜德等"挟弓矢为翼"。

李隆基为了与韦后、安乐公主相对抗，培植自己的势力，"常阴引材力之士以自助"，并将重点放在皇帝的精锐部队、守卫宫城北门的万骑之上。《旧唐书》记载："玄宗在藩邸时，常接其豪俊者，或赐饮食财帛，以此（万骑）尽归心焉。"王毛仲生性聪颖，深知李隆基意图，对万骑将士更是"待之甚谨"，亦"布诚结纳"，使李隆基"益怜其敏惠"。

李隆基与王毛仲的努力没有白费，在韦后毒杀中宗而称制，令亲信"韦播、高嵩为羽林将军押万骑，以苛峭树威"之时，万骑"果毅葛福顺、陈玄礼诉于王"。李隆基早已决计行动，令心腹刘幽求劝说葛、陈之后，万骑将士"皆愿决死从命"。不久，韦后、安乐公主及韦播等便被诛杀。

这次政变，是李隆基发展势力、登上皇位的根本一役，万骑在其中起了决定性的作用，这与王毛仲"布诚结纳"是分不开的，并且，李隆基与万骑之间的联系主要是由王毛仲来承担的。因此，虽然在政变过程中，"毛仲避之不入"，政变后"数日而归"，但"玄宗不责，又超授将军"。

韦后、安乐公主伏诛后，相王（李隆基之父）李旦复位，是为睿宗。李隆基被封为平王，兼知内外闲厩、押左右厢万骑，掌管禁军和御马，很快又被立为皇太子，不久，左右万骑、左右营改为龙武军，与左右羽林为北门四军，葛福顺为将军押之。而王毛仲专掌太子东宫驼马鹰狗等坊，由于管理得法，深得赏识，"未逾年，已至大将军、阶三品矣。"

李隆基为皇太子后，又面临着与太平公主的尖锐矛盾。公主在诛灭韦党、拥立睿宗时亦立有大功，地位日高，飞扬跋扈，"贵盛无比"。她企图改易太子，培植自己的力量，但失败了，李隆基反而很快由皇太子变为皇帝。于是，太平公主便图谋政变，废黜唐玄宗李隆基。事泄后，玄宗立即与心腹商定：先下手为强。其中参与谋划的，就有龙武将军王毛仲。先天二年（713年）七月初三，王毛仲率三百余兵马，控制了羽林军，然后，搜索公主余党，宰相肖至忠、岑义被杀，窦怀贞自杀，太平公主被赐死。控制羽林军是诛灭太平公主最基本的前提。王毛仲功高劳重，被授予左武卫大将军，进封霍国公，后又加开府仪同三司。

李隆基诛杀韦后、安乐公主以及太平公主的过程中，王毛仲均起到了重要作用，特别是诛灭太平余党，为玄宗政权的建立搬掉了最大的障碍，立下了汗马功劳，被玄宗视为心腹，身置"唐元功臣"之列。之后，"毛仲奉公正直，不避权贵，两营万骑功臣，闲厩官吏皆惧其威，人不敢犯。苑中营田草莱常收，率皆丰溢，玄宗以为能。"每次皇帝设宴论赏，王毛仲"与诸王、姜皎等御幄前连榻而坐。玄宗或时不见，则悄然有所失；见之则欢洽连宵，有至日晏。"其妻已"邑号国夫人"，玄宗又赐姓李氏，仍为国夫人。毛仲养马有功，玄宗加其开府仪同三司。自玄宗即位后十五年间，共有四人享此头衔，一是玄宗后父王同皎，另两个是名相姚崇、宋璟，第四位便是王毛仲。

王毛仲得志而骄，他虽已官秩层累，却仍要向玄宗索要兵部尚书一职，由此玄宗与王毛仲之间逐渐出现矛盾。

开元十七年（729年）以前，王毛仲一直受到加功晋爵的优厚待遇。他与典掌万骑的葛福顺结为儿女亲家后，势力胶固，相互依仗，时常做一些出头之事，曾有"马骑将军马崇正昼杀人"，毛仲为保全自己的势力，意图包庇，引起裴宽不满。又有一位叫齐瀚的吏部侍郎向玄宗进谏说："福顺典禁兵，不宜与毛仲为婚。毛仲小人，宠过则生奸，不早为之所，恐成后患。"听了此话后，玄宗表态说："朕徐思其宜"。不久齐瀚把禁中谏语泄漏给了大理丞麻察，玄宗得知后，下制说，"瀚、察交构将相，离间君臣"，遂贬齐瀚为高州良德丞。这说明，此时玄宗对王毛仲还没有失去信任。开元十八年（730年），王毛仲向玄宗索兵部尚书之职没有得到首肯时"快快形于辞色"，玄宗闻知不满。而此时恰逢宦官高力士参劾王毛仲一本，更使玄宗"惊惧"起来。

开元十八年（730年）年底，王毛仲之子过"三日"，玄宗赐给王毛仲丰厚的金帛、酒馔等物，让高力士送去，且授他刚出生的儿子五品官。高力士回宫后，对玄宗说："毛仲抱其襁中儿示臣曰：'此儿岂不堪作三品耶？'"当时，皇帝宠信的宦官，往往为三品将军，高力士即被授以三品。毛仲极端瞧不起宦官，他对高力士所说的话意思无非是说：我此健全的小儿难道比不上你一个宦官？并不见得有拿小孩向玄宗报怨的意思。但玄宗听了力士的话后，大怒说："昔诛韦氏，此贼心持两端，朕不欲言之；今日乃敢以赤子怨我！"在这种情况下，高力士抓住时机，进言道："北门奴官皆毛仲所与，不除之，必起大患。"此话正中玄宗痒处，使之有心除掉毛仲。

由于王毛仲及其余党掌有几乎最为精锐的皇家部队，且守护着长安城北门——玄武门。当初太宗玄武门之变，以及武则天晚年"五王"之变都是在此要地展开的，而太子李重俊起兵失败的一个原因便是兵力受阻于此。因此，玄宗未立即下令诛杀王毛仲，以免打草惊蛇，引起守卫将士的戒备。他先将握有兵权的葛福顺、唐地文、李守德（即李宜德）、王景耀、高广济、王毛仲的四个儿子贬逐之后，"又诏杀毛仲，及永州而缢之。"

王毛仲恃功傲上，不思检点，又结党树援，终引起了玄宗的不满，旧怨新仇一并算，王毛仲不得善终在所难免。

做事不留后患

1982 年 6 月 18 日清晨，薄雾濛濛，伦敦《每日快报》的一名职员在上班途中经过泰晤士河上的布拉克弗拉亚斯大桥。他偶尔向下一望，看到桥下钢架上赫然挂着一具衣着完整的尸体，脚尖摇曳在浑浊的河面上。警察经过检查，发现尸体衣袋里装了价值 13000 美元的各种外币，还装了 12 磅重的石块和砖头。经鉴定，他就是意大利最大的私人银行盎布洛西亚诺银行的董事长罗伯托·卡尔维。卡尔维一周前在意大利神秘失踪，现在却发现死在伦敦，不禁引起西方社会和金融界的震惊。英国警察当局和法医在尸体身上找不到斗殴、挣扎、枪击或服毒等迹象，因此判定其为自杀。可卡尔维的儿子和意大利许多朝野人士则肯定这是一桩谋杀案。

就在前一天，6 月 17 日，跟随卡尔维多年的女秘书格拉齐拉·考洛彻从这家银行在米兰的总部大楼的四层上坠楼身亡，留下一纸绝命书说："但愿卡尔维为他犯下的种种罪行受到加倍诅咒！"但人们怀疑这也是一起蓄意的谋杀，这就使整个事件增加了更重的神秘色彩。

盎布洛西亚诺银行是意大利最大的商业银行，在 15 个国家中有业务活动。这次发生的事件，牵涉到两起死亡案件，12 多亿美元的借款倒账，二百多家国际金融机构无法收回贷款。这威胁到整个国际银行制度的稳定，形成意大利战后最严重的金融风暴。

盎布洛西亚诺银行的问题由来已久，首先要从它死去的董事长卡尔维与黑手党徒马尔钦科斯的关系说起。

1946 年，卡尔维年方 26 岁，进盎布洛西亚诺银行的国外业务部当一名小职员。当时这还是一家名不见经传的省级小银行，但已经同米兰的天主教上层挂上了钩，所以银行虽小，地位颇稳。卡尔维在工作上勤勤恳恳，逐级高升。1971 年，他被任命为总经理后，就力图把它从一家地区性小银行扩展为强大的国际金融机构。三年以后，卡尔维成为副董事长，1975 年终于登上了董事长的宝座。从那时开始，他与梵蒂冈银行行长马尔钦科斯挂上了钩，后者答应借用教廷的名义大力支持卡尔维建立海外业务网，但卡尔维必须支付数以亿计的"好处费"给马尔钦科斯。从此，卡尔维仗着与天主教廷这个神通广大的"朋友"的密切关系，以此作背景大肆活动，扩大势力范围。他在海外成立了上百个"分支机构"，这些机构给卡尔维带来了巨大的好处。例如在巴拿马，根据当地法律，企业仅以一万美元开张以后即可大量贷款。卡尔维在巴拿马一国就成立了这样的"皮包公司"达 12 家之多。卡尔维还在意大利的米兰收购了有 73 年悠久历史的里卓利出版公司 45% 的股票，从而对该公司出版的意大利最大的日报掌握了控制权。这引起了许多意大利朝野人士的关注。

由于卡尔维的活动日益引起怀疑，意大利中央银行从 1978 年起即对该行进行严厉的审查。但卡尔维仗着和梵蒂冈教廷的特殊关系，继续变本加厉地买空卖空。到 1981 年为止，他通过向欧洲货币市场等国际银行筹款，向巴拿马等地的"皮包公司"提供总数为 12 亿美元的巨额贷款。1982 年，意大利里拉对美元的比价大跌，盎布洛西亚诺银行的 12 亿美元贷款无力偿还。同年 5 月 31 日，意大利当局命令该行报告它给拉美的贷款详情。几天之后，卡尔维在该行一次紧急董事会议上受到空前的责难，董事们纷纷质问当家的：账面上无从查找的六亿多美元巨款哪里去了？形势急转直下，卡尔维只好连夜赶往梵蒂冈，请求马尔钦科斯将从盎布洛西亚诺银行得到的数亿美元"好处费""还借"一半给他，以便他在银行内部不至于受攻击太多而下台。但"好朋友"马尔钦科斯冷冰冰地拒绝了卡尔维，只给了他一番什么"朋友是朋友，金钱是金钱"的训诫。第二天，卡尔维突然失踪。6 月 17 日，意大利银行指派专员进驻盎布洛西亚诺银行，其后就传出卡尔维及其女秘书的死讯。于是该行存户纷纷提款，债主索债，银行陷于瘫痪。8 月 6 日，意大利财政部下令清理盎布洛西亚诺银行，同时批准成立一家新银行接管其全部业务。8 月 26 日，米兰法庭正式宣布盎布洛西亚诺银行因无力偿还债务而破产。

因和马尔钦科斯这样的黑手党徒关系密切，卡尔维生前终日担心自己的安全，每次出门旅行都要带十二名贴身保镖并包乘专机；后来发展到每次出行包两架飞机，一架空机飞向宣布的"目的地"，自己则乘另一架飞机飞往别处。他在 1981 年内个人的保安费支出达 100 万美元，其提心吊胆之状可想而知。

但结果仍未能免于一死。

马尔钦科斯不愧是在"教皇"身边工作的人，他比上帝还神通广大。

盎布洛西亚诺银行丑闻及其与梵蒂冈银行行长的特殊关系被揭露以后，舆论大哗，一夜之间，马尔钦科斯又一次成为"新闻人物"。马尔钦科斯与卡尔维的勾结由来已久，马尔钦科斯一直是卡尔维金融王国的主要据点——盎布洛西亚诺—骚拿银行的董事。这样的消息闹得罗马满城风雨，神圣教廷那层金色的辉煌色彩陡然变得斑驳陆离。梵蒂冈教廷不得不指定一个国际三人小组来调查梵蒂冈国家银行在这一丑闻中究竟充当了什么角色，新闻界挖苦这个国际三人小组为"三智者"——三个绝顶聪明却又拿不出任何结论的偶像。这很清楚地说明，人们对这次调查实在没有抱太大的信心。

不过，"三智者"的确还是有点工作成绩，弄清楚了一些情况：

一、"上帝的银行家"马尔钦科斯早在 1973 年就与世界各地黑手党的一些金融犯罪活动有所牵连。

二、美国司法部打击黑手党小组纽约办事处主任阿隆沃德现在是纽约市开业律师，他说在十年前的金融犯罪调查中，就有迹象表明马尔钦科斯是参与者之一，但在查证过程中原有的秘密档案材料却被一把"意外"之火烧了个干干净净。梵蒂冈的《主日观察家》周报第二天却兴高采烈地欢呼："上帝之火把一派诽谤胡言化为可耻的灰烬。"这件事后来在美国出版的一件纪实著作中重新被揭露。这本书的书名叫做《梵蒂冈的瓜葛——黑手党和天主教会之间十亿美元伪造股票交易的惊人内幕》，出版于 1982 年秋季，作者是理查德·哈默。

纽约曼哈顿区检察署在对市区的一家酒吧进行电话窃听中了解到，有大批被窃的和伪造的股票及证券正被设法偷运出国，联邦调查局闻讯后立即进行侦察。阿隆沃德说，在侦察中，马尔钦科斯被怀疑是幕后策划者之一，正在继续取证时所有原始材料却化为一缕青烟上青天了。"意外事故"的解释令人啼笑皆非，难以置信。

三、从已有的意大利警方电话窃听记录中了解到，意大利黑手党季诺维塞家族的一名成员文森特·里卓要到慕尼黑去同两名德国工业家商谈索还数百万美元巨额债款问题，而里卓在这笔贷款交易中使用了美国洛杉矶可口可乐公司和克莱斯特汽车公司的失窃股票。后来意大利警方在调查中却意外地发现这笔非法股票来自梵蒂冈国家银行，作为行长的马尔钦科斯先生自然有着不可推卸的责任。但这个案件报到意大利政府时却不知什么缘由被压了下来。

……

"三智者"越调查，了解到的类似情况就越多；了解的情况越多，他们的心里就越发毛。终于，三位"智者"作出了明智的决定：停止调查，去西班牙海滨"休假"。这样缄口而去，会使心黑手辣的马尔钦科斯感到满意，而他们并没有就此推卸责任，岂不两全其美？

经过一个夏天的"休息"之后，三位"智者"重返梵蒂冈时，已把他们的调查结果"忘"得干干净净。与此同时，战后意大利最大的银行丑闻这场重头戏又重新拉开帷幕。这一幕的主题是意大利金融当局同梵蒂冈教廷之间的短兵相接。前者力求迫使后者担一部分债务责任，偿付盎布洛西亚诺银行倒闭拖欠的部分债款；后者由"上帝的银行家"马尔钦科斯在幕后操纵，借口维护神圣教廷的尊严，拒绝认罪。但是，事态发展到如此地步，梵蒂冈国家银行想洗刷自己深深卷入这一丑闻的瓜葛，已是难于上青天。各方舆论对于一向神圣不可侵犯的梵蒂冈教廷和它守口如瓶的财务内幕提出了越来越多的疑问。教皇保罗二世承受着巨大的压力，几乎喘不过气来。

终于，1982年11月，罗马教皇和红衣主教团接受它指派的三人小组关于盎布洛西亚诺银行事件的一份调查报告，宣称梵蒂冈国家银行无意中受到了盎布洛西亚诺银行已死的董事长卡尔维的欺骗。同时，教皇保罗二世公开承认：梵蒂冈必须改革财务，更多地依靠信徒们的直接奉献，而不应依靠参与金融交易。教皇说：今后梵蒂冈的财务目的不着眼于积累资财和增加收入。

卡尔维的阴魂已下十八层地狱，对于任何关于他的指责都再也无法对证。可身中铅弹、死里逃生的教皇保罗二世还要代人受过，为他身边"犹大"式的人物马尔钦科斯的罪责向全世界公开认错。倘若那位不明不白去见了上帝的保罗一世九泉有知，也会为天主教的这种宰相肚量而啼笑皆非吧？

风雨之中，马尔钦科斯平安过关，稳稳地坐在钓鱼台上微笑。那些受害者不知能否笑得出来？

人们不禁会问：难道仅仅是黑手党创造出了马尔钦科斯这种不倒翁吗？别的人是否也负有责任？有良心的人不妨扪心自问。

黑手党是一场世纪性的瘟疫。

黑手遮盖天日。

这场挣不脱、猜不透的噩梦不知何时方能苏醒。

与黑手党要钱无异于与虎谋皮，钱没要到，卡尔维却不明不白地见了上帝，黑手党确实是一场世纪性的瘟疫。

让"名人"尸积如山

1970年夏天，召开了一系列西西里黑手党会议，议事日程的主要项目是海洛因交易的整顿工作。1970年7月4日在巴勒莫市索勒旅馆召开的一次会议上，经过12天的讨论，决定让东南亚取代土耳其和马赛成为鸦片和海洛因的主要来源，而墨西哥则作为"安全阀"使用。两周后，在米兰又召开了第一次会议，与会人员有巴塞塔、巴达拉门蒂、李吉奥和格兰多·艾伯提。

意大利黑手党的贩毒事业轰轰烈烈搞起来了，到80年代初，西西里成了提炼海洛因的世界主要中心并且是世界上最大市场——美国——的主要供应者。由吗啡碱中提炼海洛因以及其后对美国的销售现在是西西里黑手党收入的主要来源，而一些增产的海洛因是销售给意大利国内消费的。在过去，黑手党有一道禁止在他们本国推销麻醉品的自己强制的禁令，可是这种"荣誉社团"的原则很快解体了，并且又一次为"荣誉社团"带来令人难以置信的收益。

据新近意大利和美国警方侦察表明，欧洲毒品运输的60%和世界毒品走私的三分之一是由西西里和住在美国的西西里家族后代控制的。从而，以色列、古巴、伊朗、爱尔兰等地的走私贩子都被西西里人排挤出局了，从此，他们只能从黑手党吃剩下的东西中扒拉一点残羹冷饭。

巴勒莫所有的黑手党家族都卷入了贩毒生意。家庭首领决定自己的每一个成员是否参加，如何参加。一般来说，近水楼台先得月，首领亲近的人总被派大用场，因而分得的利润也高些。而那些年纪大或能力差些的人则很少能介入，甚至干脆被排斥在外。但是，面对金钱和巨额利润，每个人都会认为自己能力无比，因此，凶杀、内讧，因分赃不均引起的倒戈，就成了现代西西里黑手党的特征。他们的绞杀殃及池鱼，子弹是不长眼睛的，无数无辜就这样不明不白地死去了，世界上更有不计其数的人因服用他们提供的"白面儿"而终生不得安宁，终至毁灭。

全世界都在这个"黑手"怪物面前发抖。

20世纪60年代，黑手党从战乱中恢复过来，委员会已开始活动猖獗，掌管事务的三巨头分别是科隆家族的萨尔瓦多·雷伊纳，格舒家族的老板邦塔特和奇尼塞家族的首领巴达拉门蒂。各家族代表在委员会都有一席，被称为"地区老板"。

但事实上，委员会的大权却操纵在李吉奥的手中。

李吉奥本是一个孤儿，自小被一位意大利著名的医生收为义子。这位医生名叫纳瓦拉，他的另一个身份就是西西里黑手党的大头目。他收养李吉奥的用意绝不是出于善意，而是想豢养一只走狗。李吉奥在义父以培养走狗为目的的教育方式下不负所望，"茁壮成长"为一棵黑手党好苗子。他枪法奇准，几乎弹不虚发，为纳瓦拉杀人无数。

纳瓦拉脾气暴躁，对手下赏罚不够分明，动不动就拿"干儿子"李吉奥出气。

就算是泥菩萨也会有点土性，何况李吉奥根本就不是泥菩萨，而是个桀骜不驯的家伙。终于有一天，这只走狗忍受不了"义父"的辱骂，跳起来咬断了纳瓦拉的喉咙。

然后李吉奥逃亡美国。但他在美国并不安分，逐渐建立了自己的势力，不断派人回意大利来执行暗杀密令，而其指令总是被顺顺利利地完成。所以"跛子"李吉奥虽远在美国，声威却仍震动本土。

当李吉奥认为自己的势力已足够大时，便带领人马荣归故里，继而靠凶杀一步步当上了西西里黑手党的首领。他不惜血本地从事绑架和海洛因买卖。他身材矮壮，喜欢吸大雪茄烟，常戴墨镜。

由于骨结核病不断发作，他的统治地位发生动摇。但他是个强人，仍设法抓住权力不放，甚至身陷囹圄也大权在握。他小心翼翼地挑选支持者当他的地区老板。邦塔特和巴达拉门蒂对此恨之入骨，却又无可奈何。

委员会小心翼翼地捍卫着生杀予夺的大权，决定谋杀计划，一次又一次的暗杀命令从这里发出去，再反馈回成功完成任务的报告。

被杀的第一位政府官员是巴勒莫检察长皮埃特罗·斯卡格莱昂。

斯卡格莱昂活着时多次被指控有贪污腐化行为。虽然因为与黑手党有牵连而受到调查，法院最终还是宣判他无罪。他掌管着无数黑手党犯罪档案，这些档案却被神秘地压下或丢失了。其中有一份是意大利宪兵提交的关于所有黑手党家族卷入毒品交易的报告，被压了四年竟毫无反应。直到宪兵队在审理黑手党案子时变得焦躁不安，直到许多黑手党分子都遭到起诉，他才开始行动。漫长而艰难的审讯毫无结果，因为缺乏证据，黑手党分子被宣判无罪。

斯卡格莱昂是极有权势的，他能够借此威胁那些他曾经保护过的人，但当他不想再给黑手党谋利益时，他的末日就到了——黑手党不能容一个知道自己太多秘密却又不为自己所用的人活在世上。

暗杀斯卡格莱昂事件是李吉奥一手策划并亲自执行的——这并不罕见，李吉奥经常亲手杀人，当年他在黑手党中的身份就是一个杀手，后来才爬上高位的。杀人已成了他的习惯和特长。

1971年5月5日，李吉奥重病缠身，骨结核使他痛得走不了路，但显然并非杀不了人。他早就一个人开车来到斯卡格莱昂为妻子致哀的墓地。半个小时后，斯卡格莱昂像往常一样来为妻子扫墓，当他转身要走的时候，李吉奥在车里举枪、瞄准，扣动扳机，一阵乱枪把斯卡格莱昂及其司机送上了天堂。

谁都说没看到什么，但当然许多人都知道事实真相。

警察和法院找不到凶手，因为没有证据。

斯卡格莱昂之死差不多是1970年7月米兰首脑会议一年后发生的，李吉奥参加了这次会议。会议除了讨论毒品交易外，很可能还对那次凶杀的实施作出了决定。会议很可能也做出了谋杀为巴勒莫激进报纸《时报》效力的记者德·毛罗的决定。

德·毛罗的失踪至今仍令人不解，谁也不怀疑他被谋杀了，很多人说与黑手党有关。由于德·毛罗混迹于新法西斯主义运动，他的死被罩上一层神秘的阴影。生前，他一直在调查意大利石油大王马太的死案，马太的飞机很可能是遭到破坏才在西西里坠毁的。当晚，马太被认为威胁了美国石油公司的利益，有人说黑手党是按照契约代表"政治利益"来谋杀马太的。德·毛罗的失踪和马太之死成了所谓"名人的尸体"清单上的头一项。

在后来十年里，格雷科和科隆家族的黑手党消灭了任何可能威胁其利益的人，从无足轻重的无赖到政府最高官员，他们都不放过，名人的尸体也好，一般人的尸体也好，在巴勒莫的大街小巷里天天可以见到。

1977年，一位忠于职守的宪兵上校居塞波·罗梭从意大利北部被选派到西西里去调查黑手党。在此之前，他参加过斯卡格莱昂和德·毛罗失踪案的调查。但他也没能幸免。他到巴勒莫没多久，即被格雷科家族派出的杀手皮诺·格雷科一枪了账。

继罗梭之后，各种凶杀事件更加频繁，频繁得足以形成一种模式。在巴勒莫，这类凶杀案通常发生在光天化日之下，任何人对黑手党的海洛因交易构成威胁，便难逃厄运。黑手党建立了许多加工厂，确立了对这一行的垄断地位。任何人知道了这些加工厂并且愚蠢地将真相传播出去，那实际上等于签发了对自己的死刑执行令。谁要想调查从意大利到美国"洗来洗去"的上百万美元的来路，也将招致杀身大祸。

黑手党的确"黑"，谁挡了他的发财路，谁就得付出代价，不知意大利何日才能结束黑手党的命，让人们从噩梦中醒来？

懂得功成身退

你出力为上司完成重要的计划，取得美满业绩，按理应获称赞及奖励；才华有机会展现，自然感到兴奋。不过，在这里提醒你不要太得意洋洋——你晓得"兔死狗烹"的意思吗？

你的上司当然未必会因你有功而迫害你，但锋芒过露、功高过主，不免容易将自己陷于危险的境地。

有人会因为自己为公司辛苦卖力，但成果被上司全都霸占而感到愤愤不平，其实是白费精神的。

退一步想想：你在公司的位置主要是协助上司，由他管辖你，在公司最高层的眼中，你部门做出的成绩，自然也是部门主管领导下的成果。下属尽力完成上司指派的工作是分内之事，假如你硬要出来急取风光，只会令人觉得你不知量力，不懂大体而已。另一方面，你会令自己变成上司的心腹大患，他自然不想地位被威胁，届时会设法除掉你。

或者你上司本身是"大老粗"，地位不会被你威胁，你能干、有功，令公司赚大钱，只会让财源滚滚进入他的口袋。但你也不要太自鸣得意。因为每个人心底深处都有弱点，特别是那些有地位、有成就的人，不想被人教导。假如老板采纳了你的意见而获成功，你便将功劳归他，让他感到主意是自己想出来的，而不是你教他，你是第一个目睹他的智慧的人，那么你获得他青睐的机会便大大提高。

这种功成身退之道，其实是真正的以退为进呢。

不可张扬你对上司的善事

对上司让功一事绝不可到处宣传，如果你不能做到这一点，倒不如不让功的好。对于让功的事，让功者本人是不适合宣传的，自我宣传总有些邀功请赏、不尊重上司的味道，千万使不得，宣传你让功的事，只能由被让者来宣传。虽然这样做有点埋没了你的才华，但你的同事和上司总有机会设法还给你这笔人情债，给你一份奖励。因此，做善事就要做到底，不要让人觉得你让功是虚伪的。

与上司交谈时，不可锋芒毕露

你的聪明才智需要得到上司的赏识，但在他面前故意显示自己，则不免有做作之嫌。上司会因此而认为你是一个自大狂，恃才傲慢，盛气凌人，而在心理上觉得难以相处，彼此间缺乏一种默契。与上司相交，须遵循以下原则：

①寻找自然、活泼的话题，令他充分地发表意见，你适当地作些补充，提一些问题。这样，他便知道你是有知识、有见解的，自然而然地认识了你的能力和价值。

②不要用上司不懂的技术性较强的术语与之交谈。这样，他会觉得你是故意难为他；也可能觉得你的才干对他的职务将构成威胁，并产生戒备，而有意压制你；还可能把你看成书呆子，缺乏实际经验而不信任你。

对领导：越有本事越要多请示

管理学上的著名定律——帕金森定律认为：多数领导都希望自己的下属在才能方面低于自己，这样才便于管理，容易使下属服从自己的命令。

帕金森定律揭示了许多领导的通病，他们不希望自己的下属有过多的才能，尤其是他们的才能不能超过自己，因为他们认为，一旦下属的才能过多，那么这个下属就是他潜在的威胁，他们害怕有一天他的下属会"篡权夺位"，把他从领导位置上赶下台，自己来做领导。

有些领导患帕金森症，不愿意要有才能的人做下属，这同维护自己的面子也有关系，因为一个下属如果非常有才干，这会使他的领导黯然失色，这位下属成为人们关注的中心，领导会被人冷落，为了使自己保持面子，领导就不愿意要那些光芒四射，才华横溢的人做下属。

有一些能干的下属常常认为领导既然给了自己权力，那么自己就可以充分地灵活运用，领导就不用过问了。这种想法是完全错误的，因为你的权力是领导赋予的，领导对你权力的运用有监督的职责和权力，他有权力了解你的工作进展状况，况且，领导可以从你的请示中获得一种对自己地位的认识，他会感到自己是一个有权力有面子的人，他会从此意识到自己人生的成功和价值，获得一种心理上的快感。

能干的下属，一定更要在做事情时多多请示领导，表现出自己谦逊、服从的工作作风，这样领导就会认为你听他的话，没有"叛逆"之心，让你发挥你的聪明才智，对你大胆使用。

还有一些能干的下属害怕请示，总是想："我向领导请示问题，他可能会认为我水平低，这是自己不给自己面子。"可是不请示往往会得到更糟的结果，这会丧失了领导对你的信任和宠爱。一旦你发生问题而在此之前你又没有请示过，那么领导会对你怒不可遏，对你严加指责，并将责任更多地让你一个人去承担。

安步当车　循序渐进——次序大法

朱子曰：天下之事，有急缓之势；朝廷之政，有急缓之宜。当缓而急，则繁细苛察，无以存大体，而朝廷之气，为之不舒，当急而缓，则怠惰废弛，无以赴事几，而正天下之事，日入于怀。然愚以当缓而急，其害固不为小；若当急而反缓，则其害有不可胜言者，不可以不察也。

孔子曰：无欲速，无见小利。欲速则不达，见小利则大事不成。

绞人因小失大　君王贪"柴"丧国

春秋时期，南方有一个小国，叫绞国。公元前700年，楚武王率军攻打该国，绞国因国小势弱，闭门坚守，楚军屡战不下。两军在绞国都城下相持一个多月，不能决定胜负。楚武王心急如焚，急欲求一良策，以便诱使绞军出战，早早结束这场战争。因为进军受挫，退兵蒙耻，围城则空耗兵力，从各方面考虑对自己都没有益处，于是征询谋士们的意见。大夫莫傲屈剖析了军情之后，认为只能以利相诱，才能引出绞军。他说，由于围城已有月余，城中的木柴恐怕将要用完了，绞国国君一定会急于得到木柴，如果给他们一点木柴的小利，他们一定会放松警惕来搞大量的木柴，那时，我们可诱其出城，趁机全歼绞军。楚王觉得此计可行。

楚武王下令叫一批楚军扮成伐薪的樵夫进山砍柴，担回营中，故意引诱绞军前来劫柴。另命一支精锐部队偷偷隐藏在深山之中，寻找有利于作战的地形，等候绞军进入包围圈中。另一支部队，准备随时切断绞军的后路。

于是，每天都有樵夫入山打柴，担到楚军营中去卖。绞军的侦察人员把这一情况报告给了绞国国君。绞君正为木柴即将用完而忧虑，听之大喜，命一小部分军队准备劫柴。第二天，绞军马到功成，劫回一批木柴。审问樵夫，樵夫都说，楚军在深山中雇用大批民夫砍柴，以备过冬之用，全没有军兵看守，只有几个地方官员去督察。接连几天，绞军都如愿以偿，审问之后，都和先前提来的樵夫回答一样，而且说柴快要伐完了，准备运回楚国。

绞君大喜，命令绞军的精锐部队开进山中，准确把木柴全部劫入城中，以解燃眉之急。结果大量的绞军进入了楚军早已准备好的包围圈中，一阵冲杀，绞军大败而回，负责断后的楚军又是一阵冲杀。同时楚军猛烈攻城，混入绞国都城和扮成樵夫被抓入城服役的楚军将士，一起在城内接应。很快，都城就被攻陷，绞国君臣俯首投降。从此，绞国就从地图上永远消失了。

历史上不乏因财色，因小人，因荒政，因好战等而亡国的。可绞国国君却仅为贪求几捆引火的干柴而亡国。可笑！

霍光擅权控中枢

汉宣帝地节二年（前68年），霍光死，宣帝即废去臣民上书的副封（副本），亲自执掌朝政。

宣帝幼遭巫蛊之狱，长于民间，内心早对霍氏长期专权不满。霍光死后，他立即以车骑将军张安世为大司马、车骑将军、领尚书事，填补霍光死后的权力空缺。当时御史大夫魏相通过昌成君许广汉向宣帝奏呈封事，建议损夺霍氏之权，破散其骄奢不制之阴谋，接着，又上书建议"去副封以防壅蔽"。宣帝立即任命魏相为给事中，并且诏令吏民得奏封事，废去副本，直接奏呈皇帝，不关尚书，群臣觐见独往来。令吏民得奏封事和去副封的用意，并不是宣帝简单的"事必躬亲"，而是为了将霍氏的势力排除于朝廷政治中枢之外，这是剥夺霍氏权力、强化皇权、保证宣帝亲政的重要步骤。之所以能达到这种效果，这是与当时的文书奏呈和批阅制度有关的。

自秦始皇创建专制主义中央集权体制后，为了集中权力，规定臣民奏呈的文书必须直接送达皇帝，为了防止泄露文书的内容，还规定要以皂囊封板。称作封事。因为文书数量多，所以秦始皇给自己规定，每天必须调阅批复一百二十斤竹简的文书，"不中呈，不得休息"，当时虽有尚书官职设置，但是归属少府，又职秩卑下，对朝政决策起不了什么作用。西汉初年也大致沿用这种制度。至武帝时，情况发生了变化。汉武帝事务繁剧，加以他经常游宴宫中，于是在尚书台的长官外，又在宫中设置了中书令，以宦官任之，大史学家司马迁在受腐刑后就担任过这一职务。中书令协助皇帝调阅、批复奏书，显然有相当大的权力。至武帝临终，为了维护刘姓王朝的稳定，以霍光等辅佐昭帝，除大司马大将军之外，又给霍光增加了一个"领尚书事"的官衔。霍光为了"政由己出"，规定臣民的上书者皆为两封，其一称副封，由领尚书者先发之，如果所言不善或对霍氏不利，就搁置不奏。霍光就以这种办法来控制内朝的权力中枢。宣帝接受魏相的建议，"去副封以防壅蔽"，正是为了结束霍光死后霍氏对朝政的垄断，使皇帝能够亲自控制整个决策过程。

汉宣帝采取上述措施后，由于事必躬亲，他的工作量大大增加了。当时"人人自书对事"。多揭发霍氏骄奢不法事。霍山见有此类上书"其言绝痛"者，常屏去不奏。后来，宣帝干脆通过中书令直接调阅，不关尚书，结果，霍山无所用其技。

与此同时，宣帝立许皇后子刘奭为太子；并且剥夺诸霍兵权，以外戚许氏、史氏的亲信取代之。这些措施，对霍氏的权势是一个沉重打击。"霍显及禹、山、云自见日侵削，数相对啼泣自怨。"及霍氏毒杀许皇后事发，霍山等人遂狗急跳墙，企图发动叛乱，结果事败族灭。

霍光为控制朝政，规定臣民上书皆为两封。而宣帝为结束霍氏对朝政的垄断，又必须亲自控制决策过程。因此废副封看似无足轻重，实质已成了皇室与外戚权争的焦点。宣帝废副封实乃势在必行的事。

朱元璋讳弊杀谏

明太祖朱元璋是一位兼有文才武略的开国皇帝。明太祖朱元璋从起兵诛灭群雄到登极称帝，对于左右的意见广采博收，集众人之智慧才开创了有明一代之大业。

但是，在明太祖的身上也同时有着刚愎自用苛刻滥杀的专横之气，有时简直就是一个十足霸道的暴君，甚至拒谏杀谏，在历史上造成了十分恶劣的影响，他拒谏诛杀叶伯巨一事，便是突出一例。

明太祖登极之初，为了加强中央集权的专制统治，采取了一系列措施，其中也包括分封诸皇子为藩王，重蹈了历史上分封的故辙，朱元璋共有二十六子，除长子朱标被立为太子，幼子早殇外，其余二十四子和一个重孙都被陆续分封为王。这些藩王各有封国，有护卫军队。朱元璋分封诸王的本意，是借鉴元朝皇室衰微的教训，以保朱氏家天下的长久，但是实际上却与他所坚持的中央集权方针发生了矛盾，可惜的是，朱元璋并未感觉到这种矛盾，或者不肯承认这矛盾，最早对此有所预见并提出异议的，只是一位未入流的平遥训导叶伯巨。

叶伯巨，字居升，宁海（今山东牟平）人。通经术，以国子生授平遥训导。洪武九年（1376年），钦天监奏报"五星紊度，日月相刑"，发生了所谓星变，按照传统的说法，这是上天对人君过失的警告，明太祖朱元璋为此诏求直言，以应天变。叶伯巨便于此时奏上了万言书。

在这份上书中，叶伯巨主要讲了三件事，他说："臣观当今之事。太过者三：分封太侈也，用刑太繁也，求治太速也。"三事之中，以分封诸王为首要之事。叶伯巨在应诏上书之前，曾对友人说道："今天下唯三事可患耳，其三事易见面患迟，其一事难见而患速。纵无明诏，吾犹将言之，况求言乎"，他所说的"难见而患速"之事，就是指分封太侈。

叶伯巨在奏书中指出："今裂土分封，使诸王各有分地，盖惩宋、元孤立，宗室不竞之弊。而秦、晋、燕、齐、梁（按：时无梁王）、楚、吴、蜀诸国，无不连邑数十，城郭宫室亚于天子之都，优之以甲兵卫士之盛。臣恐数巨之后，尾大不掉，然后削其地而夺之权，则必生觖望，甚者缘间而起，防之无及矣。"他总结历史教训，说道："（汉）孝景，高帝之孙也，七国诸王，皆景帝之同祖父兄弟子孙也，一削其地，则遂构兵西向。晋之诸王，皆武帝亲子孙也，易世之后，互相攻伐，遂成刘（聪）、石（勒）之患。由此言之，分封逾制，祸患立生，援古证今，

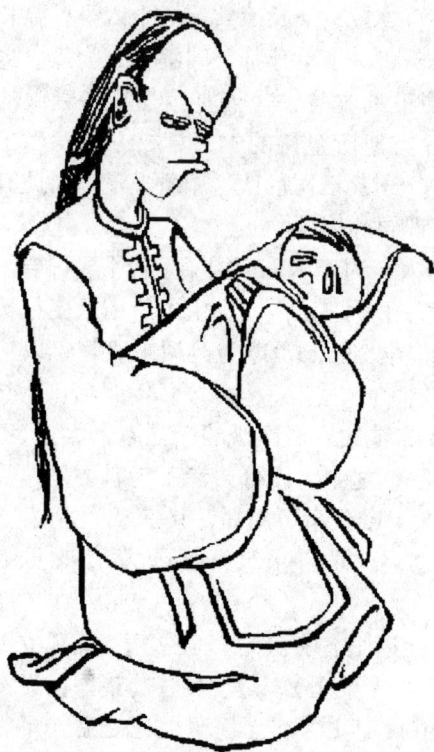

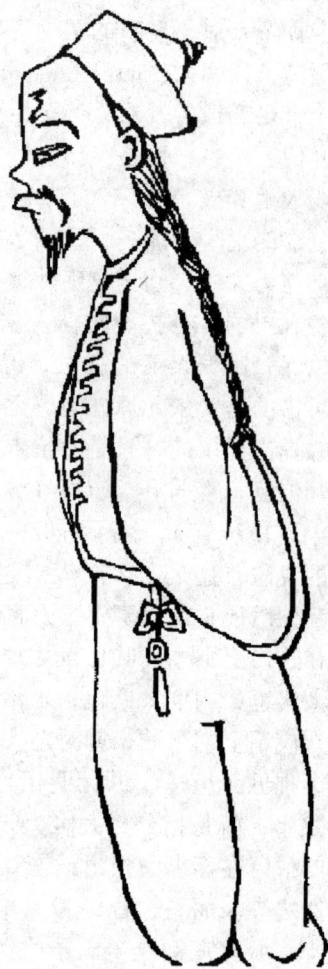

昭昭然矣。此臣所以为太过者也。"汉之七国，晋之八王教训昭然，当年贾谊又早有《治安策》，因此叶伯巨说："向使文帝早从谊言，则必无七国之祸。"如今则于诸王未就封国之前，先行"节其都邑之制，减其卫兵，限其疆理，亦以待封诸王之子孙。比制一定，然后诸王有贤且才者入为辅相，其余世为藩屏，与国同休。割一时之恩，制万世之利，消灾变而安社稷，莫先于此。"

这本是一片忠直之言，然而在当时，明太祖猜忌功臣，欲以诸子取代功臣为国之屏藩，因此对分封之事异常敏感，朝廷上下对此均有所知，谁也不肯冒杀身之祸的危险，进言此事。叶伯巨上书之前，友人也劝他不要因此致祸，但他以国事为重，毅然奏上了这份万言书。

明太祖朱元璋览奏大怒道："小子间吾骨肉，速逮来，吾手射之！"叶伯巨被逮入狱，瘐死狱中。

叶伯巨上书之时，所封诸王"止建藩号，未曾裂土"，书中所言之患确尚难见，而殷鉴在前，人所共知，明太祖朱元璋却明知而避忌，并且杀谏拒谏，终于导致了他死后枝强干弱的局面，继位的皇太孙朱允炆为去掉这尾大不掉之势，实行削藩。封藩北平（今北京）的燕王朱棣则以"靖难"为名，起兵夺位，终于爆发了一场骨肉相残的夺位战争。

明太祖猜忌功臣，大封藩王，其间也酝酿着祸端，而叶伯巨忠言上谏，却冤死狱中。明太祖不识其弊，终导致了一场骨肉相残的争位之战，可悲可叹！

为大局权衡利弊

1940 年 11 月 12 日，德国空军司令部通过最新、最复杂的通讯密码作出决定，将于 14—15 日对英国重要的建筑、工业名城考文垂城实行猛烈轰炸。英国通过"超级机密"截获了德军这一情报。但是，如何应付这次空袭，英国军队却面临着两难选择：若不采取措施，考文垂城将是一场大灾难；若提前做好应急措施和防御准备，则德国人就会怀疑自己的密码已被破译，可能再换一种新的密码，这样英国人费尽九牛二虎之力获得的"超级机密"就会失去作用。丘吉尔当时任英国首相，面对这种困难抉择，他经过反反复复的仔细权衡，认为"超级机密"的安全和意义要比一个重工业城市的安全价值要大，因为"超级机密"在未来的战役中是具有决定意义的重要武器。为了全局利益，为了保证长远，丘吉尔冒着压力和危险决定忍痛割爱，用牺牲考文垂城来保全"超级机密"。结果，考文垂城在没有更多防御的情况下，痛苦地承受了德国飞机长达 10 个小时的狂轰滥炸，变成了一片废墟。

但后来的实践证明，"超级机密"为日后英军的整个全局，最终打败德国法西斯立下了汗马之劳。

丘吉尔为保"超级机密"的安全，宁愿放弃城镇，这是为了保证长远、全局的利益，后来的事实也证明了该决断的英明。

忽略重点缺协调的后果

1943 年 9 月 24 日，苏军第三、五伞兵旅在第聂伯河以西的坎涅夫和别列斯尼亚基地区实施了较大规模的空降作战。由于苏军协同不好，乱成一团，虽然伞兵勉强着陆了，但陷入了散乱状态，形不成一支队伍，被迫在德军防御地域内，三三五五成群地打游击，未能达到战役目的。

苏军为扩大第聂伯河右岸布克林的登陆场，阻止德军预备队的开进，保障其方面军强渡第聂伯河，于 1943 年 9 月初开始从沃罗涅什方面军抽调第一、三、五伞兵旅约一万余人，组建一支空降兵军，拟于 9 月 24 日夜间实施。为此，苏军共调动运输机二百一十五架，滑翔机三十五架，在离空降地域二百五十至三百公里的出发地域的数个机场进行紧张的准备。计划规定：伞兵在一夜之内分三批实施空降，以保障迅速夺取预定目标。

9 月 22 日，德军发现苏军企图后，即将第十摩托化步兵师、第一百六十七步兵师和第十九坦克师急速调往布克林一带。24 日，又将第七十三步兵师和第七坦克师调往坎涅夫地区。并增配了高射火炮和探照灯，组织对空防御，准备反空降作战。

因运输紧张，苏军第三、五伞兵旅于 24 日才集中完毕。又因天气恶劣，运输飞机未能按时集中，因此不得不在起航前仓促修改计划。

9 月 24 日 17 时 30 分，运载第三伞兵旅的飞机起飞，一夜出动运输机二百九十六架次，除十三架未找到目标原载返航外，共空降四千五百七十五人和六百六十六个投物袋。由于空降着陆过于分散，旅长又未配电台；有的虽有电台，但电源又是装在其他飞机上投放的，因而造成通信中断，失去指挥，全旅人员处于游离状态。

运输第五伞兵旅的运输机群情况更糟，飞机到达集结地以后，竟没有足够的加油车为他们加油。由于机群不能加满油料，最后只能单机起飞，起飞的时间也比第三伞兵旅晚一个半小时。加之德军炮火猛烈，一夜之间仅伞降了两个营（约一千余人）。

两个旅的各分队人员着陆时混杂在一起，人员和装备器材散布面积很大，集合收拢困难。部分伞兵降落在德军阵地上，损失很大。被分割的小伞兵群，只能一面战斗一面合并，逐步合并为较大的伞兵群，主要分布在坎涅夫和切尔卡瑟两个地区附近活动。就这样，伞兵旅零散分队东躲西藏，昼伏夜出袭扰敌人，一直坚持到 11 月 28 日与渡河部队会合后撤出战斗。

此次空降作战，是在有计划、有准备时间的情况下进行的。但由于方面军指挥员不重视对空降兵作战的组织协同，致使空降归于失败。飞机使用不当，耽误了部队集结时间，打乱了运载计划。加油车未能按时到达机场，耽误了飞机起飞。电台、电源又分开空降，两个旅长都没有大型电台，无法与方面军联络，成为一支孤军。空降兵着陆后，无法主动协同，三五成群打游击，影响战役企图的实现。对这次空降作战，苏军萨佛罗诺夫将军说，行动不能令人满意，这个空降军的组成是仓促的，运送行动是紊乱的。沃罗涅什方面军的情报机构没有搞到关于空降地区的德军部队的情报，这是很大的失职。归根到底，是方面军指挥员没有很好地协调各单位行动，以致各单位有劲使不上，互相干扰，互相影响，造成一片乱。

苏军为了空降作战的确作了充分的计划、准备。然而他们却忽略了最关键的地方，即没有重视各军团的组织协同。以致各军团有劲使不上，互相干扰，互相影响，最终空降作战失败。

配合协调　十指弹琴

艺术家弹奏钢琴，十个指头都要动，不能有的动，有的不动；不能十个指头一齐按下去；也不能胡乱地瞎按乱弹。那样，只能产生刺耳的噪音。十个指头如何动作，确是奥妙无穷。只有掌握了诀窍，手指在键盘上的跳动按照一定的艺术规律，有先有后，有轻有重，有急有缓，配合默契，才能奏出抑扬顿挫、美妙无比、沁人心脾的乐章。领导工作的管理过程也是如此。繁忙杂乱的日常工作管理就好比是一架钢琴，领导者好比是钢琴手。如果能够把繁杂的工作安排得井然有序，既把握好中心环节，又照顾到一般，主次配合，难易相间，脑体互补，那么，就能够像高明的钢琴家奏出的美妙音乐一样，得心应手，浑然一体。领导者应该学会"十指弹琴"的管理艺术。

"十指弹琴"的管理艺术，首先要求领导者既把握工作重点，又兼顾其他。这就是说领导者要善于从众多的工作中抓住重点和中心，把注意力用在重点和中心上。同时，又要根据重点工作和中心工作同其他工作的内在联系，带动和促使其他工作的进展，为其他工作创造有利条件。既不能单一地抓中心，也不能十个指头平均使用力量。弹"钢琴"一定要弹得"主调"鲜明无杂音，"和音"相配节奏明快。

"十指弹琴"的日常工作管理艺术是对前面所论述的"抓中心环节"的管理艺术的进一步的完善和发展。因为"十指弹琴"不仅强调要抓工作重点，抓中心工作，而且还强调要兼顾其他，全面发展。在现实领导工作中，领导者必须是首先抓好中心工作和重点工作，把它作为中心环节，形成"纲举目张"的态势。但同时又要兼顾其他，全面安排，以适当的精力去抓好次要的工作。这与戏剧中的好主角还需好配角来配合、植物中的红花绽开还需绿叶扶持是一个道理。比如一个学校以教学为中心，校领导在提高教学质量，提高学生成绩方面倾注了很大精力；同时也要合理安排好思想政治工作，后勤管理工作，并办一个校办工厂，以便取得一定的资金保障。只有既抓住了中心环节，又做到了全面安排，才会使一个单位很有生气和活力。

"十指弹琴"的艺术还要注重组织管理中各个因素之间的有机配合和平衡协调，使之成为一架浑然一体的管理机器而有机地运转。一方面要非常注意管理的"硬性"因素，即要建立和健全一整套科学合理的组织结构和规章制度，使本单位、本组织成为一个有秩序、高效率的组织机构；另一方面又要十分重视管理工作的"软性"因素，在我国，就是要把党、政、工、团各组织之间、人与人之间的关系融为一体，使整个组织成为上下左右关系协调、团结合作的充满活力和战斗力的集体。

善于"弹钢琴"的领导艺术，实际上是一种高超卓绝的协调技能，把工作中的重点和非重点、中心和非中心进行有机的组合安排，并由上一阶段的中心环节稳妥地转到下阶段的中心环节，把组织管理中的"硬性"因素与"软性"因素妥善搭配和巧妙糅合起来，在规范化、科学化的组织结构中，注入其有能动性、创造性、灵活性的人员、作风和技巧因素，使严格的管理过程富有弹力和活力。这种领导艺术能产生很高的效能，不仅使组织充满生机和活力，而且在社会上也有强大的竞争力。

化繁为简　抓住关键

领导工作的特点是头绪众多，范围广，事情杂。在这种情况下，要节约时间，提高效能，就必须善于把复杂的事物简单化，这是一条提高时间使用效率的捷径，是一条很重要的领导艺术。

在现实生活中，有这样两种类型的领导者，一种是善于把复杂的事物简单化，办事又快又好；另一种是把简单的事物复杂化，使事情越办越糟。应当提倡第一种类型的领导者，倡导掌握化繁为简的领导艺术。

化繁为简的领导艺术，主要包括以下几个方面的内容。

1. 抓住主要矛盾，即抓住工作中的关键环节，着力打通"瓶颈"

在领导工作中，必须善于在纷繁复杂的事物中，抓住主要环节不放，"快刀斩乱麻"，使纷繁复杂的状况变得脉络可寻，从而使问题易于得到解决。

另外抓住主要矛盾，即抓住工作中的关键环节，从它的反面讲，就是要善于排除工作中的主要障碍。主要障碍就像瓶颈被堵塞一样，必须打通，否则工作就会"卡壳"，耗费许多不必要的时间和精力。

2. 简化不合理的工作程序，或者叫做"优化事序"

对一个领导者来说，往往在他的案头，许许多多、大大小小的问题或任务排成队，等待着处理。如果要按单向排队顺序，来了什么工作就做什么工作，天长日久，就会形成"事无巨细，一律平等，一律照办"的工作习惯，这样的习惯在客观上就会导致数量众多的"小事"，淹没了非常重要的"大事"，导致领导者产生因小失大的错误。有的领导者还有这样的工作习惯，总是优先处理最紧迫的事情，而最紧迫的事情却不是最重要的事情。这样的工作习惯也使领导者产生错误，只重视现在，而忽视将来；只重视克服困难，而忽略创新和寻找机会。

提高领导者的时间效率，要求以社会效果和经济效益为准绳来确定事情的排列。要求领导将每天面临的杂乱无章的工作系统化，按工作的轻重缓急，根据某项工作在系统中起作用的程度、贡献大小分为不同类别和排定事物的优先次序。在这方面，美国企业管理顾问艾伦·莱金所提出的 A、B、C 分类法，对我们颇有启发。他在《如何控制你的时间和生命》一书中，提出了两种利用时间的办法：（1）编制每天工作的时间表。他认为由于每天需要管理的事情很多，又不可能都做完，因而可将事情分成 A、B、C 三类。A 类事情最重要，B 类次之，C 类可以放一放。一位优秀的管理者，应想方设法去完成 A 类和 B 类工作，若完成了，也就完成了当天工作的 80%。这种方法有利于人们把有限的时间安排在效率高的、最重要的事情上，同时机智地拒绝或拖延不必要的事或次要的事。一件事来了，首先要自问"这件值不值得做?"（2）任何值得做的事，都要拼命去做，即使离午饭还有十分钟，也应该把它用来做这件事。尤其重要的是开始，即使自己不擅长干那些事，也要开始去做，不要有恐惧心理，干起来以后，情况就会有所改善。

"一分钟经理"成功揭秘

现代领导科学赋予领导的职责是决断和发动。由黑箱原理通过信息的输入和输出来了解黑箱的内部结构所产生的黑箱方法运用于领导活动中，就是要求现代领导一方面作出正确的决策，另一方面把执行结果与决策目标进行比较。这种"只管两头不管中间"的领导方法就是要求领导只抓大事，不问琐事。"一分钟经理"成功的奥秘，实际上是把领导应该"抓两头的"职责通过三个一分钟的具体步骤来实施的。肯尼迪作为总统做出了撤出土耳其导弹的正确决断，但没有检查落实情况，其实是抓了一头而忽视了另一头，结果导致了也许可能避免的震惊世界的古巴危机。

黑箱原理

决断和发动（即推动决策的执行）是现代领导的基本职能，它是现代领导的基本原理。这一领导原理又称为黑箱原理。

所谓黑箱，又叫闭盒（closedbox），本是自然科学概念，是指技术上不能打开直接观察或者直接观察又会破坏其内部结构失去其本来面目的系统。如可望而不可即的茫茫宇宙中的天体，看不见摸不着的微观粒子，生命有机体的神经、经络和脑的思维活动等等。要研究人脑的思维活动是不能用传统的生物学解剖方法的。控制论创始人维纳在《模型在科学中的作用》一文中说："所有的科学问题都可以作为闭盒，研究的唯一途径就是利用它的输入和输出。"即通过信息的输入和输出来了解黑箱的内部结构。

控制论的黑箱理论适用于自然科学和社会科学各个领域，即使是白箱——可以直接观察的系统，或半明半暗的灰箱也可以运用黑箱理论进行研究。黑箱方法已经成为极为重要的科学方法。如果把它运用于领导活动的实践，那就是"只管两头，不管中间"的领导方法。

黑箱原理应用

何为"只管两头，不管中间"？领导者是决策者，领导的下属就是执行者或执行部门，那么，领导者是怎样去领导执行部门呢？根据黑箱理论把执行部门看做是黑箱，通过信息的输入、输出来进行领导。换言之，就是领导者只给执行部门输入决策指令和发动他们贯彻决策的指令，并了解输出情况即执行结果。至于执行部门如何去执行及具体执行过程如何，由于是执行部门之专责而非领导职责，因而领导者可以在所不问。

"两头"是指输入和输出，"中间"是指执行部门或执行者，包括管理者、操作者。"只管两头"是指这是领导者的职责，责无旁贷，"不管中间"说的是执行部门的事，管理者的职责和职权领导者不得任意干预，越俎代庖，否则就会发生越权和侵权。但是，"不管中间"不是说对执行部门可以不闻不问，只是说对其内部事务，对其自身的权责不得横加干预。领导者可以从外部，即通过输入输出来影响它、推动它，即发动，这也是领导者的基本职能。决断与发动具有同等重要的意义，都是领导的不可分割的职责，或者说这就是领导者的大事，而执行部门的事则是琐事，所以"只管两头，不管中间"又可叫"抓大事不问琐事"。

1. 抓输入

包括决策指令和发动下属执行决策的指令。这是领导者的职能、主要任务，必须亲自抓。

2. 比较输入和输出

输出是指执行部门对指令的执行结果。比较就是寻找决策目标和执行结果之间有无差距，是否偏离目标，如果有差距或偏离目标，要找出原因是执行不力还是决策有误，进行调整和控制，可追踪决策或调整执行部门。这时领导者要勇于自责，绝不可诿过他人，即便是执行不力，也应该"执罚思过"。

3. 带动"中间"

"中间"是次要矛盾，是琐事（对管理者来说又是主要矛盾，又是大事）。领导者不能躬亲，不得随意干预，不得插手其内部事务，更不能包办代替，只能从外部去推动、去影响，即通过输入和输入输出的比较这两种方式从外部去推动。

在实际领导工作中，黑箱方法的操作要求正确处理好集权、分权和授权的关系。现代科学的领导方法和传统的家长制领导方法是根本对立的。家长制时代的事无巨细、事必躬亲的领导方法是因为家长制只有集权而没有分权的领导体制。而现代领导体制及其领导方法是以分工分权为基础的。只有正确处理集权和分权的关系才能把"抓大事不问琐事"的领导方法落到实处，才能真正体现以分工分权为基础的民主领导体制。

集权是权力的上移，分权是权力的下移。无论是上移还是下移都要适度，绝对的无限的上移就是家长制、专制、独裁，绝对的无限的下移就是分散主义、极端民主化。所以集权要合理、分权要适度，不能过度，也不能不足。有人把"大权独揽，小权分散"中的大权，理解为决策权、执行权和监督权，这是错误的。所谓需要领导独揽之"大权"是指对输入执行部门的决策指令和发动指令有最后选择或者决断的权力，即决断权。这个权力只能集，不能分，只能独揽，不能分散。否则，就政出多门，政令不一。但是，决策权以外的其他一切权力，如信息权、咨询权、执行权、评价监督权等等，原则上必须分散，不能集中，否则就意味着公众或下属不能享有信息，不能知情，不能参政议政，对决策者及其行为和后果不能评价，不能监督。

授权也是一种分权，是分权的特殊形式。和分权不同之处在于，授权是指本是领导者自己的权力则授给下属行使。授权又有两种形式，一是授权授责，二是授权不授责，即授权留表。

分权和授权都是调动下属积极性、主动性和创造性的重要领导方法，特别是授权不授责的形式有更大的意义。

黑箱方法的应用应坚持两个原则：一是领导者要干自己的事，二是不干别人能干的事。或者说，一个领导人经常思考这两个问题，对自己的领导方法作自我考核：其一，干的事是否是自己的事，有没有干别人的事？行使的权力是否是自己的权力，有没有越权？其二，干的事是否别人也能干的事是不是能授权他人？

大事化小　小事化了——和稀泥大法

在现实生活中，人与人的冲突常常是不可避免的，更何况官场了。如何处理官场中的矛盾冲突，首要的一点就是权衡利弊，估量对方。如果对方来势凶猛，势不可挡，不妨化大为小，化小为了，以保存实力，待到秋后去算账。有时抹抹稀泥，网开一面，能让人感激三分（赶尽杀绝一般是很难做到的），说不定还可以为自己留条退路。

宰相肚里能撑船

吕蒙正，字圣功，北宋河南洛阳（今河南洛阳东）人。好学有才，宋太宗太平兴国二年开科取士，他位居榜首。入仕后，累迁著作郎、直史馆、翰林学士、左谏议大夫、参知政事，可谓扶摇直上。太宗、真宗朝曾三度入相，位极人臣。

吕蒙正为官最大的特点是质厚宽简，遇事敢言，不结党营私，以正道自持，了解他的人都不敢随便以私事相求。有一次，有一名官员想取悦于吕蒙正，以求得日后的晋身之阶，便把一枚家传古镜献上，据说这枚镜子可照二百里之遥。吕蒙正见了，笑着说："这镜子是不错，只是我的脸只有碟子一般大，要能照二百里的镜子干吗？"虽然没有怒目相向，也没有厉声斥责，但平和的语气中显示的正直之气，已足以令送礼者汗颜。闻知此事的人无不为之叹服。

吕蒙正为人异常大度，一般人难以企及。他刚被提拔为参知政事时，一日上早朝，按惯例，宰执高级官僚率先入殿，一些职位较低的官员暂候侧殿。当吕蒙正走过侧殿时，帘内有人议论说："这个姓吕的有何能耐，也能当参知政事？"在禁止喧哗的朝堂，这句话清晰地传入吕蒙正耳中，但他却不动声色，佯装没有听到，目不旁视地快步向前。同行的官员愤愤不平，令左右去查证一下说话者的姓名、官职，吕蒙正立即挥手制止。罢朝后，同僚仍在为刚才的事生气，后悔当时没有追问。吕蒙正却说："此话固然不入耳，然而，一旦得知其人姓名，便终身不会忘记，以后同列朝堂难免心存芥蒂，于国事无益。还不如不知道，不去刨根问底，这对我个人也没什么害处啊!”面对如此宽阔的胸襟,同僚们还能说什么呢?

吕蒙正刚任宰相时,金部员外郎张绅知蔡州,因贪赃枉法被免除官职。有人对太宗说,“张绅是洛阳有名的豪富,怎么可能去贪求区区贿赂呢?吕蒙正在中进士前生活十分困窘,曾向张绅借钱而未能如愿,一直怀恨在心,眼下是在利用职权,寻找借口报复张绅罢了。”太宗信以为真,便下诏让张绅复官,这是很失吕蒙正面子的事,而吕蒙正却始终以大局为重,不发一言为自己辩解。不久,吕蒙正罢相,考课院却查得张绅贪赃枉法的真凭实据,再次将他免职,太宗闻知,后悔不已。以后,吕蒙正再度入相,太宗不无内疚地对他说:“张绅果然是个贪官,已被免职。”吕蒙正仍然不为旧事辩解,也不乘机发泄被误解的委屈,一笑而已。连太宗皇帝也十分佩服他的肚量,曾私下赞叹:“蒙正气量,我不如也。”

封建时代,士大夫对家族所担负的一项重要职责是光大门楣,光宗耀祖。身为宰相,吕蒙正若想为子孙谋要职,实在是易如反掌的事,但他在这方面同样表现得大度而无私。卢多逊为相时,其子以父荫入仕,一下子就得了个水部员外郎,以后,宰相之子入仕,差不多都以此为起点。吕蒙正入相,儿子吕从简也当补官,吕蒙正却上奏说:“当初我考中进士甲科,只授六品京官,天下有才能的人不计其数,不少人默默无闻一辈子也得不到一官半职,今天我儿子还幼年,就得此高位,我心中不安,恳求朝廷,只以我当初入仕时的官职授予他就足够了。”奏章呈上后,太宗仍坚持原来的意见,吕蒙正辞让再三,方得应允。从此,宰相之子恩荫只授六品京官便成为定制。有人说,此时吕蒙正如日中天,为子谋福来日方长,因此才会这样推辞。那么,下面的事又如何解释呢?真宗大中祥符年间,他因年老体迈,辞官回洛阳,真宗泰山封禅时路过洛阳,亲临吕府,赐赉有加,并问他:“卿的几个儿子中,哪一个可用?”来日无多的吕蒙正,如要为儿子谋职,此时不说更待何时?但他却回答说:“臣的儿子,豚犬而已,都没什么才能。不过,侄子夷简,现任颍州推官,此人倒是宰相之才。”这就是仁宗朝三度入相的吕夷简,才能平平的,哪怕是亲生儿子也不推荐;而确有治国之才的,也不因为是自己的侄儿避嫌不言,这就是吕蒙正的气度为国之心,可鉴日月。

作为宰相,一言九鼎,但吕蒙正没有公报私仇,没有因一点小事而斤斤计较,名留青史,理所当然。

出以至诚,不怕没有权威

汉武帝自元光六年到元狩四年这十年间,对北方匈奴的征战连连。主将卫青是位常胜将军,以沙场上的战绩流芳百世。他一生出击匈奴七次,杀死及俘获匈奴共五万人。

元狩元年春天。卫青出兵定襄,合翕侯赵信为前将军,平陵侯苏建为右将军,郎中令李广为后将军,斩胡首数千级而还。月余全军复出定襄击匈奴,再斩万余级。

但是这一役中,苏建、赵信一同率三千多名骑兵出巡,遭遇单于的军队,激战一天后，士兵牺牲殆尽。赵信原为胡人，降汉立功封侯，但这次被匈奴引诱，遂降单于，右将军苏建只身逃回。

议郎周霸说："自从大将军出兵以来，未尝斩杀过副将，现在苏建抛弃军队，可以杀他以显示大将军的威严。"

长史安说："不可以。苏建以数千个骑兵去抵挡数万个敌兵，力战一天下来，士兵都不敢有异羽。如今他脱险回来，将军反而要杀他，岂不是明示后人，以后遇到这种事不能回来。"

卫青明白地说："我以赤诚之心带兵不怕没有威严，周霸说杀苏建可能显示我的威严，实在不是我的本意。而且，虽然我的职权可以斩将，但以我所受的宠信，敢在塞外专杀，应该送回京师，请天子裁决，并可藉此训示为人臣者不能专权，这不是很好吗？"

于是把苏建押解到京师，武帝果然赦免，将他降为庶人。

卫青是武帝皇后卫氏的弟弟，他的母亲在武帝的姐夫平阳侯曹节府中做女佣时，和府中总管郑季所生。

有一次跟人出门，有人见他长相威武，对他说："你是个贵人，将来可做官封侯。"可是卫青不在意地笑说："做人家奴才，不挨骂挨打就很高兴了，哪敢妄想以后当大官？"

他虽因姐姐富贵而起，掌握兵权数年，受到无比的宠信，封到武官最高职位的"大司马"，武帝始终对他没有起过疑心，属下也不嫉恨，同僚未曾排斥，确是很难得的境遇。这些都应归因他能避开权威，远离嫌隙所致。

斩将，或可立威，刺激军队奋进，甚至可图胜利，建树显赫功劳，然而，确实不如以赤诚带兵。想想自己的出身，看看此时的职责任务，如何自恃功大，砍人家的头，只要尽到自我的本分，也就可以了。

没有百战百胜的常胜将军，如果一次失败就取其人头，日后谁还敢给你卖命，卫青深谙此道。

曹彬成为第一良将的哲学

在宋王朝开国的几十年间，能够率兵南征北讨，堪称良将第一者，当属曹彬。

后唐长兴二年（931年），成德军都知兵马使曹芸家中生有一子，聚名曹彬。这个孩子满周岁时，他的父母拿来很多玩具给他玩，看他拿些什么。小曹彬左手持干戈，右手取俎豆，一会儿又取一方印，对其他的东西则视而不见，大家都认为这个男孩不同寻常，以后一定是个定国安邦的人才。

曹彬字国华，祖籍真定灵寿（今属河北）。少年时气质淳厚，后汉时为成德军牙将。他的姨母为后周太祖郭威的贵妃。郭威代汉称帝后，把他召到京城，任供奉官，隶周太祖养子柴荣的帐下，以端庄谦恭著称于将帅之间。

周世宗柴荣在位时，曹彬曾出使吴越，使命完成后便急返汴京（今河南开封），吴越国私人送的礼物，他一概不收，吴越王派人用快船追来送礼，连追四次，曹彬都予以回绝。最后实在无法推辞，他才说道："吾终拒之，是近名也。"把礼物收了下来。还朝后，他却把礼物交给官府。世宗听说后，强迫他收下；没办法，他才带回家中，但是自己却不留一钱，全部送给亲戚和部下。

宋太祖赵匡胤取代后周，因为他是后周国戚而不加信任。先前在后周时，宋太祖统帅禁军，曹彬对其持中立不倚的立场，没有公事从不登门，群居宴饮的事，他也很少参与。建隆二年（961年），宋太祖把他从平阳（今山西临汾）召回，问道："我畴昔常欲亲汝，汝何故疏我？"曹彬顿首说："臣为周室近亲，复忝内职，靖其守位，犹恐获过，安敢妄有交结！"宋太祖原谅了他，任命他为客省使。命他与王全斌、郭进一起率领骑兵攻打河东乐平县（今山西昔阳），获胜而归。

乾德二年（964年），宋朝廷大举出征讨后蜀，曹彬被任命为归州路副都部署刘光义的都监，率军分兵合击。刘光义、曹彬这支军队入峡路，连破松木、三会、巫山等寨，很快便兵临白帝庙西面。随后又破夔州及万、施、开、忠等州，又入遂州（今四川遂宁）。一路上，部将们都想屠城抢掠，曹彬严加禁止，诸将才未能逞凶肆欲。因为他对将士约束甚严，从峡路进军的兵马，一路上秋毫无犯。宋太祖听说以后，高兴地说："吾任得其人矣。"特令嘉奖。

乾德三年（965年），后蜀主孟昶出降，宋军入城都，主将王全斌及副将崔彦进、王仁赡等人日夜宴饮，不理军务，任部下抢掠女子、财物，后蜀百姓深受其害。曹彬多次请求撤军，王全斌不听，终于导致蜀军全师雄等人反叛。当时尚有蜀兵三万人驻扎在成都城南，王全斌等恐怕这些降兵响应全师雄，便将三万蜀兵调到成都夹城中全部杀死。曹彬坚决不赞成这种作法，王全斌不听。曹彬虽难以违抗军令，却以不签字来表示反对。

宋太祖知道杀后蜀降兵之事后，将入蜀将领召回问罪，诘问说："如何敢乱杀人？"又说："曹彬但退，不干你事。"曹彬坚决不走，说道："是臣同商议杀戮降兵，朝廷问罪，臣首合当诛戮。"宋太祖听曹彬这样说，因而原谅了平蜀的所有将领。

后来，宋太祖准备征讨南唐，召来曹彬和潘美，对曹彬说："更不得似往时西川乱杀人。"曹彬此时才对宋太祖说："臣若不奏，又恐陛下未知。曩日西川，元不是臣杀降卒，缘臣商量，固执不下，臣现收得当日文案，元不著字。"太祖拿来看过，有些不解，问道："卿既商量不下，何为对朕坚自服罪？"曹彬回答说："臣从初与王全斌等同奉陛下委任，若王全斌等独罪，臣独清雪，不为稳便，臣是以一向服罪。"太祖还是不明白，又问："卿既自欲当罪，如此又用留此文字？"曹彬答道："臣初从谓陛下必行诛戮，臣留此文书令老母进吴，乞全老母一身。"从此后，宋太祖更加钦佩曹彬的为人，深知他为彬彬君子，准备委以重任。

在灭后蜀和南汉之后，经过几年的准备，宋太祖决心讨平江南大国南唐。他将征讨南唐的任务交给曹彬，任命他为升州西南面行营马步军战櫂都部署，名将潘美、曹翰、李汉琼等为副将。

临行前，宋太祖对曹彬说："南方之事，一以委卿，切勿暴略生民，务广威信，使自归顺，不需急击也。"并且交给他一口尚方宝剑，说："副将以下，不用命者斩之。"潘美等人听了都大惊失色，不敢仰视。宋太祖因为王全斌征蜀滥杀，悔恨不已。他知曹彬仁厚，所以这次派曹彬击南唐。还有一种说法，说曹彬等人临行，宋太祖在讲武殿设宴，酒过三巡，曹彬等人跪在太祖床前，请求指示。宋太祖从怀中掏出一个信封，交给曹彬说："处分尽在其间，自潘美以下有罪，但开此，径斩之，不需奏禀。"待南唐被平定后，没有一个违反军令。还朝后，宋太祖又在讲武殿设宴，酒过三巡，曹彬和潘美又跪在太祖坐前说："臣等幸无败事，昨授文字，不敢藏于家。"说完，把临行前太祖交给他们的信封递了上去，太祖慢慢地打开信封，原来是白纸一张，众人为之一愣，君臣相视哈哈大笑。

曹彬率大军南征，进展神速，先后攻占铜陵、当涂、芜湖，直抵采石矶（今安徽马鞍山市附近）。败南唐二万余人，生擒一千余。又把先前在石牌镇架设的浮桥移至采石。三天便架设成功，尺寸不差，宋大军过江，如履平地。南唐主李煜最初不相信宋军能够在长江上架桥，宋军渡过长江，南唐君臣才真的害怕了。

宋军节节胜利，很快便逼近南唐都城金陵（今江苏南京），行营马军都指挥使李汉琼率领自己属下军队渡过秦淮河，抵南岸在巨型战舰上装满芦苇，顺风放火，攻拔了南唐守军的水寨。不久，潘美又击退夺取浮桥的南唐军队。随后，宋军便包围了金陵。

当初，南唐谋臣陈乔、张洎劝后主李煜坚壁清野，待宋军师老兵疲后再反击。所以，宋军入南唐境内之后，李煜并不紧张，终日在后苑与僧、道之士讲经说易。有紧急军情，几个近臣又隐瞒不报，宋军包围金陵很长时间，他尚且不知。一天，他亲自到城上巡视，发现城外布满宋军营垒，旌旗蔽日，吓得大惊失色，这才知道为臣属所骗。他下令将主将皇甫继勋处死，召神卫军都虞侯朱令赟入授。朱令赟率十万上江兵进驻湖口，不敢前进，拥兵自保。

开宝八年（975年）秋七月，宋太祖认为江南卑湿暑热，军中多患疾疫，准备退兵。正好权知扬州侯陟入朝，谈到金陵已指日可下，宋太祖才下决心继续围城。

南唐后主李煜多次催促朱令赟率军来援，朱令赟无奈，急率十五万大军东下，乘长筏、巨舰筏长百余丈，战舰大者可容纳上千人，顺流而下。宋太祖令王明在江洲及岸上立很多巨木，形同帆樯。朱令赟不知是诈，误以为宋军设下埋伏，不敢贸然进发。当时江水较浅，大船难行，朱令赟乘坐的大船高十几层，更是进退不便。至皖口，遇宋行营步军都指挥使刘遇，双方交战，朱令赟下令以火攻击宋军。突然，北风骤起，大火反而烧了自己，南唐军大惊，四处逃窜，朱令赟及部将都成了宋军的俘虏。金陵盼望已久的唯一援军也被消灭，从此更加岌岌可危了。

宋军本来早就可以攻入城中，曹彬下令，只围不攻，以避免双方将士、百姓不必要的牺牲。从春至冬，宋军包围金陵近一年。城中官民不能出城，粮草断绝，出兵即败，士气十分低沉。

曹彬始终采取迫其出降的方针，多次延缓攻击的时间。他累次派人告知李煜说："此月二十七日，城必破矣，宜早为之所。"李煜曾在迫不得已的情况下，与宋军约定让儿子入宋朝廷为人质，但却很久都不出来。曹彬再次派人入城说："郎君不需远适，若到寨，即四面罢攻矣。"李煜认为金陵城池坚固，宋军很难攻破，又

拖延说二十七日使可出城。曹彬最后一次警告说："若二十六日出，亦无及矣。"李煜仍然不信宋军能破城。

先前，宋太祖多次派人告谕曹彬，不要滥杀无辜，不得已而攻城，既使南唐军拼死抵抗，也不要伤害李煜及其家人。将要攻城之日，曹彬突然生病，不入帅府处理军务。从将都前来探望，曹彬说："余之病非药石所愈，须诸公共为信誓，破城日不妄杀一人，则彬之疾愈矣。"众将都答应遵守约束，为了确保将士们的执行不误，他又与众将焚香宣誓。见众人信誓旦旦，曹彬的病也完全好了。

十一月二十七日，曹彬下令全线攻城，金陵外无救兵，内少粮草，早已不堪一击。曹彬率大军列队入城，直抵李煜宫城。李煜奉上降表，带领群臣迎拜在宫城城门之下。曹彬当即派一千精兵守住城门，下令说："有欲入者，一切拒之。"

开始，李煜命令在宫中堆满柴草，对臣属说：一旦宋军入城，他便和全家投火自杀。见到曹彬后，曹彬好言抚慰，并且告诉他，入朝后俸禄有限，而花费却很大，劝他多准备些财物，否则，官府来人查封府库，他便一件东西也别想再取出来了。当时便让李煜入宫拿取，可任意挑选，行营右厢战棹都监梁迥及田钦祚等人唯恐李煜入宫后自杀，劝谏说："苟有不虞，咎将谁执？"曹彬笑而不答。梁迥等人固执己见，争论不已，曹彬不得不加解释，才说："煜素无断，今已降，必不能自引决，可亡虑也。"他又派五百人为李煜运送辎重，李煜感于国家新亡，非常悲愤，无意求取财物，他把黄金多分给旧臣，自己拿得很少。李煜旧臣张洎拒而不受，请见曹彬，愿入朝奏报李煜分赐黄金之事。曹彬则认为张洎并非不贪财物，不过邀取名望而已，不许他上奏，把他献上的黄金都送到官府。

曹彬进入金陵以后，再次重申禁止抢掠的命令，将士们都不敢违抗军令。城中的官员百姓之家因此得以保全。有些官员的亲属被宋军俘虏，曹彬当即下令将他们释放。又下令在军中进行大搜查，不得掳人妻女藏匿起来，对于南唐府库中的财物，他则命令转运使许仲宣登记造册检查，自己毫不染指。撤军的时候，他的坐船里，只有衣被和图书，没有收取南唐一丝一毫的财物。

曹彬率大军讨平南唐，共得到 19 个州、3 个军、108 个县，655065 户。

灭南唐之后，曹彬班师还朝。当初，曹彬率大军南征，宋太祖曾许愿说："俟克李煜，当以卿为使相。"副帅潘美提前向他祝贺。曹彬说："不然，夫是行也，仗天威，遵庙谟，乃能成事，吾何功哉？况使相极品乎？"潘美问道："何谓也？"曹彬笑笑说："太原未平耳。"这次还朝后，宋太祖却没有如约授职，果如曹彬所言，对他说："令方隅尚有未服者，汝为使相，品位极矣，肯复力战耶，且徐之，更为我取太原。"当时潘美也在座，听过之后暗暗地看着曹彬笑了。宋太祖发现二人暗笑，问他们笑什么，潘美不敢隐瞒，只好如实奏报。宋太祖听了，也大笑起来，于是赐曹彬二十万钱。曹彬退朝后说："人生何必使相，好官亦不过多得钱耳。"宋太祖未及平定北汉，便去世了。他的弟弟赵光义即位作了皇帝，是为宋太宗。宋太宗即位后，继承其兄遗志，仍致力于削平天下，一统江山。太平兴国三年（978 年），割据漳、泉二州的陈洪进和吴越王钱俶相继献地归附，十国中只有割据太原的北汉尚未讨平。

宋太宗对平定北汉并没有十分的把握，因为太祖时几次攻伐都无功而返。太平兴国四年（978年）春天，太宗召曹彬问计，他问道："周世宗及我太祖皆亲征太原，以当时兵力而不能克，何也？岂城壁坚完不可近乎？"曹彬回答道："世宗时，史超败于石岭关，人情震恐，故师还。太祖顿兵甘草地中，军人多被腹疾，因是中止，非城垒不可近也。"太宗又问："我今举兵，卿以为何如？"曹彬很有信心地说："国家兵甲精锐，人心忻戴，若行吊伐，如摧枯拉朽耳，何有不可哉。"听曹彬这样说，宋太宗信心倍增，任命潘美为北路都招讨制置使，率领大军征伐北汉。不久，宋太宗御驾亲征，曹彬以枢密使随从左右，很快便把北汉击败，北汉主刘继元出降，北汉也灭亡了。

在宋朝廷讨平天下的战略方针中，还包括收复五代时石敬瑭献给契丹的幽、蓟十六州之地。在平定北汉之后，宋太宗不顾师劳兵疲，贸然北征，结果大败而回，自己也几乎成了契丹人的俘虏。

七年之后，宋太宗经过几年的准备，决定在雍熙三年（986年）大举向北进攻。因为这一年辽景宗新丧，其子年幼，母后临朝。宋君臣认为机不可失，尽管准备不很充分，仍决定出兵北伐。

为了能够顺利进军，宋太宗再次任命曹彬为北伐主力的东路军主帅，为幽州道行营前军马步水陆都部署，以河阳三城节度使崔彦进为副帅。另外几路军队的主将分别为西北道都部署米信、定州路都部署田重进、云、应朔等州都部署潘美。临行前，宋太宗曾对曹彬说："但令诸将先趋云，应，卿以十余万众声言取幽州，且持重缓行，毋得贪利以要敌。敌闻之，必萃劲兵为幽州（今北京市），兵既聚，则不暇为援于山后矣。"

大军出动后，各路兵马进展得很顺利。西路军首先攻取寰（今山西朔县东北）、朔（今山西朔县）、云（今山西大同）、应（今山西应县）诸州。田重进攻克飞孤（今河北涞源）、灵丘（今山西灵丘）及蔚州（今河北蔚县）。曹彬一路则先后攻克新城（今属河北）、固安、涿州。契丹军节节败退。

曹彬占领涿州之后，依照宋太宗制定的战略方针，暂不前进，以吸引敌兵。十万大军驻屯前线，粮草很快便供给不上。十几天后，曹彬下令退兵雄州（今河北雄县），以等待军粮。宋太宗听说后，大惊说道："岂有敌人在前，而退军以援刍粟乎？何失策之甚也。"急忙派人前去制止。诏令曹彬不要前进，率兵沿白沟河与米信部合兵，养精蓄锐，呼应潘美部，待潘美攻战山后各州之后，再令田重进东下幽州城下，与东路大军会合，然后全线围攻幽州。

曹彬的部将们听说潘美、田重进两部接连获胜，认为东路大军十余万人不能有所攻取，实在惭愧。因而极力主张再度北进，曹彬制止不住，决定准备五十天军粮，再攻涿州。敌兵抵抗非常顽强，宋军虽离涿州只有一百里，却走了二十天。再得涿州之后，士兵已疲惫不堪，天气也一天天热了起来，加上粮草供给不上，曹彬只好下令全军再度撤退。

宋军连日攻战，本已疲惫，占领涿州后又再度南撤，不得休息，军心已涣散得不可收拾；契丹骑兵还不断袭击残兵散卒，更是搞得宋军将士心神不宁。十万大军蜂拥而走，已不成行伍，狼狈之极，难以形容。

五月初三，宋军行至岐沟关（今河北新城西北），契丹名将耶律休歌率兵十万从涿州方向压来，宋军大败。曹彬率残部连夜渡过拒马河，契丹军队在后面追击，宋军人马互相践踏，死者无数，漫野都是宋军丢弃的辎重和战死士兵的尸体。曹彬所率宋军主力的大溃败，标志着宋王朝北取幽、蓟的努力再度失败。

东线败退后，宋太宗急令全线撤军。随后，西路副将杨业在陈家谷兵败被俘，三日不食而死。杨业是著名的勇将，人称"杨无敌"。他的阵亡，沉重地打击了宋军士气，各军都不敢再出战。

北征的失败，既有客观原因，也有主观原因。从主观上讲，宋朝君臣对形势估计不足，以及宋太宗、曹彬等人的指挥失误是失败的主要原因。

曹彬大败还朝后，向宋太宗请罪，被责授右骁卫上将军。次年，再度被授予侍中之职，拜武宁军节度使。真宗时，又被拜为枢密使。咸平二年（999年）去世，享年六十九岁，谥号为武惠，与赵普的灵位一起在宋太祖庙配祭。

曹彬治军以廉洁宽厚著称，先后受命征讨后蜀和南唐，平定二国后，秋毫无所取，说起宽厚，更是闻名。在知徐州时，有个属吏触犯刑律，结案一年后，曹彬才下令杖击处罚，人们都感到奇怪。曹彬说："吾闻此人新娶妇，若杖之，其舅姑必以妇为不利，而朝夕苔骂之，使不能自存。吾故缓其事，然法亦未尝屈焉。"他曾说："吾自为将，杀人多矣。然未尝以私喜怒辄戮一人。"他居住的房子损坏，家人请求修葺，他却说："时方大冬，墙壁瓦石之间，百虫所蛰，不可伤其生。"古人称他仁心爱物，并非虚誉。

在五代十国的大动乱之末，宋太祖赵匡胤及其弟赵光义有讨平诸国、统一天下之心，所用将领曹彬、潘美等人都是一时名将，他们南征北伐，战功卓著。宋朝廷能够结束动乱，重建统一的国家，曹彬等人的艰苦征战起了重要作用。虽然北征契丹时落败，但不以一眚掩大德，曹彬为统一所作的杰出贡献难以磨灭。

宰相肚里能撑船，曹彬善待军士，能够主动承担失职的责任，不愧为一代良将。

尼克松的外交手腕

1969年1月尼克松就任美国总统后，面临着美国霸权地位削弱，同时又深陷越南战争泥潭的困难处境。因此，尼克松急于从越南脱身，调整美国的对外政策，维护美国的利益，他所要采取的重大步骤包括对苏联搞缓和，同时谋求同中国发展关系。

就在这个时候，尼克松政府遇到了一件十分棘手的事件。1969年4月，一架美国EC－121间谍飞机，上载三十一人，在日本海上空被北朝鲜击落了。

任何熟悉尼克松过去一贯做法的人，准以为他会采取迅速的军事报复行动。因为一年多以前，1968年1月，美国电子间谍船"普韦布洛"号被北朝鲜俘获时，尼克松就曾抨击当时的约翰逊总统，说他对北朝鲜的攻击作出的反应太温和。尼克松指责道："美国的尊严下降到太不成样子了，连北朝鲜这样一个四等军事国家居然敢在公海上劫持美国军舰！"但是，尼克松当上总统以后，却改变了他看问题的角度。

针对 EC－121 飞机被击落事件，美国参谋长联席会议建议对北朝鲜进行报复性轰炸。尼克松却不急于下令进行轰炸，他与他的下属们对这场危机进行了详细研究。他考虑到：进行报复性轰炸也许会使中、苏两国不得不起而捍卫北朝鲜，而且开仗容易脱身难，进行报复性轰炸还可能会影响更大的目标——重新调整同中国和苏联的关系。因此，尼克松在全面研究了各种选择方案之后，采纳了对北朝鲜的行为需要克制的意见，决定搁置这件事情。

尼克松避免了一场更大规模的危机，使他全面调整全球战略的计划得以实施，而没有因小失大。

拉近心理距离

在处世策略中，怎样去和一群陌生的人相处，打破彼此间的隔阂，由陌生人变为知己，并能顺利地把自己的意见和思想传递、灌输给他们，使他们能欣然接受，并赞成和拥护，变成自己的朋友。这个问题是大家都很关心并想了解和掌握的。

美国新泽西州有一任刚当选后不久的州长威尔逊，一次赴纽约南社午宴。主席介绍说他是"美国未来的大总统"。这本来是对他的一种恭维和颂扬，而威尔逊又是怎样应酬的呢？

威尔逊讲了几句开场白之后，接着说："我给大家讲一个别人讲给我听的故事，我就像这故事中的人物。在加拿大有一群钓鱼的人，其中有位名叫约翰逊的人，他大胆地试饮某种烈性酒，并且喝得多。结果他们乘火车时，这位醉汉没乘往北的火车，而错搭往南的火车了。那群人发现后要把他找回来，于是就打电报给往南开的火车的列车长：请把那叫做约翰逊的矮人送到往北开的火车上，他喝醉了。他们很快收到回电：请再详细一些，车里有十三个喝酒的人，他们既不知道自己的姓名也不知道目的地是哪儿。我威尔逊现在只确实知道自己的姓名，可是不能和你们的主席一样，确实知道自己的目的地是哪儿。"听众哈哈大笑。威尔逊接着又讲了一个滑稽的故事，使听众们心情非常愉快。从此，威尔逊的名声大振。

伟大的人物接触群众时，总是打趣或批评自己而使群众愉悦。这是一种高明的权术而并非仅仅博人一笑。当群众在愉悦的那一时刻，消除了彼此间不可逾越的障碍。使群众感到比他们优越，从而迅速地博得大众的理解、敬仰和拥护。

新任州长的威尔逊对"未来大总统"的美誉不太领情，化此为听众的哈哈大笑，不仅解除了自己沽名钓誉之嫌，也拉近了和大家的关系。

压低嗓音说话

1890 年，美国著名作家马克·吐温应邀参加道奇夫人的家宴。在宴会上，许多人互相交谈，人声嘈杂，而且有些人嗓门越来越高，真叫人倒胃口。马克·吐温觉得用餐时高声喧哗既不文明，又影响食欲。如果此时，大声制止叫他们不要说话，肯定会惹人生气，甚至弄得不欢而散，大伤和气。

面对这种情景，如何办？马克·吐温忽然想到了一条妙计。于是，他对旁边的一位女宾说："我想让这场喧哗吵闹安静下来，我有一个主意，请您帮帮忙。好吗？"那女宾说："好吧，我会尽力的。"马克·吐温接着说："请您把头歪在我这边来，装出一副听我讲话听得很入神的样子，而我呢，则尽量压低嗓门说话。这样一来，旁边的人便很想听我在说些什么，就会安静下来，注意听我说话。这时，除了我叽叽咕咕的轻微声外，不会再有喧闹的声音了。"那女宾说："先生的主意妙极了。"于是她照着马克·吐温的吩咐，歪过头去，装出一副认真听的样子。

马克·吐温开始低声说："十一年前，我曾去芝加哥参加欢迎格兰特的庆祝活动。当晚举行了盛大宴会，大约有 600 多军人到场。当时，坐在我旁边的一位先生，因为他听力不好，生怕别人听不到他的说话声，所以不说话则已，一开口便吼声如雷，使旁边的人吓得惊骇起来。"这时，席间的喧闹声便逐渐安静下来，都想听马克·吐温到底在说些什么，不约而同地都斜着身子倾听。接着，马克·吐温又低声说："这位先生不大声吼叫的时候，坐在我对面的一位先生对他身旁的先生讲的故事快要讲完了。我只是仿佛听到他说：'只见那人很快揪住她的长头发，这女人尖声吼叫，哀求着把她的颈子按在他的膝盖上，然后用剃刀猛地一划……'"

宴会厅里已经完全安静下来。这时，马克·吐温不再叽叽咕咕了。他突然站起来说道："女士们，先生们！我刚才是在玩游戏，目的是为了制止这场喧闹声。在宴会席间，不是不可以说话，但要讲文明，可以一个一个地讲，不要一大伙人同声尖叫，高声喧哗。我想你们是会同意我的建议的。"大家都觉得马克·吐温说得有理，宴会在既文明而又欢快的气氛中度过。

马克·吐温以他的机智，巧创了一个文明的环境。他后来曾感慨地说："在我的一生中，从来没有像这次那么高兴，因为新的条件使我能够维持秩序……"

宴会嘈杂，如果大声制止，肯定会惹人生气，马克·吐温的一手反其道而行之，小事化了，大家都安静下来了。

冤家宜解不宜结

人与人之间，或许会有不共戴天之仇，但在办公室里，这种仇恨一般不至于达到那种地步。毕竟是同事，都在为着同一家单位而工作，只要矛盾并没有发展到你死我活的境况，总是可以化解的。记住：敌意是一点一点增加的，也可以一点一点削弱。中国有句老话：冤家宜解不宜结。同在一家公司谋生，低头不见抬头见，还是少结冤家比较有利于你自己。不过，化解敌意也需要技巧。

与你关系最密切的拍档，心底里原来对你十分不满。他不但对你冷漠得吓人，有时甚至你跟他说话，他也不理不睬。有些关心你的同事，曾私下探问过，为什么你的拍档对你如此不满？

可是，你究竟在什么时候得罪了对方？连你自己也没有一点头绪。

你实在按捺不住了，索性拉着对方问："究竟有什么不对呢？"但对方只冷冷地回答："没有什么不妥。"到了这个地步，如何是好？

既然他说没有不妥，你就乘机说："真高兴你亲口告诉我没事，因为万一我有不对的地方，我乐意修补。我很珍惜我俩的合作关系。一起去吃午饭，如何？"

这样，就可逼他面对现实和表态。要是一切如他所言的没事，共进午餐是很礼貌的行为。或者，邀他与你一起吃下午茶。在你离开办公室时碰上他，开心地跟他天南地北聊一番。总之，尽量增加与他联络的机会。友善的对待，对方怎样也拒绝不得！

你另有高就，准备呈词，你心想："那几个平日视你的痛苦为快乐的同事，一定很开心，如果趁这时自己地位超然，乘机向老板告他们一状，就太好了！"奉劝你三思而行！

所谓世界很小，若今天被你捉弄的同事，他朝也成为你新公司的职员，你将如何面对他？这岂非陷自己于危险境地？要是对方的职位比你更高就更不妙，所以何必自制绊脚石？还有，所有上司全不会喜欢乱打小报告的下属。试问终日忙于侦察人家的缺点，还有多少时间花在工作上呢？

此外同行虽如敌国，但同业间的往来仍是有的，你旧公司的上司大有可能跟你新公司的上司是好朋友，一旦将你打小报告的恶习相告，你以为你在新公司的前途会怎样？

奉劝你留下一个良好印象，不要做"小人"，所谓"少一个敌人等于多一个朋友"，开开心心地去履行新职，又与旧公司保持良好关系，才是上上之策。

"如何化敌为友"，在办公室的战场上是一门高深学问。

他曾经与你为一个职位争得头崩额裂，不过，今天你俩已分别为不同部门的主管，虽然没有直接接触，但将来的情况又有谁晓得？所以你应该为将来铺好路。

如果你无缘无故去邀约对方或送礼给他，太突兀，也太自贬身份了，应该伺机而动才好。例如，从人事部探知他的出生日期，在公司发动一个小型生日会，主动集资送礼物给他……记着，没有人能抗拒好意的。

要是对方获擢升新职，这就是最佳的时机了，写一张贺卡，衷心送出你的祝福吧，如果其他同事替他搞庆祝会，你无论多忙碌，也要抽空参加，否则就私下请对方吃一顿午餐吧，恭贺他之余，不妨多谈大家在工作方面的喜与乐，对过往的不愉快事件绝口不提，拉近双方距离。

记着，这些亲善工作必须在平日抓紧机会去做，否则到了你与他有直接麻烦才行动，就太迟了，也只会予人"市侩"之感。

许多人以"公私分明"为座右铭，谁知过犹不及，造成自己前途的绊脚石。

例如认为工余的同事聚会是浪费时间就大错特错。偶然一起在下班后去喝一杯，正是发泄的好机会，或许你根本不喜欢向别人吐苦水，又怕卷入是非漩涡，但请冷静想一想，从各同事的苦水中，你是可以多了解各部门存在的问题和公司的政策，这不是对你有莫大帮助吗？所以，只管小心舌头，多做倾诉的对象就是了。

还有一个似私实公的时间，是午餐时间。在公而言，许多事情是需要跟同事、别的公司的职员或顾客直接商谈的，如果靠电话，恐怕效果欠佳，要是在工作时间以外，似乎又有点唐突，在工作时间里，则太公式化，又妨碍其他日常工作；所以最理想还是约对方午膳，这样，不是既节省时间，又显得诚恳亲切吗？此外，利用午餐这个比较随便的时间去约见旧同事、新相识（公事上的），互相交流工作经验亦是对自己的一种充实，因为一方面可以建立工作上多方面的良好关系，另一方面，将来有合作机会，不是更好吗？

你本着默默耕耘、尽忠职守的原则做事，可是公司里的同事有了变化，旧同事已另谋高就，新同事愈来愈多，竟与他们有格格不入之感。因为只是你一直以来不太注视周遭的人事变化，没有刻意与他们熟络所致。

补救的方法不困难，拣一个特别日子（目的只是出师有名），例如顺利完成一个计划或你的生日，做东请同事吃一顿。这一顿意义重大，别忘记以下任务：乘机多了解每一位同事的背景，包括公与私，这对你有莫大好处，方便日后工作。

凭着熟络一点，加入他们的午饭圈，当然不必天天如是，这样既太突兀，也对你未必太适合，安排一个星期两天就够了，目的是保持一定的联系，同时可获取公司里一定的情报。除了午饭，下班后去娱乐一番也是好主意，远离了办公室，所有人都会放轻松点，谈起话来也随便得多，更易熟络。

此外，公事方面，无论多稔熟，还应公事公办，但自己有空，不妨多向同事伸出援手，主动一点是必须的！

请别吝啬对别人的赞赏，尤其是办公室里，这是你搞好人际关系的一大武器。

同事穿了一件新衣服，你第一次撞上他，可以摆出欣赏神色，兴高采烈地赞扬："这件汗衫很称你啊！""噢，打扮得叫人眼前一亮哩！""嗯，今天这样漂亮，有喜事呀？"或者说："你真有眼光，这衣服太帅了！"

有人穿了新鞋子、烫了个头发，甚至背了个新手袋，你也可以套用以上的赞叹词，不过，记着必须在第一次见面时就说，否则就流于虚假和公式化。除了打扮，请多注意别人的工作表现。某同事刚好成功地完成了某项任务，或者顺利地出差回来，别忘了恭贺人家，说："你真棒，难怪老板器重你！""你的干劲实在值得我们学习！""旗开得胜，下一个任务又是你的囊中物了！"

说这些话并非叫你做人虚伪，而是多留意点别人，学会欣赏别人，对你有一定的好处。

如果你发现自己与同事们在业余兴趣方面格格不入，一定很不开心。一则你与同事共处的时间一天就占了三分之一，各走各路，谈也谈不来，实在不好受；还有，人是感情的动物，如果有共同语言，相处会更融洽，合作起来亦愉快得多。

可是，难道要强迫自己改变兴趣去取悦别人？这当然犯不上。消遣玩意多的是，你大可发掘一种你们都会喜欢的共同兴趣，不过，进行时不要过于着痕迹，轻描淡写、低姿态是最理想的。

例如相约同事去看演唱会、去看电影等，乃是自然和最理想的，因为这些消遣与性格没有直接关系，不致与某些原则有抵触。

要是同事们喜欢讲笑话，你却不苟言笑，怎么办？当同事们大讲笑话，笑得前仰后合时，记着切勿板起脸孔，如大笑不出的话，也请微笑一下，表示你不介意和尊重他们。相反，你不妨争取主动，讲笑话之余，也逗同事轻松点，或者鼓励他们讲其他的新鲜话题。

团结就是力量，所以千万别在公司里搞小圈子，应当把同事都视为好朋友，凡事以和为贵，即使有人故意针对，处处为难你，但你必须耐着性子，不可意气用事，因为同事间的争执只会令生产下降，站在上司的地位，他是不会关心谁是谁非的，总之不合作就是你的错。

一般人总爱听赞美的话，聪明的你就不妨大方一点，多赞美别人吧！"这个意见不错，就这样做吧！""真棒，你给我提供了一个好办法！"这样，下一次他会更努力的帮助你。

赞美别人之余，要注意自己的表现，处处出尽风头，或者说话过分直率，容易使人觉得你自大而排挤你。所以永远小心舌头，同时要与同事们站成一线。

人是感情的动物，在愉快的气氛下工作可收到事半功倍之效，不妨多关心别人，体贴别人，增加亲切感，做起事来就更好办。由今天起，努力做个受欢迎的同事吧！成功的你，将来获升迁的机会也相继大增！

笑容是最犀利的武器。当你托同事把文件做妥，说声"麻烦你"，加一个笑容，他会被你的友善感染，特别努力；或者同事把做好的计划书交给你，别忘记谢谢他和微笑一下，这不但是礼貌，亦是感谢的表示。任何人都喜欢得到赞美。说一些别人爱听的话，只要不是谎话，便不算埋没良心。切莫对同事大叫大嚷，这不但不礼貌、不友善，还表示你缺乏信心。

即使你遇上难解的死结，情绪低落极了，更需要微笑，抛开烦恼，跟同事们谈笑，借此把恶劣心情冲淡，使精神集中于工作。

不要自扫门前雪，若同事需要你的帮忙，不应吝啬，尽力而为吧，即使不会立刻获得回报，但你的投资是不会白费的，起码他会认为你是大好人。

如果你做错了事，且影响到别人，快道歉！勇于认错的人并不多，这样做自然给对方留下深刻印象。还有，处处设身处地去感受他人的心态，再给予支持，没有人会不喜欢你的。

你的顶头上司告诉你，他已递了辞职信。你的机会来了，于是，除了日常的工作，你开始翻看其他档案，搜集所有可能将要联系的人或公司的资料，主动跟有关部门的同事接触，甚至不惜晚上超时工作，连周末周日也甘心情愿返公司。可是，上司离开了，却来了一位新上司，你眼看三个月来的努力白白浪费，实在不明白为何老板漠视你的存在。

上司必然欣赏勤奋的员工，不过要选一个主管，他们要考虑的就不止这一个因素，还有他是否令其他同事信服，魄力是否足够，和是否能知人善任等。你的问题是经常超时工作，或许令其他同事不满。因为你处处表现紧张，无形中好像在贬低其他人，何况上司可能认为超时工作有两个理由：勤奋或能力不足。

所以，你最失败的一点是，平日没有跟同事好好拉关系。如果你能每个星期均与同事下班后去喝茶，大家多沟通，或者即使多工作，索性把它们带回家去做，这样，就能大大减少别人对你的敌意。

你的拍档生性耿直、乐于助人、工作认真、干劲十足，跟你不分彼此，总之有工作就奋力去做，常常令工作及早完成。不过，人总有缺点，此人就是口没遮拦，常有"这件工作全靠我！""此任务由头至尾，我最清楚。"这些话，叫你感到难堪。但你又确认为对方是没有恶意的，发作不得。

长此地闷在心中，除了对身体无益，对你的事业也多少有不良影响。

这并非一个大问题，但有必要解决。试想想，所有同事均以为你依赖他，做事不力或能力不足，你在他们心目中的地位自然高不到哪里，将来要驾驭他们就麻烦多多。这是不能不时刻警惕的。

还有，连老板也同一见识，你以为自己的晋升机会怎样？

当然，不是叫你硬跟拍档争事做，而是争取由自己进行自己应负的责任，不妨婉转告诉对方："谢谢你的好意，我倒希望由自己亲力亲为，积累经验嘛！何况你终日忙碌，也该休息一下。"

在工作上造成了一次严重的冲击，例如跟某同事大吵大闹起来，对你的专业形象和信心会有无形的坏影响，因为这显示了你对控制人事问题有欠成熟。

可以怎样去补救呢？以下是一个比较普遍的例子。

你与某同事在某事上持不同意见，又互不相让，以致言语上有冲突，你自问是过分坦白累事。而你最失败的一点是，曾列写了过去三个月来，这位同事做过的所有错事。如今，你感到后悔不已，希望把坏情况扭转，并愿意向对方道歉，可是，同事似乎仍处于极度失望和苦恼当中，教你歉疚更深。

其实，最佳和最有效的策略是，向他简单地道歉："对不起，我实在有点过分，我保证不会有下一次。"

要是你重提旧事，企图狡辩些什么，只会惹来另一次冲突，同时，显得你缺乏诚意，人家日后再也不会相信你了。记着，你的目标是将事情软化下来，与同事化敌为友。所以，最好静待对方心情好转或平和些时，正式提出道歉。

所谓冤家路窄，你的死对头，或者曾经结怨者，被调派到你的部门来，且和你工作关系密切。事实既然摆在眼前，你必须好好处理之。

要你忘记怨恨，是没有可能之事。但有几项原则，是有必要遵守的。

首先，勿论那一次结怨，谁是谁非，也不要介入工作的讨论范围里，从此只字不提，以免双方公私不分。要是对方先触着疮疤，请平心静气，紧盯着他道："我不会记着过去不愉快之事，尤其是在工作时间内，避免影响自己情绪。"

摆出大公无私之态。或许你过去与拍档工作，一切讲默契、讲信赖，但对这位新同事，就必须事事讲清楚，以免有所误解，导致不愉快事件，或心病愈重。例如交代一件任务，必须清楚指出任务的目标、完成日期和报告书的规划等等，切莫想当然。

冤家宜解不宜结，主动表示友善，露出诚恳之态，没有人会拒之千里的。

人挪活　树挪死——挪移大法

古人云：良禽择木而栖，良臣择主而从。尤其在群雄并起，互争雄长的乱世，在改朝换代之际，帝王更迭之时，为官者更须小心谨慎，审时度势，择主而从之，这往往是其官宦生涯成败关键之所在。成者即大显身手，立功当世，败者就可能郁老终生，甚至埋尸黄沙。其实谋权的学问深奥难测，但最重要的只在一个"择"字上。为此，明智者不惜朝秦暮楚，首鼠两端，也要择明主而事之，终青云直上，飞黄腾达。

陈崇的"才能"

陈崇乃是南阳人士，《汉书·王莽传》将其列为王莽的心腹亲信之一，又说他是"以才能幸于莽"。综其行事，可知陈崇的所谓"才能"，主要是媚上之才，谀主之能。

元始二年，王莽之女被汉平帝聘为皇后。这本是王莽为巩固自己地位而精心策划的一个阴谋，但那些追逐名利的无耻之徒却把它看作是一次攀龙附凤的好机会，纷纷争相上书为王莽歌功颂德。陈崇本人写不出如意的奏章，但却想出了一条请人代笔的"妙计"。他把号称是"博通士"的友人张竦找来，让他炮制出一篇长达二千五百字的"称莽功德"的奏章，然后署上自己的名字呈递给元后。这篇出自名家之手的奏章，果然是不同凡响。它广征博引，用尽一切美丽辞藻来吹捧王莽的功德，说他"折节行仁，克己履礼，拂世矫俗，确然特立；恶衣恶食，陋车驽马，妃匹无二，闺门之内，孝友之德，众莫不闻；清净乐道，温良下士，惠于旧敌，笃于师友"，简直成了封建道德所提倡的一切美德懿行的典型和化身。奏文还一一历数王莽"建定社稷"的丰功伟绩，慨叹自己能亲临其时是不虚此生。认为王莽堪称是空前绝后的圣人，任何封赏都不足以当其功德于万一，要求元后效仿成王封周公的故事来对王莽加封行赏："宜恢公国，令如周公；建立公子，令如伯禽；所赐之品，亦皆如之。诸子之封，皆如六子。"此文一出，他人的奏章顿显失色，陈崇为此很是风光了一回。

最能够表现出陈崇阿谀之才能的，是他在居摄二年十二月给王莽的一篇奏章。当时，王邑刚刚平定了东郡太守翟义反对王莽的起义，担任监军使者的陈崇向王莽报告大捷。奏书除了说王莽是"奉天洪范、心合宝龟"的"配天之主"外，还把翟义的失败，完全说成是王莽个人意志的胜利。他感叹王莽有"虑则移气、言则动物、施则成化"的才能。说"臣崇伏读诏书下日，窃计其时：圣思始发，而反虏乃破；诏文始书，反虏大败；制书始下，反虏毕斩；众将未及齐其锋芒、臣崇未及尽其愚虑，而事已决矣"。在这里，陈崇赋予王莽以任意旋乾转坤的神力，其一思一念，一纸诏书，竟然能够打败翟义的十万大军，其荒诞不经真是到了无以复加的地步。

正是由于陈崇具有出众的阿谀之才，所以他才深为王莽所信任，并随着王莽篡汉阴谋的顺利进行而不断加官晋爵，最终成为王莽新朝的佐命重臣。

马援远小人求明主

马援，字文渊，是东汉初扶风郡茂陵县（今陕西兴平东北）人。少年时父亲就去世，依靠兄长为生。他胸有大志，兄长都对他另眼相看。他的长兄马况常说马援是大器晚成。马况病逝后，马援守了一年孝；他对待寡嫂极为尊敬，不正衣冠不敢入屋舍相见。后来，马援成为扶风郡的督邮。有一次，他押送犯人到司命府，罪犯一路上反复哀求，马援觉得怪可怜的，便私自放跑了罪囚，他自己为了躲避官府追捕也亡命于北地郡。后来，王莽大赦天下，马援仍留居当地从事畜牧，当时有很多宾客来归附他。马援常对宾客们说："大丈夫处世应当有雄心壮志，穷当益坚，老当益壮。"几年后，马援因放牧而富裕起来，他拥有牛马羊数千头，谷数万斛。但是他却叹息道："人生积蓄财产，须要赈济亲朋好友，否则就不过是守财奴而已！"说罢，他便把自己的家产分给兄弟故旧，自己只是穿了身羊裘皮裤。

王莽末年，四方兵起。正好碰上割据陇西的隗嚣收揽人才，招收马援入幕，拜为绥德将军，参与决策。当时，公孙述称帝于蜀郡，隗嚣满怀疑虑，联结汉军还是联结蜀军一时不能决定，便派遣与公孙述素来相识的马援先去蜀郡，观察虚实。马援来到蜀郡，以为与公孙述会一见如旧，欢语平生。谁知公孙述却设置了豪华的仪仗队，见马援到来，先彼此作揖后，便送马援到客馆居住，一面又给马援制作了华丽的衣冠，授马援为封侯大将军。马援忙起座说道："天下久乱，雌雄未定，公孙不吐哺走迎国士。共图成败，反而修饰边幅，如木偶一样，这样怎么能久留天下义士呢？"回去后，马援便对隗嚣说："子阳（公孙述字）不过是井底之蛙罢了，妄自尊大，不知远谋，不如专意东方才是！"

建武四年冬天，隗嚣再叫马援奉书去洛阳城。到达京都洛阳，马援由中黄门引见宣德殿。刘秀笑迎道："卿遨游于二帝之间，今天见卿，真是令人惭愧啊！"马援忙顿首称谢说："当今时代，不但君择臣，臣亦择君啊！臣与公孙述是同县人，从小友善相处，上次臣去蜀中，相见时，公孙述所备礼仪极盛。今臣远来到宫，陛下难道不怀疑我是刺客奸人，礼仪为何如此简易呢？"刘秀笑道："卿非刺客，只是一个说客呢！"马援答道："天下反复，盗窃声名的人不可胜数。今日见到陛下如此恢弘大度，如同见到高祖，才知帝王自有真的哩！"刘秀便挽留马援住在洛阳京都，常常一起出游。过了几个月，刘秀才派大中大夫来歙，持符节送马援西归陇右。

马援回来后，隗嚣常与马援同起同睡，详细询问东方流言与京师得失。马援因此进言道："前次到洛阳，引见了十多次，每次与光武帝谈话都是从早到晚。光武帝确实雄才大略，与众不同，而且心怀坦诚，毫无隐蔽，豁达大度，与高帝智识相同。光武帝还博览经学，文辩无比真是古今罕见！"隗嚣反复说："光武帝到底比高帝如何？"马援说："略有不如，高帝无可无不可；今汉光武帝颇好政治事务，动必如法，又不喜欢饮酒。"说到此，隗嚣不满意地说："依卿所言，比高帝还胜一筹！怎么说是不如高帝呢！"然而，隗嚣还是相信马援的话，派长子隗恂到洛阳去当人质。马援也携家眷一起到了洛阳。数月之中，马援并未得到要职。马援自以为三辅（辖境相当于今陕西中部地区）地区地广土沃，便上书请求屯田上林苑。刘秀自然准许。

后来，马援帮助刘秀击败了隗嚣。建武十一年夏，马援被拜为陇西郡太守，先后讨平陇西羌人、皖城李广。建武十八年，刘秀写玺书拜马援为伏波将军。刘秀常说："伏波将军谈论用兵之道，与我不谋而合。"每有谋略，刘秀都重用马援。建武二十四年，六十二岁的矍铄老翁马援再次出征，在阵中病亡。刘秀听信了虎贲中郎将梁松的谗言，追夺马援的新息侯印绶。马援的棺椁运回来，妻子也不敢报丧。经前云阳县令朱勃上书讼冤，刘秀才允许马援归葬旧墓。

到了永平初年，马援的女儿被汉明帝立为皇后。汉明帝画中兴名臣像于云台。东平王刘苍观看了中兴名臣的画像后，对汉明帝说："为什么不画伏波将军像呢？"明帝笑而不答。待到永平十七年，马援的夫人去世，才为马援夫妇起造祠堂。

马援之才在于明了天下大势。隗嚣虽待之甚厚，然鼠目寸光，马援不与之谋，并改投刘秀，助他击败隗嚣，夺得天下。

蔡京假戏真做获升迁

蔡京，宋神宗熙宁三年（1070 年）进士，任命为钱塘尉。从此，开始了他的官场生涯。

蔡京入仕之日，正是王安石的变法运动达到高潮之时。蔡京对于如何富国强兵，并无真正的兴趣，也没有自己的见解。但他见宋神宗支持变法，王安石又大权在握，于是便不失时机地举起变法的旗帜，俨然是个变法派的斗士。他的这番假戏真唱，使得他在变法派执政时期步步高升，到了元丰时，就爬到了龙图阁待制，知开封府事的高位，成为三品大吏。

元丰八年（1085 年）三月，支持变法的宋神宗去世，变法派失去根基，形势逆转直下，在执政的太皇太后高氏的支持下，司马光等反对变法的人士重新被起用。司马光上台之后，立刻宣布要废除新法，恢复旧制。蔡京一看风向突变，便立刻转而积极投靠旧党。王安石变法中有一项重要的改变，即是把过去按户轮流充当官府职役的"差役法"，改为按户等高低出钱雇人代为服役，时称"募役法"。司马光执政后，下令废除募役法，而且还限定各地务必在五天内全部恢复执行差役法。人们普遍认为这未免有点操之过急了，纷纷表示难以执行。唯独蔡京一人毫无怨言，居然在规定的时间内"悉改畿县雇役，无一违者"。蔡京亲自跑到政事堂去向司马光报喜邀功，司马光见他如此雷厉风行、不折不扣地执行自己的命令，十分高兴，夸赞蔡京说："使人人奉法如君，何不可行之有"。蔡京虽然风头出尽，但却同时得罪了大批没有按期完成改役之事的官员，于是就有许多人出来弹劾他"挟邪坏法"，司马光也想起蔡京原是变法人士，看出了蔡京的投机心理，于是就趁势将他问罪贬官，赶出京师。蔡京虽然暗自恼怒，但表面上却不动声色，依然频频向旧党大献殷勤。他辗转各地为官，渐渐取得了旧党人士的好感和认同，又被提升为龙图阁直学士，复知成都。

元祐八年（1093年），保守派的后台高太后死去，宋哲宗开始亲政。哲宗大量起用变法派官员，新党首脑章惇上台做了宰相。蔡京一见政治风向又发生变化，也随之来了个摇身一变，把自己打扮成深受旧党迫害的新党人士，四处喊冤叫屈。绍圣初年，他终于如愿以偿地回到了京师代理户部尚书。当时，新党准备再次改革募役法，章惇令有关部门商议，结果是众说纷纭，久议不决。蔡京好像忘记了自己曾经在五日之内尽废王安石旧法的往事，直截了当地建议说："取熙宁成法施行之尔，何以讲为？"章惇听了，正中下怀，当即表示同意。王安石的募役法，又告恢复。

蔡京这个昔日废除募役法的急先锋，今天又成了恢复募役法的马前卒，一副变色龙的丑恶嘴脸暴露无遗。

蔡京朝秦暮楚，如一条变色龙，道德低下。然而却在官场斗争中巧妙化解，游刃有余，平步青云，可见其深得做官之奥妙。

荀彧离袁投曹

荀彧字文若，颍川颍阴人。少年时便有奇才，当时南阳名流何颙就发现他与众不同。汉末永汉元年，以其品学出众而被举为孝廉，拜为守宫令。后来董卓兴乱，见事不可为，便弃官归里。

趁董之乱，袁绍起兵夺取了冀州。他闻说荀彧有才，也很重视，待之以上宾之礼。但经过一段观察了解，荀彧见袁绍虽然拥势自重，但其秉性弱点甚多，终非能成大业之人，便于汉初平二年离开袁绍，改而投奔到曹操门下。曹操也素闻荀彧之名，一见荀彧来投，当即大喜过望地说："荀彧就是我的张良！"立即委以重用，任司马之职，当时，荀彧只有29岁。后又升为尚书令，曹操对他异常信任，凡有难决之事，必向他请教。

荀彧也不负曹操所托，据史书记载，曾先后为曹操提出三大决策。尤其是面对曹袁两个军事集团的决死斗争，他曾从四个方面分析了曹操和袁绍势力对比的优劣，就表现出了他政治洞察力之深刻。他对曹操说："袁绍表面待人宽厚而内心忌刻，用人而疑其心，内部不团结；而曹公您宽宏大量，只要是人才都能合理使用，这在用人度量上就胜过了袁绍。袁绍遇事疑惑犹豫，常失去良好时机；而曹公您处事果断，善于随机应变，这在智谋上胜过了袁绍。袁绍不知用法立法，军令不立，兵多而难用；而曹公您法令严明，赏罚分明，士兵虽少，都勇敢善战，这是武力上胜过袁绍。袁绍凭其门第高，势力大，任人唯亲，跟他的多为务虚名而没有实际本领的人；而曹公您则任人唯才，不分亲疏，自己谨慎节俭，因而手下人多是真才实学文士；在德方面您又胜过袁绍。凭这四胜辅佐天子，匡扶正义，征伐不义，谁敢不从？"

《魏志·荀彧传》说："绍迟重少决，失在后机。公能断大事，应变无方。此谋胜也。"意思是说："袁绍由于个性优柔而少当机立断的魄力，所以常常逸失良机。与之相较，吾公当机立断的魄力确实远远在上，而且应变力强，思路绝不僵硬。这是吾公善于计略的证据。"

荀彧原本是袁绍麾下智谋最为卓越的功臣，却因自己的主子不能成大器，于是投奔曹操。有识人慧眼的曹操，当然看得出荀彧的非凡之才，所以对他非常厚遇。

自从曹操将汉献帝奉驾许都后，政敌袁绍当然颇为气愤，两雄间的关系，于是陷于一触即发的状态。

两雄决战的"官渡之役"爆发之前不久，曹操召见荀彧，要他将彼此之间的战力加以分析比较。

结果，荀彧说："战争的胜败，端视领袖的为人及能力如何而决定，这是自古不易之事。领袖若是大器之人，即使失力寡弱，也不容易挫败。在相反的情形之下，纵使有强大兵力，战胜不是一定可期。这一点可以由刘邦和项羽的前例得到证明。"

荀彧进一步将两军最高统帅——曹操和袁绍——就下列四点的优劣和差异分析如下：

1. 指挥能力

袁绍（×）：由于猜疑心不信任部下，因此，部下普遍欠缺忠诚心。

曹操（○）：善于适才适用人，因此，部下都肯努力以赴。

2. 决断力（如原文所述）

袁绍（×）：

曹操（○）：

3. 统御能力

袁绍（×）：由于军纪松弛，军令甚难彻底。因此，虽然兵士众多，毕竟只是乌合之众。

曹操（○）：军纪森严，军令彻底，而且赏罚分明。因此，虽然在兵力上稍落下风，将士却都有慷慨赴义的决心。

4. 指导态势

袁绍（×）：以自己出身名门而骄纵，更以有学问而自傲，瞧不起憨厚而寡默的人，身旁所用尽只知阿谀敷衍之徒，因此，蒙上欺下之风甚盛。袁绍本身的生活也过于奢侈。

曹操（○）：待人绝无偏见，不仅自己不说空话，身边更不用巧言令色之徒。自己的生活极其朴素，对有功的部属，绝不吝惜给予重赏。

由以上作为领导的四大条件观之，袁绍每一点都不如曹操。所以，在此情形下，无论兵力如何众多，资源如何丰富，胜败之数早已论定，袁绍之军绝不足惧。

听到荀彧分析后，曹操变得勇气百倍了。

不久，袁绍大军和人数悬殊的精锐曹军，在白马、延津、官渡等地不断交战（总称为官渡之战），结果袁绍果然一败涂地。历史达数百年之久的华北名门袁氏一族，至此终告灭亡。

"成败系于才，有其才则虽弱而强，无其才则虽强而弱。"这是荀彧所做的结论。用现代语言诠释，意思是："事成，全视领袖的能力如何而定。"

荀彧的分析，实可当做"领袖论"的论述，这个立论在20世纪的现代仍可通用。

荀彧原本是袁绍麾下重臣，却因自己主子不成大器，而改投曹操。后来的天下形势也证明了荀彧的慧眼择主。

一招不慎满盘输

周作人，原名櫆寿，字启明，晚年改名遐寿，1885年1月16日生于浙江绍兴。他与其兄鲁迅（周树人）、其弟周建人都是中国历史上具有重大影响的人物。

和鲁迅一样，周作人幼年也是在三味书屋读书，12岁时到杭州读书。他幼年的读书生活为他以后从事的文学活动打下了坚实的基础。17岁时，周作人经过考试，就读于上海的江南水师学堂。在这里，他接触了《天演论》、《清议极》等进步书籍。书中所揭示的"优胜劣汰，适者生存"的规律，大大唤醒了周作人，使他认识到清朝之所以挨打，就是因为落后。年轻的周作人在这些鼓吹自强、富国精神的书籍的鼓动下，投身到"排满拒俄"的革命运动中去。

这时，周作人遇到了一件难忘的事情。他乘车至公园前发现门是一金字牌，大书"犬与华人不准入"七个字，周作人怒火中烧，自觉是奇耻大辱，但环顾四周，竟"无其一不平者"，周作人深感同胞的麻木。

1906年6月，周作人与大哥鲁迅前往日本求学。在东京学习期间，他和鲁迅合作翻译小说，并在鲁迅的思想影响下，发表了大量阐述独特见解的文章。

6年后，他娶了日本老婆回到了中国。不久便在北京大学任教，这是周作人一生最得意也最有成绩的时期，正是在这里他奠定了在中国新文化运动中的地位，成了知识界的斗士和旗手。周作人的突出贡献是在《新青年》、《每周评论》上发表了一系列重要文章，构成一个完整的体系，在国内外产生了广泛的影响。他用自己深刻的思想、犀利的文笔，在广大人民心中树立了一个光辉的"五四"战士的形象。回顾这一段战斗历程，周作人应当无愧地被称作勇敢的士兵。鲁迅也骄傲地把他称作中国最优秀的杂文作家。

然而，随着时光流逝，周作人身上的宝贵的战斗性不断地消退，思想日趋消极。在国家民族危机不断加深的三十年代，他与林语堂一起鼓吹"闲适幽默"的小品，不能不说是奏出一种极不和谐的杂音。

1937年7月7日，卢沟桥事变发生，广大爱国人士纷纷投入了抗日的洪流中。文化界人士匆匆南下，只有周作人悄无声息，以家累太多为由，留在北平。周作人的行动引起了他的友人们的不安。最能代表这些文化友人心情的就是郭沫若，他怀着焦盼的心情写了《国难声中怀知堂》，向周作人发出了呼喊：

"……知堂如真的可以飞到南边来，比如就像我这样的人，为了掉换他，就死上几千几百个都是不算一回事的。"

"日本信仰知堂的比较多，假使他飞回南边来，我想再用不着他发表什么言论，那行为对于横暴的日本军部，对于失掉人性的自由之举而为军备狂奔的日本人，怕已就是无人的镇静剂吧……"

但是，朋友们急切的期盼始终没有打动这位"五四"斗士的心，他仍然在北京"蛰居"。

周作人毕竟没有耐住时间的考验。6个月以后，即1938年4月9日，周作人长袍马褂，参加了日本侵略者召开的"更生中国文化建设座谈会"。不但参加了会议，而且还发表了讲话。

迈开了第一步，下面的路当然就是一步跟一步走了……

1939年3月28日，周作人接受伪北大文学院筹备员职务；8月，出任伪北大教授兼伪校文学院院长；9月，参加"东亚文化协议会"，并成为该协会会员。1941年1月周作人已不满足于文化上面的"涉及"了。他被升任为伪华北政务委员会委员、常务委员兼伪教育总署督办，又兼"剿共"委员会委员。1942年4月，出任伪北平图书馆馆长；9月，又担任伪华北作家协会评议会主席；12月，出任伪华北中华民国新民青少年团中央统监会副统监……种种都足以说明周作人已完全堕落成了日本人的"走狗"。

周作人和鲁迅兄弟两人，同样的出身，又几乎同样的环境和经历，为什么一个无耻，一个庄严；一个卑鄙，一个伟大？研究一下周作人一步一步堕落，终于成了民族败类的道路，将向人们提供一个人如何立身砥行的教训。

周作人深信日本必胜，中国必败。当时战场上日军的凌厉凶悍和国民党军队的不堪一击，使周作人很快作出了"亡国论"的判断。许多当汉奸的都是因为在这个大关节上妄信"中国必败"而失足。大的有汪精卫、陈公博、周佛海，小的有周作人……当然，饱学卓识如周作人，他不可能不知道伟大的中华民族历史上从来不曾屈服过外国的统治，日本人也决不能永远蹂躏神州大地。但是，周作人自私成性，他自然不会关心死后的荣辱，而且，他也不会相信，日本会那么快被中国人民打败，所以，得享福时且享福，也许，日本被打败之时，他早已不在人世了，身后之事、身外之事还管它干什么！

周作人最后成为民族败类的原因当然很多，但最根本的是对前途判断的错误和极端自私。

卖身投靠解元郎

郑孝胥，字苏戡，号太夷，福建闽县（今福州）人，生于 1860 年 5 月 2 日（清咸丰年闰三月十二日）。他的先世原籍福清县，父亲郑仲濂，咸丰二年进士，历任翰林院庶吉士、工部营缮司、吏部稽勋司主事。郑孝胥早年由叔祖郑虞臣教读经史。二十岁，补博士弟子员。

1882 年，郑孝胥中福建省正科乡试解元。1885 年，赴天津入李鸿章幕。1889 年，考取内阁中书，同年秋，改官江苏试用同知。第二年任镶红旗官学堂教习。1891 年，东渡日本，任政府驻日使馆书记官。次年，升日筑领事，不久升神户、大阪总领事。1894 年中日甲午战争爆发，郑回国居南京教敷营，后为署两江总督张之洞练自强军，擢升至监司。1898 年，戊戌变法，光绪帝下诏广求人才，郑孝胥在乾清宫独奏练兵之策，光绪帝遂派他以道员候补在总理各国事务衙门章京上行走。变法失败后，郑至武昌。次年，张之洞奏办京汉铁路南段，命郑孝胥为主办京汉路南段总办，兼办汉口铁路学堂。

1900 年，义和团运动兴起，郑孝胥佐张之洞筹划所谓保全东南半壁之策，由张之洞授权盛宣怀和江海关认道余联沅等，与各国驻沪领事正式会商，订立了所谓《东南互保章程》。

1903 年，郑孝胥辞铁路事，旋赴上海任江南制造局总办。此时，广西西部和西南部十余州县农民因不堪苛捐重税的负担，发动起义，一部分清军也哗变，在桂越边境行动。清政府惊恐不安，朝议整饬边防应以精军驻防。两广部总督岑春煊以郑孝胥善知兵，又好用奇计，遂奏请以道员四品京堂候补督办广西边防事务，专折奏事。郑孝胥乃率湖北武建军左右旗八营共二千余人到龙州，剿抚兼施，把抗捐抗税的农民镇压下去。郑孝胥在龙州三年，练民团，创设学社，开办学堂，并选社中俊季出洋留学。1904 年，郑孝胥奏撤边防督办，1905 年告病回籍，至上海，筑"海藏楼"，与海内人士诗文往还，并集股创设日晖织呢厂。

1906 年 9 月，清廷为抵制革命，下诏预备立宪。12 月，郑孝胥与朱福诜、张謇、雷奋等苏浙闽三省名士及实业界二百多人在上海成立预备立宪公会，声言以"奉戴上谕立宪之旨趣，开发地方绅民之政治知识为目的"。但清廷空言立宪，缺乏诚意，加之革命浪潮蓬勃发展，于是立宪派开始把活动重心由开通绅民知识宣传转向为速开国会的请愿活动。1908 年 7 月，郑孝胥等为了"劝告"和"要求"清政府加快立宪的步伐，联名向清廷请愿要示召开国会；又会预备立宪公会名义发函湖南宪政公会、湖北宪政筹备会、广东自治会，以及豫、皖、直、鲁、川、黔等省立宪党人，约于是年 8 月各派代表齐集北京，向都察院递呈请愿速开国会书。清廷乃发布以九年为预备期限颁布宪法、召集议会之诏。

1909 年，郑孝胥由岑春煊推荐于东三省总督锡良，任锦瑷铁路督办兼葫芦岛开埠事宜，居天津颜氏园，往来于京、津、奉天之间。次年，随锡良入京。不久锡良

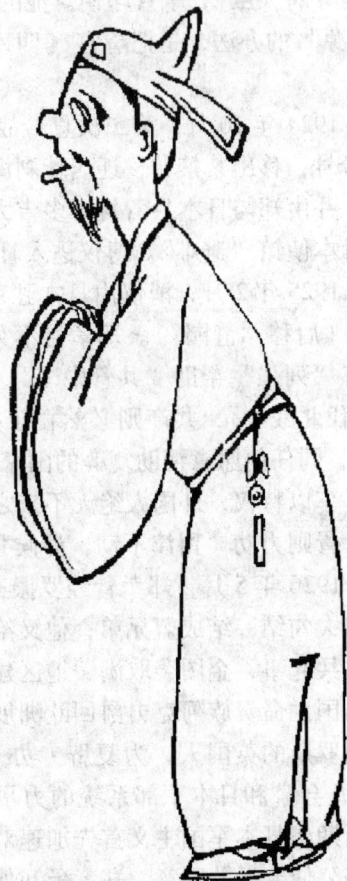

去职，郑孝胥遂赴沪。1911 年夏，郑孝胥至长沙任湖南布政使甫十日，湖广总督瑞澂因拟定颁行外省官制派郑孝胥赴京陈述，郑遂于 9 月入京，居舍饭寺，等待召见。10 月，武昌起义，郑急驰回任，途经上海，长沙已为革命军光复，道阻不行。不久，中华民国成立，郑孝胥遂韬晦上海。

郑孝胥自是对清王朝忠心不二，以不作民国官、不拿民国钱的遗老自居，隐居海藏楼，以诗酒自娱。他嫉恶共和，闭门不问世事。室中花瓶犹插清朝黄色小龙旗，凡诗文简札题字，均用宣统甲子，未尝书民国年号，以示对清室的忠心。

郑孝胥工诗善书法。1913 年在上海组织"读经会"；1917 年在唐元素所创的"丽泽文社"讲学（1920 年该社改名"晦鸣文社"）；并创立"恒心字社"。郑孝胥诗主崇孟郊，著有《海藏楼诗集》十三卷。他的书法，出入汉隶北碑间，中年以后，自谓去肉存骨，变为瘦削，尝鬻字自给，岁入数千元。

1923 年夏，郑孝胥经陈宝琛引荐入故宫，甚得溥仪器重。他为清室复辟出谋献策，曾几次向溥仪建议："要成大业，必先整顿内务府"。次年 2 月被破格授为"总理内务府大臣"，掌管印钥。他的整顿计划是开源节流，为复辟取得财政上的保证："开源"的办法，是把清宫《四库全书》运到上海出版，但遭到北洋政府当局的扣压。

1924 年 10 月，第二次直奉战争中，冯玉祥回师北京，囚禁曹锟，迫使溥仪取消帝号，移出紫禁城，迁居什刹海醇王府。郑孝胥和陈宝琛、罗振玉等密谋逃脱之计，并由郑与日本兵营竹本多吉大佐商定，助溥仪潜离醇王府，先至德国医院，再入日本使馆"避难"。溥仪逃入日本使馆后，郑孝胥暂时南归上海。

1925 年 2 月，溥仪由日本驻京使馆书记官池部保护，出走天津，居日租界"张园"（后移"静园"）。郑孝胥不久亦赴津。在天津期间，郑孝胥认为要复辟成功，唯有"列强"帮助"共管中国"。他对溥仪说："大清亡于共和，共和将亡于共产（指伐北战争），共产则必然亡于共管。"因此，郑孝胥主张"用客卿"、"门户开放"，同任何愿意帮助复辟的国家勾结。他认为："对外国人只要待如上宾，许以优待，享以特权，外国人绝无不来之理。"当罗振玉劝溥仪出洋到日本去联日复辟时，郑孝胥则力劝"留津不动，静候共管"。

1926 年 5 月，郑孝胥经罗振玉介绍，和在中国满蒙边境一带活动的白俄股匪谢米诺夫勾结，结成盟兄弟；他又给张宗昌和谢米诺夫撮合，让白俄党羽多布端到蒙古举兵起事，企图袭取满蒙地区建立"反赤复国"根据地。郑孝胥还给溥仪推荐一个奥国亡命贵族阿克男爵回欧洲展开活动，以取得复辟的声援。他又为溥仪推荐一个叫罗斯的英国人，为复辟专办《诚报》。后来，他通过罗振玉的介绍，认识到"黑龙会"和日本军部系统的力量相当强大，决定暂时放下追求各国共管的计划，转而期望日本军国主义首先加速对中国的干涉。1928 年 9 月 22 日，经溥仪和日本驻华公使芳泽的同意，郑孝胥和他的长子郑垂、日本浪人太田外世雄东渡日本，向日本军部及"黑龙会"活动复辟，受到各种热心于复辟的日本朝野要人的接待。当时，日本参谋本部总长铃木贯太郎、次长南次郎等劝他"取奉天为恢复之基"。

"九·一八"事变后，郑孝胥认为复辟时机已到，用溥仪名义派人到日本，找刚上台的陆相南次郎和"黑龙会"首领头山满进行活动。他代溥仪起草了一封给南次郎的信，谓："此次东省事变，民国政府处措失当，开衅友邦，涂炭生灵，予甚悯之。兹遣有家庭教师远山猛雄赴日，慰视陆军大臣南大将，转达予意。我朝以不忍目睹万民之疾苦，将政权让与汉族，愈趋愈紊，实非我朝之初怀。今者欲谋东亚之强固，有赖于中日两国提携，否则无以完成。如不彻底解决前途之障碍，则殷忧四伏，永无宁日，必有赤党横行灾难无穷矣。"三星期后，日本关东军派军部参谋士肥原至津引诱，郑孝胥则从中协助，竭力唆使溥仪赴东北复辟。11月10日，郑孝胥父子陪同溥仪乘日军司令部运输部"比治山丸"轮船偷渡白河，后转乘"淡路丸"渡海至营口，旋入旅顺。

1932年2月，郑孝胥两次赴奉天，与日本关东军司令官本庄繁以及张景惠、臧式毅、熙洽等一伙，密商建立伪满洲国。3月8日，在日本关东军导演下，溥仪粉墨登场为伪满洲国"执政"，次日，郑孝胥出任伪国务总理，5月兼任伪军政部总长，未几卸军政部总长职，8月兼任伪文教部总长。9月15日，郑孝胥与日本新任关东军司令官兼第一任驻伪满"特命全权大使"武藤信义大将正式签订了出卖中国东北主权的"日满议定书"，确认日本在中国东北的"一切权利和利益"，在"日满共同防卫"的借口下，确认了关东军对"满洲"的实际统治。次年3月，又签订"委任经营合同"，规定将东北所有铁路及铁路所属财产，全部交给"南满铁道株式会社"。此外，他还帮助日本军国主义大力推行奴化教育，灌输"顺天安民"、"亲仁善邻"、"王道政治"等反动谬论，并亲自兼任"伪满日文化协会"会长。1934年3月1日，伪满洲国改"执政"为帝制，溥仪正式"登基"，郑孝胥改任伪国务总理大臣。21日，郑被派赴日本进行所谓"修聘"，"朝觐天皇"以答谢所谓"友邦援助之盛意"。回来后，被叙勋一位，并赐伪景云章。

郑孝胥虽是伪满国务院的总理大臣，却要事事听命于其部下日本人的总务厅长，郑曾因发牢骚惹恼了日本主子。1935年5月21日，日本关东军司令官南次郎，以郑孝胥"倦勤思退"需要养老为名，另换了一个对主子更为忠顺的张景惠接替了他。但为了掩盖矛盾，郑孝胥下台后，仍被赐给"前官礼遇"。1936年1月，郑移居长春柳条路自筑的新宅，创办"王道书院"。同年底，日本帝国还赠他"勋一等旭日大勋章"。

1938年3月6日，郑孝胥在"王道书院"公开演讲后，突患肠疾，于3月28日死于长春，结束了他可耻的一生。

郑孝胥如仅仅是不能看清大势，愚忠清廷也还罢了，他还积极投靠日本，引狼入室，留下千古骂名。

借高枝扶摇直上

上海滩曾流行着对"三闻人"的几句评语："黄金荣贪财，张啸林善打，杜月笙会作人"。杜的"会做人"使他不仅在法租界，而且在英租界及上海地方军阀中都很左右逢源，为其所用，甚至还巴结上了作过总统的黎元洪；拉拢上了"上海滩"名律师秦联奎；笼络了学界泰斗、儒学大师章太炎。不仅如此，杜月笙与陈其美等革命党人也有交往。1911年，湖北一批革命党人从事反清活动经沪返鄂而盘缠用尽，在上海陷入困境。杜月笙闻讯，认为这正是结交革命党人的一个机会。于是，他前往赌场："敲竹杠"（即敲诈勒索），并用"敲"来的钱为革命党人购买了船票，将他们送出上海。1913年，孙中山发动"三次革命"时，从上海运往安徽、江西的军火常被称霸镇江、扬州的地方军阀徐宝山中途拦劫，陈其美等遂令王柏龄下手除去徐宝山。由于徐宝山防范甚严，王伯龄在束手无策之中找到杜月笙商议。杜月笙便找来曾谋刺过清摄政王载沣的黄复生，制成一颗特殊炸弹安放于"古董箱"内，利用徐宝山对古董的嗜好，乘机将他炸死。由于杜月笙"会做人"，同当时的上海工人阶层也有往来，如同总工会的汪寿华就有一定的联系。还有在帝国主义的头子中，先是法军司令巴而雪很赏识他，以后陈群又介绍英军司令邓坎、美国司令白多楼等与他往来，他们从杜口中可以了解到总工会和蒋介石、白崇禧等方面的情况。因而杜月笙便一下子显得重要起来。

20年代中期的上海，在北伐军胜利进军声中，局势十分紧张。1927年春，上海几十万工人在共产党领导下组织起来，成立总工会，并拥有自己的武装纠察队。这使上海的帝国主义感到惶惶不安。

蒋介石到达上海后，立即拜访了黄金荣，亲自接通青洪帮这条线，为其在上海发动政变准备急先锋。因为，蒋在早年在上海滩曾投靠黄金荣，拜其为师，深知这帮师兄弟的本领。

蒋在还没有进入上海的时候，蒋就派陈群到上海秘密活动。随后派杨虎到上海与陈群会合，联络黄金荣、杜月笙和张啸林共同策划，破坏上海总工会对工人的领导：组建一支"民间"武装，协助白崇禧"维持秩序"，准备一旦时机成熟便"一举解决工人纠察队"。

4月初，蒋介石委任张啸林、杜月笙为江苏水上正副警察长，唆使董福开、张伯岐等流氓兵痞组成"上海工界联合会"与总工会对抗。随后多次召开秘密会议研究"反共"大计，4月6日，蒋介石、陈群、杨虎、黄金荣、杜月笙、张啸林密谋把上海滩的白相人、青帮，贴上"革命"的标签，搜罗到"中华共进会"里，共同对付共产党领导的工人纠察队。

随之，杜月笙立即行动，动员上海流氓参加反共活动。他先劝说张啸林，张同意后，又去说服黄金荣。黄开始拿不定主意，因为他看到共产党提出的口号和主张，拥护的人很多，怕国民党对付不了共产党，要杜看看谁胜谁负再说。杜认为机不可失，只有参加反共将来在政治上才有地位。据说黄最后被杜说服，是杜提出共产党胜利了决不会对他们有好处，只会是和国民党同归于尽，与其这样，不如全力与国民党合作反共，使国民党取胜，才有前途，黄才决定参加。

在杜月笙的爪牙中，早有一部分混到了总工会和纠察队中，他们预先仿制了不少总工会用的标志，事先由杜与租界方面商量好，同意流氓和特务在租界内集中，配合反革命军队去解除纠察队的武装。

4月11日，蒋介石在南京发出密令，要求"已克复的各省一致实行清党"。上海立即行动，当天下午驻闸北的第二十六军第二师在各条街道上大量配置兵力。

难怪杜月笙的门徒夸耀说，蒋介石能在上海顺利清共，我们杜老板是立过首功的。

4月12日凌晨1时，在上海的全副武装的青洪帮流氓、特务，每人发大洋10元，身着蓝色短裤，臂缠"工"字符号，冒充工人，自法租界乘多辆汽车分散四出，会同二十六军便衣队分向闸北、吴淞、浦东、南市、曹家渡等处进发。由帝国主义控制的公共租界当局，将通往华界的每个路口敞开，让他们通过，向工人纠察队住处、总指挥处、上海总工会和14处工人纠察队发起突然袭击。驻闸北商务印书馆东方图书馆等处的工人纠察队进行了英勇抵抗。此时，二十六军的部队突然出现，高呼"我们是来调解的"。工人们信以为真，受其摆布，2700多名工人纠察队员的武装被解除。二十六军伙同暴徒一起屠杀工人，造成300余人死伤。反动派的暴行，激起了上海工人阶级的极大愤慨。13日，总工会把这一经过真相用特别紧急启事在《申报》刊出，戒严司令部立即派人将此项启事删去，并代之以该部特别紧急启事，否认租界方面有武装流氓冲击，并说这次事件纯系地方流氓莠民与纠察队发生纠纷，为了维持治安，才将双方枪械临时缴存。杜月笙对戒严司令部说他们是流氓莠民极不痛快。陈群又赶忙出来更正，声明这次事件是总工会内两派互相殴斗。

消息传出以后，上海工人们愤怒异常，全市20多万工人举行总罢工，要求严厉惩办杀人凶手和主谋犯，立即发还缴去的枪械，并举行了大规模的示威游行。当队伍行至宝山路三德里附近时，埋伏的二十六军部队用机关枪、步枪猛烈射击，当场打死百余人，伤者无数。时遇大雨滂沱，宝山路上尸横遍地，血流成河。反动派对工人们进行新的诬蔑，说总工会内部隐藏有直鲁联军，已搜出大量直鲁联军符号证件，"通敌有据"。以此为借口，大肆搜捕和屠杀工人。

这一阴谋又是杜月笙的得意之作。因为流氓们抢劫纠察队的所有东西之后，回去一检查，值钱的东西并不多，文件等便送给了杨虎。在清点这些东西时，杜月笙发现工人们在收缴直鲁联军溃兵枪械中，也缴了他们的符号证件等物，没有毁去，杜月笙便建议拿这些东西借口来捕杀工人，这便是所谓"通敌证据"的由来。

接连两日的大屠杀并没有把上海工人吓倒，他们继续举行集会和示威游行，印发大量文件，揭发以蒋介石为首的叛变革命分子屠杀共产党的阴谋。蒋介石为了掩盖其罪行，便制造假通电，由黄金荣、杜月笙、张啸林三人署名刊发，上海各处散布。4月14日，上海各大报刊登了黄、杜、张三人联名的所谓"真电"（真，是11日的代日韵目）。"真电"颠倒黑白，为蒋介石的"清共"张目。

杜月笙的通电还没有发出，他就找了与国民党有关的一些团体，陈群也指使一些与国民党有关的团体，共凑集六七十个，于15日在各报刊出了致蒋介石、白崇禧的通电，把这几个流氓打手捧为"救国义士"，说他们12日晨，亲自率领"敢死同志"收缴总工会枪支，解散纠察队，使全市中外人士为之欢跃庆贺，希望全国各省市各团体一致仿效上海办法，向他们看齐。以此作一次舆论试探。16日，陈群奉蒋介石的指示，与杜等公开出面招待新闻界，发表反共谈话。

杜月笙会做人是闻名上海的。而他又能看到蒋氏野心,而积极卖身投靠,因此称霸上海滩也是必然的了。

戈林娶贵妇发财

赫尔曼·戈林(1893－1946年),第三帝国中有名的大恶棍,地位仅次于希特勒。在第三帝国的罪恶历史中,他是希特勒的主要帮凶和支持者,深得希特勒信任,被希特勒定为法定继承人,并擢升为唯一的帝国元帅。他的公开职位是帝国空军总司令和"四年计划"主持人。但是,他所插手的事情远远超出了这个范围。他在纳粹掌权的12年中所犯下的罪行,完全可以与希特勒齐名并列。

空战英雄

1893年1月12日,赫尔曼·戈林出生于德国南部多山的巴伐利亚。父亲是普鲁士一位有地位的官员,叫亨利希·恩斯特·戈林。赫尔曼·戈林是这位官员的二房妻子所生的第二个孩子。当时老戈林正在德国北部石勒苏益格地区的海德市担任总督。1896年,在戈林3岁的时候,父亲退休了。于是,全家搬到稍南一些的卢卑克附近一座小城堡中住下。城堡的主人是海尔曼·冯·埃本斯坦骑士,一个大商人。此人与戈林母亲的关系极为暧昧,据说是这位贵妇人的情夫。也许就是因为这一层关系,戈林认这位有本事的大商人做了教父。从1896年到1913年,戈林一直幽静地生活在这里。但是,紧张的欧洲局势打破了戈林恬静的生活。战争危机一日紧似一日,适龄青年都应征入伍进行训练,准备厮杀。戈林身体壮得像头牛,被光荣地选为空军飞行员。不久,战争终于爆发,戈林也上了战场。

在第一次世界大战中,他的命运要比希特勒强得多。他是德国当时最著名的战时英雄之一,获得过德国战时最高奖赏,并且在1918年被任命为全国最著名的战斗机中队——里希特霍芬战斗机中队的中队长,成为德国军人中的佼佼者。然而,这一切不过是旧时代回光返照中的一个小小的闪光而已。随着战争的失败和德国"十一月革命"的爆发,它很快就熄灭了。德国"十一月革命"使旧德国受到了一次急风暴雨般的激烈洗涤,旧时代的陈迹和观念受到沉重打击。像戈林这样的旧时代的宠儿,一下子成了无人闻问的无名鼠辈,甚至被人看成是有罪的反动人物。这个天翻地覆的变化是戈林无论如何也适应不了的。他深恨革命断送了自己大有希望的前程,深恨革命后德国群众对待军官的那种不以为然的态度,也相信战争是败在革命手中的荒谬断言。他要报复革命,但又无能为力,于是采取了逃避现实的态度。他愤然离开了德国,到丹麦和瑞典的商业公司做了一名运输机驾驶员。

有一天,他驾驶飞机送埃立克·冯·罗森堡伯爵到斯德哥尔摩的宅邸去,并应邀在那里作客。在那里,他与伯爵的妹妹——卡林·冯·佐肯夫夫人不期而遇。这位佐肯夫夫人是当时瑞典有名的美人,唯一的不足是患有癫痫病,尽管如此,仍然倾国倾城令人羡慕。戈林也是首屈一指的标致小伙儿,又是战争中的著名战斗英雄。因而,两人一见钟情,相见恨晚。但令人烦恼的是,戈林所爱是个有主的天仙，而且还带着一个 8 岁的孩子，这使事情复杂起来。然而，佐肯夫夫人设法解除了同佐肯夫的婚姻，和年轻英俊的飞行员结了婚。新娘的财产不少，婚后戈林辞掉了飞行员的差事，离开北方，来到了慕尼黑，过起了豪华的日子。

结交希特勒

戈林一向是个爱赶时髦的人。他觉得像他这样的青年人整天推金山、倒玉柱地鬼混似乎有些不够体面。于是，他决定到慕尼黑大学去学经济，装装门面。那时，纳粹党在希特勒的苦心经营下已颇具声势，并在慕尼黑风靡起来。大学是纳粹党的重点活动区域，戈林正是在这里被希特勒的纳粹主义所吸引，并参加了纳粹党，时间是 1922 年。当时，纳粹党中像他那样富有的人并不多，经费也很紧张。于是，戈林慷慨解囊，对党和那个饥肠辘辘的流浪汉进行援助。

戈林的歪才不少，而且精力过人。他帮助罗姆出色地组织了冲锋队，带领他们到街上去殴斗，保护党的集会，袭击敌人的集会，立功匪浅。因而，1922 年希特勒任命他担任了冲锋队队长，成了希特勒最得力的左膀右臂。在 1923 年的那场闹剧似的啤酒馆政变中，戈林的作用也颇为重要。他是冲锋队队长，是政变计划的具体执行人。政变那天，他与希特勒一起到啤酒馆去执行劫持邦长官的任务，并负责保护希特勒的安全。当希特勒带着他的俘虏到里间去组织政府时，戈林负责外面的事务。为了使那些惊恐万状的人群安静下来，同时也要在这一伟大时刻露露脸，戈林大步走上讲台，学着元首的样子训了几句话。当然，他的态度要比元首温和得多，他不能把人们吓跑，否则，一会儿元首出来演讲就没有听众了。他告诉这些未来的革命见证者不必惊慌，他们没有恶意，人们尽可以安静地喝啤酒，静候德国历史上的伟大转折。戈林怎么会想到，由于希特勒在关键时刻失误，放跑了关在笼子里的"老虎"，因此，造成纳粹党背水一战的局面。第二天，戈林同他的元首并肩率领他的 3000 名部下向市中心挺进，准备也来一个墨索里尼式的罗马进军。不想，遇到了不肯通融的警察。一阵扫射过后，戈林的大腿上挨了一枪，伤势很重，被抬到附近的一家银行里。多亏了银行的犹太老板给他进行了急救，他才没有送命。随后，银行老板的妻子又亲自送他偷越了国境，逃到奥地利，住进了因斯勃鲁克的一家医院。这时，他的元首及其同伙已经遭了大难。戈林也受到通缉，因而不敢再回德国。好在戈林的妻子有钱，他们又重新来到北欧过起流亡生活。

戈林的流亡生活简直像甜蜜的度假旅行。他先鼓起勇气在瑞典戒掉了吸毒的恶习，然后就重操旧业，在瑞典飞机制造公司谋了一个职位。悠闲的生活使戈林心宽体胖，唯一一件不顺心的事，是他美丽的妻子又患上了肺病。但戈林很快就解脱了这种苦恼，他把妻子留在瑞典养病，自己于 1927 年逢大赦回到了德国。戈林在柏林巴登大街租了一套精致的单身公寓，为汉萨航空公司和其他一些飞机公司担任顾问，并开始了广泛的社交活动。他的主要目标是社会上层，企业界和军界。其中包括前黑森王太子和蒂森等工业巨头，成为纳粹党中少有的几个打进社会上层的人物。戈林利用他与社会上层的关系到处为纳粹党游说，并把这些人介绍给希特勒，对纳粹党的发展确实贡献不小。1928 年，纳粹党在大选中初获小胜，在国会中取得了 12 个席位。戈林被希特勒指定为纳粹议员之一。

为虎作伥

1929 年，随着世界经济危机的爆发，戈林的机遇也到来了。纳粹党利用国民心中普遍存在的不满、绝望和彷徨，以及资产阶级对共产主义的畏惧心理，在全国得到了迅速的发展。在 1932 年 7 月的大选中，纳粹党大获全胜，一举成为国会第一大党。戈林被元首指定为纳粹议会党团领袖，当然也就成了议会议长，这是纳粹党迄今为止在国家公职中取得的最高职位。当时纳粹党对总理府早已垂涎三尺，戈林就利用这一职位为纳粹党入主总理府潜心渴力，矢志以图。为此，他曾和当时的总理——巴本开了一个小玩笑。巴本由于在新选出的议会中遭到多数的反对，因而，准备在新议会还没有开始工作时就解散它。为此，他已经从总统那里搞到了解散令。9 月 12 日，新议会召开第一次会议，并第一次由一位纳粹党人主持。会议一开始就有人提出弹劾巴本政府的动议。这使巴本着了急，他必须在议会表决之前就把它解散掉。他急不可耐地举手要求发言，但是议长却微笑着把脸转向别处。巴本举着那张解散令，并站起身来让会场的人看清楚。全场的人都看见了，只有戈林没看见。巴本气得发疯，他大步走到议长面前，把那张解散令朝戈林一扔就怒气冲冲地走了。戈林还是不看那张解散令，他微笑着说：如果没人反对就进行表决。结果，以 530 票对 32 票通过了这项弹劾动议。这时议长才"吃惊"地看到了面前的那张解散令。他宣读了一遍，然后裁决说："由于这是一个已被法定多数弹劾了的总理签署的，因而没有任何效力。"当然，议会最后还是接受了解散令。但戈林使用这种鬼把戏来达到目的，则刚刚是开始。

1933 年 3 月 5 日，德国又要进行新的大选了。从 1932 年最后一次选举看，纳粹党失去了 200 万张选票，而共产党则增加了 75 万张选票。这使纳粹党极为紧张，他们要寻找一个办法遏止共产党的影响，并且一劳永逸地解决这个问题。2 月 24 日，戈林派秘密警察搜查了共产党在柏林的办事处。然而，这是一个被共产党放弃了的办事处，戈林没有得到什么有价值的东西。但是戈林仍然宣布他找到了确凿的证据，证明共产党要发动一场革命。但是，公众对这件事的反映并不理想，甚至保守分子也对此持怀疑态度。很明显，他必须在 3 月 5 日大选前，找到一个更加耸人听闻的事件作为彻底打击共产党的借口。

2 月 27 日晚上，凛冽的寒风扫过柏林街头。黑暗中，一小队早已隐藏在戈林家里的冲锋队员揭开地下暖气管道的盖子，一个接一个地钻了进去，这是一条直通议会大厦的地沟。这些冲锋队员每人都携带着易燃物品，迅速地来到了议会大厦下面。他们钻出地沟，把易燃物品撒在所有能燃烧的东西上，然后便悄悄地顺原路返回。不一会儿，一个几天前被秘密警察发现的、神经不正常的荷兰共产党员在秘密警察的精心安排下，偷偷地潜入议会大厦，脱下自己的衬衣把火点了起来。只两分钟的光景，议会大厦已是一片火海了。

戈林比谁来得都早。他头上冒着汗，嘴里喘着气，兴奋得有点失常。他立即断定，这是共产党人干的。他大声对秘密警察头子说："共产党的革命开始了！我们一分钟也不能坐等，我们要毫不留情地对付他们。共产党的干部一经查获，当场格杀勿论。今天晚上就把共产党议员统统吊死。"不用说，戈林很快就达到了自己的目的。纳粹党就这样为大选排除了一个最大的障碍。后来，在1942年的一次宴会上，戈林酒后露真情。他得意地吹嘘说："真正了解国会大厦的只有我一个人，因为我放火把它烧了。"说完还拍着大腿狂笑不止。

第三帝国的权臣

在第三帝国，戈林是一人之下万人之上的显赫人物。他抓权最多，管事最宽，是个权力欲最强的人。第三帝国初期，他身兼航空部长和普鲁士邦总理等要职，为希特勒巩固第三帝国立下了汗马功劳。为了更好地控制德国，他首创了两件最有威慑力的东西——秘密警察和集中营。这两件法宝一出现便显示出了特殊的功效。1933年镇压共产党、1934年清洗他的老战友——罗姆都赖此类机构。在未来的岁月里，这两件法宝便成了纳粹政权不可缺少的重要武器。

1936年，希特勒提出了一个"四年计划"。目的在于用最短的时间使德国在主要的战略物资方面能够自给自足。这是希特勒积极备战的一个重要组成部分。但是，这项计划却遭到了最著名的理财专家、第三帝国经济部长沙赫特博士的反对。他认为，这不是计划，而是胡闹，它会把德国经济搅成一锅粥。然而，元首的意声是不可动摇的。希特勒决定绕开这个经济部长，于9月任命戈林负责执行"四年计划"。实际上，戈林在经济问题方面几乎是个门外汉，但他仍然毫不在乎地接受了任命，"四年计划"的内容和经济部的日常工作是很难区分的。随着"四年计划"办公室的设立，经济部门庭冷落起来。越来越多的企业家和经济人士拥到戈林那里，"四年计划"办公室的门前车水马龙，热闹非凡，没有谁比戈林更喜欢这种场面了。至于那个可怜的沙赫特博士则实在气愤不过，索性辞职不干了。从此，戈林又成了德国经济界的独裁者。

戈林在纳粹德国的决策问题上有着重大影响。他曾吹嘘说，希特勒在所有重要的军事和政治问题上都同他商量。1937年11月5日，戈林被希特勒请去参加一个决定命运的绝密会议。会上希特勒第一次正式地系统阐述了他即将为德国争夺生存空间而发动一场战争的理由和设想。按希特勒的设想，不久的将来德国将卷入一场与全世界为敌的大战，这使与会的几个老派人物感到十分震惊。他们当然不是对这种空前的野蛮和不道德感到震惊，而是觉得目前德国的军事力量还无法承担这项任务。他们表现得有些消极和惊慌失措，并企图用一系列技术上的问题打消元首的这个念头。希特勒认为这是一个严重的问题，军官们的消极情绪将影响整个大军的士气，所以，在开战以前必须把这些消极的老派人物赶走。

戈林是最喜欢干这种既能显示权势又能玩弄手腕的鬼把戏了。他恰好得到了一个机会。一天，战争部部长、国防军总司令冯·勃洛姆堡心事重重地来拜访戈林。老元帅的夫人已经去世五年多了，他一直过着鳏夫的生活。现在，他的女秘书，一位美妙的年轻女郎突然使他春情荡漾，堕入了情网。这位格鲁恩小姐实在使他倾心，他决定娶她做妻子。但这位小姐是平民出身，这在当时贵族气很浓的军官团中可能会遇到麻烦。对此，老元帅感到非常苦恼。突然，他想到了戈林，如果在这件事上得到他的同情，事情就好办多了，于是他特地来拜访戈林。这样一位在军队中有地位的老元帅也要在自己面前说小话，使戈林感到得意极了。他表现得极为通情达理，认为这个婚姻是无可非议的，在第三帝国里不能有社会偏见。他本人不也是在前妻死了以后，又娶了一个演员吗？他同意替老元帅到元首那里去疏通一下。结果婚事办成了，希特勒和戈林还作了证婚人。但是，戈林的秘密警察很快就发现一份关于格鲁恩小姐可能做过妓女的材料，并迅速转到了戈林手里。戈林如获至宝，他可得了一颗重型炮弹，可以一举把那个老元帅打发回家了。戈林觊觎总司令职位已经不是一天了，现在终于时机成熟。他立即把材料送给希特勒看。希特勒果然大怒，决定就此把勃洛姆堡赶走。戈林马上表示支持，并立刻跑去把这消息透露给勃洛姆堡。尽管老元帅对此感到十分惊讶，并愿意立即离婚。但是，戈林和气地告诉他，离婚也无济于事。为了保持国防军的荣誉，他必须辞职。勃洛姆堡就这样被赶走了。戈林对自己的这番手脚十分得意，根据他目前的地位，空缺很可以由自己来替补。谁知，元首和戈林一样，有着无限的权力欲，希特勒不准备再让大权旁落。他下令取消战争部，将其改为最高统帅部，作为协助自己掌握武装力量的参谋部。从此，希特勒把一向桀骜不驯的陆军抓到了自己手里。为了安慰戈林，希特勒擢升他为元帅。

在第三帝国的功劳簿上，戈林元帅在与犹太人的斗争中表现得颇为突出。他首创了对犹太人"最后解决"这一名词，从而给纳粹德国找到了一个消灭犹太人的最佳表达方式。1941年7月31日，戈林把"最后解决"这一发明以命令的形式下达给希姆莱，命令他立即着手办理。戈林元帅的聪明表现在，他不仅能把几百万的犹太人变成灰烬，而且还善于从他们身上榨取最后一滴油水。在著名的"砸玻璃窗之夜"，戈林不但使保险公司成功地避免了由于大量赔偿犹太人的损失而破产的厄运，而且还迫使犹太人交出10亿金马克的罚金。在这些工作中，戈林自己也发了一笔横财。他成立了一个公司，专门趁火打劫，收买犹太人的财产。每当他看中了哪个犹太人的产业或宅邸，就会有秘密警察或纳粹的官员前去警告那个倒霉蛋，令他立即出卖财产，否则将被没收。这时，戈林的公司就出面以极低的价格买下。这样，戈林很快便成了第三帝国首屈一指的富户。

希特勒一上台，他要吞并老家奥地利的野心就已按捺不住。但那时他力量还弱，只伸头试了一下就缩了回来。1938年3月，希特勒认为自己羽翼已丰，便开始了行动。戈林是个好大喜功的人，此时正由于没有当上国防军总司令而心情不快，现在突然来了这样一个大功，只等自己伸手拈来，立即振作起来。失之东隅，收之桑榆，他要通过这件事给人们留下一个深刻的印象。戈林终于从希特勒那里搞到了任命，由他负责整个征服奥地利的计划和行动。戈林明白这一行动对自己、对元首、对第三帝国的重要性，因而十分用心。

戈林自从负责这项工作以来，计划进展得颇为顺利，德奥合并指日可待。不料，在最后一刻，奥地利米格拉斯总统却坚决不肯任命奥地利纳粹分子赛斯·英夸特为总理。这使戈林感到震惊和气愤。3月11日下午2点钟，戈林在电话中命令赛斯·英夸特马上去警告总统，如果在 7 点 30 分还不屈服的话，德军将奉他的命令全线入侵，到那时，奥地利将不复存在。如果总统在 4 小时内不能理解的话，戈林准备在 4 分钟内让他理解这一点。然而，总统寸步不让，他宣布，决不向武力屈服。戈林很纳闷，这样一个没有后盾的官僚总统怎能会如此强硬。他立即下令德军全线开入奥地利。至于法律上的问题戈林早已胸有成竹，堂堂的第三帝国岂可出师无名。就在德开始行动的同时，戈林向赛斯·英夸特口授一封电报。内容是奥地利发生了骚乱，请求德军给予援助。戈林建议，赛斯·英夸特甚至不必发电报，只需说声"同意"就行了。复杂的问题，戈林就这样简单地解决了，这样，3 月 14 日，希特勒就可以趾高气扬地回到他当年流浪过的地方了。

戈林喜欢到处伸手。在第三帝国中，很难找到一个戈林没有插过手的事。1938 年，他刚刚结束了奥地利方面的事情，就又来插手捷克斯洛伐克了。

1938 年 9 月，按照希特勒的精心安排，英、法被牵着鼻子来到慕尼黑，准备与希特勒做一笔不光彩的买卖。讨价还价的基础价码是由墨索里尼在会上提出，实则出自戈林一帮人之手。在谈判的前几天，戈林找来一帮人，背着外交部长里宾特洛甫草拟了这个方案。戈林一向瞧不起那个假装绅士的外交部长，认为重大事情交给他办就准得出错。于是，这次他就来个喧宾夺主，代为办理。1939 年，捷克斯洛伐克的悲剧该最后收场了。3 月 14 日，哈查总统被希特勒召到柏林，为捷克的最后葬礼履行一些必要的手续，以便使事情合法化。希特勒对哈查总统进行了一番威胁恫吓之后便扬长而去，剩下的事情就委托戈林办理。戈林和里宾特洛甫早已草拟好一份死亡判决书，只等年迈的总统签字了。总统对自己国家的悲惨命运深为痛心：他拒绝签字。戈林气急败坏。他一面嚷着不签字就炸平布拉格，一面绕着桌子追着总统。他把投降书不断地摔到总统面前，把笔硬塞到总统手里。捷克斯洛伐克总统在戈林的威逼和讹诈下终于昏了过去。戈林顿时吓得慌乱起来，高声大叫："哈查昏过去了！"其实，戈林并不怕总统死去，而是害怕舆论界说是他戈林在总理府把捷克斯洛伐克总统谋杀了。幸好早有准备，希特勒的私人医生就等在门外，一听见戈林喊叫便冲了进来。总统刚一清醒，戈林又立即把电话塞到他手里，命令总统与布拉格政府通话。1939 年 3 月 15 日清晨，绝望了的哈查总统终于在死亡判决书上签了字。

捷克斯洛伐克事件之后，英、法突然猛醒。他们发现那个眼露凶光的小胡子是个永远也填不满的无底洞。因而，当希特勒又对波兰表示出兴趣时，英、法立即对波兰作出单方面保证，如果希特勒敢于故伎重演，他们则打算舍命陪君子。战云一下子密布起来。然而，希特勒对兵不血刃地获取猎物仍然很有兴致。他根本不相信英、法真敢开战。因而，希特勒命令戈林设法与英、法再完成一笔慕尼黑式的买卖，但是，要通过非官方渠道。戈林很快找到了一位爱管闲事的业余外交家。此公是瑞典的一个商人，与戈林有厚交。他非常愿意在这个多事之秋为自己留下一些记载，因而就充当起戈林和英、法之间的中间人来。戈林极想再来一次慕尼黑。他再三催促那位商人不分昼夜地穿梭于柏林、伦敦之间。并以自己的地位向商人担保，德国和元首是热爱和平的，只要英、法心平气静地面对现实，问题并不难解决。戈林想给西方再设一个慕尼黑式的圈套，让他们含着糖块进去。但是，这一次他没有算准。西方外交家们尽管目光短浅，面前摇晃着的绞索毕竟还是看到了。英、法不肯就范，戈林颇为恼火，当着朋友的面把英国狠狠地骂了一顿：既然英国佬不识相，那就让战鹰使他们聪明些吧。

赫尔曼·戈林能成为帝国空军总司令，是因为他是希特勒最忠诚的跟随者，也是希特勒的主要帮凶和支持者，深得希特勒的信任。

审时度势的决策艺术

审时度势的决策艺术，是指决策者在外部环境不断变化的情况下，要了解时势的特点，估计情况的变化，对变化了的时间、地点、势态作敏锐、深入的具体分析，抓住新出现的有利于本地区、本组织发展的时机，作出果断决策，这一决策艺术，强调的是三点：第一，对变化了的情况，作具体分析；第二抓住新出现的有利时机；第三果断、及时地作出决策。

审时度势的决策艺术，主要适用于战术性的决策或短期的决策。尤其适用于组织的战术性的决策。事实上，审时度势、当机立断的决策艺术是机动灵活、随机决策的决策艺术的派生。后者强调决策中要以变应变，随机决策；而前者强调的是要变得快，变得及时，当机立断。因此，这两个决策艺术，实际上是紧密地结合在一起，不可分割的。运用好审时度势，当机立断的决策艺术，往往能使决策者出奇制胜，只要对变化了的形势审视得准确，及时抓住时机，决断真正做到"当机"、"及时"，那么，就一定能够取得成功。

审时度势的决策艺术，不仅要了解时势的特点估计情况的变化，还必须在外部环境不断变化了的情况下，重新对事物发展的势态作全面、细致的分析，一切以时间、地点的变化为转移；做到具体问题具体分析。在外部环境变化了的情况下，战术性的决策就要随之改变，重新决策，否则，就会犯"刻舟求剑"的错误。在重新决策时，首先就要审时度势，对事物发展的新的势态作全面、细致的分析。所谓"审时"就是对发展变化了的时间进行体察审视；所谓"度势"就是对客观形势进行忖度、估计。这二者结合起来也就是对事态发展的时间、地点、势态作一番全面而深刻的审视。当机立断的前提是审时度势。只有善于审时度势，才能做到正确的当机立断，没有审时度势作基础的当机立断，就犹如"盲人骑瞎马，夜半临深池"。试举一例子来说明这一道理。战国时代，赵国有一位将军，名叫赵奢，有一次，秦军攻打赵国的边境地区，赵王十分着急，就问属下的将军："你们认为那个地方是否还有拯救的希望？"将军们回答说："那个地方不但路途非常遥远，而且非常危险，恐怕没有得救的希望。"但是，赵奢却不赞成他们的说法，他说："不错，那个地方不但遥远而危险，可是秦兵也占不到'路近'和'安全'的便宜，所以如果双方在那里会战，就如同两只老鼠在洞里相争，必定是勇敢的一方获胜。"赵王听了，觉得很有道理，就派他带领军队马上出发。结果不仅把秦军打败了，也解除了该地的危机。在这里，赵王的正确决策依赖于赵奢将军对边境地区情况的正确分析，这种分析就是审时度势。

审时度势的决策艺术，要求领导者要及时地抓住时机，所谓时机。是指某种行为赖以存在和发展的最有利的时间条件，抓住时机，就是要发挥有利条件、避免不利条件。古人说："机不可失，时不再来"，可见决策中抓住时机的重要。外部环境的变化，往往是既提出了挑战，又提供了机会。提出的挑战在于：原有的组织所作出的决策不再有效了，提供的机会在于：在新的环境下，大家都处在同一起跑线上，如果你能及时做出新的决策，就一定能成功。机会总是有的，就看你能否发现和抓住机会。因此，决策者需要有敏锐的洞察力，善于眼观八方，及时地发现机会。成功的领导者，总是能够洞察变化了的环境，为自己提供各种发展机会，根据本组织的人力、物力、财力状况，有哪些机会经过努力可以利用。一个组织的命运，往往就取决于领导者能否认清形势，发现成功的机会并努力抓住良机。

审时度势的决策艺术，要求果断决策，决不迟疑。"当机"的目的是为了"立断"。在出现了新的有利时机的情况下，决策者应该果断决策，切忌迟疑，犹豫不决，机不可失，时不再来。如果优柔寡断，就会坐失良机，就会失去生存和发展的前途。三国时期的袁绍，曾经是"战将如云、谋士如雨"，实力非常雄厚。但在三国史册上则是一个昙花一现的人物，其原因在于他好谋而寡断。以官渡之战为例，当曹操东击刘备，许昌正当空虚时，不去袭击许昌，而事隔月余，良机已过，又决定要攻打许昌，此刻，曹操已打败刘备，还军官渡。在生死未卜的官渡之战中，当战争发展到谁能控制住对方的军粮，谁就能稳操胜券的时候，袁绍谋士沮授建议遣将蒋奇，屯其乌巢，加强防范；谋士许攸已提出乘曹粮草已尽，疾袭许昌。对这些千载难逢、刻不容缓的大好时机如果没有果断决策，一误再误，那只有死路一条。

审时度势的决策艺术还要求领导者灵活机动，随机决断。即要不断地适应变化的情况，随时随地根据情况变化的势态，主动、灵活地进行决策。

其必要性在于社会的政治、经济生活，即组织的外部环境处在不断的变化之中。社会总是在不断地变化，任何组织都处在一定的社会环境中，组织与社会环境总又是处于互动之中，社会环境的变化，必然要作用于组织，对组织产生一定的影响。因此，组织的决策就要考虑这种变化，因时而动，因地而变，机动灵活，随机决策。

很显然，机动灵活、随机决策的决策艺术，主要适用于战术性的决策或短时期的决策。因为战略决策或长期决策的弹性比较大，目标也不十分具体，并且已经考虑了未来情况的变化。只有战术性的短期性的决策，目标比较具体，一旦情况发生变化，原来的决策目标就难以实现，从而需要重新决策。因为，这一决策艺术主要适用于经济组织的决策，尤其是企业的决策，即如何来运用机动灵活、随机决断的决策艺术。

企业的战术决策，要认真地考虑市场的变化。现代商品经济条件下的企业经营依赖于市场，只有在市场占有销路，供、销两旺的情况下，企业的生产才能够继续和发展。因此，企业的战术决策要充分地适应于市场的变化。但也不是被动地依附于市场，而是主动地根据市场的变化，不断地对企业的生产，经营作适当的调整，甚至转产经营。然而，怎样转产，转产什么，这又需要机动灵活。不能仅仅看到市场上某种产品走俏，就去作转产的决策，而是要看得更远一点，看到市场的未来变化。在这方面，山东省电子设备厂作出了很好的样子。1982 年，录音机在国内市场处于销售上升势头，该厂因亏损严重，决定转产上录音机生产线，上级领导保证，在物力和财力上给予全面的支持。但该厂的厂长却改变了主意，他经过调查研究，认为全省已有十几个厂家生产录音机，再上几条生产线，就难以"吃饱"。他建议利用上级给的资金和设备，转产研究开发计算机。不久，许多录音机生产厂家在竞争中感到前景不妙时，他们已成立了计算机服务公司，年产值超过千万元，利润超过 300 万元。

市场的变化主要还表现在价格的变动上。企业的战术决策要随时机动灵活，根据价格变动趋势作出决策变动。在这里，关键是要准确地掌握市场价格变动的信息，作出正确的分析和判断，把握价格变动的未来趋势。从而在此基础上作出决策。再举一例子以说明：河北省衡水酒厂酿酒的主要原料是高粱。1985 年，高粱稳定在 0.17 元一斤。1986 年初，陡涨至 0.21 元一斤。原料价格的变动，引起了厂家的高度重视。他们从各有关省份获得的信息进行分析，发现了高粱涨价的原因是由于玉米的大量出口。玉米出口，引起饲料紧张，而高粱除了工业需要外，也主要作为饲料用，因此，高粱随着玉米的大量出口而紧张。他们分析，在秋粮上市前，需要高粱 600 万斤，按现价每斤 0.21 元收购，要 126 万元，贷款需付利息 5.3 万元，但如果现在不收购，价格再上涨，多支出的成本比付利息要多得多，于是，他们下决心收购了 600 万斤。不久，高粱价格果然上浮，每斤 0.27 元，结果他们节约原料支出 30 多万元。

企业的战术决策要随时根据市场的变化作出调整和新的决策。不仅如此，而且还要考虑国家的产业政策的变化，不断地根据这些变化，快速作出反应。践墨随"敌"，"敌"变我变，机动灵活，随机决断，这样就能够在不断变化的环境中，保持不败之地。机动灵活、随机决断的决策艺术的核心就在于"变"。

随机应变　以不变应万变——变通大法

　　千钧一发，生死成败关头，为官者应保持镇静。审时度势，随机应变，以不变应万变，这样才能审清自己所面临的困难，采取正确的策略和方法，扭转乾坤，使不利的局面向有利的方向发展。

　　当然，应变决非是毫无根据和盲目的随机应变，也不是不讲物质条件的随机应变。应变意识必须建立在对对手的实力和自身条件正确分析的基础上，才能制定出适合实际的应对措施。

人随权势走　心跟政令移

　　"滑"是奸官的本性。

　　北宋时的蔡京，是著名的奸臣，这个人很奸猾。王安石变法得势时，他跟着王安石跑，他对王安石说"青苗法"利国利民，于是马上就官加一级。神宗死后，司马光重新被启用，司马光是以反对变法而名动天下的宰相。这个人是个固执而又有学问的人。在废除王安石的新法上能说一套又一套的理论，而且行动十分果断，当宰相不到一年，把王安石推行的新法全部废除了。苏东坡也反对王安石的变法，但是觉得司马光做的有点过火，便委婉的提了点意见，却遭到司马光的臭骂，气得他在背后大骂"司马牛、司马牛"。同样是文人出身，蔡京的态度迥然相反。王安石变法得到神宗皇帝的赏识时，蔡京以能干而追随王安石变法而得到提升。司马光执政时，他任开封府知事，摇身一变又成了司马光的支持者。

　　司马光下令废除王安石的"免役法"，恢复"差役法"。蔡京在五天之内就向司马光报告说"开封府各县已全部完成了废新法恢复旧法的工作"。司马光听了后大喜，说道：假若所有官员都像你一样，还有什么不可以推行的呢？

　　其实，王安石的"免役法"普及面很广，又有神宗做后台老板，王安石为此倾注了两年的心血，又深得老百姓拥护，在实施新法的过程中又是先在京师地区试行十个月才向全国推广的。推行了十几年的新法，怎么能说废就废？而停止了十多年的旧法，更不可能说命令一到就恢复。明摆着的道理，司马光却听信奸臣之言。

从这件事情上看，蔡京固然玩弄阴谋，耍了滑头，用假话阿谀奉承司马光。在北宋的宰相中，司马光算是一个有能力、有威望的大臣，但是他只听顺耳的话，连与他感情甚笃、又极力反对王安石变法的苏东坡的婉转之言，他都听不进去。而过去追随王安石的蔡京的一切虚假的话他却信以为真，并且准备提拔重用。由此看来，蔡京成为奸臣，也是那些贤臣助纣为虐的结果。同样的道理，王安石的新法刚刚一推行，未经实践证明，蔡京只说一句"新法利国利民"就得到重用。假若蔡京对王安石和司马光说的那些假话，二位杰出人物稍加分析而否定了的话，蔡京这位北宋著名的奸臣又如何能产生呢？

奸臣之所以成为奸臣，除了他的背后有一个暴君和昏君外，有时候，贤明的大官也起到了推波助澜的作用。

奸臣是善于使猾投机、见风转舵的，但是如果手握重权的忠臣、良臣不用他，不相信他，奸臣又如何兴风作浪？

蔡京成为臭名昭著的奸臣，第一步是王安石开了绿灯；第二步司马光扶他上马。蔡京尝到这两次使滑的甜头，之后就更是肆无忌惮。

徽宗赵佶做皇帝时，蔡京被贬到了杭州，这使皇帝十分失望。宋徽宗是一个无能的皇帝，却是一了不起的书法家和画家。蔡京的书法与当时苏轼、黄庭坚、米芾并称苏、黄、米、蔡"四大家"。赵佶还是端王时，就曾花了两万钱买过蔡京的书法作品。赵佶做了皇帝后，派宦官童贯到了杭州，蔡京使出了全部"奸猾"的看家本领，献出了自己的书画珍品，说尽讨好童贯的甜言蜜语。经过宦官童贯的牵线搭桥，蔡京被书画皇帝赵佶召回京都。君臣见面，从字画谈到国家大计，二人相见恨晚。蔡京又把他"滑"的手段发挥得淋漓尽致，从此，蔡京成为宋徽宗离不开的重臣。蔡京做了宰相后，与宦官童贯互为表里，执掌北宋军政大权二十多年，虽然其间被罢过三次，但因赵佶离不开他，又重新被启用。就是罢免的这三次，不仅时间短，而且每复出一次，权力又增一层。

蔡京早年依附过司马光，当上宰相后，却对司马光的支持者大打出手，死者夺去爵位，生者罢免官职，子孙永远不准进京。蔡独霸朝政后，使尽奸猾手段，最后干脆把宰相办公室搬到家中，只要疏通他的关系，走通他的门路的官员，想要得到什么职位都可以。

蔡京成为历史上少有的奸臣并不是孤立的。没有王安石的提拔，他不可能走入政界；没有司马光的重用，他也无法在官场上扬眉吐气；没有宋徽宗的喜欢字画，他绝不可走上奸臣的顶峰。是这三个人使他成为奸臣、危害国家的，试想：如果王安石、司马光不偏听偏信，蔡京的"奸猾"能发挥作用吗？

处处逢凶化吉

1889年，中日甲午战争后，旧式清兵一败涂地，清政府决定用新法编练陆军。

早在 1894 年冬，清政府已命长芦盐运使在天津小站招募丁壮，训练新军，名"定武军"。得知朝廷计划后，盐运使打算把编练新军督办的职务弄到手中。为此聘请了一个对新政和训练都在行的宁波人王宛生为助手，制定了练习计划，交给京师督办军务处大臣恭亲王、庆亲王和满族亲贵荣禄过目审批。

这时，袁世凯刚从朝鲜回国。得知上述消息后，为了夺取编练新军督办的职务，便不惜以重金收买王宛生，并与之结为金兰之好。接着，又花钱让京师名妓沈四宝、花媚卿、花宝琴、林桂笙、赛金花等人轮番向王宛生进行女色"轰炸"。

三招两式，王宛生即被软化，便将给盐运使制定的编练新军的计划，大加润色、渲染、补充后交给了袁世凯。

对于练兵之道，袁世凯本是外行。得到王宛生修改后的练兵计划后，如获至宝，朝夕朗读，铭记要点，整个计划，不久就滚瓜烂熟。然后，袁世凯又将计划亲自誊抄一遍，呈送给荣禄。

荣禄有些诧异："这小子什么时候学得的练兵之法？"遂逐条细问。出乎荣禄意料之外，袁世凯讲解详尽，对答如流。荣禄非常满意，认定袁世凯乃练兵难得之人才，遂带着他一同晋见恭、庆两亲王。两亲王询问过后，对袁世凯评价极高，认为他的回答比别人高明而且详尽，加之袁世凯官话讲得流利，于是，将袁的练兵计划呈报军务处。军务处以为"甚属周妥"，即于 12 月 8 日举袁世凯接统定武军，并指令其扩编改建。袁世凯接练新军后，将定武军十营计 4750 人，扩充为 7000 人，改名为"新建陆军"。

小站练兵，袁世凯利用"恩威并用"的手段，制定了"军律二十条"。其中斩首之罪就有十八条，士卒大受其苦。时任临察御使的胡景桂以此参奏袁世凯"嗜杀擅权"、"诛戮无辜"、"克扣军饷"等罪状。清廷收到胡景桂奏折以后，立即派督办军务处大臣、兵部尚书、大学士荣禄前往查办。

袁世凯初闻有人向上参了他一本，整天心神恍惚，提心吊胆。可是一听到奉命查办的是荣禄，立刻转忧为喜。待荣禄携其幕僚陈龙等人一行到小站时，袁世凯一声令下，七千名新建陆军齐刷刷地跪拜迎接，然后再行操练。

荣禄非常高兴，又见陆军整肃精壮、士气昂然，对袁世凯的赏识更进一层，随口问随员："新建陆军与旧军比较如何？"随员答："旧军诚不免暮气，新军参用西法生面独开。"

荣禄点头称赞道："你说得对，这个人必须保全，以策后效。"

回京之后，荣禄让秘书起草复奏稿，秘书以袁世凯确实擅杀营门外卖菜的老百姓、胡景桂所参各条仅有轻重出入，提议将此案下部议处。

荣禄大摇其头说："一经部议，最轻也要将袁世凯撤职，新建陆军刚刚成立，难保不会闹事，不如启奏皇上宽大处置，仍旧令他认真操练新军，以励将来。"

最后，荣禄以胡景桂的所奏"查明均无实据，应请勿庸置议"，把袁世凯种种罪行一笔勾销。不仅如此，反而着实夸袁一番，说他"血性耐劳，勇于任事"，是个"不可多得"的将领。

让上司为自己说好话，使袁世凯逃脱官场一劫。

袁世凯编练新建陆军后，威势日重。这引起了一部分满族贵族的妒忌和猜忌，他们说"袁世凯脑后有反骨"，"他日出卖康梁及皇帝，来日必反犬清，此人不可重用"等等。

类似的话很快传到了慈禧太后的耳里，这位老妇人也逐渐对袁世凯不放心了。终于有一天，老妇人按捺不住，密令奕劻的儿子载振去天津察视袁世凯的动向。

袁世凯在京城的眼线侦知这一消息后，立即飞马报告。鉴于庆亲王奕劻父子爱钱如命、好色成性的特点，袁世凯投其所好，指使部下用重金雇得高级妓女来服侍载振，做好了贿赂载振的一切准备。

载振来到天津后，天天都是山珍海味、歌舞声声、玉香满怀，其乐无穷，那里还有"闲时"去管其他？

转眼已到载振回京复命之时，袁世凯又以重金珍宝相送，口里还说："大人一路辛苦，来到小站招待不周，望大人海涵，区区薄礼，还望莫要嫌弃。"载振天津之行自然心满意足，对袁世凯也极为赏识。

回到北京后，载振谒见慈禧太后，向她复命，奏道：

"根据奴才所见，袁世凯是忠心耿耿的人，他每天晚上都烧香叩头，祝祷老佛爷万寿无疆。"

从此，慈禧太后对袁世凯深信不疑，把袁世凯看成是自己的心腹大将。

袁世凯的官升得更快了。

袁世凯以金钱美女击倒了前来察看的上司，让他为自己辩护，又度过了一次劫难。

赵延进通变破辽军

宋太宗赵光义为了防止将领们拥兵自重，每到用兵之时，才临时任命官员担任指挥使、都招讨使等职务，带兵出征。另外，将军出征之前，皇帝还要亲自授予阵图，要求指挥官必须按着规定的阵图作战。不管战事如何，一律不许更改。就是败了，也无大罪，不然，严惩不贷。这样一来，尽管宋朝兵多将广，武器精良，但由于照图打仗，在和辽国作战中屡战屡败，因此，每次出征，士兵们都又疑又惧。士气十分低落。

辽国燕王韩匡嗣于公元979年9月又领兵侵犯宋边境。太宗命云州观察使刘廷翰率兵御敌，命崔翰、赵延进、李继隆等带兵参战。

临行之时，太宗故技重演，又把阵图赐给了众将，命他们按图作战，还要"务求必胜"。

宋军行到满城之时，辽兵漫山遍野，从东西两面蜂拥而来，登高望去，只见烟尘滚滚，望不到边际。

众将眼看辽兵就要冲上来了，急忙按图布阵。太宗这次赐给他们的阵图是把大军分成8阵，每阵之间相隔百步远，把兵力分散开。

兵力这样分散，能挡住辽兵铁骑的冲击吗？大家禁不住惊慌恐惧起来。"皇上

派我们来，不就是要把敌人打回去吗？按着图上打法，非败不可，情况紧急，只有集中兵力，才能胜利。这样虽然有不照图打仗的罪名，但总比丧师辱国好得多！"赵延进大声说，他决心根据实际情况布阵排兵。

"万一败了，那可如何是好？"崔翰忧心忡忡地说。

"如果兵败，罪名由我承当。"赵延进坚定地说，因为他见辽国大军已迫近，不能再迟疑了。

可崔翰还是犹豫不决，擅改圣旨的罪名实在令他恐惧。

"兵贵适变，怎能预定，这违背圣旨的罪名，我一人承担了，如再迟疑，可就来不及了！"李继隆也催促说。

崔翰终于下定决心，把8阵改为2阵，前后呼应。还派人去诈降。辽燕王韩匡嗣深信不疑，不加丝毫防备。

没过多久，战鼓齐鸣，杀声震天，宋军突然杀出，辽国措手不及，很快败退下去；宋军穷追猛打，许多辽兵坠入坑谷。这一仗，宋兵杀死辽兵万人，活捉3000，缴获战马千匹，兵器不计其数。

捷报传到京师，宋太宗没有追究不按图作战的责任，反而封赏了赵延进。但奇怪的是，在以后的对辽作战中，赵光义还是搞那老一套：战前赐阵图，定策略，大将们不得违背，战争的胜负情况，也就可想而知了。

宋太宗赵光义不了解敌情，却要将领按他给的地图排兵列阵，焉能不败？赵延进能根据敌情下达正确的命令，取得胜利是必然的。

轻装上阵能破敌

我国古代用战车作战，据史书记载，中国战争史上中原各国从车战转向步战，是从晋荀吴伐戎狄后开始的。

春秋时期，大原（今山西太原乃附近一带）是戎狄人集居的地区，他们经常侵扰晋国的北部地区。晋平公十七年，荀吴奉晋侯之命，率千乘战车，浩浩荡荡讨伐戎狄。可部队一开进戎狄境地，就吃尽了苦头：那里沟壑纵横交错，道路崎岖，众多的战车和士兵拥挤在窄窄的山道上，拥拥挤挤，稍不留神，战车就会翻进山沟。戎狄士兵不时乘机冲出来袭击，他们地形熟悉，凶猛强悍，越沟跳涧，如履平地，来得快，去得也快，转眼之间，就跑得无影无踪，晋军只有被动挨打的份儿。

眼见队伍日渐混乱，人心惶惶，荀吴忧心如焚。

大将魏舒建议说："这鬼地方，40名士兵跟一辆战车反而绊手绊脚，不如每车只用10名，定能取胜。"

荀吴应允，并交由魏舒去办理。魏舒带着新组建的战车同戎狄人交战，果然胜了。

正当晋军高兴之时，情况又发生了变化，戎狄人战败后，退守山林，兵车干脆进不去，无法追击。

魏舒又建议说："将军，我们也丢弃兵车，重新更制编伍，跟戎狄人一样，徒步作战算了!"

荀吴觉得有道理,于是,魏舒就开始着手改编部队。没想到他自己的车兵却闹起事来,他们不愿意和步兵同列,魏舒当场杀了那个闹事的,余者肃然听命。

魏舒把车兵和步兵混编在一起,5人一伍,作为战斗的最小组织。又把伍编成能互相配合应援的军阵:作战之时,前面布2伍,后面布5伍,右面1伍,左面3伍,形成后强前弱中间空的方阵。他还挑选出10伍机警的士兵组成突击队,互相支援。

魏舒带着这支新编组的队伍向深山密林中进发。躲在林中的戎狄人见晋兵一反常态,无车无马,部队零星分散,不由得哈哈大笑,他们也没布阵就大大乎乎地冲过来,两军相接,晋兵假装败退,戎狄兵满不在乎地追过来。一声鼓响,晋军从三面掩杀过来,把他们分割包围,戎狄顿时乱作一团,慌忙转身逃命。不料,归路早被布置在阵前的士兵切断,待往左右溃逃时,晋军的左右诸伍截住厮杀,死者无数,所剩的戎狄部族只好投降。接着晋军又用相同的阵法取得了一个又一个的胜利。

荀吴在与戎狄的战斗中,没有遵循成规,根据战场的实际情况,随时改变了战略部署,因而取得了一个又一个的胜利。

曹操献刀保平安

东汉末年,董卓专权,他迫使汉献帝封他为丞相,在朝中横行霸道,大臣们敢怒而不敢言。

这一天,王允秘密召集一些大臣,商议除掉董卓,但始终想不出一条好计策来。眼见董卓为所欲为,身为汉朝老臣不能为国除害,为主分忧,有的大臣哭了起来。

正在这时,有个人从座位上站起来,放声大笑,他说:"大丈夫做事,说干便干,何必像妇孺一样,哭哭啼啼,优柔寡断!"众人一看,乃是曹操。

曹操字孟德,曾为顿丘县令,黄巾起义后,升为济南相,很有才干。董卓进京后,也看出曹操不是等闲之辈,为培植党羽,便封曹操为骁骑都尉。曹操表面对董卓也很恭敬,董卓便把曹操当成了亲信。

曹操说:"我屈身董卓,就是为了取得他的信任,以便寻找机会为国除害。现在老贼对我越来越信任,我愿意拿一把快刀进入老贼居室刺死他!"王允一听,十分高兴,连忙赠给曹操一把宝刀。

曹操带刀来到董卓居室,恰值董卓也有事要同曹操商量,他问曹操:"孟德为何此时才来?"曹操将计就计,答道:"我的马走得太慢,因此来迟。"董卓立即命待从到马厩里给曹操选一匹好马,侍从答应着去了。屋中只有董卓和曹操两个人,曹操见此良机,急忙从怀中抽出宝刀,恰在此时,董卓突然转过身来,大声喝问:"孟德何为?"曹操一见董卓发觉,知道再难行刺,灵机一动,连忙跪在地上,双手平托宝刀,十分谦恭地说:"我近日得到一口宝刀,特来献给丞相!"董卓接过一看，果然是把宝刀，心中喜欢，竟没有怀疑曹操。这时侍从已牵来一匹马，董卓就带着曹操到外面看马。曹操连道："好马！真是一匹好马，我骑上它试试！"说着，骑上马，飞驰而去。

原来，董卓已感到自己积怨太多，担心有人行刺，就在自己的床里边安了一面镜子。所以曹操抽刀之时，他已从镜中看得清清楚楚。曹操行刺不成，反而白送了一把宝刀。

曹操走后，董卓把孟德献刀之事对李儒说了。李儒听后，告诉董卓："孟德不是献刀，他是要行刺主公。"董卓一听，七窍生烟，立刻派人去捉拿，但曹操已不知去向。他本就只身一人在京城，又无法拿他的家人治罪，董卓只得作罢。

曹操行刺不成，随机应变，将宝刀送与董卓，消除了他的怀疑，得以全身而退。

老吏妙计用妓女

明代的安吉州曾发生过一件这样的事：

某富豪人家娶儿媳，三亲六故和邻里都来庆贺，一个小偷也混了进来，潜入洞房，一头钻入床底。小偷本想乘新郎、新娘你欢我爱之机偷些金银首饰离去。不料，一连三天三夜，洞房内外，灯火通明，人员不断，小偷躲在床下，饥渴难挨，只好冒险从床下爬出来，拔腿向外逃去。

新郎、新娘突然看见床下爬出个人来，吓得魂飞魄散，"哇哇"乱叫，屋外的人听到惊呼声，又看见从屋中跑出来一个陌生的人，一拥而上将小偷抓获到官府。

县令立即开庭审问。小偷矢口否认自己是个盗贼，再三申明自己是新娘娘家派来的"郎中"，小偷争辩说："新娘从小就有一种怪病，娘家担心她的病复发，让他跟随而来，卧在床下，以便及时治疗。"

县令半信半疑，又拿新娘娘家的事情来盘问，小偷对答如流，并说："请让新娘来当堂对证，以辨清白！"

县令一想，也只好这样了，便传令原告去带新娘子来，原告回到家中，与新娘、新郎商量，新娘宁死也不肯出堂对证，新郎也宁可输掉官司而不愿意让爱妻抛头露面。县令无计可施，便向身边的一位老吏，"你看这事如何是好？"

老吏道："我看被告鼠头鼠脑，不似好人。他料定新娘断然不肯出丑，才敢大言不惭让新娘来对证，如果放掉他，岂不是助纣为虐？"

县令道："依你看，怎样做才可令他显露原形？"

老吏说："被告躲在床底，又是仓皇逃出屋，新娘子生得如何模样，他未必清楚，只消如此、如此……"

县令大喜，立即派人去妓院找了一名年轻妓女，穿上新婚礼服，坐上花轿，一直抬到县府公堂门外。

县令对小偷说："新娘子已被传来，你可敢与她对证？"

小偷道："有何不敢？"边说，边迎向姗姗走出花轿的妓女，大声嚷道："新娘

子！你母亲让我跟随你来治病，为什么让你婆家的人把我当做贼送到这里来？"

小偷的话还没说完，满屋子的人哄堂大笑起来。

县令一拍惊堂木："来人！将这无耻贼人拉下去重打30大板！"

小偷情知原形毕露，立刻跪倒在地，连连求饶。

小偷狡猾出诡计，老吏聪明出妙招，小偷偷鸡不成反蚀一把米。

随机应变立根基

欧美发达国家的顾客，消费心理喜欢猎奇，因此市场供求情况瞬息万变，如果不专心致志全力以赴，很难适应，更难发展。

美国是世界商战的主要战场之一，它消费全球出口量达六分之一。谁都全力设法打入美国市场，其市场之变幻莫测为全球之最。华裔刘心远赤手空拳创办刘门国际公司，只不过6年时间，可是发展极快。1984年开始创办时，营业额只有50万美元，1985年跃增至250万，1986年升至1200万，1987年达3700万，1988年达6900万，1989年达8900万。1990年估计可达1.5亿美元。在美国电脑业具广泛影响力的《电脑经销商新闻》，1990年5月刊出全美10大电脑经销商排名，刘门国际公司在两个评鉴项目中荣登金榜，这是美国华裔企业首先获得这项荣誉。刘心远创业时几乎是从"0"开始，他在加州州立大学学过电脑，早就料定经销电脑产品及零组件远景可观，因此，1984年，他辞去高薪工程师工作，一心一意从事电脑零组件经营，从在纽约市亲戚的一间仓库中以"一个人、一台电话"开始。他迅速而详细地了解电脑市场变化，根据市场需要，迅速地组织电脑零组件市场供应，因为及时对路，生意做得很活很快。现在刘门国际公司有职工250人，在长岛市总部拥有3.5万平方英尺办公大楼，销售据点遍及加州、佛罗里达州、伊利诺州、德州等地。刘门国际公司发展如此之迅速，正如他自己所总结的："电脑产品的市场周期非常短，最快的可能只有三五个月，因此专心致志地了解市场，并迅速应变是最重要的关键。"

随市场需求而变，掌握最大的主动性，这是刘心远成功的主要因素。

皇帝女儿也愁嫁

广州软管厂原是全国唯一的软管制造厂，专营加工牙膏管、药物管等金属软管。全国牙膏厂制药厂遍布，用管需求量大。70年代前软管产品可谓"皇帝女不忧嫁"，不愁没有出路。但是，70年代中期塑料工业兴起，一度时兴用塑料软管代替金属软管，软管厂生产因而出现滑坡。

80年代初，软管厂通过市场调查发现，各地牙膏厂纷纷购置设备自行生产软管，皇帝女儿开始愁嫁了。但他们又发现国内市场上一般牙膏饱和，而中草药物牙膏则很受欢迎。这无疑是一个契机。前任厂长陈肖心当机立断：及时调整产品结构，采用第一军医大学的科研成果，试制并生产对防治口腔病有多种功效的中草药牙膏。

首先遇到的问题，是上级主管部门不认可。不过这次软管厂顶住了，因为改革潮流已经气势磅礴地席卷神州大地，让实践去证明谁是谁非。

广州软管厂与第一军医大学合作决心既定，便破釜沉舟，携手进取。两单位科研工作者通过大量的化验、分析、配制、临床试验，终于选定了最佳配方，取名为"洁银"，疗效甚佳。

缺乏设备，厂领导和技术人员知难而上，刻苦攻关，一方面自己制造设备，一方面购买外厂的闲置设备加以改造，仅用一年时间，自制和改造设备25台，形成了年产2000万支牙膏的生产能力，而投资只花了72000元。某省一家日用化工厂的技术人员在参观软管厂牙膏设备后说。他们组装同等产量的设备，花了3年时间，共使用资金30多万元。

洁银牙膏1982年夏问世，半年内生产207万支，投放省内市场即销售一空。软管厂崭露头角。

突破获得成功，全厂上下欣喜不已。软管厂领导干部的目光没有盯着成绩，而是盯住了全国市场。他们获悉，当时全国平均每人每年只用一支牙膏；60年代日本已平均每人每年使用3支牙膏；西德和美国平均每人每年使用6支牙膏。我国消费水平比较低，主要原因在于广大农村地区使用牙膏不普遍。可见，农村有广阔的潜在市场可供开拓。而在城市，随着时代的进步和科学的发展，人们对牙膏有多种功效的要求也与日俱增。所以，发展药物牙膏有纵横驰骋的广阔天地，软管厂领导干部对此充满信心。根据市场需要和本厂生产可能，他们拟订了洁银牙膏的营销策略和规划。首先，在广州地区建立立足点，同时发展省内销售网，再打入京、津、沪、杭等有影响的大城市，扩大国内影响；然后有计划地向全国城乡市场扩展，建立全国销售网点，并发展出口。

为了迅速将洁银牙膏推向全国和世界，软管厂运用电视、电台、报纸、刊物、农村有线广播、街头广告牌、商店广告栏、列车广播等多种宣传工具，采取多样形式，反复宣传，广泛让人知晓。他们知道，只有提高产品知名度，才能进而占有市场。他们认为"市场就是战场"，必须不失时机地"抢占制高点"，营销人员千方百计参加各地订货会、展销会，努力开拓市场，有的同志还在蜜月期中，有的刚刚当爸爸，就踏上了征程。功夫不负有心人，洁银牙膏畅销各地，供不应求。

1983年，软管订货急剧减少，加工软管量只有1.6亿支，比1981年减少1/5；而牙膏产量达1700万支，是1982年的8倍多，全厂利润400万元，比1982年增长62%。

1984年，面对极为有利的市场形势，厂长董世华大胆决策：迅速扩大牙膏生产能力，新建一个牙膏车间。他们一方面申请贷款52万元，并自筹资金6万元，一方面着手工程设计、设备订购等工作。由于看得准、抓得紧，结果3月份批准贷款项目。10月份就完成了整个项目的工程，当年取得了经济效益，当年还清了贷款。1984年生产洁银牙膏5000万支，比1983年增长近两倍，全厂实现利润600万元，比1983年增长50%，是软管厂获得经济效益最高的一年。软管厂在生产场地不变的条件下，预计1985年洁银牙膏的产量将达到8000万支，可接近一间大型牙膏厂的水平了。

企业不能守在一棵树上吊死，而应适应市场变化而变化，才能在市场大潮中站稳脚跟。

以变应变选商机

浙江省有一家以出口烟灰缸而闻名遐迩的工厂，其经营秘诀是：主随客便，以变应变。

该厂生产的烟灰缸质地优良，造型精雅，投放国际市场后，一直很受客户欢迎。但是，有一段时间，烟灰缸突然滞销。工厂急忙派人赴国外考察，很快找出滞销的原因：国外掀起了一种使用壁挂电扇的热潮，工厂生产的烟灰缸缸底过浅，电风扇一吹，烟灰飞出来，到处飘散，令家庭主妇们叫苦不迭。工厂立即生产了一种缸底深、容积大的烟灰缸，投放国外市场后，一售而空。过了几年，烟灰缸再次滞销。是市场已经饱和？还是出现了新的情况？工厂再次组织有关人员进行调查，又很快找出了滞销原因：由于经济的发展，国外许多家庭已将壁挂电风扇淘汰，换上了空调，家庭主妇们嫌这种缸底深、容积大的烟灰缸不好清洗，因此不愿意使用它们。工厂针对新的变化又及时地推出了一种造型别致的烟灰缸，投放市场后，备受用户的青睐。

一个小小的烟灰缸，畅销——滞销，滞销——畅销，其中的奥秘就这么多，何况是尖端、高科技产品！

烟灰缸虽小，但如其不随市场的需求而有所变化，那么，这也会失去商机，失去市场，导致重大损失。

随机应变巧设伏

拉纳是以色列的第二十一师指挥官。1973年第四次中东战争爆发后，拉纳突破叙利亚军队的防线，向叙利亚境内推进。这时，他突然发现有100至150辆坦克和装甲车的伊拉克装甲部队分两路向他的侧翼开来。拉纳大吃一惊，如果敌人向他暴露的侧翼发起攻击，后果将不堪设想。拉纳立刻下令停止前进，命令部队向南迂回，变进攻为防御，在纳赛吉·迈斯哈拉贾巴、马兹设下陷阱，留下一个宽4.5英里的袋口，专等伊拉克军队就范。

拉纳发现的伊拉克装甲部队是伊拉克的装甲第三师第十机械化旅。第四次中东战争爆发前，伊拉克政府曾许诺埃及政府：一旦发生战争，伊拉克就派出第三装甲师开往叙利亚。战争开始后，伊拉克信守诺言，于10月12日命令第三装甲师开赴叙利亚。第三师第十装甲旅奉命向特勒迈斯哈拉运动，侧击以色列军队。

12日傍晚，伊拉克第十装甲旅行进至"口袋"口纳赛吉地区，发现了以色列的装甲部队。伊军没有夜战经验，在"口袋"口休整了一夜，准备在13日凌晨3

时向以军发起攻击。以军不动声色，静候"鱼儿"上"钩"。

13 日凌晨 3 时，伊军按计划向以军发起攻击，以军按兵不动，一炮不发。伊军以为以军力量不足，长驱直入，全部落入"口袋"之口。此时，东方发亮，以军以火力威猛的谢尔曼坦克在距伊军仅 200 码处开始反击，伊军坦克和装甲车纷纷中弹瘫痪，仅仅几分钟，伊军第三师第十装甲旅的 50 辆坦克和 70 辆装甲车就全部变成了一堆废铁，而以军竟没有一辆坦克被毁！

发现敌情，不能力克，随机应变，巧妙设伏，以最小的代价换取了最大的胜利。

卓别林救场补台

留着小胡子，头戴圆顶帽，手里拿着手杖，脚上穿着过于肥大的短靴，走起路来像鸭子一样。

他是谁？

查尔斯·卓别林！

不完全正确。他是查尔斯·卓别林创造的艺术形象夏尔珞。

查·卓别林于 1889 年 4 月 16 日出生在英国伦敦，他的母亲是杂剧场的"红角儿"——一名颇受欢迎的喜剧演员。由于这个缘故，小卓别林经常跟随母亲进出剧场。但是，厄运忽然降临在卓别林母亲头上。她患了喉炎，嗓子变得沙哑。卓别林在 5 岁那年，母亲迫于生计，带着卓别林到伦敦西南的一个下等戏馆演出，戏馆里招待的对象多数是士兵，稍有不满意，他们就会跟你恶作剧。

该母亲上场了，卓别林站在条幕的后面。演出到一半，卓别林的母亲的嗓子突然哑了，声音低得像是在说悄悄话，台下顿时哄堂大笑，开始喧哗：有的大声嘲笑，有的憋着嗓子唱歌，有的学猫儿怪叫。卓别林的母亲只好离开舞台。

幕后一片混乱，谁也不知道该如何去应付这一闹剧船的场面。正在这时，卓别林走到母亲身边——管事的灵机一动，他曾看到小卓别林当着母亲的朋友表演过，他先是劝小卓别林代替母亲演下去，随后不待卓别林同意，就把小卓别林搀到舞台中心，向观众解释了几句，把小卓别林一个人留在了舞台上。

台上，脚灯灿烂夺目；台下，烟雾弥漫。小卓别林犹豫了一下，张开嘴，唱了起来，乐队试着合了一下他的调门，就开始替他伴奏。

那是一首家喻户晓的歌，叫《杰克·琼斯》，歌词是：

一谈起杰克·琼斯，哪一个不知道？你不是见过吗，他常常在市场上跑，我可没意思找杰克的错儿，只要呀，只要他仍旧像以前一样好，

可是，自从他有了金条，这一来，他可变坏了……

歌刚唱到一半，钱就像雨点儿似地扔到舞台上。出人意料的是，小卓别林突然停下来，彬彬有礼地向观众们行了一个礼，说："请等一下，我必须先拾起了钱，然后才可以接下去唱。"说罢，就俯身去拾钱。

台下哄堂大笑，但笑声没什么恶意。舞台管事的立即从条幕后走出，拿着一块

手帕帮小卓别林拾起了所有的钱。

小卓别林有些着急:"他是不是要把钱自己收了去?"心里想着,嘴里就说了出来,观众们笑得更开心了。

观众们的笑声一扫小卓别林的拘束,他向热情的观众做了几个舞蹈动作,然后模仿母亲唱的那支爱尔兰进行曲,学着母亲那样沙哑的嗓子唱了起来:

赖利,赖利,就是他那个小白脸叫我着迷,

赖利,赖利,就是他那个小白脸中我的意……

在震耳欲聋的欢笑声和喝彩声中,士兵们把更多的钱扔到舞台上。

这是小卓别林的第一次演出,也是卓别林母亲的最后一次演出。此后,小卓别林一步步登上了舞台。1914年,夏尔珞——查尔斯·卓别林的化身——在美国的一个不知名的小城里的银幕上诞生了。

那是一部叫做"在阵雨之间"的很旧的滑稽片,查·卓别林在片中饰演一个头戴一顶圆顶帽、穿一件短上衣、一条过肥的裤子的流浪汉。影片的结尾:"流浪汉"出现在一个荒凉的公园的角落里,他突然转过身去,把雨伞当做手仗,像鸭子一样蹒跚地走开了……这就是喜剧大师查尔斯·卓别林的第一次演出。

母亲台上出丑,救场如救火,小卓别林被推上前台,凭着足智多谋,随机应变,挽救了场面,也使自己得以扬名。

魔高一尺　道高一丈

1989年,6名匪徒劫持了向英国北海油田钻探平台运送材料和给养的"爱达"号海轮,并在北海油田6号平台和珍妮花平台下分别安设了数枚烈性水雷,然后向英国政府发出警告:在24小时内付出赎金200万英镑,而且必须分英镑、美元、日元、法郎和马克5种货币付给。24小时内不付,立即炸毁6号平台;28小时内不付,炸毁珍妮花平台。遥控起爆装置就在劫匪手中。

珍妮花平台是北海油田最大的石油平台,日产原油30万桶,有600名英国工程技术人员在上面工作,平台周围还有4个卫星式钻探平台。劫匪们乘坐"爱达"号正冒着八级大风暴在珍妃花平台附近行驶。

当时的英国首相撒切尔夫人立即紧急召开特别会议。会上,一些大臣主张通过保险公司付钱给劫匪。撒切尔夫人断然否决这种做法,她说:"劫匪拿到这笔巨额赎金,他们将会进行更大的冒险,我希望军队和警察能解决这个问题。"海军上将加林特支持了撒切尔夫人,他调来了"蛙人"弗鲁克,制定了从海水中潜游上船、速战速决的行动计划。由于劫匪把炸毁6号平台的时间限定在24小时之内,而乘坐处于正常航线上的班船赶上"爱达"号最快也需要25小时,加林特命令海军在6号平台不远处搞了一次假爆炸,一时间,爆炸声此起彼伏,大火和浓烟冲天,劫匪果然中计,他们以为6号平台的"爆炸"是因为英国当局前去"排雷"引发的,不但不再去理会6号平台,反而趾高气扬,认为英国当局除了乖乖就范,别无选择。

加林特将军带领以弗鲁克为首的一群"蛙人"乘班船赶上"爱达"号后，劫匪头目达斯命令加林特登上"爱达"号，加林特犹豫了一下，达斯立刻吼道："凌晨一点，再拿不到赎金，就把珍妮花炸毁！"加林特上将立即同意登船，随后与弗鲁克约定，零点40分在舵手室采取行动。

加林特上将登船后，劫匪把他软禁起来，以作为人质。几乎与此同时，弗鲁克带领"蛙人"们从汹涌的海水中爬上"爱达"号，在"爱达"号的左舷上会齐，暴风雨掩盖了他们的行动。

零点38分，劫匪头目达斯期接到保险公司的电话：5种货币的赎金已由民用直升飞机送去，即将飞临"爱达"号上空，准备降落。但是，保险公司提出了必须确信加林特上将和船长吉纳还活着，才可以降落付款。达斯向空中望去，民用直升飞机已在"爱达"号上空盘旋，他没有多想，派人把加林特唤到舵手室。加林特接过电话，说了两句平平常常的话，又把电话交给达斯——零点40分到了，他这样做是想分散达斯的注意力，就在达斯把电话接过去时，加林特上将拿出一包香烟来，不慎，香烟落在地上，他只好弯下腰去拾——早已等候在舱门口的弗鲁克扣动扳机，将一长串子弹打入劫匪达斯的胸膛。加林特上将不假思索地抱住达斯的双腿把他扔到一旁，吉纳船长也奋不顾身地冲过来，把遥控起爆器挡在自己身下，"蛙人"们一拥而入，迅速将众劫匪制服。

数天后，撒切尔夫人向弗鲁克等有功人员颁发了奖品。

主动出击　平行动员

在棋盘上，象棋的16个成员，可以各自独立作战，不必也不能依赖他人；但是他们之间，却是互助合作的。

车固然可以保护马，马也可以"看"住车，不让它平白遭受对方的攻击；士、象当然是将的心腹，随时要保护将，然而紧急时期，当士或者将在的行宫里受到袭击时，将也可以给予适当的保护，甚至奋勇地挫败来犯的敌人。

卒的威力较小，但在适当的场合，照样可以攻死对方的帅，或者保护自己的车、马、炮，依然有其发挥互助功能的时刻。

在这样的团队里，各有职司及专长。车可以纵横直走；马可跳日；炮能翻越障碍，攻击对方；士斜行；象飞田……

全体成员彼此认清角色，发挥攻击火力，自然能成就一番事业。

对付领导也是如此，同事之间、部门之间，彼此分开来看，各自独立；但为了达到目标，却又不得不需要仰赖其他部门人员的支援，或同一部门的其他人员的协助。

此时，最要紧的是如何取得同事的合作，也就是如何进行平行影响。下面向你介绍一些有效的方法：

威胁利诱法

包括交际应酬、送礼、承诺回报、威胁、抱怨等方法。

理性安排法

包括详细解释、承诺提供协助、取得事前支持等方法。

刻意讨好法

包括让他吹吹牛、在言语上或举止上占点小便宜、撒娇或献殷勤等方法。

赞扬推举法

包括公开赞美、私下推崇、迂回地赞美对方等方法。

借助亲友法

包括透过亲朋好友的转达、拉拢关系、讨好他的亲朋好友等。

建立威信法

包括利用权威姿态、提供协助与意见等。

团体压力法

包括联合其他同事、建立共同敌人等方法。

制造罪恶感

包括直接表达不满、联合同事不断地说服等。

援用制度法

包括援引公司制度、规定等。

借助权威法

包括透过自己上司协助、寻求对方上司的支持等。

拉近关系法

包括以昵称拉近关系、替他掩饰小过失等。

纠缠坚持法

包括反复提出要求、强制要不成文规定等。

工作协助法

包括为对方拟好计划、寻求其他专家的协助等。

利益交换法

包括以自己掌握的资源来交换、寻求群体意见领袖的支持等。

哀兵求助法

包括以低姿态向他请求、为他完成某件事等。

比较常用而最有效的平行影响方法：

1. 直接向他诚恳地提出要求或建议。

2. 和他建立日常生活上的关系，经常在适当时机对他表达关怀。

3. 事先把计划给他看，请他提供意见，以取得未来的支持。

4. 在他答应自己的要求后，仍经常表示关切，使他不致拖延。

5. 向他详细解释要求他的原因。

6. 设法使他了解事情符合公司及他本身的利益。

7. 经常在工作上协助他，使他心存感激。

8. 在适当的时机，如他心情很好时，再提出请求。

9. 告诉他这是公司的规定，要求他的协助与负责。

10. 时常在公开场合赞美他。

较少使用、比较无效的方法：

1. 告诉他，如果不合作的话，将举报他的秘密或揭其疮疤。

2. 告诉他，如果不帮忙，以后都不再帮忙他。

3. 招待他去酒廊或舞厅，再提出要求。

4. 以低姿态向他请求，例如装出一副不太懂的样子或声泪俱下的哀求他。

5. 招待他去卡拉OK或夜总会，再提出要求。

6. 让他在言语上或举止上占点小便宜，如吃豆腐等。

7. 讨好他的亲朋好友以影响他。

8. 联合其他人，孤立对方，使他屈服于群体的压力。

9. 透过安排或介绍异性的朋友，满足对方对异性的需求。

10. 开始时先承诺和他一起做，再逐渐找借口，把工作给他做。

由于男女有别，对男性有效的方法，未必对女性有效，所以在运用影响方法时，不妨先考虑你要影响的人是男性还是女性。

动员男性同事的方法：

1. 时常在公开场合赞美他。

2. 和他建立日常生活上的关系，经常在适当时机对他表达关怀。

3. 寻求群体内意见领袖的支持，来向他提出要求。

4. 透过自己上司的帮忙，来向他的上司提出要求。

5. 告诉他这是公司的规定，要求他的协助与负责。

6. 告诉他事情的利弊得失，例如有助于他的升迁，而使他愿意合作。

7. 直接向他提出要求或建议。

8. 在他答应自己的要求后，仍经常对工作表示关切，使他不致拖延。

9. 经常在工作上协助他，使他心存感激。

11. 利用公司规定的正式手续，向对方提出建议或要求。

12. 设法使他了解事情符合公司及他本身的利益。

13. 开始时先承诺和他一起做，再逐渐找借日，把工作留给他去做。

14. 答应在工作进行中，尽量提供资源（如人手、金钱）协助。

15. 事先把计划给他看，请他提供意见，以取得未来的支持。

16. 向上司提出详细计划，将对方的协助，列为计划中的必要部分。

17. 在称谓上以昵称拉近关系，产生亲切感。

18. 促成上级召开协调会或促成计划工作小组的设立，而使他成为计划的负责人或成员，而必须负起责任。

19. 经常公开地赞美他。

20. 有意地向第三者赞扬他，使他能间接听到，进而对自己产生好感。

21. 在公开场合提出要求，指明他是最合适的人选，使他一时难以拒绝。

动员女性同事的方法：

1. 持续不断地向对方提出请求，使对方不耐烦而答应下来。

2. 先请她吃饭或送礼给她，再提出要求。

3. 邀请她加入自己的朋友圈，以拉近关系。

4. 向她显示自己所拥有的关系与权力，可能对她有好处。

5. 告诉她如果事情还要透过上司来解决，则上司将会认为我们无能。

6. 以低姿态向她请求，例如装出一副不太懂的样子，或声泪俱下地哀求她。

7. 利用女性或男性的魅力去引诱她，例如撒娇或献殷勤。

8. 告诉她，这件事情以她的能力或背景，怎么可能会办不成。

9. 告诉她，如果不帮忙，以后都不再帮忙她。

10. 招待她去卡拉 OK 或夜总会，再提出要求。

旁门左道也通天

　　向领导施加影响的方法多种多样，有的是正面方式，有的则从侧面人手。不论是什么样的方式，正面疏通也好，旁门左道也好，只看效果成功与否。从具体操作看来，比较有效的影响方法有以下几种：

理性安排法

1. 提出能支持自己论点的相关资料或讯息。

2. 以逻辑推理向他分析事情的利弊得失。

3. 向上司请示，并共同商量出解决的办法。

4. 先照着建议或要求，拟好详尽的计划或办法。

5. 果断但语气温和地，直接向上司说明你的期望或理由。

拥兵自重法

1. 向上司说明公司里的人都有相同的看法。

2. 提供公司内已有的前例或其他公司的做法，使上司参考、比较。

3. 强调事情已经到了很严重或紧急的地步。

4. 强调你的建议或要求合乎上级的意思。

5. 请几位同事一起帮忙说话，或提供意见与资料。

援用制度法

1. 用公司规定的正式手续，如意见箱、签呈等，提出建议或要求。

2. 请其他部门或公司以外的专家帮忙说服。

3. 引用公司规定或政府的法令。

4. 很正式地在会议中，依规定的程序提出期望和理由。

婉转迂回法

1. 在半开玩笑中说出你的期望和理由。

2. 拐弯抹角地向上司暗示你的期望和理由。

3. 等上司心情比较好的时候，再向他提出建议或要求。

4. 向上司好言相劝，并带点连哄带骗的味道。

5. 先对别人或别的事情发脾气，使上司以为你的心情不好，不便违逆你的意思。

交际应酬法

1. 找个适当的名义，送礼物给他或他的家人。
2. 请上司吃饭、喝酒、打球或玩牌等。
3. 到上司家里拜访，做客。
4. 陪上司到酒廊或舞厅等场所。
5. 在喝酒时，似醉非醉地说出你的期望和理由。

以上这些影响上司的权谋，只是说明一个大致的概况。由于上司和部属个人性格、年龄、动机上的差异，有些常用的方法未必有效。比如年纪大的员工或任何人面对年纪大的上司，各种影响的方法虽然常用，但效果却未必显著。

向人伸手借钱的诡计

借贷，即向人借钱及借钱予人；所谓民间借贷，是指公民与公民之间、公民与法人之间以及公民与其他组织之间的借贷。这种借贷方式的好处是，手续简便，敛财及时，既可为一时遇到困难的个人或家庭排忧解难，密切人们相互之间的关系，又能解某些单位生产经营中的燃眉之急，提高经济效益和社会效益。因此，民间借贷近几年在国家抽紧银根，银行贷款比较困难的情况下发展较快，并在全国各地蔓延开来。

高利，是民间借款得以实现的重要因素。

人们手中有了钱，总盘算着如何使其升值，让其多生"崽儿"。有些诈骗分子正是利用了人们的这种"金钱升值"心理，打着"集资办企业"、"借一还三"等旗号，以高出银行数倍的利率引诱出借人，甚至煞有介事地宣称，"有经济实力雄厚的×××单位作担保"，骗取人们的信任。有些人在利益驱动下，加之"托儿"们的如簧之舌一阵游说，便放松了警惕。河北一农妇常年在外闯江湖，自称认识"省里和中央的大人物"，因而被当地人称为"大能人"、"女强人"。在前几年全国彩电紧俏之时，她说可搞到几千台彩电，以缺资金为名，高利向多人借款。她采取的"担保"方式是"抵押"，即将自己的一座瓦房分别向多名出借人做借款担保，半年后，借款将所借款项秘密转移，然后谎称做生意亏了本，无力还款，请求出借人"谅解"，且"诚恳"地请出借人到法院告状，以便变卖其瓦房还债。经法院查明，借款人的房屋仅值3万多元，而借款高达40多万元。真是"担保担保，'担'而不'保'"。

证物，即能够证明案件真实情况的一切事实，包括查证属实的书证，物证，视听资料、证人证言、当事人的陈述、鉴定结论等，这是人民法院定案的根据。在民间借贷活动中，最重要的证据是借据，即人们常说的"借条"。人民法院在审查借款案件的起诉时，如果原告不能提供书面借据或必要的事实根据，将被裁定不予受理。而有些民间借贷因双方当事人的关系一般都较密切，或出于信任，或碍于情面，出借人不好意思让借款人立书面借据，结果发生纠纷后，借款人说："未借"或者说"已经归还"，而出借人又提供不出借据或其他事实根据，法院只好驳回诉讼请求。还有的虽然立了借据，但借款人在还款时未当面索回借据，也会酿成后患。

借贷时切记以下几点：

1. 非法的借款关系不受法律保护

我国法律规定："合法的借款关系受法律保护。"最高人民法院《关于人民法院审理借贷案件的若干意见》规定：一方以欺诈，胁迫等手段或者乘人之危，使对方在违背真实意思的情况下所形成的借贷关系，应认为无效。借贷关系无效由债权人的行为引起的，只返本金；借贷关系无效由债务人的行为引起的，除返还本金外，还应参照银行同类贷款利率给付利息。同时规定：出借人明知借款人是为了进行非法活动而借款的，其借贷关系不予保护，并对双方的违法借贷行为依法予以制裁。特别应当注意的是，1995 年 6 月 30 日第八届全国人大常委会第十四次会议通过的《关于惩治破坏金融秩序犯罪的决定》第 7 条规定："非法吸收公众存款或者变相吸收公众存款，扰乱金融秩序的，处 3 年以下有期徒刑或者拘役，并处以 2 万元以上 20 万元以下罚金；数额巨大或者有其他严重情节的，处 3 年以上 10 年以下有期徒刑，并处 5 万元以上 50 万元以下罚金。"诸如擅自设立私人银行或者其他金融机构，以及未经政府有关部门批准以非法手段集资等，均系非法吸收或变相吸收公众存款之列。

2. 借贷时坚持立书面借据

我国法律规定，人民法院审查借贷案件的起诉时，应要求原告提供书面借据：无书面借据的，应提供必要的事实根据，否则不予受理。又规定，债权人起诉时，法院应要求债权人提供证明借贷关系存在的证据，借贷关系无法查明的，裁定中止诉讼。因此，在进行借贷时，特别是额度较大的借贷，应当"先小人，后君子"，坚持立个书面借据。

3. 关于民间借贷的利率

我国法律规定，民间借贷的利率可以适当高于银行的利率，但最高不得超过同类贷款利率的四倍（包含利率本数），超出所限度的，超出部分的利息不受法律保护：公民之间的生产经营性借贷的利率，可以适当高于生活借贷的利率；借贷双方对有无约定利率发生争议，又不能证明的，可参照银行同类贷款利率计算利息；公民之间的定期无息借贷，出借人要求借款人偿付催逾期利息，或者不定期无息借贷经催告不还，出借人要求偿付告后利息的，可参照银行同类贷款的利率计算利息；债权人将利息计入本金计算复利的，不予保护，只能返还本金。了解并掌握上述法律规定，有利于合法借贷关系的成立，有利于借贷双方依法保护自己的合法权益。

4. 民间借贷中保证人的认定及其责任

保证，即担保。最高人民法院关于审理借贷案件的若干意见规定，在借贷关系中，仅起联系介绍作用的人，不承担保证责任；对债务的履行确有保证意思的，应认定为保证人，承担保证责任；有保证人的借款债务到期后，债务人有清偿能力的，由债务人承担责任；债务人无能力清偿、无法清偿或者债务人下落不明的，由保证人承担连带责任；但借期届满，债务人未偿还欠款，借贷人双方未征求保证人同意而重新对偿还期限或利率达成协议的，保证人不再承担保证责任，等等。

笔者之所以兴出以上的法律要文，意在提醒借贷双方的一些必须知道的知识。须知，如今民间所流传的一句"口头语"是十分可怕的。叫做"钱到了谁的手中，就是谁的钱"，已经毫无法律可依。因而，笔者希望读者在看到这些内容之后，选择一下得失。在金钱的海洋里，要把握住良知的准绳和知识的准绳。否则，想死都死不成。从某一个方面表现，钱，就成了人的生命。千万不可上当。

泪水有价 温柔无敌——怀柔大法

　　"男儿有泪不轻弹，只因未到伤心处。"这虽然是一句俗话，但是身为五尺男儿，涕泪滂沱实在有失男子汉的威严。不过，官场上有时却需要哭。当然，官场上的哭是很讲究"艺术"的。绝不能像街上的泼妇，也不能像含羞的少女。要"哭"出男人的风度。为达目的，以哭为荣。

　　大凡政客都善于运用泪水。看来，眼泪并不是女人的专利。男人的泪水，尤其是男性政客的泪水是很有杀伤力的。哭的效果与哭的艺术水平往往成正比。

哭诉保荆州　泣告固朝政

　　作为"一代明主"的刘备，动不动就用哭来替自己解围，实在有些丢人现眼。李宗吾在《厚黑学》中说："刘备的特长全在脸皮厚，依曹操、依吕布、依孙权、依袁绍，东窜西走，寄人篱下，恬不知耻。而且生平善哭，写《三国演义》的人，更把他写得惟妙惟肖，遇到不能解决问题的事，对人痛哭一场，而扭转局势"。

　　刘备深知"哭"的效果，而且他很会哭，连老百姓都知道，刘备的江山是哭出来的，哭而能够得到江山，应该算是哭得高明，哭得巧妙。事实上，在《三国演义》中，刘备给人的印象就是会哭，哭出了帝王的伪善特色。

　　赤壁大战后，刘备按诸葛亮的安排，用诡计夺取了军事重镇荆州。周瑜气得金疮迸裂，决心起兵与刘备决一雌雄，经鲁肃劝说才罢兵言和。但周瑜认为刘备占据荆州是东吴称霸的心腹大患，便命鲁肃去向刘备讨回荆州。最初，刘备以辅助侄儿刘琦为理由赖着不还。刘琦死后，鲁肃又去讨荆州，诸葛亮以"天下者天下人之天下，非一人之天下"来辩护，并立下文书，取了西川后再归还荆州。鲁肃无奈，只好空手而回。后来，刘备娶了孙权的妹子，做了东吴的乘龙快婿，孙权又要鲁肃讨还荆州，厚脸皮的刘备已经黔驴技穷，问计于军师诸葛亮："鲁子敬三番五次来讨荆州，均是先生劝退而去，今又来取，不知军师有何良策？"

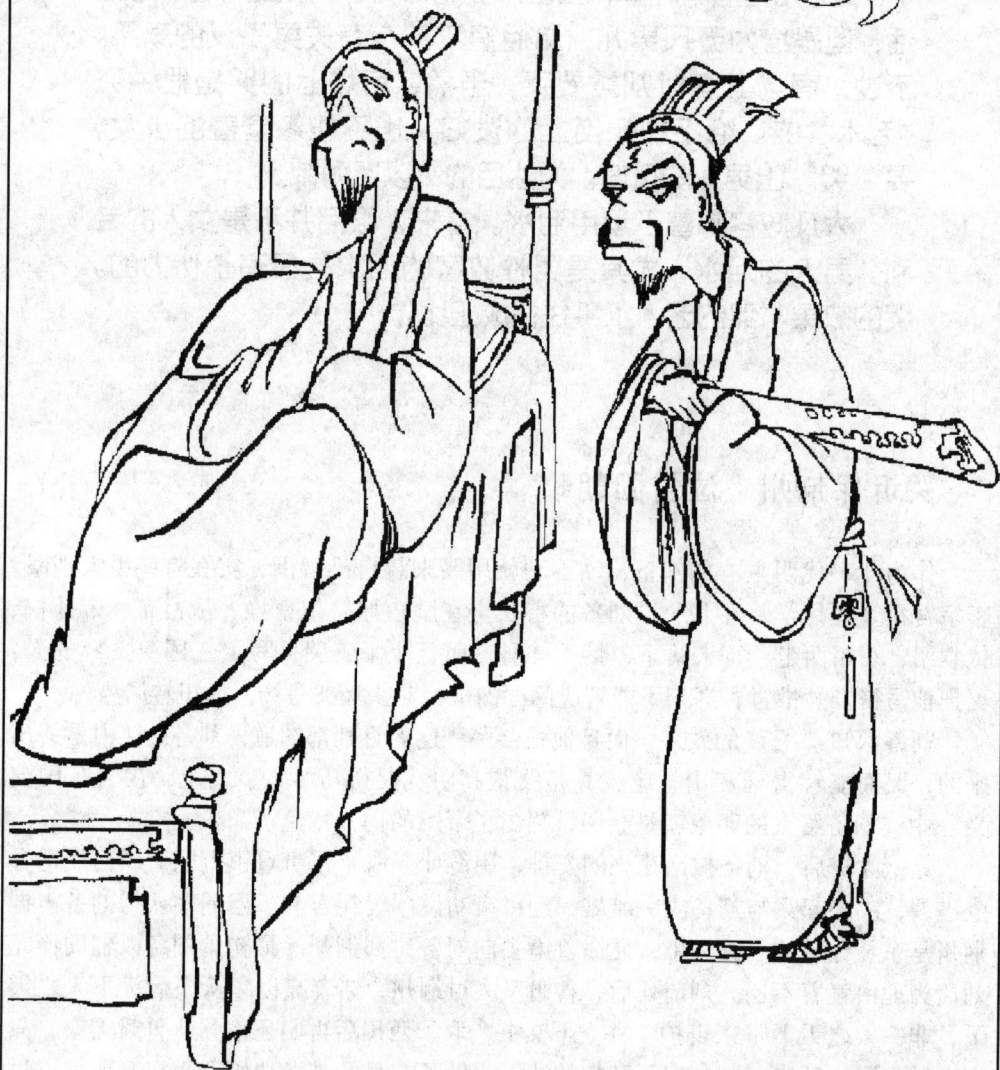

诸葛亮说道："若是鲁子敬提起荆州事，主公只管放声大哭，待哭到悲切处，我自出来劝解，荆州无大碍也。"

鲁肃来到堂上，双方互相谦让。坐下来后，鲁肃说："如今刘皇叔已经是东吴女婿，也就是我鲁肃的主人。既是自己人，我就直话直说了。"

刘备说："子敬不必谦虚，有话直说"。

鲁肃说："小人奉吴侯军命，专为荆州一事而来。皇叔借去许多时间了，未蒙见还，今日既然两家结了亲眷，就算是一家人了，希望皇叔今日交还荆州最好。"

鲁肃说完后，专候刘备答复。哪知刘备无话可说，却用双手蒙脸大哭不已。哭得天昏地暗，地动山摇。鲁肃见刘备哀声嘶哭，泪如雨下，不禁惊慌失措，急忙问道："皇叔何如此？难道小人有得罪之处。"

那刘备哭声不绝于耳，哭成个泪人儿，哭得泪湿满襟。鲁肃被刘备哭得胆战心寒。这时，诸葛亮摇着鹅毛扇从屏风后走出来说道："我听了很久了，子敬可知我的主公为什么哭吗？"

鲁肃说："只见皇叔悲伤不已，不知其原因，还望诸葛先生见教！"

诸葛亮说："这不难理解。当初我家主公借荆州时，曾经立下取得西川时便还给东吴的文书。可是仔细想想，主持西川军政大事的刘璋是我家主公的兄弟，大家都是汉朝的骨肉。若是兴兵去攻打西川，又怕被万人唾骂，若是不取西川，还了荆州无处安身；若是不还，那东吴主公孙权又是舅舅。我主处于这两难困境，子敬又三两次的来讨，因此泪出痛肠，不由得放声恸哭。"

孔明说罢，又用眼色暗示刘备，刘备耸肩摇膀，捶胸顿足，大放悲声。

鲁肃原是厚道之人，见刘备泪下，放声痛哭，心中动了恻隐之心，以为刘备真的是无立足之地而哭，便起身劝道："皇叔且休烦恼，待我与孔明从长计议。"

孔明说："有烦子敬回见吴侯，将我主烦恼转告，再待一段时间，等我主有了安身之地，再奉还荆州如何？"

鲁肃见刘备哀痛之极，只好答应。刘备这一哭，虽然是无赖之举，但却有了立足之地。明明是要霸占荆州为己有，却伪装一副可怜相。这种以哭来保住江山的所谓"大英雄"可谓前无古人，后乏来者。

刘备善于哭，而且哭得十分有心计。

刘备定西川不久，关羽因刚愎自用，丢了荆州，刘备要亲率大军前去讨伐吴国。诸葛亮等人极力劝阻，认为若是率百万大军讨伐东吴为兄弟报仇，是存小节而失大义。而且蜀吴相拼，得利者必是曹操。刘备自称是汉室之后，不为复兴汉室而出兵，却为私仇而伐吴，有失大丈夫气概，刘备自然知道这一点，但是"桃园结义"的情结始终丢不下，加上百官劝谏，不让他出兵，他只好终日以泪洗面。

孔明说："皇上少忧，死生有命，富贵在天，云长刚愎自矜，今日故遭此祸也。皇上宜保全万金之体，徐图报仇"。

刘备辩白道："孤与关、张二人桃园结义时，誓同生死。今日云长已亡，岂能独享富贵乎？若不雪恨，乃负昔日之盟也"！说完，又哭绝于地，众官救醒后，又大哭不已。一日哭昏过三五次，三天不进水食，终日泪如泉涌，直哭得泪湿衣襟，血泪斑斑。一天不发兵为关羽报仇，刘备一天不止痛哭，这样号哭终日，夜以继日，连一向诡计多端的诸葛亮也无法劝阻。

刘备是哭关羽还是哭他自己，只有他本人知道。不过，他这一哭，却哭出了"义"的形象来。

刘备是很会哭的，尤其是他想当皇帝的那一幕哭得恰到好处。曹丕废了汉献帝，自立为大魏皇帝的消息传到成都后，自立为王的刘备大吃一惊，刘家天下易主怎能不惊？刘备此时羽毛已经丰满，很想弃王而称帝，但是又不好说出口。昔日曹操虽然独霸朝政，但傀儡皇帝还在，天下名义上还属刘家，如今曹丕废主自立，这简直逆天而行。怎么办？刘备虽然远在四川，但无时不想问鼎中原。此刻见期成熟，自立为帝的条件已成立，但怎好出口？只好用哭来暗示心迹。于是，水米不进，又使出杀手锏，每日痛哭，令日官挂孝，遥望许昌而祭之，这一次由于是想当皇帝，于是不仅痛哭，而且哭出病来。干脆不理政务，把一切大事全部交给孔明。

孔明自然知道刘备的"哭因"。这时正好有人夜间捕鱼，捞到一块瑞气盘旋的玉玺。诸葛亮终于找到了治疗刘备痛哭的药方，率群臣上表奏请刘备当皇帝。

刘备看了后，果然停止了痛哭，却又故作愤怒，怪诸葛亮等人陷他于不忠不孝。但是经诸葛亮等人苦劝，刘备终于高高兴兴的自立为帝，改国号为"大蜀"。难怪老百姓说："刘备的江山是哭出来的。"

刘备不仅哭出了一个"大蜀"皇帝，临死时又老调重弹，用"哭"来保住刘家的西川天下。那是他当上皇帝后，执意要讨伐东吴，为他的异姓兄长关羽报仇，结果被东吴的一年轻儒子陆逊打得一败涂地，在赵云的救护下，逃到了白帝城。因无颜回成都见群臣，就将白帝城的驿馆改为永安宫。因积郁成疾，久病不起，自知不久于人事，便召孔明前来。

孔明到来后，刘备流泪哭道："朕自得丞相，成其帝业，怎奈智术浅陋，不听丞相忠言，自取其败，羞于回成都与丞相相见。今日病已危笃，不得不请丞相托以大事。"

说完，不等诸葛亮回答，又痛哭不止，满面流泪。诸葛亮乃聪慧之人，自然知道主子为何而哭，只好陪着流泪，并劝说道："愿陛下善保龙体，以付天下之望。"

君臣二人各怀心事哭作一团。

哭了一会，刘备心想这样哭下去，自己一命呜呼，刘家的江山就无法保住，便急命诸臣进来，又要笔写下遗诏递与孔明，当着众人哭着对孔明说："朕不读书，粗知大略。圣人云：'鸟之将死，其鸣也哀，人之将亡，其言也善'。朕本应与卿等同灭曹贼，共扶汉室，不幸与卿等中道而别。"话未说完，又痛哭。哭得众人胆寒心凉。哭着哭着，又对孔明说："丞相将遗诏转给刘禅，凡事多请丞相教他"。

诸葛亮等人急忙哭着跪下，感谢刘备的知遇之恩。刘备一只手拉孔明起来，一只手擦着眼泪说："朕今死矣，有心腹之言以告"。诸葛亮说："陛下有什么话尽管说，不要隐瞒，臣洗耳恭听"。

刘备当着众人哭泣道："君之才胜曹丕十倍，必能安邦而成大事。如果我的那些儿子可以辅助，则辅之。如果不能辅助，君可自立为成都之主"。刘备哭了半天，才说出了真话，他显然是怕自己死后，诸葛亮效曹丕自立帝，那么他一生为之奋斗的基业岂不付之东流。于是先用哭来打动诸葛亮，再当众人面说出自己所担心事，看诸葛亮如何收场。

诸葛亮听出了刘备的"哭外之音"，不觉汗流遍体，手足失措，赶紧哭拜于地："臣安敢不尽股肱之力也？愿效忠贞之节，继之以死"。说完，假惺惺地以头叩地，两目流泪。

刘备见"哭"的目的已经达到，既然你诸葛亮当着这么多人表了态，那么日后你还敢反悔？刘备这时不哭了，急忙召两个儿子刘永、刘理到床前说道："尔等皆记朕言，朕亡之后，尔等三人（还有远在成都的太子刘禅）皆以父事丞相。稍有怠慢，天人共诛尔等不孝之子"！又对孔明说："丞相请坐，朕儿拜以为父"。

孔明明白了刘备的用意之后，表态说道："臣以肝脑涂地，安能补报知遇之恩也"。

刘备之用心可谓狡诈，先是痛哭不已，然后逼诸葛亮表态，最后让三个儿子称诸葛亮为相父。这样一来，诸葛亮不仅不敢取刘家天下为己有，而且真的肝脑涂地的为阿斗这个庸皇帝效劳。

刘备身后这事安排妥当后，自然不再哭泣，安然驾崩。

刘备的"哭功"的确炉火纯青，使得这位以哭而闻名天下的皇帝死了，智慧超群的诸葛亮也不得不继续为刘家卖命。

常言道：得仁义者得天下，而应该说刘备："因为会哭而得天下。"

中国有句古话："刘备的江山是哭出来的。"这是因为刘备会哭，能哭出感情，哭出特色，哭出风度。他的"哭功"的确炉火纯青。官场上巧于哭的男子，还能哭出江山，哭得官运亨通。

奸臣为保命　痛哭流涕

明朝有个大奸臣叫刘瑾。

此人穷凶极恶，残害忠良，一手遮天。他在皇帝面前像一只小绵羊，性格柔顺，从不高声大气，确实像一个太监。但是对待朝中的文武大臣，尤其是对待那些与自己政见不和的文臣武将，却狠毒如蛇蝎。

刘瑾在朝中为非作歹，草菅人命，而且把持朝政，欺上瞒下，搞得满朝文武怨声载道。刘瑾的无法无天引起了大臣的不满。于是，大学士刘健、谢迁、王岳等人联合了一些刘瑾的反对者，上书明朝武宗皇帝，弹劾刘瑾。刘瑾虽然是武宗的亲信，但是这么多大臣联名上书，也不能坐视不理。怎么办？真叫这位皇帝左右为难。

考虑再三，武宗只好向王岳等人妥协，决定第二天早朝时处置刘瑾。

那知隔墙有耳，刘瑾的死党吏部尚书焦芳听到这个消息后，立即秘密告诉刘瑾。

刘瑾见焦芳神色慌张，知道大事不妙，焦芳把事情的前后经过讲完后，刘瑾如同一摊稀泥倒在地上，他尝到了伴君如伴虎的味道。和所有奸臣一样，刘瑾决不会束手待毙。经过深思熟虑，他决定用"哭"为武器，替自己辩护。

刘瑾为什么选择哭呢？

他对自己的同党说："圣上年幼，只有用哭才会打动他脆弱的感情。我们放声痛哭，不怕圣上不动情。"

当天晚上，刘瑾带着同仿等一班太监连夜来到皇帝的住处。此时武宗正在更衣睡觉，见一班太监突然闯进来，一时莫名其妙。

刘瑾等人见了武宗，嘴未张开，便齐刷刷的跪在御榻前，放声大哭。

武宗不知所云，弄得手足无措。

刘瑾哭得十分伤心，泪如泉涌，边哭边哀求道："皇上，开恩呵……开恩呵……"

武宗说："尔等为何深夜啼哭？"

刘瑾也不擦泪，哽哽咽咽地说道："皇上，您要救奴才一命，您不救奴才，奴才要被王岳等人杀来喂狗了。"

皇帝平时对这些太监一向宠爱有加，现在眼睁睁地看见他们俯首在地，放声痛哭，自己不觉也掉下几颗龙泪。

太监和皇帝哭于一处，在中国古代官场上确实少见。武宗见太监们哭得十分伤心，动了恻隐之心。想到平时这些太监把自己侍候得舒适妥帖，让自己开开心心，就说道："朕并未降旨捉拿你们，尔等何必大放悲声？"

刘瑾见保命有了一线生机，皇上态度又是如此的和颜悦色，心中暗暗高兴。但还是做出悲痛的样子替自己辩白道："我等奴才知道皇上宽宏大量，是个千古难觅的明主，不会听信那些奸臣小人的谗言。我们这些做奴才的倒不怕死，再说皇上要杀我们，奴才也毫无怨言，只是奴才丢了命，今后谁服侍皇上？万一找一个不懂礼数的人进宫，不但不能让皇上开心，反而让皇上忧愁，那才是奴才们的罪过"。

原来刘瑾这个太监，不仅干预朝政，残害忠良，他还有一个最大的特点就是很会讨武宗的欢心。由于武宗皇帝喜欢两种东西：鹰犬和女色。刘瑾就派出大批大内官员到全国各地搜集雄鹰犬和寻找各色美女来供皇帝享乐。每当武宗闷闷不乐时，刘瑾总有法子让皇帝高兴。因此，他不仅是武宗宠信的红人，也是武宗皇帝一刻也离不开的"相侯"。

刘瑾的哭辩果然十分奏效。武宗皇帝寻思：王岳这些大学士，成天吃饱无事干，这个要奏本，那个要弹劾，连我玩几只鹰犬、几个民间小女子他们也要左一次进谏、右一次进谏，好像天下除了他们几个读书人，其余都是昏庸无能者。想到这里，武宗顺口说道："王岳这些人，有时也太过分了。"

刘瑾一见有机可乘，便哭诉道："我主圣明，陷害我们、目无皇上的就是王岳。古人云：普天之下，莫非王土；率土之滨，莫非王臣。皇上富有四海，普天之下都是圣上领土，玩几只鹰犬又算得了什么呢？但是这个王岳却到处造谣说圣上玩物丧志，有伤国事，更可恶的是他外结阁臣，妄图挟制皇上，又怕奴才从中阻拦，所以才恶人先告状，欲置奴才等人于死地。真是可恶之极。"

说完，又伏在地上放声痛哭。

武宗皇帝当时很年轻，没有什么主见。这几个太监又是平时宠爱之人。看他们痛哭流涕，实在于心不忍，便说道："起来吧，哭什么呢？我又不杀你们"。

其余几个刚想站起来，刘瑾伸手拉他们一下，又哭了起来。武宗莫名其妙，又问道："尔等何故不起，又哭什么呢？"

刘瑾号啕大哭，说道："圣上，王岳、刘健这些人不除，我大明江山不保呀！"

武宗说："这些大臣只是看不惯朕玩乐，并没有什么异心，尔等不必忧虑。"

刘瑾一边擦泪一边说："圣上只知其一不知其二。这几个老臣以为圣上年幼可欺，今天上奏不准玩鹰，明日又上疏不准放犬，如此下去，恐怕再过几天连饭都不准皇上吃了。这些人目无旁人，以为自己资格老，肆意横行，而且他们怕奴才把真实情况转诉皇上，所以时时都在算计奴才。奴才死而无怨，但奴才担心的是皇上您啊……皇上想想，假如司礼监与皇上一心，这些阁臣怎敢如此威逼皇上？"

武宗本来就不准备杀这些太监，听了刘瑾痛哭流泪的辩解后，立即改变了决定。不但不杀这个十恶不赦的宦官，还立刻下令刘瑾掌握司礼监并兼任提督团营兵马。还下令将王岳等大臣逮捕，刘健、谢迁、韩文等大臣被迫辞职还乡。

刘瑾的这一场哭辩，可谓哭的高明，既保住了性命，还反咬了一口，使大批忠臣遭到迫害，实现了他一手遮天的野心。

吴三桂哭陵

明末清初的吴三桂，是历史上留下千古骂名的人。这个被称之为明末悍将，武功世家的边关大将，竟为一个名妓而接引清兵入关，最终成为千古罪人。处于改朝换代大变革时期的吴三桂，几乎所有的矛盾全部集中在他的身上。明朝的遗老遗少骂他是大奸臣，李自成的起义军骂他是"清狗"，文人骂他是"边关易帜为女色"；满族贵族也不信任他。他帮满族人夺了天下后，被打发到偏僻的云南充当藩王。后来因为独树一帜，又被清朝皇帝撤藩，逼得造反称帝。

作为一个政治家，吴三桂善耍奸使谋。这个一生血战疆场的将军，什么样的血腥风雨场面他没见过？血染沙场尚未掉下一滴泪水，但是，当他起兵反清，祭奠明朝皇陵时，却放声痛哭。

康熙十二年十一月二十一日清晨，吴三桂召集四镇十营总兵马宝、高起隆、刘之复等人到王府议事。云南巡抚朱治国也率所属官吏奉命而来。吴三桂一身戎装，威风凛凛，威坐殿上。他见该来的人都来齐了，便正式宣布起兵，与朝廷决裂。这一意料中事终于发生了。朱治国拒绝与他背叛，最后被乱刀砍死，身首异处。

处理完所有的不从者后，吴三桂宣布，他从这天起，不再是清朝的藩王，而是"天下招讨兵马大元帅"，建国号"周"，从第二年起改为"周元年"。

吴三桂终于树起了反旗。

当时吴三桂虽然兵强马壮，但是要和比他更强大的清政府抗争，取胜的把握十分渺茫，而且"师出无名"，得不到天下百姓的拥护。但是，吴三桂到底不是一介武夫，而是老谋深算。明知自己无起兵叛清的理由，却非要找一个冠冕堂皇的理由：即为恢复大明江山而起兵。

这就令人费解了。如果吴三桂在山海关拥兵自重时不背叛明朝，让清兵入关，这汉人的江山会落入异族之手吗？现在清朝已经平定天下，又何以重打"明朝"旗帜呢？其实吴三桂这是明修栈道，暗度陈仓。他背叛清朝完全是为了自己，是为了师出有名，利用汉人及明朝遗老遗少们的反清情绪，而玩的把戏。

空打死人的旗帜，而不做出实际行动当然是徒劳无功的。所以，吴三桂选择了"哭"，用哭来表示他为明朝收复河山的决心。

吴三桂是一个大奸似忠的武夫。他先率三军到明朝永历皇帝的坟前祭拜，向死人宣布誓师北伐。

在永历帝陵前，吴三桂对诸将说："诸位将官，我们都是食明朝俸禄的军人，现在清狗吞并了我大明河山，作为前明的臣子，我们不为先王复仇，枉为明朝军人"。

吴三桂自称是明朝的臣子，那他十多年前为什么不为明朝效力呢？所以他为自己辩解道："过去闯贼入京，都城难保，吴某为了保存实力，伺机光复明朝河山，不得已假降清狗。如今我三关兵士决心为先王复仇。将满族人打回关外去。我们要拜别已故的君主，应当穿故君时的衣服去见他"。他指着自己的头："这不是我明朝的帽子，"又指着身说，"这也不是我明朝的衣服。现在我们大家易服祭故君吧！"

吴三桂脱掉清朝的服装，改穿明朝的汉服，而且重新蓄发，标志着他将同清政府彻底决裂。这一招果然奏效，赢得一些明朝故将的拥戴，但是好戏还在后头。

吴三桂选择吉日，率领改穿明朝服装，重新蓄发的三军将士去朝拜明朝的死皇帝。吴三桂头戴方巾，身穿孝服，来到明朝永历皇帝的墓前，痛哭一声，便昏厥在地。经将士救起后，吴三桂又亲自倒酒，三呼万岁，拜倒在地。吴三桂的泪水止不住地往下流，他不去擦，而是趴在地上不起来，一味地恸哭不止，大放悲声。他自己哭昏厥过去几次，被救醒后，又长哭不止，哭得天昏地暗，军心悲痛。

吴三桂不愧是官场演戏的高手。他对着死人哭得死去活来，真的动了真情吗？当然不是，因为他哭的这个死人皇帝就是他亲自擒获的，为了斩草除根，向清廷邀宠，又是他亲自下令秘密将永历皇帝处死的。而十三年后，他却在自己亲手杀掉的死人坟前痛哭流涕，这不是天大的讽刺吗？

西平王吴三桂为何哭得如此伤心？为什么在自己杀死的人的坟前痛哭不止？究竟悲从何来？

这个谜不难解答。汉人的江山是毁在吴三桂手上的，永历皇帝又是他亲自处决的。可是如今清朝要削藩，要夺掉他手中的权力，他只有造反。要造反如果不打光复明朝的旗帜又没有人拥护，打明朝的旗帜才名正言顺，但是自己又是人见人骂的明朝罪人。无可奈何只好用哭死人的方式来替自己解围。

吴三桂当然不是哭永历帝。如果是真哭，十三年前又为什么要斩草除根？吴三桂是借哭死人来哭自己。

这个明朝的千古罪人，他降清并为之拼杀了大半生，以牺牲千千万万的明朝士兵和成千上万的汉族人民为代价。换取了"西平王"的王冠，获得了镇守一方的王侯的称号，换来了奢侈荣华的糜烂生活。既然千古唾骂换来了荣华富贵，他当然希望永享万代。但是官场如戏场，你方唱罢我登场。康熙羽毛丰满后，一声撤藩的诏书，打碎了他的永恒美梦。这样一来他会失去了王侯的称号，失去了荣华富贵，带着妻儿老少，两手空空的回到荒凉闭塞的关外去。即便是到了关外，命运又如何？残生能保吗？妻儿后代的生命能安全吗？想到这里，他怎能不痛哭？

吴三桂哭死人，是对他降清后的所为进行否定的辩护。当然，绝不是为过去的行为作忏悔，更不是"觉今是而昨非"。他跪在自己亲手杀掉的永历皇帝的坟前痛哭，不是后悔，也不是什么良心的发现。他的泪水并不是正义之泪，那无法抑制的眼泪是企图洗掉人们对他的鄙视，是为自己欠下明朝的血债而作的掩护。

吴三桂哭得高明。他的哭声牵动了三军的民族感情。他们暂时忘记了吴三桂是明朝的罪臣。只想到康熙不守信义，剥夺了自己应得的东西，这时候，谁还去想十三年前永历皇帝是死在谁的手里？

统帅一哭，三军同悲。哭声如雷，人怀异志。吴三桂的哭功比刘备有过之而无不及。他这么一哭，几十万士兵就与他同心同德，举起了反清大旗。

吴三桂哭陵，并非是对自己秘密处决的永历皇帝，而是用行动来感染广大将士，激励三军与他一起同清朝决战。

成功者之所以成功，是因为他设下圈套，让别人钻。吴三桂并无念旧之心，更无复仇之志，哭吊朱明王朝，只是获得民众的支持，如其不哭陵，仅以口号去号召士兵与他一起反叛朝廷，肯定徒劳无动。

借哭骗吴军　挥泪斩马谡

刘备算是一个很会哭的皇帝，无独有偶，他的丞相也是一个巧用"哭计"的高手。在三国鼎立的官场中，诸葛亮是智慧的化身，单凭在他的帮助下，刘备哭出了江山这一点，就是别人无法与之相比的优点。

诸葛亮哭得最有水平的一次是"哭周瑜"。

周瑜被诸葛亮三气之后，仰天长叹："既生瑜、何生亮"！连叫数声亡，一代英才只活了39岁就被诸葛亮活活气死。周瑜死后，东吴将领人人摩拳擦掌，恨不剥了诸葛亮的皮而生食其肉。

诸葛亮得知周瑜丧命后，决定过江吊丧。刘备说："东吴将士恨不能杀了军师，军师还是不去为好。"

诸葛亮说："周瑜亡于天命，而东吴却人人认为是死于我之手。如不去以释前嫌，与东吴的联合阵线不攻自破，那时曹贼举兵南下，我等无藏身之地也。"

刘备说："虽然如此，但东吴军士正在气头上，还是不去为妙。"

诸葛亮说："周瑜在的时候，我尚且不怕，如今周郎归西，我何惧之有？只消赵云将军引五百军士与我同去便可。"

诸葛亮准备了祭礼，过江而去。

诸葛亮一行人到了柴桑。东吴的探子报之鲁肃说，"刘皇叔遣孔明来与周都督吊丧"，这个消息一下震动东吴。

甘宁一听，大叫："来得好，今日我可以为大都督报仇雪恨了"。徐盛、丁奉一般军官都抽出佩剑，准备等诸葛亮一到，便乱剑砍之。

鲁肃说："孔明先生是为吊都督而来，各位将军不能胡来，让世人笑我东吴气量狭窄。"话虽然这样说，但心中还是憎恨诸葛亮。

孔明到来后，甘宁、丁奉等人都想杀之而解恨，但是见赵子龙带剑相随，一副威武雄壮的样子，又不敢下手。赵云百万军中保阿斗的雄姿，令这些东吴大将胆寒。

孔明让随从将祭物置于灵前，亲自奠酒，长跪地上，号啕痛哭。

诸葛亮一边哭，一边大叫道："公瑾，我来也，公瑾，我来也……"

哭了半天，诸葛亮才拿出祭文，泪水婆娑地读起来。

诸葛亮嘶哑着声音，任泪水大颗大颗的往下流，加上祭文写得十分好，东吴军士也跟着流泪悲伤。

诸葛亮的祭文是这样写的：

呜呼公瑾，不幸夭亡！修短故天，人非不伤？我君实爱，酹酒一觞；君其有灵，享我蒸尝！吊君幼学，以交伯符；尚义疏才，让舍以居。吊君弱冠，际会风云；定建霸业，割据江南。吊君壮力，远镇巴丘；景什怀虑，讨虏无忧。吊君风度，佳配小乔；汉相之婿，不愧当朝。吊君气概，主不纳质；始不垂翅，终能奋翼。吊君鄱阳，蒋干来说；府皆纳舌，事主终济。吊君弘才，文武筹略；迩迩小子，心寒胆落。昭君凛凛，公独谔谔；火攻破敌，挽强为弱。想君当年，雄姿英发；哭君早逝，俯地流血。忠义之义，英灵之气；命终三纪，名垂百世。哀君情切，愁肠千结；唯我肝胆，悲无断绝。昊天昏暗，三军怆然；主已哀泣；更皆泪连。亮也不才，丐计求谋；助吴拒曹，辅汉安刘。掎角之援，首尾相傅；若存若亡，何虑何忧？呜呼公瑾！生死永别！朴守其真，冥冥寂灭。魂如有灵，以鉴我心；从此天下，再无知音！呜呼痛哉，尚享。

诸葛亮读完祭文，伏地而哭，泪如泉涌，哀恸不已。东吴军士也被诸葛亮的伤心所打动。连最嫉恨诸葛亮的甘宁、丁奉这些昔日周瑜的爱将，也在心里自言自语地说："人人都说周都督与孔明不和，观诸葛亮的祭奠之情，恐怕是假的"。

一向洞察若明的鲁肃，也被诸葛亮的悲伤所蒙骗。他见孔明如此悲切，亦为之伤感。心中暗想："都说是孔明气死了公瑾，以此观之，乃公瑾气量窄小，自取其死。"

诸葛亮的哭诉，令周瑜的遗孀小乔也为之动情，她拿出周瑜的遗物：一把上等的古琴交给诸葛亮说道："周郎临死前，为先生的经天纬地之才而钦佩不已；也为先生不为东吴所用而遗憾终身。周郎留下话，他死后先生一定会来祭奠，固然不幸而言中。周郎要未亡人将这把琴交与先生，作为友好的凭据，希望刘皇叔与东吴我主永修友好，共同破曹，请先生收下周郎的一件心意……"

诸葛亮的这一次灵前哭辩，起到了一箭双雕的作用：第一是这么一哭，洗刷掉他气死周瑜的罪名；第二是，缓解了与东吴的矛盾，达到了暂时性的政治联盟，使曹操不敢觊觎荆州。正如后人诗云：

一幅祭文追往事，三杯酹酒诉交情。以前霸业归先主，就有吞吴志不平。

诸葛亮哭得有水平的还有"挥泪斩马谡"。这一次是为他错误用人而辩护。

街亭惨败，诸葛亮几乎连命都丢掉，只好强作镇静，演了一场空城计，才吓退了司马懿。马谡自知性命不保，战后负荆请罪，自缚跪于帐前。

孔明自知罪责难逃，故作镇静地吼道："你自幼熟读兵书，深谙军事计谋，我多次告诫你，街亭是我军的根本，不能等闲视之。你以全家性命领此重任。如今兵败而归有何话说"？

诸葛亮明明是自己不识贤愚，才损兵折将，遭此惨败，却极力为自己开脱，告诉别人，他让马谡担此重任，不是出于私心，而是马谡自幼熟读兵书，深通谋略。

马谡虽然知道小命难保，但由于他与诸葛亮的关系亲密，还是诡辩道："因为魏兵势大，不可抵挡，才有如此之败"。这样的诡辩当然瞒不过众人。所以诸葛亮骂道："胡说八道！你如果听王平的话，会有今日之祸吗？如今丧师失地，都是你的罪过，若不明正其罪，军法难容。我现在杀你，你怨不得我，你的家小自有我照顾，你不必挂心"。说完，喝令左右推出斩首。

马谡哭道："丞相待我如亲生儿，我把丞相当作自己的父亲，我死罪难逃，愿丞相不要忘记昔日恩情，好好待我的下一代，这样我命丧九泉也无怨无恨了。"说完大哭不止。

诸葛亮想起昔日马谡对自己是那样尊重，言听计从，不觉泪如雨下，哭着说道："我与你情同手足，义如兄弟，你的儿子即我的儿子，我怎么会不善待呢？"命左右推出辕门斩道。当时参军蒋琬刚从成都到来，出面保释。孔明流着泪说："如是因为马谡而废止法律，又如何征讨曹操，平定天下？"

一会儿，武士献上马谡首级，诸葛亮见了嚎哭不已。想到自己视为儿子的人被自己迫不得已斩杀，真是心如刀绞，痛断肝肠。

三军感动不已，却不知诸葛亮为何而哭。蒋琬问道："马谡既已正法，丞相何故痛哭？"诸葛亮辩白道："我不是为马谡而痛哭，马谡与我义同父子，他违令而斩之，有什么后悔呢？我是想到先帝在白帝城病危之时曾对我说：'马谡言过其实，不可大用'。如今竟然应验。追思先帝临终时的劝告，因此痛恨自己。"说完又泪水长流。

诸葛亮这一番痛哭，他虽然言之凿凿地说是不听先帝临终之言。其实，他是为自己不识人才而辩解。马谡是一个纸上谈兵而无实际才谋的人，由于他善于讨好诸葛亮，言听计从，所以很受诸葛亮看重。把他放在街亭，是想让他立了战功后好提拔。但是，马谡辜负了他的一片好心，让他在全体将士面前丢了脸。诸葛亮是一个自视甚高的人，出了这样的大失误，自己无地自容，只好用泪水来掩盖自己的无能。

即便如诸葛亮这样杰出的政治家，泪水有时候也能起到作用，何况一般的官员？难怪厚黑学大师李宗吾把"哭"归纳为"厚黑"的主要范畴。

诸葛亮同其主子刘备一样，都是善"哭"的政治家，他们"真诚"的哭技表演，却往往收到了良好的效果。

泪流满面"送别"同僚

慈禧太后为了争夺权力，毒死了慈安太后。又起用荣禄，任直隶总督。这时，朝廷形成两派，以慈禧为首的保守派，称为后党，势力很强大，以光绪皇帝为首的维新派，称为帝党，势力较弱。为了推行新政，实行戊戌变法，光绪皇帝任命袁世凯为小站练兵总办，并密令袭杀荣禄。然而袁世凯出卖了维新派，向荣禄密报了维新派计划和光绪帝的密令。荣禄当夜便发专车从天津赶回北京。荣禄一见太后，便伏地大哭，西太后惊问："你有何事，这般悲伤"？荣禄一边大哭，一边奏道：奴才的性命不保了，恐怕老佛爷也有妨碍呢！求老佛爷救命，早定万全之策！说着，又哭着将光绪帝给袁世凯的密札呈上。西太后在灯下看了密札，心中大怒，立即表示要镇压维新派，荣禄见自己进宫大哭，激怒了西太后，心中暗喜，便献计道："对付维新派，须谨慎行动，不可打草惊蛇，方能一网打尽。维新派依仗的仅是皇上，皇上又依靠翁同龢。可见将翁同龢免职，然后对付维新派就易如反掌。"西太后点头称是，命荣禄照办。

1898 年 6 月 15 日，慈禧太后逼迫光绪皇帝下谕旨，将支持变法的帝党人物翁同龢免职回籍，同时任命荣禄署理直隶总督并任北洋大臣，统率北洋三军。翁同龢免官离京时，荣禄亲自送到城外，拉着翁同龢的双手，失声痛哭，反复道："翁师傅多年侍皇上，劳苦功高，为政几十年，勤政绩著，誉满朝野！近来又大力革朝政积弊，鼎力革新，满朝称赞，您为何事得罪了皇上，落到这般地步？翁师傅可对我直言。我等再上奏皇上，收回成命！"说罢，又是泪一把，涕一把地放声大哭。荣禄的这场"送别"哭泣，使在场的大人都认为他是同情、支持维新的，特别是维新派的首要人物更是被他麻痹住了。

荣禄"送别"翁同龢以后，下令逮捕"戊戌变法"的首要人物。慈禧太后宣布再次听政，中国近代史上的"戊戌变法"就这样夭折了。

直隶总督荣禄，作为慈禧太后的心腹，借哭献策，用泪蒙骗维新派，老谋深算的哭技可谓高明。

礼葬崇祯帝　大打死人牌

明思宗崇祯十七年（1644 年）三月十九日，农民起义军攻占了北京城，崇祯帝在满朝文武均如鸟兽散的情况下，令皇后自杀，随携太监王承恩来到万岁山（今景山），君臣对缢于新修的寿皇亭旁的树下，崇祯帝尸体以发覆面，左足靴子脱落，衣襟上写有"朕凉德藐躬，上干天咎，致逆贼直逼京师，皆诸臣误朕。朕死无面目见祖宗，自去冠冕，以发覆面"。崇祯帝死到临头，也不愿承认亡国的真实原因，将实际罪责都推到群臣头上去了。

本来，像崇祯帝这样一个亡国之君，在历史上并无值得称道之处，但明末农民军和清朝的摄政王、皇帝，为什么先后给予礼葬和褒奖呢？原来，他们是利用这具政治僵尸为自己的建国大业服务。

农民军进入北京后，李自成下令搜查崇祯帝。三月二十二日，终于找到了帝、后僵硬的尸体，次日将他们的柳木尸棺移出宫禁，停在东华门示众，以庆贺农民军推翻明朝的胜利。

但由于李自成在长期的封建思想的影响之下，形成了一种只反对官僚、地主，不反对或不激烈反对皇帝的思想，很快地接受了明朝百官的意见，改用帝礼祭葬崇祯帝：将柳木棺换上朱漆馆，加帝后冠服，改田贵妃墓为崇祯陵墓，另派起义军天佑阁大学士牛金星致祭，并装殓了太监王承恩。二十七日，农民军将帝后棺材运到了昌平县，四月初四入陵安葬。从此，明朝十二陵附近又加上一陵，即现在的明十三陵。农民军尽管很草率地安葬了崇祯帝，但在一定的程度上毕竟是按帝礼入葬的，这对当时分化瓦解未投降的明朝官吏和地主阶级来说，仍不失为一种措施。

五月初二，清摄政王多尔衮在击败李自成农民军、进占北京后，立即给明朝官员、耆老、兵民下了一道旨令："流贼李自成原系故明百姓，纠集丑类，逼陷京城，弑主暴尸，括取诸王、公主、驸马、官民财货，酷刑肆虐，诚天人共愤，法不容诛！"清廷对此，"深用悯伤"，命令官民人等自初六起，"为崇祯帝服丧三日，以展舆情"。接着，多尔衮又指派降清的明朝官吏曹溶、朱朗荣等人，在服丧期间到崇祯帝陵墓前祭奠三日，又任命明左庶子李明睿为礼部左侍郎，负责为崇祯帝拟谥号。不久，清廷正式宣布，崇祯帝谥号为端皇帝，庙号为怀宗。这显然是告诉明朝官民：清朝并非与明朝争天下，而是与"流贼"（农民军）争天下；"流贼"灭了明朝，清朝起而替崇祯帝和明朝官民复仇。从而把自己打扮成明朝官民的救星。果然，在为崇祯帝服丧和祭奠期间，北京城内许多明官吏、地主豪绅初感动得流下了眼泪，一些逃避在外的官僚、地主也嗅到了崇祯墓前设祭时散发出来的气味，纷纷从隐匿之处窜出，到清廷投职报名，表示效忠清朝统治者，进一步扩大了清朝统治的政治基础，在一定程度上起到了缓和民族矛盾的作用。

清世祖定鼎北京，特别是在他亲政后，为了向全国臣民表示自己刻意求治，鼓励他们勤于政事，大肆赞扬崇祯帝"励精图治"，追谥为庄烈愍皇帝，并下谕旨为崇祯帝陵前立碑："朕念故明崇祯皇帝乃一代明治之主，只以任用非人，卒致寇乱，身殉社稷，若不亟为阐扬，恐千载之下，竟与失德亡国者同类并观。朕用是特制碑文一道，以昭悯恻之意。"他命令工部"遵谕勒碑，立于崇祯帝陵前，以垂不朽。"

乾隆时期，清朝统治已趋稳固，高宗出于进一步巩固专制主义中央集权统治的需要，大力提倡忠君亲上，颁发许多道谕旨，除对抗清殉难的史可法、刘宗周、黄道周等人倍加推崇外，又为随崇祯帝自缢的太监王承恩墓前立碑文一道，竭力赞扬王承恩对主子的忠诚，要后人效法。

由此可见，入清以后，崇祯帝君臣尽管尸骨已寒，但他们的形象却可为各个时期的统治者所利用，成为维护清统治的思想工具之一。

"猫哭耗子，假慈悲"，清统治者大打死人牌，不过收效显著，达到了安抚故明百姓和官吏的目的。

萧昭业挤眼泪毫不费力

萧昭业是南齐文惠太子的长子，小名"德声"，少时由竟陵王妃袁氏抚养。萧赜即位后，其父萧长懋被立为太子，他袭爵成为南郡王。

萧昭业少时眉清目秀，举止文雅，口齿清楚，甚得爸爸萧赜钟爱。当时王侯每5日一次入宫问讯，萧赜却常独召萧昭业入宫，关切地询问他的饮食起居和读书情况。萧昭业爱好隶书，凡他写的字，萧赜都看得极为珍重，不准随便传出宫外。

文惠太子去世后，萧赜因竟陵王萧子良不报告太子奢侈僭越之事而恼怒，开始嫌责子良，有意立萧昭业为皇位继承人了。

齐武帝永明十一年（493年）七月，皇宫外百官云集，都在焦虑地等待着什么。皇宫里，萧赜已昏绝过去了，内外一片惶惧。人群中，不时听到窃窃议论之声：

"不知皇上到底要立谁？"

"皇上立了太孙，看样子是要太孙继承皇位吧。"

"我看未必。"

旁边马上有人插言："皇上有病，竟陵王每日在身边侍奉医药，太孙是隔一天才进殿探视一次，由此看来，八成是要立竟陵王。"

这番话立刻引起周围一片赞许声。忽然，人群中有人大声说道："若立长则应在我，立嫡则应在太孙！"百官寻声看去，原来是皇上萧赜的五弟、武陵王萧晔。如果萧赜去世，他就是活着的兄弟中年龄最长的了，故发此语。

正当宫外议论纷纷之时，宫内气氛也越来越紧张，中书郎王融忙着起草了一份立竟陵王萧子良为帝的诏书。一会儿，太孙萧昭业在东宫甲仗的围护下匆匆赶来，王融身穿戎服，在中书省门口阻挡，萧昭业急得团团转，但就是进不了门。

忽听里面传来一声高喊："皇上传太孙入殿！"王融无可奈何闪身一边，萧昭业这才急急忙忙带人冲了进去。

萧赜临终，遗诏要萧子良辅佐萧昭业，萧子良又推荐了尚书左仆射萧鸾，故又准萧鸾参与大小朝事。

不一会儿，萧赜去世。王融连忙安排萧子良的兵众守卫各道宫门。萧鸾闻讯后，急驰至云龙门。守卫上前阻拦，萧鸾大喊一声："有敕召我！"随即一把推开卫兵，直闯入殿。

这时，萧昭业正不知所措地站在殿中，萧鸾三步并作两步冲过去，奉萧昭业登殿，又命左右将萧子良扶出。他在那里指挥部署，有条不紊，声若洪钟，殿中的人在他的指挥下忙活起来，一会儿就做好了新皇帝即位的准备工作。

萧昭业在爷爷的丧期即位。在百般疼爱他的爷爷的灵前，他放声痛哭，跪在地下久久不肯起来，引得观者无不垂泪，暗赞他孝顺、懂事。但一等入内，他就完全变了一个人，有说有笑，又令乐队奏乐取乐，那些久跟在他身边的人对此丝毫不觉惊奇，一如当初他为父亲文惠太子守丧时。

萧赜的遗体要移出太极殿了，萧昭业亲自安排指挥。因叔叔竟陵王萧子良在萧赜临去世时受到王融的极力拥戴，萧昭业对此耿耿于怀，特意派将率200人全副武装地守在太极殿西阶，监视正在中书省的萧子良。

为了报答那些为自己即位尽力的有功人员，培养自己的势力，他下诏假称遗诏，以武陵王萧晔为卫将军，西昌侯萧鸾为尚书令，太孙詹事沈文季为护军。又让心腹周奉叔、曹道刚临殿中警卫。

即位10多天，萧昭业下令收捕那个欲拥立竟陵王萧子良的中书郎王融。王融被捕入狱后，萧昭业令中丞孔稚珪奏王融险躁轻狡，招纳不逞之徒，又诽谤朝廷，要穷治其罪。

萧子良听说王融被捕，心理非常沉重不安。王融是为拥立他而得罪的，现在连他都受到萧昭业的怀疑，处境困难，对王融的事是爱莫能助，连过问一下都不敢。

正在他心神不宁之时，忽然接到通报：王融派人来见。来人苦苦哀求萧子良救王融一命，萧子良只是唤声叹气，不敢答应。不久，萧昭业将王融在狱中赐死。

一天，萧昭业来到萧赜储钱的斋库，只见里面有钱数亿。萧赜在位期间，上库储钱5亿万，以备军国之用，斋库聚钱也超出3亿万，以作宫廷费用，其他金银布帛不可胜计。萧昭业尽情挥霍，为斗鸡玩，曾花数千钱买一只好斗鸡。又动辄赏赐幸臣群小，一出手就是十几万、几百万。不到一年，武帝萧赜贮储的钱财就所剩无几了。

萧昭业喜爱的另一种恶作剧是带皇后何氏和诸宠姬到主衣库去，打开大门，让她们拿宝器相投击，摔碎以取乐。各种宝器珍玩在他和皇后、宠姬的欢笑声中化为碎砾。在他的允许下，宦官和群小可到主衣库随意拿取喜爱之物。萧赜生前御用的甘草杖，则被宫人寸段，分而玩耍。

萧鸾接受遗诏，与竟陵王萧子良一起辅佐萧昭业，萧子良因受怀疑自身难保，深居简出，不问国事；萧鸾则以尚书令的身份处理国家大政，培植自己的势力。

萧昭业逐渐觉得大权旁落了。对他的一些胡作非为，萧鸾又常谏阻，萧昭业多不听从，依然我行我素，内心对萧鸾很嫉恨，总想除之而后快。

他深知，靠自己一人是绝对不可能成功的，必须找个有威望的人来协助。于是他选择了尚书右仆射、鄱阳王萧锵。

萧锵是萧道成第七子，雍容大度，很得人心。武陵王萧晔去世后，他就是皇室诸王中最年长的了，因此萧昭业对他很信赖。

一次，诸王入宫问讯，萧照业单独留下萧锵，问道："公闻萧鸾对法身如何？"

萧锵知其意，答道："萧鸾在宗戚中年龄最长，且受寄于先帝。臣等皆年少，朝廷所能依靠的只有萧鸾一人，愿陛下不要以此为虑。"

萧昭业听了，默默无言。退朝后，他对宦官徐龙驹说："我欲与公共计取萧鸾，公既不同意，我不能独办。且再听任萧鸾专权一段时间吧。"

一日，萧昭业正在宫中游乐，征南谘议萧坦之来到身边，奏请杀杨珉，萧昭业一听，心里犹豫不定。杨珉是他的左右，暗与何皇后私通，同寝共处如同伉俪。他虽知情，但看在皇后的面子上，也就睁一只眼闭一只眼算了。

中華藏書

中华处世秘笈

中国书局

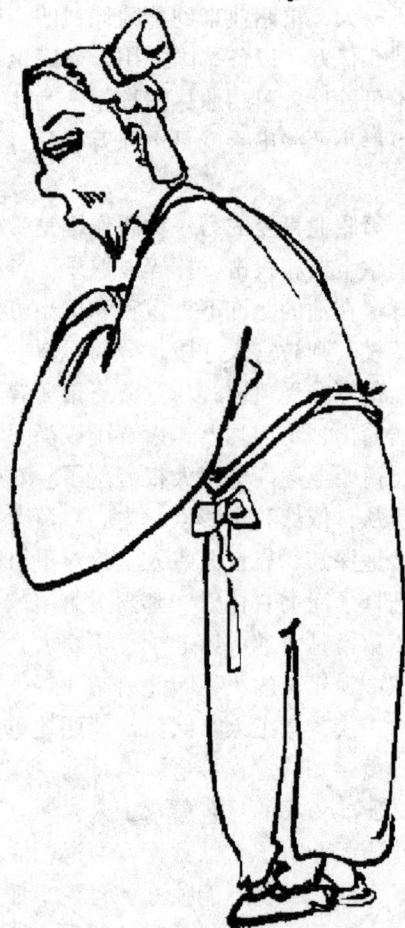

何皇后听说萧坦之奏请杀杨珉，急得不顾一切，跑到萧昭业面前，泪流满面，要死要活地嚷道："杨郎无罪，怎么可以枉杀！"

萧昭业刚要开口，萧坦之附在他耳边低低说道："外间风传杨珉与皇后有染，事彰遐迩，不可不诛。"

萧昭业犹豫许久，最后不得不下令杀杨珉。杨珉立时被拉出问斩。一会儿，萧昭业又后悔了，急令停止行刑，但为时已晚，杨珉的人头已落地了。

这件事过去之后，萧昭业总觉得不大对劲，萧坦之是他的宠臣，得以出入后宫，他每次宴游胡闹，萧坦之都在边上伺候。虽说他有时也劝谏几句，但像诛杀杨珉这样的大事，没有人在背后指使，他是不敢做的。这个背后指使的人一定是萧鸾。因为萧鸾曾多次通过萧坦之、萧谌谏谕过。后来连续发生的几件事更证明了这一点。

萧昭业所宠幸的有中书舍人綦母珍之、朱隆之，直阁将军曹道刚、周奉权，宦官徐龙驹等。綦母珍之所论荐之事，无不允准，故权倾内外，所有要职皆先论价而后卖，一月就能家累千金。有司官吏皆相互传："宁拒至尊敕，不可违舍人命。"

宦官徐龙驹就更神气了，常居于含章殿，头戴黄纶帽，身披貂裘，南面向案，代替皇帝画敕。他的左右与侍卫，也与皇帝的一模一样。

周奉督是名将周盘龙之子，勇猛剽悍，为萧昭业所信赖。他也恃勇挟势，常凌侮公卿大臣。平时随身带20人的单刀卫士，分列左右如两翅，威风凛凛，气势夺人，出入宫廷，门卫不敢阻挡。他曾在人前公开声言："周郎刀不识君！"

自从杀了杨珉之后，萧鸾又上言请求诛杀徐龙驹。对此，萧昭业心里是一百个不情愿，但又不能拒绝萧鸾之情，只好忍痛杀了徐龙驹。这一来，他对萧鸾的嫉恨就更深了。

这时，萧昭业所信赖的萧谌、萧坦之见萧鸾大权独揽，又深得朝野之心，便自动依附萧鸾，劝其废帝另立，成了萧鸾安插在他身边的耳目。

这一切，萧昭业完全被蒙在鼓里，毫不察觉。

一天，萧谌、萧坦之向萧昭业建议，周奉督勇猛善战，应出镇外地，以为外援。萧昭业听了觉得很有道理，便以周奉督为青州刺史。周奉督请求封他为千户侯，萧昭业应允。后又因萧鸾的反对，仅封为曲江县男，食300户。周奉督知道后，在众人面前大发雷霆，拔刀相威胁。萧鸾连忙好言劝诱，周奉叔才消了气。

周奉叔率众出发到青州上任的那天，萧昭业忽然接到尚书省的报告，说周奉督轻慢朝廷，已被处死，不禁大吃一惊。

原来，周奉督所率部队刚刚出发，萧鸾与萧谌谎称有敕，召他回尚书省，将他殴打致死。然后，向萧昭业做了报告。

对这种先斩后奏的行为，萧昭业虽然不满，但也无能为力，不敢说什么，只有可其奏而已。接着，萧鸾又以谋反罪杀了綦母珍之、杜文谦，萧昭业的主要心腹就这样被逐渐剪除干净了。

隆昌元年（494年）四月，太傅、竟陵王萧子良病逝。萧子良对萧昭业有养育之恩，只因萧赜去世前夕王融拥立之事，萧昭业对他怀恨在心，严加戒备。他虽受遗诏辅政，萧昭业又给他加殊礼，让他剑履上殿，入朝不趋，赞拜不名，但他却不敢干预朝政，整日忧心忡忡，终致忧虑成疾，一病不起而亡。

萧昭业一直担心萧子良有异心，听到死讯后，兴奋异常，为萧子良举行了盛大而隆重的葬礼。

萧子良一死，萧昭业的心腹之患就只有萧鸾一人了。萧昭业急忙找中书令何胤商讨诛杀萧鸾事宜。何胤是何皇后的从叔，被萧昭业所亲信，让他入值殿省。他一听萧昭业要他杀萧鸾，非常害怕，绞尽脑汁找出种种理由劝说谏阻。萧昭业没主意了，只好打消念头。为了削弱萧鸾的势力，他又打算让萧鸾去居西州，中敕用事，凡国家大事由自己决断，不再向萧鸾咨询。

萧鸾惧怕夜长梦多，便加紧行动。卫尉萧谌密召诸王典签，要他们不准诸王外接人物，以防止诸王听到风声。由于萧谌历二帝，皆为亲要之臣，诸王典签对他是敬畏交加，听到他的吩咐，无不俯首听命。尚书左仆射王晏、丹阳尹徐孝嗣等也与萧鸾通谋，赞成废掉萧昭业另立。

七月二十二日，在萧昭业正准备秘密杀掉萧鸾的时候，萧谌奉萧鸾之命，率兵入宫，先碰上曹道刚与中书舍人朱隆之，二人未及反抗就被杀死。直后将军徐僧亮见状大怒，急呼宿卫兵众"以死相报"，话音刚落，立即被斩。萧鸾与王晏、徐孝嗣、萧坦之、陈显达、王广之、沈文秀等朝廷重臣也随后入宫。

这时，萧昭业正在平时举行宴会的奉昌殿，听说外面有变，吓得面如土色，急忙密写手敕，召萧谌入殿应付。然后，又令人关闭内殿房阁。正在他惊慌失措的时候，萧谌已引兵进入寿昌殿。直到这时，萧昭业才知道引兵废他的正是他所信任依赖的萧谌。

他扭头逃往宠姬徐氏房内，拔剑自刺不中，又以帛缠住脖子。萧谌率兵士冲入延德殿，众宿卫将士纷纷操弓盾欲拒战，萧谌厉声喝道："所取自有人，卿等不需动！"宿卫平时皆隶服于他，所以对他的话深信不疑。

萧谌入殿，将萧昭业接出。宿卫见萧谌所取之人原来是皇帝，各欲自奋，萧昭业竟默默不语，一言未发。众人见状，失望地各自散去。

萧昭业被萧谌等引至延德殿西弄害死，时年22岁，葬以王礼。萧鸾以太后令废其为郁林王，废何皇后为王妃，何姬与诸嬖幸皆伏诛。

哭要适时，哭要哭得真切，才能博得同情和好感。萧昭业在爷爷陵前一哭，蒙蔽百官，自己的帝位也就稳了。

沽名钓誉哭老母

曾国藩是中国两千多年官场上的最后一尊偶像。近代中国人，尤其是湖南人，无论是权贵政要，志士仁人，还是青年学子，都很佩服曾国藩。对他的治学、为人、带兵、做官都十分佩服。李鸿章、张之洞、袁世凯、蒋介石，无不对他顶礼膜拜。甚至梁启超、杨昌济、陈独秀、毛泽东都表示过对他的推崇。

曾国藩被看成是忠孝节义的官场楷模。而他的"大孝子"名声就是哭出来的。

曾国藩为了功名利禄，十多年没有回家了。他母亲逝世后，朝廷准许他回家服孝。经过长途跋涉的劳累后，曾国藩回到阔别已久的故乡，远远看见家门口素灯高悬，魂幡飘摇，曾国藩不禁悲痛万分。离家十几年，在布满陷阱的官场上拼搏，没有干出一番惊天地，动鬼神的事业来，母亲却离别自己而去。

想到这里，曾国藩三步并作两步朝家中奔去。看见年老体迈的父亲拄着拐杖迎接自己，便不顾一切地冲过去，一声"不孝儿来迟了……"就哽咽难言，眼泪一串一串的流下来。

众人将他扶起，在弟妹们的簇拥下，走进了灵堂。烛光辉映之下，白色挽幛飘飘摇摇。曾国藩跌跌撞撞的冲天母亲遗像前，一声"娘呀"便昏厥倒地，什么也不知道了。

曾府上下乱成一团，其中有一位略通医道的人把了脉后说："不碍事，这是悲痛过度引起的，慢慢会醒过来"。

众人把曾国藩抬到床上，有的掐他的人中；有的用冷毛巾敷他的额头；有的撬开牙齿往他的嘴里灌姜汤。经过一番折腾后，曾国藩慢慢地苏醒过来了。他醒过来的第一件事就是流着眼泪，挣扎着走到灵柩旁，坚持要看他母亲最后一面。他的母亲虽然已大殓入棺，因为要等曾国藩回来，一直没有钉死。

曾国藩就着烛光，看见其母双目紧闭，神态安详的样子，如万箭穿心。想起自己为了官场上的倾轧，竟然没有在母亲病重期间侍奉过一时一刻，没有尽到儿子的一份责任。眼看自己快年过半百了，还没有出人头地，没有光宗耀祖的资格，积压在胸中的悲哀突然奔涌出来。曾国藩再也无法控制自己的情感，索性在灵柩边放声大哭。

曾国藩的号啕痛哭感动了乡邻好友，大家都为他的"孝心"所感动，曾府上下更是哭声阵阵。

官居侍郎的曾国藩在哭声中向世人表白了自己的心迹：虽然不能赡养病中的母亲，但是孝心却可以感动天地。

哭完后，曾国藩才想起母亲的病情。

他父亲告诉他："是心气病和头热发晕。"

曾国藩责怪家人为什么在以往的信中不提时，家人告诉他，其母怕影响他为皇上办事，他心中更是羞愧难忍。

他的妹子曾国蕙告诉他说：

"三个月前，接到你的信，得知大哥放了江西主考，又蒙皇上恩赏一个月的探亲假，全家都很高兴，娘的病似乎有了好转，天天念叨您。可是由于兴奋过度，不久又躺下去了。整天念着：'不要让我……我要看宽一（曾国藩乳名）一眼'……"

曾国藩听到这里，又忍不住抽泣痛哭起来。那一瞬间，他感到京城的繁华、官场的明争暗斗似乎一钱不值，而人间的母子之情才是值得珍惜的。于是，曾国藩泪如泉涌，痛不欲生，不顾一切的扑向棺材大叫："娘呀，儿来晚了"。

整个灵堂又是一片哭声，曾国藩的弟妹也跟着哭倒在棺材旁。连附近乡邻、官场友人，都为曾国藩的孝心所感染。

大家劝曾国藩休息，曾国藩哽咽说："十多年来，我未在母亲老人的面前尽一天孝，病中也不曾为老人端一口药，如今回来，如果不再灵前痛哭，何以表达我的心情，岂不是四乡邻居耻笑？"说完又痛哭不已。

曾国藩孝子的名气就是这样"哭"出来的。

对于封建官僚来说，"孝"的名气尤为重要。曾国藩哭昏在母亲的灵堂前，感情是多方面的，当然有失去母亲的悲哀，也不排除沽名钓誉的嫌疑。不管怎么说，他的表演是成功的。

男人的眼泪代表忠诚吗

"男儿有泪不轻弹，只因不到伤心处"。男人一般不掉泪，如果掉泪的话，那一定是动了真情。这是许多人的看法。所以如果男人流泪，人们容易受到感动；若是男人对自己流泪，更会认为是对自己的关心、热爱，体现了对自己的感情和忠诚。

汉武帝雄武大略，一生征战四方，身边人才济济。他病重时，把最小的幼子委托给霍光、金日磾和上官桀三人辅佐。这实际上是把汉家的江山交给他们代管，足见汉武帝对他们是何等信任。上官桀是怎么为汉武帝所看中的呢？曾经有一次，汉武帝病了，等到痊愈后，去检查御马，发现马匹大多瘦弱，汉武帝十分气愤，认为是管御马的人以为他从此一病不起，所以对工作不负责任，致使御马变瘦。当时负责御马的厩令是上官桀，汉武帝责问说："令以我不复见马矣！"欲把上官桀逮捕下狱。上官桀叩头说："臣闻圣体不安，日夜忧惧，竟诚不在马。"话未说完，已经流下了几行眼泪。汉武帝认为上官桀爱自己，因此与他亲近，提升他为侍中（侍中为丞相属官，因待皇帝左右，出入宫廷，应对顾问，地位渐形贵重），逐渐升到太仆（在秦汉时期，太仆为九卿之一，掌马匹及畜牧之事），并以后事相托。上官桀本应因渎职而受处分，却因几行眼泪，不仅使处分得以免除，而且意外地获得了汉武帝的信任。在汉武帝看来，上官桀的眼泪代表着"爱"和"忠诚"。

魏武帝曹操被人们称之为一代"奸雄"，一生诡计多端，精明强干，常以眼泪笼络人心，然而他竟也相信眼泪。后来魏文帝曹丕之所以能当上皇帝，很大程度上是因为曹操相信了他的眼泪。曹操心中有两个太子人选：一是曹植，二是曹丕。曹植才思敏捷，善长诗词，深为曹操喜爱。曹丕无其他长技，但他是兄弟们中的老大，且工于权谋心计。两人各树党羽，角逐太子之位。曹植的谋士给曹植设计的形象是要他在曹操面前充分显示其才华比别人高出一等，曹丕的谋士给他的主意是处处表明自己的"仁爱"和"忠诚"。一次曹操带兵出征，曹丕和曹植共同送到路旁，曹植称颂曹操的功德，出口成章，旁边人都瞩目赞赏，曹操也很高兴。曹丕才不及弟，此次虽是简单的送行，实际上是两人的当众比较，对谁能立为太子关系很大，见到弟弟的优美才华，"丕怅然自失"，以为这次输定了。这时，曹丕的谋士吴质在旁边告诉他说："王当行，流涕可也。"及至辞行时，曹丕哭着下拜，曹操和部属们都很伤感，因此都认为曹植华丽的辞藻多而诚心不及曹丕。这次比较，曹丕占了上风，再加上曹植做事任性，言行不加检点，而曹丕则施用权术，掩盖真情，自我矫饰，宫中的人和曹操的部属大多为他说好话，曹丕最终被立为太子。

隋文帝杨坚也是一代雄主，他能从北周的一名大臣到取得摄政权力，最后取代北周而自己成为皇帝，足见他不是一位一般的人物。他善于权谋诈术，原本没有多少功劳德行，靠奸计诈谋取得天下，性情猜忌严厉而又苛刻残忍。他的妻子独孤皇后，聪明有才智，能洞察事物，隋文帝对她言听计从，俨然是他的军师、顾问。像他们两位同样相信眼泪。隋文帝已立长子杨勇为太子，但二儿子杨广仍然觊觎太子之位，秘密谋划想方设法取得隋文帝和独孤皇后的信任，挑拨他们与太子的关系。杨广被任命为扬州总管（总管即地方的全权军政长官），将要返回扬州任职，临行前入后宫辞行。见到皇后，他"伏地流涕"，数说太子杨勇的种种不是，说他一旦去扬州就任，太子就会趁机谋害。独孤皇后很受感动，以为杨广比杨勇更爱自己，对他深表同情，并激起了她的义愤，想起了太子杨勇的各种不是。于是，独孤皇后一冲动，愤然说了许多不满意杨勇和体谅杨广的话。但此时她还没有要废除太子杨勇而另立杨广为太子的打算。杨广听了皇后的那番话，感觉机会来了，于是又伏拜于地，哭泣不止，哭得这位历来有主见的独孤皇后亦"悲不自胜"，"自是后决意废勇立广矣"。从此杨广更加自我修饰，他知道独孤皇后厌恶别人好色，于是他就专选一些丑陋的宫女服侍自己；他知道隋文帝崇尚朴素，在众人面前他就只穿粗糙的衣服。诸如此类，以博取隋文帝和独孤皇后的欢心。他指使别人陷害太子杨广于外，鼓动离间独孤皇后于内，杨勇虽已被立为太子多年，而且也没有什么大过失，最终他还是被废黜，杨广如愿以偿，被立为太子。

汉武帝刘彻、魏武帝曹操、隋文帝杨坚和独孤皇后，在历史上都是精明强干的人物，但猜疑心也很重。他们全都相信男人的眼泪，以为男人的眼泪必定是真情的体现，它代表着"爱"和"忠诚"。

男人的眼泪是不是代表着对自己的"爱"和"忠诚"呢？汉武帝相信上官桀的眼泪，以为他爱自己，忠于自己，临终托孤。但后来证明，上官桀并不是一个值得寄予厚望，委以重任的人。他与霍光发生权力之争，就想废黜汉武帝委托辅佐的幼主，另立他能控制的新皇帝。他的儿子上官安竟要上官家当皇帝，密谋政变，被霍光一举消灭。曹操以为曹丕仁孝，立他为太子。曹丕被立为太子后，高兴得不能自制，抱住议郎辛评的脖子说："辛君知我喜不？"辛评把这件事对他女儿宪英谈起，宪英叹息道："太子代君主宗庙、社稷者也。代君不可不戚；主国不可不惧。宜戚而惧，而反以为喜，何以能久！魏其不昌乎！"辛评的女儿从曹丕被立为太子不忧惧，反而高兴得忘乎所以，断定曹操选定的接班人有问题。事实证明，曹丕并不是个仁慈宽厚之人，所作所为都是装出来给别人看的，他一登上皇帝宝位，便立刻逼杀了自己的亲兄弟、曾与他竞争皇位的曹植，没有半点仁慈宽厚。独孤皇后为杨广的眼泪所打动，以为他在诸儿子中是最孝顺的，实际上他是个禽兽不如的人。独孤皇后驾崩，新太子杨广在隋文帝和宫人面前哀恸哭泣，好像不胜哀痛，而在自己府内却饮食谈笑如平常。隋文帝病重，他要强奸文帝的妃子，把隋文帝气个半死。他又假传圣旨，逮捕文帝所亲信的人，以自己的亲信卫兵宿卫皇宫。他怕隋文帝对他采取不利的行动，便逮捕隋文帝的亲信大臣，以自己的心腹士兵替代以前的宫廷卫士，他命令右庶子张衡进入文帝的寝宫侍候文帝，后宫的人员全被赶到别的房间去，不一会儿文帝就死了，至今都弄不明白隋文帝是怎样死的。登位后，他极尽奢侈之能事，很快就倾覆了隋室江山。

上官桀、曹丕、杨广他们都会流泪，但他们的泪并不代表任何"忠诚"和"爱"，都是为了达到他们个人目的所采取的一种虚伪的手法。历史上几乎所有喜好权谋诈术的人，眼泪都是被作为手段来运用的。他们利用了人们的一种较为普遍的心理：同情流泪者，特别是同情哭泣流泪的男人这一现象，以眼泪来骗取人们的信任。对这样一些有野心的人来说，眼泪是很不可靠的。人在许多情况下都可能流泪，其中真正的原因到底是什么，往往难以一下子弄清楚。像上官桀因工作失职在受到汉武帝责问后涕泣流泪，其原因到底是什么就很难说，可能是一种权变应付的哭，也可能是惧怕惩罚的哭，他说的什么因汉武帝病重哀伤悲痛，以至于无心工作的话，反而极可能是他临时编造的一番蒙混过关的鬼话。而汉武帝竟然相信，并且以为他确实爱自己，忠于自己。这很令人奇怪，可以说明一种现象：在上位者对以眼泪来表示对自己的私爱和忠心，特别容易相信和感受到，因而出现这类识人的失误。

哭在心里　笑在脸上

人是感情动物，所以会有情绪的波动，情绪一波动就会显示在脸上，这是人和其他动物不同的地方，不过，有人控制情绪功夫一流，喜怒不形于色，有人则说哭就哭，说笑就笑，当然，说生气就生气。

哭笑随意的情绪表现到底是好是坏呢？有人认为这是"率真"，是一种很可爱的人格特质。这么说也不是没有道理。因为喜怒哀乐都表现在脸上的人，别人容易了解，也不会有戒心，而且，有情绪就发泄，而不积压在心里，也合乎心理卫生，但说实在的，这种"率真"实在不怎么适合在社会上行走。

有两个理由：

①不能控制情绪的人，给人的印象是不成熟。

只有小孩子才会说哭就哭，说笑就笑，说生气就生气，这种行为发生在小孩身上，大人会说天真烂漫，但发生在成年人身上，人们就不免对这个人的人格发展感到怀疑了，就算不当你是神经病，至少也会认为你还没长大。如果已经过了30岁，那么别人会对你失去信心，因为别人除了认为你"还没长大"之外，也会认为你没有控制情绪的能力，这样的人，一遇不顺就哭，一不高兴就生气，这样能做大事吗？这已经和你个人能力无关了。

②容易哭，会被人看不起，认为是"软弱"，容易生气则会伤害别人。

哭其实也是心理压力的一种疏解，可是人们始终把哭和软弱扯在一起。不过大部分的人都能忍住不哭，或是回家再哭，但却不能忍住不生气。不过生气有很多坏处，第一是会在无意中伤害无辜的人，有谁愿意无缘无故挨你的骂呢？而被骂的人有时是会反弹的；第二大家看你常常生气，为了怕无端挨骂，所以会和你保持距离，你和别人的关系在无形中就拉远了；第三，偶尔生一下气，别人会怕你，常常生气别人就不在乎，反而会抱着"你看，又在生气了"的看猴戏的心里，这对你的形象也是不利的；第四，生气也会影响一个人的理性，对事情做出错误的判断和决定，而这也是别人对你最不放心的一点；第五，生气对身体不好，不过别人对这点是不在乎的，气死了是你自家的事。

所以，在社会上行走，控制情绪是很重要的一件事，你不必强迫自己"喜怒不形于色"，让人觉得你阴沉不可捉摸，但情绪的表现绝不可过度，尤其是哭和生气。如果你是个不易控制这两种情绪的人，不如在事情刚刚发生，引动了你的情绪时，赶快离开现场，让情绪过了再回来，如果没有地方暂时"躲避"，那就深呼吸，不要说话，这一招对克制生气特别有效。一般来说，年纪越大，越能控制情绪，也不易被外界刺激引动情绪，所以你也不必太沮丧。

你如果能恰当地掌握你的情绪，那么你将在别人心目中呈现"沉稳、可信赖"的形象，虽然不一定能因此获得重用，或在事业上有立即的帮助，但总比不能控制情绪的人好。

也有一种人能在必要的时候哭、笑和生气，而且表现得恰如其分，这种人的面子学旁门功夫已到了相当高的境界，你如果有心，也是可以学到的。

学会控制自己的感情、自己的行动，这在社会交往中是很重要的。在门被怦然地关上，玻璃杯被砸碎，一阵咆哮声以后；在被人无情地冒犯之时，当我们犯了一些不该犯的错误之时，这时，你是否会动辄勃然大怒？你可能会认为发怒是你生活的一部分，可你是否知道这种情绪根本就无济于事？也许，你会为自己的暴躁脾气辩护说："人嘛，总会发火，生气的。"或者是"我要不把肚子的火发出来，非得憋出溃疡病来。"

尽管如此，愤怒这一习惯行为可能连你自己也不喜欢，更别说别人了。

同其他所有情感一样，这是你思维活动的结果。它并不是无缘无故的产生的。当你遇到不合意愿的事情时，就认为事情不应该是这样的，这时开始感到灰心，脸色一定也好看不了。尔后，便是一些冲动的相伴动作，这总是很危险，它并没有什么好结果可言。痛苦的感受会侵蚀掉我们的自尊。

所以，不论在与人打交道过程中发生了什么不如意的事，也不要轻易地把这些坏的情感表露出来——你不显露出来还好，一旦你显露出来，无论对人对己，在自尊上无疑是一个打击！

这就要求你要控制住你的情感！也许，这对绝大多数的人来说，是一个比较难的要求，但我们却有必要这样做：请注意你的情感外露。

我们可以这样设想：当一个人无意中触痛了你的敏感之处，你就不假思索地乱喊乱叫，人家对你的印象还会是良好吗？当人家同意你的一个问题时，你就高兴得张牙舞爪，他们对你的印象也还是良好吗？——也许他们认为你太幼稚了。

一位商人说过这样一个例子：一个星期六的上午，我去会见一家公司主管。约见地点是他的办公室。主人事先说明我们的谈话会被打断20分钟，因为他约了一个房地产经纪人。他们之间关于该公司迁入新办公室的合同就差签字了。

由于只是个签字的手续，主人允许我在场。

这位房地产经纪人带来了平面图和预算，很明显已经说服了他的顾客，就在这稳操胜券的时候，他做了一件蠢事。

这位房地产经纪人最近刚刚与这家公司主管的主要竞争对手签了租房合同。他大概是兴奋，仍然陶醉在自己的成功之中，开始详细描述那笔买卖是如何做成的，接着赞美那个"竞争对手"的优秀之处，称赞其有眼力，很明智地租用了他的房产。他讲得洋洋得意，眉飞色舞。我猜想接下去他就要恭维这位公司主管也做出了同样的决策。

这时，公司主管的脸色变得很难看，他站了起来，谢谢他做了这么多介绍，然后说他暂时还不想搬家。

房地产商一下子傻眼了。当他走到门口时，主管在后面说："顺便提一下，我们公司的工作最近有一些创意，形势很好，不过这可不是睬着别人的脚印出来的。"

房地产经纪人的失败在于，他在关键时刻忘了对方，只顾着欣赏自己已取得的推销成果，不由自主，喜形于色，而忽略买方也有其做出正确抉择的骄傲。

装得可怜兮兮

《三国演义》中有一段"曹操煮酒论英雄"的故事。当时刘备落难投靠曹操，曹操很真诚地接待了刘备。刘备住在许都，在衣带诏签名后，为防曹操谋害，就在后园种菜，亲自浇灌，以此迷惑曹操，放松对自己的注意。一日，曹操约刘备入府饮酒，谈起以龙状人，议起谁为世之英雄。刘备点遍袁术、袁绍、刘表、孙策、刘璋、张绣、张鲁、韩遂，均被曹操一一贬低。曹操指出英雄的标准——胸怀大志，腹有良谋，有包藏宇宙之机，吞吐天地之志。刘备问"谁人当之？"曹操说，只有刘备与他才是。刘备本以韬光养晦之计栖身许都，被曹操点破是英雄后，竟吓得把匙箸也丢落在地下，恰好当时大雨将到，雷声大作。刘备从容俯拾匙箸，并说"一震之威，用至于此"。巧妙地将自己的惶乱掩饰过去。从而也避免了一场劫数。刘备在煮酒论英雄的对答中是非常聪明的。

刘备藏而不露，人前不夸张、显炫、吹牛、自大、装聋作哑不把自己算进"英雄"之列，这办法是很让人放心的。他的种菜、他的数英雄，至少在表面上收敛了自己的行为。一个人在世上，气焰是不能过于张扬的。

孔子年轻的时候，曾经受教于老子。当时老子曾对他讲："良贾深藏若虚，君子盛德容貌若愚。"即善于做生意的商人，总是隐藏其宝货，不令人轻易见之；而君子之人，品德高尚，而容貌却显得愚笨。其深意是告诫人们，过分炫耀自己的能力，将欲望或精力不加节制地滥用，是毫无益处的。

中国旧时的店铺里，在店面是不陈列贵重的货物的，店主总是把它们收藏起来。只有遇到有钱并且识货的人，才告诉他们好东西在里面。倘若随便将上等商品摆放在明面上，岂有贼不惦记之理。不仅是商品，人的才能也是如此。俗话说："满招损，谦受益"，才华出众而又喜欢自我炫耀的人，必然会招致别人的反感，吃大亏而不自知。所以，无论才能有多高，都要善于隐匿，即表面上看似没有，实则充满的境界。

深藏不露的要诀之一，就是要把自己的真实本领掩盖起来，有能耐也要装作没能耐，从而那些嫉妒你的人、提防你的人、与你竞争的人、要置你于死地的人感到放心。

据历史记载，隋炀帝很有文采，但他最忌讳别人的文采比自己强。有些臣子因为犯忌，惨遭杀害。有一次，隋炀帝写了一首《燕歌行》诗，命令"文士皆和"，也就是仿照他诗的题材（或体裁）和一首。多数文人皆较明智，不敢逞能，抱着应付态度，唯独著作郎王胄却不知趣，不肯居炀帝之下。后来，杨广便借故将王胄杀害，并念着王胄的"庭草无人随意绿"的诗句，问王胄曰："复能作此语耶？"意思是，你还能作出这样的诗句来吗？

还有个叫薛道衡的大夫，因显露诗才，触犯了炀帝的忌讳，炀帝也借故将薛缢而杀之，同样念着他的诗句说："更能作'空梁落燕泥'否？"

自显才华，使对方面子下不来，常常不会有好结果。对于明智的人来说，即使有时不是自己所为，也绝不干一时逞强，使他人面子难堪的蠢事。

西汉有位杨恽，重仁义轻财物，为官廉洁奉法，大公无私。好人很难一路平安，他正官运亨通，春风得意的时候，有人在皇帝面前告了他一状，大概是说他对皇帝陛下心怀不满，表现得那么好只是为了笼络人心，图谋不轨。

皇帝当然不喜欢贪官，但更厌恶有人和他唱对台戏，甚至哪怕是你才干再好，品德再好，你如果敢对他稍有异议，便会招来灾祸。经人这么一告发，皇帝就把他贬为平民。没有让他身首离异，就已经是宽大为怀了。

杨恽官瘾不大，又乐得清闲，他并不感到十分难过。清官们往往都能这样对待官职的升迁，不为金银，不为名位，在官位的升降沉浮中毫无羁绊，不愿计较。免了就免了，做个平民百姓自有平民百姓的乐趣。

杨恽原先做官时，添置家产多有不便。现在下野了，添置一些家当，与廉政无关，谁也抓不到什么把柄。他以置办家产为乐，在每天忙忙碌碌的劳动中得到许多快慰。

他的好朋友孙会宗听说这件事，敏感到可能会闹出大事来，就写了一封信给杨恽，信里说："大臣被免掉了，应该关起门来表示心怀惶恐，装出可怜兮兮的样子，免得人家怀疑。你不应该置办家产，四处交朋友，这样容易引起人们的非议。让皇帝知道了不会轻易放过你的。"

杨恽心里很不服气，回信给老朋友说："我自己认为确实有很大的过错，德行也有很大的污点，理应一辈子做农夫。农夫很辛苦，没有什么快乐，但在过年过节杀牛宰羊，喝喝酒、唱唱歌，来慰劳自己，总不会犯法吧！"

难怪杨恽做不好官，他连"欲加之罪，何患无辞"的常识他不懂。有人把他视为眼中钉、肉中刺，向皇帝告发说，杨恽被免官后，不思悔改，生活腐化。而且，最近出现的那次不吉利的日食，也是由他造成的。皇帝命令迅速将杨恽缉拿归案，以大逆不道的罪名将他腰斩，还把他的妻儿子女流放到酒泉。

杨惲以不满皇帝而戴罪免官之后，本来应该学得乖点儿，接受友人的劝告，装出一副甘于忍受损害与侮辱、逆来顺受的可怜样子，说不定皇帝和敌人还会放过他。即使是最凶恶的老虎，看到羔羊已经表示屈服，他不会再穷追不舍。杨惲没有接受教训，他还要置家产，交朋友，这不是明摆着是对自己被贬不满吗？不是明摆着叫皇帝老子下不来台吗？好吧，治你一个大逆不道之罪，这是中国特有的黑暗，杀了，你还能不满吗？还敢跟老子叫板吗？不能忍住自己的不满情绪，不会提防皇帝和敌人抓住自己不满的把柄，终于酿成了自己被杀、家人遭流放的悲剧。

"刘备"的江山是哭来的

拿破仑的妻子约瑟芬是前博阿尔内子爵夫人，一向水性杨花，生活放荡。当拿破仑在意大利和埃及战场浴血搏斗时，新婚不久的她却与一个叫夏尔的中尉偷情能，对拿破仑毫无忠贞可言。她原以为拿破仑会战死在沙漠中，已经不再等待他回来，而要像没有拿破仑一样安排后事。

1799 年 10 月，拿破仑从埃及回到法国并受到人们热烈欢迎的消息传到巴黎后，约瑟芬惊呆了。拿破仑成了欧洲最知名的人物，法国的救星，前程无量。她欺骗了拿破仑，并想抛弃他，这时又后悔了。

于是她不辞辛苦，坐着马车，长途跋涉，去法国南部的里昂迎接拿破仑。她想在拿破仑与家人见面前见到他，并趁着他的兴奋蒙骗住他，不使自己的丑事暴露。

她好不容易到达里昂，可是拿破仑已从另一条路走了，并与家人会合。拿破仑对妻子的不贞早有耳闻，只是不怎么相信，当他确信约瑟芬对他不忠时，他暴跳如雷，下定决心与其离婚。

约瑟芬知道大事不好，日夜兼程赶回巴黎。

拿破仑吩咐仆人不让她走进家门。她勉强进了门，只觉心跳气急，不知怎样来应付与丈夫见面的场面。片刻之后，她静下神来，决定壮着胆子去见丈夫。

约瑟芬来到拿破仑的卧室门前，轻轻敲门，没有回答。转动门把，无济于事。

她再次敲门，并温柔而哀婉地呼唤，拿破仑没有理睬。

她失声大哭，短促呻吟，拿破仑无动于衷。

她哭着，用双手捶打着门，请求他原谅，承认自己因一时的轻率、幼稚而犯下了错误，并提起他们以前的海誓山盟……说如果他不能宽恕，她就只有一死。仍然打不动拿破仑。

约瑟芬哭到深夜，不再哭了，她忽然想起孩子们，眼睛一亮，燃起了希望之光。

她知道，拿破仑爱她的两个孩子奥当丝和欧仁，尤其是欧仁，这是打动拿破仑心肠的好办法。倘若孩子们求他，他可能会改变主意的。

孩子们来了，天真而笨拙地哀求着说：不要抛弃我们的母亲，她会死的……还有我们，我们怎么办呢……

人心都是肉长的，约瑟芬这一招终于成功。拿破仑虽然怀疑约瑟芬已背叛了他，然而她的哭声在他的脑海里泛起他们相爱时的美好回忆。奥当丝和欧仁的哀求声冲破他心中设下的防线，他已热泪盈眶。

于是，房门打开了，拿破仑与约瑟芬重归于好了。后来拿破仑登基时，约瑟芬成了皇后，荣耀之至。

调动眼泪战术，对人哀哀以求，动之以情，这种攀缠术，古今中外，数不胜数。

有句老话，叫"刘备的江山是哭来的"。刘皇叔在人前有那么大的面子，居然还当着你哭鼻子，不由你心不软，色不动，同情怜悯之心油然而起，于是你就上当了。

此术对于"铁板一块"、"死不开面"的对手最易奏效。

推销员推销产品时，很可能遭到客户的拒绝，但过了一段时期之后，他又毫不气馁地再次来了，这时假若客户绝情地说："我们并没有购买的意思，你再来几次也是枉然，因此，我劝你不必再浪费口舌，白费气力了。"然而推销员却不在乎，仍抖擞精神，面带笑容回答说："不，请不必为我担心，说话跑腿，是我们的工作职责，只要你能给我一点时间，听我解释，我就心满意足了，"客户看到他汗水淋淋，却还满脸笑容，不买就觉得再也过意不去了，于是就买了一点。

落雨下雪是推销员上门的好日子。外面下着雨，别人都躲在家里，而推销员站在门口，不能不使你产生同情心，因而难于拒绝。虽然我们都很清楚地知道，这是推销员所采取的一种策略，但毕竟他要这样做啊，对此你能无动于衷吗？

这种推销方法，就是巧妙地利用了人类的感情。本来不打算购买的人，也会产生"再也不能让他白跑了"的想法，使他们有种心理负担和欠人情债的感觉。客户会这样想："这位推销员若是多跑几处地方，也许他的产品早就推销完了，但是他却常来这里，使他花了不少宝贵时间，再不买他的产品，就有点对不住人了。"这就是加重人们心理负担的一种推销方法。

要使对方作大幅度的退让，就要能够让对方多积累些微小的心理负担，当这种心理负担扩大到一定程度时，对方就只能让步了。

新闻记者从事采访工作，一般是在晚间和早晨进行。譬如：在发生某种巨大的政治事变时，新闻记者就事先打听到与此相关的人，等下班后，或者上班前，去进行采访。因为这种时候，一般人都在休息，而新闻记者还在干活，会使对方产生心理负担，不告诉他这件事的内幕，心里就会过意不去。

这里并不是教你哭鼻子，光掉眼泪是不顶用的，还必须另有一套技巧。推销员与记者的做法便是极好的样板。下面再介绍一例。

美国一家汽车轮胎公司的经理肯特先生，有一次在一家酒馆饮酒，无意中碰到一位喝得酩酊大醉的青年人，因而惹起了这位醉汉的借酒撒疯，对肯特大打出手，由于酒店老板的劝阻，肯特才得以脱身。

事后，肯特从店主人那里了解到，这位青年就在附近一家工厂工作，时常来他那里酗酒。据说，他发明了一种能增加轮胎强度的方法，而且申请到了专利。但他找了好几家生产汽车轮胎的厂商，要求他们购买他的专利，都碰了壁，而且被他们视为异想天开，所以，他感到怀才不遇，整日忧郁不乐，来这里借酒消愁。

肯特得知这些情况后，对这位青年予他的不恭毫不介意，决定聘请他来自己公司做事。

一天早晨，他在工厂的门口等到了这位青年人，但青年人却心灰意冷，不愿向任何人谈起他的发明之事了，他不理肯特，径自进工厂干活去了。

但是，肯特却一直等在工厂的大门口。

中午，工人下班了，但却不见那位青年的踪影。有人告诉肯特，那青年人干的是计件工作，上下班没有一定的时间。

这天，天气很冷，风也很大，但肯特一直不敢离去，只好忍饥受冻，因为他怕就在他离开的那阵子，那位青年人下班走了。

就这样，肯特从早上8点一直等到下午6点。这时，那位青年人才走出大门，没想到这回他一见肯特的面，便爽快地答应了与他作合的要求。原来吃午饭时，那位青年人出来看到肯特等在门口，便转身回去了。但后来，他知道肯特一天不吃不喝，在寒风中等了近10个小时之久，不禁动心了。

借力打力　以柔克刚——借势大法

借助杠杆的力量，可以撬起地球。自己感到难办或办不了、不便出面办的事，假他人之手，借他人之力完成。借力打力之法妙就妙在打击政敌，排除异己，不作正面交锋，神不知，鬼不觉，不费吹灰之力已达目的。

卢杞援恶助己

卢杞相貌丑陋，肤色发蓝，但是很有口才，唐德宗非常赏识他，建中二年（780 年），德宗任命他和杨炎为同平章事（宰相）。

卢杞高居相位，便露出他的阴险狡诈的本性来，嫉贤妒能，排斥忠良，对于不顺从自己的人，必定置其于死地而后快。为了巩固自己的地位，他积极拉拢对自己有利的人，并利用他们除去自己的政敌，借以树立自己的威望，形成自己的势力。

宰相杨炎素有才能，颇有政绩，他成功地推行了两税法制度，为国家积蓄了大量的钱财，在朝廷中威望很高。他一向看不起卢杞，认为他没有什么才干却与自己同列相位，心里很不舒服，卢杞秘密查出杨炎下属中书官员的过失，就私自将他降职，杨炎大为恼怒："中书官员是我的属下，有过失我自己会处置的，你又何必插手？"由此两人结怨更深，卢杞密谋除去杨炎。

卢杞派人暗中调查杨炎的过失，不久就查出两件：一件是玄宗时，宰相萧嵩的家庙建在曲江（在西安市）池边，玄宗认为曲江池是游乐之地，不能建有庙堂之类，强令萧嵩搬走。杨炎任相后，又把自己的家庙建在那里。另一件是杨炎在洛阳有一处宅院，后来以高价卖给官府作为官舍使用。卢杞查出杨炎的过失，心中十分高兴，又积极寻找怨恨杨炎的人陷害杨炎。后来他得知京兆尹严郢曾受到杨炎排挤，就找到他，提拔他为御史大夫。

严郢为了报答卢杞的知遇提拔之恩，就向德宗报告说杨炎利用职权谋私利，在卖给官府的宅院中牟取暴利。大臣不知底细，议论纷纷："作为监督百官的宰相，居然干这种勾当，应该赐死！"卢杞趁机对德宗进言："萧嵩家庙所在地有帝王的气势，因此才被玄宗赶走。现在杨炎把自己的家庙建在那里，有篡位谋叛的阴谋，不可以轻视。"德宗对杨炎素来不满，便将杨炎罢官，流放至崖州（海南琼山），后来在卢杞的授意下，德宗派人吊死了他。

颜真卿是琅琊临沂（山东临沂）人，当时任太子太师，素来忠义正直，敢于直言进谏，在朝中德高望重。卢杞非常嫉恨他，担心他会把自己的过失报告给皇帝，因此总想把他挤走。

颜真卿察觉此事，对卢杞说："我在平原当太守时，安禄山的部将在洛阳杀害了你父亲，并派人挑着尊父的头颅到处游行，路过我平原境时，被我劫夺，我素慕尊父高义，亲自舔干上面的血迹，用棺材埋葬了他。那时我对尊父仁义至尽，难道你就不能容忍我？"卢杞很惊愕，连忙拜谢，但心里更恨颜真卿。

建中四年（783 年），淮西节度使李希烈叛乱，攻陷汝州（河南临汝），德宗向卢杞问退敌之计，卢杞说："如果派一名学识渊博、德高望重、气派雍容的大臣去，对李希烈讲明是非利弊的道理，就可以不派军队讨伐而大获全胜。太子太师颜真卿是三朝元老，忠义正直，是难得的人选啊！"众臣大惊失色，他们素知李希烈凶恶狂暴，杀人不眨眼，派颜真卿去岂不等于送死？但大家畏慑于卢杞淫威，竟无人出来拦阻。德宗遂派真卿去安抚李希烈。

颜真卿自知被卢杞陷害，但他素有节气，依然奉诏到李希烈驻地，向李希烈宣读诏书。李希烈让手下的亲信一千多人围住颜真卿谩骂恐吓，有人甚至拔刀要杀他。但颜真卿面不改色，镇定自如。李希烈又派人游说他作自己的宰相，颜真卿严词拒绝。后来颜真卿终为叛军所杀，时年七十七岁。

卢杞为人阴险奸诈从上例可略见一斑，借刀杀人指使害人，卢杞伐异之计真是巧妙绝伦，借力打力，既达到了目的，又维持了自己的声誉。卢杞的确厉害！

唆使狗咬狗　坐观力打力

唐代安史之乱爆发，唐玄宗在西逃过程中，太子李亨在群臣拥护下，于灵武即皇帝位，是为肃宗。在艰难之际，肃宗之子李偶、李琰立有大功，其正妻张皇后及宦官李辅国因拥立有功而相表里，专权用事，谋杀李琰，拥立李偶为太子。

在争权过程中，张皇后与李辅国发生冲突。公元 762 年，肃宗病重时，张皇后召太子李偶入宫，对他说："李辅国久典禁兵，制敕皆以之出，擅逼圣皇（唐玄宗），其罪甚大，所忌者吾与太子。今主上弥留，辅国阴与程元振谋作乱，不可不诛。"太子不同意，张皇后只好找太子之弟李系谋诛李辅国。此事被另一个重要宦官程元振得知，密告李辅国，而共同勒兵收捕李系，囚禁张皇后，惊死肃宗，而拥立太子即皇帝位，是为唐代宗。

李辅国拥立代宗，志骄意满，对代宗说："大家（唐人称天子）但居禁中，外事听老奴处分。"听到这种骄人的口气，代宗心中不平，因其手握兵权，也不敢发作，只好尊他为"尚父"，事无大小皆先咨之，群臣出入皆先诣。李辅国自恃功高权大，也泰然处之，孰知代宗除他之心已萌。

在拥立代宗时，程元振与李辅国合谋，事成之后，程元振所得不如李辅国多，未免有些怨望，这些被代宗看在眼里，也记在心上。于是他决定利用程元振，乘间罢免李辅国的判元帅行军司马之职，以程元振代之。李辅国失去军权，开始有些害怕，便以功高相邀，上表逊位。不想代宗就势罢免他所兼的中书令一职，赏他博陆王一爵，连政务也给他夺去。此时，李辅国才知大势已去，悲愤哽咽地对代宗说："老奴事郎君不了，请归地下事先帝！"代宗好言慰勉他回宅第，不久，指使刺客将他杀死。

代宗用间其首领的方法，很快地除掉李辅国，但又使程元振执掌禁军。程元振官至骠骑大将军、右监门卫大将军、内侍监、邠国公，其威权不比李辅国差，专横反而超过李辅国。程元振不但刻意陷害有功的大臣将领，而且隐瞒吐蕃入侵的军情，致使代宗狼狈出逃至陕南商州。一时间，程元振成为"中外咸切齿而莫敢发言"的罪魁。因禁军在程元振手中，代宗一时也不敢对他下手。就在此时，另一个领兵宦官、观军容处置使鱼朝恩领兵到来，代宗有了所恃，便借太常博士柳伉弹劾程元振之时，将程元振削夺官爵，放归田里，算是除掉程元振的势力。

程元振除去，鱼朝恩又权宠无比，擅权专横亦不在程元振之下。如果朝廷有大事裁决，鱼朝恩没有预闻，他便发怒道："天下事有不由我乎！"已使代宗感到难堪。鱼朝恩不觉，依然是每奏事，不管代宗愿意不愿意，总是胁迫代宗应允。有一次，鱼朝恩的年幼养子鱼令微，因官小与人相争不胜，鱼朝恩便对代宗说："子官卑，为侪辈所陵，乞赐紫衣（公卿服）。"还没得到代宗应允，鱼令徽已穿紫衣来拜谢。代宗此时苦笑道："儿服紫，大宜称。"其心更难平静，除掉鱼朝恩之心生矣。借一宦官除一宦官，一个宦官比一个宦官更专横，这不得不使代宗另觅其势力。代宗深知，鱼朝恩的专横，已经招致天下怨怒，苦无良策对付。正在此时，身为宰相的元载，"乘间奏朝恩专恣不轨，请除之"。代宗便委托元载办理剪除鱼朝恩的事，又深感此计甚为危险，便叮嘱道："善图之，勿反受祸！"

元载不是等闲之辈。他见鱼朝恩每次上朝都使射生将周皓率百人自卫，又派党羽皇甫温为陕州节度使握兵于外以为援，便用重贿与他们结纳，使他们成为自己的间谍，"故朝恩阴谋密语，上一一闻之，而朝恩不之觉也"。有了内间，就要扫清鱼朝恩的心腹。元载把鱼朝恩的死党李抱玉调任为山南西道节度使，并割给该道五县之地；调皇甫温为凤翔节度使，邻近京师，以为外援；又割兴平、武功等四县给鱼朝恩所统的神策军，让他们移驻各地，不但分散神策军的兵力，还将其放在皇甫温的势力控制下。鱼朝恩不知是计，反而误认为是自己的心腹居驻要地，又扩充了地盘，也就未防备元载，依旧专横擅权，为所欲为，无所顾忌。

李抱玉调往山南西道，他原来所属的凤翔军士不满，竟大肆掠夺凤翔坊市，数日才平息这场兵乱。军队不听话，根源在于调动，鱼朝恩的死党看出不妙，便向鱼朝恩进言请示，鱼朝恩这才感觉有些不好，意欲防备。可是，当他每次去见代宗时，代宗依然恩礼益隆，与前无异，便逐渐消除了戒备之心。

一切准备就绪，在公元770年的寒食节，代宗的宫禁举行酒宴，元载守候在中书省，准备行动。宴会完毕，代宗留鱼朝恩议事，开始责备鱼朝恩有异心，图谋不轨，谩上悖礼，有失君臣之体。鱼朝恩自恃有周皓所率百人护卫，强言自辩，"语颇悖慢"，却不想被周皓等人擒而杀之。宫禁中所为，外面不知。代宗乃下诏，罢免鱼朝恩观军容等使，内侍监如故；又说鱼朝恩受诏自缢，以尸还其家，赐钱六百万以葬。尔后，又加鱼朝恩死党的官职，安顿禁军之心，成功地剪除了鱼朝恩的势力。

代宗借元载之力除掉鱼朝恩，元载"遂志气骄溢；每众中大言，自谓有文武才略，古今莫及，弄权舞弊，政以贿成，僭侈无度。"久而久之，自然也招致代宗不满，代宗曾对李泌说："元载不容卿，朕匿卿于魏少游听。俟联决意除载，当有信报卿，可束装来。"

元载也非善辈，有所耳闻，深知代宗对他有成见，便深谋自固。他内与宦官董秀相勾结交通，借以刺探代宗的意向；外使百官论事自告长官，长官告之宰相，再由宰相上闻，欲控制各方面的信息，尤其是不利于自己的信息，更是上下其手匿而不闻。以此，元载居相位十五年之久，"权倾四海"之后，也不免"恣为不法"。于是，"贿赂公行"，"侈僭无度"，家中"婢仆曳罗绮者一百余人"，贪污更甚，家中仅调味用的胡椒就有八百石之多。

十余年的宰相，其势力也是盘根错节的，代宗"欲诛之，恐左右漏泄，无可与言者"，于是找自己的舅舅吴凑密谋。在公元 777 年，代宗先杖杀董秀，继绝元载内廷信息通道；然后命令吴凑前往政事堂收捕元载及其党羽，逼令元载自杀，又成功地除去元载势力。

令其狗咬狗，自己坐收渔翁之力。唐代宗除去权臣之法值得后人借鉴。

拨暗火引冯保助力

张居正字叔大，号太岳，湖广江陵人，嘉靖二十六年（1547 年）进士。他两岁识字，五岁入学读书，十岁通晓六经，十二岁府试得中为生员，十三岁参加乡试。在那个时代，可谓是神童。张居正在春风得意之时，开始遇到人为的挫折。当时的湖广巡抚顾遴看到张居正的文章，认为是"国器也"。但他认为张居正少年得志，不知敛迹，是取败之道，应使他小受挫折，以磨炼其意志，故嘱咐主考官不录取他。果然，张居正自此以后，不再争强好胜，变成"深沉有城府，莫能测也"的人，从而奠定了立身官场而不败的根基。

张居正进入官场，正是严嵩当权，嫉恨徐阶的时候，"善（徐）阶者皆避匿"，张居正照常与徐阶往来，这种行为非但未激怒严嵩，反被严嵩器重。张居正在两大政敌之中立住脚，在官场上初试锋芒。徐阶任首辅之后，"倾心委居正"，使他很快进入内阁，而比他早进内阁的是曾与他为同僚的高拱。按明代制度，先入内阁的在前，为首辅者必是最早进入内阁的。

高拱是河南新郑人，嘉靖二十年（1541 年）进士，入仕比张居正早，而且"负才自恣"。张居正在与高拱同在国子监任职时，"相期以相业"，关系相当密切，故张居正帮助高拱争夺首辅之职，彼此合作得很好，但不久便发生了矛盾。矛盾的

起因是因为徐阶的三个儿子"事居正谨",而高拱因徐阶起草遗诏不与他相商,与徐阶结下怨恨,徐阶死,高拱欲罪及徐阶诸子。张居正念与徐家的关系,便向高拱为徐家说情,高拱说张居正受徐家贿赂,"二人交遂离"。张居正谋倒高拱之心是在此时萌生的。恰在此时,高拱又与太监冯保产生了矛盾,张居正的借刀杀人之计便以此为契机而制定了。

冯保,深州(今河北深县)人,在嘉靖年间就是司礼监秉笔太监,隆庆元年(1567年),为提督东厂,兼掌御马监事。当时司礼监掌印太监缺员,冯保按资序应该递升。司礼监掌印太监是宦官中最最有权的职位,正是冯保梦寐以求的。然而,高拱却推荐了御用监陈洪代补,冯保自然不快。不久,陈洪罢职,高拱又推荐尚膳监孟冲,冯保再次受排挤,使理应获得的职位落空,对高拱的怨恨,刻骨铭心,势不两立。

隆庆六年(1572年)五月,明穆宗因纵情声色,病死于乾清宫,年方九岁的朱翊钧即位。穆宗之病,陈皇后和李贵妃痛恨陈洪、孟冲引导纵情所致,冯保就趁此时,借陈皇后和李贵妃之力,取代孟冲,充任为司礼监掌印太监。这当然使高拱不满,便想利用内阁和言官的力量除掉冯保。

在高拱与冯保相争时,张居正决定利用冯保之力除掉高拱。明穆宗去世,内阁只有高拱、张居正、高仪三人,高仪入阁不久,当然要看首辅眼色行事;张居正工于心计,隐而不发,善操胜券。高拱性格外向,又为首辅,对当前政局尤为操心;九岁皇帝在位,不得不使他感觉重任在肩,又感局势艰难,便向同僚感叹道:"十岁太子,如何治天下?"说者无心,听者有意,张居正如获至宝,将此语告之冯保。冯保将此语衍变为"太子为十岁孩子,如何做人主"而告知皇后、李贵妃和九岁的朱翊钧,这不得不使皇室警惕,感觉高拱擅权,除掉高拱的决心也由此下定了。

高拱自以为是顾命大臣,于是奏请黜司礼之权,将之归给内阁。又让给事中雒尊等上疏弹劾冯保,必欲除掉冯保而后快。计划拟定,高拱便告之张居正,希望得到张居正支持。张居正表面答应,暗地里却报告了冯保,使冯保有所防备,率先与陈皇后、李贵妃和小皇帝拟下谕旨。

公元1572年7月25日,小皇帝召见群臣,这是他即位以后第一次接见臣僚。高拱非常高兴,以为驱逐冯保的奏章生效了,快步上朝。然而,当他赶到朝堂时,目睹此情此景便愕然了。只见小皇帝端然上坐,身边站着冯保,手捧诏书。待群臣齐集,冯保开始宣读:

"告尔内阁、五府、六部诸臣:大行皇帝殡天先一日,召内阁三臣御榻前,同我母子三人,亲受遗嘱曰:'东宫年少,赖尔辅导。'大学士拱揽权擅政,夺威福自专,通不许皇帝主管,我母子早夕惊惧。便令回籍闲住,不许停留。尔等大臣受国厚恩,如何阿附权臣,蔑视幼主!自今宜洗涤忠报,有蹈往,辄典刑处之。"

高拱惊呆了,几乎晕厥,"伏地不能起",亏得张居正扶掖,才勉强走出朝堂,租辆骡车,出宣武门归籍。张居正与高仪上书请留高拱,当然不许;乃请给高拱以公车送还,得到允许。尔后,冯保欲加害高拱,张居正不许,使高拱得以在家亡故。

这些手段，使高拱对张居正心怀感激，至死也不知害己者为谁，这正是张居正的高明之处。

假惺惺庆封趁火打劫

鲁襄公二十五年五月乙亥日（公元前548年4月26日），齐庄公因为和崔杼妻子棠姜私通，被崔杼联合另一贵族庆封杀死，立庄公的弟弟杵臼为君，是为齐景公。景公以崔杼为右相，庆封为左相，同掌国政。中国历史上以"相"为官名是从这时开始的。

崔杼做右相之后，威震齐国。左相庆封嗜酒如命，又好打猎，经常不在国中，崔杼独掌大权，擅政专横，遇事也不和庆封商量。庆封逐渐产生了嫉妒怨恨之心，时刻伺机要削减崔杼的势力，甚至要杀了他才解恨。

崔杼宠爱棠姜，爱屋及乌，自然也偏袒棠姜生的儿子崔明，要立他为嗣子（家族权继承人）。但又可怜大儿子崔成胳膊有残疾，不忍心向其说明。崔成已经窥测到了父亲的心意，就主动提出把嗣子的地位让给崔明，只请给他崔邑来养老，崔杼当时满口应承。可是崔杼的两个心腹谋士东郭偃、棠无咎却坚决不同意，他们站在崔明的立场上，都说："崔邑，是祖宗世代相传的地方，一定要封给嗣子。"事后，崔杼把崔成找来对他说："我本想把崔邑给你，可东郭偃和棠无咎不同意，你看怎么办？"崔成沮丧而又愤怒地回到家中，找来同母弟崔疆把事情的经过陈述了一遍，让弟弟帮他想办法。崔疆说："嗣子之位已经让出去，这也就最够意思了。可就连一个封邑也吝惜不给吗？我们的父亲还在，他们尚如此把持家中大权。如果父亲死了，我们兄弟恐怕想当奴仆也不成了，岂不成他们食案上的肉了吗？"崔成说："姑且请左相替我们说说情吧。"于是兄弟二人一起去求见左相庆封，向他诉说了自己的苦衷。庆封说："你父亲只听东郭偃和棠无咎的话，即使我向他说情，他也肯定不会听我的。东郭偃二人将来恐怕会成为你们家的祸害，为什么不除掉他们？"崔成崔疆说："我们早有这个心思，但势单力薄，恐怕不能成功。"庆封说："二位公子不必着急，容我慢慢想办法。"

崔成兄弟走后，庆封立刻召来谋士卢蒲嫳（piě 撇），把崔家的事及崔成兄弟的话从头至尾说了一遍，卢蒲嫳说："崔家有内乱，对我们庆家是有利的。"一句话使庆封茅塞顿开，与卢蒲嫳精心设计了彻底搞垮崔氏的圈套。

几天后，崔成、崔疆再次来到庆封家中，陈述东郭偃、棠无咎的罪恶。兄弟俩一边说一边愤愤不平。庆封听后，先帮着二人咒骂了几句，然后说："二位公子如果敢行大事，我借给你们铠甲和兵器。"崔氏兄弟转怒为喜，忙表感谢之意。庆封立刻让下人把早已准备好的精制的铠甲和锋利的兵器各一百件拿出来交给二人。崔成兄弟大喜，派人偷偷地搬回家中。

第二天晚上，崔成、崔疆令自己家中的人员都披上甲胄，各带利刃，在半夜之时悄悄地分散开埋伏在崔宅家门的附近，崔成、崔疆各带几名心腹紧紧窥视着正门。他们知道，每天早晨东郭偃、棠无咎必定到崔杼家中拜谒和商议大事。这一规律早被崔成兄弟掌握，所以才作如此安排。天明不久，东郭偃二人果然照例前来，他们毫无察觉，大摇大摆地向正门走来。刚要进门，崔成一声号令，埋伏在家丁突然冲出将两人乱枪刺死。东郭偃二人的尸身被戳了许多窟窿。崔杼听说两个儿子生事，心中大怒，急忙召唤人驾车，可家人奴仆四处逃散，只有喂马的人在圈中，就急忙套上一辆马车，用一个小奴仆赶车，到庆封家中去告难。庆封假装一点也不知道，故作吃惊地说："崔庆虽为两家，形同一体。你的难处就是我的难处。这两个小从怎敢如此大胆妄为。你要讨伐他们的话，我一定鼎力相助。"崔杼见他如此慷慨至诚，心中万分感动，连连拜谢说："如果你能帮我除去这两个逆子，安定我们崔家，我让崔明认你做义父。"庆封当即集合全部家丁，个个披甲操刀，让卢蒲嫳率领前去。出发前庆封向卢蒲嫳交代了行动方案。庆封家的全部武装力量浩浩荡荡杀奔崔府。崔杼为庆封的阴谋得逞提供了方便。

崔成和崔疆看到卢蒲嫳带兵来到，想要关门守卫。卢蒲嫳哄他们说："我奉左相的命令而来，是来帮助你们的，不是来害你们的。"崔成问崔疆说："会不会是要除掉孽弟崔明呢？"崔疆说："也许是这样吧？"于是就打开大门放卢蒲嫳进去。门刚一开，庆封家的兵丁一拥而入。二人阻拦不住，连忙问："左相有什么命令？"卢蒲嫳说："左相接受你父亲的控诉，命令我来取你们二位的脑袋！"回身大声喝令甲士："还不动手！"成、疆二人刚一怔，头已落地。卢蒲嫳纵容兵士们任意抢劫，形同一帮强盗，将车马器物，珠宝钱币洗劫一空，临走又毁坏了几道大门。崔杼辛辛苦苦惨淡经营大半生的豪华住宅不到半个小时被抢掠一空。棠姜也被这突如其来的变故吓得悬梁自尽，只有崔明一人当时未在院中，死里逃生。

卢蒲嫳把崔成、崔疆的两颗人头挂在车前扶手上，回去向崔杼交差。崔杼见到两个儿子的首级，又愤怒又悲哀，老泪纵横。哭着问卢蒲嫳说："没有震惊我的内室吗？"卢蒲嫳一本正经地说："尊夫人正高卧未起呢！"崔杼这才收住泪，稍有喜色对庆封说："我想要回去，怎奈小奴不会执辔，希望能借给我一个御者。"卢蒲嫳接过话头说："请让我给相国御车。"崔杼向庆封再三感谢，然后登车而去。到达家门时，才发现各门开的开，坏的坏，院子里冷冷清清。满目凄凉，连一个人影也看不到。他心中大惊，连穿过中堂进入内室，门窗都被砸坏，棠姜还吊在房梁上，花殒玉碎，好不凄惨。崔杼见状，顿觉五雷轰顶，魂不附体，想要问一下卢蒲嫳，早已不知去向。这才如大梦初醒，似乎明白了眼前发生的一切，放声大哭说："我被庆封这个老贼给卖了，他可把我骗苦了。如今我家破人亡，还有什么脸活着！"大哭一场后，也在棠姜旁边挂个绳子悬梁自尽，夫妻双双把梁悬，到阴曹地府团圆去了。这一天是鲁襄公二十七年九月庚辰日（公元前546年8月19日）。

庆封见一切就绪，就到朝廷中去对景公说："崔杼弑杀先王，臣不敢忘怀，今天已经诛杀了他。"景公也不敢说什么。从此，庆封一人为相，独揽大权。

一度炙手可热的崔杼因偏袒不公，受制于外人而祸起萧墙。连家事都处理不好，受祸也是咎由自取。而庆封利用他人家中的内部矛盾，用诈骗之术挑拨是非，煽风点火，纵恶为祸，谋害同僚，也实在太阴险狠毒了。"家人不和受外欺"，此言不谬也。

"四丫头"妙经商

"四丫头"——电视连续剧《乌龙山剿匪记》和影片《湘西剿匪记》中的那个狡诈狠毒的国民党女特务、女匪首，许多人大概都不会忘记。

"四丫头"的原型是乌龙山下一个叫做黄玉娇的女人。由于历史的原因，当时，湘西光是有组织的土匪武装就有108股，黄玉娇是在芷江师范读书时，被一个叫做曾西胡子的土匪头子抢上山做所谓"压寨夫人"。

1957年，落入法网的黄玉娇被劳改机关释放，与乌龙山下一个农民结为夫妇。1979年，当改革的春风吹绿了乌龙山时，黄玉娇萌发了经商致富的希望。黄玉娇家毗邻安江镇，附近山区的农民进城买卖东西都要从她家门口经过，或者在那里歇歇脚。但是，经商需要本钱，黄玉娇先是卖冰棍、卖瓜籽，不到两年就赚了两千多元钱，然后以这两千多元钱做资本，在自家破茅屋的基础上，盖起了"玉娇商店"，卖副食百货。黄玉娇以诚待人，童叟无欺，买卖日渐兴隆。

"'女匪首'开商店了！'玉娇商店'就是……"

黄玉娇开商店的事很快在乌龙山下传扬开去，人们将信将疑，都到安江镇来看个究竟。"玉娇商店"越发红火。

不久，电视剧《乌龙山剿匪记》、电影《湘西剿匪记》相继问世；随后，湖北《知音》杂志披露了"四丫头"的真实面目……

黄玉娇名声大振，"玉娇商店"名声大振。

黄玉娇意识到自己已经成了一个"名人"，也意识到这种"名人效应"正是自己的商店生意一天比一天兴隆的重要原因，她每天笑脸迎送一个又一个、一批又一批的"顾客"，让顾客将惊诧、欢喜、回味和感叹连同她商店中的货物一齐带走。

几年过去，"玉娇商店"由木板房变成了瓦房，玉娇由一个昔日的"压寨夫人"、乌龙山下的普遍村民成了今日地区个体劳动者协会先进分子。"玉娇商店"的年营业额也由几千元增加到几十万元……

黄玉娇借重电视的影响，巧妙宣传，终于发家致富，真是一位女中豪杰。

借唐诗拓销路

香港是个贸易往来的"自由大世界"，形形色色的商品，充斥市场。香港一位商人有心推销质量上乘的国产化妆品，但因为化妆品市场早已被外商占领，虽经多方努力，仍打不开销路。这位香港女商人十分懊恼。一位友人向女港商出了个主意："为什么不借助一下古人呢？"于是，友人如此这般地跟女港商一说，港商大喜，立刻按照友人的主意干了起来。

几天后，香港一家大报上登载了一则诗谜广告，诗面是晚唐诗人张祜写的一首乐府诗《何满子》：

故国三千里，深宫二十年。

一声何满子，双泪落君前。

女港商的广告策划者根据诗意，用《闺怨》为题，隐去费解的"何满子"三个字，在诗下注上一行小字："猜一电话号码，最先猜中者奖足金首饰二两，谜底三日后在本报揭晓。"

诗谜广告登出后，不但香港轰动，澳门也被卷了进来，稍稍懂一点唐诗的人，都跃跃欲试，遗憾的是，没有一个人能领取到那"二两足金首饰"，于是，诗谜广告更引得人如痴如醉。

三天之后，那家报纸如期刊出谜底：

××公司电话约购化妆品号码——300020—1288。

在号码之后，还有几行字：

使用本公司化妆品助你征服爱人，庶免闺怨。说明：该诗首句"三千里"扣"3000"，次句"二十年"扣"20"，三、四句"一声"、"双泪"扣"12"，至于"88"乃双泪串落之形容也。

由于谜底和谜面丝丝相扣，天衣无缝，"使用本公司化妆品助你征服爱人，庶免闺怨"一句画龙点睛，令人称绝。这一则广告诗谜迅速传遍香港、澳门，人人津津乐道，国产化妆品即迅速打开了在港、澳的销路。

"健力宝"借体育扬名

在第二十三届洛杉矶奥运会开幕前夕，刚刚试生产成功的广东"健力宝"公司，就毅然决定贷款300万元，赞助中国体育健儿进军美国洛杉矶。1984年7月，3万箱"健力宝"伴着体育健儿运抵美国洛杉矶奥林匹克村。当中国女排与美国女排举行冠亚军决赛时，日本的一位记者发现了中国女排暂停时不喝可口可乐，而是喝一种叫"健力宝"的饮料。这位记者马上给《东京新闻》社发出了一条独家新闻《中国靠魔水加快出击》。文中写到：中国队加快出击的背后，有一种魔水在起作用，女排队员每次暂停时，喝上几口这样的魔水，马上就精力充沛。这是一种新型饮料，很可能在运动饮料方面引起一场革命……与此同时，中国科学家在美国俄勒冈州龙金市举行的奥林匹克科学大会上，向世界50多个国家和地区的科学家们宣读了题为《吸氧配合口服电解饮料健力宝，消除运动性疲劳》的学术论文，引起了各国科学家的注意。

记者的报道，科学家的论说，在洛杉矶奥运会上同时引起了轰动效应。就这样，刚刚试生产成功的健力宝，一下就名扬世界，走向全球。

在第二十四届奥运会上，健力宝公司又宣布了一条引人注目的消息：在第二十四届奥运会上取得金牌的中国体育健儿，将得到该公司赠与的重100克的纯金"健力宝"罐，价值人民币1万元。此事一时成为佳话，传遍全国。

该公司总经理李经纬还在人民大会堂将1万元人民币交给中国登山队，请求代为转交给中国登山队员次仁多吉。奖励他在1988年5月5日携带"健力宝"饮料第一个从北路登上世界第一峰——珠穆朗玛峰，并创下了停留99分钟的世界纪录，从而使"健力宝"成为"世界最高峰饮料"。

1990 年，在我国举行的第十一届亚运会，健力宝集团有限公司又以 600 万元买下了专用饮料和专用礼品的专利权。

"健力宝人"十分自豪地说，哪里有重大的体育比赛，哪里就有"健力宝"。

突出搞赞助，促进社会公益活动的开展，推动社会精神文明和物质文明的进程，同时宣传企业的宗旨，提高企业知名度，扩大企业声誉，使企业与某项有社会意义的事业的发展同步成名，是一种有效的公关手段。

健力宝集团公司，利用各种重大的比赛宣传"健力宝"饮料的特性。他们选择了适合本企业产品特点的宣传方式，而且把"付款"的赞助方式变为"付实物"，以"付实物"为主的方式展开宣传攻势，把产品实物扩散出去，达到了使产品直接为消费者接受的目的。这种宣传往往又是通过一些著名的体育教练和运动员做媒介，因而容易在短期内就获得消费者的广泛注意和信任。

重大的体育赛事，万人瞩目。在这个焦点上宣传企业及产品形象，提高企业知名度，可以收到事半功倍的效果。"健力宝"公司就是准确地把握住了赞助单位、内容和时机，做到了一掷千金，一鸣惊人，从而取得了产品一举成名天下的巨大效应。

借敌打敌　以巧取胜

1971 年，正当一家法国化工厂在研究一种新的洗涤剂时，一个美国人在巴黎一些报纸上登出了一则醒目的招聘广告："××公司为在欧洲开设分公司，欲招聘 8 名化工专家，报酬优厚，应聘从速。"

法国许多化工专家为这则诱人的广告所动，纷纷前往那个美国人处报名应聘。那美国人一查名单，发现其中 8 个竟是参加法国化工厂新洗涤剂研究工作的化学家。那 8 个化学家为显示自己的才能和知识，博得那美国人的赏识，都把自己的技术情报和盘托出了。

经过面试，那美国人的"借敌打敌"之计便大见成效。他把每个人分别搞到的新洗涤剂的部分制作方法，加以集中分析，便轻而易举获得了其全部配方及生产流程。

面试之后，应试者天天都在盼那美国人寄来一纸文书，他们做梦也没想到的是，那美国人早已飞回美国，再也不来法国了。而且，美国的新型洗涤剂赶先一步面世，也打入国际市场，打入了法国的国土。法国人自己刚刚研制成功但还未来得及批量生产的洗涤剂无疑只能屈居第二，拣一点美国人的剩汤冷饭了。

商业竞争中，"借敌打敌"之计也常能带来事半功倍的奇效。尤其是在商业情报战中，不用"借敌打敌"之计，而只知凭自己的力量，几乎是无法突破对手的严密防范的。商战中的"借敌"方法也常常是"优待俘虏"，与军事斗争用武力抓俘虏有所不同的是，往往应该是用巨利勾引敌方人员甘作"俘虏"。

巧用新闻媒介

美国纽约长岛铁路公司，由于和乘客关系紧张，一度声誉大降。旅客对公司的服务强烈不满，写来的抱怨信，每周就有 200 多封。报界也认为长岛铁路公司确实乏善可陈。新上任的公司总经理决心"洗心革面"，重建声誉。为此，该公司开展了一系列的公关活动。

首先，公司将 400 多辆旧车的车厢整修一新，并增加了 200 多辆空气调节车。将 100 多处车站重新油漆，还采取各种措施来改善行车时间，使该公司的火车不误点记录达到 98%。公司提出"诚实是最好的办法"的口号，决心以诚实的态度来取得顾客的谅解，以缓解双方之间的矛盾。火车误点，公司马上查明原因，尽快通知乘客。一次，因罢工造成交通阻塞、火车不能正点运行，在每节车厢的座位上都出现了一张小纸条，上边写着："星期五夜里乘车有诸多不便，原因是……"在铁路营运过程中，无论何时出了差错，公司都会在新闻记者没来询问之前，先将实情告诉他们。

其次，他们努力使长岛铁路公司富有人情味，以缓解公司和乘客之间的关系，创造融洽、和谐的工作气氛。在重新油漆车站时，他们让沿途各社区的公众投票挑选颜色，并邀请社区主管人员、商会理事及工商人士等和公司领导一起，身穿工作服，头戴油漆帽，对油漆工作进行现场指挥，特邀记者在现场拍照采访。第二天，几家报纸均以醒目的标题和版面报道了此事，还刊登了照片，这在读者中产生了良好的反响。他们认为长岛铁路公司的"洗心革面"是确有诚意的。

此外，长岛铁路公司还充分利用各种机会方便顾客，以赢得顾客的好感。他们定期地接受乘客轮流与司机同坐的申请；他们将无人认领的雨伞借租给乘客使用，并让公关人员将此事写成新闻稿件，等到四月份时投寄给报纸，以应"四月天，阴雨天"的民谚。在庆祝公司 125 岁生日之际，他们广邀乘客、社区居民、新闻媒介和社会知名人士，前来参加庆典。新闻媒介将此事作了大张旗鼓的宣传，把长岛铁路公司重建声誉活动推向了高潮。

就这样，仅用了一年多的时间，长岛铁路公司就在乘客中恢复了声誉，客运业务蒸蒸日上，利润额成倍增长。为此，长岛铁路公司还荣获了《公共关系新闻》杂志颁发的"年度成就奖"。

长岛铁路公司巧借新闻媒介恢复了公司在乘客中的声誉一例，说明了新闻媒介在企业开展公关活动中的重要作用。企业妥善处理好与新闻媒介的关系，是企业公关部门面临的重要任务之一。因为新闻媒介公众具有不容忽视的特性，它既是"公众"，又是"中介"，传递信息快，传播范围广，威望度高，影响力强。是引导民意的主要力量。在西方的一些国家，人们把新闻媒介看成是继立法、司法和行政三大权力之外的"第四权力"或"第四阶级"，我国也有记者是"无冕皇帝"之说，这都表明了新闻媒介的重要作用。企业若能与新闻媒介公众建立良好的关系，使之为你去作"免费"宣传，其效果和影响是其他方法无可相比的。当然，这样的机会不会主动给你送上门来，而必须靠企业的公关人员努力争取。长岛铁路公司在短短的一年内就恢复了声誉，关键就在于他们以诚实的态度赢得了新闻单位的信任和支持，否则，如果没有新闻媒介的宣传和"扶持"，长岛铁路公司就是做得再好，也不会在这么短的时间内就得到这么多公众的认可。

可见，新闻媒介的力量是多么的强大无比，真是"得之者，锦上添花，失之者，声誉扫地"呀。

双方都用"借" 试问谁更高

1990 年第 11 届亚运会召开之际，主会场北京工人体育场树起了一块大型彩色显示屏。无疑，这样大型的国际运动会主会场上，如此不俗的偌大彩色显示屏，会给生产彩色显示屏的厂家带来新的发展契机。

然而，问题恰恰出在这里！

就在这大屏幕的正下方，韩国的金星社（英文为 Goldstar，又译为高士达）出资 300 万美元安装了通栏广告。这块举足轻重的"宝地"，恰似"落款"地标着"Goldstar"。不知详情者都误以为这块大屏幕是"高士达"——韩国金星社的产品。

于是，大屏幕的真正生产者中国郑州"中原技术显示公司"的李超总经理，从此遇上了浑身长嘴也说不清的事：他领导的中显公司生产的彩色大屏幕，被世人误认为是韩国金星社的产品。他咽不下这口气，到处查找症结所在。最后，终于认定是韩国金星社做了手脚，其依据是金星社"曾把中显公司产品巧妙地嫁接在金星社的产品广告中"，造成了明显的"误导作用"。于是，中显公司愤然起诉金星社，并索赔港币 3867.5 万元。

因为，"曾把中显公司产品巧妙地嫁接在金星社产品广告中"的金星社，恰恰也生产视屏产品。

中显公司在起诉书中说：从 1993 年 8 月开始，金星社在国内许多报刊上大规模做广告，各广告都将 11 届亚运会大屏幕照片置于显著位置。中显公司认为，这是很明显的误导行为，是有意识地使公众认为此大屏幕的制造者为金星社，而不是中显公司。

恼怒之至的中显公司，对于"金星社的一系列行为"所造成的后果举例有三：

△在北京国贸中心的大屏幕招标中，中显公司和金星社都进行了投标。当中显公司派人联系时，国贸中心原物业部总监何锦培表示，由于金星社派人推销产品时也拿着 11 届亚运会大屏幕照片，因此无法确定此屏幕的真正生产者，所以不考虑中显公司的产品。

△在香港赛马会大屏幕的国际招标中，起初赛马会人员考察后认为，中显公司的 11 届亚运会的大彩屏显示效果好，而且报价低于日本三菱公司的 900 万美元，可最后中标者是三菱公司。中显公司为此询问原因时被告知：据说北京亚运会大屏幕采用了韩国技术，怕是拼合而成，出了故障不好修。

△在深圳火车站大屏幕招标时，中显公司再次与金星社相遇，金星社在其投标

书中对中显公司进行了诋毁、诽谤。——据中显公司出示的另一份证据中说，金星社的诽谤之一，便是将中显公司准备在深圳制造的大屏幕说成是中显公司的第一个产品，因而没有任何经验、没有技术标准、寿命无何证等。正因为如此，虽然中显公司最后拿下了此项目，但其中却出现了不少正常情况下不该有的反复。

但是，韩国金星社也有自己的理由。

面对中显公司的起诉，金星社方面认为，他们的广告不具备误导作用。第一，金星社根本不生产大屏幕，自己的产品为家用电器，两家产品根本不同，因此，金星社没有必要拿人家的产品撑门面。第二，金星社在广告中都注明了自己的具体产品种类，此中绝无大屏幕，公众何以误会？第三，金星社的广告中虽有大屏幕的形象，但并未隐去大屏幕上的"中国郑州"字样，以及中显公司的"CCDL"的英文缩写。

因此，金星社法律顾问认定：单从金星社的广告看不出有什么误导行为，更何况深圳火车站大屏幕招标中，金星社根本未参与招标，当时参与中显公司招标竞争的，是金星产电公司。两家公司同为韩国第三大企业集团——乐喜金星集团的子公司，各自独自承担法人责任，至于金星产电公司在投标中与中显公司发生什么纠纷，金星社既不清楚，也不应负责。从这个意义上讲，中显公司连被告都找错了。

但中显公司坚决认为，金星社广告的本身就有明显的误导行为。金星社在11届亚运会上大屏幕形象的广告图片中，没有任何自己的产品，这一图片下面又注有"Goldstar 带着高新技术来到中国"，此图片中唯一的高新技术产品就是中显公司的大屏幕，这怎能不使公众误认为大屏幕就是金星社的高技术产品呢？

更有意思的是，中显公司为证明对方有意误导，金星社为证明自己无意误导，双方都提供了金星社在1986年汉城亚运会和1988年汉城奥运会这两届体育盛会的广告位置图片，"Goldstar"通栏广告又恰恰在运动场的大屏幕下，而这块大屏幕也不是金星社的产品。

对此，中显公司认为，这正好说明金星社把别人的高科技产品说成自己的产品由来已久。而金星社则想以此证明：按国际惯例，大屏幕下广告位置的价格最为昂贵，我们在此做广告一为效果好，二为表明我们公司实力雄厚。

双方都有自己的理由！

北京亚运会上中显公司的大屏幕究竟有没有被金星社"揩油"？姑且不从法律上讲谁是谁非，如果从实际效果上讲，金星社显然更胜一筹！从这个意义上讲，韩国金星社无疑是高明的。

明揭暄所著的《兵经百字·借字》中这样写道："己所难措，假手于人，不必亲行，坐享其利；甚且以敌借敌，借敌之借，使敌不知而终为我借，使敌既知而不得不为我借，则借法巧也。"

这一谋略要达到的目的是，自己难于做到的事，可以假借他人之手完成，不必亲自动手去做，而自己坐享其利；甚至还可以驱使敌人去利用另一敌人以达到自己的目的，或者借用敌人利用我之企图，反过来加以利用而最终达到我方的目的，使敌人不知不觉为我所用。

"借敌"是古今中外兵家极其重视的谋略。利用敌人削弱敌人，战胜敌人，常常能达到事半功倍的效果。这一谋略用到商战中，更是可以获得意想不到的效果。

借力打力　以柔克刚

"敌已明，友未定，引友杀敌，不自出力。"是善用外力消灭政敌，以保存自己，达到"损同济柔"，"损盈益虚"的目的。

这是一种在政治斗争中常用的手段。在政治家、野心家、阴谋家们当中，善于运用者，则战胜政敌，保存自己；不善运用者，则被政敌离间，自乱营垒，终遭陷害。运用这种权谋的最高境界是既打击了对手，又不被对方识破自己是背后的"黑手"，在道德上站住脚，博取好的名声。

借力打力是有意识地以明确地打击政敌为目的的政治权谋，以损人利己为特征，对于使用者来说，是站在不出己力的基点上，把矛头指向政敌，就连自己盟友也无不在其利用范围之内，可谓居心叵测，目的险恶。受打击的政敌往往或身败名裂，或断送前程，很难东山再起卷土重来。

由此，封建官场才显得更加混乱，到处是陷阱，步步有危机，稍有松懈便可能罹难致祸。

三国时，吕布虽然勇武，但仍被刘备借曹操之力所灭。董卓虽悍，但却被王允借吕布之力杀死。唐代的颜真卿虽然忠烈正直，却因开罪卢杞，在叛军敌营被害。

正因借力打力之术很有效果，所以在封建官场中常常被使用，成为谋权保位的最佳选择。

巧借东风　精于借权

在领导者实施领导的工作中，经常遇到被其他领导者设置的排斥力或阻力，而使领导的影响力减弱、无效以至出现负效的情况，这时，领导者感到自身力量单薄，力不从心，从而不得不借用其他力量实施领导，这种做法称之为"借权"。

借权的技巧是建立在一定的道德、见识、知识、制度和经验基础上的非规范化的一种创造性的领导艺术。它多半只能意会，难以言传。只有细心琢磨，才能体会出其中的"味道"。

向上级借权的技巧

向上级借权的技巧很多，比如请上级领导到本单位做指示或进行现场指导；请上级机关转发本单位的工作总结和工作经验，最好以"红头文件"的形式下发；请求上级以文字纪要或口头宣布等形式向本单位授权；同上级合作开展某些调研活动；经常、及时地向上级请示汇报工作，使下级和群众知道自己的工作是得到上级支持的；积极主动地配合上级开展工作，取得上级信赖。这些做法都能达到向上级借权的目的，能在客观上增加下属对自己的尊重和服从。

借用中层干部力量的技巧

可以在下列几个方面努力：开会统一认识、统一思想、统一行动；通过同个别中层干部谈心取得谅解、理解和支持，至少可以化对立为中立，减轻阻力；开座谈会，把自己的工作打算提出来，让他们逐渐认识，有精神准备，以提高群众对领导意图的心理承受能力；领导和中层干部共同开展某试点工作，给以一定的表扬、激励，让他们创造成功的经验，然后转变成自己的工作思路，在面上推开。

借用群众力量的技巧

向群众借权的做法有：开鼓励性、动员性、表彰性大会；进行民主协商座谈，让群众明白你的想法的来龙去脉和利弊；对于个别群众有消极情绪，应大胆吸收他参与领导工作决策，让他知道领导上的难处和苦衷，以此来争取他的理解；利用群众愿与领导攀谈相处的愿望，找时间同群众聊天，以增进相互理解，增加群众对自己的同心力。

向领导班子成员借权的技巧

由于班子成员同自己是同级，至多只是正副职关系，这就意味着互相之间既是天然的合作者，又是潜在的竞争者，这种复杂而微妙的同级关系，弄不好会开成内耗式的"窝里斗"。因此，向领导班子成员借权更要有较强的艺术性。根据班子成员的竞争心理，同时安排他们各抓一项工作，看谁抓的效果好，以此激发他们的积极性；根据班子成员的竞争心理，今天安排你去抓一项有难度的工作，明天又安排他去抓另一项有难度的工作，谁做得好就表扬谁，哪点做得好就表扬哪点，形成互相之间互不示弱、你追我赶的局面；领导者有时也应"委曲求全"，迁应成员的一些小要求，这会产生"面子效应"和"报偿效应"；对于嫉妒心很强的同级，用佯装不知、以德报怨、自信自重的方法积极化解，全力感化，以防止这些人成为领导班子的内耗源。

韩非子论借助权势

《韩非子·功名》："夫有材而无势，虽贤不能制不肖。""桀为天子，能制天下，非贤也，势重也；尧为匹夫，不能正三家，非不肖也，位卑也。千钧得船而浮，锱铢失船则沉，非千金轻锱铢重也，有势与无势也。"尧、舜、禹，虽是贤人，如果不得权势，连三家人也管不住。小小珠宝，如果无船也会沉入水中。因此，成功必须借权势。

《兵经百字·借字》

艰于力则借敌之力，难于诛则借敌之刃，乏于财则借敌之财，缺于物则借敌之物，鲜军则借敌之军将，不可智谋则借敌之谋。何以言之？吾欲为者诱敌役，则敌力借矣；吾欲毙者诡敌歼，则敌刃借矣；抚戎所有，则为借敌财；劫其所储，则为借敌物；令彼自斗，则为借敌之军将；翻彼着为我着，因彼计成吾计，则为借敌之智谋。己所难措，假手于人，不必亲行，坐享其利；甚且以敌借敌，借敌之借，使敌不知而终为借，使敌既知而不得不为我借，则借法巧也。

第七篇

处世交际学

篇首语

　　不论是什么人，能人抑或庸人，聪明人抑或愚笨人，管理者抑或打工者，只有当你得到别人的帮助并帮助别人的时候，才能生存，才能发展。这就是处世交际学的关键所在。

　　人的交际能力有高低，脸皮有薄厚，胆子有大小。从大的方面说，这一切决定了一个人在社会上的前途；从小的方面看为人处世也有天壤之别。交际学的奥妙何在？在于心眼是否灵活，手段是否高妙，庙门找得准不准，路子走得对不对。

　　好风凭借力，借梯能登天！

第一章

下级处上级之道

感情投资路径多

中国人极重血缘亲情关系，因此感情投资作为政坛商场上的秘密武器可以说历久不衰、屡奏奇效。感情投资有直接与间接之分，间接的策略就是挖空心思把功夫下在上司或下属的亲眷、好友和身边工作的人身上。怕老婆的不妨吹枕边风，娇子女的就在子女身上下注。看起来走的是弯路，但从效果上分析却绝对是一条捷径。

宰宣奏请封梁冀的老婆

梁冀是东汉以外戚入掌朝政的著名权臣。梁氏家族在东汉后期可谓煊赫无比，他的一个姐姐、两个妹妹都是皇后，还有六个姐妹为贵人（皇帝之妃）；男人中，有七个封侯，两位任大将军（执掌权柄的最高大臣），有三人娶公主为妻，其他任卿、将等高官达五十七人。梁冀一生历仕四帝（顺帝、孝冲帝、质帝、桓帝），其中有三个皇帝是由他一手操纵扶上台的，还有一个被他毒死。他身为大将军，执掌权达二十余年，虽无帝王之名，而行帝王之权。

他虽然炎势薰天，却极怕老婆。他长相很丑，竦肩驼背，斜眼歪鼻，说话口吃，除了声色犬马之外，一无所长，连字也认得有限，是一个地道的纨绔恶汉。可这家伙却讨了一个极漂亮的老婆，这老婆叫孙寿，容颜娇艳，体态婀娜；又善作各种媚态，轻描细眉，淡涂双目，看上去若愁若悲；长髻斜坠，步履轻款，仿佛弱不禁风之态；笑起来艳唇微启，皓齿半露，别有一番楚楚动人之情。这个女子天性极妒，对梁冀管束得特别严格。别看梁冀在外面作威作福，凶残无比，见了孙寿却连大气也不敢出。他在外面私养一个女子，被孙寿抓来，剪发毁容，活活打死，梁冀不只救不得，还得叩头请罪；而孙寿在家与家奴私通，梁冀却无可奈何。

那时巴结梁冀之人如过江之鲫，数不胜数，而弘农人宰宣却别出心裁。他看出梁冀的权势已达极限，无可再讨好，便从孙寿身上打主意，只要能讨得孙寿的喜欢，梁冀还能不赏识自己吗？于是便上书朝廷，说大将军有周公之功，所有儿子都蒙封赏，其妻孙寿也应该受封。皇帝本来是个傀儡，奏书落到了梁冀手中，他便以皇帝的名义发布了一道诏书，封孙寿为襄城君，每年收入五千万，其地位相当于长公主（皇帝之姊）及藩王。

宰宣的聪明就在于他会拍马屁。当他看出梁冀的权势已达极限，无可再讨好时，便从梁冀之妻孙寿身上打主意。结果呢，一拍奏效。有孙寿这张牌，不怕梁冀不为我所用。

张敬尧孝敬"袁师母"

张敬尧最初跟一个说书艺人学说书，在生活困难的时候还能耐住性子学说一段，后来看说书整天东跑西走很辛苦，就利用一个偶然的机会混进了北洋军队。

张敬尧虽胸无点墨，但耍嘴皮了却很有一套。凭着能说会道，投机钻营，很快由排长升为营长，但他还嫌不过瘾，竭力上爬。看到别人一年年高升，自己"岿然不动"，他十分心焦，搜索肚肠，想着咋钻袁世凯的门路。

也是一个偶然的机会，他意外获悉袁世凯的宠姿杨氏喜爱喝进口白兰地名酒，而且还是"海量"。这个消息，使他心花怒放，决心利用这一点敲开袁世凯的大门。再说杨氏这里，经常收到一箱箱不署名人送的"白兰地"，过了有半个月时间，她暗中查访，才知道是有个叫张敬尧的营长送的，自然十分欢喜，亲自召见。张敬尧一见面，即满口"师母长"、"师母短"，把个杨氏溜得如登青云，内心甚喜。

从此，张敬尧通过杨氏算是在袁世凯那里挂了号，几年后竟升为旅长。

张敬尧抓住"师母"爱喝白兰地的嗜好，略施小计，便攀上高门，可见"枕边风"风力之强。

拍马拍到家里去

偶尔到上司的家做表示敬谢之意的访问，这也是一种增进别人对自己评价的方法。

对上司而言，部属的来访，确是令人欣喜的事。一个连自己的直属部下都不愿亲近的上司，总是一个有缺陷的上司。

到上司家拜访做客，对上司的家人要积极给予赞美。对上司的言辞或和其家人的对话，要用比平常更有礼貌的态度——清楚地应对。自己举手投足间，都要随时保持"高度的警戒心"。

由于经常地拜访，久而久之自然会跟上司的家人由生疏而变得熟稔，这时略可不拘小节，但不可以变成狎昵，而忽视应有的礼节。如果，你认为到上司家拜访，有些唐突。那么不妨借公事之机，如送封信呀，传达电话等等为借口，直扑上司的家中。一而再、再而三，你就成了上司家的熟客。切记：抓住时机，宜早不宜迟，是最大的关键。

"射人先射马"这是一句历久弥新的谚语。要讨上司的欢心，就先收买其家人的心，尤其是上司的太太。因此送礼物时礼物的选择，以上司夫人的喜好为第一要素，在上司的家吃饭时，对上司夫人亲手做的菜肴，更是不可忘记要大大地赞赏一番。

称呼上司的孩子时，要恭敬地说："您公子、千金"，并且尽量和上司的孩子打成一片。

要到上司的家做拜访时，最好事先请求同意，而在拜访结束后当天或最迟到隔天，就要打电话向上司的夫人道谢，并且写一封道谢函，最后别忘记写上并祝"阖家万福"。

切记不可因为经常拜访且已熟稔的关系而有所中断。礼多人不怪，这样越发能让上司感受到你的忠实度的确是始终如一，而加深其信用度。

探病慰问是上上之策

人一旦卧病在床，不论是谁都会变得懦弱，名声、虚荣也不再是最重要的，而像是最纯真的人一样。即使在商场政界上叱咤风云的上司也不例外，只要病魔缠身，就会垂头丧气，英雄不再了。而这正是下属拍马屁最好的时机。

如果上司感冒发烧而请假。下属当天一下班，就带着礼物到上司家去探病慰问，谈话时并尽量避开工作上的话题。幽默的故事、逗趣的消息是最好的谈话材料，告辞时的祝福，更是要表现衷心诚意的样子。

最要不得的是，等到上司病愈恢复上班时，才愧疚地说些没去探病请原谅等之类的话，那无疑是画饼充饥，望梅止渴，马后炮反而令人反感。

探病慰问深具时效性，而且越快越好，优柔寡断的人容易错失良机，甚至招致反感。

除直属上司外，即使只是面熟的客户或他们的家属，一旦得知有人卧病在床，也务必要抽空去拜访慰问，就算是休班请假也是值得的。

因为，这比整天只知在办公室内认真工作，给人的印象或许会更佳吧！一个不会拍马屁的下属，好比是一支不会唱歌的金丝雀！

锦上添花与礼尚往来

除了做好生日祝贺和探病慰问的事外，对于上司家的喜庆也要给予庆贺一番。

平常的喜庆事中，以上司的孩子通过考试或婚嫁等等，最是需要给予祝贺。

孩子考试，一向都是家里最关切的大事。一旦得知上司的孩子参加考试，等放榜一有好结果，马上以最快的方式向上司表达祝贺之意。

譬如刚好是到外地出差时，就打电话或电报。除直接向上司恭喜外，最好也向其夫人祝贺一番。然后再借个机会到上司家，给上司的孩子送个金榜题名的礼物。

若是上司的孩子有婚嫁之喜时，礼物礼金自是不能少的，对于结婚会场、宴客事宜等也都要主动出面帮忙。甚至当天带着相机替上司拍照，日后再以此作为送上司的礼，这不仅是很得人好感的事，也是拉近与上司间距离的最好时机。

5000 年来，中华民族是最讲礼尚往来的，只要你的礼物不要超出的太多太重，构成贿赂之嫌就行。

投其所好

名医神医的高明之处在于对症下药，药到则病除。旧官场乐此不疲的弄权高手深谙此道，他们早已将"望、闻、问、切"的技法移植于官道，而且发扬光大。先摸清上司的脾气秉性、习惯嗜好，然后施展浑身解数，投其所好。因为"对症"，故鲜有不奏效者。

李莲英绝活得宠

说到"技"，清朝的李莲英更突出，这个晚清的太监早年也是一个泼皮无赖，后来自阉入宫。那皇宫中阉了的男人不计其数，这李莲英何以跻身权贵呢？靠的是梳头的技术。

李莲英出身贫寒，自幼丧父，经同乡太监沈玉兰介绍进宫当了太监。李莲英进宫时，已经超过了 16 岁，而且长得粗丑不堪，按理他是不可能接近慈禧太后的。但他是一个善于钻营的人，西太后最喜欢梳一些流行的发式，那些梳发的太监没有一个让太后满意。西太后又怕头发落，太监每梳掉一根头发，就要被打一鞭子，梳发太监天天垂头丧气。

李莲英知道后，心想：这是一个绝好的机会。他不声不响的溜出皇宫，往妓院跑，他当然不是去嫖妓，他是向妓女们学习梳头的功夫。妓女们个个是梳头的能手，李莲英嘴甜手巧，又肯送钱，不到一月，他就掌握了事关他一生飞黄腾达的手艺。

回来后，他自荐给慈禧太后梳头。梳头的太监总管听说他是梳头高手，如同找到救星一般。李莲英果然不同凡响，第一天当班，他就为西太后梳了一个时髦的妓女发式，赢得了慈禧欢心。不久，就成了西太后梳头的专门太监。

李莲英摸准了西太后的心理，梳头时，还不时讲些笑话分散其注意力，把梳掉的头发悄悄装进自己的袖子中。他梳的头发既好看，又不掉发，深得慈禧太后喜爱。

就这样，李莲英靠梳头发当上了皇宫内务府大总管。由于很受慈禧宠爱，那些王公贵族、一品大臣都要同他交好。

别看这小小技术，只要上司爱好，就能独步青云，爬上权力的顶峰。

上司并非奥林匹斯山众神，坚不可摧。就如同古罗马废墟上的那尊两面神，非理性因素常常在他们抑制之外偶然闪现，故聪明的人应该看到这一点，适时的把握住，让它成为登云梯，垫脚石……李莲英之辈将此道修炼得炉火纯青。他利用女人的爱美之心，在老佛爷头上大做文章。顾盼镜中，云鬓缤纷的老太婆醉心于自己的风韵犹存。被李莲英一片忠心天天"梳"在头上的老佛爷，怎能不对他另眼相看？

亦步亦趋戴雨农

在官场里，很少有"甘为人下"者。然而，在层层的官僚机构中，每个部门都只能有一个"一把手"，绝大多数人注定只能做小人物。所以，即便不甘为人下，也只好甘为人下，或者说"暂时"甘为人下。

暂时甘为人下者称："大丈夫能屈能伸"；甘为人下者也自有说辞："甘愿追随左右"。前者往往是"成者为王败者寇，"后者却往往由于"没有野心"，而随上司同步同趋。

民国官场中的戴笠便是甘愿做"小人物"的一个典型。

戴笠本名戴春风，字子佩，1896年生于浙江省江山县仙霞乡。1925年进黄埔军校时改名为戴笠。发迹以后，为保高官厚禄，他相信算卦，请人算了几次都说他命中缺水，因此起字为"雨农"。

戴笠追随蒋介石20余年，一直从事特务工作，被其信徒称为"蒋介石佩在身边的一把犀利的匕首。"

戴笠与蒋介石的亲密关系始于1927年。这年6月，戴笠在黄埔军校骑兵营时，因借伙食采购之便贪污公款，引起同学公愤，被开除学籍。戴笠离开广州，来到上海，住在一个经营小生意的表哥张冠林家里，晚上睡在地板上，还常遭表嫂的白眼。

8月13日，蒋介石辞去国民革命总司令职务，通电下野，回奉化慈溪小住后，抵达上海，准备赴日。戴笠听说蒋介石到了上海，以为这是千载难逢的好时机。于是，他每天都到蒋住所担任"警卫"并告诉蒋介石说："我是'校长'的学生，来'保卫'校长的安全。"

人们常说，患难见真情。被迫下野的蒋介石十分感动，对戴笠产生了深刻的印象。

1928年1月1日，蒋介石重新登台，恢复总司令职务后，戴笠便做了蒋介石的一名侍卫。这时戴笠开始搜集情报呈蒋介石。蒋以其情报颇有价值，对戴也刮目相看了。亲自召见戴，并发给他活动费每月3000元，约定由机要秘书毛庆祥代转情报。

1931年12月，蒋介石再度下野回奉化溪口。戴笠秘密组织联络组，设总部于南京鸡苍鹅53号，继续为蒋介石提供情报。

1932 年 1 日，蒋介石返南京后，即向戴笠交代任务：组织 "中华民族复兴社特务处"，掌握情报，并向他保举了 6 个人。

没想到戴笠却说："报告校长，我不能做这个工作。"

蒋介石奇怪地问："为什么？"

戴笠立正身子说："报告校长，情报工作本身不容易做好，您刚才所提的 6 个人中大多是我的老大哥，怕不好负责。"

蒋介石认定只有戴笠适合干这一行，便鼓励他说："这不要紧，一切有我，你不必顾虑，现在就是你有没有决心的问题，只要有决心，事情就一定可以做好。"

在这种情况下，戴笠不能再推辞，当即回答："报告校长，就黄埔的关系讲，您是校长我是您的学生。就革命的关系讲，您是领袖，我是您的部下。既然如此，我当然只有绝对服从命令，尽我的能力了。"

"军人以服从命令为天职"，这正是蒋介石的口头禅，戴笠很会讨其欢心。

3 月初，中华民族复兴社正式成立，蒋介石任社长，下设中央委员会干事，有干事 12 人，候补干事 3 人，戴笠被列为干事。

4 月 1 日，复兴社成立特务处，戴笠任处长。由此，戴笠开始组建正式的特务组织，以后迅速发迹。

1938 年，蒋介石为加强特务活动，将陈果夫、陈立夫的 CC 系特务组织与复兴社合并于 "军事委员会调查统计局"。以 CC 系为该局第一处；复兴系为第二处，处长戴笠。后来，二系分开，第二处扩大改组为 "军事委员会调查统计局"，简称 "军统"。

对于军统局局长人选，蒋介石本意属戴笠。但又考虑到他资历浅，蒋怕一下超升，部下不服气，便指定由侍从室第二处主任贺耀祖为局长，以戴笠为副局长，负责实际工作。

从此，戴笠更是竭尽全力为蒋介石尽忠。在他的努力下，军统特务迅速渗透到国民党政府财政、经济内政、军事、治安、交通各个领域，成为蒋介石洞悉各方最好的 "耳目" 和排斥、消灭异己势力最有力的鹰犬。

无孔不入、凌驾一切的军统特务，引起了国民党政府内外各方人士的强烈不满。对此，戴笠十分清楚，他辩解说：

"一般反对党不满意我们，说中国要走向特务政治，走向独裁的道路。但我们看看，英国并非独裁国家，有没有特务？美国是民主先进国家，有没有特务？他们的海军、陆军、空军，各有各的特务，总统有总统的特务，这都是战时的必然现象。

中国是被压迫民族，是不是需要自卫？我们如果不能获得独立自由，有什么资格同人家讲世界大同？我们在领袖的直接领导下，从事革命救国的工作，怕什么？我们上无愧于天，下无愧于地。

世界各国的特务工作，归纳起，大概不外有两种目的：一种是为着要巩固自己的国防，一种是要巩固本身的政权。前者对外、后者对内。中国亦不例外。我们要拿这个工作来整顿我们这个破败的国家，跟侵略我们的帝国主义者（指日本）赌输赢。中国的特务工作，就是在这个时代使命任务之下产生的。也可以说是根据领袖'安内攘外'的政策要求来做的。而攘外尤其要先安内。

有人认为，'特务工作是不择手段的，阴谋越多越好。'不！我们始终把握两句话：'多行不义必自毙'、'天下之大有德者居之。'因此，我们立身行事，一定要'明礼义，知廉耻，负责任，守纪律。'犹太人是世界上最有钱的人，可是今天弄得无立足之处，请问钱的作用在什么地方？又如亡清末叶，邮传部大臣盛宣怀很有钱，后来给人家拿去做背景，写成《九尾鱼》这部小说，遗臭万年。

我们的工作，看起来好像包罗万象，五花八门，但归纳起来，我们可以用两句话来说明：就是'秉承领袖旨意，体验领袖苦心'。我们一切的一切，都以这两句话为出发点，前者是革命的精神，后者是革命的技术。日本之所以兴盛，就是他们每个公民'忠君爱国'……"

可见，惟蒋介石之命是从，是戴笠一切行为的准则，只要是蒋介石的"旨意"，不论是侦查、绑架、审讯，还是搜捕、暗杀，都是"从事革命救国的工作"。而惟蒋是从也正是戴笠受蒋介石宠爱，步步高升的秘诀。

军统局成立不久，国民党临时全体大会在重庆召开。戴笠被蒋介石定为"中央委员"。当蒋找他谈话时，他慌忙报告说："我连国民党的党员都不是，怎么能当中央委员呢？"

蒋介石一听非常奇怪，问他："你既是黄埔学生、复兴社社员，又在我身边干了这么多年，为何还不是党员？"

戴笠的嘴巴最能讨蒋的欢心，他回答说："以往一心追随校长，不怕衣食有缺，有望无望，入党不入党，决不是学生要注意的事，高官厚禄，非我所求。"

蒋介石笑了起来，欣慰之余，立即挥笔写了一个条子：

"蒋中正介绍戴笠为中国国民党党员。"

戴笠接过纸条，满面感激之情，却坚决推辞说："感谢校长栽培，雨农愿终身作无名学生，不当中央委员，中央高位请让给其他老大哥。只要校长信得过我，就是莫大的荣幸。"

蒋介石在赞许中，没再勉强他。

后来，1946年国民党召开六大时，蒋介石又圈定他为中共委员候选人，同时被圈定的还有郑介民和唐纵，戴笠再次坚辞不做"中委"，而且亲自出面，大摆宴席，串演京戏堂会，邀请老牌"中委"、新牌代表，为郑介民、唐纵二人拉选票。

为什么这样做呢？戴笠告诉同仁说："我为什么坚辞不就，就是因为争权夺利，不配做一个革命者。我们必须知道，一个人生存于宇宙间，最有意义的事，莫过于获得荣誉，只有荣誉，才是最高尚的。否则的话，无声无臭，不识不知，何异于禽兽？"

其实，在蒋介石身边红得发紫，拥有几乎凌驾一切的庞大特务系统的戴笠，还有什么必要去做中央委员呢？推辞不就，这正是戴笠与众不同的精明之处。无怪郑介民当选后会对人说：

"雨农的鬼把戏，总是讨得老头子的欢心。"

正由于蒋介石对戴笠和军统宠爱，所以官场中人对戴笠及其军统特务往往都心存三分畏惧。当然也有对他们"不客气"的。陈仪杀张超便是其中一例。

张超是戴笠的心腹，军统局福建站副站长，公开职务是福建省保安处谍报组组长。此人自恃戴笠权势，暗中发展武装力量，妄想称霸福建，不把福建省主席放在眼里，对福建省的工作，经常唱对台戏。煽动民众反对浙人（陈仪是浙江人）主闽，甚至到处张贴传单，揭露陈仪有"十大罪状"。其中有条说陈仪老婆古月芳是日本佬，陈仪与日本人勾勾搭搭，有汉奸之嫌，号召福建民众行动起来，驱逐陈仪，实行"闽人治闽"。

陈仪忍无可忍，密令省警察局长李进德逮捕了张超，为防止戴笠闻讯营救，陈仪采取先发制人的手段，不告知戴笠，直接请示蒋介石同意后，立即执行枪决！

戴笠救之不及，闻张超死讯，大怒失色。

军统要员被杀，颜面何存？他决心给张超报仇，即召毛人凤来商对策。

毛人凤对戴笠说："陈仪杀张超，已跟我们结下不共戴天之仇。但目前要想搞倒陈仪，我们还无能为力，眼下只有从陈仪的警察局长李进德头上先开刀。……且把枪决张超的责任全部压在李进德头上，你看如何？"

听完毛人凤的话，戴笠恨恨地说："也只有如此，我马上要求校长电令陈仪用专机把李进德解押武汉，由我们审问严惩。待李一到武汉，立即扣人。"

戴笠随后便谒见蒋介石，向蒋呈上一份"报告"，诉说张超为军统服务一片丹心，竟含冤为李进德所杀，恳请蒋将李解押武汉，军法处置。

蒋介石收下报告，面对戴笠的自我哭诉，更加上宋美龄在一旁给戴笠帮腔，为了不让戴笠丢脸，应允了他。

然而，陈仪岂是任人摆布的无能之辈，他对蒋介石的命令固然不敢违抗，提早已考虑到与军统局戴老板周旋，首先要保护李进德的安全，才能稳操胜券。在押送李的飞机起飞之前，陈仪即打电话给何应钦和张群，请何派专车将李接送到张群官邸，再由张群陪同李面呈蒋介石，澄清杀张超缘由。

武汉机场，戴笠只好眼睁睁地看着何应钦的专车将李进德载走。

戴笠正在责骂部下无能，蒋介石却派人将他召至眼前，迎头便骂："你又是呈文，又是哭诉，口口声声为张超喊冤，张超有什么冤？他在福建反陈主席，铁证如山。你简直卑鄙无耻！"

原来，蒋介石听了李进德的报告，又亲眼看过张超在福建发展武装势力、张贴反陈仪标语的证据，觉得戴笠的这个心腹的确是"胡为"，该惩治。

挨蒋介石骂是习已为常的，但这一次，戴笠屈从，他立即跪下，对蒋申辩道："校长，学生无能，并非无耻。今天我如果是为了个人发财，跪在校长面前，可以说无耻。我今天跪在委座的面前，是为了请求委座给我们无辜被杀害的同志报仇！我们军统局的同志，为工作遭到不应有的牺牲，陈仪可以随便抓随便杀，若委座不给我们做主，以后我就无法再干下去了。我领导无方，现在请委座准于辞职！"

戴笠左一声校长，右一声委座，恃宠抗争，竟使蒋介石态度和缓下来。他对戴笠说：

"你想辞职吗？没有那么容易。你走了，我叫哪一位接替你呀？我还从来没有考虑过接替你的人呢？起来，快快起来。"

谁知，戴笠却是一股傻劲，跪着死也不肯起来，又再次慷慨陈词道：

"报告校长，想校长必定还记得，二十四年（1935年），台湾沦于日本40周年国耻纪念日，日本人通过福州领事，向陈仪发出观礼请柬，陈仪收请柬后请示南京行政院院长汪精卫作何处置，汪精卫指示他以考察为名，作地方外交，不代表中央，陈仪果然率队赴日，恭敬于日本天皇裕仁画像前，鞠躬，拍掌，丢尽了中国人的脸，岂不是无耻？今天，陈仪又杀了张超，我请求校长做主，校长如果不答应，学生就跪着不起来了。"

出乎蒋介石意料，戴笠竟然牵强附会、添油加醋地搬出了牛年马月的老皇历，他只好又开导戴笠说：

"陈仪的问题，不是一个陈仪，他是政学系首领之一，背后有武汉的张群，江西的熊式辉。当年在南昌行营剿共的时候，他们都出过大力气，帮过我的大忙，你千万要体谅我的苦心，我现在就下令撤销福建省会警察局长李进德职务，扣押对他继续审查。你回去要好好想一想，张超之事，以后不许再提了。"

蒋介石把心里话都掏出来了，戴笠也觉得不该再闹下去，不再言语。事情总算是平息。

回到公馆，戴笠奋笔疾书："秉承领袖旨意，体谅领袖苦心。"这几个大字从此成为他勉励部属，教育学生标榜自己的最好材料。

抗日战争胜利后，戴笠春风得意的岁月也到了尽头。

1946年重庆政治协商会议期间，中共联合民主党派提出了反对内战、和平建国的方案，并一致要求取消特务机构。国民党一些元老不满于"军统"的飞扬跋扈，陈诚等一些军界要人也感到"军统"有损"党国形象"，一些地方派系则惧怕这只鹰犬咬人。所以纷纷向蒋介石提出特务机构过于庞大，应考虑取消或缩编。"军统"在抗战中，全靠投机倒把、敲诈勒索发国难财来维持，战后失去生财之道，这笔庞大的开支很令蒋介石头痛；更重要的是经过抗战，蒋介石的国际影响已使他稳居统治地位，所以也感到"军统"有缩编的必要。蒋遂令毛人凤急电戴笠从天津返重庆，研究对策。

戴笠接电后，怒气冲冲，拍着胸膛对其亲信文强说："我辛辛苦苦在外面奔波劳累，一心为国为校长，想不到会有人乘机捣乱，落井下石，想端我的锅，在这种时候还同室操戈，实在欺人太甚！请你为我拟一复电，说我正在处理平津宁沪的肃奸案件，事关重大，无人可代理，请宽限半月，再返渝面陈一切。"

二人商议决定：为对付国民党内的攻击，采用以退为进的方法，出国考察，以渡难关。

在公开场合，戴笠极力为自己及军统申辩，1946年3月10日，在北平怀仁堂举行总理周年纪念会上，戴笠发表公开谈话说：

"我们团体有×万×千人，在工作上有共同信守的原则，效忠国家，效忠领袖，坚定革命信念，确认革命立场，达到共同目的。这便是共同纲领。我个人承领袖耳提面命，担当抗日的重任，我自己所负的责任不容许我马虎，我们调查统计局的工作，是整个革命工作的重要一环，最近中央开六届二中全会，十几天来所表现的情况，未出我意料之外，对调查统计局的问题，看来是毁誉参半的。有人叫要打倒我们（所谓特务），我不知道什么叫打倒，什么叫取消，我只怕我们的同志不进步，官僚腐化。如果这样，人家不打，自己也会倒的。所以我时刻所想的，是如何对得起先烈，如何保持光荣历史，绝没有想到别人如何打倒我。我个人无政治主张，一切唯有秉承委员长的旨意，埋头去做，国家才有出路，个人才有前途。"

3月17日，戴笠乘航空委员会所派专机南飞重庆，途中因气候恶劣，在南京上空失事。戴笠及其随行13人全部摔死于江苏省江宁县板桥镇戴山。

蒋介石闻讯，悲痛至极，拄着手杖，爬上南京中山灵谷寺，亲自为戴笠挑选了墓地，赠以"碧血千秋"花圈，挽联文曰：

雄才冠群英山河澄清仗汝迹；

奇祸从天降风云变幻痛于心。

6月11日，南京国民政府发布命令，称戴笠为军事委员会调查统计局局长，追赠他为陆军中将。

由此可见，蒋介石对戴笠恩宠有加，是国民党的其他要员无法比拟的。这正好证明戴笠一生"忠于领袖"，甘愿做"小人物"的办法，是卓见成效的。

戴笠"秉承领袖旨意，体谅领袖苦心"的变调曲就是："我是给人家抬轿子的！"让人听起来的似乎有满腹心酸的感觉，但，轿子可以不去抬，抬轿者可以是别人，为什么恰好是你呢？

戴笠一则甘为"人"下，能屈能伸；二则又摸透了蒋介石的脾气，而后巧言谀上，投机钻营，何愁不能权倾朝野？

勇于做上司的"贴心人"

与老板相处得怎么样，对于你的工作环境、事业兴衰、处世前景、无疑具有重要意义。相处和谐，老板赏识你、重用你，你会工作得有兴趣、有劲头，事业兴旺、前景光明；相处不好，他给你穿小鞋、设障碍，你干得无心无绪、萎靡不振，或吃力不讨好，前景黯淡。若炒了你的鱿鱼，你得重新寻找工作。或许你并不稀罕在他手下的这份工作，或老早就想辞职另有高就。但毕竟你是因与老板不和而被炒掉的，你不是主动辞走的，心里也总是不会好受。而不论你走到哪里仍然还要遇到新的老板，还得面临怎样与老板打交道的问题。除非你当了皇帝，做了终身总统。

与其这样，你倒不如做一个老板的"情人"。但这里的"情人"并不是生活中的情人，而是能够了解老板的疾苦，体谅老板的困难之处并给适当的"帮助"，如果能够做到这一些，也就是知道老板处境和心情，那么晋升的机会就在不远的地方向你招手了，但对于一个职业的白领，应该怎样做好这个"情人"的角色呢？

区分你的老板

①首先了解老板，区分他属于什么类型，然后对症下药，设计良好关系方案，

是合理交往的前提。

你千万不要替一个正春风得意，而又骄横、狂妄自大的老板出任何点子和主意。

这个人处处唯我是从、自我中心、旁若无人、虚荣心极强。他不会把自己的部下放在眼里，部下只是他随意利用的工具，他几乎不相信他的部属里有在才能上超过他的人。并且对下属的意见往往充耳不闻。你给这样的人出点子出主意，那是白费口舌，徒劳操心。他很难得认同你，把你放在眼里，即使你有相当高明的见解，而且他也能明显地看出这点，而他也不会直接照你说的去办。他可能会凭借你的见解，变换一个花招，转换一个角度，拿出自己的方案，从而使你消失，突出和抬高他自己。也许他拖延实行你的主意，拖延久后便不了了之。面对这样的老板，别理睬他，干好自己的那份事就很好了。如果你有事情必须与他交往，而且有求于他，你只要虚晃一枪，稍微刺激一点他的虚荣心理，让他得到片刻满足，这时你会办事顺利。

你千万不要替一个庸俗无能，或僵化老朽的老板出非同凡响、富有创新意识的点子和主意。

庸俗无能的老板无法与一个精明能干的部下成为挚友。僵化老朽者也不可能爱护一个朝气蓬勃的青年。这样的人思维迟钝，反应缓慢，习惯于陈旧模式，本能地拒绝或反感新生事物。他的身子生活在现代，他的思想停滞在古代。你给这样的人出富有创新意识的主意无异于对牛弹琴。他无法理解你，不仅不会采纳你的意见，而且会对你生出反感，认为你这人心性浮躁、不踏实、不可靠，令你哭笑不得。你尽量避免和他打交道才是明智的。如果必须与他交往，有事求他，那么你可以拉开一些可以使他唤起美好回忆的话题——这样的人往往乐于回首往事，庸俗者常回忆他的成功，老朽者常回忆他的年轻时节。当他沉醉于斯，其乐融融之时，你可能办事顺利。

你千万不要替一个唯恐别人才能超越他的老板出任何高明的主意。

这个人才能平庸、政绩平平、心理脆弱，常患着恐惧病，担心他下属中的能人取代他。这是一种最不能容忍能人和强人存在的领导。你若为这样的老板出高明的主意，无意于自投罗网。他不仅不会接受你的主意，而且对你心存戒意，增加几分提防心理，只要他做得到，他甚至可以设法贬低你、排挤你，以至把你挤走。你很难在他手下做出什么惊人之举。与这样的老板交往，少说为佳。避开他的心病和痛处，或闲聊一些前途多么美好之类的废话他可能信以为真。

与上述狂妄自大型、庸俗无能型、僵化老朽型、患恐惧症型的老板在一起工作，总会觉得别扭难受，如果这些人不直接妨碍你所干的工作，你尽量避免与他正面接触，少去理睬他，你也许脚踏实地，能够干出一番事业。

若你偏不信邪，明知山有虎，偏向虎山行。不管三七二十一，我行我素。那么，你将因此而生出许多无端的烦恼痛苦。你会被铲平，终将沦为平庸之辈。这是社会的悲剧，也是人生的悲剧——人为为赌一口气而不信邪的本能。

面对这样的老板，如果你是一个实力强大的积极进取者，有信心、有能力、有资本又有适应的社会背景，你完全可以想法打倒他，取而代之。这样的领导大多容易被打倒。打不倒就走，去另谋一个理想的工作环境以施展自己的才华。

与一个富有能力和才华，而且乐观开朗、胸怀宽广的老板打交道自然是一件十分愉快的事情。你可以免去许多提防，尽可以以诚恳之意与他交往。如果他偏向于能力型，但知识不如你广博，你多与他交往，吸取他的能力，增加你的经验和智慧。在此前提下，你可以自己知识上的优势为他出谋献策。如果他偏向学问知识方面，是一个学者型的领导，在实际经验和工作能力方面较为欠缺，或者不如你。你多与他交往，注意吸取他的知识。在此前提下你可以以自己的经验、工作方法方面的优势，为他出谋献策。结识你，得到你，他如鱼得水。你们将由上下级关系发展为朋友关系，或挚友关系。你必将一显身手，大展宏图。

不论面对什么样的老板，你总是叫苦连天，牢骚满腹，今天介绍张三不是，明天指责李四不对，后天汇报王五不行，似乎这世界惟你正确，惟你高明。那么，你是愚蠢的、无知的，你很快就会成为不受欢迎者，令人讨厌的人，令老板头痛的人。你的出息也就仅此而已。

如果你是一个中层领导，你总是向老板汇报你所管辖的那些人如何不听招呼，如何难以管理，夸大其词地说你的那个部门的工作如何棘手难办。那么，除了证明你的无能和平庸，不能说明任何问题。任何一个老板都不会对这类汇报抱有兴趣。

②老板的话外音

老板对员工行为有时是点头认可，不见得是真正的认可，有时老板说"不"，也可能含有好几种意思。

由此，如果仅仅按照表面的意思去解释老板所讲的话，可能就无法体会到他的真意；一般来讲，人的话语中都含有言词之外的暗示，随时间、地点和说话者身份的不同，同样的话会有不同的隐喻。

老板说："好冷啊！"

这句话不见得只是告诉你天气的状况而已，也许这有"一起去喝一杯咖啡如何"的意思；或是请你"打开暖气"的意思。

如果这时候员工说："根据天气预报，明天是晴，气温也会升高。"

这样就没有什么意思了，老板会感到很扫兴，本来想去喝一杯咖啡的兴致就没有了。

要明了老板话中的含义，也就是要抓住他的真意。如果你就某件事需要请老板出面，老板听你说后，说：

"我不必去了吧？"

这时候，你是说一句"哦，是这样，知道了"而退下去呢？还是再作一番劝说工作，要他答应到时去呢？这就要看你对老板这句"我不必去了吧"的话的真实含义是如何理解的了。

从这句话中可以听出，如果他真的不想去，他一般会断然地说"我不去"。可他却在这句话中用了"不必"和语气词"吧"，明显地含有半推半就的意味，这就是要你再去说服一下，以显出他的某种尊贵和达到他本来并不想去，是下属非要他去不可的效果。

此外，判断他这句话的真意，还可看他说话时的表情。如果他在说这句话时，表现出一种不耐烦的神情，或心不在焉的样子，一般就表明他确实不愿意去，如果他在说这句话时，面含笑容，或意味深长地看着你，说明"不去"并不是他这句话的真意。

在此，选择出五个老板经常使用的代表性话语，来探讨话中的"真意"。

1. "我没有听说呀"

善于躲避责任的老板，尽管实际上听说过某件事，也会常常使用这句话，假装不知道。但是，这时候他一定显出生硬的动作，如说话时语气升高或目光闪烁不定等等。如果你了解到他爱用这句话逃避责任的话，你下次找他汇报工作时，就换种方法，拿笔记本对他说：

"最近，我记忆不大好，让我将你的指示记下来好吗?"

最好真正记下来，这种类型的老板很敏感，一看就马上明白。以后他就不会至少在你面前用这句话逃避了。

但是你应该要注意的是，老板说"我没有听说过呀"的话里，是否含有什么不满的情绪。

或许你就某件事情已事先给老板说过，但实际上你并没有说清楚，过了两天，老板就这件事情问你，你回答说：

"那天，我给你说过。"

老板由于并没有听清楚你说的事情的原委，因此，他只能回答说：

"好像是说过，不过已记不太清楚。"

对这种情况，就不能认为是老板"狡猾"，在"逃避"。认为自己讲的话，对方就一定会听明白，这种想法未免太草率，在下述三种情况里，每个人对其他事情都会心不在焉，也听不进其他的话：

①太忙而没有充分的时间；

②在担心其他事情；

③疲劳。

在许多情况下，老板可能是对你的话没有任何记忆，而不是有意在逃避。你如果不明了这一点，而一味坚持"我说过的"，性急的老板便会大声吼叫：

"我没有听过。"

老成一点的老板则会说：

"有吗?"

神色里露出不悦。

在这种情况下，如果还不赶快转变态度，坦率地道歉说：

"对不起，是我当时没有说清楚。"

也许，就会在老板心里留下疙瘩。

2. "你要负责任吗"

老板说这句话时，绝对不是认真的，也许他准备在下属失败时，说："事先给他叮嘱过了。"以将责任推向员工给自己装面子。

既然这句话不完全是老板为推卸自己的责任的说辞，那么这句话又可以理解为对下属的建议感到厌烦，而含有"你这个人一天到晚麻烦事多"的意思。

一而再，再而三地推动老板并非不可以，但如果没有拟妥建议的方法，只是反复进行同一件事情，老板就会觉得"你这个人好啰嗦"。为摆脱无聊的请示，就会说出"要做，你做好了"，或"你要负责，我不管啦"。

如果你明白了这点，就不要为你一时的心血来潮或灵机一动去频频地打扰老板，也不要为你的小聪明或鬼点子多而时时在老板面前表现。这样，老板会烦的。有什么好的建议或计划，一定要经过深思熟虑，考虑周详，然后和盘向老板托出。你的建议或计划必须是完整的，有始有终的，而不能拿一个半成品或仅仅是一个想法去给老板商讨。这种事情一次两次，老板也许还认为你是虚心好学，肯动脑子；多了，就会认为你无事生事，而产生厌烦心理。

3. "你要怎么做都可以"

这句话有时也许是心情好的老板为了让下属高兴而说的，以表示他对你能力的"信赖"。但在很多情况下则是对下属能力不放心的一种表示。老板不好直接说："你到底行不行"，所以干脆正话反说："你去干啦。"

因此，下属在听到这句话时，应该考虑以下三点：

一是老板并非放心地将某件工作交托给你，你也明白这点。为消除老板的不放心态度，你不可以简单地说："要得，我这就去做"，当然也不能露出胆怯的神情，而应该以沉稳的态度询问这件事的要点，再以谦虚的口吻说："我知道了，我想自己先试试看，有什么问题再来请教你。"如此一来，老板就容易放心。

二是应该事先确定老板交托给你的工作的范围。如果老板只说："照你的意思做。"而没有交代是什么事，做到什么程度，有较大范围。你就应该事先向老板问清楚，以免自作主张，到时同老板的想法出入太大，而弄伤了双方的感情。

三是要经常不断地向老板报告工作进展状况。不要以为老板说了全权委托你去做，你就可以真的我行我素地"放手去做"。其实老板说这种话，在很大程度上是对你工作积极性的种鼓励，而并非要你真的"独往独来"。你如果不明白这点，老板就会认为你太书生气或借此想架空他，而对你不放心。如果你及时向他报告工作，他或许还会说："没有必要经常报告嘛！"

可是你看他的表情却很满意。

4. "时间还早"

有些老板听完下属的报告后，就拿时间来搪塞，而且说"不"。

"嗯，我知道你想说什么，不过，时间还早吧"。

如果下属回应道：

"我想现在最恰当。"

老板会坚持说：

"不见得，这种计划案太急促就会失败。应该要慎重地考虑时间的因素。"

无休止的争论，事情就无法取得进展。似乎老板和下属之间在时间的认定上总有不同，果真如此吗？

其实，在很多情况下，老板认为下属提出的计划的本身有问题，可是若直接指出来，怕会伤害下属的积极性自尊心，因此，就把"拒绝"的理由推到时间上去，这种情况屡见不鲜。

如果真是这样，再继续争论时间的问题就毫无意义，不如就问一句："是不是内容上有什么问题?"

如果老板回答说："有问题"，你就可以进一步询问具体的问题是什么，看是不是老板真的看出来你未曾预料的问题或他看错了问题，以便你作进一步的解释。

开通的老板

如果你的老板是一位比较开朗，通情达理的人，那么你就要用另外一种方式来对待他，以期获得晋升的机会了。

这时，你要会揣摩老板的心情和当时所处的环境，适当地给他以精神的安慰。比如，最近公司业务员的绩效不令人满意，而作为白领的你就应该想方设法安慰他或是提一些比较中肯又实用的建议。但是如果是前面所述的那种老板，你最好是脚踩西瓜皮——开溜，省得他眼见心烦。如果你的上司因为家庭不和，而你与老板又是异性关系，那么这里面就大有"文章"可做了。你不仅要想方设法让老板忘掉不快，又要把握住尺度，以防把自己赔进去，"情人"就真的变成情人。假如你是女性，老板是男性，你的建议最好在上班时找一个合理的时间安慰他，也最好旁边有第三者存在。同时，也更为重要的是，当老板想约你单独出去到某处吃饭，或听他"诉苦"时，你千万别去。唯一的办法就是说已经有约，不能失信于人，况且此人还非常重要。假如你是男性，而老板是女性，你也要注意，安慰她的同时，只能在人不太多的公众场合，如果你想为了与老板套近乎，而单独去她办公室安慰她。那么，结果可能你会做替罪羊，因为是她的丈夫惹得她生气了，而她的丈夫肯定是男人了。

无论何时，只要了解老板，适时地"雪中送炭"，作个老板的知情人，无论你是真心真意，还是虚情假意，那么老板由于当时无暇考虑这些，只会想到你是个不错的人，是个有情人。于是，晋升的机会就来了……

恭敬不如从命

《墨子》云：“上之所是，亦必是之；上之所非，亦必非之。”领导之所以是领导，就因为他的地位比你高，他的权力比你大。较高的地位和较大的权力决定了他必须享有较多的尊严。当这种尊严被破坏时，他会觉得自己的身份感丧失了。所以，作为下属来说，最基本的一条，就是对领导的命令要服从，至少表面上要服从，切不可矫上枉为，冒颜顶撞，以致自毁前程。

说白了，就是要拿着鸡毛当令箭。

光武帝一念赦罪 "强项令"千古留名

东汉的董宣，为人耿直，刚直不阿，执法如山，凡事以理为先，不管其人是谁，真有股"惟将直气折王侯"的气概。

西汉末年和王莽时代的残暴统治，在人民起义的浪潮中被推翻了。汉光武帝建立东汉王朝以后，吸取西汉政权和王莽统治被推翻的教训，统一全国后，采取了一些措施，与民休息，恢复社会生产，先后九次发布关于释放奴婢和禁止残害奴婢的命令，并多次下诏减轻人民的租税和徭役，还大赦天下，兴修水利，裁撤冗员等，这些措施有利于社会秩序的安定，缓和了社会矛盾，有利于社会经济的恢复和发展，史称光武中兴。

汉光武帝刘秀颁布了许多法令，以维护和巩固自己的统治，但这些法令仅仅对老百姓有用，对皇亲国戚就没那么有用了。光武帝的大姐姐湖阳公主，就仗着兄弟做皇帝，骄横异常，随心所欲，目无法纪，甚至她家的奴仆也不把朝廷的法令放在眼里，为非作歹，胡作非为，周围的人和许多官员都怕她，小心翼翼地去逢迎她、巴结她。

那时候，有一个洛阳令，名叫董宣，生性刚直，对皇亲国戚的骄横不法非常不满，他认为皇亲国戚犯法，应当同百姓一样治罪，而不能有什么特殊，他虽然官职不大，但刚直不阿，宁死不向权贵屈服让步。因而汉光武帝赐之为"强项令"，时人又称他为"卧虎令"。

董宣，字少平，陈留（郡名，治所在陈留，今河南开封市东南）圉（今河南杞县南）人，出身微贱。最初被司徒侯霸征辟，专门负责评定一些地方官吏们统治政绩和优劣。这期间他工作努力，不徇私情，受到上级主管的好评，于是被任命为北海相。他所管辖的这个地区，有些豪强地主鱼肉乡民，欺压百姓，残害无辜，无恶不作。他决心改变这种混乱局面，使当地人安居乐业。

当地有个很有权势的豪富大户，名叫公孙丹，是一个武官。此人一贯作威作福，当地人迫于他的地位和权势，都敢怒不敢言。公孙丹花了很大一笔钱，建造了一座相当豪华的住宅。但有位风水先生说，这座深宅大院，没福气的人住不得；有福气的人住进去，也得先死一个。但又说，有办法补救。当时迷信认为，可以先找一个替身冲掉那股丧气。目无法纪、残忍歹毒的公孙丹当下就叫他儿子杀死一个过路人，把尸首抬进新屋，以免自家人遭殃。董宣得知这件事后，很是生气，立即派人将公孙丹父子捉拿归案，详加审问，依法判处公孙丹父子死刑，为无辜的死者申冤报仇。当地老百姓拍手称快，都认为董宣为他们做了一件大好事。但公孙丹乃一方豪强恶霸，家丁众多，当下他们亲戚、家丁、死党带着 30 多人，手执兵器利斧直奔相府前鼓噪威胁。董宣毫不畏惧，率府兵击退了他们。后他又查出这帮家伙曾参与王莽阴谋篡权活动，并与海盗勾结为非作歹，杀人越货，便毫不犹豫地命令部下水丘岑将他们逮捕法办，一并杀之，以绝祸患。

可是董宣的上司青州太守，不问青红皂白，以滥杀无辜的罪名将董宣、水丘岑等判成死罪。董宣更加气愤，在其上司面前丝毫也不示弱，据理痛斥。临刑前，执刑官让他饱餐一顿，董宣厉声说："董宣生平未曾食人之食，况死乎!"毫不畏惧，上车而去。一同斩首的有 9 人，刚轮到他时，正好光武帝刘秀派专使来了解这件事的经过，便命令把董宣带回牢狱。在狱中，董宣义正词严地向特使陈说了事情的真相，以铁的事实驳斥了对他的诬蔑，并且大义凛然地说："公孙丹的案子是我办的，水丘岑只不过是执行我的命令而已，他没有责任，要杀就杀我吧。"光武帝知道后，很受感动，觉得董宣是个难得的人才，便赦免了董宣和水丘岑，并将董宣调到京都洛阳，任洛阳令。

皇城脚下，为官哪能轻松。董宣到任后不久，便遇到了一件更为棘手的案子：原来，湖阳公主有个管家，一贯狗仗人势，横行霸道，这一次竟敢在光天化日之下无故杀人，这还了得! 当下吩咐部下去抓。可是这家伙却躲在公主府里不出来，而洛阳令只不过是一个小小的官职，哪能擅自进入侯门，更不用说要进去抓人了。董宣平时就听说过湖阳公主的厉害，知道事情很难办，但董宣决不罢休，等待时机，一定要为死者鸣冤抱屈。董宣也着实费了不少心事，叫人整天守在公主府门口，并派人收买公主府中的奴仆，打探公主的行踪。终于，机会来了。

一天，董宣得知湖阳公主要出游，而且那个杀人凶手也跟着出来。于是早早地等候在路上。果然，远处一簇仪仗车马奔夏口亭而来，很是排场威风，原来是湖阳公主乘车来了，那个家奴也坐在车上。等公主的车马一到，董宣便仗着剑，跑上前去，拦住马头，并且以刀画地。湖阳公主见停了车，便询问出了什么事，驭者说是洛阳令董宣拦阻马车。湖阳公主见一个小小的县令敢拦她的车驾，怒问道："大胆董宣，为何拦阻我的车驾？你知道你犯了什么罪吗？"董宣闻言，气不打一块儿出，当着公主的面，说她的管家犯了杀人死罪，现在就得逮捕依法惩办，并厉数公主庇护杀人凶手的罪行。公主大怒，不仅拒绝交出她那个管家，反而责骂董宣无礼。董宣责备公主不该放纵家奴杀人犯法，并且大声呵叱那个杀人凶手，骂毕，喝令那个管家下车，当场依法处决。周围围观的人很多，都感到董宣为百姓出了口冤气。

湖阳公主哪里受过这般气，小小县令竟敢当着自己的面处死自己的家奴，真是又羞又气又急又恼，急忙命令驭者驾车径直朝皇宫奔去，向自家兄弟光武帝告御状。很快便赶到皇宫里，湖阳公主便向光武帝哭诉董宣如何欺负她，牙齿咬得"格格"直响，恨不能一口咬死董宣，以泄心头之气。光武帝一听董宣这样不讲情面，把自己姐姐气成这样，大怒，立即下诏令董宣上殿面圣，要把董宣当着姐姐的面："箠杀之"，就是用竹板条打死董宣。

董宣知道自己闯了大祸，但他并没有被吓倒，上得殿来，镇定自如，从容地走到光武帝面前，说："陛下要打死我，我毫无怨言，不过临死前要让我把话说清楚，这样我死也瞑目！"光武帝仍在气头上，怒气冲冲地说："大胆狂徒，竟敢对公主这般无礼，你有什么说的，快说！"董宣慷慨激昂地说："陛下向来以德为本，圣德贤明，励精图治，使汉室得以中兴。可是皇姐纵容家奴随便杀害平民百姓，百姓不满，天理难容！如此无视国法，而陛下却千方百计予以包庇，这不是纵容犯罪吗？陛下将凭什么治理天下呢？我忠心为国为民，没有罪过，不能受刑，请陛下允许我自杀！"说完便昂头向盘龙柱碰去，顿时鲜血四溅，董宣血污满面。

光武帝刘秀没想到董宣这样刚直，急忙叫太监把董宣抱住。细想董宣的一番话，觉得自己处理不当，不应当责怪董宣这样忠心耿耿的官员。沉吟半响，想赦免董宣，但又感到有损皇姐的面子。于是叫董宣向湖阳公主叩头道歉，双方体面地了结此事，便说："我念你一腔正气，饶你一死，还不快快向公主谢罪？"并用眼光向董宣暗示，可是董宣是个威武不屈的硬汉子，坚决不肯向公主叩头谢罪。光武帝左右为难，只好命令两个太监将董宣按倒，强使他叩头，求公主开恩。可是董宣说什么也不愿叩头，用双手死死地撑着地，挺着脖子，不肯低头，其势恰如"卧虎"。后来京都百姓称他为京都"卧虎"，因而董宣也叫"卧虎令"。

湖阳公主见董宣如此倔强，而自家兄弟气也消了大半，更加觉得自己丢了面子，很生气。就用话来刺激光武帝说："文叔（刘秀的字），当初你是平民百姓时，就敢隐匿和庇护犯死罪的人，官吏谁敢进家门抓人。现在你当皇帝可好，贵为天子，难道就制服不了一个小小的洛阳令？"光武帝已经被董宣这种刚直不阿的倔强劲头打动了，听了姐姐的一番话，不仅没有发火，反而哈哈大笑，说道："皇姐，你有所不知。我现在当皇帝与过去做百姓时可不同了。那时隐藏犯人，是出于义愤。现在我做了皇帝，就得带头依法办事。还请皇姐多多包涵。"

那两个太监也知道光武帝缓和下来了，并不想把董宣治罪，可又得给三方一个台阶下，便大声说："陛下，董宣的脖子太硬，摁不下去。"

光武帝听了，也只能对湖阳公主笑笑而已，下令"把这个硬脖子的洛阳令撵出去！"湖阳公主见这情形，也只得作罢。

光武帝十分欣赏董宣的忠贞刚直，就给他一个封号，叫做"强项令"，意思是脖子很硬的县令；同时，赏他30万钱，奖励他的刚直。董宣回府后，把这笔钱又分给了他的手下办案的人。

从此，董宣更加大胆地执法，敢于同豪强地主、皇亲国戚的不法行为作斗争。地主豪强，"莫不震栗"，京师号之为"卧虎"，有歌谣赞曰："抱鼓不鸣董少平。"

董宣当了5年的洛阳令，任内逝世，享年74岁。董宣是一个封建国家的县令，他为了维护封建国家的法令，不惜生命，同破坏国法的权贵作斗争。应该说，他那种刚直不阿、宁折不弯的"强项"精神的确是值得赞赏和推崇的。

天下明君有几人？董宣的命是好了一点。对于不怕死的人来说已没有什么令他畏惧的了。

徐有功舍命履法职

徐有功是唐代武则天执政时期非常知名的法官，在他早年任蒲州司马参军时，就已经以其执法刚正严明、大公无私而为世人所共知。后来，在他任司马丞后，徐有功更是维护正义，依法办案，为冤假错案平反，在宫廷辩论是非曲直，冒死抗争，从而赢得了人们的钦佩和赞扬。

武则天在继唐高宗之后称帝，为了巩固其政权，以严刑峻法进行恐怖统治，任用了大批的像来俊臣、周兴、皇甫文备等这样的严官酷吏，任意罗织罪名，大肆陷害无辜，迫害宗室重臣；同时还大搞牵连之风，致使冤狱累累，怨声载道。而徐有功正是在这种险恶的政治环境下，克己奉公，大公无私，为国为民尽到了一份自己的职责。

天授元年，即公元690年，道州刺史李仁褒被人诬陷，徐有功察其清白而为其力争，使李仁褒和他的弟弟李榆次得以幸免。但徐有功自己却因此而被周兴等酷吏所嫉恨，并因此被诬陷而罢职。过后不久，由于徐有功的清正无私，又被武则天起用为左肃政台侍御史，依然掌管司法。徐有功对此力辞不就，并对武则天说："我曾听别人说过这样的谚语：鹿虽然在山林中奔走驰跑，然而它最终的命运却是和厨房的厨子联系在一起。陛下您让我掌握司法，而我却只能克己奉公，公正执法，因此不管是谁，我都要依法处理而不敢因陛下的旨意而枉法，所以也许会因为这个差事而送了命。"由于武则天深深了解徐有功的公正无私，所以执意要他接受这个职务，而徐有功一方面迫于王命，另一方面也为了伸张正义于天下，所以就领受了这个职务，重新执掌刑法。

长寿二年，即公元693年，润州刺史窦孝谌的家奴诬告窦孝谌的夫人烧香诅咒皇上，并且还密谋不轨。武则天闻知大怒，迅审讯查办。给事中薛季昶则为了取媚于皇上，所以无故罗织罪名，将窦孝谌的夫人庞氏问成了死罪。窦孝谌的儿子窦希不服判决，立志为母申冤，遂向徐有功申诉了冤情。徐有功据实而查，把自己的进退得失置之于脑后，最后终于力排众议，推翻了原先无中生有的罪名，为庞氏平了反。然而徐有功此举却大大地得罪了薛季昶，薛季昶因此向武则天大进谗言，诬陷徐有功结党营私，志在谋逆，并将徐有功问成大罪。当徐有功的属下把这个消息告诉他时，徐有功听了哈哈大笑，泰然地对痛哭不止的属下说："死没什么可怕的，世界这么大，人这么多，难道唯独我去死；而其他的人就能长生不死吗？"说完，徐有功就像往常一样地处理公事、像平常一样地吃饭、睡觉。第二天，武则天召见了徐有功，对他大加责备，严厉地指责他断案量刑过宽，有意放纵、败坏国家的法度。徐有功对武则天的指责不卑不亢，据理力争："我说过我是依法办事，也许有时定罪判刑过宽，但这是我作为人臣的小过失，然而我却能够通过这些小的过失，挽救了一大批好人的性命，不冤枉错杀犯人及无辜者，而这些却都是大的功德啊，如果陛下能发扬这种大的功德，那就是普天下老百姓的万幸啊。"徐有功慷慨陈词，一时使武则天也无以为对，最后使窦孝谌的夫人庞氏终于被免去了死罪，而被改判为充军，而徐有功却又一次成为武则天淫威的牺牲者，被再次废为庶人。

徐有功虽几经大起大落，但他尽忠至公之心却并没有因为他的几起几落而旁落，相反，这却更使徐有功增加了为民请愿之志，当徐有功每次看到武则天无故杀人，都要冒死力争，有时对皇上也是声色俱厉。一次，武则天因为一个案子和徐有功争执不下，于是恼羞成怒，便命令殿前的武士把徐有功推出午门斩首。武士们马上进殿驾起徐有功就往宫门外拖，徐有功一面用力挣扎，一面大声喊道："陛下，我虽然被杀，但法律却不能随意更改。"武则天听了后，深深地佩服徐有功以死尽忠、护法尽节的忠义之心，遂上前喝住武士，并大大地奖赏了公正无私的徐有功。

徐有功不仅执法如山，护法尽忠，而且无论对公对私都持公正廉明之心，丝毫不以个人或其他的原因而怠慢国政。一次，酷吏皇甫文备和徐有功共同审理一件案子，徐有功秉公办理，不无故陷人之罪，因而引起皇甫文备的不满，于是他就诬告徐有功有意释放叛逆犯人，武则天遂命令让徐有功回避此案，并另外派人调查实情，但后来调查的结果证明皇甫文备纯系诬陷。但徐有功对此却泰然处之，坦荡无私，丝毫不以为怀。不久，皇甫文备亦被人告发谋反而被捕入狱。徐有功经过调查和详细的分析案情，认为皇甫文备是受冤而致，于是就把他无罪释放了。徐有功的属下们都很不理解，就问徐有功："皇甫文备过去曾无中生有地陷害你，竭力把你罪之于死地而后快，而你对他却这样宽容，对他如此宽大，这到底是为什么？"徐有功听了后，严肃地对大伙儿说："你们说的是我和皇甫文备私人之间的矛盾，但我现在所执行的是国家的法律，我又怎能因为我们俩有矛盾而去违背国家的法律呢？"短短几句话，揭示了徐有功为官清正、大公无私的高风亮节。

徐有功经常对他的下属说："一个人身为法官，掌握着百姓的生死大权，所以不能只顾自己的荣辱进退而一味地顺从皇帝的意见，说假话，说空话来滥杀无辜。"徐有功是这样说的，也是这样做的。在他几次任法官期间，多次地为受冤枉的和被陷害的犯人和案件平反，积极地为受害人申诉，几次差点被武则天处死。但徐有功坚贞不渝，置国家的法律于个人之上，公而忘私，忠心为国，确实堪称志士仁人。尤为可贵的是，徐有功身逢乱世而其身不乱，出污泥而不染，卓然守法，矢志不移，

终无屈服之心，而有忠烈之义。其大公无私的节操深为后人称赞，因而得以流芳百世。

徐有功多次为受冤枉和被陷害的犯人平反，积极为受害人申诉，几次都差点被武则天处死。虽幸免于难，但也不能不说明忤逆龙颜的危险。

恭敬不如从命

"恭敬不如从命"，这一中国古老的至理名言，谆谆告诫着后人：对领导，服从是第一位的。下级服从领导，是上下级开展工作，保持正常工作关系的前提，是融洽相处的一种默契，也是领导观察和评价自己下属的一个尺度。汪辉祖、王永吉在《官场学》秘籍中提到，"观察他同上司共同处理事情时是否同忧同乐，来决定他是否是个心地纯正的人"，从而决定他是否是一个职位最合适的人选。

在一些单位里，经常碰到一些纪律观念淡薄，服从意识差的人。他们是领导们最感头疼的"刺头"或称"渣子头"。这些人或是身无所长，进取心不强，对领导的吩咐命令满不在乎，或是自以为怀才不遇，恃才傲物，无视领导。无论是事出何因，他们一律都是在领导面前昂着高贵的头，家事、国事、天下事都可在他大脑中"存档"，唯有领导的命令不在此列。比如一天中午，我办公室的领导问同事小蒋："小蒋，我让你复印的资料怎么样了？"小蒋三分惊讶七分漫不经心地反问："复印什么资料？"当着其他下属的面，我们这位领导很丢面子，气呼呼地训道："你怎么对我说过的话这样不放在心上！"照常理而论，小蒋应立刻道歉，略找原因给领导一个台阶下，待领导稍有息怒，迅速去把资料复印来交给他。这样，领导再火盛也会阴转晴，顶多再训他两句也许还是面带笑容，年轻人事情多，领导一般会谅解他们的疏漏的。但这位小蒋却既没道歉，也没立即去复印，而是屁股一扭，逃之夭夭。

这些"刺头"表面看来，超凡脱俗，潇洒自在，实则是自己有意识地与领导划出了一条鸿沟，不利于自己的工作进步，也不利于集体的团结和相处。因此，"刺"万万不可长，进取之心万万不可消。你不是才高镇主吗？敬请谨记：谦受益，满招损。年轻人在某一方面，定会有领导所远远不及的才气，但只有与领导融洽相处，小心服从，大胆探索，才会让领导充分领略你的才华，为你提供锻炼的机会，才能不断进步，以才高德厚得到领导的器重。你越是自视怀才不遇，感叹世无伯乐，越是阻断了展现自己的才能的道路和机会，你不跑一步之遥，即使伯乐常在，又怎能发现你这匹千里马？对于才气不佳者，更应有李白"天生我才必有用"的自信和洒脱，应有"活到老，学到老"的毅力和韧劲，而不应甘于沉沦，成为领导眼中又臭又硬的绊脚石。

许多有工作经验的人都有这样一种深刻体会：服从一次容易，事事依从领导却很难。工作时间长的人几乎都曾有过刁难领导，违背领导命令的经历，虽然在平时他们大多数都很好地与领导相处。导致这种突发性不服从的原因大致有三点：

第一，刚刚受到领导的批评或成为领导的发泄对象，感到气不顺，心不平，可能会情绪化地对待领导的命令，不服从甚至顶撞领导随之而来的新的安排和命令。

第二，因为领导的原因使自己的利益不能满足。如由于领导不公平，自己的奖金比别人少，房子比别人小甚至没分到，或者评职称不如意，等等，就有可能抵触之情顿生，大有剑拔弩张之势。

第三，领导的决策与自己有根本性分歧，或交办的事情对自己并无好处并有可能得罪同事时，不愿执行领导的决定。

人的生命，总是在满与不满，愿与不愿的无休止交织中消磨、延续。满座笑语，独一人向隅而泣的滋味，几乎每人都品尝过。身临此境，也许你的忍耐比力量更有效。你可以巧妙地表示自己的不满，但绝不可抗拒。你以自己的宽阔胸怀，坚持服从第一的原则是聪明之举。这样做，使领导心里雪亮，你在情感上掩藏着极大的不满，但理智地执行了他的决定，他在下属心中的地位不得而知。对你的气度和胸怀，他也不得不佩服甚至敬重之情油然而生。你暂时的忍耐，铸就了来日更灿烂的辉煌。否则，顶顶撞撞，使自己与领导的关系在某个特定阶段陷于紧张状态，进入不愉快的氛围之中。缓和、改善这种僵局所付出的代价可能比你当初忍辱负重的服从还要大出几倍或几十倍。"要知今日，何必当初"的感喟为时晚矣！须知，没有哪一个人会永远顺利，一味满足，暂时的忍耐，巧妙的服从，也是一种人生策略。

当然，服从也有善于服从，善于表现的问题。细心的人都可能会发现这样一个事实：在单位里，同样都是服从领导、尊重领导，但每个人在领导心目中的位置却大不相同，何也？这一问题的关键是能否掌握服从的艺术。有的肯动脑子，会表现，主动出击，经常能让领导满意地感受到他的命令已被圆满地执行，并且收获很大。相反，有的人却仅仅把领导的安排当成应付公事，被动应付，不重视信息的反馈，甚至"斩而不奏"，甘当无名英雄，结果往往事倍功半。

服从第一应该大力提倡，善于服从，巧于服从更不应忽视。因为，在丰收的田野上，农夫有理由让人们记住他挥洒的汗水和不辍的辛劳。这不是虚荣，而是实实在在的需要。那就请掌握服从的技巧和艺术：

第一，对有明显缺陷的领导，积极配合其工作是上策。我们的时代，是科学文化飞速发展的时代，有些领导原来基础就较差，专业知识不精。这样的领导，在下属心目中的位置并不高，但对下属的反映却格外敏感。你不妨抓住领导的这一弱点，借鉴他多年的工作经验，以你的才干弥补其专业知识的不足，在服从其决定的同时，主动献计献策，既积极配合领导工作，表现出对领导的尊重，又能适当展现自己的才华，英雄找到用武之地，成为领导的左膀右臂，领导不单会记住你，更会感激你，一份付出，两份收获，何乐而不为呢？

第二，有才华且能干的下属更容易引起领导的注意。领导的注意力更多地集中于才华出众的"精英"型下属身上，他们服从与否，直接决定领导的决策执行水平和质量。所以，如果你真有能力，正确的方法不是无视领导，而应认真去执行领导交办的任务，妥善地弥补领导的失误，在服从中显示你不凡的才智，这样，你就获得了优于他人的优势。才干＋巧干，会使你成为领导心理天平上一枚沉甸甸的砝码。

第三，当领导交代的任务确实有难度，其他同事畏手畏脚时，要有勇气出来承担，显示你的胆略，勇气及能力。某单位单身职工李君患肺结核住进了医院，领导动员同事们去做经常性护理。大家面面相觑，无人表态，领导很尴尬。最后，年轻的小伙子刘君主动站出来，为领导解了燃眉之急。领导大为感动，会上表扬，私下感谢当然不在话下。可见，关键时刻服从一次，替领导解忧，胜过平时服从十次，而且还会深深打动领导，使其铭记在心。

第四，主动争取领导的领导，很多领导并不希望通过单纯的发号施令来推动下属开展工作。一位资深领导曾说过：当下属的要主动争取领导好感，向领导申请任务，而不是被动地接受摊派。请求上司的领导比顺从上司的领导更高一个层次，是一种变被动为主动的技巧，它不仅体现了下属的工作积极性、主动性，还增加了让领导认识自己的机会。这种工作方式已越来越为现代型的领导和下属重视。

心悦口服对待上司

令人讨厌的上司，使人见之便起浑身鸡皮疙瘩，与这样的上司相处经验多多。因此，愿以亡羊补牢的心境，劝说各位几句。

如果为家人着想，为往后的荣华富贵铺路，为光耀门楣等等，应该就不会直接的反抗上司，顶撞上司，硬骨头、自尊心，是全然没有一点儿利处的。

上司的命令，纵然过分地无理，也必须顺从。团体是冷酷无情的，千万不可以下攻上。

总之，要表露出心悦诚服的神色，并观察上司的特长，对其特长大表敬意，如此一来，与上司间的关系一定会产生微妙的变化。

一流的卖艺人会听从顾客的无理要求，时而哄、时而安慰，然后再牵着他们的鼻子走。不管再怎么和上司和不来，话不投机，也要尽量拍马屁，这是为人处世的基础。

人事考核第一关的主管，就是你的直属上司。若在这一关就被打了低分数，再往上级评审，也只会减分，不会有高的评价。

如果，你实在觉得上司不讨人喜欢，就让太太往上司夫人身上下工夫吧。逢年过节，别忘了差遣妻子前去送礼致意。慢慢地，对方的态度一定会改变，你们的距离也会逐渐拉近。

强者——是可以指挥、压抑自己的人（《犹太法典》）

强者——是可以把敌人变成朋友的人（《犹太法典》）

侍者的礼仪若是周到，任何酒都变成美酒（《犹太法典》）。《犹太法典》中所说的强人，的确是真正的勇者，用合宜有礼的行止来与上司相处吧。再亲密的朋友也有距离。如果你的态度慎重又谦恭有礼，大多数的上司应该都会接纳你才是。

你也要反省，身为部属的你，是否会草率地批评上司呢？对自己的缺点佯装不知呢？

先入为主的观点最要不得，所谓"情人眼中出西施"。总之要高高兴兴地为上司服务才是。

第二章

上级驭下级之道

高深莫测　不怒自威

戴高乐将军说：“最最重要的是，没有神秘，就不可能有威信，因为对于一个人太熟悉了就会产生轻蔑之感。”因此领导者要树立威信，必须有深藏不露、高深莫测的功夫，让下属摸不清自己的底牌。这样既能让下属对你保持一种神秘感，又可让人不知心迹行踪，以免祸生肘腋。

舍不得女人套不住狼

西汉初年，北方的匈奴首领冒顿杀父自立，以为自威，这大大地震慑了它的邻国东胡。为了限制匈奴的发展，东胡国不断挑衅，企图找借口灭掉匈奴。

匈奴人以剽悍善骑著称。国中有一匹千里马，油黑发亮如软缎，浑身无一根杂毛。它能日行千里，为匈奴国立下过汗马功劳，被视为国宝。东胡国便派使者向匈奴国索要这匹宝马。匈奴群臣都认为东胡太无理取闹了，一致反对。

足智多谋的冒顿一眼看穿了东胡的用意，但并没有流露出来。他知道，舍不得孩子打不着狼，决定忍痛割爱来满足东胡的要求。他告诉臣下：“东胡之所以要我们的宝马，是因为与我们是友好国家。我们哪能因为区区一匹千里马而伤害与边邻的关系呢？这样太不合算了。”这样，就把宝马拱手送给了东胡。

东胡国王一看冒顿如此胆小怕事，就更加狂妄。他听说冒顿的妻子很漂亮，就动了邪念，派人去匈奴说要纳冒顿之妻为妃。

冒顿的妻子年轻貌美，端庄贤惠，深得民心。匈奴群臣一听东胡国王如此羞辱他们尊敬的王后，都气得摩拳擦掌，欲与东胡决一死战。冒顿更是气得钢牙紧咬：连妻子都保护不了，还算个男人？况且还是个国王！然而他转念一想，小不忍则乱大谋，社稷毕竟重于一切啊！

于是，他强打笑脸劝告群臣：“天下女子多的是，而东胡却只要一个啊！岂能因为区区一个女人伤害与邻国的友谊？”这样，他又把爱妻送给了东胡国王。

东胡国王轻而易举地得到千里马与美女，就认为冒顿真的惧怕他，更加骄淫起来。他整日寻欢作乐，不理朝政，国力越来越虚弱不堪。然而他却毫无自知之明，又第三次派人到匈奴去索要两国交界处的方圆 1000 里的土地。

冒顿召集群臣商议，大臣不明他的态度，都沉默在那里。有人耐不住这可怕的寂静，联想到以往两次的事，试探地说："友谊可能重于一切，送给他们好了。"冒顿一听，怒发冲冠，拍案而起："土地乃社稷之根本，岂可割予他人！东胡国王霸我皇后，索我土地，实在是欺人太甚！是可忍，孰不可忍?! 现在天赐良机，我们要灭掉东胡，以雪国耻！"他亲自披挂上阵，众人同仇敌忾，一举消灭了毫无防备的东胡。

千里马可不要，女人怎能随便送人？让你先尝点甜头昏昏脑，然后让你身死不知是梦里！

纵情酒色以暗察官员

齐威王是战国时齐国的国君。他在继任之初，不理国政，沉湎于酒色之中，经常作彻夜之饮。其时，邻国不断前来侵犯，国内的许多大臣也贪赃枉法，玩忽职守。一些忠于国事的大臣很是忧虑，可是，谁也不敢向他进谏。

有一个叫淳于髡的人，妻子是齐国人，他便也住在齐国。此人个子不高，但语言机智而风趣，他也很为齐国的现状焦虑，他知道，如果直接向齐威王提出看法，必然会碰钉子，便想了个巧妙的办法。齐威王好猜谜语，淳于髡便给威王出了一个谜说："咱们国都之中有一只大鸟，栖息在大王的宫廷之中，三年多了，不飞也不鸣，大王知道这是什么鸟吗？"齐威王回答说："此鸟不飞则已，一飞冲天；不鸣则已，一鸣惊人。"

齐威王立即传令将全国 72 个县令长官都召集到国都临淄开会。他先点名叫出即墨县的大夫，对他说："自从你到即墨就任以来，每天都有人来说你的坏话。可是，我派人到即墨县去明察暗访，发现你们那里庄稼茂盛，百姓丰足，官府办事不拖沓，边境也很平安。看来你是一个勤政爱民的好官员，只是不愿意对你身边的人行贿以求取名誉罢了！"说罢，当即给他以万户的重赏。

接着，他又叫出阿城的大夫说："自从你到阿城做官，每天都有人来夸奖你，可我派人到阿城去，看到你那里田地荒芜，百姓贫苦。赵国进攻，你不能救助，卫国夺取了你的土地，你竟然一无所知，你完全是靠花钱行贿求人替你鼓吹的呀！"当天下令把这个不顾百姓死活，只求自己升官的贪官烹杀，同时，还将那些替阿城大夫鼓吹的近臣烹杀。

齐威王的举动令齐国野朝及邻国为之震惊，原来，他在沉湎于酒色的幌子下，对朝廷内外的官员进行详细的考察，他真可谓"一鸣惊人"。从此谁也不敢再弄虚作假了。

我纵情酒色，不问朝政，你们官员不就可妄所欲为，原形毕露，而我岂不把人心查得水落石出？

距离生威

中国古代大圣人孔子说过一句话："临之以庄，则敬。"

这句话意思是说，领导者不要和下属过分亲近，要与他们保持一定的距离，给下属一个庄重的面孔，这样就可以获得他们的尊敬。

领导与下属保持距离，具有许多独到的驾驭功能：

首先，可以避免下属之间的嫉妒和紧张。如果领导者与某些下属过分亲近，势必在下属之间引起嫉妒、紧张的情绪，从而人为地造成不安定的因素。

其次，与下属保持一定距离，可以减少下属对自己的恭维、奉承、送礼、行贿等行为。

第三，与下属过分亲近，可能使领导者对自己所喜欢的下属的认识失之公正，干扰用人原则。

第四，与下属保持一定的距离，可以树立并维护领导者的权威，因为"近则庸，疏则威"。

作为一名领导，要善于把握与下属之间的远近亲疏，使自己的领导职能得以充分发挥其应有的作用，这一点是非常重要的。

有些领导想把所有的下属团结成一家人似的，这个想法是很可笑的，事实上也是不可能的，如果你现在正在做这方面努力，劝你还是赶快放弃。

退一步说，即使你的每一个下属都与你八拜结交，亲如同生兄弟。但是，你想过没有，你既然是本部门、单位的领导，那么，你与下属之间除去有亲兄弟般的关系以外，还有一层上下级的关系。当部门、单位的利益与你的亲如兄弟的下属利益发生冲突、矛盾时，你又该如何处理呢？

所以说，与下属建立过于亲近的关系，并不利于你的工作，反而会带来许多不易解决的难题。

在你做出某项决定要通过下属贯彻执行时，恰巧这个下属与你平常交情甚厚，不分彼此。你的决定很可能会传到这个下属的手中，他如果是一个通情达理的人，为了支持你的工作，会放弃自己暂时的利益去执行你的决定，这自然是最好不过的。

但是，如果他是一个不晓事理的人，就会立即找上门来，依靠他与你之间的关系，请求你收回决定，这无疑是给你出了一个大难题。

你如果要收回决定的话，必然会受到他人的非议，引起其他下属的不满，工作也无法开展。

不收回，就会使你与这位下属的关系出现恶化，他也许会说你是一个太不讲情面的人，从而远离你。

与下属关系密切，往往会带来许多麻烦，导致领导工作难以顺利进行，影响领导形象。所以，请你记住这句忠告："城隍爷不跟小鬼称兄弟"。

藏起你的猴子尾巴

不要让人看见你卸妆。

人是一个复杂的多面体。一般说来，每个人都有他光彩的一面，也都有他相对阴暗的一面。有个寓言故事是说，每个人身上都挂有两个袋，一个袋里装有优点露在身前，另一个袋里装有缺点藏在身后。不管这是不是人性的弱点，但把自己光彩的一面显示给大家，把阴暗的一面隐藏起来，这是我们每个人所做的努力。

爱美之心，人皆有之。为给人留下良好印象，每个人都会趋美避丑，刻意修饰打扮一番。外形不佳者自然多加修整，以掩其缺憾；容貌艳丽者不甘落后，精心修饰以求美上加美。可是你想过没有，人们对美的评价往往与"真"相联系。一个人的外在形象，一旦被认为是虚假不真的，那么便不再被认为是美的了。这种美和真的反差将大大降低人们对一个人的评价。

正因此，常化妆的女人不能让人看她卸妆。当一个女人卸妆时，那些为化妆所掩盖的一些缺憾如脸上的皱纹，暗淡的嘴唇，无光的脸色，会让人一览无余。就这一刻的印象，会代替了他人对这女人全部的评价。

作为一位领导人，在塑造自己外在形象的同时，要注意保护自己的隐私，不得让人窥视自己一些生活上或工作上的"内幕"。这点很重要。

树立外在形象，贵在始终如一。有一位领导，说话有着浓厚的家乡口音，且带有轻度口吃。有一次他带领部下去烈士陵园扫墓。在墓地由他发表演讲，对部下进行思想政治教育。对这个讲演他做好了充分准备。因此在讲演时他一板一眼，很有生气，整个会场气氛恭敬、肃穆。可是讲演完后，又由他为大家布置具体任务和强调注意事项。这时他老毛病却又犯了。讲话随随便便，家乡语重加上口吃，拖拖沓沓，啰啰嗦嗦，台下顿起一片交头接耳之声，会场秩序大乱，不得不由他人出面维持。

可见不能始终如一，相当于自己戴上面具然后再自己亲手把它摘下来，这是为人处世之一大忌。

很多人能做到这一点，前后言行始终如一。但却往往由于疏忽，由一个很偶然的原因让人得以窥视自己某些隐私。这种情况，当时会很尴尬，对领导的以后形象及声誉必有损害，而且有的员工还会以掌握领导的隐私为把柄，从而造成对领导实际工作的不利。作为领导这时要多加小心，以预防为主。

领导者要注意公私分明。公是公，私是私，二者不可过于混淆。一些与工作无关的私人交往，或者不易于公开的私下交往，最好要到自己家中，而不宜在办公室密谈。邻居者的一些私人关系应尽量避免纠缠到办公室里。

领导者的家庭住址最好与公司地址距离较远。虽然每天上班还要来回坐车，但却可以有效地把公事、私事分别开来。领导者在与自己的亲戚朋友之间私人往来时，留给他们的个人地址，应该是家庭住址，而不是办公室。留给他们的电话号码也应是家中的而不是办公室里的。这样你那些亲朋好友在找你时，可直接找到家中；同样也避免了那些送礼的人把礼物抬到你的办公室里的尴尬。

家丑不可外扬。不可把过多的私人关系卷入办公室。领导的一些重要的私人关系，不宜向员工、同事透露。如果领导的亲人、朋友过多地出入于他的办公室，也会造成公司高层人物对你的不信任。

领导者还应管好自己的私人用品。往往你的一些生活小用品也向他人传达了一定的信息。你的细心的员工们不仅会根据跟你来往的人，也会根据你的日常用品来判断你的行为。《红楼梦》里有一段精彩的描写。贾琏外出住过一段时间后，他的妻子王熙凤替他整理行李，特意吩咐家人："不光要看少了什么，更要看多出来了什么，譬如指甲、头发、香袋之类。"这把贾琏唬了个半死。果然丫环平儿翻出了一绺女人的头发。幸好平儿救驾，替他掩藏了起来，才没有打翻王熙凤这只醋坛子。

因此领导者要管理好自己的生活用品，个人物件最好不要带到办公室里。带到办公室里的必需品也要刻意保管好。比如一些药品、私人信件、书籍等等。

领导的一些私人活动，也以远离公司为妙。这样可以防患于未然。比如老板请别人或别人请老板到饭店吃饭，席间要谈一些重要事情，如果不巧碰上你的员工，可能产生很尴尬的场面。如果员工知趣，他可能跟你打过招呼先行告退；或许他装作没有看见你，那也许是真的，但他一旦看见你，就一定在着意于你的举动。这时你可以对一些事情避而不谈。

另外领导者的洗浴、整容等个人活动，也以远离公司为妙，以免与公司熟人发生"撞车"的可能。

以上所述，并不是说不要领导与员工在下班后不接触，只不过是说，世界是复杂的，领导者要保护自己的隐私，维护自己的外在形象罢了。

领导在办公室里自然要与员工打交道，在办公室之外，领导当然还要与员工、同事或上一层领导有所往来，虽然这时候的交往气氛往往比较轻松，不再同于办公室的严肃庄重，但老板在这时的人际交往更需富有技巧性，既与员工、同事接近，打成一片，又不意味着随随便便，让人把自己一览无余。

领导与员工、同事聚会，比如公司开展一些庆祝活动等，大家都难免要同坐在一个酒桌上，吃吃喝喝。这时，领导幽默活泼一点，活跃酒桌的气氛是必要的，但在酒桌上更有一些必须遵循的礼仪。又活泼，又守礼，才能使场面又热闹，又有序，使活动获得圆满成功。这样可大大加强领导与他人之间的联系，更能提高他在众人心目中的形象。

摆宴席离不开酒。酒一定要喝，但要适可而止。切忌一醉方休。开怀大饮。酒醉之后容易生事。而且醉态龙钟这本身也影响到旁人对你的形象评价。

具体说来，醉酒有三忌：

忌酒后失言。喝酒过多，酒精会对大脑造成暂时的麻醉作用。很多人往往便失去理智，便管不住自己，只管胡言乱语。说话若不堪入耳，虽是平日敬服你的人，此时心中也不免生厌。这大大影响你日后的形象。况且，人们常说："酒后吐真言"，一旦在醉意朦胧之下，不管面前是谁，轻易向他说出你心中的秘密，或你轻易答应了别人的请求，让你日后后悔万分。正所谓"祸从口出"，这也正为醉酒者所忌。

忌酒后失态。醉酒的人由于小脑受到麻醉，行为不再听使唤，站立不稳，东倒西歪，这些在明白人看来，都有失雅观。有人喝酒过多，容易发生呕吐，有害健康，不利于环境，有人醉后如一堆烂泥，伏地不起，还有人醉后想起痛心之事，呜呜大哭。这些在酒后难以自持的行为，难说会给人留下好印象。

忌酒后近色。众多的人在一起喝酒，很多的时候必有男有女。若酒后在男女关系之上有所闪失，更是关系到今后名誉的大问题。喝酒易于近色，历来"酒色"并称，大概纵酒易于纵情，纵情必易于纵欲。若有人酒后失态，坐在一女子身旁狎昵，女方或许不便回绝，而其他人或许会知趣地躲开。对于此等风流韵事，一旦有人别有用心，那就为害不浅了。

领导者要注意和身旁常接触的人搞好关系。在工作中与你多接触的人，窥探你秘密的机会就多，就越容易介入你的私生活，不要与他们有一种敌对的关系，这将对你大大不利。如果你能与他们保持友好的朋友关系，你的一些小缺点他们也容易接受。他们会自觉维护你的个人形象，替你遮掩一下你的小缺陷。

领导者应特别注重搞好与私人秘书的关系。秘书较多地涉入你的个人生活，你的很多事情无法瞒过她（他）的眼睛。秘书能够守口如瓶，对领导的形象的维护是不可取代的。

小品演员黄宏曾经和人演过的一段小品很能说明这一点：老板管不过秘书，特别是女秘书。"如果秘书总时不时给你来一点'桃色新闻'什么的，老板怎么吃得消？"

领导同秘书在工作上、生活上建立一种互相支持、互相理解的友好合作关系很重要。这不等于说，领导与秘书保持男女之间的暧昧关系。但人们对于领导者与女秘书的关系极为敏感。正如此，领导者才更须做到光明磊落。

"兔子不吃窝边草。"这是兔子自我隐蔽，自我保护的一个方法。同样，与身边人打好交道，也是领导者维护自身形象的一个重要方面。

跟身边的人打好交道，不等于说与他们过于亲密，你的一切个人的事情都放心地说与他们听。而与员工保持适度距离，不但必要，而且重要。

每个人周围都有一种无形的界限，你不可逾越。这是一种私人生活的界线，一种内部思想和感情的界线，他们不愿向外面的人透露，尤其是在工作中相互合作的人。作为领导，你不适合成为他们最信任和最亲密的朋友，如果是这样的话，那么你将冒一种很大的风险。作为领导，你决不应该将自己与员工的关系延伸到一些过于亲密的关系之中，你必须分清其中的界限，而不能跨越一步。

一个领导者与员工之间的情感依恋会带来一种灾难性的后果，这种关系应该完全避免。如果真的发生，这种关系也不应在工作场合与工作关系之中存在。如果让员工在工作之中都感觉到这一点，势必对周围的每一个人都产生一种不良的影响。所以这种关系只能正当而隐秘地存在。在日常工作中你往往容易受那些你喜欢的人的吸引，同样地，那些喜欢你的人也容易受到你的吸引。我们在工作中喜欢与那些喜欢的人在一起时间要更多，相互之间了解得更多，这种相互了解也将我们带离得更近。但如果你不经常提醒自己，你会突然发现自己与下属之间的界限已经消失，你们似乎都陷入一种情感的困扰之中。

学会认识到这种危险信号，学会收住自己的脚步，同时警告自己不要自欺欺人地以为自己花更多时间与某位员工在一起完全是出于工作的需要，绝不带有个人偏见。当你靠近个人情感的界限时，应仔细考虑一下其中的后果，一旦逾越，事情可能变得无法控制，特别是控制自己。

当你去看医生，你总是希望医生对你的病情特别对待，但从职业来讲，医生不会对你表露出任何个人情感因素，他只会把你当成病人。当你与员工相处时，也应保持这种职业习惯，在工作中保持客观性。

因此，当你从自己喜欢的员工面前走过时，提醒自己，时时询问自己的动机，避免与这些人显得过于亲密，不要给这些人创造更多的机会。一旦事情陷入爱与恨的境地，我们就得一切重新规划了，作为领导者，你绝不该卷入这种与员工的爱与恨之中。

总之，常化妆的女人不要让人看你卸妆，领导者要维护自身形象，也要切实保护自己的隐秘。

有主见　能决断

兵乱一个，将乱一窝。领导者不仅要有铁手腕，还要有铁石心肠，即强悍的心理素质和坚韧不拔的钢铁意志。说话掷地有声，办事雷厉风行，指挥调度游刃有余，唯有如此，才能让下属有主心骨，有风向标，才堪当领导之大任。

不要怕别人说你独裁。家有千口，主事一人。治家如此，治国平天下更不在话下。这是用人行事的规律，跟民不民主没关系。

明神宗力抵群臣

万历九年冬的一天，明神宗朱翊钧到慈宁宫去拜见太后，看到宫女王氏颇有姿色，一时兴起，便在宫中临幸了王氏。王氏由此得了身孕。后宫规矩，宫女承宠，必有赏赐，文书房内侍记下年月时辰及所赐物品以备查验。当时明神宗因为此事发生在慈宁宫，有些忌讳，事后并未赏赐，文书房内侍也不敢提什么赏赐的事，只是记下了年月时辰。

第二年四月，明神宗有一天陪同太后吃饭。太后提到王氏怀孕已五月了，明神宗不相信有此事。太后让文书房内侍取来起居注给明神宗看，且好言好语劝道："我已经老了，还没有孙子，如果生下男孩，是宗社的福气。母以子贵，母亲的身份低有什么关系，封为妃子不就可以了吗？"明神宗无法，只得封王氏为恭妃。八月，恭妃生下一男孩，取名朱常洛。因为正宫皇后没有生儿子，所以朱常洛成为皇长子。

万历十四年正月，皇三子出生，明神宗因为宠爱其母郑氏，便晋封郑氏为贵妃。

二月，辅臣申时行等上疏请册立东宫，疏章道："早建太子，是尊宗庙重社稷。皇长子出生已有五年，应该早点定名分。祖宗朝立皇太子，英宗是两岁，孝宗是六岁，武宗是一岁。现在春月正是吉利日子，陛下建储，以慰天下人之望。"明神宗

不轻许诺　言出必践

言必行，行必果。

治国的根本，是依靠礼德，君主帝位的保障，全在于诚信。坚守诚信，臣下对君主就没有二心，从而百姓归之，国家富兴！

反之，言而无信，则法令不行。于君主，会蒙上不道德名声；于百姓，会招致杀身之祸。从而世道混乱，国将不治。

是故，大丈夫应语出必践，言而有信！

卫商鞅立木巧取信

商鞅是我国古代的一位政治家、变法家。他本是卫国的没落贵族，听说秦孝公下令求贤，来到秦国。秦孝公听商鞅谈论富国强兵之道，很赞同他的变法主张。

公元前356年，秦孝公任用商鞅，实行变法。法令包括如下内容：打破土地上的纵横田界，承认土地私有、买卖自由，奖励耕战，建立郡县制。但商鞅担心老百姓不按新法做。为取信于民，就在国都咸阳的南门外，立起一根三丈高的木柱子，命官吏看守，并且下令：谁将此木搬到北门，赏黄金10镒（古20两为一镒，一说24两为一镒）。当时围观的人很多，但大家一是不明白此举的意图，二是不相信有这等好事，所以没人敢动。

商鞅闻报，心想：百姓没有肯搬立木的，可能是嫌赏钱太少吧！于是他又下令，把赏钱增加到50镒。听了新的赏格，老百姓更加怀疑了。但重赏之下必有勇夫，没出三天，就有一个不信邪的壮汉，把那木柱扛到了北门。

商鞅立刻召见了搬木柱的人，对他说："你能听从我的命令，是个好百姓。"立刻赏他50镒黄金。

这个消息不胫而走，举国轰动，人家都说商鞅有令必行，有赏必信。

第二天，商鞅即公布变法令，虽然新法遭到一些贵族特权阶层的反对，但新法在秦国终于得到顺利实行。

卫鞅取信于一搬木之人，竟慑服天下，由此可见守诺诚信，威力无穷。

朱晖践诺亡友之托

朱晖，字文季，南阳宛（今河南南阳）人。"早孤，有气决"。十三岁时，王莽败亡，天下大乱，他和外祖母等从田间往宛城跑，在路上碰上一伙强盗持刀抢劫妇女。"昆弟宾客皆惶迫，伏地莫敢动。"朱晖独拔剑向前，说："财物皆可取耳，诸母衣不可得。今日朱晖死日也！"这伙强盗佩服他的胆量，"遂舍之而去"。

朱晖的父亲曾和光武帝刘秀同学，因此朱晖刚进入青年时代即被召为郎。后来他卒业于太学，相继做过卫士令、临淮（今江苏泗洪东南）太守，以"进止必以礼"受人称赞。

朱晖为人"性矜严""好节概"。他的同乡张堪素有名气，曾在太学和他相见，对他像老友一样敬重。张堪拉着他的胳膊说：想把我的妻儿托付给您。朱晖觉得张堪是年长的前辈，拱了拱手，没敢说话。之后也再没有见过面。张堪死后，朱晖听说他的妻儿生活贫困，就亲自去看望，并送给她们很多钱粮衣物。朱晖的儿子很奇怪：您和张堪不是朋友，从来没听您说过他，为什么要周济他的妻儿？朱晖说："堪尝有知己之言，吾以信（许诺）于心也"。朱晖同郡还有个朋友陈揖，下世很早，留下一个遗腹子叫陈友，朱晖很可怜他。后来司徒桓虞做南阳太守，提拔朱晖的儿子朱骈当属吏。朱晖觉得陈友生活困难，就建议桓虞提拔陈友而辞退朱骈，桓虞叹息着答应了，时人都称赞朱晖"义烈"。

于人生前不许诺，于人身后承重托，亡灵不知，而生者赞矣！

慎开金口，以防祸从口出

乱之所生也，则言语以为阶；口三五之门，祸由此来。

祸从口出的道理，自古以来一再被人谈起。这里所说，则以经典史籍为依据。孔子曾经指出：动乱之所以产生，常以言语作为阶梯。别有用心的人挑拨离间，制造矛盾，要靠三寸之舌；流言飞语，惑乱人心；不负责任的话，激化矛盾；说话不慎重而得罪人，信口开河惹祸上身。这种种祸乱的发生发展，都和言语有关。

口是三五之门，是一种由来已久的说法。三指日月星三辰。五指五行，而古代对五行的理解，除金木水火土之外，还多指人事，或者认为是五种道德，或者认为是五种行为。总之，三五可以代表天地之间、包括人类社会的万事万物。这一切都要借言语来描述表达，可见言语的重要了。先秦古籍《国语》因而有"口是三五之门"的形象说法。著名学者韦昭加以注解，强调嘴巴的这种门户作用。一旦门户管理不好，胡言妄语，就会带来祸乱。

一言既出，驷马难追

白珪之玷尚可磨，斯言之玷不可为。齿颊一动，千驷莫追。噫！可不忍欤！

《诗经·大雅·抑》中有几句传播久远的话，是一位老臣苦口婆心规劝周厉王时所说的。周厉王是个很任性的昏君。老臣请他谨言慎行，语重心长地说："……之玷，尚可磨也。斯言之玷，不可为也。"白玉上的玷污，还可以磨掉。这……的玷污，却是出口就收不回来，没法改变了。古人常常感慨：一言既出，驷马难追，即所谓驷不及舌。驷，本指四匹马拉的车，是古代最高级最快速的车。千……是有一千辆这样的车，我们理解时当然不必太拘泥，而应时时记住，只要嘴巴一动，说出话来，就是有多少好车快马，也无法收回了。正因如此，说话怎能……重，怎能不讲究"忍"字呢？

为什么要言行一致

管理者的位置决定了你应该与众不同。你的员工应当尊重你，信任你，得……的支持。你的员工也期待你去作出一些困难的决策，去解决实际问题。他们期……像个管理者，因此，领导者应当在员工中表现自己的身份。

你应当注意自己的表现方式，注意你的穿戴会给其他人带来的影响。不要以为……不会注意你松开的领带，蓬松的头发和发皱的衣服，他们会注意的，他们会最先注……的这些不佳的穿戴方式。领导者应时刻牢记，员工们会根据你的外表、言语和行动……定对你的态度。因此，领导者要注重自己的衣着、外表，来显示出自己相应的职位……

当然更重要的是表里如一，外表是哄不住他人的，不要以此来虚张声势。领导……现出的老板派头不仅指你的穿着，还包括你说话的气势，更重要的是你的处事方式……

领导者的身份可以从许多方面得到体现，如走路、说话、微笑、眼神、脸……办公室的环境、对日常细节的注意、对待危机问题的反应等等。你也许有一个……的头脑，但不一定非得通过一种老板姿态表现出来，这样会疏远员工。你也许……们想象的那种真诚待人的人，但如果你脸上堆了过多的微笑，似乎又令人难……任。你走起路来箭步如飞，员工就无法跟上与你交谈。你也可能说话太慢，人……耐其烦地等着听你的要点。你可能在遭受压力时拍桌摔椅，或者疲倦时怒气大……也许你充满信心而员工却对你失去信心，因为你似乎从未听取他人的意见，总……自己是对的。因此，作为领导者，你要随时意识到自己的言行对他人的影响。

领导者要避免作出一些让人对你失去信心的行为。你必须完全控制着自己。……些过分控制自己的人往往与人疏远。但作为一个人，必须具有较强的自我意识……意识到自己看起来怎样，做起来怎样，以及对人的影响怎样。员工会根据每一……小的事情来判断你。当你显示自己的身份时，你是将办公室的门敞开还是紧闭……去弄饮料，谁站在队伍的前面。当你走出办公室时，如何与员工招呼。你如何接……电话，如何回复来信。作为领导者，你应尽力培养出一种完整的意识，表明你是……样的人，并向员工传递这些信息。

领导者也应注意自己是个普通人。当你表现自己时，一切都应随意自如，应……你显示自己的老板身份相一致。作为领导，你表现出来的形象既应是一个老板……应是一个普通人。

道："长子年纪还太小，等二三年后再说吧。"

户科给侍中姜应麟、吏部员外沈璟上疏道："郑贵妃虽贤，所生为次子，而恭妃所生为长子，将来要继承皇位的，恭妃却没有晋封为贵妃，望陛下收回成命，先封恭妃为贵妃。"

明神宗发怒，将姜应麟贬为广昌典史，将沈璟调出京师。明神宗还对阁臣们说道："我降级处分他们，不是为了册封的事，而是因为他们疑心我要废长立幼。我朝立储，自有规矩，我怎么会以私意而坏公论呢？"刑部主事孙如法对明神宗说道："恭妃生育长子，五年来未见册封贵妃，而郑妃一生下皇三子，就册封为贵妃，这样做，引起天下人疑虑也的确是事出有因。"明神宗大怒，将孙如法贬为潮阳典史。礼部侍郎沈鲤出了个中庸主张，郑氏、王氏并封为贵妃，明神宗还是不答应，说道："恭妃册封之事，等到皇长子立为太子时再说。"

过了四年，万历十八年正月，明神宗在毓德宫召见辅臣申时行、许国、王锡爵、王家屏等人，商议册立东宫的事。明神宗说道："我知道，我没有嫡子，建储长幼自有定序。郑妃亦再三陈请，恐外间有疑。但长子还太弱，等他再壮大些再说，你们以为如何？"辅臣们复请道："皇长子年已九岁，延师读书是时候了。"明神宗不住地点头。

申时行等人退出不久，明神宗忽命司礼监将众人追回来。明神宗道："已经派人去叫皇子了，与先生们见见面。"

辅臣们回到宫门内，不一会，皇长子、皇三子一齐到来。他们走到御榻前，皇长子在御榻右边，明神宗一手拉起他的手，让他面对众辅臣。

辅臣等注视良久，对明神宗道："皇长子龙资凤表，岐嶷非凡，从他身上可以看到陛下的睿智和仁慈。"明神宗高兴地答道："这是祖宗的德泽，圣母的恩庇，我哪里敢当。"

辅臣们见明神宗高兴，便乘机说："皇长子长大了，可以读书了。"还说："皇上当年正位东宫时，才六岁就已读书，皇长子已经比皇上晚了。"明神宗道："我五岁即能读书。"一边说一边指着皇三子说："他也五岁了，尚不能离开乳母。"辅臣们叩头奏道："有此美玉，何不早加琢磨，使之成器？"明神宗道："我知道！"申时行等人高兴地退出毓德宫。

谁知，这以后便没有消息。直到十月，吏部尚书朱赓、礼部尚书于慎行率群臣联合上疏，请册立东宫。明神宗见疏大怒，下令革去上疏群臣的三个月俸禄。辅臣申时行见状，便以生病为由辞官回家养病，辅臣王家屏上书极言申时行不能离职。明神宗不愿此事闹大，便传出话来说："建储之礼，当于明年举行，廷臣不得再对此事上奏章了，若再有人上奏章，就要将册立的事拖到皇长子十五岁以后再说。"

既然皇帝对建储事有了明确的答复，申时行便与群臣们相约，大家就等一年，而且还遍告所有的小吏，大家都不得在一年里谈这件事。

万历十九年冬十月，一年的期限到了。工部主事张有德上疏请示如何准备东宫的仪仗。当时申时行正因病休假，次辅许国对其他大臣道："小臣尚请建储，吾辈也应说说话。"于是仓促上疏，同时将申时行的名字列在首位。申时行闻之，赶紧另外上了一道密疏道："同官疏列臣名，臣不知也。"明朝规矩，大臣密疏只供皇帝一人看，不向外公布。而这一次却与其他疏一同公布。于是礼科罗大铨、武英中书黄正宾上疏指责申时行，说他迎合皇上为了保位。明神宗大怒，杖黄正宾，削罗大铨官职，并以"群臣激聒"的理由，再次推迟册立东宫。

万历二十一年春正月，辅臣王锡爵归省还朝，上密疏请建东宫。明神宗答复道："我虽有今年春天册立的打算，不过昨日读《皇明祖训》，上面说'立嫡不立庶'。皇后年纪尚轻，倘若生子，不是有两个太子了么？今将三皇子并封为王，数年后皇后还是不生子，再行册立。"

王锡爵又上一疏争论道："过去汉明帝取宫人贾氏子，命马皇后养之；唐玄宗取杨良媛子，命王皇后养之；宋真宗刘皇后取李宸妃之子为子，都可为本朝借鉴。"明神宗不理。王锡爵再上疏道："陛下就是想推迟册立太子，但读书的时机却不应该再推迟了。"明神宗仍旧不允。直到第二年二月，皇长子才出阁读书，这时已十三岁了。

皇长子出阁读书正值严寒，冷得发抖，中官们却围炉密室。讲官郭正域看不过，大声道："天寒如此，殿下当珍重。"于是命侍从取火御寒。明神宗知道此事，也不怪罪中官。

万历二十八年正月，皇长子朱常洛已满十八岁。礼部尚书余继登上书请册立太子然后举行婚礼。明神宗不理。七月，明神宗特下一道旨谕道："皇长子清弱，大礼稍俟之，百官毋沽名烦聒。"

第二年五月，戚臣郑国泰请册储冠婚，被革去三月俸禄。礼科右给侍杨天民、王士昌等请立储，都贬谪为贵州典史。

这年八月，大学士沈一贯对明神宗说道："《诗经·既醉》篇里臣子祝君曰：'君子万年，介尔景福。'又说：'君子万年，永锡祚胤。'意思是祝愿子孙多。皇上孝奉圣母，朝夕起居，不如让老人家含饴弄曾孙快活。"明神宗听了心动，这才答应择日册立冠婚。

万历二十九年冬十月十二日，明神宗以典礼尚未完备的理由，欲改期册立。沈一贯将圣谕封还给明神宗，力言不可再改期了。明神宗无法，只得于十月十五日册立皇长子为太子，同时册封了其他几个儿子为福王、瑞王、惠王、桂王。一场旷日持久的立储之争，终以明神宗最后也不能违反祖宗成法而让步结束。万历四十八年七月，神宗驾崩。太子朱常洛八月十三日即位，为明光宗，明光宗九月十二日驾崩，只做了一个月的皇帝。

明神宗不顾大臣的反对，迟迟不立朱常洛为太子，虽然最终屈服于宗法，但能坚持几十年，也表明其确有独断的勇气。

神化皇权定民心

秦王政二十六年（公元前221年），秦军灭掉了山东六国中仅存的齐国，完成了统一中国的大业。秦王政在统一六国之后，总是踌躇满志地思量着，现在我统治

的臣民空前众多，秦国的版图也空前辽阔，一定要显示出自己与大一统帝国局面相称的至高无上的权威，才能君临天下，有效地驾驭百官和统治万民。于是，统一大帝国刚建立，就在盘算着如何加强君王权力的问题了。

秦王政深知："名不正，则言不顺"。他想，当初自己和其他诸侯国的国君一样，都称"王"。如今"王"没有了，那么自己该称什么呢？当务之急，应先确定自己的称号。在一次朝会上，秦王政令群臣讨论君王的称号。他说："从前混乱的时代，大小邦国林立，兼并战争天天发生，血流遍野。这种局面连三皇五帝也没能禁止。到今天才由寡人剪灭了六国，天下出现了统一、安定的局面。现在寡人的名号不更改，何以显示寡人的赫赫功绩，又怎么将这些光辉的业绩传给后世呢？"

大臣们对国君的名号进行了热烈的讨论。丞相王绾、御史大夫冯劫、廷尉李斯以及朝臣中博古通今的博士们经过一番认真的讨论，建议说："大王尊号称'泰皇'最为合适。古代的三皇五帝最神圣，但五帝时地盘不过千里，诸侯外夷叛服不定，五帝也控制不了。而如今大王举义兵，诛残贼，平定天下，海内为郡县，法令由一统，这是自上古以来都不曾有过的盛世，五帝当然远远不及大王。古有天皇、地皇、泰皇，以泰皇最为尊贵，故臣待以'泰皇'适合做大王的尊号。"

然而，秦王政没有接受群臣的尊号。他想：既然三皇五帝的功德远远不能和我相比，我怎么能袭用三皇用过的称号呢？既然在人们心目中三皇五帝是最神圣的统治者，那么我就要把最神圣者的尊号合为一体，以显示我的神圣和功绩都是前无古人的。于是，秦王政取了三皇的"皇"字。再配上五帝的"帝"字，创造了"皇帝"这一前无古人的尊号，自称为"始皇帝"，规定后世以数字计算，称二世、三世……以至千万世。秦王政企图通过称号来显示至高无上的权威，并奠定万世一系的帝位基础。

接着，秦始皇又制定了一系列尊君抑臣的制度。规定皇帝所下的命令称为"制"或"诏"；不准臣下的语言和文字中涉及皇帝的名字；文书中每逢"皇帝"、"始皇帝"等字样，必须另行抬头，顶格书写。在秦始皇以前，"朕"是人人都可使用的第一人称，"玺"也是印章的一般称呼，秦始皇却规定，只有皇帝的自称才能使用"朕"，只有皇帝的御印才能称"玺"。

秦始皇也加紧替自己君临天下寻找理论依据，他利用"五德终始说"从意识形态上神化皇权。"五德终始说"以阴阳五行为理论基础，用金、木、水、火、土五行相生相克解释王朝的更替。这种学说认为，天降木德给夏禹，木气胜而克土，因此夏禹就取代属土德的黄帝，建立了夏王朝；商汤属金德，金气盛而克木，才建立商朝；周文王拥有火德，火德胜金德而建立周朝；水德克火德，代周者必拥有水德。一天，秦始皇召集了几位心腹大臣，对他们说："改朝换代这种事呀，全是天意。天将五德中的一德降给谁，谁才会拥有天下，成为天子。上天早已降水德给我秦先祖，所以最终由我秦王朝取代了周王朝。既然改朝换代是天意，那每一德兴起时，上天必降祥瑞。你们去研究一下关于祥瑞的具体情况。"于是几位心腹大臣这马上心领神会地去搞他们的"研究"了。他们查遍了皇家图书馆的所有资料，终于得到了一些关于祥瑞的记载。比如有书讲，黄帝的时候，上天显现出大蚯蚓、大蝼蚰以昭示黄帝，上天已向他降土德；到了夏禹的时候，出现了草木秋冬不凋零的景象，这是上天昭示夏禹已降木德；到了汤的时候，水中出现了刀剑，这是向汤昭示金德的符应；到了周文王的时候，出现了由火幻化的红色乌鸦口衔丹书，停在周的社庙上的奇观，这正是火德降临的祥瑞。上述祥瑞记载中，压根儿就没有水德兴起的祥瑞。几位从事祥瑞研究的大臣就犯难了，没有找到水德兴起的祥瑞记载，怎么向秦始皇交代呢？正在他们发愁犯难之际，突然一位大臣说："那天始皇帝不是讲'上天早已降水德给我秦先祖'吗？"这一提醒，无疑给了大家一种启示。根据这点启示，他们捏造了水德祥瑞的事实，说五百年前，一次秦文公出猎时，获得一条黑龙，这便是上天向秦文公昭示水德已降。秦始皇按水德的理论，改用十月为岁首，作为一年的第一个月；用五行配五色，水为黑色，于是服饰、旌旗都尚黑色；五行水与数术之六相应，各种器物的长宽都尽量与六这个数字相符，法冠皆长六寸，车舆宽六尺，天子的车用六匹马驾等等；并且将黄河改名为"德水"。

捏造得活灵活现的祥瑞事实配合"五德终始说"的理论根据，使本来已神化的皇权更蒙上了一束神秘的光环；"五德终始说"的精神贯穿于整个社会制度中，使臣民对秦始皇的统治产生一种神秘感，这样一来，秦始皇驾驭臣民的权威就大大的得到加强。

秦始皇更忘不了建立一套制度来强化和保证自己的权威。中央实行三公九卿制，地方推行郡县制，从中央到地方健全了一套封建官僚制度和统治机构。在统治机构的权力"金字塔"顶巅之上，自然是皇帝自己，皇权高于一切，文武百官都是为维护皇权而设立的。

丞相、御史大夫、太尉合称"三公"。三公虽然是中央机构的最高长官，但是他们都由皇帝亲自任免。秦始皇通过对他们的任免来控制和操纵他们的命运，由此，也就从制度上保证了三公必须绝对服从皇帝的旨意。作为中央枢纽机关首脑的三公，他们各有分工，互相钳制，改变了以前执政大臣平时治民，战时带兵，出将入相，军政大权由一人掌管的传统；三公职位虽有高低，但相互不存统属关系，都直接对皇帝负责。这样的制度确保了皇帝总揽大权的地位。

秦始皇枭雄的本质决定了他不可能盲从臣下的意见，而独断的勇气也更加重了其枭雄的色彩。

优柔寡断痛丧好局

时机犹如飞在空中的碟靶，当你犹豫不决未能及时瞄准它时，它很快就会从你的视域中消失。

战场上风云变幻莫测，作为军事指挥员，如果不能摆脱犹豫不决的心理障碍，就会贻误战机，失去优势，陷入被动挨打的局面，招致战败。官场上也是良机值千金，你抓住了，便可以成王成侯，出将拜相；失去了，等待你的也许便是身首异处，血染黄土。

所以，我们无法埋怨造化弄人，事实便是：你耽误的也许只是匆匆几秒，差的却不止千里。

袁绍长得一表人才，很有威仪。袁绍出身于四世三公，虎踞冀州，兵众粮多，士多归附；刘表是皇室宗亲，占有用武之国，威镇九州，是当时逐鹿中原的两个很有势力的军事集团。但后来袁绍被弱于他的曹操打败，而刘表也无所作为。陈寿为他俩在《三国志》作的传中指出，二人的弱点是："外宽内忌，好谋无决，有才而不能用，闻善而不能纳。"由于他俩的好谋无决，屡次失去大好战机，使曹操坐大，致被动挨打，所建立的割据政权终于败亡。

袁绍身边，开始确是人才济济，不少智谋之士向他提出图天下的良策，但不被他所采纳。沮授曾建议：西迎天子，挟天子以令诸侯。他将从其计，后听郭图等说："汉室将亡，兴之灾难，今迎天子，反受其制，不是善计。"沮授说："如不早定，必有智者先行。权不失机，功不厌速，要早图之。"袁绍终不听。后曹操迎汉献帝到许昌，收关中地，黄河以南皆归附。这时袁绍后悔已迟了。曹操征刘备时，田丰劝说袁绍起兵袭许昌，绍却因幼子有病，有愿出征。田丰以杖击地，叹气说："得此难遇的战机，却以婴儿有病而失掉，太可惜了！"

袁绍当决而不决，不当决而自决，官渡之败，实由此所致。袁绍恃有众数十万，骄心转盛，意欲南征。田丰谏说："曹公善用兵，变化无方，众虽少，未可轻敌。将军据山河之固，拥四州之众，外结英雄，内修农战，然后用奇兵乘敌虚出击，以扰河南，敌救右而击其左，救左则击其右，使敌疲于奔命，民不得安业，我未劳而敌已困，不过二年，可坐而胜。今释庙胜之策，而决成败于一战，如不得志，悔之无及。"绍不听，田丰恳切苦谏，袁绍大怒，将他关进监狱。于是，率大军南征，曹操率军于官渡相拒。沮授分析敌我形势说："我军数众而敌军精锐，敌粮少而我粮多，故敌利急战，我利缓战，宜持久战。"绍不从，便进军逼近官渡与操会战。操坚守。许攸建议派奇兵袭许昌，首尾相攻，操可擒。绍又不能用其计。因许攸家人犯法，攸恐累及便投操，使袭乌巢烧其军粮。绍军无粮大乱，操军勇猛出击，袁军大溃，袁绍带去十万大军只剩下八百骑兵跟他逃回，绍军既败。有人对关在狱中的田丰说："你有预见之明，必被重用。"田丰说："如我军胜，必能赦我；今军败，我必死。"绍回冀州，对左右说："我不用田丰言，果为所笑。"便把田丰杀了。袁绍外表宽雅，忧喜不形于色，而内多忌害，田丰之被杀，便是他"内多忌害"的表现。不久，袁绍病死后，冀州也被曹操攻破。

在群雄逐鹿中原之时，不是你灭我，便是我灭你，要想不灭人又不被人所灭是不可能的。刘表居用武之国，四可出击，战机有的是，而他既不图进展，却企图左右逢源，以独保其存，曹操与袁绍相拒于官渡，袁绍派使求助，表答应却不派兵，但亦不助操，想保持中立，以观天下变，从侍中郎韩嵩、别驾刘先对表说："豪杰并争，两雄相持，天下之重，在于将军。将军欲有所为，要乘其弊；如果不是这样，要择所从。将军想以十万之众保持中立是不可能的。以操公的英明必将胜绍，以后举兵向江汉，将军恐不能抵抗。为将军计，不如举州附曹公，曹公必德将军，长享福贵，传之后嗣，这是万全之策"。表狐疑不决。

刘表遇事就是这样犹豫不决，虽有战机，因其好谋无决也失掉。且因其人多狐疑，故不能任人信人，也就不易听人计。刘备来投，表厚待之，但不重用，曹操征柳城，刘备说表使袭许都，表不听。及曹操胜利回师，刘表后悔，对备说："不用君言，致失去这大好机会。"刘备说："今天下分裂，互相征伐，战机有用，不会只是这一次。如果能抓住以后出现的战机，是不必后悔的。"对于刘表这种人来说，他的最大愿望是据江汉以自保，即使以后有战机，他也是同样失去的。曹操大军下江南讨伐时，适表病死，其子刘琮无力抗拒，便率众投降。

战场上风云莫测。作为军事指挥员，如果不能摆脱犹豫不决的心理障碍，就会贻误战机，失去优势，陷入被动挨打的局面。官场也是良机值千金。成仁败寇，何尝不需当机立断的神来之笔？

撒切尔铁腕手段成功名

上任之初，撒切尔夫人对着千百个伸向自己的话筒镇静地说道："凡是出现不和的地方，我们要为亲善而努力；凡是发生过错误的地方，我们都要予以纠正；凡是产生过怀疑的地方，我们都要树立坚定的信念；凡是有悲观失望的地方，我们要赋予希望。"停顿了一下，她接着说："不论大家在大选中投了谁的票，我都要向你们——全体英国人民呼吁：现在大选已过，希望我们携手并进，齐心协力，为我们自豪的国家的强大而奋斗……"说完，她向欢呼的人群挥了挥手，转身消失在唐宁街10号庄严的大门里，立即开始了紧张的工作。

能干的撒切尔夫人当选了英国首相，联合王国并不安宁。北爱尔兰的独立危机，激进分子的恐怖活动，以及在监狱里的北爱尔兰共和军们的绝食活动接踵而来。英国出现了历史上少有的大罢工和城市骚乱；在野党对她领导的政府进行无休止的攻击和弹劾。

在国际上，她的大英帝国也已经不是过去称霸世界的"日不落国"。第二次世界大战以后，英国在国际上的地位每况愈下。不能再无愧地称为第一流世界强国了。

内外交困的处境并没有使撒切尔夫人的脑袋炸裂，她毕竟是"铁女人"。她用自己"铁"的意志，冷酷无情的"铁"手腕，镇压了一次次骚动，度过了一个个危机。

更大的危机爆发了。1982年4月，阿根廷的加尔铁里总统突然宣布收回马尔维纳斯群岛的主权，并很快出兵，迫使岛上的英国驻军投降。

这一事件无疑对撒切尔夫人乃至于她的内阁是一次严峻的考验。"铁女人"不会忘记1979年的那一件事，——由于美国总统卡特在伊朗人质危机中表现的过分软弱引起了人民对他的失望，继而被里根在大选中轻而易举地击败。

世界上有多少人的眼睛注视着她，"铁女人"将会有什么样的反应呢？

走向战争！在英国BBC的电视台的演说中，撒切尔夫人饱含热泪向全体国民呼吁："支持我吧，支持我也就是支持英国。在这个世界上，我们只有靠自己的力量，自己的团结才能解决自己的问题，维护英国的利益。"她以斩钉截铁的声音，在议会大厅中宣布："为了大英帝国的利益……对阿根廷宣战！"

几天以后，她组织的强大特遣舰队出发了。虽然战争凶吉难卜，但她下了"铁"的决心，还是命令舰队远涉重洋，出征万里之外的马岛。

撒切尔夫人的这种孤注一掷的行动使加尔铁里惊呆了，他不可理解，可能他忘记了她的绰号——"铁女人"了吧？！

阿根廷竭尽全力，作了顽强的抵抗，但最终还是屈服了。1982年6月14日在投降书上签字。关于马岛之战的是非功过，自有世人评说，我们姑且不评论英国在这场战争中的正义性与非正义性。但就撒切尔夫人而言，这位"铁女人"又胜利了，她在本国人民中赢得了更高的声誉，使她的联合王国在国际上的地位提高了，从而更巩固了她在英国的铁的统治。

撒切尔夫人是西欧对苏联持强硬态度的代表人物。她曾多次指出：苏联"把大炮放在黄油前面"，不能相信俄国人"分文不值的好话"。出任首相之后，她便把美国放在对外关系的首要位置。主张同美国保持"最密切的合作"。这位女首相还宣称："作为政治家，我们的责任就是让欧洲人了解俄国人不断扩军的事实，使他们警觉起来。"她甚至发誓般地说："今后我还要继续讲这方面的事实，要老讲，老讲！"

苏联对此颇为恼怒，指责她"拼命复活冷战"，是"可怕的冷战巫婆"。《真理报》评论员还挖苦地说，这位铁女人在冷战的道路上"走得真是太远了"，以至于连1946年提出"冷战"的丘吉尔"要是有朝一日知道有这么一位女人当首相，他也会感到不高兴。"

撒切尔夫人对苏联报刊"铁女人"长、"铁女人"短的攻击并不介意。1981年她在新德里接见记者说："我认为这是苏联对我的恭维。"当记者问她："你对'铁女人'这个形容词是喜欢还是恼火？"她说："两者都不是，我只是接受了这个形容词而已。"她自己还解释说："这个'铁女人'不是一个人云亦云的政治家，也不是一个实用主义政治家，而是一个有坚强观念的政治家。"

为了对付苏联的军事威胁，她主张借助美国的核保护伞，坚决支持美国的军备政策。然而，在盟军的内部，当美国的高赤字和高利率政策损害英国的经济利益时，她又毫不含糊地谴责里根的经济政策"损人利己"；当里根无视英国的劝告，悍然出兵侵占英联邦成员国格林纳达时，她率先公开反对。在欧洲经济共同体10国内部，为了夺回海湾地区被法国人所抢走的军火市场，女首相竟然在1981年一年之内两度出访海湾国家，向英国的伙伴国家法车"发动了全面的贸易战。"马岛战争结束不久，路透社记者再次问及女首相对"铁女人"这个称呼的看法时，撒切尔夫人回答说："对于你所信仰的东西，你就应当十分坚决的维护。"

撒切尔夫人胸中自有主见，决不屈服，决不盲从，真可谓巾帼不让须眉。

第三章

平级相和之道

花花轿子人抬人

圣人不能为时，而能以事适时，事适于时者真功夫。
人情练达即文章。

管仲容庸容恶容刚直

管仲处在春秋乱世，年轻时家庭贫困，为了谋生作过很多卑贱的行业。他有一个很好的朋友鲍叔牙，两人一起经商，在分钱时，管仲总是自己多拿些，很多人在背后议论，但鲍叔牙不以为意。后来两人参军，管仲又常常临阵脱逃，人们讥笑他贪生怕死，但鲍叔牙认为管仲是在保存有用之身，以待将来大展宏图。

当时齐襄公贪淫残暴，管仲与鲍叔牙相约各辅佐一名公子，将来互相提携，结果管仲辅公子纠出奔鲁国，鲍叔牙则跟随公子小白暂居莒国。后来齐襄公果然被叛将公孙无知所杀，齐国大乱，产生争位风波。公子小白闻讯便由莒回临淄（齐国都城），管仲企图阻挠，曾引兵于中途欲劫杀小白，但没有成功，小白顺利回都，即位为齐桓公。

公子纠为与齐桓公争位，联合鲁庄公，发兵攻齐，结果兵败于乾时。鲁庄公亟于求和，遂杀死公子纠，并囚禁管仲。此时鲍叔牙向齐桓公力荐管仲，称管仲为天下奇才，齐桓公心动，设法引渡管仲回国，拜为丞相。管仲既感齐桓公不念旧嫌的知遇之恩，乃辅佐桓公进行全面的政经改革。

管仲对齐国进行全方位改革后，齐国国势大振，桓公乃九合诸侯，成就春秋时代最辉煌的霸业。但齐桓公自从打败楚国后，自认功高无比，遂大治宫室，凡乘舆服御之制，皆比拟周天子，又宠爱易牙、竖刁、开方三个佞臣，齐国已隐伏祸乱之因子。值管仲病重，桓公亲往视之，询问今后将委政于何人。

桓公本意属鲍叔牙，但管仲认为鲍叔牙"见人之一恶，终身不忘，是其短处。"桓公又问到易牙、竖刁、开方三人。管仲认为易牙虽然曾烹其亲子，煮羹啖桓公，但"人情莫爱于子，其子且忍之，何有于君？"管仲又认为竖刁虽自宫以事桓松，但"人情莫重于身，其身且忍之，何有于君？"最后管仲指出开方宁愿不为卫国太子而投靠桓公，且父母死也不奔丧，但"人情莫亲于父母，其父母且忍之，又何有于君？"桓公听了管仲的谏言，相当不解地问道："此三人者，事寡人久矣。仲父平日何不闻一言乎？"管仲回答："吾之不言，将以适君之意也。譬之于水，臣为之提防，勿令犯溢。今堤去矣，将有横流之患，君必远之！"

管仲死后，桓公任命鲍叔牙为相，鲍叔牙坚持桓公要罢斥易牙、竖刁、开方三人，方愿奉命，桓公从之，命三人不许入朝相见，但时桓公年已72，身边少了三人以后，食不知味，夜不酣寝，耳无谗言，面无笑容。卫姬（桓公爱妃）趁机进言，桓公遂复召三人进宫，鲍叔牙进谏不听，愤郁发病而死。自此三人更无忌惮，期负桓公老迈无能，专权用事，顺三人者，不贵亦富；逆三人者，不死必逐。

桓公身染重病，卧于寝室，三人料其难治，遂假传旨意，不许百官相见，并遣卫士把守宫门，将宫中男女尽行逐出。并于寝室周围，筑高墙三丈，内外隔绝，只留墙下一穴，早晚使小内侍钻入打探桓公生死。桓公伏于床上，起身不得，呼唤左右，无人答应，既无处觅食，也无饮水救渴，桓公至此才信管仲预言，自觉无面目见管仲于地下，乃以衣袂自掩其面，连叹数声而绝。三人闻桓公已死，密不发丧，带甲兵入东宫，欲杀太子昭，太子昭得老臣高虎之助，逃往宋国。三人乃拥立卫姬之子无亏继位，众百官不服，三人命甲士诛杀百官，国中大乱，无人理会桓公尸体，时虽为冬天，但尸身日久无人照顾，血肉狼藉，生虫如蚁，争食尸骨，惨不堪言，一代霸主下场竟然如此，怎不令人欷歔！

世上能无齐桓公，不能无管仲，管仲治理国家，庸主也能成事。

拉帮结派收买人心

李善长与朱元璋本属同乡，出身安徽省凤阳县，在元顺帝至正十年（1354年），朱元璋率农民起义军至滁州时，李善长便投入军门。最初担任幕府书记，他为人非常谨慎，处处表现出对朱元璋的绝对忠诚，因此很快地便成为朱元璋最信任的心腹。至正十五年，朱元璋自称大元帅，任命李善长为元帅府都事。至正二十四年，朱元璋即吴王位，以李善长为右丞相。洪武元年（1368年）朱元璋称帝，命李善长为左丞相。由以上几处可称之一帆风顺的经历来看，李善长的侍上之道是相当切中朱元璋需求的，而当时世人也常将朱、李二人的关系比拟成汉初的刘邦与萧何。

李善长在明朝开国期间，有显著的功业。但本质上他是一个什么样的人呢？《明史·李善长传》说他外表宽仁温和，但内心狭窄。其他史书也说他刚愎执拗，器量狭小，好嫉恨人等。而其用人执政处处以"淮西派"的利害出发，党同伐异，更被视为最明显的缺点。

洪武元年，参议李饮冰、杨希圣因触犯了李善长的威权，李善长向朱元璋告发此二人弄权不法，结果两人，一被割乳身亡，一被劓鼻成残。杨宪颇有才华，朱元璋本有意立为丞相，李善长以杨宪非属淮西派，便刻意上奏杨宪"排陷大臣，放肆为奸"，结果害死了杨宪。李善长对非"淮西派"人士尽力排斥，但对淮西派内人士则相当纵容，如中书省都事李彬犯了贪污罪，御史中丞刘基认为依法当斩，李善长却一再为之求情，要求宽容不究。后来刘基仍坚持原则将李彬杀了。李善长自此深恨刘基，一再向朱元璋诬告刘基"侵职擅权"，并教唆淮西派党人奏告刘基，逼得刘基只好辞官告老回乡。此外，李善长为了提拔同乡胡惟庸，使淮西派能持续掌控朝政，也施展了许多不太光明的手段。依《明史》记载，由李到胡当权的 17 年间，以李善长为首的淮西派完全控制了朝廷的决策与执行，而非淮西派人士则完全被排斥。

淮西派势力越来越大，对皇权产生了极大的威胁，朱元璋与李善长之间也开始出现裂痕。洪武十三年（1380 年），朱元璋以擅权枉法的罪杀了当时的丞相胡惟庸，又罗织了一些罪名将对皇室统治不利的人一网打尽，使淮西派的实力大为削弱。朱元璋虽然在事件中并没有追究李善长，但已派锦衣卫日夜监视李府，准备寻隙处置。

洪武十八年，有人告发李善长弟李存义父子为胡惟庸党，朱元璋虽下诏免存义父子死，但仍强迫徙置崇明。洪武二十年，"蓝玉案"又起，淮西派再被株连多人。至洪武二十三年借胡、蓝二案，朱元璋已将淮西派几乎是扫荡一空，而李善长也成为年逾古稀的无牙老虎。朱元璋准确地把握住这个机会，先利用监察御史奏告李善长与胡、蓝两案都有牵连，再指控李善长为营建私宅向信国公汤和借卫卒 300 人，此为私自借兵，显有图谋不轨之嫌。随后，朱元璋更假托星变，须杀大臣以应灾劫，下旨逼李善长自杀。李善长接旨后，自知已无转圜余地，毋宁束身以听命于上，于是回家里自缢身亡。李善长一死，曾严重威胁皇权的淮西派也土崩瓦解，成为历史陈迹。

李善长也算得上是人情练达的人物了，可终免不了被逼上吊的结局，混世混官，谈何容易！

两面讨好得利

1939 年 5 月 22 日，意、德签订了所谓"钢铁同盟"。条约第三条说，"如果违反缔约双方的愿望而发生其中有一方陷入与一个国家或几个国家的军事纠纷之中的事情，则另一个缔约国应立即以盟国身份，以其全部军事力量在地面、海上和空中予以援助和支持。"

条约第五条规定："一旦发生战争，两国中的任何一国都不得单独停战或媾和。"条约虽然签订了，墨索里尼这个老狐狸，却仍心怀鬼胎，另有自己的打算。事实上，从开头墨索里尼就没有遵守第三条，到结束时更没有遵守第五条。他只是表面上打肿脸充胖子，扬言如果英国准备为保卫波兰而战，意大利一定和我们的盟国德国并肩作战。但在幕后，他的态度恰恰相反，他这时所企求的目的，是巩固他在地中海和北非的利益，摘取他在西班牙进行干涉的果实，消化他在阿尔巴尼亚所夺取的东西。他虽然屡次公开自吹自擂，但对于意大利在军事上的脆弱，他比任何人都更清楚。于是他在收到希特勒要他参战的信号后，当天下午即婉言拒绝。他在复信中说:"如果德国进攻波兰,后者的盟国又向德国展开反攻,那么我事先通知您,鉴于目前意大利的战争准备状况,我觉得最好在军事行动方面不采取主动行动。"在这种明显的出尔反尔的表达后,他又狡猾地提出:"如果德国能立即把军事物资和原料交给我们,以便抵抗法、英主要是针对我们的进攻,我们就可以立即参战。"这是明火执仗的讨价还价,希特勒却也无可奈何,忙去信问他,需要什么样的武器装备和物质,并要在什么时限内提供?墨索里尼收信后,火速召集意大利三军司令开会,拟订了一份作战12个月的最低军备需要清单。用参加拟制清单的外长齐亚诺的话来说,这份清单"足够气死一头牛,如果牛认得字的话"。墨索里尼自己讲,"是为了让德国人知难而退,放弃满足我们要求的念头。"果然,希特勒的下一封回信不得不吐露了他的真实目的,并再一次要求说:"领袖,我了解您的处境,我只请您进行积极的宣传,并适当采取您自己已经建议的军事姿态,设法为我牵制英、法军队。"墨索里尼思索再三,仍然复信再一次提出"还有一线希望在政治领域解决",他将一如既往,再造一个"慕尼黑事件"。经过这番穿梭似的信件往返之后,希特勒终于没能牵住这只老狐狸,只好让墨索里尼临阵脱逃了。

1939年9月1日,希特勒以闪电战入侵波兰。而事实上早在头天晚上,墨索里尼就把自己的决定通知英国了。8月31日晚11时15分,英国外交部接到罗马电报说:"意大利不会同英国和法国作战……并要求保守秘密。"可见这位色厉内荏又老谋深算的独裁者,正冷静地观察着事态发展,随时准备在万无一失的情况下,攫取更大的利益。

墨索里尼和希特勒既是发动战争的"亲密伙伴",又是一对互相嫉妒、明争暗斗的竞争对手。墨索里尼对希特勒取得的每一个胜利,都感到寝食不安,为此他最大限度地把意大利推向和德国竞争的战争轨道。1940年6月,墨索里尼认为战争很快就要以德胜利而告终,为了争夺瓜分世界的权利,他贸然决定,向英法宣战。

意大利的参战,使交战双方力量对比产生了变化。10月,希特勒趁机占领了罗马尼亚。这使墨索里尼气愤不已。他大声吼叫:"希特勒总是强迫别人接受既成事实。这回我要给他点颜色瞧瞧。不久,他就可以从报上看到我占领希腊的大标题了。"10月15日晨,墨索里尼秘密召开军事首脑会议,对进攻希腊的目的、意图做了阐明后,又对开战日期和要求做了进一步部署。10月22日,墨索里尼决定在10月28日对希腊进行突袭。就在这一天,他写信给希特勒,却又玩了个小小的伎俩:故意把日期写在10月19日,信中暗示他打算采取的行动,但对这个行动的确切性质和日期则含糊其辞。这样希特勒即使接到信也来不及做什么了。其时希特勒正在归国途中,从法国会谈回来他风闻墨索里尼要进攻希腊,马上命令外长在进入德国的第一个车站就停下来,打电话给意大利外长,要他安排召开轴心国领导人会议。墨索里尼此时却变得沉着起来,他不慌不忙地建议28日在佛罗伦萨开会。当希特勒28日上午从火车上走下来的时候,墨索里尼兴高采烈地欢迎他:"元首,我们在进军!胜利的意大利军队已经在今天黎明越过希腊——阿尔巴尼亚边界了!"这一次轮到希特勒有苦难言地接受既定事实了。

墨索里尼想来一个一箭双雕。不仅可以抵消他的伙伴的"光辉的胜利",还可以有一天大奏凯歌进入开罗，控制地中海。可是意大利军队遭到了希腊军队英勇顽强的抵抗，损失重大。失利的战局给墨索里尼带来了严重的忧虑和不安。百般无奈，他又想到了希特勒。墨索里尼知道，意大利眼下的战局关系着纳粹军队作战的总体布置。不管希特勒怎样恼怒当初墨氏的擅做主张和玩弄伎俩，如今他也得吞下这只刺猬。果然，正如墨索里尼所料，希特勒说"尽管我们并不愿意，但到了来年，势必得派遣军队到希腊帮你收拾残局。"1941年春天，在两大法西斯主义帝国的联合攻势下，希腊投降了。墨索里尼又一次成功地利用了纳粹伙伴。

墨索里尼所主宰的意大利得以不战而获利，很大程度上取决于其两面讨好，既不得罪德国，又不惹英法，静观事态的发展。在万无一失时才出手，可见其精明和圆滑。

多说好听话

恭维的话人人爱听，你对人说恭维的话，如果恰如其分，适合其人，他一定十分高兴。对你便有好感。最奇怪不过的，越是傲慢的人，越爱听恭维的话，越喜欢受你的恭维。有的人词严义正，说自己不受恭维，愿听批评，这是他的门面语，你如果信以为真，毫不客气地率直批评他的缺点，他心里一定老大不高兴，表面上未必有所表示，内心却十分不安，对于你的感情，只有降低，决不会增进，"人告之以有过则喜"，只有子路才有此雅量，一般自命为贤者，哪里容得下你的批评！普通人更不用说了，试看古来犯颜宜谏的忠臣，有几个不吃苦头，汲黯是汉朝出名的直人，武帝是汉朝出名的贤君，汲黯说他"内多欲而外施仁义"，武帝深觉不欢。

汲黯因此终生不得意，所以善说恭维话，是处世的本领，是发达的因素。

每个人都有希望，年轻人希望寄予自身，年老人希望寄在子孙，年轻人自以为前途无量，你如果举出几点，证明他的将来，大有成就，他一定十分高兴，引你为知己，你如说他老子如何了不得，他未必感到多少兴趣，至多你说他是将门之子，把他与他的老子，一齐称赞，才配他的胃口。但是老年人则不然，他自己历尽沧桑，几十年的光阴，并未曾达到预期的目的，他对自己不抱有十分希望，他所希望的，是他的子孙，你如说他的儿子，无论学问能力，都胜过他，真是个跨灶之才，虽然你是抑父扬子，当面批评他，他不但不怪你，而且十分感激你，口头连说，你说得好，未必，未必，太夸奖了，他的内心，却认为你是慧眼识英雄呢！这是说恭维话对于对方的年龄，应该特别注意。

对于商人，你如果说学问好，道德好，清廉自守，乐道安贫，他一定不高兴，你应该说他才能出众，手腕灵活，现在红光满面，发财即在日前，他才听得高兴。对于官吏，你如果说，生财有道，定发大财，他一定不高兴，你应该说他为国为民，一身清正，鹤俸太少，不易维持，他才听得高兴。对于文人，你如果说学有根底，笔底生花，思想前进，宁静淡泊，他听了一定高兴，他做什么职业，你说什么恭维话。

最后讲个老笑话，某位拍马专家，连阎王都知道他的大名，死后见阎王，阎王拍案大怒，"你为什么专门拍马？我是最恨这种人！"马屁鬼叩头回道："因为世人都爱拍马，不得不如此。大王是公正廉明，明察秋毫，谁敢说半句恭维话！"阎王听罢，连说是啊是啊！谅你也不敢！实则阎王也是爱听恭维话，不过说恭维话的方式，与普通不同罢了。这个故事，是说明了世人之情，都爱恭维，你的恭维话有相当分寸，不流于谄媚，是得人欢心的一种方法呢。

有句老话，休要长他人志气，减自己威风。所以普通人对于自己，总是拼命抬高身价，对别人，总是吹毛求疵。其实你求他的疵，他当然也要求你的疵，相互求疵，结果是各自打消了自抬身价的成绩。所以大家长他人志气，就是大家长自己的志气，决不会减你的威风，认清了这一点，才可以谈捧捧人家的问题。捧字好像有些不顺眼，其实是无所谓的，捧就是宣传，捧就是广告。捧人家的办法，自古有之，叫做互相标榜。但是所谓捧，并不是瞎吹，并不是胡说，也要根据对方的实际。每个人都有所短，也都有所长。普通人对于别人，只是看见短处，不看见长处，把短处看得很重大，把长处看得很平凡，所以觉得欲捧而无可捧之处。只要你先存着"三代以下无完人"的思想，原谅他的短处，看重他的长处。可捧的资料正多着呢！而且你捧某甲，并不是欺骗人家，而是使大家注意某甲的长处，同时使某甲对自己的长处，因为大家的注意，格外爱惜，格外努力，养成比目前更为优越的长处，所以你捧人家是成人，人家也来捧你，那么成人正所以成己。可见捧是成己成人的工具，决不是卑下的行为。俗话说，人捧人，越捧越高，你也高，他也高，这不是人己两利的事么？

捧有几种捧法，最要不得的，是当某甲一个人面前来捧他自己。有些人，也许不领受你这一套，当着人家来捧某甲，把他的长处，作一次义务宣传，他一定非常高兴，只要捧得不过火，大家也不会觉得你在有意的捧。或者在某甲的背后，宣扬他的长处，把几件具体的事实，加几分渲染，使得听的人，对于某甲发生良好的印象，事后传到某甲，他的高兴，比当面捧，更是有力，一有机会，他也会还敬你，把你大捧一场。俗话说，有钱难买背后好，足见重视背后捧，是人之常情。如果你会写文章，那么写文章，也是捧人的一法，一有机会，把某甲的长处作为你的文章的举例，说出他的真实姓名，你的文章，有一百人读，就是向一百人捧他，有一千人读，就是向一千人捧他，被你捧的某甲，多少高兴，多少得意，对你的感情，一定大有进步，联络感情，原不是一件容易的事，用捧来联络感情。是最简便，最有效的方法，而且就道德论，正与古人扬善之说相合。

从前也有人以不轻于许可人，为正直的表示，实则某人正直与否，系另一问题，而眼界太高，胸襟太狭；要为不得意，心理上遂发生变态，对于一般人多少有点仇视的成分，所以越发不肯轻于许可人了。年轻人的不肯捧人，第一是误认捧人就是谄媚，有损自己的人格，第二是自视太高，看得一般人比不上他，第三是怕别人胜过自己，弄得相形见绌。从实际生活看，你应该铲除这种不健全心理，而用心研究如何捧人的方法。

做个谦谦君子

《诗经》说，"谦谦君子，锡我白明"，礼多不怪原是人之常情。

某君是机关的最高领袖，高级职员去见他，他不但坐着不动，也不屑回你一声某先生，而且不肯注视你的陈述，你只好站在旁边说话，真是架子十足；有时不高兴，认为你的说话不对，他竟始终不开口，好像听而不闻，始终不对你看，好像视而不见，你落得一场没趣，只好愤然退出。他对高级职员如此。对其他下属，不问可知，对待朋友，也是似理不理的神气，实在令人难受。古人说："施决然声音颜色，拒人于千里之外"，某甲正是如此，当他得势的时候，大家只好背后批评，当面还是恭维，还是奉承，心里却是反对他，他种了这样恶因；后来，形势逆转，一时攻击他的人，非常得多。当然还有其他重要原因，而待人傲慢，至少是一个方面。《诗经》说，"相鼠有皮，人而无礼，人而无礼，不死胡为！"无礼之取怨于人，直咒他早死，你在社会，要少结人怨，要多结人缘。多礼是一件必要的工具，礼是人为的，是后天的，必须用心去学习。学习成为习惯，多礼便能行无所事，十分自然了。

学者王先生是以多礼出名的人，他见人必先招呼，招呼必先鞠躬，对朋友如此，对学生也是如此，说话轻而和气，点头不替，笑容可掬。你如到他卧室里，或办公室里，请他写字，他虽写得一手好的十七帖，还是十分谦虚，请你坐下来谈；你如不坐，他始终立着，无论是谁，一与王先生相接，如饮醇醴，无不心醉，所以他的人缘特别好。凡是他的学生一见他来，立即鞠躬，让立一旁，等他过，这不是怕他，而是敬他，敬他完全由于他的多礼，多礼似乎虚文，而关于人与人的感情很大，所以孔子也说，"不学礼，何以立"，孔子的所谓学礼，何不单指礼貌，一端而言，而礼貌必在其中，这是可以断言的，"从周旋中规，折旋中矩"，言语行动，声容笑貌，都要注意。文质彬彬，谓之君子，彬彬有礼，谓之君子。礼多人不怪，还是对人的方面说法，礼多且足以表示你是位君子呢！

但是多礼尤须诚恳，多礼而不能诚恳，反而使人讨厌。交际场中，见人握手，说几句客套，最无聊的，连今天天气，只说哈哈哈，冷也不说，热也不说，虚伪已达极点，受之者觉得无聊，说之者也未必不觉得无聊。能诚恳，才能恭敬，能恭敬，才是真的礼貌。俗语说，人熟礼不熟，这就是表示你对于熟人，也要有礼貌，"晏平仲善与人交，久而敬之，"晏平仲所以能够久而敬之，必须他对人能够久敬，才能得人的久敬，久而敬之是指双方面而言，久而敬之，更须先自你自身始。

投桃报李　欲取先予

用同僚的前提是处好同僚，用现在的话说就是搞好同志关系。投桃报李是人之常情，且对国人来说更是屡试屡验的超级妙手。"欲取先予"，"取"是欲之所在，是目的，"予"是手段，这里次序最重要，先予而后取，这是铁定的投资规律。

武帝驾崩　杨骏封官

杨骏是晋武帝司马炎的老岳丈，司马炎死的时候，身边没有别的人，他串通女儿杨皇后，假造诏书，封自己为顾命大臣，而排斥皇族其他成员，甚至连丧事都不让他们参加。

他又假借白痴皇帝晋惠帝的名义，封自己为太傅、大都督，有权总揽朝政、统领百官、指挥天下兵马。他也知道自己一向没有什么声望，不为人所信服，为了能使别人听他的，他便利用窃取来的权力，大行封赏，以向众大臣献媚讨好。他宣布，所有中外大臣，一律晋升一级官职，在朝中参与办理皇帝丧事的升两级，俸禄达到两千石以上的，都自动晋升为关内侯。

有的大臣对这个做法提出意见说："从来没见过皇帝刚刚去世，臣下就论功行赏的。""新皇帝一登基就这样大行封赏，规模和档次都超过了先帝当年登基时和后来平定吴国统一天下时的水平，轻重太不相称了。而且晋朝今后的历史还十分久远，如果开了这个头，传给后世，几代以后，大臣们便都非公即侯了。"

杨骏不听，他以为靠了这套笼络手段，必能争取到大臣的支持；可是，他白费了心思，司马炎死后还不到一年，他便以谋反的罪名，在马厩里被人杀死，他的老婆，还有那个当过皇后的女儿都遭诛杀，夷灭三族，死者达数千人之多。

皇帝刚死，老丈人就借皇帝的名义封官，既不用自己掏腰包，又能拉拢朝臣，可惜，物极必反，偷鸡不成反蚀一把米，将自己的老命赔了进去。

待遇优厚的宋朝大臣

在宋朝当官待遇真是优厚：

首先是薪俸高，宰相每月薪俸是30万钱，在外地任节度使的月薪是40万钱，最低的县令，月薪是3万。按当时粮价计算。宰相一月薪俸可买大米15万斤，县令的可买15000斤。若按今日的粮价折合成人民币，则宰相的月薪为两万多元，县令的为两千多元。这还不算，除了月薪之外，还有"职钱"，用今天的词，便是岗位津贴。御史大夫的级别比宰相低三级，每月职钱为六万。这些官员们每月光现金一项收入，便高得惊人。

除了薪俸以外，还有禄米，宰相每月100石（每石300斤），节度使150石，县令4石。

除此之外，还有绫绢，宰相每年春、冬两季，各给绫20匹，绢30匹。

除此之外，还按月供给茶酒厨料，柴薪炭盐、牲口饲料、米面肉类等等。

除了现金及实物外，还有"职田"，分给官员土地，最高的每人40顷。

除了官员本人之外，其随员的衣粮及饭钱，也由国家包下来，宰相可配备70名随员，节度使100人。

除了按制度应有的正常收入以外，还有临时性的高额的赏赐，有的宰相病了或死了，一次赏赐便是白银5000两；有的大臣出京赴边关镇守，一次赏赐白银一万两，每年还另增发钱一千万。

当这些官员或临时革职、停职，或年老退休，朝廷还给支付半薪。而且，他们退休后，他们的子孙可以顶替，照样是做大官，拿高薪。

"书中自有颜如玉，书中自有黄金屋"，难怪书生拼死拼活也要捞个一官半职。特别是宋朝，俸禄高得令人心跳，并且，拿了银子替不替朝廷效力，那就是自己的事了。

约翰逊三顾茅庐

美国资产雄厚的实业家约翰逊热衷于兼并其他企业——旅馆、实验机构、自动洗衣店、电影院等。出于一些原因，他决心还要跻身于杂志出版界。通过别人的介绍，他认识了一位名叫罗宾逊的杂志发行人。罗宾逊多年来一直在发行和编辑一份挺不错的杂志，内容涉及各个日趋发展的领域，但这份杂志从未能够畅销。由于罗宾逊自己承担了大部分工作，成本低廉，所以他的日子还算小康。在他那个专业出版界里，罗宾逊是公认的最优秀的人物之一。一些大的出版商都主动争取他和他那份杂志，由于种种原因，他们都一无所获。而在最初的两次接触中，约翰逊也碰了钉子。约翰逊决意要获得那份杂志，更确切地说，他要以罗宾逊为核心发展起一套专业丛刊。但是怎样才能达到这个目的呢？

约翰逊通过认真的调查和观察，对罗宾逊有了详细的了解。罗宾逊恃才傲物，

中華藏書

中华处世秘笈

一向不喜欢那些大出版社——他管它们叫"工厂"。此外罗宾逊已经有了妻室，并开始添丁增口，做一个独立经营者所具有的那种高度冒险的乐趣，对他已渐渐失去吸引力。在办公室里开夜车，特别是把时间花在毫无创造性的簿记事务性工作上，已使他感到厌倦。而且，罗宾逊不相信局外人——那些与他的创造领域不相干的人。他尤其不相信那些"生意人"，特别是那些毫无创造性的出版商。

掌握了这些情况后，约翰逊第三次找上了罗宾逊。谈判一开始，约翰逊就坦率承认，他对杂志出版业务一窍不通，但是他需要一个行家来指挥他即将开辟的新领域——专业出版，而罗正是这样的杰出人才。接着约翰逊掏出一张2.5万美元的支票。他知罗宾逊需要钱。然后，约翰逊停顿了片刻，以期待的目光盯住罗宾逊，以强调的口气向罗宾逊介绍了他的一些同事，特别是他的业务经理，指出这些人将使罗摆脱一切杂务。约翰逊进一步说，他需要罗宾逊的充沛的创造力，不能让别的工作、对退休的考虑或其他任何事情削弱这种创造力。罗宾逊最后终于同意了把自己的杂志转让给约翰逊，为期5年，并在此期间为约翰逊做事。他得到的现款支付为4万美元，其余部分则为期5年内不能转让的股票。这样，罗宾逊满足了自己的主要需要。他也可以摆脱那些较为乏味的工作，同时确保对创造性工作保持完全的控制：他有了发展的后盾，也摆脱了苦恼。约翰逊则得到了一宗值钱的资产，一个难得的有用人才。

俗话说："投桃报李，欲取先予"，约翰逊当然懂得这个道理。

投桃报李

情感的投入和产出

古有投桃报李之说，民谚也强调"种瓜得瓜，种豆得豆。"用人上也情同此理，有了感情的投入，才有感情的产出，以心换心，将心比心，要求下属怎样对待你，你就应该怎样对待下属。

事实证明，情感是领导者用人所不可缺少的资源和条件，是满足下属精神需要的基础。如果说，棍棒压迫是奴隶社会统治奴役的主要方式的话，那么人类社会发展到今天，富有人情味的情感式用人，才是合时宜、得人心的有效方法。

人在良好的情感环境中生活，会产生很大的积极性和工作热情，并相应减弱对物质方面的需求。事实说明，情感具有明显的补偿作用。例如，对那些工作成绩突出的下属，如果物质奖励不能满足其需要时，应及时给予他一定的情感补偿，使其心理得到满足。有的领导者可能担心，实施与下属的情感交流，与下属打成一片，会不会导致下属对自己不恭不敬，从而影响自己的权威和威信。其实，这种担心是多余的，情感和威信的关系是辩证的，用人者如果只追求令行禁止的威严而忽视上下知心式的情感，必然造成下属对上司的敬而远之，畏而避之，甚至形成上下级间的冷漠和对立。正确有效的方法，只能是以情感人，以理服人。

当然，情感的投入和产出，就其内容和形式看，有积极和消极之分。进行耐心细致的思想政治工作，对下属尊重、体贴、爱护，是积极的感情投资；相反，以个人名义，以小恩小惠，或单纯以钱财搞感情投资，极易把人引向感情的陷阱。

用人者应该懂得，下属是一群有血有肉有情感的高级生灵，而不是木偶、机器和低能的动物。对其统御使用，如果待之冰冷，没有感情亲近，则休想取得他们的积极热诚的回报。精诚所至，金石为开，以情感人，以心换心，必能得到下属真诚的支持和帮助。

理解了解，认清期待

古人讲，"治事难，治吏更难。"用人的确是一件复杂而困难的事情。其原因之一是，领导者与下属之间的目标及期待往往不同，故而产生相互排斥对立的心理。由于绝大多数人在平时并不轻易显露其真实的内心世界，使人很难准确把握对方的真实期待和用心。例如，有师徒二人同车出差，下车时徒弟见师傅行李沉重，便伸手要帮助背行李，但师傅却委婉谢绝。其实，这只是一种形式上的回绝，师傅内心巴不得别人帮忙减轻负重，徒弟如果对师傅的话信以为真，说明他还稚嫩，只有把行李"强抢"到手，才能满足师傅的真正期待，师傅才能对徒弟真正满意和喜欢。

领导者准确掌握和理解每个下属的所想、所求及期待，是协调人际关系，正确有效用人的前提条件。要想带领和推动下属，必须通过对方的言行，深入分析其内心世界，而不被其表面现象所迷惑。具有一眼看穿对方内心的本领，才能用人自如、自然、有效。

古人的"己所不欲，勿施于人"的遗训，本身就是一条用人的经验之谈。用人应能设身处地为他人着想，使下属积极愉快地为领导者所用。

应该看到，人都有上进心，对自己的成长进步及前程十分关心。用人者要了解下属这一心理特点，注意创造条件，满足其要求进步、有所作为的欲望，处处注意调动和保护他们的积极性。当其工作出现失误时，要帮助他们具体问题具体分析，以体谅和帮助的态度，引导他们总结经验教训，而不能漠然置之或加以歧视。

由于人的心理特征千差万别，领导者的言行不可能滴水不漏，因此要注意察觉自己的疏忽和缺点，及时反馈补救，避免因时间过长而增加解决难度。带动和吸引下属的一个重要经验是不辜负其对你的希望，当欲向下属施加影响时，宜先进行换位思考，自己不妨先站在下属的立场上，思考你的言行对他人可能产生的影响与作用。漠视下属的期望与希望，即使你出自好心好意，也未必能得到下属的欢迎和拥护，甚至会被人看成是强人所难，不通情理。

关怀与体贴

用人不能"又要马儿跑得好，又要马儿不吃草"，在日常不论时间多紧，工作多忙，对下属的关怀体贴是不可缺少的。这种关怀，既体现在工作上，更体现在学习和生活上，也体现在其成长进步上。

在日常用人中，最容易被领导者忽视和淡忘的关怀是下属的身体状况和家庭生活，平时眼睛只盯在八小时以内的工作表现上，这种用人有很大的缺陷。人都有七情六欲，都有妻室儿女，都有衣食住行的生存条件要求。只提工作要求，只关心工

作进度，不关心下属的生活与家庭，是不近情理、漠视人性的领导者，当然也不是称职的领导者。只有在日常工作中，急下属之所急，想下属之所想，尽可能帮助其解决工作岗位以外的困难，才能得到下属的由衷钦佩和忘我工作的报答。

领导者日常对下属的关心和关怀，特别要重视那种忘我工作超负荷运转的人，这种人一心扑在工作和事业上，无暇顾及个人的生活，使其生活条件往往低于一般人。因而，对这种埋头苦干的下属，领导者要在平时给予经常的关心。

人类在进化过程中，逐渐形成了生命活动的周期规律，就像时钟那样周而复始，循环往复，有人把这种规律形象地比喻为"生物钟"。人的工作生活时间的改变，也会使这种生物钟发生变化，从而影响工作效率和身体健康。因此，领导者对下属的使用安排，必须重视和顺应这种周期规律。根据人的生理和心理特点，科学合理地安排下属的工作、学习和生活，处理好劳逸结合的关系。这既是提高工效的要素，也是用人之道的内容。

应该看到，不少用人者也深知关怀体贴下属的重要性和必要性，但由于精力、时间和权限、条件的限制，无法对下属做到有求必应，于是采取消极态度，干脆对下属的要求和期望听而不闻、视而不见或置之不理，只知道对下属发号施令，其实这是一种不明智之举。问题不在于能否将所有下属的要求给予满足，而是用人者是否通情达理，即便无法满足和解决的有关困难，也要及时向下属解释清楚，取得谅解。任何人在生活中都不可能万事如意，产生各种不满足是一种客观存在，用人者如果对下属诸多的不满不予理睬，那么下属必然为消除这种不满而采取不同的行动。下属有增无减的各种不满所能产生的麻烦，到头来还是得用人者出来收拾，只不过为消除这种不满需要花费比以前更多的时间和精力而已。

当然，领导者对下属的关心、爱护和体贴，许多情况下并不一定非要通过给钱、给物才能解决，精神上的鼓励和安慰也会收到理想的效果。例如，老练成熟的用人者见到下属，往往通过几句寒暄、嘘寒问暖以及握握手，拍拍肩膀的方式，也能收到意想不到的功效。就平时最常见、最简单的握手而言，上司对下属一次平常的握手，有时也可能产生强烈的心理效应，给对方以极大的鼓舞。在称职的领导人眼里，握手不仅是一种礼节更是一种用人技巧，握手可跨越上下级之间的屏障，以同事和朋友的身份握手，给人以平等亲切的心理感受，并可使人受到鼓舞和鞭策。人都渴望得到别人的尊重和承认，下属得到上司一次得体亲切的握手，正表示出个人受到上司的尊重，心中自然产生愉悦，认为是上司看重自己。平级之间的相互握手，表示出一种互相亲热，但很难引发心理上的激励效果，而上下级之间的握手，则能激发很强的心理感受，上下级的距离间隔越大，这种心理感受效果也越大，用人者应该重视和善于利用握手的技巧。

坦诚和尊重

人与人之间最珍贵的关系是坦诚相待，而在上下级之间建立起彼此推心置腹、真诚相待的关系，是最宝贵的工作资源，也是最重要的用人基础。

领导者对人以诚相待，既是一种做人的美德，又是一种用人的艺术，但做到这一点是很容易的。人随官职的不断提高，会发现个人的孤独感越来越重，真诚的朋友越来越少，而千头万绪的工作又使自己很难拿出足够的时间和精力来从事公关活动，维持朋友间的友谊关系。尽管如此，从用人绩效出发，用人者必须重视和强化个人素养，发挥感情管理的优势，努力与下属建立起坦诚和互相尊重的关系。例如，在日常工作交往中，要能做到真诚给人以微笑，真诚对他人有兴趣，诚挚对人进行赞美。要能专心听讲话，对下属的爱好和习惯表示兴趣。另外，平时与下属的接触，除正式严肃的场合以外，忌打官腔，而应以平易近人、和蔼可亲的面貌出现，不妨故意表现出个人的"凡夫俗子"的一面，与下属讲些"七情六欲"的日常生活与家庭琐事，从而拉近与下属的心理距离。人心都是肉长的，感到别人对自己尊重和友好的人，是不会以怨报德的。用人者要通过具体行动，让下属认识自己的价值。要认真倾听下属的意见，在平时自觉与下属交朋友，多创造与他们谈心接触的机会，千万不能以工作忙为由，拒绝下属与自己谈话的请求。

第四章

处世交友之道

别把朋友当"餐巾"

"一个篱笆三个桩，一个好汉三个帮！"这是任何一个中国人都倒背如流的一句话。

可是，在现实生活中，却不时听到有人抱怨："大家怎么都不理我！"

获得友谊，能使一个人如虎添翼！

失去友谊，能让一个人感到寂寞乏味！

如何才能获得友情？

付出真心——这就是友情的真谛！

人情薄如纸

随着经济的发展，商业因素日益渗入人际关系的各个领域，一些人在朋友交往中变得急功近利。

那种"长线投资式"的交友艺术已不受人欢迎，且有渐渐失传之势。代之而起的另一种新观念，故且叫它做"御友术"吧，期望付出最低廉的代价，却可以赢得别人真诚的友谊，和因友谊而带来的"利润"与"方便"，功效一定要讲求快捷宏大。

好久不见的阿松，突然跑来专门拜访"老同学"阿华，他可怜兮兮地向阿华倾诉说，近来失业，都是上司不好，特来请阿华关照一下。看他态度诚恳，阿华哪里会推辞？之后，他便成为阿华家里的常客。阿华知道某机构有缺，便介绍他去试试，又拜托那里的朋友帮助。怎知他一去便如黄鹤，没有下文。阿华朋友给他留下的职位，也没有回复。后来阿华才从一位旧同事张老兄口里，知道他进了另一家福利较好的公司做事，且是老张介绍的。不过上工后，连介绍人也再没有他消息了，老张气愤地说这就叫做"打完斋不要和尚"。

一年后，阿松又再突然出现。他满腹牢骚地对阿华诉说那份差事难做，同事又常常难为他，想跳槽别家算了；但朋友们都不够义气，不理他，连老张都落井下石地对待他，只有阿华才是他真正的朋友。从他口中又知道他刚结了婚，情况颇为拮据。阿华觉得应该要尽朋友的义务，再替他安排机会，但他不满意职位太低，谈不拢，便又"失踪"了。

过了半年，他又频频来阿华处串门子。原来他想到外地发展，移民加拿大，正在办理手续，只欠一位咨询人，特来找阿华帮忙，请"饮茶"（阿松如此慷慨，还是头遭儿）。他不住抱怨朋友们怕麻烦，不肯帮他忙，世界上只有阿华这个人最好了，最"老友"。其实，阿华对他的近况知道得很少，本不适合做咨询人的，但阿松却口口声声说："你是我最好的'朋友'嘛！"

说到"朋友"，反倒使阿华产生了疑虑——到底他是拿我当朋友还是只不过在利用我？虽有"人情如纸薄"之说，但谁也不愿将自己付出的友谊，给人当"餐巾"对待，利用过后随手就扔。

的确，这个年代使人们对朋友的概念产生了怀疑，甚至畏之如虎。其实，只要态度正确，方法得当，人们不但能够交到朋友，还真的能通过朋友做成大事。

交友是讲究技巧的。

当你面对着你感兴趣的陌生人，包括地位和名望较高的陌生人，到底有什么理由不能主动张口伸手呢？你自己不主动，怎么能够在人际交往上自由选择、广布友谊的网络呢？所以，我们一定要自我开放，自信主动，把那些"不好意思"、"顾虑担忧"统统抛弃！

这里，我们不妨参考一下两个美国人的小故事。有个美国人，从十几岁开始，就在一家银行贷款 50 美元，到期就归还，然后再贷款 100 美元，又是到期就归还。其实，他在生活上并不需要向银行贷款，他是在主动交际，树立信誉。许多年后他大学毕业，要开办自己的公司，便到银行贷款 200 万美元，一下子就贷到手。为什么会一举奏效？因为他早就在这家银行建立了可靠的信誉，和上至总经理、下到营业员各种人都交上了朋友。这种"蓄谋已久"的主动性，不正是争取成功的诀窍吗？

还有一个美国人叫彼克，他出生于贫穷的波兰难民家庭，在贫民区长大。他只上过 6 年学，也就是只有小学文化程度，从小就干杂工，当报童。看起来这样一个苦孩子，没有任何能够走向成功的机遇和幸运。但是，他 13 岁时，看了一本关于全美名人的传记后突发奇想，要直接和许多名人交往。他的主要办法就是写信，每写一封信都要提出一两个让收信人感兴趣的具体问题。许多名人纷纷给他回信。再一个做法是，凡是有什么名人到他所在的城市来参加活动，他总要想办法进入那种场合，与他所仰慕的名人见上一面，只说两三句话，不给人家更多的打扰。就这样，他认识了许多各界名人，其中包括后来当了美国总统的加菲尔德将军。成年后，他又创办了《家庭妇女》杂志，约请许多名人撰稿，因而使这份杂志特别畅销。于是，彼克自己也成了名人和富翁。

当然，人生的成功并不是非要成为名人或富翁不可；主动交际也并不一定是非要结交名人不可。这类事例值得我们学习的是那种自由选择而又大胆主动地进行交际的开放意识。

有些人担心大胆主动地与人交往，容易讨嫌，很可能会招至别人轻视和反感。如果不是举止轻佻、无理纠缠，那就不会使人嫌弃和反感。因为使人厌烦和鄙视的是轻浮、粗俗的表现，而不是大胆主动的行为本身。实际上，大胆主动地与人交往所显示的是你的自信、热情与才华，也意味着你坚信人人都有自由平等的权利。这是自我开放的人格魅力，必然有利于交际的成功！

"精明人"的友谊

倘若谁的精明必须借助虚伪，那么他自身也就生活在虚伪之中，必然失去别人的信任和友爱，最终导致失去所有的朋友。至于假装友好、貌似亲密的不真诚表现，那就是人际交往中的"伪、劣、假、冒"货色了，只会对曾经有过的一点点友情破坏殆尽。一位先生在谈到交友贵真诚的时候，讲了他的一些体会，很有代表性。

他说：朋友也会变，而且往往变得让你认不出。前些天，有位朋友从中原某地来到北京，没电话也没信。我俩是在一个不起眼的小瓜摊儿上邂逅的，当时他极尴尬，一再声明他到北京四五天了，天天给我拨电话，不是没人接，就是拨不通；他说很想念我，老想找个时间'聚一聚'、'乐一乐'……碍于朋友的情面，念及过去的交往，我没好意思说破——我每天从早到晚都在办公室，电话就在手边，怎么会没有接？后来他说今天不行了，下午还要陪县委书记出席一个很重要的招待会，明天上午一定来看望我。其实，我已经没有'再见'的愿望，便说明天上午可能要出门办事，况且路远车挤，不必劳碌奔波了。他却'热情'不减，执意要与我'畅叙友情'……分手时，我没答应一定等他；回家想想，又觉得毕竟交往了七八年，让人家因扑空而败兴不够意思。于是我决定守时恭候。次日苦等一上午，居然人未露面，电话也没打来。一周之后，中原来鸿，我以为那朋友要道歉，或阐述自己失约的'道理'。拆信一看，我傻了。他竟说那天上午到单位办事，如何挤车、如何跑路、如何久等、如何差点儿赶不上火车，字里行间除了惋惜便是埋怨，一切都跟真的似的。朋友交到这分上，我只有以沉默表示'拜拜'了。

过了一段时间，我才从别的朋友口中得知，我那位"中原朋友"那天上午找人谈生意去了，中午'撮'了一顿，下午直接从'聚仙楼'直奔火车站。这位先生把此事说与一位至交，朋友笑他呆："在商品社会，人的价值观念急剧变化，人家谈生意有钱赚，吃宴席能饱口福，谁还乐意跟你干巴巴喝茶'侃大山'？你以为七八年友情有多珍贵，在人家眼里还不值一顿烤鸭呢！你在单位大小是个头儿，人家盘算以后兴许还用得着你，才跟你假装友好，貌似亲密。他省了时间，还让你觉得够朋友。醒醒吧，我的傻兄弟！"

这番话道出了某些人心口不一、虚情假意的缘由，而且入木三分。有许多人确实有点傻，但不能也不愿学得像那个"中原朋友"那么"精"。至于那种用你时恨不得"桃园三结义"，而不用你时"铁哥们儿"变成"泥哥们儿"的"精明"人，最终必将成为无人理睬的孤家寡人。

其实，真正精明的人是不会仅仅将眼光盯在眼前的，立足于真诚是他们的法宝。

从前，有个年轻人骑马赶路，天时已晚，还没有寻着客店。他正着急，碰到一个老农。他在马上喊："喂，老头儿，这儿有旅店吗？还有多远。"老农说了声："无礼！""五里？"他以为不远，猛加几鞭，朝前跑去。他跑出十几里，也不见人烟，越想越不对头。他猛然醒悟过来，拨转马头又往回赶。他见那位老农还在跑边等候，急忙下马，诚恳道歉："老伯，请您原谅，我刚才太没礼貌了。请您告诉我，哪儿有旅店？"老农笑了："年轻人，知错改错就好，我也不该让你白跑路。找旅店的路口你已经错过了；如不嫌弃，今晚就到我家住吧。"年轻人满心欢喜和感激。

这个故事虽然简单，却揭示了人际交往的基本规律。这就是投桃报李、相互刺激。由此可见，人与人之间的情感是由人际交流产生的，它是人际交流的一种效应，因而，它也就必然随着人与人的相互刺激与交流的变化而变化。

从客观上讲，真正的感情只能在"两厢情愿"、"投桃报李"的基础上产生和增进，因为感情是一种双向交流的效应，自古以来的"士为知己者死"的说法，不就是"投桃报李"的效应吗？

当年，某学院博士生马某，在寻求体现自身价值的职业时四处碰壁。他不抱多大希望来到广东美的空调器集团求职，没想到老板毫不犹豫地接收他。问及待遇时，马某说：我在大学是讲师，在这里不能降低。另外，我有失眠的毛病，必须有个单间住。老板悉数欣然应允。一个半月之后，马博士破译了蓝波——希岛空调器的工艺原理，使美的空调在短期内上了一个新档次。马某的待遇也随即提升，住房也得到调整。同时，还按空调的销售量提取"知识价值"。

有一次，马博士在广州开完会准备回厂，"恰巧"有一辆高级轿车在宾馆门前恭候，"司机"声称是回顺德，可以顺路送他。待车到顺德，"司机"才告诉他，自己也是生产空调器的老板，如果马博士到他那里去，年薪30万元，这辆高级轿车马上归他使用；同时，他还告诉马博士，如果一时拿不定主意，日后只要打个电话，随时都可以去施展才华。马博士没有答应那位老板的请求，他以后也不准备打那个电话。

是什么东西把马博士的心钩住了？主要不是物质刺激的力量，而是他与美的集团已经建立了相知的感情。可见，企业吸引、聚集人才，既要有一定的物质激励手段，更要重视情感因素，"攻心为上"。而所谓攻心与知心，就在于怎样进行人际交流了。

与朋友交往要正确对待"平等"。

人与人是不是平等的？——这是人们在谈论人际关系时，经常提到的一个问题。客观的看法是：人与人应该是"平等"的，然而，当人们扮演着一定的社会角色来进行交往时，却并不总是能够"平起平坐"的。

试问，在饭店里，服务人员能够与客人"平起平坐"吗？显然不能。在饭店服务人员当中，早就流传着这样的顺口溜："客人坐着你站着，客人吃着你看着，客人玩着你干着。"不管这种说法，带有什么样的情绪色彩，你都不能不承认，它的确反映了一个事实——服务人员不可能与客人"平起平坐"。

在企业内部，在管理者与员工之间呢？从"下级服从上级"这个意义上来说，他们也是不可能"平起平坐"的。一个上级的"上"，一个下级的"下"，这两个字，已经把这个不能"平起平坐"的意思，说得很清楚了。

总之，无论是在"服务人员与客人"的关系中，还是在"管理者与员工"的关系中，如果大家都"平起平坐"，那就不存在"谁为谁服务"和"谁管谁"的问题了。

必须说清楚的是，人们由于扮演着特定的社会角色，而不能"平起平坐"，这和人与人之间是否"平等"，是两个不同的问题。"平等"并不意味着总是能够"平起平坐"；而不能"平起平坐"，也并不意味着"不平等"。能不能"平起平坐"是"角色与角色之间"的问题；而是不是"平等"是"人与人之间"的问题。

与人交往，还要分清各种"角色"。

在社会生活的许多场合，我们只要弄清楚，一个人所扮演的是什么样的社会角色，就知道该怎么样去和他打交道了。人们扮演着不同的社会角色，就有了不同的权利和义务。因此，人们一旦"进入角色"，就往往不能"平起平坐"了。但不管进入什么样的角色，人总还是人。如果你不承认人有"高低贵贱"之分，你就应该承认，不管扮演着什么样的社会角色，人与人都应该是平等的。

或许有人要问：既然不能"平起平坐"，又何以见得人和人是"平等"的呢？我们认为，在人际交往中，人与人之间的"平等"，只能有一个含义，那就是"互相尊重"。不管你扮演着什么样的社会角色，我扮演着什么样的社会角色，只要我尊重你，你也尊重我，你我就是"平等"的。"我们知道，人所扮演的"角色"，与扮演角色的"人"，既难解难分，又决不能混为一谈。可是有些人，却有意无意地，总是要把这两者混为一谈。例如，有些饭店服务员，一想到"客人坐着你站着"，就觉得自己"低人一等"。而有些管理者，一想到"我手里有权"，"我能管你"，就觉得自己"高人一等"。这正是人与人之间的关系之所以总是"理不顺"的一个重要原因。

真正精明的人是那些懂得如何善待朋友，同时也懂得如何善待自己的人。

学会吃亏

人与人之间没有彼此信任，则没有互助互利；没有较深的感情则没有彼此的信任。在人际交往与关系中重视情感因素，不断增加感情的储蓄，就是聚积信任度，保持和加强亲密互惠的程度。

打一个很"功利"的比喻：与朋友的交往实际上也是一本账。只有那些肯吃眼前亏的人，才能争取到"长期客户"。

你在感情的账户上储蓄，就会赢得对方的信任，那么当你遇到困难，需要帮助的时候，就可以利用这种信任。你即使犯有什么过错，也容易得到别人的谅解；你即使没把话说清楚，有点小脾气，对方也能理解。所以我们要强调请求别人的支持和帮助，应该自信主动、坦诚大方地提出，尽管有许多有效的方法和技巧可以采用，然而最重要的是自己要乐于助人，关心他人，不断增加感情账户上的储蓄。如果说建立相互信任、相互帮助的人际关系有什么诀窍的话，那么这是唯一的和可靠的诀窍。反之，不肯增加储蓄而只想大笔支取的人是无人理会的，这样的银行账户是根本不存在的。你毫无储蓄，到需要用钱时，也就必然无钱可用，只有欠账了，但欠账总是要还的，到头来还是要储蓄。这就是社会与人生的大海上平等互利、收支平衡的灯塔。

平时我们请人帮个小忙，习惯说劳驾、借光。帮忙和借光有什么关系？其实"借光"一词的来历就说明了求助也就意味着互利。据说，古代有个勤劳的女子，因为家里太穷买不起灯油，夜晚无法纺线。村里有个大房子里有灯光，那里有许多妇女纺线。她便去请求帮助，借点光亮。为了让大家欢迎她去，她说，你们给我方便，我也要给大家做点好事，每天晚上我来打扫房间。于是，她就这样每天晚上和大家一起纺线了。

互助互利不仅指物质利益，而且还有精神利益。作为被求助的一方不一定非要你给他什么帮助和好处不可，而且人际交往的互利互惠也不同于做买卖那样必须是等价交换，立刻兑现。但作为求助者最好能让对方了解助人也会助己，比如你要求人翻译或打印个材料，如果去找正在学练翻译或打字的熟人帮忙，这不是对他们提高业务技能也有好处吗？

你请某人来帮助粉刷装修住房，说好干半天，他可能干了不到一个小时就走掉了；你托某人为你办理申办什么公司的手续，他也许只起了牵线搭桥的作用，具体的手续还要你自己去四处奔波……遇到这类情况，千万不可埋怨，不可责怪对方说话不算数。因为事实上人家已经帮了一点忙，这就值得你表示肯定和感谢。你感谢对方帮忙一小时，下回他也可能会帮忙两小时；你感谢人家为你办事，探明了路线，下回他也许会一帮到底。

自己乐于助人，多主动帮助别人，会不断增加感情账户上的储蓄。一般不要轻易和过多地求人帮助，不轻易求助者最容易获得帮助。

有些家长抱怨孩子不听话，有些领导责怪群众不自觉，某些人对于朋友和同事不接受自己的劝告很不满意……改变别人实在是太难，怎么办呢？这就容易走向两个极端：一是强迫压制，一是撒手不管。这两种倾向只会使人际关系遭到破坏，而不是得到改善。

改变一个人很难，看起来是这个人不通情达理，甚至不知好歹。实际上，大多数的情况不是这样，而是处于领导岗位、负有教育责任和好心规劝帮助亲友的人没有改变自己，甚至从来没有想过改变自己。只有那些愿意吃点小"亏"，首先改变自己的人，才能改变别人，最终达到自己的目的。

在人际交往与关系上一定要树立自由平等的意识，一定要观念开放，这不仅指我们自己自由主动与别人交往和相处，并在交流中发挥能动性，而且包括要尊重和承认对方的自由主动性。问题常常出在执意要改变别人的人只关心或更关心维护自己的权利、意图和感情，而不能适应和维护对方的自由主动性。即便是父母对待子女，也应像对待朋友一样，宁吃点"面子上的亏"，也要给孩子自由。

有一位名牌大学的教授一直为他的儿子能在这所大学就读而煞费苦心地做准备。但当机会临近时，他的儿子却不肯去这所大学读书。这使父亲深感不安和恼火，他三番五次忠告说毕业于该校将成为儿子的一大资本，而且这也是他家的传统，三代人都毕业于这所著名学府。父亲多次劝告、敦促，甚至恳求儿子，一直指望儿子回心转意。

问题的复杂微妙在于儿子早已感到父亲对他的爱是有条件的，这个条件就是要听从父母的旨意，父亲要求他就读于该校的愿望胜过将他作为一个人、一个儿子而给予他的重视。这就是结在儿子心头的疙瘩。因此，儿子是为了维护自己的独立自主与个性而决心进行抗争。这种不肯给予对方以自由的守旧意识在我们这个习惯于"家本位"与"官本位"的社会里是许多人很少能意识到的一个可怕的误区。

好在父亲毕竟有较高的文化知识，他经过一番激烈的反思，决定放弃有条件的爱。他与妻子商定，无论儿子作出什么选择都将无条件地爱他。做到这一点当然很不容易，为了儿子的学历和前途，父母一直在筹划操劳，但现在只好改变自己。他们把这个新的决定对儿子坦诚相告，而且说明这样做并不是为了控制他，试图使他驯服，而是改变他们自己的观念的必然结果。

当时，儿子没有作出什么反应。一周后，他告诉父母，他仍决定不去那所学校读书。父母对此已有精神准备，所以继续对儿子表现出无条件的爱，生活照常进行。不久以后，儿子的主意改变了，由于感到再也不必维护自己的自由和独立，他便进行了比较客观而深入的反思，他发现自己其实也需要有父母所希望的学历，便提出了报考该大学的申请，并把新的决定告诉了父母，父母当然赞同。

吃亏其实只是一种迂回策略，这种方法我们还会经常遇到。

楚庄王非常爱马，每当他的马有一匹死了之后，他都坚持按宫廷官员的葬礼操办，谁劝也不听，甚至下令谁再反对给死马举办官葬，一律处死。有个叫优孟的人听到此事，他便来到王宫大哭，连说这样的好马按宫廷的葬礼来办太轻薄了，有失楚国的体面，应该按国王的葬礼办，让各国使节送葬，还要用玉石作棺，修一座富丽堂皇的祠堂，立上牌位，长年用整牛整马供奉，追封谥号等等，说得楚庄王瞠目结舌。优孟把葬马之事发挥到顶峰后，话锋一转，点出了恶果：这样一来，让天下人都知道我们楚国把马看得很重，把人看得很轻。庄王一听，猛醒过来，想到重马不重人的恶名对他有害无利。他问优孟："我该怎么办呢？"优孟说："很简单，像对待其他牲畜一样，把肉煮得熟熟的，让大家饱餐一顿。这就是重人不重马了。"于是，庄王接受了他的意见。像楚庄王这样的人如今是没有了，但固守错误、主观武断的人和事还是到处都有。你遇到这种情况，不妨想想优孟是怎么让楚庄王回心转意的。这种心理策略、独特思维只有自由主动意识很强的人才能运用。

这就是由"吃亏"引申出的一种办法。下面我们再看一个例子：

一个刚退休的老人在学校附近买了一间简陋的房子，刚住的前几个星期还算安静。不久有三个孩子开始在附近踢垃圾桶闹着玩，一连几天如此，老人受不了这类噪音的干扰。老人出去跟三个孩子谈判，他没有制止他们，反而说："好呵！你们玩得真开心。我喜欢你们这样踢。如果你们每天都来踢垃圾桶，我给你们每人一块钱。"

三个孩子很高兴，更加使劲地表演"足下工夫"。过了两三天，老人又忧愁地对他们说："对不起，物价又涨了，这就等于我的收入又减少了。从明天起，只能给你们每人每天五角钱了。"孩子们显得不大开心，但还是接受了老人的钱。每天下午，继续来踢垃圾桶，已经不像开始那么使劲了。数日后，老人又对他们说："最近没有收到养老金汇款，对不起，每天只能两角了。"

"两角钱?"一个孩子气得不行，"太少了，我们才不会为了两角钱花费这么多时间，在这里撒野呢，不干了!"

从此以后，老人又过上了安静的日子。

事情本无一定之规，守旧是产生怠情之母，数十年从事同一种工作可能养成敷衍了事的习惯。那么同样，在人际交往与关系的问题上，如果失去了自由主动，也就没有什么活力可言。愈是被视为"禁忌"的方法，愈是含有能动性和创造力的要素在内。如果我们能够超越常规，不拘一格，就能从实际出发，充分运用心理策略，以独特的创造性去处理问题，转化矛盾。吃亏，就是其中的一种。

许多人都爱面子，因而认为嘲笑自己也是一种"吃亏"。其实，即使把这当作一种"吃亏"的话，我们仍能从中得到许多。

美国著名律师曹特是一位善讲自己笑话的人。有一次，哥伦比亚大学校长在他登台演说时，先替他介绍给听众说："他算得是我国第一位公民!"

曹特似乎很可以立刻抓住这个难得的机会，大模大样地开着玩笑说："诸位静听，第一位公民要开始演讲了"。但是他如真那样做，他便是一个没人瞧得起的傻瓜了。

那么该如何说呢? 他不但要利用这个介绍词幽默一下，并且还要从中获得听众的好感。他说："刚才校长先生说的一个名词，我起初有些听不太懂。第一位公民——是指什么呢? 现在我才想到，大概他是指莎士比亚戏剧中常常提到的公民。这位校长先生一定是研究莎氏戏剧极有心得的人，他替我介绍时，一定又在想到他的戏剧了。诸位听众一定知道莎士比亚是常常把许多公民穿插在他的戏剧中，充任无关紧要的角色，如第一个公民，第二个公民之类，这些配角每人所说的话大都只有一两句，而且多半是毫无口才，没有高明见识的人。但他们差不多都是好人，即使把第一第二的地位交换一下，也根本不会显示有何不同之处。"

这真是一篇聪明绝顶、竭尽幽默能事的妙论! 他把校长先生替他戴上的高帽子，丢给大家去戴，显示自己是与听众站在一样的地位，同时他的言语搭词也是高人一等。如果他改用一种庄重的态度，简括地说："校长先生说我是第一位公民，大概是在说我是一个舞台上的配角。"结果决不会那样生动有趣，使得听众笑逐颜开。

如果我们能够常常以自己可笑的地方，开开玩笑，一定可以赢得许多朋友的友谊，因为你尊重别人，取笑自己，正可以表示你是把自己看做和朋友一样处于同等地位，毫无高傲的习气，使朋友得到一个十分亲切的印象，对你一见如故。

鸡鸣狗盗亦何妨

　　"亲贤臣，远小人，此先汉所以兴隆也。亲小人，远贤臣，此后汉所以倾颓也。"这句话，随着诸葛亮那篇感人至深的《前出师表》而名传天下。从此，交朋友要交"君子"，不交"小人"，便成为交友箴言。
　　其实，"君子"与"小人"，全在你自己的一念之间。

"君子"与"小人"

　　人生在世，需要各种朋友，其中不乏所谓的"君子"和"小人"。如同我们吃饭，要吃青菜，也要吃肉；只偏爱一种，一定会营养不良。
　　交友也是一样。与各种人交往，会学到各种不同的知识。须知每个人都有他独特的优点和缺点——不管他（她）是"君子"还是"小人"。孟尝君与"鸡鸣狗盗"的故事，说的就是这个道理。
　　交友是人生一大乐趣，一旦逢着知己，便想越来越好。愿望是好的，但做法不足取。道家"鸡犬之声相闻，老死不相往来"这种"小国寡民"思想是一种极端，不可取，但也不宜过分亲密，到了不分你我的亲近程度。凡过分亲密必生摩擦，出矛盾，于是出口不逊，棍棒相加，你长我短，揭老底，戳痛点，鸡犬不宁。调查一下邻里关系不和谐的人家，你会发现他们大都曾经有过亲密无间的往来史。所以朋友之间相处，特别是好朋友之间也需要掌握好分寸、火候，若即若离，不失为一种和谐之音。也是交友的重要原则。
　　"君子之交淡如水"是庄子在论述交友之道时说的一句话。这句话的意思是，交朋友要保持水一般的细水长流滋味。朋友之间的关系不可太过密切，比如你有事去找朋友，到朋友屋前时，恰好听到里面有人在和朋友交谈，这时你该怎么办？有人会想，既然是朋友，干脆推门进去就是了。其实不然。虽然是朋友，但你冒昧而入，打搅了人家谈话，其效果一定是好的吗？因此，你应该悄悄离去，另外再找合适的机会。或者去朋友家拜访之前先打个电话约好时间，而不能认为是好朋友就可

中華藏書

中华处世秘笈

中国书店

以随时登门。如果敬重到这一点，你们的朋友关系的纽带一定很牢固持久。

与"君子"相对的是"小人"。庄子指出："小人之交甘如饴。"这是讲，人与人之间的交往，如果像水一样淡淡地细水长流，永远都不会感到厌倦，友情会长久持续，倘若像甘饴一般地粘住对方，开始交往时一定很好，时间久了，关系就会疏远。因此，交朋友时一定要保持一定的距离，给自己同时也给对方，留下回味的余地。

此外，孔子也有过类似的论述。孔子曾讲过："有朋自远方来，不亦乐乎？"在交友时如果认为彼此很亲密而过于随便，往往容易失礼于对方而不自觉；反之，距离过大又会产生疏远的感觉。那么，交友的秘诀是什么呢？孔子告诫说："忠告而善导之，不可则止，毋自辱焉。"朋友有错，需以诚心来忠告劝导他，如果对方听不进去，就不必再多说了。如果一味说教，不但会引起对方厌恶，甚至会引起相反的效果。那些对朋友的缺点熟视无睹，或是装作不知道的人，是没有资格与他人交往的。既是朋友，则需尽朋友之道，该有一次的忠告。若一再劝导，就会引起对方反感。所以，听不听你的忠告，完全凭对方的判断力。因此，必须尊重他人的自主性，不可一味地劝说，这就是所谓的"君子之交"。

《呻吟语》的作者吕新吾说："处小人，在不远不近之间。"这和孔子的想法如出一辙。过分地接近小人，对自己而言是一种负担，冷落了他，又会招致嫉恨，不知其心怀何鬼胎。所以，保持适当的距离才是上策。

书中又说："由于喜欢蛇，而贸然出手去抚摸它，往往会被它咬噬而中毒；倘若因为不喜欢老虎，而动手击打它，同样也会被老虎吞噬。"因此，必须远离老虎和蛇，即所谓"敬鬼神而远之"，这里的老虎和蛇就是指小人。现实中每个人身边都会有小人，对这种人一定要提防，不要笨拙地出手，以免招致不必要的伤害。

与"小人"对立的是"君子"。孟子说：君子之所以异于常人，便是在于其能时时自我反省。即使受到他人不合理的对待，也必定先反省自己本身，自问，我是否做到仁的境界？是否欠缺礼？否则别人为何如此对待我呢？等到自我反省的结果合乎仁也合乎礼了，而对方强横的态度却仍然不改。那么，君子又必须反问自己：我一定还有不够真诚的地方。再反省的结果是自己没有不够真诚的地方，而对方强横的态度依然故我，君子这时才感慨地说："他不过是个荒诞的人罢了。这种人和禽兽又有何差别呢？对于禽兽根本不需要斤斤计较。"

荀子在论人性时说："人之性恶，其善者伪也。"人的性质如果看来是善的，那是他努力装扮成这样的，人性本来就是恶的。人性究竟是善还是恶，绝非三言两语能够说清楚。但是在现实生活中在与人打交道时的确要谨慎小心，对别人不妨把他看得不好，而考虑一些防患对策，预防万一，否则待事情发展到糟糕程度时就为时晚矣。

一般人都不喜欢谋略意识强烈的人，也防备心眼太多的人。然而，在现实社会里，欺骗、狡诈的人大有人在。大到国家之间的争端，小到个人之间的利害关系，这种欺诈无处不在。因此，与其说欺瞒他人是不正当的行为，倒不如说吃亏上当的人太单纯、大意。

人生从某种角度看也是一场战争。在这种战争中，为了求生存，必须要有慎重的生活方式和态度，这样才不至于上某些人的当，吃大亏。当然，为人并不需要自己去欺骗别人，但是，社会上鱼目混杂，到处都是陷阱、圈套，必须小心提防。所谓"害人之心不可有，防人之心不可无"。

什么样的朋友应当提防呢？

《庄子》中指出："以利合者，迫穷祸患害相弃也。"就是说，因利害关系相结合的人，在遭遇困难逆境时，很容易背弃对方。与此相反，"以天属者，迫穷祸患害相收。""以天属者"是指彼此结合的关系是建立在极为信赖的基础上，这种朋友关系即使在逆境中，也会经得起考验；彼此相互帮助，同舟共济，患难与共。

而因为利害关系结合的朋友，早晚会中断。比如在企业关系中，许多朋友是生意场上的朋友，因此，当你飞黄腾达时，这些人都会奉承你，沾你的光。而当你一旦失势，这些人便会抛弃你，另攀高枝了。这种事在官场和生意场上都很常见。生活中的朋友也是如此。有些人交朋友只知道利用别人，而自己却很少为别人做些事情。这种朋友关系，很难维持长久。因此，交友时一定要慎重，尤其是那些有利害关系的朋友，交往时更要小心谨慎，保持距离。

化敌为友

有人曾经说过："假如你做自己的工作，不去理你的仇敌，有一天会有别人来替你对付他的。"

"要知道，你向仇敌找麻烦，可以浪费你许多时间和精力。"

不过，你不理会他，不等于他也不理会你。如果你的仇敌偏偏要来惹你，那该怎么办呢？

有这样一位农人，新买了一处农庄。这一天，他正沿着农庄的边界走着，遇到邻居。

"慢着，你且别走，"邻居说道，"在你买进这块地时，你同时买到了我对你的起诉，你的篱笆越过了我的界限10英尺。"

这是一个可以延续数百年、造成世代仇恨的争论的开始。

可是，新主人微笑着："我本以为可以在这里找到些和气的邻居，我也希望自己是个和气的邻居，你可要帮我的忙，将篱笆移到你指定的地点，费用由我来付。你会满意，我也快乐。"邻居看看界线，走来走去并自言自语。

那道篱笆始终不曾移动过，很可能成为仇敌的人也改变了。以后这位挑衅者成了一位友善的好邻居。

看来，好的界限比好的篱笆更有力量。

仇敌也许看似渺小而又不足轻重，但又不得不小心。不要给出理由让别人把向你报复作为事业。路口上那个卖报童是讨厌些，但对他态度要好，不然，他会横下心来苦干，要发财，为着买下你正住着的大楼，将你轰出去。

别大骂那个势利眼的金发接待员，虽然她毫不客气地挡了你的驾，不让你进去

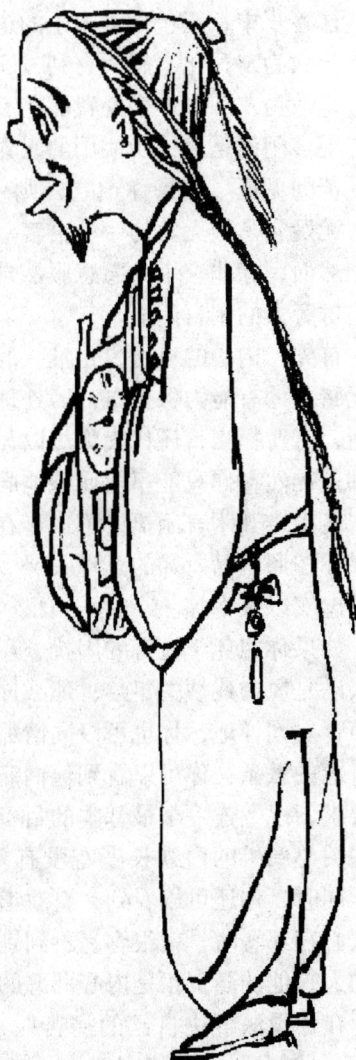

见老板。说不准，到哪一天，<u>丝毫不需怀疑地</u>，她和老板结婚了，也许，这样做仅仅是为了对你报仇。

仇敌，各式各样。如何分辨，从而躲开他们，是一种实实在在的生活艺术。

学学农人，绕着树根来耕地；或者消除掉那些恶劣因素，你会多几个朋友。

有位园丁曾在给华盛顿的农业部的信中写道："以我所懂得的一切，加上从书本上看到的，连同你们那些小册子在内，所有关于如何除去蒲公英的方法我都试过了——可是，我在我的园子里总是没有办法消除它们。"

他得到了这样的答复：

"亲爱的先生，假如你试了一切的方法而园里仍然有蒲公英，你只有一个办法：学习去爱他们。"

这答复中，正包含着人生的道理。

化敌为友，化不利为有利，实在是人生一大财富。

化敌为友，要学会处置那些有害于交友的闲言碎语。

闲言闲语是道德所使用的媒介之一，是残忍的道德武器，是过去人们在火刑柱上受苦的见证。如果你怕它，则任何文字都比不上它厉害，但假如你认清它的真相，无疑它是最无力的一种语言。

然而，除非一个人愿意服从自己的天性，并主宰自己的生命，否则任何人都无法应付旁人的闲言闲语。

首先，内心的自由，是唯一的自由，无论世界对你的态度如何，你必须能够视若无睹，才有能力保护自己。处理任何问题的首要原则就是独立，这除了指你能够决断，有所担当，还代表你可以无视于社会对你的裁夺，如果你无法独立，任何忠告都是徒然，你只能卑躬屈膝地服从大众的意愿。

若想避开闲言闲语，第二步在于你要能够忠于自己。如果你追寻自己的信仰，如果你按照自己所知的真理去努力，就没人能够为难你，除此之外，再也没有所谓的忠实以及幸福。

如果你想免于流言的困扰，还必须能够对这些拨弄是非的人加以裁判，假如这些人已是风中残烛的年龄；那么你大可一笑置之，就像你正面对着一棵枯树所发出的声音。同样地，你也可以同情那些比你懦弱的人，他们生存在恐惧中，生怕触犯了古老的教条，你可以看到他们痛苦且不断地在调适自己，使自己能符合道德社会的要求，以致连一个最基本的目标都无法达成。他们的信条全是一些次要的琐事，他们关心新娘的白纱长度有没有差错，至于新娘是否爱她所嫁的人那又另当别论了。同时，你还可以看到，喜欢道人长短的人，他们自己的心态也都有问题，当一个人心存邪恶时，就很容易看到别人的错误。所以，责备你的人，才是真正需要责备的人，他的谴责正是内心邪恶的表现。

在你设法解决自己的痛苦时，那些卑鄙且爱搬嘴饶舌的人对你的称呼就是："危险、过分、不道德。"

他们不希望看到你快活、工作效率高而自由自在，他们喜欢看见你受命运的主宰，只要你受到伤害，他们的自我就获得满足。如果你接受他们那种幼稚的意见，

中华藏书

中华处世秘笈

中国书店

很快会在短短的时间内，毁了自己的一生。

不要对任何时刻的任何状况妥协，勇于抗拒扭曲你的本性或使你无法正常成长的一个因素，任何问题便可迎刃而解。你应记住的是：不论外面如何风风雨雨，也摧毁不了内心一座宁静的小茅屋。

在任何场合里，都可以发现一些神经过敏的人物，他们爱到豆腐里挑骨头。他对任何一个人的意见，都认为是不怀好意，是针对他的影射和侮辱。每一项建设性的建议，中肯的评论，精彩的谈话，对他来说都是挑衅。

这类以自我为中心的人物，常常小题大做，唯一能使他感到心满意足的，是盲目的奉承以及处处投其所好。他们常常冷嘲热讽、蛮不讲理和绷着脸孔对人，希望以这种歇斯底里的态度，博取别人的同情和让步。

这类神经过敏的人，因为心理上感觉受挫折，所以希望借助烟酒来麻醉自己。无事瞎忙，不停地收看电视、收听广播以及没有目的地阅读，都是一些不敢面对现实的表现。此外，无理取闹，有意跟人过不去，惹是生非，也是常见的症状。

神经过敏的另一种普通症状是：难得一笑！

如果神经过敏者能够把笑容挂在自己的脸上，他就可以马上从多疑、不满的心理状态，从自我中解放出来。那么，轻松快乐的新生活将向他伸出欢迎的手。

当然，不是任何场合都可以纵声大笑，不过，不准大笑的场合到底不多。有许多困难和不满，其实都可以一笑置之，要有一个笑的人生。在不能开怀大笑的场合，也不妨笑在心里，无声地笑。笑不只是脸上好看，它同时可松弛神经，振作精神，驱散紧张。

一个对人对事，都能够一笑置之的人，永远不会患得患失，神经过敏。笑可以显示你的信心，笑也是能力的最佳证明。

笑也是一种锐不可当的武器，没有其他粗言秽语比嫣然一笑能使你的冤家对头心如刀割！对付侮辱的最有效方法是淡然一笑。如果你笑不出来，无疑等于不打自招。

不过，笑的重要作用，不是为了要当武器来对付敌人，而是要使人生更有意义，更富于情趣。一笑能解千愁，愿你随时随地都能笑逐颜开。

记住，笑是化解仇恨冰山的骄阳。

在生活中，我们常常会与人争吵，而在争吵时，我们往往会将自己偏颇的价值观投射在亲密的人身上，将自己心理上的挫折感完全冲着对方发泄，却以一些不着边际的原因来遮住主要的问题。

有些责备的形态颇值得我们探讨。让我们来看看为什么会怪人，或让人怪你：

因为你不同意他，或他不同意你。

因为成见太深。

因为触犯了自己陈腐的道德感。

因为理想未受到重视。

因为你们的天性和兴趣不同。

因为你固守的原则。

因为你生来如此。

要满足自我的人，觉得除了自己以外，每个人都有错，于是就产生了争执。

好争执的人为争执而争执，所以他的胜利也不具意义。

生命充满了困扰，所以你的争论也是无法避免的。但不论在多么激动的情况下，你都得稍微停下来，让自己轻轻松松。这里有个新英格兰老农制定的规则：

找些较友善和谐的人说话。

坐得舒服就好。

做些有礼貌的小动作。

坐下来，想想宽广的天空。

因为你并非重要得非努力防卫自己不可。

这句话说得很好："如果你赢了一场争论，就会输了一个朋友。"这句话还可以改写成这样："如果你赢了一场争论，就会输掉一个结果。"这个结果是你在争论时所寻求的目标，最后却使你的目的偏移了。争执后的赢家，由于逞了太多的口舌之辩，所以才精疲力竭，无力达成自己的目的。

笑比拳头更有效。它可以将对手彻底击垮。在争吵中，如果一阵笑声响起，仇恨的心就会变化，在面对笑声时，它会变得困惑而疲弱无力。学者以笑声驱走你的敌意，争吵和拆字游戏一样，都是一种娱乐，就是要这么想。教你自己以游戏的心情来对待争执，使它变得轻松，充满幽默感与宽容。当对方以自我为中心或不耐烦时，你就离开一下，心事和愤怒都是隐私的事，就让他保留隐私权。

无论如何，只要不强求自我的满足，就不会与人争吵。开诚布公，相互沟通，也能有效地避免争执的不愉快场面。

化敌为友，还可运用欲擒故纵的方法。

诸葛亮要出兵伐魏，生怕南蛮乘虚而入，于是决计先将孟获收服，擒他七次，放他七次，恩威并用，才做到了"南人不复反矣"的良果。擒孟获是手段，服孟获是目的，不擒不会使服，这是猜透了孟获的个性，诸葛亮把握了这一点，所以不惜"七擒七纵"。擒是用威，纵是示恩；威是示力，恩是示德。倔强有才力的人，往往自负甚高，决不轻易服从，因为自负甚高，如一味用威，至死不屈，诸葛亮即能杀孟获，而有千百个新孟获随之而起，越杀越多，杀不胜杀。你如果是个大政治家大实业家，对于反对你的大众，是执其首领而扑杀之，以杀来震慑大众呢，还是以擒为手段，以纵为目的，以不杀止杀？用前法是祸乱越闯越大，"民不畏死，奈何以死惧之！"用后法，手续较繁，进程较慢，而效果却很可靠，即使你不过当一个机关首领，处理属下的工潮，是一味用强硬手段，不惜流血呢，还是搭好炮架子，表示你的实力不可侮，而济之以怀柔政策，以安反侧呢？方法不同，成败利钝，相去天壤，何去何从，应该郑重考虑。

欲纵先擒。不在去人，而在用人，不在排除障碍，而在利用障碍。利用障碍，你应该明白障碍一旦为你利用，得益更多。譬如激流，破坏力量很强，你先用水闸，把急流擒牢，再加以宣泄，用它做发电工作，这种办法，比较诸葛亮对孟获，只使他心服，不能使他加入伐魏，要彻底得多。因为你对障碍，如果不能彻底利用他的力量，其力量就无所发泄。好动是人之常情，尤其是自负的有能力者，初则因心服而静，继则静极思动，苟有第三者利用思动的机会，很易受其煽动，供其利用，第三者若处于你的对立地位，那不是加强了障碍的力量，一如虎之附翼吗？所以纵不仅是使其心服，更是要使其为你所利用。所谓利用，要寄以腹心，而随时与以熏陶，不要做显见的监视与控制。显见的监视与控制，对方便生奴虏我的感想，心服的成分逐渐降低，而貌合神离的现象逐渐深化。以威胁对付心理上的反抗，如同以朽索御六马；要尽情利用良马的话，就应该是中庸的宽裕温柔，大度包容，纵的作用，才能发挥到最高境界。所以宽裕温柔四字，是纵的必要条件！

有时候，你既不能爬过、钻过、或绕过这样一种人——一位真正大的仇敌，更不能学爱蒲公英那样去爱他。也就是，你的运气让你碰上一位 S. O. B.（英语字迹专家用 S. O. B. 去形容"狗养的"）。

美国名编辑与出版家赫斯特的一位得力助手，有一天怒气冲冲地去找他，说：

"我实在不能再这么干下去了，我已经忍耐了好多年。"他看来很激动，"我跟那个会计合不来，我们不能一起工作，要么他走，要么我走。"

"你完全是对的。"赫斯特显得很温柔，"你与这人合不来，不能和他相处，我并不感到奇怪。"

这位得力助手依然很气愤，赫斯特仍旧很温和地说着：

"我也想没有人能和他相处。他就是那种稀有的人，百分之百的 S. O. B. "他顿了顿，"可是，每一处地方、每一个公司或机构里面。总会有这样的人的。你还有人可以替代，可他却没有。"这一下，这位得意的编辑给气疯了。

生活中，除了那些迫切要长大来向你报复的小仇敌，和那些大仇敌，也就是那些只将讨厌的躯体露出 1/10 在日常生活的表面的冰山似的人之外，还有一种极难对付的仇敌——一种不大不小的仇敌。你会发现，他们潜伏在你成功之路的半途，他们会在你正全神贯注地向前行时，用妒忌的眼光窥视着你，并且趁你不留神时绊你一脚，让你跌倒……

你或者会根本不在意他们，或者是不想理会这些不大不小的仇敌。然而，他们却会追逐你，有时出现在你左边，有时又在你的右边出现。如果你被打肿了一边脸后，仍然不妒忌地把另一边脸也转过去，由他们打的话，他们会一拳就把你打得老远的。

你很难对付他们，你不能打倒他们，因为，他们人多势众。你也不能加入他们的队伍，因为，你稍稍表示友善，他们就会得意，以为你害怕他们，从而变本加厉，更为工于心计，更为可恶。所以，有人忠告说：你拿他们没法的，他们早已疯了。

此外，世界上还有一种很平常、很普通的仇敌：他们没有打算做个仇敌，无论以前、现在或将来，只是，他讨厌这个世界，不能停止生这个世界的气。他也不是生你的气，你只是由于不留神而倒运地闯入了他寂寞、无聊的田地里，结果，你踏中了并非为你而设的地雷。

这只能说，你太不幸了。

人人都有自尊心，人人都有好胜心，若要联络感情，应处处重视对方的自尊心，因为要重视对方的自尊心，必须抑制你自己的好胜心，成全对方的好胜心。比如对方与你有同性质的某种特长，对方与你比赛，你必须让他一步，即使对方的技术敌不过你，你也得让对方获得胜利。但是一味退让，便表现不出你的真实本领，也许会使对方误认你的技术不太高明，反而引起无足轻重的心理。所以你与他比赛的时候，应该施展你的相当本领，先造成一个均势之局，使对方知道你不是一个弱者，进一步再施小技，把他逼得很紧，使他精神紧张，才知道你是个能手，再一步，故意留个破绽，让他突围而出，从劣势转为均势，从均势转为优势，结果把最后的胜利让于对方。对方得到这个胜利，不但费过许多心力，而且危而复安，精神一定十分愉快，对你也有敬佩之心。不过安排破绽，必须十分自然，千万不要让对方明白这是你故意使他胜利，否则便觉得你是虚伪。所面临的难题，是起初你还能以理智自持，比赛到后来，感情一时冲动，好胜心勃发，不肯再作让步，也是常有的事。或者在有意无意之间，无论在神情上，在语气上，在举止上，不免流露出故意让步的意思，那就白费心机了。

生活中常常有些人，无理争三分，得理不让人，小肚鸡肠。相反，有些人真理在握，不吭不响，得理也让人三分，显得绰约柔顺，君子风度。前者往往是生活中的不安定因素，后者则具有一种天然的向心力；一个活得叽叽喳喳，一个活得自然洒脱。有理，没理，饶人不饶人，一般都在是非场上、论辩之中。假如是重大的或重要的是非问题，自然应当不失原则地论个青红皂白甚至为追求真理而献身。但日常生活中，也包括工作中，往往为一些非原则问题、鸡毛蒜皮的问题争得不亦乐乎，以至于非得决一雌雄才算罢休。越是这样的人越对甘拜下风的人瞧不顺眼。时下里流行一句话："玩深沉。"其实这种场合玩点深沉正显示了大度绰约的风姿。争强好胜者未必掌握真理，而谦下的人，原本就把出人头地看得很淡，更不消说一点小是小非的争论，根本不值得称雄。你若是有理，却表现得谦下。往往能显示出一个人的胸襟之坦荡、修养之深厚。

有位男士回家，对老婆说他的头号对手竟然要他为一本书写一个章节。这位女士评论说，那位对手真好，竟然先主动示好，将她丈夫的文章放到他的书里去。他说她会错意了。对手任主编一职，主导一切，指定他只当一位撰稿人，其实真正目的在巩固他自己的统治权威，"玩弄我于他的掌心里！"他觉得她太天真，而她觉得他太偏执。

谁的说法才对？两者皆对，只不过看问题的角度不同而已。她心想，经过此一事件之后，这两个男人的交情会更亲近抑或更疏远？结论是，两人的距离必会接近。而他关心的是：谁主导大局？结论是，他必会受对手牵制。我们不知那位主编心中的想法如何，恐怕只有在双方的角色互换、看他反应如何之后，才有办法得知。但不管那位主编大爷到底是何居心，邀请某人在你编的书上撰稿，可以让人当成是在运用权力，也可看成是示好之举。就这个观点来说，涵义混淆，甚至于两边的特质都有，即一体两面。像这种同一事物，同时表达两种意义，正式的学术语称这为"多面涵义"，从此一术语来看，主编邀他撰稿即为多面涵义。

有一次，一位欧洲裔移民很不悦地说，美国人有个怪癖，爱去追问别人的祖宗八代，问人从哪来，父母在哪出生。前述多面涵义的观念，正可解释此事，那位欧洲人觉得这种硬加分类定位的行为，目的在控制别人。你也许很讶异，因为，询问他人的背景是建立关系的一种途径；先找到一个参考，再慢慢地从中挑选话题，找出彼此间有无共通的经验。

如果你和朋友一起吃饭时，她老是主动付账，这到底表示她慷慨大方，有福同享？抑或是她炫耀财富，暗示她比较有钱？虽然她本意可能是慷慨，但是老是如此大方，可能让你不自在，因为这提醒你，她比你更有钱；也可能让人觉得欠她一份人情，无形中受她控制。许多人都觉得，如果一位男士请女人吃饭、看电影，那么，那个晚上就变成一次约会，她欠他一次人情，不得不还。你们两人都陷入暧昧及混淆不清的人际关系网，即使你真的相信朋友的动机纯粹只是慷慨，你还是会因她的大方而觉得受辱，因为她随兴所至的行为，即证明她比你富有。这两种诠释同时存在：就交情而论，她请客收买人心；就地位而言，她的慷慨不断提醒你，她较富有，而且让人觉得吃人嘴软。所以，抢着付账不只涵义模糊，而且有多重解释。

对同一事物"多面涵义"的不同理解，影响着人们的相处关系。如果不能取得共识，就会出现"好心无好报"的局面。

看待仇敌，有时也需要换一个角度。

社会生活的舞台，是由许许多多的小舞台构成的一个特别大的大舞台。在不同的小舞台上，人们常常要扮演不同的角色。舞台已经换了，该你扮演新的角色了，你就应该从先前所扮的那种角色中"退出来"。如果你在该"出来"的时候出不来，到了这个舞台上，还在扮演你在别的舞台上所扮演的角色，你就很可能和你周围的人格格不入。

先以教师为例。如果你当了一名教师，却对自己要求不严，不能"为人师表"（不能"进入角色"），人们当然有理由谴责你，说你"不像个老师"。如果你时时处处，总觉得自己是别人的"老师"，总觉得自己比别人懂得多，一开口就好像是在给别人上课（没有"退出角色"），别人也肯定会对你反感，说你是"好为人师"。

作为一名管理者，什么时候应该进入"上司"的角色，什么时候应该退出"上司"的角色，这也是一个关系到能不能把员工关系处理好的问题。曾经听到一位饭店服务员说，她对她的上司特别反感。为什么呢？"因为她不光是上班的时候要当我的头儿；下了班以后，还要当我的头儿，听说我要上街，她偏要跟我一起去。明明是我买东西，她偏要说三道四。我觉得好的，她偏要说不好；我觉得不好的，她偏要说好，还非要我听她的不可。"显然，这位上司之所以引起部下的反感，就是因为她一进入"上司"的角色，就再也"出不来"了。

还有一个与家庭生活有关的例子：夫妻二人当中，有一人在工作单位大小算是一级领导，免不了常常要对别人发号施令。可是回到家里，他（或她）也不想一想，"舞台"是不是已经改变了，是不是应该退出"领导"的角色，而扮演一个"丈夫"或"妻子"的角色了，还是一会儿一个命令，一会儿一个指示，逼得他

（或她）的配偶，不得不大声地提醒他（或她）："你别忘了，这可是在家里。"

这些例子都说明，一个在"角色扮演"方面"不知进退"，不能把自己和自己所扮演的角色区别开来的人，是很难和别人搞好关系的。

化敌为友，还要慎重处理与"第三者"的关系。

一提到"第三者"，人们首先想到的，可能就是婚恋问题中的"第三者插足"。其实，不仅是婚恋关系，任何一种"双边关系"，都可能由于"第三者"的介入，而发生变化。

有时候，一个人本来并不想作为"第三者"而介入他人的关系，但是由于他"在场"，他还是起到了"第三者"的作用。比如，两个人吵架，吵了一阵子，现在已经吵得不那么凶了，可是，一见到边上来了一位"观众"，立刻又大声地吵起来。不管这位"观众"主观上是怎么想的，在客观上，他显然是对这两位"当事人"，起到了"激励"的作用。

当然，也有那种"唯恐天下不乱"的"观众"，他们一看到有人吵架，就兴致勃勃地去火上加油。

还有一种情况，是发生冲突的"当事人"，主动地要把"观众"拉进来。往往是争吵的双方，都争着向"观众"表白，自己如何如何"正确"，对方如何如何"无理"，都想博得"观众"的同情，让"观众"为自己帮腔。

在这几种情况下，"第三者"的在场和介入，都是无益而有害的。

现在，我们再来谈谈，如何借助于"第三者"的作用，来改善同事之间，以及家庭成员之间的关系。

俗话说："当局者迷，旁观者清。"有时候，争吵的双方由于情绪过于激动，根本听不清对方究竟在说些什么。他们吵得很凶，都自以为有理，实际上他们并没有搞清楚，究竟是在为什么而争吵。只有旁观者知道，他们的争吵是没有意义的，只要双方都能倾听，而且理解对方所说的话，就完全没有争吵的必要——在同事之间和家庭成员之间，这种情况都并不罕见。

有什么办法能避免这种无谓的争吵呢？我们可以请不带个人的情绪和看法的第三者在场。让他设身处地地来倾听和理解双方的看法，并澄清双方所持的观点和所抱的态度。

当争论的双方，都发现有人能设身处地地理解他，能站在他的立场上来看问题时，讲起话来就不再那样夸大其词、言过其实了，情绪也不再那样抵触了，他们也没有必要再保持那种"我百分之百的正确，你百分之百地错误"的态度了。

看来，无论是从正面来说，还是从反面来说，"第三者"对于"双边关系"所起的作用，都是不可忽视的。要处理好人与人之间的关系，我们一方面要利用"第三者"所起的积极作用；另一方面，也要提高警惕，防止"第三者"对"双边关系"起干扰和破坏的作用。